Reinhard Müller

LUFTSTRAHLTRIEBWERKE

GRUNDLAGEN, CHARAKTERISTIKEN, ARBEITSVERHALTEN

Aus dem Programm Strömungs- und Thermodynamik

Technische Strömungslehre
von L. Böswirth

Strömungs- und Kolbenmaschinen
von H. Th. Wagner, K. J. Fischer und J.-D. von Frommann

vieweg technic tools
Thermodynamik/Strömungsdynamik
von Ch. Streuber

Führer durch die Strömungslehre
von L. Prandtl, K. Oswatitsch und K. Wieghardt

Luftstrahltriebwerke
von R. Müller

Thermodynamik für Ingenieure
von K. Langeheinecke (Hrsg.)

Technische Thermodynamik
von K. F. Knoche

Strömungsmechanik
von K. Gersten und H. Herwig

Einführung in die Strömungsmechanik
von K. Gersten

REINHARD MÜLLER

LUFTSTRAHLTRIEBWERKE

GRUNDLAGEN, CHARAKTERISTIKEN ARBEITSVERHALTEN

Mit 179 Abbildungen und 33 Tabellen

ISBN 978-3-322-90325-9 ISBN 978-3-322-90324-2 (eBook)
DOI 10.1007/ 978-3-322-90324-2

Softcover reprint of the hardcover 1st edition 1997

Der Verlag Vieweg ist ein Unternehmen der Bertelsmann Fachinformation GmbH.

Umschlaggestaltung: Klaus Birk, Wiesbaden
Technische Redaktion: Hartmut Kühn von Burgsdorff

Gedruckt auf säurefreiem Papier

Vorwort

Flugtriebwerke beruhen auf dem Arbeitsprinzip der Gasturbine, während die Kolbenmotoren nur in Bereichen sehr kleiner Leistungen zu finden sind. Damit basiert die Theorie der Flugtriebwerke als ingenieurwissenschaftliche Disziplin hauptsächlich auf der Thermodynamik und Strömungsmechanik thermischer Turbomaschinen. Zugleich ist dadurch die Möglichkeit für allgemeinere Aussagen über die Gesetzmäßigkeiten der Brennkraftmaschine gegeben. Die stofflich-methodologische Entwicklung der Gasturbinen-Flugtriebwerke ist gegenwärtig weit fortgeschritten. Früher war ihre Darstellung im deutschen Sprachbereich trotz einer über längere Zeit vorhandenen Spitzenstellung nur durch wenige Publikationen vertreten.

Aus diesem Grund wurde das vorliegende Buch geschaffen, um seit längerem bekanntes, aber auch neues Wissen auf diesem Gebiet in leicht verständlicher Form darzustellen. Dazu erschien es in Zusammenarbeit mit Dipl.-Ing. W.Bretschneider 1980 und 1986 in der DDR, entstanden aus den Vorlesungsmanuskripten der Autoren für die triebwerkstheoretische Ausbildung an der fliegertechnischen Hochschul-Lehreinrichtung „FRANZ MEHRING“ in Kamenz bei Dresden. Unter jetzt völlig geänderten Voraussetzungen wird das Anliegen mit dieser nun vorliegenden völlig neugeschriebenen und ergänzten dritten Auflage fortgesetzt.

Dabei ist vorauszusetzten, daß mit dieser Arbeit im wesentlichen vorhandenes Wissen neuaufbereitet und nichts grundsätzlich Neues dargestellt werden kann. Die Leistungen großer Vorbilder im eigenen Land als auch in der westlichen und östlichen Welt können so, auch meiner eigenen Situation als Autor entsprechend, nur nachempfunden werden. Jahrzehnte als Lehrer für Triebwerkstheorie an o.g. Lehreinrichtung tätig, habe ich mich vornehmlich als Autodidakt auf diesem Gebiet qualifiziert und dies nach 1989 verstärkt fortgesetzt. Insbesondere von dieser letzten Phase zeugt die neue Auflage des Buches, obwohl die meisten Betrachtungen und Vorgehensweisen in früherer Zeit begannen. Dabei sind an der TU Dresden gelehrte und von Mitarbeitern der Pirnaer Triebwerksentwicklung vertretene Theorieprinzipien mit eingegangen.

Zur Darstellung eines Wissensgebietes sind umfangmäßig-thematische sowie inhaltlich-qualitative Begrenzungen unumgänglich. In Ergänzung anderer deutschsprachiger Literatur wendet sich das Buch vorrangig an alle ingenieurwissenschaftlich in der Luftfahrt-Antriebstechnik, in ihren Institutionen, Unternehmen und Bildungseinrichtungen Tätigen. Das betrifft ingenieurtechnisches und fliegendes Personal sowie leitende und wissenschaftliche Mitarbeiter, dabei Lehrende, Studenten, sich Qualifizierende und Interessenten mit eingeschlossen. Ihnen soll das Buch hauptsächlich als Lernhilfe, Leitfaden und Wissensspeicher dienen, wozu das mathematisch-physikalische Wissen des Abiturienten in den meisten Fällen ausreichen wird .

Wie zu erkennen ist, erfolgt die Gliederung des Buches in die Themenstellungen der Grundlagen, Triebwerksbaugruppen, Prozeßuntersuchungen, Kennlinien und Nutzung sowie letztlich wichtigen Triebwerksbauarten. So wird mit systematischer Themenreihung in die wichtigsten Probleme der Triebwerkstheorie bei etwa optimaler Vorgehensweise eingeführt. Im vorletzten Kapitel wurden zusätzlich, damit über den Titel des Buches hinausgehend, einige Probleme von Gasturbinenanlagen erdgebundener Verkehrsmittel beschrieben. Der Anhang am Schluß ist als Hilfe für weitere, vornehmlich quantitative Untersuchungen gedacht.

Bewußt wurde auf einfache, verständliche und übersichtliche Darstellung des Wissensgebietes Wert gelegt, ohne sich in speziellen Bereichen, in umfangreichen mathematischen Abhandlungen oder dazu geschaffener Software zu verlieren. Für tieferes Eindringen in daran angrenzende, sich zunehmend verselbständigende Wissensdisziplinen wird zum Studium der weiterführenden Literatur aufgefordert. Dazu besteht in Gestalt der vielen Angaben durch die Fußnoten und das Literaturverzeichnis am Schluß des Buches ausreichend Gelegenheit.

Quantitative thermodynamische und strömungsmechanische Untersuchungen basieren in diesem Buch auf möglichst einfachen mathematischen Ausdrücken. Grundlage der Betrachtungen sind oft Enthalpie-Entropie-Diagramm und gasdynamische Funktionen. Im Interesse eines raschen Eindringens in die Problematik und seiner Überschaubarkeit sind nur wesentlichen Zusammenhänge dargestellt. Forderungen an höchste Genauigkeit werden damit nicht immer erfüllt. Umfangreiche quantitative Prozeßuntersuchungen anhand von Modellen und Rechenprogrammen sind nicht Gegenstand der Triebwerkstheorie. Zugleich lag das Bestreben vor, wichtige Theorieaussagen am Beispiel neuester Triebwerksmuster unter Beweis zu stellen.

Problematisch in der Luftfahrttechnik sind Begriffsbestimmungen und Benennungen. Hier wurden neben altbekannten Ausdrücken hauptsächlich die aus der Fachliteratur und aus Wörterbüchern verwendet. Aber auch deutschsprachige Neuschöpfungen konnten des öfteren nicht ausbleiben. Zur besseren Verständigung und Orientierung wurden sie durch die internationalen Bezeichnungen, die in der Regel englischsprachige sind, teilweise ergänzt. Die Bezeichnung der Triebwerks-Querschnittsebenen erfolgte auf der Basis der USA-Festlegungen SAE ARP 755A.

Vielen Personen bin ich zu Dank verpflichtet, die mir in persönlichen Gesprächen und durch das Überlassen von Literatur beim Vorankommen mit dem Buchmanuskript wirksam geholfen haben. Sehr zu danken habe ich Frau Renate Haberstroh für die Erstellung der neuen Zeichnungen in Bestqualität und meinem Sohn, Dipl.-Ing. Torsten Müller, welcher es mir durch Bereitstellung von Hard- und Software sowie durch persönliche Einflußnahme und Kontrolle ermöglichte, das Buchmanuskript rechentechnisch zu erstellen. Dank gebührt meiner Familie für das Durchstehen vieler Unannehmlichkeiten sowie dem Verlag Vieweg für das wiederholte großzügige Entgegenkommen und die gute Gestaltung des Buches.

Kamenz, im Dezember 1996

Reinhard Müller

Inhaltsverzeichnis

Verzeichnis der Formelsymbole

Zeichen	Einheit	Bedeutung
a	m/s	Schallgeschwindigkeit
A	m^2	Fläche, Querschnitt
b_e	kg/kWh	äquivalenter Brennstoffverbrauch
b_s	kg/kNh	schubspezif. Brennstoffverbrauch
c	m/s	absolute Strömungsgeschwindigkeit
c	kJ/kgK	spezifische Wärmekapazität
d	m ; mm	Durchmesser
D		Distorsion
f		gasdynamische Funktion
f_s	Ns/kg ; m/s	spezifischer Schub
F	kN	Kraft
F_s	kN	Schubkraft
h	mm	Schaufelhöhe, Schaufellänge
h	kJ/kg	spezifische Enthalpie
H	m ; km	Flughöhe
H_u	kJ/kg ; MJ/kg	unterer Heizwert
i		Übersetzungsverhältnis
i_B	Ns/kg ; (s)	brennstoffspez. Impuls
I	kNs	Impuls
$\dot{I}$	kN	Impulsstrom
k	kJ/m^2hK	Wärmedurchgangskoeffizient
K_i		Konstante der inneren Arbeit
K_α	$\sqrt{K}$ kg/kNs	Konstante der Massenstromdichte
ΔK		Stabilitätsreserve des Verdichters
l	mm	Länge
L_{min}	kg/kg	minimaler Luftbedarf
m	kg	Masse
$\dot{m}$	kg/s	Massenstrom, Massendurchsatz
$\dot{m}/A$	kg/m^2s	Massenstromdichte
M		örtliche Machzahl
M^*		kritische Machzahl
M_d	kNm	Drehmoment
n		Polytropenexponent
n	U/min ; %	Drehzahl
n_{red}	U/min ; %	reduzierte Drehzahl
n_y		vertikales Lastvielfaches
p	kPa ; bar	statischer Druck
P	kW ; MW	Leistung
q	kJ/kg	spezifische Wärme
Q	kJ	Wärme
$\dot{Q}$	kJ/s	Wärmestrom
r	mm	Radius

r	kJ/kg	Verdampfungsenthalpie
$\bar{r}$		Reaktionsgrad
R	kJ/kgK	Gaskonstante
Re		Reynoldszahl
s	m	Wegstrecke
s	mm	Schaufelspalt
s	kJ/kgK	spezifische Entropie
t	°C	Celsius-Temperatur
t	s	Zeit
T	K	statische Temperatur
u	kJ/kg	spezifische innere Energie
u	m/s	Umfangsgeschwindigkeit
v	m/s ; km/h	Fluggeschwindigkeit
v	m^3/kg	spezifisches Volumen
v_e	km/h	äquivalente Fluggeschwindigkeit
V	m^3	Volumen
$\dot{V}$	m^3/s	Volumenstrom, Volumendurchsatz
w	m/s	Relativgeschwindigkeit
w	kJ/kg	spezifische technische Arbeit
W	kJ	Energie, Arbeit
z		Anzahl
α	kJ/m^2hK	Wärmeübergangskoeffizient
α		Winkel Absolut- zu Umfangsgeschw.
α		Winkel Verdichtungsstoß - Kontur
β		Winkel der Konturveränderung
β		Winkel Relativ- zu Umfangsgeschw.
Δ		Differenz
ϵ		Dichteverhältnis, gasdynamische Funktion
η		Wirkungsgrad
Θ		Kühlintensität
κ		Isenropenexponent
λ		Verbrennungsluftverhältnis
μ		Bypass- bzw. Luftverhältnis
ν		Durchmesserverhältnis
ν	m^2/s	kinematische Zähigkeit
Π		Druckverhältnis, gasdynamische Funktion
ϱ	kg/m^3	Dichte
σ		Druckerhaltungskoeffizient
τ		Temperaturverhältnis, gasdynamische Funktion
φ		Geschwindigkeitskennwert
φ		Kennwert der Turbomaschine
Φ		Winkel zur Schaufelverstellung
ψ		Kennwert der Turbomaschine
ω		dimensionslose Arbeit
ω	s^{-1}	Kreisfrequenz

Verzeichnis der Abkürzungen und Indizes

Bezeichnung	**Bedeutung**
a	außen, äußerer
ab	abgeführt
ax	axial
A	Arbeits- bzw. Auslegungspunkt
B	Brennstoff
B'	Brennstoff für NB
BK	Brennkammer
c	Außenstrom (*cold*, kalt)
ch	chemisch
C	Carnot
D	divergent
DH	Drosselhebel
e	äquivalent
eff	effektiv
erf	erforderlich
E	Expansion, Gesamtentspannung
Ej	Ejektor
EL	Einlaufdiffusor
ETL	Einstrom-Turbinenluftstrahltriebwerk
F	Fan, Bläser des ZTL
ges	gesamt
G	Gas
G	Getriebe
G	Grenze der Instabilität
GG	Gasgenerator
GTA	Gasturbinenanlage
h	Innenstrom (*hot*, heiß)
H	abhängig von der Flughöhe
H	Wasserstoff
HDR	Hochdruckrotor
HDT	Hochdruckturbine
HDV	Hochdruckverdichter
i	innen, innerer
irr	irreversibel
krit	kritisch
K	Kegel, Keil, Konus
K	Kompression, Gesamtverdichtung
K	Kühlung, Kühlluft
K	konvergent
L	Luft
LA	Luftablassen
LL	Leerlauf

LS	Luftschraube
LT	Losturbine
m	Mittelwert
max	Größtwert
min	Kleinstwert
M	Mischkammer, Ende Mischvorgang
N	Niveau der Wirkungsgade
NB	Nachbrenner
NDR	Niederdruckrotor
NDT	Niederdruckturbine
NDV	Niederdruckverdichter
opt	optimal
optw	optimal für w_{imax}
optη	optimal für η_i
O	„obere" Instabilität
O'	noch stabiler Zustand vor Punkt O
p	isobar
pol	polytrop
PTL	Propeller-Gasturbinentriebwerk
red	reduziert auf Standardbedingungen
rev	reversibel, umkehrbar, verlustlos
R	Reibung, Irreversibilitätsverlust
R	Regenerator, Rekuperator
s	isentrop
s	Schubkraft
SD	Schubdüse
St	Stator, Starter, Stufe, Stirnfläche
th	thermisch
T	isotherm
T	Turbine
TL	Turbinenluftstrahltriebwerk
TM	Turbomotor, Wellenleistungsturbine
u	Umfang, in Umfangsrichtung
U	„untere" Instabilität
U'	noch stabiler Zustand vor Punkt U
v	isochor
vorh	vorhanden
V	Verdichter
VK	Vorkühlung des Luftmassenstroms
w	bezogen auf Relativsystem
W	Wasser
W	Welle
WR	Wärmeregeneration
x	horizontal, Längsrichtung
y	vertikal, Querrichtung
zu	zugeführt
ZTL	Zweistrom-Turbinenluftstrahltriebwerk

0	ungestörter Zustand in der Atmosphäre
1	Vorderkante des Einlaufdiffusors
2	Ende des Einlaufdiffusors, Beginn des Verdichters
3	Ende des Verdichters, Beginn der Brennkammer
4	Ende der Brennkammer, Beginn der Turbine
4'	Endquerschnitt des 1. Turbinenleitgitters
5	Ende der Turbine
6	Innenstrombeginn der Mischkammer
7	Beginn der Schubdüse
7'	Querschnitt 7 mit eingeschaltetem Nachbrenner (NB)
8	kritischer Querschnitt der Schubdüse
9	Ende der Schubdüse, Beginn des Gasstrahls
9'	Querschnitt 9 mit eingeschaltetem Nachbrenner (NB)
11	Vorderkante des Einlaufdiffusors im Außenstrom
12	Fan-Eintritt im Außenstrom
13	Fan-Austritt im Außenstrom
16	Außenstrombeginn der Mischkammer
17	Beginn der Außenstrom-Schubdüse
18	kritischer Querschnitt im Außenstrom
19	Außenstrom-Endquerschnitt, Beginn Außenstrom-Gasstrahl
0	Leitgittereintritt
1	Leitgitteraustritt, Laufgittereintritt
2	Laufgitteraustritt, Leitgittereintritt
3	Leitgitteraustritt
1W	Einwellenbauart
2W	Zweiwellenbauart
3W	Dreiwellenbauart
t	Totalzustand, auf c=0 abgebremst
^	Meßpunkt unmittelbar nach Verdichtungsstoß
*	Lavalzustand

1 Allgemeines über Flugtriebwerke

1.1 Das Prinzip des reaktiven Antriebs

Moderne Flugzeuge benötigen leistungsfähige, umweltfreundliche und wirtschaftliche Antriebe. Dafür haben sich in der Verkehrs- und Militärluftfahrt der letzten Jahrzehnte fast ausschließlich *Gasturbinen-Triebwerke* durchgesetzt. Die Untersuchung ihrer Baugruppen, Arbeitsprozesse und Charakteristiken wird in der Flugtechnik als *Triebwerkstheorie* bezeichnet. Sie ist der Hauptinhalt dieses Buches.

Zur Überwindung von Bewegungswiderständen benötigen die Verkehrsmittel eine *Antriebskraft.* Landfahrzeuge übertragen sie mittels Reibung abrollender Räder. Dagegen müssen Antriebe von Wasser-, Luft- und Raumfahrzeugen infolge fehlenden Kontaktes zur festen Erdoberfläche äußere Kraftwirkungen durch *Impulsänderungen* realisieren. Dazu beschleunigen sie einen Massenstrom als Fluidstrahl nach dem *Prinzip der Reaktion* entgegengesetzt zur Bewegungsrichtung.

In die *luftatmenden Flugtriebwerke* tritt die Luft der Umgebung als Massenstrom $\dot{m} = \dot{m}_L$ mit der Fluggeschwindigkeit v ein und mit größerer Strahlgeschwindigkeit c wieder aus. Daraus ergibt sich zwischen Austritts- und Eintrittsebene des reaktiven Antriebs die zeitliche *Änderung des Impulsstromes* als Ursache äußerer Kraftwirkungen:

$$\frac{\mathrm{d}I}{\mathrm{d}t} = \frac{\mathrm{d}(mc)}{\mathrm{d}t} = \dot{m}\,c = \Delta\dot{I} = F$$

Die Impulsstromdifferenz $\Delta\dot{I}$ ist hinsichtlich Betrag und Richtung gleich der als *Schub* bezeichneten Vortriebskraft $F = F_s$ unter Flugbedingungen. Demgegenüber fehlt im Standbetrieb mit $v = 0$ und bei Raketentriebwerken, welche das auszustoßende Fluid als Bordmasse mitführen, der *Eintrittsimpuls* . Als Sonderfall ist hier der *Austrittsimpuls* allein wirksam. Verdeutlicht durch die Prinzipdarstellungen in Abb.1.1, ergeben diese Betrachtungen eine *vereinfachte Schubkraftgleichung* reaktiver Antriebe, und zwar für

luftatmende Triebwerke im Flugzustand: $$F_s = \dot{m}_L\,(c - v) \tag{1.1}$$

Raketentriebwerke oder im Standbetrieb: $$F_s = \dot{m}\,c \tag{1.2}$$

Zum Vergleich ist die *vollständige Schubkraftgleichung* in (4.3) ersichtlich. Schubmechanisch läßt sich die Impulsstromänderung in *Luftstrahltriebwerken* unmittelbar durch den *inneren* Massenstrom (s. Abb.1.1b und 1.1c) realisieren. Bei *Luftschraubentriebwerken* geschieht das mittelbar durch die Schraube im *äußeren* Luftmassenstrom nach Abb.1.1d. Eine Übersicht aller Flugtriebwerke ist in Abb.1.2 ersichtlich.

Impulsstromzuwachs bedeutet im Luft- bzw. Gasstrahl die Vergrößerung seiner kinetischen Energie. Sie wird im Flugbrennstoff mitgeführt, durch den Arbeitsprozeß in Brennkraftmaschinen aufbereitet und so auf den Strahl übertragen. Damit rücken diese Maschinen als eigentlicher Kern der Antriebsanlage mit ihrem inneren und äußeren Energieumsatz in den Vordergrund. Sie sind Kraftmaschinen und reaktive Antriebe in einer Baueinheit. Ihr innerer Energieumsatz ist gleich der Differenz der kinetischen Energien von austretendem Strahl und eintretender Luft. Die spezifische *innere Arbeit* w_i sowie eine dazu analoge *innere Leistung* P_i entsprechen den folgenden Ausdrücken:

$$w_i = \tfrac{1}{2}\left(c^2 - v^2\right) \tag{1.3}$$

$$P_i = \dot{m}_L\, w_i = \tfrac{1}{2}\dot{m}_L\left(c^2 - v^2\right) \tag{1.4}$$

Demgegenüber sind die *äußeren Beträge* von Arbeit und Leistung, welche antriebsmäßig tatsächlich am Flugzeug wirksam werden, kleiner als nach (1.3) bzw. (1.4) ausgewiesen.

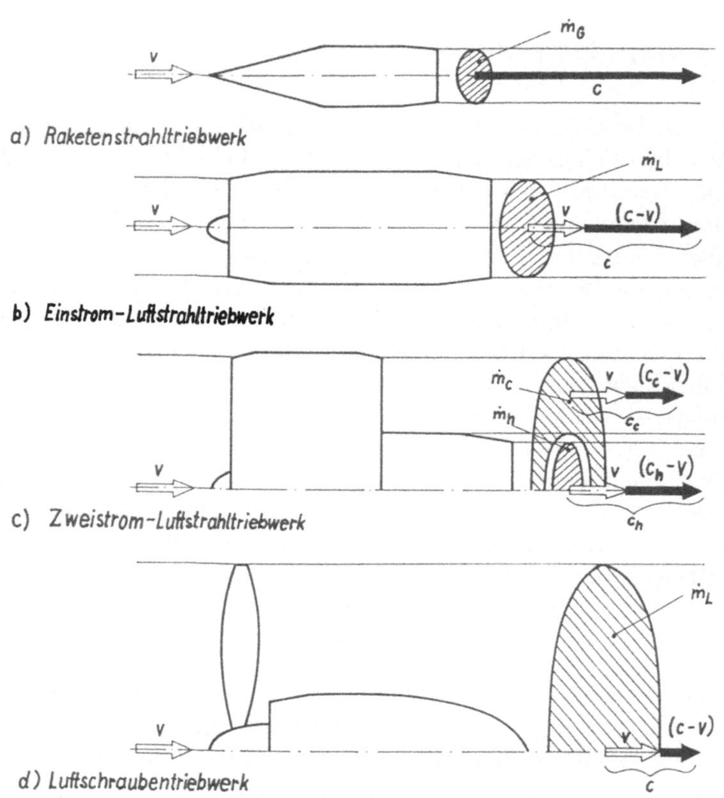

Abb. 1.1: Zur Erklärung der Schubgleichung für verschiedene Flugtriebwerke

Bei der Umwandlung von innerer Arbeit des Strahls in die äußere Arbeit zum Flugzeugantrieb wird ein Energieanteil entwertet. Mit der Leistung P_a als Produkt von Schubkraft und Fluggeschwindigkeit ergeben sich für diese äußeren Beträge die Beziehungen

$$P_a = F_s\, v = \dot{m}_L(c - v)\, v = \dot{m}_L w_a \tag{1.5}$$

$$w_a = \frac{P_a}{\dot{m}_L} = v\,(c - v) \tag{1.6}$$

Die Güte dieses Sachverhalts von genutzter Energie (äußere Arbeit) und aufgewendeter Energie (innere Arbeit) ist quantitativ durch einen *äußeren Wirkungsgrad* (*Vortriebs- bzw. Propulsionswirkungsgrad*) η_a anzugeben. Für luftatmende reaktive Antriebe ergibt er sich als das Verhältnis der Ausdrücke (1.6) und (1.3) in vereinfachter[1] Darstellung:

[1] Unter „vereinfacht" ist zu verstehen, daß zum besseren Verständnis quantitativ nur ersichtliche Haupteinflußgrößen einbezogen sind, unbedeutende Wirkungsfaktoren dagegen vernachlässigt werden.

$$\eta_a = \frac{w_a}{w_i} = \frac{2v\,(c-v)}{(c^2-v^2)}$$

$$\eta_a = \frac{2v}{c+v} = \frac{2}{1+\frac{c}{v}} \tag{1.7}$$

Während das Flugtriebwerk als Brennkraftmaschine mit *innerem Wirkungsgrad* den Arbeitsprozeß realisiert, unterliegt sein äußerer Energieumsatz als reaktiver Antrieb einem zusätzlichen *äußeren Wirkungsgrad*. Durch ihn und seinen oft zu geringen Betrag sind reaktive Antriebe gegenüber anderen Kraftmaschinen energetisch benachteiligt. Demnach müssen beide Wirkungsgrade hohe Werte erreichen.

Nach (1.7) wird die Größe von η_a nur durch das Geschwindigkeitsverhältnis $\frac{c}{v}$ bestimmt. Daraus folgt mit $\frac{c}{v} = 1$ der Größtwert des äußeren Wirkungsgrades, nach (1.1) zugleich aber auch die Tatsache, daß infolge $(c-v) = v\left(\frac{c}{v} - 1\right) = 0$ kein Schub entsteht. Andererseits ergibt eine große Differenz $(c-v)$ zwar großen Schub, aber wegen großem Betrag $\frac{c}{v}$ einen schlechten äußeren Wirkungsgrad.

Die physikalische Ursache dieser Energieentwertung besteht darin, daß nach (1.7) die aufzuwendende *innere* Arbeit der 2. Potenz, die nutzbare *äußere* dagegen der 1. Potenz von c proportional ist. Demzufolge wächst mit dem Wert von c infolge ungünstiger Schubmechanik der Verlust an Antriebsarbeit. Die Strahlenergie w_i besteht also aus dem Nutzanteil w_a sowie einem Verlustbetrag, wie analytisch leicht nachzuweisen ist:

$$w_i = \tfrac{1}{2}\left(c^2 - v^2\right) = v(c-v) + \tfrac{1}{2}(c-v)^2 = w_a + \tfrac{1}{2}(c-v)^2$$

Der Nutzanteil w_a bzw. η_a als auch der Verlustbetrag $\frac{1}{2}(c-v)^2$ bzw. $(1-\eta_a)$ sind auch in Abb.1.5 ersichtlich. Der η_a-Wert sinkt darin hyperbolisch über der Abszisse ab, und spiegelbildlich steigt dazu der Verlustbetrag an. Wirtschaftlich arbeiten demnach nur die Strahltriebwerke mit kleinem Verhältnis $\frac{c}{v}$. Abhängig davon wird der äußere Energieumsatz durch die einzelnen Triebwerksbauarten unterschiedlich bewältigt. Unter der Berücksichtigung des Sachverhalts von (1.1) und (1.7) gelten die Schlußfolgerungen:

- Schub entsteht nur beim Wert von $\frac{c}{v} > 1$. Je höher er ist, um so größer ist der Schub, um so kleiner ist aber der äußere Wirkungsgrad, um so unwirtschaftlicher ist demzufolge das Triebwerk.
- Mit dem Betrag $\frac{c}{v} = 1$ ist zwar auch $\eta_a = 1$, es wird aber analog zum stillstehenden Triebwerk kein Schub abgegeben, d.h. es gibt keinen Arbeitsprozeß und somit keine Impulsstromdifferenz.
- Die Größe von c begrenzt antriebstheoretisch die erreichbare Höchstgeschwindigkeit, weil mit $\frac{c}{v} = 1$ infolge Schublosigkeit eine weitere Beschleunigung gegenüber der Luft nicht möglich ist.
- Im Standbetrieb wird wegen $\frac{c}{v} = \infty$ trotz großem Schub mit $\eta_a = 0$ gearbeitet. Bei großer innerer Arbeit und hohem Brennstoffverbrauch wird die äußere Arbeit durch *Schlupf* entwertet.
- Der Anstieg von $\frac{c}{v}$ wirkt schubvergrößernd, ist aber energetisch ungünstig. Bei fallendem äußeren Wirkungsgrad wächst der Verbrauch an aufzuwendendem Brennstoff steiler als die Schubkraft.
- Vorrangig ist bei kleinem Schlupf stets die Vergrößerung des Massenstroms anzustreben. Hier ist bei konstantem äußeren Wirkungsgrad der Anstieg von Brennstoffverbrauch und Schub gleich.

Neben dem äußeren ist der *innere Wirkungsgrad* η_i ebenfalls ein wichtiger Kennwert. Er gibt Auskunft über die Qualität der Energieaufbereitung im inneren Arbeitsprozeß, dessen Untersuchung im nächsten Kap.2 erfolgt. Zunächst wird hier vorausgesetzt, daß das Produkt von η_i und η_a gleich dem *Gesamtwirkungsgrad* eines Flugtriebwerkes ist:

$$\eta_{ges} = \frac{w_a}{q_{zu}} = \eta_i\,\eta_a \tag{1.8}$$

Flugtriebwerke erfordern hohe Beträge an innerem und äußerem Wirkungsgrad. Für letzteren ist der Betrag von c, genauer das Verhältnis $\frac{c}{v}$ bzw. die als *Schlupf* bezeichnete Geschwindigkeitsdifferenz $(c - v) = v\,(\frac{c}{v} - 1)$ der älteren Luftstrahltriebwerke meist zu groß. Nur *Luftschrauben-* und *Großbläser-Triebwerke* gewährleisten durch geringen Schlupf einen guten äußeren Wirkungsgrad. Im Interesse hoher Wirtschaftlichkeit und geringer Umweltbelastung gilt dies als objektives Erfordernis für alle zivilen Antriebe.

1.2 Zur Notwendigkeit von Gasturbinen-Flugtriebwerken

Infolge guter Kennwerte war die Brennkraftmaschine von Anfang an auch als Luftfahrtantrieb geeignet. Dem früheren Stand von Naturwissenschaft und Technik entsprechend, hat sich zuerst die *Hubkolbenmaschine* wegen der geringeren Ansprüche an Fertigung und Nutzung bei großem Entwicklungspotential durchgesetzt. Mit dem Viertaktverfahren von OTTO ins Leben gerufen sowie von DAIMLER, MAYBACH u.v.a. vorrangig für Automobile verbessert und modifiziert (s.a. Tab.1.1), stand der Kolbenverbrennungsmotor mit Luftschraube als Flugtriebwerk bereit. Seit dem ersten Motorflug der Gebrüder WRIGHT 1903 war seine Evolution als *Kolbentriebwerk* erfolgreich. Bis zur Gegenwart wird er, allerdings nur noch im Bereich kleiner Leistungen, eingesetzt.

Wichtige Merkmale des Aufbaus der Kolbentriebwerke waren und sind Anzahl, Anordnung und Kühlung ihrer Zylinder. Sie wurden als flüssigkeitsgekühlte Reihenmotoren, später zunehmend als luftgekühlte Sternmotoren gebaut. Ihre über Jahrzehnte währende Weiterentwicklung führte, wie auch in Tab.1.1 dargestellt, zu vollkommeneren Mustern mit immer besseren Kennwerten.

Bedeutende Maßnahmen dazu waren: die Kultivierung von Gemischbildung, Zündung, Regelung und Höhenverhalten; der Einbau von *Luftschraubengetrieben* für größere Drehzahl; die Anbringung aerodynamischer Verkleidungen, wie TOWNEND-Ringe, NACA-Hauben (ab etwa 1928); die Nutzung des *Abgasturboladers* (in Serie ab 1931); der Einsatz von *Verstelluftschrauben* (beginnend mit 1932) und die Realisierung innerer Gemischbildung mittels *Benzineinspritzung* (seit 1934). Bestrebungen zur Nutzung des *Dieselmotors* als Flugtriebwerk ergaben sich aus seiner besseren Wirtschaftlichkeit. Die schwereren Motoren konnten sich aber damals nicht durchsetzen.

Die Triebwerksverbesserungen spiegelten sich in fortschrittlicheren Flugzeugkonstruktionen wider. So erschienen als Verkehrsflugzeuge die Muster F13 (1919) und Ju52 (1932) von JUNKERS, überflügelt durch die Typen DC3 (1936, USA), FW200 CONDOR (1937, Deutschland) und DH91 ALBATROS (1938, Großbritannien). Damit wurden Verkehrsfluglinien kommerziell erfolgreich betrieben.

Zugleich wurden in dieser Zeit durch die damaligen Großmächte gewaltige Anstrengungen zum Aufbau ihrer Luftstreitkräfte unternommen. In Deutschland wurden u.a. die Jagdflugzeuge Me109 und FW190 sowie die Bombenflugzeuge He111 und Ju88 in Großserie gefertigt. In Großbritannien erschienen die Jägertypen HURRICANE und SPITFIRE, in den USA P47 THUNDERBOLT und P51 MUSTANG sowie die Jäger Jak und La in der Sowjetunion. An viermotorigen Fernbombern wurden vor allem die Muster HALIFAX und LANCASTER (Großbritannien) sowie B17 FLYING FORTRESS und B24 LIBERATOR (USA) bekannt. Diese Militärflugzeuge waren Beispiele hochentwickelter Luftfahrttechnologie. Ihr Masseneinsatz im 2. Weltkrieg führte zu enormer Vernichtung von Menschenleben und Sachwerten. Eine derartige ambivalente Wertung ist jeder Militärtechnik eigen. Bewährte Kriegsmotoren wurden später als modifizierte Zivilmuster weitergebaut.

Tab.1.1 gibt einen Überblick über die etwa fünfzigjährige Entwicklung der Kolbenflugtriebwerke. Dabei sind Verbesserungen der Literleistung und des Masse-Leistungs-Verhältnisses am Entwicklungsbeginn ersichtlich. Dagegen wurden in den 30er Jahren nur noch geringe und ab 1943 fast keine Fortschritte mehr ausgewiesen.

Nur bei wenigen Typen wurden Zahlenwerte von 40 kW/dm³ überboten bzw. von 0,65 kg/kW unterschritten. Nur selten und dann nur geringfügig wurde die mittlere Kolbengeschwindigkeit, ein Durchschnittsmaß für die innere Gasgeschwindigkeit, über den Betrag von 15 m/s hinaus gesteigert. Damit wurden die Entwicklungsgrenzen der Kolbenflugtriebwerke hinsichtlich ihrer spezifischen Leistung erreicht. Die quantitative Analyse ergab, daß die Parameter der Kolbentriebwerke (Abmessungen und Anzahl der Zylinder, Drehzahl, Geschwindigkeit und Dichte des Arbeitsmittels) nach dem Erreichen des Optimums, welches unter den gegebenen Bedingungen ein Höchstmaß an durchzusetzender Luft erlaubte, keine weitere Steigerung zuließ. Das bedeutet, daß ihre kinematischen, thermodynamischen und konstruktiven Möglichkeiten im wesentlichen ausgeschöpft waren.

Tab. 1.1: Die Entwicklung des Ottomotors zum Hochleistungs-Kolbenflugtriebwerk mit Beispielen bemerkenswerter Konstruktionen und wichtigen Leistungskennwerten

Bauart, Typ	Jahr	Land	P	n	$\frac{P}{V}$	c	$\frac{m}{P}$	z	Bemerkung, Flugzeug
			kW	$\frac{\text{U}}{\text{min}}$	$\frac{\text{kW}}{\text{dm}^3}$	$\frac{\text{m}}{\text{s}}$	$\frac{\text{kg}}{\text{kW}}$		
Otto	1878	D	2	180			800	1	1. Viertaktmotor
Daimler	1885	D	3	900			60,0	1	1. Automobil-Motor
Wright	1903	USA	9	1200	2,6	2,6	11,3	4	1. Flugtriebwerk
Wright	1913	USA	45	1400	5,3	6,6	3,16	6	Reihenflugmotor
BMW IV	1918	D	180	1560	9,6	9,9	1,36	6	Reihenflugmotor, F13
BMW VI U	1926	D	550	1700	12,0	10,8	1,01	12	V-Reihenmotor, Do18
AM-34	1931	SU	625	1850	13,6	11,7	0,94	12	BMW-VIU-Lizenz
DB 600 A	1936	D	735	2400	21,7	12,8	0,73	12	A-Reihe, He111
DB 601 E	1939	D	990	2700	29,2	14,4	0,67	12	A-Reihe, Me109E
DB 605 A	1942	D	1140	2800	30,4	14,9	0,65	12	A-Reihe, Me109G
Jumo 213 E	1944	D	1375	3200	39,3	17,6	0,64	12	A-Reihe, Ta152H
Merlin II	1937	GB	770	3000	28,6	15,2	0,78	12	V-Reihe, Spitfire
Merlin 600	1951	GB	1300	3000	48,2	15,2	0,61	12	V-Reihe,
BMW 132 A	1929	D	385	1900	13,9	10,3	0,92	9	Einfachstern, Ju-52
BMW 801 A	1940	D	1175	2700	21,8	14,0	0,86	14	Doppelstern, FW190A
BMW 801 E	1943	D	1470	2700	35,2	14,0	0,78	14	Doppelstern, FW190D
ASCH-82 FN	1943	SU	1360	2500	33,0	12,9	0,66	14	Doppelstern, La-5FN
ASCH-82 T	1956	DDR	1400	2600	33,9	13,4	0,72	14	Zivilvariante, Il-14P
Centaurus	1943	GB	1855	2700	34,6	16,0	0,66	18	Doppelst., TempestII
Centaurus	1957	GB	2190	2800	39,1	16,6	0,70	18	Zivilvariante, Beverly
R3350,TC18	1952	USA	2575	2900	46,9	15,5	0,62	18	Doppelst., DC7, L1049
R4360	1953	USA	2750	2700	38,6	13,8	0,63	28	Vierfachst., B36, B377

Legende: P Höchstleistung P/V Literleistung m/P Masse-Leistungs-Verhältnis
n Höchstdrehzahl c mittl. Kolbengeschw. z Anzahl der Motorzylinder

Größere Zylinderzahlen, mehrere Motorblöcke bzw. Sterne in einer Triebwerkseinheit sowie der Einbau von mehr Triebwerken erbrachten zwar ein Leistungsplus, aber auch einen proportionalen Zuwachs an Masse und Stirnquerschnitt, letztlich also keine echte Kennwertverbesserung. Diese Problematik, die von Weitblickenden [2] erkannt wurde, war trotz weiterer Anstrengungen nicht zu umgehen. Um 1950 gelangten Doppel- und Mehrfachsternmotoren mit Abgasturboladern bzw. mit direkt auf die Hauptwelle arbeitenden Abgasturbinen bei etwa 2500 kW zu höchster Serienreife.

Mit der Triebwerksleistung und den aerodynamisch verbesserten Flugzeugzellen wurden die Fluggeschwindigkeiten gesteigert. Gegen Ende der 30er Jahre ließen sich mit Rekordflugzeugen, zu Kriegsende auch mit modernsten Serienjagdflugzeugen 700...750 km/h erreichen. Damit kam aber nach Tab.1.2 auch bei diesem Parameter die Grenze der Kolbentriebwerke in Sicht. Später mit leistungsgesteigerter

[2] z.B. Heinkel, E.: Denkschrift zur Frage der Motorenentwicklung, Stuttgart, 1936, unveröffentlicht

modifizierter Alttechnik unternommene Rekordversuche führten ebenfalls nicht zu grundsätzlich besseren Ergebnissen. Neben der stagnierenden Motorleistung [3] wird das durch die sinkende Effektivität damaliger Luftschrauben bei schallnaher Umströmung verursacht. Antriebsmäßig wäre so auf der Basis hochentwickelter Kolbenmotoren mit dem Niveau von etwa 1950 ein technischer Stillstand eingetreten.

Tab. 1.2: Weltbestleistungen bezüglich der größten Fluggeschwindigkeit, welche durch Flugzeuge mit Kolbenmotor und Luftschraube realisiert wurden (Auszüge)

Jahr	Land	Flugzeugtyp	P	Pilot	v	Bemerkungen
1906	F	Eigenbau	37	Santos-Dumont	41,6	erster bestätigter FAI-Rekord
1913	F	Deperdussin	118	Prevost	203,9	letzter Rekord vor 1.Weltkrieg
1920	F	Nieuport	235	Sadi-Lacointe	275,3	erster Rekord nach 1.Weltkrieg
1922	USA	Racer CR2	294	Mitchell	358,9	erstmals Einziehfahrwerk
1924	F	Ferbois V2	456	Bonnet	448,2	durch größere Motorleistung
1932	USA	Granville R1	588	Doolittle	473,8	durch bessere Aerodynamik
1934	F	Caudron C460	280	Delmotte	505,8	Beispiel bester Aerodynamik
1934	I	Macchi MC72	2205	Agello	709,2	Schwimmer-Wasserflugzeug
1939	D	He100/112U	2040	Dieterle	746,6	landgestütztes Flugzeug
1939	D	Me209/109R	2040	Wendel	755,1	letzter Rekord vor 2.Weltkrieg
1969	USA	F8F-2 Special	2430	Greenamyer	777,4	Nachkriegsrekordversuch
1979	USA	P51D Special	2205	Hinton	803,2	letzter Rekord mit Kolbenmotor

Legende: P Höchstleistung an Triebwerkswelle in kW v erreichte Fluggeschwindigkeit in km/h

Demgegenüber waren um 1930 die *Turbomaschinen* so weit entwickelt, daß sie im Zusammenhang mit weiteren strömungsmechanisch-thermodynamischen Erkenntnissen die Schaffung einer prinzipiell neuen Antriebsart ermöglichten. Auf der Grundlage der Gasturbine konnte so das *Turbinenluftstrahltriebwerk* zur Abgabe eines schuberzeugenden Gasstrahls entstehen. Die oben geschilderten Leistungsbegrenzungen treten beim Arbeitsprozeß dieses Antriebs nicht auf. Hinsichtlich der Antriebs- und Flugleistungen stellten Gasturbinentriebwerke als Ablösemöglichkeit der Kolbenmotoren somit die bessere Alternative dar. Wissenschaftlich-technische Vorleistungen existierten bereits:

- Angabe der Mechanikaxiome 1687 von NEWTON als Basis des Prinzips reaktiver Antriebe;
- Arbeiten über Kinematik und Strömungsmechanik von Turbomaschinen 1754 durch EULER;
- das erste Patent zur Gasturbine mit allen Baugruppen von BARBER (Großbritannien) 1791;
- Bau einer Dampfturbine durch LAVAL (Schweden) 1883 als 1. thermischer Turbomaschine;
- Analyse von Schub und Wirkungsgrad des Strahlantriebs von SHUKOWSKI (Russland) 1885;
- Bau und Inbetriebnahme von noch unvollkommenen Gasturbinenanlagen mit Sammlung wichtiger theoretischer Erkenntnisse und praktischer Erfahrungen um 1900 in vielen Staaten;
- Aufladung von Kolbenmotoren, 1905 durch den Schweizer BÜCHI vorgeschlagen, mittels Turbomaschinen (*Abgasturbolader*) von *Rateau* (Frankreich) und MOSS (USA) nach 1918 realisiert;
- die 1908 durch den Franzosen LORIN patentierte Idee, die Energie der Brenngase im Motorzylinder direkt mittels Abgasdüsen zu kinetischer Energie unter Schubwirkung umzuwandeln;
- Patente von MARCONNET (Frankreich) 1909, durch Verbindung von Gebläse, Brennkammer und Schubdüse bzw. pulsierend arbeitender Brennkammer thermische Strahlantriebe zu schaffen;
- das 1921 durch den Franzosen GUILLAUME patentierte Projekt des heut bekannten Gasgenerators mit mehrstufigen axialen Turbomaschinen als Basis eines *Turbinenluftstrahltriebwerks*;
- 1926-1930 theoretische Vorarbeiten zu Turbostrahltriebwerken von GRIFFITH und WHITTLE (Großbritannien) sowie von B.S.STETSCHKIN, S.A.AKSJUTIN und A.M.LJULKA (Sowjetunion).

[3] Diese Probleme sind dargestellt bei Eisenlohr, W.; Grasmann, K.: Aufschwung und Wende - Vom Kolben-Großflugmotor zum Strahltriebwerk. DGLR-Bericht 88-01, Bonn, 1988

Weitere Arbeiten waren die ersten Bücher mit ingenieurwissenschaftlicher Darstellung der Turbomaschinen von ZEUNER [198] 1899 und STODOLA [166] 1903. Bedeutend war die Entwicklung der ersten leistungsfähigen Turboverdichter, u.a. durch RATEAU. Grundlegende Arbeiten über Gasturbinen wurden von PRANDTL, v.KARMAN, ACKERET und KELLER u.v.a. geleistet. Eine Fülle neuer Erkenntnisse des Turbomaschinenbaus fand Eingang in Fach- und Patentliteratur sowie in Lehre und Forschung. Das nachweisbar erste Buch speziell über Luftstrahltriebwerke erschien 1942 von G.G.SMITH[4] in englischer Sprache. Auf dem Gebiet luftatmender Strahlantriebe wurden in Deutschland z.Z. der 30er Jahre durch K.LEIST, H.OESTRICH, H.J.v.OHAIN, H.TRIEBNIGG, H.WAGNER u.v.a. wichtige Arbeiten ausgeführt. Großen Anteil daran hatten auch die Deutsche Versuchsanstalt für Luftfahrt (DVL) in Berlin-Adlershof sowie die Aerodynamische Versuchsanstalt (AVA) in Göttingen.

Um 1935 liefen in mehreren Staaten fast gleichzeitig in der Regel geheimgehaltene Entwicklungs- und Konstruktionsarbeiten zur Schaffung brauchbarer Turbinenluftstrahltriebwerke an. Dabei hat sich die günstigste Form mit geradlinig durchströmtem Gasgenerator in Abb.1.3a erst nach längerer Entwicklung herausgebildet. Im deutschen Sprachbereich hat sich dafür die abkürzende Bezeichnung „TL“, ursprünglich „Turbolader“ bedeutend, durchgesetzt. Dabei handelte es sich zunächst um die einfachste Bauart mit Einstromgaskanal, welche in diesem Buch als *Einstromtriebwerk* (ETL) bezeichnet wird. Am Beispiel der erfolgreichen Erststarts von Flugzeugen mit reaktivem Antrieb zeigt nachfolgend Tab.1.3 die international zum entsprechenden Zeitpunkt erreichten Ergebnisse. Dabei wird zwischen Luftstrahl- und Raketenstrahlantrieb unterschieden. Über die hier geschilderten Vorgänge wird in [49] und [196] umfangreicher informiert.

Tab. 1.3: Erfolgreiche Erstflüge mit Eigenstart durch Strahlflugzeuge

Datum	Land	Flugzeugtyp	Pilot	Antrieb	Hersteller, Typ
03.07.1939	D	Heinkel He176	Warsitz	Rakete	Walter HWK-RI-203
27.08.1939	D	Heinkel He178	Warsitz	TL	von Ohain HeS 3B
27.08.1940	I	Caproni N1	de Bernhardi	ML	Campini
19.05.1941	GB	Gloster E28/39	Sayer	TL	Whittle W1
15.05.1942	SU	Bolchowitinow B-1	Bachtsiwandsi	Rakete	Duschkin D-1A
01.10.1942	USA	Bell XP59A	Stanley	2x TL	GE 1A (Whittle-Lizenz)
07.08.1945	J	Nakajima J8N	Tanaoka	2x TL	NE20 (BMW-Lizenz)
24.04.1946	SU	Jakowlew Jak-15	Iwanow	TL	RD-10 (Jumo004)
24.04.1946	SU	Mikojan MiG-9	Grintschik	2x TL	RD-20 (BMW003)
Nov. 1946	F	SNCASO SO-6000		TL	Jumo004

Das erste flugfähige TL des Typs HeS3B wurde von v.OHAIN ab 1936 bei der Firma HEINKEL in Rostock geschaffen, die Bedeutung des weltersten TL-Flugzeuges He178 aber nicht erkannt. Andererseits wurden die Arbeiten an TL in Deutschland seit 1938, initiiert durch H.SCHELP, staatlich organisiert (dazu s.a. [49] und [196]) und vor allem durch die Firmen JUNKERS und BMW in die Tat umgesetzt. Die Entwicklung des Jumo004 leitete A.FRANZ, die des BMW003 H.OESTRICH. Beide Muster, seit 1940/41 im Stand erprobt, ermöglichten bei anlaufender Großserienfertigung den Schul- und Kampfeinsatz der TL-Flugzeuge Me262 und Ar234 ab Sommer 1944, gefolgt vom Typ He162 im Frühjahr 1945. Diese qualitativ neuen Flugzeuge erreichten 800...900 km/h, zeigten aber infolge unzureichender Anzahl und Logistik sowie damals nicht gelöster Probleme nur wenig Wirksamkeit. Viele deutsche Projekte wurden mit Kriegsende abgebrochen bzw. von den Alliierten weiterverfolgt.

In Großbritannien begann F.WHITTLE schon 1928 mit Entwicklungsarbeiten. Er baute nach [158] in Eigeninitiative mehrere TL-Muster, von denen der Typ W1 1937 auf dem Stand lief und 1941 den Start des ersten britischen Strahlfugzeuges gewährleistete. Darauf aufbauend schuf ROLLS ROYCE das erste Serienmuster WELLAND, welches im Jäger METEOR eingebaut, ab Sommer 1944 in der britischen Luftverteidigung zum Einsatz gelangte und kurz danach den ersten Weltrekord für Strahlflugzeuge (s. Tab.1.4) aufstellte. Gegen Kriegsende fertigten britische Firmen die schubstärkeren Nachfolgemuster DERWENT, NENE u.a. Damit avancierte Großbritannien mit dem Niedergang Deutschlands 1945 zum zunächst führenden Land im Triebwerksbau und konnte diese Stellung durch Innovationen festigen.

[4] s. Literaturstelle [158], first edition: December 1942

In Italien schuf CAMPINI einen Luftstrahlantrieb auf der Grundlage des Kolbenmotors, welcher nach [43] und [158] seine Wellenleistung an einen Turboverdichter abgab. Solche Motor-Luftstrahltriebwerke (ML), die auch in Deutschland entwickelt, aber 1942 gestoppt wurden, konnten allerdings die Leistungsbegrenzung des Kolbentriebwerks (s.o.) nicht überwinden und sich deshalb nicht durchsetzen. Trotz gelungenen Fluges war so die Idee CAMPINIS nicht von Bestand.

Alle weiteren Initiativen für Erstflüge von TL-Flugzeugen in der damaligen Zeit beruhten antriebsmäßig auf den bereits geschaffenen deutschen und britischen Triebwerken. Aber ungeachtet dieser Tatsache waren in den in Tab.1.3 genannten Staaten eigenständige Entwicklungsarbeiten für TL angelaufen. Sie wurden durchgeführt von S.A.MOSS und W.C.DURAND (USA), von K.HANAJIMA und T.TANEGASHIMA (Japan), von B.S.STETSCHKIN und A.M.LJULKA (SU) sowie von M.R.ANXIONNANZ und M.R.IMBERT (Frankreich) u.v.a.

Seit 1945 war die Brauchbarkeit der zunächst noch leistungsschwachen TL nachgewiesen. Gegenüber den Jagdflugzeugen mit Kolbentriebwerken ermöglichten sie für „Düsenjäger" eine Steigerung der Fluggeschwindigkeit um 100...200 km/h. Die Überlegenheit der Gasturbinen-Flugtriebwerke führte zu einer Neuorientierung in der Antriebstechnik. Eine Barriere unzureichender Triebwerksleistungen war überwunden. Die größere spezifische Leistung des TL beruht auf dem geänderten Arbeitsprozeß mittels rotierender Strömungsmaschinen. Es bestehen dabei folgende wesentliche Änderungen:

- Der Arbeitsprozeß des TL ist durch ununterbrochen nebeneinander ablaufende Vorgänge bei *permanentem Arbeitsumsatz* gekennzeichnet. Das Viertaktverfahren des Kolbenmotors verwirklicht dagegen periodische Unterbrechungen mit der Leistungsabgabe während nur eines Taktes.
- Im TL ist für jede Zustandsänderung je eine dafür *optimal gestaltete Baugruppe* vorgesehen. Im Gegensatz dazu erfolgen im Kolbenmotor alle Zustandsänderungen im Zylinder, d.h. in nur einem Raum bei zwangsläufig ungünstigeren Bedingungen und schlechterem Energieumsatz.
- Hinsichtlich der *Thermodynamik* weist der verhältnismäßig einfach zu modifizierende, bzw. auszulegende Arbeitsprozeß für das TL im Vergleich zum Kolbenmotor wesentlich größere Potenzen zur Umweltverträglichkeit, zur Leistungsentfaltung und zu besserer Wirtschaftlichkeit aus.
- *Gasdynamisch* gesehen wird das TL geradlinig und schnell durchströmt. Deshalb besitzt es kleine Strömungsquerschitte trotz großer Werte von Massenstrom und Arbeitsumsatz. Im Kolbenmotor wird die Strömung durch Umlenkung, Drosselung und Kolbenkinematik verlangsamt.
- In der *Kinematik* zeichnet sich das TL durch rotierende Maschinen und berührungsfreie Dichtungen im Gaskanal aus. Deshalb kann es mit sehr großer Drehzahl bei kleinen Abmessungen arbeiten. Dieser Sachverhalt ist für die analogen Kennwerte in Kolbentriebwerken ungünstiger.

Diese Erscheinungen des vollkommeneren Energieumsatzes gewährleisten die Überlegenheit des Turbostrahltriebwerkes. Auch unabhängig vom Gaskanal ergaben sich an der Peripherie des TL und beim Betrieb weitere vorteilhaft zu nutzende Tatbestände:

- Wegfall der taktabhängigen Steuerung für Gaswechsel, Brennstoffeinspritzung und Zündung;
- relativ einfache Systeme für Schmierung, Kühlung, Belüftung, Steuerung und Kraftübertragung;
- disponiblere, aerodynamisch günstigere Installationsmöglichkeiten der TL im bzw. am Flugzeug;
- kleinerer Aufwand für Inbetriebnahme, Wartung und Instandhaltung bei großer Nutzungsfrist;
- geringere Brand- und Explosionsgefahr infolge träger reagierenden Brennstoffes (Kerosin);
- wesentlich kleinere auf die Leistung bezogene Beschaffungs- sowie Lebenszykluskosten.

Auf der Grundlage der entwickelten und bewährten TL von 1945 vollzog sich die Evolution der Gasturbinen-Flugtriebwerke, zunächst nur zur militärischen Nutzung. Damit wurden zugleich Vorarbeiten zur späteren Verwendung in der Zivilluftfahrt geleistet. Neue TL-Muster wurden mit Innovationen versehen und für immer höhere Parameter ausgelegt, wodurch sich ihre Kennwerte verbesserten. In Verbindung mit neuen Erkenntnissen der Aerodynamik und der Flugzeuggestaltung bewirkte das eine langandauernde Steigerung der Flugleistungen. Das zeigt Tab.1.4 für frisierte Militär- bzw. Forschungsflugzeuge am Beispiel ihrer erreichten Fluggeschwindigkeiten.

Typische Leistungen dazu zeigt auszugsweise Tab.1.4. Der erste 1945 mit einem Strahlflugzeug unternommene FAI-Rekordflug brachte einen Zuwachs von rund 220 km/h gegenüber der besten Vorkriegsleistung mit Kolbentriebwerk. Spätere Versuche führten schnell zur Annäherung an die Schallgeschwindigkeit, d.h. an die Machzahl $M = 1$. Dabei demonstrieren viele Flüge um 1953 in Erdnähe die Problematik, diese als „Schallmauer" bezeichnete Grenzgeschwindigkeit zu überschreiten. Das gelang 1955 erst durch Aufsuchen größerer Flughöhen, weil hier der aerodynamische Widerstand kleiner, der (spezifische) Schub des TL nach seiner Geschwindigkeits-Höhen-Charakteristik aber größer ist.

Tab. 1.4: Vergrößerung der Fluggeschwindigkeit durch Flugzeuge mit Turbinenluftstrahltriebwerken am Beispiel der FAI-Rekorde nach [65]

Jahr	Land	Flugzeugtyp	Triebwerk	F_s	Pilot	v
1945	GB	Meteor G41IV	2x RB 37-5	2x 9,8	Wilson	975,9
1948	USA	F-86 Sabre	J 47-1	22,3	Johnson	1079,8
1952	USA	F-86 Sabre	J 47-17	34,1	Nash	1124,1
1953	GB	Swift F Mk 4	RA 7R	42,3	Lithgow	1184,0
1953	USA	XF 4D-1	J 40-8	51,7	Verdin	1211,7
1953	USA	YF-100A	XJ 57-7	58,8	Everest	1215,3
1955	USA	F-100C	J 57	75,6	Hanes	1323,3
1956	GB	FD 2	RA 28R	55,7	Twiss	1822,0
1957	USA	F-101A	2x J 57-13	2x 64,5	Drew	1943,5
1958	USA	F-104A	J 79-3A	66,9	Irwin	2259,5
1959	SU	E-66	R-11F	58,5	Mossolow	2388,0
1959	USA	F-106A	J 75-9	104,7	Rogers	2455,7
1961	USA	F 4H PhantomII	2x J 79-8	2x 73,6	Robinson	2585,4
1962	SU	E-166	R-166	147,1	Mossolow	2681,0
1965	USA	YF 12A	2x J 58-2	2x 144,6	Stephens	3331,5
1976	USA	SR 71A	2x J 58	2x	Joersz	3529,6

Legende: F_s Bodenstandschub in kN v erreichte Fluggeschwindigkeit in km/h

Im Überschallbereich stellten sich mit schubstärkeren TL weitere Erfolge ein: Etwa 1958 konnte der Bereich der doppelten Schallgeschwindigkeit ($M = 2$) und um 1965 sogar $M = 3$ erreicht werden. Damit zeigte sich, daß extrem hohe Fluggeschwindigkeiten jenseits von etwa $M = 2,5$ auch gegenwärtig kaum nutzbar sind. Weitere Rekordversuche, welche bei entsprechendem Aufwand sicher noch höhere M-Zahlen erschlossen hätten, waren und sind somit für die „erdnahe"Luftfahrt zunächst nicht relevant. Dies gilt nicht für luftatmende Antriebe künftiger Raumflugkörper in der Hochatmosphäre.

Seit 1945 konnte sich das TL als neuer Antrieb durchsetzen. Es war in der Lage, durch kontinuierliche Weiterentwicklung zusätzliche Potenzen freizusetzen. Sein Leistungsangebot ist prinzipiell größer als in der Luftfahrt benötigt. Durch sinnvolle Parameterauslegung und Schaffung von Unterbauarten gelang es zudem, das TL an spezielle Aufgaben anzupassen sowie Umweltverträglichkeit und Wirtschaftlichkeit zu verbessern.

1.3 Bauarten luftatmender Flugtriebwerke

Das Prinzip der Impulsstromänderung läßt sich verschieden realisieren. Es erfordert die Wandlung und Übertragung von Energie auf große Massenströme, wozu sich thermische Turbomaschinen bestens eignen. Aus ihnen, d.h. aus Verdichter und Turbine, kinematisch durch eine Welle und gasdynamisch über die Brennkammer verbunden, besteht der sog. *Gasgenerator* mit dem *Turbosatz* als heißer Kern des Gasturbinentriebwerks. Ergänzt durch je einen Energiewandler für Lufteintritt und Gasaustritt, gewährleisten diese Einrichtungen in der Summe den in Kap. 2 dargestellten Kreisprozeß.

Nach der Übersicht in Abb.1.2 erfolgt eine erste Aufteilung in Strahl- und Schraubentriebwerke. Beim *Strahltriebwerk* wird die innere Arbeit unmittelbar in kinetische Energie beim Gasstrahl umgesetzt. Für das *Luftschraubentriebwerk* dient sie dem Antrieb der Schraube. Die weitere Gabelung in Luftstrahl- und Raketenstrahltriebwerke führt bei Aufspaltung ersterer zu Bauarten mit bzw. ohne Turbosatz. Triebwerke mit Turbosatz-Gasgenerator, die *Turbinenluftstrahltriebwerke* (TL), erlangten die größte Bedeutung. Sie existieren als modifizierte Bauarten mit den deutschen Kurzbezeichnungen (E)TL und ZTL sowie bei erweiterter Definition mit einer Luftschraube versehen als PTL[5]. Der Prinzipaufbau der wichtigsten TL-Bauarten geht aus Abb.1.3 hervor.

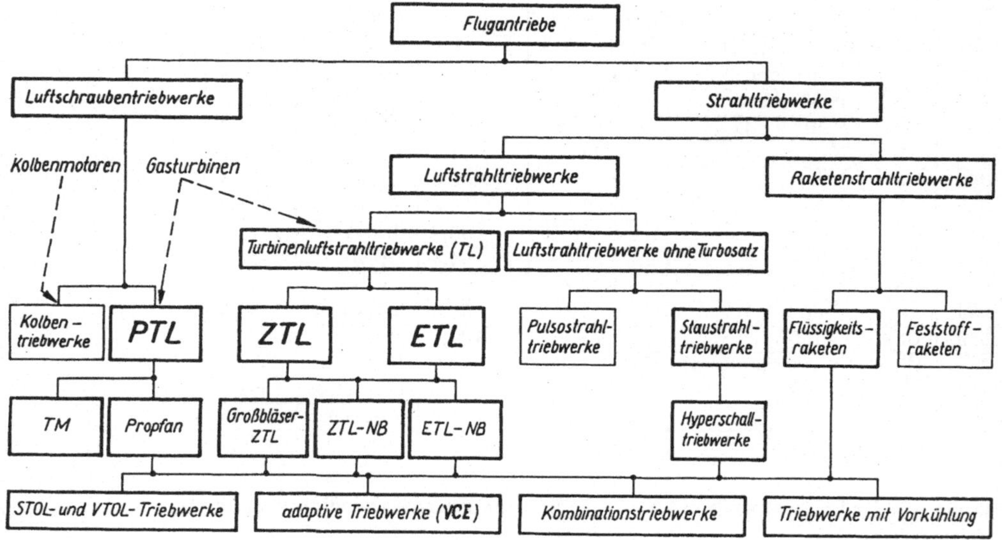

Abb. 1.2: Zur Einteilung der Flugantriebe hinsichtlich Aufbau und Arbeitsprinzip

Das **Einstromtriebwerk** (ETL, TL, *Einkreiser, Turbojet*) ist die historisch älteste und konstruktiv einfachste Bauart. Es besteht nach Abb.1.3a aus Gasgenerator sowie Einlaufdiffusor und Schubdüse als einheitlichem Gaskanal. Hierbei unterstützt der Einlaufdiffusor im Flug durch Stauverdichtung die Druckzunahme im Verdichter, während die Schubdüse mittels Gasentspannung dem austretenden Strahl die erforderliche kinetische Energie verleiht. Der zwischen den Querschnittsebenen 0 bis 9 ablaufende Kreisprozeß wird im folgenden Abschnitt untersucht. Alle zuerst und bis Mitte der 50er Jahre geschaffenen Serien-Luftstrahltriebwerke waren ETL.

Beim **Zweistromtriebwerk** (ZTL, *Zweikreiser, Mantelstromtriebwerk, Turbofan*) ist ein zusätzlicher, den Gesamtmassenstrom vergrößernder Außenstrom vorhanden. Somit wird die vom Gasgenerator bereitgestellte innere Arbeit nur teilweise auf den Innenstrom übertragen, während der (oft größere) Anteil durch das System Turbine - Welle - Bläser (Fan) auf den Außenstrom übergeht. Bei der bevorzugten Bauart nach Abb.1.3b umgeht der Außenstrom nach dem *Bypassprinzip* koaxial den Gasgenerator und tritt durch eine Zweitschubdüse aus. Im Vergleich zu ETL zeichnen sich ZTL durch kleineren Schlupf, d.h. durch eine günstigere Schubmechanik mit besserem

[5] Obwohl das PTL orthografisch zu den TL gehört und wie „echte“ TL mit einem Gasgenerator arbeitet, zählt es als Luftschraubentriebwerk bei strenger Unterscheidung nicht zu den Strahltriebwerken.

äußeren Wirkungsgrad aus. Gegenwärtig in der Verkehrsluftfahrt eingesetzte moderne *Großbläser-ZTL* sind als besonders schubstark, wirtschaftlich und leise einzuschätzen. Über die Intensivierung des Bypassprinzips sind die Kennwerte der ZTL zu verbessern.

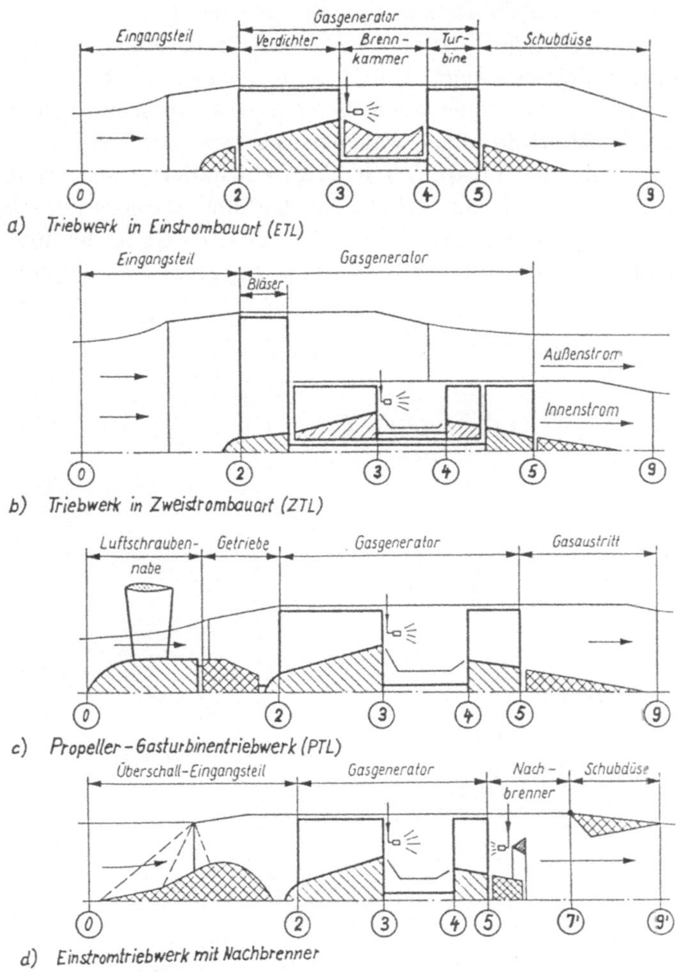

Abb. 1.3: Flugantriebe mit Turbosatz-Gasgenerator

Im **Propeller-Gasturbinentriebwerk** (PTL, *Turboprop*) dient die innere Arbeit nur dem Luftschraubenantrieb. Infolge völlig auf die Turbine verlagertem Entspannungsvorgang arbeitet die Schubdüse als Gasaustritt. Nach Abb.1.3c erfolgt die Energieübertragung mittels Turbine - Welle - Getriebe - Schraube auf den Außenstrom. Das Getriebe überbrückt die weit auseinanderliegenden Optimalbereiche der Drehzahlen von Turbosatz und Schraube. Letztere erfaßt einen sehr großen Luftmassenstrom bei kleinem Schlupf. Deshalb arbeitet das PTL mit größtem äußeren Wirkungsgrad und bester Wirtschaftlichkeit. Dem standen früher bei Großmustern als Nachteile gegenüber: das schwere, die Betriebszeit limitierende Getriebe sowie der durch die Luftschraubencharakteristik eingeschränkte Flugbereich. Durch beträchtliche Innovationen wurden unter der Bezeichnung **Propfan** (s.a. Kap.18.4) neue PTL mit verbesserter Schraube für höhere Fluggeschwindigkeit bis $M = 0,8$ entwickelt, bisher aber nicht eingesetzt.

Turbomotoren (TM, *Wellenleistungstriebwerke, Turboshafts*) sind Gasgeneratoren-Wellenantriebe. Diese relativ kleinen Drehmomentlieferanten dienen zum Antrieb von Hubschraubern, Hilfsgeräten (APU), stationären oder mobilen Arbeitsmaschinen. Sie werden auch außerhalb der Luftfahrt (s.a. Kap.19) eingesetzt.

Die **Nachverbrennung** (*Reheat*) ist eine wichtige Prozeßmodifizierung bei ETL und ZTL, vor allem im militärischen Bereich und beim Überschallflug. Der *Nachbrenner* (NB, *Afterburner*), eine dem Gasgenerator nachgeschaltete, im Schubsystem installierte zweite Brennkammer (s. Abb.1.3d) dient, wahlweise zu- bzw. abschaltbar, der nochmaligen Stromaufheizung, wobei nach Kap.10.3 Strahlgeschwindigkeit und Schub ansteigen. Im NB-Betrieb erreicht demnach ein verhältnismäßig kleines und schubschwaches TL die Leistungsklasse eines größeren. Das Einschalten des NB ist in der Regel begrenzt für Sonderfälle, z.B. für höchste Flugleistungen bzw. für große M-Zahl vorgesehen.

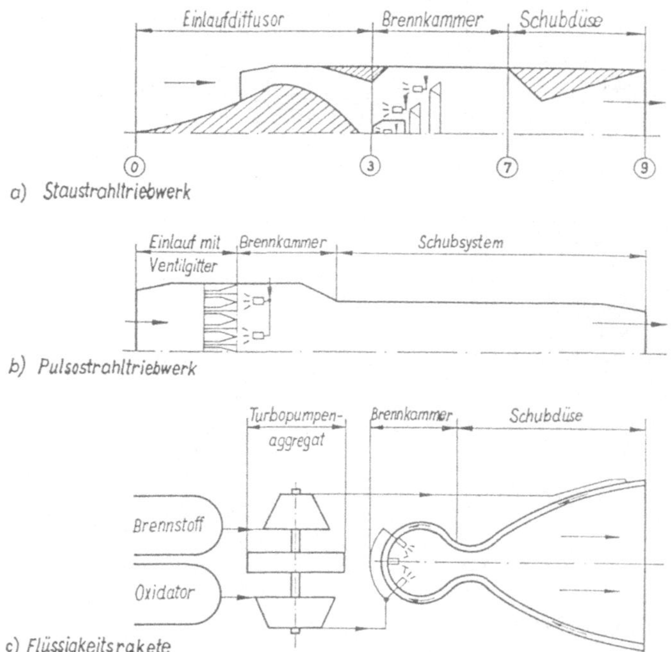

Abb. 1.4: Flugtriebwerke ohne Turbosatz-Gasgenerator

Auf der Basis des Gasgenerators stehen für künftig erhöhte Anforderungen und Sonderzwecke weitere Modifikationen von TL bereit. Die **Kurz- und Senkrechtstart-Triebwerke** (TL für STOL- und VTOL-Flugzeuge) zeichnen sich durch Luftabzapfung aus dem Gaskanal zur Grenzschichtbeeinflussung des Tragflügels oder durch Schubvektorsteuerung aus. Ihre Problematik wird hier nicht weiterverfolgt. **Triebwerke mit veränderlichem Arbeitsprozeß** (*adaptive TL, Variable Cycle Engines*, VCE) ermöglichen durch verzweigteren Gaskanal und qualitativ neue Regelung die optimale Anpassung ihrer Prozeßparameter, insbesondere ihres Bypassverhältnisses, an weit auseinanderliegende Flugzustände. Nach Kap.17.6 sind VCE ein objektives Erfordernis für wirtschaftliche Hochgeschwindigkeitsflüge in der Zukunft.

Staustrahltriebwerke (*Ramjets*) nutzen zur Verdichtung nur den Staueffekt der im Flug mit großer kinetischer Energie anströmenden Luft. Deshalb arbeiten sie ohne Turbosatz. Ihr Gaskanal besteht nach Abb.1.4a folglich nur aus Einlaufdiffusor, Brennkammer und Schubdüse. Bei großer Überschallgeschwindigkeit ist allein durch *Stauverdichtung* ein wirksamer Kreisprozeß gewährleistet. Staustrahltriebwerke sind also bestens zum Hochgeschwindigkeitsflug geeignet, bei Start oder Langsamflug dagegen wirkungslos. Für sehr große M-Zahl heißen sie **Hyperschalltriebwerke**.

Deshalb werden sie als **Kombinationstriebwerke** in einer Baueinheit mit eigenstartfähigen Triebwerken verwendet. Ein derartiger luftatmender Hochgeschwindigkeitsantrieb, welcher nach Kap.20.5 in unterschiedlichen Kombinationen von Triebwerken denkbar ist, kann z.B. ein Staustrahltriebwerk sein, in dessen Gaskanal sich zusätzlich ein TL befindet. Beide Antriebsteile arbeiten in der Regel alternativ.

Bei Verwendung tiefgekühlter, sog. *kryogener Brennstoffe* (z.B. Flüssigwasserstoff) kann ihre beträchtliche Wärmesenke für Kühlwirkungen, z.B. zur Vorkühlung des Luftmassenstroms, verwendet werden. Daraus hervorgehende **TL mit Vorkühlung** sind als hochwirksame Antriebsart für große M-Zahl anzusehen. Die luftatmenden Hochgeschwindigkeitsantriebe werden insgesamt in Kap.20 analysiert.

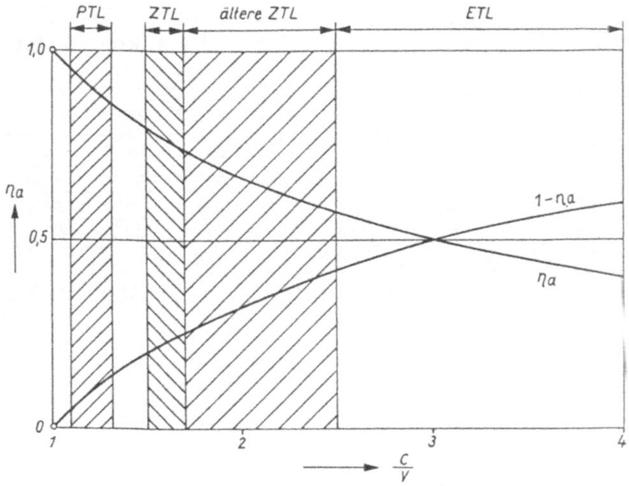

Abb. 1.5: Äußerer Wirkungsgrad η_a und Verlustanteil $(1 - \eta_a)$ verschiedenster TL

Das selten genutzte sog. **Pulsoluftstrahltriebwerk** (*pulse jet engine*) besitzt (s.a. Abb.1.4b) ebenfalls keinen Turbosatz. Im Gegensatz zu den kontinuierlich ablaufenden Vorgängen im Staustrahltriebwerk sind es hier die erzwungenen Vibrationserscheinungen der Gassäule, welche mittels periodischer Druckschwankungen einen, wenn auch wenig effektiven intermittierenden Arbeitsprozeß gewährleisten. Das Pulsotriebwerk gibt zwar Standschub ab, arbeitet aber mit ungünstigen Kennwerten, bei schlechter Wirtschaftlichkeit und großem Lärmpegel. Es ist bisher nur für Modell- oder Verlustflugkörper genutzt worden und wird hier nicht weiter betrachtet. Seine bekannteste Anwendung war der als SCHMIDT-ARGUS-*Rohr* bezeichnete Antrieb des V1-Flügelgeschosses von 1944.

Außerhalb der Atmosphäre ist die Schuberzeugung nur mit **Raketentriebwerken** bzw. mit anderen, nicht auf thermodynamischen Kreisprozessen beruhenden, Raumantrieben möglich. Eine für die Luft- und Raumfahrt relevante *Flüssigkeitsrakete* (Abb.1.4c) arbeitet nach einem Verbrennungsprozeß bei mitgeführtem Brennstoff und Oxidator. Ihr erstes bedeutsames Muster war das in Peenemünde entwickelte A4, welches ab 1942 bei etwa 200 kN Schub Gipfelhöhen von 80 km erreichte und als

V2-Terrorwaffe, nach dem Krieg als Forschungsrakete eingesetzt wurde. Aus dem Vorbild des A4 entstanden Großraketen, welche beginnend mit 1957 die Orbitalgeschwindigkeit (etwa 8 km/s) erreichten. Die größte und aufwendigste war der Typ SATURN V (USA) mit 35 MN Anfangsschub, welcher 1969 die Mondlandungen (APOLLO-Unternehmungen) ermöglichte. Das sowjetische Gegenstück war die N-1 „Herkules"mit 43 MN Startschub, deren Entwicklung nach mehreren Fehlstarts Mitte der 70er Jahre abgebrochen wurde. Das Raketentriebwerk ist auch als Bestandteil von Kombiantrieben bedeutsam. Alle Raumantriebe arbeiten ohne die atmosphärische Luft und sind deshalb nicht Gegenstand dieses Buches. Ihre Theorie ist u.a. in [109], [102] und [84] dargestellt.

Am bedeutendsten sind also Flugtriebwerke mit Turbosatz-Gasgenerator. Militärisch werden ETL und ZTL verwendet, welche zur Schubsteigerung oft mit NB ausgerüstet sind. In der modernen Verkehrsluftfahrt werden vor allem PTL und Großbläser-ZTL genutzt. Sie verwirklichen mit ihren Gasgeneratoren und Schubsystemen verschieden große Wirkungsgrade für inneren und äußeren Energieumsatz. Während der innere Wirkungsgrad, wie in Kap.2 gezeigt wird, bisher nur wenig zunahm, konnte der äußere Wirkungsgrad von TL der Verkehrsluftfahrt durch große Massenströme bei kleinem Schlupf beträchtlich gesteigert werden. Der Betrag des für den Schlupf maßgebenden Geschwindigkeitsverhältnisses $\frac{c}{v}$ wurde im Interesse günstigeren äußeren Energieumsatzes weiter verringert. Dieser Sachverhalt ist in Tab.1.5 und Abb.1.4 für den oft genutzten Unterschall-Reiseflugzustand mit $M = 0,8$ ersichtlich.

Tab. 1.5: Beispiele äußeren Energieumsatzes verschiedener Flugtriebwerke für vorausgesetzte Reiseflugbedingungen von M=0,8 und H=11km (v=236m/s)

Bauart	Einsatz	c	$\frac{c}{v}$	η_a	Bemerkung, Verbesserung
ETL-NB	1952	900	3,81	0,415	Militärflugzeug im NB-Betrieb
ETL	1956	650	2,75	0,530	Beginn des Strahlverkehrs mit ETL
ZTL, 1. Generation	1962	550	2,30	0,600	Verwendung wirtschaftlicherer ZTL
ZTL, 2. Generation	1970	415	1,76	0,725	Einsatz der Großbläser-ZTL
ZTL, 3. Generation	1990	385	1,63	0,760	z.Z. effizienteste Großbläser-ZTL
neue PTL, Propfans	2000	300	1,27	0,880	Beispiel günstigster Schubmechanik

Legende: c Ausströmgeschwindigkeit in m/s
$\frac{c}{v}$ Verhältnis von Ausström- und Fluggeschwindigkeit
η_a äußerer Wirkungsgrad nach (1.7)

Demnach sind für ETL ungünstige äußere Wirkungsgrade um $\eta_a = 0,5$ typisch. Davon ausgehend war die Entwicklung der ersten ZTL zumindest ein Anfang, die der Großbläser-ZTL der 2. Generation mit mehr als $\eta_a = 0,7$ eine beachtliche Verbesserung. Außer dieser Entwicklungsrichtung werden bedeutendere Verbesserungen durch PTL in der Propfan-Variante mit Werten von $\eta_a = 0,8 \ldots 0,9$ zu ereichen sein. Auf dieses Entwicklungspotential konzentrieren sich die Bestrebungen.

Künftige Antriebe der Zivilluftfahrt erfordern im Interesse besserer Wirtschaftlichkeit und geringerer Kosten höchste Wirkungsgrade. Dies garantieren für den wichtigen Unterschallflugbereich um $M = 0,8$ Großbläser-ZTL und Propfan-PTL. Wirtschaftliche Überschallflüge mit $M = 2,0 \ldots 2,5$ sind in Zukunft durch „schlanke" ZTL bei veränderlichem Arbeitsprozeß (VCE) denkbar. Hyperschallflüge sind in der Atmosphäre mit luftatmenden Kombinationsantrieben für die fernere Zukunft geplant.

2 Thermodynamische Grundlagen

2.1 Thermodynamische Gesetzmäßigkeiten

Impulsveränderungen erfordern im TL die Zuführung und Wandlung von Energie im Arbeitsgas nach einem thermodynamischen Kreisprozeß. Ausgangsform ist die im Brennstoff gebundene chemische Energie, und als Endform ist die kinetische Energie des Gasstrahls bzw. die Wellenarbeit anzusehen. Damit ist der Kreisprozeß der TL wie auch der anderer Brennkraftmaschinen zu untersuchen. Die Analyse des Prozesses erfolgt auf der Grundlage der technischen Thermodynamik. Sie ist für TL und Gasturbinen in den Büchern [1], [7], [38], [47], [89] und [179] sowie vielen anderen, im Literaturverzeichnis am Schluß des Buches aufgeführten, dargestellt.

Der Kreisprozeß beruht auf einer mehrfachen Veränderung des thermischen Zustandes beim Arbeitsmittel. Für letzteres gilt bei TL und Gasturbinen mit ausreichender Genauigkeit der Status des *(halb)idealen Gases*. Sein thermischer Zustand wird quantitativ durch mathematische Ausdrücke in Verbindung mit der spezifischen Wärmekapazität c, der Temperatur T, dem Druck p sowie der Gaskonstante R beschrieben. Es sind somit

die allgemeine (thermische) Zustandsgleichung:
$$pv = RT = \frac{p}{\varrho} \tag{2.1}$$

sowie die daraus entstehende Differentialform:
$$\frac{\mathrm{d}T}{T} = \frac{\mathrm{d}p}{p} + \frac{\mathrm{d}v}{v} \tag{2.2}$$

die bekannte Energiebeziehung von R.MAYER
$$R = c_p - c_v \tag{2.3}$$

mit darin vorhandenem Isentropenexponenten
$$\kappa = \frac{c_p}{c_v}$$

und einer zweckmäßigen Schreibvereinfachung
$$m = \frac{\kappa - 1}{\kappa}$$

ergeben als weiteren Ausdruck die Gleichung:
$$c_p = \frac{\kappa}{\kappa - 1} R = \frac{R}{m} \tag{2.4}$$

Für die quantitative Untersuchung thermodynamischer Prozesse sind die (in Abhängigkeit von Temperatur, Druck und chemischer Zusammensetzung variablen) ***Stoffwerte*** des Arbeitsmittels zu beachten. Gegenüber stark vereinfachten Berechnungen mit konstanten Werten von κ bzw. m sind bei genauer Analyse ihre Abhängigkeiten von der Temperatur (halbideales Gas) sowie zusätzlich vom Druck (reales Gas) zu berücksichtigen. Der Wert von R ist auch abhängig von der Gaszusammensetzung. Je höher die Gastemperatur ist, um so stärker divergieren die Zahlenwerte vom Ausgangszustand.

Diese Stoffwerte, u.a. in [7], [38] und [89] enthalten, erschweren die Untersuchung und erfordern gewöhnlich moderne Rechentechnik. Damit gewährleisten sie unter Einbeziehung weiterer realer Einflüsse eine genaue, aber aufwendige Prozeßanalyse. Im Interesse übersichtlicher Gleichungen wird oft vereinfacht mit diskreten konstanten Größen nach ***angenähertem halbidealen Gasstatus***, gestaffelt nach dem thermischen Niveau des Gases (s. Tab.2.1), gerechnet. Dies genügt theoretischen Untersuchungen, ist aber bei höheren Anforderungen einer kritischen Wertung zu unterziehen.

Thermodynamische Untersuchungen von TL haben Prozeßparameter und Energieumsatz zum Ziel. Für *offene Systeme*[1], wie es die TL und ihre Baugruppen sind, lassen sich folgende, untereinander nicht gleichwertige Energieformen unterscheiden: Wärme,

[1] Offene Systeme sind Räume, deren Grenzen für Massen- und Energieströme durchlässig sind.

Enthalpie sowie mechanische Arbeit und kinetische Energie. Als mathematische Ausdrücke sind sie oft in der Form spezifischer Größen sowie in differentieller Schreibweise dargestellt. Wichtige Beziehungen thermischer Energieformen und Zustandsgrößen sind

die (spezifische) Wärme: $dq = c\mathrm{d}T$ (2.5)

die spezifische Enthalpie: $\mathrm{d}h = c_p\mathrm{d}T = c_v\mathrm{d}T + \mathrm{d}(pv)$ (2.6)

die spezifische Entropie: $\mathrm{d}s = \frac{\mathrm{d}q}{T} = c_p\frac{\mathrm{d}T}{T} - R\frac{\mathrm{d}p}{p}$ (2.7)

Tab. 2.1: Stoffwerte für überschlägige thermodynamische Berechnungen

Anwendungsbereich	κ	m	m^{-1}	R	c_p	c_v
				$\frac{\mathrm{kJ}}{\mathrm{kgK}}$	$\frac{\mathrm{kJ}}{\mathrm{kgK}}$	$\frac{\mathrm{kJ}}{\mathrm{kgK}}$
Luft bei Umgebungstemperatur	1,40	0,286	3,50	0,2871	1,005	0,7179
Brenngas für $T < 1200$K	1,33	0,250	4,00	0,2874	1,158	0,8706
Brenngas für $T > 1200$K	1,30	0,230	4,33	0,2877	1,250	0,9623
Brenngas im NB, etwa $T = 2000$K	1,25	0,200	5,00	0,2885	1,444	1,1555

Enthalpie und Entropie kennzeichnen als kalorische Zustandsgrößen den inneren Zustand des offenen Systems und ermöglichen so seine Punktdarstellung im MOLLIER-*Enthalpie, Entropie-Diagramm* (h, s-Diagramm). Die Enthalpie ist nach (2.6) als Summe der Beträge von innerer Energie $c_v\mathrm{d}T$ und Arbeit $\mathrm{d}(pv)$ aufzufassen. Zur Bedeutung der Entropie, die kein Energiebetrag ist, wird auf den 2. Hauptsatz (s.u.) verwiesen. Der Transport von Energie über die Systemgrenzen hinweg wird außer durch die Wärme $\mathrm{d}q$ noch durch andere, nicht weniger wichtige nichtthermische Formen realisiert. Das sind

die spezifische technische Arbeit: $\mathrm{d}w = v\mathrm{d}p$ (2.8)

die spezifische kinetische Energie: $\mathrm{d}w_k = c\mathrm{d}c$ (2.9)

Technische Arbeit ist mittels Ausdruck (2.8) dem Gas zu entnehmen bzw. ihm zuzuführen und wird bei Turbomaschinen durch rotatorische Bewegung mittels Drehmoment als mechanische Arbeit wirksam. Die kinetische Energie strömender Gase in der nach (2.9) integrierten Form $\frac{1}{2}c^2$ ist bereits in (1.3) ersichtlich. Die potentielle Energie ist wegen zu geringer Höhenunterschiede in den Gaskanälen bedeutungslos. Eine Bilanz dieser für TL und ihre Baugruppen relevanten Formen ergibt nach dem Prinzip der Energieerhaltung den *1. Hauptsatz* der Thermodynamik, so in folgender Gleichung:

$$\mathrm{d}q + \mathrm{d}w = \mathrm{d}h + \mathrm{d}w_k \qquad (2.10)$$

Nach dieser auch als *Energiegleichung* ausgewiesenen Beziehung (2.10) sind die verschiedenen Formen der Energie beliebig ineinander umwandelbar. Beim Tatbestand sog. *adiabater Systeme*[2] wird (2.10) wegen $\mathrm{d}q = 0$ vereinfacht. Der Energieumsatz adiabater offener Systeme ist eine wichtige Besonderheit für diejenigen Baugruppen im TL, welche die Verdichtungs- und Entspannungsvorgänge realisieren. Der zusätzliche Fall $\mathrm{d}w = 0$ gilt für die Strömungskanäle außerhalb der Turbomaschinen, so daß nach

[2] Über die Grenzen adiabater Systeme erfolgt kein Wärmetransport. Als adiabat gelten alle Baugruppen des TL außer der Brennkammer, weil wegen sehr hoher Strömungsgeschwindigkeit, d.h. infolge zu geringer Zeit kein meßbarer Wärmeaustausch durch ihre Wandungen nach außen auftreten kann.

(2.10) die Wandlung nur von Enthalpie in kinetische Energie oder umgekehrt erfolgt. Für die Brennkammer gilt nach dem 1. Hauptsatz die Gleichung $dq = dh$ unter der Voraussetzung, daß sich die kinetische Energie nicht ändert.

Durch *Irreversibilitäten* (Reibung, Grenzschichteffekte, Verdichtungsstöße) gelingen technische Energiewandlungen nicht vollkommen, sondern sie sind stets mit einer mehr oder weniger großen Entwertung in minderwertige, d.h. nicht erwünschte Energieformen verbunden. Letztere bestehen hauptsächlich aus innerer Energie, deren direkte Wandlung in mechanische Arbeit nicht möglich ist. Diese Problematik der partiellen Energieentwertung ist Gegenstand des *2. Hauptsatzes* der Thermodynamik. Über das Verhalten der Entropie lassen sich für den wichtigen Sonderfall der adiabaten Systeme die einfachen quantitativen Formulierungen des 2. Hauptsatzes angeben, und zwar bei

idealen reversiblen (umkehrbaren) Vorgängen: $$ds = 0 \tag{2.11}$$

irreversiblen (realen technischen) Vorgängen: $$ds > 0 \tag{2.12}$$

Bei Zustandsänderungen in adiabaten Systemen gewährleistet nach (2.11) nur die reversible Adiabate bzw. *Isentrope* die vollständige Umwandlung von Energie ohne deren partielle Entwertung. Isentrope Vorgänge sind anzustrebende, aber nur unter den Bedingungen der *Reversibilität* erreichbare ideale Bestzustände. Die Bedingung $ds = 0$, d.h. die isentrope Zustandsänderung ist in adiabaten Systemen der Gütemaßstab für den vollständigen Energieumsatz.

Durch vorhandene *Irreversibilitäten* verlaufen dagegen alle technischen Zustandsänderungen nach (2.12) mit mehr oder weniger großem Entropiezuwachs als *Polytrope*. Mit der Bedingung $ds > 0$, d.h. durch die Erzeugung von Entropie bzw. innerer Energie erreichen polytrope Zustandsänderungen ungünstigere Endzustände als isentrope. Sie gewährleisten damit nicht den vollständigen Energieumsatz. Unter Berücksichtigung des 2. Hauptsatzes werden Verdichtungs- und Entspannungsvorgänge im TL als polytrope Zustandsänderungen verwirklicht, die man durch Minimierung der Irreversibilitäten weitgehend an isentrope annähert.

Daraus ergibt sich die Bedeutung der Isentrope als günstigste Zustandsänderung für den Energieumsatz in adiabaten Systemen. Allgemein wird dafür ein Anfangspunkt 1 sowie ein Endzustand mit dem Index 2 vorausgesetzt. Ihre mathematische Handhabung erfordert die Ermittlung der sich hiermit einstellenden Temperatur- und Druckverhältnisse. Infolge dieser häufig genutzten, zweckmäßig verwendeten Schreibvereinfachungen

$$\tau_{12} = \frac{T_2}{T_1} \qquad \text{und} \qquad \Pi_{12} = \frac{p_2}{p_1}$$

werden mathematische Ausdrücke übersichtlicher. Die Gleichsetzung von Temperatur- und Druckverhältnissen erfolgt ideal in der sog. *Isentropenbeziehung*, unter realen Bedingungen in der analogen *Polytropenbeziehung*. Diese oft gesetzten Ausdrücke lauten

$$\frac{T_2}{T_1} = \left(\frac{p_2}{p_1}\right)^{\frac{\kappa-1}{\kappa}} \qquad \text{bzw.} \qquad \tau_{12} = \Pi_{12}^{m} \qquad \text{bzw.} \qquad \tau_{12} = \Pi_{12}^{\frac{n-1}{n}} \tag{2.13}$$

Damit ist unter Berücksichtigung von (2.10) sowie (2.6), (2.8) und (2.9) die technische Arbeit bei Zustandsänderungen, z.B. für Verdichtungsvorgänge zu bestimmen. Dabei ist zwischen der Isentrope mit dem Isentropenexponenten κ bzw. m und der (realen) Polytrope mit dem Polytropenexponenten n zu unterscheiden. Für die Isentrope gilt:

$$w_{12} = \int_1^2 dw = \int_1^2 dh = h_2 - h_1 = c_p(T_2 - T_1)$$

$$w_{12} = \frac{R}{m}(T_2 - T_1) = T_1\frac{R}{m}(\tau_{12} - 1) = T_1\frac{R}{m}(\Pi_{12}^{m} - 1) \tag{2.14}$$

Nach (2.13) und (2.14) sowie ihren Modifikationen gelingt die quantitative Analyse des Energieumsatzes für ideale und reale Zustandsänderungen. Mit den dargestellten Gleichungen sind die Arbeiten und Endparameter der Zustandsänderungen zu ermitteln. Der Unterschied zwischen idealer und realer Zustandsänderung kommt in den Exponenten κ bzw. n mit ihren irreversibilitäts- und temperaturabhängigen Zahlenbeträgen zum Ausdruck. Im allgemeinen gelten bei Turbomaschinen und Umgebungstemperatur

für die (ungekühlte) Verdichtung: $\kappa = 1,4 < n < 1,5$

und beim Entspannungsvorgang: $1,3 < n < 1,4 = \kappa$

Für isentrope Verdichtung und Entspannung in Turbomaschinen als adiabaten Systemen ist bekanntlich $n = \kappa$. Reale Zustandsänderungen sind dagegen durch die Vergrößerung von Entropie und innerer Energie sowie durch eine höhere Endtemperatur infolge irreversibler Energieentwertung gekennzeichnet. Das bewirkt bei der realen Verdichtung die Vergrößerung, für die reale Entspannung eine Verkleinerung des Wertes von n gegenüber dem von κ. In beiden Fällen wird von der Isentrope in Richtung der Entropievergrößerung abgewichen.

Im T,s- und h,s-Diagramm zeigt die Isentrope nach (2.11) vertikalen, die Polytrope dagegen infolge (2.12) einen (vom Einfluß der Irreversibilitäten abhängenden) nach rechts geneigten Verlauf. Für beide Zustandsänderungen ist es wegen (2.14) in einem maßstabsgerechten h,s-Diagramm möglich, die technische Arbeit durch ***vertikales*** Abgreifen zwischen den Enthalpieniveaus der Punkte 1 und 2 zu bestimmen.

Der Austausch von *Wärme* erfolgt in nichtadiabaten, auch als *diatherm* bezeichneten Systemen, wie z.B. in der Brennkammer des TL. Sie erfolgt bei idealer Betrachtung mittels der *Isobare* als Zustandsänderung. Nach (2.5) und (2.6) wird bei $\mathrm{d}p = 0$ zwischen den Zustandspunkten 1 und 2 der folgende Betrag an getauschter Wärme berechnet:

$$q_{12} = \int_1^2 \mathrm{d}q = c_p \int_1^2 \mathrm{d}T = c_p(T_2 - T_1) = \frac{R}{m}(T_2 - T_1) = h_2 - h_1 \tag{2.15}$$

Wegen (2.7) ist die Isobare im T,s- bzw. h,s-Diagramm eine konkav gekrümmte ansteigende Kurve. In der Realität verursachen allerdings die Irreversibilitäten davon abweichend einen *Druckverlust*. Nach (2.15) ist es möglich, den Betrag der Wärme ebenfalls als Enthalpiedifferenz $\mathrm{d}h$ dem maßstäblichen h,s-Diagramm, sowohl bei idealer als auch realer Zustandsänderung, zu entnehmen. Das h,s-Diagramm erweist sich damit als günstige Darstellungsmöglichkeit von Energiebeträgen in Form vertikaler Strecken, während T,s- und p,v-Diagramme sie durch (quantitativ schwerer bestimmbare) Flächenbeträge verkörpern.

Damit sind die beiden wichtigsten idealen (reversiblen) Zustandsänderungen für TL-Prozesse analysiert. Das ist einmal die *Isentrope* für den Austausch von technischer Arbeit in adiabaten Systemen. In älterer Literatur wird sie als Adiabate bezeichnet. Zum anderen ist es die *Isobare* für den Austausch von Wärme in nichtadiabaten Systemen. Unter realen technischen Bedingungen, d.h. bei Existenz stets wirksamer Irreversibilitäten, verläuft erstere als Polytrope mit Entropiezuwachs, und der Wärmetausch erfolgt nicht völlig isobar, sondern unter Druckabfall. Unabhängig vom Kreisprozeß der Gasturbinenanlagen ist zur Vollständigkeit eine weitere reversible Zustandsänderung, die *Isotherme* mit $\mathrm{d}T = 0$, zu nennen. Sie verläuft nach (2.7) mit größter Entropieveränderung unter der Voraussetzung, daß im nichtadiabaten System ein beliebig großer Wärmetausch gewährleistet ist.

2.2 Der ideale Kreisprozeß

Als thermodynamische Arbeitsgrundlage bestehen Kreisprozesse von TL aus einer geschlossenen Reihenfolge von Zustandsänderungen. In Diagrammen ergibt sich dabei ein Umfahren im Uhrzeigersinn, d.h. Rechtsläufigkeit mit dem Folgeprinzip: Verdichtung, Wärmezufuhr, Entspannung, Restwärmeabfuhr. Der ideale Prozeß ist mit geringerem Aufwand zu analysieren, setzt aber gegenüber der Realität einige Vereinfachungen voraus. Das sind die idealen Zustandsänderungen sowie ein hinsichtlich Menge und Stoffeigenschaften gleichbleibendes Arbeitsmittel.

Prozeßanalysen haben die Ermittlung wichtiger Bewertungskriterien zum Ziel. Das sind die (absolute bzw. dimensionslose) innere Arbeit und der thermische Wirkungsgrad. Ausgangspunkt der Prozeßtheorie ist das Gedankenexperiment von CARNOT: Ein reversibler Kreisprozeß nach Abb.2.1, bestehend aus zwei Isothermen und zwei Isentropen, ermöglicht Zufuhr und Abfuhr der Wärme bei den vorgegebenen konstanten Temperaturen T_{max} und T_{min} mit denkbar höchstem thermischen Prozeßwirkungsgrad

$$\eta_{th} = \eta_{max} = 1 - \frac{T_{ab}}{T_{zu}} = 1 - \frac{T_{min}}{T_{max}} \tag{2.16}$$

Dieser *Carnotprozeß*, welcher nur aus reversiblen Zustandsänderungen besteht, ist somit ein Gütemaßstab für beste Energieumwandlung, wenn auch seine praktische Anwendung an der Verwirklichung der Isothermen und der zu geringen Arbeit im Bereich technisch beherrschbarer Drücke, andererseits bei extremen Drücken für große Arbeitsausbeute, scheitert. Der mit den Namen ACKERET und KELLER verbundene Isothermen-Isobaren-Prozeß würde ohne extreme Drücke den ebenso hohen Wirkungsgrad nach (2.16) realisieren, scheitert aber ebenfalls an der Verwirklichung der Isothermen.

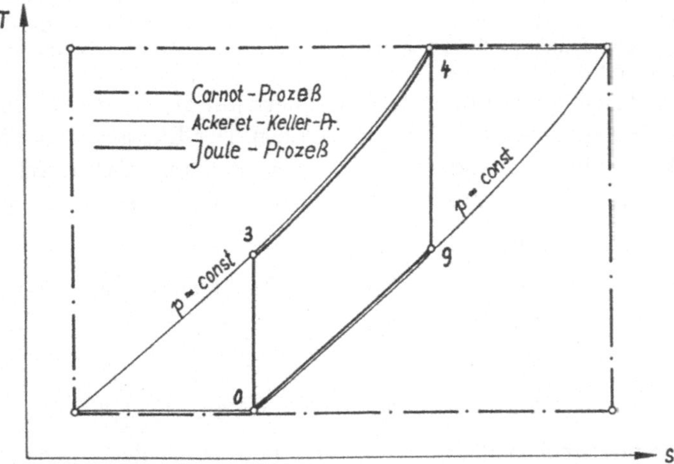

Abb. 2.1: Der Weg vom Carnot- über den Ackeret-Keller- zum Joule-Prozeß

Der Zwang zur Realisierung in Einfachheit führte zum Ersatz der Isothermen durch Isentropen, d.h. zum *Isobaren-Isentropen-Prozeß*. Das bedeutet für die Zufuhr und Abfuhr der Wärme: Anstatt mit konstanten Temperaturen nach CARNOT und ACKERET-KELLER erfolgt sie bei isobarer Zustandsänderung mit veränderlichen (gleitenden) Temperaturen. Dieser aus Isobaren und Isentropen bestehende ideale Prozeß nach JOULE bzw. BRAYTON ist die thermodynamische Grundlage der TL und Gasturbinen. Infolge kleinerer Differenz der Mitteltemperaturen zum Wärmetausch tritt dabei gegenüber (2.16) ein Abfall des thermischen Wirkungsgrades ein. Vorteilhaft ist aber die Realisierbarkeit in einfacher und leichter Maschinenanlage bei großer Prozeßarbeit. In Ergänzung zu Kap.1.3 laufen somit im einfachsten TL, dem Triebwerk in Einstrom-Bauart nach Abb.1.3a, unter Flugbedingungen folgende ideale Zustandsänderungen ab:

- isentrope Stauverdichtung im Einlaufdiffusor durch die kinetische Energie der mittels Fluggeschwindigkeit anströmenden Außenluft zwischen den Stellen 0 und 2;
- weitere isentrope Druckvergrößerung im Verdichter durch (von der Turbine mittels Welle zugeführter) mechanischer Arbeit zwischen den Triebwerksebenen 2 und 3;
- isobare Wärmezufuhr in der Brennkammer mittels exothermer chemischer Reaktion des eingegebenen Brennstoffes innerhalb der Stationen 3 bis 4 im Gaskanal;
- isentrope Teilentspannung in der Turbine von 4 nach 5 zur Aufbereitung mechanischer Arbeit, welche den Antrieb von Verdichter und Geräten gewährleistet;
- isentrope Restentspannung in der Schubdüse von 5 bis 9 zur Wandlung der für die Schubmechanik benötigten kinetischen Energie des austretenden Gasstrahls;
- isobare Abfuhr der Restwärme zwischen den Stationen 9 und 0 durch Vermischung von Strahl und Umgebungsluft mit dem Wiedererreichen des Ausgangspunktes.

Somit wird unter Mitwirkung der atmosphärischen Umgebung der Durchlaufprozeß zwischen den Ebenen 0 und 9 im Inneren des TL durch den Mischvorgang außerhalb letztlich zum (geschlossenen) Kreisprozeß ergänzt. Im Standbetrieb des TL entfällt die Stauverdichtung. Damit stimmen die Parameter der Ebenen 0 und 2 überein. Demgegenüber erfolgt beim PTL die Entspannung bereits in der Turbine bis zum Außendruck, so daß die Restentspannung im Gasaustritt entfällt. Folglich stimmen hier die Parameter der Punkte 5 und 9 überein. Beim ZTL liegt Punkt 5 zwischen den Auslegungsmöglichkeiten für ETL und PTL. Der Jouleprozeß wird so in Abhängigkeit von Betriebszustand oder baulichen Veränderungen des TL modifiziert.

Damit lassen sich durch Betrachtung im h,s-Diagramm die quantitativen Untersuchungen des idealen Jouleprozesses im ETL vornehmen. Der Energieumsatz jeder Baugruppe ist als Enthalpiedifferenz[3] darstellbar, d.h. er ist damit auch durch vertikales Abmessen im maßstäblichen Diagramm quantitativ zu ermitteln. Demnach gilt also für

den Einlaufdiffusor: $$\Delta h_{EL} = h_{t2} - h_0 = \tfrac{1}{2}v^2 \tag{2.17}$$

Verdichter/Turbine: $$\Delta h_V = h_{t3} - h_{t2} = \Delta h_T = h_{t4} - h_{t5} \tag{2.18}$$

die Brennkammer: $$\Delta h_{BK} = h_{t4} - h_{t3} = q_{zu} \tag{2.19}$$

Schubdüse/Strahl: $$\Delta h_{SD} = h_{t5} - h_9 = \tfrac{1}{2}c_9^2 \tag{2.20}$$

die Wärmeabfuhr: $$\Delta h_{ab} = h_9 - h_0 = q_{ab} \tag{2.21}$$

Der Austausch mechanischer Arbeit Turbine - Verdichter ist für den Gleichgewichtszustand nach (2.18) durch gleichgroße Beträge für $\Delta h_T = \Delta h_V$ gekennzeichnet. Für den Fall der Ungleichheit tritt eine Drehzahländerung des Turbosatzes auf. Das höhere Temperaturniveau während der Gesamtentspannung (Expansion) gewährleistet angesichts einer ersichtlichen Divergenz der Isobaren im Diagramm einen größeren spezifischen Energiebetrag als für die Gesamtverdichtung (Kompression) infolge tieferer Temperatur erforderlich ist. Diese Energiedifferenz $w_{Es} - w_{Ks}$ ist die spezifische ***innere Nutzarbeit*** w_{is}, im Standbetrieb mit $\frac{1}{2}c_9^2$ gleich der kinetischen Energie des Gasstrahls.

[3]Zur Erklärung dieser erstmals auftauchenden Größen mit dem Index t, der sog. ***Totalparameter***, wird auf Kap.3.2 verwiesen. Diese Besonderheit ist thermodynamisch hier zunächst ohne Bedeutung.

Davon ist im Flug die Energie der Anströmung $\frac{1}{2}v^2$, wodurch die Prozeßparameter ein höheres Energieniveau erhalten, von der des Gasstrahls zu subtrahieren. Stets ist die Differenz von zugeführter und abgeführter Wärme bzw. der Gesamtarbeiten von Entspannung und Verdichtung oder der kinetischen Energien von Ausströmung und Anströmung beim durchgesetzten Arbeitsmittel gleich der spezifischen inneren Arbeit:

$$w_{is} = \oint v\mathrm{d}p = c_p \oint \mathrm{d}T$$

$$w_{is} = w_{Es} - w_{Ks} = c_p \left[(T_{t4} - T_9) - (T_{t3} - T_0) \right]$$

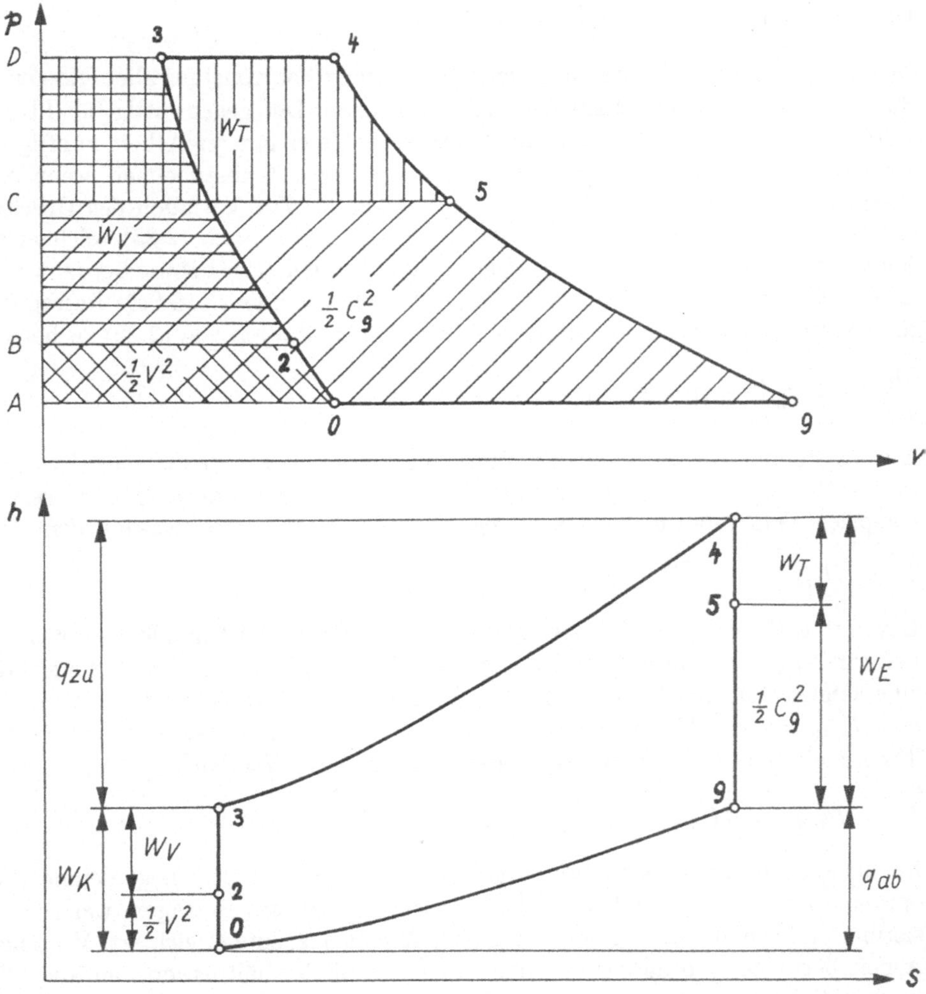

Abb. 2.2: Idealer Jouleprozeß mit den daran beteiligten spezifischen Energiebeträgen nach den Ebenenbezeichnungen des Einstromtriebwerks (ETL) unter Flugbedingungen

Zur praktischen Anwendung ist diese Form wegen unbekannter Endtemperaturen T_9 und T_{t3} wenig geeignet. Deswegen wird sie nach (2.15) sowie durch Einführung zweier wichtiger Auslegungsgrößen in Gestalt von Parameterverhältnissen umgeformt, nämlich dem Gesamttemperaturverhältnis $\tau_{04} = \frac{T_{t4}}{T_0} = \frac{T_{max}}{T_{min}} = \tau$

sowie dem Gesamtdruckverhältnis $\Pi_{04} = \frac{p_{t4}}{p_0} = \frac{p_{max}}{p_{min}} = \Pi$

Damit lassen sich für die innere Arbeit des idealen TL-Prozesses verhältnismäßig einfache und übersichtliche Ausdrücke herleiten. Das Resultat ergibt sich dabei gleichberechtigt in Differenz- bzw. in Produktschreibweise zur weiteren Auswertung wie folgt:

$$w_{is} = T_0 \frac{R}{m} \left[\tau \left(1 - \Pi^{-m}\right) - \left(\Pi^m - 1\right)\right] \tag{2.22}$$

$$w_{is} = T_0 \frac{R}{m} \left[\left(\tau - \Pi^m\right)\left(1 - \Pi^{-m}\right)\right] \tag{2.23}$$

In Abhängigkeit vom Temperaturverhältnis τ steigt bei Konstanz aller anderen Größen die innere Arbeit nach (2.22) und (2.23) linear an. Der gegenwärtig für TL genutzte Bereich von etwa $\tau = 4 \ldots 6$ ist im Interesse größerer innerer Arbeit künftig bis zum stöchiometrischen Brenngemisch jenseits von $\tau = 8 \ldots 9$ auszudehnen, wenn dabei die thermische Festigkeit des TL aufrechtzuerhalten ist. Zur Variation des Druckverhältnisses Π ist unter analogen Bedingungen festzustellen: Nach (2.23) zeichnet sich die Funktion $w_{is} = f(\Pi)_\tau$ durch 2 Nullstellen, nämlich bei $\Pi = 1$ sowie bei $\Pi = \tau^{1/m}$ aus. Dazwischen weist sie positive Werte, darunter ein Maximum auf. Sein Betrag ist durch die Extremwertberechnung mittels partieller Differentiation von (2.22) zu bestimmen:

$$\frac{\partial w_{is}}{\partial \Pi^m} = T_0 \frac{R}{m} \left(\tau \Pi^{-2m} - 1\right) = 0$$

Die Umstellung dieses Ausdrucks führt zur expliziten Darstellung des Druckverhältnisses Π, welches den Größtwert an innerer Arbeit garantiert. Dieser Wert von Π entspricht dem w-optimalen Auslegungspunkt des idealen Prozesses mit dem Ergebnis:

$$\Pi = \Pi_{optw} = \tau^{1/2m} \tag{2.24}$$

Ein mittels (2.24) optimal ausgelegter idealer Jouleprozeß ist an gleichgroßen Endtemperaturen für Verdichtung und Entspannung $T_{t3} = T_9$, wie es in Abb.2.2 ersichtlich ist, zu erkennen. Für $\kappa = 1,33$ und das o.g. Temperaturverhältnis von $4 \ldots 6$ wird ein Wert von $\Pi_{optw} = 16 \ldots 36$ berechnet. Andererseits ergibt sich für den Term $(\tau^{1/m})$ nach der Theorie ein maximal denkbares Druckverhältnis durch Vergleich mit Ausdruck (2.24)

$$\Pi = \Pi_{max} = \left(\Pi_{opt\,w}\right)^2 \tag{2.25}$$

Im theoretisch vorstellbaren Wertebereich von $\Pi = 1 \ldots \tau^{1/m}$ liegt demnach das w-optimale Druckverhältnis bei vergleichsweise nicht großen Beträgen, was seine Realisierung in TL und Gasturbinen mit großer Arbeitsausbeute erleichtert. Vergleiche von Arbeitsbeträgen sind aussagekräftiger, wenn sie als Verhältniswerte auf die Minimalgröße RT_0 bezogen werden. Für die ideale *dimensionslose Prozeßarbeit* ω_{is} ergibt sich:

$$\omega_{is} = \frac{w_{is}}{RT_0} = \left(\tau - \Pi^m\right)\left(1 - \Pi^{-m}\right) m^{-1} \tag{2.26}$$

$$\omega_{is} = \omega_{max} = \frac{w_{ismax}}{RT_0} = \left(\sqrt{\tau} - 1\right)^2 m^{-1} \tag{2.27}$$

Der konvexe Verlauf des Arbeitsverhältnisses ω_{is} ist für verschiedene τ-Werte in Abb.2.3 ersichtlich. Bei Anwendung des w-optimalen Druckverhältnisses wird erwartungsgemäß sein Größtbetrag erreicht. Zur qualitativen Bewertung der inneren Energiewandlung im idealen Prozeß dient der *thermische Wirkungsgrad* η_{th} als Verhältnis vom Nutzen w_{is} zur aufgewendeten, d.h. zugeführten Wärme q_{zu}. Substitutionen und Umformungen dieser Ausdrücke führen zu den folgenden Gleichungen mit abschließender Vereinfachung:

$$\eta_{th} = \frac{w_{is}}{q_{zu}} = \frac{(h_4 - h_3) - (h_9 - h_0)}{h_4 - h_3} = \frac{c_p\left[(T_4 - T_3) - (T_9 - T_0)\right]}{c_p\,(T_4 - T_3)}$$

$$\eta_{th} = 1 - \Pi^{-m} \qquad (2.28)$$

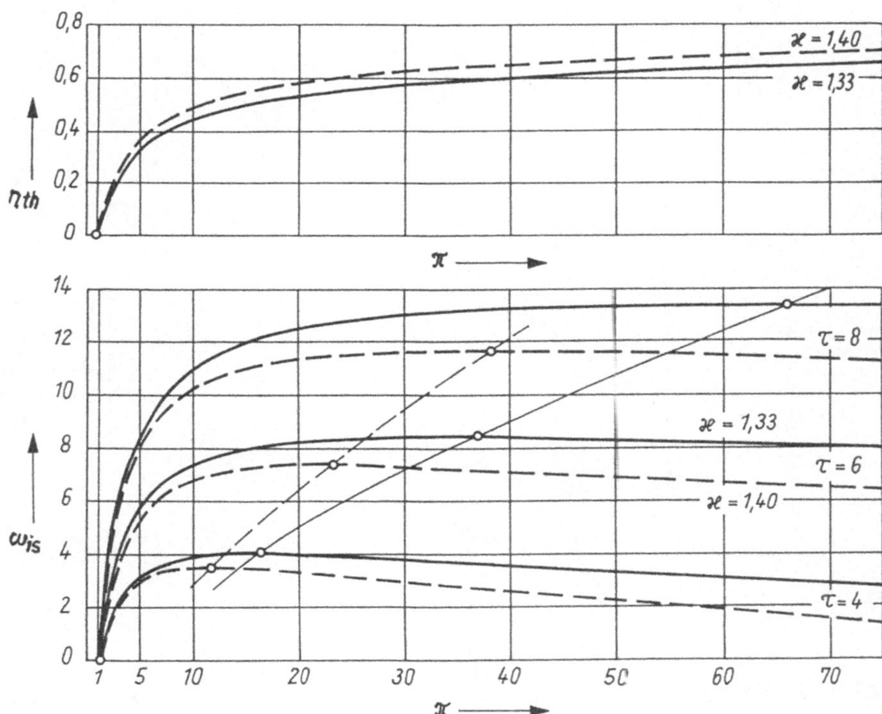

Abb. 2.3: Wirkungsgrad η_{th} und innere Arbeit ω_{is} des idealen Jouleprozesses

Der thermische Wirkungsgrad des idealen Prozesses ist nur vom Druckverhältnis Π abhängig. Nach (2.28) und Abb.2.3 wächst er als Funktion von Π mit immer kleiner werdender Zunahme. Für $\kappa = 1,33$ und die o.g. w-optimalen Druckverhältnisse von $16 \ldots 36$ erreicht der thermische Wirkungsgrad nur den wenig befriedigenden Bereich von $\eta_{th} = 0,500 \ldots 0,592$. Im Vergleich zum Carnotwirkungsgrad ist das eine beträchtliche Verschlechterung. Insgesamt läßt sich für den idealen Jouleprozeß mit Abb.2.3 feststellen: Bei kleinem Druckverhältnis wachsen innere Arbeit und thermischer Wirkungsgrad steil an, für w-optimale Auslegung erreicht die Arbeit ihr Maximum und fällt danach wieder. Der Wirkungsgrad steigt über dem Druckverhältnis monoton weiter.

2.3 Der reale Kreisprozeß

Zur besseren Übereinstimmung mit der Realität werden nun die Vereinfachungen des idealen Prozesses aus Kap.2.2 durch Annahmen ersetzt, welche die tatsächlichen Zusammenhänge als Näherung präziser widerspiegeln. Der reale Kreisprozeß des TL unterscheidet sich vom idealen vorrangig durch die Berücksichtigung folgender Tatbestände:

- durch die nun irreversiblen thermodynamischen Zustandsänderungen,
- durch veränderliche Stoffeigenschaften des genutzten Arbeitsmittels,
- durch unterschiedliche Massenströme in den Triebwerksbaugruppen,
- durch Übertragungsverluste mechanischer Arbeit im Triebwerksrotor.

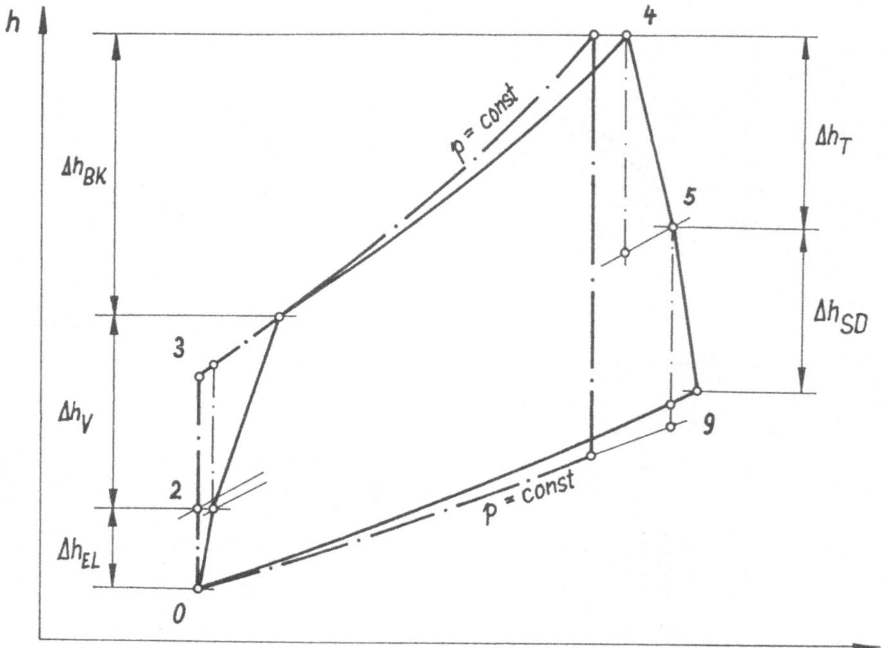

Abb. 2.4: Vergleich von idealem und realem Kreisprozeß beim ETL im Flug

Die Irreversibilitäten führen beim Austausch von Arbeit (s. Kap.2.1) bekanntlich zu polytropen Zustandsänderungen mit Entropiezuwachs infolge teilweiser Umwandlung in nicht nutzbare minderwertige Energie. Diese Erkenntnis des 2. Hauptsatzes wird quantitativ durch isentrope Wirkungsgrade für Gesamtverdichtung (Kompression) η_K bzw. Gesamtentspannung (Expansion) η_E berücksichtigt. Mit Blick auf das h,s-Diagramm gilt zur Wirkungsgraddefinition stets das Verhältnis von Differenzen der dabei maßgebenden Enthalpien bzw. angenähert auch der Gastemperaturen. Damit ist zu definieren

für Verdichtung: $$\eta_{(K)} = \eta_s = \frac{\Delta h_s}{\Delta h} = \frac{\Delta T_s}{\Delta T} \tag{2.29}$$

für Entspannung: $$\eta_{(E)} = \eta_s = \frac{\Delta h}{\Delta h_s} = \frac{\Delta T}{\Delta T_s} \tag{2.30}$$

Bei den realen Strömungsvorgängen in den Gaskanälen ohne Austausch von Arbeit wird anstatt der Isobare durch Irreversibilitäten eine Zustandsänderung mit Druckabfall realisiert. Letzterer wird durch den *Druckerhaltungskoeffizienten* (*Druckrückgewinn*) σ als Verhältnis von realem zu idealem Totaldruck im Strömungsendquerschnitt quantifiziert:

$$\sigma = \sigma_s = \frac{p_t}{p_{ts}} = \frac{p_{t2}}{p_{t1}} \tag{2.31}$$

Im Interesse übersichtlicher Gleichungen werden im weiteren zur Berücksichtigung der Irreversibilitäten nur die o.g. Wirkungsgrade als summarische Koeffizienten verwendet. Dabei wird vorausgesetzt, daß sie alle realen Einflüsse enthalten. Die veränderlichen Stoffeigenschaften finden Eingang mittels variierter Beträge für die Größen von m und R sowie durch die (weiter unten eingeführte) Konstante K_i als (innere) Korrekturgröße. Unterschiedliche Massenströme, welche bei Vorhandensein von Senken bzw. Quellen im Gaskanal, z.B. bei Kühlluftentnahme bzw. Brennstoffzugabe stets auftreten, werden hier nicht berücksichtigt in der Annahme, daß sich beide Effekte im Gasgenerator gegenseitig annähernd kompensieren. Verluste bei der Übertragung mechanischer Arbeit entstehen durch Reibung in den Lagern, Getrieben und Wandungen der Triebwerksrotoren sowie durch den Antriebsbedarf der Hilfsgeräte. Sie werden in der Regel als Summe durch einen (hier vernachlässigten) mechanischen Wirkungsgrad η_m des Wellensystems ausgedrückt.

Selbstverständlich sind dafür bei genauer Untersuchung eines bestimmten Triebwerktyps exakte die Realität kennzeichnende, ihr im Betriebsbereich zumindestens nahekommende Größen einzusetzen. Oft sind sie aber nicht bekannt, so daß nach der Erfahrung bestimmte Zahlenwerte in engem Toleranzkorridor heranzuziehen sind. Hier geht es unabhängig davon um die allgemeinen Zusammenhänge in knapper übersichtlicher Darstellung.

Nach dieser Kurzanalyse realer Tatbestände sowie ihrer Quantifizierung läßt sich nach idealem Vorbild die innere Arbeit des realen Kreisprozesses eines TL berechnen:

$$w_i = w_{Es}\eta_E - w_{Ks}\eta_K^{-1} \tag{2.32}$$

$$w_i = \left[T_0\tau\frac{R}{m}\left(1-\Pi^{-m}\right)\eta_E\right]_G - \left[T_0\frac{R}{m}\left(\Pi^m-1\right)\eta_K^{-1}\right]_L \tag{2.33}$$

$$w_i = T_0R\left(\Pi^m-1\right)\left(\tau\eta_K\eta_EK_i\Pi^{-m} - 1\right)\left(m\eta_K\right)^{-1} \tag{2.34}$$

$$K_i = \frac{\left[\frac{R}{m}\left(1-\Pi^{-m}\right)\right]_G}{\left[\frac{R}{m}\left(1-\Pi^{-m}\right)\right]_L} \tag{2.35}$$

Während in der Differenzform (2.33) zwischen den Stoffeigenschaften von Brenngas (Index G) und Luft (Index L) unterschieden wird, sind in der Produktform (2.34) die Größen (ohne Index) nur mit den Stoffwerten von Luft behaftet. Der quantitative Unterschied zum Brenngas geht in die Konstante K_i ein. Nach (2.35) hängt sie außer von den Stoffwerten auch vom Druckverhältnis ab, ist demnach nicht völlig konstant. Für TL gilt als Mittelwert $K_i = 1,05\ldots1,07$ mit dem oberen Toleranzbereich für sehr hochausglegte Prozeßparameter. Bei zutreffender Quantifizierung der Größen des Produktes $\eta_K\eta_EK_i$, gestaffelt nach den Wirkungsgradniveaus der Tab.18.1, werden die Realitätseinflüsse zum Arbeitsprozeß berücksichtigt. Wie Prozeßanalysen älterer und neuerer TL-Generationen ausweisen, liegt o.g. Produkt oft im Zahlenbereich von 0,77...0,83 und wird durch künftige Triebwerke sicher noch verbessert. Diese Größe verschlechtert in (2.34) die innere Arbeit des realen Prozesses gegenüber dem idealen. Damit werden die Ausdrücke aus dem Kap. 2.2 nun für den realen Prozeß modifiziert:

$$\Pi = \Pi_{opt\,w} = \left(\tau\eta_K\eta_EK_i\right)^{1/2m} \tag{2.36}$$

$$w_i = \left(\Pi^m-1\right)\left(\tau\eta_K\eta_EK_i\Pi^m - 1\right)\left(m\eta_K\right)^{-1} \tag{2.37}$$

$$w_i = w_{max} = \left(\sqrt{\tau\eta_K\eta_EK_i} - 1\right)^2\left(m\eta_K\right)^{-1} \tag{2.38}$$

Unter gleichen Bedingungen sind diese Größen für den realen Prozeß kleiner als beim idealen. Kleinere Druckverhältnisse begünstigen die Auslegung des Gasgenerators infolge sinkender Stufenzahl seiner Turbomaschinen und geringerer mechanischer Belastung der Bauteile. Von Nachteil ist aber die Verringerung der inneren Arbeit. In Abb.2.5 sind diese Veränderungen gegenüber dem idealen Prozeß aufgezeigt. Die Qualität der Energiewandlung wird beim realen Prozeß durch den inneren Wirkungsgrad dargestellt:

$$\eta_i = \frac{w_i}{q_{zu}} = \frac{(\Pi^m - 1)\,\eta_K^{-1}\,(\tau\eta_K\eta_E K_i \Pi^{-m} - 1)}{\tau - 1 - (\Pi^m - 1)\,\eta_K^{-1}} \tag{2.39}$$

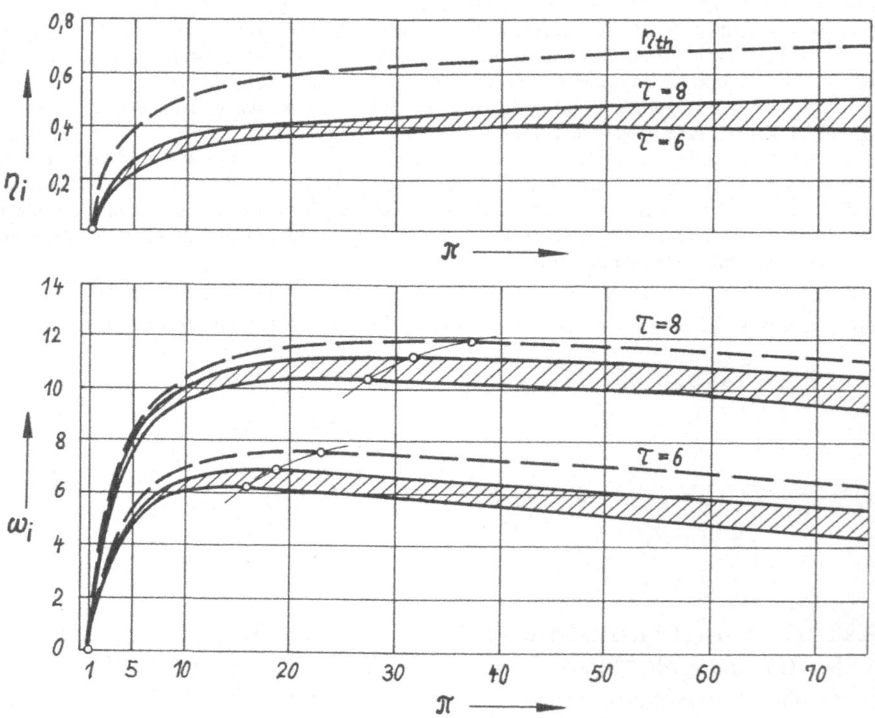

Abb. 2.5: Wirkungsgrad η_i und Arbeit ω_i beim realen Prozeß des ETL im Flug

Im Gegensatz zum monoton ansteigenden thermischen Wirkungsgrad sinkt nach (2.39) sowie Abb.2.5 der kleinere innere Wirkungsgrad nach Erreichen eines Optimums bei sehr großem Druckverhältnis wieder ab. Die Differenz zwischen den beiden Wirkungsgraden ist beträchtlich. Unter den Bedingungen des idealen Kreisprozesses geht (2.39) über in (2.28), womit sich aus dem inneren wieder der thermische Wirkungsgrad ergibt. Die analytische Optimierung des realen Prozesses nach dem inneren Wirkungsgrad, d.h. die Ermittlung seines Maximums abhängig vom Druckverhältnis wurde erstmals in [89] publiziert durch Extremwertbestimmung der Beziehung $\partial\eta_i/\partial\Pi = 0$ mit der Lösung

$$\Pi = \Pi_{opt\eta} = \left[\frac{\tau\eta_E K_i - \sqrt{(\tau\eta_E K_i)^2 - \tau\eta_E K_i\,(\tau\eta_E K_i + 1 - \tau)(\tau\eta_K + 1 - \eta_K)}}{\tau\eta_E K_i + 1 - \tau}\right]^{\frac{1}{m}} \tag{2.40}$$

Ein mit dem Druckverhältnis von $\Pi = \Pi_{opt\eta}$ ausgelegter Prozeß gewährleistet den höchsten inneren Wirkungsgrad. Die praktische Verwirklichung ist allerdings problematisch, weil der Zahlenwert von $\Pi_{opt\eta}$ den von Π_{optw} um ein Mehrfaches überschreitet. So gesehen ist die η-optimale Prozeßauslegung weniger relevant als die w-optimale. Zugleich ist hier darauf hinzuweisen, daß die Auslegung nach dem größten inneren Wirkungsgrad gewöhnlich nicht identisch ist mit der für den maximalen Gesamtwirkungsgrad eines TL. Der Grund dafür ist der Einfluß des äußeren Wirkungsgrades. Nach diesen wesentlichen Darlegungen zum einfachen Kreisprozeß des Gasturbinentriebwerks und seiner Auslegung beziehen sich die folgenden auf seine Modifizierung.

2.4 Prozeßmodifizierungen

Kontinuierlich wird der TL-Arbeitsprozeß mit beträchtlichem Aufwand zu höheren Parametern und besseren Kennwerten bei moderatem Wachstum pro Jahr weiterentwickelt. Dagegen kann durch Prozeßmodifizierungen gezielt eine Größe schneller, u.U. sprungartig ein höheres Niveau, allerdings nur auf Kosten anderer, erreichen. Auf der Basis des beibehaltenen, teilweise ergänzten Gasgenerators werden dafür bei Erfordernis Details der Prozeßführung abgeändert.

Die auftretenden thermodynamischen Veränderungen werden abweichend vom Jouleprozeß in weiteren aufgezeigt. Vereinfacht werden nur Prozesse mit idealen Zustandsänderungen dargestellt. Generell ist festzustellen: Die durch Modifizierung eintretenden Flächenvergrößerungen im p, v- und T, s-Diagramm (s. Abb.2.6) entsprechen dem Zuwachs an innerer Arbeit. Ergänzend führt ein Auseinanderlaufen („Spreizen") der Mitteltemperaturen beim Wärmetausch zu einer Verbesserung des thermischen und auch des inneren Wirkungsgrades. In Abb.2.6 sind technisch bedeutsame Modifizierungen vom Basiszustand eines unteroptimal ausgelegten Jouleprozesses dargestellt. Das sind

- die Wärmeregeneration,
- die Nachverbrennung,
- die Wassereinspritzung,
- der Unterdruck-Gasgenerator,
- der zweistufige Jouleprozeß.

Prinzip der **Wärmeregeneration** ist die Übertragung eines Teils der Abgaswärme auf die verdichtete Frischluft vor der Brennkammer (s.a. Kap.18.5). Die mittels Wärmetauscher nach Abb.2.6a übertragene Wärme $(h_9 - h_{9'}) = (h'_3 - h_3)$, welche sonst als innere Energie mit dem Abgas verloren ginge, wird so der Brennkammer zugeführt. Um diesen Betrag wird damit die zugeführte Wärme auf die Größe $q_{zu} = (h_4 - h_{3'})$ verringert. Demnach wird bei gleichbleibender innerer Arbeit und Leistung weniger Brennstoff benötigt, der thermische und innere Wirkungsgrad also durch Spreizung der Mitteltemperaturen vergrößert.

Allerdings läßt sich die Wärmeregeneration nur unter der Bedingung verwirklichen, daß die Verdichtungsendtemperatur T_{t3} kleiner als die Entspannungsendtemperatur T_9 ist. Der Prozeß muß demzufolge, wie hier vorausgesetzt, unteroptimal ausgelegt sein. Daraus geht hervor, daß Wärmeregeneration nur für Prozesse mit kleinem Druck-, aber hohem Temperaturverhältnis und nur bei PTL geeignet ist. Wärmeentzug aus dem Abgasstrom von ETL oder ZTL hätte Schubabfall zur Folge. Der benötigte große und schwere Wärmetauscher ist in Verbindung mit mehrfacher Stromumlenkung im Gaskanal für

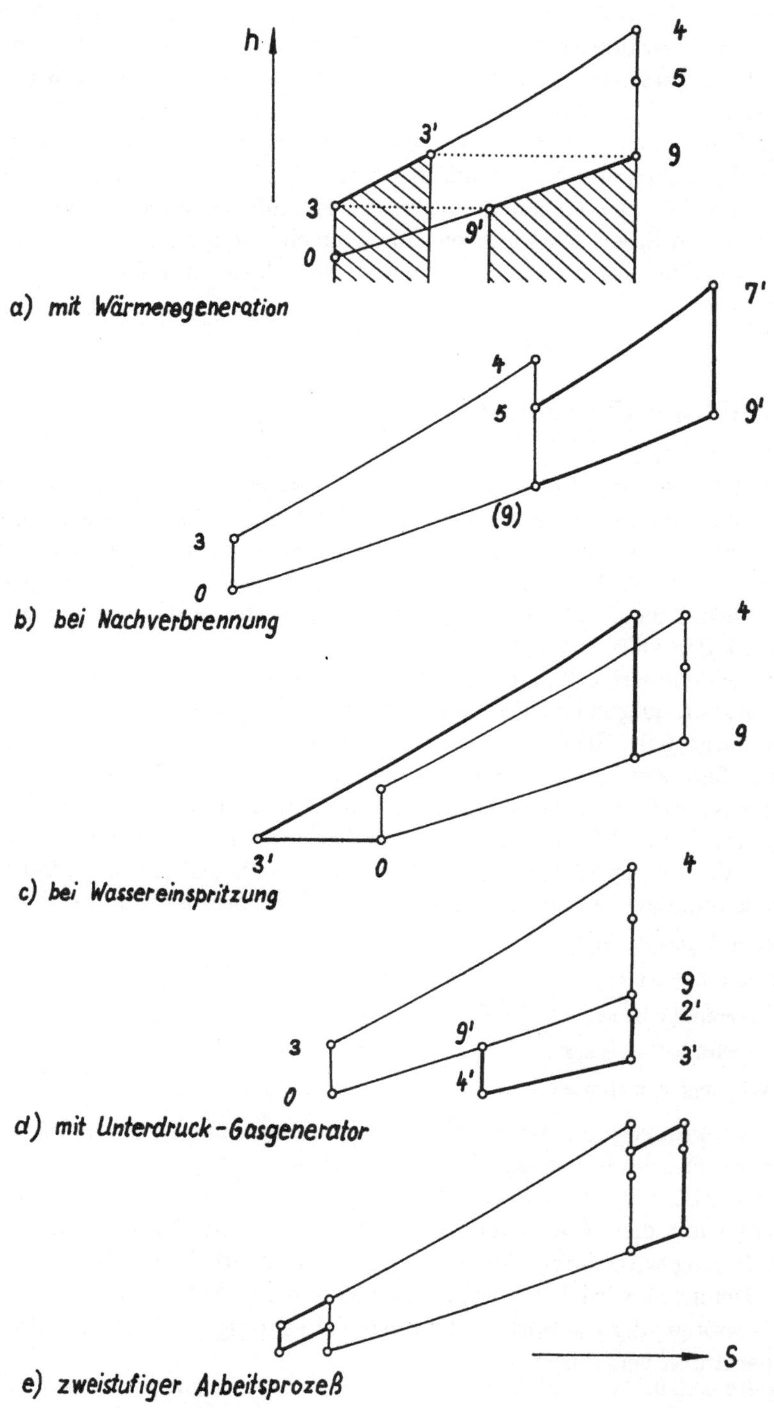

Abb. 2.6: Darstellung wichtiger Modifizierungen des Joulekreisprozesses für TL bei idealer Betrachtung auf der Basis des gemeinsamen Ausgangsprozesses zum Vergleich

Flugtriebwerke nicht günstig. Außerdem verursacht er luft- und gasseitig Druckabfall durch zusätzliche Irreversibilitäten. Nur wenige spezielle PTL-Typen arbeiten mit Wärmeregeneration. Bei weiteren Innovationen könnte sich dies für PTL und Wellenturbinen künftig ändern.

Unter **Nachverbrennung** (Reheat, Afterburning) versteht man die zusätzliche Wärmezufuhr als Stromaufheizung unmittelbar vor Schubdüseneintritt. Am Beispiel des Einstromtriebwerks mit modifiziertem Schubsystem (ETL-NB) in Abb.1.3d dargestellt, gilt sie als gegenwärtig wichtigste und wirksamste Möglichkeit der Schubverstärkung. Diese „heiße" Prozeßerweiterung erfolgt nach Abb.2.6b von der Triebwerksebene 5 bei isobarer Wärmezufuhr im eingeschalteten Nachbrenner (NB) bis zum Querschnitt 7. Danach geht auf höherem thermischen Niveau mit größerer Enthalpiedifferenz die Entspannung in der Schubdüse vor sich.

Nachverbrennung wird ermöglicht durch den noch vorhandenen freien Restsauerstoff im Gasstrom. Dabei wird nur das Schubsystem, wie in Kap.7.5 beschrieben, „aufgeheizt", nicht aber der Gasgenerator selbst. Am Ende der NB-Kammer wird bei annähernd stöchiometrischem Brenngas die Temperatur $T_{t7'} = 2000$ K und mehr erreicht, welche (z.Z. noch) beträchtlich über der Turbineneintrittstemperatur T_{t4} liegt. Mit dieser (im Vergleich zum ausgeschalteten NB) wesentlich vergrößerten Fläche an innerer Arbeit (s. Abb.2.6b) wird ein beträchtlicher Zuwachs an Strahlgeschwindigkeit und Schub gewährleistet. Allerdings ist dafür der Wärmebetrag $q_{NB} = (h_{t7'} - h_{t5})$ zusätzlich, und zwar bei geringerem Druck, also bei weiter angenäherten Mitteltemperaturen aufzubringen. Dadurch sinken innerer und zudem auch äußerer (s. Kap.1.1) Wirkungsgrad. Die Anwendung des Nachbrenners ist zeitbegrenzt auf militärische Hochleistungs- und Überschalltriebwerke beschränkt.

Demgegenüber ist die **Wassereinspritzung** eine Möglichkeit der gekühlten (*nassen*) *Verdichtung*, d.h. eine „kalte"Prozeßerweiterung, ebenfalls mit dem Resultat der Schubverstärkung. Die für den Verdampfungsvorgang des (vor oder im Verdichter eingespritzten) Wassers erforderliche Enthalpiedifferenz wird durch Wärmeentzug aus dem Luftstrom sichergestellt. Damit bewirkt diese innere Kühlung eine Absenkung des Temperaturniveaus vor oder während der Verdichtung mit einem Zuwachs an Luftdichte und Massenstrom. Bei dosierter intensiver Kühlwirkung kann damit als eine Variante von mehreren möglichen die *isotherme* anstatt der sonst isentropen Verdichtung (s. Abb.2.6c) stattfinden. Daraus ergibt sich nach der Theorie für den Fall gleichbleibender Verdichtungsarbeit ein größeres Druckverhältnis, bei anderer Auslegung mit gleichem Druckverhältnis eine kleinere Verdichtungsarbeit. Durch beide Möglichkeiten werden innere Arbeit bzw. Enthalpiedifferenz in der Schubdüse vergrößert. Infolge Annäherung der Mitteltemperaturen sinkt der innere Wirkungsgrad.

Der resultierende Schubzuwachs wird vorteilhaft nicht durch thermische Höherbelastung des Gaskanals bei nur unbedeutenden Zusatzeinrichtungen und soweit bekannt, ohne variable Geometrie am Triebwerk erzielt. Einspritzung kann in den Baugruppen bis zur Brennkammer, dabei stets mit einer Prozeßintensivierung im Gasgenerator, erfolgen. Die zusätzlich mitzuführende Menge an Kühlflüssigkeit (Wasser bzw. seine Gemische mit Alkohol oder Ammoniak) verschlechtert allerdings die Startmassenbilanz. Durch die Summe von Brenn- und Kühlstoff sowie Wirkungsgradabfall ist der Gesamtverbrauch des Triebwerks sehr hoch, so daß mit Wassereinspritzung nur kurzzeitig, oft nur während des Starts, und zwar bei hohen Außentemperaturen, gearbeitet werden kann. Ihre Bedeutung sinkt in der konventionellen Luftfahrt, seitdem schubstarke TL zur Verfügung stehen. Deswegen wird die Wassereinspritzung in diesem Buch nicht weiter verfolgt.

Kühlwirkung, Prozeßveränderung und Schubzuwachs sind infolge Wassereinspritzung nur verhältnismäßig klein. Demgegenüber ergeben sich bei organisierter **Vorkühlung** mittels rekuperativem Wärmetausch durch kryogenen, auch als Kühlstoff verwendeten Brennstoff, z.B. Flüssigwasserstoff, wesentlich größere Temperaturabsenkungen im Luftmassenstrom. Derartige luftatmende ***Triebwerke mit Vorkühlung*** (TL-VK) eignen sich bei beträchtlicher Prozeßmodifikation vorrangig als Hochgeschwindigkeitsantriebe, wie in Kap.20.6 zu ersehen ist.

Durch den nachgeschalteten **Unterdruck-Gasgenerator** wird eine andere Art modifizierter Wärmeabfuhr verwirklicht. Diese Maschine, ein zusätzlicher, hinter der Turbine des Haupttriebwerks angeordneter, umgekehrt arbeitender Turbosatz mit Wärmetauscher bewirkt eine Prozeßerweiterung nach Abb.2.6d mit ersichtlicher Flächenvergrößerung. Grafisch wird damit ein teilweises „Auffüllen“ der Carnotprozeßfläche an ihrer Unterseite ausgewiesen. Man spricht deshalb von *Carnotisierung*. Die zuerst durchströmte Turbine des Unterdruck-Turbosatzes entspannt das Abgas auf Unterdruckniveau. Anschließend erfolgt mittels Wärmetauscher die isobare Abkühlung bis zur Umgebungstemperatur T_0. Danach gewährleistet der Verdichter des Turbosatzes die Druckanhebung bis zum Umgebungsdruck $p_0 = p_{9'}$ oder darüberhinaus auf Überdruck, womit das Abgas in die Atmosphäre gelangt.

Durch den Unterdruck-Gasgenerator kann die Turbine des Haupttriebwerks auf tieferes Druckniveau und dadurch mit größeren Beträgen für Druckverhältnis, Leistung, innere Arbeit und inneren Wirkungsgrad entspannen. Letzteres erklärt sich durch das Spreizen der Mitteltemperaturen infolge stufenweiser Wärmeabfuhr. Ausdruck dafür ist auch eine tiefere Ausströmtemperatur $T_{9'}$ gegenüber T_9 ohne Prozeßveränderung. Beträchtliche Anlagenvergrößerung, die mehr als einer Verdoppelung des ursprünglichen TL gleichkommt sowie o.g. Probleme mit dem Wärmetauscher haben bisher die praktische Verwirklichung bei allen Gasturbinenanlagen verhindert.

Der **zweistufige Jouleprozeß** faßt als Zukunftsvision die bisherigen Modifizierungen in einem Prozeß, welcher in Kap.18.6 näher untersucht wird, bei komplizierter Maschinenanlage nach Abb.18.15 zusammen. Er gilt er als Sonderfall des vielstufigen Prozesses mit einem derzeit zu realisierenden Höchstmaß an Möglichkeiten zur Carnotisierung. Eine Darstellung des Prozesses in Abb.2.6e zeigt zweistufige Verdichtung mit isobarer Zwischenkühlung, regenerativen Wärmetausch zwischen entspanntem Heißgas und verdichteter Frischluft sowie zweistufige Entspannung mit Zwischenaufheizung. Neben einer Flächenvergrößerung, d.h. einem Zuwachs an innerer Arbeit, erfolgt eine weitgehende „Spreizung“ der Mitteltemperaturen für Zufuhr und Abfuhr der Wärme mit ansteigendem thermischen Wirkungsgrad. Durch Zweistufen-Prozeßführung gelänge es, den inneren Energieumsatz künftiger TL zu verbessern.

Diesen beträchtlichen Vorteilen steht allerdings der große maschinentechnische Aufwand gegenüber, welcher den Bau von TL bzw. Gasturbinen nach dem Zweistufenprozeß bisher nicht zuließ. Die Vergrößerung der Prozeßstufenzahl führt zur weiteren Annäherung an isotherme Zustandsänderungen für den Wärmetausch, d.h. zu noch größerer Temperaturspreizung, aber auch zu überproportionalem, nicht gerechtfertigtem Bauaufwand. Gegenüber dem einstufigen weist der zweistufige Prozeß hinsichtlich Nutzarbeit und Wirkungsgrad Vorzüge bei noch vertretbaren Innovationen aus, so daß zu seiner Realisierung auch für TL Schritte unternommen werden sollten.

Bei den einzelnen Prozeßveränderungen besteht somit eine Vorstellung über die Zunahme der inneren Arbeit anhand der Flächenvergrößerungen im (maßstäblichen) thermodynamischen Diagramm, z.B. von Abb.2.6. Die Veränderung des thermischen bzw. inneren Wirkungsgrades durch Divergenz oder Konvergenz der Mitteltemperaturen zum Wärmetausch ist dagegen nicht so leicht zu überblicken. Deswegen werden zum übersichtlichen Vergleich die analytischen Ausdrücke zur Berechnung des thermischen Wirkungsgrades von modifizierten idealen Prozessen nach folgender Systematik aufgeführt:

Prozeß mit Regeneration (1J-WR): $$\eta_{th} = 1 - \frac{\Pi^m}{\tau} \tag{2.41}$$

Jouleprozeß in zwei Stufen (2J): $$\eta_{th} = 1 - \frac{\Pi^{m/2}}{\tau} \tag{2.42}$$

Jouleprozeß mit z Stufen (ZJ): $$\eta_{th} = 1 - \frac{\Pi^{m/z}}{\tau} \tag{2.43}$$

Prozeß in unendlicher Stufenzahl: $$\eta_{th} = 1 - \frac{\Pi^0}{\tau} = 1 - \frac{1}{\tau} \tag{2.44}$$

Nach (2.28) steigt der thermische Wirkungsgrad des einfachen Jouleprozesses nur mit dem Gesamtdruckverhältnis Π, wofür es sehr groß sein muß. Dagegen hängen die thermischen Wirkungsgrade der modifizierten Prozesse nach den Gleichungen (2.41) bis

(2.43) außer von Π auch vom Temperaturverhältnis τ ab. Teilcarnotisierte Prozesse erfordern demnach nur kleine Druckverhältnisse, dafür aber hohe Temperaturverhältnisse. Schließlich zeigt (2.44) für unendliche Stufenzahl, also für die Prozesse von CARNOT und ACKERET-KELLER, nur die Abhängigkeit vom Temperaturverhältnis auf. Mit $\tau = T_{max}/T_{min}$ entspricht (2.44) dem Ausdruck (2.16), d.h. dem größtmöglichen thermischen Wirkungsgrad, welcher nur durch die genannten Prozesse zu realisieren ist.

2.5 Erzeugung thermischer Energie

Als Brennkraftmaschinen liefern Flugtriebwerke Schubarbeit durch Umwandlung von thermischer Energie. Sie ist chemisch gebunden in Brennstoffen enthalten, welche an Bord mitzuführen sind. Durch eine exotherme chemische Reaktion, den Verbrennungsvorgang freigesetzt, steht sie als zugeführte Wärme beim Arbeitsprozeß zur Verfügung. Der große Energiebedarf der TL wird so gegenwärtig durch Verbrennung von Kohlenwasserstoffen unmittelbar im Luftstrom ihrer Brennkammern sichergestellt.

Brennstoffe müssen bestimmten, in Kennwerten ausgewiesenen Qualitätsmerkmalen entsprechen. Wichtigster Brennstoffkennwert ist der *untere Heizwert* H_u, der real nutzbare spezifische Energiebetrag pro Massen- bzw. Volumeneinheit. Er ist gleich der Differenz der Bindungsenergien von End- und Ausgangsstoffen des Verbrennungsvorgangs. Damit ist er begrenzt durch die stofflich-stöchiometrischen Sachverhalte sowie infolge der thermischen Verluste wegen der gasförmigen Verbrennungsprodukte. Große Heizwerte weisen die Stoffe in der oberen linken Ecke des Periodensystems der Elemente auf: Wasserstoff, Kohlenstoff sowie dort angesiedelte Metalle und schließlich das Bor.

Tab. 2.2: Kennwerte von Flugbrennstoffen und ihren Bestandteilen

Brennstoff	Siedepunkt	Dichte	L_{min}	unterer Heizwert H_u	
	°C	kg/dm³	kg/kg	MJ/kg	MJ/dm³
Wasserstoff	-253	0,07	34,3	120,0	8,5
Beryllium	1283	1,85	7,7	67,8	125,5
Bor	2027	2,30	9,6	58,6	134,8
Kohlenstoff	4347	2,25	11,5	32,8	73,8
Pentaboran	58	0,62	13,1	67,8	42,1
Methan	-162	0,42	17,2	49,9	21,1
Oktan	126	0,70	15,1	44,5	31,1
Benzin	180	0,75	14,8	43,2	32,4
Kerosin	280	0,82	14,7	43,1	35,8
Synjet	265	0,80	14,7	42,8	34,2

Heizwerte sowie weitere Kennwerte von Brennstoffen und zusätzlichen relevanten Energieträgern sind in Tab.2.2 ersichtlich. Große Massenheizwerte gewährleisten kleinere Brennstoffzuladung. Analog verringern große Volumenheizwerte, die stets bei großer Dichte des Brennstoffs vorliegen, das Tankvolumen. Beides begünstigt die Flugleistungen. Daraus ist ersichtlich, daß große Brennstoffdichten erwünscht sind. Die technische Handhabung großer Brennstoffmengen in der Luftfahrt setzt ihre Existenz als Fluide voraus. Dabei gewährleisten nur die Flüssigkeiten, die möglichst in nicht kleinem

Toleranzbereich um die Umgebungstemperatur vorliegen sollten, eine erwünscht ausreichende Dichte. Zusätzliche Kennwerte bzw. Eigenschaften von Flugbrennstoffen sind:

- stöchiometrisch erforderlicher Luftbedarf, ausgedrückt durch den Zahlenwert von L_{min};
- Anforderungen betreffs Flammengeschwindigkeit, Brennraumdruck, und Verlöschgrenzen;
- geringe Schadstoffbelastung und Explosionsgefahr, Stabilität gegenüber Umwelteinflüssen;
- großer Flüssigphasenbereich zwischen hohem Siedepunkt und tiefem Kristallisationspunkt;
- korrosionsträge, rückstandsfreie Brenngase mit hohem Arbeitsvermögen der Größe RT_t;
- kostengünstige Beschaffbarkeit in ausreichender Menge, Transport- und Lagerfähigkeit.

Diese Anforderungen werden gegenwärtig in ihrer Gesamtheit als akzeptabler Kompromiß durch flüssige Kohlenwasserstoffe erfüllt. Speziell für TL heißen sie *Flugkerosine (Kerosen, Jet Petrol, Air)*. Sie werden durch fraktionierte Destillation von Erdöl bzw. durch Kohleverflüssigung in großer Menge gewonnen.

Zwischen ihrem Siedebereich von 120...280(320) °C und dem Kristallisationspunkt unterhalb von -60 °C liegt ein großes Gebiet der Flüssigphase. Ihr Heizwert ist mit über 40 MJ/kg bzw. mehr als 30 MJ/dm^3 verhältnismäßig hoch. Aus fossilen Brennstoffen sind sie (noch) für längere Zeit günstig, wenn auch bei auf dem Weltmarkt schwankenden, darunter in Krisensituationen in der Regel ansteigenden Preisen, beschaffbar. Flugkerosine stellen ein Gemisch kettenförmiger, verzweigter und ringförmiger Kohlenwasserstoffe mit etwa 86 % Kohlenstoff (c) und 14 % Wasserstoff (h) dar.

Der Luftmassenstrom in der Brennkammer gewährleistet durch seinen Sauerstoffgehalt die permanente Reaktion des hinzutretenden Brennstoffes und übernimmt durch Vergrößerung seiner Enthalpie die freigewordene Wärme. Dabei erfordert die Masseneinheit des Brennstoffes nach den Gesetzmäßigkeiten der Stöchiometrie eine entsprechend seinem Kohlenstoff- und Wasserstoffgehalt zu bestimmende minimale Luftmenge

$$L_{min} = \frac{O_{min}}{0,232} = \frac{8\left(\frac{1}{3}c + h\right)}{0,232} \tag{2.45}$$

Mit den o.g. Beträgen für c und h wird nach (2.45) der Wert $L_{min} = 14,7$ kgL/kgB berechnet. Allgemein gilt für flüssige Kohlenwasserstoffe (Kerosine und Benzine) nach Tab.2.2 der enge Kennwertbereich $L_{min} = 14,5 \ldots 14,8$ kgL/kgB als stöchiometrischer Luftbedarf. Allerdings ist die stöchiometrische Verbrennung nur ein Sonderfall. Gewöhnlich unterscheidet sich die tatsächlich vorhandene Luftmenge L von der stöchiometrisch erforderlichen. Dieser Sachverhalt wird durch das *Luftverhältnis* λ (oft auch als Luftüberschußzahl bezeichnet) ausgedrückt. Demzufolge sind quantitativ festzuhalten:

$$\lambda = \frac{L}{L_{min}} = \frac{\dot{m}_L}{\dot{m}_B L_{min}} \tag{2.46}$$

$$\frac{\dot{m}_B}{\dot{m}_L} = \frac{1}{\lambda L_{min}} = \frac{\Delta h_{BK}}{H_u \eta_A} \tag{2.47}$$

Die rechte Seite von (2.47) ergibt sich aus der Energiebilanz der Brennkammer. Durch die Größe des Luftverhältnisses wird das Brenngemisch chemisch charakterisiert. Gemische mit $\lambda > 1$ werden als *arm* (mager), solche mit $\lambda < 1$ als *reich* (fett) an Brennstoff bezeichnet. Bei zu großem Luftverhältnis wird die Armverlöschgrenze, bei zu kleinem Betrag die Reichverlöschgrenze des Brennvorgangs erreicht. Nur innerhalb dieser Grenzen liegen Zünd- und Brennbereich, in dessen Zentrum mit $\lambda = 1$ sich der *stöchiometrische Punkt* (s. a. Abb.7.4 und 7.5) befindet.

Im Zusammenhang mit dem Luftverhältnis steht nach (2.46) und (2.47) das Verhältnis der Massenströme von Brennstoff und Luft, das sog. Brennstoff-Luft-Verhältnis. Bei Kerosinen kann es im praktischen Betrieb etwa den Wert $\dot{m}_B/\dot{m}_L = 0,010\ldots0,068$ aufweisen. Dabei entspricht der kleinere Betrag einem armen Gemisch mit weit reduzierter Verbrennungstemperatur, während der größere die stöchiometrische Zusammensetzung mit theoretischer Verbrennungshöchsttemperatur verwirklicht. Mit Steigerung der Gastemperatur im Turbineneintritt wird das bisher arme Brenngas künftig immer mehr diesem Zustand angenähert. Sollte andererseits, z.B. durch fehlerhafte Regelung, das Brennstoff-Luft-Verhältnis über den stöchiometrischen Punkt hinaus anwachsen, würde bei reichem Brenngemisch ebenfalls die Temperatur absinken und nutzlos ein Mehr an Brennstoff unter höherer Umweltbelastung verbraucht.

Bei verlustloser Reaktion wird die Wärme des Brennstoffheizwertes freigesetzt. Verluste an thermischer Energie entstehen dagegen durch *unvollständige Verbrennung* infolge Nichtbeteiligung eines Brennstoffanteils oder durch *unvollkommene Verbrennung*, bei der im Brenngas nicht die höchste Oxidationsstufe erreicht wird. Letzteres wird als *Dissoziation* bezeichnet und bedeutet, daß die Gasmoleküle ein niedrigeres Niveau der Bindungsmöglichkeiten aufweisen, daß sie partiell aufgespalten (dissoziiert) sind. Chemisch erklärbar ist, daß Dissoziation vor allem bei hoher Temperatur als Haupteinfluß, aber auch geringem Druck im Brennraum, auftritt.

Am besten wird das durch die unvollkommene Verbrennung von Kohlenstoff zu Kohlenmonoxid (CO) bei schlechtem Energieumsatz mit 9200 kJ/kg Wärmeabgabe verdeutlicht. Im Gegensatz dazu liefert die vollkommene Reaktion (s.Tab.2.2) zum Höchstniveau Kohlendioxid (CO_2) einen Energiebetrag von 32800 kJ/kg. Das gegenüber dem CO nicht dissoziierte Kohlendioxid liefert also einen um mehr als das Dreifache gesteigerten Energiebetrag als Heizwert! Unerwünscht große Verluste an Heizwert treten auch bei anderen denkbaren Dissoziationsstufen der in großer Vielfalt möglichen Brenngasmoleküle auf, was nicht immer zu verhindern ist.

Verluste durch unvollständige bzw. unvollkommene Verbrennung werden im *Verbrennungswirkungsgrad* (*Ausbrand*) η_A ausgedrückt. Demzufolge wird nicht der gesamte Heizwert, sondern ein nach (2.47) um den Ausbrand geminderter Betrag im Brennraum wirksam, welcher durch mehr Brennstoff zu kompensieren ist. Nach Abschluß des Verbrennungsvorgangs kann in nachfolgenden Zonen tieferer Temperatur durch die als *Rekombination* bezeichnete Erscheinung wieder ein höheres Oxidationsniveau des Brenngases mit teilweisem Rückgewinn an Heizwert bzw. Ausbrand eintreten.

Kerosine enthalten nur einen verhältnismäßig kleinen Anteil an energiereichem Wasserstoff, der Rest ist vergleichsweise heizwertarmer Kohlenstoff. So ist dieser gegenwärtige Stand der meistgenutzten Flugbrennstoffe energetisch nicht optimal. Unter erhöhten Anforderungen sind ihre Massenanteile als ungünstig im Verhältnis zu den Massenheizwerten einzuschätzen. Beim Brennstoff *Methan* CH_4 beträgt der Wasserstoffanteil 25 % als Maximum aller Kohlenwasserstoffe, wodurch sein Massenheizwert (s. Tab.2.2) größer ist. Leider befindet sich Methan erst unterhalb von -162 °C in der Flüssigphase, so daß sich als kryogener Flugbrennstoff seine Handhabung erschwert. Der Gedanke, den C-Anteil durch das energiereichere Bor zu ersetzen und somit *Borwasserstoffe* als Flugbrennstoff zu nutzen, hat sich in der Praxis nicht bewährt.

Perspektivreich ist das Vorhaben, den *Wasserstoff* selbst mit seinem allergrößten Massenheizwert als Flugbrennstoff einzusetzen. Schließlich wird er seit längerem erfolgreich in Hochleistungs-Flüssigkeitsraketen verwendet. Über den Wasserstoff als Energieträger mit außerordentlichen Kennwerten, seine Probleme und Anwendungen, wird in [127], [193] und in der Arbeit[4] berichtet.

[4] Walther, R.: Künftiger Einsatz alternativer Brennstoffe in der Luftfahrt. MTU München, 1990

Allerdings existiert er als Flüssigwasserstoff LH_2 nur unterhalb von -253 °C (20 K). Aber selbst als tiefgekühlte (kryogene) Flüssigkeit ist sein Volumenheizwert sehr klein, was unerwünscht große Tankvolumina erfordert. Grund dafür ist seine sehr kleine Flüssigdichte, die nur 0,071 kg/dm^3 beträgt. Seine Verbrennungs-, Umwelt- und Gefahrenkennwerte sind in der Regel günstiger als bei Flugkerosin, wenn auch sein Beschaffungspreis gegenwärtig noch um ein Mehrfaches höher liegt. Zugleich erfordert seine Handhabung und Lagerung eine Reihe zusätzlicher und aufwendiger Maßnahmen. Wegen seiner großen Wärmesenke kann LH_2 auch als Kühlstoff verwendet werden. Außerdem ist LH_2 bzw. sein Verbrennungsprodukt H_2O umweltneutral, wobei aber die unerwünschte Bildung von Eiswolken in der Stratosphäre nicht auszuschließen ist. Bis zu seinem planmäßigem Einsatz sind noch viele Entwicklungsarbeiten abzuschließen. Wegen moderaterer Probleme wird dabei auch das besser zu beschaffende und billigere Flüssigmethan als Flugbrennstoff in Erwägung gezogen.

Neben diesen kryogenen Brennstoffen, deren Einsatz in naher Zukunft zu erwarten ist, existieren weitere der Theorie nach bedeutsame Projekte zur späteren Energieaufbereitung. Bei Meisterung ihrer z.Z. nicht gelösten Probleme könnte die künftige Luftfahrt in gewissen Maß unabhängig von der aufwendigen Energieversorgung werden. Dazu sind allerdings Technologieschwellen zu überwinden und neben der Energieaufbereitung und Sicherheit auch Umweltaspekte zu berücksichtigen.

Die *Rekombination freier Wasserstoffatome* zu Molekülen mit anschließender Verbrennung würde einen Energiebetrag von 215 + 120 = 335 MJ/kg (!) freisetzen. Diese intensivste aller bekannten exothermen chemischen Reaktionen mit einem Energieumsatz von etwa dem Achtfachen des Kerosin-Massenheizwertes erfordert allerdings die (bisher unmögliche) stabile und damit ungefährliche Lagerung der H-Atome in Tankanlagen und zudem unter Flugbedingungen. Frühere optimistische Prognosen zur Kernenergie auf der Grundlage der Kernspaltung (Fission) sind für Flugantriebe allein schon wegen der Gefahr austretender Radioaktivität zu begraben. Große Hoffnungen beruhen deshalb auf der mit Wasserstoffisotopen ablaufenden *kontrollierten Kernsynthese* (*Fusion*). Nach der Theorie arbeitet sie mit einem Energieumsatz von $65 \cdot 10^7$ MJ/kg, vorausgesetzt es gelingt künftig ihre Realisierung ohne unerwünschte Nebenwirkungen zunächst erst einmal in stationären Anlagen.

Die Energieversorgung der Flugantriebe ist aufwendig und teuer. Beruht sie gegenwärtig noch auf der chemischen Reaktion „klassischer“Kohlenwasserstoff-Brennstoffe, so ist bei großen Leistungen der baldige Übergang zu Flüssigwasserstoff abzusehen. Eine in ferner Zukunft denkbare Nutzung „alternativer“ Energieträger, welche u.U. auch die Kernfusion umfaßt, hängt außer vom wissenschaftlich-technischen Fortschritt vorrangig von den Auswirkungen auf die Umwelt ab.

3 Strömungsmechanische Grundlagen

3.1 Thermogasdynamische Gesetzmäßigkeiten

Im Gegensatz zu Kolbenmaschinen unterliegen die thermodynamischen Vorgänge in TL und Gasturbinen hohen Strömungsgeschwindigkeiten und damit auch großen spezifischen Beträgen an kinetischer Energie. Die kinetische Energie strömender Gase ist die Grundlage ihres Arbeitsprinzips, d.h. der thermodynamische Prozeß wird durch Strömungsvorgänge realisiert. TL sind sowohl Brennkraftmaschinen als auch *thermische Strömungsmaschinen.* Die Summe der inneren strömungsmechanischen Vorgänge wird als Disziplin der Thermogasdynamik[1] bezeichnet. Die hier vorgenommene Darstellung des Fachgebietes, die nur eine Einführung sein kann, sollte durch das Studium der Bücher von [4], [46], [122], [133] oder [175] ergänzt werden.

Vereinfacht werden zunächst nur eindimensionale stationäre reibungsfreie Gasströmungen im Unterschall- bzw. Überschallbereich innerhalb einer Stromröhre ohne Energieaustausch untersucht. Das Medium ist kompressibel, seine Dichte also variabel, und es verfügt über die Eigenschaften des idealen bzw. halbidealen Gases. Später wird auf den Austaus von Energie in Form von Wärme und Arbeit eingegangen. Selbstverständlich sind bei genauer Untersuchung alle Vereinfachungen aufzugeben, und es ist zur Mehrdimensionalität (2D, 3D) überzugegen. Diese Betrachtungen führen zu komplizierten unübersichtlichen Ausdrücken. Sie sind in der speziellen Disziplin der „Numerischen Strömungsmechanik" letztlich nur noch computergestützt zu bearbeiten, was hier nicht erfolgt.

Die Erhaltungssätze für Masse, Impuls und Energie eines Strömungsvorganges gelten als Grundlage gasdynamischer Untersuchungen. Nach dem *Massenerhaltungssatz* ändert sich der Massenstrom einer unverzweigten Stromröhre nicht. Das wird angegeben durch

die Kontinuitätsgleichung:
$$\dot{m} = \varrho c A = const \tag{3.1}$$

bzw. in differentieller Form:
$$0 = \frac{d\varrho}{\varrho} + \frac{dc}{c} + \frac{dA}{A} \tag{3.2}$$

und die Massenstromdichte:
$$\frac{\dot{m}}{A} = \varrho c \tag{3.3}$$

Der *Impulssatz* besagt, daß die zeitliche Änderung des Impulses gleich ist der Summe aller äußeren auf das System, d.h. auf die Stromröhre einwirkenden Kräfte. Letztere sind hier wirksam als axiale Druckkräfte, und zwar einmal auf die Schnittstellen der Röhre (1. Druckkraftanteil), zum anderen in axialer Richtung auf den Röhrenmantel mit unterschiedlichen Abmessungen (2. Druckkraftanteil). Alle radialen Kraftanteile dagegen kompensieren sich infolge symmetrischer Anordnung. Zur positiven Richtung wird die mit der Strömung übereinstimmende x-Richtung festgelegt. Es sind demnach

Impuls (Bewegungsgröße) allgemein:
$$I = mc$$

und zeitliche Impulsstromänderung:
$$\Delta\dot{I} = \dot{m}\Delta c = \sum F_{ax} \tag{3.4}$$

Gleichung (3.4) wurde bereits in Kap.1.1 zur Schubkraftbestimmung des reaktiven Antriebs benutzt. Im weiteren wird sie für die zwischen den Ebenen 1 und 2 befindliche Stromröhre ausformuliert sowie anschließend meist in differentieller Form vereinfacht:

[1] Zwischen den Disziplinen der Strömungsmechanik, Thermogasdynamik oder Aerothermodynamik besteht kein grundsätzlicher Unterschied. Sie alle untersuchen den Energieumsatz von Strömungen.

$$\begin{aligned}\varrho c A c_2 - \varrho c A c_1 &= p_1 A_1 - p_2 A_2 + \int_1^2 p\mathrm{d}A \\ \varrho c A \mathrm{d}c &= -\mathrm{d}(pA) + p\mathrm{d}A \\ c\mathrm{d}c &= -\frac{\mathrm{d}p}{\varrho} \end{aligned} \tag{3.5}$$

Der ***Energieerhaltungssatz***, angewandt auf einen Strömungsvorgang, entspricht in allgemeiner Form dem mathematischen Ausdruck (2.10) des 1. Hauptsatzes. Wird Gleichung (2.10) unter der Voraussetzung des adiabaten Systems mit der Bedingung $\mathrm{d}q = 0$ über die Grenzen der Strömungsquerschnitte 1 und 2 integriert, so erhält man die Beziehung

$$\Delta h = \int_1^2 \frac{\mathrm{d}p}{\varrho} + \frac{1}{2}\left(c_2^2 - c_1^2\right) \tag{3.6}$$

Diese Form wird als Gleichung von BERNOULLI bezeichnet. Ihr 1. Summand bringt als Integral die Kompressibilität des Gases mit veränderlicher Dichte zum Ausdruck. Für den weiterhin vorliegenden Fall einer Stromröhre ohne jeglichen Energieaustausch mit der Umgebung, d.h. unter der Bedingung $\mathrm{d}q = \mathrm{d}w = 0$, sind nur die Beträge von *Enthalpie* und *kinetischer Energie* relevant. Deshalb ergibt sich nach Gleichung (2.10)

in differentieller Form: $$\mathrm{d}h + \mathrm{d}w_k = c_p\mathrm{d}T + c\mathrm{d}c = 0 \tag{3.7}$$

Form (3.7) integriert: $$c_pT + \frac{1}{2}c^2 = const \tag{3.8}$$

Für isentrope Strömung sind nach (3.8) Enthalpie und kinetische Energie ineinander umwandelbar. Zugleich wird durch die Konstanz der Summe beider Energien das Prinzip der Energieerhaltung unterstrichen. Die Summenbildung zu einem einzigen Energiebetrag ist möglich durch *isentropen Aufstau* der Strömung bis zum Zustand $c = 0$, d.h. durch ihre verlustlose *totale* Abbremsung, wobei der Energiebetrag nach (3.8) auf den 1. Summanden übergeht. Für die Stromröhre ohne Energieaustausch ergibt sich daraus:

$$c_pT + \frac{1}{2}c^2 = c_pT_t = h_t = const \tag{3.9}$$

Auf der Grundlage des Energieerhaltungssatzes liefert (3.9) die Definition der *Totalenthalpie* h_t des strömenden Gases als Summe eines statischen, rein thermodynamischen und eines kinetischen Anteils. Der Sachverhalt $h_t = const$ ist als Ausdruck des Energieerhaltungssatzes gleichbedeutend mit $T_t = const$. Damit wird eine neue Art von Parametern, die sog. *Totalparameter*, vorgestellt[2] und erklärt. Weiterhin ist zwischen *statischen* und *totalen* Strömungsparametern zu unterscheiden.

Strömungsgeschwindigkeiten erreichen in TL mehrere 100 m/s und liegen damit in der Größenordnung der Schallgeschwindigkeit. Letztere ermöglicht als Orientierungspunkt die Aufteilung der Strömungsvorgänge in einen Unterschall- (Subsonic-), einen Transschall- (Transsonic-) sowie einen Überschall- (Supersonic-) Bereich. Extrem hohe Überschallgeschwindigkeiten werden dem Hyperschall- (Hypersonic-) Bereich zugeordnet. Von der (im Gaskanal veränderlichen) *örtlichen (lokalen) Schallgeschwindigkeit a* ist die (für einen Strömungsvorgang ohne Energieaustausch) konstante *kritische Schallgeschwindigkeit* bzw. *Laval-Geschwindigkeit* a^* zu unterscheiden. Es ergeben sich für

die örtliche Schallgeschwindigkeit: $$a = \sqrt{\kappa RT} \tag{3.10}$$

die kritische Schallgeschwindigkeit: $$a^* = \sqrt{\frac{2\kappa}{\kappa+1}RT_t} \tag{3.11}$$

[2] Totalparameter wurden bereits in Kap.2 genutzt, dort ebenfalls mit Index „t“versehen.

Wesentlich ist die Aussage, daß die ***örtliche Schallgeschwindigkeit*** nach (3.10) von der statischen Temperatur T abhängt, d.h. mit ihr Veränderungen unterliegt. Ihr Wert verkleinert sich z.B. von Meereshöhe (288 K) mit a=340 m/s bis zum Betrag in der Stratosphäre (216,5 K) auf a=295 m/s. Demgegenüber ist die ***kritische Schallgeschwindigkeit*** nach (3.11) eine Funktion der (über der Kanallänge) konstanten totalen Temperatur T_t, wodurch ihr Betrag im Strömungskanal ohne Energieaustausch unveränderlich ist. Übersichtlicher als die Absolutbeträge von c, a und a^* sind die Angaben ihrer dimensionslosen Verhältnisse in Gestalt der örtlichen und kritischen *Mach-Zahl.* Definiert sind

die örtliche Mach-Zahl: $$M = \frac{v}{a} = \frac{c}{a} \tag{3.12}$$

die kritische Mach-Zahl: $$M^* = \frac{c}{a^*} = \frac{Ma}{a^*} \tag{3.13}$$

Durch ihre Zahlenwerte charakterisieren diese Geschwindigkeitsverhältnisse die Strömungsvorgänge. Für Flugbewegungen und äußere aerodynamische Körperumströmungen wird meist die (örtliche) M-Zahl angewandt. Das ist durch die lokal über der Körperlänge konstant bleibende örtliche Schallgeschwindigkeit für einen bestimmten, sich nicht ändernden Umströmungszustand zweckmäßig. Dagegen wird ihr (kritischer) Betrag M^*, welcher auf dem *Laval-Zustand* mit $a^* = const$ basiert und deshalb auch *Laval-Zahl* heißt, für Vorgänge innerer Kanaldurchströmung bevorzugt.

Der Laval-Zustand ist durch $c = c^* = a = a^*$, d.h. durch kritische Parameter gekennzeichnet. Hierbei ist vorteilhaft, daß für Strömungskanäle und Bauteile thermischer Strömungsmaschinen, soweit sie nicht dem Energieaustausch mit der Umgebung unterliegen, die unveränderliche kritische Schallgeschwindigkeit und somit die kritische Mach-Zahl als *konstanter Bezugspunkt* vorliegen. Während der Zahlenwert von M unendlich groß werden kann, ist die kritische M^*-Zahl dabei auf ihren Höchstbetrag entsprechend

$$M^* = M^*_{max} = \sqrt{\frac{\kappa + 1}{\kappa - 1}} \tag{3.14}$$

begrenzt. Nach (3.14) wird für $\kappa = 1,4$ ein endlicher Wert von $M^* = \sqrt{6} = 2,4495$ berechnet. Damit ist nach der Theorie der Endzustand beschleunigter Gasströmung (s.a. Abb.3.1) erreicht. Mit Ausnahme zweier Zustände, nämlich für $M = M^* = 0$ sowie für $M = M^* = 1$, stimmen die Zahlenbeträge für M und M^* nicht überein.

3.2 Strömungsparameter

Nun sind die bisher erarbeiteten Grundlagen der Thermogasdynamik zu vervollkommnen und zu verallgemeinern. Die Untersuchungen in Kap.3.1 ergaben im schnell bewegten Gas die zu unterscheidenden Gruppen von Strömungsparametern:

Die *statischen Parameter* existieren im mit der Strömung bewegten Bezugssystem. Das bedeutet, daß die Meßgeräte zu ihrer Bestimmung ohne wesentlichen Geschwindigkeitsunterschied in der Strömung „mitschwimmen" müßten. Diesem Sachverhalt entsprechen auch festeingebaute, d.h. in der Strömung „stehende" Meßgeräte, deren Meßöffnungen parallel zur Strömungsrichtung störungsfrei angeordnet sind, z.B. die Bohrungen für den statischen Druck auf dem Umfang des Prandtl-Rohres.

Dagegen liegen die *totalen Parameter* vor bei feststehendem Bezugssystem gegenüber der Strömung, so wie es für die fest installierten Meßgeräte mit senkrecht in der

Strömung stehenden Meßöffnungen zutrifft. Praktisches Beispiel dafür ist das Pitot-Rohr zur Messung des Totaldrucks. Diese Parameter sind um den Äquivalentwert der kinetischen Energie in der Strömung größer als statische. Das ergibt sich aus totaler Abbremsung[3] mit isentroper Zustandsänderung auf den Ruhezustand.

Schließlich sind die ***kritischen Parameter*** von Bedeutung, welche sich im kritischen Kanalquerschnitt unter bestimmten Bedingungen, nämlich denen des Laval-Zustandes mit $M = M^* = 1$ einstellen. Infolge ihrer Konstanz über der Kanallänge sind sie Bezugspunkte für analoge Parameter benachbarter Querschnittsebenen des Strömungsvorgangs. Ihre Kennzeichnung wird durch einen Stern (*) vorgenommen.

Für die ***Ruhebedingung*** mit $c = 0$ sind statische und totale Parameter gleichgroß. Dieser Zustand entspricht z.B. der Gasfüllung eines unter Druck stehenden Kessels. Im daraus ausströmenden Gasstrahl divergieren die Zahlenbeträge beider Parameterarten mit zunehmender Beschleunigung immer mehr. Aber durch Abbremsung des Strahls, welche als isentrope, d.h. reversible Verdichtung auf Kosten der Strömungsenergie gedeutet werden kann, ist es möglich, den ursprünglichen *Kesselzustand* mit Übereinstimmung der statischen und totalen Parameter wieder zu erreichen.

Diese Stauabbremsung ist gewöhlich kein praktisch ausgeführter, sondern ein für Theorie und Rechnung gedachter Fall. Dadurch wird die kinetische Energie des strömenden Gases in Übereinstimmung mit dem Energieerhaltungssatz auf andere Parameter transponiert und somit infolge rechnerischen „Wegfalls" einer Größe die quantitative Analyse vereinfacht. Am Beispiel der Totalenthalpie wurde dieser Sachverhalt in (3.9) bereits vorweggenommen.

Abbremsung ist auch praktisch ausführbar. Das geschieht total im Stromfaden vor Meßfühlern und Vorderkanten von Körpern, welche frontal in der Strömung „stehen", sowie partiell in der Stromröhre vor und im Lufteinlauf von TL. Damit sind zugleich Stellen genannt, welche bei Anströmung höherer thermischer Belastung mit der Totaltemperatur T_t ausgesetzt sind.

Für Kolbentriebwerke wird diese Parameterunterscheidung wegen kleinerer Gasgeschwindigkeiten nicht vorgenommen. Bei durchschnittlichen 20 m/s ergibt sich als spezifische kinetische Energie nach (2.9) ein zu vernachlässigender Wert von 0,2 kJ/kg. Aber bei Strömungsvorgängen in TL von 200 m/s werden bereits 20 kJ/kg berechnet! Weil selbst Mehrfachbeträge davon vorkommen, mußte die kinetische Energie strömender Gase für TL-Arbeitsprozesse dargestellt werden.

Aus meßtechnischer, rechenpraktischer und sicherheitsrelevanter Problematik ergab sich für thermische Strömungsmaschinen die Notwendigkeit zur Unterscheidung nach statischen und totalen Größen. Bei TL werden wegen vereinfachter Beziehungen oft die Prozeßparameter aller Querschnittsebenen des Gasgenerators als Totalparameter angegeben. Nur für Eintritts- und Austrittsebene haben dagegen statische Größen Vorrang, weil hier die kinetischen Energien von eintretender Luft und austretendem Gasstrahl mit Absicht als selbständige Beträge gewertet werden. Nach Erfordernis sind grundsätzlich beide Parameterarten für alle Strömungsebenen verwendbar. Unter der Voraussetzung isentropen Aufstaus lassen sich die totalen Größen von Temperatur, Druck und Dichte eines Gases aus ihren entsprechenden statischen Beträgen folgendermaßen bestimmen:

$$T_t = T\left(1+\frac{mc^2}{2RT}\right) = T\left(1+\frac{\kappa-1}{2}M^2\right) \tag{3.15}$$

$$p_t = p\left(1+\frac{mc^2}{2RT}\right)^{1/m} = p\left(1+\frac{\kappa-1}{2}M^2\right)^{1/m} \tag{3.16}$$

$$\varrho_t = \varrho\left(1+\frac{mc^2}{2RT}\right)^{\frac{1}{\kappa-1}} = \varrho\left(1+\frac{\kappa-1}{2}M^2\right)^{\frac{1}{\kappa-1}} \tag{3.17}$$

[3] Zur Unterscheidung gegenüber den statischen werden die totalen Parameter durch den Index „t" gekennzeichnet. Im Bestreben, das Wesen der Totalgrößen durch eine möglichst zutreffende Bezeichnung zu kennzeichnen, sprechen andere Autoren von Ruhe-, Gesamt-, Stau-, Kessel- und Bremsparametern.

Mittels (3.9) sowie (3.15), (3.16) und (3.17) liegen die Beziehungen zwischen beiden Parametergruppen in Abhängigkeit vom Strömungszustand vor. In analoger Form existieren auch quantitative Zusammenhänge zwischen den kritischen und totalen Größen:

$$T^* = T_t \left(\frac{2}{\kappa+1}\right) \tag{3.18}$$

$$p^* = p_t \left(\frac{2}{\kappa+1}\right)^{1/m} \tag{3.19}$$

$$\varrho^* = \varrho_t \left(\frac{2}{\kappa+1}\right)^{\frac{1}{\kappa-1}} \tag{3.20}$$

Gasdynamische Rechnungen sind aufwendig und zeitraubend. Sie lassen sich durch Anwendung der dimensionslosen Verhältniswerte von statischen und totalen, bzw. kritischen Parametern vereinfachen. Diese Verhältniswerte werden als Zustandsgrößen und, da sie oft nur von den Größen von κ und M^* abhängen, als *gasdynamische Funktionen* bezeichnet. Analog zum h, s-Diagramm der Thermodynamik erleichtern sie in tabellarischer (s. Tab.3.1, s.a. Anhang A.3) oder grafischer Darstellung (Abb.3.1) die quantitativen Untersuchungen in der Thermogasdynamik und ermöglichen so Rechnungen mit geringem Aufwand. Diesbezügliche thermogasdynamische Funktionen sind außer dem

Temperaturverhältnis: $$\tau = \frac{T}{T_t} = 1 - \frac{\kappa-1}{\kappa+1}M^{*2} \tag{3.21}$$

das Druckverhältnis: $$\Pi = \frac{p}{p_t} = \left(1 - \frac{\kappa-1}{\kappa+1}M^{*2}\right)^{1/m} \tag{3.22}$$

das Dichteverhältnis: $$\epsilon = \frac{\varrho}{\varrho_t} = \left(1 - \frac{\kappa-1}{\kappa+1}M^{*2}\right)^{\frac{1}{\kappa-1}} \tag{3.23}$$

Neben diesen thermischen sind strömungsmechanische Größen als gasdynamische Funktionen von Bedeutung, so vor allem das Verhältnis der Massenstromdichten. Nach (3.1) bzw. (3.3) ist es reziprok dem Verhältnis der entsprechenden Kanalquerschnitte. Daraus ergibt sich ein Zusammenhang von Strömungsparametern und Durchströmflächen. Diese im weiteren als *Querschnitts-* bzw. *Massenstromverhältnis* α bezeichnete wichtige Größe wird nach (3.20) und (3.23) abhängig vom Betrag von M^* wie folgt ermittelt:

$$\alpha = \frac{\varrho c}{\varrho^* a^*} = \frac{\varrho}{\varrho^*}M^* = \frac{A^*}{A} \tag{3.24}$$

$$\alpha = \frac{\varrho}{\varrho_t}\frac{\varrho_t}{\varrho^*}M^* = M^*\left(1 - \frac{\kappa-1}{\kappa+1}M^{*2}\right)^{\frac{1}{\kappa-1}}\left(\frac{\kappa+1}{2}\right)^{\frac{1}{\kappa-1}}$$

$$\alpha = M^*\left[1 - \frac{\kappa-1}{2}\left(M^{*2}-1\right)\right]^{\frac{1}{\kappa-1}} \tag{3.25}$$

Das Querschnittsverhältnis ist als gasdynamische Funktion nur mittels κ und M^* darstellbar. Für die Massenstromdichte nach (3.3) ergibt sich aus (3.24) und (3.25) ein neuer Ausdruck. Durch Substitution von (3.11) und (3.20) sowie (2.1) hängt letzterer nur noch von bekannten Größen ab. Es ergibt sich die unten ersichtliche Entwicklung:

$$\frac{\dot{m}}{A} = \frac{\varrho c}{\varrho^* a^*}\varrho^* a^* = \alpha \varrho^* a^*$$

$$\frac{\dot{m}}{A} = \alpha\sqrt{\frac{2\kappa}{\kappa+1}RT_t}\frac{p_t}{RT_t}\left(\frac{2}{\kappa+1}\right)^{\frac{1}{\kappa-1}}$$

$$\frac{\dot{m}}{A} = \alpha p_t\frac{1}{\sqrt{T_t}}\sqrt{\frac{\kappa}{R}\left(\frac{2}{\kappa+1}\right)^{\frac{\kappa+1}{\kappa-1}}} \tag{3.26}$$

$$K_\alpha = \sqrt{\frac{\kappa}{R}\left(\frac{2}{\kappa+1}\right)^{\frac{\kappa+1}{\kappa-1}}} \tag{3.27}$$

$$\frac{\dot{m}}{A} = \frac{\alpha p_t K_\alpha}{\sqrt{T_t}} \tag{3.28}$$

Mit der Konstante K_α wird (2.26) zur Endform (3.28) vereinfacht. Bei bekanntem Strömungsquerschnitt A, der Größe α und den thermischen Totalparametern gelingt mit dieser Beziehung die Berechnung des Massenstroms. Die Zahlenbeträge von K_α sind neben anderen gasdynamischen Größen abhängig von κ in der Tab.3.2 ersichtlich.

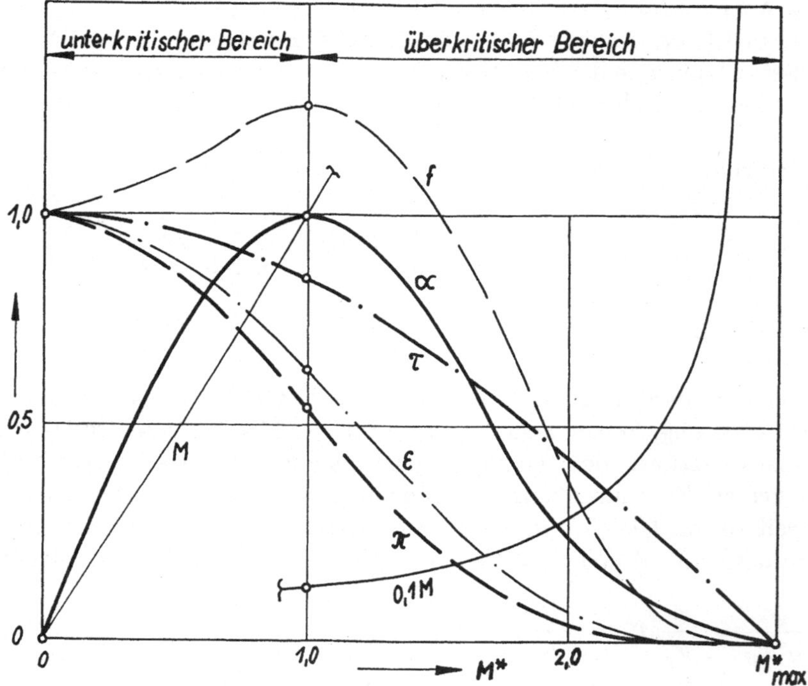

Abb. 3.1: Der Verlauf der gasdynamischen Funktionen (Isentropendiagramm)

Nach (3.28) sind unter Standardbedingungen für Luft bei kritischem Strömungszustand als größte Massenstromdichte $(\dot{m}/A) = 241,5\text{kg/m}^2\text{s}$ durchzusetzen. Mit Abb.3.1 übereinstimmend wird nur bei kritischer Strömung das Maximum an Massenstromdichte erreicht. Deshalb wäre es ein Irrtum, durch Vergrößerung der M-Zahl im Überschallbereich den Massenstrom durch einen bestimmten Kanalquerschnitt steigern zu wollen. Andererseits ist bei kritischer Strömung und höherem Druck oder tieferer Temperatur ein größerer als der o.g. Massenstrom realisierbar.

Unabhängig davon wird im Strömungsmaschinenbau meist eine andere quantitative Beziehung, die sog. *Ausfluß-* oder *Durchflußfunktion* Ψ, zur Ermittlung der Massenstromdichte genutzt. Sie läßt sich aus (3.3) mittels (2.1), der Isentopenbeziehung (2.13) sowie (3.35) (s.u.) herleiten. In gekürzter aufbereiteter Form ergibt sich analog zu (3.28):

$$\frac{\dot{m}}{A} = p_t \sqrt{\frac{2}{mRT_t}\left[\left(\frac{p}{p_t}\right)^{\frac{2}{\kappa}} - \left(\frac{p}{p_t}\right)^{\frac{\kappa+1}{\kappa}}\right]} \tag{3.29}$$

$$\Psi = \sqrt{\left(\frac{p}{p_t}\right)^{\frac{2}{\kappa}} - \left(\frac{p}{p_t}\right)^{\frac{\kappa+1}{\kappa}}} \tag{3.30}$$

$$\frac{\dot{m}}{A} = \Psi\, p_t \sqrt{\frac{2}{mRT_t}} \tag{3.31}$$

Die Beträge von Ψ und α sind einander proportional und erreichen beim kritischen Strömungszustand ihre Maxima. Damit stellt die Durchflußfunktion Ψ gegenüber dem Querschnittsverhältnis α qualitativ nichts Neues dar und wird hier nicht weiterverfolgt.

Tab. 3.1: Zahlenwerte der gasdynamischen Funktionen mit κ=1,33 (Auszüge)

M^*	$\tau = \frac{T}{T_t}$	$\Pi = \frac{p}{p_t}$	$\varepsilon = \frac{\varrho}{\varrho_t}$	f	$\alpha = \frac{A}{A^*}$	$M = \frac{c}{a}$
0,00	1,0000	1,0000	1,0000	1,0000	0,0000	0,0000
0,50	0,9646	0,8648	0,8965	1,1206	0,7121	0,4717
1,00	0,8584	0,5404	0,6295	1,2590	1,0000	1,0000
1,50	0,6813	0,2130	0,3126	1,0160	0,7449	1,6836
2,00	0,4335	0,0344	0,0794	0,3971	0,2523	2,8144
2,50	0,1148	0,0002	0,0014	0,0103	0,0056	6,8359
2,657	0,0000	0,0000	0,0000	0,0000	0,0000	∞

Der aus Kap.3.1 bekannte Sachverhalt von örtlicher und kritischer M-Zahl läßt ebenfalls eine quantitative Abhängigkeit zwischen beiden vermuten. Ausgangspunkt dieser Untersuchung ist (3.15), in der sowohl M als auch M^* implizit enthalten sind. Es ist

$$\frac{T}{T_t} = 1 - \frac{mc^2}{2RT_t} = \left(1 + \frac{mc^2}{2RT}\right)^{-1}$$

$$1 - \frac{\kappa+1-2}{2\kappa RT_t}c^2 = \left(1 + \frac{\kappa-1}{2}\frac{1}{\kappa RT}c^2\right)^{-1}$$

$$M = \sqrt{\left(\frac{1}{1-\frac{\kappa-1}{\kappa+1}M^{*2}} - 1\right)\frac{2}{\kappa-1}} \tag{3.32}$$

$$M = \sqrt{\frac{2M^{*2}}{(\kappa+1)-(\kappa-1)\,M^{*2}}} \tag{3.33}$$

Mit (3.32) und (3.33) ist die örtliche M-Zahl als gasdynamische Funktion nachgewiesen. Informativ wird eine weitere, seltener gebrauchte gasdynamische Funktion f ohne Herleitung genannt. Mit ihrer Hilfe können Kraft- und Druckwirkungen berechnet werden:

$$f = \left(1 + M^{*2}\right)\left(1 - \frac{\kappa-1}{\kappa+1}M^{*2}\right)^{\frac{1}{\kappa-1}} \tag{3.34}$$

$$f = \frac{p+\varrho c^2}{p_t} = \frac{\dot{m}c + Ap}{Ap_t} \tag{3.35}$$

Bei konstantem Betrag von κ hängen die gasdynamischen Funktionen nur von der kritischen M-Zahl ab, wie es Abb.3.1 mit M^* als Abszisse aufzeigt. Der Ruhezustand mit $M = M^* = 0$ ist infolge $\tau = \Pi = \epsilon = 1$ durch gleichgroße statische und totale Zahlenwerte der thermischen Parameter gekennzeichnet. Je höher die kritische M-Zahl ist, um so größer wird der Unterschied zwischen ihren statischen und totalen Beträgen.

Tab. 3.2: Stoffwerte für überschlägige thermogasdynamische Berechnungen

κ	$m = \frac{\kappa-1}{\kappa}$	$\sqrt{\kappa R}$	$\sqrt{\frac{2\kappa R}{\kappa+1}}$	$\frac{T_t^*}{T^*}$	$\frac{p_t^*}{p^*}$	K_α	Anwendungsgebiet
		$\sqrt{\frac{\mathrm{J}}{\mathrm{kgK}}}$	$\sqrt{\frac{\mathrm{J}}{\mathrm{kgK}}}$			$\sqrt{\mathrm{K}}\frac{\mathrm{kg}}{\mathrm{kNs}}$	
1,40	0,286	20,05	18,30	1,200	1,893	40,41	Luft bei Umgebungstemperatur
1,33	0,250	19,55	18,10	1,165	1,850	39,68	Brenngas für $T < 1200$ K
1,30	0,230	19,35	18,03	1,150	1,833	39,35	Brenngas für $T > 1200$ K
1,25	0,200	19,00	17,90	1,125	1,802	38,74	Brenngas für $T = 2000$ K

Dagegen steigen von unterschiedlichem Niveau, die Funktionen α und f bis zu ihren Maxima an, um danach ebenfalls abzufallen. Die (nicht gleichgroßen) Maxima kennzeichnen bei $M = M^* = 1$ den *kritischen Strömungszustand*, der in Kap.3.3 untersucht wird. Aus Abb.3.1 ist ersichtlich, daß dieser das Gesamtgebiet der Strömungsvorgänge in einen *unterkritischen* und einen *überkritischen Bereich* unterteilt.

Letzterer wird durch den Maximalbetrag von M^* mit dem Zahlenwert von (3.14) nach oben begrenzt. Die lokale M-Zahl, welche gegen Ende des überkritischen Bereiches immer steiler ansteigt, wächst dabei über alle Grenzen. Das bedeutet allerdings nicht, daß dabei auch die Strömungsgeschwindigkeit unendlich große Werte erreichen würde (s.a. Kap.3.3). Alle anderen gasdynamischen Funktionen außer der M-Zahl berühren bei $M^* = M^*_{max}$ mit dem Wert 0 die Abszisse. Das Diagramm der gasdynamischen Funktionen in Abb.3.1 beruht auf isentropen Abbremsvorgängen, d.h. verlustlosen Energieumwandlungen in der Strömung und wird deshalb (unter thermodynamischem Aspekt nicht ganz zutreffend) auch als *Isentropendiagramm* bezeichnet.

Abschließend ist die *Reynolds-Zahl Re* als oft benötigter dimensionsloser Ähnlichkeitskennwert der Strömung zu nennen. Nach O. REYNOLDS benannt, stellt ihr Zahlenwert das Verhältnis von Trägheits- zu Zähigkeitskräften im Fluid dar, womit Aussagen über Grenzschichtverhalten und Art der Strömung getroffen werden. Quantitativ gilt

$$Re = \frac{c\,d}{\nu} \tag{3.36}$$

Darin ist außer der Strömungsgeschwindigkeit c unter der Größe d eine charakteristische Kanalabmessung und mit ν die kinematische Zähigkeit in der Maßeinheit m^2/s zu verstehen. Wesentlich ist der Betrag ihres kritischen Wertes, welcher für Gasströmung in einem Kanal bei etwa $Re = 2300$ liegt. Bis dahin liegt die für TL untypische *laminare* Strömung vor. Oberhalb davon beginnt ein Übergangsbereich bis $Re = 10^4 \ldots 10^5$, in dem ein instabiler Zustand vorherrscht, aus dem sich erst zögernd die *turbulente* Strömung herausbildet. Übergangsbereich und angrenzende Zone sind für die Gitter von Turbomaschinen durch Strömungsablösungen und Wirkungsgradverschlechterung gekennzeichnet, so daß dort in der Regel Strömungszustände mit höheren Re-Zahlen angestrebt werden.

Vom Gesichtspunkt der Thermogasdynamik sind außer den hier genannten Ähnlichkeitskennwerten von MACH und REYNOLDS die von GRASHOF (Gr), NUSSELT (Nu), PRANDTL (Pr), STANTON (St) u.v.a. (s.a. [50] und [133]) hervorzuheben. Sie ermöglichen bzw. erleichtern die Quantifizierung des Energieumsatzes bei Strömungsvorgängen.

3.3 Beschleunigte Strömung, die Laval-Düse

In Turbinen und Schubdüsen von TL wird die Strömung beschleunigt. Das bedeutet im adiabaten System ohne Energieaustausch, daß nach dem 1. Hauptsatz der Thermodynamik die Enthalpie des Gases in kinetische Energie umzuwandeln ist. Bei konstanter Totalenthalpie aus (3.9) ergeben sich demnach die folgenden quantitativen Sachverhalte

$$\frac{1}{2}c_1^2 + h_1 = \frac{1}{2}c_2^2 + h_2 = h_{t1} = const \tag{3.37}$$

$$c_2 = \sqrt{2\,(h_{t1} - h_2)} = \sqrt{2\frac{R}{m}T_{t1}\left(1 - \frac{T_2}{T_{t1}}\right)} \tag{3.38}$$

$$c_2 = \sqrt{2\frac{R}{m}T_{t1}\left(1 - \Pi_{12}^{-m}\right)} \tag{3.39}$$

So ist die Endgeschwindigkeit bei Beschleunigung zu berechnen. (3.39) enthält nur die (meist bekannten) Anfangswerte und wurde 1839 von SAINT-VENANT und WANTZEL angegeben. Daraus ist mit $\Pi = \infty$, d.h. für Strömungsvorgänge ins Vakuum, die theoretisch limitierte allergrößte, die sog. CROCCO-Geschwindigkeit, zu bestimmen:

$$c = c_{max} = \sqrt{2\frac{R}{m}T_{t1}} = \sqrt{2\,h_{t1}} \tag{3.40}$$

Entsprechend dem endlichen Betrag an zur Verfügung stehender potentieller (bzw. nun umgewandelter kinetischer) Energie ist die Ausströmgeschwindigkeit trotz sehr großer M-Zahl also nach der Theorie begrenzt. Außerdem wird durch diesen Entspannungsvorgang auch die statische Temperatur T_2 des Gases nach (2.13) auf den Wert 0 abgesenkt. Dadurch ist der ideale Gasstatus und infolge Kondensation selbst der gasförmige Aggregatzustand nicht mehr gegeben, wodurch (3.40) dann nicht mehr gilt. Die weitere Analyse nach den Gleichungen (2.10) und (3.1) ergibt die folgenden Zusammenhänge:

$$\mathrm{d}h = v\mathrm{d}p = -c\mathrm{d}c \tag{3.41}$$

$$\frac{\mathrm{d}A}{A} = -\frac{\mathrm{d}(\varrho c)}{\varrho c} \tag{3.42}$$

$$\frac{\mathrm{d}A}{A} = -\frac{\mathrm{d}\varrho}{\varrho} - \frac{\mathrm{d}c}{c} \tag{3.43}$$

Dabei ermöglicht die Einbindung der relativen Querschnittsveränderung $\mathrm{d}A/A$ eine Aussage für die Profilierung des Gaskanals zur beabsichtigten Vergrößerung der Strömungsgeschwindigkeit. Durch Substitution von (3.41) in (3.43) ergeben sich die Beziehungen:

$$\frac{\mathrm{d}A}{A} = \frac{v\mathrm{d}p}{c^2} - \frac{v\mathrm{d}p}{a^2}$$

$$\frac{\mathrm{d}A}{A} = \left(\frac{1}{c^2} - \frac{1}{a^2}\right) v\mathrm{d}p \tag{3.44}$$

Die Diskussion von Gleichung (3.44) erfordert hinsichtlich der Größen von Strömungsgeschwindigkeit c und Schallgeschwindigkeit a eine Fallunterscheidung. Dabei wird übereinstimmend mit der Gasentspannung die Ungleichung $\mathrm{d}p < 0$ vorausgesetzt.

Der Sachverhalt $c < a$ bedingt nach (3.44) die Verkleinerung des Kanalquerschnittes. Ein solcher sich verjüngender (konvergenter) Kanal gewährleistet die Geschwindigkeitsvergrößerung im Unterschallbereich durch Wandlung von potentieller Energie des Gases in kinetische. Die *konvergente Düse* ist dafür bekanntes Beispiel.

Im Zustandspunkt $c = a$ ist mit $\mathrm{d}A = 0$ nach (3.42) zugleich auch $\mathrm{d}(\varrho c) = 0$, d.h. es liegen Extremwerte für Strömungsquerschnitt (Minimum) und Massenstromdichte (Maximum) vor (s.a. Abb.3.1). Dieser schon in Kap.3.2 hervorgehobene kritische Strömungszustand mit bestimmten Parametern und erreichter Schallgeschwindigkeit bildet oft den Abschluß der konvergenten Düsenteils.

Schließlich erfordert der Tatbestand $c > a$ nach (3.44) gegenüber dem Querschnitt $A^* = A_{min} = A_{krit}$ eine Kanalerweiterung. Vom kritischen Zustand heraus kann bei zusätzlicher Entspannungsmöglichkeit des Gases im ***divergenten Düsenteil*** seine zweite Beschleunigungsphase auf Überschallgeschwindigkeit realisiert werden. Ein derartiger ***konvergent-divergenter*** Strömungskanal wurde erstmals 1883 durch DE LAVAL für Dampfturbinen erfolgreich verwendet und heißt deshalb ***Laval-Düse.***

Unter Beibehaltung idealer Gaseigenschaften läßt sich so in Abhängigkeit vom Energieniveau die Strömung bei Bestbedingungen isentrop bis in die Nähe der theoretischen Grenzgeschwindigkeit c_{max} beschleunigen. Dabei ändern sich entprechend Abb.3.1 die Strömungsparameter mit anwachsender örtlicher und kritischer Mach-Zahl. In der technischen Praxis liegen allerdings diese Bestbedingungen in der Regel nicht vor.

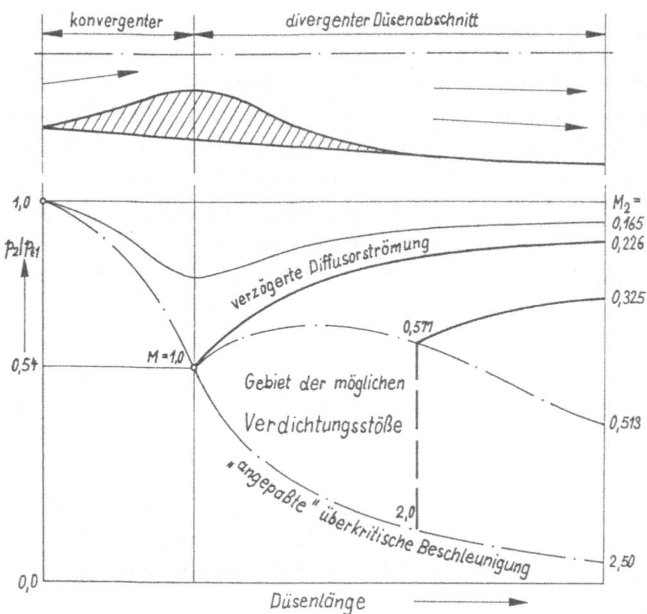

Abb. 3.2: Laval-Düse mit Parameterverlauf, abhängig vom Gegendruck

Im konvergenten Düsenteil erfolgt die Unterschallbeschleunigung bis zum kritischen Zustand, wenn bei ausreichendem Druckverhältnis der kritische Strömungsquerschnitt nach (3.28) mit $\alpha = 1$ bemessen wurde. Die weitere Parameterveränderung im divergenten Düsenteil ist abhängig von Druckverhältnis und Kanalgestaltung. Mit steigendem Druckverhältnis (sinkendem Gegendruck am Düsenende) sind folgende grundsätzliche Strömungszustände nach Abb.3.2 (die M-Zahlangaben dazu entstammen [46]) denkbar:

- Bei kleinem (unterkritischem) Druckverhältnis werden weder der kritische Zustand im Düsenhals noch überkritische Strömung danach erreicht. Das divergente Teil realisiert als *Diffusor* entgegen der beabsichtigten Wirkung Strömungsverzögerung. Nach dem Beispiel von Abb.3.2 würden bei $M = 0,5$ im engsten Querschnitt danach im Austritt sogar nur $M = 0,165$ erreicht.
- Dieser Zustand gilt im Prinzip bis an die Stelle, wo bei exakt kritischem Druckverhältnis gerade $M^* = 1$ im kritischen Querschnitt auftritt. In diesem Fall wird anschließend durch *Diffusorwirkung* wieder verzögert, diesmal auf $M = 0,226$. Der divergente Düsenabschnitt erfordert zur weiteren Strömungsbeschleunigung die Bedingung permanenter überkritischer Gasentspannung.
- Ist das Druckverhältnis überkritisch, nicht aber ausreichend für die Gesamtbeschleunigung bis Düsenaustritt, endet die ausgebildete Überschallzone in der Unstetigkeit eines *senkrechten Verdichtungsstoßes*. Dadurch erfolgt sprungartige Abbremsung auf Unterschallströmung, im ersichtlichen Beispiel von $M = 2$ auf $\hat{M} = 0,577$, durch weitere Diffusorwirkung bis zu $M = 0,325$.
- Für größere, aber gleichfalls nicht ausreichende Druckverhältnisse ergibt sich unterhalb der dünnen strichpunktierten Linie in Abb.3.2, welche die Endzustände der Stoßsysteme darstellt, ein Gebiet schwächerer *schräger Verdichtungsstöße*. Die dadurch verkleinerte Überschall-M-Zahl verhindert das Erreichen der durch die Kontur möglichen hohen Überschallgeschwindigkeit.
- Erst für das Druckverhältnis und die darauf abgestimmte Kanalerweiterung im *Auslegungszustand*, d.h. bei sog. „angepaßter Düse" (für das vorliegende Beispiel: $\Pi = 17,1$ bei $\alpha = 0,38$, vorgesehener Wert $M = 2,5$) wird annähernd verlustlose (isentrope) überkritische Strömung unter vollständiger Entspannung mit austretendem berechneten *Überschallgasstrahl* ermöglicht.
- Weist gegenüber dem Auslegungszustand das Druckverhältnis sehr kleine Unterschiede auf, tritt im Endquerschnitt verlustbehaftete irreversible Über- oder Unterexpansion unter *Wellung* bzw. *Kontraktion* des Strahls mit Geschwindigkeitsverlusten auf. Angepaßte Düsen sind also nur in einem Punkt bzw. in eng toleriertem Nachbarbereich annähernd verlustlos zu betreiben.

Danach sind (konvergent-divergente) KD-Düsen bei verlustarmer Beschleunigung des Gasstromes in den Überschallbereich nur im Auslegungszustand bzw. seiner engen Umgebung, d,h. hinsichtlich der Strömungsparameter und Querschnittsabmessungen „angepaßt" zu betreiben. Größere Abweichungen davon ergeben stets Strömungsverzögerungen. Dabei entstandene Überschallgebiete erfahren abweichend von der Isentropie eine Abbremsung durch *Verdichtungsstöße* (s. dazu Kap.3.4). Zur Verhinderung dieser Erscheinungen, die von STODOLA 1903 [166] erkannt und gedeutet wurden, ist bei wechselndem Betrieb die *Regelung* von KD-Düsen mit verstellbaren (variablen) Strömungsquerschnitten erforderlich. Diese Erkenntnisse wurden bei der Entwicklung und Regelung von Überschall-Schubdüsen der TL zunehmend berücksichtigt.

3.4 Verzögerte Strömung, der Verdichtungsstoß

Bei der Lavaldüse zeigte sich, daß unterkritische Beschleunigung wie Verzögerung als auch überkritische Beschleunigung kontinuierlich und zudem (annähernd) isentrop ablaufen, vorausgesetzt der Strömungskanal ist entsprechend ausgeformt. Im Gegensatz dazu sind verzögerte überkritische Strömungen in adiabaten Systemen nur *diskontinuierlich* sowie *nicht isentrop* zu realisieren. Wie bereits im divergenten Düsenteil von Abb.3.2 dargestellt, werden Abbremsvorgänge von Überschallströmungen durch *Verdichtungsstöße* vorgenommen. Das Phänomen der Verdichtungsstöße mit den daraus resultierenden Parametersprüngen ist obligatorische Begleiterscheinung verzögerter Überschallströmungen in adiabaten Kanälen bzw. an ihren Wandungen.

Der **senkrechte Verdichtungsstoß** mit einer intensiven Verzögerung der Strömung ist zunächst Betrachtungsgegenstand. Zu seiner quantitativen Analyse gelten auch hier die in Kap.3.1 vorgestellten Erhaltungssätze. Mit dem durch ^ gekennzeichneten Zustand für die Parameter unmittelbar nach dem Stoß ergeben sich die folgenden Gleichungen für den Massenstrom nach (3.1): $$\varrho c = \hat{\varrho}\hat{c} \quad (3.45)$$

für den Impulsstrom nach (3.5): $$\varrho c^2 + p = \hat{\varrho}\hat{c}^2 + \hat{p} \quad (3.46)$$

und für die Energie nach (3.9): $$h_t = \hat{h}_t \quad (3.47)$$

In grafischer Darstellung, wie im h,s-Diagramm in Abb.3.4, werden die Ausdrücke (3.45) als *Fanno-Kurve* und (3.46) als *Rayleigh-Kurve* bezeichnet. Die Zustände unmittelbar vor und nach dem senkrechten Stoß sind demzufolge durch die Schnittpunkte S und $\hat{S}$ der Linien nach FANNO und RAYLEIGH dargestellt. Das bedeutet, daß bei konstanter Totalenthalpie nach (3.47), d.h. bei unveränderlichem Energieniveau der Strömung nach Abb.3.3, die statischen Parameter von Temperatur, Druck und Dichte anwachsen, während die Geschwindigkeit vom überkritischen in den unterkritischen Bereich absinkt. Die Veränderungen erfolgen *sprunghaft*, etwa auf einer Strecke, welche der freien Weglänge von Gasmolekülen, also Bruchteilen von Millimetern, entspricht.

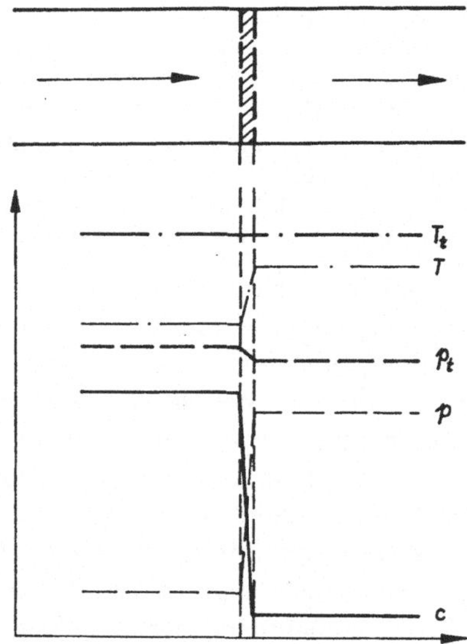

Abb. 3.3: Parameterveränderungen durch den (senkrechten) Verdichtungsstoß

Damit qualifiziert sich der Verdichtungsstoß als Zustandsänderung zur Druckvergrößerung, nur seine Richtung ist noch zu verdeutlichen. Dazu dient ein Lagevergleich der Punkte S und $\hat{S}$ im h,s-Diagramm in Abb.3.4. Der Endpunkt des Stoßes $\hat{S}$ ist in Richtung der Diagrammabszisse, d.h. zu größerer Entropie hin verschoben. Der Verdichtungsstoß verläuft also unter *Entropiezuwachs* Δs. Der Stoß ist somit nichts anderes als eine *polytrope*, d.h. eine unter Energieentwertung realisierte Zustandsänderung des Gases im adiabaten System. Nur im Sonderfall eines schwachen, in unmittelbarer Nähe des Lavalpunktes L befindlichen Stoßes ist (fast) vertikaler Verlauf im Diagramm, d.h. eine angenähert isentrope Zustandsänderung[4] zu erwarten. Deshalb sollten vorrangig schwache (quasi isentrope) Verdichtungsstöße in der Nähe des Punktes L zur Abbremsung von Überschallströmungen verwendet werden.

[4]Nach dem 2. Hauptsatz (2.11) und (2.12) ergibt sich aus diesem Entropieverhalten indirekt der Beweis, daß es einen „Verdünnungsstoß"nicht geben kann. Eine dafür erforderliche Entropieabnahme ergäbe in adiabaten Systemen bekanntlich einen Widerspruch zu den genannten Gesetzmäßigkeiten.

Bedeutungsvoll ist die Bestimmung der Parameter unmittelbar nach dem Stoß zu denen direkt davor. Durch größere Umformungen von Beziehungen der Erhaltungssätze ergeben sich Verhältnisgleichungen, und zwar zunächst nur bei ***statischen Parametern:***

$$\frac{\hat{T}}{T} = \left[1 + \frac{2\kappa}{\kappa+1}(M^2-1)\right]\left[1 + \frac{\kappa-1}{\kappa+1}(M^2-1)\right]M^{-2} \tag{3.48}$$

$$\frac{\hat{p}}{p} = 1 + \frac{2\kappa}{\kappa+1}(M^2-1) \tag{3.49}$$

$$\frac{\hat{\varrho}}{\varrho} = \left[1 - \frac{2}{\kappa+1}(1-M^{-2})\right]^{-1} = M^{*2} \tag{3.50}$$

$$\frac{\hat{c}}{c} = 1 - \frac{2}{\kappa+1}(1-M^{-2}) = \frac{\varrho}{\hat{\varrho}} \tag{3.51}$$

In Ergänzung dazu lassen sich auch die mathematischen Ausdrücke für analoge Verhältnisse der *Totalparameter* finden. Ohne Herleitung kann diesbezüglich angegeben werden:

$$\frac{\hat{T}_t}{T_t} = \frac{\hat{h}_t}{h_t} = 1 \tag{3.52}$$

$$\frac{\hat{p}_t}{p_t} = \frac{\hat{\varrho}_t}{\varrho_t} = \left\{\left[1 + \frac{2\kappa}{\kappa+1}(M^2-1)\right]\left[1 + \frac{\kappa-1}{\kappa+1}(M^2-1)\right]^{\kappa} M^{-2\kappa}\right\}^{-\frac{1}{\kappa-1}} \tag{3.53}$$

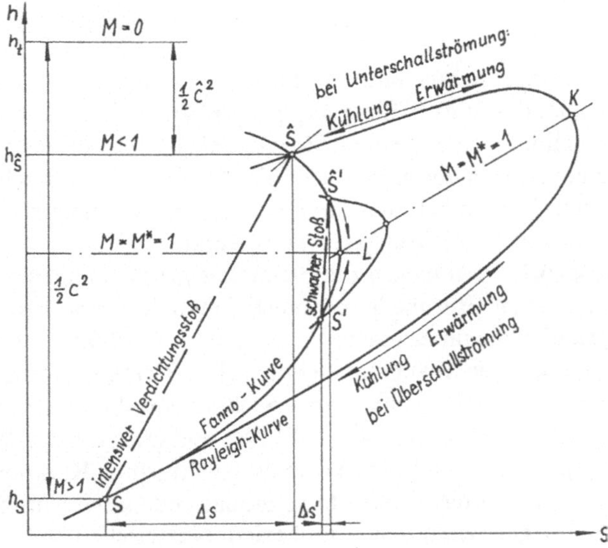

Abb. 3.4: Strömung mit senkrechtem Verdichtungsstoß und Wärmetausch

Die vorstehenden Beziehungen mit Ausnahme der rechten Seite von (3.50) beruhen auf der örtlichen Machzahl M als Variabler. Ebenso lassen sich Gleichungen auf der Basis der kritischen Machzahl M^* aufstellen. So ergibt sich z.B. analog zu (3.49) der Ausdruck

$$\frac{\hat{p}_t}{p_t} = \frac{\hat{\varrho}_t}{\varrho_t} = M^{*2}\left[\frac{1 - \frac{\kappa-1}{\kappa+1}M^{*2}}{1 - \frac{\kappa-1}{\kappa+1}M^{*-2}}\right]^{1/(\kappa-1)} \tag{3.54}$$

Der senkrechte Stoß verringert bekanntlich die Machzahl einer Strömung auf Werte, die kleiner als 1 sind. Nach diesem Stoß liegt also stets eine Unterschallströmung vor. Die Größen M und M^* werden durch den senkrechten Stoß folgender Änderung unterzogen:

$$\hat{M} = \sqrt{\frac{2 + (\kappa - 1)\, M^2}{2\kappa M^2 - (\kappa - 1)}} \tag{3.55}$$

$$\hat{M}^* = M^{*-1} \tag{3.56}$$

Konstante Totaltemperaturen ergeben die Gleichheit der Druck- und Dichteverhältnisse in (3.49) und (3.50). Als *Prandtlsche Relation* bezeichnet, veranschaulicht (3.56) die Intensität des senkrechten Verdichtungsstoßes abhängig von der kritischen Machzahl. Aus (3.50) und (3.51) folgt mit (3.14) für den Größtwert $M^* = M^*_{max}$ die Beziehung

$$\left(\frac{\hat{\varrho}}{\varrho}\right)_{max} = \left(\frac{c}{\hat{c}}\right)_{max} = \frac{\kappa + 1}{\kappa - 1}$$

Danach kann die statische Dichte im Stoß bei $\kappa = 1,4$ höchstens um den Wert 6 zunehmen (analog die Geschwindigkeit $\hat{c}$ nur auf 1/6 absinken), während der statische Druck nach (3.45) unbegrenzt ansteigen würde. Diese Erkenntnis von H.HUGONIOT zeigt Grenzen für den Energieumsatz des Stoßes auf und weist auf die Zunahme der Irreversibilitäten abhängig von seiner Intensität hin. Das kommt ebenfalls im Entropiezuwachs des Stoßes, welcher aus (2.7) mit $\mathrm{d}T_t = 0$ wie folgt berechnet werden kann

$$\hat{s} - s = R \ln \frac{p_t}{\hat{p}_t} \tag{3.57}$$

zum Ausdruck. Der mit Entropiezunahme und Totaldruckabfall ungünstige Energieumsatz des intensiven Stoßes kann durch Aufteilung auf *mehrere schwache Stöße* verbessert werden. Dieses im Überschalldiffusor wirksame *Stoßsystem*, bestehend aus zumindest einem schräg in der Strömung stehenden und einem abschließenden senkrechten Stoß, vermindert die Geschwindigkeit in mehreren Etappensprüngen geringerer Intensität. Damit wird eine weitere Art von Verdichtungsstößen relevant.

Schräge Verdichtungsstöße vermindern die Strömungsgeschwindigkeit im Überschallbereich. Ausgehend von einer Störquelle des umströmten Körpers, zuweilen aber auch abgelöst von ihm, verlaufen sie unter einem Winkel, der von M-Zahl und Körperformen abhängt und ändern dabei die Strömungsrichtung. Die Richtungsänderung ist in der Regel unerwünscht und stellt eine Begrenzung des Stoßsystems dar. Die quantitative Analyse schräger (schiefer) Stöße gelingt (s. [4], [46], [109] und [122]) durch Vektorzerlegung in eine tangentiale (parallele) und eine normale (senkrechte) Komponente zur Stoßfront bei Nutzung der Gesetze des senkrechten Stoßes. Zur übersichtlichen Darstellung dieser nicht einfachen gasdynamischen und trigonometrischen Betrachtungen wurde von A.BUSEMANN das sog. *Stoßpolarendiagramm* entwickelt.

Ohne darauf einzugehen, gelten als wichtige Beziehungen die Konstanz der Totalwerte von Temperatur und Enthalpie (3.52) sowie die Prandtlsche Relation (3.56). Auch beim schrägen Stoß nehmen mit der Intensität Entropiezuwachs und Irreversibilitäten zu, was sich in vergrößertem Verlust an Totaldruck äußert.

Deshalb ist man bestrebt, notwendige Verzögerungsvorgänge von Überschallströmungen großer Machzahl, wie schon oben angedeutet, mit einem *System mehrerer schwacher Verdichtungsstöße* zu organisieren. Mittels einer Anzahl schräger Stöße wird dabei auf immer kleinere Überschall-M-Zahl bis zum Transschallbereich abgebremst und abschließend durch einen schwachen senkrechten Stoß auf Unterschallgeschwindigkeit verzögert.

Danach kann in einem Unterschalldiffusor die weitere kontinuierliche Geschwindigkeitsverringerung erfolgen. Entropiezuwachs und Totaldruckverlust sind in diesem System wesentlich geringer als bei Ausbildung eines intensiven Einzelstoßes unter sonst gleichen Bedingungen. Diese Problematik, die gegen Ende der 30er Jahre von OSWATITSCH [122] im Experiment erkannt und theoretisch gedeutet wurde, war maßgebend für die später folgende Entwicklung von *Überschall-Einlaufdiffusoren* moderner Flugantriebe.

3.5 Strömung mit Austausch von Wärme

Im Gegensatz zu adiabaten Strömungen laufen in Brennkammern und Wärmetauschern von TL diatherme Vorgänge ab. Diejenige Wärme, welche dabei die Systemgrenzen überwindet, ermöglicht den thermodynamischen Kreisprozeß und gewährleistet damit den Betrieb. Die Gesetzmäßigkeiten von Strömungen mit Wärmetausch werden hier analysiert. Von den möglichen Strömungsvorgängen unter den folgenden Bedingungen

- konstanter Kanalquerschnitt,
- konstanter statischer Druck,
- konstante örtliche Machzahl

wird der zuerst genannte, der Realität meist am nächsten kommende Fall vorausgesetzt. Die Querschnittsveränderungen der diathermen Kanäle von TL sind oft nur gering, so daß sie hier rechnerisch vernachlässigt werden können. Der Bedingung $A = const$ entspricht (wie auch bei der Darstellung des Verdichtungsstoßes) der Verlauf des Linienpaares von FANNO und RAYLEIGH im h, s-Diagramm (s.Abb.3.4).

Der obere Zweig der Rayleigh-Linie in Abb.3.4 ist für den Wärmetausch in Unterschallströmungen maßgebend. *Wärmezufuhr* (Erwärmung) erfolgt stets bei Entropievergrößerung. Das ist im *Unterschallbereich* insgesamt zwischen den Punkten $\hat{S}$ und K bzw. partiell in einem Zwischenbereich möglich. Dabei wachsen statische und totale Temperatur sowie Strömungsgeschwindigkeit und M-Zahl, es sinken statischer und totaler Druck. Bei Überschreitung eines bestimmten M-Zahlniveaus dominiert die mit der Beschleunigung einhergehende Gasentspannung, so daß die statische Temperatur trotz weiterer Wärmezufuhr wieder absinkt. Mit dem Betrag der zugeführten Wärme

$$q_{12} = c_p (T_{t2} - T_{t1}) = h_{t2} - h_{t1} \tag{3.58}$$

ändern sich zwischen den gedachten Punkten 1 und 2 die Strömungsparameter. Die im folgenden ohne Ableitung angegebenen Parameterverhältnisse bringen das in Abhängigkeit von lokaler bzw. kritischer M-Zahl quantitativ zum Ausdruck. Es ist demzufolge:

$$\frac{c_2}{c_1} = \frac{\varrho_1}{\varrho_2} = \frac{1+\kappa M_1^2}{1+\kappa M_2^2}\left(\frac{M_2}{M_1}\right)^2 \tag{3.59}$$

$$\frac{T_2}{T_1} = \left(\frac{1+\kappa M_1^2}{1+\kappa M_2^2}\frac{M_2}{M_1}\right)^2 \tag{3.60}$$

$$\frac{T_{t2}}{T_{t1}} = \frac{2+(\kappa-1)M_2^2}{2+(\kappa-1)M_1^2}\left(\frac{1+\kappa M_1^2}{1+\kappa M_2^2}\frac{M_2}{M_1}\right)^2 = \left(\frac{1+\kappa M_1^{*2}}{1+\kappa M_2^{*2}}\frac{M_2^*}{M_1^*}\right)^2 \tag{3.61}$$

$$\frac{p_2}{p_1} = \frac{1+\kappa M_1^2}{1+\kappa M_2^2} \tag{3.62}$$

$$\frac{p_{t2}}{p_{t1}} = \frac{1+\kappa M_1^2}{1+\kappa M_2^2}\left(\frac{2+(\kappa-1)M_2^2}{2+(\kappa-1)M_1^2}\right)^{\frac{1}{m}} = \frac{1+M_1^{*2}}{1+M_2^{*2}}\left(\frac{1-\frac{\kappa-1}{\kappa+1}M_1^{*2}}{1-\frac{\kappa-1}{\kappa+1}M_2^{*2}}\right)^{\frac{1}{\kappa m}} \tag{3.63}$$

$$\sigma_{th} = \frac{p_{t2}}{p_{t1}} \tag{3.64}$$

Das Verhältnis der Totaldrücke wurde in (2.34) als *Druckerhaltungskoeffizient* σ bezeichnet. In (3.64) weist die thermisch verursachte Größe $\sigma_{th} < 1$ auf den fallenden Totaldruck selbst bei *reversibler* Strömung mit Wärmezufuhr hin. Unter thermogasdynamischem Aspekt ist also die übliche Darstellung des idealen Joule-Kreisprozesses mit isobarem Wärmetausch strenggenommen nicht zu verwirklichen. Bei *irreversibler* Strömung ergibt sich durch die hydraulischen Verluste ein zusätzlicher Koeffizient σ_R. Infolge *thermischem* und *hydraulischem* Anteil ist in der Realität der Gesamtkoeffizient

$$\sigma = \sigma_{ges} = \sigma_{th}\,\sigma_R \tag{3.65}$$

wirksam. Bei Umkehrung können obige Gleichungen auch zur Berechnung der Unterschallströmung mit *Wärmeabfuhr* (Abkühlung, z.B. in einem Wärmetauscher) angewendet werden, welche bekanntlich die Entropieabnahme bedingt. Die dabei auftretende Tendenz umgekehrter Parameteränderungen bedeutet Zuwachs des Totaldruckes, d.h. die Größe σ_{th} übersteigt den Zahlenwert von 1. Bei geringen Irreversibilitäten im Wärmetauscher (Kühler) ist es nicht ausgeschlossen, daß nach (3.65) auch für den Gesamtkoeffizienten der realen Strömung $\sigma_{ges} > 1$ realisierbar ist.

Unter der Bedingung konstanten Querschnittes ist die Beschleunigung der aufgeheizten Unterschallströmung beim möglichen Entropiemaximum im kritischen Punkt K mit $M_K = 1$ abgeschlossen. Die *thermische* Weiterbeschleunigung ist nicht möglich. Infolge instationärer Strömung würde sich statt dessen ein Verdichtungsstoß im Kanal ausbilden, welcher bereits im Gebiet stromaufwärts eine kleinere Massenstromdichte zur Folge hätte. Dieser Zustand heißt *thermische Blockierung* (*Verblockung, Verstopfung*). Um ihn zu verhindern, um also im Extremfall mit dem letzten Teilbetrag an Wärme gerade den kritischen Zustand mit $M_2 = 1$ zu erreichen, sind die Beträge von q_{12}, T_{t1} und M_1 begrenzt. Aus (3.59) und (3.62) läßt sich eine Beziehung finden, in welcher die dazu genannten Größen unter der Bedingung $M_2 = M_K = 1$ quantitativ enthalten sind:

$$q_{12} = c_p\,(T_{t2} - T_{t1}) = T_{t1}\frac{R}{m}\left(\frac{T_{t2}}{T_{t1}} - 1\right)$$

$$q_{max} = \frac{R}{m}\frac{T_{t1}(M_1^2 - 1)^2}{2(\kappa+1)M_1^2 + (\kappa^2-1)M_1^4} = T_{t1}\frac{R}{4m}M_1^{*-2}\left(1 - M_1^{*2}\right)^2 \tag{3.66}$$

Für die o.g. Bedingungen ist mittels (3.66) der maximal mögliche bzw. höchstzulässige spezifische Betrag an zuzuführender Wärme unter Berücksichtigung der Anfangsgrößen ermittelt, um einerseits den kritischen Strömungszustand zu erreichen und andererseits der thermischen Blockierung gerade zu entgehen. Dieser kritische Zustandspunkt ist regeltechnisch schwer zu realisieren und deshalb von theoretischer Bedeutung.

Überschallströmungen in diathermen Systemen werden in Abb.3.4 durch den unteren Zweig der Rayleigh-Linie dargestellt. Ausgehend vom kritischen Punkt K erfolgt die Überschallbeschleunigung mittels Wärmeabfuhr (Kühlung). Umgekehrt unterliegt die erwärmte Überschallströmung einer M-Zahlverringerung. Soll auch hierbei der kritische Zustand in Verbindung mit thermischer Blockierung verhindert werden, muß die M-Zahl am Beginn der Wärmezufuhr entsprechend hoch sein. Dieser Fall aufgeheizter Überschallströmung ist zugleich eine Möglichkeit kontinuierlicher M-Zahlverringerung im Gegensatz zur bisher bekannten diskontinuierlichen Stoßabbremsung.

Die Untersuchung der Strömungszustände um den kritischen Punkt der Rayleigh-Linie zeigt: Er ist (außer durch Umkehrung der Querschnittsveränderung im *adiabaten* System auch) mittels Umkehrung des Wärmetausches im *diathermen* System kontinuierlich zu durchschreiten. Bedingung ist stets das für den kritischen Zustand erforderliche Maximum der Massenstromdichte. Die Problematik des Gaskanals mit Umkehrung der Querschnittsveränderung, die Laval-Düse, wurde in Kap.3.3 beschrieben. Hiermit zeigt sich, daß die Laval-Düse nur eine Möglichkeit unter anderen ist, um den kritischen Strömungszustand in beiden Richtungen zu überwinden.

Das Überschreiten des kritischen Strömungszustandes ist vom Standpunkt der Theorie nach [2] durch verschiedene thermogasdynamische Funktionsprinzipien erreichbar. Stets erfolgt dabei im kritischen Punkt selbst die Umkehrung ihrer Wirksamkeitstendenz. Tab.3.3 nennt diese unterschiedlichen physikalischen Möglichkeiten.

Tab. 3.3: Wirkprinzipien zur Überwindung des kritischen Zustandes bei $M = M^* = 1$

Veränderung	Bedingungen	unterkrit. Gebiet	überkrit. Gebiet	Realisierung
Querschnitt	$(\dot{m}, q, w) = const$	Verkleinerung	Vergrößerung	bekannte Laval-Düse
Wärmetausch	$(A, \dot{m}, w) = const$	Wärmezufuhr	Wärmeabfuhr	Stromerhitzer-Kühler
Arbeitstausch	$(A, \dot{m}, q) = const$	Entnahme	Zuführung	Turbine-Verdichter
Massenstrom	$(A, q, w) = const$	Einspeisung	Abführung	Strommischer-Trenner

Bekanntlich gelangt die Laval-Düse für o.g. Zweck seit langem zum Einsatz. Das betrifft grundsätzlich ebenso ihre Umkehrung, den Überschall-Einlaufdiffusor, auch wenn er durch die Existenz der Verdichtungsstöße diskontinuierlich arbeitet. Neben dieser Möglichkeit geringsten Aufwandes ist die Düse mit Wärmetausch zumindest in der Theorie denkbar, wovon u.a. dieses Kapitel berichtet. Die Baueinheit Turbine-Verdichter wurde nach [31] als Projekt eines stoßfreien effizienten Hyperschall-Einlaufdiffusors vorgesehen. Die in Tab.3.3 bzw. [2] genannten Möglichkeiten sind einerseits theoretische Schlußfolgerungen aus der Gasdynamik. Andererseits könnten sie künftig neue Technologien darstellen und den TL für große M-Zahlen weitere Perspektiven eröffnen.

Das Zusammenspiel von kinetischer und thermischer Energie im Gasstrom ist für den Arbeitsprozeß in TL und Gasturbinen von großer Bedeutung. Die Existenz von Verdichtungsstößen, kritischen Strömungszuständen und thermischer Blockierung sowie die damit in Verbindung stehenden Probleme sind wichtige gasdynamische Spezifika. Sie sind auch als strömungsmechanische Begrenzungen zu deuten.

3.6 Strömung mit Austausch von Arbeit

Zeitliche Impulsstromänderungen gewährleisten im Kontakt mit Oberflächen bewegter Festkörper gasdynamische Kraftwirkungen. Das wurde am Beispiel *translatorischer* Bewegung zur Schubentstehung in Kap.1.1 demonstriert. Ebenso erfolgt dies bei *rotatorischer* Kinematik zum Austausch von Arbeit im System Fluid - Drehkörper. Dazu eignen sich beschleunigte oder verzögerte Drallströmungen in gekrümmten, durch Schaufelwandungen begrenzten Strömungskanälen (Gittern).

Für Gasströmungen wird das in der als Baueinheit anzusehenden Stufe einer *thermischen Turbomaschine* verwirklicht. Sie besteht aus einer stillstehenden, d.h. gehäusefesten, zur Strömungsumlenkung geeigneten Schaufelgruppe, dem *Leitgitter* (Stator). Damit in Verbindung steht eine weitere, vom gleichen Massenstrom beaufschlagte, rotierende, wellenfeste Schaufelreihe, das *Laufgitter* (Rotor).

Von den Varianten axialer, diagonaler oder radialer Gitterströmung wird hier nur auf die axiale orientiert. Nach Richtung des Austausches von Arbeit kann die Anordnung in Leit- und Laufgitter (Turbinenstufe) oder umgekehrt in Lauf- und Leitgitter (Verdichterstufe) bestehen. Abhängig von der Größe des Energieumsatzes existieren einstufige, bei Wiederholung der Gitter mehrstufige Maschinen. Gegenlaufmaschinen verwenden nur Laufgitter mit aufeinanderfolgend entgegengesetzter Drehrichtung.

Große Beträge an spezifischer Arbeit erfordern die entsprechende kinetische Energie des Arbeitsmittels. Dafür muß die Umströmung der Gitterbeschaufelung mit hoher Gasgeschwindigkeit sowie mit großen Betrags- und Winkeländerungen erfolgen. Zur Untersuchung der Strömungsmechanik in Turbomaschinen sind abhängig vom Betrachtungsstandpunkt drei verschiedene Geschwindigkeiten zu beachten:

Die *Umfangsgeschwindigkeit* $u = r\,\omega$ charakterisiert die Laufgitter-Drehbewegung im Abstand r vom Drehmittelpunkt. Der Betrag von u ist damit eine Funktion vom Radius r, so daß am Fuß der Schaufel ein kleinerer Wert vorliegt als an ihrem Kopf. Deshalb handelt es sich stets um den Wert von u im Mittelschnitt der Schaufel.

Die ***Absolutgeschwindigkeit*** c ist (wie bisher aus der Kanalströmung bekannt) an den Triebwerksstator gebunden. Alle Strömungsvorgänge durch nichtrotierende, d.h. feststehende Bauteile (Leitgitter) erfolgen also im ***Absolutsystem*** mit dafür maßgebenden, auf c bezogenen ***absoluten*** Parametern. Sie werden nach Erfordernis durch Meßgeräte ermittelt, welche fest am Triebwerksstator installiert sind.

Die *Relativgeschwindigkeit* w ist dagegen maßgebend für die Strömungsvorgänge im rotierenden Laufgitter. In diesem Gitter, d.h. im *Relativsystem* liegen dem Betrag nach andere, nämlich *relative*, auf w bezogene Strömungsparameter vor. Ihre exakte Messung würde durch Geräte erfolgen, welche mit dem Laufgitter umlaufen.

Parameteruntersuchgen in Turbomaschinen erfordern die Unterscheidung hinsichtlich des Absolut- oder Relativsystems. Die o.g. Vektorgrößen u, c und w ergeben allgemein einen Zusammenhang in der vektoriellen, also nichtarithmetischen Schreibweise:

$$\vec{c} = \vec{w} + \vec{u}$$

Dieser Sachverhalt wird durch *Geschwindigkeitsdreiecke* für die Eintritts- und die Austrittsebene des Laufgitters in Abb.3.5 konkretisiert. Die Winkel gegenüber der Richtung von u sind für die Absolutgeschwindigkeit mittels α und für die Relatitivgeschwindigkeit durch β gekennzeichnet. Energetisch bedeutend sind die Beträge c_u als Projektionen des Vektors c auf die u-Richtung.

Zur Untersuchung der Drehbewegung eignet sich der *Impulsmomentensatz*. In Kurzfassung ist danach für einen durchströmten Kontrollraum die Summe aller Kraftmomente gleich der zeitlichen Änderung der Impulsmomente wirksamer Massenströme. Letztere sind als Produkt $\dot{m}\; c_u\, r$ zu berechnen. Damit ergeben sich für ein mit $\dot{m}$ durchströmtes Gitter bei Beachtung von Eintritt (Ebene 1) und Austritt (Ebene 2) als Differenz der Impulsmomente die folgenden Ausdrücke für Drehmoment und Leistung:

$$M_d = \pm\,\dot{m}\,(c_{u2}\,r_2 - c_{u1}\,r_1) \tag{3.67}$$

$$P = M_d\,\omega = \frac{M_d\,u}{r} = \dot{m}\,\Delta h \tag{3.68}$$

Das positive Vorzeichen gilt für den Verdichter (Drehmoment M_d ist aufzuwenden) und das negative für die Turbine (Betrag von M_d wird abgegeben). Die dafür zutreffende Leistung nach (3.68) ist gleich dem Produkt von Drehmoment und Winkelgeschwindigkeit. Aus (3.67) und (3.68) ergibt sich die nachfolgend dargestellte sog. *Eulersche*

Gleichung für Turbomaschinen. Sie kann nach dem trigonometrischen Zusammenhang des bekannten Kosinussatzes in geänderter Form übersichtlicher geschrieben werden. Zusammengefaßt gilt demnach für den gasseitigen Energieumsatz von Turbomaschinen:

$$\Delta h = \pm (c_{u2}\, u_2 - c_{u1}\, u_1) \tag{3.69}$$

$$w^2 = c^2 + u^2 - 2cu \cos\alpha = c^2 + u^2 - 2c_u\, u \tag{3.70}$$

$$\Delta h = \pm \frac{1}{2}[(c_2^2 - c_1^2) + (u_2^2 - u_1^2) + (w_1^2 - w_2^2)] \tag{3.71}$$

Die Vorzeichenbedeutung entspricht der bereits festgelegten. Die Kosinussatz-Beziehung (3.70) gilt für den allgemeinen Fall des nichtrechtwinkligen Dreiecks, d.h. für *drallbehaftete* Zuströmung. Bei *drallfreier* Zuströmung, typisch für die Erststufen von Turbomaschinen ohne Vorleitgitter, wird (3.70) auf den Satz des PYTHAGORAS transponiert:

$$w^2 = c^2 + u^2 \tag{3.72}$$

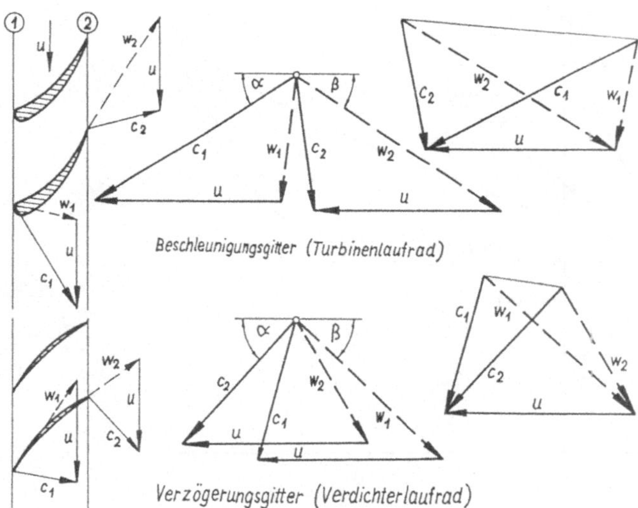

Abb. 3.5: Geschwindigkeitsdreiecke für axiale Turbomaschinen

In (3.71) sind die wirksamen Energiebeträge nach den Einzelgeschwindigkeiten im Laufrad ersichtlich. Darin entspricht der 1. Summand der Änderung der kinetischen Energie im Absolutsystem. Der 2. Ausdruck zeigt die energetische Einwirkung infolge auftretender Zentrifugalkraft bei diagonaler oder radialer Durchströmung. Das 3. Glied stellt die Energieänderung im Relativsystem dar. Diese drei verschiedenen, meist miteinander verbundenen Vorgänge ermöglichen den Arbeitstausch in Turbomaschinen.

Damit ändert sich der thermische Zustand des Gases. In Turboverdichtern wachsen die (statischen und totalen) Parameter Temperatur und Druck infolge Energiezufuhr mittels Kompression an, in Turbinen sinken sie wegen Energieentnahme bei Expansion. In Abhängigkeit von den thermodynamischen Zustandsänderungen sind diese Vorgänge für Laufgitterströmungen von Turbomaschinen nach [28] zusammengefaßt in Abb.3.6 ersichtlich. Als offene adiabate mit Irreversibilitäten behaftete Systeme gelten für sie einheitlich die Stationen 1 und 2 für die Eintritts- und Austrittsebene.

Ausgehend vom Laufgitter-Eintrittspunkt 1 als Zentrum von Abb.3.6 ist die gesamte Skala typischer Möglichkeiten unter der Voraussetzung adiabater Systeme nach dem 1. und 2. Hauptsatz dargelegt. Als Begrenzungen existieren die folgenden Sachverhalte:

- die isentrope Zustandsänderung nach links, die nur ideal, nicht aber real erreichbar ist;
- nach oben bei größter Energiezufuhr durch die höchste Endtemperatur T_{t2} bei Kompression;
- nach unten durch eine Isobare einheitlichen tiefsten Druckes p_2 bei ablaufender Expansion.

Die isentrope Zustandsänderung (Endpunkt: 2_s) zeichnet sich durch günstigsten Energieumsatz aus. Alle realen Zustandsänderungen liegen bei variablem Polytropenexponenten n wegen der Irreversibilitäten rechts davon im Gebiet größerer Entropie. Dadurch sind die realen Endzustände 2 gegenüber denen von 2_s energetisch ungünstiger. Reale Kompression gewährleistet trotz voller Energiezufuhr einen kleineren Enddruck p_2', reale Expansion führt trotz erreichtem tiefsten Enddruck $p = p_2''$ zu kleinerer Nutzarbeit.

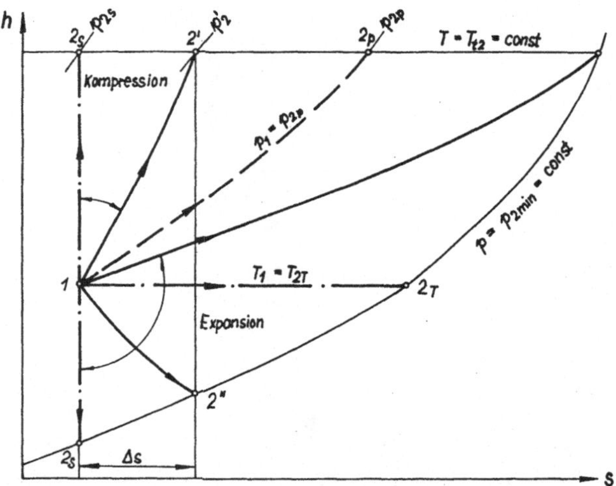

Abb. 3.6: Kompressions- und Expansionsvorgänge in Turbomaschinen-Laufgittern

Bei sehr großen Irreversibilitäten können sogar Vorgänge der „Verdichtung" bei Druckonstanz (Isobare mit Enddruck p_{2p}) und selbst mit Druckverringerung auftreten, obwohl Verdichtungsarbeit zugeführt wird. Letztere wird durch die Irreversibilitäten (Reibung, Strömungsabrisse, Verdichtungsstöße, Drosselung) in minderwertige innere Energie entwertet, ersichtlich an der Temperaturerhöhung des u.U. eintretenden Druckabfalls. Diese ungünstige Gitterströmung ist zu vermeiden.

Das betrifft ebenso den anschließenden Expansionsbereich, wo noch Arbeit zuzuführen ist, bzw. wo bei isothermer Zustandsänderung (Endpunkt: 2_T)noch keine Nutzarbeit anfällt. Erst bei eindeutig abwärts gerichteter Zustandsänderung im Diagramm wird Nutzarbeit abgegeben und im Bestfall bei angenähert isentroper Expansion großer Energieumsatz erzielt. Für die Art der Zustandsänderung ist die Beschaffenheit des Gitters von ausschlaggebender Bedeutung.

Thermogasdynamisch werden Zustandsänderungen zur Gitterströmung angestrebt, welche der Richtung einer Isentrope hahe kommen. Sie zeichnen sich demnach durch steilen Verlauf im h, s-Diagramm aus. Dazwischen befindet sich ein Bereich ungünstiger, zu vermeidender Varianten mit dem Schwerpunkt zwischen Isobare und Isotherme.

4 Kennwerte von Flugtriebwerken

4.1 Notwendigkeit und Begriffsbestimmung

Technische Einschätzungen von Flugtriebwerken erfolgen nach Angaben, welche in offiziellen Dokumenten (Typenblätter, Zertifikate, Aero Data u.a.), die vom Hersteller oder der verantwortlichen staatlichen Luftfahrtbehörde herausgegeben werden, zusammengefaßt sind. Damit ist anhand objektiver Informationen eine Bewertung über Wirksamkeit, Nutzung, Wirtschaftlichkeit, Betriebssicherheit, Kosten u.a.m. vorzunehmen. Das geschieht durch Kennwerte (Kenngrößen) und Daten unter festgelegten Betriebsbedingungen. Aufgrund dieser Zahlenangaben wird ein sachlicher Vergleich von TL-Mustern ermöglicht, ihre Güte und Vollkommenheit festgestellt. Daraus sind ihre Vorzüge und Nachteile zu ermitteln, worauf eine technisch begründete Auswahl optimaler Triebwerke für bestimmte Flugmissionen erfolgen kann.

Quantitative Aussagen liefern die ***absoluten*** Kennwerte. Dazu gehören neben der Schubkraft hauptsächlich die Massenströme von Luft und Brennstoff sowie Angaben über Konstruktionsmasse und geometrische Abmessungen. Der sachliche Vergleich verschiedener TL untereinander gelingt vor allem mittels ***spezifischer*** Kennwerte. Das sind auf die Einheit von Schubkraft, Masse oder Stirnfläche bezogene Größen: der spezifische Schub, der spezifische Brennstoffverbrauch, der Stirnflächenschub und das Masse-Schub-Verhältnis. Durch ihren einheitlichen Bezug auf andere Triebwerksgrößen sind spezifische Kennwerte unabhängig von Schubklasse, Bauart und Größe des TL. Sie stellen deshalb die Basis für Vergleiche der Triebwerke untereinander dar.

Außer den o.g. Kennwerten triebwerkstheoretischer Bedeutung sind weitere nicht weniger wichtiger Angaben über Einsatz, Inbetriebnahme, Herstellergarantien, Wartung sowie Umweltbeeinflussung relevant. Dazu gehören Einsatzbedingungen am Boden und in der Luft; Zeiten für Betrieb, Inspektionen, Überholungen und Instandsetzungen; Wahrscheinlichkeiten für Ausfälle bzw. unplanmäßige Stillegungen; Zulassungen für bestimmte Bedingungen, so z.B. für Außenparameter, Flugzustände, Betriebsstoffe, ETOPS[1] u.v.a.m. Diese Angaben sind in der Summe für den Betreiber oft von größerem Interesse, weil sich daraus die direkten Betriebskosten (DOC) ergeben.

Kennwerte ändern sich mit den Flug- und Umgebungsbedingungen sowie mit der Stellung des Drosselhebels. Zu ihrem objektiven Vergleich sind deshalb einheitliche Aufnahmebedigungen erforderlich. Das sind in der Regel die ***Standardbedingungen*** mit den atmosphärischen Eintrittsparametern nach dem „Standardtag" der international vereinheitlichten Tabelle nach INA bzw. ICAO (s.a. dazu Kap.4.6). Darunter versteht man den „Startstandbetrieb" des (im Flugzeug oder auf dem Prüfstand installierten) nicht bewegten TL in der Leistungsstufe ***Maximal***. Unter anderen Bedingungen gemessene Kennwerte und Daten sind zu vergleichenden Betrachtungen auf Standardbedingungen nach den in Kap. 4.6 genannten Vorschriften umzurechnen.

Absolute und spezifische Kennwertangaben von TL haben also nur unter bestimmten festgelegten Konditionen ihre Gültigkeit. Die Veränderung wichtiger Kennwerte in Abhängigkeit von Drosselhebelstellung und Außen- bzw. Flugbedingungen ist Aspekt der *Kennlinen* (Charakteristiken). Ihre Untersuchung erfolgt später in Kap.13 und 14.

[1]ETOPS (Extended Twin Operations) bedeutet Langstrecken-Flugeinsatz mit zwei TL unter der Bedingung, daß bei Ausfall eines Triebwerks die sichere Flugfortsetzung noch für 3 Std. garantiert ist.

4.2 Die Schubkraft

Der absolute Hauptkennwert eines TL ist seine Schubkraft. Sie wird in kN angegeben und als Antriebskraft auf die Flugzeugzelle übertragen. Wellentriebwerke (PTL, TM und Kolbentriebwerke) geben eine Wellen- bzw. Äquivalentleistung in kW an Luft- oder Tragschrauben ab, welche dort Kraftwirkungen erzeugt.

Zur Erklärung der Schubentstehung wurde in Kap.1.1 der Impulssatz herangezogen und die vereinfachte Gleichung (1.1) entwickelt. Damit übereinstimmend ist schubmechanisch festzuhalten: Der Schub entsteht *im TL* unmittelbar durch Einwirkung von Gasdruckkräften auf die Kanalinnenwandungen und Begrenzungsflächen. Er ist somit gleich der Summe aller nichtausgeglichenen axialen Kräfte. Wegen der Kanalsymmetrie erfolgt dagegen in radialer Richtung ein vollständiger Kräfteausgleich.

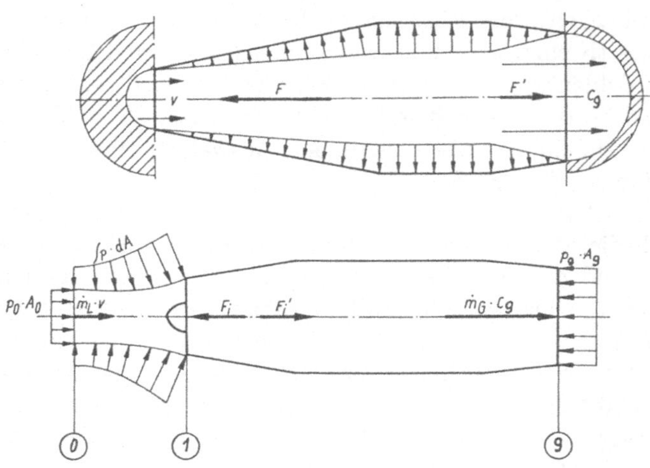

Abb. 4.1: Modelle zur Schubbestimmung, oben: im Staustrahlrohr, unten: beim TL

Dieser Sachverhalt wird am Modell des Triebwerks einfachsten Aufbaus, einem Staustrahltriebwerk nach Abb.4.1 (oben), illustriert. Sein Austrittsquerschnitt ist wegen des durch Erwärmung beträchtlich angewachsenen Gasvolumens im austretenden Strahl größer als der des Lufteinlaufes. Daraus ergibt sich eine Differenz für die in Längsrichtung projizierte gasdruckbelastete Ringfläche zwischen Einlauf und Düse. Das Resultat davon ist die Entstehung einer nach links gerichteten Axialkraft als Differenz $(F_{EL} - F_{SD})$. Das ist die wirksame Schubkraft, verursacht durch Gasdruck auf ein „Rohr"unterschiedlichen Querschnittes zwischen Eintritt und Austritt. Also gilt stets:

$$F_s = \sum F_{ax} \tag{4.1}$$

Im komplizierteren TL wirkt der Gasdruck nicht nur auf die Kanalwandungen, sondern auch auf die Oberfläche aller Einbauten einschließlich des Triebwerksrotors. Nichtausgeglichene Rotorlängskräfte werden dabei mittels Axiallager bzw. axialer Gasdruck-Entlastungskammern auf den Stator des TL übertragen. Trotz dieser verständlichen Erklärung ist die quantitative Bestimmung des Schubes von TL danach mittels (4.1) problematisch, wenn nicht gar unmöglich. Es gelingt nämlich letztlich nicht, die einzelnen F_{ax}-Anteile genau zu ermitteln.

Zur quantitativen Schubbestimmung ist deshalb der Weg über den Impulssatz, nun mittels strömungsmechanischer Gesetzmäßigkeiten (3.4) und (3.5) durch weitere Wirkungsanteile nach Abb.4.1 (unten) ergänzt, der einzig gangbare. Ausgangspunkt ist die Gleichung (1.1). Darin wird der Massenstrom des austretenden Gasstrahls $\dot{m}_G$ von dem der eintretenden Luft $\dot{m}_L$ unterschieden. Ein zusätzlicher Kraftanteil in Flugrichtung bzw. entgegengesetzt dazu ergibt sich durch die Existenz meist vorhandener Differenzen der (statischen) Drücke im Austritts- bzw. Eintrittsquerschnitt des TL. Dieser ist ersichtlich an den Summanden der Form pA für die Ebenen 1 und 9.

Einwirkungen von äußeren Widerstandskräften der Antriebsanlage verursachen unter Flugbedingungen die Verringerung des effektiven Schubes. Die Querschnittsveränderung der Stromröhre vor der Eintrittsebene ist verbunden mit der Wirkung des (ansteigenden) statischen Druckes der Umgebung auf ihre Oberfläche. Daraus ergibt sich eine axiale Kraftkomponente, welche beim Stand- bzw. Saugbetrieb des TL in Flugrichtung, während des Reisefluges dagegen widerstandsvergrößernd wirkt. Ebenfalls mit negativem Vorzeichen behaftet ist der Kraftanteil der außenbords in Gondeln installierten Triebwerke infolge äußerer aerodynamischer Umströmung. Dieser besteht aus Druckkomponente $p\,\mathrm{d}A$ und Reibungskraft F_R. Damit ergibt sich als Summe aller Axialkräfte

$$F_s = (\dot{m}_G c_9 - \dot{m}_L v) + (p_9 A_9 - p_0 A_0) - \left(\int_0^1 p\,\mathrm{d}A + \int_1^9 p\,\mathrm{d}A + F_R\right) \tag{4.2}$$

In (4.2) stellt die Summe der ersten beiden Klammerausdrücke den Bruttoschub unter Standbedingungen dar. Die weiteren Summanden haben, wie ihre negativen Vorzeichen andeuten, schubverringernde Wirkung. Folglich ist die Summe aller Einzelbestandteile gleich dem realen Nettoschub, d.h. der im Flug tatsächlich zur Verfügung stehenden Antriebskraft. Beide Integralausdrücke in (4.2), die zu einem Betrag zusammengefaßt werden können, beinhalten den Druck p, welcher auch als Differenz zum Umgebungsdruck p_0 zu deuten ist. Mit der folgenden auf dem Basisdruck p_0 beruhenden Ergänzung

$$\int_0^9 p_0\,\mathrm{d}A - p_0(A_9 - A_0) = 0$$

läßt sich der umfangreiche Ausdruck (4.2) in vereinfachter und günstiger anwendbarer Form als Nettoschub darstellen. Danach kann die folgende Beziehung hergeleitet werden:

$$F_s = (\dot{m}_G c_9 - \dot{m}_L v) + (p_9 A_9 - p_0 A_0 - p_0 A_9 + p_0 A_0) - \left(\int_0^9 p\mathrm{d}A - \int_0^9 p_0 \mathrm{d}A + F_R\right)$$

$$F_s = (\dot{m}_G c_9 - \dot{m}_L v) + A_9\,(p_9 - p_0) - \left(\int_0^9 \Delta p\mathrm{d}A + F_R\right) \tag{4.3}$$

Ausdruck (4.3) wird als *vollständige Schubkraftgleichung* des einfachen TL bezeichnet. Voraussetzung dafür sind Massenströme mit einheitlichen Parametern in Ein- und Austrittsquerschnitt. Darin bedeuten die drei Summanden in der ersichtlichen Reihenfolge:

1. die Größe der Reaktionskraft, verursacht mit Impulsstromvergrößerung im Gaskanal, welche durch die Geschwindigkeitsdifferenz $(c_9 - v)$ zum Ausdruck kommt;

2. der Kraftanteil bei Einwirkung des statischen Druckes $(p_9 - p_0)$ auf den wirksamen Schubdüsen-Austrittsquerschnitt A_9 im Fall nicht vollständiger Gasentspannung;

3. die Widerstandskraft der sich erweiternden Stromröhre vor dem Einlauf sowie der Triebwerksgondel infolge Druckdifferenz $\Delta p = p - p_0$ und Einfluß von Reibung.

Der 1. Summand erzeugt den überwiegenden, bei vollständiger Gasentspannung den einzigen Schubanteil. Nur bei unvollständiger Entspannung in der Schubdüse kommt der Betrag des 2. Summanden hinzu, welcher den auftretenden Schubverlust des ersten teilweise ausgleicht. Die Summe beider Anteile ist der Bruttoschub.

Eine Widerstandskraft entsteht nur im Flug bei Außenbordinstallation der TL in Gondeln. Seine Verringerung erfordert beste aerodynamische Durchbildung sowie kleinste Abmessungen bei Gondeln, Pylonen und Streben. Die Bestimmung dieses Kraftanteils ist ein aerodynamisches Problem und letztlich nur experimentell möglich. Bei Unterbringung der Antriebsanlage in Rumpf oder Tragflügel ohne notwendige Querschnittsvergrößerung verschwindet der aerodynamische Widerstand. Seine Verkleinerung ist ein wichtiger Aspekt zur Gewährleistung eines hohen Nettoschubes.

Auf den Bruttoschub bezogen und TL mit optimaler Einregulierung ohne Druckdifferenzen in Eintritts- und Austrittsquerschnitt vorausgesetzt, bleibt somit von der vollständigen Beziehung (4.3) nur die vereinfachte Schubkraftgleichung in Gestalt des 1. Summanden übrig. Selbst der Unterschied zwischen den Massenströmen $\dot{m}_G$ und $\dot{m}_L$ kann in der Regel bei überschlägigen Untersuchungen vernachlässigt werden. Damit ergibt sich letztlich aus dem vollständigen Ausdruck (4.3) wieder die vereinfachte Form

$$F_s = \dot{m}_L(c_9 - v) \tag{4.4}$$

Diese Gleichung bildet die Grundlage der Schubberechnung für einfache TL bei ausreichender Genauigkeit. Nur für höhere Anforderungen sind weitere Summanden nach (4.3) anzuwenden. Bei TL komplizierteren Aufbaus mit mehreren Impulsströmen sind selbstverständlich die Einzelwirkungen getrennt zu berücksichtigen.

Beim geradlinigen Horizontalflug stimmt die Richtung des Schubvektors mit der Flugrichtung überein. Deshalb sind Marschtriebwerke im Flugzeug (von geringfügigen Abweichungen abgesehen) in Längsrichtung eingebaut. Bei Ablenkung des Gasstrahls etwa um 90° wird ein Hubeffekt (erforderlich für Hubtriebwerke) und bei mehr als 90° ein Bremseffekt (im Falle der Schubumkehr) erzielt. Unter Beachtung von Erfordernissen und Möglichkeiten ist man bestrebt, das festigkeitsmäßig und wirtschaftlich vertretbare Maximum an Schub in einer Baueinheit zu realisieren. Zur Installation immer schubstärkerer Triebwerke gibt es letztlich keine obere technische Grenze. Gegenwärtig sind in der Zivilluftfahrt TL mit etwa 400 kN in Betrieb und bis 500 kN in Entwicklung.

4.3 Weitere absolute Kennwerte

Absolute technische Kennwerte der TL sind die Beträge von **innerer** und **äußerer Leistung**. Mit der Darstellung in Kap.1.1 weisen sie wie der Schub die Wirksamkeit des Flugantriebs aus. Ihre von daher übernommenen Bestimmungsgleichungen lauten:

$$P_i = \frac{1}{2}\dot{m}_L(c_9^2 - v^2) = \dot{m}_L w_i \tag{4.5}$$

$$P_a = \dot{m}_L(c_9 - v)v = F_s v \tag{4.6}$$

Im Vergleich zu erdgebundenen Brennkraftmaschinen sind diese Leistungen mit denen von Antriebsblöcken in kleineren Kraftwerken oder auf großen Hochseeschiffen vergleichbar. Für große ZTL werden gegenwärtig im Startstandbetrieb innere Leistungen bis 50 MW, im Reiseflug von etwa 20 MW berechnet. Wegen der durch Schlupf verursachten Übertragungsverluste ist die äußere Leistung der TL kleiner als die innere. Im Startstandbetrieb ist sie nach (4.6) gleich 0, beim Reiseflug um $M = 0,8$

ergeben sich mit Annäherung an die innere Leistung Zahlenwerte bis etwa 15 MW. Die aus 4 schubstarken ETL bestehende Antriebsanlage des Überschallflugzeuges „Concorde“ erreicht nach [140] im Reiseflug ($M = 2$ in 18 km Höhe) mit $P_a = 95$ MW den bisher bekannten Größtwert. Mit Zunahme von M-Zahl und Schubkraft pro Baueinheit werden diese Leistungen anwachsen.

Als Maß für den (auf die Zeit bezogenen) inneren und äußeren Energieumsatz hängen die Zahlenbeträge von innerer und äußerer Leistung (wie auch die vieler anderer Kennwerte) wesentlich von den Betriebs- und Umgebungsbedingungen ab. Zugleich sind sie ein Stimulus zur Forderung nach hoher Wirtschaftlichkeit, denn nur dadurch lassen sich die vorgesehenen Flugmissionen bei noch erträglichen mitzuführenden Brennstoffmengen überhaupt realisieren. Diese Leistungen werden bei Strahltriebwerken nicht (wie sonst in Brennkraftmaschinen) durch Wellen übertragen und deshalb gewöhnlich nicht gemessen. Wenn auch nur selten durch Zahlenwerte angegeben, sollte über die z.T. extremen Leistungskennwerte der TL bei ingenieurtechnischem und fliegendem Personal zumindestens eine Vorstellung bestehen.

Der **Luftmassenstrom** (Luftdurchsatz) $\dot{m}_L$ kennzeichnet in der Maßeinheit kg/s die durch den Gaskanal des TL pro Zeiteinheit durchgesetzte Masse an Luft. Nach (4.4) und (4.5) ist er ein Kennwert zur Bestimmung der absoluten Beträge von Schub und Leistung, nach Beziehung (3.1) zugleich eine wichtige strömungsmechanische Größe. Danach gilt für den maßgebenden TL-Eintrittsquerschnitt 2 von Verdichter bzw. Fan

$$\dot{m}_L = \varrho_2 c_2 A_2 \qquad (4.7)$$

Der Massenstrom des TL ist eine Funktion der Parameter des Einströmvorgangs in seine erste Turbomaschine. Das sind bei konstruktiv vorgegebenem *Eintrittsquerschnitt* A_2 die sich einstellende (statische) *Luftdichte* als auch die von der Durchsatzfähigkeit der Maschine beeinflußte *Einströmgeschwindigkeit*. Der auf den Strömungsquerschnitt bezogene Massenstrom heißt *Massenstromdichte.*

Als Maximum erreicht unter Standardbedingungen und kritischer Strömung die Massenstromdichte bekanntlich $(\dot{m}_L/A_2) = 241{,}5 \mathrm{kg/m^2s}$. Sie ist damit ein Maß für die gasdynamische Auslastung der Strömungsquerschnitte. Der o.g. Höchstbetrag, welcher im Absolutsystem der 1. Verdichterstufe den Zustand $M_2 = 1$ erfordern würde, wurde bei TL bisher nicht realisiert. Große ZTL setzen bei kleinerer Massenstromdichte 1000 kg/s und mehr, Kleingasturbinen dagegen nur wenige kg/s oder Bruchteile davon durch. Entsprechend sind ihre Eintrittsquerschnitte zu bemessen, welche bei ersteren oft 2 m, neuerdigs sogar 3 m und mehr im Durchmesser betragen können.

Beim ZTL ist zwischen *innerem* („heißem“) und *äußerem* („kaltem“) Luftmassenstrom zu unterscheiden. Während der Innenstrom die eigentliche Gasturbinenanlage durchströmt und als Arbeitsmittel den (inneren) Prozeß verwirklicht, passiert der Außenstrom getrennt davon unter Umgehung des Innentraktes nur den Fan, beim PTL nur den Luftschraubenkreis. Der Parameter als Quotient von kaltem und heißem Strom

$$\mu = \frac{\dot{m}_c}{\dot{m}_h} \qquad (4.8)$$

heißt *Massenstrom-* bzw. *Nebenstromverhältnis*, wird aber überwiegend und somit auch hier als *Bypassverhältnis* bezeichnet. International ist die Bezeichnung *Bypass Ratio* (BPR) üblich. Je größer das Bypassverhältnis bei unveränderlichem Schub ist, um so größer ist der Gesamtmassenstrom des Antriebs, um so kleiner folglich die Strahlgeschwindigkeit c_9, um so günstiger sind äußerer Wirkungsgrad und Lärmpegel. Eng mit den Strahlparametern verbunden, trifft das Bypassverhältnis als dimensionsloser Kennwert Aussagen über den äußeren Energieumsatz der TL.

Für Einstromtriebwerke (ETL) ist wegen des fehlenden Außenstromes $\dot{m}_c$ das Bypassverhältnis gleich null. Gegenwärtige Groß-ZTL arbeiten mit $\mu = 4...8$, während bei PTL Werte um 100 erreicht werden. Bestrebungen zur Schaffung von Triebwerken in Propfan-Bauart haben vor allem das Anwachsen des Bypassverhältnisses zum PTL hin in Verbindung mit günstigerem äußeren Energieumsatz zum

Ziel. Unerwünscht steigen mit dem Bypassverhältnis auch Gondeldurchmesser und äußerer Widerstand, so daß hinsichtlich seines Optimalwertes eine Begrenzung existiert.

Der **Brennstoffstrom** $\dot{m}_B$, der auch als ***absoluter Brennstoffverbrauch*** bzw. ***Brennstoffdurchsatz*** bezeichnet wird, ist ein weiterer absoluter Kennwert. Mit der Einheit kg/s (zuweilen auch g/s bzw. kg/h) gibt er den auf die Zeit bezogenen Verbrauch des TL an Brennstoff an. Nach (2.46) besteht für $\dot{m}_B$ über den (inneren) Luftmassenstrom $\dot{m}_h = \dot{m}_L$, Brennstoffkennwerte und thermische Parameter folgender Zusammenhang:

$$\dot{m}_B = \frac{\dot{m}_L}{\lambda L_{min}} = \frac{\dot{m}_L \Delta h_{BK}}{H_u \eta_A} \tag{4.9}$$

Großtriebwerke arbeiten im Startstandbetrieb mit Brennstoffmassenströmen in der Größenordnung von 1 kg/s und mehr, was leistungsfähige Brennstoffpumpen erfordert. Bei größerer Wirtschaftlichkeit, z.B. beim Austausch des ETL durch ein ZTL gleichgroßen Schubes, sinkt der absolute Brennstoffverbrauch. Dagegen steigt er bei Militärtriebwerken im NB-Betrieb stark an.

Der **Stirnquerschnitt** A_{St} und daraus resultierend der **Nenndurchmesser** d_{St} des TL charakterisieren als absolute Kennwerte seine Geometrie. Diese Querschnittsabmessungen beeinflussen damit auch seine Installation und seinen aerodynamischen Widerstand. Dagegen ist die (oft angegebene) Triebwerkslänge als Kennwert hier nur von untergeordneter Bedeutung.

Unter dem Stirnquerschnitt versteht man die Projektion des TL in Längsrichtung auf eine vertikale Ebene. Das ist eine Kreisfläche, die sich aus dem größten Flansch mit besagtem Nenndurchmesser ergibt. Aus der Kontur dieser Kreisfläche herausragende Bauteile wie Behälter, Leitungen und Streben zählen rechnerisch nicht zum Stirnquerschnitt. Bei ETL und PTL wird der Nenndurchmesser oft durch die Brennkammerkontur, bei Hochgeschwindigkeits-TL durch die Abmessungen von NB oder Schubdüse und bei ZTL durch den Bläser festgelegt. Die Gondelabmessungen der Außenbordtriebwerke sind größer als der Nenndurchmesser. Von letzterem ist der für den Verdichtereintritt maßgebende Durchmesser d_2 zu unterscheiden. Im Interesse der Senkung von Eigenmasse, aerodynamischem Widerstand und Kosten soll der Nenndurchmesser so klein wie möglich sein. Dagegen muß er bei ZTL mit großem Bypassverhältnis anwachsen. Für den Stirnquerschnitt des PTL ist nur die größte Abmessung seines Gasgenerators, nicht aber der Kreis seiner (unverkleideten) Luftschraube maßgebend.

Als **Eigenmasse** (*Trocken-* bzw. *Konstruktionsmasse*) gilt die Masse des einbaufähigen TL mit allen zu seinem Betrieb erforderlichen Geräten, ohne Betriebsflüssigkeiten sowie ohne die Konturen von Einlauf, Gondel und äußerer Schubdüse. Die Forderung „ohne Flüssigkeit", woraus die Bezeichnung „Trockenmasse" herrührt, ist praktisch bedeutungslos, weil TL nur wenige kg an Brennstoff, Schmierstoff, u.U. auch an Hydraulikflüssigkeit, enthalten. Unterschiedlicher Geräteanbau kann vor allem bei Kleintriebwerken verhältnismäßig große Masseänderungen hervorrufen.

Unter Beachtung aller Anforderungen ist die Eigenmasse so weit wie möglich zu verringern. Diesem Anliegen dienen konsequenter Leichtbau, nutzen aller Festigkeitsreserven, Einsatz leichter und zugleich hochfester Werkstoffe, Realisierung hoher thermischer und gasdynamischer Parameter sowie Verzicht auf alles Überflüssige.

4.4 Spezifische Kennwerte

Für objektive Vergleiche der TL dienen Kennwerte, welche durch Bezug auf eine Basisgröße in weiten Grenzen unabhängig von Bauart und Schubklasse sind. Diese spezifischen Kennwerte ermöglichen damit auch qualitative Aussagen. Analog zu den spezifischen (auf die Masse von 1 kg bezogenen) Kenngrößen in der Thermodynamik existieren damit auch in der Triebwerkstheorie sog. spezifische (bezogene) Kennwerte.

Der **spezifische Schub** f_s, in der Literatur auch *Einheitsschub*, *Durchsatzschub* oder *luftspezifischer Impuls* genannt, ist diejenige Schubkraft, welche das TL pro kg/s Luftmassenstrom erzeugt. Durch den Bezug des absoluten Schubes auf die Basisgröße der Massenstromeinheit ergibt sich sein spezifischer Betrag. Nach Ausdruck (4.4) ist somit:

$$f_s = \frac{F_s}{\dot{m}_L} = \frac{\dot{m}_L(c_9 - v)}{\dot{m}_L} = (c_9 - v) \qquad (4.10)$$

Demzufolge ist der spezifische Schub unabhängig vom Massenstrom und gleich der als „Schlupf" bezeichneten Geschwindigkeitsdifferenz des Antriebs. Im Standbetrieb mit $v = 0$ entspricht er der Strahlgeschwindigkeit c_9. Seine offizielle Maßeinheit Ns/kg ist identisch mit m/s, sie entspricht also der einer Geschwindigkeit.

Im Startstandbetrieb erzielen Großbläser-ZTL Ausströmgeschwindigkeiten um 300 m/s, ihr spezifischer Schub entspricht also diesem Zahlenwert in Ns/kg. Die Geschwindigkeiten des Luftschraubenstrahls von PTL sind noch kleiner. Für ETL liegen sie dagegen um 600 m/s, bei eingeschaltetem NB sogar um 1000 m/s und mehr. Je größer die Fluggeschwindigkeit ist, um so höher muß die Strahlgeschwindigkeit, d.h. der spezifische Schub des Antriebs sein, denn nur bei positiver Differenz $(c_9 - v)$ ist die Abgabe von Schub möglich. Dagegen ist man bei TL der „langsameren" Verkehrsluftfahrt zum Zweck effizienteren äußeren Energieumsatzes an kleinerem spezifischen Schub interessiert.

Der spezifische Schub zeigt die Ausnutzung der durchgesetzten Luft zur Schuberzeugung auf. Er ist ein Merkmal der inneren Arbeit, zugleich Ausdruck des äußeren Energieumsatzes. Nach (1.3) und (4.10) ist für ETL folgende Beziehung herzustellen:

$$f_s = \sqrt{2\,w_i + v^2} - v \qquad (4.11)$$

Seine Steigerung wird durch anwachsende Prozeßparameter, ohne Vergrößerung von Luftmassenstrom bzw. Bypassverhältnis, besonders überzeugend durch das Einschalten des NB erzielt. Das bedeutet, wie schon dargestellt, die Zunahme der spezifischen kinetischen Energie des Gasstrahls, der Strahlgeschwindigkeit, wie es für das Erfliegen großer M-Zahlen erforderlich ist. Großer spezifischer Schub verursacht aber bei kleiner M-Zahl infolge großer Strahlgeschwindigkeit einen schlechten äußeren Wirkungsgrad. Deshalb sollen Triebwerke der Zivilluftfahrt vorrangig ein größeres Bypassverhältnis aufweisen. Das wird durch Großbläser-ZTL und PTL realisiert.

Unter dem **Stirnflächenschub** (*Schubdichte*) f_{St} versteht man das Verhältnis von Schub zur Stirnfläche des TL. Diese Festlegung wird unabhängig vom Einbau des Triebwerks in Gondel oder Rumpf verwendet und demzufolge auch einheitlich die Stirnfläche des TL (und nicht diese der Gondel) nach folgender Definitionsgleichung herangezogen:

$$f_{St} = \frac{F_s}{A_{St}} \qquad (4.12)$$

Demzufolge ist die Maßeinheit kN/m^2. Der Zahlenwert gibt die Schubkraft an, welche pro Flächeneinheit erzeugt wird. Damit wird ausgesagt, wie effektiv der Arbeitsprozeß im Sinne der Schuberzeugung innerhalb bestimmter Kanalabmessungen des TL ist. Selbstverständlich sind großer Schub bei kleiner Stirnfläche erwünscht. Kleine Abmessungen verringern Eigenmasse sowie aerodynamischen Widerstand und verbessern den

Einbau in die Flugzeugzelle. Großer Stirnflächenschub ist in der Regel gleichbedeutend mit großem spezifischen Schub, wodurch auch hier o.g. Problematik zutrifft.

Der Stirnflächenschub konnte im Entwicklungszeitraum beträchtlich gesteigert werden. Nennenswerte Schritte dazu waren der Übergang von der radialen zur axialen Bauart der Turbomaschinen, die Steigerung der Prozeßparameter und vor allem die Einführung des NB. Das gilt uneingeschränkt für ältere und militärisch verwendete TL. Die ersten Konstruktionen wiesen nur Stirnflächenschübe um etwa 5 kN/m^2 auf, neueste TL erzielen dagegen im NB-Betrieb 100 kN/m^2 und mehr. Dagegen weisen Großbläser-ZTL infolge gewachsener Fanabmessungen größere Querschnitte auf, so daß ihre Stirnflächenschübe zwangsläufig kleiner sein müssen. Moderne Hochleistungstriebwerke der Verkehrsluftfahrt arbeiten im Startstandbetrieb mit etwa 40 bis 50 kN/m^2.

Das **Masse-Schub-Verhältnis** m/F_s, zuweilen auch *Einheitsmasse*, *Einheitsgewicht* oder *spezifisches Gewicht* genannt, trifft mit der Maßeinheit kg/daN eine Wertung über die Ausnutzung der Eigen- bzw. Trockenmasse des TL zur Schuberzeugung. Dieser Kennwert ist zugleich ein Gütemaßstab des Triebwerks als Leichtbaukonstruktion. Durch Prozeßverbesserung, konstruktive Vervollkommnung und den Einsatz leichterer Werkstoffe konnte das Masse-Schub-Verhältnis beträchtlich verringert werden.

Lagen die m/F_s-Werte der ersten Serientriebwerke nahe bei 0,8 kg/daN, so erreichen gegenwärtige TL der Verkehrsluftfahrt mindestens 0,2 kg/daN und militärische TL-NB sogar bis 0,1 kg/daN. Diese Zahlenangaben besagen reziprok, daß das Schub-Masse-Verhältnis moderner TL etwa 5 ... 10 daN/kg beträgt, daß ihre Schubkraft um das Fünf- bis Zehnfache die Eigenmasse übertrifft.

Der reziproke Wert des Betrages m/F_s, das sog. *Schub-Masse-Verhältnis* F_s/m ist damit zum Vergleich zur Ausgangsgröße anschaulicher, obgleich es gegenwärtig in der Fachliteratur nur selten verwendet wird. Dieser Kennwert wird in älteren deutschen Schriften gewöhnlich als *Einheitsschub* bezeichnet.

Der **spezifische Brennstoffverbrauch** b_s charakterisiert die Güte des Gesamtenergieumsatzes im TL bzw. in seinem Arbeitsprozeß. Er gibt die Brennstoffmasse in kg an, welche für die Erzeugung von 1 kN Schub während 1 Stunde benötigt wird. Nach

$$b_s = \frac{\dot{m}_B}{F_s} = \frac{\dot{m}_B}{\dot{m}_L\, f_s} = \frac{1}{\lambda\, L_{min}\, f_s} \tag{4.13}$$

ergibt sich die meistverwendete Maßeinheit für b_s mit kg/kNh. Bei kleinen Zahlenwerten wird die Einheit g/Ns bevorzugt. Je kleiner der b_s-Wert ist, um so wirtschaftlicher ist das Triebwerk, um so höher ist sein Gesamtwirkungsgrad, um so geringer ist der Brennstoffaufwand für einen bestimmten Schubimpuls. Vom *spezifischen* ist der *absolute* Brennstoffverbrauch $\dot{m}_B$ zu unterscheiden, der sich durch Umstellen von (4.13) ergibt. Er wurde, bereits weiter oben vorgestellt, als *Brennstoffstrom* bezeichnet. Mit den Massenströmen für Luft und Brennstoff sowie den Kennwerten b_s und f_s einschließlich des unteren Heizwertes H_u lassen sich als Ausdrücke für die *zugeführte Wärme* angeben:

$$q_{zu} = \frac{\dot{m}_B\, H_u}{\dot{m}_L} \tag{4.14}$$

$$q_{zu} = b_s\, H_u\, f_s \tag{4.15}$$

Der **brennstoffspezifische Impuls** i_B ist der reziproke Wert von b_s. Für bestimmte Untersuchungen ist diese Größe meist anschaulicher als der spezifische Brennstoffverbrauch. Mit kNs/kg als Maßeinheit[2] wird der Schubimpuls angegeben, der im TL pro kg Brennstoff zu erzielen ist. Damit ist der brennstoffspezifische Impuls wie folgt definiert:

$$i_B = \frac{1}{b_s} = \frac{F_s}{\dot{m}_B} \tag{4.16}$$

[2] Wird anstelle des kN das daN verwendet und (physikalisch nicht exakt, aber quantitativ zulässig) die Kraft- gegen die Masseneinheit gekürzt, bleibt dafür die oft genutzte Einheit s (Sekunde) übrig.

Die Einheiten von i_B und spezifischem Schub f_s stimmen überein. Der Unterschied besteht darin, daß die Größe i_B auf 1 kg Brennstoff, der Kennwert f_s dagegen auf 1 kg Luft bezogen ist. In Analogie zum Attribut ***brennstoffspezifisch*** für i_B wird der spezifische Schub f_s auch ***luftspezifischer Impuls*** genannt.

Folgende Zahlenangaben verdeutlichen die Kennwerte b_s und i_B: Im Startstandbetrieb arbeiten die sparsamsten Großbläser-ZTL mit einem spezifischen Brennstoffverbrauch von etwa 30, ältere ETL mit ungefähr 90 und TL bei eingeschaltetem NB sogar mit 200 kg/kNh und mehr. Im Flug sind die b_s-Werte noch wesentlich größer. Nach (4.16) gehen die genannten Zahlenbeträge über in Werte für den brennstoffspezifischen Impuls von 120, 40 und 18 kNs/kg. Danach erzeugt ein effizientes Triebwerk (Großbläser-ZTL) im Gegensatz zum unwirtschaftlichen TL-NB trotz gleichem Brennstoffeinsatz am Boden einen fast siebenfach größeren Schubimpuls.

Als Bewertungsgrößen für die Güte der Energiewandlung sind die einzelnen Wirkungsgrade des TL ebenfalls zu den spezifischen Kennwerten zu rechnen. Wie unten gezeigt, stehen sie in Beziehung zu den Kennwerten b_s und f_s. Nach ihrer Einführung mittels (1.7), (1.8) und (2.39) werden sie in Verbindung mit den Kennwerten wiederholt:

$$\eta_a = \frac{w_a}{w_i} = \frac{2\,v}{c_9 + v} = \frac{2}{1 + \frac{c_9}{v}} \tag{4.17}$$

$$\eta_i = \frac{w_i}{q_{zu}} = \frac{c_9^2 - v^2}{2\,b_s\,H_u\,f_s} = \frac{c_9 + v}{2\,b_s\,H_u} \tag{4.18}$$

$$\eta_{ges} = \frac{w_a}{q_{zu}} = \frac{(c_9 - v)v}{b_s\,H_u\,f_s} = \frac{v}{b_s\,H_u} \tag{4.19}$$

Spezifischer Brennstoffverbrauch und Gesamtwirkungsgrad charakterisieren als wichtigste Verbrauchskennwerte Wirtschaftlichkeit und Betriebskosten des TL. Bei gewährleistetem Schub stehen sie in der Verkehrsluftfahrt wertungsmäßig an vorderer Stelle. Ihre Zahlenwerte entscheiden über die Durchführung von Flugmissionen nach Nutzlast und Reichweite. Die Verbesserung dieser Kennwerte, ein permanentes Anliegen aller Triebwerkshersteller, schafft zugleich günstige Vorraussetzungen zum Umweltschutz.

4.5 Technische Daten und Leistungsstufen

Außer den offiziellen absoluten und spezifischen Kennwerten sind zur umfassenden Beurteilung von TL weitere quantitative Angaben erforderlich. Das sind die Prozeßparameter, Betriebsbegrenzungen, Nutzungseigenschaften u.a.m. Die wichtigsten dieser Angaben werden hier, sofern sie für das Gesamttriebwerk relevant sind und zur Erklärung der Vorgänge in den Baugruppen benötigt werden, vorgestellt.

Die **Drehzahl** n des Turbosatzes ist kinematischer Ausdruck für die Energieübertragung zwischen Turbine und Verdichter, für die mechanische Belastung des Läufers und die innere Arbeit des TL. Bei Mehrwellentriebwerken sind die Drehzahlen der einzelnen Rotoren n_1, n_2, n_3 bzw. $n_{NDR}, n_{MDR}, n_{HDR}$ usw. zu unterscheiden. Aus Festigkeitsgründen verhält sich die Höchstdrehzahl in der Regel reziprok zum Rotordurchmesser. Bei etwa 400 m/s Umfangsgeschwindigkeit an den Schaufelspitzen (es werden künftig 600 m/s angestrebt) ergeben sich für Großtriebwerke Drehzahlen um 4000 U/min, für Kleingasturbinen 50 000 U/min und mehr als Größtwerte, die bei kleinerer Leistungsstufe absinken. Der Flugzeugführer orientiert sich oft anhand der Drehzahl über die vom TL abgegebene Schubkraft.

Die **Turbineneintrittstemperatur** (*TET*) T_{t4} beeinflußt hauptsächlich die innere Arbeit des Prozesses und ist zugleich ein Maß für die thermische Belastung des TL, insbesondere seiner vorderen Turbinenstufen. Ihr Betrag wurde im Entwicklungszeitraum wesentlich gesteigert, liegt gegenwärtig bei modernen ZTL im Bereich von 1600 bis 1800 K und wird in der Perspektive weiter anwachsen. Dazu sind wärmebeständigere Werkstoffe und intensivere Kühlmöglichkeiten zu erschließen. Meist wird nicht der Betrag von T_{t4}, sondern die kleinere ***Austrittstemperatur*** aus der Turbine T_{t5} oder ein Zwischenwert meßtechnisch bestimmt, womit zugleich das Austrittsystem einer thermischen Kontrolle unterliegt. Bei NB-Betrieb wird zwar nicht die thermische Belastung des Gasgenerators, wohl aber die des Schubsystems auf die *NB-Endtemperatur* $T_{t7'}$ erhöht, welche 2000 K und mehr erreicht.

Das **Verdichterdruckverhältnis** Π_V, international oft als *CPR* oder *EPR* abgekürzt, ist ein wichtiger thermodynamischer Parameter und Ausdruck für die druckmäßige bzw. mechanische Belastung des Gasgenerators. Sein Betrag wurde in der Entwicklungszeit abhängig von der Turbineneintrittstemperatur um ein Mehrfaches vergrößert und überschreitet für moderne ZTL den Wert $\Pi_V = 30$, wozu komplizierte Verdichterbauarten in Mehrwellenanordnung erforderlich sind. Im Standbetrieb allein wirksam, wird unter Flugbedingungen das Druckverhältnis des Verdichters durch das des Einlaufdiffusors ergänzt. Letzteres wächst mit der M-Zahl und vergrößert das Druckniveau im Gaskanal des TL. Das Produkt beider ist das *Gesamtdruckverhältnis.*

Der Arbeitsprozeß der TL ist in weit auseinanderliegenden Grenzen variierbar. Davon sind auch die hier dargestellten prozeßabhängigen Kennwerte und Daten betroffen. Die obere Limitierung existiert aus Gründen der Festigkeit und Betriebssicherheit, die untere durch die Notwendigkeit eines (noch) stabilen zuverlässigen Laufes. Der daraus entstehende Gesamtbetriebsbereich wird nach den Nutzungserfordernissen in mehrere Intervalle, die sog. **Leistungsstufen** unterteilt. Leistungsstufen (*Laststufen, Regime, Ratings*) sind einstellbare Betriebszustände, welche sich durch bestimmte Zahlenbeträge der Parameter und Kennwerte auszeichnen. Ihre Einnahme erfolgt nach dem Willen des Flugzeugführers über den Gashebel (Drosselhebel, Leistungshebel). TL der Verkehrsluftfahrt können in der Reihenfolge anwachsenden Schubes mit den Hauptleistungsstufen *Leerlauf, Reise, Nominal* und *Maximal*, die meist noch weiter verästelt sind, betrieben werden. Im weiteren sind die Betriebszustände vorgestellt.

Beim **Leerlauf** (*Idling*) wird vielfach zwischen Bodenleerlauf und Luftleerlauf unterschieden. *Bodenleerlauf* ist als unterste Leistungsstufe durch hinterste Gashebelstellung, kleinste Schubkraft, geringste Drehzahl und weitestgehende Entlastung des TL gekennzeichnet. Als Endzustand des Anlaßvorganges gewährleistet er die zuverlässige Arbeit des Gasgenerators mit Hilfsgeräten am Boden sowie den Übergang zu Regimen höherer Drehzahl. Damit werden Standläufe und Rollvorgänge durchgeführt. Infolge relativ hoher Turbineneintrittstemperatur, aber ungünstiger Kühlbedingungen ist die Laufzeit meist beschränkt. *Luftleerlauf* weist oft erhöhte Parameter auf. Das entspricht bei diesem untersten Flugregime den höheren Anforderungen zu stabilerer Arbeit und schnellerer Einnahme schubstärkerer Laststufen. Damit ist der Flug nur unter Höhen- und Fahrtverlust sowie das Anschweben und Aufsetzen bei der Landung in Verbindung mit kurzen Ausrollstrecken und geschonten Bremsen zu verwirklichen.

Das **Reiseregime** (*Cruise)*, welches in der Regel den Horizontalflug bei kleiner Schubreserve erlaubt, ist ebenfalls ein Betriebsbereich mit unterer und oberer Limitierung. Dabei ist das *verminderte Reiseregime* (*Ökonomik-, Sparregime*) durch ausreichende Schubabgabe unter in der Regel geringstem spezifischen Brennstoffverbrauch gekennzeichnet, womit das Maximum an Flugzeit zu erreichen ist. Geringfügig darunter befindet sich ein (verbal nicht zu bezeichnender) Betriebszustand, mit dessen Schubentwicklung der Flug ohne Höhenverlust gerade noch möglich ist. Dagegen ist das *maximale Reiseregime* (*Dauerregime, Maximum Cruise, Maximum Continuous*) der größtmögliche Betriebszustand, der noch ohne Zeitbegrenzung einzunehmen ist. Bei schonender Triebwerksbeanspruchung und nur wenig angewachsenem spezifischen Brennstoffverbrauch hat der Schub diejenige Größe erreicht, um mit der optimalen aerodynamischen Qualität des Flugzeugs die angestrebte Reisegeschwindigkeit zu realisieren. Bei diesem wichtigen Flugzustand, welcher als Optimum durch (automatische) Regelung ständig zu aktualisieren ist, liegt das Reichweitenmaximum.

Unter **Nominal** (*Nenn-* bzw. *Steigleistung, Climb*) versteht man einen darüber hinaus erhöhten Betriebszustand bzw. Bereich. Damit entwickelt das TL über einen längeren, aber nicht mehr unbegrenzten Zeitraum einen weiterhin gesteigerten Schub, allerdings bei größerem spezifischen Brennstoffverbrauch. Die Leistungsstufe *Nominal* wird während des Steigflugs zum Erreichen der Reiseflughöhe eingenommen.

Maximal (*Vollast, Startregime, Takeoff*) ist die Leistungsstufe mit dem größten Schub und den höchsten, dicht an den Grenzen der thermischen und mechanischen Belastbarkeit des Gasgenerators realisierten Prozeßparametern. Daraus resultiert die enge Zeitbegrenzung. *Maximal* liegt beim Start sowie beim Realisieren höchster Flugleistungen vor. Wenn nicht anders betont, beziehen sich die angegebenen Kennwerte und Parameter auf diese größte Leistungsstufe ohne Schubverstärkungsmaßnahmen.

Tab. 4.1: Parameterangaben für die Leistungsstufen eines TL mit Nachbrenner

	Drehzahl	Schubkraft	b_s	Flugzeitbegrenzung
	%	%	kg/kNh	min
Bodenleerlauf	20... 60	2... 8	nicht festgelegt	5...20
Luftleerlauf	40... 75	3... 12	nicht festgelegt	unbegrenzt
Reise minimal	75... 90	50... 60	60... 90	unbegrenzt
Reise maximal	80... 95	60... 80	65... 90	unbegrenzt
Nominal	90...100	80... 90	70... 95	30...60
Maximal	100	100	75...100	5...20
Nachbrenner minimal	100	110...130	100...160	10...20
Nachbrenner maximal	100...105	140...160	160...250	5...20
Sonderregime	102...105	160...180	nicht festgelegt	2... 5

Bei modernen TL mit ausreichender Schubreserve kann *Maximal* in ein etwas abgesenktes Schubniveau bei „normalem" Betrieb und einen forcierten Zustand für außergewöhnliche Situationen aufgeteilt sein. Ersteres dient der Schonung des TL und damit gewisser Wartungskostenreduzierung. Letzteres ist für besondere Fälle, z.B. bei Triebwerksausfall während des Starts, vorgesehen. Die im Flugzeug ordnungsgemäß arbeitenden restlichen TL werden dabei unverzüglich auf dieses Regime äußerster Schubentwicklung automatisch umgeschaltet. In diesem Fall spricht man auch von *Sonder-* bzw. *Notregime*.

Weiterhin ist der Zustand mit *Wassereinspritzung* (*Takeoff (wet)*) von dem des „trockenen" Betriebes (*Takeoff (dry)*) zu unterscheiden. Letzterer dient auch als Synonym für die höchste Leistungsstufe ohne Schubverstärkung, d.h. auch für den Lauf ohne NB. Unter einem *Trockentriebwerk* ist ein TL mit forciertem Prozeß, aber ohne Schubverstärkung wie NB u.ä. zu verstehen.

Durch Steuerung mittels Drosselhebel ist die kontinuierliche Regimeänderung zwischen *Leerlauf* und *Maximal* (Beschleunigung) bzw. umgekehrt (Verzögerung, Drosselung) möglich. Dies ist Gegenstand der Drosselcharakteristik in Kap.13. Die Aufzählung der Leistungsstufen ist als Übersicht zu verstehen. Darüber hinaus gibt es weitere Betriebszustände bzw. andere Bezeichnungen dafür. Diesbezüglich gibt es Unterschiede[3] zwischen den einzelnen Typmustern, Herstellern und Betreibern.

[3]Unter diesem Gesichtspunkt wäre es begrüßenswert, wenn es eine international einheitliche, für alle verbindliche Standardisierung der Luftfahrtbegriffe unabhängig von nationalen Festlegungen gäbe.

Militärtriebwerke sind darüberhinaus mit ***forcierten Leistungsstufen*** ausgerüstet. Als wichtigste Schubverstärkungsmöglichkeit gilt bekanntlich der Betrieb mit Nachbrenner (NB). Dabei wird der Gasgenerator mit den Parametern von *Maximal* oder einem dazu angenäherten Regime weiterbetrieben, während das austretende Gas im Schubsystem eine Aufheizung erfährt. Der NB-Prozeß ist in einem Bereich mit unterschiedlichen Schubzuwachs realisierbar. Die untere NB-Leistungsstufe **Nachbrenner minimal** (*NBmin, Minimum Augmented*) ist durch nicht zu unterschreitende Verbrennungsbedingungen in der Nähe der NB-Armverlöschgrenze gekennzeichnet. Demgegenüber ist **Nachbrenner maximal** (*NBmax, Maximum Augmented*) meist durch das stöchiometrische NB-Brenngas, d.h. durch Ausschöpfung aller Reserven im Gasstrom vorbestimmt. Der Schub kann in der Regel zwischen kleinster und größter NB-Leistungsstufe bzw. umgekehrt, bei manchen Mustern parallel mit Drehzahlveränderung im Gasgenerator, über den Gashebel kontinuierlich gesteuert werden.

Zur überschlägigen Orientierung sind in Tab.4.1 die relativen Bereiche wichtiger Parameter der einzelnen Leistungsstufen ersichtlich, wobei für die Prozentangaben die Stufe *Maximal* mit 100 % die Bezugsbasis bildet. Trotz des Versuchs, möglichst viele TL-Typen einzubeziehen, ist es nicht ausgeschlossen, daß die Parameter älterer oder z.Z. schon existierender bzw. noch unbekannter Muster z.T. auch außerhalb der ersichtlichen Bereiche liegen.

Das betrifft vor allem NB-Regime und Zeitbegrenzungen. Letztere sind in der Luft oft ohne Bedeutung, weil die vollständige Nutzungsdauer fliegerisch nicht notwendig bzw. wegen des begrenzten Brennstoffvorrates nicht möglich ist. Andererseits können die NB der TL von Überschall-Langstreckenflugzeugen u.U. länger als hier angegeben betrieben werden. Die in der letzten Tabellenzeile angegebene Leistungsstufe *Sonderregime* kann bei militärischen TL oft im NB-Betrieb zugleich mittels kurzzeitiger Parameteranhebung im Gasgenerator verwirklicht werden.

4.6 Die Reduzierung von Kennwerten

Bei feststehendem Startstand-Betriebszustand sind die prozeßabhängigen Größen des TL eine Funktion äußerer Bedingungen in Gestalt der Parameter im Verdichtereintritt T_{t2} und p_{t2}. Sie können in Abhängigkeit von M-Zahl, geodätischer Höhe und meteorologischen Bedingungen großen Schwankungen unterliegen. Es werden deshalb aus der Tabelle der Standard- bzw. Normatmosphäre nach ISA oder ICAO[4] im Interesse gleicher Außen- bzw. Eintrittswerte die *Standardparameter* der Atmosphäre herangezogen:

Stand-Machzahl	M	$=$	0
geodätische Höhe	H	$=$	$0\,\mathrm{m}$
Eintrittstemperatur	T_{t2}	$=$	$288,15\,\mathrm{K}$
Eintrittsdruck	p_{t2}	$=$	$101,325\,\mathrm{kPa}$

Da sie nur selten vorliegen, bzw. für Versuchsbedingungen nicht beliebig herbeigeführt werden können, sind alle prozeßabhängigen Meß- und Angabewerte auf diese *Standardbedingungen* umzurechnen, d.h. sie sind auf diese Konditionen zu *reduzieren*. Nur reduzierte Parameter und Kennwerte, zur Hervorhebung oft mit dem Index „*red*" versehen, können zu objektiven Vergleichen herangezogen werden. Deshalb sind zu publizierende Zahlengrößen von TL zu reduzieren, bzw. bei Triebwerksparametern in Firmendokumenten ist zu erwarten, daß sie reduziert angegeben sind. Die Gleichungen zur Reduzierung wichtiger Größen werden ohne Ableitung als Übersicht angegeben:

[4]ICAO: International Civil Aviation Organization; ISA: International Standard Atmosphere; unter diesen Bezeichnungen existiert eine verbindliche Tabelle der Standardatmosphäre (s.a. Anhang A.2)

$$\text{reduzierte Temperatur:} \quad T_{tred} = T_t \frac{288\,\text{K}}{T_{t2}} \tag{4.20}$$

$$\text{reduzierte Luftdichte:} \quad \varrho_{tred} = \varrho_t \frac{101,3\,\text{kPa}}{p_{t2}} \frac{T_{t2}}{288\,\text{K}} \tag{4.21}$$

$$\text{reduzierte Geschwindigkeit:} \quad c_{red} = c\sqrt{\frac{288\,\text{K}}{T_{t2}}} \tag{4.22}$$

$$\text{reduzierte Drehzahl:} \quad n_{red} = n\sqrt{\frac{288\,\text{K}}{T_{t2}}} \tag{4.23}$$

$$\text{reduzierter Massenstrom:} \quad \dot{m}_{Lred} = \dot{m}_L \frac{101,3\,\text{kPa}}{p_{t2}} \sqrt{\frac{T_{t2}}{288\,\text{K}}} \tag{4.24}$$

$$\text{reduzierter Brennstoffstrom:} \quad \dot{m}_{Bred} = \dot{m}_B \frac{101,3\,\text{kPa}}{p_{t2}} \sqrt{\frac{288\,\text{K}}{T_{t2}}} \tag{4.25}$$

$$\text{reduzierte Schubkraft:} \quad F_{sred} = F_s \frac{101,3\,\text{kPa}}{p_{t2}} \tag{4.26}$$

In diesen Gleichungen sind nach der Theorie nur die Änderungen zwischen den Ebenen 0 und 2, also bis zum Verdichtereintritt, berücksichtigt. Damit wird vorausgesetzt, daß die Prozeßgrößen der nachfolgenden Ebenen konstant bleiben. Wegen der Charakteristik der Baugruppen, vor allem der des Verdichters (s.a. Kap.6.5), aber auch durch Einwirkung des Regelsystems, ist das strenggenommen nicht der Fall. Deshalb sind die o.g. Umrechnungen nicht uneingeschränkt, bzw. nur mit Zusatzinformationen anwendbar.

Tab. 4.2: Parameteränderungen in Abhängigkeit vom Anströmungszustand beim Flug in der Stratosphäre ($H = 11$ km $= const$; $T_0 = 216,5$ K $= const$; $n = 100\% = const$)

M			0	0,8	1,0	1,286	1,5	2,0	2,5	3,0
T_{t2}	K	nach (3.15)	216,5	244	260	288	314	390	487	606
n_{red}	%	nach (4.23)	115	109	105	100	95,5	86	77	69

Im Fall von (4.26) ist wie ersichtlich die Schubentwicklung nur in Abhängigkeit vom Eintrittsdruck p_{t2}, nicht aber von der Temperatur berücksichtigt, obwohl sie zweifellos ebenfalls Einfluß ausübt. Deshalb gilt (4.26) entweder nur für konstante Außentemperatur, bzw. es muß der Zusatz gleichbleibender reduzierter Drehzahl erhoben werden. Dieser wichtige TL-Parameter n_{red} ist abhängig von der Temperatur und besagt nach (4.23), daß z.B. bei Zunahme von T_{t2} in der durchgesetzten Luft und $n_{red} = const$ die kinematische Drehzahl n ansteigen muß. Unter dieser Voraussetzung wird die verringerte Luftdichte und die veränderte Arbeit im Verdichter ausgeglichen. Aus diesem Sachverhalt ergibt sich die alternative grundsätzliche Regelung eines TL, nämlich nach

$$n = const \tag{4.27}$$

$$n_{red} = const \tag{4.28}$$

Beide Gesetzmäßigkeiten, die in Kap.11 als *Regelprogramme* bezeichnet werden, zeigen den Einfluß der Triebwerksregelung auf die Parameter und Kennwerte. Nach (4.28) weist der Gasgenerator bei Änderung von Außentemperatur und M-Zahl günstigere Arbeitsbedingungen als nach (4.27) auf. Die quantitativen Zusammenhänge von M-Zahl, T_{t2} und kinematischer sowie reduzierter Drehzahl im Flug zeigt Tab.4.2. Diese Betrachtung hat grundsätzliche Bedeutung für das Betriebsverhalten von Turbomaschinen.

4.7 Militärische Flugtriebwerke und ihre Kennwerte

Nach 1945 war zunächst die Militärluftfahrt alleiniges Anwendungsgebiet der Turboluftstrahltriebwerke. Die neue Antriebsart fand in volkstümlichen Bezeichnungen wie „Düsenjäger“ und „Düsenbomber“ ihren Niederschlag. Wichtigstes Charakteristikum der TL von Kampfflugzeugen ist der hohe auf Massenstrom und Stirnfläche bezogene Schub. Dazu gehören neben forcierten Prozeßparametern bis zur Gegenwart auch die Nachverbrennung. Jagd- und Jagdbombenflugzeuge verwirklichen damit außergewöhnliche Flugleistungen. Weitere Anforderungen waren und sind kleinste Abmessungen zur Unterbringung im Rumpf, geringes Masse-Schub-Verhältnis, unbedeutende Infrarotemission des Gasstrahls, ein akzeptabler spezifischer Brennstoffverbrauch sowie Betriebsbewährung und Kampfüberlebensfähigkeit.

Militärische TL sind Spitzenerzeugnisse auf dem neuesten Erkenntnisstand. Maschinenbau und Hochtechnologien stellen damit ihre Leistungsfähigkeit unter Beweis. Demzufolge waren nur die industriell führenden Staaten Europas und Amerikas zur Entwicklung von TL in der Lage. Durch Lizenzübernahmen konnten weitere Staaten davon partizipieren, wodurch die Internationalisierung des Triebwerks- und Flugzeugbaus voranschritt. Die u.a. durch anwachsende Kennwerte ausgewiesenen Qualitätsmerkmale finden Eingang in den Sammelbegriff der *TL-Generationen.* TL unterschiedlicher Typen einer Generation weisen Kennwerte in engem Bereich auf.

Die TL der *ersten Generation*, zeitlich etwa von 1948 bis 1952 geschaffen, arbeiteten bei einfachem Aufbau mit verhältnismäßig kleinen Prozeßparametern, womit sie für Jagdflugzeuge die Annäherung an die Schallgrenze gewährleisteten. Nach dem Vorbild der WHITTLE-Konstruktionen wurden zunächst Verdichter radialer Bauart mit kleinen Druckverhältnissen um 4 bevorzugt. Dadurch waren die Arbeitsprozesse nur unteroptimal ausgelegt. Erst gegen Ende ihrer Entwicklung setzte sich der Axialverdichter mit größeren Druckverhältnissen und kleineren Querschnittsabmessungen allgemein durch. Zur Schubsteigerung wurden erstmals Nachbrenner im Kurzzeitbetrieb bei mäßiger Wirksamkeit eingesetzt.

Von den vielen TL-Mustern der 1. Generation werden hier nur die bekanntesten genannt. Sehr erfolgreich war eine Typenreihe, welche mit dem britischen „Nene“ begann. Dieses damals leistungsfähige TL mit zweiflutigem Radialverdichter wurde im Westen wie im Osten in Lizenz gebaut. Die sowjetische Ausführung RD-45 wurde zum WK-1 vergrößert und beide Muster in die Jagdflugzeuge MiG-15 und MiG-17 installiert. Triebwerke axialer Bauart waren die Typen „Avon“(Großbritannien), ATAR 101 (Frankreich) und AM-3 (SU). Letzteres wurde als damals weltgrößtes und schubstärkstes TL in den Bomber TU-16 und später in das Passagierflugzeug TU-104 eingebaut. In den USA wurde u.a. das Axialtriebwerk J47 (F86, B47) in größter Stückzahl verwendet. Mit dem aufkommenden kalten Krieg zwischen den beiden Weltsystemen standen die genannten Flugzeuge zum Einsatz bereit. Im Koreakrieg kam es ertmalig am 08.11.1950 zu Luftkämpfen zwischen Strahlflugzeugen, und zwar zwischen der sowjetischen MiG-15 und der amerikanischen F80, die später durch die F86 ersetzt wurde. Flugzeuge und Triebwerke der 1. Generation standen in Europa bis in die 70er Jahre hinein in der Truppennutzung, in den Staaten der dritten Welt noch wesentlich länger.

Selbstkritische Wertungen und höhere Anforderungen führten um 1955 zu den Flugzeugen und Triebwerken der *zweiten Generation*, welche Überschallflüge ermöglichten. Diese TL mußten deshalb über wesentlich größeren spezifischen Schub verfügen. Das erfordert neben leistungsfähigeren NB die optimale Prozeßauslegung mit höheren Parametern, was durch kompliziertere Verdichter in *Zweiwellenbauart* oder durch Verstellungen im Strömungskanal, der *variablen Geometrie*, zu erreichen ist. TL der 2. Generation und aller folgenden sind deshalb zumindest mit einem dieser beiden Konstruktionsmerkmale versehen. Eine beträchtliche Verbesserung der spezifischen Kennwerte mit Ausnahme des spezifischen Brennstoffverbrauches war die Folge.

In den USA erschienen als TL der 2. Generation die Typen J57 in Zweiwellen- und J79 in Einwellenbauart. Mit ihnen wurden fast alle US-Überschallflugzeuge der Typenreihe ab F100 (von der F100A bis zum ursprünglich als F110, jetzt mit F4 „Phantom II" bezeichneten Muster) ausgerüstet. Aus Großbritannien wurde neben neuen Modifikationen des „Avon" vor allem das Zweiwellen-TL (2W-TL) „Olympus" bekannt, während in Frankreich die Typen ATAR8 und ATAR9, letzterer für das Flugzeug „Mirage", gebaut wurden. Sowjetischerseits entstand aus dem AM-3 über die Verkleinerung AM-5 und die Modernisierung RD-9 (MiG-19) durch Anwendung des 2W-Prinzips die Typenreihe R-11, R-13 und R-25 für die MiG-21. Das dazu analoge 1W-TL der SU war das AL-7 (SU-7). Mit Einführung dieser Flugzeuge in die Luftstreitkräfte der beiden sich gegenüberstehenden Weltsysteme entstand eine Verschärfung der Konfrontation. Schließlich kam es während des Vietnamkrieges zum ersten Mal am 23.04.1966 zu Luftkämpfen zwischen Überschallflugzeugen, die sich opferreich bis Kriegsende hinzogen und mehrmals auch im Nahen Osten auflebten.

Die Entwicklung der Luftwaffen wurde unter Berücksichtigung der Lehren aus den Kriegen von Nahost und Fernost fortgesetzt. Flugzeuge der *dritten Generation*, deren erste gegen Ende der 60er Jahre erschienen, zeichneten sich anfangs durch den Schwenkflügel aus. Zur Entwicklung von TL der 3. Generation ging man verschiedene Wege. Einerseits wurde zunächst das bewährte ETL-NB bei gesteigerten Prozeßparametern und verfeinerter Regelung bevorzugt. Damit konnte der spezifische Schub abermals vergrößert und trotzdem der spezifische Brennstoffverbrauch im NB-Bereich etwas gesenkt werden. Andererseits wurden die qualitativ neuen ZTL-NB mit kleinem Bypassverhältnis und ebenfalls erhöhten Prozeßparametern entwickelt. Damit wurden letztlich alle Kennwerte mit Ausnahme des Stirnflächenschubes, insbesondere der spezifische Brennstoffverbrauch bei ausgeschaltetem NB, verbessert.

Sowjetische TL der 3. Generation sind die aus der R-Reihe weiterentwickelten 2W-ETL-NB der Muster R-27, R-29 und R-35 (MiG-23). Sie werden ergänzt durch das 1W-ETL-NB des Typs AL-21 (SU-17, SU-20, SU-22). Die ersten militärischen ZTL-NB sind das britische RB168 „Spey" (britische „Phantom") und das amerikanische TF30 (F111, F14). Mit neuer US-Bezeichnung entstanden daraufhin die ZTL-NB: F100 (F15, F16), F404 bzw. F414 (F18). In Frankreich wurde das einzige 1W-ZTL-NB M53 (letzte „Mirage"-Modifikationen) geschaffen. Mit MTU München als Systemführer wurde von europäischen Firmen das 3W-ZTL-NB des Typs RB199 (Tornado) entwickelt. Dem schlossen sich die neuesten sowjetischen 2W-ZTL-NB der Muster RD-33 (MiG-29) und AL-31 (SU-27, SU-35) an. In strategischen Überschallflugzeugen werden seitens der SU/GUS das Muster NK-321 (TU-160) und in den USA die Typen F101 (B-1B) und F118 (B-2) verwendet.

Mit Einführung dieser neuen Flugzeuge wurde erneut die Lage verschärft. Während der Konflikte im Nahen Osten 1973 kam es erstmalig zu Luftkämpfen mit Flugzeugen der 3. Generation. Durch die um 1990 eingetretene politische Wende ist die globale Konfrontation beendet. Objektiv besteht damit zur Schaffung neuer militärischer, zumindest offensiver Flugzeuge und TL keine Notwendigkeit mehr. Inzwischen werden weitere ZTL-NB einer neuen Generation entwickelt, bzw. sie stehen kurz vor ihrem Einsatz: das M88 (Frankreich, „Rafale"), das EJ200 (Jäger 90/Eurofighter 2000) sowie die US-Triebwerke F119 (F22) und F120 (F23). Werden aber diese Aufwendungen außer technologischen Erkenntnissen einen meßbaren Nutzen bringen?

Die Entwicklung militärischer TL erforderte ansteigende Prozeßparameter und führte zu ständig größeren Leistungskennwerten. Daraus ergaben sich fortwährende konstruktive Veränderungen. In diesem Zusammenhang sind als wichtige Tatbestände zu nennen:

- Die Verwendung *axialer* anstelle radialer *Turbomaschinen* ließ ohne Verringerung bzw. selbst bei Steigerung von Massenstrom und Schub Stirnquerschnitt und Eigenmasse beträchtlich schrumpfen und zugleich das Druckverhältnis anwachsen.
- Mit dem *Einsatz des NB* stiegen die vorrangig für den Überschallflug erforderlichen Leistungskennwerte, vor allem der spezifische Schub, andererseits wuchs aber der spezifische Brenstoffverbrauch unerwünscht in noch weit höherem Maß.
- Die Prizipien *variabler Geometrie* im Gaskanal sowie der *Zweiwellen-* bzw. *Dreiwellenanordnung* im Gasgenerator sind die erforderliche Basis für optimal ausgelegte Prozeßführung mit hohen Parametern bei verbesserten Kennwerten.

- *Intensivkühlung* und warmfeste Werkstoffe verbesserten die thermische Festigkeit der *Turbine* und ermöglichten die Steigerung ihrer Eintrittstemperatur T_{t4} als wichtigste Voraussetzung zu intensiverer Prozeßführung mit Kennwertsteigerung.
- Mit dem Anwachsen von T_{t4} wird das stöchiometrische Brenngemisch als allerobersto thermische Begrenzung angenähert und die Möglichkeit des NB-Betriebes eingeschränkt, womit das sog. *Trockentriebwerk* näher in den Gesichtskreis rückt.
- Qualitativ neue *Regelsysteme*, welche präziser, regimeangepaßter und vor allem schneller arbeiten, sind eine weitere Grundlage für die sichere Prozeßführung bei gesteigerten Parametern, womit Elekronik und Computertechnik Einzug halten.
- Der Übergang vom ETL zum *ZTL* verbesserte den Energieumsatz, gefolgt von weiterer Kennwertverbesserung, einschließlich erstmaliger spürbarer Verringerung des spezifischen Brennstoffverbrauches, allerdings nur bei ausgeschaltetem NB.

Tab. 4.3: Kennwerte von TL-NB am Beispiel der Triebwerke von MiG-Flugzeugen

Entwicklungsstufe		Einheit	1.Generation	2.Generation	3.Generation	ZTL-NB
Triebwerkstyp			WK-1F	R-11F	R-27F2M	RD-33
Flugzeugtyp			MiG-17F/PF	MiG-21F/U	MiG-23	MiG-29
f_s	mit NB	$\frac{Ns}{kg}$	700	780	980	1080
	ohne NB		550	660	680	660
f_{St}	mit NB	$\frac{kN}{m^2}$	43,0	79,1	129,4	78,5
	ohne NB		33,4	60,5	89,4	47,7
m/F_s	mit NB	$\frac{kg}{daN}$	0,293	0,216	0,168	0,128
	ohne NB		0,374	0,283	0,243	0,208
b_s	mit NB	$\frac{kg}{kNh}$	204	235	213	214
	ohne NB		117	98	100	78,5

TL von Kampfflugzeugen haben stets das höchste Niveau an leistungs- bzw. schubbezogenen Kennwerten verkörpert. Mit den Prozeßparametern wurden letztere, wie es Tab.4.3 für die TL-NB einer Flugzeugtypenreihe ausweist, gesteigert. Die Kennwerte von Wirtschaftlichkeit und Umweltbelastung waren dagegen nicht beispielgebend. Die Entwicklung militärischer TL hat für den Maschinenbau technologisch beschleunigend gewirkt und entscheidende Technologien zur Entwicklung ziviler TL geliefert. Zu ihrer Schaffung waren und sind bedeutende Unternehmen einschließlich materiellem und humanem Kapital erforderlich. Am gegenwertigen militärpolitischen Wendepunkt sollte eine Umorientierung zur vorrangigen Entwicklung ziviler TL vorgenommen werden.

4.8 Triebwerke der Zivilluftfahrt und ihre Kennwerte

Antriebsanlagen von Verkehrsflugzeugen, vorgesehen für den Reiseflug um M=0,8 in der Stratosphäre, sind von Ausnahmen abgesehen Großbläser-ZTL in Zweiwellen- und Dreiwellen-Bauart, welche außenbords in Gondeln untergebracht sind. Ihr wichtigstes Charakteristikum ist der geringe spezifische Brennstoffverbrauch. Weitere an sie gestellte Anforderungen sind: kleines Masse-Schub-Verhältnis, nicht zu großer Durchmesser im Interesse geringen aerodynamischen Widerstandes, hohe Zuverlässigkeit bei großer Laufzeit, abgesenkter Lärmpegel und reduzierte Schadstoffemission. Der spezifische Schub ist für Start, Steig- und Reiseflug ausreichend, aber dem ZTL-Prinzip entsprechend eng limitiert. In Verbindung mit großem Bypassverhältnis und überoptimal ausgelegten Prozeßparametern ist damit geringer Verbrauch garantiert. Letzteres ist entscheidend, weil der Brennstoff allein 30% bis 50% der Gesamtkosten ausmacht, die Rentabilität des Luftfahrtunternehmens also wesentlich bestimmen.

Zum Zeitpunkt der ersten strahlgetriebenen Verkehrsflugzeuge wurden die benötigten TL durch Modifizierung militärischer Muster, später mittels größerer Umbauten ihrer Gasgeneratoren gewonnen. Das Ziel bestand neben der besseren Wirtschaftlichkeit auch in der höheren Laufzeit und der größeren Zuverlässigkeit. Die zivilen TL lassen sich nach Entwicklungszeit und Qualitätsmerkmalen ebenfalls in verschiedene Generationen unterteilen. Auch die zivilen Strahlantriebe waren zuerst ETL, sie wurden aber früher und konsequenter als im militärischen Bereich durch die wirtschaftlicheren, leiseren und schadstoffärmeren ZTL ersetzt.

Das erste TL in der Zivilluftfahrt war der britische Typ „Ghost"(Comet 1), das 1952 wirtschaftlichste, wenn auch wegen der Comet-Katastrophen nicht lange verwendete ETL. Weitere auch zivil genutzte ETL dieser Zeit waren das AM-3 (SU, TU-104), das britische „Avon" (Comet 4, „Caravelle") sowie die Zivilvariante des J57, das am meisten verwendete JT3C (USA, 707, DC8). In der DDR wurde das erste deutsche Strahlverkehrsflugzeug mit 4 ETL „Pirna 014"entwickelt, aber nach 1960 trotz erster Probeflüge abgebrochen. Diese Strahlverkehrsflugzeuge waren schneller und populärer, aber auch verbrauchs- und kostenintensiver, wodurch ihr Einsatz nur zögernd begann.

Mit dem Einsatz sparsamerer ZTL der *ersten Generation* um 1960 begann das eigentliche Zeitalter des Strahlverkehrs. Diese ersten zivilen ZTL mit Bypassverhältnissen um 1 unterschieden sich von den ETL, aus denen sie hervorgingen, nur wenig. Qualitativ sind sie etwa den Militärtriebwerken der 2. Generation zuzurechnen. Ihre spezifischen Kennwerte, vor allem der spezifische Brennstoffverbrauch, wurden nach Tab.4.4 gegenüber den zivilen ETL nennenswert verbessert. Sie ersetzten schnell die unwirtschaftlicheren ETL. Nonstop-Langstreckenflüge auf der Strecke Europa - USA konnten dadurch mit vertretbarem Aufwand durchgeführt werden. Die Einführung des ZTL-Prinzips erwies sich damals als wichtigste Möglichkeit zur Verringerung des Brennstoffverbrauches und zur Verbesserung der Flugcharakteristik.

Es entstanden viele Muster von ZTL, von denen nur einige genannt werden können. Das britische RB80 „Conway" (u.a. VC10) war um 1956 das erste ZTL ziviler Zweckbestimmung, gefolgt vom amerikanischen JT3D, welches aus dem JT3C durch Umwandlung entstand. Vergleichbare sowjetische ZTL waren die Muster D-20 (TU-124) und D-30 (TU-134) sowie das größere NK-8 (IL-62, TU-154). In der DDR wurde 1960 das ZTL „Pirna 020" projektiert, aber nicht fertiggestellt.

Nach 1970 wurde durch die Schaffung von Großbläser-ZTL der *zweiten Generation* mit Bypassverhältnissen über 4 die Senkung des spezifischen Verbrauchs, und zwar um weitere 30%, wesentlich ausgebaut. Mit diesen Triebwerken erstmals großen Durchmessers wurde ein mit Abstand günstigeres Niveau hinsichtlich Wirtschaftlichkeit und Umweltschutz erzielt. Der zivilen Luftfahrt entstanden dadurch neue Freiräume. Die letzten Modifikationen dieser Zwei- und Dreiwellen-ZTL der 2. Generation stellen gegenwärtig die überwiegende Mehrheit der Antriebe in der Zivilluftfahrt.

Die ersten ZTL der 2. Generation erschienen in den USA, und zwar der militärische Typ TF39 (C5), gefolgt von den Zivilmustern JT9D und CF6 für die neuen Großraumflugzeuge. In Großbritannien entstand das 3W-ZTL RB211. Der sowjetische Beitrag dazu blieb zunächst aus. Durch Modifizierung älterer ZTL entstanden die Muster D-30KU (IL-62M, TU-154M) und NK-86 (IL-86), die aber wegen des kleineren Bypassverhältnisses nicht zur neuen Generation gehören. Erst spät erschienen die 3W-ZTL D-18 (AN-124, AN-225) und D-36 (Jak-42) für eingeschränkte kommerzielle Nutzung.

Durch weitere Verringerung der Prozeßirreversibilitäten, Parametererhöhung sowie Anwachsen des Bypassverhältnisses über den Wert 6 hinaus begann nach 1990 der Übergang zu den *ZTL der 3. Generation*. Die Unterschiede zwischen beiden Generatio-

nen sind fließend und zunächst nicht groß. Trotzdem wird nochmals eine Verkleinerung des spezifischen Verbrauchs um etwa 10 % erzielt.

Die Entwicklung von ZTL der 3. Generation, die mit verhältnismäßig kleinen Mustern, wie den fortgeschrittenen Modifikationen der Typen CFM56 und dem PW2037 begann, ist weiter in Fluß. Daran sind die drei größten Triebwerkshersteller in der Welt mit zumindest je einem Großtriebwerks-Basismuster beteiligt: Von RR wird der RB211-Nachfolgetyp „Trent" in den Modifikationen 600, 700 und 800 bei weiterer Verzweigung erscheinen; von PW ist es das Triebwerk PW4000 mit der bisher größten Unterbauart PW4084 bzw. 4090; schließlich wird dies von GE durch das Muster GE90 größenmäßig mit einem für die Perspektive publizierten Schub von 500 kN und mehr übertroffen. Eine detaillierte Wertung dieser neuen, weit in die Zukunft weisenden, ZTL-Riesen unterbleibt wegen nicht vorliegender bzw. nicht gesicherter spezifischer Kennwerte.

Tab. 4.4: Kennwerte ziviler TL

	Einheit	1.ETL	letztes ETL	ZTL, 1.Gen.	ZTL, 2.Gen.	ZTL, 3.Gen.
Triebwerkstyp		„Ghost"	JT3C	JT3D-1	JT9D-7	CFM56-5C
Flugzeugtyp		Comet 1		Boeing 707	Boeing 747	A340
f_s	$\frac{\mathrm{Ns}}{\mathrm{kg}}$	570	680	390	300	290
f_{St}	$\frac{\mathrm{kN}}{\mathrm{m}^2}$	15,8	75,2	52,7	45,1	51,5
m/F_s	$\frac{\mathrm{kg}}{\mathrm{daN}}$	0,44	0,29	0,241	0,190	0,162
b_s Startstand	$\frac{\mathrm{kg}}{\mathrm{kNh}}$	104	79,0	69,2	36,4	32,0
b_s Reiseflug	$\frac{\mathrm{kg}}{\mathrm{kNh}}$	140	115	95,0	64,0	56,2

TL ziviler Zweckbestimmung sind seit Ende der 50er Jahre im Einsatz. Ursprünglich baugleich mit Militärtriebwerken, wurden sie im Interesse der Verkehrsluftfahrt immer weiter modifiziert. Seit etwa 1960 wurde konsequent das Zweistromprinzip mit von Generation zu Generation vergrößertem Bypassverhältnis angewandt. Das Bypassprinzip mit den gegenwärtig angestrebten Beträgen von $\mu = 8 \ldots 10$ wird so zum Nutzen eines größeren äußeren Wirkungsgrades weiter ausgebaut. Zusätzlich ist man neuerdings verstärkt bestrebt, den thermodynamischen Prozeß mit dem inneren Wirkungsgrad zu verbessern. Damit lassen sich die Kennwerte, welche für die bisherige Entwicklung in Tab.4.4) ersichtlich sind, voran der spezifische Brennstoffverbrauch, aber auch die Umweltbelastung, weiterhin verbessern. Weitere Informationen über ZTL einschließlich der Begrenzungen zu ihrer Weiterentwicklung sind in Kap.17 dargestellt.

Neueste ZTL gelangen mit ihrem Gesamtwirkungsgrad in den Bereich der besten Brennkraftmaschinen anderer Verwendungsbereiche. Allerdings sind damit Größenabmessungen und offensichtlich auch Grenzen erreicht, welche bei gegenwärtigem Triebwerksaufbau nur schwer zu überschreiten sind. Mit wachsendem Bypassverhältnis und somit zunehmendem Durchmesser des Fan muß seine Drehzahl verringert werden. Eine dazu erforderliche Entkoppelung der Drehzahlen von Fan und Antriebsturbine (NDT) mittels Fangetriebe könnte weitere Innovationen zur Kennwertverbesserung von ZTL der Verkehrsluftfahrt (s.a. Kap.17 und 18) ermöglichen.

5 Einlaufdiffusoren

5.1 Zur Notwendigkeit von Einlaufdiffusoren

Der Arbeitsprozeß des TL erfordert die Zuführung des Massenstroms unter Beachtung seiner kinetischen Energie. Dazu sind thermodynamische, (innere) gasdynamische und (äußere) aerodynamische Aspekte der zwischen den Stationen 0 (ungestörte freie Strömung) und 2 (Verdichtereintritt) ablaufenden Vorgänge zu analysieren. Der Abschnitt von 0 bis 1 (Einlaufvorderkante) wird durch die freie Stromröhre der anströmenden Luft begrenzt, der sich daran anschließende Kanal ist durch Wandungen als Einlauf erkennbar. Der dem Gasgenerator vorgeschaltete Kanal von 0 bis 2 wird als *Einlaufdiffusor* (*Eingangsteil, Inlet, Intake*) bezeichnet.

Bei Standbetrieb und Flug mit kleiner M-Zahl wird Luft vom Verdichter angesaugt. d.h. mittels Unterdruck zur Ebene 2 beschleunigt. Dieser *Saugbetrieb* entspricht dem Vorgang einer Düsenströmung. Bei größerer M-Zahl wird dagegen die Luft in den Einlauf gedrückt. Dadurch tritt *Stauverdichtung*, d.h. die Umwandlung von kinetischer Energie der anströmenden Luft in potentielle ein. Erst bei diesem Betriebszustand trifft die für den Einlauf gerechtfertigte Bezeichnung *„Diffusor"* zu.

Die Stauverdichtung im Auslegungszustand ist maßgebend für Arbeitsweise, Größe und Design des Einlaufdiffusors. Bei Unterschall-Flugzeugen (s. Abb.5.1b) tritt kontinuierliche Strömungsverzögerung auf, wozu Öffnungen mit aerodynamisch abgerundeten Vorderkanten dienen. Dagegen werden Überschallströmungen (s.a. Kap.3.4) durch Verdichtungsstöße abgebremst. Dem ist durch sinnvoll angeordnete scharfe Kanten bzw. Knicke der Kanalkontur (s. Abb.5.1d) oft in Verbindung mit (*variabler Geometrie*) Rechnung zu tragen. Konstruktiv meist zur Flugzeugzelle gehörend, stellt der Einlaufdiffusor die Energieumwandlung am Beginn des TL-Arbeitsprozesses sicher. An ergänzender Literatur sind [4], [122] [150] sowie [1] und [2] zu nennen.

Im Bereich der Flug- und Triebwerksregime ändern sich die Einlaufparameter. Dabei ist stets *gasdynamische Stabilität* erforderlich, d.h. die Schwingungsvorgänge der Luftsäule sind auf geringem Niveau zu halten. Nur dabei ist die stabile Arbeit des TL gewährleistet. Neben verlustarmem Energieumsatz ist die *stabile Arbeit* des Einlaufdiffusors eine wichtige, manchmal die entscheidende Anforderung.

Eine weitere Forderung ist die nach günstiger äußerer Umströmung, d.h. nach kleinem *aerodynamischen Widerstand*. Letzterer ist ein Teil des Zellewiderstandes. Ein aerodynamisch optimales Design der Einlaufkontur bewirkt die Zunahme des effektiven Triebwerkschubes, vor allem bei großen Abmessungen. Zusätzlich sind Gefahrenzustände infolge *Fremdkörpereinflug*, Sichtbedingungen für die Flugzeugbesatzung sowie einfache und leichte Konstruktion zu berücksichtigen. Diese sich teilweise widersprechenden Anforderungen, welche sich vor allem mit dem Eindringen in den Überschallbereich verschärfen, sind in der Gesamtheit nur schwer zu erfüllen.

[1] Crispin, B.: Einlaufdiffusoren für den Überschallflug. DLV-Bericht Nr. 144, 1967

[2] Trommsdorf, W.: Einlaufdiffusoren im Überschall. Luftfahrttechnik 6(1960)12, S.361-368

5.2 Energieumsatz und Kennwerte von Einlaufdiffusoren

Durch Anströmung wird spezifische kinetische Energie $\frac{1}{2}v^2$ zugeführt. Im Auslegungsflugzustand (s. Abb.5.1b) ist der Zahlenwert von v stets größer als die Geschwindigkeit c_2 im Verdichtereintritt. Dieser Differenzbetrag ist mittels *Stauverdichtung* in potentielle Energie, also in einen Zuwachs an Enthalpie bzw. Druck umzuwandeln. Aus der Energiebilanz zwischen 0 und 2 ergeben sich demnach die folgenden quantitativen Aussagen:

$$h_{t0} = h_0 + \tfrac{1}{2}v^2 = h_2 + \tfrac{1}{2}c_2^2 = h_{t2} \tag{5.1}$$

$$T_{t0} = T_{t2} \tag{5.2}$$

$$\Delta h_{EL} = h_2 - h_0 = \tfrac{1}{2}\left(v^2 - c_2^2\right) \tag{5.3}$$

Nach dem Energiesatz wachsen somit die (statischen) Parameter von Enthalpie h_2 und Druck p_2 vor dem Verdichtereintritt. Um diesen Betrag wird das Druckniveau schon vor dem Verdichter und damit im gesamten Prozeß des TL angehoben. Umgekehrt würde bei unveränderlichem Brennkammerdruck der Verdichter in seiner Arbeit entlastet. Bei großem Wert von v (TL für hohe Fluggeschwindigkeit) können deshalb Verdichterstufen eingespart werden. Im Hyperschallbereich schließlich wird kein Verdichter und somit auch kein Turbosatz benötigt, woraus sich das Staustrahltriebwerk ergibt.

Der Vorgang der Stauverdichtung beginnt in der freien Stromröhre vor der Einlauföffnung und ist letztlich erst im Querschnitt 2 beendet. Er verläuft ideal gesehen als *isentroper*, real dagegen als *polytroper* Druckaufstau, entsprechend dem h, s-Diagramm von Abb.5.1b, c und d. Die realen, nur unter Entropiezuwachs erreichbaren Endpunkte 2_t (total) bzw. 2 (statisch) weisen dabei geringere Drücke auf als die analogen idealen Zustandspunkte 2_{ts} bzw. 2_s. Dieser durch Irreversibilitäten verursachte, verlustbehaftete Vorgang kann quantitativ durch den *Wirkungsgrad* und den *Druckerhaltungskoeffizienten* sowie durch das ideale und reale *Druckverhältnis* des Einlaufdiffusors ausgedrückt werden. Nach der Bewertung der Enthalpiedifferenzen und Drücke in Abb.5.1 ist somit:

$$\eta_{EL} = \frac{h_{t2s'} - h_0}{h_{t2s} - h_0} = \frac{T_{t2s'} - T_0}{T_{t2s} - T_0} \tag{5.4}$$

$$\sigma_{EL} = \frac{p_{t2}}{p_{t0}} \tag{5.5}$$

$$\Pi_{ELs} = \frac{p_{t2s}}{p_0} \tag{5.6}$$

$$\Pi_{EL} = \frac{p_{t2}}{p_0} = \Pi_{ELs}\,\sigma_{EL} \tag{5.7}$$

Für triebwerkstheoretische Berechnungen wird der Diffusorwirkungsgrad selbst nicht benötigt und ist hier nur zum energetischen Verständnis aufgeführt. Der Einlaufverlust findet im *Druckerhaltungskoeffizienten* (*Druckrückgewinn*) σ_{EL} nach (5.5) seinen Ausdruck. Das *Druckverhältnis* des Einlaufs, unter idealen Bedingungen in (5.6) definiert, ist entsprechend der isentropen Zustandsänderung abhängig von der M-Zahl nach (3.16) zuberechnen und in Abb.5.2b dargestellt. Im TL wird aber nicht sein voller Betrag, sondern der um den Druckerhaltungskoeffizienten geminderte Wert des realen Druckverhältnisses Π_{EL}, wie in (5.7) ersichtlich, wirksam.

Die Stauverdichtung setzt in der freien Stromröhre vor der Ebene 1 ein und verursacht die Erweiterung ihres Querschnittes bis zum Größtwert, welcher mit A_1 (s.a. Abb.5.1b) übereinstimmt. Damit ist zwischen dem tatsächlich im Querschnitt A_0 vorhandenen Luftmassenstrom $\dot{m}_0$ und dem maximal möglichen Betrag $\dot{m}_1 = \dot{m}_{max}$, der größeren Fläche A_1 entsprechend, zu unterscheiden. Der Quotient beider Massenströme, das Massenstrom- und zugleich Durchsatzverhältnis der Einlaufdiffusors, ist unter der Bedingung $\varrho c = const$ gleich dem Einlaufflächenverhältnis. Das zeigt die Entwicklung:

$$\alpha_{EL} = \frac{\dot{m}_{L0}}{\dot{m}_{L1}} = \frac{\varrho_0\, v\, A_0}{\varrho_1\, c_1\, A_1} = \frac{A_0}{A_1} \tag{5.8}$$

Der Zahlenwert von α_{EL} gibt die Ausnutzung des Eintrittsquerschnittes für den Massenstrom an. Im Fall $\alpha_{EL} = \alpha_{max} = 1$ besitzt die freie Stromröhre konstanten Strömungsquerschnitt mit $\dot{m}_L$ als Größtwert. Für den Regelfall ist aber das Einlaufflächenverhältnis kleiner als 1, wodurch der Eintrittsquerschnitt nicht voll ausgenutzt wird. Für den Aufstau in der freien Stromröhre ist das objektiv erforderlich.

Auf Stromröhrenoberfläche und äußere Einlaufverkleidung wirkt der *statische Druck* der atmosphärischen Luft ein. Daraus entsteht ein gegen den Schubvektor gerichteter Widerstandsanteil. Dieser *äußere aerodynamische Widerstand* kann unerwünscht große Werte erreichen. Bereits in Kap.4.2 zur Bestimmung des Nettoschubs quantifiziert, wird er hier als dimensionsloser Widerstandsbeiwert $c_w = c_{EL}$ dargestellt. Er besteht aus den drei Anteilen: dem senkrecht auf den Stromröhrenquerschnitt in Ebene 0 wirkenden Betrag, eine auf die (sich erweiternde) Stromröhre einwirkende Axialkomponente und schließlich der Anteil der Verkleidung selbst.

Bei intensiverer Stauverdichtung in der freien Stromröhre wird diese stärker erweitert. Dabei wird die Axialkomponente infolge anwachsender Projektionsfläche des Kreisrings und steigendem statischen Druck als *Zusatzwiderstand* vergrößert. Der Widerstand der Verkleidung ist abhängig von Dimensionierung und aerodynamischer Durchbildung. Diese widersprüchliche Problematik von (äußerer) Stauverdichtung, Zusatz- und Verkleidungswiderstand ist durch Versuche so zu optimieren, daß im Auslegungsflugzustand das Maximum an effektivem Schub auftritt. Weil andererseits auch der Saugbetrieb im Stand infolge starken Unterdrucks hinsichtlich der Festigkeit des Einlaufs zu berücksichtigen ist, muß u.U. variable Geometrie angewendet werden.

Eine wichtige Anforderung ist die *gasdynamiche Stabilität*[3] für Einlauf und Gasgenerator. Dazu ist ein *homogenes Strömungsfeld* im Verdichtereintritt die Voraussetzung. Diesem Anspruch wird streng genommen *kein* Einlaufdiffusor gerecht, jedenfalls nicht unter allen vorgesehenen Betriebsbedingungen.

Bereits nicht völlig axiale Anströmung, Turbulenzen der Luft, Strömungsablösungen an der Einlaufvorderkante als auch ein gekrümmter Strömungskanal können beachtliche Inhomogenitäten hervorrufen. Flugmanöver, Überschallflugzustände und selbst starker Seitenwind beim Start verstärken die Auswirkungen, ersichtlich an unzulässig großen örtlichen Druckunterschieden. Die Arbeit des Verdichters wird dadurch erschwert, wenn nicht gar unmöglich gemacht.

Die *Verzerrung* der Strömung heißt *Distorsion* und ist zwecks Wertung und Begrenzung durch einen Kennwert zu quantifizieren. Grundlage dafür sind die Totaldrücke p_{t2max}, p_{t2m} und p_{t2min} als Größt-, Mittel- und Kleinstwerte sowie der Betrag p_{t60min}, ein in dem 60°-Sektor mit dem niedrigsten Druckniveau gemessene Durchschnittswert, schließlich der Staudruck q als weiterer Strömungsparameter. Daraus lassen sich der *Distorsionskoeffizient* D_2 nach [109] bzw. der analoge Kennwert DC_{60} nach [71] bilden:

$$D_2 = \frac{p_{t2max} - p_{t2min}}{p_{t2m}} \tag{5.9}$$

$$DC_{60} = \frac{p_{t2m} - p_{t60min}}{q} \tag{5.10}$$

Beide Kennwerte, resultierend aus einander ähnlichen Gleichungen, stellen quantitativ die Güte von Einlaufdiffusoren hinsichtlich der Homogenität ihres Strömungsfeldes im Verdichtereintritt dar. Das Idealbeispiel $D_2 = DC_{60} = 0$ demonstriert völlige Gleichheit der Totaldrücke, was für die Realität nicht zutrifft. Im praktischen Betrieb eines

[3] s.a. Bernhard, D.; Fottner, L.: Einfluß kombinierter Drall- und Totaldruck-Eintrittsstörungen auf das Stabilitätsverhalten von Turbostrahltriebwerken. Jahrbuch der DGLR 1993, Band 3, S. 145 - 149

bestimmten Einlaufs ergibt sich für den amerikanischen Kennwert DC_{60} ein kleinerer Zahlenbetrag gegenüber dem nach (5.9). Stets muß jedoch der vorhandene Distorsionskoeffizient kleiner sein als der für den Verdichter zulässige.

Zur konstruktiven Gestaltung von Einlaufdiffusoren sind Strömungsquerschnitt A_1 bzw. bei kreisrunder Ausführung der Durchmesser d_1 zu bestimmen. Durch Umstellung von (3.28) läßt sich auf den Eintrittsquerschnitt bezogen der folgende Ausdruck angeben:

$$A_1 = \frac{\pi}{4} d_1^2 = \frac{\dot{m}_L \sqrt{T_{t0}}}{\alpha_1 \, p_{t0} \, K_\alpha} \tag{5.11}$$

Unter Standardbedingungen mit $\kappa = 1,4$ sowie bei $M_1^* = 0,5$ wird danach für den Luftmassenstrom eines ETL oder „schlanken" ZTL von 100 kg/s der Querschnitt A_1=0,585 m^2 ($d_1 = 0,863$ m) benötigt. Der Luftbedarf eines Großbläser-ZTL von 1000 kg/s erfordert aber schon 5,845 m^2 bei einem Durchmesser von 2,728 m. Dieses typische Wertungsbeispiel zeigt in Übereinstimmung mit der Praxis, welche Abmessungen sich für den Einlauf eines Großtriebwerkes ergeben.

5.3 Vom Unterschall- zum Überschall-Einlaufdiffusor

Fotos von Unterschall- und Transschallflugzeugen zeigen die typischen Formen des **Unterschall-Einlaufdiffusors** für ihre Antriebsanlagen: näherungsweise senkrecht in der Strömung stehende, kreisförmige oder ovale Öffnungen mit aerodynamisch abgerundeten Vorderkanten, über welche die Luft kanalisiert zum Verdichter gelangt. Der schachtartige Kanal weist Querschnittserweiterung auf, womit durch Strömungsverzögerung im Flug *Diffusorwirkung* gewährleistet ist. Kurz vor dem Verdichtereintritt wird eine Verengung des Schachtes angestrebt, um durch geringe Beschleunigung eine *Strömungsglättung*, d.h. Verringerung der Distorsion zu erzielen. Dies tritt u.U. bereits durch die in den Kanal hineinragende Rundung der Verdichternabe ein.

Der **Saugbetrieb** eines Unterschalleinlaufs, vorliegend bei Standbetrieb oder kleiner M-Zahl im Flug, ist hinsichtlich Parameterveränderungen und Energieumsatz in Abb.5.1a ersichtlich. Das Ansaugen von Luft aus der Umgebung infolge der durch den Verdichter geschaffenen *Unterdruckzone* ist ein Beschleunigungsvorgang zwischen den Ebenen 0 und 2, erkennbar an Abfall von statischem Druck und Zunahme der Strömungsgeschwindigkeit. Dieser Saugbetrieb ist ein Arbeitszustand, für den die Einlaufkontur am Flugzeug eigentlich nicht vorgesehen ist.

Gasdynamisch wäre dafür eine Düsenkontur, d.h. Querschnittsverringerung erforderlich, obwohl demgegenüber die Auslegung für den Flug als Diffusor erfolgt. Beiden Extremzuständen (Ansaug- und Überdruckbetrieb) wäre durch ein und denselben Einlauf nur mittels hochgradig variabler Geometrie zu entsprechen. Das aber widerspräche dem einfachen konstruktiven Aufbau.

Diese Widersprüchlichkeit führt beim Ansaugen zur Verengung (*Trichterbildung*) der freien Stromröhre, zu *Abrißzonen* an den Einlaufkanten und damit zu Distorsion. Unter thermodynamischem Aspekt ergeben sich beträchtliche Irreversibilitäten, ersichtlich am Entropiezuwachs sowie ungünstigem Druckerhaltungskoeffizienten[4]. Im Startstandbetrieb ist $\sigma_{EL} = 0,85 \ldots 0,96$, wächst aber mit der Roll- bzw. Fluggeschwindigkeit an. Infolge verschlechtertem Arbeitsprozeß und kleinerem Luftmassenstrom entwickelt das ansaugende TL geringere Schubkraft als unter Standardbedingungen, wodurch die Charakteristik für Start und beginnenden Steigflug ungünstiger ist.

[4] Sehr gut mit der Praxis übereinstimmende Resultate des Druckrückgewinns von Überschall-Einlaufdiffusoren bei Startstandbetrieb sowie Unterschallanströmung liefert die Arbeit von Söffker, E.; Renner, A.: Ansaugverluste bei scharflippigen Lufteinlässen. DLR Forschungsbericht 65-26, 1965

Außer dem Druck sinkt beim Saugbetrieb auch die statische Temperatur der Luft. Dadurch besteht schon oberhalb der 0°C-Grenze und großer Luftfeuchtigkeit die Gefahr von ***Eisansatz*** im Einlauf. Abbrechende Eisteilchen sind ein Gefahrenzustand infolge ***Fremdkörpereinflug*** in den Verdichter. Dieselbe Gefahr besteht beim Mitreißen jeglicher Festkörper, angefangen mit den feinsten Sandkörnern bis hin zu größeren Gegenständen, im Strömungssog.

Sie besteht wegen des ***Vogeleinflugs*** auch in der Luft. Beim Auftreffen eines Fremdkörpers mit bestimmter Masse im Reiseflug wird beträchtliche kinetische Energie umgesetzt. Ihre zerstörerische Wirkung vor allem an der Laufbeschaufelung des Verdichters bzw. Fans kann der eines Geschosses entsprechen. Zur Sicherheit sind derartige „Vogelaufschlagtests" mit Vergleichskörpern bereits während der Erprobung durchzuführen und durch die Beschaufelung zu bestehen.

Die **Stauverdichtung** im Unterschall-Auslegungsflugzustand ist der vorgesehene Arbeitsbereich des Einlaufdiffusors nach Abb.5.1b. Sie beginnt, wenn nach dem Start bei Beschleunigung des Flugzeuges die Näherungsbedingung $v = c_2$ erreicht ist und überschritten wird. Dabei sind bekanntlich zwei Phasen, nämlich der Aufstau in der freien Stromröhre und die Fortsetzung im Einlaufkanal selbst zu unterscheiden. Nach [140] wird dabei die Bedingung $c_1 = \frac{1}{2}v$ als optimal angesehen.

Das bedeutet, daß schon vor dem Eintrittsquerschnitt 75 % der kinetischen Energie ohne Kontakt mit Wandungen, also quasi isentrop umgewandelt werden und nur noch ein kleinerer Rest für das Innere des Einlaufs verbleibt. Das zeigt das Entropieverhalten wie auch der Parameterverlauf in Abb.5.1b. Darin ist (ebenso wie in Abb.5.1a) der konstante Verlauf des Totaldruckes p_t in der freien Stromröhre dargestellt, welcher beginnend mit Ebene 1 infolge Wandberührung absinkt. Für gutausgeführte Unterschalleinläufe beträgt der Druckerhaltungskoeffizient $\sigma_{EL} = 0,98 \ldots 0,998$ im Auslegungsflugzustand, während der äußere Widerstand mit $5 \ldots 10$ % verhältnismäßig klein ist. Mit diesen Einlaufparametern können TL von Verkehrsflugzeugen im Reiseflugregime wirtschaftlich betrieben werden.

Mit dem Eindringen in den **Transschallbereich**, spätestens beim Überschreiten des Flugzustands für $M = 1$, bildet sich vor dem Unterschall-Einlaufdiffusor (s.Abb.5.1c) ein zunächst schwacher *senkrechter Verdichtungsstoß* aus. Letzterer bewirkt, wie schon in Kap.3.4 dargestellt, Parametersprünge hinsichtlich des Anstiegs von p und T sowie Strömungsabbremsung in den Unterschallbereich. Somit erfolgt nach dem Stoß, beginnend mit der erweiterten Stromröhre, ebenfalls Unterschallanströmung, trotz $M > 1$ als Flugzustand. Der hier beträchtlich angestiegene aerodynamische Widerstand ist durch spitzer zulaufende Eintrittskanten relativ klein zu halten.

Im Transschallbereich ist der Stoß vor dem Einlauf nur schwach ausgeprägt, so daß Irreversibilitäten und Totaldruckverlust noch unbedeutend sind. Für den senkrechten Stoß allein werden $\sigma = 0,98$ $(M = 1,3)$ bzw. $\sigma = 0,93$ $(M = 1,5)$, d.h. 2 bzw. 7 % als Druckabfall zusätzlich zu den Unterschallverlusten, ausgewiesen. Damit können TL von Militärflugzeugen im genannten M-Zahlbereich noch gut arbeiten.

Der M-Zahlbereich läßt sich für Unterschalleinläufe zusätzlich erweitern, wenn es gelingt, mittels vornliegender Zellestörkanten einen zusätzlichen *schrägen Verdichtungsstoß* vor den schon vorhandenen senkrechten zu legen. Dabei wird ein intensiverer Einzelstoß in ein System mit zwei schwächeren aufgeteilt. *Mehrstoßsysteme* wurden bereits in Kap.3.4 wegen kleinerer Totaldruckverluste als vorteilhaft dargestellt. Unter realen Flugbedingungen ist es allerdings schwierig, den Schrägstoß optimal zu lokalisieren und insgesamt akzeptable Kennwerte zu verwirklichen.

Der **Überschall-Einlaufdiffusor** nach Abb.5.1d ist die konsequente Antwort zur besseren Lösung der genannten Probleme, vor allem für Flüge mit wesentlich größeren M-Zahlen. Wiederholte Störung der Überschallströmung mit Richtungsänderung, hervorgerufen durch sinnvoll aufeinander abgestimmte Kanten und Knicke, ermöglicht

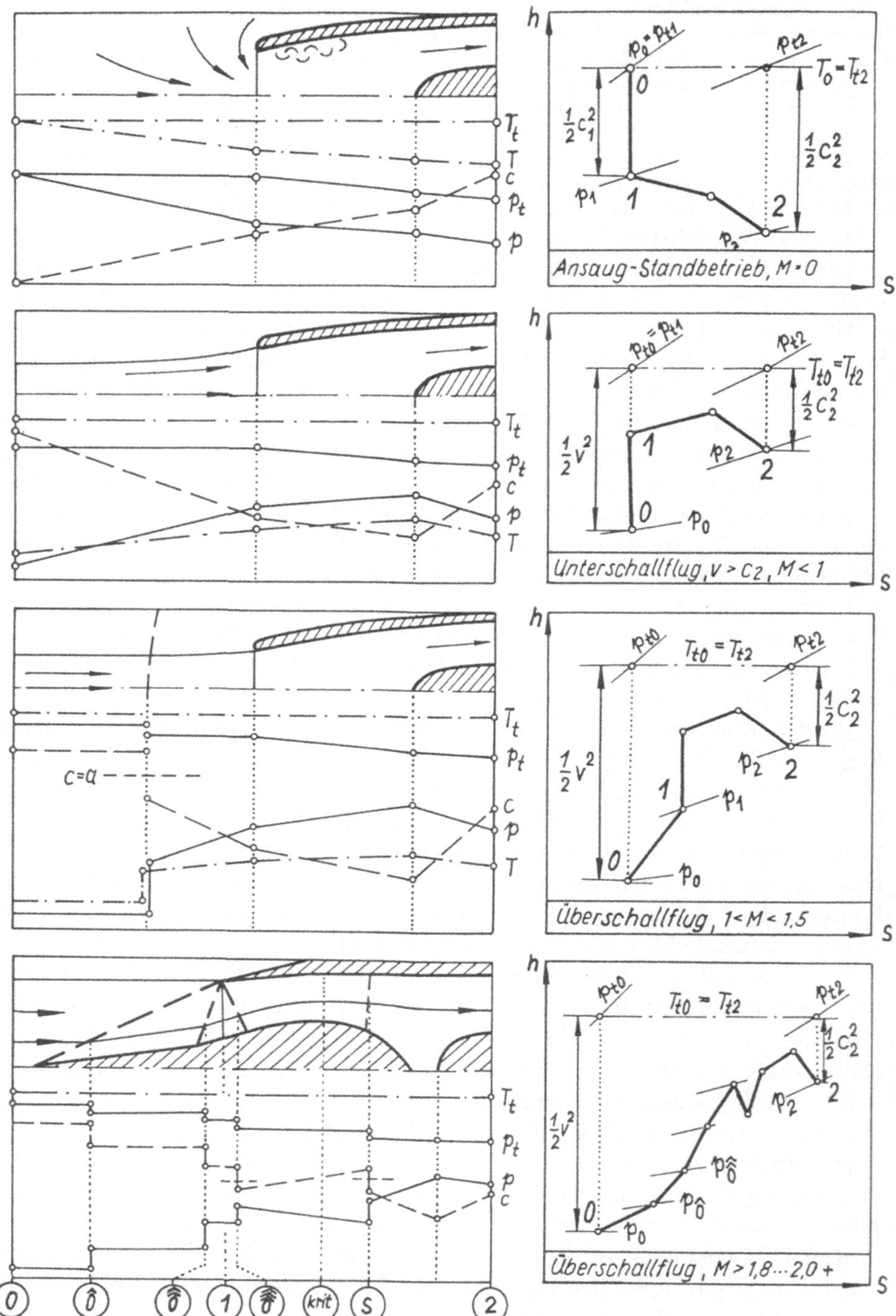

Abb. 5.1: Parameterverlauf, Energieumsatz und Gestaltung von Einlaufdiffusoren bei Anströmung mit unterschiedlich großer M-Zahl im Unterschall- und Überschallbereich

die Schaffung eines optimalen Systems von mehreren (meist $z = 3 \ldots 5$) Verdichtungsstößen. Abhängig von der Anzahl der Stöße erfolgt dabei mehrmals die sprungartige Energieumwandlung auf immer kleinere M-Zahl, bis hinter dem (senkrechten) Außenstoß Unterschallströmung vorliegt. Diese Schlüsse zogen erstmalig OSWATITSCH und BUSEMANN um 1940 an Modellen derartiger *Mehrstoßdiffusoren.*

Damit Stoßabbremsung mit größtmöglichem Druckerhaltungskoeffizienten des Gesamtsystems vorliegt, ist jedem Einzelstoß nur begrenzte Teilverzögerung auf eine bestimmte M-Zahl hinter ihm zuzuweisen. Nach [140] sind bei Anströmung mit $M = 2,5$ und dem Dreistoßsystem in Abb.5.1d die optimalen M-Zahlen hinter dem jeweiligen Stoß: 1,95; 1,36 und 0,76. Unter denselben Bedingungen sind das für ein Vierstoßsystem nach Abb.5.2 die M-Zahlwerte: 2,10; 1,69; 1,25 und 0,81. Je größer die Anzahl der Stöße ist, um so feiner sind die M-Zahlabstufungen, um so geringer sind Irreversibilitäten und Druckverluste. Der ideale Extremfall wäre ein System mit unendlich vielen Stößen außerordentlich geringer Intensität bei isentroper Druckerhöhung. Dies ist aber als Gesamtprozeß nur schwer zu verwirklichen, bzw. unter realen Flugbedingungen aufrechtzuerhalten.

In der Praxis haben sich Diffusoren mit o.g. Anzahl von Stößen durchgesetzt, welche bei Flugzuständen von $M = 2,0 \ldots 2,2$ nur verhältnismäßig kleine Druckverluste im Stoßsystem von $6 \ldots 8$ % aufweisen. Verluste im Innern des Einlaufs sind dabei zusätzlich zu berücksichtigen. Anzahl, Art und Lage der Verdichtungsstöße sind maßgebend für die gasdynamischen Vorgänge und die Kennwerte des Diffusors. Ein Stoß entsteht an einer Störquelle, ist abhängig von der M-Zahl in der Strömung geneigt und trifft bei erwünschtem Idealströmungszustand auf die gegenüberliegende Eintrittskante nach Abb.5.1d. Dort treffen zugleich alle Stöße *fokusartig* zusammen. Die Aufrechterhaltung dieses oder zumindest eines dem angenäherten Strömungsbildes im vorgesehenen M-Zahlbereich gelingt nur mit *geregelter variabler Geometrie.* Nach Passieren des (äußeren) Stoßsystems liegt im Innern des Einlaufkanals (zunächst) Unterschallströmung vor. Die verschiedenen Arten als auch die nicht einfachen Strömungsvorgänge vor und hinter dem Eintrittsquerschnitt dieser Stoßdiffusoren werden anschließend näher analysiert.

5.4 Arten und Gestaltung von Überschall-Einlaufdiffusoren

Nach unterschiedlichen Gesichtspunkten sind mehrere Arten von Überschalleinläufen zu unterscheiden. Durch das Studium verschiedener Ausführungsformen werden die Probleme und ihre Lösungsmöglichkeiten sichtbar. Die sicher wichtigste Einteilung ist die nach der **Lage des Stoßsystems** in bezug auf den Eintrittsquerschnitt. Danach ergeben sich die Varianten für äußere, gemischte und innere Anordnung.

Einlaufdiffusoren mit *äußerer Stoßlage* nach Abb.5.2a sind hinsichtlich ihrer Verstellmechanismen verhältnismäßig leicht auszuführen, und ihr Stoßsystem ist auch bei Störungen beherrschbar. Das zur Peripherie hin offene Stoßsystem gewährleistet einfachen Ausgleich bzw. schnelles Abklingen von auftretenden Störungen. Sie verursachen die geringsten Probleme im praktischen Betrieb und werden deshalb trotz ihrer nicht günstigen Kennwerte (großer Stirnquerschnitt, großer äußerer Widerstand, große verlustreiche Strömungsablenkung, schlechtes Massenstromverhältnis) fast ausschließlich verwendet. Wenn nicht anders betont, beziehen sich alle Betrachtungen von Überschalleinläufen weiter unten stets auf Ausführungen mit *äußerem Stoßsystem.*

Bei einem Stoßsystem mit *gemischter*, d.h. mit sowohl äußerer als auch innerer Stoßlage (s.Abb.5.2b, c und d) sind die o.g. Nachteile des Einlaufdiffusors abgeschwächt, aber seine Vorzüge, z.B. die kleineren äußeren Widerstandes durchaus nutzbar. Die drei Darstellungen zeigen in der ersichtlichen Reihenfolge die Bestrebung, die einzelnen

Stöße zunehmend von außen nach innen zu verlagern. Damit ergeben sich auch geringere Stromablenkungen sowie kleinere Abmessungen hinsichtlich Einlaufquerschnitt und Baulänge. Für künftige Überschallflugzeuge mit erhöhten Anforderungen an ihre Einlaufdiffusoren ergeben sich hier Chancen zu vorteilhafter Anwendung.

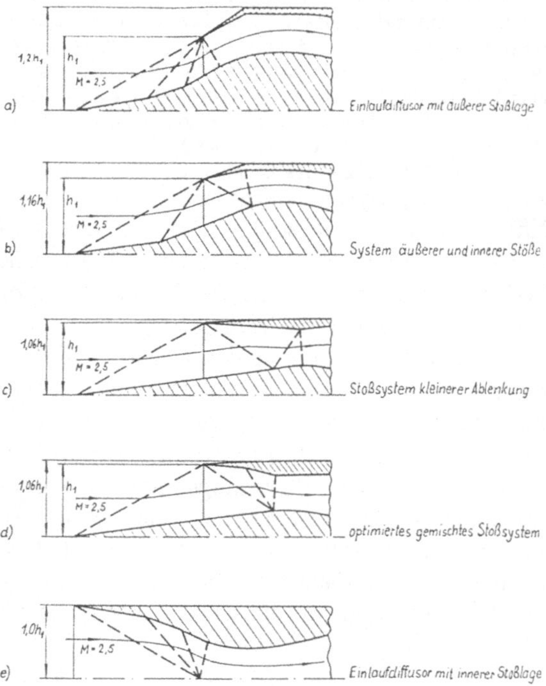

Abb. 5.2: Überschalleinläufe mit verschieden angeordneten Stoßsystemen

Einlaufdiffusoren mit *innerer Lage* des Stoßsystems nach Abb.5.2e bestehen aus einem sich verengenden Kanal mit darin ausgebildetem Stoßsystem und anschließendem Unterschalldiffusor. Der Vorteil innerer Stoßlage besteht in kleinsten Abmessungen und geringstem äußeren Widerstand wegen der parallel verlaufenden Außenverkleidung. Gegenwärtig unlösbare Probleme ergeben sich aber aus dem komplizierten Stoßsystem mit Grenzschichtablösungen und Lageänderungen, der konstruktiv schwer ausführbaren variablen Geometrie sowie dem z.Z. technisch nicht beherrschbaren Anfahrvorgang bis zum stabilen Überschallbetrieb. Deshalb ist ihre Anwendung fraglich.

Nach **Aufbau** und **variabler Geometrie** sind axialsymmetrische und ebene Bauarten zu unterscheiden. Im Längsschnitt sind die Strömungskanäle beider grundsätzlich gleich, was auch die gasdynamischen Vorgänge betrifft. Der Unterschied besteht darin, daß die Strömung bei *axialsymmetrischer* Ausführung (Abb.5.3a) einer dreidimensionalen Änderung unterliegt, während sie bei der *ebenen* Bauart (Abb.5.3b) von den Randzonen abgesehen zweidimensional, d.h. geometrisch einfacher ist.

Der axialsymmetrische Störkörper ist ein *Kegel* (*Konus*), als Funktionsorgan der variablen Geometrie zum Anströmring oft durch Regelung axial verschiebbar angeordnet. Als ebener Störkörper existiert ein feststehender *Keil*, dessen Strömungsoberfläche zur Regelung in bewegliche Klappen (*Rampen*) übergeht. Diese Keil-Rampen-Anordnung kann vertikale oder neuerdings horizontale Lage aufweisen. Beide Störkörperausführungen gewährleisten einerseits die optimale Lage des Stoßsystems und zugleich auch die erforderliche Größe des engsten (kritischen) Kanalquerschnittes. Letzteren betreffend ist der Regelbereich als Vorteil ebener Einläufe um ein Mehrfaches größer.

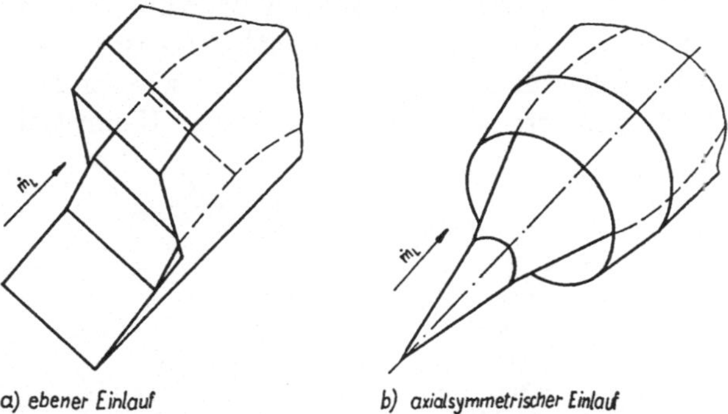

Abb. 5.3: Überschalleinläufe, axialsymmetrisch (rechts) und eben (links) ausgeführt

Bei ihrer **Installation** in der Zelle sind vornliegende und seitliche Einläufe zu unterscheiden. Die *vornliegenden* erzeugen geringen Widerstand, sind aber empfindlich bei Änderung der Anströmrichtung und füllen einen Teil des Rumpfvolumens aus. Diese Nachteile umgehen die *seitlichen* Einläufe. Letztere sind weniger richtungsempfindlich, benötigen weniger an Rumpfvolumen, vergrößern aber den Stirnwiderstand, und sie arbeiten gewöhnlich mit äußerlich (durch Zellebauteile) und innerlich (infolge gekrümmter Schächte) gestörter Strömung, d.h. bei größerer Distorsion.

Vornliegende axialsymmetrische Einlaufdiffusoren wurden bei den ersten Flugzeugen für $M = 2$ eingesetzt (MiG-21, SU-7, „Lightning"). Mit Zunahme der Ausrüstung ging man zu seitlichen Einläufen (F102, F104, F111, „Mirage") über. Dies führte um 1960 zu den seitlichen ebenen Diffusoren mit vertikalem Keil (F106, F4, F5, MiG-23). Neue Flugzeuge (F15, F16, „Tornado", MiG-25, MiG-29, Eurofighter), haben seitliche bzw. untere ebene Einläufe mit oberer horizontaler Keillage nach Abb.5.16.

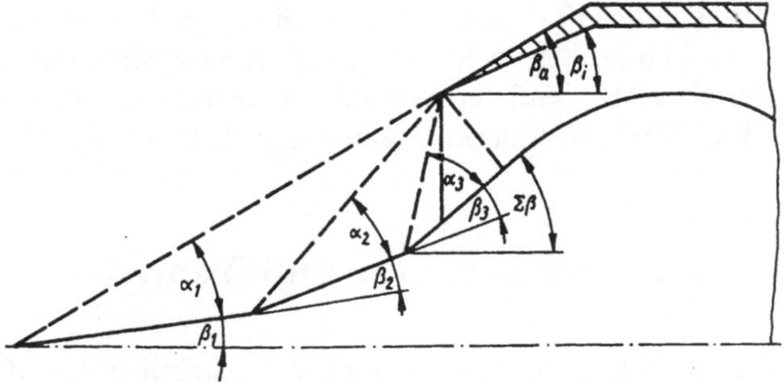

Abb. 5.4: Winkelabmessungen eines Überschalleinlaufs mit äußerem Stoßsystem

In den Abb.5.2a bis e wird die Formgebung der Einläufe für die auszubildenden Überschallzonen in bezug auf Längen, Winkel und Querschnitte verdeutlicht. Die gasdynamischen Vorgänge basieren bei vorgegebener M-Zahl auf diesen Abmessungen. Dazu zeigt Abb.5.4 die Winkel von Störkörper und Strömungsablenkung bei äußerer Stoßlage.

Aus den Störkörperwinkeln β ergeben sich quantitativ nach dem Stoßpolarendiagramm von BUSEMANN die Winkel α der Verdichtungsstöße. Die optimale Ausbildung letzterer nach ihrer Intensität hat den größten Druckerhaltungskoeffizienten des Stoßsystems σ_z zur Folge. Aus Abb.5.4 geht weiterhin hervor, daß bei größerer Anzahl äußerer, insbesondere intensiver Stöße (also letztlich bei höherer M-Zahl) eine immer größere Strömungsablenkung gegenüber der Anströmrichtung erfolgt. Sie ist bei axialsymmetrischen Einläufen unerwünscht größer als bei ebenen. Zusätzlich schaffen hier bekanntlich gemischte Stoßsysteme durch geringere Ablenkung und bessere Kennwerte Abhilfe.

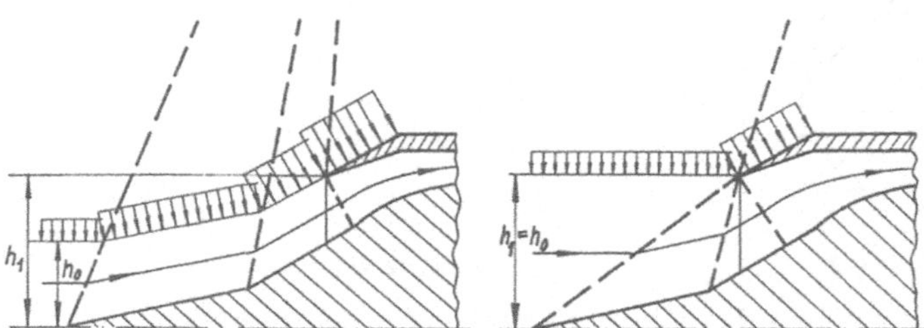

Abb. 5.5: Zusätzlicher äußerer Widerstand infolge erweiterter Stromröhre bei nicht anliegenden Stößen (links) gegenüber dem Zustand der optimalen Stoßlage (rechts)

Für die Bündelung aller (äußeren) Stöße an der Eintrittskante ist maximaler Luftmassenstrom und zugleich kleinster äußerer Widerstand gewährleistet. Ist andererseits die Fokussionsbedingung nicht erfüllt, dann tritt, wie im Falle von Abb.5.5 (links) infolge zu weit vornliegender Stöße die erweiterte Stromröhre mit zusätzlichem äußeren Widerstand und kleinerem Luftmassenstrom ein. Den gasdynamischen Vorgängen entsprechende Formgebung sowie geregelte variable Geometrie schaffen so die Voraussetzung für die ordnungsgemäße Arbeit des Einlaufs im geforderten M-Zahlbereich.

Abschließend dazu ist festzustellen, daß hinsichtlich verwendeter Art und Design von Überschall-Einlaufdiffusoren immer höhere Anforderungen gestellt werden. Als perspektivreich erweisen sich dabei Systeme mit größerer Anzahl von Verdichtungsstößen, Verlagerung eines Teils der Stöße in das Einlaufinnere sowie die ebene Bauart, installiert an der Flugzeugunterseite. Dabei bildet der nach vorn gezogene Keil mit seiner Oberfläche in horiontaler Position die obere Einlaufbegrenzung. Der ansteigende statische Druck auf den so angeordneten Keil-Rampen-Flächen ergänzt den Auftrieb des Tragflügels.

5.5 Arbeitsweise von Überschall-Einlaufdiffusoren

Ein stabil arbeitender Einlaufdiffusor nach Abb.5.6 weist hinsichtlich der M-Zahl vier verschiedene Zonen auf. Begonnen wird mit der bekannten *äußeren Überschallzone*, gekennzeichnet durch das Stoßsystem mit Abbremsung bis auf $M < 1$ nach dem senkrechten Stoß. In der *vorderen Unterschallzone* wird durch Kanalverengung bis zum kritischen Querschnitt wieder auf $M = 1$ beschleunigt. Daran anschließend erfolgt in der *inneren Überschallzone* die weitere Beschleunigung auf $M > 1$, welche erst durch den Innenstoß „S" im Kanal abgeschlossen wird. Nach der Verzögerung in „S" liegt als *hintere Unterschallzone* die Strömung mit $M < 1$ bis zur Ebene 2 vor.

Bei Anordnung dieser Zonen mit schwach ausgeprägtem Innenstoß „S" ist die Arbeit des Einlaufdiffusors bei insgesamt günstigen Kennwerten gewährleistet. Die axiale Lage von „S" hängt ab von den Druck- und Strömungsverhältnissen. Sinkt der (statische) Druck p_2 infolge großer Drehzahl des Verdichters, so wandert „S" in Richtung der Ebene 2. Dabei wird die innere Überschallzone verlängert, die M-Zahl darin vergrößert und „S" intensiviert. Umgekehrt wandert bei ansteigendem Druck p_2 der Stoß „S" immer schwächer werdend nach vorn zum kritischen Querschnitt. Hierbei wird die innere Überschallzone verkürzt, und eine Beschleunigung unterbleibt u.U. in diesem Bereich.

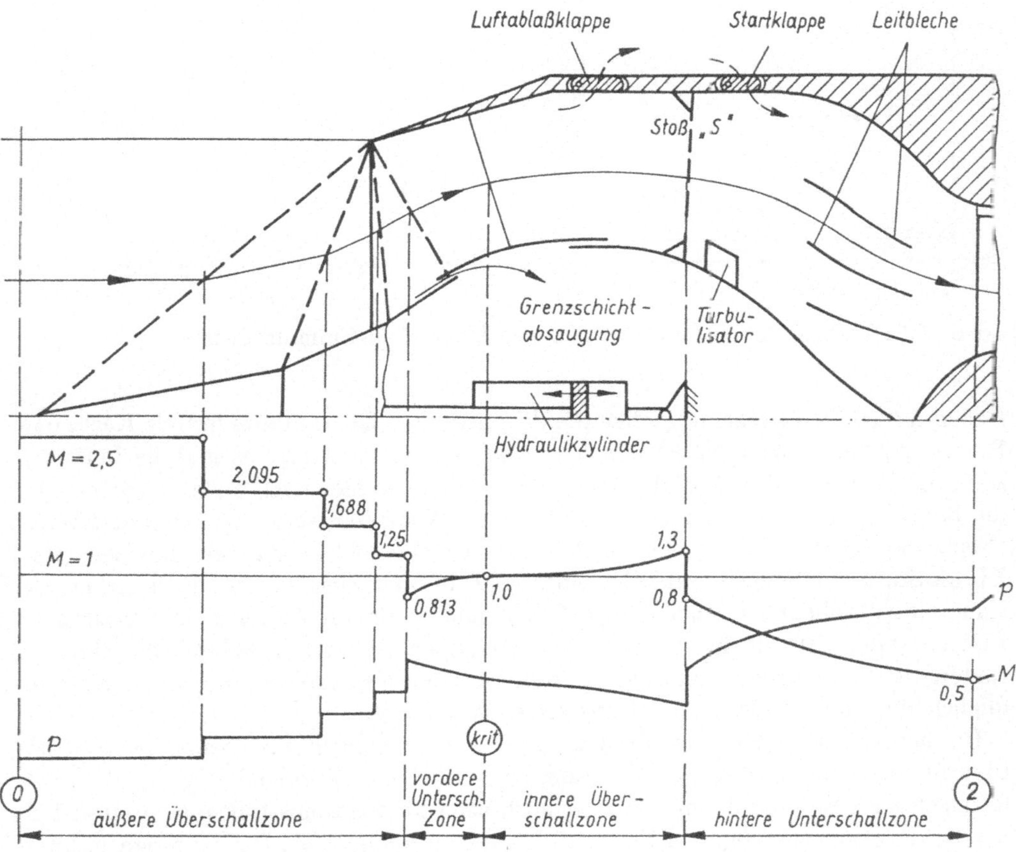

Abb. 5.6: Zur Arbeitsweise des axialsymmetrischen Überschall-Einlaufdiffusors

Die beschriebene „S"-Verschiebung ermöglicht die gasdynamische *Selbstregelung* als Abstimmung des Massenstroms zwischen Einlauf und Verdichter. Störungfortpflanzungen in Überschallzonen sind bekanntlich gegen die Strömungsrichtung nicht möglich. Damit übernimmt die hier vorliegende innere Überschallzone eine gasdynamische „Isolierung" und gewährleistet so die Stabilität von Verdichter einerseits und Außenstoßsystem andererseits bei kleinen Störungen. Denkbar sind auch Diffusoren ohne innere Überschallzone, dann allerdings bei kleinerer gasdynamischer Stabilität.

Aus den Abb.5.6 und 5.7 geht neben dem Aufbau vor allem die **variable Geometrie** axialsymmetrischer und ebener Einlaufdiffusoren hervor. Die erwünschte Lage des Außenstoßsystems ist dargestellt. Zur Aufrechterhaltung des Zusammentreffens möglichst aller Stöße an der Einlaufkante sind, z.B. bei M-Zahlvergrößerung, wo die Stöße sich weiter anlegen, *Kegel* bzw. *Keilrampe* geregelt auszufahren. Das bedeutet zugleich für die Innenströmung die Verringerung des kritischen Querschnitts, also das Bestreben, den Massenstrom im Kanal nach dem Erfordernis des Verdichters (Bläsers) zu regeln.

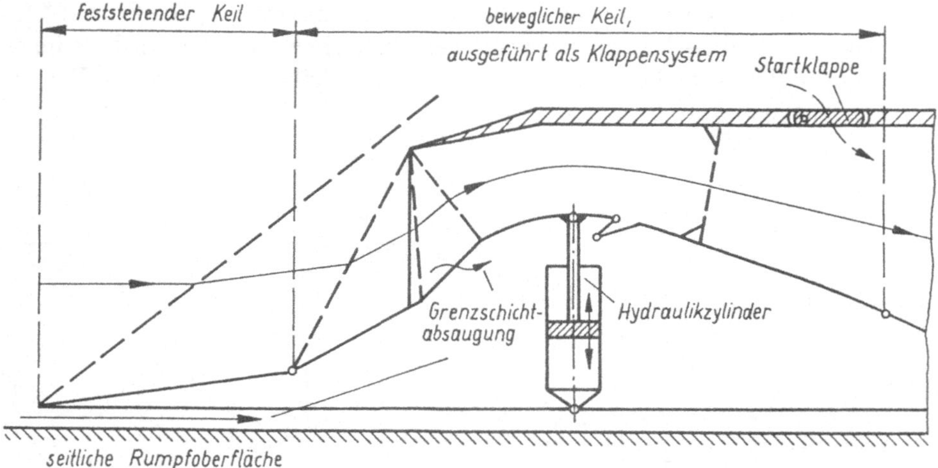

Abb. 5.7: Variable Geometrie eines ebenen Überschall-Einlaufdiffusors

Neben diesen Hauptregelmöglichkeiten des kritischen Querschnitts mittels Kegel bzw. Rampe existieren zusätzliche Maßnahmen variabler Geometrie. Das sind die ***Luftablaßklappen***, die bei großer M-Zahl überschüssige Luft wieder nach außen abgeben, d.h. die Regelung zur A_{krit}-Verkleinerung ergänzen. Außerdem sind das ***Lufteinlaßklappen*** (*Startklappen, Startfenster, Blow-in Doors*). Sie stellen den sehr großen Luftbedarf des TL im Startstandbetrieb und bei kleiner M-Zahl über Zusatzquerschnitte sicher. Der Haupteintritt allein ist dazu infolge Größe und Strömungsabrissen an den scharfen Einlaufkanten nicht in der Lage. Lufteinlaßklappen verbessern dadurch die Startcharakteristik. Sie limitieren zugleich ein zu tiefes Unterdruckniveau im Einlaufkanal und folglich eine zu große Druckbelastung seiner Wandungen.

Erscheinungen der **Grenzschicht** an den Kanalwandungen sind ebenfalls von Bedeutung für die Arbeitsweise. Ihre Neigung zu Verdickung, Wirbelbildung und Wandablösungen nach Störeinflüssen, darunter auch nach Verdichtungsstößen, sind einschließlich der Folgeerscheinungen in Einlaufdiffusoren zu minimieren. Das ist möglich durch:

- Verhinderung einer ausgeprägten Grenzschicht bei ebener Bauart des Einlaufs, durch geringe Stromablenkung mittels schwacher Stöße sowie Leitblecheinbau zur Glättung des Luftstromes;
- Absaugen bzw. Wegleiten ausgebildeder Grenzschicht aus dem Hauptluftstrom über Kanäle, Bohrungen (Perforation), Spalte und Schlitze, dabei meist kombiniert mit variabler Geometrie;
- Beeinflussung von entstandener Grenzschicht durch Ausstatten mit verhältnismäßig günstigen Eigenschaften, wie der Umschlag in turbulente Strömung oder geringe örtliche Beschleunigung.

Viele Details von Einläufen berücksichtigen die Existenz der Grenzschicht. Dadurch sind Strömungsprobleme, insbesondere Erscheinungen von Strömungsablösung und Instabilität, erst beherrschbar. Maßnahmen hinsichtlich der Grenzschicht zeigen zumeist auch wesentliche Auswirkungen zur gewünschten Beeinflussung der Distorsion.

Der Energieumsatz ist nun für den Überschall-Einlaufdiffusor nach Kenntnis seiner Arbeitsweise und seines Stoßsystems zu präzisieren. Jeder Verdichtungsstoß verursacht einen Abfall an totalem Druck. Folglich ist der Druckverlust des gesamten Außenstoßsystems σ_z gleich dem Produkt der Einzelverluste. Die Veränderung von σ_z ist abhängig von M-Zahl und Anzahl der Stöße z in Abb.5.8 (unten) ersichtlich. Am schlechtesten schneidet dabei der Einzelstoß ($z = 1$) mit unakzeptablen Verlusten bei großer M-Zahl ab. Demgegenüber würde das isentrope Vielstoßsystem ($z = \infty$), gelänge seine Realisierung, verlustlos bei Höchstbeträgen der Kennwerte arbeiten. Im Korridor zwischen diesen beiden Extremen befindet sich das mit endlicher Stoßzahl ausgebildete System.

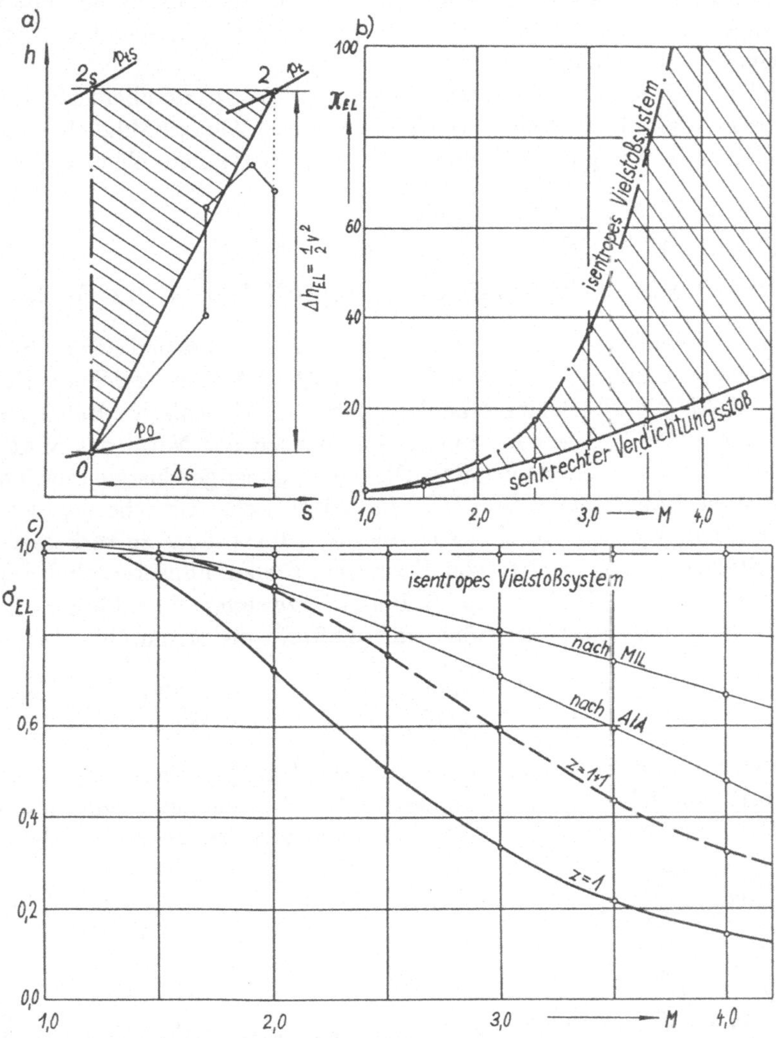

Abb. 5.8: Beträge von Druckverhältnis Π_{EL} und Druckerhaltungskoeffizient σ_{EL} des Überschall-Einlaufdiffusors für verschiedene Stoßsysteme und Überschlagsrechnungen

Nach Passieren des Stoßsystems bewirken weitere Effekte die Minderung des Totaldruckes überschlägig um 5 ... 10 % : ungünstiges Grenzschichtverhalten infolge schlecht eingeregelten kritischen Querschnitts σ_{krit}, Verluste des Innenstoßes „S" mit σ_S und schließlich Reibungsverluste an den Wandungen mit σ_R. Das Produkt der einzelnen Druckerhaltungskoeffizienten ergibt den Gesamtwert für σ_{EL} des Einlaufs. Somit ist:

$$\sigma_{EL} = \sigma_z \, \sigma_{krit} \, \sigma_S \, \sigma_R \tag{5.12}$$

$$\sigma_{EL} = (0,90...0,95) \, \sigma_z \tag{5.13}$$

Die Irreversibilitäten des Überschall-Einlaufdiffusors sind nach (5.12) und (5.13) größer als bei Unterschallanströmung. Diese Problematik ist bis etwa $M = 1,5$ unbedeutend, aber bei höherer M-Zahl können nach Abb.5.8 große Verluste auftreten, welche nur durch Mehrstoßsysteme und optimale Regelung zu minimieren sind. Jenseits von $M = 1,8 \ldots 2,0$ sind Schubeffektivität, erreichbare M-Zahl und Wirtschaftlichkeit u.a. eine Frage der Qualität des Stoßdiffusors.

Meist sind die Einzelbestandteile von (5.12) und (5.13) nur überschlägig bekannt. Eine Berechnung danach ist deshalb wenig zuverlässig. Weitere Möglichkeiten zur angenäherten Quantifizierung der Abhängigkeit $\sigma_{EL} = f(M)$ sind folgende Gleichungen:

$$\sigma_{EL} = 1 - 0,075(M-1)^{1,35} \quad \text{für} \quad 1 < M < 5 \tag{5.14}$$

$$\sigma_{EL} = 1 - 0,1(M-1)^{1,5} \quad \text{für} \quad M > 1,5 \tag{5.15}$$

$$\sigma_{EL} = 0,97 - 0,0224(M-1)^2 - 0,1456(M-1)^3 + 0,0863(M-1)^4 - 0,0143(M-1)^5 \tag{5.16}$$

Ausdruck (5.14) entspricht dem USA-Standard MIL-E-5008 B und liefert die höchsten σ_{EL}-Werte, entsprechend der obersten Kurve in Abb.5.8. Die Beziehung (5.15) nach der USA-Norm AIA[5] ergibt kleinere Zahlenwerte. Ähnlich schlechte Beträge wie beim Stoßsystem mit $z = 1 + 1$ werden mittels (5.16) nach der Norm des MAI[6] berechnet (in Abb.5.8 nicht mit eingezeichnet). Die wenig günstige Energieumwandlung der hier vorgestellten Stoßsysteme reicht u.U. für militärische Antriebe aus, ist aber für Überschall-Verkehrsflugzeuge durch Mehr- oder Vielstoßsysteme zu verbessern.

Wichtige Strömungsquerschnitte von Überschall-Einlaufdiffusoren sind die Ebenen mit den Bezeichnungen 0, 1, „krit" und 2. Bei unverzweigtem Kanal ergibt die Gleichsetzung der jeweiligen Luftmassenströme mit (3.28) für die Stromröhre den Ausdruck:

$$\frac{A_0 \alpha_0 p_{t0} K_\alpha}{\sqrt{T_{t0}}} = \frac{A_1 \alpha_1 p_{t1} K_\alpha}{\sqrt{T_{t1}}} = \frac{A_{krit} \alpha_{krit} p_{tkrit} K_\alpha}{\sqrt{T_{tkrit}}} = \frac{A_2 \alpha_2 p_{t2} K_\alpha}{\sqrt{T_{t2}}} \tag{5.17}$$

Mit bekannten Strömungsparametern und vorliegendem Querschnitt A_2 im Verdichter sind nach (5.17) die fehlenden Einlaufquerschnitte bestimmbar. Dazu sind außer der Beziehung $T_t = const$ weitere o.g. Festlegungen heranzuziehen. Damit gilt als Näherung:

$$A_1 = A_2 \frac{\alpha_2}{\alpha_1} \frac{\sigma_{EL}}{\sigma_z} \tag{5.18}$$

$$A_{krit} = A_2 \, \alpha_2 \, \frac{\sigma_{EL}}{\sigma_z} \tag{5.19}$$

Zur Auslegung eines Überschall-Einlaufdiffusors nach (5.18) und (5.19) ist nicht nur der Luftbedarf des TL selbst, sondern auch der aller zusätzlich erforderlichen Massenströme zu berücksichtigen. Unabhängig von dieser Theoriebetrachtung gelten die Beträge von A_1 und A_{krit} stets nur für einen bestimmten Flug- bzw. Betriebszustand. Sie sind bei höheren Anforderungen für geänderte Bedingungen bei großer M-Zahl mit variabler Geometrie nach dem Sachverhalt der Kennlinien einzuregeln.

[5] AIA: Aircraft Industries Association

[6] MAI: Moskowski Aviazionny Institut

5.6 Kennlinien und Regelung von Überschall-Einlaufdiffusoren

Unter dem Problemkreis der Kennlinien sind Untersuchungen zur Veränderung von Parametern bei abweichenden Betriebsbedingungen zu verstehen. Für Einlaufdiffusoren existieren *äußere Bedingungen* in Gestalt von M-Zahl, Totaltemperatur und Anstellwinkel, als *innere Bedingungen* Drehzahl und Durchsatzvermögen des Verdichters. Voraussetzung für die Untersuchungen ist, daß zur Ermittlung der „unverfälschten“ Kennlinien keine variable Geometrie betätigt wird.

Von der **Drosselkennlinie** des Einlaufs wird bei gleichbleibenden Außenbedingungen und sich änderndem Drosselzustand[7] des Verdichters (Bläsers) gesprochen. Die hierfür maßgebende *reduzierte Drehzahl* entspricht dabei infolge $T_{t2} = const$ der *kinematischen Drehzahl* des Verdichters. Ausgangspunkt zur Untersuchung der Drosselkennlinie ist der *kritische Strömungszustand* entsprechend Punkt K in Abb.5.10, welcher unterhalb der Höchstdrehzahl vorliegen möge. Gekennzeichnet ist er durch das an der Einlaufkannte fokussierende Stoßsystem und die (noch) nicht ausgeprägte innere Überschallzone, wodurch der Innenstoß „S“ fehlt. Dabei sind die Kennwerte in Abb.5.10: Größtes Flächenverhältnis α_{EL}, kleinster äußerer Widerstandsbeiwert c_{EL} und großer (in der Regel nicht allergrößter) Druckerhaltungskoeffizient σ_{EL}.

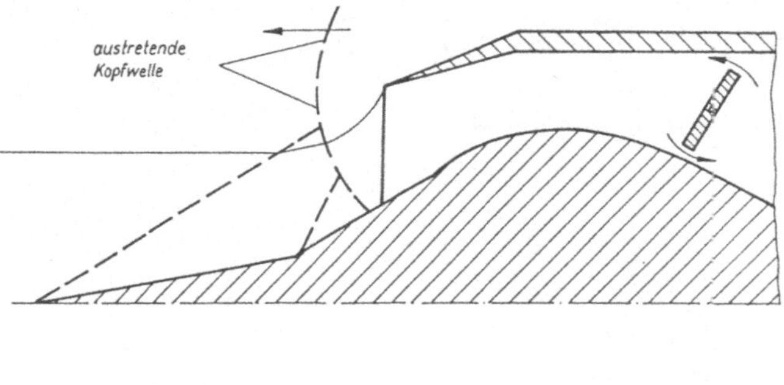

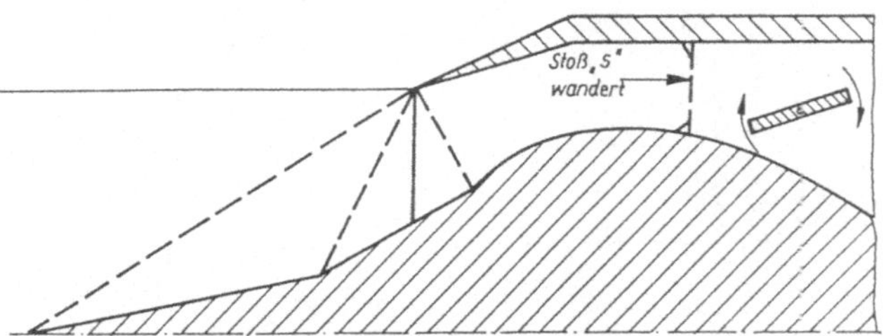

Abb. 5.9: Unterkritischer (oben) und überkritischer Strömungszustand (unten)

Hiervon ausgehend tritt bei Drehzahlverkleinerung der *unterkritische Strömungszustand* ein, symbolisiert durch das weitere Schließen der „Drosselklappe“ in Abb.5.9 (oben). Infolge Luftüberschuß und ansteigendem Druck p_2 sinkt das Durchsatzvermögen der vorderen Unterschallzone. Die Folge ist der Austritt einer *Kopfwelle* als intensiver Stoß, das bisherige Stoßsystem zerstörend. Das Ergebnis ist eine Kennwertverschlechterung

[7]Gedanklich läßt sich der Drosselzustand des Verdichters anschaulich durch eine (praktisch allerdings nicht vorhandene) mehr oder weniger weit geöffnete „Drosselklappe“ nach Abb.5.9 darstellen.

nach Abb.5.10. Eine Ausnahme ist zunächst σ_{EL}, wo noch ein kleiner Anstieg, danach aber um so steilerer Abfall festzustellen ist. Bei starker Drosselung, also wesentlicher Drehzahlverringerung, dominiert die weiter ausgetretene Kopfwelle. Dabei wird im Punkt G die Grenze infolge ***instabiler Arbeit*** erreicht. Diese durch gefährliche Vibrationsvorgänge charakterisierte gasdynamische ***Instabilität*** wird auch als ***Pumpen, Pulsation, Diffusorbrummen, Buzz*** und ***Pompage*** bezeichnet.

Wird dagegen von K aus die Drehzahl vergrößert, die „Drosselklappe" in Abb.5.9 (unten) symbolisch also weiter geöffnet, wird der ***überkritische Strömungszustand*** mit den inneren Strömungszonen und dem Innenstoß „S" realisiert. Das Außenstoßsystem bleibt im angelegten Zustand erhalten, damit auch die Bestwerte von α_{EL} und c_{EL}. Infolge Zunahme der Strömungsverluste in der wachsenden inneren Überschallzone und dem intensiver werdenden Innenstoß sinkt der Druckerhaltungskoeffizient. Bei stark ausgeprägtem Innenstoß „S" erfolgen intensive periodische Grenzschichtablösungen. Beginnend mit Punkt S wird dadurch ein Gebiet ungünstiger komplizierter Innenströmung erzeugt, welches ebenfalls durch unerwünschte, wenn auch ungefährliche Vibrationserscheinungen, d.h. durch einen ***instabilitätsähnlichen Arbeitszustand*** gekennzeichnet ist.

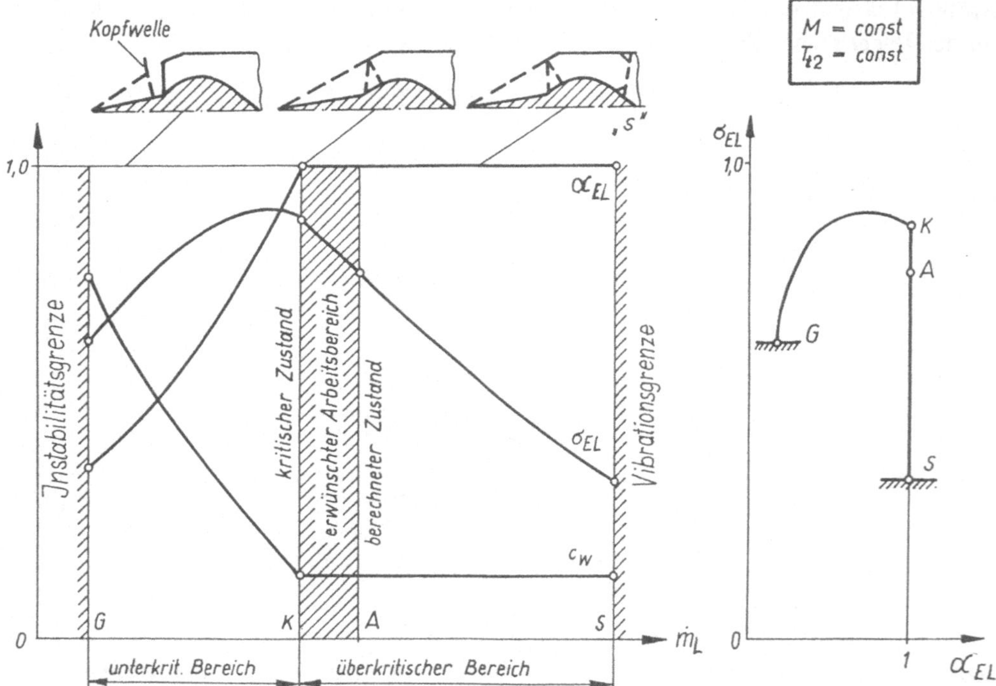

Abb. 5.10: Die Drosselkennlinie des Überschall-Einlaufdiffusors

Wie die in Abb.5.10 dargestellte Drosselkennlinie zeigt, werden mit zunehmender Drosselung, d.h. mit sinkendem Wert für n bzw. n_{red} die Betriebszustände ***instabilitätsähnlich, überkritisch, kritisch, unterkritisch*** sowie ***instabil*** durchfahren. Dabei ist nur ein kleines Gebiet schwach ausgeprägten überkritischen Zustandes zwischen den Punkten K und A der erwünschte Arbeitsbereich mit optimalen Kennwerten und ausreichendem Abstand zum Punkt G. Die analoge Darstellung dieses Sachverhaltes zeigt Abb.5.10 (rechts) in anderen Koordinaten, die u.U. für Analysen geeigneter ist.

Gegenstand der **Geschwindigkeitskennlinie** ist die Abhängigkeit der Einlaufkennwerte gegenüber M-Zahl bzw. Temperatur T_{t2} beim Eintritt in den Verdichter. In Verbindung mit der Lage des Stoßsystems ist hierbei die unterschiedliche Änderung der Massenströme durch die einzelnen Querschitte entsprechend der Gleichungskette (5.17) von Bedeutung: Durch A_0 entsprechend dem Flächenverhältnis α_{EL} der Stromröhre, durch A_{krit} nach seinem freien, durch die Grenzschicht nicht ausgefüllten, Querschnitt und durch A_2 in Abhängigkeit von der reduzierten Drehzahl n_{red} des Verdichters nach (4.23). Der Einströmvorgang in den Verdichter (Fan) erhält hierbei das Primat, denn die Maschine kann nur den Betrag an $\dot{m}_L$ entsprechend ihrem nach n_{red} proportionalen Drosselzustand durchsetzen. Damit wird der Tatbestand der Geschwindigkeitskennlinie auf den der Drosselkennlinie transponiert.

Mit M-Zahlvergrößerung tritt ein Anstieg von T_{t2}, aber damit nach (4.23) der Abfall von n_{red} trotz gleichbleibender Drosselhebelstellung bei $n = const$ ein. Dieser Übergang zu tieferer *gasdynamischer Drosselung* führt mit Anstieg von p_2 in den unterkritischen Bereich nach Abb.5.10. Das Überangebot an Luft im Stoßsystem kann durch den Verdichter nicht vollständig durchgesetzt werden. Umgekehrt bewirkt M-Zahlverkleinerung infolge steigendem Betrag von n_{red} bei abfallendem Druck p_2 die Verlagerung des Arbeitspunktes in den überkritischen Bereich. Hier ist Luftmangel nach dem Stoßsystem entscheidend, obwohl der Verdichter bei *Entdrosselung* mehr an Luft durchsetzen könnte. Unabhängig von der Variation der M-Zahl führen Änderungen der Außentemperatur $T_{t0} = T_{t2}$ zu denselben Erscheinungen.

Für Flugmanöver ist die **Anstellwinkel-Kennlinie** von Bedeutung. Anstell- bzw. Schiebewinkel symbolisieren die nichtaxiale Anströmung des Eintrittsquerschnittes, wobei Stoßsystem und Parameterverlauf nicht mehr symmetrisch sind. Unerwünschte Auswirkungen ergeben sich letztlich aus zu großer Distorsion, wodurch die Arbeit des Verdichters erschwert bzw. instabil wird. Kleine Veränderungen haben in der Regel nur geringe Auswirkungen. Prognostisch sind die Eintrittsöffnungen um den Durchschnittsbetrag des Anstellwinkels im Flug geneigt. Veränderungen mit Strömungsabrissen und Erscheinungen instabiler Arbeit treten (in Abhängigkeit von Bauart und Lage des Einlaufs) bei Winkeln beginnend mit 4°...10° auf. Axialsymmetrische Einläufe sind zuerst gefährdet, während ebene Diffusoren, vor allen diejenigen mit horizontaler Keilposition, vergeichsweise unempfindlich sind.

Aus allen durchgeführten Untersuchungen ergibt sich unabhängig von der Art der Kennlinie der Tatbestand: Die Kennlinien enden bei Überschallflügen sowie ungünstiger Dimensionierung bzw. Einregulierung in einem gefährlichen Betriebszustand für den Einlaufdiffusor, dem Tatbestand instabiler Strömung. Diese Erscheinung der **Instabilität** tritt auf bei extrem ausgeprägtem *unterkritischen* Betriebszustand des Einlaufs. Luftüberschuß infolge zu großem kritischen Querschnitt bei begrenztem Durchsatzvermögen des Verdichters, d.h. bei zu hohem Druck im Einlaufkanal, führen zum Austritt einer Kopfwelle. Sie zerstört das bisherige Mehrstoßsystem und ersetzt es durch einen intensiven Einzelstoß mit großen Druckverlusten. Dem folgen Entleerung und Druckabsenkung im Einlaufkanal. Auf diesem Niveau beginnt wieder die Durchströmung mit dem erneuten Druckaufbau.

Dieser nicht abklingende, sich manchmal sogar verstärkende Mechanismus von Parameterschwingungen wird u.a. in [109] und [112] dargestellt. Nach Abb.5.11 setzt er sich in der Regel aus vier Einzelvorgängen zusammen: *Füllung Einlauf*, *Zerstörung Stoßsystem*, *Entleerung Einlauf*, *Aufbau Stoßsystem*. Daraufhin beginnt mit der Füllung der Vibrationszyklus erneut in schneller Aufeinanderfolge.

Solche Vorgänge laufen mit Frequenzen von 3...15 Hz und Amplituden von 30...50 % des Druckes ab. Je länger der Einlaufkanal ist, um so kleiner sind die Frequenzen, um so größer die Druckamplituden. Überschreiten sie in Ebene 2 ein limitiertes Niveau, ist der Arbeitsprozeß des TL abzubrechen, wenn nicht gar Bauteilzerstörungen eintreten.

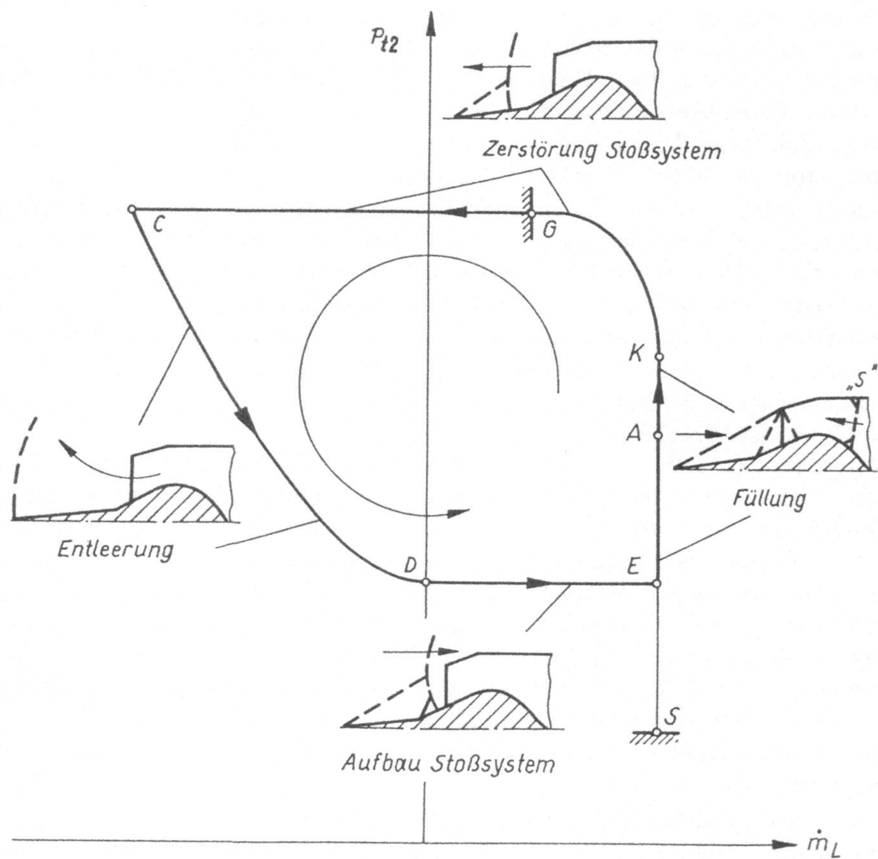

Abb. 5.11: Darstellung des Zyklus von Einzelvorgängen der gasdynamischen Instabilität beim extrem unterkritisch betriebenen Überschall-Einlaufdiffusor

Den Schwingungsmechanismus nach Abb.5.11 ergänzend, sind bei genauer Untersuchung nach der Arbeit[8] zwei Arten von niederfrequenter Instabilität zu unterscheiden. Es handelt sich dabei um sich ergänzende, aber auch unterscheidende Strömungszustände nach FERRI und DAILEY. Sie werden im weiteren vorgestellt.

Gasdynamische Ursache für die *Ferri-Erscheinung* sind nebeneinanderliegende Zonen unterschiedlich großer Totaldrücke im Einlaufkanal. Die Kontaktflächen (Trennlinien) dieser Zonen haben ihre Ursache in den sich bildenden ***Tripelpunkten*** zwischen Stoßsystem und austretender Kopfwelle in Abb.5.9 (links). Bei „sonorem Brummen“ und

[8] Weinreich, H.L.: Eindimensionale Betrachtungen zum Stabilitätsverhalten von Einlaufdiffusoren für Überschall-Flugantriebe. Dissertation TH Darmstadt, 1979

noch kleiner Schwingungsamplitude wächst der Druckerhaltungskoeffizient in der Drosselkennlinie (Abb.5.10) etwas an bzw. sinkt noch nicht wesentlich ab. Bei stärkerer Drosselung wird die ***Dailey-Instabilität*** durch die austretende Kopfwelle mit o.g. Schwingungsmechanismus ausgelöst. Diese Extremerscheinung ist akkustisch durch „unangenehmen Lärm“, (nach [112] durch „harte metallische Schläge“) feststellbar.

Im Gegensatz dazu ist der ***instabilitätsähnliche*** extrem überkritische Zustand durch hochfrequente Vibrationen bei kleiner Amplitude von nur einigen Prozent des Absolutdruckes gekennzeichnet. Trotz ungefährlichem Dauerbetrieb ist dieser Zustand wegen ungünstiger Einströmbedingungen in den Verdichter (Distorsion) sowie schlechten Druckerhaltungskoeffizienten im Einlauf nicht erwünscht.

Leistungsfähige Überschalleinläufe benötigen eine **Regelung**, um mit ausreichender Stabilität und optimalen Kennwerten im vorgesehenen Flugbereich betrieben werden zu können. Die wichtigste, wenn auch nicht die einzige Möglichkeit der Regelung ist die *variable Geometrie*. Bereits aus Kap.5.5 ist bekannt, daß letztere hauptsächlich in der Verschiebung von *Kegel* bzw. *Keil-Rampe* um die Ausfahrlänge Δl_K und zusätzlich im Öffnen von *Luftablaß-* oder *Lufteinlaßklappen* besteht. Weiterhin sind Lageänderungen von Einlaufkanten, zusätzliche Formänderungen der Störkörper und geregelte Absaugöffnungen für die Grenzschicht denkbar. Aufgabe der Regelung ist es damit, die Luftmassenströme durch alle Querschnitte bis zum Verdichtereintritt in Abhängigkeit von äußeren und inneren Bedingungen in Übereinstimmung zu halten.

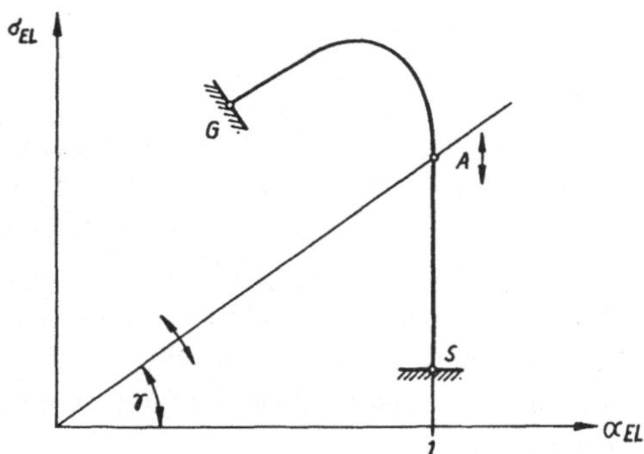

Abb. 5.12: Prinzipdarstellung der Regelung von Überschall-Einlaufdiffusoren

Dem Betrag von n_{red} ist der Volumenstrom $\dot{V}_L$ proportional. Das bedeutet bei Auswertung von (4.23), daß z.B. bei M-Zahlvergrößerung durch Anstieg von T_{t2} die Beträge von n_{red} und $\dot{V}_L$ trotz Konstanz der kinematischen Drehzahl n absinken. Das Regelprogramm $n = n_{max} = const$ ist also bei Beschleunigung durch fallenden Betrag von n_{red}, d.h. durch *gasdynamische Drosselung* gekennzeichnet. Der Einlauf könnte zwar mehr an Luft liefern, der Verdichter kann sie aber nicht verarbeiten.

Unter dem Aspekt des Regelprogramms $n_{red} = const$ bleibt auch der Drosselzustand des Verdichters unverändert, es erfolgt also keine gasdynamische Drosselung. Das bedeutet aber, daß die kinematische Drehzahl n über der M-Zahl mit allen Konsequenzen monoton ansteigen müßte. Mit $n_{red} = const$ arbeitende TL benötigen nur eine einfache Regelung des Einlaufs ohne Querschnittsänderung.

Dieser Sachverhalt begründet auch, daß beim TL in großer M-Zahl ohne A_{krit}-Verkleinerung im Einlauf keine ***kinematische Drosselung*** mittels Gashebel erfolgen darf. Sie birgt stets die Tendenz zur Ausprägung des ***unterkritischen Zustandes*** mit der Gefahr der ***Instabilität***. Zur Verhinderung kinematischer Drosselung werden oberhalb des Transschallbereichs ***Drosselhebelsperren*** verwendet.

Die grafische Darstellung Abb.5.12 zeigt die Drosselkennlinie des Einlaufs mit den Grenzpunkten G und S als auch die Durchsatzkennlinie des Verdichters in Gestalt der unter dem Winkel γ verlaufenden Geraden. Aufgabe der Regelung ist es, die Übereinstimmung als optimalen Schnittpunkt beider Kennlinien in unmittelbarer Nähe um den kritischen Zustand (Punkt K) herzustellen. Damit ist der Betrieb etwa in der Mitte zwischen niederfrequenter Instabilität (Punkt G) und hochfrequentem instabilitätsähnlichen Zustand (Punkt S) bei zugleich günstigen Kennwerten gewährleistet.

Quantitativ ist diese Charakteristik für jeden Einlauftyp verschieden. Für objektive Vergleiche verschiedener Typen, aber auch bei unterschiedlichen Betriebspunkten eines bestimmten Typs läßt sich gasdynamisch der Abstand zwischen dem Auslegungspunkt A im Verhältnis zum Punkt G an der Instabilitätsgrenze durch einen sog. ***Koeffizienten der Stabilitätsreserve*** bestimmen. Nach der maßstäblichen Darstellung in Abb.5.12 ist:

$$\Delta K = \frac{(\sigma_{EL}/\alpha_{EL})_G}{(\sigma_{EL}/\alpha_{EL})_A} - 1 \tag{5.20}$$

Für die angenommene Position des Arbeits- bzw. Auslegungspunktes A unmittelbar im Grenzpunkt G ergibt sich nach (5.20) der Betrag $\Delta K = 0$, womit die Instabilität quantitativ zum Ausdruck gebracht wird. Je weiter die Punkte voneinander entfernt sind, um so größer wird ΔK. Wichtige Aufgabe der Regelung ist es, einen Minimalwert der Stabilitätsreserve ΔK im Betrieb nicht zu unterschreiten.

5.7 Beispiele ausgeführter Einlaufdiffusoren

Unterschall-Einlaufdiffusoren sind Bestandteil der Antriebsanlagen gegenwärtiger Verkehrs- und Transportfluzeuge, welche mit Ausnahme der „Concorde" im Bereich um $M = 0,8$ eingesetzt sind. Sie stellen meist senkrecht in der Strömung stehende Öffnungen dar, deren Vorderkanten mit verhältnismäßig großem Radius aerodynamisch verkleidet sind. Als Kompromiß müssen sie die geforderten Kennwerte sowohl im Saugbetrieb (Startcharakteristik) als auch im Zustand der Stauverdichtung (Reiseflug) gewährleisten. Bei erhöhten Anforderungen und großen Abmessungen war das früher ohne variable Geometrie nur schwer zu verwirklichen.

Beispiel dazu ist der Einlauf für die Antriebe des Großraum-Transportflugzeuges C-5 „Galaxy" (USA), welches über vier Großbläser-ZTL vom Typ TF39 verfügt. In Abb.5.13 nach [71] als Ausführung A (Versuch) und B (Serie) unterschieden, sind Kontur, Charakteristik und variable Geometrie dargestellt. Letztere war erforderlich, um die für damalige Verhältnisse (1968) sehr großen Werte von Massenstrom und Schub im Startstandbetrieb (710 kg/s und 183 kN pro Triebwerk bei 2370 mm Fandurchmesser) voll zur Geltung zu bringen. Der Druckerhaltungskoeffizient des Einlaufs liegt mit etwa 0,960 (Startstand) und 0,997 (Reiseflug) außerordentlich günstig.

Serienausführung B verfügt über die bessere Startcharakteristik, obwohl sie im Reiseflug etwas ungünstiger ist. Die auf dem Gondelumfang verteilten Startklappen (Einlauftüren) ermöglichen bei kleiner M-Zahl einen größeren Luftmassenstrom trotz kleinerer Konturabmessungen. Dadurch konnte der Gondeldurchmesser um 5,4 % verringert werden, wodurch der aerodynamische Widerstand kleiner ist. Die Klappen schließen um $M = 0,5$ infolge größeren Innendrucks.

Obwohl die meisten Unterschalleinläufe ohne variable Geometrie auskommen, wurde in einigen Fällen nicht darauf verzichtet. Fast stets handelte es sich um frühere Großflugzeuge mit verbesserten Starteigenschaften. So wurden außer der C-5 auch Modfikationen der Flugzeuge 707, 747, C141 und TU-154 mit Einlauf-Startklappen versehen, was z.Z. wegen schubstarker TL nicht mehr notwendig ist.

Neuentwickelte schubstarke TL gewährleisten, daß der gesamte Flugbereich von Unterschallflugzeugen ohne variable Einlaufgeometrie bewältigt wird. Die Arbeit mit konstanter reduzierter Drehzahl oder einem ähnlichen Regelprogramm verursacht durch moderate Drosselung eine Massenstromverringerung trotz ausreichenden Startschubs. Die ungünstigen Erscheinungen beim Saugbetrieb werden dadurch gedämpft. Bekanntlich existieren bei Unterschallanströmung keine zu stabilisierenden Systeme von Verdichtungsstößen sowie unterkritische und überkritische Strömungszustände. Deshalb genügen Unterschalleinläufe neuer Flugzeuge als starre Baugruppe den Anforderungen.

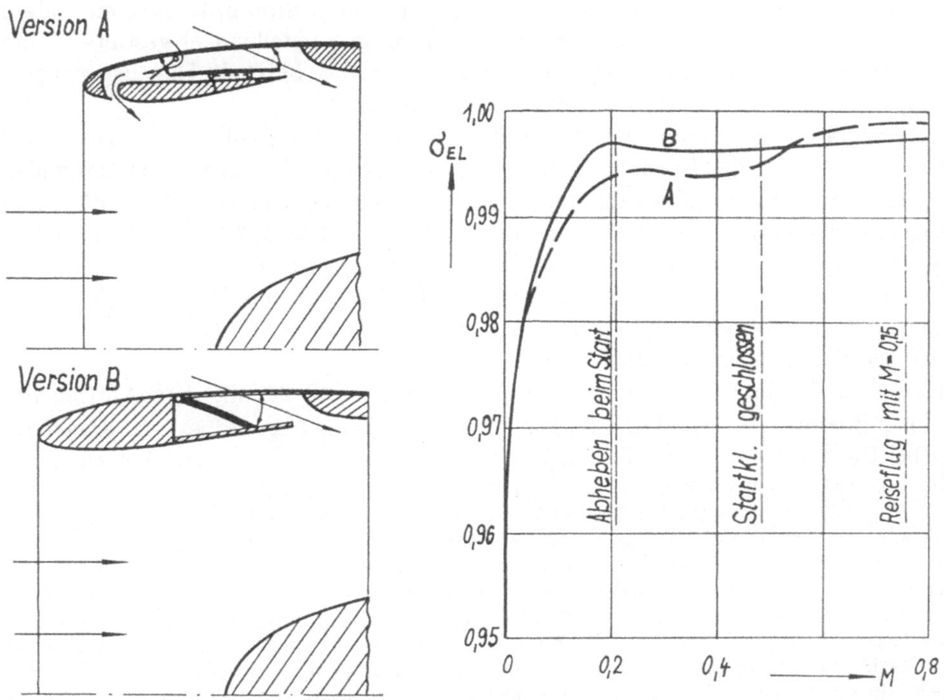

Abb. 5.13: Unterschall-Einlaufdiffusor eines Großraum-Transportflugzeuges

Überschall-Einlaufdiffusoren sind oberhalb des Transschallgebietes erforderlich. Ihre kompliziertere Arbeitsweise erfordert andere Gesichtspunkte für Gestaltung und Regelung, welche in verallgemeinerter Form in den vorhergehenden Unterabschnitten ausgeführt sind. Seit etwa 1955 wurden Überschall-Jagdflugzeuge mit derartigen Einlaufdiffusoren entwickelt und in Dienst gestellt, womit Erfahrungen gesammelt wurden. Zu ihrer Entwicklung wurden unterschiedliche, mit dem Verwendungszweck des jeweiligen Flugzeugs zusammenhängende Philosophien verfolgt.

Der Einlaufdiffusor des **Überschall-Jagdflugzeugs F16** dient zur Einführung in die Problematik. Er gewährleistet die Luftversorgung des ZTL-NB vom Typ F100 für einen Standstart-Massenstrom von mehr als 100 kg/s. Dabei handelt es sich um ein leichtes, unter dem Rumpf installiertes Bauteil mit nierenförmigem Querschnitt, senkrechtem Einzelstoß und *starrer Geometrie* sowie gekrümmtem Innenkanal. Der Verzicht auf Regelung ergab sich aus der Absicht zu bewußter Einfachheit und Masseersparnis sowie extremer Manövrierfähigkeit bei verhältnismäßig geringer Fluggeschwindigkeit.

Die Bestimmung der F16 als „Luftüberlegenheitsjäger“ erfordert den Manöverluftkampf als Hauptaufgabe, der fast ausnahmslos im Unterschall- und Transschallgebiet stattfindet. Deshalb ursprünglich für „lediglich“ $M_{max} = 1,7$ geplant, erreicht das Flugzeug wegen des hochleistungsfähigen TL zwar $M = 2$ und mehr, trotz einem für diese große M-Zahl nicht vorgesehen Einlaufs.

Nachteilig ist die tiefe Lage des Lufteintritts wegen der Gefahr des ***Fremdkörpereinflugs*** durch Sogströmung am Boden. Ihr kann nur durch Sauberkeit der Stand- und Rollflächen sowie gewissenhafte Arbeit begegnet werden. Der oft geäußerte Vorschlag, Fremdkörper durch Einlauf-Schutzsiebe fernzuhalten, ist für den Gesamtbetriebsbereich nicht sinnvoll und letztlich nicht wirksam.

Der Trend zum ebenen Einlauf mit starrer Keil-Trennschneide ist erkennbar. Dabei ist für große M-Zahl von der Keilvorderkante bzw. Rumpfspitze ausgehend zumindest ein zusätzlicher schräger vor dem vorhandenen senkrechten Stoß präsent. Der Einlauf ist für Bestbedingungen zur Anströmung unter großem Anstellwinkel gestaltet. Zum Ableiten der Rumpfgrenzschicht dient ein 90 mm hoher Abströmspalt. Die ausgerundete Unterlippe mindert weitgehend innere Strömungsabrisse.

Mit A_1=0,53 m^2 ist der Eintrittsquerschnitt im hohen Unterschallbereich ausreichend bemessen, ist aber für den Start zu klein und bei hoher M-Zahl zu groß. Dies erkennend wurde von Anfang an parallel zum starren auch ein geregelter ebener Mehrstoßeinlauf entwickelt, serienmäßig aber nicht eingesetzt. Bis etwa $M = 1,3$ ist der Druckerhaltungskoeffizient $\sigma_{EL} = 0,97$ für beide Ausführungen fast gleich. Bei größerer, allerdings nicht mehr relevanter M-Zahl zeigt der geregelte Einlauf Vorteile. Dieser einfache, für den Hauptflugzustand optimierte starre Einlauf ermöglicht dem Flugzeug F16 und seinem Antrieb die geforderten Flugleistungen.

Der Überschall-Einlaufdiffusor des **Jagdflugzeugs MiG-21** mit dem Antrieb der 2W-ETL-NB vom Typ R11, R13 oder R25 ist im Rumpfbug angeordnet, von axialsymmetrischer Bauart und regelbar. Zur variablen Geometrie gehört die axiale Verschiebung des Kegels, ergänzt durch Einlaß- und Ablaßklappen (s. Abb.5.6).

Dieses Flugzeug, ursprünglich für den Luftkampf in großen Höhen bis $M_{max} = 2,1$ vorgesehen, wurde in späteren Versionen auch für geringere Höhen (in Erdnähe: $M_{max} = 1,06$) ausgelegt. Es wurde in mehr als 15 Varianten in einem Zeitraum von etwa 20 Jahren gebaut. Hinsichtlich Abmessungen und Regelung sind dabei zwei verschiedene Einläufe verwendet worden.

Die ersten Modifikationen sowie die Trainerausführungen besaßen einen vergleichsweise kleinen Einlauf. Der Kegel fuhr in zwei Stufen auf 150 mm ($M = 1,5$) und auf 180 mm ($M = 1,9$) aus. Dabei war die Beschleunigungsphase jeweils vor einer Stufe bei Schräganströmung durch Schubverlust und beginnende Instabilitäten, u.U. gefolgt von Brennkammer-Flammenabrissen gekennzeichnet. Spätere Modifikationen erhielten zur Unterbringung des Funkmeßvisiers vergrößerte Rumpf- und Einlaufgeometrie. Der großvolumige Kegel wurde zugleich als Radarantenne genutzt. Die ungünstige Stufenregelung in direkter Abhängigkeit von der M-Zahl wurde nicht weiterverwendet.

Mit dem verbesserten Einlauf des Flugzeugs, verwendet ab der MiG-21PF bis hin zur letzten bekannten Version MiG-21BIS, konnten die Mängel der früheren Ausführung überwunden werden. Damit waren ab etwa 1962 einlaufseitig Voraussetzungen für größere Schubentwicklung und Flugsicherheit der Antriebsanlage unter Luftkampfbedingungen geschaffen. Instabilitäten und Flammenabrisse wurden insbesondere wegen der wesentlich verbesserten Regelung nicht mehr festgestellt. Letztere ist aus Abb.5.14, Stoßsystem und Charakteristik sind aus Abb.5.15 zu ersehen.

Der Kegelhub beträgt l_K=200 mm=100 %. Im Standbetrieb bei hinterster Kegelposition (die Regelung beginnt im Flug nach Einfahren des Fahrwerks) liegen mit A_1=0,36 m^2 und A_{krit}=0,29 m^2 die größten Querschnitte für den Massenstrom des TL von $\dot{m}_L = 65\ldots70$ kg/s vor. Bei ausgefahrenem Kegel ($l_K = 100\%$) schrumpfen sie auf 0,20...0,21 m^2. Im Flug wird letzters nicht realisiert, weil der Kegel geregelt nur bis 70 % ausfährt, also über eine Hubreserve verfügt.

Ein wichtiger Vorzug dieses Einlaufs ist die ***kontinuierliche Regelung*** des Kegelhubs, und zwar in Abhängigkeit vom *Verdichterdruckverhältnis*[9] Π_V nach Abb.5.14. Die

[9] Im Gegensatz zum sonst üblichen Quotienten der Totaldrücke ist hier, insbesondere die Zahlenwerte von Π_V in Abb.5.14 betreffend, das Verhältnis der (dazu proportionalen) statischen Drücke gemeint.

Größe Π_V hängt wie ersichtlich von Drehzahl und M-Zahl ab. Mittels Verkleinerung von A_{krit} infolge Kegelausfahren wird sowohl auf Drehzahlverringerung (kinematische Drosselung) als auch auf M-Zahlvergrößerung (gasdynamische Drosselung infolge Sinkens von n_{1red}) automatisch reagiert. Damit werden unterkritische und überkritische Zustände extremer Ausprägung verhindert. Die Betriebslinie des Kegels liegt in einem schmalen „Korridor" zwischen den Kurven (nahe) der hochfrequenten instabilitätsähnlichen Erscheinung und (größeren Abstand haltend zu) der gefährlichen Instabilität.

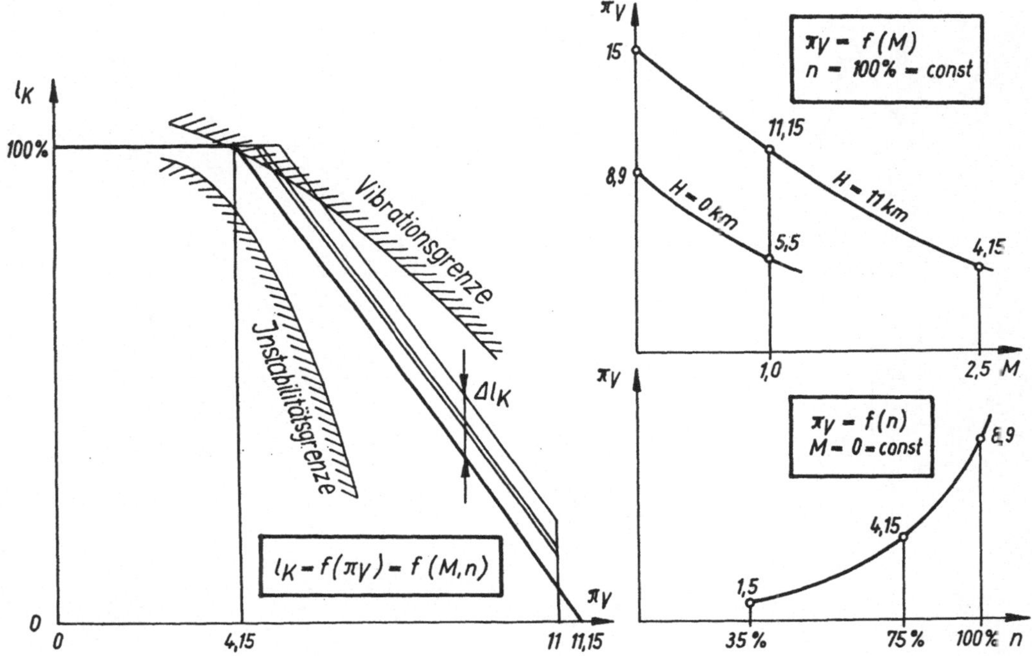

Abb. 5.14: Zur Regelung eines axialsymmetrischen Überschall-Einlaufdiffusors

Instabilität ist bei eingefahrenem Kegel nach Abb.5.14 erst bei $M > 1,6$ zu erwarten. Ihr Auftreten ist durch schlagartige Vibrationserscheinungen mit 8 Hz gekennzeichnet. Von $M = 1,68$ bis $M = M_{max}$ besteht für den Konushub eine konstante Fahrreserve von $l_K = 15\% = 30$ mm gegenüber der Instabilitätsgrenze. Diese Hubreserve an stabiler Arbeit ist aber bei Schräganströmung schnell aufgebraucht: Sie verringert sich um etwa 8 mm pro Änderung des Anstellwinkels um 1°. Demnach tritt Instabilität schon bei Überschallanströmung und mehr als 3,5° Winkeländerung auf. Um dieser Gefahr zu entgehen, wird prognostisch bei Ruderausschlägen das *zusätzliche Kegelfahren* in zwei kleinen Stufen um $\Delta l_K = 15$ bzw. 25 mm nach Abb.5.14 (links) realisiert. Für größere Winkeländerungen oberhalb von $M = 1,7$ wird dies ergänzt durch das Auffahren der *Luftablaßklappen*. Beide Ergänzungsmaßnahmen gewährleisten die stabile Arbeit bei allen Flugmanövern im Überschallbereich einschließlich großer Schubabgabe.

In Abb.5.15 ist das Stoßsystem bei verschiedenen M-Zahlen dargestellt. Demnach ist der 2. Verdichtungstoß erst bei $M > 1,42$ und der 3. Stoß bei $M > 1,75$ deutlich ausprägt. Die großen Kegelabmessungen konnten zur Ausbildung eines von Störeinflüssen relativ stabilen Stoßsystems genutzt werden. Der Tripelpunkt beim 2. und 3. Stoß zeigt entweder nur geringe Wirkung, bzw. er befindet sich außerhalb der Stromröhre. Der Kegel wird so eingeregelt, daß die schrägen Stöße nicht direkt auf den Anströmring treffen. Damit zerstört die austretende Kopfwelle nicht sofort das Stoßsystem als Auftakt instabiler Arbeit. Oberhalb von $M = 1,9$ dringt die Betriebslinie des Kegels wegen gleichbleibendem Abstand zur Instabilitätsgrenze in den hochfrequenten Bereich ein.

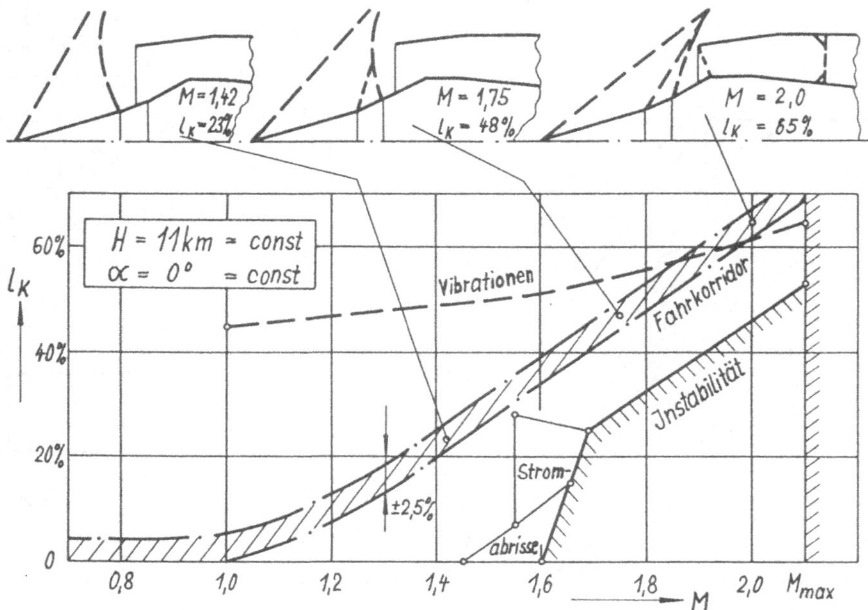

Abb. 5.15: Stoßsystem und Charakteristik eines axialsymmetrischen Einlaufs

Das relativ stabile Mehrstoßsystem wird allerdings durch einen Nachteil erkauft: Mit im Bestfall $\alpha_{EL} = 0,6$ ergibt sich ein beträchtlicher äußerer Widerstand, d.h. ein Verlust an effektivem Schub. Eine Besonderheit sind die intensiven Grenzschichtabrisse bei $M = 1,45 \ldots 1,65$, und zwar am 1. Knick des Kegels (Gebiet I) und am 2. Knick (Gebiet II). Sie stellen keine instabile Arbeit dar, sind aber dafür ein Ankündigungssignal. Für Start und kleine M-Zahl vergrößern Lufteinlaßklappen den effektiven Querschnitt. Sie werden durch die Druckdifferenz zum Innenkanal gesteuert und schließen deshalb mit Beendigung des Saugbetriebs bei etwas mehr als 700 km/h.

Dieser Einlauf zeigt beim Erkenntnisstand um 1960 auf, wie hohe Flugleistungen für ein damals modernes Überschall-Jagdflugzeug mit verhältnismäßig kleinem TL zu realisieren waren. Trotz gutem Gesamtergebnis wird kritisch festgestellt, daß beim Gasstrahleintritt gestarteter Lenkraketen Instabilitätsprobleme auftraten und daß beim Betrieb am Boden die permanente Gefahr des Fremdkörpereinflugs bestand.

Die Überschall-Einlaufdiffusoren des **Jagdflugzeuges MiG-29** für die ZTL-NB vom Typ RD-33 mit jeweils 77 kg/s Standstart-Massenstrom (das Flugzeug besitzt zwei Antriebsanlagen) sind getrennt unter dem Tragflügel angeordnet. Vorn in Rechteckquerschnitt ausgeführt, sind sie von ebener Bauart, mit geregeltem Keil in oberer horizontaler Position. Als bisher einmalige Neuheit sind sie mit einer für den Bodenlauf vorgesehenen Zweiteintrittsöffnung ausgerüstet. Beide Eintritte sind nur alternativ in Betrieb. Aufbau und Charakteristiken sind Abb.5.16 zu entnehmen.

Um 1980 wurde erneut der Antrieb eines modernen Jagdflugzeugs hinsichtlich des Einlaufs erfolgreich gelöst. Die Zweckbestimmung des Flugzeugs ist der Manöverluftkampf, wozu es außerordentliche Leistungen, z.B. durch andere gleichartige Typen bis heute nicht zu erreichende Flugfiguren, ausführen kann. Es ist ausgelegt für $M = M_{max} = 2,35$, andererseits für $v = v_{min} = 300 km/h$. Dieser Einlaufdiffusor wird den Erfordernissen besser gerecht als früher entwickelte.

Beide Einläufe sind identisch und voneinander unabhängig. Oberhalb zum Tragflügel befindet sich ein 70 mm breiter Spalt zur Grenzschichtentfernung. Ihre vorderste Kante ist die Schneide des *feststehenden Keils*. Daran schließt sich die aus drei Flächenstücken bestehende *bewegliche Rampe* an. Abhängig vom Betriebszustand des Flugzeuges ergeben sich für die variable Einlaufgeometrie drei grundsätzliche Einstellungen, nämlich für Triebwerksstillstand, Bodenlauf und Flug.

Bei *Triebwerksstillstand* befindet sich die Gesamtfläche der Rampe in oberster Lage, etwa eine Gerade bildend. Der freie Blick zur Beschaufelung der 1. Verdichterstufe ist für Kontrollen gewährleistet. Während des *Bodenlaufs*, vom Anlassen bis zum Abheben als auch vom Aufsetzen des Flugzeugs bis zum Abstellen der Triebwerke, ist der *vordere* Eintritt *verschlossen*. Das wird erreicht durch das Neigen der vorderen Rampenfläche nach unten, bis ihre Hinterkante die Einlauflippe berührt und somit den vorderen Strömungskanal versperrt. Statt dessen öffnen sich Klappen des *oberen Zweiteintritts*, und von der Oberseite des Tragflügels gelangt nach Abb.5.16 die Luft nach unten zum Fan. *Im Flug* ist bei oberer Lage des vorderen Flächenstücks der vordere Eintritt geöffnet, der obere folglich geschlossen. Dadurch erfolgt die Anströmung nach Abb.5.16 von vorn mittels Stauverdichtung, und der Einlauf erhält seine eigentliche Bestimmung unter Flugbedingungen. Wie für andere ebene Einläufe, gewährleistet nun die bewegliche Rampe in Verlängerung des Keils die Regelung.

Der gegenüber anderen Flugzeugtypen neue Bodenbetriebszustand schließt den Einflug größerer Fremdkörper für alle praktisch erdenklichen Fälle aus. Die Ansaugöffnung auf der Oberseite des Tragflügels liegt wesentlich höher als bei sonstigen Einläufen und wird nach unten durch den Flügel selbst sowie von oben zusätzlich durch Siebe geschützt. Beim Anrollen zum Start wird dieser Betriebszustand bis $200 \pm 10 km/h$, d.h. bis $M = 0,16$ beibehalten. Dabei rollt das Flugzeug unmittelbar vor dem Abheben bereits mit großem Anstellwinkel und in der Luft befindlichem Bugrad. Selbst die Unterkanten der (sich nun öffnenden) vorderen Lufteintritte befinden sich damit in einer Höhe über dem Erdboden, welche durch Fremdkörper in der Regel nicht mehr erreichbar ist. Beim Aufsetzen zur Landung wird umgekehrt verfahren. Die TL dieses Flugzeugs besitzen dadurch den bisher besten Boden-Fremdkörperschutz.

Infolge verlustreicher Strömung durch Siebe und Klappensystem sowie zweimaliger Umlenkung sind die Einlaufbedingungen im Bodenbetrieb ungünstig. Nach Abb.5.16 ist der Druckerhaltungskoeffizient um $\sigma_{EL} = 0,85$ schlecht, zudem mit sinkender Tendenz bei wachsender Roll- bzw. Fluggeschwindigkeit. Bei defekter Einlaufregelung ist ein Flug mit oberem Lufteintritt bis $M = 0,8$ zulässig.

Das Öffnen des vorderen Lufteintritts bei $M = 0,16$ ist in Abb.5.16 am Sprung von σ_{EL} auf den Wert von 0,92 zu erkennen. Infolge besserer Einlaufbedingungen werden um $M = 1$ sogar $\sigma_{EL} = 0,98$ erreicht. Das Absinken im Überschallbereich erfolgt durch Verdichtungsstöße. In den Grenzbereichen bei $M = 0,16$ und $M = 2,0$ beträgt die Distorsion im Einlauf etwa 7 %, im Transschallgebiet sogar nur 4 %.

Dazu ist das vordere Flächenstück der Rampe ist so profiliert, daß sich gasdynamisch das erwünschte äußere Stoßsystem im Überschallflug ausbildet. Es besteht nach Abb.5.16 aus 5 Stößen: einem schrägen ungeregelten, drei schrägen geregelten und einem abschließenden senkrechten. Zur Grenzschichtabsaugung sind im vorderen Flächenstück 275 cm^2 Perforation und zur folgenden Teilfläche ein Spalt von 250 cm^2 vorgesehen. Als Ergebnis dieser Stoßverdichtung wird bei $M = 2$ der zwar nicht allzu große, aber militärisch immerhin noch akzeptable Wert von $\sigma_{EL} = 0,86$ erzielt.

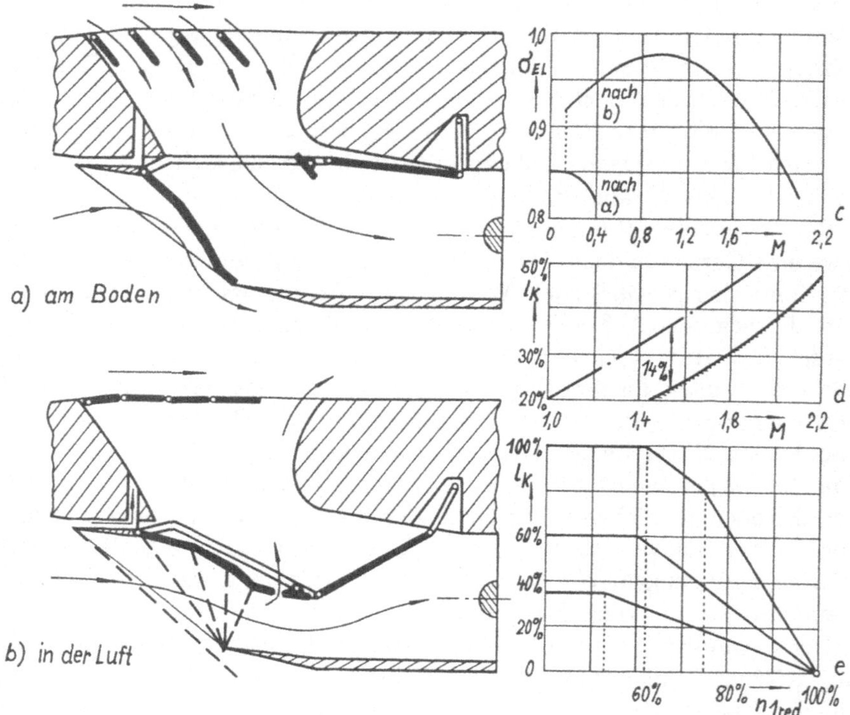

Abb. 5.16: Charakteristik eines ebenen Einlaufs mit Fremdkörperschutz

Ziel der Rampenregelung ist, den kritischen oder schwach überkritischen Strömungszustand aufrechtzuerhalten. Sie beginnt bei eingefahrenem Fahrwerk und erfolgt in Abhängigkeit von der Größe der reduzierten Fandrehzahl n_{1red} (s. Abb.5.16) nach drei unterschiedlichen Programmen. Dabei ist der größte Hub der Rampe, gemessen am Betätigungsgestänge $l_K = 100\% = 265$ mm. Für unterschiedlichste Bedingungen gilt

- *Programm I*: Für $M > 1,5$ in allen Flughöhen wird im Interesse der Verhinderung instabiler Arbeit für kleine n_{1red}-Werte, d.h. im Bereich starker (kinematischer oder gasdynamischer) Drosselung, die Rampe nach Festlegung sehr weit bzw. sogar vollständig ausgefahren.
- *Programm II*: Bei $1,15 < M < 1,5$ und $H > 3$ km, d.h. in der oberen Hälfte des Transschallgebiets und nicht mehr kleinen Flughöhen werden durch mittlere Ausfahrlänge bis höchstens $l_K = 60\%$ die gasdynamische Stabilität und vor allem die Distorsion günstig beeinflußt.
- *Programm III*: Für $M > 1,15$ in allen Höhen sowie zusätzlich unterhalb von 3 km mit $M < 1,5$ wird in weiter abgeschwächter Form der Höchstbetrag von $l_K = 35\%$ eingeregelt, wodurch bei wenig verringertem Kanalquerschnitt vorrangig die Distorsion gedämpft wird.
- *Zusatzprogramm*: Im Falle wahrscheinlicher oder bereits festgestellter Instabilität der Antriebsanlage, wie z.B. beim Einsatz der Bordbewaffnung, wird die Rampe zur größeren Sicherheit um zusätzliche 10%, aber nur bis zum ersichtlichen Höchstbetrag der Programme, ausgefahren.

Instabilität im Einlauf ist bei eingefahrener Rampe erst oberhalb von $M = 1,4$ zu erwarten. Etwa ab dieser M-Zahl wird die Rampe nach den o.g. Programmen so eingeregelt, daß nach Abb.5.16 noch $l_K = 14\% = 37$ mm Ausfahrabstand bis zum Gebiet instabiler Arbeit besteht. Diese Distanz wird durch Schräganströmung nur wenig beeinflußt. Bei Regelungsausfall wird Instabilität mit Vibrationen um 5 Hz festgestellt. Die TL arbeiten dabei infolge Schutzautomatik vor instabiler Arbeit weiter.

Die Einlaufdiffusoren des **Überschall-Verkehrsflugzeuges „Concorde"** (insgesamt vier, gondelmäßig in Paaren zusammengefaßt) sind von ebener Bauart, unter dem Tragflügel installiert, regelbar und mit oben horizontal liegender Keil-Rampe ausgerüstet. Sie gewährleisten die Luftversorgung der mächtigen 2W-ETL-NB des Typs Olympus 593 mit Massenströmen von rund 200 kg/s im Startstandbetrieb. Aufbau und Strömungsmechanik von ihnen sind vereinfacht in Abb.5.17 dargestellt.

Die „Concorde", nach Außerdienststellung der TU-144 das einzige Überschall-Verkehrsflugzeug der Welt, wurde seit Ende der 60er Jahre entwickelt, war zunächst für $M = 2,2$ vorgesehen, wird aber gegenwärtig, z.B. bei Atlantiküberquerungen, mit $M = 2,0$ geflogen. Mit nur 6% Nutzlastanteil an der Startmasse ist sie nicht wirtschaftlich. Nach dem Serienabbruch (z.Z. sind 16 Exemplare im Einsatz) erschienen bis heute keine Nachfolgetypen. Trotzdem war die „Concorde" damals das technologisch höchstentwickelte Zivilflugzeug. Davon zeugen auch ihre Einläufe mit Bestkennwerten.

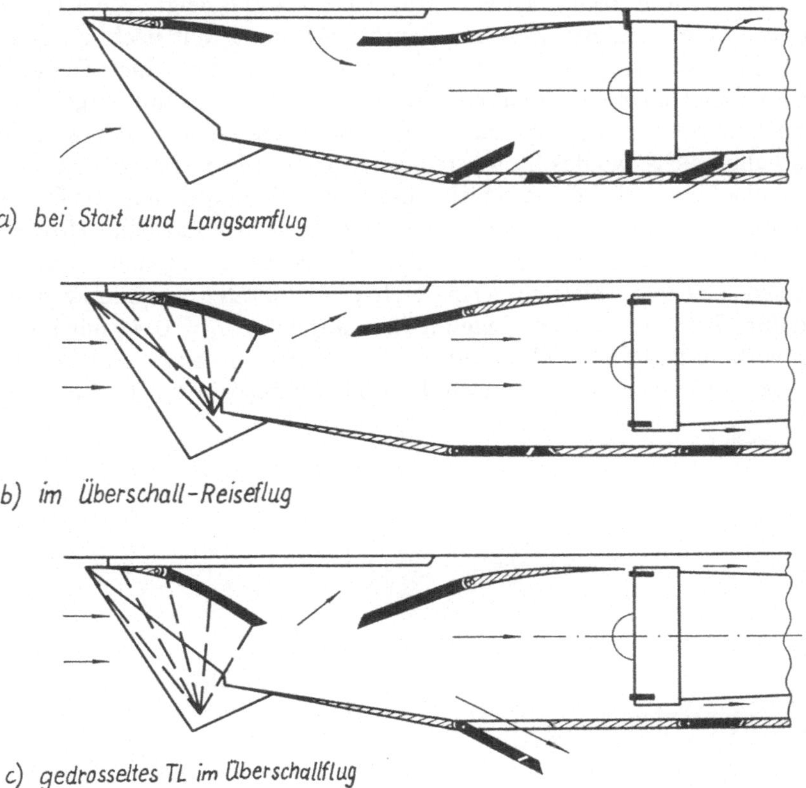

Abb. 5.17: Ebener Überschall-Einlaufdiffusor eines Überschall-Verkehrsflugzeuges

Bestandteile des Einlaufs sind: äußerer Spalt für Grenzschichtabfluß, feststehender Vorderkeil, zwei regelbare Rampenflächen, dazwischen ein großer Spalt zur inneren Grenzschichtabsaugung, Luftablaß- und Lufteinlaßklappe in einer Baueinheit, inneres und äußeres Durchlaßklappensystem für den Sekundärluftstrom um das TL. Anhand dieser umfangreichen variablen Geometrie wird die Arbeitsweise bei unterschiedlichen Bedingungen am Beispiel einer hochentwickelten Ausführung sichtbar.

Im *Startstandbetrieb* ist (s. Abb.5.17a) die Rampe hochgefahren und der Zusatzeintritt über die infolge Unterdruck geöffnete Lufteinlaßklappe möglich. Bei größtem Eintrittsquerschnitt in der Größenordnung von mehr als 1 m^2 pro TL sind Luftversorgung sowie Standschub gewährleistet. Der Sekundärluftstrom tritt über die offenen Durchlaßklappen ein, während die inneren zwecks Verhinderung von Rückströmung geschlossen sind. Damit ist die beste Startcharakteristik für den Antrieb vorgegeben.

Im *Flug* wird bei $M = 0,26$ das innere Durchlaßklappensystem geöffnet und das äußere geschlossen. Mit Überdruckbeginn im Kanalinnern schließt auch die Lufteinlaßklappe. Das sich im Überschallflug aufbauende Stoßsystem erfordert die Regelung der Rampe, welche ab $M = 1,3$ abhängig von der Größe n_{1red} beginnt. Der Keil verursacht, wie in Abb.5.17b ersichtlich, 1 bis 2 ungeregelte, die nachfolgende bewegliche Fläche mehrere geregelte schräge Stöße, wobei an ihrer Hinterkante der abschließende senkrechte Stoß liegt. Zur Verhinderung gegenseitiger Beeinflussung der nebeneinander liegenden Eintrittsflächen ist zwischen ihnen ein Trennungszaun angeordnet.

Den Fall des *Überschallflugs bei Drosselung des TL* zeigt Abb.5.17c. Zur Verhinderung des unterkritischen Zustandes wird die Rampe weit nach unten gefahren und zugleich die Ablaßklappe für eventuellen Überschuß an Luft geöffnet. Dadurch bleibt das Stoßsystem angenähert erhalten, und der Instabilität wird somit vorgebeugt. In diesem Zustand befindet sich der Einlauf beim Verzögerungs- und Sinkflug in Richtung des Transschallbereichs, wo das Stoßsystem schließlich nicht mehr existent ist.

Der Einlauf weist die höchsten bisher bekannten Kennwerte auf. Als Druckerhaltungskoeffizient werden im Transschallbereich $0,985 \ldots 0,990$ und beim Überschallreiseflug mit $M = 2,0$ immerhin noch 0,937 erreicht. Dieses hervorragende Niveau des Druckerhaltungskoeffizienten weist auf geringste Irreversibilitäten hin und ist eine Voraussetzung dafür, daß die Antriebsanlage im Reiseflug bei $\eta_{ges} = 0,41$ mit bisher höchstem Gesamtwirkungsgrad aller TL arbeitet. Für künftige Projekte von Überschallverkehrsflugzeugen wird neben anderem auch der Einlaufdiffusor der „Concorde“ Vorbild sein.

6 Verdichter

6.1 Aufbau und Arbeitsweise der Verdichterstufe

Am Beginn des Kreisprozesses besteht die Notwendigkeit zur Druckvergrößerung im Arbeitsmittel. Für TL wird sie (unterstützt von der Einlauf-Stauverdichtung im Flug) durch mehrstufige Verdichter vorrangig axialer, selten radialer, manchmal kombinierter Bauart realisiert. Der Verdichter ist nach dem Einlaufdiffusor zwischen den Triebwerksebenen 2 und 3, bei den meisten ZTL in Baueinheit mit dem Frontbläser, angeordnet. An Literatur zur Thematik des Verdichters als thermischer Turbomaschine sollten u.a. die Grundlagenwerke [30], [68], [155] [171] und [194] genutzt werden.

Zum Verständnis des **Axialverdichters** ist die Arbeitsweise der *axialen Verdichterstufe* nach Kap.3.6 als seiner kleinsten Arbeitseinheit erforderlich. Nach Abb.6.1 besteht sie aus den Gittern von Laufrad und Leitrad, beide als *Verzögerungsgitter*, d.h. gasdynamisch als *Diffusor* ausgebildet. Die Gitter zeichnen sich durch Einjustierung, Profilierung und Verwindung ihrer Beschaufelung aus. Sie stellen mit den Gitterkanälen die gasdynamisch wirksamen Elemente dar. Die Vorgänge ihrer Durchströmung verlaufen dabei etwa parallel zur Maschinenachse. Beide Verzögerungsvorgänge in Relativsystem (Laufgitter) und Absolutsystem (Leitgitter) führen als Parameterveränderung zur Vergrößerung des statischen Druckes in der durchgesetzten Luft.

Die Betrachtung erfolgt vereinfacht nach der Stromfadentheorie im Mittelschnitt des Gitters ohne Grenzschicht- und Randeffekte. Nicht erfolgender Wärmetausch erfüllt die Definition offener adiabater Systeme. Damit wird luftseitig durch Übertragung mechanischer Arbeit ideal eine *isentrope* Druckerhöhung erzielt. Real ergibt sich wegen der Irreversibilitäten eine polytrope Zustandsänderung. Dies bewirkt einen Enthalpiezuwachs im durchgesetzten Luftstrom. Das Laufrad zwischen den Stufenebenen 1 und 2 ist nach Abb.6.1 das erste Bauteil der Turbomaschine. Die Strömungsmechanik (Kinematik) ist durch Eintritts- und Austrittsdreieck am *Laufgitter* mit den Geschwindigkeitsvektoren c, u und w (s. Kap.3.6) vorgegeben.

Die Zuströmung erfolgt mit der *Absolutgeschwindigkeit* c, bei der Erststufe ohne Vorleitrad gewöhnlich drallfrei, in den Folgestufen mit mehr oder weniger großem Drall. Bei streng axialer Strömung ist die *Umfangsgeschwindigkeit* u konstant, bzw. abhängig vom Radius im Mittelschnitt veränderlich. Nur für das Laufgitter maßgebend ist die *Relativgeschwindigkeit* w, welche infolge der Diffusorwirkung in den Laufschaufelkanälen (im Gegensatz zum wachsenden Betrag von c) abnimmt (s. Abb.6.1).

Dort ist auch der Strömungs- und Parameterverlauf im nachfolgenden *Leitgitter* zwischen den Stufenebenen 2 und 3 ersichtlich. Nach dem Energieerhaltungssatz erfolgt im Absolutsystem bei Konstanz der Totalparameter die Energiewandlung auf Kosten des Wertes von c mit dem Resultat weiterer Erhöhung des statischen Druckes. Zugleich erfolgt eine Strömungsumlenkung, damit in der Stufenebene 3 der optimale Drall für den Eintritt in das Laufrad der nächsten Stufe vorliegt. Der mittels *gasdynamischer Kraftwirkungen* realisierte Energieumsatz einer axialen Verdichterstufe basiert demnach vorrangig auf dem 1. und 3. Summanden von Gleichung (3.71).

Bei *fester Geometrie* ist die Beschaufelung so angeordnet, daß sie den vorgesehenen Geschwindigkeitsdreiecken im Auslegungszustand entspricht. Bei Leitgittern mit ***variabler*** *Geometrie* wird (s. Kap.6.8) unter bestimmten Gesichtspunkten der Hauptbetriebszustand auf einen, wenn auch nicht sehr großen Bereich ausgeweitet. Größere Wirkung ist durch Beeinflussung der Geschwindigkeitsdreiecke zum Zweck der Annäherung an die feste Geometrie der Beschaufelung zu erreichen. Dem entsprechen die gasdynamischen Vorgänge bei Laständerungen (s. Kap.6.9) in den *Mehrwellenverdichtern*.

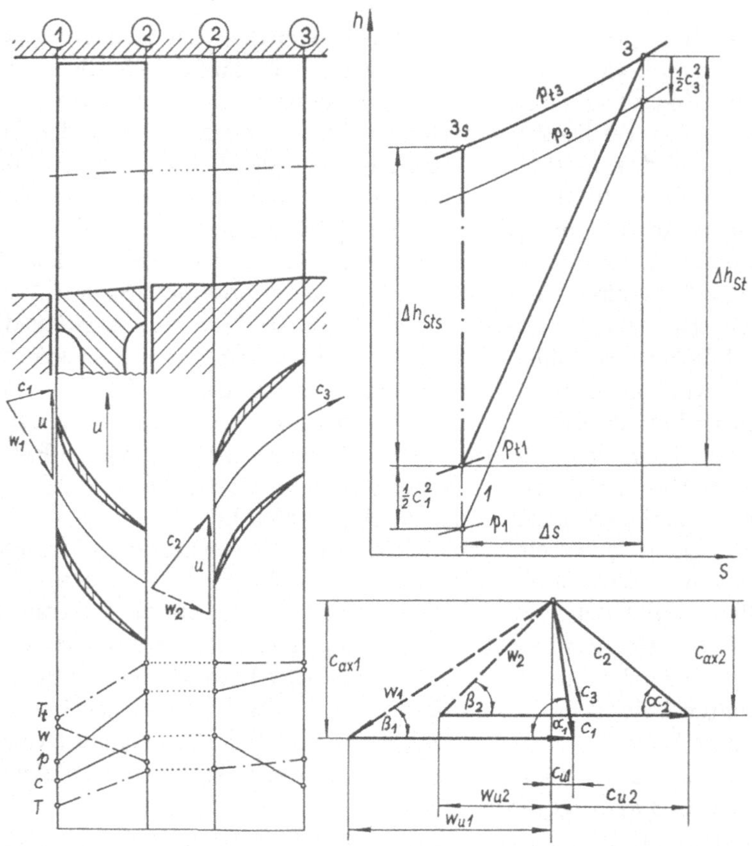

Abb. 6.1: Strömungsmechanik und Thermodynamik einer axialen Verdichterstufe

Beim **Radialverdichter** verläuft die Strömung im wesentlichen senkrecht zur Maschinenachse, d.h. sie verläßt in radialer Richtung das Laufrad. Hinsichtlich Strömungsmechanik und konstruktivem Aufbau unterscheidet er sich damit wesentlich von der axialen Maschine. Dem axialen Laufradeintritt in Wellennähe folgt nach Abb.6.2 der radiale Austritt bei größtmöglichem Radius. Es ergibt sich so ein großer Unterschied für Durchmesser und Umfangsgeschwindigkeit im Laufrad. Damit erhält der 2. Summand in (3.71) den mit Abstand größten Betrag für den Energieumsatz. Die mittels *Zentrifugalkraft* in Umfangsrichtung beschleunigte Luft bewirkt den Hauptanteil der Energiewandlung im Rad. In der anschließenden Statorbeschaufelung wird (wie auch im axialen Leitgitter) eine Umwandlung von kinetischer Energie in potentielle vorgenommen. Damit ist meist die Umlenkung des Luftstroms in axiale Richtung verbunden.

Gut geeignet ist die mehrstufige axiale Bauart für sehr große Massenströme bei kleiner Stirnquerschnittsfläche. Die radiale Stufe ist dagegen prädestiniert für kleinere Durchsätze bei wesentlich größerer Druckerhöhung. Nachteilig für letztere ist gewöhnlich die beträchtliche radiale Erstreckung, verbunden mit großem Stirnquerschnitt und den zusätzlichen Verlusten infolge meist zweimaliger Stromumlenkung. Aus dem Maschinenbau stammend, stand die radiale Bauart historisch gesehen zuerst für TL zur Verfügung. Sie wurde bei den Erstmustern von OHAIN und WHITTLE sowie vielen geringverdichtenden Serientriebwerken der 1. Generation verwendet. Wegen des großen Stufendruckverhältnisses ist auch gegenwärtig der einstufige Radialverdichter bei kleinen Massenströmen aktuell.

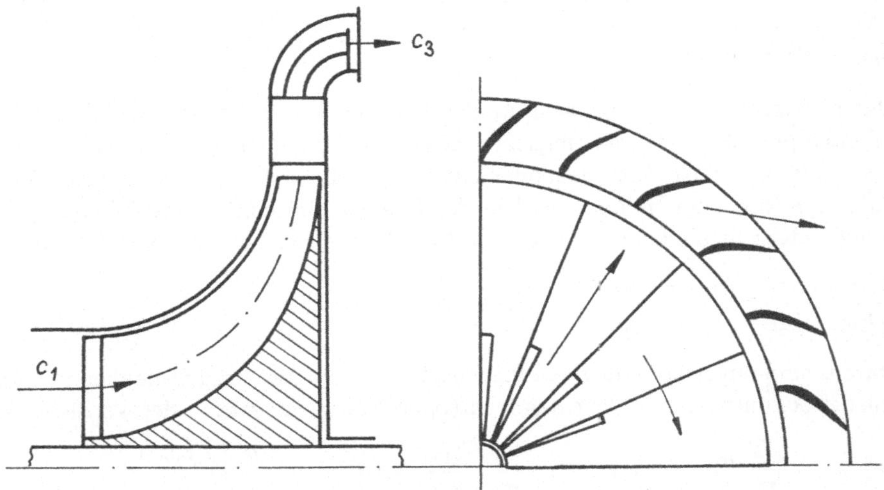

Abb. 6.2: Aufbau und Strömungsmechanik einer radialen Verdichterstufe

Zur Außenstromverdichtung bei ZTL genügt wegen des kleineren Druckes oft eine als *Bläser* (*Fan*) bezeichnete axiale Einzelstufe großen Durchmessers. Dagegen ist die beträchtliche Drucksteigerung im Gasgenerator-Innenstrom nur mit mehreren hintereinander geschalteten Stufen zu bewältigen. Mehrstufige bzw. vielstufige Axialverdichter (s. ab Kap.6.5) gewährleisten den Verdichtungsvorgang in modernen GTA und TL.

6.2 Energieumsatz und Kennwerte der Verdichterstufe

Abhängig von der thermodynamischen Zustandsänderung ist bei der eintretenden Energiezufuhr primär eine Steigerung von Druck und Dichte erwünscht, während sich die Temperaturerhöhung gesetzmäßig mitergibt. Jede Verdichterstufe leistet dazu einen Teilbeitrag. Das Energieniveau, ausgedrückt durch die jeweilige spezifische Totalenthalpie, wird in der Verdichterstufe um die zugeführte Arbeit vergrößert. Dabei ist zwischen der Enthalpie im Absolutsystem h_t und der im Relativsystem h_{tw} zu unterscheiden. Für den Laufradgittereintritt (Stufenebene 1) gilt bei absoluter bzw. relativer Betrachtung:

$$h_{t1} = h_1 + \frac{1}{2}c_1^2$$

$$h_{tw1} = h_1 + \frac{1}{2}w_1^2$$

Im Laufrad wird die Enthalpievergrößerung durch die Änderung ihres statischen Betrages und der kinetischen Energie ausgewiesen. Damit gilt im Laufgitteraustritt 2 analog:

$$h_{tw2} = h_2 + \frac{1}{2}w_2^2$$
$$h_{t2} = h_2 + \frac{1}{2}c_2^2$$

Der Betrag von h_{t2} ist maßgebend für das Leitgitter. Hier bleibt die Totalenthalpie konstant, da Energie nicht zugeführt, sondern gewandelt wird. Diese Diffusorströmung bewirkt in Ebene 3 geänderte Werte von statischer Enthalpie und kinetischer Energie:

$$h_{t3} = h_3 + \frac{1}{2}c_3^2 = h_{t2}$$

Der spezifische Energiezuwachs in der Gesamtstufe ist gleich der Differenz der Totalenthalpien ihrer Begrenzungsebenen. Dieser Zahlenbetrag hängt ab von der Art der thermodynamischen Zustandsänderung. Bekanntlich gilt bei idealem Energieumsatz die *Isentrope* (mit dem Index s) und in der Realität die ungünstigere ***Polytrope***. Entsprechend unterschiedlich ist der Arbeitsaufwand trotz gleichgroßem Verdichtungsenddruck:

$$\Delta h_{Sts} = h_{t3s} - h_{t1} \tag{6.1}$$
$$\Delta h_{St} = h_{t3} - h_{t1} \tag{6.2}$$

Daraus sind mit Einbindung von thermischen Parametern und Stufenkennwerten weitere Ausdrücke darzustellen. Für den isentropen Energieumsatz in der Verdichterstufe gilt:

$$\Delta h_{Sts} = \frac{R}{m}(T_{t3s} - T_{t1}) = T_{t1}\frac{R}{m}\left(\frac{T_{t3s}}{T_{t1}} - 1\right) = T_{t1}\frac{R}{m}\left[\left(\frac{p_{t3s}}{p_{t1}}\right)^m - 1\right]$$

Im Term rechts außen wird $p_{t3s} = p_{t3}$ gesetzt, weil ideal wie real derselbe Stufenenddruck erreicht werden soll. Zugleich wird zur Vereinfachung für das Verhältnis beider Totaldrücke analog (2.13) das Symbol Π eingeführt. Damit wird aus dem Hergeleiteten:

$$\Delta h_{Sts} = T_{t1}\frac{R}{m}(\Pi_{St}^m - 1) \tag{6.3}$$
$$\Pi_{St} = \frac{p_{t3}}{p_{t1}} \tag{6.4}$$

Das *Stufendruckverhältnis* Π_{St} auf der Basis der Totaldrücke nach (6.4) ist ein wichtiger Kennwert. Abhängig von zugeführter Arbeit und Gitterauslegung liegt sein Betrag für axiale Stufen im Bereich von 1,1...1,5 und erreicht in Ausnahmefällen den Wert von 2, bei radialen Stufen sogar den von 3...8! Nach (6.3) wird die *isentrope Verdichtungsarbeit* der Stufe berechnet. Bei Standardtemperatur (288 K) und dem o.g. Bereich des Druckverhältnisses der Axialstufen ist die spezifische Arbeit von rund 8...36 bzw. bis 64 kJ/kg Luft aufzubringen. Dieser Betrag wächst in den Folgestufen wegen höherer Eintrittstemperatur sowie durch die realen Verluste.

Dem Zahlenwert nach unterscheiden sich reale und ideale Stufenarbeit durch den *isentropen Stufenwirkungsgrad* η_{St}. Da real trotz ungleicher Temperaturen derselbe Enddruck erreicht werden soll, ist eine um den reziproken Wert von η_{St} höhere Verdichtungsarbeit zuzuführen. Aus diesen Überlegungen ergibt sich nach (6.2) und (6.3):

$$\Delta h_{St} = \Delta h_{Sts}\eta_{St}^{-1} = (h_{t3s} - h_{t1})\,\eta_{St}^{-1} \qquad \text{bzw.}$$
$$\Delta h_{St} = \frac{T_{t1}R}{m\,\eta_{St}}(\Pi_{St}^m - 1) \tag{6.5}$$

Hervorzuheben ist, daß η_{St} als *isentroper* Wirkungsgrad, d.h. als eine an der genannten Zustandsänderung orientierte Größe, bezeichnet wird. In Verbindung mit anderen Zusammenhängen wurden demgegenüber auch polytrope und isotherme Wirkungsgrade definiert. Demzufolge stellt der isentrope Stufenwirkungsgrad bei der Verdichtung das Verhältnis von isentroper zu realer Enthalpiedifferenz dar, nach (6.1) und (6.2) ist also:

$$\eta_{St} = \frac{\Delta h_{Sts}}{\Delta h_{St}} = \frac{h_{t3s} - h_{t1}}{h_{t3} - h_{t1}} \tag{6.6}$$

$$\eta_{St} = \frac{\Delta T_{Sts}}{\Delta T_{St}} = \frac{T_{t3s} - T_{t1}}{T_{t3} - T_{t1}} \tag{6.7}$$

Der isentrope Wirkungsgrad ist der Kennwert für die Güte des Energieumsatzes der Stufe. Für Axialstufen ist $\eta_{St} = 0,82 \ldots 0,88$, nur in Ausnahmefällen wird der Wert 0,92 erreicht. Radialstufen erzielen infolge größerer Verluste Beträge um 0,80 oder nur geringfügig mehr. Im Interesse eines hohen Wirkungsgrades sind die Verluste der Stufe meßtechnisch zu analysieren und nach Möglichkeit einzeln zu minimieren. Als Produkt von Massenstrom und Arbeit wird die Antriebsleistung der Verdichterstufe berechnet:

$$P_{St} = \dot{m}_L \Delta h_{St} = \dot{m}_L \frac{T_{t1} R}{m\, \eta_{St}} \left(\Pi_{St}^m - 1\right) \tag{6.8}$$

Die o.g. Stufenkennwerte Δh_{St}, Π_{St} und η_{St} wurden exakt auf Basis der Totalparameter dargestellt. Bei Heranziehung der analogen statischen Parameter müßten die Strömungsgeschwindigkeiten in Eintritt und Austritt der Stufe zusätzlich Berücksichtigung finden. Da letztere sich pro Stufe aber nicht wesentlich ändern sowie in Zähler und Nenner der o.g. Gleichungen vorkommen, werden die Unterschiede bei Verwendung statischer Parameter anstelle totaler nur selten 0,5 % überschreiten. Für Überschlagsrechnungen ist das nicht sehr bedeutend.

Bei Turboverdichtern als thermischen Strömungsmaschinen sind die Zahlenwerte der Geschwindigkeiten entscheidend für die Größe der spezifischen kinetischen Energie. Die Absolutgeschwindigkeit liegt im Bereich von $c = 100 \ldots 250$ m/s. Aus Gründen der Rotorfestigkeit erreicht die Umfangsgeschwindigkeit am Schaufelkopf um $u = 400$ m/s, es werden aber wesentlich höhere Werte bis 600 m/s angestrebt. Daraus ergeben sich stets Relativgeschwindigkeiten im Transschallbereich. Nicht selten wird in den Erststufen die auf die Relativgeschwindigkeit bezogene M-Zahl $M_w = 1$ überschritten.

Der *Reaktionsgrad* $\bar{r}$ nennt die unterschiedliche Beteiligung der beiden Gitter für Energieumsatz und Druckvergrößerung in der Stufe. Er ist definiert als Verhältnis der Enthalpiedifferenzen von Laufrad (statisch) und Gesamtstufe (total). Mittels (hier nicht gezeigter) Umformungen ergibt sich als Näherung das Verhältnis der Druckdifferenzen:

$$\bar{r} = \frac{h_{2s} - h_1}{h_{t3s} - h_{t1}} = \frac{p_2 - p_1}{p_{t3} - p_{t1}} \tag{6.9}$$

Nach (6.9) wird der Reaktionsgrad durch thermodynamische Beziehungen berechnet. Seine Bestimmung ist aber ebenso über die strömungsmechanischen Sachverhalte, d.h. mit Hilfe der Geschwindigkeitsdreiecke und der EULER-Gleichung (3.69), möglich. Infolge unterschiedlicher Ausgangs- und Herleitungsbedingungen sind die Angaben in der Literatur nicht einheitlich. Als Näherung wird aus [88] und [155] der Ausdruck zitiert:

$$\bar{r} = 1 - \frac{c_{u2}}{2u_2} \tag{6.10}$$

Der Reaktionsgrad liegt für Verdichterstufen stets im Bereich von $\bar{r} = 0,6 \ldots 0,8$. Daraus geht hervor, daß das Leitrad infolge des kleineren Restanteils $(1 - \bar{r})$ auf Grund gasdynamischer Erfordernisse einen geringeren Betrag zur Druckvergrößerung liefert. Die Ursache der *Überdruckauslegung* des Laufgitters von Verdichterstufen besteht im günstigeren Verhalten der unter Fliehkraft stehenden Strömung auf die (sonst zu Verdickung und Abrissen neigende) Grenzschicht.

Für allgemeine Kennzeichnung und Vergleich von Verdichterstufen als Turbomaschinen gibt es weiterere dimensionslose Kennziffern, welche ebenfalls den Energieumsatz ausweisen. Hinsichtlich Bezeichnung und Definition sind sie in den verschiedensten Quellen ebenfalls mit einigen Unterschieden dargestellt. Die wichtigsten von ihnen sind:

die Durchsatz- bzw. Lieferziffer $$\varphi = \frac{c}{u} \tag{6.11}$$

die Leistungs- bzw. Druckziffer $$\psi = \frac{2\Delta h_{St}}{u^2} \tag{6.12}$$

und schließlich die Drosselziffer $$\tau = \frac{\varrho c^2}{2\Delta p_t} = \frac{\varphi^2}{\psi} \tag{6.13}$$

Diese Kennziffern bzw. Zahlen sind auf verschiedene Querschnitte und Radien, d.h. mit unterschiedlichen Indizes anwendbar. Die *Durchsatzziffer* φ verbindet die Strömungsmechanik mit der Kinematik der Stufe. Zuweilen auch als *Druckziffer* bezeichnet, drückt die Größe ψ eine dimensionslose Stufenarbeit aus. Als Verhältnis von Strömungsenergie (und damit indirekt von Strömungswiderstand) zur Druckvergrößerung ermöglicht die Kennziffer τ Aussagen zur Drosselcharakteristik der Stufe. Weiterhin gehören zur Ähnlichkeitstheorie von Turbomaschinen die REYNOLDS-ZAHL *Re* sowie die Mach-Zahlen M und M^*. Diese Kennziffern gewährleisten über Vergleiche und Diagrammdarstellungen die quantitative Untersuchung und Auslegung von Strömungsmaschinen. Unter Verweis auf die Literatur von Turbomaschinen [85], [155] und [170] wird hier darauf nicht weiter eingegangen.

Mit den Eintrittsparametern in die Stufe T_{t1} und p_{t1} sowie den Kennwerten des Energieumsatzes sind die Stufenaustrittsparameter zu bestimmen. Mit Ausnahme des Stufenenddruckes sind ideale und reale Betrachtung zu unterscheiden. Es gilt demnach:

$$p_{t3} = p_{t1}\frac{p_{t3}}{p_{t1}} = p_{t1}\Pi_{St} \tag{6.14}$$

$$h_{t3s} = h_{t1} + \Delta h_{Sts} = h_{t1} + T_{t1}\frac{R}{m}\left(\Pi_{St}^{m} - 1\right) \tag{6.15}$$

$$h_{t3} = h_{t1} + \Delta h_{St} = h_{t1} + \frac{T_{t1}R}{m\eta_{St}}\left(\Pi_{St}^{m} - 1\right) \tag{6.16}$$

$$T_{t3s} = T_{t1} + \Delta T_{Sts} = T_{t1}\Pi_{St}^{m} \tag{6.17}$$

$$T_{t3} = T_{t1} + \Delta T_{St} = T_{t1}\left(\frac{\Pi_{St}^{m} - 1}{\eta_{St}} + 1\right) \tag{6.18}$$

Der Vergleich von isentroper und realer polytroper Stufenarbeit mittels (6.15) und (6.16) unterstreicht die Rolle des (isentropen) Stufenwirkungsgrades. Sein Zahlenbetrag verursacht reziprok eine Vergrößerung der realen Verdichtungsarbeit über ihren isentropen Wert hinaus. Diese in der Folge von Irreversibilitäten auftretende Differenz

$$\Delta h_R = h_{t3} - h_{t3s}$$

ist wegen des Mehraufwandes als Verlust zu werten. Der Energiebetrag ist zwar in der durch $(T_{t3} - T_{t3s})$ ausgewiesenen vergrößerten inneren Energie des Luftstroms enthalten, hat aber wegen $p_{t3} = p_{t3s}$ keine Druckerhöhung bewirkt.

Aus den gasdynamischen Gesetzmäßigkeiten ist der Eintrittsquerschnitt A_1 in die Stufe zu bestimmen, woraus sich ihre Hauptabmessungen ergeben. Aus (3.28) ergibt sich ein Ausdruck unter Verwendung der (meist bekannten) Totalparameter mit Benutzung der Tabelle der gasdynamischen Funktionen, ein dafür bekannter Strömungszustand durch eine der Größen von M, M^* oder α vorausgesetzt. Andererseits ist nach (2.1) und (3.1) eine Gleichung für die Verwendung statischer Parameter herleitbar. Letztere sind gewöhnlich erst abhängig vom Strömungszustand zu bestimmen. Es ist demzufolge:

$$A_1 = \frac{\dot{m}_L \sqrt{T_{t1}}}{\alpha_1 K_\alpha p_{t1}} \tag{6.19}$$

$$A_1 = \frac{\dot{m}_L R T_1}{c_1 p_1} \tag{6.20}$$

Nach der Ermittlung von A_1 ist der (äußere) Durchmesser d_a der Stufe zu bestimmen. Dabei ist der vorhandene Nabenquerschnitt mit dem Innendurchmesser d_i zu berücksichtigen. Für die sich ergebende Kreisringfläche ist das das sog. *Nabenverhältnis* $\nu = d_i/d_a$ maßgebend. Es beträgt für Eintrittsstufen von Verdichter und Fan der TL gewöhnlich $\nu = 0,25 \ldots 0,50$ und erreicht oft Werte über 0,9 für die Endstufen. Mit

$$A_1 = \frac{\pi}{4}\left(d_a^2 - d_i^2\right) = \frac{\pi}{4} d_a^2 \left(1 - \nu^2\right) \quad \text{ist}$$

$$d_a = \sqrt{\frac{4A_1}{\pi(1-\nu^2)}} \quad \text{bzw. mit (6.19)} \tag{6.21}$$

$$d_a = \sqrt{\frac{4\dot{m}_L \sqrt{T_{t1}}}{\pi(1-\nu^2)\alpha K_\alpha p_{t1}}} \tag{6.22}$$

Aus den vorliegenden thermogasdynamischen Parametern ist mit (6.22) der Außendurchmesser in der Verdichtereintrittsebene zu berechnen. Der für die Strömung nicht zur Verfügung stehende Nabenquerschnitt wurde durch die Größe ν mit berücksichtigt.

6.3 Räumliche Strömung in axialen Verdichterstufen

Bisherige Untersuchungen der Stufe waren vereinfachte Betrachtungen nach der Stromfadentheorie am Mittelschnitt unter der Annahme, daß über dem Ringkanal keine wesentlichen Parameterveränderungen auftreten. Aber mit Vergrößerung der Schaufellänge infolge weitestmöglicher Verkleinerung des Nabenverhältnisses vor allem in den Erststufen des Verdichters, verschärft durch die verlängerten Fanschaufeln beim ZTL, ist diese Voraussetzung nicht aufrechtzuerhalten. Die Parameterveränderungen, welche z.B. in [1] und [2] beschrieben sind, ändern sich als Funktion des Radius r in Wirklichkeit beträchtlich. Dazu kommen Sekundär-, Rand- und Spaltströmungen sowie u.U. Auswirkungen durch Verdichtungsstöße, Strömungsabrisse und die Grenzschicht.

[1] Mäcker, G.: Die Kinematik in der Stufe eines Axialverdichters mit über der Schaufelhöhe konstanter oder linear veränderlicher Energiezufuhr an das Medium. Maschinenbautechnik 11 (1962) 2, S. 72-77

[2] Wolf, H.: Ergebnisse der Strömungsforschung für axiale thermische Turbomaschinen. Maschinenbautechnik 28 (1979) 8, S. 360-368

Der Strömungsvorgang in den Gittern ist bei genauer Untersuchung dreidimensional, was seine quantitative Analyse erschwert. Letztlich sind alle Parameter der Stufe mit Bezug auf den Radius als Variable zu betrachten. Die partiellen Differentialgleichungen, welche diesen Vorgang beschreiben, sind nur durch eine Reihe von Vereinfachungen einer Lösung zuzuführen. Ausgangspunkt ist die Gleichung von BERNOULLI (3.6) als Ausdruck dreidimensionaler Strömung unter Austausch von Arbeit im Absolutsystem:

$$\Delta h_{St} = \frac{1}{2}\left(c_{ax}^2 + c_u^2 + c_r^2\right) + \int_1^2 \frac{\mathrm{d}p}{\varrho} \tag{6.23}$$

Dazu ist der Energieumsatz meist nicht als konstante Größe, sondern in Abhängigkeit vom Radius als $\Delta h_{St} = f(r)$ zu sehen. Aus den Gleichungen von BERNOULLI und EULER lassen sich nach [85] partielle Differentialgleichungen, einmal für das *radiale Gleichgewicht* eines Gasteilchens unter dem Einfluß von Zentrifugal- und Druckkraft, zum andern für den *Energieumsatz*, als Funktion der Schaufellänge wie folgt angeben:

$$\frac{1}{\varrho}\frac{\partial p}{\partial r} = \frac{c_u^2}{r} - c_{ax}\frac{\partial c_r}{\partial x} - c_r\frac{\partial c_r}{\partial r} \tag{6.24}$$

$$\frac{\partial \Delta h_{St}}{\partial r} = c_{ax}\left(\frac{\partial c_{ax}}{\partial r} - \frac{\partial c_r}{\partial x}\right) + c_u\frac{\partial c_r}{\partial r} + \frac{c_u^2}{r} \tag{6.25}$$

In der Literatur werden diese Gleichungen ebenfalls unterschiedlich zitiert. Außerdem bewirken die zu ihrer Handhabung erforderlichen Vereinfachungen sowie die Besonderheiten der Stufe im Verdichterverband weitere Unterschiede bei Angabe angenäherter Lösungen. Eine in der Regel problemlose Vereinfachung ist die oft mögliche Annahme, daß die Änderung der Radialgeschwindigkeit unwesentlich und deshalb zu vernachlässigen ist. Mit $\partial c_r/\partial x = 0$ wird nach [85] aus (6.25) der vereinfachte Ausdruck geschaffen

$$\mathrm{d}\Delta h_{St} = c_{ax}\mathrm{d}c_{ax} + c_u\mathrm{d}c_u + c_u^2\frac{\mathrm{d}r}{r} \tag{6.26}$$

Bei weiterer Annahme eines unveränderlichen Energieumsatzes über der Schaufellänge ist in (6.26) $\mathrm{d}\Delta h_{St} = 0$ zu setzen. Stets ist als erster Schritt der Vereinfachungen die Umwandlung des Systems *räumlicher* Strömung (x, r, u) in ein solches *koaxialer, rotationssymmetrischer* Anordnung (x, r) zu vollziehen. Mittels zusätzlicher Annahmen über die Gitterströmung gelingt es, in (6.26) eine einfache Differentialgleichung aufzustellen, in der nur noch Ableitungen nach r vorhanden sind.

Analytische Vereinfachungen sind selbstverständlich nur zulässig, solange im Rahmen der gestellten Anforderungen und der vorhandenen Meßgenauigkeit ausreichende Annäherung an die Realität gewährleistet ist. So sind beispielsweise rotationssymmetrische Stromlinien nicht immer gegeben. Radiale Versetzung bzw. gekrümmter Verlauf der Stromlinien verschlechtern vor allem bei TL-Verdichtern mit den notwendigen geringen Axialspalten und kleiner axialer Schaufelabmessung die Umströmung. Diese Tatsache und weitere Einflüsse infolge Kompressibilität, Grenzschicht sowie Verdichtungsstößen sind durch Korrekturglieder in (6.26) zu berücksichtigen.

Zur Entwicklung von Stufen für TL-Verdichter mit hohen Anforderungen an ihre Kennwerte ($\dot{m}_L$, M_w, Π_{St}, η_{St}) ist umfangreiche, aus vorstehenden Gleichungen geschaffene Software mittels moderner Rechentechnik anzuwenden. Außerdem sind die Resultate an Modell- bzw. Originalstufen durch genaue Meßtechnik nachzuprüfen. Daraus ist ersichtlich, daß diese langwierigen Arbeiten mit hohen Kosten verbunden und oft von einem Unternehmen allein nicht zu bewältigen sind.

In (6.26) sind die Beträge von c und u nicht frei wählbar. Das ist auch an den Geschwindigkeitsdreiecken in Abb.6.1 ablesbar. Den (sich über der Schaufellänge ändernden) Geschwindigkeitsvektoren entsprechend ist die Gitterbeschaufelung optimal in die Drallströmung einzustellen. Das bedeutet für hochbelastete und zugleich effiziente Leit- und Laufgitter von TL-Verdichtern stets die *Schaufelverwindung.*

Nach [109] und [172] werden fünf Schaufelverwindungen mit unterschiedlichen Gesetzmäßigkeiten aufgezeigt und hinsichtlich ihrer Auswirkungen beschrieben. Es handelt sich dabei um die folgenden, über der Schaufellänge gleichbleibenden, quantitativen Sachverhalte, welche auch als ***Drallgesetze*** bzw. als ***Drallverteilungen*** zu bezeichnen sind:

1. Freiwirbelgesetz $c_u r = const$
2. gleiche Umfangskomponente $c_u = const$
3. Festwirbelgesetz $c_u / r = const$
4. unverwundenes Leitgitter $\alpha = const$
5. gleicher Reaktionsgrad $\bar{r} = const$

Infolge unterschiedlicher Parameterveränderung über der Schaufelhöhe bewirkt jedes dieser Drallgesetze Vorteile und Nachteile, was für Verdichterstufen zu verschiedenartiger Anwendung führt. So sind nach [109] für das ***Freiwirbelgesetz*** die Unterschiede der M_{w1}-Werte zwischen Fuß und Kopf der Schaufel bei nach außen steigender Tendenz am größten. Rasch wird demnach am Schaufelkopf Überschallströmung erreicht. Dagegen sinken die Beträge von c_{ax2} beim ***Festwirbelgesetz*** in Kopfrichtung am stärksten. Die 2. Gesetzmäßigkeit gewährleistet nur Veränderungen im Mittelfeld. Damit decken sich annähernd die Parameterveränderungen bei ***unverwundenen Leitschaufeln***. Der Vorteil von letzterem besteht vor allem in der einfachen Herstellungstechnologie. Schließlich führt das Gesetz ***gleichbleibenden Reaktionsgrades*** zu ausgeglichener gasdynamischer Belastung sowie zu geringstem Anwachsen der M_{w1}-Werte am Schaufelkopf.

Daraus geht die komplizierte, niemals ***allen*** Anforderungen gerecht werdende Auslegung von Verdichtergittern unter dem Aspekt ***räumlicher Strömung*** hervor. Dabei werden oft nicht die Drallgesetze in den o.g. „reinen“ Formen, sondern kombiniert, bzw. nach den erzielten Meßergebnissen optimiert, in den einzelnen Stufen unterschiedlich angewandt. Mit größer werdender radialer Erstreckung der Gitter wachsen die Probleme der räumlichen Strömung. Deshalb erfordert die Entwicklung von Fanschaufeln großer ZTL, welche oft die Länge von 1 m überschreiten, erhöhten Aufwand.

Außer durch Gittergeometrie und Schaufelverwindung wird die räumliche Strömung entscheidend durch die Bemessung der ***axialen*** und ***radialen Spalte*** beeinflußt. Zwecks Minimierung von Baulänge und Eigenmasse werden die Axialspalte so weit verringert, wie es die Betriebssicherheit bei Relativdehnung Rotor/Stator zuläßt. Beim bedeutenderen ***Radialspalt s*** besteht vorrangig Anlaufgefahr infolge zu geringer Abmessungen. Andererseits verursacht ein großer Radialspalt Strömungsverzerrung in Verbindung mit Leckverlusten am Schaufelkopf und Wirkungsgradabfall. Quantitativ ist dafür der Spalt im Verhältnis zur Schaufellänge h, der ***relative Radialspalt*** s/h in Prozent maßgebend. Das betrifft hauptsächlich die letzten Verdichterstufen wegen kleinerer Schaufellänge.

6.4 Die Überschallverdichterstufe

Forderungen nach verbesserten Kennwerten des TL bedeuten u.a. größeren Energieumsatz der Verdichterstufe bei anwachsender Massenstromdichte. Damit lassen sich Stufendruckverhältnis und Massenstrom steigern, wodurch eine Verringerung von Anzahl, Abmessungen und Eigenmasse der Stufe(n) eintritt. Bei gleichen oder günstigeren Parametern sind damit bessere spezifische Kennwerte erzielbar.

Voraussetzung dazu sind größere Beträge an spezifischer kinetischer Energie, d.h. an Umfangsgeschwindigkeit und Strömungsgeschwindigkeit im Absolutsystem. Daraus ergibt sich bekanntlich die Relativgeschwindigkeit w und die Tatsache, daß die relative

M-Zahl $M_{w1} = 1$ örtlich schnell erreicht bzw. überschritten wird, obwohl im Absolutsystem $M_1 < 1$ vorliegt. Damit beginnt die Arbeit von *Überschallstufen*, deren Notwendigkeit schon früh[3] erkannt wurde und deren Parameter eine große Breite aufweisen können. Insgesamt lassen sich nach den im Betrieb auftretenden Strömungsfeldern in den Lauf- und Leitgittern von TL-Verdichtern die folgenden Stufenarten unterscheiden:

- die „reine“ *Unterschallstufe* bzw. *schallnahe Stufe* mit etwa $M_1 < 0,7$ und $M_{w1} < 1$, welche trotz hoher Belastung an keiner Stelle ihrer Gitter die Schallgrenze erreicht oder überschreitet;
- eine *Transschallstufe* für $M_1 > 0,75$ und $M_{w1} = 1,1 \ldots 1,4$ arbeitet im Auslegungszustand nur beim Laufgittereintritt mit kleinem Überschall-, besser: mit einem Transschall-Strömungsfeld;
- zur eigentlichen *Überschallstufe* sollte gezählt werden, wenn im Laufgittereintritt zumindest $M_{w1} = 1,4 \ldots 1,5$ vorliegen, also ein Überschallfeld jenseits vom Transschallgebiet gegeben ist;
- das Attribut *total* sollte eine Überschallstufe dann erhalten, wenn ihre beiden Gitter teilweise oder völlig Überschall-Strömungsfelder inklusive einer dazugehörenden Beschaufelung aufweisen.

Ausgangspunkt ist die am Verdichterbeginn fast stets vorliegende *schallnahe Stufe*. In den Verdichtern neuerer TL-Generationen werden *Transschall-* und die mit etwas größerer M-Zahl betriebenen *Überschallstufen* verwendet. Der Unterschied zwischen beiden besteht letztlich nur in der M-Zahlgröße sowie der Profilierung der dafür am besten geeigneten Gitterbeschaufelung. Wurde ursprünglich der Bereich von äußerstenfalls $M_{w1} = 1,3 \ldots 1,4$ nicht überschritten, so hat man sich z.Z. erfolgreich bis auf (s.w.u.) $M_{w1} = 1,6 \ldots 1,7$ vorgetastet. Die Gesamtheit der Verdichterstufen im genannten Bereich von $M_{w1} > 1$ wird in diesem Buch der Literatur[4] folgend stets als *Überschallstufe* bezeichnet, wenn auch oft „nur“ Transschallströmung anliegt.

Ihr Charakteristikum sind $M_{w1} > 1$ und $M_{w2} < 1$, d.h. im Laufgitter erfolgt die Verzögerung einer Überschallströmung in den Unterschallbereich sowie die weitere Unterschallabbremsung im nachfolgenden Leitgitter. Nach den Abschnitten 3.4 und 5.3 wird die Verzögerung eines Überschallströmungsfeldes stets durch Verdichtungsstöße realisiert. Für Überschall-Verzögerungsgitter ist im Interesse geringer Irreversibilitäten ein optimales System schwacher Stöße erforderlich. Diese Erkenntnis zusätzlicher Vergrößerung des (statischen) Druckes durch ein Stoßsystem ist bei der gasdynamischen Durchbildung des Laufgitters zu berücksichtigen.

Typisch ist in Analogie zum Überschall-Einlaufdiffusor ein Stoßsystem im Schaufelkanal, welches nach Abb.6.3 aus (zumindest) einem *schrägen Stoß* vor oder an der Vorderkante der Schaufel und einem *senkrechten Stoß*, ausgehend vom Schaufelrücken, gebildet wird. Letzterer erreicht die Spitze der Nachbarschaufelvorderkante oder wenigstens ihre Nähe. Dort erfolgt auch die Annäherung bzw. Fokussierung des schrägen Stoßes. Zugleich stellt in der Regel die Verlängerung des senkrechten Stoßes über die Nachbarschaufel hinaus den schrägen Stoß für den zweiten Schaufelkanal dar. Das Überschallströmungsfeld des Schaufelkanals reicht vom Eintritt bis zum senkrechten Stoß. Nach der Verzögerung des schrägen Stoßes auf kleinere Überschallgeschwindigkeit erfolgt bei Querschnittserweiterung (im Widerspruch zur beabsichtigten Wirkung) wieder eine mehr oder weniger große Beschleunigung. Sie wird durch den (damit intensiveren und verlustreicheren) senkrechten Stoß mit M-Zahlabfall auf $M_w < 1$ beendet. Die anschließende Unterschallströmung wird bis zum Laufgitteraustritt verzögert.

[3]so auch in der Arbeit von Cordes, G.: Einfluß des Überschall-Axialverdichters auf die TL-Entwicklung. Autorensonderdruck aus einem Berichtsband der TH Dresden, 1956

[4]Diese Ausführungen zur Thematik der Überschall-Verdichterstufe stammen u.a. aus Schriften von MTU München, so z.B.: Technische Information. MTU Motoren- und Turbinen-Union, München, 1992

Dazu zeigt Abb.6.3 die Evolution des Gitters, beginnend mit konventionellen Unterschallprofilen, welche zur Schubsteigerung bei früheren TL Strömungen mit $M_{w1} > 1$ ausgesetzt wurden. Dafür nicht vorgesehen, arbeiteten sie mit ungünstigem Stoßsystem infolge zu großem Schaufelabstand (s. Abb.6.3a). Der schräge Stoß erreichte nicht die Vorderkante der Nachbarschaufel, und die Überschallströmung wurde zu stark beschleunigt, so daß der senkrechte Stoß zu intensiv und verlustreich war. Der (im Unterschallbereich gute) Stufenwirkungsgrad fiel deshalb im Transschallbereich steil ab.

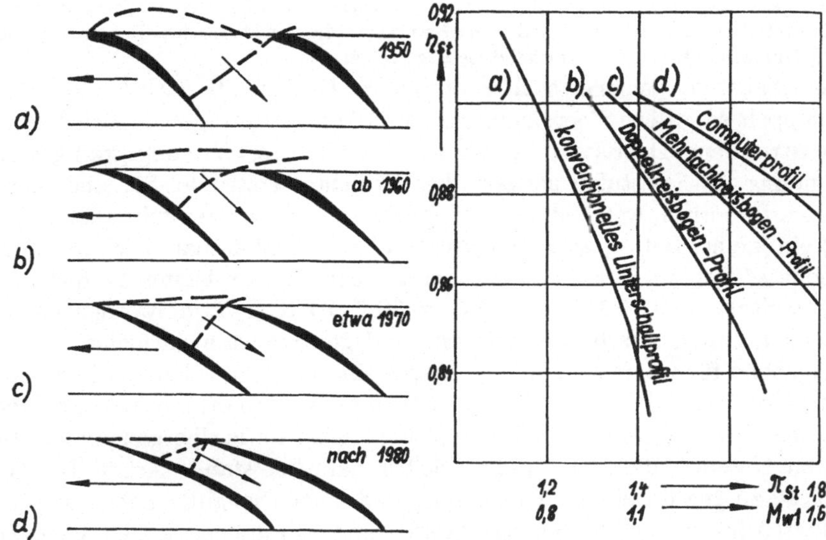

Abb. 6.3: Beschaufelung und Stoßsysteme verschiedener Überschall-Laufgitter

Mit Anwendung sog. *superkritischer Profile* sowie *Doppel-* bzw. *Mehrfachkreisprofile* bei TL der Folgegenerationen wurde die Überschallzone verkürzt und mit dem benachbarten Schaufelkanal verbunden. Nach Abb.6.3b und c sind diese Profile schlanker, weniger gekrümmt und mit zunehmend größerer Dickenrücklage versehen. Im Interesse eines günstigeren Systems von Verdichtungsstößen geringer Intensität sind die Schaufelvorderkanten besser zueinander angeordnet. Dadurch arbeiten sie trotz höherer Werte von M_{w1} verlustärmer, der Stufenwirkungsgrad ist folglich größer.

Der Einsatz neuester sog. *Computerprofile* nach Abb.6.3d ermöglicht für den Hauptbetriebszustand ein System mit zwei schrägen und dem abschließenden senkrechten Verdichtungsstoß als auch die Fokussion aller Stöße an der gegenüberliegenden Schaufelvorderkante. Nach Druckerhaltungskoeffizient, Massenstromdichte und aerodynamischem Widerstand wurde dadurch der gegenwärtige Bestzustand erreicht. Damit sind Wirkungsgrade in der Größenordnung von $\eta_{St} = 0,90$ bis hin zu $M_{w1} = 1,6 \ldots 1,7$ gewährleistet. Eine Weiterentwicklung in Richtung noch effizienterer Mehrstoßsysteme ist wegen dazu erforderlicher variabler Laufgittergeometrie auszuschließen.

Dessen ungeachtet wird an künftigen Projekten *totaler Überschallstufen* gearbeitet. In [109] wird dazu für ihren Rotorteil das sog. *Stoßgitter* bei primärer Wirkung eines Stoßsystems vom *Impulsgitter*, welches vor allem durch Stromumlenkung ohne wesentliche Überschallverzögerung zur Erhöhung des statischen Druckes beiträgt, unterschieden. Es ist also beim Stoßgitter $M_{w2} < 1$ und beim Impulsgitter $M_{w2} > 1$. Das bedeutet für letzteres, die Überschallabbremsung (falls erstrebt) auf das nachfolgende Leitgitter zu verlagern und dort u.U. mittels variabler Geometrie bei geringeren Verlusten zu realisieren. Die Geschwindigkeitsdreiecke beider Varianten divergieren wesentlich. Gegenwärtig weisen totale

Überschallstufen wegen zu verlustreicher Stoßsysteme nicht befriedigende Wirkungsgrade auf. Sie werden dann größere Bedeutung erhalten, wenn es gelingt, ihren Wirkungsgrad dem weniger belasteter Stufen anzunähern. Bei angestrebtem großen Stufendruckverhältnis und geringem Massenstrom ist dafür auch die ***radiale Überschallstufe*** nicht auszuschließen.

Als spezieller Anwendungsfall einer totalen Überschallstufe ist der sog. ***Überschallbläser (Supersonic Throughflow Fan)*** nach [84] anzusehen. In das zukünftige ZTL eines Überschallflugzeuges für etwa $M = 2,5$ integriert sowie aus Rotor und Stator mit der Charakteristik des ***Impulsgitters*** bestehend, arbeitet dieser Fan sowohl im Absolut- als auch im Relativsystem nur mit Überschallströmungen. Nach geringer Einlaufverzögerung auf etwa $M = 2$ erfolgt im Laufgitter die Energiezufuhr mit Impulsumlenkung und im Leitgitter wieder die axiale Ausrichtung. Der mit größerer als Flug-M-Zahl austretende Luftstrahl erzeugt den erforderlichen Schub. Der Einsatz dieses Überschallbläsers ist berechtigt, wenn seine Irreversibilitäten klein sind und seine Kennwerte die der klassischen Baueinheit von Überschalleinlauf, Unterschallfan und Überschalldüse übertreffen.

Überschallstufen zeichnen sich bei optimalem Design, z.B. nach Abb.6.3b und c, durch etwa doppelt so großen Energieumsatz sowie höhere Beträge von Druckverhältnis und Massenstrom aus. Dem steht ein um 1...3% kleinerer Wirkungsgrad gegenüber. Ihre Verwendung als Erststufen steigert die Verdichterkennwerte. Sie sind hier vor allem deshalb erforderlich, weil sich aus der niedrigen Verdichtereintrittstemperatur T_2 nach (3.10) ein kleiner Betrag an Schallgeschwindigkeit und deshalb nach (3.12) eine besonders hohe M-Zahl im Relativsystem ergibt. Nach dem vordersten Verdichterteil, wo die Luft pro Stufe nach (6.18) um $\Delta T_{St} = 20 \ldots 70$ K erwärmt worden ist, besteht die Möglichkeit zum Überschreiten von $M_{w1} = 1$ gewöhnlich nicht mehr.

Maßgebend für Überschallstufenkonzepte sind optimale Übereinstimmung von Stoßsystem, Grenzschichtverhalten, Sekundärströmung und Gittergestaltung. Überschallzonen können bei Drehzahlabfall, Temperaturzuwachs sowie Übergang in Richtung Schaufelfuß zu Unterschallfeldern werden. Selbst dann ist stabile Arbeit bei hohem Wirkungsgrad zu gewährleisten. Transschall- und Überschallgitter haben ungünstigere Eigenschaften hinsichtlich Strömungsabrissen und Vibrationserscheinungen. Zudem sind sie verwundbarer bei Fremdkörpereinflug. Bei Inbetriebnahme und Wartung ist das zu berücksichtigen. Aber ungeachtet dieser Besonderheiten überwiegen ihre o.g. Vorzüge, so daß im Verdichterbau durch sie weitere Fortschritte zu erwarten sind.

6.5 Der mehrstufige Axialverdichter und seine Kennwerte

Zur Realisierung eines hohen Druckverhältnisses sind mehrstufige Axialverdichter erforderlich. In diesem *Axialstufenverband* ist die Strömung unmittelbar von Stufe zu Stufe bzw. von Gitter zu Gitter ohne wesentliche Richtungsänderung und somit verlustarm gewährleistet. Der Gesamtaufbau ist denkbar einfach: alle Laufgitter sind im Läufer (Rotor), alle Leitgitter im Gehäuse (Stator), d.h. in je einer Konstruktionseinheit zusammengefaßt. Mit genauer Lagerung des Rotors im Stator besitzt die Laufbeschaufelung bei kleinstzulässigen Spalten in axialer und radialer Richtung ohne Anlaufgefahr die vorgesehene Bewegungsmöglichkeit. Bei kleinen Massenströmen wird der Verdichter manchmal auch mit einer *radialen Endstufe* abgeschlossen.

Die zugeführte Energie führt im durchzusetzenden Luftstrom des Verdichters zu Parameterveränderungen. Entsprechend der isentropen bzw. der realen polytropen Zustandsänderung steigen nach Abb.6.4 die statischen Werte des Druckes und (moderater) der Temperatur, wodurch nach (2.1) die Dichte anwächst, reziprok also das spezifische Volumen sinkt. Das bedeutet aber, daß Querschnitt A und Schaufelhöhe h zum Verdichteraustritt hin kleiner werden. Demzufolge steigt das *Nabenverhältnis* $\nu = d_i/d_a$

vom Kleinstwert der Erststufe zu größeren Beträgen an. Somit ist eine Gestaltung des kreisringförmigen Luftkanals im Verdichter durch Varianten mit konstanter Größe von innerem, mittlerem oder äußerem Durchmesser sowie auch als Kombination denkbar.

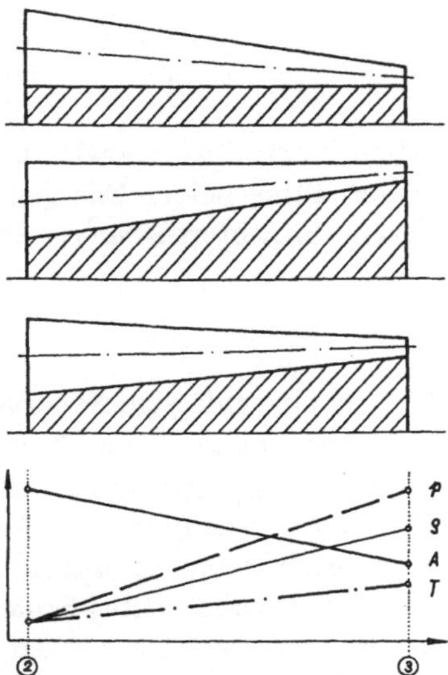

Abb. 6.4: Parameterverlauf und Kanalgestaltung im Mehrstufenverdichter

Der mehrstufige Verdichter zeichnet sich wie die Stufe selbst durch eine Reihe von Kennwerten aus. Sein wichtigster Kennwert, das *Gesamtdruckverhältnis* Π_V, ist gleich dem Produkt der Druckverhältnisse aller Stufen. Mit der Stufenanzahl z gilt demnach:

$$\Pi_V = \Pi_{1.St}\,\Pi_{2.St}\,\Pi_{3.St} \ldots \Pi_{z.St} \tag{6.27}$$

$$\Pi_V = \Pi_{St}^{z} \qquad \text{nur für} \quad \Pi_{St} = const \tag{6.28}$$

$$\Pi_V = \frac{p_{t3}}{p_{t2}} \tag{6.29}$$

Im Verlauf der Zeit wuchs das Verdichterdruckverhältnis beträchtlich. Wurden die TL der 1. Generation mit etwa $\Pi_V = 4$ betrieben, so werden gegenwärtig 30...35 erreicht und für neueste Muster Werte von mehr als 40 genannt! Das erfordert hochentwickelte Verdichter mit großer Stufenzahl z bei hohen Stufendruckverhältnissen.

Die Abhängigkeit von Verdichter- und Stufendruckverhältnis sowie Stufenzahl nach der Beziehung (6.28) wird durch folgende Beispiele verdeutlicht: Für den vorgegebenen Betrag $\Pi_V = 30$ sind bei mittlerem Stufendruckverhältnis von 1,185 nach o.g. Abhängigkeit $z = 20$ Stufen erforderlich. Aber mit $\Pi_{St} = 1,46$ wäre dasselbe Ziel bereits mit 9 Stufen zu erreichen, wodurch der Verdichter kürzer und leichter ausfallen würde. Die größte Stufenzahl eines TL-Verdichters beträgt 18.

Bekanntlich wird das Verdichterdruckverhältnis nicht sporadisch festgelegt, sondern in Verbindung mit Turbineneintrittstemperatur und M-Zahl optimiert. Je größer es ist, um so höher sind thermischer und innerer Wirkungsgrad. Unter Flugbedingungen ergibt sich als Gesamtdruckverhältnis das Produkt der Zahlenwerte von Einlauf und Verdichter. TL von Überschallflugzeugen sind deshalb mit Berücksichtigung der Einlaufstauverdichtung für kleinere Π_V-Werte ausgelegt.

Durch den Betrag von Π_V lassen sich analog (6.1) ... (6.5) und (6.8) Arbeit und Leistung des Geamtverdichters berechnen. Nach der Betrachtungsweise sind dabei *isentrope* und (der Realität entsprechend) *polytrope* Arbeitsbeträge zu unterscheiden. Mit der im h, s-Diagramm angewandten Schreibweise als Enthalpiedifferenz ergeben sich:

$$\Delta h_{Vs} = h_{t3s} - h_{t2} = T_{t2}\frac{R}{m}\left(\Pi_V^m - 1\right) \quad (6.30)$$

$$\Delta h_V = \Delta h_{Vs}\eta_V^{-1} = T_{t2}\frac{R}{m\,\eta_V}\left(\Pi_V^m - 1\right) \quad (6.31)$$

$$\Delta h_V = \sum \Delta h_{St} = \sum \left(\Delta h_{Sts}\eta_{St}^{-1}\right) \quad (6.32)$$

$$P_V = \dot{m}_L \Delta h_V = \dot{m}_L \Delta h_{Vs}\eta_V^{-1} \quad (6.33)$$

Der Energieumsatz des Gesamtverdichters wird nach der idealen sowie der realen Enthalpiedifferenz bestimmt. Nach (6.31) ist das Verhältnis beider Energiebeträge bzw. ihrer Temperaturdifferenzen gleich dem *isentropen Verdichterwirkungsgrad.* Damit ist:

$$\eta_V = \frac{\Delta h_{Vs}}{\Delta h_V} = \frac{h_{t3s} - h_{t2}}{h_{t3} - h_{t2}} = \frac{T_{t3s} - T_{t2}}{T_{t3} - T_{t2}} \quad (6.34)$$

Der am weitesten rechts stehende Term von (6.34) ist eine zulässige Näherung unter der Annahme konstanter Wärmekapazität für die Zustandspunkte **3**$_s$ und **3**. Er ermöglicht die einfachste Berechnung des Wirkungsgrades mittels Vergleich beider Temperaturdifferenzen, wobei nur der Betrag von T_{t3} durch Messung zu bestimmen ist. Gegenwärtige ausgereifte Verdichter von TL arbeiten mit isentropen Wirkungsgraden im Bereich von $\eta_V = 0,80 \ldots 0,88$, wobei allerdings bei gasdynamisch hochbelasteten Stufen bzw. kleinen Massenströmen etwa um 2...3 % geringere Werte festgestellt werden.

Eine weitere Größe zur Kennzeichnung der Effizienz ist der *polytrope Wirkungsgrad.* Die Polytrope läßt sich im adiabaten System als Summe differentiell kleiner isentroper und isobarer Änderungen darstellen. Für thermische Turbomaschinen ist diese Problematik in [28], [88] und [171] beschrieben. Hier wird der polytrope Wirkungsgrad, ausgedrückt mit Isentropenexponent κ und Polytropenexponent n als Ergebnis zitiert:

$$\eta_{pol} = \frac{\kappa - 1}{\kappa}\,\frac{n}{n-1} = \frac{m\,n}{n-1} = \eta_s(1+f) \qquad \text{bzw.} \qquad \frac{n-1}{n} = \frac{m}{\eta_{pol}}$$

Der polytrope Wirkungsgrad, welcher den Sachverhalt von Zustandsänderungen bei o.g. Bedingungen widergibt, wird dem der Verdichterstufe gleichgesetzt. Dabei wird eine so große Stufenzahl vorausgesetzt, daß eine Zustandsänderung mit differentiell kleinen Schritten anzunähern ist. Es entsteht aus (6.34) mit Substitution der zuletzt entwickelten Beziehung ein Ausdruck, in dem Stufen- und Gesamtwirkungsgrad verbunden sind:

$$\eta_V = \frac{T_{t2}\left(\frac{T_{t3s}}{T_{t2}} - 1\right)}{T_{t2}\left(\frac{T_{t3}}{T_{t2}} - 1\right)} = \frac{\Pi_V^{\frac{\kappa-1}{\kappa}} - 1}{\Pi_V^{\frac{n-1}{n}} - 1}$$

$$\eta_V = \frac{\Pi_V^m - 1}{\Pi_V^{m/\eta_{St}} - 1} \quad (6.35)$$

Aus (6.35) geht mit $\eta_{St} < 1$ hervor, daß der Wirkungsgrad des vielstufigen Verdichters η_V stets kleiner als der des Durchschnittswertes seiner Stufen ist. Die thermodynamische Erklärung dazu ist: Die in den ersten Stufen anfallenden Irreversibilitäten müssen in den folgenden mittels zusätzlichem Arbeitsaufwand auf das von Stufe zu Stufe ansteigende Temperaturniveau bis hin zum Wert T_{t3} gehoben werden. Dieser als ***Erwärmungs-*** bzw. *Erhitzungsverlust f* bezeichnete zusätzliche Aufwand an mechanischer Arbeit trägt nicht zur Druckerhöhung bei, statt dessen vermehrt er unerwünscht innere Energie und Entropie. So verursacht der Erhitzungsverlust den Abfall des Wirkungsgrades eines Mehrstufenverdichters unter den seiner Einzelstufen. Erstmalig wurde (6.35) durch KNÖRNSCHILD[5] und PABST[6] 1942 publiziert.

Während (6.35) den Zusammenhang von Stufen- und Gesamtwirkungsgrad für vielstufige Verdichter gut beschreibt, trifft die Genauigkeit bei (infolge größer werdender Stufendruckverhältnisse öfter anzutreffender) kleiner Stufenzahlen nur bedingt zu. Ergänzend läßt sich der o.g. Ausdruck mit dem Korrekturglied $(1+f)$, erweitert für die Stufenzahl z zur Größe $1+f(1-\frac{1}{z})$ verwenden. Daraus entsteht die folgende Gleichung

$$\eta_V = \frac{\eta_{St}}{1+f(1-\frac{1}{z})} \tag{6.36}$$

Zur genauen Bestimmung von (6.36) ist allerdings die Kenntnis des Erhitzungsverlustes erforderlich. In Abhängigkeit von Stufenzahl, Druckverhältnis und Irreversibilitäten ist $f = 1{,}01 \ldots 1{,}04$. Weniger zum praktischen Gebrauch als zur theoretischen Diskussion geeignet, zeigen (6.35) und (6.36) die Verkleinerung des Gesamtwirkungsgrades eines Verdichters unter den seiner Einzelstufen auf. Die bereits genannte Ursache zusätzlicher Arbeit zum Anheben von Energie auf höheres thermisches Niveau wird durch Anstieg und Divergenz der Isobaren im h,s-Diagramm sichtbar. Im Gegensatz zum (kleineren) isentropen Gesamtwirkungsgrad des Verdichters ist also mit dem polytropen Wirkungsgrad der Mittelwert seiner einzelnen Stufen gemeint.

Mit dem nun bekannten Energieumsatz des mehrstufigen Verdichters lassen sich seine Endparameter bestimmen. Am Verdichteraustritt ist der Massenstrom durch die Beträge von p_{t3} und T_{t3} bzw. T_{t3s} gekennzeichnet. Sie werden folgendermaßen ermittelt:

$$p_{t3} = p_{t2}\Pi_V \tag{6.37}$$

$$T_{t3s} = T_{t2} + \Delta T_{Vs} = T_{t2}\Pi_V^m \tag{6.38}$$

$$T_{t3} = T_{t2} + \Delta T_V = T_{t2}\left(\frac{\Pi_V^m - 1}{\eta_V} + 1\right) \tag{6.39}$$

Mit dem Betrag von p_{t3} wird im Arbeitsprozeß der höchste Druckwert erreicht, der ein bestimmtes Limit nicht überschreiten darf. Die reale Verdichtungsendtemperatur T_{t3} ergibt sich als unerwünscht hoher, durch die Irreversibilitäten des Verdichters zusätzlich gesteigerter Betrag. Da diese Luft u.a. als Kühlmittel einzusetzen ist, verschlechtern sich mit dem hohen Betrag von T_{t3} die Kühlbedingungen in den Heißteilen des TL.

6.6 Das Kennfeld des Verdichters

Verdichter sind wie alle Baugruppen des TL hinsichtlich der gasdynamischen Vorgänge und der thermisch-mechanischen Festigkeit für einen bestimmten Betriebspunkt ausgelegt. Demgegenüber besteht die Anforderung, daß sie auch bei wesentlichen Veränderungen betreffs Drehzahl, Massenstrom, Gegendruck und Eintrittstemperatur arbeitsfähig sein müssen. Daraus ergibt sich ein Betriebsbereich, der die Leistungstufen und Flugzustände des TL beinhaltet. Das *Verdichterkennfeld* ist damit ein Diagramm, welches wichtige Aussagen außer zum Verdichter auch über das TL selbst ermöglicht.

[5] Körnschild,E.: Der polytropische Wirkungsgrad eines Verdichters. Luftfahrtf. 1942, S.183-188

[6] Pabst, O.: Die Reibungswärme in Strömungsmaschinen. Luftfahrtforschung 1942, S. 267 - 270

Nach Abb.6.5 erfolgt die Diagrammdarstellung in den Koordinaten mit den Parametern Π_V und $\dot{m}_{Lred}$. Dadurch wird ausgedrückt, daß durch Verwendung reduzierter, d.h. auf die Standardbedingungen bezogener Parameter unabhängig von allen äußeren Zuständen universelle Aussagen getroffen werden. Man nennt es deshalb auch ***universelles Verdichterkennfeld***. Wegen der großen Bedeutung wurden wiederholt, wie z.B. in [7] und [8] Verfahren zur Vorausberechnung von Verdichterkennfeldern angegeben. Der Betriebszustand wird durch den ***Arbeitspunkt*** *A* abhängig von den Bedingungen wiedergegeben. Die Auswanderung von *A* erfolgt entlang von Linien bestimmter Gesetzmäßigkeit. Außerdem existieren durch Kurven dargestellte Kennfeldgrenzen, welche im Interesse der Betriebssicherheit nicht zu überschreiten bzw. anzunähern sind. Durch Prüfstandexperiment oder Näherungsrechnung zu ermitteln, handelt es sich um die folgenden vier in Abb.6.5 ersichtlichen Erscheinungen:

1. Unter der Bezeichnung *Drossellinien* zeigt die Gruppe von Kurven für konstante reduzierte Drehzahl bei unterschiedlicher Drosselung verhältnismäßig steilen Verlauf. Auf ihnen wandert der Arbeitspunkt *A* bei Drosselung (oder auch Entdrosselung) des Verdichters, d.h. bei ansteigendem (oder fallendem) Druck p_{t3} sowie o.g. Voraussetzung

$$n_{red} = n\sqrt{\frac{288\mathrm{K}}{T_{t2}}} = const \tag{6.40}$$

Mit gleichbleibenden Zahlenbeträgen von Drehzahl und Temperatur nach (6.40) wird der Gegendruck p_{t3} nach dem Verdichter, z.B. durch „Zufahren" des 1. Turbinenleitgitters, symbolisiert mittels Verkleinerung des benachbarten Querschnittes A_4, vergrößert. Im Bereich kleiner p_{t3}-Werte erreicht die Strömung Schallgeschwindigkeit bei konstantem Maximalbetrag von $\dot{m}_{Lred}$ (vertikaler Teil). Erst durch spürbaren Widerstand infolge stärkerer Drosselung verringert sich $\dot{m}_{Lred}$ (gekrümmter Kurventeil). Für kleinere Beträge von n_{red} schrumpft der vertikale Ast, und der gekrümmte nimmt immer größeren Raum ein. Bei zu großem Gegendruck tritt infolge abreißender Gitterströmung *instabile Arbeit* mit Abbruch der Energieübertragung auf (Punkt *G*).

2. Das Bündel der *Arbeits-* bzw. *Fahrlinien*, also der Linien mit Drehzahländerung bei unveränderlichem Abströmquerschnitt im Turbinenstator, welches durch konkav gekrümmte Kurven dargestellt wird. Auf ihnen kann der Arbeitspunkt zwischen kleinstem und größtem Betrag von n_{red} wandern, wenn im Gasgenerator diese Gesetzmäßigkeit

$$A_4 = const \tag{6.41}$$

ohne weitere Veränderungen realisiert wird. Bei ordnungsgemäß einreguliertem Turbinenleitgitter ergibt sich damit die gewünschte Arbeitslinie als eine Aneinanderreihung von Arbeitspunkten im vorgesehenen Drehzahlbereich. Ist das Leitgitter weiter „zugefahren", der Querschnitt A_4 also kleiner, weist die Arbeitslinie wegen stärkerer Drosselung im Diagramm eine höhere Lage auf. Anderenfalls ist bei „geöffnetem" Leitgitter die Arbeitslinie weiter abgesenkt. Anstelle von A_4 können auch andere Verstellquerschnitte, wie z.B. in der Schubdüse A_9 zur Drosselung herangezogen werden.

3. Linien konstanten Verhältnisses der Eintrittstemperaturen von Turbine und Verdichter sind grafisch ersichtlich als Strahlen, die etwa vom Koordinatenursprung aus ihren Anfang nehmen. Damit wird die für den Gasgenerator wichtige Gesetzmäßigkeit

---

[7] Mäcker, G.: Eine einfache Kennfeldberechnungsmethode für ein- und mehrstufige Axialverdichter. Maschinenbautechnik 14(1965)8,S.415-419, 424

[8] Hourmouziadis, J; Herbig, H.: Numerische Simulation der Kennfelder von Strömungsmaschinen. Konstruktion 26 (1974) 5, S. 182 - 186

$$\tau = \frac{T_{t4}}{T_{t2}} = const \tag{6.42}$$

erfüllt und im Verdichterkennfeld dargestellt. Je größer der Zahlenbetrag des Temperaturverhältnisses ist, um so steiler verläuft der Strahl. Für den Standbetrieb mit $T_{t2} = const$ ist nach (6.42) auch $T_{t4} = const$. Folglich ist es kein Fehler, diesen Tatbestand als T_{t4}–Isotherme zu bezeichnen. Der Höchstbetrag von T_{t4} wird somit durch den am steilsten im Diagramm verlaufenden Isothermenstrahl festgelegt und begrenzt.

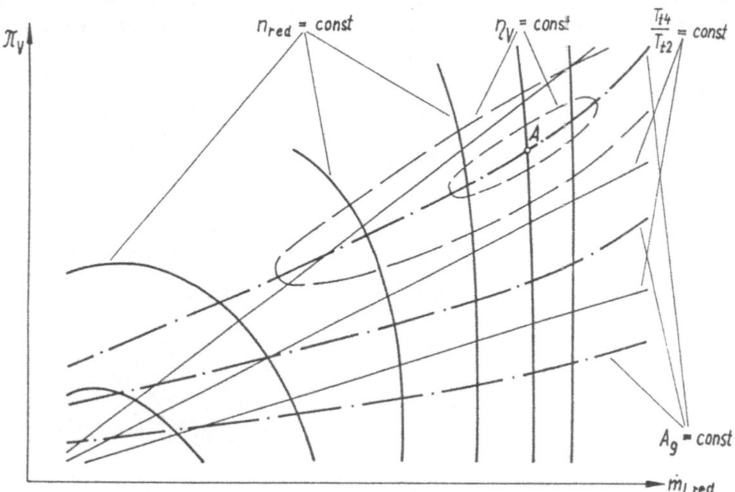

Abb. 6.5: Wichtige Linienscharen im Kennfeld des Verdichters

4. Nicht unwichtig für die Auslegung ist schließlich noch eine Schar von Linien konstanten Niveaus des Verdichterwirkungsgrades. Diese Kurven, welche über die Güte des Energieumsatzes im Verdichter eine Aussage treffen, kennzeichnen den Sachverhalt

$$\eta_V = const \tag{6.43}$$

Sie sind im Verdichterkennfeld als schlanke konkav gekrümmte Ellipsen ersichtlich. Wenn es gelingt, Punkt A im Zentrum der Ellipsen anzuordnen, fallen für den Verdichter die Zustände von Auslegung und bester Wirtschaftlichkeit als Optimum zusammen. Davon ausgehend wird der η_V-Wert nach außen zu immer kleiner.

In Abb.6.5 sind diese *Linien* wichtiger Gesetzmäßigkeiten dargestellt. Ergänzend dazu zeigt Abb.6.6 die wesentlichen *Begrenzungen* des Verdichterkennfeldes. Dabei ist einschränkend festzustellen, daß es sich hier zwecks grundsätzlicher Wiedergabe zunächst um die einfachste Verdichterbauart von TL der 1. Generation mit kleinem Druckverhältnis handelt. Die Kennfelder moderner hochbelasteter Verdichter mit *variabler Geometrie* werden weiter unten (s. Kap.6.8 und 6.9) beschrieben.

Nach Abb.6.6 wird die nutzbare Fläche des Kennfeldes, d.h. der mögliche Aufenthaltsort des Punktes A nach der Theorie in alle Richtungen begrenzt. Teilweise sind sogar mehrere Grenzen zugleich, wenn auch mit etwas unterschiedlicher Lage, existent. Arbeits- und Drossellinie als typische Möglichkeiten zur Auswanderung von A sind an je einem Beispiel mit eingezeichnet. Die Arbeitspunktverschiebung kann nach Darstellung in Abb.6.6 aus einer Reihe unterschiedlicher Einflüsse herrühren.

Die Arbeitslinie ist in ihrem Verlauf *drehzahlmäßig* limitiert. Während der Betrag von n_{min} sich aus dem Schnittpunkt anderer Begrenzungen ergibt, ist n_{max} durch die Rotorfestigkeit bedingt. Um den Betrieb mit n_{min} auszuschließen, wird man die Leerlaufdrehzahl n_{LL} höher festlegen und andererseits bei der höchstzulässigen Betriebsdrehzahl eine kleine Reserve bis zum Betrag von n_{max} vorsehen.

Die Festlegung der höchstzulässigen Drehzahl erfolgt als Kompromiß. Während bei Drehzahlsteigerung von geringem Niveau aus der Massenstrom etwa proportional mitwächst, ist seine Zunahme in der Nähe von n_{max} nur noch sehr klein. Bei Kenntnis aller Zusammenhänge im Kennfeld wird ersichtlich, daß Drehzahlanhebung von sehr hohem Niveau aus zwar Festigkeitsprobleme, Wirkungsgradeinbußen und meist geringere Stabilität, aber (fast) kein Plus an Massenstrom mehr bewirkt.

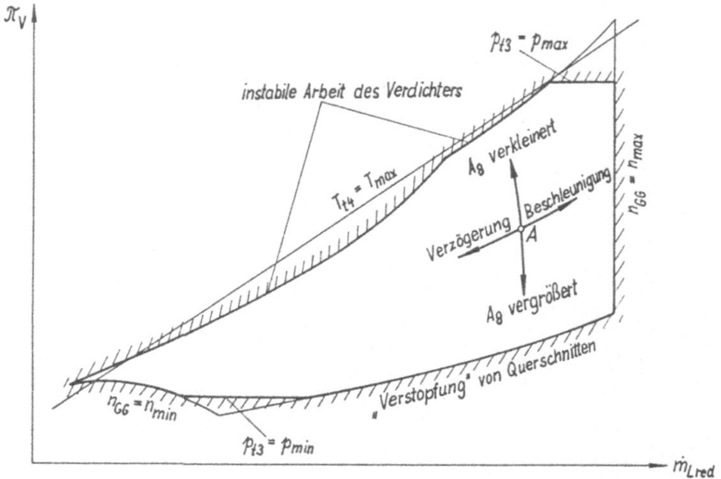

Abb. 6.6: Grundsätzlich wirksame Arbeitsbegrenzungen einschließlich der Tendenz möglicher Arbeitspunktverschiebungen im Kennfeld eines ungeregelten Verdichters

Nach oben sind für das Kennfeld mehrere Erscheinungen existent, welche die beliebige Auswanderung entlang der Drossellinie nicht zulassen. Die für den Betrieb bedeutendste, die Grenze der ***instabilen Arbeit***, ist strömungsmechanischer Natur und wird im Folgekap.6.7 beschrieben. Zusätzlich dazu ist in Gestalt des Strahls für den Höchstwert von T_{t4}/T_{t2} bzw. der Isotherme für T_{t4max} die Grenze der ***größtzulässigen thermischen Belastung***, relevant für die Heißteile des TL, wirksam.

Eine möglichst hochliegende Arbeitslinie ist wegen großer Π_V-Werte sinnvoll. Damit befindet sie sich aber nach Abb.6.7 in bedenklicher Nähe zu den beiden o.g. Grenzen. Bemerkenswert ist, daß dieser Zustand auch bei kleinen Drehzahlen vorliegt, so daß Anlaßvorgang und Beschleunigungsbeginn ungünstig beeinflußt werden. Für größere Π_V-Werte verschwindet die Arbeitslinie in diesen Grenzen. Ohne Regeleingriffe ist somit die Arbeit in diesem Bereich nicht mehr möglich. Es ist also ein Kompromiß zwischen hohem Druckverhältnis und Betriebssicherheit zu finden.

Nach unten wird das Arbeitsfeld durch *Verstopfung* (Blockierung) abgeschlossen. Das ist keine strenge Begrenzung, sondern Ausdruck für das Erreichen ***kritischer Strömung*** mit örtlichem Auftreten der Schallgeschwindigkeit. Dadurch ist für die Drossellinie eine Steigerung des reduzierten Massenstroms ausgeschlossen. Dieser Betriebszustand ist auch wegen der kleinen Druckverhältnisse nicht sinnvoll. Verstopfung läßt sich im TL bei kleinem Gegendruck für die Querschnittsebenen 4 und 9 feststellen.

An der unteren linken Kennfeldecke kann eine Begrenzung infolge ***zu geringen Brennkammerdruckes*** p_{t3} vorliegen, wobei in großer Flughöhe u.U. die Flamme erlischt. Analog kann es im Kennfeld oben rechts notwendig sein, aus Gründen der mechanischen Festigkeit einen *zu großen Druck* p_{t3} auf den zulässigen Wert zu begrenzen. Abschließend ist noch eine Art von Kennfeldlimitierung zu nennen, welche durch die Gemischzusammensetzung des Brenngases existiert. Daraus ergibt sich die sog. *Reichverlöschgrenze* (im Diagramm oben links) und die *Armverlöschgrenze* (unten rechts). Beide Erscheinungen sind aber direkt nicht wirksam, jedenfalls nicht bei Gleichgewichtszuständen, weil davor schon andere Begrenzungen liegen. Die Fakten dieses Absatzes basieren auf der Brenkammertheorie und werden deshalb erst in Kap.7 untersucht.

Diese Begrenzungen sind prinzipiell vom Standpunkt der Theorie vorhanden, erlangen aber nicht unter allen Bedingungen praktische Bedeutung. Sie hängen ab vom Typ sowie den inneren und äußeren Arbeitsbedingungen von Verdichter und TL. Eine wichtige Aufgabe der Regelung ist es, ihre Annäherung oder gar Überschreitung zu verhindern, d.h. die Wanderbewegung des Arbeitspunktes im Kennfeld nach Abb.6.7 bei Notwendigkeit zu begrenzen. Ungeachtet dessen müssen sie einschließlich ihrer Folgen und Beseitigungsmöglichkeiten dem technischen und fliegenden Personal bekannt sein.

6.7 Die instabile Arbeit des Verdichters

Dem Verdichter sind wie dem Überschall-Einlauf für die Übertragung bzw. Wandlung von Energie Grenzen gesetzt. Werden sie überschritten, tritt instabile Arbeit ein. Diese *Instabilitätsgrenze* des Verdichters, deren Verlauf aus dem Kennfeld (s. Abb.6.10) bekannt ist, gilt als ernsthaftes und gefährliches Problem für den gesamten Betriebsbereich von TL, GTA und Turboverdichtern. Deshalb sind ihre Ursachen, Auswirkungen und Verhinderungsmöglichkeiten zu analysieren.

Der Verdichter fördert Luft gegen ein höheres Druckniveau in der Brennkammer. Sie ist damit ein pneumatischer Energiespeicher. Zugleich ist das System Verdichter - Brennkammer schwingungsfähig mit bestimmter, von den gasdynamischen Charakteristiken beider Baugruppen abhängender Eigenfrequenz. Diese Aussagen gelten prinzipiell auch für benachbarte bzw. alle Stufen im Verdichterverband.

Im vorgesehenen Zustand arbeiten alle Verdichterstufen zusammen mit der Brennkammer bei optimaler Auslegung. Erfolgt davon eine Zustandsabweichung, so treten beim Verdichter mit *fester Geometrie* in den ersten und letzten Stufen unterschiedliche, z.T. auch gegensätzliche Veränderungen ein. Auf den Drossellinien der Stufen verschieben sich dabei die Arbeitspunkte. Zur qualitativen Analyse dieser Vorgänge dient die Kontinuitätsgleichung (3.1), angewendet auf die beiden Verdichterbegrenzungsebenen:

$$\begin{aligned} c_{ax2}\,\varrho_2\,A_2 &= c_{ax3}\,\varrho_3\,A_3 \\ \frac{c_{ax2}}{c_{ax3}} &= \frac{A_3}{A_2}\frac{\varrho_3}{\varrho_2} = K\frac{\varrho_3}{\varrho_2} = K\left(\frac{p_3}{p_2}\right)^{1/\kappa} \\ \frac{c_{ax2}}{c_{ax3}} &= K\Pi_V^{1/\kappa} \end{aligned} \tag{6.44}$$

Die Endform (6.44) gilt bei isentroper Zustandsänderung und der Substitution von Π_V aus dem Verhältnis der statischen (anstelle sonst totaler) Drücke. Die Untersuchung der *Drehzahländerung* ergibt: Bei Sinken von n_{red} wandert Punkt A in Abb.6.9 entlang der Arbeitslinie nach links unten, und es fällt wegen nachlassender Energiezufuhr das Druckverhältnis Π_V. Das bedeutet nach (6.44), daß die Größe c_{ax2} bei sich nur wenig änderndem Wert von c_{ax3} fallen muß. Als Folge wandert Punkt A in den ersten Stufen nach Abb.6.10 entlang der Drossellinie nach links in Richtung der instabilen Arbeit. Mit den sinkenden Druckverhältnissen der nächsten Stufen müssen bei fallendem Druck spezifisches Volumen und Geschwindigkeit anwachsen. Deshalb wandert A in den letzten Stufen wegen größerer c_{ax}-Werte auf ihren Drossellinien abwärts. Die mittleren Stufen arbeiten unverändert weiter. Im Falle der Vergrößerung des Betrages von n_{red} ändern sich die Parameter der ersten und letzten Stufen nach Abb.6.7 mit umgekehrter Tendenz. Der Arbeitspunkt der letzten Stufen gelangt somit näher an die Instabilitätsgrenze.

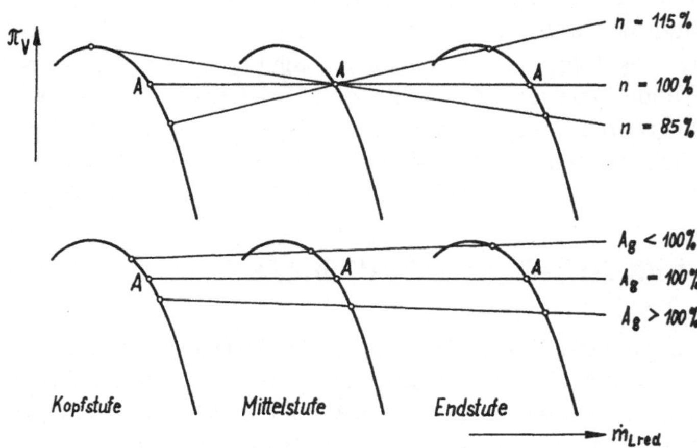

Abb. 6.7: Verschiebungen des Arbeitspunktes in den Verdichterstufen als Folge von Veränderungen der reduzierten Drehzahl (oben) und des Drosselzustandes (unten)

Auf grund des unterschiedlichen Verhaltens der einzelnen Stufen im Verdichterverband gilt die allgemeine Aussage, daß sich drehzahlabhängig die Geschwindigkeit am Eintritt des Verdichters in stärkerem Maße ändert als an seinem Austritt. Diese Erscheinungen lassen sich anstelle von (6.44) ebenfalls durch die folgenden Ungleichungen aufzeigen:

$$\frac{c_{ax2}}{c_{ax3}} < \left(\frac{c_{ax2}}{c_{ax3}}\right)_A \qquad \text{bei} \qquad n_{red} < n_{redA} \tag{6.45}$$

$$\frac{c_{ax2}}{c_{ax3}} > \left(\frac{c_{ax2}}{c_{ax3}}\right)_A \qquad \text{bei} \qquad n_{red} > n_{redA} \tag{6.46}$$

Gegenüber dem (mit dem Index A gekennzeichneten) als konstant anzusehenden Geschwindigkeitsverhältnis im Auslegungspunkt ist der analoge Wert im Betrieb außerhalb von A durch die beiden o.g. Beziehungen dargestellt. Ergänzend dazu ist nach (6.40) festzustellen, daß in der Größe n_{red} außer der kinematischen Drehzahl n als reziproker Wert auch die Temperatur T_{t2} enthalten ist. Demzufolge ist ein Abfall der Drehzahl qualitativ gleichbedeutend mit dem Anstieg von T_{t2} sowie auch der Flug-M-Zahl mit (6.45) als Folge. Andererseits ist wegen in der Regel $n_A = n_{max}$ die Aussage (6.45) vor allem für tiefe Temperatur T_{t2} bedeutsam. In diesem Fall wächst der Zahlenbetrag von n_{red} nach (6.40) trotz $n = n_{max} = const$ über 100 % hinaus weiter an. Damit wird die „obere" Instabilität, d.h. die Größe n_{redO}, angenähert. Andererseits wird bei Verringerung der kinematischen Drehzahl oder Vergrößerung von T_{t2} die „untere" Instabilität bei n_{redU} angenähert.

Unter anderen Bedingungen lassen sich diese Überlegungen auf den Aspekt der *Drosselung* bzw. *Entdrosselung* übertragen. Für diese Untersuchung wird bei konstanter Drehzahl ein nach dem Verdichter angeordneter Querschnitt, z.B. der des ersten Turbinenleitgitters, verändert. Im Falle der *Entdrosselung* wird er weiter geöffnet, und bei fallendem Gegendruck p_{t3} sinken die Druckverhältnisse, beginnend mit der letzten Stufe und von dort aus in abgeschwächter Form auf die jeweils davorliegende Stufe übergreifend. Dabei wird in allen Stufen ein Abrücken von der Instabilitätsgrenze beobachtet. Umgekehrt steigen bei Drosselung die Werte von p_{t2} und Π_V und damit alle Stufendruckverhältnisse. Der Anstieg ist in der letzten Stufe am größten und wird zur ersten Stufe hin abgeschwächt. Damit bewirkt Drosselung die Annäherung der letzten Stufen an die Instabilitätsgrenze.

Zusammengefaßt ist nach den Abb.6.7 und 6.8 festzustellen: Erscheinungen instabiler Arbeit sind verbunden mit hohem Druckniveau bei kleinen bzw. nachlassenden Werten von Massenstrom und Absolutgeschwindigkeit. Nur unter dieser Bedingung ist ein Hineinwandern des Arbeitspunktes in die Instabilitätsgrenze möglich. Instabilität ist bei kleinen Drehzahlen in den Anfangsstufen und bei großer Drehzahl in den Endstufen zu erwarten. In Analogie zum Drehzahlbereich und der Lage im Verdichterkennfeld spricht man auch von *unterer* und *oberer* Instabilität. Bei der „unteren"Instabilität handelt es sich um *rotierende Abrißzonen* (*Rotating Stall*). Demgegenüber ist „obere" Instabilität eine Erscheinung, welche im gesamten Kanalquerschnitt zu Strömungsabrissen führt und als *Pumpen* (*Pompage, Surge*) bezeichnet wird.

Der Zustand *rotierender Abrißzonen* tritt auf bei zu geringem Massenstrom infolge Drehzahlabfall und zu großer Distorsion, beginnend an den Laufschaufelköpfen der ersten Stufe. Ein örtlich und zeitlich zu großer Anstellwinkel infolge zu kleiner Axialgeschwindigkeit läßt die Strömung auf der Saugseite der Schaufeln abreißen. Die dadurch entstehenden örtlichen Abrißzonen bewirken Strömungsablenkungen, teilweise sogar Rückströmungen und beeinflussen die benachbarten Schaufelkanäle der Stufe. Dadurch wird zeitlich versetzt der Strömungszustand auf den Nachbarkanal übertragen, welcher ihn ebenfalls weitergibt. Es entstehen so entgegen dem Drehsinn umlaufende Zonen abgerissener Strömung. Vom Leitgitter aus wird diese Störung in Umlaufrichtung bedingungsabhängig mit etwa 30...70 % der Rotordrehzahl wahrgenommen.

Bei großer Schaufellänge sind es mehrere kleine Abrißzonen in Nähe der Schaufelköpfe, für kürzere Schaufeln ist der Übergang zu einer einzigen großen Zone über der gesamten Schaufellänge zu beobachten. Bei Beschränkung auf die erste Stufe sind Druckunterschiede und Vibrationserscheinungen nicht groß. Es sinken Massenstrom, Druckverhältnis und Wirkungsgrad der Stufe. Da sich diese örtlichen Abrißzonen nur selten auf die folgenden Stufen ausbreiten, arbeitet der Verdichter insgesamt stabil, wenn auch mit verschlechterten Kennwerten, weiter. Hält dieser Zustand längere Zeit an, sind Vibrationsbelastungen und selbst Zerstörungen nicht auszuschließen, vor allem bei Resonanz mit der Eigenschwingungsfrequenz der Schaufeln. Bleibt der rotierende Abriß lokal nicht auf die ersten Stufen beschränkt, ist die instabile Arbeit des gesamten Verdichters (Pumpen) zu befürchten.

Im Falle des *Pumpens* als gefährlichster Erscheinungsform instabiler Arbeit tritt allseitiger Strömungsabriß in den letzten Verdichterstufen ein. Er erfolgt bei zu hohem Gegendruck und zu kleiner axialer Geschwindigkeit, also bei zu großem, d.h. überkritischem Anströmwinkel. Infolge dieser partiellen Unterbrechung der Energieübertragung in den letzten Stufen ist der Verdichter augenblicklich nicht in der Lage, gegen das höhere Druckniveau in der Brennkammer weiter zu fördern. Rückströmung in den Verdichter hinein sorgt für Senkung des Gegendrucks, so daß der Verdichter kurzzeitig auf kleinerem Druckniveau wieder arbeiten kann. Damit steigt erneut der Druck, Massenstrom und Geschwindigkeit sinken, und abermals reißt die Strömung ab.

Dadurch wird ein Schwingungsmechanismus zwischen Verdichter und Brennkammer mit beträchtlichen Pulsationen für Massenstrom und Druck in Gang gesetzt. Frequenz und Amplitude der Vibrationen hängen ab von den beteiligten Parametern, dem Verlauf der Drossellinien der letzten Stufen und den geometrischen Abmessungen des Strömungskanals. Die Frequenz kann zwischen 0,5...5 Hz und 100 Hz liegen bei entsprechender Geräuschentwicklung. Je größer in der Regel das Volumen der Brennkammer ist, um so tiefer sinkt die Frequenz, um so größer sind die Druckamplituden. Letztere können bis 50 % des Wertes von p_{t3} betragen, woraus sich heftige Erschütterungen, u.U. Zerstörungen ergeben. Im Zustand der instabilen Arbeit darf deshalb ein TL nicht betrieben werden, bzw. es ist nach aufgetretenem Pumpen auszuwechseln.

Dem Pumpen wie auch dem rotierenden Abriß liegt ein Wirkmechanismus nach Abb.6.9 zugrunde, welcher auf der Drossellinie der entsprechenden Stufe in Punkt A beginnt. Bei zunehmender Drosselung, also mit wachsendem Betrag von p_{t3} bzw. Π_V und sinkender Geschwindigkeit c_{ax} ($\dot{m}_L$) wandert der Arbeitspunkt auf der Drossellinie nach oben zum Punkt G. Unter plötzlichem Abriß der Strömung kommt es zu Druckabfall und „Entleerung“, bis in Punkt H eine Linie tieferen stabilen Druckniveaus erreicht wird. Auf unterem Druckniveau beginnt der Verdichter wieder zu fördern. Mit Vergrößerung von $\dot{m}_L$ und c_{ax}, d.h. mit beginnender „Füllung“ der Brennkammer steigt der Druck zunächst wenig, beim Verlassen der unteren Linie ab Punkt K wieder stärker an. In Punkt D wird die ursprünglich stabil befahrene Drossellinie eingenommen mit nachfolgendem Druckanstieg bis Punkt G. Damit wiederholt sich der Zyklus mit o.g. Umlauffrequenz. Ähnlich wie bei der Instabilität des Überschalleinlaufs läuft beim Verdichterpumpen ein Zyklus von vier Teilvorgängen ab: Druckaufbau, Entleerung mit Druckabfall, Füllung mit Teildruckanstieg, erneuter Druckaufbau.

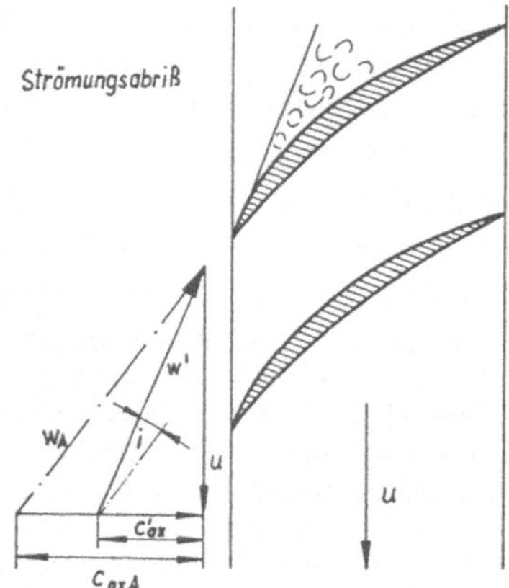

Abb. 6.8: Verursachung der instabilen Arbeit eines Laufschaufelgitters durch Strömungsabrisse als Folge der Überschreitung des kritischen Anströmwinkels

Prinzipiell derselbe Zyklus liegt auch beim rotierenden Abriß der ersten Stufe(n) nach Abb.6.9 vor, nur sind hier Ausgangsniveau und Differenzen des Druckes wesentlich kleiner. Bei vollausgebildetem Abriß im Gesamtquerschnitt der Stufe tritt nur die oszillierende Bewegung des augenblicklichen Zustandspunktes zwischen H und K bei einer „Kennlinie“ kleineren Druckniveaus auf.

Um den Betrieb des Verdichters in der Nähe der Instabilitätsgrenze zu vermeiden, um also einen bestimmten *Pumpgrenzenabstand* einzuhalten, ist die Zahlenangabe eines Kennwertes sinnvoll, der darüber eine Aussage trifft. Dazu bietet sich der Kennfeldausschnitt in Abb.6.9 mit seinen Koordinaten an. Eine Differenz von Π_V stellt den vertikalen Abstand des Arbeitspunktes A zur Stelle G für die Grenze der instabilen Arbeit fest. Analog dazu gibt der Unterschied im (reduzierten) Massenstrom $\dot{m}_{Lred}$ die horizontale Distanz dieser Punkte an. Unter Berücksichtigung beider Richtungen wird die Entfernung $A - G$ durch diese sog. *Stabilitätsreserve* folgendermaßen ausgedrückt:

$$\Delta K = \frac{(\Pi_V/\dot{m}_{Lred})_G}{(\Pi_V/\dot{m}_{Lred})_A} - 1 \qquad (6.47)$$

Der aus (6.47) berechnete Wert wird mit dem Faktor 100 in % angegeben. In TL-Verdichtern muß für Hauptleistungsstufen die Stabilitätsreserve $\Delta K = 10\ldots20$ % betragen, darf aber in keinem Betriebszustand den Wert von $\Delta K_{min} = 5\ldots8$ % unterschreiten. Das bedeutet, daß bei vertikalem Verlauf der Drossellinien, welcher in der Umgebung von n_{max} angenähert vorliegt, der obere Zahlenwert von Π_V noch um den o.g. Prozentbetrag, also fast $10\ldots20$ % ansteigen könnte, bevor Instabilität eintritt.

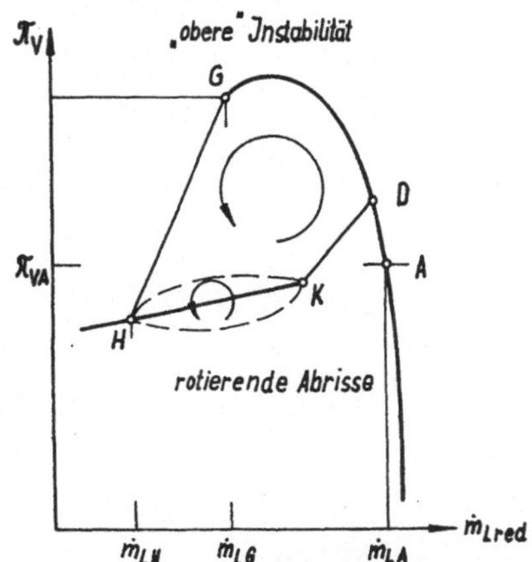

Abb. 6.9: Zyklusdarstellung des Pumpens und des rotierenden Abrisses

Je größer die Stabilitätsreserve gewählt wird, um so sicherer arbeitet das TL hinsichtlich der Verdichterinstabilität, um so mehr wird aber an potentiell vorhandener Möglichkeit verschenkt, das Druckverhältnis des ausgeführten Verdichters hoch einzuregulieren. Im Interesse größerer Sicherheit ist die Stabilitätsreserve gegenüber den TL der 1. und 2. Generation auf o.g. Wert und darüberhinaus angewachsen. Für Gasgeneratoren, die unter schwierigen Bedingungen arbeiten, wie z.B. bei TM für Hubschrauber, werden bis $\Delta K = 25\ldots35$ % realisiert. Andererseits kann neuerdings bei elektronischen Regelsystemen, welche Anzeichen von beginnender Instabilität frühzeitig feststellen und prognostisch mit Arbeitspunktwanderung reagieren, der auszulegende ΔK-Wert verringert werden.

Aus dem Kennfeld geht hervor, daß die Entfernung zwischen Arbeitslinie und Pumpgrenze über der Drehzahl große Unterschiede aufweist. Entsprechend ändert sich der Zahlenbetrag der Stabilitätsreserve, und zwar unterschiedlich in Abhängigkeit der Größe von Π_V im Auslegungszustand. In Abb.6.10 ist für den Verdichter mit starrer Geometrie der Auslegungszustand für drei verschiedene $\Pi_V - Werte$ relativ mit jeweils 100 % festgelegt. Daraus ergeben sich drei Arbeitslinien unterschiedlicher Steilheit im schematisch dargestellten Kennfeld. Je höher das Niveau von Π_V ist, um so flacher verlaufen die Arbeitslinien bei Drehzahlverringerung, um so so früher gelangen sie zur Instabilitätsgrenze, um so kleiner ist praktisch ihr Drehzahlbereich stabiler Arbeit.

Für Verdichter in Einwellenbauart und starrer Geometrie zeigt Abb.6.10 qualitativ die Veränderung der Stabilitätsreserve im Drehzahlbereich bei relevanten Π_V-Werten. Ausreichende ΔK-Beträge im gesamten Drehzahlbereich sind danach nur bei Verdichtern für $\Pi_V = 4\ldots6$ gewährleistet. Das entspricht der Auslegung von TL der 1. Generation. Dagegen weisen Verdichter mit größeren Druckverhältnissen für die TL der nachfolgenden Generationen einen eingeschränkten Betriebsbereich um den Auslegungspunkt auf, der mit ansteigendem Π_V-Wert weiter schrumpft. So ausgelegte TL sind ohne Hilfsmaßnahmen nicht anzulassen und auf Drehzahl zu bringen.

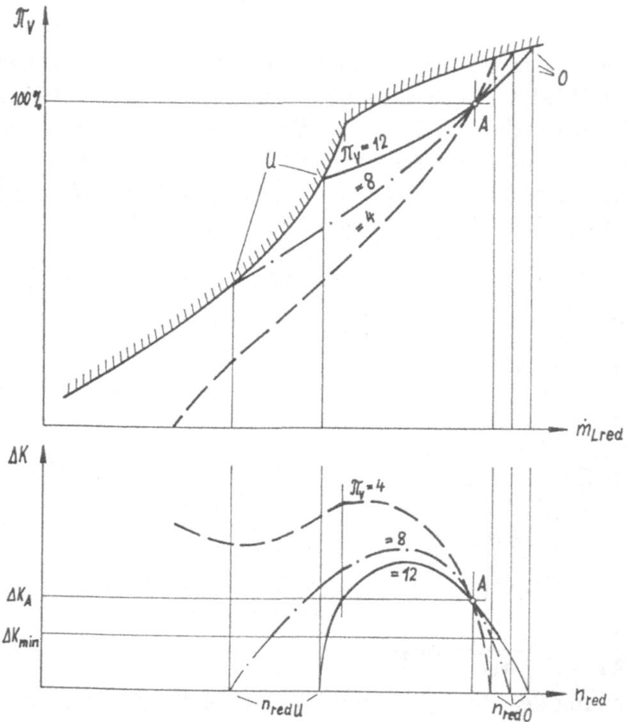

Abb. 6.10: Verlauf der Arbeitslinien und der Stabilitätsreserve für ungeregelte Verdichter mit verschieden großem Druckverhältnis Π_V im Auslegungszustand

In Abb.6.10 ist ersichtlich, daß die Grenzen der Betriebsbereiche durch bestimmte Werte von n_{red} gekennzeichnet sind. Letztere sind durch den Betrag $\Delta K = 0$ ausgewiesen. Das ist bei hoher Drehzahl die Größe n_{redO}, verbunden mit der *oberen Instabilität* (Pumpen). Oberhalb der höchstzulässigen Drehzahl liegend, ist n_{redO} meist bedeutungslos, kann aber nach (6.40) bei tiefer Außentemperatur $T_0 = T_{t2}$ ein Gefahrenzustand sein. Aus der Erscheinung der *unteren Instabilität* (rotierender Abriß) besteht für hohe Verdichterdruckverhältnisse an der Stelle n_{redU} eine zweite Begrenzung. Da dieser Bereich beim Anlassen und Hochdrehen sowie im Teillastbereich durchfahren werden muß, sind oft Regelungsmaßnahmen zur Verhinderung der Instabilität zu ergreifen.

6.8 Einwellenverdichter mit variabler Geometrie

TL mit Verdichtern bei *starrer Geometrie* arbeiten stabil, wenn sie die sehr kleinen Verdichterdruckverhältnisse von 4...6 nicht überschreiten. Diese TL der 1. Generation mit ihren von heut aus gesehen ungünstigen Kennwerten sind seit langem überholt. Der Schritt zu den TL der 2. Generation erforderte u.a. den Übergang zum Verdichter mit *variabler Geometrie*, der wesentlich höhere Druckverhältnisse realisieren kann. Seitdem wird das Prinzip der variablen Geometrie, worunter mechanische Verstellungen der Kanalgeometrie zu verstehen sind, welche auf die gasdynamischen Vorgänge einwirken, auch auf andere Baugruppen ausgedehnt und vertieft.

Die variable Geometrie des Verdichters gewährleistet durch sinnvolles Einwirken auf die Gitterströmung, daß die Vorgänge trotz Parameteränderung günstiger ablaufen als in Kap.6.7 geschildert. Strömungsmechanische Zielstellung ist es, die in Teillastbereichen oder Störungen eintretende Divergenz zwischen Geschwindigkeitsdreiecken und Gitterbeschaufelung zu verringern. Demnach sind hauptsächlich in den Anfangs- und Endstufen des Verdichters die Veränderungen zu erwirken. Im einzelnen wird gezielt folgendes mit variabler Verdichtergeometrie, dabei oft durch Kompromisse angestrebt:

- Gewährleistung ausreichender Stabilitätsreserve in den Betriebs- und Flugzuständen;
- Ausweitung des Gebietes höheren Verdichterwirkungsgrades auf den Teillastbereich;
- Dämpfung gefährlicher Vibrationen an den Verdichterschaufeln und in der Luftsäule;
- Anpassung des Massenstromes als optimale Größe an die Betriebszustände des TL;
- Schaffung von günstigen Voraussetzungen für die Realisierung der Übergangregime.

Dabei gelingt es nur, bestimmte, nicht aber alle dieser o.g. Gesichtspunkte zu realisieren. Nach Auswahlkriterien, welche für Start und Reiseflug unterschiedlich sowie u.U. stets neu einzustellen sind, müssen danach bestimmte Prioritäten beachtet werden. Die variable Geometrie im Verdichter beinhaltet zwei unterschiedliche Maßnahmen, nämlich

- das *Luftablassen*, in der Literatur manchmal als *Luftabblasen* bezeichnet;
- die *Schaufelverstellung*, aus Festigkeitsgründen auf Leitgitter beschränkt.

Hinter dem Verdichter ergeben sich in Verbindung mit der Veränderung des Gegendruckes p_{t3} weitere Möglichkeiten zur Beeinflussung der Arbeitspunktlage im Kennfeld: Verstellungen des *1. Turbinenleitgitters* und der *Schubdüse* sowie Veränderungen von *Brennstoffeinspritzung* und *Turbineneintrittstemperatur*. Auch diese Maßnahmen sind Ausdruck variabler Geometrie oder stehen mit ihr in Verbindung.

Das **Luftablassen** ist die älteste Methode zur Verbesserung der gasdynamischen Verdichterstabilität bei Drehzahlverringerung. Dazu sind *Abströmquerschnitte* aus dem Luftkanal erforderlich: mittels Regelsystem zu betätigende Öffnungen (Bänder, Ventile, Klappen), etwa in Mitte des Verdichtergehäuses angeordnet. Möglich ist eine Gruppe einheitlich zu betätigender oder mehrere, örtlich, zeitlich oder drehzahlmäßig unterschiedlich zu regelnde Ablaßeinrichtungen.

Das gasdynamische Prinzip des Luftablassens besteht darin, daß der Massenstrom im Verdichterteil bis zur Ablaßeinrichtung um den abströmenden Betrag vergrößert wird. Dadurch steigt die axiale Geschwindigkeit, wodurch der (zu große) Anstellwinkel verkleinert sowie Abriß- und Vibrationsgefahr gemindert wird. Die damit sinkenden Werte von p_{t3} und Π_V weisen das durch die tiefere Lage der Arbeitslinie im Kennfeld aus. Entsprechend der in Abb.6.11 geänderten Charakteristik wird somit die Stabilitätsreserve trotz Drehzahlabfall wieder vergrößert.

Im Hauptbetriebszustand arbeitet das TL (s. Abb.6.11) bei ausreichender Stabilitätsreserve ohne Luftablassen mit (innerlich und äußerlich) „dichtem" Gaskanal. Bei Drehzahlverringerung wächst zunächst der Betrag von ΔK, fällt aber danach steil ab. Der Betrieb mit $\Delta K < \Delta K_{min}$ ist wegen zu erwartender Instabilität unzulässig. Deshalb wird im einfachsten Fall kurz davor bei $n_{red} = n_{LA}$ das Luftablassen eingeschaltet. Durch diese Veränderung entsteht nach Abb.6.11 ein modifiziertes Kennfeld mit wieder angestiegenem ΔK-Wert, welcher mittels Luftablassen, d.h. bei „undichtem" Gaskanal, den stabilen Betrieb in einem Bereich mit kleinerer Drehzahl gewährleistet.

Das *ungerichtete Ablassen* der teilverdichteten Luft in den Raum außerhalb des Gaskanals bewirkt wegen des Verlustes an zugeführter Arbeit eine Verschlechterung der Kennwerte. Schon deshalb kann es nur außerhalb des Hauptbetriebszustandes angewandt werden. Es gewährleistet vielen TL der 2. Generation mit $\Pi_V = 6 \ldots 10$ die stabile Arbeit, erreicht damit aber schon die Nutzungsobergrenze.

Demgegenüber ist das *gerichtete Luftablassen* nicht als Verlust zu werten, weil die entnommene Luft an anderer Stelle mit diesem Druckniveau als Arbeitsmittel benötigt wird. Das Verwenden dieser Luft als gerichteter *Außenstrom* ist die Verwirklichung des ZTL mit allerdings nicht großem Bypassverhältnis. Bei sinnvoller Auslegung erzielt also das ZTL-Prinzip zugleich eine Stabilitätsverbesserung im Verdichter. Die Luftentnahme zur Kühlung von Heißteilen bei forciertem Regime ist ebenfalls denkbar.

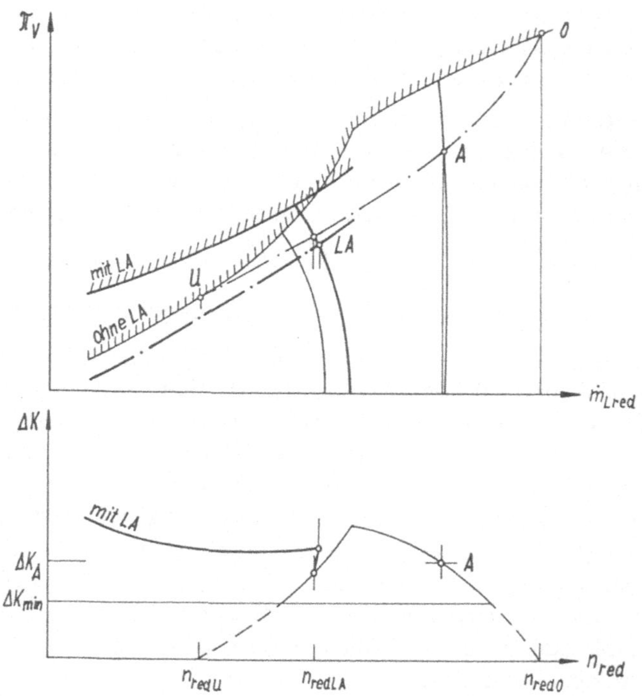

Abb. 6.11: Verdichterkennfeld und Verlauf der Stabilitätsreserve beim Luftablassen

Eine organisierte *Zirkulationsströmung* um die Laufschaufelköpfe der ersten Stufe(n) ist eine spezielle Art des gerichteten Luftablassens. Die (bei Drehzahlabfall auftretende) Neigung zu Abrißzonen läßt sich gezielt zu verstärkter Rückströmung im o.g. Bereich ausnutzen. Dort erfolgt erneute Umlenkung wieder zum Laufgitter, dabei örtlich Massenstrom und Axialgeschwindigkeit vergrößernd. Diese Zirkulation wird gefördert mittels eines Ringes kleiner, im Verdichtergehäuse eingearbeiteter Rückströmkanäle. Bei gasdynamisch hochbelasteten Eintrittsstufen wird dadurch der Anströmwinkel unter den kritischen Betrag verkleinert und die Größe ΔK um 3...4 % erhöht.

Wirkungsvoller ist dagegen die **Leitgitter-Schaufelverstellung**, obwohl sie hinsichtlich Entwicklung, Konstruktion und Regelung mehr an Aufwand erfordert. Letztlich ist sie aber die einzige Möglichkeit variabler Geometrie, um Einwellenverdichter, oft mit Luftablassen kombiniert, über $\Pi_V = 10$ hinaus stabil zu betreiben.

Nach Kap.6.5 treten bei Abweichungen vom Auslegungszustand in der ersten und letzten Stufe die größten, in den dazu benachbarten Stufen gemilderte, in den mittleren Stufen dagegen fast keine nennbaren Veränderungen auf. Das ist an den Geschwindigkeitsdreiecken der einzelnen Stufen ersichtlich. Folglich ist es erforderlich, vor allem die Leitgitter der ersten und letzten Stufen mit dem Primat ersterer zu verstellen. Zugleich muß sich diese Maßnahme im Interesse ausreichender Wirksamkeit gestaffelt auf Gruppen von 3...5 Stufen erstrecken. Folgendes wird im Verdichter realisiert werden:

- Leitgitterverstellung nur in der vorderen Stufengruppe,
- Leitgitterverstellung der vorderen und hinteren Stufen,
- Rotorblattverstellung langsamer drehender großer Fans.

Der Schaufelverstellung liegt gasdynamisch die Idee zugrunde, den Deformationen der Geschwindigkeitsdreiecke, welche infolge Änderung der Betriebsbedingungen auftreten, mittels Drehung der Gitterprofile entgegenzuwirken. Dabei ändern sich alle Parameter einschließlich des Energieumsatzes und des Massenstromes. Es ist dabei erforderlich, durch sinnvolle Verstellung einen (neuen) Optimalzustand anzunähern, wobei in den meisten Fällen der Stabilitätsreserve die größte Priorität auf Kosten anderer Parameter zuzuordnen ist. Das setzt präzise Arbeit des Regelsystems voraus.

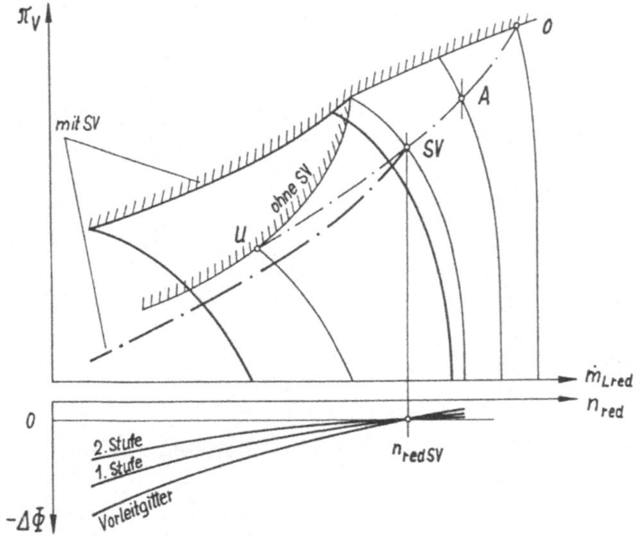

Abb. 6.12: Zur Schaufelverstellung der vorderen Stufengruppe

Die Schaufelverstellung der *vorderen Stufengruppe* ist die am meisten angewendete und oft auch ausreichende Maßnahme. Beginnend mit dem (hier obligatorischen) *Vorleitgitter* vor dem 1. Laufrad werden bei Verkleinerung des n_{red}-Wertes die vorderen Leitgitter nach Abb.6.12 auf einen größeren Winkel im Vergleich zur Verdichterlängsachse gedreht. Wegen der dadurch verursachten Querschnittsverringerung spricht man vom „Schließen" (Zudrehen) der Gitter, und zwar um den (absoluten) Betrag $\Delta\Phi$. Er ist für das Vorleitgitter mit Maximalbeträgen um $\Delta\Phi = -30°$ am größten. In den nachfolgenden Gittern nimmt er gestaffelt ab und erreicht im „festen" Verdichterteil (wie die vorderen Gitter im Auslegungszustand) $\Delta\Phi = 0°$.

Bedingt durch die o.g. Verstellungen um $\Delta\Phi$ wird die Richtung der Vektoren von c und w so geändert, daß für das folgende Laufgitter näherungsweise die Ursprungsanströmung mit großer Stabilitätsreserve wieder zutrifft. Als Folge des „Schließens" tritt allerdings eine stärkere Entlastung der vorderen Stufengruppe und des gesamten Verdichters ein als durch den Abfall von n_{red} allein, was zwar das Anlassen und Beschleunigen erleichtert, aber im Flug ungünstig ist. Es sinken dabei Druckverhältnis, Massenstrom, Verdichterleistung und Schubkraft. Das läßt sich teilweise kompensieren durch gegenteilig eingeregelte und somit höher belastete hintere Stufen.

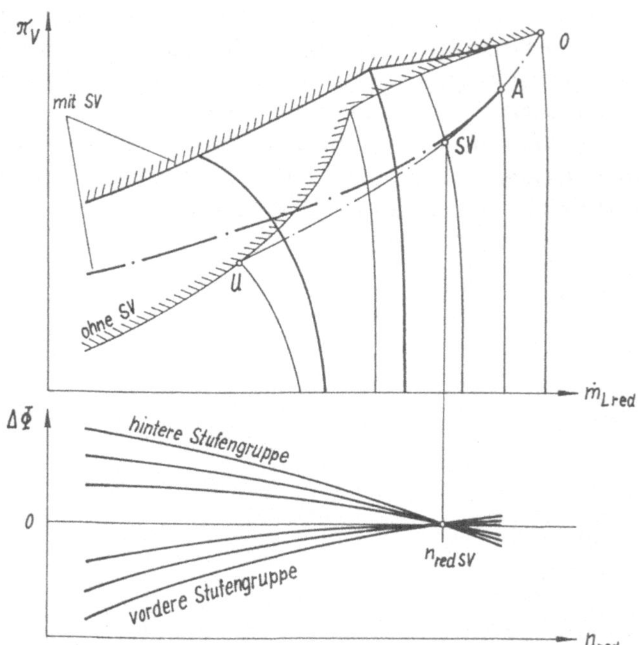

Abb. 6.13: Zur Schaufelverstellung der vorderen und hinteren Stufen

Schaufelverstellung der ***vorderen und hinteren Stufen*** nach Abb.6.13 ist sinnvoll für n_{red}-Abfall bei TL mit erhöhten Schubanforderungen, vor allem im Transschall- und Überschallbereich. Während hierbei die Leitgitter einiger mittlerer Stufen starr bleiben, ändern sich die der vorderen Stufen wie oben beschrieben, und die der hinteren Stufengruppe mit dazu umgekehrter Tendenz. Die hinteren Leitgitter drehen also ihre Schaufelprofile in Richtung eines kleineren Winkels zur Verdichterlängsachse, d.h. sie realisieren ein „Öffnen" der Schaufelkanäle. Der hier kleinere „Öffnungs"-Winkel erreicht seinen Größtbetrag mit etwa $\Delta\Phi_{max} = +10°$ in der letzten Stufe. Die Winkel der Vorstufen haben entsprechend gestaffelt kleinere Beträge.

Durch die Verstellungen in den hinteren Stufen werden Druckverhältnis, Energieumsatz und Massenstrom angehoben, so daß der Schub nicht so stark absinkt. Vor allem jedoch wird erreicht, daß die Vektoren von c und w so beeinflußt werden, daß die Anströmungsrichtung für die jeweils folgende Laufbeschaufelung trotz des Absinkens von n_{red} annähernd gleichgeblieben und damit die Stabilitätsreserve weiterhin groß ist. Die dazu reziproke Verstellung der hinteren Leitgitter verhindert bei sehr großem Wert von n_{red} (z.B.infolge sehr tiefer Temperatur T_{t2}) die obere Instabilität.

Schaufelverstellung ist gasdynamisch in beiden Gittern einer Stufe gleichermaßen wirksam, wird aber in TL-Verdichtern aus konstruktiven Gründen nur in Leitgittern praktiziert. Beidseitig gelagerte Leitschaufeln werden außerhalb des Gehäuses synchronisiert über Hebelmechanismen angesteuert. Mittels unterschiedlich langer Hebelarme wird bei früheren und bisherigen Konstruktionen die Winkelstaffelung verwirklicht. Im Gegensatz zu dieser „starren“ Verstellung läßt sich für neue TL eine für jede Stufe individuelle „flexible“ Regelung realisieren, welche auch die komplizierten Erfordernisse der Übergangsregime berücksichtigt. Diese hochmechanisierten und automatisierten Verdichter in 1W-Bauart gewährleisten Druckverhältnisse in der Größenordnung von $\Pi_V = 15$. Das bedeutet, daß mit dem 1W-Prinzip allein z.Z. geforderte Druckverhältnisse um 30 nicht realisierbar sind.

Rotorblattverstellung bei Großbläsern ist nur wegen der kleineren Drehzahl von etwa 3000 U/min konstruktiv beherrschbar. Sie wird primär zur Verbesserung der Energiewandlung im Außenstrom benötigt. Damit gelingt die Änderung der Leistungsstufe trotz konstanter Drehzahl, und zwar sowohl bei einfachlaufenden als auch gegenläufigen Fans. Der Schallpegel läßt sich dabei senken und der Fanwirkungsgrad erhöhen. Zusätzlich ist die *Schubumkehr* zur Landung mittels Blattverstellung anwendbar.

6.9 Verdichter in Mehrwellenbauart

Variable Geometrie reicht bekanntlich für TL mit sehr hohen Druckverhältnissen allein nicht aus. Dazu wurde ein weiteres Arbeitsprinzip benötigt und frühzeitig gefunden: die *Mehrwellenbauart* des Gasgenerators. Dieses Prinzip, zunächst für ETL angewandt, wurde mit der Entwicklung des ZTL dominant. Alle hochbelasteten TL der letzten Jahre sind Mehrwellentriebwerke. Die Einheit von variabler Geometrie und Mehrwellenprinzip gewährleistet auch in Zukunft, TL mit immer größeren Druckverhältnissen zu entwickeln und erfolgreich zu betreiben.

Bekanntlich ist ohne Instabilitätserscheinungen ein Druckverhältnis von $\Pi_V = 4 \dots 6$ mit Einwellenverdichtern bei starrer Geometrie zu gewährleisten. Davon ausgehend kann das Druckverhältnis eines derartigen *Niederdruckverdichters* (NDV) mittels dahintergeschalteter zusätzlicher, voneinander unabhängiger Maschinen (Stufengruppen) weiter gesteigert werden. Das wird beim Zweiwellentriebwerk durch den nachfolgenden *Hochdruckverdichter* (HDV) und die zu seinem Antrieb erforderliche unabhängige Turbine (HDT), welche vor der NDT angeordnet ist, realisiert.

In Kombination mit variabler Geometrie genügt in der Regel die Zweiwellenmaschine, nur bei Verzicht auf jegliche Verstellungen im Gaskanal ist die Dreiwellenanordnung der Verdichter für moderne ZTL unumgänglich. Die mechanische Verbindung der zueinander gehörenden Verdichter- und Turbinenteile erfolgt über koaxial ineinander laufenden Wellen. Damit verfügen Zweiwellentriebwerke (2W-TL), wie in Abb.6.14 ersichtlich, über zwei kinematisch voneinander unabhängige Rotoren, den Niederdruckrotor (NDR) und den Hochdruckrotor (HDR). Beim Dreiwellen-Gasgenerator (3W-TL) befindet sich zwischen beiden zusätzlich ein selbständiger Mitteldruckrotor (MDR). Dabei ist zu beachten, daß zwischen den Rotoren trotz kinematischer Unabhängigkeit ein gasdynamisch flexibler Kraftschluß unter Einbindung der Brennkammer besteht. Nach (6.27) ist das Druckverhältnis des Mehrwellenverdichters gleich dem Produkt seiner Teilbeträge:

$$\Pi_V = \Pi_{NDV} \, \Pi_{MDV} \, \Pi_{HDV} \tag{6.48}$$

Beim 2W-TL sind infolge fehlenden MDV an der Verdichtung nur NDV und HDV beteiligt. Deshalb wird hier der Wert $\Pi_{MDV} = 1$ in (6.48) eingesetzt. Mit dem o.g. Kleinstwert von 4 für die Teildruckverhältnisse ergibt sich daraus nach der Theorie unter optimalen Betriebsbedingungen beim 2W-TL ein Druckverhältnis von 16, beim 3W-TL sogar von 64, ohne daß instabile Arbeit eintritt. Zusätzlich installierte variable Geometrie setzt weitere Potenzen zur Drucksteigerung frei. Daraus wird die Bedeutung des Mehrwellenprinzips für Gasgeneratoren moderner TL ersichtlich.

Durch das Vorhandensein zweier Rotoren arbeitet der 2W-Verdichter mit zwei verschiedenen Drehzahlen und Umfangsgeschwindigkeiten. Das sind für den NDV die Größen $n_{NDR} = n_1$ und u_1 sowie für den HDV die Beträge $n_{HDR} = n_2$ und u_2. Beim (nicht weiter betrachteten) 3W-TL wäre noch der dazwischenliegende MDV vorhanden. Analog liegen in umgekehrter Reihenfolge die Turbinenteile vor. Das (meist variable) Verhältnis der Drehzahlen n_2/n_1 wird als *Drehzahlschlupf* bezeichnet.

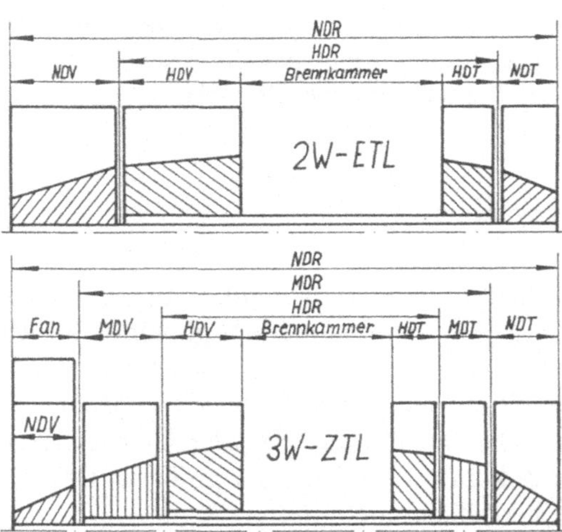

Abb. 6.14: Prinzipieller Aufbau von Mehrwellentriebwerken

Damit zeichnet sich gasdynamisch das Arbeitsprinzip des 2W-Verdichters im Vergleich zur 1W-Maschine durch eine wesentliche Änderung aus: Die Geschwindigkeitsdreiecke werden außer durch den Vektor von c nun zusätzlich durch zwei (sich um den Schlupf unterscheidende) Niveaus der Umfangsgeschwindigkeit u beeinflußt. Dagegen ist beim 1W-TL die Größe von u für alle Stufen gleich groß. Demzufolge sind die Einwirkmöglichkeiten auf die Geschwindigkeitsdreiecke umfangreicher, für die Erklärung komplizierter, zur Aufrechterhaltung der stabilen Arbeit aber günstiger.

Zur Erklärung wird erneut die als *Drosselung* bezeichnete Verminderung des Auslegungsbetriebszustandes auf eine kleinere Leistungsstufe herangezogen. Sie ist durch Abfall der Beträge von n_1 und n_2 (genauer: n_{red1} und n_{red2}) gekennzeichnet. Die aus der Theorie des 1W-Verdichters bekannte Tatsache intensiver Reduzierung der axialen Eintrittsgeschwindigkeit in Verbindung mit der Vergrößerung des Anströmwinkels ist hier ebenfalls wirksam. Daraus folgt die Vergrößerung von anliegender Kraft und erforderlichem Drehmoment an den Laufschaufeln der ersten Stufen, also im NDV. Bekanntlich (s.a. Abb.6.14) von der Niederdruckturbine (NDT) angetrieben und mit zunächst gleichbleibender Leistung versorgt, muß deshalb die Drehzahl des NDV bei Drosselung steiler abfallen als die des HDV, dessen Anströmwinkel sich wenig ändern. Die Drehzahlen n_1 und n_2 divergieren.

Prinzipiell dieselben Auswirkungen ergeben sich im Flug bei M-Zahlvergrößerung, wiederum Auslegungszustand sowie drehzahlmäßig nicht geregelte Rotoren vorausgesetzt. Die intensivere Stauverdichtung führt zu größerer Dichte, d.h. zum Sinken von spezifischem Volumen und Axialgeschwindigkeit im Verdichtereintritt. Abermals wachsen Anströmwinkel und gasdynamische Belastung des NDV, dessen Drehzahl fällt. Infolge umgekehrter Veränderungen im HDV steigt dessen Drehzahl. Auch hierbei zeigt sich die Tendenz, daß n_1 und n_2 divergieren. Diese Problematik von Parameterveränderungen des 2W-TL im Flug wird später noch genauer analysiert.

Nach beiden Vorgängen verändert der kinematisch geteilte 2W-Verdichter die nicht konstant gehaltenen Drehzahlen von selbst im Sinne einer Entlastung seiner Stufengruppen. Die Drehbewegung des NDV wird *erschwert*, die des HDV *erleichtert*. So stellen sich zwei verschiedene Drehzahlniveaus mit dem Ziel ein, daß sich in den ersten und letzten Stufen (in NDV und HDV) zum Betrag von c ein annähernd optimaler Wert von u ergibt. Damit bleiben im Drosselzustand die Geschwindigkeitsdreiecke etwa geometrisch ähnlich, bzw. sie werden nur geringfügig deformiert. In größerem Drehzahlbereich wird demzufolge mittels *Selbstregelung* ein sich nur wenig ändernder Anströmwinkel bei ausreichender Stabilitätsreserve gewährleistet.

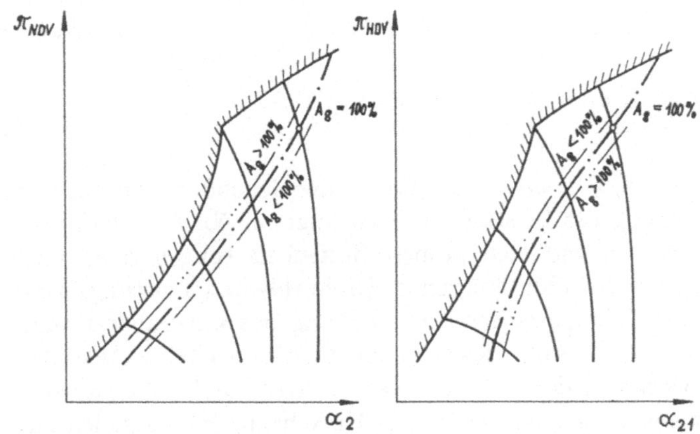

Abb. 6.15: Typische Kennfelder des NDV (links) und des HDV (rechts)

Diese *Selbstregelungseigenschaft* zum Zwecke der Aufrechterhaltung etwa konstanter Geschwindigkeitsdreiecke trotz Änderung der Betriebsbedingungen stellt eine höhere Qualität des 2W-Verdichters (des 2W-TL) dar. Dasselbe Ziel wird zwar auch beim 1W-Verdichter mit hochgradig variabler Geometrie erreicht, aber nur durch äußere Einwirkung mittels verläßlicher Regeltechnik. Der 2W-Verdichter erzielt es dagegen automatisch über die inneren gasdynamischen Vorgänge. Zugleich ergeben sich dadurch Vorzüge bzw. Besonderheiten für die Übergangsregime.

Ein weiterer kinematischer Vorteil des 2W-Verdichters ergibt sich für das ZTL: Mittels sinnvoller Drehzahlabstimmung können sowohl NDV einschließlich Fan sowie HDV trotz großen Durchmesserunterschiedes mit optimaler Umfangsgeschwindigkeit bei hohen Stufendruckverhältnissen betrieben werden. Das 2W-Prinzip kommt sowohl gasdynamisch (höhere Druckverhältnisse) als auch kinematisch (Drehzahlvarianz für unterschiedliche Rotordurchmesser) der Bauart des ZTL entgegen. Von einer Ausnahme abgesehen, zeichnen sich ZTL durch 2W- bzw. Mehrwellen-Aufbau aus.

In Abb.6.15 sind die in vielem divergierenden charakteristischen Kennfelder von NDV und HDV gegenübergestellt. Das Kennfeld des HDV (rechts) entspricht dem eines typischen 1W-Verdichters mit kleinem Druckverhältnis: steiler Verlauf der Arbeitslinien sowie größer werdender Pumpgrenzenabstand bei Drehzahlabfall. Im Gegensatz dazu zeigt das NDV-Kennfeld (links) flacheren Arbeitslinienverlauf, kleineren Pumpgrenzenabstand bei Drosselung und außerdem ein umgekehrtes Verhalten hinsichtlich der Arbeitslinienverschiebung bei Änderung des Druckes p_{t5} nach der NDT.

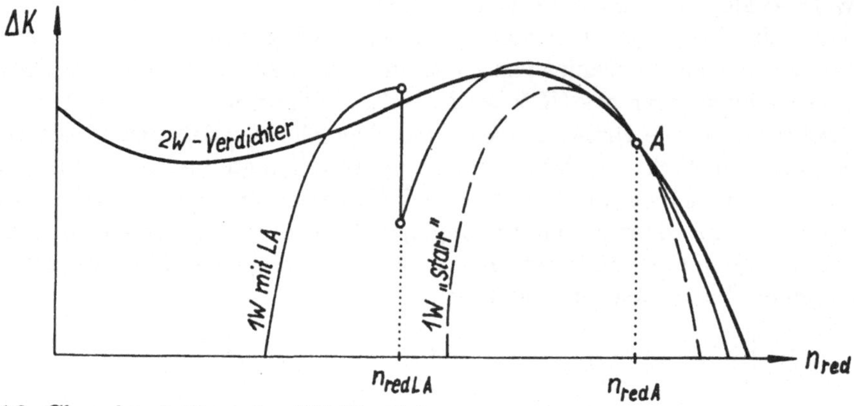

Abb. 6.16: Charakteristiken des 2W-Verdichters

Druckabfall in der Ebene 5, z.B. infolge „Öffnens“ der Schubdüse, erhöht in der NDT wegen tieferer Entspannung die Leistung. Darauf folgt im NDV durch angewachsene Drehzahl und Umfangsgeschwindigkeit größere Stufenbelastung und Arbeitpunktverschiebung in Richtung der Instabilitätsgrenze. Drehzahl- und Leistungserhöhung des NDV steht im Gegensatz zur „bremsenden“ Wirkung des unverändert weiterlaufenden HDV, welche einer Vergrößerung des Gegendruckes an der NDV-Austrittsebene 21 gleichkommt. Dieses Verhalten des NDV mit verringerter Stabilitätsreserve trotz Entlastung des Schubsystems stellt eine ungünstige Umkehrung im Vergleich zu dem des 1W-Verdichters außerhalb des 2W-Verbandes dar.

Andererseits führt Drehzahlsteigerung des HDV zu „beschleunigter“Durchströmung, d.h. zu kleineren Anströmwinkeln und abgesenkter Arbeitslinie im NDV. Der NDV, welcher die Instabilitätsgrenze des gesamten 2W-Verdichters bestimmt, wird dadurch gasdynamisch entlastet. Die gegenseitige Beeinflussung von NDV und HDV in Verbindung mit den sie antreibenden Turbinen ist im weiteren von Bedeutung.

7 Brennkammern

7.1 Aufbau und Arbeitsweise der Hauptbrennkammer

Der Kreisprozeß erfordert nach der Verdichtung die Zuführung von Wärme als weitere Zustandsänderung des Arbeitsmittels durch einen Verbrennungsvorgang. Dazu wird eingespritzter Brennstoff (Kerosin) im Strom der durchgesetzten Luft mit Hilfe des darin vorhandenen Sauerstoffanteils verbrannt. Die freiwerdende thermische Energie geht in den Luftstrom über, wobei dieser als Brenngas aufgeheizt wird.

Dazu ist als Baugruppe des TL, zwischen Verdichter und Turbine über die Innenstromstationen 3 und 4 begrenzt, die Brennkammer installiert. Sie wird hier als *Hauptbrennkammer* im Unterschied zu der bei vielen Militärtriebwerken zusätzlich vorhandenen *Nachbrennkammer* bezeichnet. Durch die o.g. Vorgänge gewährleistet erstere beim verdichteten Arbeitsmittel eine wesentliche Steigerung von Temperatur und Enthalpie, so daß in ihrem Austrittsquerschnitt 4 das Gas den höchsten spezifischen Energiegehalt im Kreisprozeß aufweist. Nur beim Prozeß mit Nachverbrennung ist eine noch größere Parametersteigerung möglich. Zum Studium der Verbrennungsvorgänge in TL werden aus der Literatur [11], [53], [122] und [191] vorgeschlagen.

Die Verbrennung im Luftstrom ist ein komplizierter chemisch-gasdynamischer Prozeß, welcher aus mehreren Teilschritten besteht. Mittels Anlaßfremdzündung eingeleitet, erfolgt der Verbrennungsvorgang bei stabilem Betrieb kontinuierlich von selbst, im Gegensatz zum intermittierend arbeitenden Kolbenmotor. Teilschritte und Gesamtvorgang der Verbrennung verlaufen den Anforderungen entsprechend nur bei optimaler Gestaltung der Brennkammer. Wichtige Anforderungen an die Brennkammern von TL sind:

- verlustarme Energieumwandlung, ausgewiesen durch hohen Verbrennungswirkungsgrad;
- minimale Druckverluste der Strömung, sichtbar in großem Druckerhaltungskoeffizienten;
- hohe Stabilität des Verbrennungsvorgangs, d.h. Sicherheit gegenüber Flammenabrissen;
- geringes Bauvolumen sowie flexible, thermischen Belastungen genügende Konstruktion;
- ausgeglichenes zeitliches und örtliches Parameterfeld in der Austrittsebene zur Turbine;
- zuverlässiges Zünden, Beschleunigen bzw. Wiederzünden nach Flammenabriß im Flug;
- geringer, den Umweltschutzbestimmungen entsprechender Schadstoffanteil beim Abgas.

Die Brennkammerentwicklung zeigt, daß o.g. Anforderungen sich teilweise widersprechen und nur als Kompromiß zu realisieren sind. Entwurf und Ausreifung erfordern außer Kenntnissen in Verbrennungstheorie und Strömungsmechanik vor allem das Experiment. Trotz beachtlicher Fortschritte im Bau von Brennkammern sind noch Reserven insbesondere bei der Schadstoffreduzierung zu erschließen.

Im chronologischen Verlauf[1] haben sich wegen günstiger Strömungs- und Verbrennungsvorgänge die bekannten Bauformen herausgebildet. Erstausführungen bestanden aus einem mit Brennstoffdüse versehenen *Luftkanal* ohne Einbauten. Die hohe Gasgeschwindigkeit erschwerte Zündung und Flammenausbreitung. So erkannten bereits v. OHAIN und WHITTLE, daß strömungsmechanische Veränderungen unabdingbar waren.

[1] Diese Entwicklung und viele auch heute gültige Details der Brennkammertheorie sind dargestellt in der Arbeit von Höper, H.J.: Neuere Gesichtspunkte für die Auslegung von Brennkammern in Luftstrahltriebwerken. LRT 16 (1970) 6, S. 143 - 150 und 16 (1970) 7/8, S. 191 - 194

Erste bedeutende Veränderung war die Anordnung eines *Diffusors* am Brennkammereintritt, welcher die Strömungsgeschwindigkeit von etwa 150 m/s auf 50 ... 25 m/s reduziert. Diese notwendige, wenn auch nicht hinreichende Bedingung einer *Stromabbremsung* verbesserte entscheidend die Bedingungen zur Verbrennung. Gegenwärtig ist der Diffusor als *Einlaufzone* in allen Brennkammern eine obligatorische Notwendigkeit.

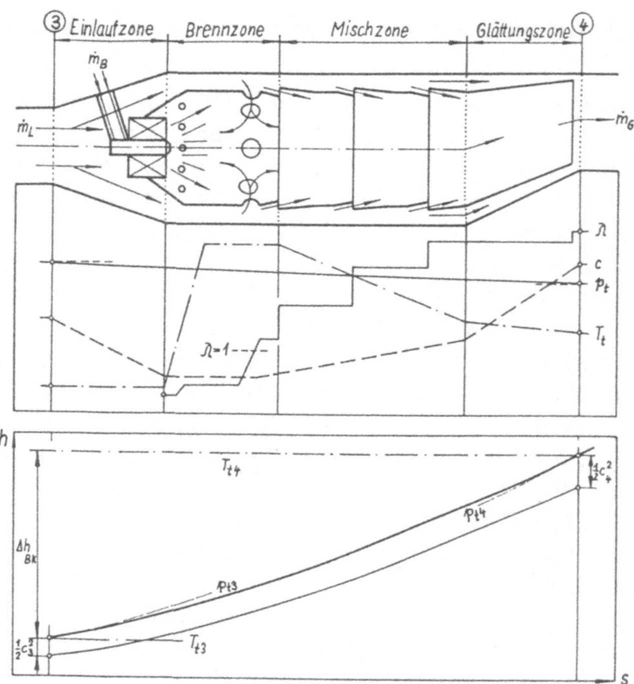

Abb. 7.1: Bauteile, Arbeitszonen und Parameterverlauf der Hauptbrennkammer

Als Ergänzung dazu wurde um die Einspritzdüse ein zu umströmender *Schirm* angeordnet. Er erzeugt auf seiner Rückseite Zonen *relativer Ruhe* bzw. Zonen mit *Rückströmung* (*Rezirkulation*). Die Flamme wird dadurch am Schirm gehalten, d.h. sie kann innerhalb eines größeren Bereiches hoher Strömungsgeschwindigkeit nicht fortgetragen werden. Das Prinzip der *Flammenstabilisation (Flammenhaltung)* durch im Luftstrom stehende Einbauten hat sich als sehr wirksam erwiesen und ist in heutigen Hauptbrennkammern in den schirmartig ausgebildeten *Flammrohrköpfen* wiederzufinden.

Die Weiterentwicklung dieser Idee ergibt in Verlängerung des o.g. Schirmes bis hin zum Austrittsquerschnitt das *Flammrohr*. Es verwirklicht nach der *Einlaufzone* die Trennung in den *Primärstrom* im Flammrohrinnern und den *Sekundärstrom* außerhalb. Details der Hauptbrennkammer sind in Abb.7.1 ersichtlich.

Der *Primärluftstrom* ist für stöchiometrische Verhältnisse ausgelegt und gewährleistet im Flammrohrkopf, der *Brennzone*, optimale Bedingungen mit intensiver und stabiler Flamme sowie höchster Gastemperatur von etwa $T_{max} = 2500$ K und mehr. Der meist größere *Sekundärluftstrom* wird nicht zur Verbrennung benötigt. Er umgeht, geleitet durch den Flammrohrkopf die Brennzone und gelangt danach zur *Mischzone* in das Flammrohr. Dem vorausgegangenen Prinzip der *Stromtrennung* folgt nun das der

Strommischung, verbunden mit Flammrohrkühlung und einer Verringerung der Gastemperatur. Hocherhitztes Primärbrenngas und mäßig erwärmte Sekundärluft ergeben das zur Beaufschlagung der Turbine geeignete Heißgas mit der zulässigen Temperatur T_{t4}. Manche Autoren trennen Brenn- und Mischzone durch eine *Zwischenzone*, in der bei u.U. verlängerter Flamme die Restverbrennung stattfindet. Schließlich erfolgen in der *Glättungszone* Laminarisierung, Stromausrichtung, Querschnittsumwandlung für das Turbinenleitgitter und die gewünschte Parameterverteilung in der Austrittsebene.

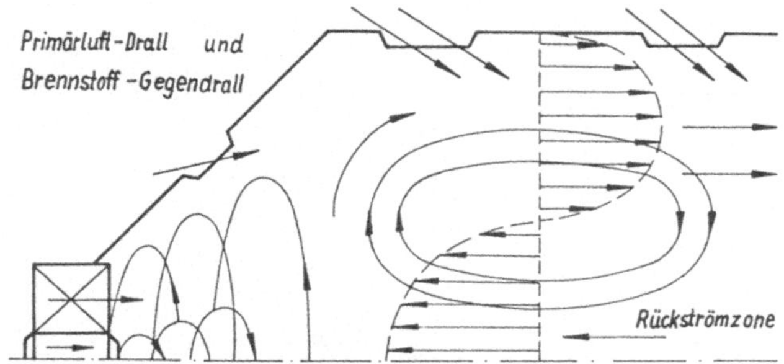

Abb. 7.2: Darstellung der Strömungsverhältnisse in der Brennzone

Erhöhte Aufmerksamkeit erfordern die Vorgänge in der *Brennzone* (s. Abb.7.2), weil hier der Energieumsatz erfolgt, andererseits die Flamme instabil und störanfällig sein kann. Durch die Organisation von *Ruhe-* und *Rückströmzonen* können sich die Brennstoffteilchen infolge geringerer Geschwindigkeit längere Zeit im Brennraum bis zum Reaktionsabschluß aufhalten. Zum selben Zweck wird das Prinzip des *Dralls* um die Flammrohrlängsachse angewandt. Deshalb wird die Einspritzdüse koaxial mit schräg in der Strömung stehenden Flächen, der sog. *Drallrose* umgeben. Damit wird gasseitig ein Maximum an Verweildauer im Brennraun realisiert.

Brennstoffseitig wird dies ergänzt, wozu unterschiedliche Einspritzsysteme dienen. Der aufbereitete Flüssigbrennstoff gelangt gerichtet in die Brennzone, um dort in feinverteilter Form als Kleinstkörper mit dem Luftsauerstoff zu reagieren. Dazu wird er nach dem Prinzip des *Gegendralls*, d.h. im Vergleich zur Primärluft gegenläufig, eingespritzt. Das dafür wirksame Bauteil ist die *Einspritzdüse.* Einspritzrichtung kann Gleich-, Gegen- oder Kreuzstrom (s.a. Kap.7.6) sein. Die luft- und brennstoffseitig organisierten Teilvorgänge gewährleisten beste *Gemischbildung.*

Als Baugruppe zur Verbindung der Gehäuse von Verdichter und Turbine ist die Hauptbrennkammer von TL koaxial um das Wellensystem angeordnet. Ihre Bauteile erfüllen die Aufgabe als Gaskanal, und sie gewährleisten im Zentrum des Triebwerks zugleich als Festigkeitsverband die Übertragung von Kräften und Momenten. Mit Blick auf den Triebwerksquerschnitt lassen sich nach Abb.7.3 drei Unterarten unterscheiden:

- Einzel- bzw. Rohrbrennkammer (can-type),
- Ringbrennkammer (annular-type),
- Rohrringbrennkammer (can-annular-type).

Nach Abb.7.3a sind *Rohrbrennkammern* in Einzelexemplaren kreisförmig angeordnet sowie individuell mit Außenmantel und Flammrohr ausgerüstet. Sie wurden anfangs vor allem bei Radialtriebwerken angewandt. Die aus dem Radialverdichter kommende Luft läßt sich gut durch konisch angeordnete Rohrbrennkammern auf die Turbine kleineren

Durchmessers leiten. Verglichen mit anderen Bauarten haben sie allerdings schlechtere Kennwerte. Die besten Kennwerte besitzt die ***Ringbrennkammer*** nach Abb.7.3c. Infolge gemeinsamer Bauteile für Mäntel und Flammrohrwandungen ist sie am leichtesten und gewährleistet beste Querschnittsausnutzung, kleinsten Druckabfall sowie zuverlässigste Zünd- und Stabilisierungsbedingungen. Problematisch ist ihre Entwicklung wegen der großen ringförmigen Brennzone. Eine akzeptablere Zwischenstellung dazu nimmt die *Rohrringbrennkammer* (s. Abb.7.3 b) ein, die bisher am häufigsten angewandt wurde.

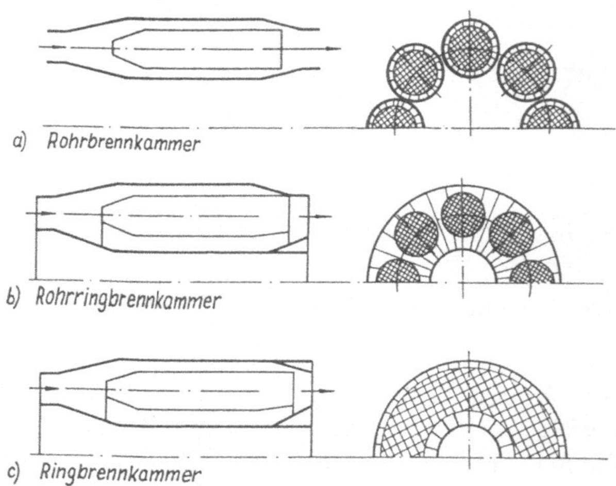

Abb. 7.3: Unterbauarten von Hauptbrennkammern der TL

Weitere Unterscheidungen von Brennkammerbauarten sind hinsichtlich Längsschnitt und Durchströmungsrichtung zu treffen. Die ***Gleichstrom-Brennkammer*** wird wie in den Abb.7.1 und 7.3 ersichtlich ohne größere Richtungsänderung durchströmt. Durch ihren geringen Querschnitt bei großem Massenstrom wird diese Bauart bei allen Großtriebwerken bevorzugt. Andererseits ist bei größer ausführbarem Durchmesser und angestrebter Baulängenverkürzung gewöhnlich die ***Gegenstrom-Brennkammer*** von Vorteil. Infolge Stromumlenkung ist ihr Druckabfall größer, aber die Maßnahmen zur Gemischbildung und Flammenstabilisation sind durch mehrfache Richtungsänderung und kleinere Gasgeschwindigkeit günstiger.

Die *Zündung* der Brennkammer wird durch spezielle, gewöhnlich doublierte Anlaßeinrichtungen gewährleistet. Ihre Aufgabe ist es, unter allen Zündbedingungen eine leistungsfähige, nicht abreißende zeitbegrenzte ***Initialflamme*** zu erzeugen und in die Brennzone zu leiten. Dazu werden elektrische Hochleistung-Zündkerzen, spezielle Anlaßeinspritzdüsen, gemischbegünstigende Vorkammern, gegebenenfalls besonderer Anlaßbrennstoff sowie u.U. für große Flughöhen zuzugebender Sauerstoff benötigt. Bei Ringbrennkammern erfolgt das ***Durchzünden*** von den Anlaßelementen in den Gesamtquerschnitt problemlos. Dagegen sind bei Bauarten mit Einzelflammrohren dazwischen anzuordnende, die Versperrungen für tangentiale Flammenausbreitung durchbrechende Rohrverbindungen größeren Durchmessers, die sog. ***Durchzündstege***, vorzusehen.

7.2 Energieumsatz und Kennwerte der Hauptbrennkammer

Aufgabe der Brennkammer ist es, die im Brennstoff vorhandene latente Energie mittels chemischer Reaktion freizusetzen und auf den Luft- bzw. Gasstrom zu übertragen. Dieser Vorgang ist unter Berücksichtigung der o.g. Anforderungen nach dem Verwendungszweck des TL zu verwirklichen. Ausgangspunkt zur quantitativen Untersuchung ist die Energiebilanz der Brennkammer, aufgestellt in der Einheit des Wärmestromes:

$$\dot{m}_L\, c_{pL}\, T_{t3} \;+\; \dot{m}_B\, c_B\, T_B \;+\; \dot{m}_B\, H_u\, \eta_A \;=\; \dot{m}_G\, c_{pG}\, T_{t4} \tag{7.1}$$

Hierbei stellt der 1. Summand den Energieanteil der Frischluft im Brennkammereintritt, der 2. und 3. Summand den fühlbaren und latenten Betrag an thermischer Energie des reagierenden Brennstoffes sowie die rechte Seite das Energieniveau des austretenden Brenngases dar. Die Brennstofftemperatur ist mit etwa $T_B = T_0$ wie auch der Betrag von $\dot{m}_B$ sehr klein. Der 2. Summand ist deshalb meist zu vernachlässigen. Division durch $\dot{m}_B$ und Substitution $\dot{m}_L/\dot{m}_B = \lambda L_{min}$ nach (2.47) liefern die folgende Bilanz:

$$\lambda L_{min}\, c_{pL}\, T_{t3} \;+\; H_u\, \eta_A \;=\; (\lambda L_{min} + 1)\, c_{pG}\, T_{t4} \tag{7.2}$$

Umstellungen beider Gleichungen als auch von (2.46) ergeben Ausdrücke zur Bestimmung der Brennkammer-Austrittstemperatur T_{t4} sowie des Brennstoffdurchsatzes $\dot{m}_B$:

$$T_{t4} \;=\; \frac{\dot{m}_L c_{pL} T_{t3} \;+\; \dot{m}_B H_u \eta_A}{(\dot{m}_L + \dot{m}_B) c_{pG}} \;=\; \frac{\lambda L_{min} c_{pL} T_{t3} \;+\; H_u \eta_A}{(\lambda L_{min} + 1)\, c_{pG}} \tag{7.3}$$

$$\dot{m}_B \;=\; \frac{\dot{m}_L (c_{pG} T_{t4} \;-\; c_{pL} T_{t3})}{H_u \eta_A - c_{pG} T_{t4}} \;=\; \frac{\dot{m}_L}{\lambda L_{min}} \tag{7.4}$$

Beide Größen stehen mit den Parametern des Brennvorganges, u.a. mit dem Luftverhältnis λ im Zusammenhang. Mit den Näherungen $\lambda L_{min} \approx (\lambda L_{min} + 1)$ sowie $c_{pL} \approx c_{pG}$ ergibt sich wie in (2.47) die vereinfachte Brennkammer-Enthalpiedifferenz:

$$\Delta h_{BK} \;=\; h_{t4} - h_{t3} \;=\; \frac{R}{m}(T_{t4} - T_{t3}) \;=\; \frac{H_u \eta_A}{\lambda L_{min}} \tag{7.5}$$

Als Hauptparameter für Energieumsatz und Kreisprozeß gilt die Brennkammer-Austrittstemperatur T_{t4}, welche zugleich *Turbineneintrittstemperatur* ist. Ihre Höhe bestimmt das thermische Niveau und die Kennwertbeträge des TL. Neueste zivile Serientriebwerke arbeiten mit Höchsttemperaturen um 1700 K. Bei modernsten TL militärischer Zweckbestimmung liegt T_{t4} noch um 100...300 K höher. In der Perspektive wird der Wert von T_{t4} bis etwa zum stöchiometrischen Maximum auf mehr als 2000 K ansteigen. Das bedeutet, daß das bisher auf die Brennzone beschränkte stöchiometrische Brenngas künftig ohne Temperaturabfall die Turbine beaufschlagen wird. Das künftige Entwicklungsziel ist letztlich der *stöchiometrische Gasgenerator*.

Bei dieser Evolution thermisch hochbelasteter TL wird das *Luftverhältnis* λ immer kleiner. Von ursprüglich sehr armem Brenngemisch mit etwa $\lambda = 4$ ($T_{t4} = 1200$ K) bei den TL der 1. und 2. Generation ausgehend, wird nach Abb.7.4 theoretisch der *stöchiometrische Punkt* von $\lambda = 1$, in der Praxis der Bereich $0{,}95 < \lambda < 0{,}99$ angesteuert. Dadurch ist es möglich, den Wert von T_{t4} im Verhältnis zum o.g. Betrag annähernd zu verdoppeln. Die geringe Verschiebung des Gasgemisches gegenüber der Theorie resultiert aus den Verbrennungsverlusten, insbesondere der *Dissoziation*. Das bedeutet, einen Nachlaß an theoretischer Verbrennungshöchsttemperatur zu akzeptieren.

Für die Stromtrennung ergibt sich mit der ständigen Zunahme der Temperatur T_{t4}, daß der Sekundärstrom immer bedeutungsloser, d.h. quantitativ weiter zurückgefahren wird und zum Schluß nur noch auf die Belange der Bauteilkühlung zugeschnitten ist. Die durchgesetzte Luft in der Brennkammer wird dadurch immer mehr zum Primärstrom. Ungeachtet dieser Überlegungen ist der Weg bis zur Schaffung des stöchiometrischen Hochtemperatur-Gasgenerators noch mit großem Aufwand an Entwicklung verbunden.

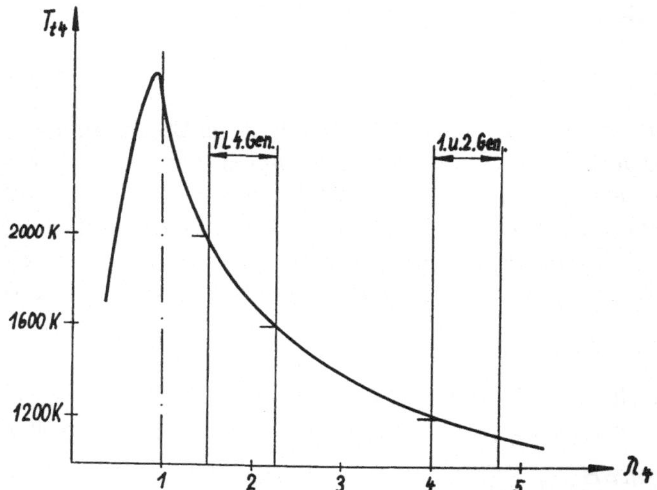

Abb. 7.4: Abhängigkeit von Verbrennungstemperatur und Luftverhältnis

Der *Verbrennungswirkungsgrad (Ausbrand)* η_A ist ein Ausdruck thermischer Verluste in der Brennkammer, z.B. infolge unvollständiger sowie unvollkommener Verbrennung bzw. unerwünschter äußerer Wärmeübertragung. Er ist als ein thermischer Gütegrad anzusehen. Seine analytische Bestimmung kann mit geringen Unterschieden als Verhältnis zweier Wärmeströme, Enthalpie-, bzw. Temperaturdifferenzen vorgenommen werden. Unabhängig davon ist der Betrag von η_A durch Umstellung von (7.3) zu ermitteln:

$$\eta_A = [(1 + \lambda L_{min})\, c_{pG} T_{t4} - \lambda L_{min} c_{pL} T_{t3}]\, H_u^{-1} \tag{7.6}$$

Im Startstandbetrieb liegt stets ein hoher Ausbrand von $\eta_A = 0,96 \ldots 0,99$ vor. Der kleinere Wert gilt dabei für militärische, der größere für zivile TL. Chronologisch erfolgt in der Brennkammer die erste Wandlung in Verbindung mir einer partiellen Entwertung von Energie. Ist hierbei der Verlustbetrag $(1-\eta_A)$ auch klein, so sind trotzdem Anstrengungen auf seine Minimierung zu richten. Bei schlechten Verbrennungsbedingungen wie z.B. in großer Flughöhe sinkt sein Betrag ohnehin steil ab.

Der *Druckerhaltungskoeffizient* σ_{BK} zeigt als gasdynamischer Gütegrad den abgesenkten Druck der Strömung in der Brennkammer auf. Er ist nach dem Ausdruck (3.64) als Verhältnis der totalen Drücke zwischen Austritts- und Eintrittsquerschnitt definiert

$$\sigma_{BK} = \frac{p_{t4}}{p_{t3}} \tag{7.7}$$

und besteht bekanntlich aus einem „heißen“ und einem „kalten“ Teilkoeffizienten. Ersterer ergibt sich aus der Beschleunigung des erhitzten Gasstroms, gepaart mit Entspannung. Der zweite Anteil ist Ausdruck der Brennkammer-Irreversibilitäten. Diese Auswirkungen realer Vorgänge in der Brennkammer sind zumindestens teilweise bewußt in Gestalt von Stromumlenkung, Rückström- und Drallzonen herbeigeführt worden. Sie verursachen objektiv einen Abfall an Totaldruck, der sich wegen der Erfordernisse von Gemischbildung und Flammenstabilisation nicht unter ein Mindestmaß verringern läßt. Ein schlechterer Druckerhaltungskoeffizient kann so u.U. den Ausbrand verbessern. Hochbelastete Brennkammern arbeiten im Bereich von etwa $\sigma_{BK} = 0.90 \ldots 0,96$, wobei auch hier der größere Zahlenwert zivilen TL zuzuordnen ist. Bei bekanntem Wert von σ_{BK} läßt sich durch Umstellung von (7.7) der Brennkammer-Enddruck berechnen:

$$p_{t4} = p_{t3}\, \sigma_{BK} \tag{7.8}$$

Die *Verweilzeit* t_{BK} ist ein typischer und anschaulicher Brennkammer-Kennwert. Sie gibt an, wie lange sich ein Brennstoffteilchen durchschnittlich in der Brennkammer aufhält. Außer auf den Gesamtraum zwischen den Ebenen 3 und 4 beziehen sich manche Autoren (auch in anderen Zusammenhängen) dabei nur auf das Volumen vom Flammrohr bzw. der Brennzone. Nach folgendem Ausdruck ist die Verweilzeit zu bestimmen:

$$t_{BK} = \frac{V_{BK}}{\dot{V}_L} = \frac{V_{BK} p_{t3}}{\dot{m}_L T_{t4} R} \tag{7.9}$$

Für hochbelastete TL wird nach (7.9) eine Zeit von $t_{BK} = 0,002 \ldots 0,009 s$ ermittelt. Spätestens in dieser Zeit soll die chemische Reaktion im Interesse eines guten Ausbrandes abgeschlossen sein. Allgemein gilt: $t_{ch} < t_{BK}$. Dabei wird vorausgesetzt, daß das Gesamtvolumen zur Verfügung steht, während in Wirklichkeit nur die Brennzone mit günstigen Reaktionsbedingungen dafür vorgesehen ist. Brennzone und Verweilzeit dürfen demnach nicht zu klein, die zu erwärmende Luftmenge aber nicht zu groß ausfallen. In der internationalen Literatur wird für Brenngeschwindigkeit und Ausbrand folgende Beziehung angegeben, die auf einem Ansatz von S.ARRHENIUS (1889) beruht:

$$(c_{ch}, \eta_A) = f\left(p_{t3}^{1,8}\, e^{T_{t3}/T_0}\, V_{BK}/\dot{m}_L\right) \tag{7.10}$$

Dieser Proportionalitätsfaktor, den manche Autoren gegenüber (7.10) in variierter Form angeben und der strenggenommen nur für Brennkammern ein und derselben Unterbauart gilt, weist in der Tendenz die günstigen Reaktionsbedingungen auf. Er zeigt den quantitativen Einfluß der Brennraumparameter auf.

Als Ergänzung wird die ***thermische Belastung*** q_{BK} der Brennkammer angegeben. Sie kennzeichnet den Wärmestrom pro Volumen und Arbeitsdruck. Auch hier kann das Volumen von Brennkammer, Flammrohr oder Brennzone herangezogen werden. Es ist

$$q_{BK} = \frac{\dot{Q}_{BK}}{V_{BK}\, p_{t3}} = \frac{\dot{m}_B H_u}{V_{BK}\, p_{t3}} = \frac{F_s b H_u}{V_{BK}\, p_{t3}} \tag{7.11}$$

Für die Brennkammern unterschiedlicher TL lassen sich nach (7.11) thermische Belastungen von $q_{BK} = (2 \ldots 6)10^6$ kJ/m^{3}hkPa berechnen. In der genannten Maßeinheit kommt der Bezug der Energie auf die Größen des Volumens, der Zeit und des Druckes zum Ausdruck. Das entspricht mit angenäherter Zahlenangabe dem Betrag von $q_{BK} = 500 \ldots 1500\,\mathrm{s}^{-1}$. Ein Vergleich von Zahlenwerten und Maßeinheiten läßt vermuten, daß zwischen Verweilzeit und thermischer Belastung eine reziproke Proportionalität besteht. Künftig wird man größere Wärmeströme in geringerem Volumen bei höheren Drücken, d.h. bei noch ansteigender thermischer Belastung, umsetzen.

7.3 Das Betriebsverhalten der Hauptbrennkammer

Vorgänge in Brennkammern sind anfällig gegenüber Betriebsveränderungen. Trotz vieler Anstrengungen und erreichter Entwicklungsfortschritte ist ihr Arbeitsbereich mit günstigen Kennwerten nicht groß. Mögliche Begrenzungen (Instabilitäten, Flammenabrisse) können die Flugsicherheit gefährden. Diese Erscheinungen müssen mit ihren Ursachen dem ingenieurtechnischen und fliegenden Personal bekannt sein.

Als wichtigste Bedingung für intensive und stabile Verbrennung gilt nach Kap.2.5 die *Gemischzusammensetzung* in der Nähe ihres stöchiometrischen Punktes, nach der Theorie mit dem Luftverhältnis $\lambda = 1$ übereinstimmend. Dieses stöchiometrische Brenngas entspricht bei $L_{min} = 14,5 \ldots 14,8$ (abhängig von der Art des Kerosins) nach (2.47) einem Brennstoff-Luft-Verhältnis von $\dot{m}_B/\dot{m}_L = 0,069 \ldots 0,067$. Lokal in der Brennzone herbeigeführt, sind damit volle Energiefreisetzung, kürzeste Reaktionszeit, größter Ausbrand und höchste Verbrennungstemperatur gewährleistet.

Diesen Sachverhalt zeigt Abb.7.4. Limitiert durch die Barieren der *Reich-* und *Armverlöschgrenze* verbleibt ein nicht allzu breiter Korridor brennbaren Gemisches. Aber nur im Zentrum des Korridors ist das Maximum der Temperatur ersichtlich und somit auch der Bestbetrag für die anderen o.g. Kennwerte gewährleistet. Während man bestrebt ist, den stöchiometrischen Zustand in der Brennzone zu verwirklichen, sind Brenngemische in der Nähe der Verlöschgrenzen zu vermeiden.

Die *Reichverlöschgrenze* ist durch einen zu großen Überschuß an Brennstoff gekennzeichnet. Dieser nichtoptimale Kontakt zwischen Brennstoff- und (nicht ausreichenden) Sauerstoffmolekülen verursacht eine zu geringe (auf kleine, gegeneinander isolierte Zonen beschränkte) Energieaufbereitung, so daß die Flamme sich nicht ausbreiten kann und in sich zusammenbricht. Umgekehrt liegt die *Armverlöschgrenze* bei Brennstoffmangel vor. Diese ebenfalls ungünstigen Kontaktbedingungen führen nur zu örtlichen Teilreaktionen, die wegen zu geringer Wärmeentwicklung nicht den Gesamtbrennraum erfassen. Dadurch erlischt die Flamme ebenfalls.

Die Verlöschgrenzen charakterisieren nicht mehr aufrechtzuerhaltende Brennbedingungen. Im Gegensatz dazu liegen die *Zündgrenzen* noch enger am stöchiometrischen Brenngas, denn die als Startvorgang durchgeführte Zündung erfolgt bei zunächst nicht vorhandener Flamme und verhältnismäßig kleiner Drehzahl, also nach Beachtung von (7.10) unter wesentlich schlechteren thermischen Brennraumparametern. Während die Annäherung an die Verlöschgrenzen im Flug unbedingt zu vermeiden ist, sind bei aufgetretenem Flammenabriß und erforderlichem Wiederzünden in der Luft die verschärften Bedingungen des noch engeren *Zündkorridors* zu verwirklichen.

Verbrennungsverluste sind durch ein Plus an einzubringendem Brennstoff zu kompensieren, wodurch der Verbrauch ansteigt. Daraus erklärt sich, daß bei genauer Untersuchung nach Abb.7.4 anstelle des stöchiometrischen ein geringfügig reicheres Brenngemisch mit $\lambda = 0,92 \ldots 0,99$ zu verwirklichen ist, um die höchste reale Temperatur T_{max} zu erreichen. Verbrennungsverluste werden hauptsächlich durch die *Dissoziation* bei hoher Temperatur (sowie bei u.U. fallendem Druck infolge großer Flughöhe, z.B. nach Abb.7.6) in der Brennzone verursacht. Ist aber das dissoziierte Brenngas in der nachfolgenden Zwischen- bzw. Mischzone im Flammrohr etwas abgekühlt, sind die Bedingungen für eine Fortsetzung der Verbrennung als Umkehrung der Dissoziation, also der *Rekombination*, gegeben. Unter Verbesserung des Ausbrandes wandert dabei die verlängerte Flamme aus der Brennzone heraus. Andererseits verschlechtern verringerte Temperatur und anwachsende Gasgeschwindigkeit die Verbrennungsbedingungen.

Weitere Betrachtungen von Kennwerten unterstreichen den hervorgehobenen Zustand des stöchiometrischen Brenngases. Das kommt in Abb.7.5 zum Ausdruck. Sie zeigt die möglichen Veränderungen der ***Brennkammer-Eintrittsparameter*** (einschließlich der indirekt darauf einwirkenden Flughöhe) abhängig vom Luftverhältnis. Dabei sind auch hier die Verlöschgrenzen präsent, welche bekanntlich den Arbeitskorridor der Brennkammer umschließen. Die Darstellungen zeigen, daß die Verschlechterung der Eintrittsparameter stets zur Einengung des Korridors führt. Schließlich wird im stöchiometrischen Punkt durch Aneinanderstoßen von Reich- und Armverlöschgrenze der Arbeitskorridor (in positiver oder negativer) Ordinatenrichtung bei einem extremen Parameterwert beendet. Abb.7.5 erhärtet die Bedeutung der Verlöschgrenzen und der (hier zwar nicht dargestellten, aber zu vermutenden) noch enger liegenden Zündgrenzen.

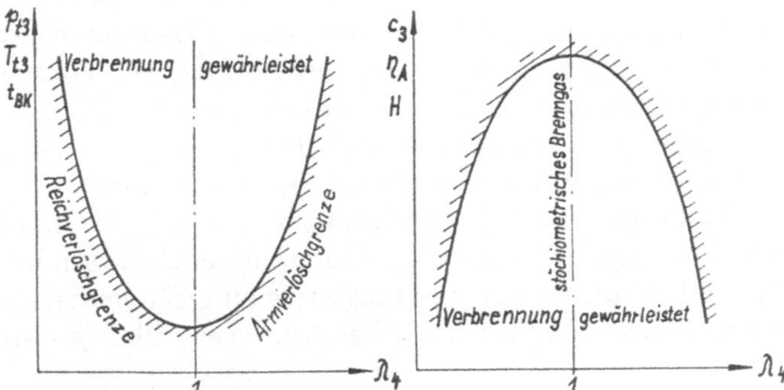

Abb. 7.5: Verlöschgrenzen in Abhängigkeit von den Brennraumparametern

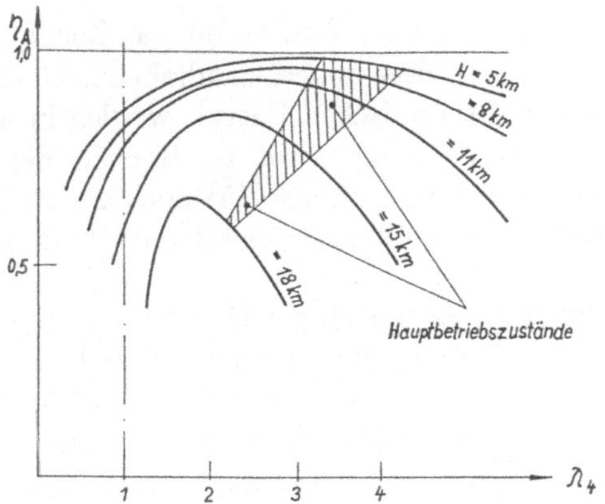

Abb. 7.6: Ausbrandveränderung, abhängig von Luftverhältnis und Flughöhe

Die Aussagen werden durch Veränderung des ***Ausbrandes*** in Abhängigkeit von Brennkammerluftverhältnis und Flughöhe (s. Abb.7.6) unterstützt. Daraus ist ersichtlich, daß sich der hohe Ausbrand im Auslegungszustand am Boden und mittlerer Flughöhe bei etwa $\lambda_{BK} = 2 \ldots 4$ in der Stratosphäre zu kleineren Werten von λ und η_A verschiebt. Die größere Breite in den Parametern der verschiedenen Triebwerksmuster und Leistungsstufen wurde durch den schraffierten Sektor symbolisiert. In extremer Höhe wird eine empfindliche Ausbrandverschlechterung beobachtet. Letzteres tritt unabhängig von

Abb.7.6 um so drastischer auf, wenn dabei die Leistungsstufe des TL durch Zurücknehmen des Drosselhebels verringert wird. Um dies in Verbindung mit dem Annähern der Verlöschgrenzen zu vermeiden, wird abhängig von Flughöhe und M-Zahl die Drehzahlverstellung regeltechnisch eingeengt.

Eine spezifische Form instabiler Arbeit ist die sog. ***Vibrationsverbrennung***. Dieser Zustand unterschiedlicher Frequenz und Amplitude ist gewöhnlich für den Nachbrenner relevant. Vibrationserscheinungen, welche auf beginnende Verdichterinstabilität zurückzuführen sind, erlangen Bedeutung für die Flammenstabilisation der Brennkammer. Das Zusammentreffen von reichem bzw. armem Brenngemisch (Anfang der chemischen Instabilität) mit großer Geschwindigkeit und Luftschwingungen (beginnende gasdynamische Instabilität) kann zu Flammenabriß führen, obwohl die Erscheinungen einzeln die Verbrennung noch aufrechterhalten. Ein Vorzug der ***Ringbrennkammer*** besteht in ihrem nicht durch Versperrungen unterbrochenen Brennraum. Dadurch wirkt sich ein begrenzter umlaufender Streifen instabiler Strömung nicht auf ihren Gesamtquerschnitt aus, weil sich Lücken in der Flammenfront mittels Nachzündung sofort wieder schließen. Folglich zeichnet sich die Ringbrennkammer durch ein Höchstmaß an Flammenstabilisation und Wiederzündvermögen, vor allem in großen Flughöhen, aus.

Diese Sachverhalte verlustarmer, zumindest jedoch stabiler Arbeit der Brennkammer sind nur mit Schwierigkeiten nach umfangreichen Ausreifungsmaßnahmen im Gesamtbetriebsbereich von M-Zahl, Flughöhe und Leistungsstufe aufrechtzuerhalten. Zusätzliche Probleme ergeben sich durch die (in Kap.16 beschriebenen) Übergangsregime.

7.4 Die Mischkammer

Arbeitsprozesse von TL umfangreicheren Aufbaus erfordern oft das Zusammenführen von Gasströmen unterschiedlicher Parameter. Diese äußerlich adiabaten ***Mischvorgänge*** unter Berücksichtigung der kinetischen und thermischen Energie werden in ***Mischkammern*** bzw. ***Ejektoren*** realisiert. In diesem Abschnitt wird am Beispiel des ZTL mit Strommischung (s. Abb.7.7) der kalte Außenstrom (Ebene 16) mit dem Heißgasstrom nach der Turbine (Ebene 6) zusammengeführt, um danach über den Austrittsquerschnitt 62 die Mischkammer zu verlassen.

Die Vermischung der Ströme erfolgt unter gegenseitiger Durchdringung (Diffusion) im Größenbereich der Gasmoleküle bei Energie- und Impulsaustausch. Dieser nicht unkomplizierte irreversible Vorgang ist quantitativ u.a. auch wegen der unterschiedlichen Stoffeigenschaften nur näherungsweise zu beschreiben. Im folgenden werden die o.g. Ebenenbezeichnungen auf die entsprechenden Ströme angewandt. Zur quantitativen Analyse der Strommischung bilden wiederum die bekannten Erhaltungssätze von Massenstrom, Energiestrom und Impulsstrom die Basis. Mit dem Verhältnis der Massenströme des ZTL $\dot{m}_6$ und $\dot{m}_{16}$, dem sog. ***Bypasverhältnis*** μ nach (4.8), lauten diese:

$$\dot{m}_6 + \dot{m}_{16} = \dot{m}_6(1+\mu) = \dot{m}_{62} \tag{7.12}$$

$$\dot{m}_6 c_{pG} T_{t6} + \dot{m}_{16} c_{pL} T_{t16} = \dot{m}_6(1+\mu) c_{pM} T_{t62} \tag{7.13}$$

$$\dot{m}_6 h_{t6} + \dot{m}_{16} h_{t16} = \dot{m}_6(1+\mu) h_{t62} \tag{7.14}$$

$$(\dot{m}_6 c_6 + p_6 A_6) + (\dot{m}_{16} c_{16} + p_{16} A_{16}) + \int_{A_6}^{A_{62}} p \mathrm{d}A = \dot{m}_6(1+\mu) c_{62} + p_{62} A_{62} \tag{7.15}$$

Durch Umstellung oben zitierter Gleichungen lassen sich Ausdrücke zur Bestimmung der Endparameter für den Mischvorgang beider Ströme finden. Temperatur und Enthalpie der Strommischung sind dabei nach (7.13) und (7.14) mit (7.12) als Voraussetzung:

$$T_{t62} = \frac{\dot{m}_6 c_{pG} T_{t6} + \dot{m}_{16} c_{pL} T_{t16}}{\dot{m}_6 + \dot{m}_{16}} = \frac{T_{t6} + \mu T_{t16}}{1 + \mu} \tag{7.16}$$

$$h_{t62} = \frac{\dot{m}_6 h_{t6} + \dot{m}_{16} h_{t16}}{\dot{m}_6 + \dot{m}_{16}} = \frac{h_{t6} + \mu h_{t16}}{1 + \mu} \tag{7.17}$$

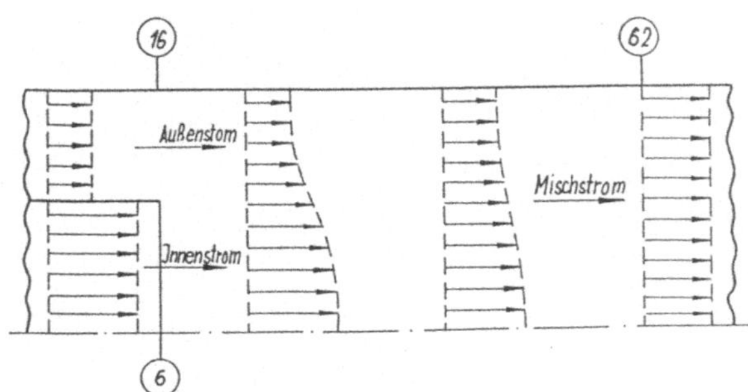

Abb. 7.7: Konturdarstellung der Mischkammer eines ZTL

In (7.16) (rechter Ausdruck) wurde vereinfachend $c_{pL} = c_{pG} = c_{pM}$ gesetzt. Außerdem wird im weiteren stets eine zylindrische Mischkammer, d.h. ein Kanal mit $A = const$ vorausgesetzt. Weiterhin werden berechtigt zumindestens angenäherte statische Drücke

$$p_6 = p_{16} = p_{62} \tag{7.18}$$

für die Strommischung zugrunde gelegt. Im Falle auftretender Druckunterschiede würde unter idealen Bedingungen durch Ausgleichsströmung der Zustand (7.18) wiederhergestellt. Aus (7.17) und (7.18) ergeben sich Gleichungen für Impuls- und Energiestrom:

$$\dot{m}_6 c_6 + \dot{m}_{16} c_{16} = \dot{m}_{62} c_{62} \tag{7.19}$$

$$\frac{1}{2}\dot{m}_6 c_6^2 + \frac{1}{2}\dot{m}_{16} c_{16}^2 = \frac{1}{2\eta_M}\dot{m}_{62} c_{62}^2 \tag{7.20}$$

Der Einschub von η_M in (7.20) ist erforderlich, um Mischungsverluste infolge unterschiedlicher kinetischer Energien beider Ströme in die Mischkammer zu berücksichtigen. Durch Umstellung dieser Gleichung läßt sich so der Mischungswirkungsgrad ermitteln:

$$\eta_M = \frac{\dot{m}_{62} c_{62}^2}{\dot{m}_6 c_6^2 + \dot{m}_{16} c_{16}^2} = \frac{(\mu + 1) c_{62}^2}{c_6^2 + \mu c_{16}^2} \tag{7.21}$$

Zur Berechnung des Mischungswirkungsgrades nach (7.21) ist die zunächst unbekannte Größe c_{62} zu bestimmen. Dieser Nachteil wird durch Umformung der Gleichung bei Substitution von $\varphi_M = c_{16}/c_6$ behoben. Als Ergebnis entsteht der folgende Ausdruck:

$$\eta_M = \frac{(1 + \mu \varphi_M)^2}{(1 + \mu)(1 + \mu \varphi_M^2)} \tag{7.22}$$

Der größte Wirkungsgrad $\eta_M = 1$ wird mit $\varphi_M = 1$, d.h. also bei gleichgroßen Zuströmgeschwindigkeiten erzielt. Nur in diesem Fall wird keine kinetische Energie entwertet. Bei ZTL mit $\varphi = 0.8 \ldots 0,9$ werden immerhin $\eta_M = 0,98 \ldots 0,99$ erreicht, so daß die Mischungsverluste als verhältnimäßig klein einzuschätzen und bei Näherungsrechnungen zu vernachlässigen sind. Die Auswertung von (7.22) zeigt, das dieser energetisch günstigste Betriebspunkt unter der Voraussetzung gleichgroßer statischer Drücke nach (7.18) zugleich auch $p_{t6} = p_{t16}$ bedeutet. Mischbedingungen mit gleichgroßen Totaldrücken der Ströme gewährleisten so das Maximum des Druckerhaltungskoeffizienten

$$\sigma_M = \frac{p_{t62}}{p_{t6}} \tag{7.23}$$

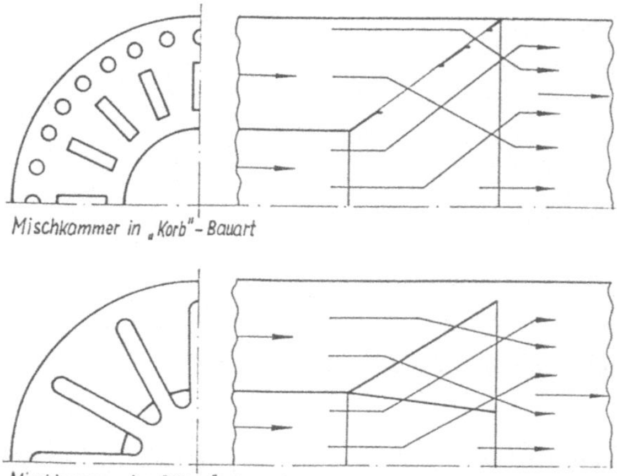

a) Mischkammer in „Korb"-Bauart

b) Mischkammer in „Blüten"-Bauart

Abb. 7.8: Gasleiteinrichtungen in Mischkammern zur besseren Strommischung

Praktisch wurden im optimalen Betriebspunkt $\sigma_M = 0,96 \ldots 0,99$ gemessen. Der größere Wert trifft zu für zivile ZTL. Mit dem Verlassen dieses Betriebspunktes sinkt der Druckerhaltungskoeffizient. Der Zahlenwert von σ_M bringt die Entwertung sowohl an kinetischer Energie des Mischvorgangs als auch an thermischer Energie infolge der Irreversibilitäten zum Ausdruck. Die Umstellung von (7.23) ermöglicht bei bekannten Größen auf der rechten Gleichungsseite die Ermittlung des Mischkammer-Enddruckes:

$$p_{t62} = p_{t6}\, \sigma_M \tag{7.24}$$

Der Mischvorgang erfordert zur Vergleichmäßigung der Strömungsparameter eine bestimmte Mischkammerlänge. Als einfaches Rohr ausgeführt, würde sie etwa das Zehnfache ihres Durchmessers betragen. Bei ausgeführten TL steht dazu als Höchstmaß oft nur die Abmessung einer Durchmesserlänge zur Verfügung. Durch Einbauten läßt sich akzeptable Durchmischung bei wesentlicher Reduzierung der Kammerlänge erzielen. Dadurch wird das Prinzip des engeren Kontaktes mittels Vergrößerung der Berührungsoberfläche und der Turbulenz zwischen beiden Strömen verwirklicht. Nach Abb.7.8 handelt es sich dabei um die Bauarten des „perforierten Korbes" als auch der „Blüte", deren Funktionsprinzipien kommentarlos verständlich sind.

Wegen der möglichen Verschlechterung des Druckerhaltungskoeffizienten sind diese Einbauten vorrangig im Experiment unter Berücksichtigung weiterer Kennwerte zu optimieren. Deshalb wird die völlige Vermischung, auch wegen beträchtlich zunehmender Kanalabmessungen im Schubsystem, meist nicht angestrebt. Außer für ZTL-NB wird hauptsächlich bei zivilen ZTL im Interesse besserer Wirtschaftlichkeit die Strommischung, und zwar bei letzteren mit größerer Sorgfalt betrieben, wenn sich dabei andere Parameter nicht wesentlich verschlechtern. Das betrifft vor allem ZTL kleinen und mittleren Bypassverhältnisses, bei denen die Stromparameter nur wenig divergieren und folglich die Mischverluste klein, die Abmessungen des Schubsystems aber nicht allzu groß sind.

Bei ZTL mit Nachbrenner ist die Mischkammer oft mit dem NB-Diffusor gekoppelt, so daß der Mischvorgang im NB fortgesetzt werden kann. Für ZTL mit Strommischung ohne NB entspricht der Mischkammeraustritt (Ebene 62) dem Eintritt in die Schubdüse (Ebene 7). Durch sinnvolle Kombination von Strommischung, Nachverbrennung und Gasentspannung im Schubsystem läßt sich einerseits der Bauaufwand verringern und zugleich die Gesamtheit der gasdynamischen Parameter und Kennwerte verbessern.

7.5 Die Nachbrennkammer

Wie in Kap.2.4 festgestellt, zeichnen sich Regime mit *Nachverbrennung* bei TL durch beträchtliche *Schubvergrößerung* aus. NB-Betrieb wird angewandt bei ETL und ZTL zur zeitlich begrenzten Schubverstärkung für Sonderflugaufgaben vor allem im Überschallbereich mittels Steigerung der spezifischen kinetischen Energie im Gasstrahl. Das wird erreicht durch Zufuhr von Wärme über einen weiteren Verbrennungsvorgang im Schubsystem. Zwischen den Ebenen 6 (bzw. 62) und 7 ist hier die NB-Kammer installiert. Die bereits bei der Hauptbrennkammer beschriebenen Vorgänge finden prinzipiell auch hier statt, es sind aber eine Reihe von Besonderheiten zu beachten.

Der NB ist *hinter* dem *Gasgenerator* des TL angeordnet. Beim ETL befindet er sich unmittelbar nach der Turbine. Dagegen werden beim ZTL Innen- und Außenstrom erst in der Mischkammer zusammengeführt, um danach in den NB zu gelangen. Die beim ZTL ohne Mischung nur auf den Außenstrom begrenzte Nachverbrennung, welche exakter *Wiedererhitzung* heißen müßte, wurde zwar oft propagiert, aber bisher in Serienmustern nicht angewandt und deshalb hier nicht beschrieben. Durch die NB-Kammer erhält das TL bei (fast) gleichem Stirnquerschnitt eine um mindestens 25 % größere Baulänge, aber nur etwa 10 % mehr an Konstruktionsmasse. Teilweise gelingt es, einige Funktionen des Gasaustrittskanals mit denen von Misch- und NB-Kammer zu vereinen. Obligatorische Zusatzeinrichtungen außerhalb der NB-Kammer selbst sind: NB-Brennstoffversorgungs- und Regelsystem, Außenkühlung des Schubsystems sowie eine zumindest im engsten Querschnitt verstellbare Schubdüse.

Infolge begrenzter thermischer Festigkeit der Turbine ist die Temperatur im Gasgenerator limitiert. Dagegen ist das Schubsystem bei intensiver Kühlung seiner Wandungen thermisch höher belastbar. Deshalb kann nach der Theorie bei Heranziehung des gesamten bisher noch freien Sauerstoffs das stöchiometrische Brenngas mit $\lambda_{7'} = 1$ bei Höchsttemperaturen $T_{t7'} = 2000 \ldots 2200$ K realisiert werden. Mit völliger Ausnutzung des Arbeitsmittels wird so durch den optimierten NB-Kreissprozeß das äußerste an Schubkraft bei allerdings hohem spezifischen Brennstoffverbrauch erzielt.

Der Aufbau des NB läßt nach Abb.7.9 auf Analogie im Vergleich zur Hauptbrennkammer schließen. Ihr Eintritt ist als *NB-Diffusor* zur Verringerung der Strömungsgeschwindigkeit ausgebildet. Die Querschnittserweiterung ergibt sich im wesentlichen durch Bauteile des Turbinenabströmkegels bzw. der Mischkammer. Am Diffusorende befinden sich *Einbauten*: Profile zur Ausrichtung des Gasstromes, Brennstoffleitungen mit Einspritzdüsen sowie Flammenhalter. Sie „versperren" gestaffelt den Strömungsquerschnitt zu 25. . .35 % und gewährleisten damit die wichtigsten Erfordernisse wirksamer Verbrennung im Gasstrom: *Gemischbildung* und *Flammenstabilisation*.

Daran schließt sich die eigentliche, gegen Ende meist verjüngte *NB-Kammer* an. Vorn im Innern der Kammer beginnend, breitet sich die Flamme hinter dem Netz der ***Stabilisatoren*** über den gesamten Strömungsquerschnitt aus. Da letztlich der gesamte Gasstrom erhitzt und ein etwa stöchiometrisches Brenngemisch erreicht werden soll, wird hier bei fehlendem Flammrohr keine Stromaufteilung vorgenommen. Zur Erhöhung der mechanischen Festigkeit, zur Intensivierung der inneren Wandkühlung sowie zur Dämpfung von Vibrationserscheinungen der Gassäule ist der ***NB-Kammermantel*** zumindest teilweise, bei hochbelasteten NB auf der Gesamtlänge, doppelwandig ausgeführt. Die *Innenwandung* übernimmt damit auch einige Aufgaben des Flammrohres.

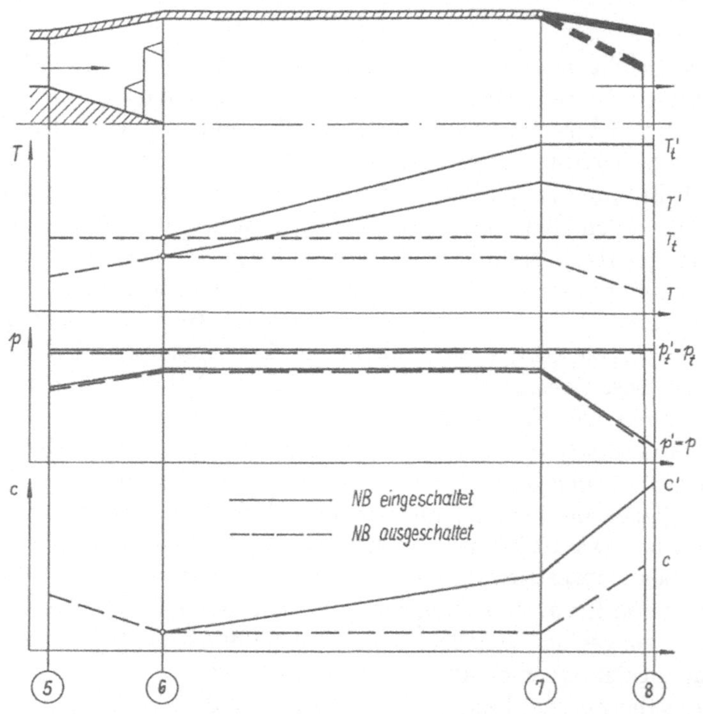

Abb. 7.9: Aufbau und idealer Parameterverlauf der Nachbrennkammer

Die *Gemischbildung* wird möglichst weit nach vorn in den Diffusor verlagert. Dazu wird eine große Anzahl von *Düsen*, oft in Gruppen um Ringleitungen angeordnet und in Gegen- bzw. Kreuzstromrichtung einspritzend, verwendet. Darauf abgestimmt befinden sich unmittelbar dahinter die *Stabilisatoren*, in deren Rückström- und Ruhezonen (s. Abb.7.10) die *Flammenspitzen* eine feste „Verankerung“ finden. Von dort beginnend breitet sich die *Flammenfront* abhängig von der Flammengeschwindigkeit u und der Gasgeschwindigkeit c geometrisch entsprechend $\tan\alpha = u/c$ mit spitzem Winkel von etwa $\alpha = 5°$ in Stromrichtung aus. So kommt erst bei größerer axialer Erstreckung ein *Zusammentreffen* der Fronten zustande. Bei mindestens doppelter NB-Kammerlänge im Verhältnis zu ihrem Durchmesser ergibt sich ein akzeptabler Ausbrand. Trotz Ausbrandverschlechterung wird aber die Länge meist verkürzt ausgeführt.

In Abb.7.9 ist der prinzipielle Parameterverlauf unter realen Bedingungen in NB und (konvergenter) Schubdüse, beide als vereinfachte Baugruppen dargestellt, ersichtlich. Bei *ausgeschaltetem NB* dienen sie als Gasführungskanäle mit konstanter Totaltemperatur $T_{t6(2)} = T_{t7} = T_{t8}$. Die Diffusorwirkung ist am Beispiel der Geschwindigkeitsabnahme, die Wirkung der Düse anhand der Beschleunigung des Gasstromes ersichtlich. Unter idealen Bedingungen mit Parameterkonstanz versehen, sinken real in der zylindrischen NB-Kammer wegen der Irreversibilitäten statischer und totaler Druck. Die Schubdüse weist kleinen Ausströmquerschnitt (d.h. den „eingefahrenen“ Zustand) auf.

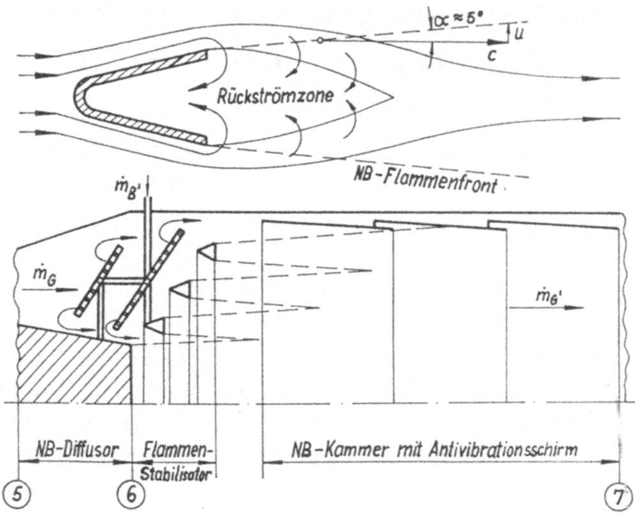

Abb. 7.10: Wirkprinzip von Stabilisation und Ausbreitung der NB-Flamme

Liegt dagegen der *eingeschaltete NB* vor, steigen wegen zugeführter Wärme statische und totale Temperatur in der NB-Kammer beträchtlich an. Die Energiezufuhr bewirkt die thermische Gasbeschleunigung bereits vor der Düse, wodurch (s. Kap.3.5) statischer und totaler Druck, letzterer auch wegen angewachsener Irreversibilitäten, stärker abfallen. Zur Gewährleistung des wesentlich größeren Volumenstromes muß die Schubdüse nun trotz angestiegener Gasgeschwindigkeit einen größeren Austrittsquerschnitt („aufgefahrener“Zustand) besitzen. Nur unter dieser Bedingung ist bei ausgeschaltetem *und* eingeschaltetem NB *gleichhohes Druckniveau* in Turbine und Bläser (Ebenen 5 und 13), d.h. der unveränderliche Arbeitsprozeß im Gasgenerator aufrechtzuerhalten.

Wie in der Hauptbrennkammer ist beginnend mit der Energiebilanz der Arbeitsprozeß des NB in Verbindung mit den bekannten Parametern quantitativ dargestellt.[2] Mit Berücksichtigung der Besonderheiten durch den NB gelten die folgenden Beziehungen:

$$(\dot{m}_L + \dot{m}_B)\, c_{pG(M)}\, T_{t6(2)} \; + \; \dot{m}_{B'} H_u\, \eta_{A'} \; = \; (\dot{m}_L + \dot{m}_B + \dot{m}_{B'})\, c_{pG'}\, T_{t7'} \tag{7.25}$$

$$(\dot{m}_L + \dot{m}_B) h_{t6(2)} \; + \; \dot{m}_{B'} H_u \eta_{A'} \; = \; (\dot{m}_L + \dot{m}_B + \dot{m}_{B'}) h_{t7'} \tag{7.26}$$

Beim NB-Luftverhältnis $\lambda_{7'}$ ist als Besonderheit festzustellen, daß der Gasstrom im NB als zweiter Brennkammer den Brennstoffdurchsatz $\dot{m}_{B'}$ zusätzlich erhält, vorher

[2]Zwecks Gültigkeit der folgenden Gleichungen sowohl für ETL als auch ZTL ist für die NB-Eintrittsebene der Index 6(2), die Einzelbezeichnungen 6 und 62 beinhaltend, festgelegt. Alle NB-Größen sowie die Gasparameter bei Nachverbrennung sind mit dem Apostroph als Indexzusatz (B', G', 7', 9'; im Gegensatz zum gleichen Index ohne Apostroph bei ausgeschaltetem NB) gekennzeichnet.

aber schon mit dem der Hauptbrennkammer $\dot{m}_B$ gespeist wurde. Demzufolge ist für die Ebene 7' nach der Vorschrift (2.46) die Summe beider Brennstoffdurchsätze maßgebend:

$$\dot{m}_{Bges} = \dot{m}_B + \dot{m}_{B'} \tag{7.27}$$

$$\lambda_{7'} = \frac{\dot{m}_L}{(\dot{m}_B + \dot{m}_{B'})\, L_{min}} \tag{7.28}$$

Mit diesen Voraussetzungen sind Endtemperatur, Brennstoffdurchsatz, Enthalpiedifferenz, Ausbrand und weitere NB-Parameter zu bestimmen. Bei Berücksichtigung der vorhandenen Unterschiede entsprechen sie den Ausdrücken für die Hauptbrennkammer:

$$T_{t7'} = \frac{(\dot{m}_L + \dot{m}_B)c_{pG(M)}T_{t6(2)} + \dot{m}_{B'}H_u\eta_{A'}}{(\dot{m}_L + \dot{m}_B + \dot{m}_{B'})c_{pG'}} \tag{7.29}$$

$$\dot{m}_{B'} = \frac{(\dot{m}_L + \dot{m}_B)(c_{pG'}T_{t7'} - c_{pG(M)}T_{6(2)})}{H_u\eta_{A'} - c_{pG'}T_{t7'}} = \frac{\dot{m}_L}{\lambda_{7'}L_{min}} - \dot{m}_B \tag{7.30}$$

$$\Delta h_{NB} = h_{t7'} - h_{t6(2)} = c_{pG'}(T_{t7'} - T_{t6(2)}) = \frac{R}{m}(T_{t7'} - T_{t6(2)}) \tag{7.31}$$

$$\eta_{A'} = \frac{(\dot{m}_L + \dot{m}_B + \dot{m}_{B'})h_{t7'} - (\dot{m}_L + \dot{m}_B)h_{t6(2)}}{\dot{m}_{B'}H_u} \tag{7.32}$$

Als Beträge für $\dot{m}$ sind hierzu außer dem Luftmassenstrom nur die Brennstoffdurchsätze bilanziert worden. Bei weiteren relevanten Quellen und Senken für den Massenstrom im Gaskanal, sind die Gleichungen entsprechend zu ergänzen. Die folgenden Beziehungen unterscheiden sich von denen der Hauptbrennkammer nur durch die geänderten Indizes:

$$\sigma_{NB} = \frac{p_{t7'}}{p_{t6(2)}} \tag{7.33}$$

$$p_{t7'} = p_{t6(2)}\,\sigma_{NB} \tag{7.34}$$

$$t_{NB} = \frac{V_{NB}}{\dot{V}_L} = \frac{V_{NB}p_{t6(2)}}{\dot{m}_L T_{t7'} R} \tag{7.35}$$

$$q_{NB} = \frac{\dot{Q}_{NB}}{V_{NB}p_{t6(2)}} = \frac{\dot{m}_{B'}H_u}{V_{NB}p_{t6(2)}} \tag{7.36}$$

Damit ist die überschlägige Berechnung des NB gewährleistet. Die ermittelten Zahlenbeträge weichen z.T. von denen in der Hauptbrennkammer ab. Trotz der analogen Arbeitsvorgänge ergeben sich hier gegenüber der Hauptbrennkammer vor allem durch den größeren Energieumsatz einige Besonderheiten. Die wichtigsten sind diesbezüglich:

- Das Temperaturniveau im NB ist höher. Von daher sind die Bedingungen für Gemischbildung, Zündung und Brennvorgang gewöhnlich günstiger. Dies trifft uneingeschränkt beim ETL, für das ZTL wegen der (vom Bypassverhältnis abhängigen) Kaltstrommischung nur teilweise zu.
- Die Nachverbrennung läuft bei größeren Strömungsgeschwindigkeiten ab. Zündeinrichtung und Flammenstabilisation sind unter diesem Aspekt wesentlich mehr an Aufmerksamkeit zu schenken. Die Beträge von Ausbrand und Druckerhaltungskoeffizient sind u.a. auch deshalb kleiner.
- Der NB arbeitet bei kleinerem Druck. Dadurch wird die Begünstigung durch höhere Temperaturen z.T. wieder kompensiert und zugleich die Dissoziation des Brenngases beschleunigt. Wärmezufuhr bei geringerem Druck bewirkt stets größeren spezifischen Brennstoffverbrauch.
- Hinsichtlich der Verlöschgrenzen, des Höhenverhaltens sowie des Einschalt- und Ausschaltvorgangs arbeitet der NB problematischer. Bei Unregelmäßigkeiten bzw. Instabilitäten im TL reißt die NB-Flamme meist zuerst ab. Wegen der Flugsicherheit existieren Betriebseinschränkungen.
- Die Arbeit des hochbelasteten NB wird unter bestimmten Bedingungen von unangenehmen, teilweise gefährlichen Schwingungszuständen des Arbeitsmittels begleitet, welche zu verhindern oder mindestens wirksam zu dämpfen sind. Diese Erscheinung wird weiter unten betrachtet.

Grundsätzlich gilt die Kennfeldproblematik der Hauptbrennkammer auch für den NB. Zusätzliche Probleme ergeben sich durch die (über den Drosselhebel ausgelöste) *variable Gemischaufbereitung* für den gesamten Gasstrom ohne Stromaufteilung. Damit verbunden sind Regelung bzw. Steuerung, d.h. die Änderung der NB-Leistungsstufen.

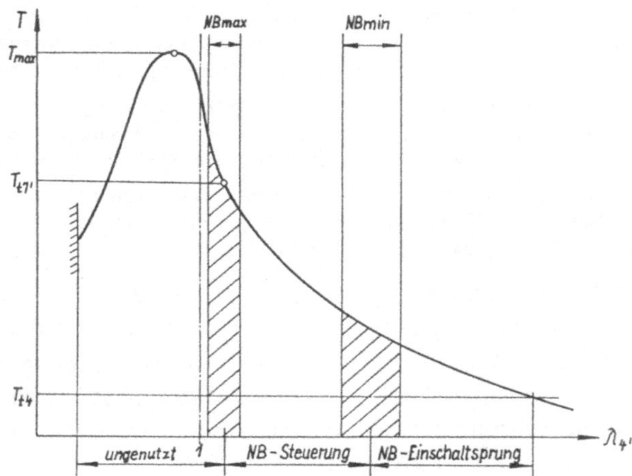

Abb. 7.11: Darstellung von Kennfeld und Leistungsstufen des NB

Die allergrößte Leistungsstufe *Nachbrenner maximal* (NBmax) ist durch annähernd stöchiometrisches Brenngemisch und höchste NB-Parameter sowie größte Schubkraft gekennzeichnet. Aus Gründen stabiler Regelung und sinnvollen Brennstoffeinsatzes wird oft ein etwas ärmeres Brenngas mit $\lambda_{7'} = 1,05 \ldots 1,15$ eingeregelt, womit gute Stabilität bis zur Gipfelhöhe (s.Abb.7.11) gewährleistet ist.

Davon ausgehend wird NB-Schubkraftverkleinerung gewöhnlich durch weniger eingespritzten Brennstoff, d.h. über ein ärmeres Brenngemisch mit abgesunkenen NB-Paramtern erzielt. Damit aber wird die Armverlöschgrenze angenähert. Demzufolge ist die unterste NB-Leistungsstufe *Nachbrenner minimal* (NBmin), u.U. höhenabhängig mit $\lambda_{7'} = 1,5 \ldots 1.8$ festgelegt. Durch zumindest teilweise räumliche Aufteilungen im Gebiet der Flammenstabilisatoren ist partiell ein örtlich brennbares Gemisch aufrechtzuerhalten, so daß der Zustand für *NBmin* herabgesetzt werden kann.

Eine weitere Kennfeldbegrenzung hochbelasteter NB besteht in der *Vibrationsverbrennung.* Sie ist als instabiler Zustand des Verbrennungsvorganges zu deuten und wegen ihrer zerstörerischen Wirkung auf die Bauteile des TL zu dämpfen bzw. zu verhindern. Unter bestimmten Bedingungen wurden bei NB-Betrieb erhöhte Schwingungserscheinungen im Brenngas festgestellt. Sie äußern sich unabhängig vom drastischen Lärmanstieg beim Einschalten des NB in Frequenzänderungen des Geräusches, das etwa mit „Pfeifen“, „Singen“oder „Heulen“ zu umschreiben wäre. Diese Vibrationen höherer Frequenz übertragen sich auf die Wandungen von NB-Kammer und Schubdüse und führen bei größerer Amplitude zu gefährlichen Rißbildungen. Die Entwicklung neuer, vor allem wirksamerer NB war und ist ein (selbst gegenwärtig nicht beendeter) permanenter Kampf zwischen Konstruktion und Verbrennungstechnik. Dabei wurden die NB-Kammern vollkommener, aber auch kompakter und schwerer.

Die Vibrationsverbrennung ist eine Erscheinung selbsterregter Schwingungen der Gassäule in thermisch hochbelasteten großvolumigen Brennkammern. Dabei ist ein niederfrequentes (15...50 Hz) und ein höherfrequentes Spektrum (400...800 Hz) zu beobachten. Die Gasschwingungen können in der NB-Kammer radial, tangential oder longitudinal bzw. in Kombination wirksam sein. An Druckspitzen wurden 10...20% oberhalb des Niveaus von $p_{t6(2)}$ gemessen. Bei Auswertung von Literatur [84] und [140] werden als Verallgemeinerung folgende Ursachen zur Vibrationsverbrennung genannt:

- *Strömungsmechanische Effekte* sind oft dafür maßgebend, daß mit Überschreitung eines bestimmten Niveaus an Gasgeschwindigkeit oder Energieumsatz wie bei intensiver Wärmezufuhr im NB Anzeichen von Instabilitäten (Turbulenzen, Strömungsabrisse, Pulsationen) auftreten.
- Differentiell kleine zeitliche oder örtliche *Veränderungen* beim *Energieumsatz* führen zum Entstehen von unmittelbar benachbarten Zonen nicht gleichgroßer Brenngasparameter mit nachfolgend verzögerten Bestrebungen zum Ausgleich in der Strömung bei hoher Geschwindigkeit.
- *Rückopplungsmechanismen* zwischen den (u.U. phasenverschobenen) Vibrationen der Wärmezufuhr und der verschiedenen Brenngasparameter zeigen die Tendenz einer nicht ausreichenden Dämpfung, eventuell sogar der Schwingungsverstärkung innerhalb der genannten Zustände auf.

Festgestellt wurde, daß Vibrationsverbrennung bei Steigerung von Gastemperatur und Geschwindigkeit sowie Druckabsenkung, dabei bevorzugt in der Nähe des stöchiometrischen Gemisches, auftritt. Auch ohne (meßbare) Druckschwingungen in den Brennstoffleitungen, z.B. hervorgerufen durch Pulsationen von Kolbenpumpen oder Kavitation, wurde Vibrationsverbrennung beobachtet. Andererseits hat diese Erscheinung Gasschwingungen beim NB-Flug in großer Höhe ausgelöst.

Auswirkungen der Vibrationsverbrennung sind nicht nur auf den Bereich des Schubsystems beschränkt, sondern sie können sich z.B. durch Einwirkung auf die Scheibe der hintersten Turbinenstufe über die Welle unangenehm bis auf den Verdichter des TL auswirken. Festgestellte Risse in den Verdichterscheiben hochbelasteter TL sind darauf zurückzuführen. Als günstig hat sich dagegen der Einfluß der Vibrationen auf Gemischbildung und Ausbrand herausgestellt, was auf bessere Kontaktmöglichkeiten zwischen den Brenngasmolekülen schließen läßt.

Zur Dämpfung bzw. Verhinderung der Vibrationsverbrennung hat sich im Experiment die wiederholte Variierung der NB-Einbauten erwiesen: gestaffelte Anordnung sowie Übergang von Ring- auf Radialbauart bei *Stabilisatoren*, Vergrößerung der Anzahl von *Einspritzdüsen* bei gleichzeitiger Minderung ihrer Drall- und Zerstäubungsgüte zwecks Flammenverlängerung. Die Hauptwirkung wird durch Nutzung der inneren NB-Kammerwandung als *Antivibrationsschirm* erzielt. Durch Wellung und Perforation bewirkt dieser Schirm eine wesentliche Dämpfung der Vibrationserscheinungen. Die hier genannten Besonderheiten und Probleme des NB sind zu berücksichtigen.

7.6 Einspritzung von Brennstoff

Von Bedeutung für Gemischbildung und Ausbrand ist die *Brennstoffaufbereitung*. Dazu schafft das Brennstoffsystem des TL durch Versorgung, Filtrierung und Temperierung des Brennstoffes, durch seine Regelung bzw. Steuerung sowie durch die Erzeugung eines Druckniveaus in der Brennstoff-Einspeiseleitung die Voraussetzungen. Damit erfolgt die kontrollierte Energiezufuhr für den Arbeitsprozeß des TL.

Brennstoffsysteme von TL gewährleisten als Teil des Gesamtregelsystems durch Dimensionierung des *Brennstoffdurchsatzes* $\dot{m}_B$ den sicheren Betrieb in den entsprechenden Leistungsstufen mit ausreichendem Abstand zu existierenden Begrenzungen. Sie bestehen gewöhnlich aus zwei voneinander unabhängigen *Brennstoffpumpen* unterschiedlicher Charakteristik in Zahnrad-, Axialkolben- oder Kreiselbauart sowie den dazugehörenden Meßeinrichtungen, *Reglern*, Leitungen und Einspritzdüsen. Wurden früher ausschließlich hydraulisch-mechanische Regler (FCU) (*Fuel Control Unit*) verwendet, so ist ab den TL der 3. Generation der Übergang zu elektronisch-digitaler Regelungstechnik (FADEC) (*Full Authority Digital Electronic Control*) sichtbar. Die Theorie der Regelung von TL (s.a. Kap.11.1) ist eine eigenständige Disziplin, auf welche in diesem Buch nicht eingegangen werden kann.

Der Brennstoffdruck in der Speiseleitung gewährleistet die Bemessung der einzuspritzenden Menge und innerhalb eines Bereiches zugleich die Güte der Brennstoffverteilung in der Brennzone. Die Gemischaufbereitung wird um so besser, je kleiner die Brennstoffteilchen sind. Nach [140] wird dafür ein Durchmesser kleinster Tropfen bzw. Staubkörperchen von 0,05... 0,06 mm als ausreichend angesehen. Kleinste Teilchen sind bekanntlich die (mittels Düsen nicht zu erzeugenden) Brennstoffmoleküle.

Zur Brennstoffaufbereitung wurde früher die *Hochdruckeinspritzung* herangezogen, welche am Boden mit 50...80 bar Brennstoffdruck das Prinzip der *Zerstäubung* realisiert. Infolge beträchtlichen Druckabfalls in der Hochdruckdüse „zerfällt" der Brennstoff zu kleinsten staubförmigen Flüssigkeitstropfen, welche in Gestalt eines „Einspritzkegels" im Gegendrall gerichtet in die Brennzone eindringen. Trotz teilweise beibehaltener Flüssigphase (nur ein Teil verdampft in der heißen Umgebung) kann bisher die *Gemischaufbereitung* mittels Hochdruckeinspritzung als gut bezeichnet werden. Allerdings wächst der Brennstoffdruck p_B bei höher verdichtenden TL mit dem Druck in der Brennkammer p_{t3} unerwünscht weiter an, denn erst die Differenz $(p_B - p_{t3})$ ist maßgebend für die Zerstäubungsgüte des Brennstoffes. Andererseits sinkt bei großer Flughöhe wegen des fallenden Luftmassenstromes der Brennstoffdruck sehr stark, so daß sich Zerstäubung, Gemischaufbereitung und Ausbrand verschlechtern.

Derartige Nachteile werden durch die *Niederdruckeinspritzung* umgangen. Sie arbeitet mit 5... 10 bar oberhalb des Brennkammerdruckes und verwirklicht das Prinzip der *Vorverdampfung* bzw. *Vorvermischung* von Brennstoff und Luft. Dazu benötigen die Niederdruckdüsen erhitzte Vorkammern oder Einleitungsstutzen mit großer erwärmter Oberfläche und mehrfacher Richtungsänderung. Durch vorzeitigen Lufteintritt erfolgt in diesen Räumen und der sich anschließenden Brennzone eine sehr gute *Gemischaufbereitung* trotz kleinerem Brennstoffdruck und vereinfachtem Einspritzsystem. In Niederdruck-Einspritzkammern wird auch die Gemischbildung mittels *Ultraschallvibration*, realisiert durch lange pilzförmige Schwingeinsätze, zumindest als Zusatzeffekt genutzt. Ein weiteres ebenfalls hierher gehörendes Prinzip ist das des *Filmzerreißens* an einer *Zerstäuberlippe* (*Air-blast Atomizer*). Dazu müssen sich mittels Drallunterschied zwei koaxial angeordnete Brennstoffströme an dieser Lippe begegnen.

Im Gesamtbetrieb ändern sich die Luftmassenströme beträchtlich. Das Verhältnis der Beträge von $\dot{m}_L$ für Größtwert (Höchstdrehzahl, Schnellflug in Erdnähe) und Kleinstwert (Leerlauf, Langsamflug in großer Höhe) beträgt für zivile TL mindestens 20, für militärische mehr als 30. Bei gleichbleibendem Brennkammer-Luftverhältnis λ muß sich demzufolge der Brennstoffdurchsatz um denselben Betrag und wie gezeigt der Brennstoffdruck um wesentlich mehr ändern. Dafür ist bei konstanten Größen von Düsenquerschnitt A und Brennstoffdichte ϱ_B nach der aus (3.1) und (3.6) zu findenden Beziehung

$$\dot{m}_B = A\sqrt{2\varrho_B \Delta p_B} = K\sqrt{\Delta p_B} \tag{7.37}$$

das Verhältnis der erforderlichen Brennstoffdrücke zu ermitteln. Unter Kennzeichnung für die Größt- und Kleinst-Werte von $\dot{m}_B$ durch die Indizes „max" und „min" läßt sich (7.37) als Verhältnis bei quadratischer Abhängigkeit mit folgender Beziehung angeben:

$$\frac{\Delta p_{Bmax}}{\Delta p_{Bmin}} = \left(\frac{\dot{m}_{Bmax}}{\dot{m}_{Bmin}}\right)^2 \tag{7.38}$$

Aus (7.38) wird beim o.g. Wert von 20 ein Verhältnis der Druckdifferenzen und somit auch der Einspritzabsolutdrücke von $20^2 = 400$ ermittelt. Die Auslegung der Brennstoffeinspritzung äußerstenfalls mit $p_{Bmin} = 2$ bar zwecks Aufrechterhaltung akzeptabler Zerstäubungsgüte ist notwendig. Das würde aber einen Größtbetrag von $p_{Bmax} = 2 \cdot 400 = 800$ bar ergeben! Dieser schwer beherrschbare Druck würde das Brennstoffsystem überfordern. Ein Brennstoff-Druckverhältnis nach dem o.g. Wert von $30^2 = 900$ ist undiskutabel. Höchstdrücke um 100 bar werden nur selten überschritten.

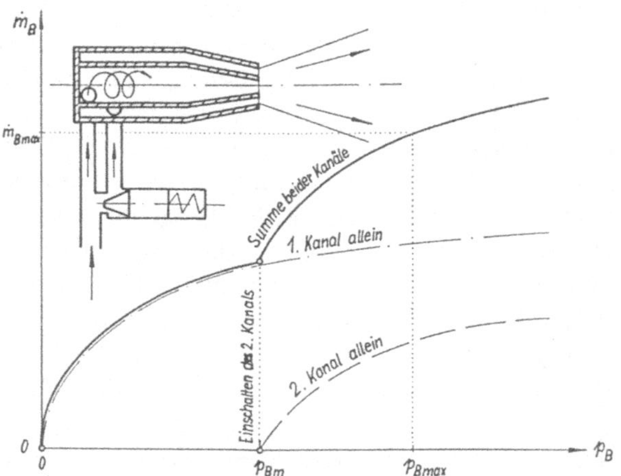

Abb. 7.12: Aufbau und Charakteristik einer Zweikanal-Brennstoffeinspritzdüse

Deshalb ergab sich die Notwendigkeit, anstelle der *Einstromdüse* (*simplex*) die Brennstoffdüse in *Zweistrombauart* (*duplex*) zu verwenden. Bei letzterer wird außer dem Brennstoffdruck auch der Düsenaustrittsquerschnitt A zur Regelung genutzt. Nach Abb.7.12 besteht eine Regelcharakteristik $\dot{m}_B = f(p_B)$ in Form zweier Teilabschnitte. Während im 1. Abschnitt mit verhältnismäßig großem Druckzuwachs nur eine, die sog. Nebendüse einspeist, wird bei mittlerem Druck $p_m = 10 \ldots 20$ bar über den Brennstoffverteiler der 2. Kanal, die sog. Hauptdüse dazugeschaltet. Im damit beginnenden 2. Abschnitt, wo die Summe der Mengen beider Kanäle wirksam ist, erhält die Einspritzmenge größeren Zuwachs (steilerer Kurvenast) bei nur geringem Druckanstieg. Extreme Brennstoffdrücke sind dadurch vermeidbar.

Das *Zweikanalprinzip* der Einspritzung, welches im wesentlichen, bzw. auch auf Varianz der Düsenquerschnitte beruht, ist auf unterschiedliche Art, darunter auch anders als in Abb.7.12 dargestellt, zu verwirklichen. So kann z.B. die (hauptsächlich der Drallerzeugung dienende) Düsenkammer einzeln oder gemeinsam genutzt werden. Analog können Einzeldüsen oder sogar Düsengruppen bedingungsabhängig zuschaltbar sein. Bei zwei Kanälen ist einer als Rücklaufkanal nutzbar, womit bei geringem Brennstoff-Druckbereich große Durchsatzänderungen möglich sind. Diese Prizipien variieren oft stark. Sie weisen große Unterschiede zwischen Haupt- und NB-Kammer sowie zwischen den Erzeugnissen verschiedener Firmen und entwicklungsgeschichtlich auf. Jede Ausführung besitzt eine bestimmte Charakteristik, gepaart mit Vorzügen, aber auch Nachteilen.

Brennstoffdüsen können unterschiedlich gerichtet in den Luftstrom einspritzen. Hochdruckdralldüsen wirken fast immer in *Gleichstromrichtung* nach Abb.7.1. Sind dagegen größere Verweilzeiten gefordert, wird vor allem bei Niederdruckdüsen die *Gegenstromeinspritzung* angewandt. Kleine TL bzw.TM arbeiten zuweilen mit *rotierender Querstromeinsritzung*, ausgehend von Düsen, welche auf der Triebwerkswelle installiert sind. Mit Bauart, Arbeitsprinzip, Anzahl und Einspritzrichtung üben die Brennstoff-Einspritzdüsen entscheidenden Einfluß auf den Verbrennungsvorgang aus.

7.7 Brennkammertechnologie und Umweltschutz

Wiederholte Verschärfungen des Umweltschutzes stellen an TL hohe Anforderungen. Ihnen muß die Entwicklung neuer Brennkammern durch immer strengere Begrenzung der *Schadstoffemission* im Gasstrahl genügen. Schadstoffe sind Kohlenmonoxid (CO), unverbrannte Kohlenwasserstoffe (UHC) und Stickoxide (NO_x). Von geringerer Bedeutung ist die Bildung von Rauch (Smoke), der bekanntlich aus Rußpartikeln (C) besteht.

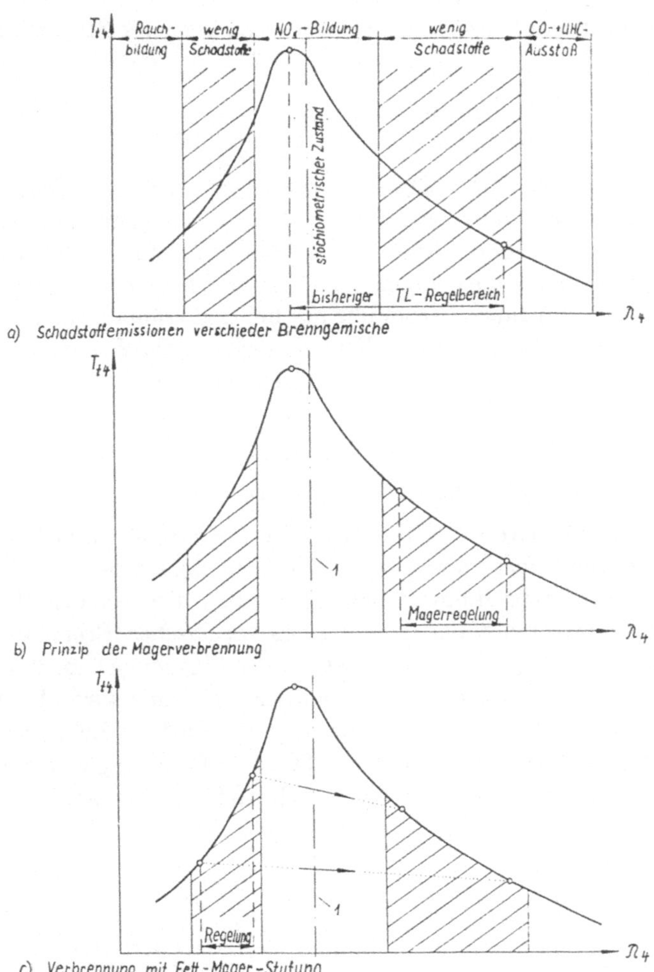

Abb. 7.13: Brennkammerkonzepte zur Verringerung der Stickoxide

Dabei hat insbesondere die Emission der für die Ozonschichtzerstörung [3] verantwortlichen Stickoxide zugenommen. Diese als *Ozonlochvergrößerung* bzw. *Treibhauseffekt* bekannte Erscheinung übt wesentlichen Einfluß auf die irdische Klimaveränderung aus.

[3] Hierbei sind die chemischen Gleichgewichte O_3/O_2 und NO_x/N_2 in der Hochatmosphäre bedeutsam, s.a. die frühe, dazu offensichtlich erste Arbeit von Johnston, H.S.: Reduction of stratospheric ozon by nitrogen oxide catalysts from supersonic transport exhaust. Science 173(1971), S. 517 - 522

Untersuchungen zeigen, daß NO_x-Emissionen vorrangig im Bereich um das stöchiometrische Brenngemisch und bei sehr hoher Verbrennungstemperatur auftreten. Dieser Zustand wird (s. Abb.7.13) beidseitig von Gebieten geringeren Schadstoffausstoßes umgeben. Sie sind einerseits durch magere (arme) Gaszusammensetzung, gegenüberliegend durch reiches (fettes) Brenngemisch, gekennzeichnet. Diese Gebiete sind im Interesse einer wesentlichen Verringerung des NO_x-Ausstoßes für den direkten Verbrennungsvorgang zu nutzen und nach Erfordernis durch sekundäre Maßnahmen (Vorvermischung, Vorverdampfung, nachträgliche Anreicherung oder Abmagerung des Brenngases, u.U. auch in Stufen) zu korrigieren. Daraus ergeben sich für künftige TL-Entwicklungen nach Abb.7.13 die folgenden Brennkammerkonzeptionen mit kleinerer Stickoxidproduktion:

- Magerverbrennung ohne Vorvermischung,
- Verbrennung mit Fett-Mager-Stufung,
- Magerverbrennung mit Vorvermischung.

Wegen des geringeren Entwicklungsaufwandes wird sich dabei die *Magerverbrennung ohne Vorvermischung* bei allerdings nur mäßiger NO_x-Reduzierung auf etwa 70 % zuerst durchsetzen. Durch die größere Nähe zur Armverlöschgrenze in der Brennzone ist regeltechnisch größere Sorgfalt hinsichtlich der Gemischzusammensetzung erforderlich. Das ist nur möglich durch genaue Stromführung bei u.U. räumlicher Aufteilung und vom Betrieb abhängenden geometrischen Verstellungen in der Brennzone. Nach Vorstellungen von MTU München ist das durch die folgenden Maßnahmen zu verwirklichen:

- Brennstoffstufung durch abschaltbare Einspritzdüsen,
- Luftstromstufung mittels variabler Brennzonengeometrie,
- Brennkammer mit radialer oder längsgerichteter Stufung.

Der kleinste Anteil an NO_x wird sich beim *Fett-Mager-Konzept*[4] (auf 30 %) und durch die *Magerverbrennung mit Vorvermischung* (bei nur 15 %) einstellen. Dazu sind verbrennungs- und regeltechnische Innovationen erforderlich. Die Schadstoffverringerung geht in der Verkehrsluftfahrt mit der Senkung des spezifischen Brennstoffverbrauchs der TL, aber auch mit der Kapazitätsvergrößerung der Flugzeuge [5] zurück.

Die Senkung des Schadstoffanteils und speziell der Stickoxide wird als dringend angesehen. Das chemische Gleichgewicht der Atmosphäre darf im Interesse von Klima und Umwelterhaltung nicht verschoben werden. Diese Anforderung gewinnt künftig an Bedeutung, weil die Steigerungsraten der Verkehrsluftfahrt größer sind als die anderer Verkehrszweige.

[4] s. dazu auch die Arbeit von Zarzalis, N.; Ripplinger,T.: NO_x-Reduktion mittels der zweistufigen Verbrennung (Fett-Mager-Verbrennung) bei Gasturbinenbrennkammern. MTU FOCUS 1/1995, S. 4-9

[5] Die Verbrauchssenkung zeigt z.B. ein Vergleich der COMET (1952) mit Airbusflugzeugen (1990) bei Zahlenwerten von 12 bzw. 3 l/100 Pkm auf, was einer Reduzierung bis auf ein Viertel entspricht.

8 Turbinen

8.1 Aufbau und Arbeitsprinzip einer Turbinenstufe

Zur Gewährleistung des Kreisprozesses ist ein innerer Arbeitsaustausch erforderlich. Arbeit wird von einer Kraftmaschine geliefert und zum Antrieb von Verdichter, Fan sowie Zusatz- und Hilfsgeräten benötigt. Diese Aufgabe übernimmt die Turbine als zweite thermische Strömungsmaschine des Gasgenerators. Sie verwirklicht einen zum Verdichter gegensätzlich ablaufenden Vorgang der Gasentspannung und gewährleistet damit über eine Welle seinen Direktantrieb. Eine Wissensvertiefung zu dieser Thematik sollte u.a. anhand der Bücher [17], [28], [69],[130] und [172] erfolgen.

Die Wellenarbeit wird dem Gasstrom in einem Entspannungsvorgang zwischen den Triebwerksebenen 4 und 5 entnommen. Da es sich um große Beträge an spezifischer Arbeit handelt, reicht in der Regel bei hochverdichteten TL eine Turbinenstufe nicht aus. Es handelt sich also, von älteren niedrigverdichteten TL oder Kleingasturbinen abgesehen, stets um *mehrstufige Turbinen.* Die Mehrstufigkeit ergibt sich außer dem großen Energieumsatz auch aus der Existenz mehrerer Triebwerksrotoren mit unterschiedlichen Drehzahlen bzw. gegenläufigen Drehrichtungen.

Im Vergleich zum Verdichter zeichnet sich die Turbine durch ein wesentlich höheres thermisches Niveau und größere Gasgeschwindigkeiten bei etwa gleichen M-Zahlen aus. Wegen der größeren Beträge von Energieumsatz und Druckverhältnis pro Stufe ist ihre Stufenzahl kleiner. Sie liegt für TL bei $z = 2 \ldots 8$, kann aber bei stationären Gasturbinen auch größere Werte erreichen.

Turbinen können ebenfalls axial, diagonal und radial durchströmt werden. Wegen der großen Massenströme und der günstigen Parameter werden bei TL fast ausschließlich *Axialturbinen* verwendet. Bei nur wenigen Kleingasturbinen sind Laufräder mit radialer, aber aufs Zentrum gerichteter, d.h. *zentripetaler* Durchströmung, bekannt. Hier werden nur Axialturbinen betrachtet.

Zum Verständnis der Turbine als Gesamtmaschine sind zunächst die thermogasdynamischen Vorgänge in einer *Einzelturbinenstufe* zu analysieren. Ihr Energieumsatz besteht (in Umkehrung zu dem des Verdichters) zuerst in der Aufbereitung kinetischer Energie und der anschließenden Umwandlung in mechanische Arbeit. Demzufolge besteht die Turbinenstufe aus *Leitrad* und dem nachfolgenden *Laufrad.* Die Schaufelkanäle beider Räder sind strömungsmechanisch als *Beschleunigungsgitter* mit Düsen- und Drallwirkung ausgebildet. Eine Übersicht hinsichtlich Aufbau, Strömungsmechanik und Thermodynamik der Stufe wird in Abb.8.1 gezeigt.

Die Turbinenstufe ist ein adiabates System. Sie verwirklicht im Gasstrom ideal einen isentropen, unter realen Bedingungen einen mit Entropiezuwachs ablaufenden polytropen Entspannungsvorgang. Die dem Gas entnommene Energie gibt sie gewandelt als mechanische Wellenarbeit wieder ab. Die thermogasdynamische Analyse ihres Arbeitsvorganges ist auf Stromfadentheorie und Unterschallbereich beschränkt.

Im sich verengenden Leitgitter werden Umlenkung und Beschleunigung der Strömung im *Absolutsystem* vorgenommen. Auf Kosten der statischen Parameter von Temperatur T und Druck p (letzterer mit steilerem Abfall) steigt die Absolutgeschwindigkeit c wesentlich an. Entsprechend dem Geschwindigkeitsdreieck im Laufgittereintritt (Stufenebene 1) ergibt sich aus den Vektoren von c und u die Relativgeschwindigkeit w mit verhältnismäßig kleinem Zahlenwert und optimaler Einströmrichtung. Die sich verjüngenden Laufgitterkanäle gewährleisten ebenfalls Umlenkung und Beschleunigung der Strömung, diesmal aber im *Relativsystem*, und mit geänderter Umlenkrichtung, ersichtlich an der weiteren Verkleinerung von T und p sowie am beträchtlichen Anstieg von w. Mit dem Austritt aus dem Laufgitter (Stufenebene 2) entsteht durch ein Geschwindigkeitsdreieck der neue Vektor von c im ***Absolutsystem***, welcher (wieder mit geringem Zahlenbetrag) den Eintritt in das Leitgitter der folgenden Turbinenstufe charakterisiert.

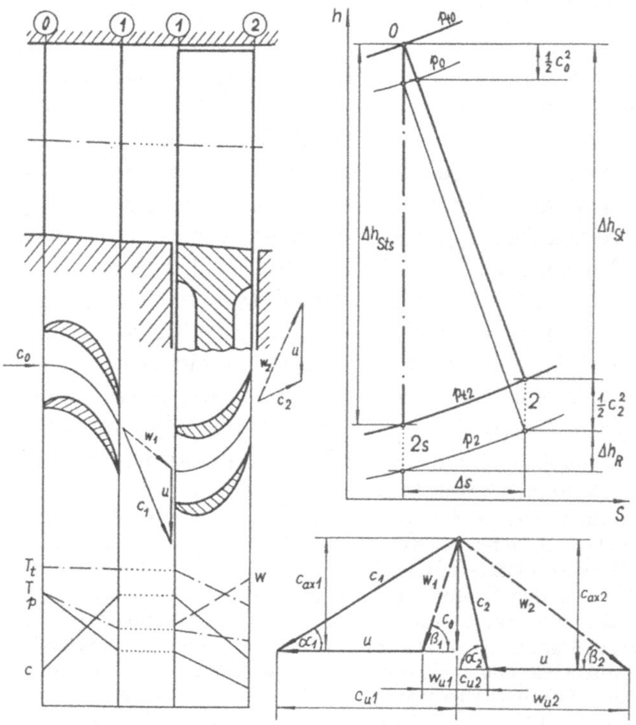

Abb. 8.1: Aufbau und Energieumsatz der axialen Reaktionsturbinenstufe

Demnach gewährleistet Entspannung im Leitgitter die Aufbereitung der erforderlichen kinetischen Energie, ersichtlich als Zuwachs der ***Absolutgeschwindigkeit*** c. Die fortgesetzte Entspannung im Laufgitter findet in der Steigerung der ***Relativgeschwindigkeit*** w ihren Ausdruck. In Verbindung mit zweimaliger Strömungsumlenkung und der Laufradrotation bewirken beide Teilvorgänge den Energieumsatz.

Der in Abb.8.1 dargestellte Energieumsatz, der am Beispiel der Parameterveränderungen etwa zur Hälfte auf Leit- und Laufgitter verteilt ist, entpricht dem der sog. *Reaktionsstufe*. Für die Reaktionsturbine ist die Beschleunigung des Gases in Leit- und Laufgitter annähernd gleichgroß, was auch an der für beide Gitter ähnlichen Beschaufelung ersichtlich ist. Eine für die Theorie des Energieumsatzes andere Auslegungsvariante ist die sog. *Aktionsstufe*, welche sich durch die Konstanz der Laufgitterparameter auszeichnet. Hier wird nur im Leitgitter beschleunigt, im Laufgitter dagegen nur umgelenkt. Die Laufgitterkanäle der Aktionsturbine sind deshalb nicht verengt.

Für die Strömungsmechanik des Turbinenlaufrades ergeben sich daraus folgende Feststellungen: Die Aktionswirkung besteht in der *Umlenkung*, die Reaktionswirkung in der *Beschleunigung* des Gasstromes. Da jede Gitterströmung zugleich Umlenkung bedeutet (s.a. Abb.8.1), ist die Reaktionswirkung stets mit Aktionswirkung gekoppelt. Andererseits ist festzustellen, daß in der Praxis die „reine" Aktionswirkung ebenfalls nicht auftritt. Stets arbeitet eine als Aktionsstufe bezeichnete Maschine mit, wenn auch nur geringem Parameterabfall im Laufgitter, d.h. bei schwach ausgeprägter Reaktion.

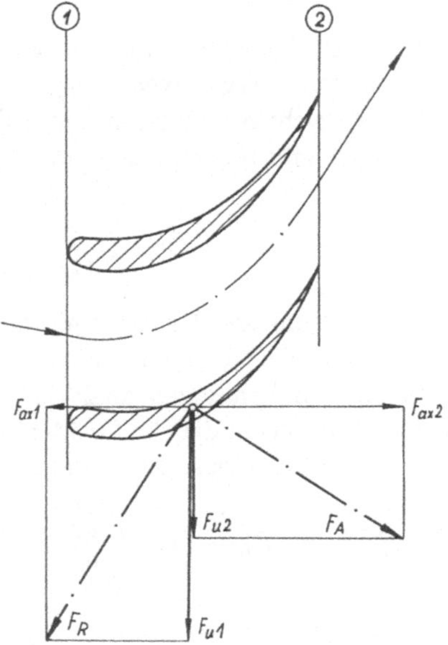

Abb. 8.2: Kraftwirkungen an der Laufschaufel einer Reaktionsstufe

Beide strömungsmechanischen Effekte hinterlassen Kraftwirkungen an den Laufschaufeln. Die Vektoren von ***Aktionskraft*** F_A und ***Reaktionskraft*** F_R lassen sich nach Abb.8.2 durch Kräfteparallelogramme in die Ebenen von Längs- sowie Umfangsrichtung zerlegen. Ihre gerichteten Komponenten ergeben in Summation mit allen Laufschaufeln einerseits eine Axialkraft F_{ax} und zum andern die Umfangskraft F_u. Letztere liefert das Drehmoment zur Beschleunigung des Rotors und zur Leistungsabgabe.

Die in TL verwendeten Turbinen bestehen von Ausnahmen abgesehen aus *axialen Reaktionsstufen* mit zwar unterschiedlicher, aber enger Auslegungsbreite. Vor allem ihnen gelten die weiteren Überlegungen der folgenden Abschnitte. Dazu sind quantitative Untersuchungen erforderlich und für diese Turbinen relevante Kennwerte zu definieren.

8.2 Energieumsatz und Kennwerte der Turbinenstufe

Zur Untersuchung des Energieumsatzes erfolgt die Festlegung der Energieniveaus in den entsprechend Abb.8.1 gekennzeichneten Stufenebenen. Dabei wird zwischen den Parametern im Absolutsystem und denjenigen im Relativsystem (Index w) unterschieden. In der bekannten Schreibweise der Totalenthalpien sind für die *Reaktionsstufe* darstellbar:

$$h_{t0} \quad = \quad h_0 + \frac{1}{2}c_0^2 = h_{t1}$$

$$
\begin{aligned}
h_{t1} &= h_1 + \frac{1}{2}c_1^2 \\
h_{tw1} &= h_1 + \frac{1}{2}w_1^2 \\
h_{tw2} &= h_2 + \frac{1}{2}w_2^2 \\
h_{t2} &= h_2 + \frac{1}{2}c_2^2
\end{aligned}
$$

Als Besonderheit der „reinen" *Aktionsstufe*, welche bekanntlich ohne Energieumsatz im Laufgitter arbeitet, ergibt sich die Gleichheit der Energieniveaus $h_{tw1} = h_{tw2}$. Der Arbeitsumsatz einer beliebigen Turbinenstufe entspricht der Differenz ihrer Grenzenergieniveaus, dabei unterschieden zwischen isentroper und polytroper Zustandsänderung:

$$\Delta h_{Sts} = h_{t0} - h_{t2s} \tag{8.1}$$

$$\Delta h_{St} = h_{t0} - h_{t2} \tag{8.2}$$

Nach Abb.8.1 ist die reale Enthalpiedifferenz Δh_{St} um den Betrag der Verluste Δh_R kleiner als der ihres idealen Wertes. Letzterer ist auf der Grundlage der isentropen Zustandsänderung durch die aus Kap.6.2 bekannten Umformungen analytisch bestimmbar. Hier gilt ebenfalls $p_{t2s} = p_{t2}$, d.h. gleichhohe Stufenenddrücke für ideale und reale Zustandsänderung, weil der Endzustand auf ein und derselben Isobare liegt. Somit ist:

$$\Delta h_{Sts} = \frac{R}{m}(T_{t0} - T_{t2s}) = T_{t0}\frac{R}{m}\left(1 - \frac{T_{t2s}}{T_{t0}}\right) = T_{t0}\frac{R}{m}\left[1 - \left(\frac{p_{t2s}}{p_{t0}}\right)^{m}\right]$$

$$\Delta h_{Sts} = T_{t0}\frac{R}{m}\left(1 - \Pi_{St}^{-m}\right) \tag{8.3}$$

$$\Pi_{St} = \frac{p_{t0}}{p_{t2}} \tag{8.4}$$

Das *Stufendruckverhältnis* nach (8.4) ist ein wichtiger Kennwert. Gegenüber der Verdichterstufe ist sein Zahlenbetrag größer und beträgt $\Pi_{St} = 1,5 \ldots 2,5$ und geht bei Grenzleistungsstufen noch darüberhinaus. Der Übergang zum realen Energieumsatz erfordert die Berücksichtigung des Stufenwirkungsgrades. Damit ist nach (8.1) und (8.3):

$$\Delta h_{St} = \Delta h_{Sts}\,\eta_{St} \tag{8.5}$$

$$\Delta h_{St} = T_{t0}\frac{R}{m}\left(1 - \Pi_{St}^{-m}\right)\eta_{St} \tag{8.6}$$

Nach (8.6) wird die reale spezifische Stufenarbeit von $\Delta h_{St} = 120 \ldots 300$ kJ/kg berechnet. Dieser Betrag ist das Mehrfache von dem einer Verdichterstufe. Höhere thermische Parameter sowie größere Geschwindigkeiten und Umlenkungswinkel des Gasstromes bewirken diesen Anstieg an spezifischem Energieumsatz. Daraus erklärt sich die geringere Stufenzahl einer Turbine. Aus (8.5) ist der *isentrope Stufenwirkungsgrad* zu ermitteln:

$$\eta_{St} = \frac{\Delta h_{St}}{\Delta h_{Sts}} = \frac{h_{t0} - h_{t2}}{h_{t0} - h_{t2s}} \tag{8.7}$$

$$\eta_{St} = \frac{\Delta T_{St}}{\Delta h_{Sts}} = \frac{T_{t0} - T_{t2}}{T_{t0} - T_{t2s}} \tag{8.8}$$

Als Zahlenwerte für die Berechnung nach (8.7) bzw. unter der Voraussetzung konstanter c_p-Werte mit (8.8) ergeben sich $\eta_{St} = 0,83 \ldots 0,93$. Beide Gleichungen berücksichtigen die weitere Nutzung der (wegen hoher Geschwindigkeiten beträchtlichen) kinetischen Energie des abströmenden Gases. Das ist zutreffend für die Nichtendstufen aller Gasturbinen sowie auch für Turbinenendstufen von TL mit nachgeschalteter Schubdüse, wie bei den ETL. Für andere Verwendungszwecke, z.B. die Endstufen von PTL-Turbinen, können aber auch die folgenden Definitionen von Stufenwirkungsgraden relevant sein:

$$\eta_{St} = \frac{T_{t0} - T_2}{T_{t0} - T_{2s}} \tag{8.9}$$

$$\eta_{St} = \frac{T_{t0} - T_{t2}}{T_{t0} - T_{2s}} \tag{8.10}$$

Nach (8.9) wird mit $\eta_{St} = 0,86 \ldots 0,95$ gewöhnlich der höchste Wirkungsgrad berechnet, um damit die Güte der Turbinenstufe als Kraftmaschine zu charakterisieren. Der schlechteste Zahlenwert als Stufenwirkungsgrad ergibt sich nach (8.10) mit $\eta_{St} = 0,65 \ldots 0,90$. Diese Berechnung nach (8.10) wird für Stufen bevorzugt, wo die kinetische Energie $\frac{1}{2}c_2^2$ als Verlust zu bewerten ist, zutreffend also bei den Endstufen von PTL, TM und stationären Gasturbinen. Die Auslegung von Endstufen sollte deshalb für sehr kleine Ausströmgeschwindigkeit c_2 vorgenommen werden. Als Produkt von Gasmassenstrom und realer Stufenarbeit erhält man die *Wellenleistung* der Stufe:

$$P_{St} = \dot{m}_G \, \Delta h_{St} = \dot{m}_G \, T_{t0} \, \frac{R}{m} \left(1 - \Pi_{St}^{-m}\right) \eta_{St} \tag{8.11}$$

Der *Reaktionsgrad* $\bar{r}$ charakterisiert bekanntlich die Aufteilung des Energieumsatzes auf beide Stufengitter. Für die Turbine ist er ebenfalls definiert als das Verhältnis der Enthalpiedifferenzen von Laufrad zur Gesamtstufe. Daraus ergeben sich die Beziehungen:

$$\bar{r} = \frac{h_1 - h_{2s}}{h_{t0} - h_{t2s}} = \frac{p_1 - p_2}{p_{t0} - p_{t2}} \tag{8.12}$$

$$\bar{r} = 1 - \frac{c_{u1}}{2u_1} \tag{8.13}$$

Für die Reaktionsturbine mit einem auf beide Gitter gleichmäßig aufgeteilten Energieumsatz ist $\bar{r} = 0,5$, beim theoretischen Extremfall einer „reinen" Aktionsturbine würde sich $\bar{r} = 0,0$ ergeben. In der Praxis werden oft Reaktionsstufen eingesetzt, bei denen der Energieumsatz im Leitgitter etwas größer ist, der Reaktionsgrad folglich etwas unter dem Wert von 0,5 liegt. Die Aktionsstufe arbeitet gewöhnlich mit $\bar{r} = 0,05 \ldots 0,20$, d.h. mit gering ausgeprägter Reaktion.

Die Stufen der TL-Turbinen (von den Endstufen wird hier abgesehen) arbeiten im Bereich von $\bar{r} = 0,3 \ldots 0,4$ und erzielen damit günstige Kennwerte. Das bedeutet, daß das Turbinenleitgitter gegenüber dem des Verdichters einen größeren Anteil am Energieumsatz übernimmt, kinetische Energie sowie Umlenkung der Strömung nach dem Betrag c_{u1} größer sind. Das kommt auch in den stärker gekrümmten Schaufelprofilen beider Gitter zum Ausdruck. Der Entspannungsvorgang fördert eine Auslegung mit 30 % bis 40 % Reaktion durch günstiges Grenzschicht- und Strömungsverhalten.

Als strömungsmechanische Variante von (8.12) kann (8.13), welche eine Näherungslösung darstellt, leicht zur Überprüfung herangezogen werden. Der Betrag von etwa $\bar{r} = 0,4$ ist mittels (8.13) anhand des Geschwindgkeitsdreiecks zu berechnen. Bei $c_{u1} = 400$ m/s und $u_1 = 325$ m/s ergibt sich ein Reaktionsgrad von 0,385. Schließlich zeigt die Gleichung, daß 50 % Reaktion bei $c_{u1} = u_1$ und die „reine" Aktionswirkung bei $2c_{u1} = u_1$ zu erreichen sind.

Dimensionslose Kennziffern erleichtern die Bewertung des Energieumsatzes. Zugleich gewährleisten sie optimale Auslegung und den Vergleich verschiedener Turbinenstufen. Wichtige, von der Verdichterstufe her bekannte (s. Kap.6.2) Größen sind diesbezüglich

$$\text{die Durchsatzkennziffer:} \quad \varphi = \frac{c}{u} \tag{8.14}$$

$$\text{die Leistungskennziffer:} \quad \psi = \frac{2\Delta h_{St}}{u^2} \tag{8.15}$$

$$\text{sowie auch die Laufzahl:} \quad \frac{u}{c} = \frac{1}{\sqrt{\psi}} \tag{8.16}$$

Mit φ und ψ als Koordinaten sind in [85], [109] und [171] Auslegungsdiagramme dargestellt. In ihnen sind die Abhängigkeiten von geometrischen und strömungsmechanischen Parametern sowie Gebiete günstiger Auslegung und Begrenzungen ersichtlich.

Bei Auswertung dieser Grafiken für praktisch ausgeführte Turbinenstufen wird deutlich, daß die Durchsatzkennziffer bei Hochleistungsstufen bis $\varphi_2 = 1,5$ beträgt, sonst aber bei mehrstufigen Turbinen ziviler TL meist mit Werten um 1 gearbeitet wird. Die Leistungskennziffer betreffend werden bei Reaktionsstufen etwa $\psi = 2$, bei Aktionsstufen aber $\psi = 4$ und mehr erreicht. Je kleiner die Reaktion, um so größer ist der Energieumsatz der Stufe, um so schlechter wird aber ihr Wirkungsgrad.

Nach dieser quantitativen Beschreibung des Energieumsatzes der Stufe lassen sich ausgehend von den Eintrittsparamtern ihre Austrittswerte (Stufenebene 2) bestimmen. Dazu werden die Gesetzmäßigkeiten der Gasentspannung, unterschieden nach isentroper und realer polytroper Zustandsänderung, sinngemäß wie schon in Kap.6.2 genutzt:

$$p_{t2} = p_{t0}\frac{p_{t2}}{p_{t0}} = p_{t0}\,\Pi_{St}^{-1} \tag{8.17}$$

$$h_{t2s} = h_{t0} - \Delta h_{Sts} = h_{t0} - T_{t0}\,\frac{R}{m}\left(1 - \Pi_{St}^{-m}\right) = T_{t0}\,\frac{R}{m}\,\Pi_{St}^{-m} \tag{8.18}$$

$$h_{t2} = h_{t0} - \Delta h_{St} = T_{t0}\,\frac{R}{m}\left[1 - \left(1 - \Pi_{St}^{-m}\right)\eta_{St}\right] \tag{8.19}$$

$$T_{t2s} = T_{t0} - \Delta T_{Sts} = T_{t0}\,\Pi_{St}^{-m} \tag{8.20}$$

$$T_{t2} = T_{t0}\left[1 - \left(1 - \Pi_{St}^{-m}\right)\eta_{St}\right] \tag{8.21}$$

Wichtige Kennwerte zur Kinematik und Strömungsmechnik der Stufe sind die Gasgeschwindigkeiten im Absolut- und Relativsystem sowie die Umfangsgeschwindigkeit des Laufrades, bezogen auf den Auslegungspunkt unter Standardbedingungen. Dabei sind die Änderungen für alle vorgesehenen Flug- und Betriebsbedingungen zu berücksichtigen. Infolge der Beschleunigung in beiden Gittern zeigen die Endgeschwindigkeiten in ihnen, bzw. die darauf bezogenen M-Zahlen die Größtwerte an.

Der Bereich der Umfangsgeschwindigkeiten liegt auf mittlere Schaufelhöhe bezogen breit gefächert bei $u = 250 \ldots 500$ m/s und ist nicht nur an weiter wachsenden Höchstwerten orientiert. Unter der Voraussetzung (fast) kritischer Druckverhältnisse in zumindest einem von beiden Gittern der Reaktionsstufe treten Strömungen von etwa $M = M_w = 0,8 \ldots 1,0$ auf. Die axiale Komponente liegt allerdings nur in der Größenordnung von $M_1 = M_2 = 0,5 \ldots 0,7$. Das bedeutet, daß nach Verlassen des Laufrades noch ein Restdrall vorliegt, welcher in der folgenden Stufe zu nutzen ist. Endstufen sollten im Interesse hoher Effizienz nicht mit Restdrall und großen M_2-Werten arbeiten.

Andererseits besteht bei Turbinen im Bestreben der Stufeneinsparung die Notwendigkeit zur Höherbelastung von Gittern. Für Druckverhältnis und Gasgeschwindigkeit sind dabei auch überkritische Verhältnisse erreichbar. Hierbei treten Strömungen mit $M = 1,0 \ldots 1,3$ im Bereich der Hinterkanten beider Gitter, in den sog. *Schrägabschnitten* auf, wo eine geringe Kanalerweiterung wirksam wird. Diese *Nachexpansion* einer für den oberen Transschallbereich ausgelegten Turbinenstufe verläuft als PRANDTL-MEYER-Strömung mit Machlinien, schwachen Stößen und etwas mehr zur Horizontale geneigten Abströmrichtung. Sie führt zur Leistungssteigerung der Stufe bei abfallendem Wirkungsgrad infolge größerer Strömungsverluste. So sind oft einstufige Hochdruckturbinen (HDT) bei hohen Parametern und großem Energieumsatz ausgelegt.

Zur Bestimmung der Querschnittsabmessungen von Turbinengittern dienen die zum selben Zweck im Kap.6.2 aufbereiteten Gleichungen. Sie werden für die neuen Triebwerksebenen und die geänderten Parameter aktualisiert. Für den Leitgittereintritt der ersten Stufe (gleichbedeutend mit dem Brennkammeraustritt, Triebwerksebene 4) gilt:

$$A_4 = \frac{\dot{m}_G\sqrt{T_{t4}}}{\alpha_4\,K_\alpha\,p_{t4}} = \frac{\dot{m}_G\sqrt{T_{t4}}}{\alpha_4\,K_\alpha\,p_{t2}\,\Pi_V\,\sigma_{BK}} \tag{8.22}$$

$$A_4 = \frac{\dot{m}_G\,R\,T_4}{c_4\,p_4} \tag{8.23}$$

$$A_4 = \frac{\pi}{4}\left(d_a^2 - d_i^2\right) = \frac{\pi}{4}d_a^2\left(1-\nu^2\right) \tag{8.24}$$

$$d_a = \sqrt{\frac{4A_4}{\pi(1-\nu^2)}} \tag{8.25}$$

$$d_a = \sqrt{\frac{4\,\dot{m}_G\sqrt{T_{t4}}}{\pi\,(1-\nu^2)\,\alpha_4\,K_\alpha\,p_{t4}}} = \sqrt{\frac{4\,\dot{m}_G\sqrt{T_{t4}}}{\pi\,(1-\nu^2)\,\alpha_4\,K_\alpha\,p_{t2}\,\Pi_V\,\sigma_{BK}}} \tag{8.26}$$

Während (8.22) die Bestimmung des Querschnittes A_4 mittels der *Totalparameter* und der gasdynamischen Funktionen erlaubt, wird diese Möglichkeit in (8.23) durch die statischen Größen der Strömung, die allerdings schwer zu ermitteln sind, aufgezeigt. Der mit Einführung des *Nabenverhältnisses* $\nu = d_i/d_a$ dargestellte Sachverhalt (8.24) wird in (8.22) substituiert. Daraus entsteht Ausdruck (8.25), welcher die Berechnung des Außendurchmessers in Ebene 4 abhängig von bekannten Größen des TL gewährleistet. Am Turbineneintritt ist $\nu = 0,8$ bzw. geringfügig größer. Für die „schlanken" militärischen TL ist wegen eines geringen Stirnquerschnittes ein konstanter Außendurchmesser erwünscht. Dagegen wird bei Großbläser-ZTL gewöhnlich der Turbinendurchmesser vergrößert, um die Drehzahl von NDT und Fan zu senken.

Im Zusammenhang mit der Berechnung geometrischer Abmessungen ist bemerkenswert, daß die Austrittsebene des ersten Leitgitters der Turbine A_1 einen wichtigen Strömungsquerschnitt des Gaskanals im TL aufweist. Wegen der Tatsache, daß hier im Auslegungspunkt fast stets kritische Strömung vorliegt, wird dadurch der Größtwert des Massenstroms im Gasgenerator festgelegt. Er wird schließlich wie folgt berechnet:

$$\dot{m}_G = \dot{m}_{max} = A_1\,\alpha_1\,K_\alpha\,p_{t1}\,(T_{t4})^{-\frac{1}{2}} = A_1\,K_\alpha\,p_{t2}\,\Pi_V\,\sigma_{BK}\,(T_{t4})^{-\frac{1}{2}} \tag{8.27}$$

Bekanntlich wird im kritischen Zustand $\alpha_1 = \alpha_{krit} = 1$ gesetzt und damit der Größtwert von $\dot{m}_G$ bestimmt. Der Einregulierung dieses der Triebwerksebene 4 benachbarten ersten Leitgitter-Endquerschnittes A_1 ist große Bedeutung beizumessen. Damit werden die oberen Leistungsstufen eines TL mit den dafür geforderten Kennwerten garantiert.

8.3 Räumliche Strömung in Turbinenstufen

Bei großer radialer Erstreckung der Gitter treten längs der Schaufeln nicht mehr zu vernachlässigende Unterschiede in den Strömungsparametern auf. Genauere Strömungsuntersuchungen in Turbinen erfordern deshalb den Übergang von der Stromfadentheorie zur dreidimensionalen Betrachtung. Wegen der komplizierten mathematischen Handhabung sind dabei wiederum quantitative Vereinfachungen erforderlich. Wichtige Ausführungen zu diesen vom Radius abhängigen Drallströmungen sind am Beispiel der

Verdichterstufe in Kap.6.3 ersichtlich, welche hier sinngemäß auf die Beschleunigungsgitter der Turbinenstufe zu übertragen sind.

Aus der Analyse dieser Drallgesetze ergibt sich die Schlußfolgerung der Schaufelverwindung in beiden Turbinengittern. Damit wird bekanntlich den unterschiedlichen Geschwindigkeitsdreiecken zwischen Fuß und Kopf der Schaufeln entsprochen. Für Turbinenschaufeln von TL werden die folgenden grundsätzlichen Verwindungen angewandt:

das Gesetz des Freiwirbels:	$c_u\, r$	$=$	$const$
gleichbleibender Massenstrom:	$c_{ax}\, \varrho$	$=$	$const$
unverwundene Leitschaufeln:	α_1	$=$	$const$

Schaufelverwindung nach dem *Freiwirbelgesetz* wird oft angewandt und ist gleichbedeutend mit $c_{ax1} = c_{ax2} = \Delta h_{St} = f(r) = const$. In der Realität ergibt sich nach [170] eine, wenn auch nicht große Stromlinienversetzung. Sie ist im Leitgitter zum Zentrum hin, im Laufgitter dagegen nach außen gerichtet.

Nur geringe Unterschiede dazu weist die Verwindung für *gleichbleibenden Massenstrom* auf. Bei annähernd unversetzten Stromlinien sind hier außer c_{ax2} alle Strömungsparameter über dem Radius variabel. Die spezifische Arbeit Δh_{St} wächst zum Schaufelkopf hin an, und der Stufenwirkungsgrad ist in der Regel am höchsten.

Die Variante mit (vor allem in Leitgittern bevorzugten) *unverwundenen Schaufeln* wird bei TL allein wegen des ungünstigeren Wirkungsgrades nur selten genutzt. Sie kann aber dort, wo letzteres von untergeordneter Bedeutung ist, z.B. bei Kurzzeitmaschinen, technologische und kostenmäßige Vorteile bringen.

Jede dieser Varianten besitzt Vorzüge und Nachteile. Das Bestreben, den z.T. beträchtlichen Parameterveränderungen durch Profilierung und Verwindung der Schaufeln möglichst beider Gitter als Näherung zu entsprechen, ergibt Wirkunggradverbesserungen. Bemerkenswert ist, daß sich die Beträge von M_{w1} zum Schaufelkopf stark verringern, während sich der Reaktionsgrad u.U. von $\bar{r} = 0$ am Fuß auf einen Höchstwert am Kopf zu bewegt. Daher ist verständlich, daß die Auslegung einer TL-Turbine mit dem Mittelwert $\bar{r} = 0.3$ etwa die untere sinnvolle Grenze darstellt. Damit werden am Schaufelfuß zu kleine bzw. negative Reaktionsgrade mit unerwünschter örtlicher Strömungsverzögerung vermieden. Zum tieferen Eindringen in die Strömungsmechanik verwundener Turbinenschaufeln wird auf [170] verwiesen.

Abhängig von Reaktionsgrad, Schaufelverwindung und Umströmung der Laufschaufelköpfe ergibt sich die Höhe der *Spaltverluste*. Während sich die Gestaltung des Schaufelfußes primär aus Festigkeitsfragen herleitet und die Umströmung des Schaufelmittelteiles annähernd optimal erfolgt, ergeben sich aus der Minimierung der Spaltströmung am Schaufelkopf die größten Potenzen zur Verbesserung des Stufenwirkungsgrades.

8.4 Mehrstufige Turbinen

Der für hochbelastete TL erforderliche Betrag an Wellenleistung ist nur durch mehrstufige Turbinen sicherzustellen. Außer dem begrenzten, wenn auch großen Energieumsatz einer Stufe wird dies durch Wirtschaftlichkeit, Charakteristik sowie fast stets vorhandene Mehrwellenanordnung diktiert. Große Stufenzahlen von $z = 5 \ldots 8$ ergeben sich bei ZTL bzw. PTL. Sie benötigen außer für die Verdichter ihrer Gasgeneratoren besonders große Wellenleistungen zum Antrieb ihrer Fan- bzw. Prop-Anlagen. Mit Gasentspannung bei großer Enthalpiedifferenz steigt so zwangsläufig die Stufenzahl.

Durch Entspannung des Gases sinken seine Beträge für Druck und Dichte, wodurch bei etwa gleichbleibender Absolutgeschwindigkeit sein spezifisches Volumen wächst. Damit erweitert sich von Gitter zu Gitter der Gaskanal der Turbine, ersichtlich an den zunehmenden Schaufellängen. Das sich verkleinernde Nabenverhältnis läßt sich durch wachsenden Außendurchmesser, bei sinkendem Innendurchmesser, oft auch mittels beidem nach Abb.8.3 oder in Kombination dieser Maßnahmen realisieren.

Wie bei der Einzelstufe erfolgt die Untersuchung der Parameterveränderungen in Verbindung mit den Kennwerten der Turbine im Gesamtverband. Ein wichtiger Kennwert ist das *Turbinendruckverhältnis* Π_T. Mit den Stufendruckverhältnissen Π_{St} gilt dazu:

$$\Pi_T = \Pi_{1.St}\,\Pi_{2.St}\,\Pi_{3.St}\ldots\Pi_{z.St} \tag{8.28}$$

$$\Pi_T = \Pi_{St}^{z} \qquad \text{nur für} \quad \Pi_{St} = const \tag{8.29}$$

$$\Pi_T = \frac{p_{t4}}{p_{t5}} \tag{8.30}$$

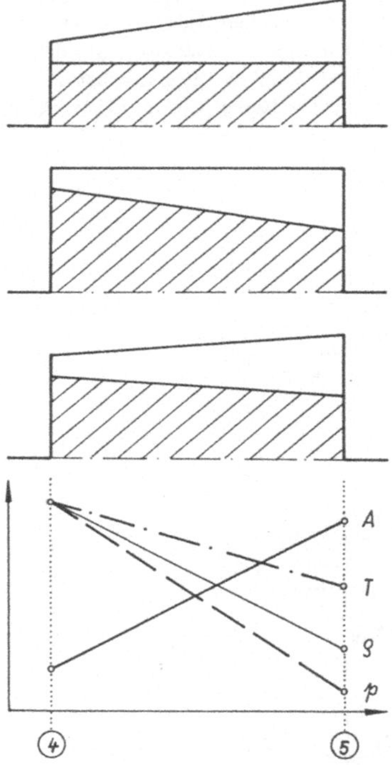

Abb. 8.3: Veränderungen von Parametern und Gaskanal mehrstufiger Turbinen

Das Gesamtdruckverhältnis der Turbine Π_T ist im Vergleich zu dem des Verdichters bei ETL kleiner. Für PTL sind beide Werte etwa gleichgroß. Der Betrag liegt in der Größenordnung von $\Pi_T = 2$ (einstufige Maschinen historischer ETL) und $\Pi_T > 20$ bei ZTL- und PTL-Turbinen. Durch das Druckverhältnis sind ***spezifische Arbeit*** und ***Leistung*** der Gesamtturbine, und zwar für ideale und reale Betrachtung, zu ermitteln:

$$\Delta h_{Ts} = h_{t4} - h_{t5s} = T_{t4}\,\frac{R}{m}\,\left(1 - \Pi_T^{-m}\right) \tag{8.31}$$

$$\Delta h_T = h_{t4} - h_{t5} = T_{t4}\,\frac{R}{m}\,\left(1 - \Pi_T^{-m}\right)\,\eta_T \tag{8.32}$$

$$\Delta h_T = \Delta h_{Ts}\,\eta_T = \sum \Delta h_{St} = \sum \Delta h_{Sts}\,\eta_{St} \tag{8.33}$$

$$P_T = \dot{m}_G\,\Delta h_T = \dot{m}_G\,T_{t4}\,\frac{R}{m}\left(1 - \Pi_T^{-m}\right)\eta_T \tag{8.34}$$

Im Zusammenhang damit entsteht das Problem der sinnvollen Aufteilung des Gesamtdruckverhältnisses (bzw. der gesamten Enthalpiedifferenz) auf die einzelnen Turbinenstufen. Nach der Theorie kann eine Stufenaufteilung als Geschwindigkeits- oder Druckstufung (s. Abb.8.4) erfolgen. *Geschwindigkeitsstufung* bedeutet, daß im Leitrad der ersten Stufe der gesamte Energieumsatz in Gasgeschwindigkeit erfolgt und letztere in den folgenden Gittern kontinuierlich verringert wird. Bei der *Druckstufung* wird dagegen ein etwa gleichgroßer Energieanteil pro Stufe umgesetzt.

Diese theoretischen Möglichkeiten werden in der Praxis abhängig vom Verwendungszweck der Turbine modifiziert. So scheitert eine reine Geschwindigkeitsstufung für vielstufige Turbinen schon an der unzweckmäßigen, viel zu großen Gasgeschwindigkeit im überkritischen Bereich. Meist tendiert man am Beginn der Turbine aber doch etwas mehr zu höherer Strömungsgeschwindigkeit. Durch die größere kinetische Energie wird die Leistung der vorderen Stufen gesteigert und die Gastemperatur stärker verringert, wodurch die folgenden Gitter thermisch entlastet werden. In den letzten Stufen und vor allem am Schluß wird Druckstufung bei kleiner Gasgeschwindigkeit bevorzugt, um den Austrittsverlust gering zu halten. Wie in Abb.8.4 (unten) ersichtlich, wird dadurch die zunächst große Strömungsgeschwindigkeit von Stufe zu Stufe sukzessive bis auf ein vertretbares Minimum am Schluß verringert.

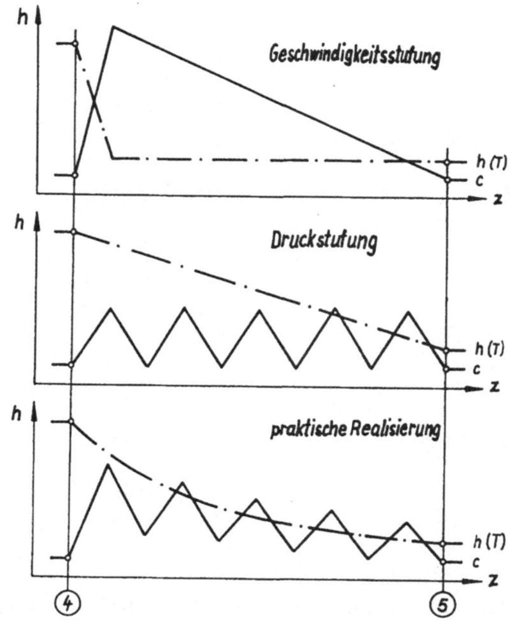

Abb. 8.4: Aufteilungsmöglichkeiten des Energieumsatzes auf die Turbinenstufen

Mit Kenntnis des Energieumsatzes und seinen Kennwerten sind die Endparameter der Turbine bestimmbar. Das betrifft den Druck, die Enthalpie und die Temperatur in der Turbinenaustrittsebene 5, unterschieden nach isentroper und realer Zustandsänderung:

$$p_{t5} = p_{t4}\,\Pi_T^{-1} \tag{8.35}$$

$$T_{t5s} = T_{t4}\,\Pi_T^{-m} \tag{8.36}$$

$$T_{t5} = T_{t4}\left[1 - \left(1 - \Pi_T^{-m}\right)\eta_T\right] \tag{8.37}$$

Nach Ausdruck (8.31) ist das Verhältnis von realer und idealer Enthalpiedifferenz gleich dem isentropen Turbinenwirkungsgrad. Durch Kürzung mit der im vorliegenden Bereich als unveränderlich vorausgesetzten spezifischen Wärmekapazität ergibt sich schließlich mit dem Verhältnis der Temperaturdifferenzen eine praktikable Bestimmungsgleichung:

$$\eta_T = \frac{\Delta h_T}{\Delta h_{Ts}} = \frac{h_{t4} - h_{t5}}{h_{t4} - h_{t5s}} = \frac{T_{t4} - T_{t5}}{T_{t4} - T_{t5s}} \tag{8.38}$$

Über die gemessenen Temperaturen T_{t4} und T_{t5} ist mit dem Betrag von T_{t5s}, berechnet mittels (8.36), der Turbinenwirkungsgrad nach (8.38) leicht bestimmbar. Um auch hier den Einfluß des mittleren Stufenwirkungsgrades auf den der Gesamtmaschine quantitativ darzustellen, wird auf die Untersuchungen von [28], [88] und [171] zurückgegriffen. Danach ist nun der ***polytrope Wirkungsgrad*** für Entspannungsvorgänge (im Gegensatz zur Verdichtung), ausgedrückt durch die Exponenten von Isentrope κ und Polytrope n:

$$\eta_{pol} = \frac{\kappa}{\kappa - 1}\frac{n-1}{n} = \frac{n-1}{m\,n} = \frac{\eta_s}{1+f} \qquad \text{bzw.} \qquad \frac{n-1}{n} = m\,\eta_{pol}$$

Für den vielstufigen Entspannungsvorgang in der Turbine werden als zulässige Näherungen $\eta_s = \eta_T$ und $\eta_{pol} = \eta_{St}$ verwendet. Mit diesen Voraussetzungen ergibt sich aus (8.38) für die Turbine bei großer Stufenzahl der folgende quantitative Zusammenhang:

$$\eta_T = \frac{T_{t4}\left(1 - \frac{T_{t5}}{T_{t4}}\right)}{T_{t4}\left(1 - \frac{T_{t5s}}{T_{t4}}\right)} = \frac{1 - \Pi_T^{-\frac{n-1}{n}}}{1 - \Pi_T^{-\frac{\kappa-1}{\kappa}}}$$

$$\eta_T = \frac{1 - \Pi_T^{-m\,\eta_{St}}}{1 - \Pi_T^{-m}} \tag{8.39}$$

Infolge fast stets beschränkter Stufenzahl der Turbine wird (8.39) selbst als Näherung meist zu ungenau. Dafür wird mit Hilfe der hier als ***Wärmerückgewinnziffer*** f bezeichneten Größe durch die Umstellung und Erweiterung obiger Entwicklung der Ausdruck

$$\eta_T = \eta_{St}\left[1 + f\left(1 - \frac{1}{z}\right)\right] \tag{8.40}$$

gewonnen. Mit vorliegender Stufenzahl z und bekannter Ziffer f stellt (8.40) eine gute Näherungsgleichung dar. Die Schwierigkeit besteht im genauen Bestimmen der Wärmerückgewinnziffer, welche bei Turbinen von TL abhängig von den realen Bedingungen im Bereich von $f = 1,01 \ldots 1,03$ liegt.

Mittels (8.39) und (8.40) kommt die Verbindung von Stufen- und Gesamtwirkungsgrad der Turbine zum Ausdruck. Die Auswertung beider Gleichungen zeigt, daß der Gesamtwirkungsgrad der Turbine größer als der gemittelte Wirkungsgrad ihrer Stufen ist. Die beim Verdichter auftretende Erscheinung des ***Erwärmungsverlustes***, quantifiziert durch die Ziffer f, kehrt sich bei der Turbine um in einen ***Wärmerückgewinn***. Ein Teil, allerdings nicht der volle Betrag des Mehraufwandes an Verdichterarbeit, wird demnach durch ein Plus an Turbinenarbeit wieder zurückgewonnen.

Thermodynamisch ist der Wärmerückgewinn so zu erklären: Die durch Irreversibilitäten verursachte erhöhte Austrittstemperatur der Vorstufe ergibt für die Folgestufe der Turbine eine vergrößerte Enthalpie. Vorhandene bzw. erzeugte innere Energie auf hohem thermischen Niveau in den Erststufen kann deshalb z.T. in den Stufen danach noch in Arbeit umgewandelt werden. Mit anderen Worten: Der beim Verdichter erforderliche zusätzliche Arbeitsaufwand zum thermischen „Anheben" von Energie wird während des „Absenkvorgangs" in der Turbine teilweise wieder frei als Nutzarbeit.

8.5 Turbinenkennfelder

Neben dem Auslegungspunkt A werden Turbinen von TL bei kleinerer Leistungsstufe (mit Teillast) als auch jenseits von A (d.h. im Überlastbereich) gefahren. Zusätzlich sind die Einflüsse der unterschiedlichen Flugregime zu berücksichtigen. Zur Darstellung der dabei auftretenden Parameterveränderungen dienen Turbinenkennfelder.

Sie informieren über Betriebsabweichungen und ihre Auswirkungen, das Auftreten von Begrenzungen sowie die betriebsmäßige Abstimmung mit den benachbarten Baugruppen. Indirekt wird dadurch das maßstäbliche Kennfeld der Turbine (wie auch das des Verdichters) zur grafischen Darstellung des gesamten TL-Prozesses. Turbinenkennfelder können bei vorhandener Software näherungsweise vorausberechnet oder aus den Meßergebnissen von Prüfstandversuchen erarbeitet werden. Letzteres erfordert das wiederholte Experiment am bereits hergestellten Objekt, verbunden mit einer meist größeren Anzahl von baulichen Korrekturen und damit hohen Kosten.

Wichtige Einflußgrößen des Betriebszustandes, d.h. *unabhängige* Parameter, sind außer Stufenzahl und geometrischen Abmessungen: Drehzahl, Eintrittstemperatur und Druckverhältnis. Davon *abhängige*, also zu berechnende oder zu messende Parameter sind: die an der Welle zur Verfügung stehende Arbeit bzw. Leistung, ihr Massenstrom und schließlich ihr Wirkungsgrad. Im Interesse eines für alle Aufnahmebedingungen und Ausführungsmuster objektiven Vergleichs ist für theoretische Erörterungen ein einheitlicher Bezugspunkt erforderlich. Deswegen werden die Parameter, soweit sie nicht selbst Größenverhältnisse sind, meist auf die am Turbineneintritt (Triebwerksebene 4) vorliegenden Bedingungen umgerechnet. Ein derartiges *universelles* Kennfeld ist somit eine Darstellung mit diesen Parametern in *reduzierter* Form. Dabei handelt es sich um

die reduzierte Drehzahl:
$$n_{red} = n \frac{1}{\sqrt{T_{t4}}} \tag{8.41}$$

den reduzierten Massenstrom:
$$\dot{m}_{red} = \dot{m}_G \frac{\sqrt{T_{t4}}}{p_{t4}} \tag{8.42}$$

die reduzierte Nutzarbeit:
$$w_{red} = w_T \frac{1}{T_{t4}} \tag{8.43}$$

Reduzierte Parameter der Turbine unterscheiden sich von denen des Verdichters durch die Bezugsgrößen einer anderen Eintrittsebene. Ein weiterer Unterschied besteht darin, daß hier infolge fehlender Standardwerte die Bezugsgrößen selbst als Größenverhältnisse eingesetzt werden. Um trotzdem mit relativen Zahlenbeträgen universell arbeiten zu können, sind die Diagrammkoordinaten als Verhältnisse reduzierter Parameter, bezogen auf ihre Beträge im Auslegungspunkt A angegeben. In der Literatur sind Kennfelder von TL-Turbinen selten. Zudem unterscheiden sich die wenigen repräsentativen Beispiele durch Vielfalt in den Darstellungsformen und Parameterbezügen.

Eine Variante von Turbinenkennfeldern ist die Darstellung reduzierter Parameter in Abhängigkeit vom Druckverhältnis Π_T nach Abb.8.5. Erörterungen bei Veränderung von Π_T gewährleisten eine Reihe wichtiger Schlußfolgerungen für Arbeitsprozeß und Auslegung der Turbine. Die Vergrößerung des Turbinendruckverhältnisses wird über den Anstieg des Eintrittsdruckes p_{t4}, aber ebenso mit dem Abfall des Austrittsdruckes p_{t5}, z.B. durch „Auffahren" der Schubdüse für die Endstufe, verwirklicht.

Das Kennfeld gemäß Abb.8.5 entspricht einer einstufigen Turbine mit der Bedingung unveränderlicher reduzierter Drehzahl. Letzteres bedeutet nach (8.41), daß die (kinematische) Größe n proportional zu $\sqrt{T_{t4}}$ variabel ist. Gegenüber dem kleinsten Betrag von $\Pi_{St} = \Pi_T = 1$ bei Stillstand entspricht das Maximum der Größenordnung von $\Pi_T = 2,5 \ldots 3,0$ mit Auftreten kritischer Strömungszustände in beiden Gittern.

Der *reduzierte Gasdurchsatz* steigt nach der Leitgitterströmung im Bereich kleiner Π_T-Werte steil an. Er nähert sich damit seinem Maximalwert, den er etwa bei $\Pi_T = 1,8$ infolge kritischer Strömung im Leitgitterendquerschnitt (bis dahin erfolgt der Hauptanteil des Stufenenergieumsatzes) erreicht. Danach ist trotz weiterer Parametersteigerung eine Zunahme des reduzierten Massenstroms nach (8.42) nicht mehr möglich. Während zunächst noch unterkritischer Strömung im Laufgitter liegen auch hier im Bereich von $\Pi_T = 3$ kritische Verhältnisse vor. Die weitere Vergrößerung des Druckverhältnisses führt beginnend mit dem Leitgitter zu Zonen überkritischer Strömung.

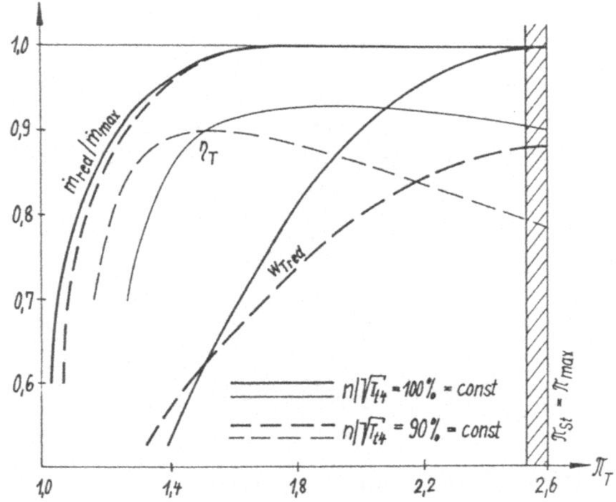

Abb. 8.5: Turbinenkennfeld in Abhängigkeit vom Stufendruckverhältnis

Der *Turbinenwirkungsgrad* ist abhängig von der Laufzahl u/c_1, wobei sich die Geschwindigkeit am Leitgitteraustritt c_1 mit Π_T ändert. Kleine Werte von Π_T ergeben geringe Beträge von c_1, d.h.große Laufzahlen mit schlechtem Wirkungsgrad. Die Vergrößerung des Druckverhältnisses führt in den Bereich mittlerer Laufzahl beim Wirkungsgradoptimum. Sehr große Π_T-Werte, also kleine Laufzahlen haben Wirkungsgradabfall zur Folge. Für höheres Niveau von n_{red} ergeben sich bessere Wirkungsgrade für große, aber kleinere Wirkungsgrade für geringere Druckverhältnisse.

Außerdem wird die Veränderung der *reduzierten Nutzarbeit* im Verhältnis zum Auslegungszustand aufgezeigt. Wegen (8.32) und (8.43) ist ihr Betrag bei gleichen Stoffeigenschaften nur eine Funktion von Π_T und η_T. Dadurch besteht ebenfalls eine Beeinflussung durch die reduzierte Turbinendrehzahl. Nur bei optimalem Wert von n_{red} sind Maxima von Arbeit und Wirkungsgrad erreichbar. Der Schritt von der reduzierten zur *absoluten Nutzarbeit* besteht in der Multiplikation mit der Temperatur T_{t4}.

Parameterveränderungen der einstufigen Turbine können nach dem Prinzip der Superposition auf mehrstufige Turbinen ausgedehnt werden. Dabei ist zu beachten, daß der Gasdurchsatz in den Folgestufen durch kritische Strömung im ersten Leitgitter fixiert ist. Zur Auslegung von Turbinen ist nach Abb.8.5 festzustellen, daß für hohe Wirkungsgrade der kritische Zustand im Leitgitter gerade noch vermieden bzw. an der unteren Grenze mit $\Pi_{St} = 1,6 \ldots 2,0$ verwirklicht wird. Turbinen ziviler TL arbeiten so wirtschaftlich bei allerdings nur mittlerem Energieumsatz pro Stufe, d.h. mit größerer erforderlicher Stufenzahl. Maschinen für höherausgelegte Werte von $\Pi_{St} = 2,5 \ldots 3,0$

laufen dagegen mit sehr großer Stufennutzarbeit, aber schon mit abfallendem Wirkungsgrad. Als Vorteil sind dadurch u.U. Turbinenstufen einzugesparen. Mittels gesteigerter Drehzahl können für gasdynamisch hochbelastete Stufen die Laufzahlen erhöht und dadurch Leistung und Wirkungsgrad vergrößert, d.h. einem Optimum angenähert werden.

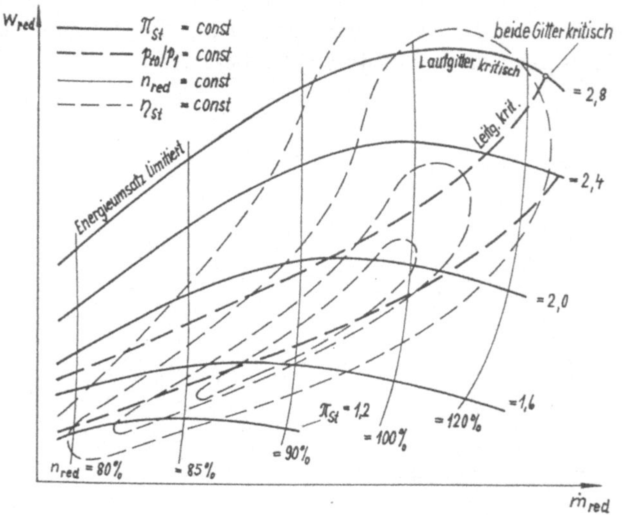

Abb. 8.6: Turbinenkennfeld in Abhängigkeit vom Massenstrom

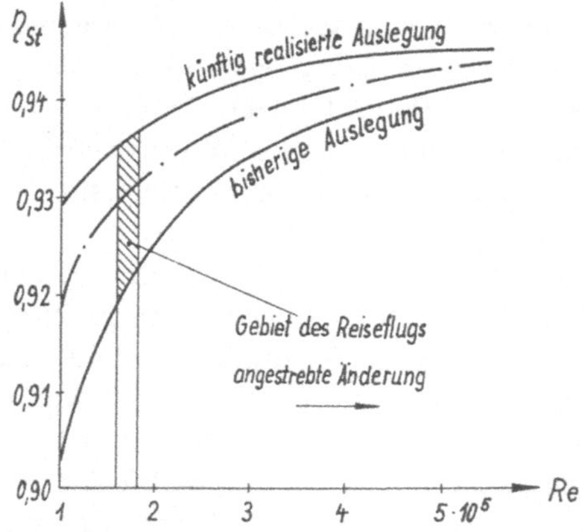

Abb. 8.7: Einfluß der Reynoldszahl auf den Turbinenwirkungsgrad

Eine andere Kennfelddarstellung besteht im Energieumsatz (Ordinate) in Abhängigkeit vom Massenstrom (Abszisse) nach Abb.8.6. Es weist hinsichtlich der Abszisse Analogie zum Verdichterkennfeld auf. Die Reduktion der Parameter erfolgt hier ebenfalls mittels (8.41), (8.42) und (8.43). Das Kennfeld enthält drei Kurvenscharen, durch deren Verlauf die wichtigen Sachverhalte und Begrenzungen sichtbar werden. Das sind die folgenden

- Linien der konstanten reduzierten Turbinendrehzahlen,
- Linien gleicher Leitgitter- und Stufendruckverhältnisse,
- Linien konstanter Beträge des Turbinenwirkungsgrades.

Auch bei dieser Darstellung in Abb.8.6 zeigen sich die wiederholt besprochenen gasdynamischen Sachverhalte. Mit dem Beginn der kritischen Strömung werden, in der Regel erstmalig im Leitgitter, welches beim vorliegenden Reaktionsgrad höherer M-Zahl ausgesetzt ist, Grenzen erreicht. Sie sind ersichtlich am vertikalen Verlauf der n_{red}-Linien infolge nicht mehr steigerungsfähigem Gasdurchsatz, an limitiertem Energieumsatz sowie der Verschlechterung des Turbinenwirkungsgrades.

Den in den Kennfeldern ausgewiesenen Wirkungsgrad betreffend, ist festzustellen, daß er aus den unterschiedlichsten Erscheinungen verlustbehafteten Energieumsatzes resultiert. Die Verluste der Turbine sind detailliert in [155] und [174] dargestellt und quantifiziert. Seit langem ist dabei auch der mit dem Absinken der Reynolds-Zahl zunehmende Gitterverlust der Turbomaschinen infolge ungünstigerer Durchströmung mit Annäherung ihres kritischen Umschlagpunktes bekannt.

Im kritischen Punkt selbst erfolgt nach der Theorie der Umschlag von der ursprünglich turbulenten Strömungsform in die laminare (s.a. Kap.3.2). Partiell bzw. örtlich geschieht dies aber schon viel früher, d.h. bei wesentlich größeren Re-Zahlen mit instabiler Strömung und schlechteren Gitterwirkungsgraden. In der Vergangenheit standen bevorzugt Verdichter und Fan im Mittelpunkt dieser Betrachtungen bei nur geringen Veränderungen. Neuere Untersuchungen zeigen, daß die Turbine und hier vor allem die langsamdrehende NDT großer ZTL ungünstiger Strömung infolge zu kleiner Re-Zahlen ausgesetzt ist. Deswegen wird für die NDT ein Wirkungsgradabfall von 3...5 % bei Rückgang der Re-Zahl von $5 \cdot 10^5$ auf 10^5 nach Abb.8.7 beobachtet. Dieser unerwünschte „Einbruch“ des Wirkungsgrades ist typisch für den Unterschall-Reiseflugzustand.

8.6 Zur thermischen Belastung von Turbinen

Hinsichtlich der Warmfestigkeit ist die Turbine die problematischste Baugruppe des TL. In ihren Bauteilen überlagert sich die mechanische Beanspruchung mit der thermischen. Unter diesen verschärften Bedingungen hat der Turbinenrotor die erforderliche Drehbewegung zu gewährleisten. Bekanntlich verringern alle technisch einsetzbaren Werkstoffe unter dem Einfluß hoher Temperatur ihre Festigkeitseigenschaften. Selbst *hochwarmfeste Legierungen* können den gegenwärtig realisierten Turbineneintrittstemperaturen im Rahmen der vorgesehenen Betriebszeit allein nicht standhalten. Das ermöglichen erst weitere der thermischen Belastung gerecht werdende Maßnahmen, insbesondere die *Bauteilkühlung.* Damit ist die Turbine eine nur schwer zu überwindende Barriere auf dem Weg weiteren Anhebens der Prozeßtemperatur.

Andererseits war es seit Existenz der ersten TL ständige Bestrebung, die Temperatur T_{t4} im Interesse von Prozeßintensivierung und Kennwertverbesserung zu erhöhen. Dieses Motiv wirkt auch gegenwärtig, solange potentielle Möglichkeiten dafür existieren. Als oberste Grenze gilt der Bereich des *stöchiometrischen Brenngases* mit Temperaturen um 2500 K. Die ursprüngliche Triebkraft dazu war die Schubsteigerung militärischer TL, die zeitweise auch durch Anwendung des Nachbrenners, d.h. durch thermische Umgehung der Turbine, zum Ziel führte. Später konnte in Verbindung mit dem

Bypassprinzip, d.h. durch ZTL und PTL, die unmittelbare Steigerung der Turbineneintrittstemperatur auch zu größerer Wirtschaftlichkeit herangezogen werden. Die dabei realisierte höhere thermische Festigkeit der Turbine wird auch für Gasturbinenanlagen außerhalb der Luftfahrt genutzt.

Eine angestrebte Erhöhung der Turbineneintrittstemperatur ist unter Beachtung von Betriebszeit und allen in der Luftfahrt relevanten Bestimmungen zu realisieren. Neben der Beaufschlagung aller Heißteile gibt das Verhalten der Beschaufelung, vor allem in den Gittern der ersten Stufe (der HDT) infolge des hier anliegenden Höchstwertes von T_{t4} den Ausschlag. Demzufolge spielt die thermische Belastung der Beschaufelung bei den weiteren Ausführungen die entscheidende Rolle. Die chronologische Entwicklung der Turbineneintrittstemperatur in Abb.8.8 zeigt zwei Stränge auf, nämlich das zulässige Anwachsen der *Werkstofftemperatur* sowie die Steigerung der *Gastemperatur* insgesamt.

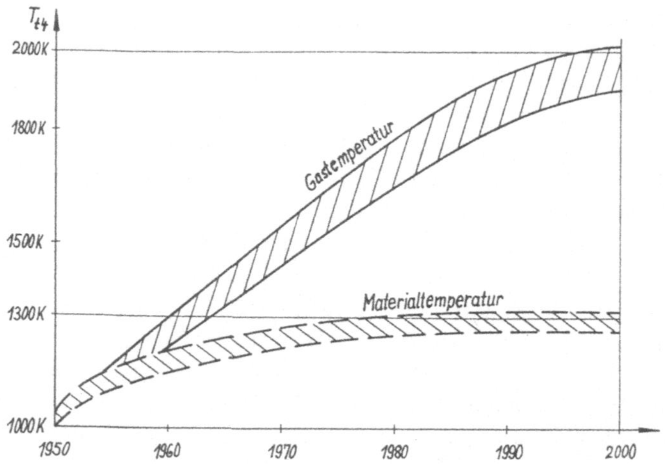

Abb. 8.8: Evolution der Turbineneintrittstemperatur im Entwicklungszeitraum

Die praktisch verwirklichte thermische Belastung warmfester Legierungen für Turbinenschaufeln erreichte im Verlauf der aufgezeigten 50 Jahre im Durchschnitt einen Zuwachs von rund 300 K bis auf 1300 K, d.h. von 6 K/Jahr. Das könnte mit dem künftigen Einsatz höher belastbarer keramischer Werkstoffe noch überboten werden. Dagegen stieg die Gastemperatur geginnend mit etwa 1955 stärker an. Insgesamt gelang es, in 50 Jahren TL-Entwicklung ungefähr 1000 K Steigerung, d.h. eine Verdoppelung des Zahlenwertes von T_{t4} bzw. 20 K/Jahr zu erreichen! Treffen die genannten Zahlen vorrangig für Militärtriebwerke mit ihren verhältnismäßig kurzen Laufzeiten zu, so folgen ihnen die TL ziviler Verwendung mit nicht großem Abstand. Die gegenwärtig erreichten Zahlenwerte von T_{t4} betragen etwa 2000 K (militärisch) bzw. 1700 K (zivil). Diese Temperaturen liegen in der Größenordnung des Schmelzpunktes der beanspruchten Werkstoffe, bzw. sie überschreiten ihn.

Die Differenz zwischen Gas- und Schaufeltemperatur wurde demnach zunehmend größer. Dadurch wird angedeutet, daß außer dem Werkstoff weitere Tatbestände die Beaufschlagung mit Heißgas zuverlässig garantieren. Durch nachfolgend aufgeführte Maßnahmen ist die thermische Standfestigkeit der gekühlten Turbine zu gewährleisten:

- Erhöhung der Warmfestigkeit der Schaufelwerkstoffe,
- Steigerung der spezifischen Arbeit der ersten Stufe(n),
- Vergrößerung der Intensität bei der Schaufelkühlung,
- Temperaturabsenkung für die verwendende Kühlluft.

Die ***Erhöhung der Warmfestigkeit*** von Schaufelwerkstoffen ist Grundlage der Turbinenstandfestigkeit. Für die TL der 1. Generation war die damalige Warmfestigkeit der verwendeten Werkstoffe allein maßgebend zur Betriebsbewährung. Ausgangspunkt dieser Hochtemperaturmaterialien waren die ***austenitischen Stähle*** aus dem Dampfturbinenbau. Ursprüglich als warmfeste Stähle bezeichnet, erhielten sie zunehmend hitzebeständige Legierungselemente: Chrom, Nickel, Kobalt, Wolfram, Molybdän, Vanadium u.a.m. Einige dieser bekannten, z.T. historischen Reihen ***warmfester Legierungen*** sind

- Deutschland: Tinidur (1940), Chromadur (1942), Vanidur (1943);
- Großbritannien: Stayblade (1939), Nimonic (ab 1942), Vitallium (1944);
- SU/GUS: EI (ab 1946), LK, ShS, WSh(L);
- USA: Hastalloy, Timken Alloy, Inconel, MAR-M, Rene.

Ihnen gemeinsam ist das moderate Absinken der im kalten Zustand hohen Festigkeitsparameter (Zeitstandfestigkeit, Kriech- und Ermüdungsresistenz) bis zu einer Grenztemperatur und danach ihr steiler Abfall. Sie liegt für die z.Z. neuesten Legierungen bei rund 1300 K. Darin sind die letzten Entwicklungen von Schaufeln mit *gerichteter Kristallisation* bzw. von *Einkristallschaufeln* eingeschlossen. Bei diesem thermischen Niveau (mehr als 1000 °C) garantieren die Speziallegierungen in hellrot- bzw. weißglühendem Zustand noch ein ausreichendes Minimum an Festigkeit! Hätte aber die Gastemperatur „nur" entsprechend der zulässigen Schaufeltemperatur ansteigen dürfen, wären die bekannten Fortschritte im Bau von TL ausgeblieben.

Eine *Vergrößerung der spezifischen Arbeit* in der ersten Stufe bewirkt die Verringerung von Energieumsatz und Gastemperatur in den Folgestufen. Diese Maßnahme ist ein wesentliches Mittel zur thermischen Entlastung der Turbine. Die statische Gastemperatur sinkt bekanntlich (s. Abb.8.1) in Leit- und Laufgitter, die totale nur im Laufgitter. Dadurch ist die „fühlbare" Temperaturverringerung für die Leitschaufeln mit 20...40 K fast bedeutungslos, für die Laufschaufeln aber wesentlich größer. Hinsichtlich der für letztere wirksamen mittleren Heißgastemperatur T_{tG} wird, ausgehend vom Wert T_{t0} vor der Stufe, aus [141] ohne Ableitung die folgende Beziehung genannt:

$$T_{tG} = T_{t0} - \frac{m}{2R}\left(2\,\Delta h_{St} + 2\,u\,c_u - u^2\right) \qquad (8.44)$$

Die Temperaturdifferenz $(T_{t0} - T_{tG})$ liegt nach (8.44) beim Einsatz von Zahlenwerten für eine gering- bzw. eine hochbelastete erste Turbinenstufe im Bereich von 150 K bzw. 400 K. Je größer also die spezifische Arbeit der Stufe ist, um so kleiner ist die mittlere „fühlbare" Temperatur an den Wandungen ihrer Laufschaufeln. Dieser Temperaturabfall tritt innerhalb der 1. Stufe ein und wird in den folgenden Stufen durch weitere Absenkungen ergänzt fortgesetzt. Ist die thermische Standfestigkeit der hochbelasteten ersten Stufe bzw. der beiden ersten Stufen (einer HDT) garantiert, so ist die Temperaturbelastung der nächsten Stufen (MDT, NDT) ein zu lösendes Problem. Die Auslegung der HDT mit größerer spezifischer Arbeit ermöglicht u.U. die Einsparung einer Stufe und führt zu wesentlicher, wenn auch nicht völlig ausreichender thermischer Entlastung der gesamten Maschine. Eine Ausnahme bildet wie dargestellt die Beschaufelung der 1. Stufe, vor allem die ihres Leitrades, mit gewissem Abstand auch die der 2. Stufe. Hier ist intensivste Schaufelkühlung mit großem Durchsatz an Kühlluft erforderlich.

Mittels ***Kühlung*** bzw. ihrer Intensivierung ist das größte Potential zum Anheben der Turbineneintrittstemperatur zu erschließen. Dazu werden Turbinenschaufeln sowie andere Heißteile durch Wärmeabfuhr an bzw. mittels Wärmeisolation durch ein Kühlmittel entscheidend in der Werkstofftemperatur gesenkt. Das wird fast ausschließlich durch Verdichterzapfluft mit den Parametern T_{t3} und p_{t3} realisiert.

Damit besteht in Gestalt der Differenz $(T_{t4} - T_{t3})$ eine beachtliche Wärmesenke, welche durch die einzelnen Kühlverfahren in unterschiedlicher Güte ausgenutzt wird. Anliegen der Kühlung ist es, durch günstige Gestaltung der Parameter und Teilvorgänge mit geringem Aufwand größtmöglichen Nutzen zu erzielen. Bei ***Absenkung der Kühlmitteltemperatur*** T_{t3} werden Wärmesenke und spezifische Kühlmöglichkeiten vergrößert. Damit kann an Kühlluft gespart werden, wodurch sich die Prozeßverluste verringern. Für konkrete Aussagen dazu sind im folgenden quantitative Analysen erforderlich.

8.7 Kühlung von Turbinenschaufeln

Der Hauptanteil an der Steigerung der Turbineneintrittstemperatur wurde durch die Kühlung der Beschaufelung sichergestellt. Auch in Zukunft wird ihr neben den weiteren o.g. Maßnahmen die mit Abstand größte Bedeutung zukommen. Unter thermodynamischem Aspekt ist Kühlung auf Vorgänge von zu fördernder oder zu verhindernder *Wärmeübertragung* zurückzuführen. Die quantitative Analyse der Fließbewegung thermischer Energie, welcher als Teilgebiet der Thermodynamik große Bedeutung zukommt, entwickelt sich am Beispiel zu kühlender Heißteile immer mehr zu einer eigenständigen Disziplin, wovon auch [59], [87] und die Arbeit [1] zeugen.

Bekanntlich werden bei Wärmeübertragung die Vorgänge von Leitung, Übergang, Durchgang und Strahlung unterschieden. Bei den hier vorgenommenen vereinfachten Betrachtungen ist die *Wärmeleitung* unbedeutend. Dagegen sind *Wärmeübergang*, (*Konvektion*) bzw. *Wärmedurchgang* als beidseitiger konvektiver Übergang an einer zu kühlenden Bauteilwandung von großer Relevanz. Mit zunehmender Temperatur wird die *Strahlung* einen Anteil an zu übertragender Wärme übernehmen.

Im weiteren wird der *innere konvektive* Übergang bzw. Durchgang von Wärme an einer zu kühlenden Turbinenschaufel nach Abb.8.9 untersucht. Im Interesse der Temperaturverringerung ihrer Wandungen ist ein höheres Niveau hinsichtlich innerer Wärmeabfuhr bzw. äußerer thermischer Isolation zum Heißgas hin erforderlich. Mit anderen Worten heißt das: Günstige Bedingungen des inneren Wärmeübergangs an die Kühlluft (K) bzw. ungünstige äußere vom Gas (G) an die Schaufelwand (W) senken unter sonst gleichen Bedingungen die Temperatur des Schaufelwerkstoffs. Unter Vernachlässigung der Wärmeleitung ist der Wärmedurchgang durch eine Wandung wie folgt darstellbar:

$$\alpha_G \, A_G \, (T_{tG} - T_W) \;=\; \alpha_K \, A_K \, (T_W - T_{tK}) \tag{8.45}$$

Heißgas- und kühlluftseitiger Wärmeübergang unter den vorliegenden Bedingungen, quantifiziert durch die Wärmeübergangskoeffizienten α_G und α_K sowie die Wandungsflächen A_G und A_K, bewirken die Temperaturdifferenzen nach (8.45). Das bedeutet, daß die Wandtemperaturen T_W sehr groß sind, bei hohen Gastemperaturen oft über dem zulässigen Wert der Schaufelwerkstoffe liegen. In diesem Fall sind Verbesserungen durch Verkleinern von $(\alpha_G \, A_G)$ bzw. Vergrößern von $(\alpha_K \, A_K)$ möglich.

Diese Erörterungen des Wärmedurchgangs haben das Ziel, wirksame Möglichkeiten zur Absenkung der mittleren Temperatur in der Schaufelwand aufzuzeigen. Dazu sind

[1] Henrich, E.: Kühlung von thermisch hochbelasteten Gasturbinenbauteilen. MTU FOCUS 1/1995

Bestrebungen zur Gewährleistung größerer ***Kühlintensität*** (***Kühlwirksamkeit, Cooling Effectiveness***) erforderlich. Der Ausgangspunkt ist die aus (8.45) modifizierte Gleichung

$$\alpha_G A_G (T_{tG} - T_W) = k A_G (T_{tG} - T_{tK}) = \dot{m}_K c_p (T_W - T_{tK}) \tag{8.46}$$

Die gasseitige Temperaturdifferenz dieses Ausdrucks ins Verhältnis zur Gesamttemperaturdifferenz gesetzt (s.a. Abb.8.9), ergibt den Zahlenbetrag der sog. Kühlintensität θ. Wie darin zu ersehen ist, hängt sie ab von allen Parametern, welche den Wärmedurchgang an der Schaufelwandung gewährleisten. Daraus ergibt sich der folgende Ausdruck:

$$\theta = \frac{T_{tG} - T_W}{T_{tG} - T_{tK}} = f\left(\frac{\alpha_K, A_K, c_{pK}, \dot{m}_K}{\alpha_G}\right) \tag{8.47}$$

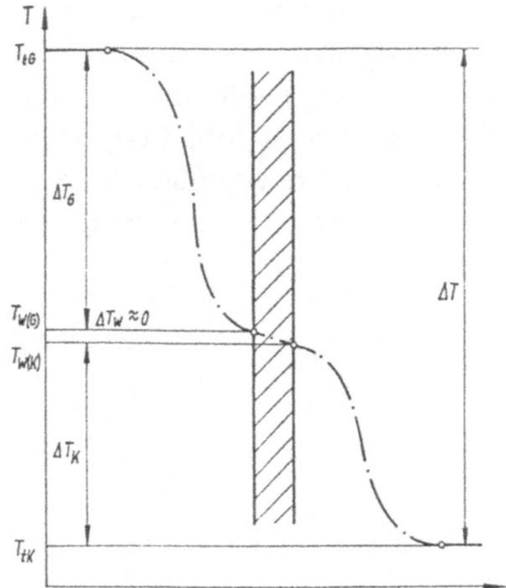

Abb. 8.9: Wärmedurchgang durch die Wand einer luftgekühlten Turbinenschaufel

In Form von Temperaturdifferenzen zeigt die Kühlintensität den tatsächlichen Kühleffekt zum theoretisch möglichen auf. Sie wird von einigen Autoren [84], [88] als Kühlwirkungsgrad bezeichnet. Aus (8.47) kann bei bekanntem θ die Ermittlung der Schaufeltemperatur T_W und damit der Vergleich mit ihrem zulässigen Zahlenwert erfolgen:

$$T_W = T_{tG} (1 - \theta) + T_{tK} \theta \tag{8.48}$$

Diese Temperatur T_W ist ein gemittelter Durchschnittswert, welcher in Kühlluftnähe Abweichungen nach unten, aber an der Vorder- und Hinterkante der Schaufel z.T. empfindliche Überhöhungen aufweist. Je größer der Betrag von θ ist, um so geringer ist der Temperaturunterschied von Schaufelwand und Kühlluft, um so besser ist die Kühlung. In der Theorie denkbar sind dabei die folgenden extremen bzw. ausgezeichneten Fälle:

1. Mit $\theta = 1,0$ ist $T_W = T_{tK}$ zu 100 % wirksame Kühlung,
2. Mit $\theta = 0,5$ ist $T_W = \frac{1}{2}(T_{tG}+T_{tK})$ etwa gegenwärtiger Kühlbereich,
3. Mit $\theta = 0,0$ ist $T_W = T_{tG}$ d.h. völlig unwirksame Kühlung.

Die Kühlintensität von Turbinenschaufeln hängt ab vom Kühlverfahren und der Art seiner Realisierung. Im Zusammenhang damit steht der Kühlluftbedarf $\dot{m}_K$ bzw. das ***Kühlluftverhältnis*** $\dot{m}_K/\dot{m}_L$, wie es Abb.8.10 zeigt. Es ist ersichtlich daß dieses Verhältnis in Abhängigkeit von den einzelnen Kühlverfahren große Unterschiede in der Kühlwirkung und damit in der Kühlluftausnutzung aufweist. Entnahme von Kühlluft bedeutet Verlust an Prozeßarbeit, denn es ist Aufwand zu ihrer Verdichtung erforderlich, wogegen sie bei der Entspannung keinen oder nur geringen Nutzen erbringt. Als günstig wird für $\dot{m}_K/\dot{m}_L$ ein Betrag von 1 % pro Schaufelkranz angesehen. Es sind aber auch Kühlluftdurchsätze von 2 ... 4 % pro Schaufelgitter bekannt. Dazu kommen kleinere Ströme zur Kühlung und Belüftung von Scheiben, Lagern und Sperräumen. Im Interesse von Kühlluftersparnis ist höchste Kühlintensität zu realisieren.

Schaufelkühlung der thermisch höchstbelasteten Turbinengitter wird seit Mitte der 50er Jahre in Verbindung mit der Schaffung von TL der 2. Generation angewandt. Abhängig von den Anforderungen zu Temperaturabsenkung und Laufzeit sowie den neuesten Erkenntnissen des Wärmeübergangs wurden Kühlverfahren mit immer besserer Wirksamkeit entwickelt. Sie sind in Abb.8.11 dargestellt und nacheinander beschrieben. Ausschöpfbares Potential eines Kühlverfahrens ist (abhängig vom Kühlluftverbrauch) nur bei noch ansteigendem Verlauf des Korridors von θ in Abb.8.10 gegeben. Dagegen liegt bei asymptotischem Übergang zu horizontalem Verlauf keine weitere bzw. zu geringe Kühlverbesserung, d.h. der Beginn einer ***Kühlkrisis***, vor.

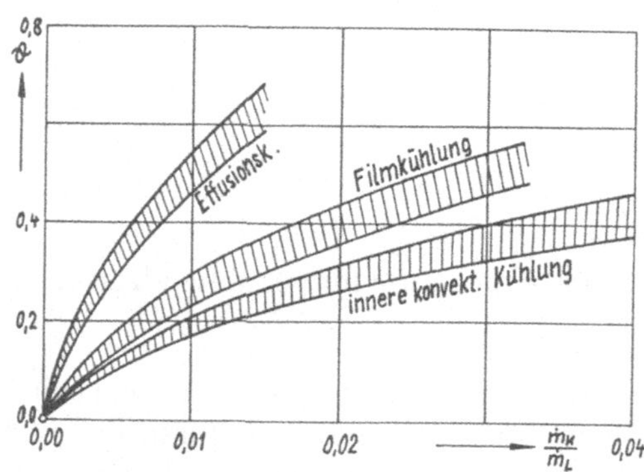

Abb. 8.10: Kühlintensität, abhängig von Kühlverfahren und Kühlluftverhältnis

Zuerst eingesetzt wurde die ***einfache innere konvektive Kühlung*** nach Abb.8.11a. Kühlluft durchströmt radial den hohl ausgeführten Schaufelkern und tritt nach Erwärmung gewöhnlich in den Heißgasstrom. Für diesen Kühlluftaustritt ist $p_{tK} > p_{tG}$ Bedingung. Wärmeentzug infolge Übergang von der Innenwandung an den Kühlluftstrom senkt die Schaufeltemperatur. Letztere wird bei verhältnimäßig geringer Kühlwirkung günstigenfalls mit $\theta = 0,2$ um 80...120 K verringert.

Mittels ***intensiver konvektiver Kühlung*** wird der innere Wärmeübergang nach der Größe $(\alpha_K A_K)$ verbessert. Der Wärmeübergangskoeffizient α_K ist zu steigern durch turbulente und schnellere Kühlluftströmung. Die innere Oberfläche kann dabei nach Abb.8.11b im beschränkten Hohlraum durch Rillen, Rippen, Stege und sonstige „Einbauten" vergrößert werden. Dem dient auch das mehrfache Durchströmen des Schaufelinnern bei wiederholter Umlenkung und Aufnahme eines großen Anteils der möglichen

Kühlkapazität $\dot{m}_K c_p(T_W - T_{tK})$. Am wirksamsten hat sich ein Leitkörper-Einsatz im Schaufelinnern, der sog. *Deflektor* (*Insert*) nach Abb.8.11c erwiesen. Die Frischluft im Innern tritt an seiner Vorderkante in den Schaufelhohlraum und strömt nach Umlenkung in schmalem Spalt an der Innenwandung mit großem α_K-Wert zum Austritt an der Schaufelhinterkante. Dieses Verfahren wird auch als ***Prallkühlung*** (***Impingement Cooling***) bezeichnet. Mit $\theta = 0,4 \ldots 0,5$ wird erhöhte Kühlintensität realisiert, beim oberen Wert aber auch die bisherige Grenze dafür erreicht.

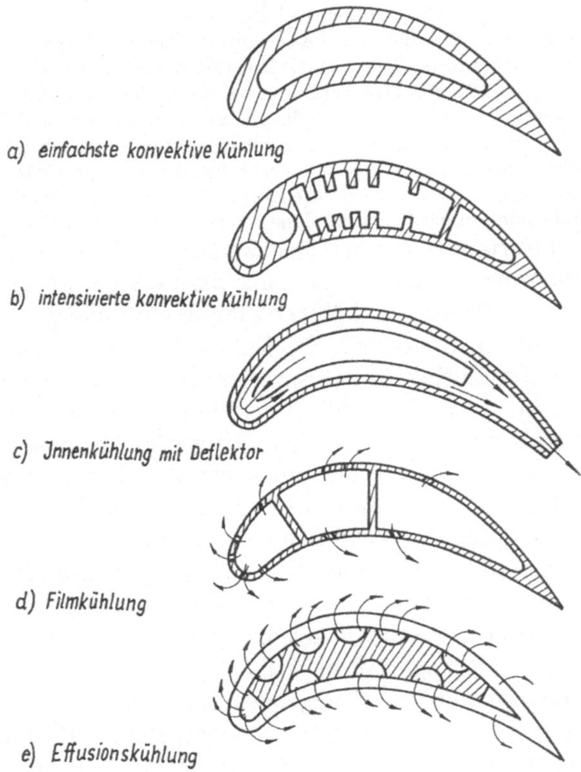

Abb. 8.11: Unterschiedliche Verfahren zur Schaufelkühlung

Filmkühlung (*Schleierkühlung*) ist spätestens ab $T_{t4} = 1600$ K obligatorisch, weil hier bei noch zulässiger Schaufeltemperatur für etwa 400 K Absenkung der Betrag $\theta = 0,5$ überschritten werden muß. Die Kühlluft im Innern der Schaufel erfüllt zunächst konvektive Teilaufgaben wie bisher, wodurch auch die Bezeichnung *Konvektions-Film-Kühlung* gerechtfertigt ist. Die Hauptaufgabe besteht aber in der anschließenden Gewährleistung eines heißgasseitigen *äußeren Kühlfilms*. Er wird gespeist (s. Abb.8.11d) über sinnvoll angeordnete und gerichtete Reihen kleinster Luftaustrittsbohrungen.

Der das Schaufelblatt einhüllende Kühlfilm gewährleistet die Isolierung gegenüber dem Heißgas, so daß die Wandtemperatur steiler absinkt als bei innerer Kühlung. Schwerpunkte der Luftaustritte sind Vorderkante und fast 50% der Sehnenlänge einer Schaufel. Alle thermisch hochbelasteten HDT arbeiten mit Filmkühlung. Sie erreichen Kühlintensitäten um $\theta = 0,6$ bei allerdings hohem Luftverbrauch. Deshalb ist hinsichtlich $\dot{m}_K$ äußerste Sparsamkeit erforderlich, solange der Kühlfilm nicht zerreißt.

Die *Effusionskühlung* (*Schwitzkühlung, Transpiration Cooling*) nach Abb.8.11e wird in bezug auf den θ-Wert alle Kühlverfahren übertreffen, ist aber trotz bereits langer Entwicklungszeit bisher nicht serienwirksam. Der hier ebenfalls das Schaufelblatt umschließende Kühlfilm wird mittels Luft, die aus der porösen Schaufelwandung tritt, kontinuierlich gespeist. Ein derartiger luftdurchlässiger Werkstoff ist Sintermaterial, welches eine große Anzahl kleinster Hohlräume und Poren enthält.

Dadurch gelingt es im Vergleich zur o.g. Filmkühlung besser, mit geringerer, aber feinverteilter Luftmenge einen stabilen, nicht abreißenden äußeren Film um die Schaufel zu legen. Deshalb eignet sich die Effusionskühlung für HDT mit höchsten Eintrittstemperaturen bei geringstem Kühlluftverbrauch. Ein entscheidender Nachteil dieses Verfahrens ist das Zusetzen der Poren durch Schmutz und Schwebestoffe der Kühlluft, als auch durch Aufquellungen infolge von Korrosionserscheinungen an den Porenwandungen. Selbst Kühlluftfilterung schafft bei längerem Betrieb diesbezüglich keine grundsätzliche Abhilfe. Offensichtlich sind weitere Innovationen erforderlich, um die Lücke zwischen dem Luftaustritt aus Bohrungen (Filmkühlung) sowie Materialporen (Effusionskühlung) in der Praxis zu schließen.

Unabhängig von den Kühlverfahren besteht eine weitere erschließbare Reserve in der *Verringerung der Kühllufttemperatur*. Der Gedanke dazu ergibt sich allein aus der Tatsache, daß bei größerer Verdichtung und höherer Flug-M-Zahl die Temperatur der Kühlluft $T_{tK} = T_{t3}$ weiter anwächst, wodurch die Kühlwirkung nachläßt. Beim Eintritt ins Laufrad kommt ein zusätzlicher Anteil $\frac{1}{2}u^2\frac{m}{R}$ hinzu, welcher sich durch Zentrifugation, d.h. aus zusätzlicher „radialer Verdichtung" mit $\Delta T = 50\ldots90$ K ergibt. Damit weist die wirksame Kühllufttemperatur gegenwärtiger TL den hohen Wert von $700\ldots900$ K auf. Zur Vergrößerung der Kühlwirkung ergibt sich die Notwendigkeit, die Temperatur der Luft möglichst bei Erhalt ihres Druckes abzusenken.

Dem dient beim ersten Laufgitter die Möglichkeit der *Kühlstromumlenkung in die Drehrichtung des Laufrades* bei Teilentspannung. Der sich etwa axial bewegende Kühlluftstrom wird dabei in einem besonderen Luftleitgitter nach Abb.8.12 um fast 90° in die Bewegungsrichtung der Turbinenscheibe umgelenkt und beschleunigt. Hinsichtlich Geschwindigkeit und Strömungsrichtung erreicht er damit die Kühllufteintrittsöffnungen des sich mit Umfangsgeschwindigkeit u bewegenden Laufrades.

So erfolgt ein gasdynamisch dosierter und gerichteter Übergang der Kühlluft anstelle des sonst sporadischen vom Absolutsystem in das Relativsystem. In letzterem, d.h. in der Laufbeschaufelung, ist das mit partieller Annäherung der totalen Temperatur an die statische verbunden. Mit den Geschwindigkeiten c, u und w ist die Totaltemperatur

im Absolutsystem: $$T_t = T + \frac{m}{2R}c^2$$

im Relativsystem: $$T_{tw} = T + \frac{m}{2R}w^2$$

Die Differenz der beiden Größen entspricht einer „fühlbaren" Temperaturabsenkung in einem sich mit u bewegendem System. Sie ergibt sich aus den o.g. Beziehungen bei Substitution von w nach der Kosinussatz-Beziehung (3.70) mittels folgender Gleichung:

$$\Delta T_K = T_t - T_{tw} = \frac{m}{2R}\left(2\,c\,u\,cos\alpha - u^2\right) \qquad (8.49)$$

Die mit (8.49) berechnete Temperaturabsenkung liegt im Bereich von $60\ldots100$ K. Diese nicht große Veränderung verbessert trotzdem die Kühlbilanz des 1. Laufschaufelgitters. Außer dem Luftleitgitter und entsprechender Gestaltung der Luftführungskanäle ist kein weiterer Aufwand erforderlich. Zumindest wird dadurch die Temperaturerhöhung infolge Zentrifugation kompensiert. Obwohl nur auf das erste Laufrad beschränkt, besteht hier wegen der höchsten thermischen Belastung trotzdem Anwendungsbedarf, der in TL ab der 3. Generation vorgenommen wird.

Größere Temperaturabsenkungen der Kühlluft sind möglich mittels *isobarem Wärmetausch* an andere Massenströme (Außenluft oder Brennstoff), und zwar ideal betrachtet bis herab auf die Verdichtereintrittstemperatur T_{t2}. Der dazu erforderliche *rekuperative Wärmetauscher* ist wegen seines großen Volumens, des auftretenden Druckabfalls, eventueller Undichtheiten und Verschmutzungen nicht unproblematisch.

Größere Kühlwirkung zeigt eine zum Gasgenerator parallel geschaltete, in seinen Arbeitsprozeß integrierte *Gaskältemaschine*. Sie kann durch *isentrope Entspannung* auf ein tieferes Niveau als T_{t2} abgekühlen. Diese Tatsache ist für Überschallflüge wegen der durch Aufstau besonders großen Werte für T_{t2} bedeutsam. Beide, Rekuperator und Gaskältemaschine, sind bisher als Serienausführungen zur Temperierung der Kabinenversorgungsluft, nicht aber für die Turbinenkühlluft verwendet worden.

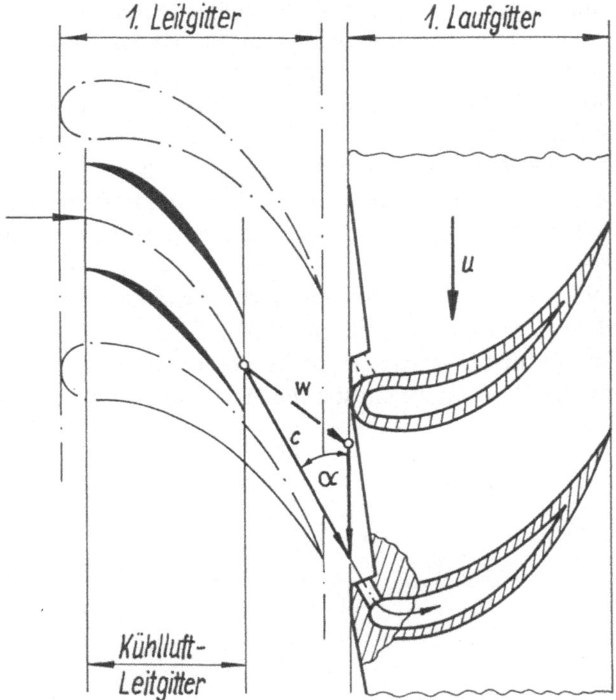

Abb. 8.12: Kühlluftumlenkung in die Drehrichtung des ersten Turbinenlaufrades

Schließlich könnte bei Wärmetausch gegenüber *Flüssigwasserstoff* oder anderen kryogenen Brennstoffen ein besonders tiefes Kühlniveau verwirklicht werden. Diese Maßnahmen wie auch die Verwendung kryogener Brennstoffe selbst wurden bisher bei Serientriebwerken nicht angewandt. Statt dessen wurden bei den wenigen Versuchstriebwerken für kryogenen Brennstoff aufwendige, mit Fremdenergie gespeiste Erwärmungsanlagen installiert.

Für künftige TL mit kryogenem Brennstoff ist es erforderlich, die beachtliche sich daraus ergebende Wärmesenke durch Integration in den Arbeitsprozeß, darunter auch zur Turbinenkühlung, sinnvoll heranzuziehen. Die in Zukunft immer schwerer lösbaren thermischen Probleme in TL und Flugkörpern, vor allem für den Hochgeschwindigkeitsflug, erfordern die kryogene Kühlung, bzw. die Vorkühlung des Luftmassenstroms. Schließlich werden dadurch, weitere umfangreiche Innovationen vorausgesetzt, reale Temperaturabsenkungen von mehreren 100 K erschlossen. Der Arbeitsprozeß von TL mit Vorkühlung wird in Kap.20.6 untersucht.

Nicht übersehen werden darf, daß mit der Intensivierung der Kühlung einerseits Prozeßverluste und Anlagenumfang anwachsen, andererseits sich aber auch der Turbinenwirkungsgrad verschlechtert. Durch folgende Erscheinungen in Verbindung mit Kühlluftaktivitäten werden die Strömungsvorgänge in einer Turbine ungünstig beeinflußt:

- Strömung, Beschleunigung und Zentrifugation der Kühlluft erfordern einen der Turbine zu entnehmenden Arbeitsaufwand, welcher die Energiebilanz des Prozesses meßbar schmälert.
- Infolge Mischung von strömendem Heißgas und austretender Kühlluft ergeben sich wegen der unterschiedlichen Parameter Irreversibilitäten, d.h. zusätzliche Strömungsverluste.
- Die dadurch eintretende Störung der Gitterströmung verursacht durch die großen Parameterunterschiede ungünstigere Arbeitsbedingungen in den nachfolgenden Turbinenstufen.
- Eine schlechtere Umströmung der filmgekühlten Schaufeln sowie ihre meist vom strömungsmechanischen Optimum abweichende Profilform führt ebenfalls zu unerwünschten Verlusten.

Der ursprünglich hohe Wirkungsgrad der ungekühlten bzw. intern konvektiv gekühlten Turbine sinkt durch die o.g. Erscheinungen. Deshalb ist der Nutzen einer höheren Turbineneintrittstemperatur unter Berücksichtigung aller zusätzlich dazu erforderlichen Aufwendungen kritisch zu prüfen. Unter diesem Aspekt überlegenswert ist auch der folgende, bereits verwirklichte Gedanke zur zeitlichen Variation des Kühlverfahrens: Eine verbrauchsintensive Filmkühlung wird für höchste thermische Beanspruchung im Startstandbetrieb, d.h. nur kurzzeitig genutzt. Während des Reisefluges in der Stratosphäre dagegen, wo der Langzeitbetrieb mit kleinerem T_{t4}-Wert und tiefer temperierter Kühlluft erfolgt, wird mittels Umschaltung nur die innere konvektive Kühlung bei verlustärmerem Betrieb praktiziert.

Insbesondere auf dem Gebiet der Kühlung thermisch hochbelasteter Turbinen bestehen Erfordernis und Möglichkeit zu permanenten Innovationen. Die dadurch realisierbare Zunahme ihrer Eintrittstemperatur bei gleichzeitiger Verbesserung ihrer thermischen Standfestigkeit ist ein potentieller Weg zur Evolution des TL-Gasgenerators.

9 Schubdüsen

9.1 Die Restgasentspannung und ihre Kennwerte

Das Prinzip der Impulsstromänderung erfordert für die Wirksamkeit des schubstarken TL einen möglichst großen ***Austrittsimpuls***. Er liegt vor bei großem Luft- bzw. Gasmassenstrom mit hoher ***Austrittsgeschwindigkeit***. Quantitative Grundlage dazu sind die Beziehungen über die Schubkraft aus Kap.4, deren Extrakt in vereinfachter Form lautet:

$$F_s = \dot{m}_L (c_9 - v) = \dot{I}_9 - \dot{I}_0 \tag{9.1}$$

Davon ist der Eintrittsimpulsstrom $\dot{I}_0$ ein Problem des Einlaufs. Gegenstand dieses Kapitels ist der ***Austrittsimpulsstrom*** $\dot{I}_9$, welcher nach (9.1) aus dem Produkt von Gasdurchsatz und Strahlgeschwindigkeit besteht. Zur Erzeugung großen Schubes besteht die Aufgabe der Schubdüse darin, die durch den Kreisprozeß aufbereitete und auf Masseströme übertragene potentielle Energie in kinetische umzuwandeln.

Damit verwirklicht die Schubdüse zugleich die letzte Zustandsänderung des Kreisprozesses innerhalb des TL. Das ZTL ohne Strommischung arbeitet mit zwei voneinander unabhängigen Schubdüsen. Zwischen den Triebwerksebenen 7 und 9 (für den ungemischten Außenstrom zwischen 17 und 19) angeordnet, wird durch sie der Gaskanal abgeschlossen. Ein adiabates System darstellend, wird durch sie die Restgasentspannung ideal mittels ***isentroper***, unter realen Bedingungen durch ***polytrope*** Zustandsänderung bis möglichst auf den Außendruck realisiert.

Anstelle von ***Schubdüse*** sind auch die Ausdrücke ***Schubsystem*** bzw. ***Austrittssystem*** gebräuchlich. Daraus geht hervor, daß es sich eigentlich um eine umfangreichere Baugruppe und nicht nur schlechthin um eine Düse handelt. Letztlich gehört zum Schubsystem alles das, was sich beim TL hinter Gasgenerator und Bläser befindet. Das sind Luft- bzw. Gaskanäle als Durchströmteile: Außenstromkanal, Mischkammer (beides beim ZTL), Nachbrennkammer mit Einbauten, Schubumkehreinrichtung, Schubdüse, u.U. mit Verkleidung bzw. Schalldämpfer sowie Einrichtung zur Schubvektorsteuerung. Bei PTL, Hubschraubertriebwerken und TM spricht man gewöhnlich von ***Gasaustritt***. Die Arbeitsvorgänge in Misch- und NB-Kammer wurden bereits in den Kap.7.4 und 7.5 besprochen. Alle weiteren Details sind zwar mit großem konstruktiven Aufwand verbunden, gasdynamisch aber bis auf die Schubdüse selbst nur von untergeordneter Bedeutung. Mehrere dieser o.g. Kanalabschnitte und Bauteile benötigen zur Erfüllung ihrer Aufgaben die ***variable Geometrie***.

Abhängig von Triebwerks- und Flugzeugtyp kann somit das Schubsystem mit einer größeren Anzahl von Bauteilen zusätzlich ausgerüstet sein. Sie können ständig oder erst nach Zuschaltung zeitweilig für bestimmte Flugzustände in Betrieb genommen werden. Folgende als wesentlich zu bezeichnende Aufgaben hat das Schubsystem zu realisieren:

- Wandlung von innerer Arbeit in kinetische Energie des austretenden Gasstrahls;
- Strommischung und Schubverstärkung, letzteres durch das Einschalten des NB;
- weitgehende Minderung von Schallpegel und Infrarotstrahlung im Gasstrahl;
- Unterstützung der Triebwerksregelung mittels variabler Schubdüsengeometrie;
- Gewährleistung von Richtung und Größe bzw. Änderung des Schubkraftvektors.

Neben diesen Aufgaben ergeben sich weitere sekundäre Gesichtspunkte bzw. Anforderungen. Das sind z.B. die möglichst vollständige Gasentspannung auf den Außendruck, die günstige äußere aerodynamische Umströmung, das ordnungsgemäße und zeitgerechte Funktionieren der variablen Geometrie bei hoher Gastemperatur, die Unterstützung eines äußeren Kühlluftstromes um das installierte TL nach dem Ejektorprinzip, die zweckmäßige Ausbildung des Gasstrahls am Boden. Einige dieser Anforderungen widersprechen sich, so daß Kompromisse zu schließen sind.

Für den Kreisprozeß stellt die *Gasentspannung* in der Schubdüse den Abschluß dar. Die dadurch im ETL gewinnbare *innere Arbeit* entspricht nach Abb.9.1 unter der Voraussetzung isentroper Zustandsänderung der Enthalpiedifferenz Δh_{SDs}. Daraus ergeben sich nach (3.37) und (3.39) die unter idealen Bedingungen zutreffenden Beziehungen:

$$\Delta h_{SDs} = h_{t7} - h_{9s} = c_p(T_{t7} - T_{9s}) = \frac{1}{2}c_{9s}^2 \quad (9.2)$$

$$c_{9s} = \sqrt{2\,\Delta h_{SDs}} = \sqrt{\frac{2R}{m}(T_{t7} - T_{9s})} \quad (9.3)$$

Der nach den realen Bedingungen ablaufende polytrope Entspannungsvorgang ist durch Entropiezuwachs und die kleinere Enthalpiedifferenz Δh_{SD} sowie eine geringere Ausströmgeschwindigkeit c_9 gekennzeichnet. Daraus resultieren die analogen Gleichungen:

$$\Delta h_{SD} = h_{t7} - h_9 = c_p(T_{t7} - T_9) = \frac{1}{2}c_9^2 \quad (9.4)$$

$$c_9 = \sqrt{2\,\Delta h_{SD}} = \sqrt{\frac{2R}{m}(T_{t7} - T_9)} \quad (9.5)$$

Für den Entspannungsvorgang des ungemischten Außenstromes beim ZTL sind selbstverständlich die Parameter der Ebenen 17 und 19 zu verwenden. Der Vergleich von idealem und realem Energieumsatz führt zur Definition eines *Verlustkoeffizienten* φ_{SD} und damit auch eines isentropen *Wirkungsgrades* η_{SD} für die Schubdüse. Dafür gelten:

$$\varphi_{SD} = \frac{c_9}{c_{9s}} \quad (9.6)$$

$$\eta_{SD} = \frac{\Delta h_{SD}}{\Delta h_{SDs}} = \frac{h_{t7} - h_9}{h_{t7} - h_{9s}} = \frac{T_{t7} - T_9}{T_{t7} - T_{9s}} \quad (9.7)$$

$$\eta_{SD} = \left(\frac{c_9}{c_{9s}}\right)^2 = \varphi_{SD}^2 \quad (9.8)$$

Der Verlustkoeffizient drückt den Geschwindigkeitsabfall in der Schubdüse wegen der vorhandenen Irreversibilitäten aus. Sein Betrag ist die Folge der realen gasdynamischen Bedingungen. Für konvergente Düsen, die bis zur Schallgeschwindigkeit beschleunigen, ist $\varphi_{SD} = 0,96 \ldots 0,99$. Der obere Wert entspricht profilierten Ausführungen erhöhter gasdynamischer Güte. Trotz nur unbedeutendem Geschwindigkeitsunterschied ändert sich dabei der Wirkungsgrad infolge quadratischer Abhängigkeit von φ_{SD} nach (9.7) mit $\eta_{SD} = 0,92 \ldots 0,98$. Für ungünstig ausgeführte oder einregulierte Überschalldüsen können die Zahlenbeträge von φ_{SD} und η_{SD} noch viel stärker absinken.

Meist ist die Anwendung der o.g. Beziehungen nicht günstig, weil erst die (in der Regel unbekannten) Endparameter zu bestimmen sind. Diesbezüglich geeigneter ist die Gleichung nach dem Vorbild von (3.39), welche nur die bekannten Parameter beinhaltet:

$$c_9 = \varphi_{SD}\sqrt{\frac{2R}{m}T_{t7}\left(1 - \Pi_{SD}^{-m}\right)} \quad (9.9)$$

Gleichung (9.9) quantifiziert unter *thermodynamischem* Aspekt die Möglichkeiten zur Beschleunigung des Gasstromes. Danach sind neben dem Geschwindigkeitskoeffizienten φ_{SD} hauptsächlich die Gastemperatur T_{t7} und das Druckverhältnis Π_{SD} (s.u.) maßgebend für den Betrag der Geschwindigkeit c_9 beim austretenden Gasstrahl. Die weiteren darin enthaltenen Größen können als konstant vorausgesetzt werden. Beide Prozeßparameter ergeben sich durch Auslegung und Betriebszustand des TL. So steigt z.B. beim Einschalten des NB die Temperatur von T_{t7} auf $T_{t7'}$, und bei Zunahme der M-Zahl im Flug wächst infolge der Stauverdichtung die Größe von Π_{SD}. Aus (3.11) und (3.13) hergeleitet, ist dieser Sachverhalt auch unter *gasdynamischem* Gesichtspunkt darstellbar:

$$c_9 = \varphi_{SD}\, M_9^*\, a_{krit} = \varphi_{SD}\, M_9^* \sqrt{\frac{2\kappa}{\kappa+1} R\, T_{t7}} \tag{9.10}$$

Damit wird als Ausströmgeschwindigkeit mit $M_9^* = 1$ die (kritische) Schallgeschwindigkeit erreicht. Dabei werden hier der Korrekturfaktor $\varphi_{SD} = 1$ und die erforderliche Ausformung der Düsenkontur in K- bzw. KD-Form vorausgesetzt. Mit $M_9^* < 1$ liegt der Betrag von c_9 im Unterschallbereich, bei $M_9^* > 1$ dagegen im Überschallbereich.

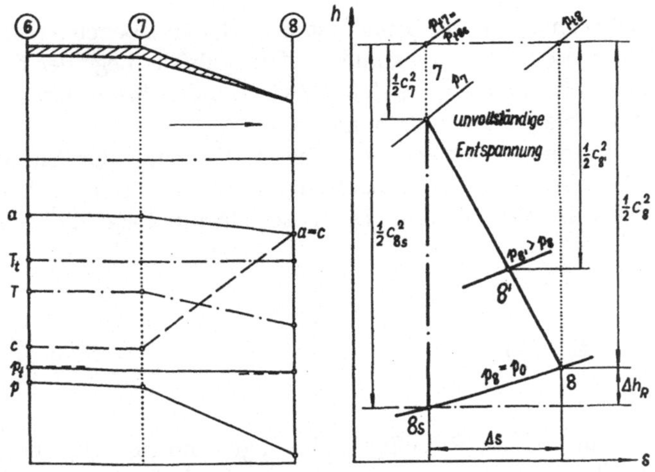

Abb. 9.1: Restgasentspannung am Beispiel einer konvergenten Schubdüse

Neben der Düsenkontur ist als Ausdruck der Energie zur Beschleunigung das anliegende *Druckverhältnis* dafür maßgebend, welcher Betrag von M_9^* und demzufolge auch von c_9 erreichbar ist. In Kap.3.3 wurde als Charakteristikum das *kritische Druckverhältnis* eingeführt. Allgemein sind für den Ausströmvorgang des Gasstrahls aus der Schubdüse mehrere nach Betrag und Bedeutung unterschiedliche Druckverhältnisse hervorzuheben:

$$\Pi_{krit} = \frac{p_{t7}}{p_7} = \left(\frac{2}{\kappa+1}\right)^{-1/m} \tag{9.11}$$

$$\Pi_{vorh} = \frac{p_{t7}}{p_0} \tag{9.12}$$

$$\Pi_{SD} = \frac{p_{t7}}{p_9} \tag{9.13}$$

Der Betrag des *kritischen Druckverhältnisses* ist nach (9.11) eine theoretische gasdynamische Größe mit $\Pi_{krit} = 1,893 \ldots 1,802$ für $\kappa = 1,4 \ldots 1.25$. Nur ein Druckverhältnis dieser Zahlengröße gewährleistet bei isentroper Strömung bekanntlich das Erreichen des kritischen Zustandes mit $M_9 = M_9^* = 1$. Im praktischen Betrieb einer Schubdüse ist dieser Punkt nur schwer einzuregulieren und aufrechtzuerhalten. Seine Bedeutung besteht in der Grenzlage zwischen Unterschall- und Überschallstrahl.

Das *vorhandene Druckverhältnis* Π_{vorh} überschreitet oft den Wert von Π_{SD}, d.h. den innerhalb der Schubdüsenkontur wirksamen Betrag. Nur im Falle der *vollständigen Entspannung* sind mit $p_9 = p_0$ beide Druckverhältnisse gleichgroß. Meist liegt dagegen *unvollständige Entspannung* vor. Dabei wird nur ein Teil des Druckes in der Düse selbst abgebaut, während der Rest im Anschluß daran im freien Gasstrahl entspannt. Bei unvollständiger Entspannung wird nach Abb.9.1 nicht auf den Außendruck p_0, sondern auf den höheren Enddruck p_9 entspannt. Das ist thermodynamisch mit einem zusätzlichen Verlust an (sonst nutzbarer) Enthalpiedifferenz sowie mit einem Abfall der Größen φ_{SD}, η_{SD} und c_9 verbunden. Als ein Ausdruck von Irreversibilitäten außer den o. g. Größen kann auch der *Druckerhaltungskoeffizient* der Schubdüse zu verwendet werden:

$$\sigma_{SD} = \frac{p_{t9}}{p_{t7}} \tag{9.14}$$

In σ_{SD} können alle Druckverluste für das Schubsystem nach den Ebenen 5 (Innenstrom) und 13 (Außenstrom) enthalten sein. Infolge dieses Druckabfalls liegt der reale Totaldruck im Düsenendquerschnitt um einige % tiefer. Zwischen den Kennwerten φ_{SD}, η_{SD} und σ_{SD} bestehen hier nicht erörterte Abhängigkeiten.

Abschließend erfolgt für die Austrittsebene 9 die Bestimmung der Endparameter. Hier gilt ebenfalls die Beschränkung auf vollständige Entspannung bzw. kontrollierte Teilentspannung innerhalb der Düsenkontur. Das geschieht mit folgenden Ausdrücken:

$$p_9 = p_{t7}\, \Pi_{SD}^{-1} \tag{9.15}$$

$$p_{t9} = p_{t7}\, \sigma_{SD} \tag{9.16}$$

$$T_9 = T_{t7}\left[1 - \left(1 - \Pi_{SD}^{-m}\right)\eta_{SD}\right] \tag{9.17}$$

$$T_{t9} = T_{t7} \tag{9.18}$$

Schubanlagen ziviler TL sind oft für Reiseflugbedingungen um $M = 0,8$ optimal ausgelegt. Der austretende Gasstrahl liegt noch im Unterschallbereich, bzw. er erreicht gerade die Schallgeschwindigkeit. Bei geringen Verlusten durch Irreversibilitäten sind die Schubdüsen mit Ausnahme der Schubumkehreinrichtungen *starr* ausgeführt. Dagegen ist für den Gaskanal von Schubdüsen unter erhöhten Anforderungen, z.B. für TL von Militär- und Überschallflugzeugen, *variable Geometrie* notwendig. Die dadurch möglichen Verstellungen gewährleisten einerseits die Strömung mit besseren Kennwerten, andererseits die Beeinflussung des (inneren) TL-Arbeitsprozesses.

So wurde bereits in Kap.7.5 in Verbindung mit dem Nachbrenner für den konstanten Druck p_{t7} im Schubsystem Querschnittverstellungen untersucht. Analog führen diese Veränderungen bei ausgeschaltetem NB zu Abweichungen des genannten Druckes im Gaskanal. Das wirkt sich bei ZTL mit Strommischung auf die Druckverhältnisse Π_{NDT} und Π_F, d.h. bis auf die Arbeitspunktwanderungen in den Kennfeldern von Verdichter und Bläser aus. Dadurch ausgelöste Parameterveränderungen führen sinnvoll ausgeführt zu erwünschten Prozeßmodifikationen.

Variable Geometrie der Schubdüse ist für hochbelastete TL hinsichtlich der Strahlparameter, der Arbeitsweise von NB, Verdichter und Fan sowie zur besseren Realisierung der Übergangsregime ein obligatorisches Erfordernis. Sie wird bei den einzelnen Arten der Schubdüsen unterschiedlich verwirklicht. Wie schon bekannt, sind gasdynamisch zwei grundsätzliche Düsenarten zu unterscheiden: die *konvergente* und die *konvergent-divergente* Ausführung. Beide werden in den folgenden Abschnitten untersucht.

9.2 Konvergente Schubdüsen

Zur Gasentspannung bei verhältnismäßig kleinem Überdruck im Schubsystem ist die konvergente Ausführung der Schubdüse prädestiniert. Mit entsprechender Querschnittsbemessung und Ausformung der Kanalkontur gelingt dadurch die vollständige Entspannung des Gasstromes bis hin zum ***kritischen Druckverhältnis*** unter geringen Verlusten. Dieses Druckverhältnis in der Größenordnung von $\Pi_{SD} = 2$ oder darunter liegt vor in den Schubsystemen älterer ETL mit $\Pi_V = 6 \dots 8$ als auch bei gegenwärtigen Großbläser-ZTL der Verkehrsluftfahrt. Selbst geringfügig überkritische Druckverhältnisse infolge Stauverdichtung im Flug sind hierbei günstig zu verarbeiten.

Als Strömungskanal mit Querschnittsabnahme, also mit konvergierenden Wandungen versehen, ist die ***konvergente Düse*** in Abb.9.1 dargestellt. Meist wird sie abgekürzt als *K-Düse*, in der Strömungstechnik auch als ***Mündung*** bezeichnet. Sie kann konstruktiv in einfacher konischer oder fließend profilierter Kontur ausgeführt sein. Letztere gewährleistet einen etwas höheren Düsenwirkungsgrad. Bei richtiger Bemessung ist der abschließende engste Querschnitt 9 zugleich der kritische. Die Konstruktion der starren K-Düse ist denkbar einfach, da sie nur einen dünnwandigen, sich verjüngenden Kanal warmfesten Blechmaterials mit einigen Verstärkungen darstellt.

Der Parameterverlauf in Abb.9.1 entspricht dem eines isentropen bzw. polytropen Entspannungs- und Beschleunigungsvorgangs: Die statischen Parameter von Temperatur und Druck sinken, die Gasgeschwindigkeit steigt an. Dagegen bleiben nach dem Energieerhaltungssatz die Totalparameter von Temperatur und Druck konstant, letzterer allerdings nur für isentrope Zustandsänderung. Bei der genauen Analyse des (idealen) Entspannungsvorganges in der K-Düse sind in Abhängigkeit von den einzelnen o.g. Druckverhältnissen gasdynamisch drei verschiedene Endzustände denkbar. Das sind die

unterkritische Entspannung: $\Pi_{vorh} = \Pi_{SD} < \Pi_{krit}$ mit

$$p_9 = p_0 \qquad c_9 < a_{krit} \qquad M_9^* < 1 \tag{9.19}$$

kritische Entspannung: $\Pi_{vorh} = \Pi_{SD} = \Pi_{krit}$ mit

$$p_9 = p_0 \qquad c_9 = a_{krit} \qquad M_9^* = 1 \tag{9.20}$$

überkritische Entspannung: $\Pi_{vorh} > \Pi_{SD} = \Pi_{krit}$ mit

$$p_9 > p_0 \qquad c_9 = a_{krit} \qquad M_9^* = 1 \tag{9.21}$$

Nochmals wird festgestellt, daß die hier ersichtlichen Beziehungen streng nur für isentrope Zustandsänderung gelten. Unter realen Bedingungen sind die Druckverhältnisse mit σ_{SD}, die Geschwindigkeiten mit φ_{SD} zu korrigieren. In den Fällen (9.18) und (9.19) liegt ***vollständige***, bei (9.20) dagegen ***unvollständige*** Entspannung vor.

Für den zuletzt genannten Sachverhalt ist die Kontur der K-Düse unvollständig (nicht angepaßt) ausgebildet. Deshalb wird nur ein Teil der Druckdifferenz durch Wandungen kontrolliert umgesetzt, und der Rest äußert sich in verlustbehafteter ***Nachexpansion*** im Strahl nach dem (kritischen) Austrittsquerschnitt. Die Strahlgeschwindigkeit wächst dabei trotz Drucküberschuß nicht über ihren kritischen Wert hinaus an.

Damit entsteht eine relative Schubsteigerung durch den größeren statischen Druck des Gases, welcher auf die Fläche A_9 wirkt. Dieser zusätzliche Schubanteil $A_9(p_9 - p_0)$ ist allerdings kleiner als ein theoretisch möglicher Gewinn durch den Zuwachs von $c_9 > a_{krit}$ bei großem Druckverhältnis. Bei kleiner Differenz $(\Pi_{vorh} - \Pi_{krit})$ ist aber der Gesamtverlust unbedeutend, d.h. die einfache und leichte K-Düse ist gerechtfertigt.

Eine weitere Erscheinung der Schubsteigerung besteht darin, daß die Schallgeschwindigkeit im erwärmten Gasstrahl auf grund der Temperaturfunktion nach (3.10) bzw. (3.11) größere Beträge aufweist. Damit kann die (Schall)-Geschwindigkeit des Strahls abhängig von T_{t9} trotz $M_9 = M_9^* = 1$ die des Schalls am Erdboden um 50 %, bei NB-Betrieb um mehr als 100 % überschreiten. Dies ermöglicht es, daß moderne Jagdflugzeuge selbst bei TL mit K-Düsen und eingeschaltetem NB weit in den Transschallbereich und darüberhinaus, zumindest bis etwa $M = 1,5$ vordringen können.

Zur Bemessung der K-Düse gehört die Berechnung und Realisierung des erforderlichen ***kritischen Austrittsquerschnitts*** $A_{krit} = A_9$. Dieser wird durch die Umstellung von (3.28) berechnet. Mit dem Massenstrom, der gasdynamischen Funktion $\alpha_{krit} = 1$, der Konstante K_α nach (3.27) sowie den bekannten Totalparametern vor der Düse ist

$$A_{krit} = A_9 = \frac{\pi}{4} d_{krit}^2 = \frac{\dot{m}_G \sqrt{T_{t9}}}{p_{t9}\, \alpha_{krit}\, K_\alpha} = \frac{\dot{m}_G \sqrt{T_{t7}}}{\sigma_{SD}\, p_{t7}\, K_\alpha} \tag{9.22}$$

Mit dem Einschalten des NB ändert sich von den Parametern nach (9.22) in größerem Maß nur die Gastemperatur $T_{t7} = T_{t9}$. Die Abweichungen der anderen Größen können bei vereinfachter Betrachtung vernachlässigt werden. Entsprechend dem wesentlich größeren Wert von $T_{t7'}$ bei NB-Betrieb muß zur Gewährleistung sonst gleicher Verhältnisse im Gasgenerator der Betrag von A_{krit} vergrößert werden. Daraus entsteht ein Größenvergleich von eingeschaltetem und ausgeschaltetem NB nach der Beziehung:

$$\frac{A_{krit'}}{A_{krit}} = \sqrt{\frac{T_{t7'}}{T_{t7}}} \tag{9.23}$$

Aus A_{krit} bzw. $A_{krit'}$ lassen sich bei fast stets angewandtem Kreisquerschnitt die entsprechenden Durchmesser berechnen. Für genaue Bemessung sind vom so bestimmten („kalten") Durchmesser etwa 5...10 mm infolge *thermischer Dehnung* bei („heißem") Betrieb zu subtrahieren. Der obere Wert betrifft dabei den NB-Betrieb. Mit dem Einschalten des NB ist die Schubdüse „aufzufahren", sonst würde der höhere Gasdruck im Schubsystem, wie weiter oben dargestellt, den Arbeitsprozeß des Gasgenerators wesentlich verändern, wenn nicht gar unmöglich machen. Für jedes TL mit NB ist deshalb die variable Geometrie der Schubdüse eine obligatorische Notwendigkeit. Darüber hinaus wird sie meist für weitere Möglichkeiten der Prozeßbeeinflussung genutzt.

Bei NB-Betrieb erfolgt zumindest eine Temperaturverdoppelung im Schubsystem. Dafür ist nach (9.23) entsprechend dem Betrag von $\sqrt{2}$ der kritische Querschnitt um 41,4 % zu vergrößern. Noch bedeutender ist die Querschnittsvergrößerung bei ZTL-NB. Hier erhält der gemischte kältere Gasstrom durch den NB eine wesentlich stärkere Erhitzung, beispielsweise von 500 K auf 2000 K, so daß u.U. die Austrittsfläche nach dem Betrag von $\sqrt{4}$ zu verdoppeln ist. Auch bei fließender Änderung des NB-Regimes zwischen *NBmax* und *NBmin* ist nach der Abweichung von $T_{t7'}$ entsprechend (9.23) kontinuierlich die Schubdüse zu fahren.

Gegenüber der unproblematischen starren Ausführung ist der Bau betriebsbewährter K-Düsen mit variabler Geometrie keine leichte Konstruktionsaufgabe. Die dünnwandigen klappenartigen Bauteile müssen hoher mechanischer und vor allem thermischer Belastung standhalten sowie Gasdichtheit und Fahrbewegungen gewährleisten. Bei TL der 1. Generation wurden dafür zwei sog. *Augenlied-* bzw. *Maulklappen* verwendet. Die K-Düsen neuerer TL nutzen oft eine größere Anzahl drehbarer, z.T. ineinander verschiebbarer sog. *Segmente*, welche durch einen axial verschiebbaren „Schließring" gehalten und gesteuert werden. Neben intensiver Kühlung sind hochwarmfeste Werkstoffe erforderlich.

Konvergente Düsen in Schubsystemen genügen den Anforderungen, welche in der Regel die Luftfahrt im Unterschall- und Transschallbereich an sie stellt. Alle TL für Unterschall-Verkehrsflugzeuge sind mit K-Schubdüsen ausgerüstet. Erst Antriebsanlagen von Flugzeugen, welche für den Reiseflug oberhalb von $M = 1,5$ bestimmt sind, benötigen Schubdüsen mit überkritisch beschleunigtem Gasstrahl.

9.3 Konvergent-divergente Schubdüsen

Zur Beschleunigung des Gasstrahls auf Überschallgeschwindigkeit gelten weitere Voraussetzungen (s.a. Kap.3.3): ein hohes (überkritisches) Druckverhältnis sowie eine dazu geeignete konvergent-divergente Düsenkontur. Eine derartig ausgeformte *KD-Düse*, in der Strömungstechnik oft als ***Laval-Düse*** bezeichnet, besteht aus zwei Abschnitten. Der ***konvergente*** erste Abschnitt realisiert die (s. Kap.9.2) unterkritische Beschleunigung der K-Düse. Er wird begrenzt durch den ***kritischen Querschnitt*** (hier: Ebene 8), welcher die kritischen Parameter bei vorhandenem Drucküberschuß gewährleistet.

Im Anschluß daran, d.h. im ***divergenten*** zweiten Abschnitt, laufen die überkritischen Strömungsvorgänge ab, gekennzeichnet durch weitere Entspannung und Beschleunigung im Überschallbereich. Anstelle der Nachexpansion hinter der K-Düse erfolgt hier die kontrollierte, durch Wandungen geführte zusätzliche Umwandlung von potentieller in kinetische Energie. Bei ausreichend hohem Druckverhältnis und günstig gestalteter divergenter Kontur steigen die Größen von M und M^* weiter bis zum Endquerschnitt (Ebene 9) an. Im angepaßten Bestfall ist die ***vollständige überkritische Entspannung*** unter der Bedingung $p_9 = p_0$ beim Höchstbetrag von c_9 erreichbar.

Der Parameterverlauf zeigt gegenüber dem der K-Düse dieselbe Tendenz auch im divergenten Teil mit dem Unterschied, daß die Beschleunigung im Überschallbereich fortgesetzt wird. Die zur Verfügung stehenden Druckverhältnisse Π_{vorh} bzw. Π_{SD} hängen von Prozeßauslegung und Flug-M-Zahl ab. Bei optimaler Prozeßausgelegung und verschiedenen Turbineneintrittstemperaturen sind die Π_{vorh}-Werte über der M-Zahl aufgetragen in Abb.9.2 ersichtlich. Sie steigen danach unter Überschall-Flugbedingungen in der Stratosphäre steil an und sind dort stets überkritisch. Demzufolge ist im Überschall-Flugbereich die Anwendung der KD-Düse gasdynamisch sinnvoll und notwendig.

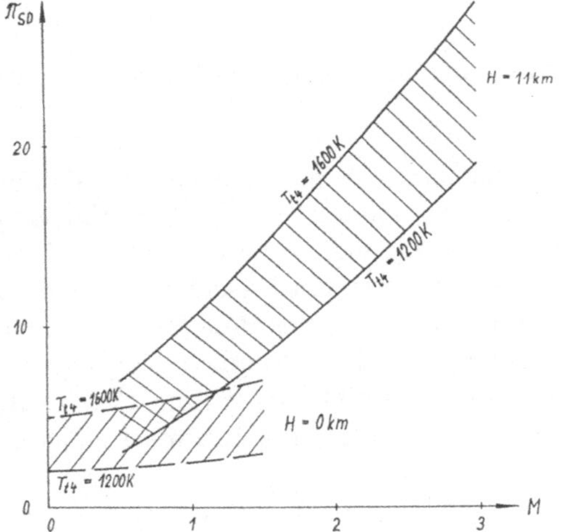

Abb. 9.2: Druckverhältnisse des Schubsystems unter Flugbedingungen

Der kritische Strömungsquerschnitt $A_{krit} = A_8$ wird auch bei der KD-Düse nach Gleichung (9.22) festgelegt. Die Bemessung des divergenten Düsenteils einschließlich des Endquerschnittes A_9 erfordert dagegen die Erörterung der Vorgänge, welche sowohl innerhalb als auch außerhalb der Düsenwandung ablaufen. Dabei ist zu berücksichtigen, daß sich die gasdynamischen Parameter in Abhängigkeit von Leistungsstufe und Flugzustand beträchtlich ändern. Die weitere Betrachtung erfolgt am Gedankenmodell von Abb.9.3. Es verdeutlicht die Schubentstehung im Bereich des divergenten Düsenteils als Folge des Einwirkens statischer Drücke auf seine Wandung.

Mit Verlängerung des divergenten Teils sinkt infolge weiterer Entspannung der innere Druck, wobei der äußere, sich aus der aerodynamischen Umströmung ergebende, konstant bleibt. Bei äußerster Konturverlängerung durch zwei (theoretisch angedachte) konische Zusatzdüsenringe in Abb.9.3 würde schließlich innen $p_9 = 0$ erreicht trotz größerem Außendruck. Die Axialkraftkomponente aus der Differenz von äußerem und innerem Druck erzeugt dabei im letzten Ring einen negativen Schubanteil. Dieser Auslegungszustand ***übervollständiger überkritischer Entspannung*** (***Überexpansion***) ist wegen des nun auftretenden Schubabfalls nicht günstig. Die Kontur ist zu lang und zu groß. Durch größeren Gegendruck im Austrittsquerschnitt entsteht ein (nicht eingezeichnetes) System von Verdichtungsstößen, und ein Abfall von c_9 ist die Folge.

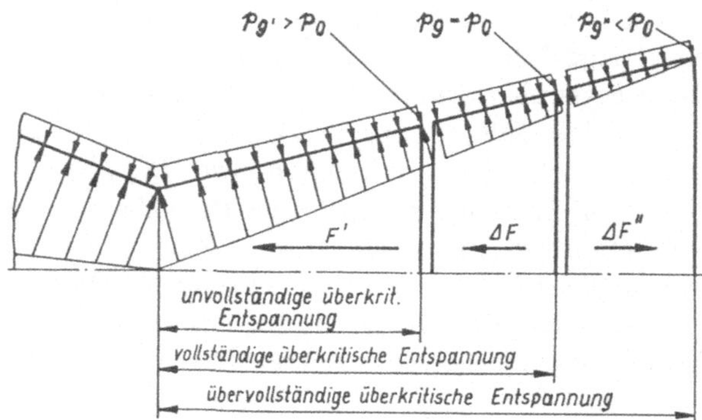

Abb. 9.3: Druckeinwirkung auf die Wandung des divergenten Düsenabschnittes

Ist dagegen nur der mittlere Ring gasdynamisch existent, und zwar so, daß in seinem Endquerschnitt die Entspannung mit $p_9 = p_0$ realisiert wird, liegt ***vollständige überkritische Entspannung*** vor. Die Werte von c_9, M_9 und Austrittsimpuls erreichen damit ihre Maxima. Eine derartige Auslegung des divergenten Düsenteils ist der günstigste Betriebszustand. Allerdings besteht er (nur) in Form eines Punktes, und abhängig von den Bedingungen wäre die ständige Regelung von A_9 erforderlich. Ungeregelt wäre bei Einnahme einer kleineren Leistungsstufe durch das TL, die sich im Flug zwangsläufig ergibt, bei sinkendem Innendruck wieder die unerwünschte übervollständige Entspannung mit den beschriebenen Nachteilen vorhanden.

Bei Abwesenheit beider Zusatzringe in Abb.9.3 kommt es wegen $p_9 > p_0$ zur ***unvollständigen überkritischen Entspannung*** (*Unterexpansion*). Auch hier erreichen c_9 und Austrittsimpuls nicht ihre Größtwerte. Der divergente Abschnitt ist nicht genügend erweitert, das Flächenverhältnis A_9/A_{krit} ist zu klein. Allerdings wird impulsmäßig der Verlust an c_9 zu einem Teil durch die auf den Austrittsquerschnitt wirkende Druckdifferenz $A_9(p_9 - p_0)$ zurückgewonnen. Ist besagte Druckdifferenz nicht groß, sind die Verluste wegen *Nachexpansion* unbedeutend. Allgemein ist festzustellen: Mit verhältnismäßig geringen Verlusten und vergleichsweise kleinen Düsenabmesungen ist die unvollständige Entspannung gewöhnlich günstiger als die übervollständige.

Die Notwendigkeit zum Auslegungszustand mit unvollständiger Entspannung ergibt sich auch aus der Tatsache, daß bei großer M-Zahl im Interesse minimalen aerodynamischen Widerstandes von Rumpf bzw. Gondel die Austrittsfläche A_9 limitiert ist. Dadurch ist das Flächenverhältnis der KD-Schubdüse auf etwa $A_9/A_{krit} = 1,5 \ldots 1,8$ begrenzt, woraus sich oft die unvollständige Entspannung zwangsläufig ergibt. Die günstigste Auslegung unter diesem Aspekt ergibt sich z.B. für Überschall-Verkehrsflugzeuge folgendermaßen: Während Start und Steigflug liegt bei großer Leistungsstufe (großem Druck p_9) unvollständige, im Auslegungszustand des Überschall-Reiseflugs bei verringertem Triebwerksregime (kleinerem Wert von p_9) vollständige Entspannung mit besten Kennwerten vor.

Aus den Erörterungen überkritischer Entspannung und ihren Auswirkungen auf die Schubdüsenkennwerte ist es sinnvoll, zur quantitativen Untersuchung alle Verluste in einem Kennwert zusammenzufassen. Mit Berücksichtigung eines weiteren Summanden, welcher die Einwirkung des Druckes auf den Endquerschnitt beinhaltet, ist nach (9.1):

$$\dot{I}_9 = \dot{m}_G \, c_9 + A_9 \, (p_9 - p_0) \tag{9.24}$$

$$\dot{I}_9 = \dot{m}_G \, c_{eff} = \dot{m}_G \, \varphi_{eff} \, c_{9s} = \dot{I}_{9s} \, \varphi_{eff} \tag{9.25}$$

$$\varphi_{eff} = \frac{c_{eff}}{c_{9s}} = \frac{\dot{I}_9}{\dot{I}_{9s}} = \varphi_{SD} \, \varphi_9 \tag{9.26}$$

Der neugeschaffene Kennwert φ_{eff} enthält alle Verluste, die bei der Energieumwandlung in und unmittelbar nach der Schubdüse von Belang sind. Das betrifft sowohl die Irreversibilitäten auf grund der polytropen Zustandsänderung (ersichtlich in φ_{SD}) als auch die strömungsmechanischen Einbußen durch Nach- bzw. Überexpansion in unmittelbarer Nähe der Ebene 9 (quantifiziert durch φ_9), zugleich aber auch den relativen Gewinn infolge Einwirkung des 2. Summanden von (9.24). Er ist damit kein (reiner) Geschwindigkeitskoeffizient mehr, sondern ein *Schubkoeffizient.* Am Beispiel ausgeführter Bauarten von Schubdüsen zeigt Abb.9.6 den Verlauf von φ_{eff} abhängig vom zur Verfügung stehenden Druckverhältnis.

Zur Herleitung einer *Schubkraftgleichung* anderen Aufbaus wird nun der Austrittsimpuls (9.24) durch die Beziehung der gasdynamischen Funktion f nach (3.35) auf den Austrittsquerschnitt in der Schubdüse bezogen. Aus diesen bereits bekannten Formen

$$F_s = \dot{m}_G \, c_9 + A_9 \, (p_9 - p_0) - \dot{m}_L \, v$$

$$f_9 = \frac{\dot{m}_G \, c_9 + A_9 \, p_9}{A_9 \, p_{t9}}$$

wird die neue Gleichung entwickelt. Der Betrag der gasdynamischen Funktion f_9 hängt nach (3.34) nur von den Größen M_9^* und κ ab. Als Vorteil ist der 2. Summand von (9.24) darin integriert. Mit Substitution von f_9 in die vervollkommnete Schubgleichung erhält man bei Hinzuziehung von Π_{vorh} nach (9.12) die (für Näherungsrechnungen manchmal besser geeigneten, nur aus bekannten bzw. anderen Größen bestehenden) Beziehungen

$$F_s = A_9 \, (p_{t9} \, f_9 - p_0) - \dot{m}_L \, v \tag{9.27}$$

$$F_s = A_9 \, p_0 \, (f_9 \, \Pi_{vorh} - 1) - \dot{m}_L \, v \tag{9.28}$$

Unabhängig von o.g. Begrenzungen ist der Austrittsquerschnitt A_9 eine Funktion der inneren gasdynamischen Parameter. Er wird analog zum kritischen Querschnitt nach (9.22) mit der entsprechend M_9 vorgegebenen Zahlengröße von α_9 wie folgt berechnet:

$$A_9 = \frac{\pi}{4} d_9^2 = \frac{\dot{m}_G \sqrt{T_{t7}}}{p_{t7} \, \sigma_{SD} \alpha_9 \, K_\alpha} \tag{9.29}$$

Aus (9.29) wird ebenfalls deutlich, daß Parameterabweichungen bei etwa konstant zu haltendem Wert von α_9, z.B. im Interesse der vollständigen Entspannung, Querschnittsveränderungen erfordern. Demnach benötigt die KD-Schubdüse des Hochleistungs-TL die *variable Geometrie* in zwei Querschnitten, in A_8 und A_9. Diese Aufgabe ist angesichts großer geometrischer und thermischer Veränderungen noch schwieriger zu realisieren als für die K-Düse. Deshalb wurden zunächst konstruktiv vereinfachte Lösungen realisiert, die im divergenten Abschnitt zumindest teilweise ohne feste Wandungen auskommen. Derartige Bauarten von KD-Düsen werden im folgenden Kapitel beschrieben.

9.4 Die Ejektorschubdüse

TL der 1. Generation waren zunächst mit starren K-Schubdüsen ausgerüstet. Bald wurde in einigen Fällen *variable Geometrie* als axial verschiebbarer Zentralkörper mit der sog. **Pilzdüse** (s. Abb.9.8a) für Übergangsregime genutzt. Durch den NB gelangte die K-Schubdüse mit variabler Geometrie zur Anwendung. Der schlechter zu kühlende Zentralkörper schied allerdings wegen hoher NB-Temperaturen aus. Dafür wurden äußere Schubdüsen-Verstellklappen verwendet, die man wegen der Betätigungsmechanismen und besserer Kühlung bald mit äußerer aerodynamischer Verkleidung versah.

So entstand die Ejektorschubdüse mit **starrer divergenter Kontur**, deren Arbeitsprinzip aus Abb.9.4 und Abb.9.8b hervorgeht. Sie ist eine K-Düse mit äußerer unveränderlicher rohrartiger Verkleidung. Letztere sollte bei optimaler Gestaltung innere *gasdynamische* und zugleich äußere *aerodynamische* Vorgänge berücksichtigen. Die Besonderheit der Ejektordüse erstreckt sich auf den (bei ihr nicht durch Wandungen ausgeführten) divergenten Abschnitt. Die Stromröhre wird durch die hinzutretende *Ejektorluft* so erweitert, wie es etwa optimaler überkritischer Entspannung entspricht.

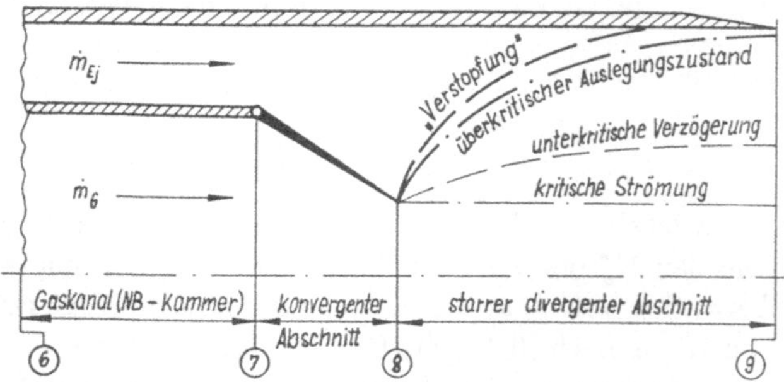

Abb. 9.4: Arbeitsprinzip und Betriebszustände der starren Ejektorschubdüse

Zwei Massenströme sind zu unterscheiden: der Gasdurchsatz $\dot m_G$ und ein das TL innerhalb von Rumpf bzw. Gondel umfließender *Ejektorluftstrom* $\dot m_{Ej}$. Letzterer beginnt am Querschnitt 2 des Einlaufs, umströmt unter Kühlwirkung äußerlich das Triebwerk und wird im divergenten Düsenteil zwischen den Ebenen 8 und 9 durch Sogeinfluß dem Gasstrom zugeführt. Abhängig von Flugzustand und Triebwerksregime wird durch das Druckverhältnis von Gasstrom und Ejektorluftstrom die Erweiterung und damit die überkritische Entspannung bei teilweiser *Selbstregelung* verwirklicht. Erst danach wird die Austrittsebene 9 mit optimal ausgebildetem Überschall-Gasstrahl passiert.

Mit der Ejektorschubdüse gelang es, die bisherige K-Düsentechnologie kontinuierlich zur Erzeugung des Überschall-Gasstrahls auszubauen. Durch Ersatz mechanischer Verstellungen der divergenten Kontur mittels ***gasdynamischer Regelung*** wurden die anstehenden Probleme mit geringem Aufwand, wenn zunächst auch nicht mit den besten Kennwerten, in der Praxis verwirklicht. Ein weiterer Vorteil ergab sich durch den Ejektorluftstrom, welcher die Außenkühlung des TL verbesserte und den Massenstrom des Gasstrahls um einige % vergrößerte. Schließlich übte die äußere Verkleidung einen günstigen Einfluß auf die aerodynamische Endumströmung von Rumpf bzw. Gondel aus. Die Ejektorschubdüse war damit die erste Einrichtung, welche die hier angedeuteten Probleme zur Erzeugung eines Überschall-Gasstrahls meisterte und den Anforderungen entsprach. Sie gelangte deshalb bei den TL der 2. Generation für die ersten Muster der Überschall-Jagdflugzeuge zum Einsatz.

Genauer zu untersuchen ist die gasdynamische Regelung des divergenten Abschnittes nach Abb.9.4 bei überkritischem Druckverhältnis. Der erforderliche Betrag von A_{krit} durch die innere konvergente Kontur, d.h. durch die K-Düse, wird vorausgesetzt. Die Regelung des Querschnittes A_9 und somit die überkritische Beschleunigung wird nach dem (sich über der Länge ändernden) Druckverhältnis p_G/p_{Ej} vorgenommen. Der Endquerschnitt der starren äußeren Kontur wird damit bei den meisten sich einstellenden Zuständen nur z.T. ausgenutzt. Im divergenten Abschnitt zwischen den Ebenen 8 und 9 sind bedingungsabhängig verschiedene Ausbreitungsmöglichkeiten des Strahls denkbar:

- Unter kritischem Druckverhältnis stellt sich nur zylindrische Strahlausformung ohne Parameterveränderungen ein. Der Strahl wird dadurch nicht beeinflußt, die äußere Kontur nicht benötigt.
- Bei unterkritischem Druckverhältnis geht die Strahlausbreitung entgegen der Absicht mit Verzögerung der Strömung einher. Der divergente Abschnitt wirkt sich hier schädlich als Diffusor aus.
- Für den überkritischen Auslegungszustand tritt volle Erweiterung ein. Die Strahloberfläche nähert sich am Schluß der inneren Wandung der äußeren Kontur, ohne sie völlig zu erreichen.
- Mit Druckverhältnissen oberhalb der Auslegung erreicht der Strahl unter Verdichtungsstößen die Wandung. Bei „verstopftem"Querschnitt tritt unvollständige überkritische Entspannung ein.

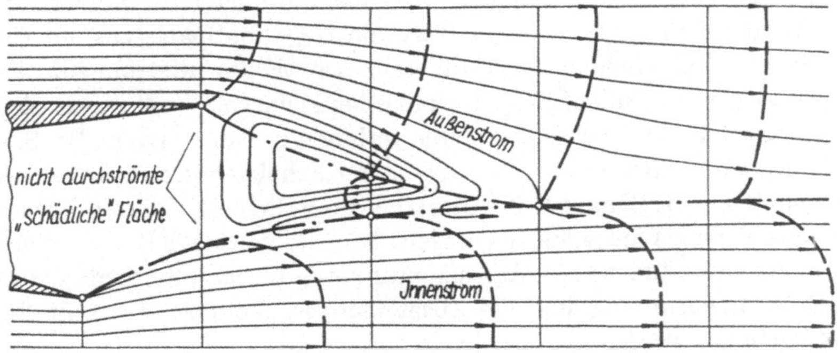

Abb. 9.5: Nichtangepaßte Ejektorschubdüse mit großer „schädlicher Fläche"

In engem Bereich um den „angepaßten" ***Auslegungszustand*** wird also durch die äußere Kontur ein wesentlicher Zuwachs an Austrittsimpuls erzielt, wie es für Überschallflüge erforderlich ist. Dagegen sind Zustände mit kleinem Druckverhältnis wegen schlechter (innerer) Schubkennwerte unerwünscht. Zusätzlich sind dabei äußere Verluste in Gestalt einer sich ausbildenden ***„schädlichen" Fläche*** zu berücksichtigen. Sie ergibt sich als ringförmiger Anteil des Endquerschnittes A_9, der weder durch den Gasstrahl noch durch die freie aerodynamische Umströmung ausgefüllt ist. Diese schädliche Fläche verursacht nach Abb.9.5 eine Rückströmzone in Verbindung mit einer Beaufschlagung durch Unterdruck. Das ergibt, u.U. verstärkt durch Verdichtungsstöße, eine beträchtliche Widerstandsvergrößerung bzw. eine Verringerung an Nettoschubkraft.

Bei festliegenden Abmessungen der inneren Kontur ist die Optimierung der starren Außenkontur problematisch. Eine Auslegung des Endquerschnittes ohne Verstopfung und schädliche Fläche für alle Betriebszustände ist nicht erreichbar. Erschwerend wirkt sich dabei auch der Unterschied zwischen A_{krit} und $A_{krit'}$ beim einzuschaltenden NB aus, welcher in den größeren Beträgen A_9 und $A_{9'}$ seine Entsprechung findet. Zur Realisierung günstigerer Schubkennwerte ergibt sich deshalb die Schlußfolgerung: Die äußere Kontur ist in die variable Geometrie einzubeziehen.

Daraus ergibt sich die Ejektorschubdüse **mit variabler Außenkontur**, wozu äußere mechanische Verstellmöglichkeiten gehören. Für erhöhte Anforderungen an TL in größerem M-Zahlbereich zeichnet sich die Ejektorschubdüse mit ***profilierter und veränderlicher äußerer Kontur*** durch bessere Kennwerte aus. Die variable Geometrie der inneren Kontur hat sich dabei nicht geändert. Der Regelungsvorgang von A_9 kann erfolgen durch

- ein unabhängiges Regelsystem nur für die äußere Kontur,
- starre mechanische Übertragung von der inneren Kontur,
- Verhältnis innerer und äußerer Gaskräfte an der Kontur.

Dabei zeichnet sich die zuletzt genannte Variante durch geringsten Aufwand sowie die Möglichkeit der *Selbstregelung* in Abhängigkeit der vorhandenen Bedingungen aus. Die Verstellung von A_9 erfolgt durch ähnliche Segmentklappen wie bei der inneren Kontur. Die Außenverstellung gewährleistet die wesentliche Verkleinerung der schädlichen Fläche. Infolge innerer Profilierung gelingt eine günstigere überkritische Entspannung mit kleinerem Ejektorluftstrom und besseren Kennwerten.

Die benötigte Ejektorluft ist als M-Zahlfunktion nicht konstant. Das erforderliche Verhältnis $\dot{m}_{Ej}/\dot{m}_G$ liegt für den ausgelegten Zustand bei 1...8%, steigt aber bei M-Zahlverringerung steil an. Dagegen sinkt der Parameter zur Aufrechterhaltung der Ejektorluftströmung p_{Ej}/p_2 mit dem Wert von Π_{EL} ab. Spätestens mit Erreichen von $p_{Ej} = p_2$ kommt bei fehlender Druckdifferenz der Ejektorluftstrom zum Erliegen. Der Unterdruck wegen des Einlauf-Saugzustandes bei kleiner M-Zahl würde die Strömungsrichtung umkehren, was Rückschlagventile verhindern. Um trotzdem bei Start und kleiner M-Zahl über Ejektorluft im Interesse guter Schubkennwerte zu verfügen, ist eine Ejektorschubdüse **mit Zusatzlufteintritt** erforderlich. Bei dieser Unterbauart werden drei verschiedene Querschnitte geregelt:A_{krit}, A_9 sowie die Zusatzluftfenster. Diese Bauart mit variabler Innen- und Außenkontur sowie Zusatzlufteintritt wird in Abb.9.8c gezeigt. Beim Langsamflug sind die Zusatzklappen geöffnet, etwa mit Erreichen des Transschallgebietes werden sie geschlossen.

Noch besser fällt die Unterbauart **mit innerer konvergent-divergenter Düse** nach Abb.9.8d aus. Die Umwandlung der inneren K-Kontur in eine verkürzte innere KD-Düse (bei allerdings erhöhten thermisch-mechanischen Problemen) und die darauf abgestimmte Innenprofilierung der Außenkontur ermöglichen im Bestfall für den Auslegungszustand die Schaffung einer fast vollständigen, u.U. etwas „undichten" Laval-Düse. Die sonst durch Ejektorluft auszufüllenden Spalte werden dadurch minimiert, bzw. beseitigt. Der Autrittsimpuls erreicht so sein für die Praxis denkbares Maximum, was zum Erreichen hoher Flug-M-Zahl bzw. besonders wirtschaftlicher Überschall-Reiseflugbedingungen wichtig ist. Hinsichtlich der variablen Geometrie und der zu realisierenden Kennwerte sind damit die größten Potenzen der Ejektorschubdüse erschlossen.

Ein Vergleich der Schubkoeffizienten φ_{eff}, welche durch die verschiedenen Ausführungen von Schubdüsen in der Praxis verwirklicht werden, zeigt Abb.9.6. Die Abszisse darin drückt mit Π_{vorh} die Proportionalität zur M-Zahl aus. Bei kleinem Druckverhältnis weist die K-Düse den besten Wert von φ_{eff} auf, der aber bei größerer M-Zahl monoton absinkt. Im Bereich des kritischen oder geringfügig größeren Druckverhältnisses sinken die Schubkoeffizienten aller KD-Düsen wegen des instabilen Anfahr- bzw. Startvorgangs zum Überschallbereich zunächst steil ab. Nach diesem „Einbruch" steigen sie bei stabilisierter Strömung wieder an und erreichen bei größerer M-Zahl ihre Höchstwerte.

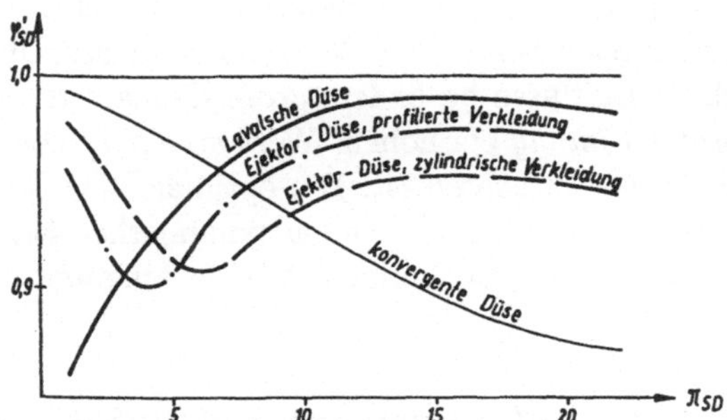

Abb. 9.6: Schubkoeffizienten verschiedener nichtgeregelter Schubdüsen

Abb.9.6 bestätigt: Für geringe und kritische Druckverhältnisse ist die K-Düse unübertroffen, während die KD-Düsen erst bei wesentlich größeren Druckverhältnissen (d.h. bei Flug-M-Zahlen jenseits des Transschallgebietes) mit günstigen Schubkoeffizienten aufwarten. Mittels Regelung lassen sich die günstigen Bereiche verbreitern. Gegenüber der einfachen Ejektordüse mit starrer Verkleidung sind die weiterentwickelten Bauarten mit kleinerem Ejektorluftstrom sowie variabler Geometrie für große M-Zahlen günstiger. Das Prinzip der KD-Düse sollte dabei so weit wie möglich verwirklicht werden. Die notwendige variable Geometrie für den oft obligatorischen NB-Betrieb ist für die Düsenkonstruktion ein ernsthaftes Hindernis.

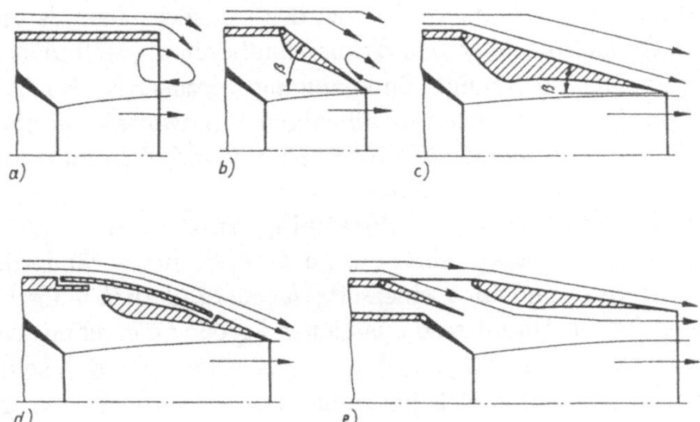

Abb. 9.7: Zur äußeren Umströmung unterschiedlicher Ejektorschubdüsen

Äußere Schubverluste ergeben sich im Schubdüsenbereich nicht nur durch die Existenz der *schädlichen Fläche*. Dazu trägt auch die verlustbehaftete *aerodynamische Umströmung* der äußeren Kontur als Abschluß von Rumpf oder Gondel bei. Abb.9.7 zeigt dafür Beispiele von ungünstiger sowie verbesserter äußerer Umströmung.

Die starre äußere Kontur wird zunächst glatt umströmt, hat aber nach Abb.9.7a eine ungünstige scharfe Hinterkante und bekanntlich die große schädliche Fläche. Kurze, steil abgewinkelte Segmente (Abb.9.7b) verursachen Verdichtungsstöße und Strömungsabrisse. Erst lange Segmente mit kleinem Winkel nach Abb.9.7c gewährleisten eine verlustarme harmonische Umströmung. Flexible Abrundungen und aerodynamisch günstige Lufteintrittsfenster ermöglichen weitere Verbesserungen.

Bei ungünstigen Verhältnissen können sowohl wegen der schädlichen Fläche als auch durch schlechte äußere Umströmung je 10...15 % als Minderung des effektiven Schubs auftreten. Im Transschallbereich, aber auch beim tiefen Eindringen in den Überschallflugbereich sind diese unerwünschten Einflüsse besonders groß. Deshalb ist verständlich, daß neben bester *innerer Durchströmung* bei hohem Wert von φ_{eff} ebenfalls auf gute *äußere Umströmung* der Schubdüse zu achten ist. Die optimale Auslegung einer Überschall-Schubdüse unter Beachtung aller wesentlichen gasdynamischen Erfordernisse ist eine schwierige, nur mit moderner Rechentechnik zu lösende Aufgabe.

9.5 Weitere Bauarten konvergent-divergenter Schubdüsen

Am Beispiel der Ejektorschubdüse wurden Anforderungen und Probleme zur Erzeugung des Überschall-Gasstrahls für TL erörtert. Stets wird nach neuen konstruktiven Lösungen gesucht, um Überschall-Schubdüsen mit besten Schubkennwerten sowie geeigneter, vor allem unkomplizierter variabler Geometrie bereitzustellen. Aus den bisherigen Erfahrungen wurden für die TL der 3. Generation und der folgenden neue Bauarten entwickelt, welche nicht mehr zur oben beschriebenen gehören.

Eine derartige Bauart ist die sog. **Iris-Schubdüse**, welche Abb.9.8e zeigt. Ihre variable Geometrie besitzt nur eine Kontur, bestehend aus schwach S-förmig gekrümmten Segmenten, welche durch axiales Verschieben die Querschnittsverstellungen verwirklichen. Ausgefahren bilden sie eine K-Düse, im eingefahrenen Zustand eine Laval-Düse. Letztere weist allerdings mit einem größtmöglichen Querschnittverhältnis von $A_9/A_{krit} = 1,4$ bestenfalls nur die untere Grenze der erforderlichen Veränderungen auf. Bei Anforderungen an sie, die über den Transschallbereich weit hinausgehen, ist deshalb bei der Auslegung unvollständige Entspannung vorzusehen. Im Transschallbereich selbst arbeitet die Iris-Schubdüse mit günstigen Kennwerten bei vorbildlicher äußerer Umströmung. Sie hat aber wegen der Beschränkung auf nicht zu große M-Zahl bisher keine nennenswerte Verbreitung gefunden.

Für große M-Zahl ist die **Schubdüse mit Parallelogrammsegmenten** (Abb.9.8f) geeignet. Ihre Segmente bestehen aus drehbaren, im Querschnitt veränderlichen Parallelogrammbauteilen. Letztere sind also einerseits *lageveränderlich* aufgehängt und zusätzlich *formvariabel* gestaltet. Damit sind ausreichend große Querschnittsverhältnisse A_9/A_{krit} als auch unter NB-Aspekt $A_{krit'}/A_{krit}$ realisierbar, wodurch sehr günstige Schubkennwerte in großem M-Zahlbereich bei hoher Funktionstüchtigkeit gewährleistet sind. Das betrifft auch die verlustarme äußere Umströmung. Anhand der vielen Gelenke zeigt sich allerdings auch, daß die mechanische Kompliziertheit gegenüber den Ejektorbauarten beträchtlich angestiegen ist.

Eine hochgradig variable **Laval-Schubdüse mit zwei Segmentreihen** wird in Abb.9.8g gezeigt. Ihre beiden (inneren) konischen Strömungsabschnitte bestehen aus o.g. beweglichen Segmenten. Diese werden durch zwei sie umgebende Gürtel von Hydraulikzylindern, welche über das Regelsystem unterschiedliche Dehnungen oder Kontraktionen ausüben, angesteuert. Damit lassen sich die erforderlichen Größen von A_{krit} und A_9 stufenlos einstellen. Bei einem realisierbaren Maximum von $A_9/A_{krit} = 2$ ist die vollständige überkritische Entspannung bis zum Außendruck gewährleistet. Erstklassige Schubkennwerte selbst im Bereich von $M = 2,0 \ldots 2,5$ sind damit garantiert. Eine flexible Außenverkleidung sorgt für die verlustarme aerodynamische Umströmung.

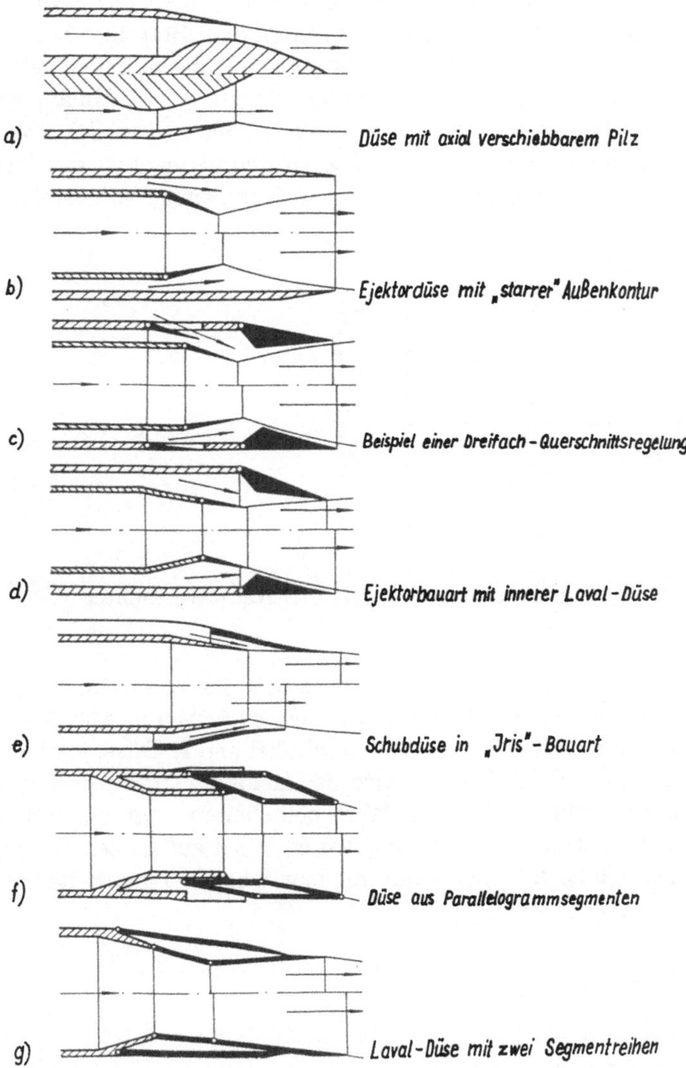

Abb. 9.8: Wichtige Bauarten konvergent-divergenter Überschall-Schubdüsen (jeweils obere Hälfte: bei kleiner M-Zahl, ohne NB; untere Lage: für große M-Zahl, mit NB)

Abschließend ist die **Pilzdüse** nach Abb.9.8a nochmals zu erwähnen. Sie kann ansprechende Kennwerte mit einfacher Verstellmechanik vergleichsweise problemlos realisieren. Ihre Nachteile, die ungenügende Kühlung des Zentralkörpers und die nicht großen Querschnittsveränderungen im Kanal, sind für TL ohne NB weniger bedeutend. Demzufolge besitzt die Pilzdüse für zukünftige TL des Überschallverkehrs eine Perspektive.

9.6 Steuerung und Regelung von Schubdüsen

Hochbelastete, mit Nachbrenner ausgerüstete und fast stets auch für den Überschall-Flugbereich vorgesehene TL verfügen über *variable Schubdüsengeometrie.* Ihre Verstellungen im Zusammenhang mit dem Arbeitsprozeß sollten dem Betreiber bekannt sein. Für alle weiteren Untersuchungen ist unter „Steuerung" stets die Abhängigkeit von der Drosselhebelstellung (Parameter: α_{DH}, n, n_{red}), unter „Regelung" die Abhängigkeit von den Flugbedingungen (Parameter: M, T_{t2}) zu verstehen. Einen Überblick über vorzunehmende Änderungen gegenüber inneren und äußeren Bedingungen gewährleisten die *Schubdüsenfahrdiagramme* der jeweiligen Muster, von denen einige vorgestellt werden.

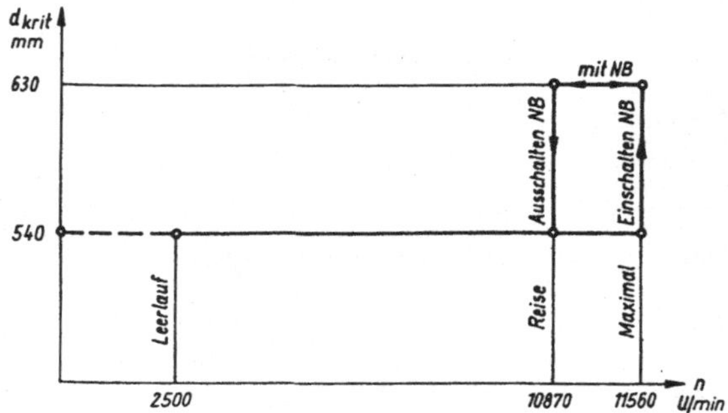

Abb. 9.9: Schubdüsenfahrdiagramm eines TL-NB mit Radialverdichter

Variable Schubdüsengeometrie erstreckte sich zunächst auf den Querschnitt A_{krit} bzw. den Durchmesser d_{krit} wegen des NB-Betriebs. Mit dem einfachen in Abb.9.9 ersichtlichen Diagramm arbeitete ein TL der 1. Generation mit NB und K-Düse, vorgesehen für ein Jagdflugzeug mit $M_{max} = 0,97$. Danach wird der kleinste Durchmesser $d_{krit} = d_8$ von Stillstand bis *Maximal* mit konstantem Wert beibehalten. Nur bei NB-Betrieb, der zwischen Maximal- und Reise-Drehzahl möglich ist, wird auf großen Durchmesser übergegangen. Zwischen beiden Regimen kann mit bzw. ohne NB gearbeitet werden.

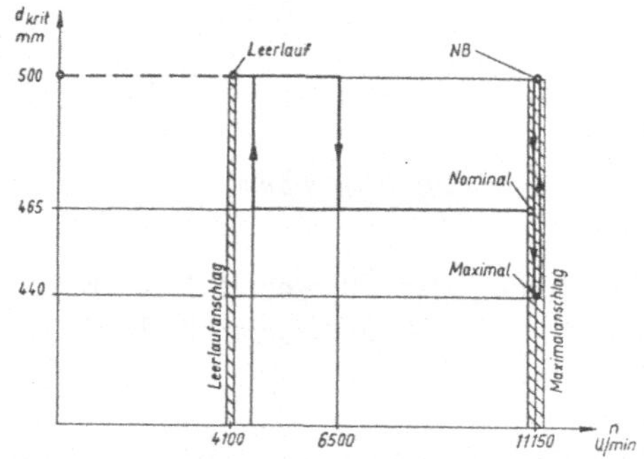

Abb. 9.10: Schubdüsenfahrdiagramm eines 1W-ETL mit Axialverdichter und NB

Der Einsatz erster TL mit Axialverdichter erforderte wegen zu geringer Verdichterstabilität ein modifiziertes Fahrdiagramm der Schubdüse. Bei diesem TL der 1. Generation für ein Transschall-Jagdflugzeug ($M_{max} = 1,44$) wurde nach Abb.9.10 bis zu mittlerer

Drehzahl mit größtem d_{krit}-Wert, d.h. weitgehend entlastetem Gasgenerator gearbeitet. Erst oberhalb von *Leerlauf* ist die Einnahme des mittleren Durchmessers erforderlich, um das TL zur Schubabgabe zu belasten. Dieser Vorgang wiederholt sich zwischen *Nominal* und *Maximal* durch Einstellen des Kleinstdurchmessers. Mit dem Einschalten des NB erfolgt der Übergang zum größten Durchmesser. Für dieses Muster sind damit bei Höchstdrehzahl, aber verschiedenen A_{krit}-Werten drei Leistungsstufen realisierbar: *Nominal, Maximal* und (punktförmiger) NB-Betrieb.

Für geringe Betriebsdrehzahl gelten dieselben Prinzipien auch für Schubdüsenfahrdiagramme von 2W-ETL-NB der 2. Generation (s. Abb.9.11), welche in Jagdflugzeugen bis $M = 2,1$ zum Einsatz kamen. Die Schubänderung der Nicht-NB-Regime erfolgt mittels Drehzahlverstellung bei kleinstem Durchmesser. Mit dem Einschalten von *NBmin* fährt die Schubdüse auf mittleren Durchmesser. Zwischen *NBmin* und *NBmax* liegt der Bereich der NB-Schubänderung des steuerbaren NB bei konstanter Maximaldrehzahl des Gasgenerators. Mit größtem Betriebszustand des Gasgenerators wird hierbei über den Drosselhebel in der Reihenfolge der Parameterveränderungen $A_{krit'}, \dot{m}_{B'}, T_{t7'}$ der NB-Schub kontinuierlich gesteuert. Bei größtem Schubdüsendurchmesser und höchsten NB-Parametern sowie größtem Schub wird die Leistungsstufe *NBmax* erreicht.

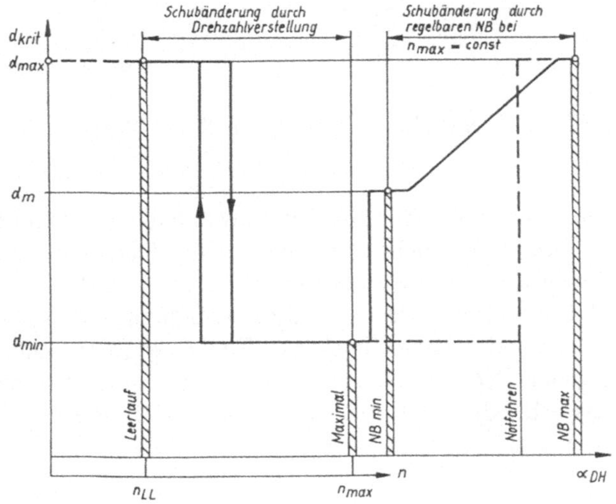

Abb. 9.11: Schubdüsenfahrdiagramm eines 2W-ETL mit steuerbarem Nachbrenner

Hinsichtlich *Steuerung* der Leistungsstufen im Standbetrieb über den Drosselhebel zeigen Schubdüsenfahrdiagramme moderner TL-NB der 3. Generation gegenüber dem in Abb.9.11 erörterten nichts grundsätzlich anderes. Auch hier erfolgt das Anlassen und Beschleunigen bei großem, die sich daran anschließenden Leistungsstufen ohne NB bei kleinem Durchmesser der Schubdüse. Beim Einschalten des NB wird letztere auf mittleren und mit zunehmender NB-Entdrosselung auf größeren Durchmesser gefahren.

Neu ist hier aber die *Regelung* als Reaktion auf die Flugbedingungen, welche einen wesentlichen Unterschied zu bisherigen Schubdüsenfahrdiagrammen darstellt: Während ältere TL im Flug mit ungeregelter, d.h. konstanter Schubdüse bei gleichbleibender Drosselhebelstellung auskommen, liegt für die TL neuerer Generationen eine Regelung von A_{krit}, abhängig von M-Zahl bzw. T_{t2}, nach Abb.9.12 vor. Damit wird nach bestimmten Gesetzmäßigkeiten Einfluß auf den Gesamtarbeitsprozeß ausgeübt. Das wird genauer in Kap.11 am Beispiel der Regelprogramme analysiert. Es handelt sich hierbei um damals höchstbelastete TL der 3. Generation für den Flugbereich bis $M_{max} = 2,35$.

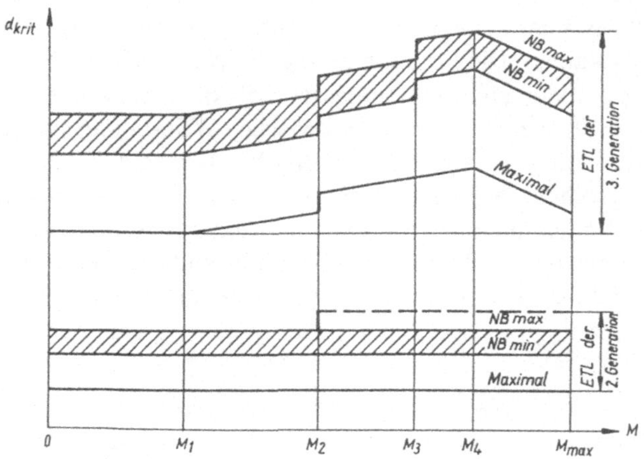

Abb. 9.12: Beispiel einer Schubdüsenregelung für 2W-ETL-NB der 3.Generation

Aus Abb.9.12 ist ersichtlich, daß sich diese Regelung auf alle Flug- und Betriebszustände sowohl mit als auch ohne NB bezieht. Nach unterschiedlichen Gesetzmäßigkeiten wird dabei über das veränderliche Druckverhältnis der Turbine (NDT), beim ZTL mit Strommischung zusätzlich über das des Bläsers, auf den Arbeitsprozeß des Gasgenerators mit sinnvollen Parameterveränderungen eingewirkt. Für die größten Schubdüsendurchmesser bei $M = M_4$ ergeben sich die höchsten Prozeßparameter in Gasgenerator und NB. Indirekt spiegelt das Schubdüsenfahrdiagramm damit auch den Arbeitsprozeß des TL und seine Regelung wider.

10 Prozeßauslegung und Kennwerte

10.1 Das Einstromtriebwerk

Nach Erörterung der Vorgänge in den Einzelbaugruppen werden nun vom Standpunkt der Theorie die Arbeitsprozesse von TL in ihrer Gesamtheit, hauptsächlich ihre Auslegungen zum Erreichen wichtiger Kennwerte analysiert. Letztere sind der ***spezifische Schub*** und insbesondere der ***spezifische Brennstoffverbrauch***. Untersucht werden nur die Arbeitsprozesse von Luftstrahltriebwerken in ihren Bauarten als ETL und ZTL. Der quantitativen Analyse auf der Grundlage vereinfachter Rechenprogramme schließt sich eine Kurzdiskussion ihrer Einsatzmöglichkeiten an. Zum Schluß erfolgt eine Prozeßbetrachtung für die genannten TL mit arbeitendem NB.

Als erstes und zugleich einfachstes Gasturbinentriebwerk fand das ETL in der Militärluftfahrt der 50er Jahre breite Verwendung. Gegenüber den bis dahin eingesetzten Kolbentriebwerken überzeugte es durch wesentlich größere Leistungsentwicklung. In der Zivilluftfahrt hatte es um 1960 ebenfalls einige Positionen erobert. Es diente als Installationsobjekt für die erforderlichen Technologieschübe der damals neuen Flugantriebe. Mit dem Erscheinen weiterer, zudem wirtschaftlicherer Bauarten waren der Ausbreitung des ETL, zumindest auf zivilem Gebiet, Grenzen gesetzt.

Der einfache Aufbau des ETL nach Kap.1.3 mit Baugruppen, welche von gleichgroßem Durchsatz $\dot{m}_L = \dot{m}_G$ durchströmt werden, führt zu übersichtlichen Gleichungen der Prozeß- und Kennwertberechnung. Die meisten Probleme und Begrenzungen in der Arbeitsweise seiner Baugruppen wurden in den vorhergehenden Abschnitten dargelegt. Aus den Beziehungen des realen Joule-Prozesses, wie er in Kap.2.3 untersucht wurde, ergeben sich, nun aufbereitet für den Energieumsatz speziell des ETL, die Ausdrücke:

$$w_i = \frac{R}{m\,\eta_K}\left\{T_{t4}\,\eta_K\,\eta_E\,K_i\left[1-(\Pi_{EL}\Pi_V)^{-m}\right]-T_0\left[(\Pi_{EL}\Pi_V)^m-1\right]\right\} \quad (10.1)$$

$$K_i = \frac{\left\{\frac{R}{m}\left[1-(\Pi_{EL}\,\Pi_V)^{-m}\right]\right\}_G}{\left\{\frac{R}{m}\left[1-(\Pi_{EL}\,\Pi_V)^{-m}\right]\right\}_L} \quad (10.2)$$

$$\Pi_{optw} = \Pi_{EL}\,\Pi_{V\,optw} = \left(\frac{T_{t4}}{T_0}\,\eta_K\,\eta_E\,K_i\right)^{1/2m} \quad (10.3)$$

Bei der Wahl der wichtigsten Prozeßparameter Π_V und T_{t4} sind unabhängig von den Problemen der technischen Realisierung die Kennwertveränderungen zu beachten. In Abb.10.1 ist die Prozeßauslegung nach dem Druckverhältnis Π_V qualitativ dargestellt. Die Maxima an innerer Arbeit und Strahlgeschwindigkeit bei Π_{optw} ergeben den kleinsten äußeren Wirkungsgrad. Mit $\Pi_{opt\eta_i}$ wird der größte innere, mit $\Pi_{opt\eta_{ges}}$ der höchste Gesamtwirkungsgrad erreicht. Abb.10.2 zeigt die Kennwertveränderung abhängig von der Turbineneintrittstemperatur. Erst oberhalb von $T_{t4} = T_{min}$ wird Schub abgegeben. Danach ist mit $T_{opt\eta}$ der höchste Gesamtwirkungsgrad erreicht. Der größtzulässige Wert $T_{t4} = T_{max}$ wird durch die thermische Festigkeit der Turbine, d.h. durch praktische Erfordernisse und nicht nach den Erkenntnissen der Theorie, bestimmt.

Im Gegensatz zum begrenzt auswählbaren Verdichterdruckverhältnis Π_V ist das Druckverhältnis im Einlauf Π_{EL} nach (3.16) und (5.7) vor allem eine Funktion von M-Zahl und den Irreversibilitäten. Das wird durch diese Gleichungen zum Ausdruck gebracht:

$$\Pi_{EL} = \sigma_{EL}\left(1+\frac{\kappa-1}{2}M^2\right)^{1/m} \tag{10.4}$$

$$\sigma_{EL} = 1-0,075\,(M-1)^{1,35} \qquad \text{für } 1<M<5 \tag{10.5}$$

Beziehung (10.5) ist nur gültig für den Überschallbereich. Sie entspricht nach den erreichbaren Druckerhaltungskoeffizienten etwa der unteren Grenze von Überschall-Einläufen, wie sie für militärische Verwendung üblich sind. Überschall-Verkehrsflugzeuge könnten künftig höhere Werte von σ_{EL} nach dem Beispiel der „Concorde" erreichen. Die Einläufe von Unterschall-Verkehrsflugzeugen arbeiten im Reiseflug meist mit Größen um $\sigma_{EL} = 0,99$ und noch darüber, also annähernd verlustlos.

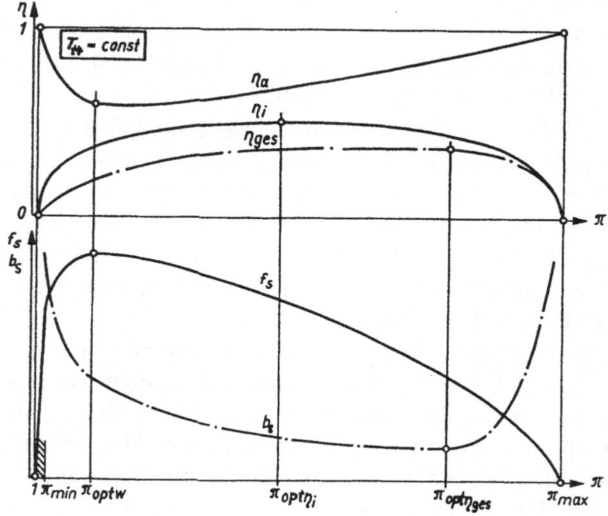

Abb. 10.1: Auslegung des ETL nach dem Druckverhältnis Π

Damit ergibt sich aus (10.3) und (10.4) ein Ausdruck zur Ermittlung desjenigen Verdichterdruckverhältnisses $\Pi_{V\,optw}$, dessen Betrag abhängig von Temperaturverhältnis und Irreversibilitäten das Maximum an realer Prozeßarbeit w_i ermöglicht. Es ist also:

$$\Pi_{V\,optw} = \frac{\left(\frac{T_{t4}}{T_0}\eta_K\,\eta_E\,K_i\right)^{1/2m}}{\sigma_{EL}\left(1+\frac{\kappa-1}{2}M^2\right)^{1/m}} = \frac{1}{\sigma_{EL}}\left(\frac{\sqrt{\frac{T_{t4}}{T_0}\eta_K\,\eta_E\,K_i}}{1+\frac{\kappa-1}{2}M^2}\right)^{1/m} \tag{10.6}$$

Der nach (2.40) zu ermittelnde theoretische Betrag von $\Pi_{opt\eta_i}$ wird nicht berechnet, da dieser Kennwert stoffeigenschaftsabhängig breiten Schwankungen unterliegt und wegen seiner Extremgröße keine Realisierungschancen besitzt. Dasselbe gilt für den noch größeren Wert von $\Pi_{opt\eta_{ges}}$ beim Maximum des Gesamtwirkungsgrades. Beide Größen unterliegen nur der o.g. theoretischen Erörterung.

Mit der nach (10.1) aus den Prozeßdaten sowie allen die Realität kennzeichnenden Sammelgrößen bestimmten *realen inneren Arbeit* werden Kennwerte des so ausgelegten ETL berechnet. Es handelt sich dabei um den *spezifischen Schub* f_s nach (4.11) als

Ausdruck der Wirksamkeit, den *spezifischen Brennstoffverbrauch* b_s nach (4.13) sowie den *Gesamtwirkungsgrad* η_{ges} nach (4.19) zur Kennzeichnung ihrer Wirtschaftlichkeit:

$$f_s = \sqrt{2\,w_i + (M\,a)^2} - M\,a \qquad (10.7)$$

$$b_s = \frac{\dot m_B}{\dot m_L\, f_s} = \frac{R_G\,(T_{t4} - T_{t3})}{m_G\, H_u\, \eta_A\, f_s}$$

$$b_s = \frac{R_G\left\{T_{t4} - T_{t2}\left[1 + (\Pi_V^m - 1)\,\eta_V^{-1}\right]\right\}}{m_G\, H_u\, \eta_A\, f_s} \qquad (10.8)$$

$$\eta_{ges} = \frac{M\,a}{b_s\, H_u} \qquad (10.9)$$

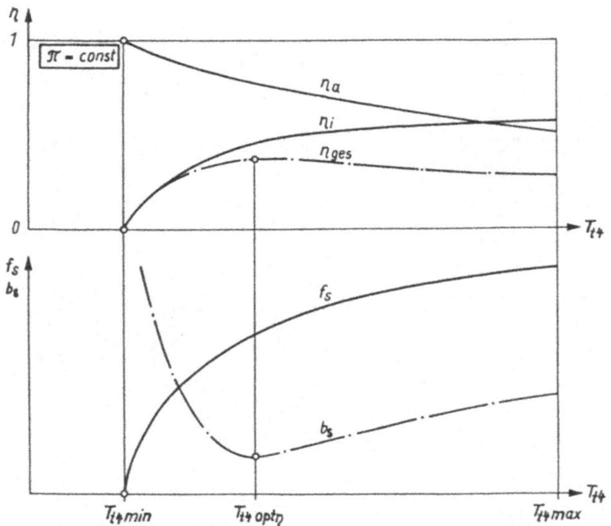

Abb. 10.2: Auslegung des ETL nach der Turbineneintrittstemperatur T_{t4}

Diese Gleichungen sind Basis eines Rechenprogramms, dessen Resultate Abb.10.3 aufzeigt. Der Abszissenwert stellt den spezifischen Schub f_s des TL, der Ordinatenwert den spezifischen Verbrauch b_s und reziprok dazu seinen Gesamtwirkungsgrad dar. Die Kennfeldpunkte sind durch je einen Wert für T_{t4} und Π_V präsent.

Alle Rechengrößen wurden der Realität weitgehend angenähert. Zur Ermittlung der Arbeit w_i werden die Wirkungsgade nach Tab.18.2 für das Technologieniveau „N1" als Sammelgröße im Produkt $\eta_K\,\eta_E\,K_i = 0,83$ festgelegt. Das könnte z.B. den Einzelgrößen $\eta_K = 0,85$, $\eta_E = 0,92$ und $K_i = 1.06$ als gegenwärtig quasi *eingefrorener* TL-Technologie entsprechen. Ein künftig höheres, durch weitere Verlustreduzierung denkbares Niveau der Teilwirkungsgrade mit der Bezeichnung „N2" möge mit dem Betrag $\eta_K\,\eta_E\,K_i = 0,90$ dazu als Vergleich dienen. Dieses Rechenprogramm beinhaltet somit für alle zu quantifizierenden Fälle dieselben Voraussetzungen und die folgenden akzeptablen Vereinfachungen:

- diskret-verschiedene konstante Stoffwerte als halbideales Gas, abhängig vom Temperaturbereich;
- unveränderliche und nicht detaillierte Sammelgrößen für die Wirkungsgrade und Koeffizienten;
- gleichbleibender Massenstrom im Gaskanal, d.h. keine Entnahme oder Zugabe von $\dot m$-Anteilen;
- vollständige Gasentspannung, unabhängig von der gasdynamischen Ausbildung der Schubdüse;
- keine Abzweigungen von mechanischer Arbeit zum Antrieb für die Triebwerks- und Zellegeräte.

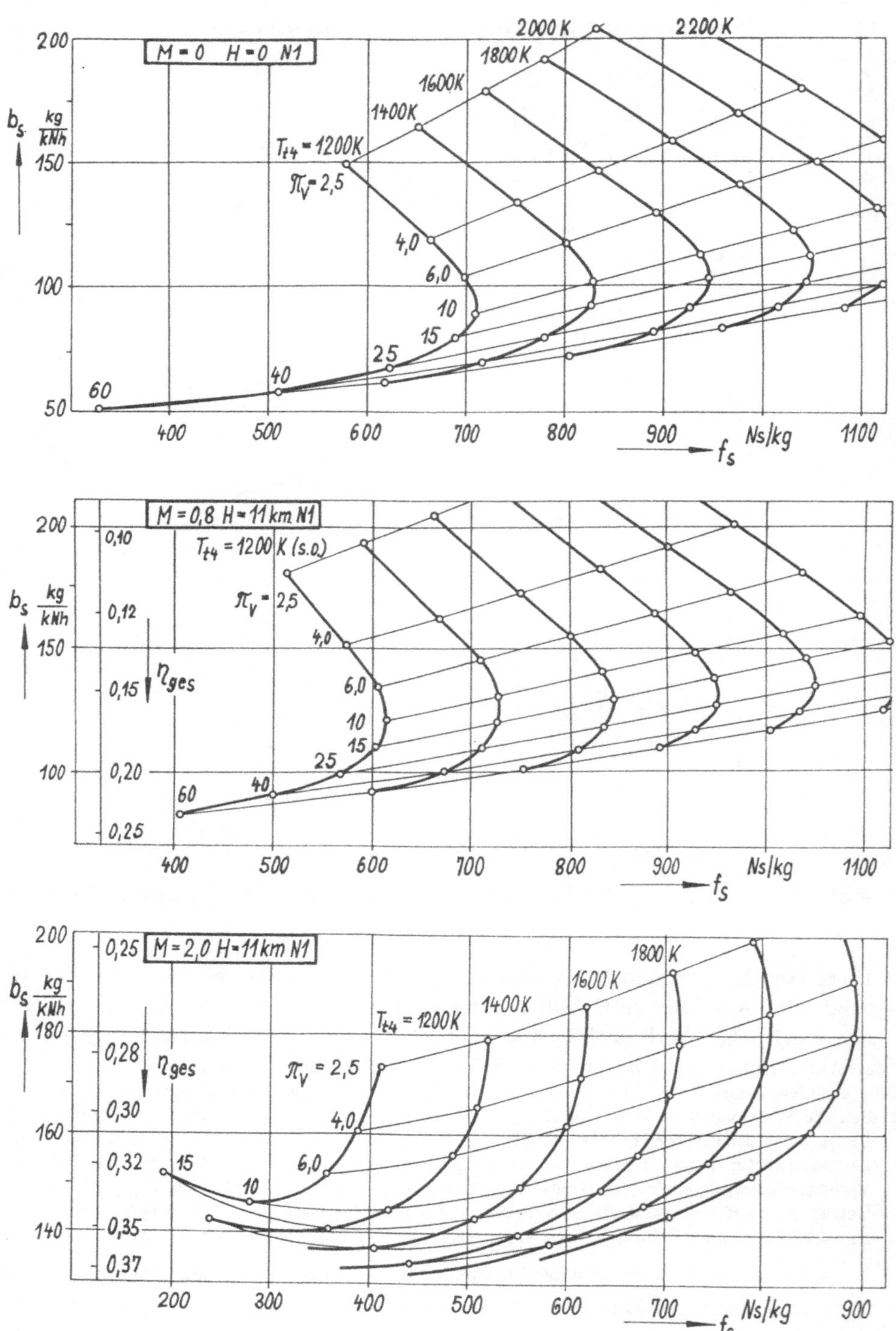

Abb. 10.3: Kennwerte des ETL, abhängig von Prozeßauslegung und Flugzustand

Nicht auszuschließen sind Differenzen zwischen den berechneten und den bei TL gemessenen Kennwerten. Ein auf triebwerkstheoretischer Basis simplifiziertes Rechenprogramm kann ohnehin nicht die Prozeßgrößen und Kennwerte aller existierenden TL zur Konvergenz bringen. Zielstellung sind dagegen die Kennwertveränderungen in Abhängigkeit von Flugzustand und Prozeßauslegung für Übersichtsvergleiche sowie die erkennbaren Entwicklungstendenzen.

Wie jeweils durch die genannten M-Zahlen ersichtlich, gelten die Kennfelddarstellungen in Abb.10.3 für den Standbetrieb (oben), den Unterschall-Flug (Mitte) und den Überschallflug (unten). Die Wertung der beiden für die Flugzustände zutreffenden Diagramme, welche sich kennwertmäßig gegenüber dem Standbetrieb beträchtlich unterscheiden, steht im Vordergrund. Sie zeigen die Veränderung von Schub und Brennstoffverbrauch für das nichtinstallierte Triebwerk. Entlang der Linien $T_{t4} = const$ ist am Maximum von f_s die Auslegung für $\Pi_V = \Pi_{optw}$ und am Minimum von b_s (unterste Abb.) der Zustand von $\Pi_V = \Pi_{opt\eta}$ zu erkennen. Die ablesbaren w-optimalen Π_V-Werte sind vergleichsweise klein und durch moderne Verdichter problemlos zu verwirklichen. Dagegen sind die η-optimalen Druckverhältnisse für den kleinsten Verbrauch, d.h. für den höchsten Gesamtwirkungsgrad, nur mit extremverdichtenden TL sowie Aufstau bei großer M-Zahl erreichbar. Diese theoretisch in den Abschnitten 2.2 und 2.3 erörterten Sachverhalte finden hier ihre quantitative Entsprechung.

Nach dem mittleren Diagramm ergibt der Einsatz von ETL im Unterschall-Reiseflug mit $M = 0,8$ bei kleiner Temperatur T_{t4} und w-optimaler Auslegung Gesamtwirkungsgrade im Bereich von nur $\eta_{ges} = 0,14 \ldots 0,18$. Das entspricht dem hohen spezifischen Brennstoffverbrauch von etwa $b_s = 110 \ldots 130$ kg/kNh. Für denkbare Parametererhöhungen zeigt das Kennfeld einen ungünstigen Verlauf: Bei Temperatursteigerung sinkt der Wirkungsgrad, aber bei über-w-optimaler Auslegung des Druckverhältnisses fällt unzulässig der Schub. Schon deswegen ist ein angestrebter η-optimaler Zustand selbst als Näherung nicht sinnvoll. Die hier aufgezeigte schlechte Wirtschaftlichkeit ist der Hauptgrund für die Perspektivlosigkeit des ETL im Unterschallflug.

Das untere Diagramm zeigt, daß mit $M = 2,0$ ein wesentlich besserer Wirkungsgrad zu realisieren ist. Außerdem ist hier die Annäherung an den η-optimalen Zustand wegen kleinerer Verdichterdruckverhältnisse eher möglich. Das entsprechend ausgelegte ETL kann also im Überschall-Reiseflug um $\eta_{ges} = 0.35$ und mehr betrieben werden, wenn dazu der Betrag von f_s ausreicht. Trotzdem sind spezifischer und absoluter Brennstoffverbrauch sehr hoch. Deswegen ist der Einsatz des Überschall-Verkehrsflugzeuges unter diesen Bedingungen kommerziell unbefriedigend.

ETL in Serienausführung wurden von etwa 1940 bis 1970 geschaffen. Spätere Aktivitäten dazu betrafen ihre weitere Modifizierung, die Lizenzproduktion und die Unterbauart der militärischen ETL-NB. Die Daten und Kennwerte bekannter Muster von ETL sind im Anhang ersichtlich. Trotz beachtlicher Kennwertverbesserung entsprachen die ETL am Ende ihrer Entwicklungszeit nicht mehr den an sie gestellten Anforderungen. Sie wurden durch die ZTL mit besseren Kennwerten überflügelt.

10.2 Das Zweistromtriebwerk

Voraussetzung zu besserer Wirtschaftlichkeit ist ein Anstieg an äußerem und innerem Wirkungsgrad. Das gewährleisten Triebwerke in Zweistrombauart (ZTL) infolge günstigerer Schubmechanik mit größerem *äußeren* und durch Arbeitsprozesse bei angehobenen Parametern mit besserem *inneren Wirkungsgrad*. Nach Schaffung der ersten ETL und dem Erkennen ihrer Grenzen wurde früh die Idee zum ZTL geboren.

Der beim ZTL zusätzlich organisierte ***Außenstrom*** wird vom Bläser (Fan) mit Energie versorgt und vergrößert so den Gesamtmassenstrom. Dadurch gelingt es ohne Schubverlust, die spezifische kinetische Energie des austretenden Strahls zu verringern. Kleinere Strahlgeschwindigkeit ergibt einen höheren äußeren Wirkungsgrad. Andererseits ist die Steigerung der Prozeßparameter beim ZTL unproblematischer. Kleinere Schaufelhöhen und bessere Kühlbedingungen gewährleisten für die Turbine zunehmende ***thermische Festigkeit*** mit höheren T_{t4}-Werten. Der Außenstrom verbessert als ***ständiges Luftablassen*** die gasdynamischen Vorgänge im Verdichter mit größeren Beträgen von Π_V. Der HDV erfordert gegenüber dem Bläser eine größere Drehzahl. Dadurch ist das gasdynamisch günstige ***Zwei- bzw. Mehrwellenprinzip*** hier auch kinematisch gerechtfertigt. Aufbau und Arbeitsprozeß des ZTL begünstigen also das Erfordernis zur Steigerung von Prozeßparametern und Wirkungsgraden. Die Prozeß- und Kennwertberechnung des ZTL ist wegen der zwei Ströme und ihren Abhängigkeiten komplizierter.

Zunächst wird das Zweistromtriebwerk **ohne Strommischung** untersucht, dessen Ströme mit den Indizes h (heiß, innen) und c (kalt, außen) bezeichnet werden. Während die Größen des Innenstroms denen des ETL-Gaskanals entsprechen, sind zusätzliche für den Außenstrom einzuführen. Dazu gehören das Verhältnis der Massenströme, das sog. ***Bypassverhältnis*** μ_c, das ***Druckverhältnis*** des Bläsers (Fans) bzw. Außenstroms Π_F bzw. Π_c, die ***Außenstromarbeit*** w_c und der ***Außenstromwirkungsgrad*** η_c. Es ist dafür:

$$\mu = \mu_c = \frac{\dot{m}_c}{\dot{m}_h} \tag{10.10}$$

$$\Pi_c = \Pi_F = \frac{p_{t13}}{p_{t12}} \tag{10.11}$$

$$\eta_c = \frac{c_{19}^2 - v^2}{2\,w_c} = \eta_{NDT}\,\eta_{mF}\,\eta_F\,\eta_{SDc} \tag{10.12}$$

Das Bypassverhältnis vor allem charakterisiert den Arbeitsprozeß des ZTL. Für ETL ist infolge fehlenden Außenstroms $\mu = 0$, während die meisten gegenwärtigen Großbläser-ZTL mit $\mu = 4 \ldots 8$ bei ansteigender Tendenz arbeiten. Nach (10.10) sind Massenstrom $\dot{m}_L = \dot{m}_h + \dot{m}_c$ und Schubkraft beim ZTL unter der Berücksichtigung beider Ströme:

$$\dot{m}_L = (1+\mu)\dot{m}_h = \frac{1+\mu}{\mu}\dot{m}_c \tag{10.13}$$

$$F_s = F_h + F_c = \dot{m}_h(c_9 - v) + \dot{m}_c(c_{19} - v)$$

$$F_s = \frac{\dot{m}_L}{1+\mu}\left[(c_9 - v) + \mu\,(c_{19} - v)\right] \tag{10.14}$$

Der Gesamtschub ist demnach wie zu erwarten gleich der Summe aus den Schubanteilen beider Konturen. Mit dieser Feststellung läßt sich nach (4.3) unter Berücksichtigung aller wirksamen Summanden eine vollständige Schukraftgleichung für ZTL darstellen:

$$F_s = \frac{\dot{m}_L}{1+\mu}\left[(c_9 - v) + \mu\,(c_{19} - v)\right] + \dot{m}_B\,c_9 + A_9(p_9 - p_0) + A_{19}(p_{19} - p_0) \tag{10.15}$$

Bekanntlich wird beim ZTL die innere Arbeit w_i auf beide Ströme aufgeteilt. Das gewährleistet der Bläser mit Antrieb, welcher die Arbeit aus der NDT erhält und sie auf den Außenstrom überträgt. Demnach wird die Aufteilung wie folgt vorgenommen:

$$w_i = \frac{1}{2}(c_9^2 - v^2) + \mu\,w_c \qquad \text{wobei gilt:} \tag{10.16}$$

$$w_c = \frac{c_{19}^2 - v^2}{2\,\eta_c} \tag{10.17}$$

Im Interesse großer Schuberzeugung kann die Arbeit allerdings nicht beliebig auf beide Ströme übergehen. Vielmehr ist die Schubmechanik, und zwar unabhängig von der bekannten Auslegung des Gasgenerators, unter Berücksichtigung des Wirkungsgrades η_c zu optimieren. Letzterer enthält nach (10.12) alle Verluste an mechanischer Arbeit, welche durch Energiewandlung von der NDT bis zur Schubdüse im Außenstrom auftreten. Zu ihrer Optimierung liefert partielle Differentiation $\partial f_s / \partial w_c$ dieses einfache Resultat:

$$c_{19} = c_9 \, \eta_c \tag{10.18}$$

Mit der um den Betrag von η_c kleineren Ausströmgeschwindigkeit c_{19} wird die verlustbehaftete Energieübertragung auf den Außenstrom, welche ein Nachteil des ZTL ist, berücksichtigt. Die so ausgelegte Schubmechanik, welche bei den weiteren Untersuchungen stets vorausgesetzt wird, ist einerseits w-optimal. Sie ist zugleich optimal hinsichtlich η_{ges}, da der Brennstofffluß gleichbleibt. Dieser Zustand ist zu gewährleisten bei der Realisierung eines optimalen Außenstrom- bzw. Bläserdruckverhältnisses:

$$\Pi_F = \Pi_{opt} = \frac{p_{t13}}{p_{t12}} = \left[\frac{w_i \, \eta_c - \frac{1}{2} v^2 (\eta_c^{-1} - \eta_c)}{1 + \mu \, \eta_c} \, \frac{\eta_{mF} \, \eta_F \, m}{T_{t12} \, R} + 1 \right]^{1/m} \tag{10.19}$$

Mit diesem Außenstromdruckverhältnis $\Pi_c = \Pi_F$ werden aus (10.16), (10.17) und (4.11) weitere Ausdrücke für die Bestimmung von innerer Arbeit und spezifischem Schub auf Rechengrundlage der Innenstrom-Ausströmgeschwindigkeit c_9 entwickelt, und zwar:

$$w_i = \frac{1}{2} \left[(c_9^2 - v^2) + \frac{\mu}{\eta_c} \, (c_9^2 \, \eta_c^2 - v^2) \right]$$

$$w_i = \frac{1}{2} \left[c_9^2 \, (1 + \mu \, \eta_c) - v^2 \left(1 + \frac{\mu}{\eta_c} \right) \right] \tag{10.20}$$

$$c_9 = \sqrt{\frac{2 \, w_i + v^2 \left(1 + \frac{\mu}{\eta_c} \right)}{1 + \mu \, \eta_c}} \tag{10.21}$$

$$f_s = \frac{1}{1 + \mu} f_h + \frac{\mu}{1 + \mu} f_c = \frac{f_h + \mu \, f_c}{1 + \mu}$$

$$f_s = \frac{(c_9 - v) + \mu (c_{19} - v)}{1 + \mu} = \frac{1 + \mu \, \eta_c}{1 + \mu} c_9 - v \tag{10.22}$$

Durch die Substitution von (10.22) in (10.21) erhält man schließlich eine Beziehung zur Berechnung des spezifischen Schubes aus den Prozeßparametern des ZTL. Die nachfolgende Bestimmung des spezifischen Brennstoffverbrauches mittels (10.8) und (10.13) sowie des Gesamtwirkungsgrades η_{ges} nach (10.9) bereitet damit keine Schwierigkeiten:

$$f_s = \frac{1 + \mu \, \eta_c}{1 + \mu} \sqrt{\frac{2 \, w_i + \left(1 + \frac{\mu}{\eta_c} \right) (M \, a)^2}{1 + \mu \, \eta_c}} - M \, a \tag{10.23}$$

$$b_s = \frac{\dot{m}_B}{\dot{m}_h (1 + \mu) f_s} = \frac{R_G \left\{ T_{t4} - T_{t2} \left[1 + (\Pi_V^m - 1) \, \eta_V^{-1} \right] \right\}}{m_G \, H_u \, \eta_A \, f_s (1 + \mu)} \tag{10.24}$$

Der in (10.23) benötigte Zahlenwert von w_i wird aus den bekannten Prozeßparametern mit Hilfe von (10.1) aufbereitet. Mit $\mu = 0$ geht das Gleichungssystem (10.23) und (10.24) über in (10.7) bis (10.9), d.h. in das für ETL angewendete. Das bedeutet, daß diese Kennwertrechnung prinzipiell für jedes Luftstrahltriebwerk, und zwar unabhängig davon, ob es mit Einfach- oder zusätzlichem Bypasskanal arbeitet, letztlich auch für das PTL auf der Basis von Strahltriebwerkskennwerten, angewandt werden kann. Es ist demnach für alle Bauarten von Luftstrahltriebwerken nutzbar.

Durch das o.g. Rechenprogramm wurden ZTL-Prozesse für typische z.Z. und künftig verwendete Parameter berechnet. Als meist genutzter Unterschall-Flugzustand wurde (wie auch beim ETL) der Betrag von $M = 0,8$ und für künftige Überschallflüge $M = 2,0$ in der Stratosphäre vorgesehen. Die Ergebnisse dazu sind in Abb.10.4 und Abb.10.5 ersichtlich. Die durch ZTL unter denselben Bedingungen erreichten Kennwerte sind mit denen des ETL in Abb.10.3 vergleichbar. Bei geringerem spezifischen Schub f_s, d.h. kleinerer Strahlgeschwindigkeit, wird abhängig vom Bypassverhältnis μ ein grundsätzlich besserer Gesamtwirkungsgrad erreicht.

Beim Unterschallflug mit $M = 0,8$ wird höhere Wirtschaftlichkeit der mit $\mu = 2,5$ arbeitenden ZTL-Antriebe (s. Abb.10.4, oberes Diagramm) nachgewiesen. Zahlenwerte für den spezifischen Brennstoffverbrauch von $b_s = 85 \ldots 72$ kg/kNh bzw. Gesamtwirkungsgrade $\eta_{ges} = 0,23 \ldots 0,27$ stellen das für die w-optimale Auslegung unter Beweis. Dafür sind gegenüber dem ETL erhöhte Prozeßparameter T_{t4} und Π_V erforderlich. Bei zu kleiner Temperatur T_{t4} sinkt der spezifische Schub auf unzulässige Werte, bei zu hoher Temperatur verschlechtert sich aber die Wirtschaftlichkeit. Triebwerke mit Bypassverhältnissen um $\mu = 2,5$ entsprechen den letzten Modifikationen der nach 1960 erschienenen 1. ZTL-Generation sowie (bei kleinerem Wert von μ) einigen militärischen ZTL(-NB). Gegenwärtig noch in größerer Anzahl in Betrieb, werden sie in der Verkehrsluftfahrt zunehmend durch effizientere Muster abgelöst.

Im Bestreben, die Vorzüge der ZTL für hohe Gesamtwirkungsgrade überzeugend sichtbar zu machen, sind in Verbindung mit wachsender innerer Arbeit, d.h. steigender Turbineneintrittstemperatur, große Bypassverhältnisse zu verwirklichen. Dazu entstand um 1970 die neue Generation der Großbläser-ZTL, welche beispielsweise durch $\mu = 6$ (mittleres Diagramm in Abb.10.4) repräsentiert werden. Bei großem Durchmesser, $T_{t4} = 1600$ K und optimaler bzw. geringfügig über-w-optimaler Auslegung wird ein Wirkungsgrad von $\eta_{ges} = 0,28 \ldots 0,31$ erreicht. Das ist mit dem Verbrauch von etwa $b_s = 62 \ldots 70$ kg/kNh die gegenwärtig beste Ausführung wirtschaftlicher Großbläser-ZTL der Unterschall-Verkehrsluftfahrt.

Ein noch höheres Niveau des Bypassverhältnisses ist z.B. mit der Größenordnung von $\mu = 15$ (s. unteres Diagramm) gegeben. Derartige zukünftige ZTL mit sehr großem, vielleicht größtmöglichem kanalisierten Außenstrom, wie noch begründet wird, werden hier als *Superfans* bezeichnet. Sie realisieren, mit $T_{t4} = 1600 \ldots 1800$ K etwa optimal ausgelegt, einen Wirkungsgrad von $\eta_{ges} = 0,32 \ldots 0,35$ bei Verbrauchswerten von $b_s = 55 \ldots 60$ kg/kNh. Letztere betragen nur noch ungefähr 50 % von denen der früher eingesetzten ETL. Damit wird aber auch nur ein Schubwert von ungefähr $f_s = 100$ Ns/kg erreicht, der (wegen sonst zu kleiner Ausströmgeschwindigkeit bei extremen Massenströmen und Durchmessern) nicht wesentlich unterschritten werden sollte. Trotz beachtlicher Parametersteigerungen und konstruktiver Innovationen sind die erzielten Kennwertverbesserungen verhältnismäßig klein. Der weitere Ausbau des *Hochbypassprinzips* für Luftstrahltriebwerke nähert sich hier seinem Ende.

Allerdings entsprechen die genannten (und in den Kennfeldern von Abb.10.4 durch Vollinien ersichtlichen) Zahlenangaben einer Prozeßführung mit dem Wirkungsgradniveau N1. Werden dagegen durch Innovationen auf dem Gebiet des Zurückdrängens von Irreversibilitäten die Teilwirkungsgrade der ZTL beispielsweise auf das Niveau N2 vergrößert, sind demgegenüber noch weitere Kennwertverbesserungen die Folge. Sie

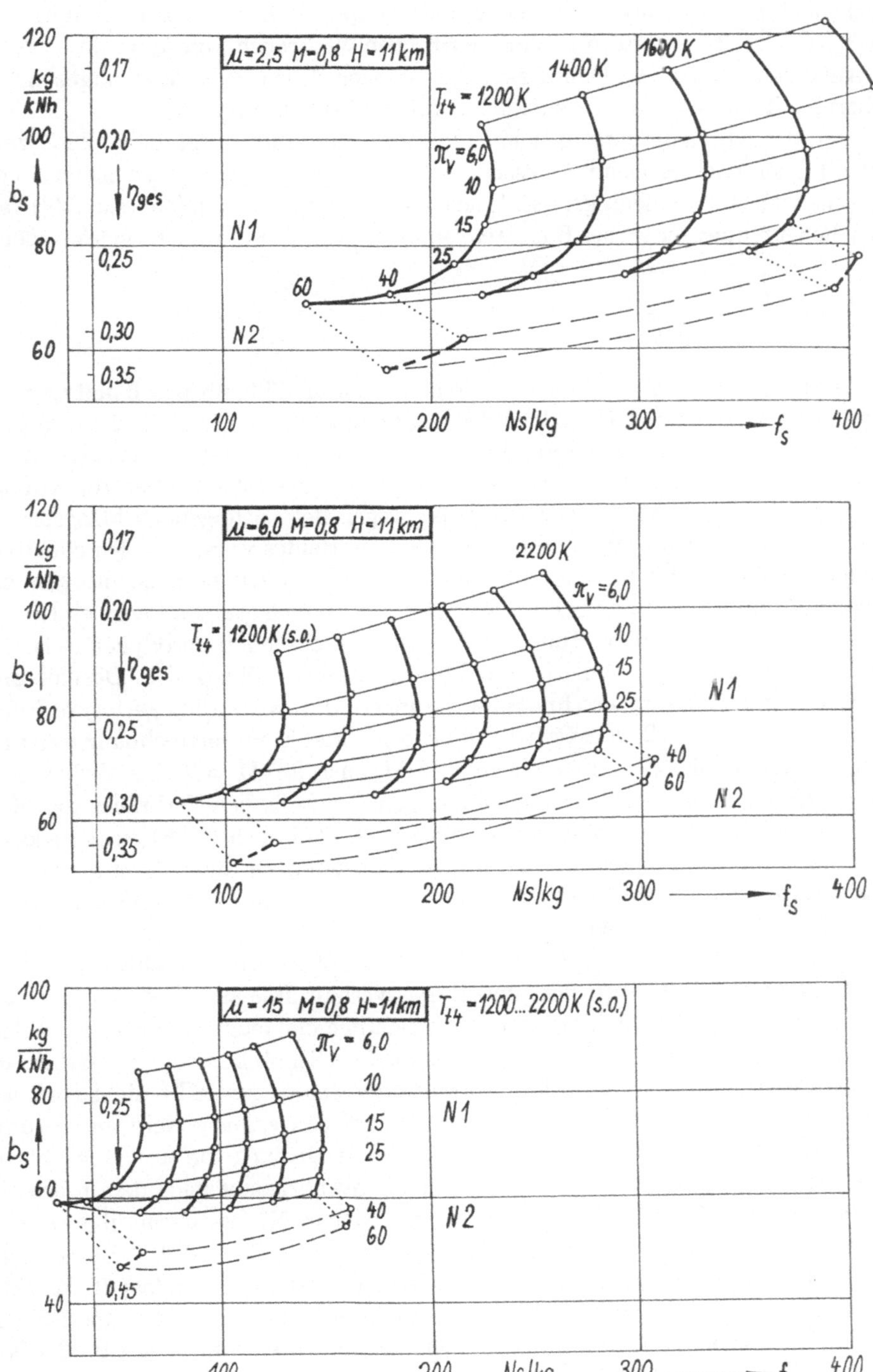

Abb. 10.4: Kennwertdiagramme für ZTL im Unterschallflug bei $M = 0,8$

sind in den genannten Diagrammen am Beispiel hoher Werte von Π_V durch unterbrochene Linien ersichtlich. Neben größerem spezifischen Schub sind Wirkungsgrade von $\eta_{ges} = 0,36 \ldots 0,40$ mit dem spezifischen Verbrauch von $b_s = 53 \ldots 49$ kg/kNh als Äußerstes erreichbar. Damit sind die Grenzen dieser Superfans aufgezeigt, die mit bisherigen Technologien offensichtlich nicht zu überschreiten sind.

Unter der Voraussetzung gleichbleibender Schubkraft steigt beim ZTL gegenüber dem ETL der Triebwerksdurchmesser, weil bei kleinerem spezifischen Schub ein größerer Massenstrom zu beschleunigen ist. Eine Näherungsbeziehung in [86] (s.a. [29]) vergleicht dazu die Durchmesser beider Bauarten, abhängig von den Parametern des Außenstroms:

$$\frac{d_{ZTL}}{d_{ETL}} = \sqrt{\frac{1+\mu}{\sqrt{1+\mu\,\eta_c}}} \tag{10.25}$$

Bei gleichgroßem Schub ist danach für ein Großbläser-ZTL mit $\mu = 6$ und $\eta_c = 0,75$ das Durchmesserverhältnis 1,73 und für den Superfan mit $\mu = 15$ bereits 2,14. Aus etwa der Verdoppelung des Durchmessers, d.h. einem mehr als vierfach so großen Querschnitt der äußerlich zu umströmenden Triebwerksgondel entsteht ein überproportionaler *aerodynamischer Widerstand*. Zugleich sinkt wegen des ansteigenden Massenstroms bei begrenztem Energieumsatz der spezifische Schub. Beides verringert den effektiven Nettoschub, so daß für den Unterschallbereich nach gegenwärtigen Erkenntnissen ein noch größeres Bypassverhältnis als etwa $\mu = 15$ für ZTL nicht sinnvoll erscheint.

Eine noch bedeutendere Rolle wegen des anwachsenden aerodynamischen Widerstandes spielt diese Problematik bei ZTL für Überschallflugzeuge. Deshalb sind hier grundsätzlich kleinere Querschnittsabmessungen, d.h. wesentlich geringere Bypassverhältnisse um $\mu = 1 \ldots 2$, vorzusehen. Die Prozeß- und Kennwertrechnung weist entsprechend Abb.10.5 bei ZTL im Vergleich zu ETL auch für $M = 2$ eine Verbesserung des Gesamtwirkungsgrades aus. Den schubbezogenen spezifischen Verbrauch betreffend, ist allerdings seine lineare Abhängigkeit von der M-Zahl nach (10.9) zu berücksichtigen. Der Flug mit $M = 2$ gegenüber $M = 0,8$ führt demnach unter sonst gleichen Bedingungen (also auch gleichgroßem Gesamtwirkungsgrad) zu einem b_s-Wert, der um den Faktor $2,0/0,8 = 2,5$ größer ist.

Die für $M = 2,0$ geltende Kennfelddarstellung in Abb.10.5 zeichnet sich durch wesentlich kleinere Verdichterdruck- und Bypassverhältnisse aus. Dadurch ist außer dem w-optimalen Zustand auch der η-optimale ersichtlich und letzterer mit akzeptablem Aufwand bei allerdings stark verringertem spezifischen Schub künftig realisierbar. Für das Bypassverhältnis $\mu = 0,5$ sind die Kennwertunterschiede zum ETL nicht groß, andererseits sinkt für $\mu = 2,5$ der Wert von f_s beträchtlich sowie Querschnitt und aerodynamischer Widerstand steigen an. Damit kann die Verwirklichung von etwa $\mu = 1$ als optimal angesehen werden. Das so dimensionierte ZTL gewährleistet nach dem mittleren Diagramm von Abb.10.5 für $T_{t4} = 1600$ K und Niveau N1 bei leicht über-w-optimaler Auslegung Werte von $b_s = 135 \ldots 125$ kg/kNh ($\eta_{ges} = 0,36 \ldots 0,40$). Beim Niveau N2 sowie hochausgelegten Parametern T_{t4} und Π_V sind Bestwerte von fast 100 kg/kNh und $\eta_{ges} = 0,50$ (!) nicht auszuschließen. Die Annäherung an diesen Zustand ist erforderlich, um Überschall-Verkehrsflugzeuge über globale Entfernungen mit großer Nutzlast kommerziell einsetzen zu können.

Bisherige Aussagen des Abschnittes bezogen sich auf das ZTL *ohne* Strommischung. Bekanntlich ist aber eine große, in Zukunft sicher noch steigende Anzahl dieser Triebwerke als **ZTL mit Strommischung** ausgeführt. Der Mischvorgang beider Ströme

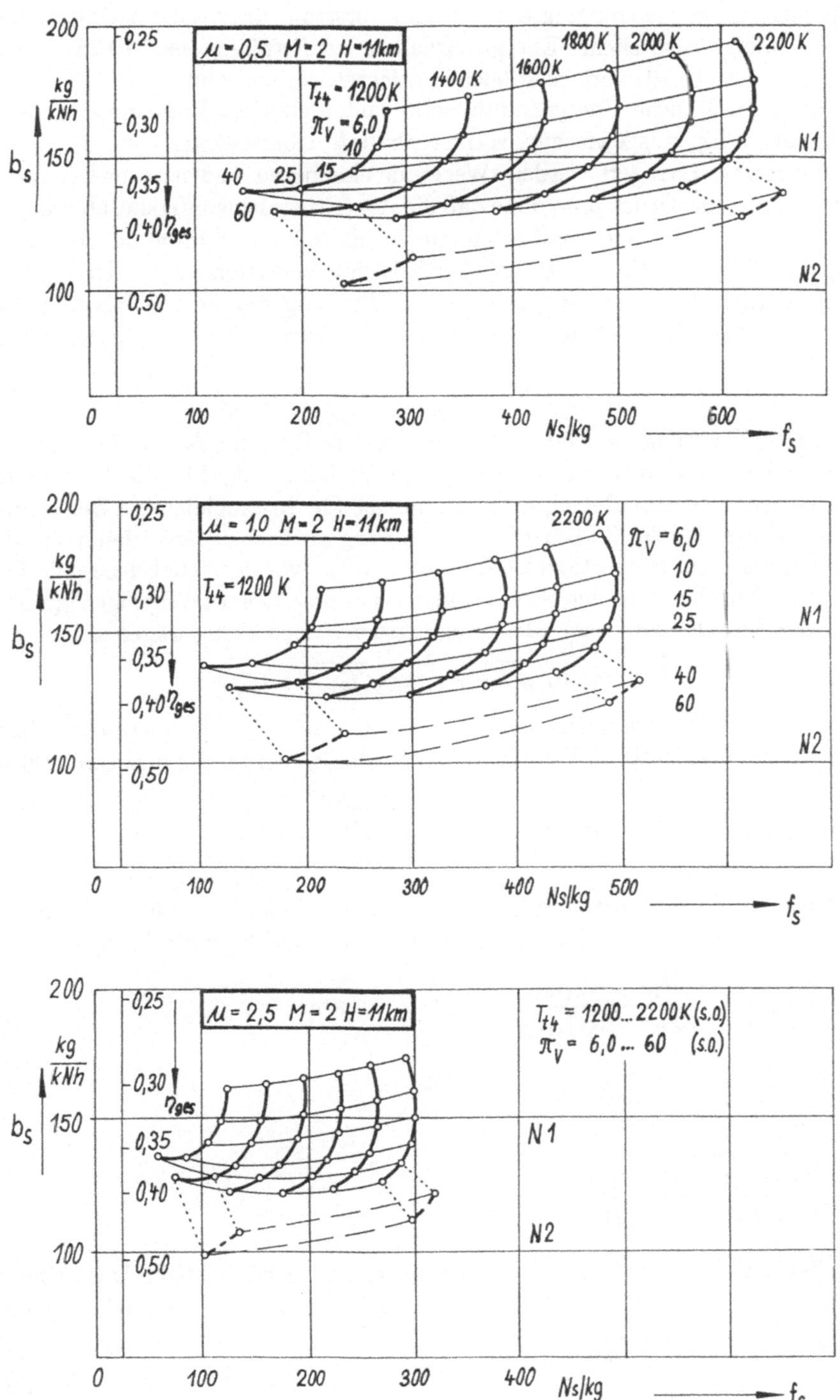

Abb. 10.5: Kennwertdiagramme für ZTL im Überschallflug mit $M = 2,0$

wurde in Kap.7.4 untersucht. Bei guter Vermischung geht die höhere thermische Energie des Innenstromes gleichmäßig auf den Gesamtstrom über. Das bedeutet, daß der Außenstrom infolge zusätzlicher Energieaufnahme zur Erfüllung von (10.18) nicht ganz so hoch wie durch (10.19) vorgeschrieben verdichtet werden muß.

Durch diese zusätzliche Energiezufuhr kann unter gleichen Bedingungen die durch den Wirkungsgrad η_c ausgewiesene, verlustbehaftete Übertragung von Arbeit auf den Außenstrom etwas verringert werden. Wegen des kleineren Außenstrom-Druckverhältnisses sinkt damit der Druck p_{t13}, ohne daß die Austrittsgeschwindigkeit abfällt. Kleinere Druckbelastung ergibt aber als Vorteil eine leichtere Konstruktion der Außenkontur. Dafür ist allerdings die (in der Regel ebenfalls mit Verlusten verbundene) ***Strommischung*** erforderlich. Im Interesse verlustarmer Mischung sollten, wie schon in Kap.7.5 angedeutet, die Totaldrücke beider Ströme im Mischkammereintritt gleichgroß sein:

$$p_{t6} = p_{t16} \tag{10.26}$$

Nur bei dieser Näherung, welche zugleich etwa dem Zustand $M_6^* = M_{16}^*$ entspricht, treten außer den hydraulischen keine weiteren Verluste auf, d.h. die Parameter σ_M bzw. η_M nähern sich dem Betrag 1 an. Damit ist (10.26) zugleich als Bedingung für die *optimale Auslegung* des ZTL bei Strommischung anzusehen. Ausgehend von der für den Schubimpulsstrom proportionalen Größe $\dot{m}_G\sqrt{T_{tG}}$ vor der Schubdüse läßt sich der Gewinn durch Mischung beider Ströme unter vereinfachten Bedingungen quantitativ ermitteln. Der Impulsstrom ohne Mischung entspricht den Teilbeträgen beider Ströme

$$\dot{I}_s = \dot{m}_h\sqrt{T_{t6}} + \dot{m}_c\sqrt{T_{t16}} = \dot{m}_h\sqrt{T_{t6}} + \mu\,\dot{m}_h\sqrt{T_{t16}}$$

Demgegenüber ist bei Strommischung die Gastemperatur T_{tM} des gemischten Stromes nach (7.16) zu berücksichtigen. Ebenfalls auf den Heißgasstrom $\dot{m}_h$ bezogen, ergibt sich

$$\dot{I}_{sM} = \dot{m}_h(1+\mu)\sqrt{T_{tM}} = \dot{m}_h(1+\mu)\sqrt{\frac{T_{t6}+\mu\,T_{t16}}{1+\mu}}$$

Damit lassen sich die Impulsströme des ZTL mit Mischung bzw. ohne Mischung zum Vergleich als Verhältnis darstellen. Mittels Umformung und Vereinfachung wird daraus:

$$\frac{\dot{I}_{sM}}{\dot{I}_s} = \frac{\dot{m}_h(1+\mu)\sqrt{T_{t6}+\mu\,T_{t16}}}{\dot{m}_h\sqrt{1+\mu}(\sqrt{T_{t6}}+\mu\sqrt{T_{t16}})}$$

$$\frac{\dot{I}_{sM}}{\dot{I}_s} = \frac{\sqrt{1+\mu}\sqrt{T_{t6}+\mu\,T_{t16}}}{\sqrt{T_{t6}}+\mu\sqrt{T_{t16}}}$$

$$\frac{\dot{I}_{sM}}{\dot{I}_s} = \sqrt{\frac{(1+\mu)(T_{t6}+\mu\,T_{t16})}{(\sqrt{T_{t6}}+\mu\sqrt{T_{t16}})^2}}$$

Eine Modifikation des Zählers zu binomischen Termen ermöglicht die Darstellung des Impulsstromverhältnisses in der nachfolgenden einfachen und übersichtlichen Gleichung

$$\frac{\dot{I}_{sM}}{\dot{I}_s} = \sqrt{1 + \mu\left[\frac{\sqrt{T_{t6}}-\sqrt{T_{t16}}}{\sqrt{T_{t6}}+\mu\sqrt{T_{t16}}}\right]^2} \tag{10.27}$$

Neben den in (10.27) ersichtlichen Absolutwerten der Temperaturen T_{t6} und T_{t16} kann analog zum *Bypassverhältnis* μ auch das *Temperaturverhältnis* $\tau_M = T_{t6}/T_{t16}$ der Mischkammer verwendet werden. Dadurch wird schließlich aus (10.27) die Beziehung

$$\frac{\dot{I}_{sM}}{\dot{I}_s} = \sqrt{1 + \mu \left[\frac{\sqrt{\tau_M} - 1}{\sqrt{\tau_M} + \mu}\right]^2} \qquad (10.28)$$

Mit der Quantifizierung von (10.28) durch die im Betrieb auftretenden oder zu erwartenden Werte für μ und τ_M ist der durch Strommischung erreichbare Gewinn an Impulsstrom und somit an Schub zu ermitteln. Tabelle 10.1 gibt dazu einen Überblick.

Tab. 10.1: Schubgewinn durch ZTL-Strommischung

μ	$\tau_M = 2$	$\tau_M = 3$	$\tau_M = 4$	$(\tau_M = 5)$
0,5	1,012	1,027	1,039	1,049
1,0	1,015	1,035	1,054	1,071
4,0	1,012	1,032	1,054	1,076
10	1,007	1,019	1,034	1,050

Tabelle 10.1 zeigt auf, daß im Bereich typischer Zahlenwerte für die Größen μ und τ_M ein Schubzuwachs von 1...5 %, nach der Theorie u.U. auch mehr möglich ist. Er steigt erwartungsgemäß mit Zunahme des Betrages von τ_M, während er abhängig von μ ein Optimum durchläuft, um danach wieder abzufallen. Demnach eignen sich thermisch hochbelastete ZTL bei mittelgroßem Bypassverhältnis zur Strommischung. Das sind zugleich auch diejenigen ZTL, bei denen sich die Mischung im Schubsystem technisch am einfachsten realisieren läßt. Da sich bei Mischung im Innenstrom einschließlich der Brennstoffzufuhr nichts ändert, entspricht der Schubgewinn in gleicher Quantität einer Verkleinerung des spezifischen Brennstoffverbrauchs.

Mit Bypassverhältnissen von 1...4, u.U. bis 6 sind gegenwärtig die meisten ZTL für Verkehrsflugzeuge ausgerüstet. Hier tritt auch der größte Schubzuwachs infolge Strommischung auf, wenn ein Temperaturverhältnis von 3...4 zur Verfügung steht. Allerdings bedeutet ein Betrag von 4 bei nur 300 K im Außenstrom den ungewöhnlich hohen Innenwert $T_{t6} = 1200$ K. Deshalb wurde das Temperaturverhältnis von 5 nur zur Information hinzugefügt.

10.3 Nachbrennertriebwerke

Für Militärtriebwerke wurde frühzeitig die Modifikation des Kreisprozesses mittels *Wiedererhitzung* des Gasstromes nach der Turbine erkannt und zunächst für ETL, später auch für ZTL genutzt. Mit dem *Einschalten des NB* wird die spezifische kinetische Energie des Gasstrahls und damit der spezifische Schub auf Kosten der Wirtschaftlichkeit vergrößert. Als NB-Kammer ist dabei eine zweite Wärmequelle in Betrieb. Bei *ausgeschaltetem NB* steht dagegen nur die thermische Energie des Gasgenerators allein zur Verfügung. Militärtriebwerke früherer Generationen verfügten durch die Nachverbrennung über die Möglichkeit zu beträchtlicher Schubentwicklung bei vergleichsweise kleinem Niveau der Turbineneintrittstemperatur. Die Nachverbrennung ist eine „heiße"Prozeßerweiterung[1] mit wesentlicher Kennwertvergrößerung und Charakteristikenveränderung auf der Basis des beibehaltenen, nur im Schubsystem ergänzten Gaskanals.

[1]Eine fundamentale Analyse über alle Schuberhöhungsmaßnahmen ist dargestellt in Dettmering, W.; Fett,F.: Methoden der Schuberhöhung und ihre Bewertung. ZFW 17(1969)8, S. 257-267

Idealer NB-Kreisprozeß aus Kap.2.4 und Arbeitsweise der NB-Kammer nach Kap.7.5 werden vorausgesetzt. Bei zunächst weiterer idealer Betrachtung ergeben sich für die kinetischen Energien des Gasstrahls mit NB-Betrieb (dabei Parameterindex mit Apostroph) bzw. beim ausgeschalteten NB (hierbei ohne Apostroph) folgende Beziehungen:

$$\begin{aligned} \frac{1}{2}c_{9'}^2 &= \frac{R}{m}(T_{t9'} - T_{9'}) = \frac{R}{m}T_{t9'}\left(1 - \Pi_{SD}^{-m}\right) \\ \frac{1}{2}c_9^2 &= \frac{R}{m}(T_{t9} - T_9) = \frac{R}{m}T_{t9}\left(1 - \Pi_{SD}^{-m}\right) \\ \frac{c_{9'}}{c_9} &= \sqrt{\frac{T_{t9'}}{T_{t9}}} \end{aligned} \tag{10.29}$$

Damit durchgeführte, wenn auch hier nicht ersichtliche Umformungen ermöglichen unter idealen Bedingungen, aus dem Verhältnis der geänderten Gastemperaturen im Schubsystem die einfachen Verhältnisse von innerer Arbeit und spezifischem Schub anzugeben:

$$\frac{w_{i'}}{w_i} = \frac{T_{t9'}}{T_{t9}} + \frac{v^2}{2\,w_i}\left(\frac{T_{t9'}}{T_{t9}} - 1\right) \tag{10.30}$$

$$\frac{f_{s'}}{f_s} = \sqrt{\frac{T_{t9'}}{T_{t9}}} + \frac{v}{f_s}\left(\sqrt{\frac{T_{t9'}}{T_{t9}}} - 1\right) \tag{10.31}$$

Durch diese impliziten Beziehungen sind die Verhältnisse beim Einschalten des NB für typische Temperaturen zu ermitteln. Letztere liegen in der Größenordnung von z.B. $T_{t9} = 900$ K für ETL bzw. 600 K für ZTL und $T_{t9'} = 2000$ K bei NB-Betrieb. Mit einem Verhältnis von $T_{t9'}/T_{t9} = 2{,}25$ werden im Standbetrieb die Größen von c_9 und f_s um 50 %, die von w_i um 125 % vergrößert. Die Steigerung dieser Kennwerte, aber auch die Zunahme des spezifischen und absoluten Brennstoffverbrauches, ist beachtlich. Sie wird im Flug überhöht durch Wirksamwerden des zweiten Summanden in (10.30) und (10.31). Für ZTL-NB ist dieses Verhältnis wegen des (durch vorausgegangene Mischung) „kälteren" Gasstromes und damit auch der Schubzuwachs größer als beim ETL-NB.

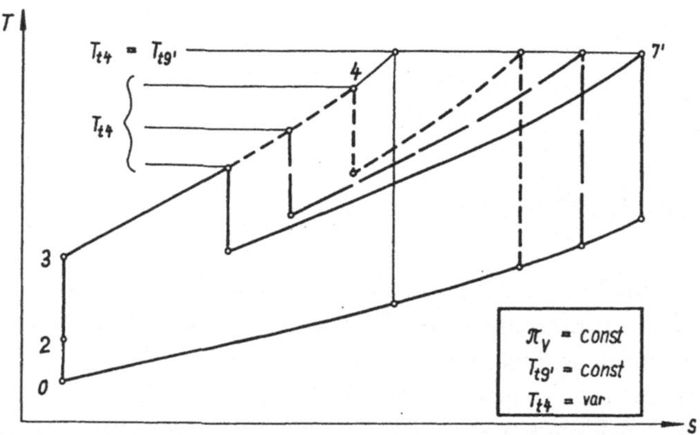

Abb. 10.6: Auslegung von NB-Kreisprozeß nach der Turbineneintrittstemperatur T_{t4}

Der NB-Kreisprozeß kann nach den Parametern T_{t4} oder Π_V ausgelegt werden. Bei NB-Betrieb ist die zugeführte Wärme als Summe aus den beiden Anteilen von Hauptbrennkammer und NB-Kammer zu werten. Unter der (für ideale Betrachtung zutreffenden) Voraussetzung gleichgroßer Temperaturdifferenzen in Verdichter und Turbine einschließlich konstanter Beträge für die Temperaturen T_{t2} und $T_{t9'}$ ergibt sich somit:

$$q_{zu} = q_{BK} + q_{NB} = c_p\left[(T_{t5} - T_{t2}) + (T_{t9'} - T_{t5})\right] = \frac{R}{m}(T_{t9'} - T_{t2}) \tag{10.32}$$

Abb.10.6 zeigt, daß mit dem Anwachsen der *Turbineneintrittstemperatur* T_{t4} trotz unveränderlicher Zufuhr der Gesamtwärme mit der Diagrammfläche die innere Arbeit zunimmt. Mit T_{t4} steigt auch der Anteil der in der Brennkammer zugeführten Wärme sowie der innere Wirkungsgrad des Gesamtprozesses. Der Anteil an zugeführter Wärme im NB geht dabei zurück. Schließlich wird mit Erreichen der stöchiometrischen Grenztemperatur $T_{t4} = T_{t9'}$ der NB überflüssig. Daraus ist ersichtlich, daß die Hauptbrennkammer mit höchstmöglichem T_{t4}-Wert das Primat an Gesamtwärmezufuhr besitzt. Dagegen ist der NB falls überhaupt erforderlich als Ergänzung zu werten.

In Abb.10.7 wird die NB-Prozeßauslegung nach dem *Druckverhältnis* Π_V bei unveränderlichen Werten für T_{t4} und $T_{t9'}$ demonstriert. Dabei ist davon auszugehen, daß NB-Kammerdruck p_{t7} und Schubdüsendruckverhältnis Π_{SD} abhängig vom Druckverhältnis Π_V bzw. Π_{ges} einen Größtwert als Optimum durchlaufen. Dieser Betrag von p_{t7} bzw. Π_{SD} entspricht dem Zustand größter innerer Arbeit und bei gleichbleibender zugeführter Wärme dem höchsten inneren Wirkungsgrad. Zu seiner Bestimmung wird das beim ETL geltende Arbeitsgleichgewicht für Verdichter und Turbine herangezogen:

$$T_{t2}\frac{R}{m\,\eta_V}\left(\Pi_V^m - 1\right) = T_{t4}\frac{R_G}{m_G}\left(1 - \Pi_T^{-m_G}\right)\eta_T\,\eta_m$$

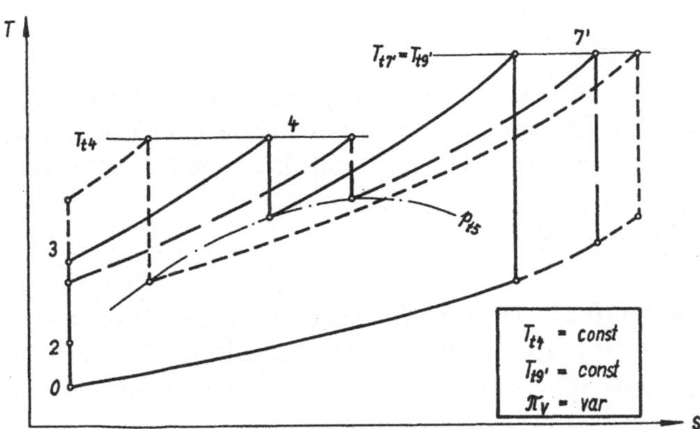

Abb. 10.7: Auslegung des NB-Kreisprozesses nach dem Druckverhältnis Π_V

Daraus läßt sich das Schubdüsendruckverhältnis mittels $\Pi_{SD} = \Pi_V/\Pi_T$ unter realen Bedingungen gewinnen. Die partielle Differentiation des Ausdrucks $\partial\Pi_{SD}/\partial\Pi_V^m = 0$ liefert für das optimale Druckverhältnis $\Pi_{V'}$ des ETL mit NB die zutreffende Beziehung:

$$\Pi_{V'} = \Pi_{opt w} = \Pi_{opt \eta} = \left[\frac{1}{2}\left(1 + \frac{T_{t4}}{T_{t2}}\,\eta_V\,\eta_T\,\eta_m\,K_i\right)\right]^{1/m} \tag{10.33}$$

Der damit berechnete optimale Wert von $\Pi_{V'}$ für größte innere Arbeit und höchsten inneren Wirkungsgrad bei NB-Betrieb ist größer als der w-optimale Wert des Prozesses bei ausgeschaltetem NB, er ist aber kleiner als der Betrag für η-optimale Auslegung. Das Gesamtdruckverhältnis des Prozesses ist bekanntlich gleich dem Produkt der Druckverhältnisse von Einlauf und Verdichter. Deswegen ist folgende Gleichung aufstellbar:

$$\Pi_{opt'} = \Pi_{EL}\,\Pi_{V'} = \sigma_{EL}\left[\frac{1}{2}\left(1+\frac{\kappa-1}{2}M^2+\frac{T_{t4}}{T_{t2}}\,\eta_V\,\eta_T\,\eta_m\,K_i\right)\right]^{1/m} \tag{10.34}$$

Mit M-Zahlzunahme steigt der Betrag von Π_{EL} an, so daß das optimale Druckverhältnis $\Pi_{V'}$ nach (10.34) kleiner wird und im Überschallflug eher zu erreichen ist. Das ist zugleich der typische Anwendungsbereich des NB.

Zur Bestimmung der Kennwerte wird für den realen NB-Prozeß das bekannte Gleichungssystem des ZTL aus Kap. 10.2 modifiziert. Dazu wird mittels (8.37) eine Gleichung zur Ermittlung der NB-Eintrittstemperatur geschaffen. Für das ETL gilt somit:

$$T_{t5} = T_{t4}\left[1-\left(1-\Pi_T^{-m}\right)\eta_T\right]$$

$$T_{t5} = T_{t4}\left(1-\frac{m_G\,R}{m\,R_G}\,\frac{T_{t2}}{T_{t4}}\,\frac{\Pi_V^m-1}{\eta_m\,\eta_V}\right) \tag{10.35}$$

Für ZTL-NB wird infolge Strommischung die Gastemperatur $T_{tM} = T_{t62}$ nach (7.16) mit der Außenstromtemperatur T_{t13} berechnet. Letztere wird für einen nach (10.19) w-optimal mit dem Druckverhältnis Π_F ausgelegten Fan aus (6.39) ermittelt. Also ist:

$$T_{t13} = T_{t12}\left[1+\left(\Pi_F^m-1\right)\eta_F^{-1}\right] \tag{10.36}$$

$$T_{t5} = T_{t4}\left[1-\frac{m_G\,R}{m\,R_G}\,\frac{T_{t2}}{T_{t4}}\left(\frac{\Pi_V^m-1}{\eta_{mV}\,\eta_V}+\mu\frac{\Pi_F^m-1}{\eta_{mF}\,\eta_F}\right)\right] \tag{10.37}$$

$$T_{tM} = \frac{\left\{T_{t5}+\mu\,T_{t12}\left[1+\left(\Pi_F^m-1\right)\eta_F^{-1}\right]\right\}}{1+\mu} \tag{10.38}$$

Für den Fall des ETL-NB mit $\mu = 0$ ist (10.38) gleichbedeutend mit (10.35), d.h. die ermittelte Temperatur T_{tM} gilt stets als Eintrittstemperatur in den NB, sowohl beim ETL als auch beim ZTL mit Strommischung. Damit läßt sich (10.30) auch in der Form

$$w_{i'} = \left(w_i+\frac{1}{2}v^2\right)\frac{T_{t9'}}{T_{tM}} - \frac{1}{2}v^2$$

schreiben. Aus Gleichung (10.23) ist durch Substitution dieses Ausdrucks von $w_{i'}$ eine quantitative Beziehung für den spezifischen Schub von ETL und ZTL bei NB-Betrieb und nachfolgend für den spezifischen Brennstoffverbrauch zu entwickeln. Demnach ist:

$$f_{s'} = \frac{1+\mu\eta_c}{1+\mu}\sqrt{\frac{2\left\{\left[w_i+\frac{(M\,a)^2}{2}\right]\frac{T_{t9'}}{T_{tM}}-\frac{(M\,a)^2}{2}\right\}+(Ma)^2\left(1+\frac{\mu}{\eta_c}\right)}{1+\mu\,\eta_c}} - M\,a$$

$$f_{s'} = \frac{1+\mu\,\eta_c}{1+\mu}\sqrt{\frac{\left[2\,w_i+(M\,a)^2\right]\frac{T_{t9'}}{T_{tM}}+(M\,a)^2\left(\frac{\mu}{\eta_c}\right)}{1+\mu\,\eta_c}} - M\,a \tag{10.39}$$

$$b_{s'} = \frac{1}{f_{s'}\,H_u}\left[\frac{R_G\left\{T_{t4}-T_{t2}\left[1+\left(\Pi_V^m-1\right)\eta_V^{-1}\right]\right\}}{m_G\eta_A(1+\mu)}+\frac{R_{G'}(T_{t9'}-T_{tM})}{m_{G'}\eta_{A'}}\right] \tag{10.40}$$

Für den Gesamtwirkungsgrad wird wieder (10.9) herangezogen. Mit Quantifizierung dieses Gleichungssystems können für ETL-NB und ZTL-NB die Kennwerte berechnet und in Diagrammen dargestellt werden. Aus Platzgründen wird hier darauf verzichtet.

11 Regelung und Regelprogramme

11.1 Zur Notwendigkeit von Regelsystemen

Wie die Prozeßanalyse in Kap.10 aufzeigt, garantieren TL die geforderten Kennwerte nur in Abhängigkeit von bestimmten Prozeßparametern. Letztere sind konstant zu halten bzw. nach bestimmten Gesetzmäßigkeiten zu ändern. Erst dadurch wird der gewünschte Arbeitsprozeß mit entsprechender Charakteristik realisiert. Dies und weiteres im Zusammenhang mit dem Arbeitsprozeß hat das Regelsystem des TL zu gewährleisten. Es ist zur Aufrechterhaltung einer wirksamen, stabilen und wirtschaftlichen Triebwerksarbeit, zur Gewährleistung der Flugsicherheit und der Entlastung des Flugzeugführers erforderlich. Teilweise unabhängig vom menschlichen Willen, nach Erfordernis aber Weisungen des Flugzeugführers ausführend, hat es an Aufgaben zu erfüllen:

- Verhinderung thermischer und mechanischer Überbelastung;
- Aufrechterhaltung einer thermogasdynamisch stabilen Arbeit;
- Gewährleistung großer Schubkraft bei hoher Wirtschaftlichkeit;
- Unveränderlichkeit einer angesteuerten Leistungsstufe im Flug;
- Signalisation und schnelles Beseitigen von Gefahrenzuständen;
- sichere und schnelle Regelung erforderlicher Übergangsregime.

Eine Beeinflussung des Arbeitsprozesses kann über die Parameter im Eintritt, insbesondere über T_{t2} und p_{t2}, aber auch durch die thermodynamischen Größen im Innern des TL, vor allem mittels Π_V und T_{t4}, erfolgen. Bekanntlich werden dadurch die Eckpunkte des Kreisprozesses verändert. Dabei ergeben sich die ***Eintrittsparameter*** objektiv aus dem Flugzustand, sie beeinflussen den Prozeß von außen her. Auf die ***Innenparameter*** wird dagegen primär über den Drosselhebel Einfluß ausgeübt.

Dieser Einfluß erfolgt indirekt über die Veränderung sog. ***Regelfaktoren*** (***Stellgrößen, Stellglieder***): den Brennstoffdurchsatz $\dot{m}_B$ und (bei TL mit verstellbarer Schubdüse) den Schubdüsenquerschnitt $A_{krit} = A_8$. Das wird u.U. durch weitere Maßnahmen variabler Geometrie ergänzt, wie z.B. durch Schaufelverstellungen im Verdichter. Über $\dot{m}_B$ werden Turbinenleistung sowie Drehzahl verändert und damit nachfolgend Luftmassenstrom $\dot{m}_L$ sowie Druckverhältnis Π_V variiert. Durch Verstellung von A_8 wird bei konstanter Turbinenleistung auf die Größen Π_T und T_{t4} eingewirkt. Diese Vorgänge lösen bereits beim einfachen TL eine Reihe von Abweichungen thermischer, gasdynamischer und kinematischer Größen bei komplexer Abhängigkeit aus.

Dabei nimmt die ***kinematische Drehzahl*** des Gasgenerators $n = n_{GG}$ als primäre Regelgröße einen zentralen Platz ein. Über die Kennfelder von Verdichter und Turbine ist sie quantitativ mit den anderen Parametern verbunden. Zugleich charakterisiert sie Leistungsstufe, Schubniveau und mechanische Beanspruchung. Die Temperaturen T_{t4}

bzw. T_{t5} (bei NB-Betrieb auch $T_{t7'} = T_{t9'}$) sind ein Maß für die thermische Beanspruchung. Die *reduzierte Drehzahl* n_{red} berücksichtigt (zusätzlich zu ihrem kinematischen Betrag) den Parameter $T_{t2} = T_{t0}$, d.h. nach (4.17) auch die thermischen Bedingungen (Außentemperatur bzw. M-Zahl) im Verdichtereintritt.

Prozeßparameter werden von Hand über den Drosselhebel durch unterschiedliche Ausschläge α_{DH} bzw. über das Regelsystem, d.h. durch die Veränderung der Stellgrößen beeinflußt. Zur exakten Unterscheidung werden unter dem Überbegriff der *Regelung* die beiden genannten Vorgänge auch mittels verschiedener Bezeichnungen auseinandergehalten. Im engeren Sinn trifft folgendes zu:

Unter dem Begriff der **Steuerung** ist die Arbeitsweise des Regelsystems bei veränderter Drosselhebelstellung, aber gleichbleibenden Eintrittsparametern zu verstehen, d.h.

$$\alpha_{DH} = var \qquad \text{bei} \qquad (T_{t2}, p_{t2}, M) = const$$

Der von Hand bewegte Drosselhebel löst bei unveränderlichen Flug- bzw. Standbedingungen über das Regelsystem einen Vorgang aus, welcher das TL von einem Betriebszustand kontinuierlich in einen anderen übergehen läßt. Das dadurch hervorgerufene Übergangsregime mit Parameterveränderungen ist vor allem *Beschleunigung* bzw. *Verzögerung* (*Drosselung*). Letztere Bezeichnung wird oft als Sammelbegriff für alle Sachverhalte der *Steuerung* gebraucht.

Dagegen ist **Regelung** als die Arbeitsweise des Regelsystems bei unveränderlicher Drosselhebelstellung, aber sich verändernden Eintrittsparametern definiert, es gilt also

$$\alpha_{DH} = const \qquad \text{bei} \qquad (T_{t2}, p_{t2}, M) = var$$

Infolge geänderter Flug- bzw. Standbedingungen erfolgt hierbei eine automatische Reaktion, eine gezielte Beeinflussung des Regelsystems auf das TL. Das Ziel besteht darin, die Prozeßparameter in ihrer Ursprungsgröße zu fixieren bzw. sie so zu ändern, daß die o.g. Anforderungen erfüllt werden. Beispielsweise wird die eingestellte Laststufe dabei selbsttätig beibehalten, obwohl eine Störung in Gestalt geänderter äußerer Bedingungen wirksam geworden ist. Dazu sind automatisch arbeitende *Regelkreise* mit Meß- bzw. Rückführeinrichtungen erforderlich.

International wird oft der Begriff *Control* für die Summe beider Regelvorgänge verwendet. In Ergänzung dazu ist unter der **Regulierung** eines TL das Einstellen seiner Sollparameter bei Standbedingungen zu verstehen. Diese Bezeichnung wird bei Übersetzungen nicht immer richtig angegeben. Selbstverständlich sind im Interesse der Sicherheit nur ordnungsgemäß einregulierte TL zum Betrieb zuzulassen.

Die Theorie der Regeltechnik selbst hat sich zu einer selbständigen ingenieurwissenschaftlichen Disziplin mit umfangreichem Literaturangebot[1] herausgebildet. Sie ist Grundlage der Entwicklung neuer Regelsysteme für Maschinenanlagen. Regelsysteme von TL sind eine spezielle Unterart mit besonderen Anforderungen.

Regelsysteme (Regelanlagen) von TL bestehen aus einer größeren Anzahl von Geräten unterschiedlicher Zweckbestimmung: Gebern (Sensoren), Verstärkern, Auswertern, Korrektur- sowie Stelleinrichtungen, Begrenzern und den eigentlichen Regelmechanismen. Letztere hatten ursprünglich die alleinige Aufgabe der Brennstoffdosierung, so daß sie meist in der dazu erforderlichen Pumpe integrierte *Brennstoffregler* (*Fuel Control Unit, FCU*) waren. Der erste, von A. FRANZ und H. MÖLLMANN geschaffene *Alldrehzahlregler mit nachgebender Rückführung* des Jumo004 von 1944, gefolgt von den Erzeugnissen der britischen Fa. LUCAS, waren dazu herausragende Erstleistungen.

Mit diesen *hydromechanischen Reglern* waren die TL der 1. und 2. Generationen ausgerüstet. Zunehmend wurden dabei Aufgabenbereiche durch elektrische Teilsysteme übernommen. Um 1970 erschienen erste *analog-elektronische Regelsysteme* für die Antriebsanlagen der CONCORDE und der Airbusflugzeuge. Etwa mit 1980 beginnend, wurden Teilsysteme digitalisiert und kontinuierlich weiterentwickelt. Gegenwärtig sind unter der Summenbezeichnung FADEC (*Full Authority Digital Electronic/Engine Control*) digital-elektronische Regelsysteme, die mit Mikroprozessoren bzw. Prozeßrechnern arbeiten, unter Typennamen wie DEEC, DECS, DECU, RENPAR u.a. für die TL der 3. und 4. Generation im

[1] Föllinger, O.: Regelungstechnik. Hüthig Verlag, Heidelberg, 1984, 4. Auflage
Leonhard, W.: Einführung in die Regelungstechnik. Verlag Vieweg, Braunschweig, 1981

Einsatz, bzw. zur Umrüstung dafür vorgesehen. Dabei ist zwischen selbständiger hydromechanischer FCU mit FADEC-Redundanz und völlig eigenständigem FADEC in Verbindung mit Brennstoffzumeßeinheit und Pumpe zu unterscheiden. Der Schritt von FCU zu FADEC hat die Entwicklung der TL bis zur letzten Generation begleitet und wird erfolgreich fortgesetzt. Mittels ständig neuer Hard- und Software wird die Digitalregelung erweitert und verfeinert.

Steuerung und Regelung müssen nach bestimmten Gesetzmäßigkeiten unter Berücksichtigung der o.g. Anforderungen ablaufen. Diese Festlegungen, die sog. ***Regelprogramme***, werden hier vom Standpunkt der Triebwerkstheorie hinsichtlich ihrer Auswirkungen auf den Arbeitsprozeß des TL erörtert. Unter einem Regelprogramm wird die Abhängigkeit bzw. Konstanz von Prozeßparametern gegenüber Drosselhebelstellung und Eintrittsparametern verstanden. Regelprogramme sind auf die Verwirklichung eines bestimmten Zieles gerichtet: größter Schub, beste Wirtschaftlichkeit oder Einhaltung eines Mindestabstandes zu Betriebsbegrenzungen. Da kein Regelprogramm alle Parameter im Änderungsbereich optimal halten kann, sind Kompromisse erforderlich, bzw. bei Notwendigkeit ist ein Programm durch ein geändertes zu ersetzen.

Beim neuesten Stand der Triebwerkstheorie, der Prozeßsimulation und Modellbildung einschließt, sind digitale Regelsysteme für noch umfangreichere Aufgaben vorgesehen. Dabei geht es darum, das in mathematischen Ausdrücken, z.B. das auszugsweise in den Gleichungen von Kap.10 dargestellte Modell der TL, mittels Regelsystem unter allen vorgesehenen Bedingungen als Software in den realen Arbeitsprozeß zu transponieren. Das gewährleistet künftig in Abkehr starrer Prinzipien und Ausweitung der Arbeitsbereiche beträchtliche Kosten- und Zeitvorteile für Entwicklung, Betrieb und Wartung:

- Mittels Prozeßsimulation sind näherungsweise Kennwerte, Charakteristiken und Limitierungen von TL und ihren Baugruppen zu prognostizieren, ohne daß sie bereits gebaut und erprobt sind.
- Eine Simulation angenommener Geräteausfälle, Bauteilzerstörungen und Katastrophen liefert Ergebnisse von Endzuständen dieser Ereignisse, welche man real nicht demonstrieren könnte.
- Das TL kann nach Erfordernis durch alternative Verwirklichung der optimalen Auslegung hinsichtlich Schub, Wirkungsgrad und Schallpegel mit bestmöglichen Kennwerten betrieben werden.
- Der vom Digitalregler gewährleistete schonendere Betrieb mit abgebauten Parameterspitzen ermöglicht eine längere Lebensdauer, bzw. größere Inspektionsintervalle bei höherer Sicherheit.
- Anhand gemessener Parameterveränderungen sind prognostische Zustands- und Schadensanalysen möglich, welche eine solide Grundlage der Wartung und Nutzung nach Zustand darstellen.

Erforderlich sind Modelle, welche die Realität gut widergeben und trotzdem so weit vereinfacht sind, daß ihre numerische Umwandlung in Simulationsprogramme bei minimaler Zeit unter Berücksichtigung ihres stationären und dynamischen Verhaltens erfolgt. In Verbindung damit spricht man vom ***Übertragungsverhalten*** und der Forderung nach ***Echtzeitbetrieb***. Aus der Literatur bekannte, dazu geschaffene Simulationsprogramme sind GENENG (NASA, 1972), DYNGEN (NASA,1975) und ZTLSYN (TU München, 1982). Zur Theorie dieser Problematik existieren eine Reihe von Arbeiten [2] mit umfangreicher Darstellung der hier angedeuteten Probleme und Entwicklungsrichtungen.

Demnach üben Regelsysteme mit ihren Aktivitäten und ihrer Präzision wesentlichen Einfluß auf Arbeitsprozeß und Charakteristik der Triebwerke aus. Sie bestimmen die Höhe der Prozeßparameter in Abhängigkeit von den Betriebsbedingungen und wirken so ein auf die zu realisierenden Kennwerte im Nutzungsbereich. Neugeschaffene TL mit hochausgelegten Prozeßparametern erfordern ein höheres Niveau des Regelsystems auf der Basis von FADEC. Nach dem ***stationären*** und vor allem dem ***instationären*** Betriebsverhalten erlangen so die Modellbildung, ihre Umsetzung in Software und schließlich ihre Realisierung im Arbeitsprozeß des TL wachsende Relevanz.

[2] Bauerfeind,K.:Die Berechnung des Übertragungsverhaltens von Turbo-Strahltriebwerken unter Berücksichtigung des instationären Verhaltens der Komponenten. LRT 14(1968)5, S.117-124

Urban, L. A.: Gas Path Analysis - A Tool For Engine Condition Monitoring. Flight Safety Foundation, Christchurch, Newsealand, 1980

Klotz, R.: Ein Beitrag zur digitalen Simulation von Turboluftstrahltriebwerken mit Hilfe vereinfachter Modelle. Dissertation TU Braunschweig, 1988

11.2 Steuerungsprogramme zur Drosselung

Unter Drosselung versteht man die Veränderung der Leistungsstufen eines TL, im engeren Sinn ihre Verringerung zwischen größt- und kleinstmöglicher. Ausgelöst durch die Verstellung des Drosselhebels, ist dieser Vorgang zugleich als *Steuerung* definiert. Sie erfolgt nach bestimmten Gesetzmäßigkeiten, den o.g. Steuerungsprogrammen, dabei fast stets getrennt für den Gasgenerator und den Nachbrenner.

Die **Drosselung des Gasgenerators** erstreckt sich auf den Bereich von *Maximal* bis *Leerlauf*. Vom Drosselhebel werden über die Stellgrößen $\dot{m}_B$ und A_8 die Betriebszustände des TL gesteuert. Abweichungen der Prozeßgrößen gegenüber dem Auslegungszustand A treten ein. Dadurch verursachte Prozeßveränderungen können nach unterschiedlichen Steuerungs- bzw. Drosselprogrammen erfolgen. Die wichtigsten sind:

$$T_{t4} = const \qquad (A_8, n_{GG}) = var \tag{11.1}$$

$$n_{GG} = const \qquad (A_8, T_{t4}) = var \tag{11.2}$$

$$\Delta K = const \qquad (A_8, n_{GG}) = var \tag{11.3}$$

$$A_8 = const \qquad (n_{GG}, T_{t4}) = var \tag{11.4}$$

Gegenüber der Leistungsstufe *Maximal*, symbolisiert durch den Auslegungspunkt A, werden diese Programme unter dem Gesichtspunkt der *Drosselung* nach Abb.11.1 untersucht. Das bedeutet eine Verringerung der Leistungsstufe, u.U. bis zum Erreichen des *Leerlaufs*. Die Erörterung der gegenteiligen Bewegung (Beschleunigung) ist dabei, wenn auch nicht besprochen, ebenso relevant. Eine Ergänzung dieser (idealisierten) Drosselprogramme, die hier als Beispiel dienen, durch andere ist möglich, wird aber zu gleichen bzw. ähnlichen Schlußfolgerungen führen.

Programm (11.1) löst beim Zurücknehmen des Drosselhebels die abgestimmte Verkleinerung der Stellglieder $\dot{m}_B$ und A_8 so aus, daß bei sinkenden Werten von Drehzahl und Massenstrom die Temperatur T_{t4} erhalten bleibt. Dadurch wandert Punkt A nach Abb.11.1 fast horizontal in Richtung der Instabilitätsgrenze bei sich rasch verringernder Stabilitätsreserve aus. Mit gleichbleibender thermischer Belastung sowie großer Verbrennungsstabilität ist der Drosseleffekt nur klein. Wegen der Nachteile wird (11.1) gewöhnlich nicht angewandt, ist aber für die Theorie nicht auszuschließen.

Nach Programm (11.2) ist die Turbine durch „Auffahren" der Schubdüse bestrebt, infolge erhöhtem Π_T-Wert die Drehzahl über $n_{GG} = n_{max}$ hinaus zu steigern. Das wird durch Zurückregeln von $\dot{m}_B$ und somit T_{t4} verhindert. Unter wesentlicher thermischer Entlastung und wachsender Stabilitätsreserve erfolgt mit unverminderter Drehzahl, d.h. bei hoher mechanischer Belastung des Rotors, eine Annäherung an die Armverlöschgrenze. Auch (11.2) ist deshalb ungeeignet, den Gesamtdrosselbereich abzudecken.

Durch Programm (11.3) wird konstante Stabilitätsreserve ΔK gewährleistet. Es wird mittels $\dot{m}_B$-Verringerung und dazu abgestimmter Variation von A_8 verwirklicht. Neben der Sicherheit gegenüber instabiler Arbeit werden dabei als weitere Vorteile die Größen von T_{t4}, n_{GG} und $\dot{m}_L$ merklich verkleinert. Daraus ergibt sich eine beträchtliche Drosselung mit wesentlicher Schubverringerung sowie thermischer und mechanischer Entlastung des Gasgenerators. Dieses betriebstechnisch günstige Programm (11.3) setzt allerdings die permanente Kontrolle des Betrages von ΔK voraus und erfordert hochentwickelte Regeltechnik mit variabler Geometrie.

Demgegenüber ist Programm (11.4) nur durch Verkleinerung von $\dot{m}_B$ ohne variable Geometrie zu realisieren. Dadurch sinken die Drehzahl und entsprechend der Kennfeldabhängigkeit auch alle weiteren Parameter. Im Zustand tieferer Drosselung (s.a.

Abb.11.1) ist als Nachteil die Annäherung an die Instabilitätsgrenze zu beobachten. Deshalb ist dieses Programm nur für 1W-TL bis $\Pi_V = 4 \ldots 6$ für den gesamten Drosselbereich nutzbar. Im Regelfall der höherbelasteten Gasgeneratoren ist (11.4) nur bei Mehrwellenanordnung oder unter Einsatz von variabler Geometrie, z.B. bei Schaufelverstellung im Verdichter oder durch den bereichsweisen Übergang zu (11.2), verwendbar.

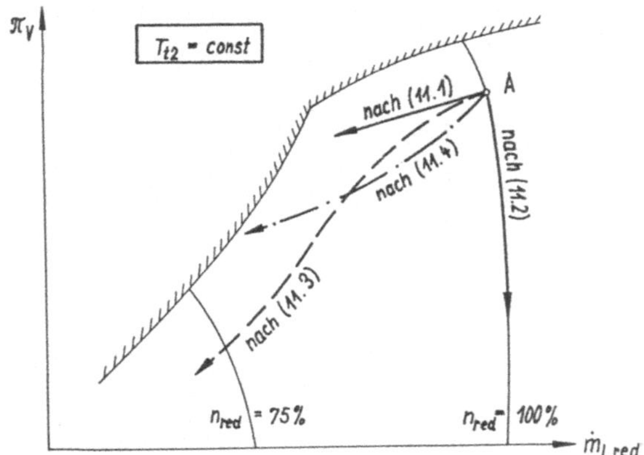

Abb. 11.1: Arbeitslinien bei unterschiedlicher Drosselung des Gasgenerators

Der Auslegungspunkt A für die Leistungsstufe *Maximal* in Abb.11.1 wird bei Drosselung des Gasgenerators im Interesse der Schubverringerung und seiner Entlastung in Richtung des Koordinatenursprungs verlagert. Durch Anwendung mehrerer Drosselprogramme können dabei in der Theorie unterschiedliche Richtungen eingeschlagen werden, die jeweils andere Vorzüge und Nachteile mit sich bringen. Bei der Steuerung des Gasgenerators sind Höhe und Geschwindigkeit der Parameterveränderungen, die Verdichter- und Verbrennungsstabilität als auch die praktische Machbarkeit, z.B. im Zusammenhang mit der variablen Geometrie zu berücksichtigen.

Für die **Drosselung des Nachbrenners** gelten analoge Aspekte. Militärische TL der zweiten oder einer höheren Generation verfügen über NB, deren Schub über den Drosselhebel gesteuert wird. Der Arbeitsprozeß des NB einschließlich seiner Drosselung wirkt dabei in der Regel auf den des Gasgenerators ein.

Ausgehend von der größten Leistungsstufe *Nachbrenner maximal* im Auslegungspunkt A kann nach Abb.11.2 das kleinste NB-Regime *Nachbrenner minimal* über verschiedene Programme angesteuert (gedrosselt) werden. In der Darstellung wurde zugleich berücksichtigt, daß bei NB-Betrieb in der Regel Überschallgeschwindigkeiten mit hohen Stautemperaturen erreicht werden, die kleinere Werte der reduzierten Drehzahl im Gasgenerator nach sich ziehen. Deswegen wird zwischen der Lage der beiden Ausgangszustände für $n_{red} = 100$ % ($M = 0$ am Boden) und $n_{red} = 86$ % ($M = 2{,}0$ in der Stratosphäre) unterschieden. Grundsätzliche Möglichkeiten einer NB-Drosselung sind:

$$(n_{GG}, \Pi_T) = const \qquad A_8 = var \tag{11.5}$$

$$(\Pi_T, A_8) = const \qquad n_{GG} = var \tag{11.6}$$

$$(n_{GG}, A_8) = const \qquad \Pi_T = var \tag{11.7}$$

NB-Drosselung nach Programm (11.5) bewirkt in direkter Abhängigkeit von α_{DH} das „Zufahren“ der Schubdüse. Darauf wird über die kleiner dimensionierte NB-Brennstoffmenge $\dot{m}_{B'}$ so reagiert, daß sich der Druck $p_{t7'}$ nicht ändert, d.h. $\Pi_T = const$

verwirklicht wird. Als Hauptvorteil bleibt die unveränderte Lage des Arbeitspunktes A im Kennfeld und somit der Betriebszustand des Gasgenerators erhalten, obwohl die NB-Flamme an Intensität einbüßt und der NB-Schub sinkt. Die dabei erfolgende Annäherung an die NB-Armverlöschgrenze ist ein Nachteil. Wegen des gleichbleibenden Hauptprozesses bei starker NB-Drosselung wird Drosselprogramm (11.5) bevorzugt.

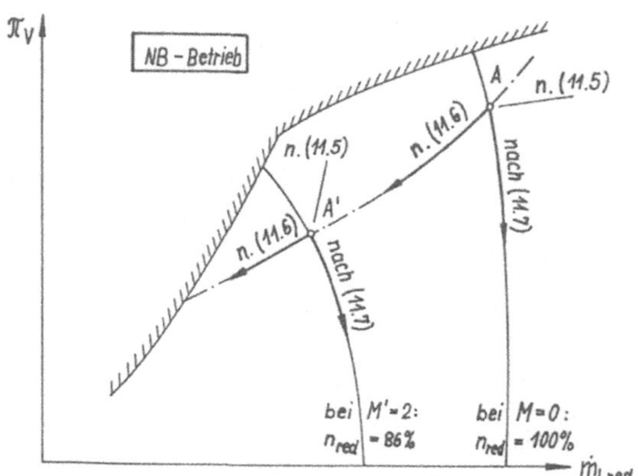

Abb. 11.2: Arbeitslinien bei unterschiedlichen Drosselungsprogrammen des NB

Beim Programm (11.6) sinken die Brennstoffdurchsätze in Haupt- und NB-Kammer und damit alle Parameter des NB-Prozesses. Dadurch werden die Schubanteile von Gasgenerator und NB verkleinert, und die Drehzahl vermindert sich nach Programm (11.4). Bei etwa gleichbleibender Zusammenstzung des Brenngemisches fällt die Stabilitätsreserve in Verdichter und Einlauf, vor allem bei großer Flug-M-Zahl. Deswegen wird (11.6) selten und nur dort angewandt, wo letzteres keine entscheidende Rolle spielt, z.B. nur im Unter- und Transschallbereich.

Die Drosselung nach Programm (11.7) wirkt sich dagegen günstiger auf den Gasgenerator aus, weil der Abfall von $\dot{m}_{B'}$ bei unveränderlicher Schubdüse das Druckverhältnis Π_T vergrößert. Nachfolgend werden im Interesse von $n_{GG} = n_{max} = const$ die Parameter $\dot{m}_B$ und T_{t4} zurückgenommen, d.h. der Gasgenerator wird bei voller Drehzahl nach (11.2) gedrosselt. Drosselprogramm (11.7) wird dort angewandt, wo große Schubunterschiede in kurzer Zeit zu realisieren sind. Bei nachteiliger Annäherung an die Armverlöschgrenzen in Haupt- und NB-Kammer sind als Vorzüge der Verzicht auf die variable Geometrie sowie die Realisierung größter Beschleunigungsfähigkeit zu nennen. NB-Betrieb und höchste Drehzahl bleiben bekanntlich trotz Drosselung bestehen. Infolge Prozeßänderung in Hauptbrennkammer und NB können bei konstantem Luftmassenstrom größte Gesamtschubverstellungen in kürzester Zeit verwirklicht werden.

11.3 Regelprogramme des TL in Einwellenbauart

Unter dem Gesichtspunkt der Regelung reagiert bei unveränderlicher Drosselhebelstellung das automatisch arbeitende Regelsystem des TL auf äußere Störeinflüsse. Dabei werden die Stellgrößen $\dot{m}_B, A_8$ und bei TL-NB auch $\dot{m}_{B'}$ den Arbeitsprozeß beeinflussend nach bestimmten Gesetzmäßigkeiten (*Regelprogrammen*) verändert. Unter dem

Aspekt der Triebwerkstheorie ist zur Gewährleistung eines intensiven Arbeitsprozesses bei zugleich größter Belastung der Bauteile das grundsätzliche Regelprogramm sinnvoll:

$$\begin{aligned} n_{GG} &= n_{max} = const \\ T_{t4} &= T_{max} = const \\ T_{t9'} &= T_{max} = const \end{aligned} \qquad (11.10)$$

Programm (11.10) ermöglicht unter Standardbedingungen durch Aufrechterhaltung der zulässigen Größtwerte von Drehzahl und Gastemperaturen die Maximalbeträge an innerer Arbeit und Schubkraft. Deshalb stellt es die theoretische Grundlage bei der Untersuchung von TL-Charakteristiken dar. Seine praktische Verwirklichung ist allerdings (zumindest für hydromechanische Regelsysteme) problematisch. Schwierigkeiten bestehen vor allem in der trägheitslosen Messung und Sofortverarbeitung der Temperaturen, welche zeitlichen und örtlichen Schwankungen unterliegen. Dagegen läßt sich die Drehzahl vergleichsweise genau ermitteln und auswerten.

Bei Abweichungen der Eintrittstemperatur T_{t2} vom Standardwert ändert sich nach (4.23) der Betrag der reduzierten Drehzahl n_{red} und damit die Lage des Arbeitspunktes A im Kennfeld des Verdichters. Jede Zunahme von T_{t2} (das ist bei höherer Außentemperatur oder Flug-M-Zahl der Fall) bedeutet eine Verringerung des Betrages von n_{red} gegenüber dem maximal zulässigen. Der Verdichter ist trotz $n_{GG} = n_{max}$ hinsichtlich Massenstrom und Druckverhältnis infolge *gasdynamischer Drosselung* nicht voll belastet. Dadurch sinken Beanspruchung und Schub des TL im Verhältnis zu den sonst möglichen Größtwerten. Umgekehrt tritt beim Abfall von T_{t2} ein u.U. unzulässiger Anstieg der reduzierten Drehzahl ein, obwohl die kinematische Drehzahl auf ihrem Höchstbetrag konstant bleibt. Auch wegen der Arbeitspunktverschiebung ist Programm (11.10) ungünstig bzw. korrekturbedürftig. Für die Praxis bedeutsam ist, daß die Temperaturen in (11.10) durch proportionale, besser handhabbare Größen ersetzt werden. Diesbezüglich ist folgendes Programm für nicht allzu große Anforderungen verwendbar:

$$\begin{aligned} n_{GG} &= const \\ \Pi_T &= const \\ A_8 &= const \end{aligned} \qquad (11.11)$$

Indirekt sind mit diesen in (11.11) genannten Regelparametern die Temperaturen T_{t4} und $T_{t7'}$ als Näherung festgelegt, wenn die Flug-M-Zahl den Transschallbereich nicht wesentlich überschreitet. Temperaturerhöhungen von 3...5% wurden dabei gemessen, welche bei der Einregulierung zu berücksichtigen sind. Für viele TL früherer Generationen, darunter für jene der Unterschall-Verkehrsluftfahrt, hat sich Programm (11.11) auch wegen der damals geringeren Anforderungen bewährt.

Für hochbelastete TL zum Einsatz in großem M-Zahlbereich sind diese Temperaturveränderungen allerdings nicht hinnehmbar. Um (11.10) besser anzunähern, läßt sich anstelle von T_{t4} der dazu proportionale, aber kleinere Wert von T_{t5} und für den NB der Betrag von $T_{t7'}$ durch das Verhältnis $\dot{m}_{B'}/p_{t3}$ substituieren. Diese Regelgrößen sind besser auswertbar, und sie gewährleisten kleinere Abweichungen. Das neue Programm

$$\begin{aligned} n_{GG} = n_{max} &= const \\ T_{t5} = T_{max} &= const \\ (\dot{m}_{B'}/p_{t3})_{max} &= const \end{aligned} \qquad (11.12)$$

erfordert als höhere Qualität den Einsatz variabler Geometrie der Schubdüse zu seiner Verwirklichung. Bei M-Zahl-Zuwachs wird in bestimmtem Maß A_8 kontinuierlich vergrößert. Die Folge davon ist ein quantitativ bemessenes Ansteigen des Druckverhältnisses Π_T sowie anwachsende Turbinenleistung. Dadurch gelingt es, mit konstanter Drehzahl ohne Erhöhung der Turbineneintrittstemperatur auszukommen. Gleichbleibende thermische und mechanische Belastung des Gasgenerators garantierend, eignet sich Programm (11.12) gut für hochausgelegte, in großem M-Zahlbereich eingesetzte TL-NB militärischer Zweckbestimmung.

Wird bei zukünftigen TL von Überschall- und Hyperschallflugzeugen eine exakt gleichbleibende Arbeitspunktlage im Verdichterkennfeld gefordert, so ist ein gegenüber (11.10) geändertes Programm mit Konstanz *reduzierter Regelparameter* anzuwenden. Für den Gesamtflugbereich wird dadurch ein *gasdynamisch ungedrosselt* arbeitender Gasgenerator gewährleistet. Unter Berücksichtigung von (4.20) und (4.23) lautet dies:

$$\begin{aligned} n_{red} &= n\sqrt{\frac{288K}{T_{t2}}} = const \\ T_{t4red} &= T_{t4}\frac{288K}{T_{t2}} = const \\ T_{t9red} &= T_{t9}\frac{288K}{T_{t2}} = const \end{aligned} \qquad (11.13)$$

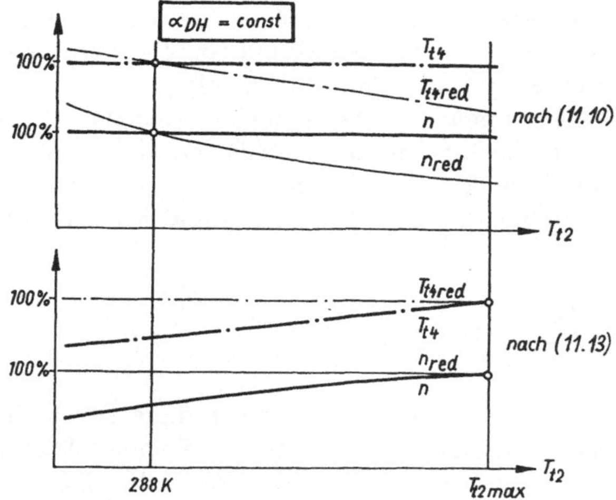

Abb. 11.3: Regelverhalten bei Konstanz nichtreduzierter und reduzierter Parameter

Verwirklicht durch reduzierte Brennstoffströme $\dot{m}_B$ und $\dot{m}_{B'}$ bei starrer Geometrie, gewährleistet Programm (11.13) mit dem Fixpunkt A konstante Zahlenwerte für Stabilitätsreserve und Wirkungsgrad des Verdichters sowie den größtmöglichen Luftmassenstrom. Seine Realisierung erfordert ein niveauvolles, möglichst digitales Regelsystem. Abhängig von der Temperatur T_{t2} hat es zu gewährleisten, daß nach den ersichtlichen Beziehungen die nicht reduzierten Parameter n_{GG}, T_{t4} und T_{t7} als Funktion der M-Zahl durch quantitativ bemessenes Mehreinspritzen von Brennstoff ansteigen.

Um die auch damit zunehmende Bauteilbelastung in Grenzen zu halten, muß die Prozeßauslegung nach Abb.11.3 für T_{t2max} bzw. M_{max} so erfolgen, daß dabei die Größtwerte der nichtreduzierten Parameter mit denen der reduzierten, die zu 100 % angesetzt wurden, übereinstimmen. Ein unzulässiges Überschreiten von Grenzen wird dadurch verhindert. Zugleich wird bei T_{t2max} der größte Schub, und zwar ein wesentlich höherer als nach (11.10), erreicht. Umgekehrt bedeutet das aber, daß bei M-Zahlverkleinerung nichtreduzierte Parameter und Schub unerwünscht absinken.

Der Nachteil allzu großen Schubabfalls beim Langsamflug nach (11.13) läßt sich verhindern, wenn im NB auf ein geändertes Programm mit $T_{t7} = const$ übergegangen wird. Dabei würde der NB durch die zu 100 % wirksam bleibende NB-Temperatur einen größeren Schubanteil des TL bei allerdings schlechterer Wirtschaftlichkeit übernehmen. Im weiteren erlangen Regelprogramme zur Parameterlimitierung Bedeutung:

$$p_{t2} = p_{max} = const \qquad (11.14)$$

$$T_{t2} = T_{max} = const \qquad (11.15)$$

$$\dot{m}_B = \dot{m}_{max} = const \qquad (11.16)$$

Diese Programme gewährleiten die Betriebssicherheit des TL im Flug durch Einhalten von Grenzparametern, welche neben der Ebene 2 auch auf die von 3 bezogen sein können. Dabei ist es möglich, daß (11.16) infolge Erreichens der Förderleistung der Brennstoffpumpe indirekt die Programme (11.14) und (11.15) mit erfüllt.

In der Funktionsweise dieser Regelprogramme ist nach der Triebwerkstheorie das Prozeßverhalten einfacher TL in 1W-Bauart bei Änderung äußerer Bedingungen mit ihrem Regelsystem zu erörtern. Dazu wurde auch der NB und die variable Geometrie der Schubdüse herangezogen. Darauf aufbauend läßt sich das Regelverhalten komplizierterer TL z.B. mit umfangreicherer variabler Geometrie (Schaufelverstellung im Verdichter) studieren, wenn die Gesetzmäßigkeiten dazu bekannt sind. Die folgende Untersuchung erstreckt sich auf die oft zu erörternden Besonderheiten der TL in 2W-Bauart.

11.4 Regelprogramme des Zweiwellentriebwerkes

Infolge zweier kinematisch unabhängiger Triebwerksrotoren existieren verschiedengroße Drehzahlen, für den *Niederdruckrotor* $n_{NDR} = n_1$ und den *Hochdruckrotor* $n_{HDR} = n_2$. Demzufolge liegen bei den 2W-TL mit unveränderlicher Geometrie drei Regelparameter vor: die Turbineneintrittstemperatur T_{t4} sowie die Drehzahlen n_1 und n_2. Dabei ist für das Regelverhalten des 2W-TL wichtig zu wissen, daß sich Druckänderungen hinter der Turbine bei kritischer und überkritischer Strömung nur auf die NDT auswirken. Zunächst wird die Bedingung $A_8 = const$ vorausgesetzt, wodurch zugleich die Gesetzmäßigkeit $\Pi_{NDT} = \Pi_T = const$ gewährleistet ist. Für diese *2W-TL mit unveränderlicher Geometrie* sind die folgenden grundsätzlichen Regelprogramme möglich:

$$T_{t4} = T_{tmax} = const \qquad A_8 = const \qquad (11.20)$$

$$n_1 = n_{1max} = const \qquad A_8 = const \qquad (11.21)$$

$$n_2 = n_{2max} = const \qquad A_8 = const \qquad (11.22)$$

Diese Programme gelten auch für den NB-Betrieb, wenn dabei $\Pi_T = const$ beibehalten wird. Während so außer A_8 jeweils noch ein Parameter konstant bleibt, ändern sich unerwünscht die anderen als Funktion der M-Zahl bzw. der Eintrittstemperatur T_{t2} nach Abb.11.4. Wiederum ausgehend vom Standardzustand ($T_{t2} = 288K$) mit jeweils auf 100 % einregulierten Parametern divergieren letztere im Flug. Ursache für dieses Auseinanderlaufen der Drehzahlen, welches auch als *Schlupf* bezeichnet wird, ist das unterschiedliche Drehverhalten der Rotoren. Es resultiert (s.a. Kap.6.9) aus den gegensätzlichen Umströmungsbedingungen der Beschaufelung beider Verdichterteile, d.h. also des NDV und des HDV.

Im Flug führt die Zunahme der M-Zahl infolge Stauverdichtung primär zur Dichtevergrößerung des Luftstromes bei kleinerer Absolutgeschwindigkeit und damit zur Deformation der Geschwindigkeitsdreiecke im Verdichtereintritt, welcher bekanntlich zum NDV gehört. Dies erfordert im NDV die Vergrößerung von Anströmwinkeln, resultierenden Schaufelkräften, Drehmomenten und Antriebsleistung. Demzufolge läßt sich die Forderung $n_{NDV} = n_{NDR} = n_1 = const$ nach (11.21) nur durch eine höhere Antriebsleistung des dafür zuständigen Turbinenteils, in diesem Fall der NDT, realisieren.

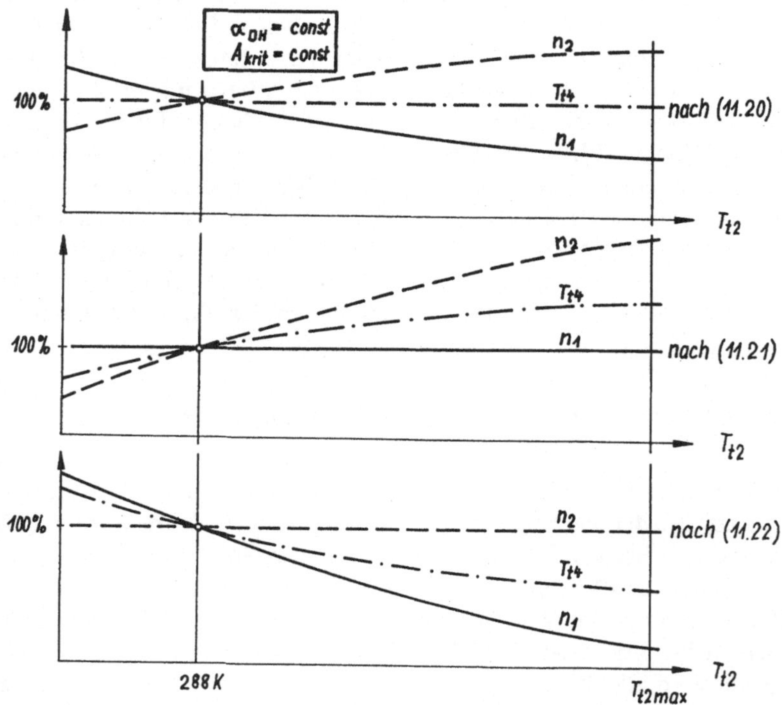

Abb. 11.4: Parameterveränderungen des 2W-TL mit $A_8 = const$ im Flug

Umgekehrt bewirkt der Anstieg der Temperatur T_{t2} die Verkleinerung des Verdichterdruckverhältnisses und so das relative Absinken der Dichte im Austritt, also im Hochdruckteil des Verdichters. Der HDV arbeitet deswegen im Flug mit kleineren Anströmwinkeln und Drehmomenten. Folglich wird dem Antrieb des HDV (der HDT) unter der Bedingung $n_2 = const$ nach (11.22) weniger Leistung abverlangt.

Als Schlußfolgerung aus dem analysierten gegensätzlichen Verhalten seiner Verdichterteile im Flug ergibt sich bei M-Zahlvergrößerung für das 2W-TL die Feststellung:

Die Rotation seines NDR (NDV) wird *erschwert*, die seines HDR (HDV) wird *erleichtert*. Für das 2W-TL mit starrer Geometrie besteht also bei Veränderung äußerer Bedingungen die permanente Tendenz des Fallens von n_1 und des Steigens von n_2, wie es nach Programm (11.20) in Abb.11.4 (oben) ersichtlich ist. Zugleich ist hier die Erinnerung an Kap.6.9 erforderlich: Dieses unterschiedliche Rotationsverhalten ist als erfolgreiche ***Selbstregelung*** mit dem Ziel stabiler Arbeit, d.h. als Gegenwirkung auf die sonst eintretende Deformation der Geschwindigkeitsdreiecke zu werten.

Nach (11.20) liegt mit $A_8 = const$ und $T_{t4} = const$ gleichbleibende Leistung beider Turbinenteile vor, so daß wie oben erklärt n_1 verkleinert und n_2 vergrößert wird. Der Parameter T_{t4} wird bei gegenwärtigen TL selten ausgewertet, aber die Drehzahlen lassen sich regeltechnisch gut handhaben. Deshalb werden die Programme (11.21) für militärische Verwendung und (11.22) für zivile Nutzung bevorzugt. Nach (11.21) steigen die Parameter außer n_1 (s.a. Abb.11.4, Mitte), so daß durch Intensivierung des Arbeitsprozesses eine Schuberhöhung eintritt. Die fallenden Parameter nach (11.22) bewirken die Entlastung von Bauteilen sowie u.U. eine Verbesserung der Wirtschaftlichkeit bei allerdings sinkender Schubintensität.

Der grafischen Darstellung in Abb.11.4 ist zu entnehmen, daß sich bei Verkleinerung von M-Zahl und T_{t2} die Tendenz der Parameteränderung umkehrt. Die quantitativen Veränderungen können bei extremen Abweichungen der Eintrittsparameter nach (11.21) und (11.22) in Militärtriebwerken 5...10 % erreichen, sind aber meist auf kleinere Toleranzbereiche eingeengt. Deshalb ist der Bereich zulässiger M-Zahländerung für militärische 2W-TL auf z.B. $M = 1,3 \pm 0,5$ begrenzt. Mit ungefähr $M = 1,3$ wird bekanntlich in der Stratosphäre die Standardtempertur am Boden von $T_{t2} = 288$ K (wieder) erreicht, so daß diese M-Zahl den Ausgangspunkt für die Veränderungen der Parameter darstellt. Bei 2W-ETL sind beide Rotoren mechanisch etwa gleich belastet, wodurch die Drehzahlen annähernd symmetrisch zu T_{t4} divergieren. Dagegen geht bei ZTL (alle ZTL sind mit einer Ausnahme Mehrwellenmaschinen) die Leistungsaufteilung wegen des Bläsers in der Regel stark zu Lasten des NDR. Der Leistungsanteil der NDT kann unter der Voraussetzung einer verstellbaren Schubdüse durch Regelung ihres Druckverhältnisses verändert werden, wie im weiteren zu zeigen ist.

Für die gegenwärtigen hochbelasteten 2W-TL-NB sind die Parameterveränderungen nach (11.21) und (11.22) zu groß. Um sie zu verringern, wird analog dem Programm (11.12) über die kontinuierliche Verstellung der Schubdüse abhängig von den äußeren Bedingungen das Druckverhältnis Π_{NDT} beeinflußt. Dadurch ist die Turbine mit einer konstanten Drehzahl und zusätzlich mit gleichbleibender Gastemperatur zu betreiben. Die dafür verwendbaren Regelprogramme bei günstigerem Parameterverhalten lauten:

$$\begin{aligned} n_1 &= n_{1max} &&= const \\ T_{t5} &= T_{t5max} &&= const \qquad A_8 = var \\ (\dot{m}_{B'}/p_{t3})_{max} & &&= const \end{aligned} \tag{11.23}$$

$$\begin{aligned} n_2 &= n_{2max} &&= const \\ T_{t5} &= T_{t5max} &&= const \qquad A_8 = var \\ (\dot{m}_{B'}/p_{t3})_{max} & &&= const \end{aligned} \tag{11.24}$$

Entsprechend der Darstellung des Parameterverlaufs in Abb.11.5 sind nach Programm (11.23) die Gastemperatur und n_1 konstant, während sich n_2 vergrößert, aber um kleinere Beträge als nach (11.21). Mit anderer Tendenz sinkt nach (11.24) die Drehzahl n_1, und zwar ebenfalls schwächer als nach (11.22), wobei die anderen Parameter sich nicht ändern. Das gewährleistet die variable Schubdüsengeometrie, welche durch kontinuierliche Veränderung von $A_8 = f(M)$ auch die des Druckverhältnisses Π_{NDT} bewirkt.

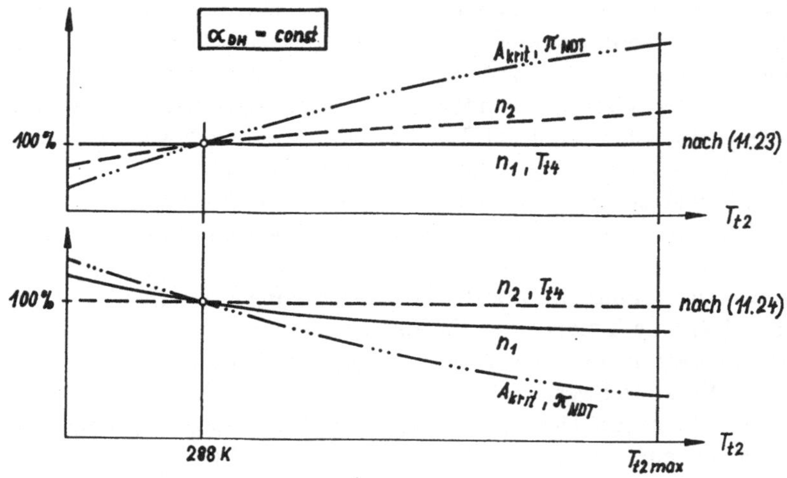

Abb. 11.5: Parameterveränderungen des 2W-TL mit $A_8 = var$ im Flug

Hauptvorzug einer Regelung von 2W-TL mit $A_8 = var$ ist das Parameterverhalten $(T_{t4}, T_{t5}) = const$, d.h. die gleichbleibende thermische Belastung der Turbine. Durch dieses Qualitätsmerkmal von TL für den Überschallbereich der 3. Generation kann ihr Arbeitsprozeß von Anfang an auf die zulässige Höchsttemperatur einreguliert werden, ohne im Flug thermische Überbelastung befürchten zu müssen. Zugleich wird auch der zu nutzende M-Zahlbereich gegenüber den Programmen mit starrer Schubdüse größer.

11.5 Kombinierte Regelprogramme von Zweiwellentriebwerken

Zur Auswahl eines zweckmäßigen Regelprogramms sind für TL und Flugmission viele Gründe maßgebend. In Abhängigkeit von der Höhe der einzuregulierenden Prozeßparameter gehören dazu: Begrenzungen hinsichtlich der thermischen und mechanischen Festigkeit, Probleme instabiler Arbeit als auch die Entwicklung von Schub und spezifischem Brennstoffverbrauch im Flug. Oft ist es dabei nicht möglich oder zumindestens unzweckmäßig, im gesamten M-Zahl- und Flughöhenbereich mit nur einem Regelprogramm zu arbeiten. Sind bei bestimmter M-Zahl bzw. Temperatur T_{t2} die Nutzungsmöglichkeiten eines Programmes erschöpft, ist auf ein anderes überzugehen. Mehrere Teilabschnitte ergeben somit ein *kombiniertes Regelprogramm.*

Ein Beispiel kombinierter Regelprogramme von 2W-TL-NB mit $A_8 = const$ für Jagdflugzeuge zeigt Abb.11.6. Die Vergrößerung der Fluggeschwindigkeit in der Stratosphäre von $M = 0$ über $M = M' = 1,8$ bis $M = M_{max}$ mit einer Drosselhebelstellung in den Laststufen *Maximal* oder *NB* ist dazu Voraussetzung. Die Drehzahl n_1 wird dafür auf dem Höchstbetrag von 100 % bis zum Flugzustand mit M' konstantgehalten. Entsprechend dem verwendeten Programm (11.21) wachsen dabei die Werte von n_2 und T_{t4}. In M' wird regeltechnisch bei $n_2 = n_{2max} = 104$ % auf Programm (11.22) umgeschaltet. Damit sinken bis M_{max} die Werte von n_1 und T_{t4}, wodurch die thermische und mechanische Belastung für beide Programmteile in den zulässigen Begrenzungen bleibt.

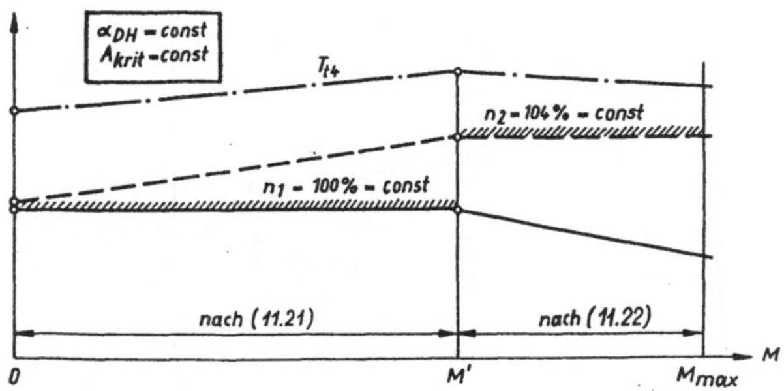

Abb. 11.6: Verlauf der Parameter eines 2W-TL-NB mit $A_8 = const$, welches in großem M-Zahlbereich nach einem einfachen kombinierten Regelprogramm arbeitet

Ergänzend dazu demonstriert Abb.11.7 ein umfangreicheres kombiniertes Regelprogramm für ein hochbelastetes 2W-TL-NB mit verstellbarem Querschnitt A_8, welches abhängig von der Größe T_{t2} auf dem Schubdüsenfahrdiagramm von Abb.9.12 basiert. Es besteht aus fünf Teilabschnitten. Dadurch ergeben sich vier Umschaltpunkte, ersichtlich durch Knicke und Sprünge im Parameterverlauf. Insgesamt sind zwischen den Flugzuständen $M = 0$ und $M = M_{max}$ in der Stratosphäre bei gleichbleibender Drosselhebelstellung in der Laststufe *NBmax* folgende Parameterveränderungen vorgesehen:

- Bis $M_1 = 1,3$ ($T_{t2} = 288K$) wird bei zunächst starrer Schubdüse Programm (11.21) verwirklicht, wobei wie nach Abb.11.6 die Parameter n_2 und T_{t4} ansteigen.
- Das bei M_1 eingestellte Programm (11.23) hält beim „Auffahren" der Düse außer n_1 auch T_{t5} konstant. Der Parameter n_2 wächst weiter, aber flacher als vorher.
- Mit dem Erreichen von $M_2 = 1,5$ (318 K) führt ein A_8-Sprung zu sog. „kalter" Erhöhung von n_1 um 2 %, während sich die anderen Parameter wie bisher ändern.
- In $M_3 = 1,85$ (358 K) wird (11.23) so gewandelt, daß mit Anstieg von A_8 sowie $\dot{m}_{B'}$ und $T_{t9'}$ die Größen T_{t5} und T_{t4} fallen, n_2 aber noch schwach weiterwächst.
- Bei $M_4 = 2,2$ (453 K) ist $n_2 = n_{2max} = 108$ % erreicht. Ein Regelprogramm mit A_8-Verkleinerung verwirklicht gegenüber (11.24) etwas steileren Abfall von T_{t4}.

Dieses umfangreiche kombinierte, wenn auch nicht einfach verständliche Regelprogramm eines Hochleistungstriebwerkes für Jagdflugzeuge ermöglicht die Einnahme geeigneter Betriebszustände mit großer Schubabgabe in weitem M-Zahlbereich. Auf seine

Geschwindigkeitscharakteristik wird in Kap.14 eingegangen. Anhand der Parameterveränderungen ist dabei das Bestreben erkennbar, im mittleren M-Zahlbereich (M_1, M_2) die Prozeßgrößen zur Schubsteigerung zu erhöhen. Im oberen M-Zahlbereich dagegen erfolgt zumindest ab M_4 eine teilweise Parameterzurücknahme, um das TL bei allerdings nicht mehr so großem Schubanstieg thermisch und mechanisch zu schonen.

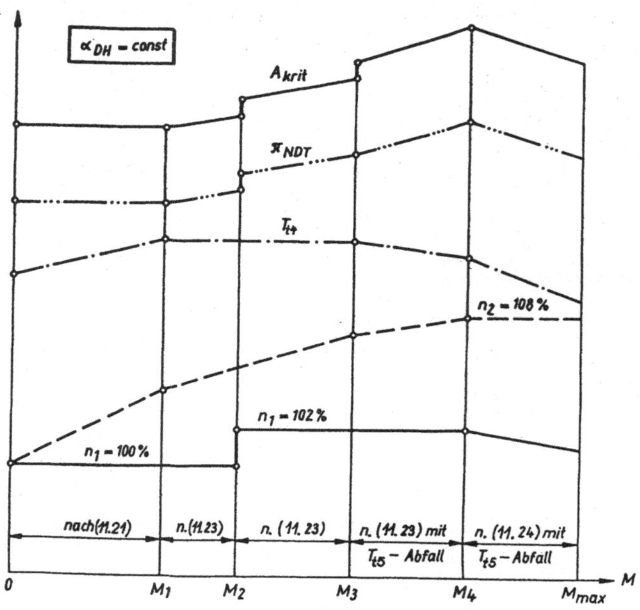

Abb. 11.7: Verlauf der Parameter eines Hochleistungs-2W-TL-NB bei $A_8 = var$ mit einem umfangreicheren kombinierten Regelprogramm in sehr großem M-Zahlbereich

Haben diese kombinierten Programme wegen der Überschallflüge mit NB-Betrieb militärischen Hintergrund, so werden sie bei Antrieben von Überschall-Verkehrsflugzeugen auch ohne NB-Einsatz nicht grundsätzlich anders ablaufen. Voraussetzung dafür ist allerdings, daß die Schubdüse über kontinuierlich zu regelnde variable Geometrie verfügt. Der kritische Schubdüsenquerschnitt A_8 ist zur Regelung von Hochleistungs-TL auch ohne NB-Betrieb ein wichtiges zusätzliches Stellglied.

Bei ähnlicher Philosophie von Prozeßauslegung und Regelung wird man dabei unter der Voraussetzung ausreichenden Schubes vorrangig den spezifischen Brennstoffverbrauch verringern. Außer beim Überschallreiseflug wird dies im Interesse guter Gesamtwirtschaftlichkeit auch für andere M-Zahlbereiche angestrebt. Dazu ist das *Variable Cyrcle*-Prinzip erforderlich, welches auf digitalelektronischer Grundlage (FADEC) eine umfangreichere und flexiblerer Regelung gewährleistet. Damit ist es möglich, die z.B. in Abb.11.7 ersichtlichen Programme nicht starr, sondern variabel in einem Toleranzbereich einzuhalten sowie die Ecken und Sprünge im Parameterverlauf abzurunden.

12 Zusammenarbeit der Baugruppen

12.1 Gesetzmäßigkeiten der Zusammenarbeit

Zum tieferen Verständnis des Arbeitsprozesses (Kap.10), der Regelungsabläufe (in Kap.11) sowie der Charakteristiken von TL in den Kap.13 und 14 ist die Untersuchung thermogasdynamischer Vorgänge zwischen benachbarten Baugruppen erforderlich. Dies sind Veränderungen zwischen dem Auslegungspunkt A und Teillast- bzw. Überlastbereichen. Grundlage ist die quantitative Analyse des Verdichterkennfeldes aus Kap.6.6 mit seinen Gesetzmäßigkeiten. Demnach sind es primär Vorgänge innerhalb des *Gasgenerators* bzw. an seinen Grenzen. Einige der früher aufgezeigten Erscheinungen werden nun mit vereinfachten Rechenansätzen nachvollzogen.

Bekanntlich ist der Gasgenerator die Baueinheit von Verdichter, Brennkammer und Turbine. Diese Koppelung von Kraft- und Arbeitsmaschine, gasdynamisch über die Brennkammer und kinematisch durch das Wellensystem realisiert, gewährleistet den Arbeitsprozeß. Für das einfache 1W-ETL im Gleichgewichtszustand ergibt sich daraus, Verdichter sowie Turbine bzw. ihre Querschnitte betreffend, eine Reihe von Gleichsetzungen der Größen von Massenstrom, Arbeit bzw. Leistung, Totaldruck und Drehzahl:

$$\dot{m}_G = \dot{m}_L\,(1+\mu_B-\mu_K) \tag{12.1}$$
$$w_T = w_V/(1+\mu_B-\mu_K)\,\eta_m \tag{12.2}$$
$$P_T = P_V\,\eta_m^{-1} = \dot{m}_L\,w_V\,\eta_m^{-1} \tag{12.3}$$
$$p_{t4} = p_{t3}\,\sigma_{BK} \qquad \text{bzw.} \qquad p_{t4'} = p_{t3}\,\sigma_{BK'} \tag{12.4}$$
$$n_T = n_V = n_{GG} \tag{12.5}$$

Aus (12.1) geht die Massenstromgleichheit unter Berücksichtigung von Quellen und Senken (Lecks) hervor. Die Summanden darin stehen für Brennstoffzugabe und (Kühl)-Luftentnahme. Vereinfacht wird in (12.1) oft $\dot{m}_G = \dot{m}_L$ gesetzt. Analog ist das für die zu übertragende Arbeit in Verbindung mit dem mechanischen Wirkungsgrad des Wellensystems nach (12.2) zu beachten. In letzterem ist auch die Arbeit für den Geräteantrieb enthalten. Beim Übergang zu Triebwerksbauarten mit komplizierteren Gaskanälen sind die geänderten Massen- und Energieströme zusätzlich zu berücksichtigen.

Für die weitere Analyse unter dem Gesichtspunkt des Gleichgewichtsbetriebes, d.h. des *stationären Zustandes* ohne zeitabhängige Parameterveränderungen, werden die o.g. Beziehungen verwendet. Dabei sind die Massenströme nach der Schreibweise von (3.28) sowie die Arbeiten nach (6.31) und (8.32) von Verdichter bzw. Turbine zu verwenden:

$$A_2\,\alpha_2\,K_\alpha\,p_{t2}\,T_{t2}^{-\frac{1}{2}} = A_{4'}\,\alpha_{4'}\,K_{\alpha G}\,p_{t4'}\,T_{t4}^{-\frac{1}{2}}(1+\mu_B-\mu_K)^{-1} \tag{12.6}$$
$$\frac{R}{m}T_{t2}\,(\Pi_V^m-1)\,\eta_V^{-1} = \frac{R_G}{m_G}T_{t4}\,(1-\Pi_T^{-m})\,\eta_T\,\eta_m(1+\mu_B-\mu_K) \tag{12.7}$$

Diese Gleichungen ermöglichen in Verbindung mit weiteren Beziehungen eine Reihe von quantitativen thermogasdynamischen Betrachtungen innerhalb des Gasgenerators. Dasselbe Prinzip ist aber auch anwendbar für die Querschnittsebenen bzw. Strömungskanäle vor und hinter dem Gasgenerator, d.h. für Einlaufdiffusor und Schubsystem. Dieser Abschnitt beruht u.a. auf Darstellungen, die aus [84] und [112] ersichtlich sind.

12.2 Baugruppen-Zusammenarbeit des Einwellentriebwerks

Im folgenden besteht die Aufgabe, die charakteristischen Linien im Verdichterkennfeld, welches eigentlich ein ***Kennfeld des Gasgenerators*** bzw. des TL ist, quantitativ zu ermitteln. Es existiert fast stets und somit auch hier in den Koordinaten $\dot{m}_{Lred}$ und Π_V. Demzufolge ist es auf Standardbedingungen reduziert, wobei der Massenstrom $\dot{m}_{Lred}$ nach (12.9) dem ***Massenstromverhältnis*** α_2 proportional ist. Das Kennfeld besitzt den Vorzug großer Aussagekraft, weil thermogasdynamische Parameter in Gestalt der ***reduzierten Drehzahl*** mit kinematischen verbunden sind.

Linien der Gesetzmäßigkeit $n_{red} = const$, die sog. ***Drossellinien***, dominieren deshalb das Kennfelddiagramm. Beim Standardzustand mit der Verdichtereintrittstemperatur $T_{t2} = 288$ K stimmen sie nach (4.23) mit der kinematischen Drehzahl $n = n_{GG}$ überein:

$$n_{red} = n_{GG}\sqrt{\frac{288K}{T_{t2}}} \tag{12.8}$$

Für eine andere Temperatur T_{t2} sind im Betrag von n_{red} die gasdynamischen Veränderungen bei der Durchströmung des Verdichters enthalten. Im Bereich großer n_{red}-Werte zeichnen sich Drossellinien durch vertikalen Verlauf im Kennfeld aus. Das ergibt sich durch die Ausbildung kritischer und überkritischer Strömung im Leitgitter der HDT mit Erreichen des Betrages von $\alpha_{4'} = 1$ als Größtwert. Dadurch ist nach (3.28) mittels

$$\dot{m}_G = A_2\,\alpha_2\,K_\alpha\,p_{t2}\,T_{t2}^{-\frac{1}{2}} = A_{4'}\,\alpha_{4'}\,K_{\alpha G}\,p_{t4'}\,T_{t4}^{-\frac{1}{2}} \tag{12.9}$$

bei einem leckfreien Gasgenerator ohne $\dot{m}$-Entnahme nur über den Druck $p_{t4'}$ der Durchsatz $\dot{m}_G$ und damit $\dot{m}_L$ bzw. $\dot{m}_{Lred}$ zu steigern. Dies zieht in der Regel das Anwachsen von T_{t4} nach sich, wirkt dem aber zugleich entgegen. Außerdem ändert sich die Gitterströmung, welche meist mit Wirkungsgradabfall einhergeht. In der Summe wirken sich diese Vorgänge auf den Verdichtereintritt so aus, daß die Werte von α_2 und somit $\dot{m}_{Lred}$ kleiner werden. Die Drossellinien sind deshalb nach links, im Bereich geringer Drehzahlen sogar horizontal bzw. wieder abwärts geneigt.

Eine weitere Linienschar stellt die *Temperaturverhältnisse* T_{t4}/T_{t2} dar. Mit der Bedingung $T_{t2} = 288K = const$ sind diese Linien als *Isothermen* anzusprechen. Dazu wird die Gleichheit der Massenströme nach (12.6) zu nachfolgenden Ausdrücken umgeformt:

$$\frac{\Pi_V}{\alpha_2} = \frac{A_2\,K_\alpha(1+\mu_B-\mu_K)}{A_{4'}\,\alpha_{4'}\,K_{\alpha G}\,\sigma_{BK'}}\sqrt{\frac{T_{t4}}{T_{t2}}}$$

$$C_1 = \frac{A_2\,K_\alpha(1+\mu_B-\mu_K)}{A_{4'}\,\alpha_{4'}\,K_{\alpha G}\,\sigma_{BK'}}$$

$$\frac{\Pi_V}{\alpha_2} = C_1\sqrt{\frac{T_{t4}}{T_{t2}}} \tag{12.10}$$

Die o.g. *Temperaturverhältnisse* T_{t4}/T_{t2} sind nach (12.10) als Strahlen im Kennfeld mit den Koordinaten Π_V und $\dot{m}_{Lred}$ darstellbar. Dabei ist zu berücksichtigen, daß der Betrag von $\dot{m}_{Lred}$ dem von α_2 proportional ist. Die Gleichsetzung der Massenströme in Verdichter und Turbine ermöglicht nach der Theorie diese Verbindung zur genannten Diagrammwiedergabe in Abb.6.5. Je größer der Betrag von T_{t4}/T_{t2}, d.h. je größer die Temperatur T_{t4} ist, um so steiler verläuft der Strahl im Kennfeld. Diese hier quantitativ gefundene Gesetzmäßigkeit (12.10) ist bereits in (6.42) als Tatsache vorweggenommen.

Ein Betriebspunkt des Gasgenerators ist demzufolge im Kennfeld als Schnittpunkt von ***Drossellinie*** und ***Isothermenstrahl*** gekennzeichnet. Das setzt allerdings die quantitativen Angaben ihrer Linien bzw. Zahlenbeträge voraus, welche meist nicht vollständig bekannt sind. Hier ist daran zu erinnern, daß die Erscheinung der „Isotherme" bei genauer Betrachtung ein Temperaturverhältnis ist, und daß $T_{t4} = f(T_{t2}, n_{GG})$ als eine Veränderung quantitativ bekannt sein muß. Zur Vervollständigung dieser Problematik wird die Gleichung (12.7) verwendet und in die ersichtlichen Ausdrücke umgewandelt:

$$\begin{aligned} (\Pi_V^m - 1)\,\eta_V^{-1} &= \frac{m}{m_G}\frac{R_G}{R}(1 + \mu_B - \mu_K)\eta_m\,\frac{T_{t4}}{T_{t2}}\left(1 - \Pi_T^{-m}\right)\eta_T \\ C_2 &= \frac{m}{m_G}\frac{R_G}{R}(1 + \mu_B - \mu_K)\eta_m \\ (\Pi_V^m - 1)\,\eta_V^{-1} &= C_2\,\frac{T_{t4}}{T_{t2}}\left(1 - \Pi_T^{-m}\right)\eta_T \end{aligned} \tag{12.11}$$

Der gewonnene Ausdruck (12.11) besagt, daß zur erforderlichen Energieaufbereitung des Gasgenerators neben Konstanten die Variablen Π_T und T_{t4} maßgebend sind. Das wurde bereits rein qualitativ bei der Erörterung der Regelprogramme in Kap.11, insbesondere bei (11.11) und (11.12) festgestellt. Also wird untersucht, wie sich unter diesen Voraussetzungen der Arbeitspunkt verschiebt.

Mit Veränderung der äußeren Bedingungen bei Wirksamkeit des Programms (11.11) ist bekanntlich die (sich gegenseitig bedingende) Konstanz von Schubdüsenquerschnitt A_8 und Turbinendruckverhältnis Π_T festgelegt. Dies trifft für die Mehrzahl der beim Unterschallflug eingesetzten TL zu, da sie bekanntlich ***starre Schubdüsen*** besitzen. Nach (12.2) läßt sich die Verdichterarbeit mit den Parametern der Turbine wie folgt angeben:

$$w_V = \frac{R_G}{m_G} T_{t4}\left(1 - \Pi_T^{-m}\right)\eta_T\,\eta_m\,(1 + \mu_B - \mu_K)$$

In dieser Gleichung sind unter der Bedingung $\Pi_T = const$ nur die Größen T_{t4} sowie w_V variabel und zugleich einander proportional. Demzufolge gilt für (11.11) der Ausdruck

$$\frac{w_V}{T_{t4}} = const \tag{12.12}$$

Durch den Ausdruck (12.12) wiederum gelingt es, die Beziehung (12.11) unter der Voraussetzung des Regelprogramms (11.11) in modifizierter Form wie folgt zu schreiben:

$$(\Pi_V^m - 1)\,\eta_V^{-1} = C_2\left(1 - \Pi_T^{-m}\right)\eta_T\,\frac{T_{t4}}{T_{t2}} = C_3\,\frac{T_{t4}}{T_{t2}}$$

Darin und in (12.10) ist das Temperaturverhältnis des Gasgenerators enthalten. Deshalb sind beide danach umgestellte Beziehungen einander gleichzusetzen. Das Ergebnis ist:

$$\begin{aligned} \frac{\Pi_V}{\alpha_2} &= \frac{C_1}{\sqrt{C_3}}\sqrt{(\Pi_V^m - 1)\eta_V^{-1}} \\ \frac{\Pi_V}{\alpha_2} &= C_4\sqrt{(\Pi_V^m - 1)\,\eta_V^{-1}} \end{aligned} \tag{12.13}$$

Am Schluß dieser langen Entwicklungskette ergibt sich mit (12.13) eine Beziehung, welche für den Gasgenerator unter der Bedingung $\Pi_T = const$ im Gleichgewichtszustand eine quantitative Bestimmung der Arbeitspunkte gewährleistet. Die Gesamtheit dieser Punkte wird bekanntlich als ***Arbeits-*** bzw. ***Fahrlinie*** bezeichnet. Dabei wird die

Konstante C_4 nach der vorgegebenen Lage des Auslegungspunktes A mit ausreichender Stabilitätsreserve ΔK bestimmt. Bemerkenswert ist, daß die Gleichung (12.13) nur Parameter des Verdichters enthält, so daß er als (hinsichtlich der instabilen Arbeit) empfindlichste Baugruppe des TL dadurch zu kontrollieren ist.

Eindeutig sind damit nach Abb.6.5 die Betriebspunkte des Gasgenerators bzw. des Verdichters als Schnittpunkte von Arbeitslinie und Drossellinie festgelegt. Die Lage der Arbeitslinie ergibt sich nach (12.13) hauptsächlich aus der (in C_4 enthaltenen) Größe von Π_T und ist damit unabhängig von den äußeren Bedingungen.

Bei kleinerem Druckverhältnis Π_T infolge „geschlossener“Schubdüse mit dem Querschnitt $A_8 = A_{min}$ wird für die Forderung $n = const$ ein größerer Betrag an T_{t4} benötigt. Dadurch wandert der Arbeitspunkt entlang der Drossellinie zu einem höhergelegenen Isothermenstrahl. Er gelangt damit bei ansteigendem Wert von Π_V näher an die Grenze der instabilen Arbeit. Für kleinere Beträge von Π_T wird also die Arbeitslinie bei unveränderlicher Turbinenarbeit nach Abb.6.5 „angehoben“. Umgekehrt erfährt sie bei größerer Schubdüsenstellung mit dem Betrag A_{max} im Kennfeld eine Absenkung: Der Gasgenerator wird bekanntlich dem Drosselprogramm (11.2) entsprechend bei $n = const$ mittels „auffahrender“ Schubdüse thermisch und druckmäßig entlastet.

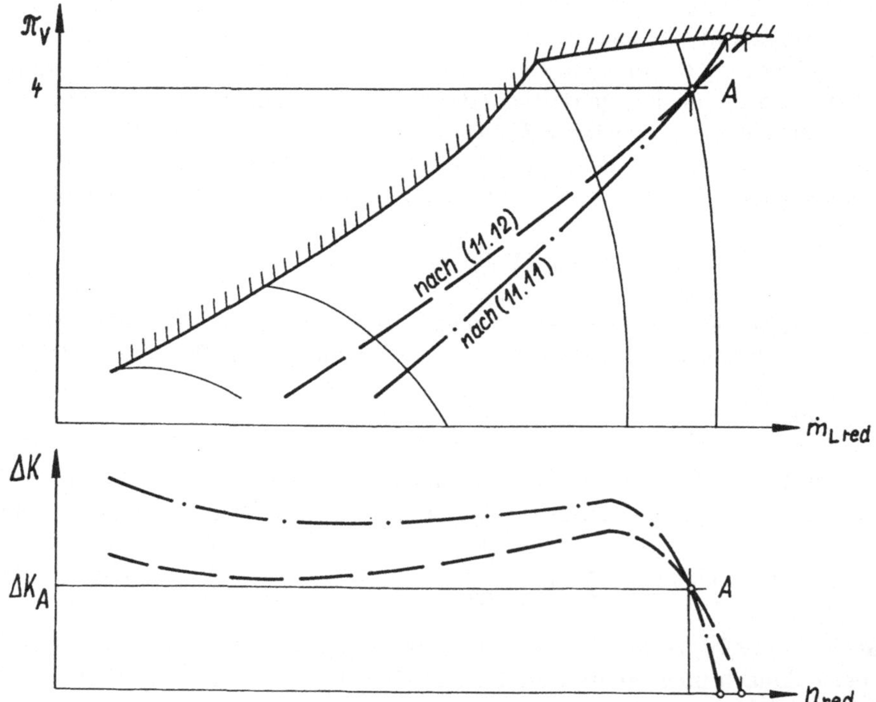

Abb. 12.1: Kennfeld des niedrigverdichteten 1W-TL für verschiedene Arbeitslinien

Hochbelastete TL, welche über *regelbare Schubdüsen* verfügen, können den Parameter Π_T über die Größe A_8 als Stellglied kontinuierlich verändern. Ihr Gasgenerator ist damit in der Lage, das Regelprogramm (11.12) mit $T_{t4} = const$ und $n = const$ zu verwirklichen. Dabei wird allerdings, wie bereits in Abb.11.1 gezeigt, auf einer (im Verhältnis zur bisher besprochenen) anderen Arbeitslinie gefahren. Ihre Gleichung ergibt sich aus

(12.10), wobei für T_{t2} der danach umgestellte Ausdruck von (12.8) zu substituieren ist:

$$\frac{\Pi_V}{\alpha_2} = C_1 \sqrt{\frac{T_{t4}}{288K}} \frac{n_{red}}{n} = C_5 \, n_{red} \qquad (12.14)$$

Die neue Konstante C_5 beinhaltet nach (12.14) auch die entsprechend dem Regelprogramm (11.12) konstant gehaltenen Parameter als Verhältnis $\sqrt{T_{t4}}/n$. Die quadrierte Schreibweise des Ausdrucks ergibt eine bekanntere, in der Literatur ersichtliche Form

$$\frac{T_{t4}}{n^2} = const \qquad (12.15)$$

Demnach stellen die Ausdrücke (11.12), (12.14) und (12.15) ein und denselben Sachverhalt dar. Ihre Verwirklichung gewährleistet gleichbleibende thermische Belastung der Turbine trotz geänderter äußerer Bedingungen mittels variabler Schubdüsengeometrie. Grundsätzlich ebenso würde derselbe Vorgang bei Verstellung des HDT-Leitgitters ablaufen. Nur wurde bisher variable Geometrie für Turbinenleitgitter bei Serienmustern zwecks Regelung nicht angewandt. Bei der Ersteinregulierung von TL auf dem Prüfstand wird dagegen die Leitgitterverstellung in der Turbine zur Gewährleistung eng tolerierter Prozeßparameter für die obersten Leistungsstufen mit Erfolg herangezogen.

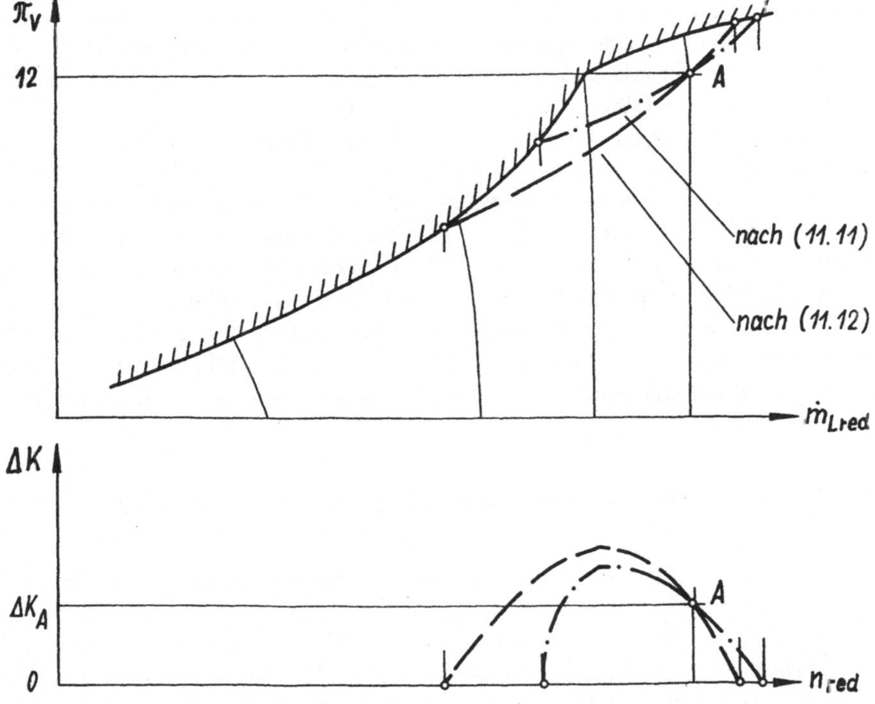

Abb. 12.2: Kennfeld des hochbelasteten 1W-TL für verschiedene Arbeitslinien

Eine nach (12.14) mit $\Pi_T = var$ realisierte Arbeitslinie unterscheidet sich von der aus (12.13) durch andere Krümmung und Steigung. Dabei existieren Unterschiede in den Kennfeldern, abhängig vom Verdichterdruckverhältnis, wie der Vergleich der Abb.12.1 und 12.2 aufzeigt. Der Umschlagspunkt dafür liegt angenähert bei $\Pi_V = 7$, das gegensätzliche Verhalten von Arbeitslinienverlauf und Instabilitätsgrenze betreffend.

Durch Gegenüberstellung von Kennfeldern unterschiedlicher Druckverhältnisse wird das verdeutlicht. Ein z.B. im Auslegungspunkt mit $\Pi_V = 4$ gering verdichtender Gasgenerator (Abb.12.1) ist vergleichsweise problemlos zu betreiben. Seine Arbeitslinien verlaufen bei günstiger Einregulierung in ausreichendem Abstand zur Stabilitätsgrenze im gesamten Drehzahlbereich. Nach (11.12) liegt die Arbeitslinie etwas flacher im Diagramm, in größerem Bereich wie erwünscht etwa parallel zur Stabilitätsgrenze. Die Arbeitslinie des Programms (11.11) hat dagegen eine steilere, nicht ganz so günstige Lage. Für sehr kleine Werte von Π_V kann die Linie nach der Theorie vertikale Lage einnehmen, u.U. sogar in einem Wendepunkt münden.

Ein anderes Verhalten zeigt das Kennfeld des hochverdichtenden Gasgenerators nach Abb.12.2. Das auf $\Pi_V = 12$ gestiegene Druckverhältnis bewirkt, daß Arbeitslinien und Stabilitätsgrenze nicht mehr annähernd parallel zueinander liegen, sondern sich schon bei geringer Drosselung schneiden. Vergleichsweise liegt die Arbeitslinie für Programm (11.12) hier etwas steiler und somit günstiger. Der Drehzahlbereich bei stabiler Arbeit ist dadurch mit ungefähr $n_{red} = 100 \ldots 80$ % etwas größer als bei der Arbeitslinie nach (11.11). Die u.U. bei tiefen Außentemperaturen und Maximaldrehzahl auftretenden Bereiche von $n_{red} > 100$ % sind ebenfalls unterschiedlich groß.

Der niedrigverdichtende Gasgenerator nach Abb.12.1 kommt also ohne Regelung, bzw. bei höheren Anforderungen nur mit der verstellbaren Schubdüse aus. Dagegen könnte das hochverdichtende TL nach Abb.12.2 aus der Theorie nur in engem Drehzahlbereich um den Auslegungspunkt stabil betrieben werden. Selbstverständlich ist letzteres ist für die Praxis undiskutabel. Andererseits ist aber aus Gründen der Kennwertverbesserung eine höhere Verdichtung erforderlich.

Für den überwiegenden Betriebsbereich einschließlich des Anfahrens und Hochdrehens benötigen 1W-TL, welche höher als $\Pi_V = 4 \ldots 6$ verdichten, die Regelung im Gaskanal. Bisher sind Gasgeneratoren in 1W-Bauart mit *geregelter variabler Geometrie* bis zur Größenordnung von $\Pi_V = 15$ für ETL sowie bis zum Betrag von 20 und darüberhinaus für ZTL bekannt. Mit Hilfe variabler Geometrie, vor allem durch die Schaufelverstellung im Verdichter, wird die Lage der Arbeitslinie so verändert, daß ein stabiler Betrieb auch in Teillastbereichen gewährleistet ist. Die andere und zugleich elegantere Möglichkeit der Drucksteigerung für hochbelastete ETL und ZTL, die zunächst keine spezielle Regelung benötigt, ist die *Zweiwellen-* bzw. *Mehrwellen-Bauart.*

12.3 Baugruppen-Zusammenarbeit des Zweiwellentriebwerks

Aufbau und Arbeitsweise des 2W-TL gehen aus der Beschreibung des 2W-Verdichters in Kap.6.9 hervor. Sein „heißer Kern“, der 2W-Gasgenerator, besteht im Zentrum aus dem *Hochdruckrotor* (HDR) mit den Baugruppen HDV, Brennkammer und HDT. Unter Berücksichtigung einiger Besonderheiten in seinem Eintritts- und Austrittsquerschnitt ist der HDR prinzipiell ein 1W-Gasgenerator mit verhältnismäßig kleinen Druckverhältnissen Π_{HDV} und Π_{HDT}. Außer in den Bezeichnungen unterscheiden sich die thermogasdynamischen Gesetzmäßigkeiten und das Kennfeld (s. Abb.12.3) nicht grundsätzlich von denen des 1W-TL aus Kap.12.2.

Ausgehend von den Gleichgewichtsbedingungen (12.1) bis (12.5), welche mit Berücksichtigung der Besonderheiten auch für den 2W-Gasgenerator gelten, lassen sich analoge Kennfeldbeziehungen aufstellen. So ergibt sich nach dem Vorbild von (12.10) eine für die quantitative Darstellung von *„Isothermen“-Strahlen* beim HDR modifizierte Gleichung

$$\frac{\Pi_{HDV}}{\alpha_{21}} = C_1 \sqrt{\frac{T_{t4}}{T_{t21}}} \tag{12.16}$$

Hervorzuheben ist hierbei der durch den Index 21 gekennzeichnete Eintritt in den HDV. Der Betrag der Konstante C_1 wird analog zu der von (12.10) berechnet. Ebenso analog werden nach (12.13) die Arbeitslinien im HDV-Kennfeld ermittelt durch den Ausdruck

$$\frac{\Pi_{HDV}}{\alpha_{21}} = C_4 \sqrt{(\Pi_{HDV}^{m} - 1)\, \eta_{HDV}^{-1}} \tag{12.17}$$

Mit Berücksichtigung anderer Zahlengrößen erfolgt die Berechnung von C_4 hier ebenso wie für dieselbe Konstante in (12.13). Die danach unter der Bedingung $\Pi_{HDT} = const$ bestimmte Arbeitslinie des HDR liegt im Diagramm (s.a. Abb.12.3) verhältnismäßig steil. Unter gleichen Bedingungen, insbesondere bei gleichgroßem Druckverhältnis, besteht demnach zwischen HDR und 1W-Gasgenerator kein grundsätzlicher Unterschied.

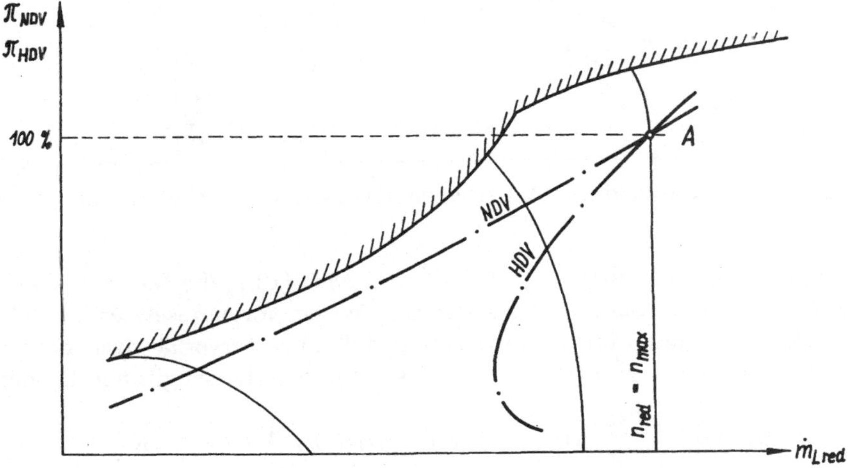

Abb. 12.3: Kennfeld des 2W-TL für verschiedene Arbeitslinien

Im Gegensatz dazu ist allerdings für den *Niederdruckrotor* (NDR) die Zusammenarbeit von NDV und NDT quantitativ schwerer zu erfassen. Sie besteht in der Besonderheit, daß der dazwischenliegende HD-Teil des Gasgenerators den Betriebszustand des NDR beeinflußt. Hier besteht kein eindeutiger Zusammenhang zwischen den Drücken in der NDV-Austrittsebene p_{t21} und p_{t41} im NDT-Eintritt. Deshalb werden die Massenströme beim Eintritt in den NDV und im Leitgitteraustritt der HDT wie in (12.6) gleichgesetzt. Für den „dichten" 2W-Gasgenerator ergeben sich somit die modifizierten Gleichungen:

$$A_2 K_\alpha \alpha_2 = \frac{A_{4'}\, \alpha_{4'}\, K_{\alpha G}\, \sigma_{BK'}}{1 + \mu_B - \mu_K} \, \frac{p_{t4}}{p_{t21}} \, \frac{p_{t21}}{p_{t2}} \sqrt{\frac{T_{t2}}{T_{t4}}}$$

$$\frac{\Pi_{NDV}}{\alpha_2} = \frac{A_2\, K_\alpha\, (1 + \mu_B - \mu_K)}{A_{4'}\, \alpha_{4'}\, K_{\alpha G}\, \sigma_{BK'}} \, \frac{1}{\Pi_{HDV}} \sqrt{\frac{T_{t4}}{T_{t2}}}$$

$$\frac{\Pi_{NDV}}{\alpha_2} = \frac{C_1}{\Pi_{HDV}} \sqrt{\frac{T_{t4}}{T_{t2}}} \tag{12.18}$$

Mittels (12.18) wird derselbe Sachverhalt wie in (12.10) und (12.16), nämlich die Schar der ***Isothermenstrahlen*** dargestellt, diesmal in Analogie dazu im Kennfeld des NDR. Die Konstante C_1 wird ebenso wie dort berechnet. In (12.18) ist sie aber zusätzlich durch das (dem HDR-Kennfeld entnehmenbare) Druckverhältnis Π_{HDV} zu dividieren.

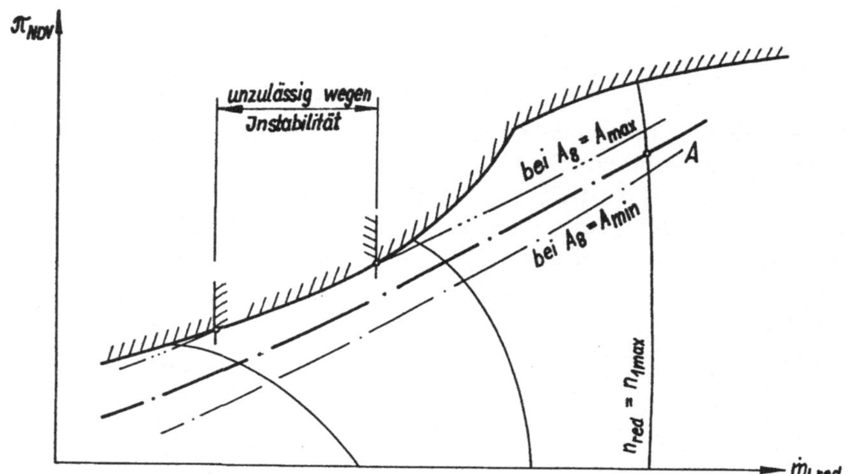

Abb. 12.4: NDV-Kennfeld mit Arbeitslinien verschiedener Schubdüsenstellungen

Zur Bestimmung der Arbeitslinie des NDR wird nach (12.7) die Gleichsetzung der Arbeiten seiner beiden Maschinen vorgenommen. Wegen vorausgesetzter kritischer bzw. überkritischer Strömung werden die Druck- und Temperaturverhältnisse beider Turbinenteile als Konstanten eingesetzt. Unter diesen Besonderheiten gilt nun für den NDR:

$$\frac{R}{m}\frac{T_{t2}}{\eta_{NDV}}(\Pi_{NDV}^{m}-1) = \frac{R_G}{m_G}\,T_{t41}\,(1-\Pi_{NDT}^{-m_G})\,\eta_{NDT}\,\eta_m\,(1+\mu_B-\mu_K)$$

$$\frac{T_{t41}}{T_{t2}} = \frac{T_{t4}}{T_{t2}}\frac{1}{\Pi_{NDT}^{m_G}} = \frac{R}{m}\frac{m_G}{R_G}\,\frac{1}{(1-\Pi_{NDT}^{-m_G})\eta_{NDT}\,\eta_m(1+\mu_B+\mu_K)}\,\frac{\Pi_{NDV}^{m}-1}{\eta_{NDV}}$$

$$\frac{T_{t4}}{T_{t2}} = C_6\,\frac{\Pi_{NDV}^{m}-1}{\eta_{NDV}} \tag{12.19}$$

In C_6 ist außer den Parametern für die NDT auch die Größe Π_{HDT} als Anzeichen für die Einwirkung des HD-Teils präsent. Schließlich ist durch Substitution dieser Beziehung (12.19) in (12.18) eine Bestimmungsgleichung für die Arbeitslinie des NDR gefunden:

$$\frac{\Pi_{NDV}}{\alpha_2} = \frac{C_1}{\Pi_{HDV}}\sqrt{C_6\,\frac{\Pi_{NDV}^{m}-1}{\eta_{NDV}}}$$

$$\frac{\Pi_{NDV}}{\alpha_2} = \frac{C_7}{\Pi_{HDV}}\sqrt{\frac{\Pi_{NDV}^{m}-1}{\eta_{NDV}}} \tag{12.20}$$

Gleichung (12.20) beschreibt die Arbeitslinie des NDR eines 2W-TL im NDV-Kennfeld (Abb.12.3). Dabei ist hervorzuheben, daß ihr Verlauf durch die Variable Π_{HDV} zusätzlich durch den HD-Teil beeinflußt wird. Während also der HDR (fast) unbeeinflußt von äußeren Bedingungen arbeitet, wirkt er andererseits nach (12.20) auf den NDR ein.

Aus Abb.(12.3) geht hervor, daß sich die Arbeitslinie des NDR durch verhältnismäßig flachen Verlauf und geringe Entfernung zur Stabilitätsgrenze, aber auch durch annähernde Parallelität zu ihr auszeichnet. Bei Verringerung der reduzierten Drehzahl des NDR, vorgenommen durch kinematische oder gasdynamische Drosselung, sinken in der Regel die Energieumsätze in beiden Verdichterteilen inklusive ihrer Druckverhältnisse. Damit ändert sich der Arbeitspunkt des NDR, quantitativ ausgewiesen durch den Wert Π_{NDV}/α_2 in (12.20), zusätzlich durch den verkleinerten Betrag von Π_{HDV}. Daraus ergibt sich die höhere Lage seiner Arbeitslinie.

Abhängig vom Betrag Π_{NDT} kommt es bei kritischer bzw. überkritischer Strömung zur *Verschiebung der NDR-Arbeitslinie*, aber im Verhältnis zum 1W-Verdichter mit *umgekehrter Tendenz*. Ein höherer Wert von Π_{NDT} infolge größerem Querschnitt A_8 bewirkt gesteigerte Leistung und Drehzahl der NDT, beeinflußt aber nicht die HDT und deren Drehzahl. Auf den infolge größerer Drehzahl n_1 ansteigenden Massenstrom durch den NDV übt der HDV wegen $n_2 = const$ eine abbremsende Wirkung aus. Dadurch werden die Geschwindigkeitsdreiecke im Eintritt der NDV-Laufgitter so deformiert, daß sich ihre Anströmwinkel vergrößern. Die Folgen sind ein erhöhtes Druckverhältnis Π_{NDV} sowie die nachteilig verringerte Stabilitätsreserve ΔK.

Daraus ergibt sich als Resultat: Ein größerer Schubdüsenquerschnitt führt beim 2W-Gasgenerator durch Einwirkung des HDV unerwünscht zur Annäherung der NDR-Arbeitslinie an die Stabilitätsgrenze. Die ohnehin bei mittlerer reduzierter Drehzahl enger begrenzte Stabilitätsreserve des NDV, die meist für das gesamte TL maßgebend ist, wird dadurch zusätzlich verkleinert. Umgekehrt wird bei Verkleinerung von A_8 und folglich Π_{NDT} die Stabilitätsreserve des NDV vergrößert, seine Arbeitslinie im Kennfeld also abgesenkt. Das „Anheben" der Arbeitslinie beim Übergang auf $A_8 = A_{max}$ als auch ihr „Absenken" bei Einnahme von A_{min} sind in Abb.12.4 ersichtlich.

Ein grundsätzlich unerwünschtes Verringern der Stabilitätsreserve wirkt sich hier in der Regel nicht als Nachteil aus, weil das TL infolge „offener" Schubdüse ohnehin etwas entlastet betrieben wird. In diesem Zustand etwas abgefallener HDR-Prozeßwerte (T_{t4} und n_2) arbeitet die Antriebsanlage der „Concorde" zur Gewährleistung eines lärmverringerten Steigflugs mit (noch) ausreichendem Schub. Andererseits wird zur vollen Schubabgabe bei „geschlossener" Schubdüse durch größere Belastung des HDR die Stabilitätsreserve des 2W-Verdichters wie erwünscht vergrößert.

Mittels Schubdüsenverstellung wird somit die Stabilitätsreserve des 2W-TL unter der Bedingung $n_1 = const$, d.h. bei dem Regelprogramm (11.21), nach Erfordernis geregelt. Die Realisierung einer zur Schubabgabe etwa proportionalen Stabilitätsreserve durch die geregelte Schubdüsengeometrie ist als ein großer Vorteil des 2W-TL zu werten.

12.4 Zusammenarbeit Turbine - Schubdüse

In Ergänzung der Vorgänge für die Zusammenarbeit innerhalb des Gasgenerators sind die thermogasdynamischen Beziehungen im Schubsystem ebenso relevant. Wurde doch wiederholt die Abhängigkeit des Turbinendruckverhältnisses Π_T vom kritischen Schubdüsenquerschnitt A_8 qualitativ vorausgesetzt, um die Vorgänge im Gasgenerator zu untersuchen. Zur Quantifizierung dieses Zusammenhangs wird die Gleicheit der Massenströme nach (12.6), diesmal für die Triebwerksebenen 4 bzw. 4' und 8, herangezogen:

$$A_{4'}\, \alpha_{4'}\, K_\alpha\, p_{t4}\, \sigma_{4'}\, T_{t4}^{-\frac{1}{2}} = A_8\, \alpha_8\, K_\alpha\, p_{t5}\, \sigma_8\, T_{t5}^{-\frac{1}{2}} \qquad (12.21)$$

In (12.21) wird zunächst ein einfaches Schubsystem ohne Energiezufuhr (Nachbrenner) vorausgesetzt. Der Querschnitt 4' entspricht dem Leitradaustritt der ersten Turbinenstufe (HDT). Mit Hilfe dieser Gleichung ist das Druckverhältnis der Turbine als wichtigster Parameter durch die anderen bestimmbar. Nach der Umstellung ergibt sich:

$$\frac{p_{t4}}{p_{t5}}\sqrt{\frac{T_{t5}}{T_{t4}}} = \frac{A_8\ \alpha_8\ \sigma_8}{A_{4'}\ \alpha_{4'}\ \sigma_{4'}} \tag{12.22}$$

Darin ist die Größe $\Pi_T = p_{t4}/p_{t5}$ ersichtlich, und das analoge Temperaturverhältnis wird durch die Polytropenbeziehung (2.13) in dieses umgewandelt. Über Potenzgesetze mit Verwendung des Polytropenexponenten n ist die linke Seite von (12.22) darstellbar:

$$\left(\frac{p_{t4}}{p_{t5}}\right)\left(\frac{T_{t5}}{T_{t4}}\right)^{\frac{1}{2}} = \left(\frac{p_{t4}}{p_{t5}}\right)^{1}\left(\frac{p_{t5}}{p_{t4}}\right)^{\frac{1}{2}\frac{n-1}{n}} = \left(\frac{p_{t4}}{p_{t5}}\right)^{\frac{2n}{2n}}\left(\frac{p_{t4}}{p_{t5}}\right)^{-\frac{n-1}{2n}} = \left(\frac{p_{t4}}{p_{t5}}\right)^{\frac{n+1}{2n}}$$

Für (fast stets vorhandene) kritische Strömungszustände in den betrachten Querschnitten ist mit dem Verhältnis der Massenstromdichten $\alpha_8 = \alpha_{4'} = \alpha_{krit} = 1$ die rechte Seite von (12.22) zu vereinfachen. Bei Erweiterung dieser Gedankengänge auf 2W-Turbinen wird in der Austrittsebene 41' des ersten Leitgitters ihrer NDT ebenfalls kritische Strömung vorausgesetzt. Mit diesen Überlegungen ergeben sich nach (12.22) die folgenden Beziehungen als Druckverhältnisse für Gesamtturbine, HDT und NDT:

$$\Pi_T = \frac{p_{t4}}{p_{t5}} = \left(\frac{A_8\ \sigma_8}{A_{4'}\ \sigma_{4'}}\right)^{\frac{2n}{n+1}} \tag{12.23}$$

$$\Pi_{HDT} = \frac{p_{t4}}{p_{t41}} = \left(\frac{A_{41'}\ \sigma_{41'}}{A_{4'}\ \sigma_{4'}}\right)^{\frac{2n}{n+1}} \tag{12.24}$$

$$\Pi_{NDT} = \frac{p_{t41}}{p_{t5}} = \left(\frac{A_8\ \sigma_8}{A_{41'}\ \sigma_{41'}}\right)^{\frac{2n}{n+1}} \tag{12.25}$$

Damit existieren thermogasdynamische Ausdrücke für die unterschiedlichsten Druckverhältnisse der Turbine unter der Voraussetzung kritischer Strömung im nachfolgenden Gaskanal, welche bisher nur rein qualitativ vorausgesetzt wurden. Sie zeigen die quantitative Abhängigkeit für die Veränderungen von Querschnitts- und Druckverhältnissen auf. Dabei wird den Exponenten betreffend $\frac{2n}{n+1} = 1,15 \pm 0,02$ als Zahlenwert zur überschlägigen Berechnung empfohlen.

Derselbe Gleichungsaufbau wie in (12.21) läßt sich auch für Betrieb mit Nachbrenner verwenden, wenn an die Stelle von T_{t5} die NB-Endtemperatur $T_{t7'}$ eingesetzt wird. Damit besteht die Möglichkeit, mit Hilfe der modifizierten Gleichungen (12.23) und (12.25) die Druckverhältnisse bzw. ihre Veränderungen anhand der Parameter des Schubsystems auch für den Betrieb mit Nachbrenner näherungsweise zu bestimmen.

13 Drosselcharakteristik

13.1 Zum Wesen von Triebwerkskennlinien

Unter Nutzungsbedingungen realisiert das TL eine Reihe von *Kennwerten.* Abhängig von den Prozeß- bzw. Eintrittsparametern sind die Zahlenbeträge dieser Kennwerte (s.a. Kap.4) in der Regel nicht konstant. Die Veränderung wichtiger Kennwerte als Funktion einer unabhängigen Größe bei vorausgesetzter Konstanz anderer heißt *Kennlinie.* Eine Kennlinienschar in einer Darstellung, bzw. Größenabhängigkeiten gegenüber mehreren unabhängigen Parametern ergeben ein *Kennfeld.* Die Gesamtheit der Kennlinien und Kennfelder einer Maschine bezeichnet man als *Charakteristik.*

Praktisch bedeutend und in den Kennlinien erfaßt sind nur wichtige Kennwerte des TL: seine *Schubkraft* und der *spezifische Brennstoffverbrauch.* Aus ihnen ergeben sich Schlußfolgerungen für seinen Betriebseinsatz. Demzufolge versteht man unter den Triebwerkskennlinien die (meist grafisch dargestellte) Abhängigkeit beider von einem flugrelevanten Parameter unter sonst gleichbleibenden Bedingungen.

Zur quantitativen Ermittlung dient die Kennwert- und Prozeßberechnung. Das sind vor allem die Ausdrücke (4.10) bis (4.19) sowie (10.1) bis (10.24). Zunächst ist nur das ETL Betrachtungsgegenstand. Die Untersuchung ist kompliziert, weil außer der Kanalgeometrie nur variable Parameter vorliegen. Zudem sind die Abhängigkeiten in den Baugruppen-Kennfeldern typgebunden, während Kennlinien hier allgemeine Gesetzmäßigkeiten widergeben. Ziel ist die erkennbare Charakteristik des TL im Trendverlauf. Als wichtigste qualitative Zusammenhänge sind dafür auszugsweise zu nennen:

$$\Pi_{EL} = f\,(M,\, \sigma_{EL},\, \alpha_2) \tag{13.1}$$

$$\Pi_V = f\,(n_{red},\, \eta_V,\, \alpha_2) \tag{13.2}$$

$$\Pi_T = f\,(n/\sqrt{T_{t4}},\, \eta_T,\, \alpha_4) \tag{13.3}$$

$$c_9 = f\,(T_{t9},\, \Pi_{SD},\, \varphi_{SD}) \tag{13.4}$$

Diese nicht vollständigen, auch interne Abhängigkeiten enthaltenden Beziehungen sind in quantitativ-konkreter Gestalt heranzuziehen. Vor allem die Sachverhalte für Verdichter und Turbine in (13.2) und (13.3) sind ihren Kennfeldern unter Beachtung der Arbeitspunktwanderungen darin zu entnehmen. Voraussetzung zum Erreichen des Ziels sind deshalb vereinfachende Annahmen. Mit den hierfür aufbereiteten Gleichungen ist die Grundtendenz der Verläufe von Schub und spezifischem Verbrauch zu verdeutlichen:

$$F_s = \dot{m}_L(c_9 - v) = \dot{m}_L\, f_s \tag{13.5}$$

$$\dot{m}_L = \frac{A_2\,\alpha_2\,K_\alpha\,p_{t2}}{\sqrt{T_{t2}}} = \frac{A_{4'}\,\alpha_{4'}\,K_{\alpha G}\,p_{t4'}}{\sqrt{T_{t4}}} \tag{13.6}$$

$$F_s = \frac{A_2\,\alpha_2\,K_\alpha\,p_{t2}}{\sqrt{T_{t2}}}\left[\sqrt{2\,w_i + (Ma)^2} - Ma\right]$$

$$F_s = K_1\frac{\alpha_2\,p_{t2}}{\sqrt{T_{t2}}}\left[\sqrt{w_i + (Ma)^2} - Ma\right] \tag{13.7}$$

$$F_s = \frac{A_2\,\alpha_2\,K_\alpha\,p_{t2}}{\sqrt{T_{t2}}}\left[\varphi_{SD}\sqrt{\frac{2\,R_G}{m_G}T_{t5}\left(1-\Pi_{SD}^{-m_G}\right)}-Ma\right]$$

$$F_s = K_2\frac{\alpha_2\,p_{t2}}{\sqrt{T_{t2}}}\left[\varphi_{SD}\sqrt{T_{t5}\left(1-\Pi_{SD}^{-m_G}\right)}-Ma\right] \tag{13.8}$$

$$b_s = \frac{\dot m_B}{F_s} = \frac{\dot m_B}{\dot m_L\,f_s} \tag{13.9}$$

$$b_s = \frac{R_G}{m_G}\,\frac{1}{H_u\,\eta_A}\,\frac{T_{t4}-T_{t3}}{f_s} = K_3\frac{T_{t4}-T_{t3}}{f_s} \tag{13.10}$$

$$b_s = \frac{Ma}{H_u\eta_{ges}} \qquad \text{(bei Flugbedingungen)} \tag{13.11}$$

$$b_s = \frac{c_9}{2\,H_u\,\eta_i} \qquad \text{(für den Standbetrieb)} \tag{13.12}$$

Voraussetzung ist, daß der Arbeitsprozeß für jeden zu erörternden Kennlinienpunkt die Beschaffenheit des *stationären* Gleichgewichtszustandes aufweist. Dies gilt stets für die in den Kap.13 und 14 zu untersuchenden Kennlinien. Liegt andererseits der Tatbestand einer meßbaren Prozeßveränderung, also ein *instationärer Zustand* vor, handelt es sich (s.a. Kap.16) um sog. *Übergangsregime*. Im weiteren sind voneinander zu unterscheiden

- die *Drosselkennlinie*,
- die *Geschwindigkeitskennlinie*
- sowie die *Höhenkennlinie*.

Unter der *Drosselkennlinie* des TL versteht man die Abhängigkeit des Schubes und des spezifischen Brennstoffverbrauches von der durch die Drosselhebelstellung vorgegebenen Leistungsstufe. Dabei werden ein bestimmtes Regelprogramm, konstante Flug- bzw. Standbedingungen entsprechend M-Zahl und Höhe vorausgesetzt. Gesichtspunkt ist fast stets das auf dem Prüfstand liegende bzw. im Flugzeug installierte TL unter den Bedingungen $(M, H) = 0$ sowie Standard-Eintrittsparametern. Demzufolge wird zwischen Nettoschub und installiertem Schub unterschieden. Andererseits ist unter konstanten Flugbedingungen die Erörterung einer Drosselkennlinie des TL nicht ausgeschlossen.

13.2 Die Drosselkennlinie des TL mit starrer Geometrie

Als Einleitung werden die Vorgänge zur Veränderung der Leistungsstufen für einfachste ETL ohne variable Geometrie untersucht. Diese gering belasteten, wenig effizienten TL der 1. Generation haben den Vorzug, daß sie bei starrem Gaskanal „unverfälscht“ die Drosselkennlinie im Betriebsbereich ohne Unstetigkeiten verwirklichen.

Ausgelöst durch eine Drosselhebelverstellung erfolgt die Veränderung von Brennstoffstrom, Temperatur T_{t4}, Drehzahl und Prozeßparametern. Zwischen den Leistungsstufen *Maximal* und *Leerlauf* realisieren diese TL die Drosselkennlinie durch kontinuierliche Veränderung nach Drosselprogramm (11.4). Das bedeutet, daß der Zusammenhang zwischen den Parametern und Kennwerten durch die Drehzahl $n = n_{GG}$ des Triebwerkes

$$(F_s, b_s) = f(n_{GG}) \qquad \text{bei} \qquad (M, H, A_8) = const \tag{13.13}$$

quantitativ gegeben ist. Damit wird die Drehzahl des Gasgenerators zum bestimmenden Parameter für Betriebszustand bzw. Leistungsstufe. Die kinematische Drehzahl dient als wichtige Betriebsgröße für Prozeßkontrolle und Regelung.

Hierbei wird daran erinnert, daß nach Kap.11.2 auch andere Programme zur Drosselung des Gasgenerators existieren. Die Drosselung von 1W-ETL mit ***starrer Geometrie*** kann aber nur nach (11.4) erfolgen, weil für andere Programme geometrische Verstellungen im Gaskanal erforderlich sind. Variable und „starre" Geometrie aber (s. Kapitelüberschrift) widersprechen sich bekanntlich. Am TL mit unveränderlichem Gaskanal werden somit zunächst die grundsätzlichen Zusammenhänge untersucht.

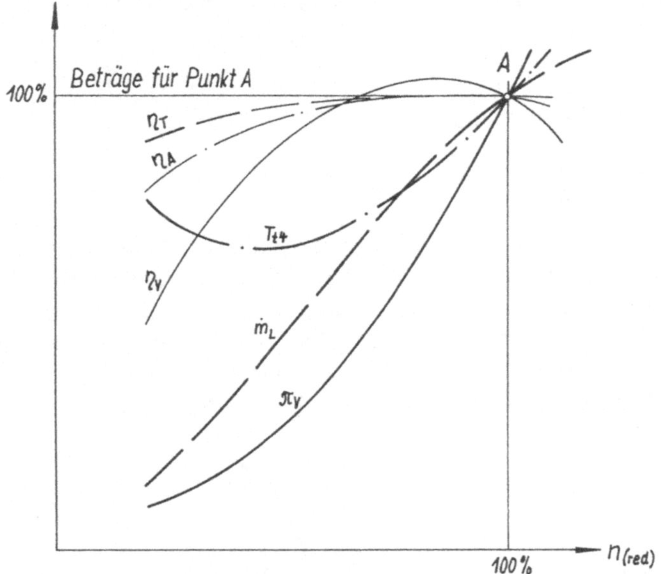

Abb. 13.1: Parameterverlauf bei Drosselung eines ETL mit starrer Geometrie

Der Parameterverlauf als Drehzahlfunktion nach (11.4) sowie einer vorhandenen Arbeitslinie im Kennfeld nach (12.13) ist in Abb.13.1 dargestellt. Die stabile Arbeit des Gasgenerators wird vorausgesetzt. Basis ist der Auslegungspunkt A, welcher der Leistungsstufe *Maximal* entspricht und für den alle Prozeßgrößen mit 100 % festgelegt sind. Zur Untersuchung der Kennwertveränderungen sind die Gleichungen (13.5) bis (13.12) für die Standbedingungen $(M, H) = 0$ auszuwerten. Die Untersuchung erfolgt unabhängig von einem bestimmten Triebwerkstyp ohne konkrete Zahlenwerte. Als Zielstellung werden die allgemeingültigen Gesetzmäßigkeiten der Drosselkennlinie, welche prinzipiell für alle TL unter den genannten Bedingungen zutreffen, herausgearbeitet. Zunächst wird die Veränderung der Schubkraft erörtert. Nach (13.5) sind dazu die Parameter $\dot{m}_L$ und c_9 getrennt zu analysieren.

Im Verdichterkennfeld wird durch die Arbeitslinie die Veränderung der Parameter $\dot{m}_L$, Π_V und η_V abhängig von der Drehzahl aufgezeigt. Zunächst wird die des ***Luftmassenstromes*** $\dot{m}_L$ betrachtet. Dazu ist in (13.7) vorrangig das Verhältnis der Massenstromdichten α_2 als Variable zu sehen, welches mit Drehzahlverringerung angenähert linear absinkt. Deshalb verhält sich die Größe $\dot{m}_L$ etwa proportional zur Drehzahl. Die ***Strahlgeschwindigkeit*** c_9 verändert sich nach dem Klammerausdruck von (13.7) mit w_i bzw. als Funktion der Parameter T_{t5} und Π_{SD}. Damit tritt vom Auslegungspunkt A aus zuerst steiles, danach ein flacheres Absinken ein. Für c_9 wird danach etwa parabolisches, also ein vom Quadrat der Drehzahl abhängendes Fallen beobachtet.

Aus dem Produkt der Abweichungen von $\dot{m}_L$ und c_9 stellt sich nach (13.5) der Verlauf der Schubkraft über der Drehzahl etwa in der dritten Potenz wie in Abb.13.2 ersichtlich ein. Er ist durch sehr steilen Abfall im Bereich von n_{max} und wesentlich kleinere Änderungen unmittelbar oberhalb des Leerlaufs gekennzeichnet. Das bedeutet: Die prozentuale Drehzahlverringerung im oberen Drosselbereich bewirkt große Schubänderung, während dasselbe bei geringer Drehzahl fast ohne Auswirkungen bleibt.

Die Temperatur T_{t4} sinkt nach Abb.13.1 beim Drosseln zunächst auf einen Mittelwert ab, steigt aber danach bei weiterer Drehzahlverringerung für 1W-TL mit starrer Geometrie wieder an. Das ist analytisch mit Hilfe der Beziehung (12.7) nachzuweisen:

$$\frac{T_{t4}}{T_{t2}} = \frac{R}{m}\frac{m_G}{R_G}\frac{\Pi_V^m - 1}{1 - \Pi_T^{-m_G}}\frac{1}{\eta_T\,\eta_m\,\eta_V}$$

$$T_{t4} = K_4\frac{\Pi_T^{m_G}}{\Pi_T^{m_G} - 1}\frac{\Pi_V^m - 1}{\eta_T\eta_V} \qquad (13.14)$$

In (13.14) sind die Größen T_{t4}, Π_V und die Wirkungsgrade als Variable, die anderen als Konstanten anzusehen. Demzufolge müßte bei Drosselung mit konstanten Wirkungsgraden analog zum Betrag $(\Pi_V^m - 1)$ auch der von T_{t4} abnehmen. Demgegenüber verschlechtern sich in der Praxis die (im Nenner von (13.14) stehenden) Wirkungsgrade η_T und η_V nach Abb.13.1. Dadurch ergibt sich für T_{t4} zunächst ein Abfall bis zu mittlerer Drehzahl, bei tieferer Drosselung aber erfolgt nachteilig wieder ein Temperaturanstieg.

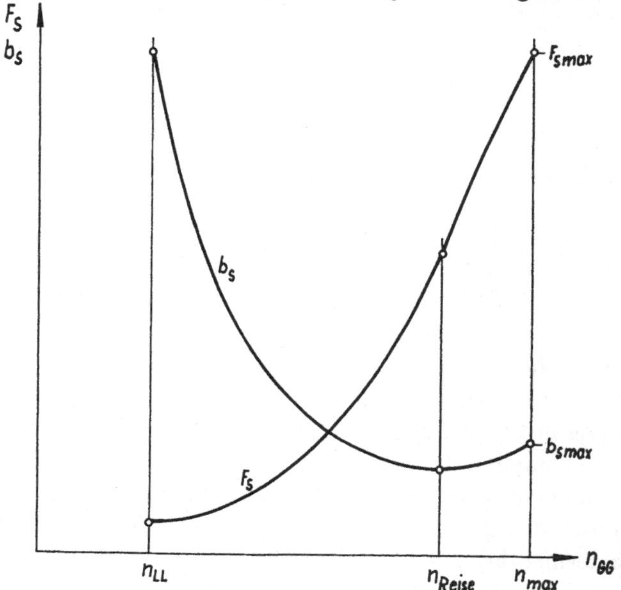

Abb. 13.2: Drosselkennlinie des TL mit starrer Geometrie

Durch erhöhte Werte von T_{t4} und einem sich daraus ergebenden Plus an Turbinenleistung werden so die Irreversibilitäten im Gasgenerator infolge schlechterer Wirkungsgrade kompensiert. Unerwünscht ist dadurch im *Leerlauf* und bei geringen Drehzahlen die Turbine einer thermisch höheren Belastung ausgesetzt. Zugleich werden deshalb Anlaß- und Beschleunigungsvorgang erschwert. Folglich ist es sinnvoll, durch geeignete Maßnahmen (s.a. Kap.13.3 und 13.4) den Betrag von T_{t4} zu verringern, wodurch sich das gesamte Betriebsverhalten in tiefem Drehzahlbereich thermisch vereinfacht.

Um die Veränderung des ***spezifischen Brennstoffverbrauches*** b_s als Drehzahlfunktion zu ermitteln, wird das Verhalten von b_s qualitativ mit Hilfe einer Betrachtung über den Auslegungszustand untersucht. Dabei wird vorausgesetzt, daß der Punkt A in der Leistungsstufe *Maximal* der w-optimalen Auslegung mit bestimmtem Wert von b_s entspricht. Hiervon wird der Betrag von b_s bei Drosselung mit dem Verlauf der Parameter T_{t4} und Π_V in Abb.13.1 nach anfänglichem Abfall immer größer: Mit sinkendem Druckverhältnis wird die Wärmeausnutzung im Prozeß schlechter.

Bei beginnender Drosselung wirkt sich meist begünstigend aus, daß durch Verringerung der Irreversibilitäten die Wirkungsgrade und Druckerhaltungskoeffizienten der Baugruppen etwas verbessert werden. Als Vorteil verringert sich dadurch der spezifische Verbrauch bis zur Reisedrehzahl. Nach diesem Minimum von b_s setzt sich die immer schlechtere Prozeßauslegung durch, und der spezifische Verbrauch steigt permanent bis zum Leerlauf an. Hier ist der Kreisprozeß bei verhältnismäßig hohem Wert von T_{t4} und kleinem Druckverhältnis am unwirtschaftlichsten. Bei hochausgelegten TL tritt mit beginnender Drosselung oft sofort ein (in Abb.13.2 nicht gezeigter) zunächst flacher, danach steilerer Anstieg des b_s-Wertes ein.

Zwischen beiden Drehzahlbegrenzungen für *Maximal* und *Leerlauf* befinden sich die weiteren in Kap.4 beschriebenen Leistungsstufen der TL ohne Nachbrenner. Wegen des dazu benötigten großen Schubes liegen die Flugregime im rechten Drittel des Kennfeldes, während das Gebiet mittlerer und kleinerer Drehzahlen bei ungünstigem spezifischen Verbrauch vor allem Standläufen, Rollvorgängen und Übergängen zu Flugregimen vorbehalten bleibt. Geringem ***spezifischen*** und ***absoluten*** Brennstoffverbrauch kommt größte Bedeutung zu. Dafür sind höherverdichtende TL erforderlich, welche zur Drosselung die ***variable Geometrie*** bzw. die ***2W-Ausführung*** ihres Gasgenerators benötigen.

13.3 Die Drosselkennlinie des TL mit variabler Geometrie

Maßnahmen zur Verstellung von Strömungsquerschnitten einschließlich der Gitter in den Turbomaschinen werden in der Gesamtheit als ***variable Geometrie*** bezeichnet. Dieses gasdynamisch-konstruktive Prinzip ist ein Erfordernis für TL ab der 2. Generation. 1W-Gasgeneratoren mit größeren Druckverhältnissen als $\Pi_V = 4 \dots 6$ sind nur mittels variabler Geometrie im Gesamtbetriebsbereich stabil zu betreiben. Das trifft ebenso für die 2W-TL zu, deren Druckverhältnis den Wert von $\Pi_V = 15 \dots 20$ überschreitet. Die variable Geometrie tritt bei Drosselung über das Regelsystem des TL in Tätigkeit und beeinflußt somit die Drosselkennlinie. Als Verstellmöglichkeiten sind z.Z. bekannt:

- Änderung von Strömungsquerschnitten der Schubdüse;
- Luftablassen aus mittlerer oder hinterer Verdichterstufe;
- Verstellung der Verdichterleitgitter (Schaufelverstellung);
- Veränderungen von Abmessungen beim Einlaufdiffusor;
- zukünftige Verstellungen in den Leitgittern der Turbine;
- Konturveränderungen in Brenn- und Mischkammern.

Danach ist in jeder Baugruppe des TL die variable Geometrie anwendbar. Allerdings werden in einem Triebwerksmuster nie alle dieser Maßnahmen zugleich genutzt. Verstellungen in Einlauf und Schubsystem sind vorrangig für Überschalltriebwerke notwendig. Während die zuerst genannten Prinzipien mit der Parametervergrößerung der TL zunehmend zum Einsatz gelangten, sind die weiteren zwar theoretisch verwendbar, bleiben aber wegen der schwierigen Realisierung meist der Zukunft vorbehalten.

Die Veränderungen können *sprungartig* bei bestimmter (reduzierter) Drehzahl oder *kontinuierlich* in einem größeren Drehzahlbereich vorgenommen werden. Damit sind sie grafisch als Sprünge oder Knicke im Parameterverlauf ersichtlich. Die variable Geometrie unterstützt die Drosselung des TL, gewährleistet seine stabile Arbeit und verbessert seine Kennwerte. Durch Umwandlung des ursprünglich starren Gaskanals in einen variablen ist damit die Untersuchung der Drosselkennlinie komplizierter. Es gilt nicht mehr der einfache Zusammenhang zwischen Prozeßgrößen bzw. Kennwerten und allein der Drehzahl nach (13.13). In allgemeinerer Form ist jetzt ihre Abhängigkeit von der *Drosselhebelstellung* α_{DH}, d.h. also von Drehzahl *und* variabler Geometrie maßgebend:

$$(F_s, b_s) = f(\alpha_{DH}) \qquad \text{bei} \qquad (M, H) = const \tag{13.15}$$

Die **Schubdüsenverstellung** ist die älteste Maßnahme variabler Geometrie im Gaskanal, insbesondere die ihres engsten bzw. *kritischen Querschnittes* $A_{krit} = A_8$. Sie wurde schon bei den ersten TL mit Axialverdichter (JUMO 004, BMW 003) trotz damals geringer Prozeßparameter zur Verbesserung von Anlaßvorgang und Regelung angewandt. Alle Nachbrennertriebwerke benötigen (s.a. Kap.7.5 und 9.6) die verstellbare Schubdüse. Wenn vorhanden, wird sie meist auch unabhängig vom NB-Betrieb für weitere Maßnahmen zur Einwirkung auf den Gasgenerator mittels Veränderung von Π_T genutzt. Der Parameterverlauf bei Drosselung des Gasgenerators und sprungartiger Vergrößerung von A_8 ist ohne Berücksichtigung des NB-Betriebes in Abb.13.3a aufgezeigt. Bekanntlich gewährleistet das „Auffahren" der Schubdüse bei $n_{GG} = n_{SD} = const$ eine zusätzliche Drosselung nach dem Programm (11.2).

Das **Luftablassen** ist das erstangewendete Prinzip variabler Geometrie im Verdichterbereich. Wie schon in Kap.6.8 dargestellt, dient das Ausströmen von Luft aus dem hinteren Verdichterteil über meist sprungartig bei $n_{GG} = n_{LA}$ geöffnete Kanäle der gasdynamischen Stabilität in den vorderen Verdichterstufen. Die ungerichtete Entnahme teilverdichteter Luft ist verlustbehaftet und wegen Prozeßverschlechterung als Flugzustand zu vermeiden. Deshalb ist das Luftablassen mit den Parameterveränderungen nach Abb.13.3b gewöhnlich auf Bereiche bis zu mittleren Drehzahlen beschränkt und nur dort wegen verbesserter Strömung in den Verdichtergittern von Nutzen.

Als wirksame Veränderung wird **Schaufelverstellung** in den Verdichterleitgittern, wie in Kap.6.8 beschrieben, angewandt. Primär ist es erforderlich, die Verstellung in den ersten Stufen vorzunehmen, weil hier die Deformation der Geschwindigkeitsdreiecke am größten ist. Dazu gehört dann auch ein verstellbares Vorleitgitter vor der ersten Stufe. Bei hochbelasteten Gasgeneratoren ist aber auch die Schaufelverstellung in den Endstufen relevant. Die Wirksamkeit dieser Maßnahme ist um so größer, je mehr Leitgitter eines vielstufigen Verdichters mit sinnvollen Regeleingriffen daran beteiligt sind. Abb.13.3c zeigt die Parameterveränderung durch *sprungartige Schaufelverstellung* bei der Drehzahl $n_{GG} = n_{SV}$ einer Gruppe der ersten Verdichterstufen.

Mit Vervollkommnung der Regeltechnik setzt sich *kontinuierliche Schaufelverstellung* im Verdichter durch. Bei optimaler Anwendung in den ersten und letzten Stufen gewährleistet sie günstige, wenn nicht gar annähernd konstante Parameter auch im Zustand tiefer Drosselung. Allerdings ist der konstruktive und regeltechnische Aufwand dazu groß. Letztlich gelingt es, mittels kontinuierlicher, von Stufe zu Stufe unterschiedlicher Gitterverstellungen, selbst beim Verzicht auf andere variable Geometrie, die Parameter, insbesondere das Druckverhältnis von 1W-Gasgeneratoren, weiter zu vergrößern.

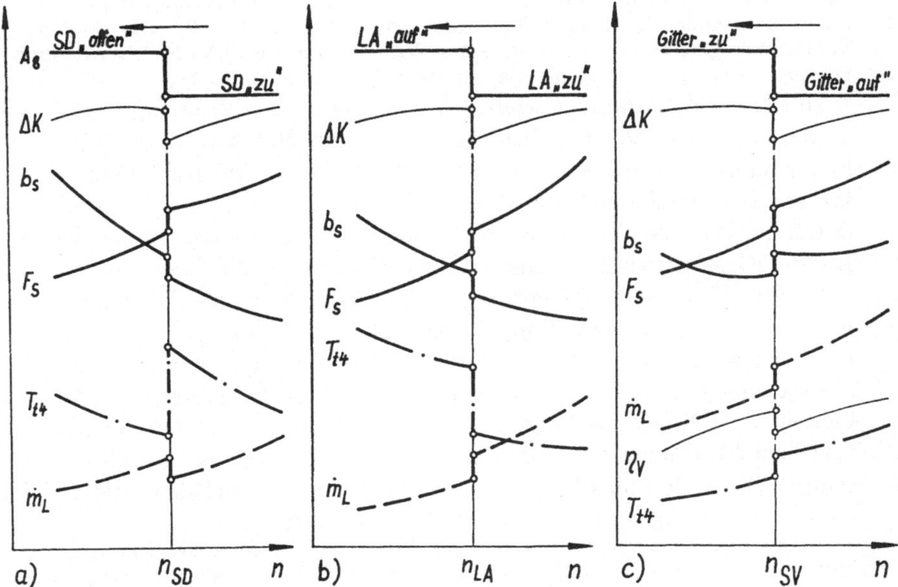

Abb. 13.3: Drosselung des TL durch Parametersprünge mit dem Einschalten

a) der Schubdüsenverstellung bei $n_{GG} = n_{SD}$,
b) des Luftablassens bei $n_{GG} = n_{LA}$,
c) der Schaufelverstellung bei $n_{GG} = n_{SV}$

Auf die weiteren am Beginn dieses Abschnittes genannten Maßnahmen zur Veränderung des Gaskanals in anderen Baugruppen wird hier nicht eingegangen. Die Verstellungen im ***Einlaufdiffusor*** (sowie eventuell zusätzlicher Querschnitte der ***Schubdüse***) erfolgen in Abhängigkeit von den Flugbedingungen und haben mit der Drosselkennlinie nicht direkt zu tun. Letzteres betrifft auch die Veränderungen in Brenn- und Mischkammer. Schaufelverstellungen in der ***Turbine*** sind von großer theoretischer Bedeutung. Auf das Leitgitter der HDT angewandt, könnte die Drosselkennlinie durch Beeinflussung des Massenstroms selbst bei überkritischen Bedingungen eine erwünschte Verbreiterung erfahren. Wegen konstruktiver Schwierigkeiten (hohe Temperatur T_{t4}, Schaufelkühlung) wird bei Serientriebwerken davon Abstand genommen, zumal bisher kein dringender Bedarf bestand.

Als Beispiel einer typischen Drosselkennlinie für ältere 1W-ETL-NB mit umfangreicher variabler Geometrie dient die Grafik in Abb.13.4. Darin erfolgt die Drosselung, wie üblich von der Leistungsstufe ***Maximal*** mit n_{max} ausgehend, über Drehzahlverringerung und zusätzlich mittels Schaufelverstellung, Luftablassen und Schubdüsenquerschnittsveränderung. Die Verstellungen zeigen sich in den Unstetigkeiten der Parametersprünge. Neben den Kennwerten F_s und b_s sind die Verläufe der Temperatur T_{t4} und der Stabilitätsreserve des Verdichters ΔK zu beachten.

Im Auslegungspunkt der Leistungsstufe ***Maximal*** ist die Stabilitätsreserve ΔK ausreichend groß. Mit Drehzahlverkleinerung wächst sie zunächst an, sinkt aber schon kurz danach wieder ab. Deshalb wird mittels o.g. Verstellmaßnahmen dafür gesorgt, daß sie kurz vor ihrem Abfall in unzulässige Bereiche durch die ersichtlichen Sprünge immer wieder auf höhere Beträge ansteigt. Dadurch gelingt es, im vorgesehenen Drehzahlbereich ein für den stabilen Betrieb erforderliches Niveau an ΔK zu gewährleisten. Zugleich ermöglichen es die Verstellungen (außer dem Luftablassen), den Anstieg der Temperatur T_{t4} bei tiefer Drosselung zu begrenzen.

Jede Verstellung führt die Drosselung unterstützend zu Schubabfall. Die Entlastung des TL ist damit größer, und bei weit abgesunkenem Schub kann u.U. die Leerlaufdrehzahl höher festgelegt werden. Die Schaufelverstellung bei der Drehzahl n_{SV} bewirkt eine Senkung des spezifischen Brennstoffverbrauches b_s infolge verbesserten Verdichterwirkungsgrades. Deshalb ist es zweckmäßig, hier unter der Voraussetzung ausreichenden Schubes das *Reiseregime* zu verwirklichen. Der Anstieg von b_s durch die Folgemaßnahen ist unbedeutend, da er außerhalb der Flugregime liegt.

Durch die Einwirkung variabler Geometrie nach Abb.13.4 gelingt es somit, die Drosselkennlinie eines höherverdichtenden TL in einzelne Abschnitte aufzuteilen. Sie ergeben in der Summe einen verbesserten Parameterverlauf und ermöglichen den Betrieb im gesamten Drehzahlbereich bei stabiler Arbeit. Die Last- und Parameterveränderung ist durch die variable Geometrie größer und günstiger als bei Drehzahlverringerung allein. Dadurch lassen sich die Nutzungseigenschaften des TL ausweiten.

In Abb.13.4 ist rechts von n_{max} die Drosselung des *NB-Betriebes* in Verbindung mit der Schubdüsenverstellung dargestellt. Einschaltvorgang (s. Kap.16.4) und Betrieb bzw. Drosselung des NB nach (11.5) erfolgen mit $n_{GG} = n_{max} = const$, wie überhaupt die Parameter des Gasgenerators unverändert in der Leistungsstufe *Maximal* erhalten bleiben. Die NB-Drosselung wird zwischen *NBmax* und *NBmin* nach o.g. Programm verwirklicht. Dabei werden durch Zurücknahme des Drosselhebels der Schubdüsenquerschnitt A_8 nach Abb.13.4 verkleinert und proportional dazu die NB-Parameter $\dot{m}_{B'}$ sowie $T_{t7'}$ verringert, womit der NB-Schub sinkt.

Am rechten Rand von Abb.13.4 ist für *NBmax* eine nochmalige Schubvergrößerung anhand von Sprüngen der Temperaturen T_{t4} und $T_{t7'}$ ersichtlich. Diese *zusätzliche Steigerung der Gastemperatur*, wird durch einen Umschaltvorgang im Regelsystem ausgelöst. Zur Gewährleistung eines zeitlich begrenzten Schubkraftzuwachses als „Not-" bzw. „Sonderregime" sind insgesamt zu unterscheiden die

- *Steigerung der Gastemperaturen* (s.o.), und zwar gleichzeitig in Haupt- sowie NB-Kammer;
- *„kalte" Drehzahlsteigerung* durch Vergrößerung von A_8 und nachfolgend Π_T, n_{GG} und $\dot{m}_G$;
- *„heiße" Drehzahlsteigerung* mittels Zuwachs von T_{t4} sowie dadurch auch von n_{GG} und $\dot{m}_G$.

Während die zuerst genannte Maßnahme durch angehobene Gastemperaturen die innere Arbeit des Prozesses vergrößert, erzielt die zweite Möglichkeit einen größeren Gasmassenstrom, und die letzte Variante stellt die Summe beider Effekte dar. Obwohl die aufgeführten Parameter nur um 2 % bis äußerstenfalls 5 % (über die bis dahin wirksamen 100 % hinaus!) zunehmen, wächst der Schub im Flug um größere Beträge, was sich bei großer M-Zahl günstig auswirkt. Diese Zuschaltungen sind als letzte Forcierungsmaßnahme für bestimmte Ausnahmesituationen (s.a. Kap.4.5) vorgesehen.

Im Gegensatz zur Drosselkennlinie mit den Verstellsprüngen für ältere TL nach Abb.13.4 arbeiten neuere leistungsstarke Gasgeneratoren in 1W-Bauart mit *kontinuierlicher Schaufelverstellung* im Drehzahlbereich. Die ursprünglich in bestimmtem Drehzahlpunkt durchgeführte Verstellung kann man sich so auf einen größeren, u.U. auf den gesamten Drehzahlbereich ausgedehnt vorstellen. Dadurch treten keine Unstetigkeiten auf, und die Kennwerte im Teillastbereich sind besonders günstig. Außerdem kann man dadurch in der Regel auf weitere Maßnahmen variabler Geometrie mit Ausnahme der Schubdüsenverstellung in Verbindung mit dem NB verzichten. Andererseits sind mit Hilfe der variablen Geometrie die Drosselkennlinien nach den anderen in Kap.11.2 beschriebenen Programmen mit geänderten Parameterverläufen im Teillastbereich zu realisieren, auf die aber hier nicht eingegangen wird.

Zur Drosselkennlinie mit variabler Geometrie gehören auch die Vorgänge der *Luftentnahme*, z.B. für Turbinenkühlung, Kabinenversorgung und andere Zwecke sowie die *Abgabe von mechanischer Arbeit* für die Geräte- und Hilfsantriebe. Energieentnahme aus dem Arbeitsprozeß der Antriebsanlage, die im Extremfall bis zu 10 % der Größe von w_i betragen kann, führt stets zur Verschlechterung von Schubkraft und spezifischem Brennstoffverbrauch. Deswegen sollte nach Möglichkeit die Abschaltung bzw. Verminderung der Turbinenkühlluft, welche den Hauptverlust darstellt, bis zum Reiseregime veranlaßt

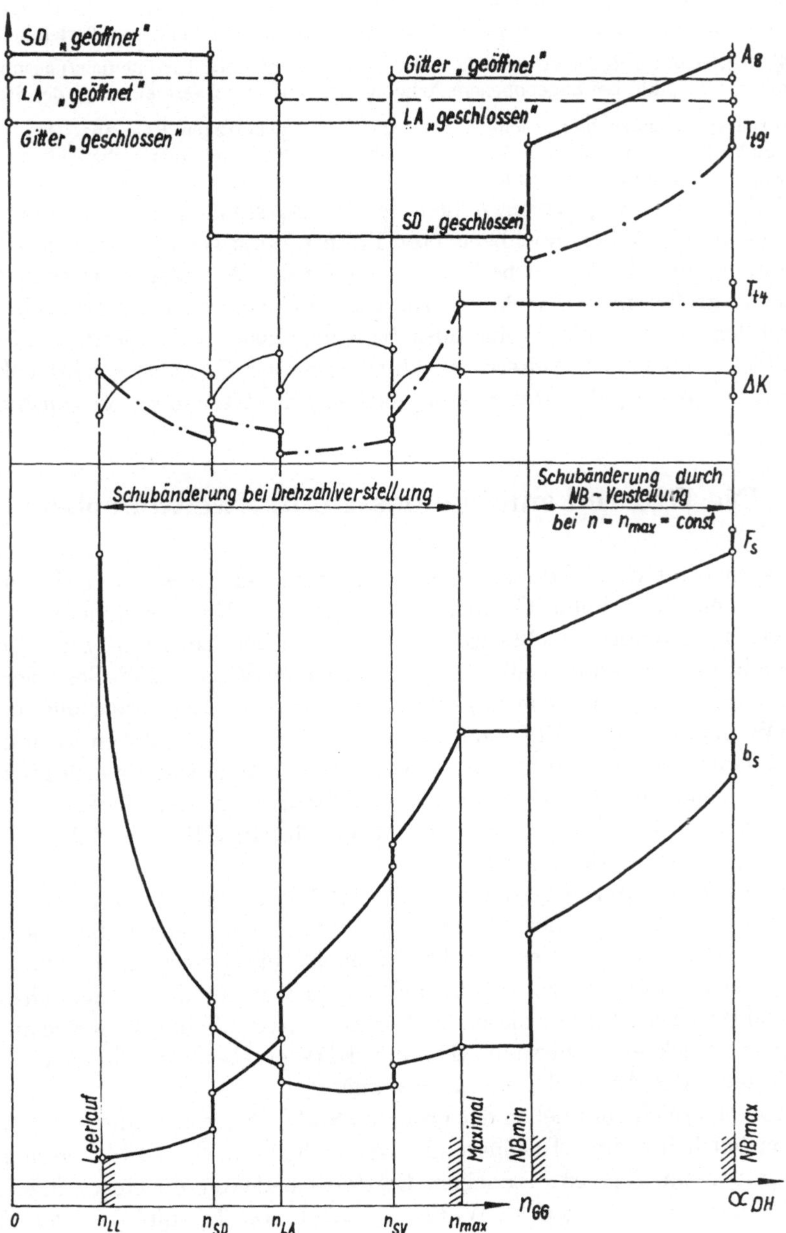

Abb. 13.4: Drosselkennlinie des 1W-TL-NB mit variabler Geometrie, ausgeführt als sprungartige Verstellungen im Gasgenerator und kontinuierliche Veränderung im NB

werden. Die Zu- und Abschaltvorgänge dazu ergeben in der Drosselkennlinie meßbare Parametersprünge für die Zahlengrößen von Schubkraft, spezifischen Brennstoffverbrauch und Stabilitätsreserve. Beide Entnahmevorgänge üben auf die Stabilitätsreserve des Verdichters gegensätzliche Einflüsse aus:

- *Verdichterluftentnahme* verursacht im Prinzip die Intensivierung der Gitterströmung und deswegen wie beim Luftablassen eine Arbeitspunktabsenkung mit vergrößerter Stabilitätsreserve.
- *Wellenleistungsabgabe* erfordert z.B. für $n = const$ größere Turbinenleistung mit höherer Temperatur T_{t4}, d.h. bei angehobenem Arbeitspunkt und einer Verkleinerung der Stabilitätsreserve.

Diese Vorgänge erlangen hauptsächlich bei großen Energiebeträgen Relevanz. Das ist vorrangig bei VTOL- und STOL-Antrieben der Fall. Die Energieentnahme aus einer selbständigen Hilfsgasturbine (APU) schafft hier durch Entlastung des TL und seines Verdichters spürbare Abhilfe.

In Verbindung mit präziser Arbeit des Regelsystems ermöglicht die variable Geometrie die stabile Arbeit hochbelasteter TL in weitem Betriebsbereich. Allerdings sind die Verstellungen als künstliche Einwirkung auf den Arbeitsprozeß anzusehen und mit zunehmend größerem konstruktiven Aufwand zu realisieren. Andererseits hat sich mit der digitalen Rechentechnik eine auszubauende Basis für moderne Regelsysteme herausgebildet. Neben der Weiterentwicklung variabler Geometrie wird bekanntlich das Konstruktionsprinzip der *Mehrwellenanordnung* des Gasgenerators zunehmend genutzt.

13.4 Die Drosselkennlinie des TL in Zweiwellenbauart

Der Gasgenerator in 2W-Bauart weist einen größeren Drosselbereich bei stabiler Arbeit auf, ohne die variable Geometrie zu benötigen. Nur bei höheren Anforderungen durch NB-Betrieb oder gleichbleibende thermische Belastung muß zusätzlich eine regelbare Schubdüse vorhanden sein. Aufbau und Kinematik des 2W-Gasgenerators sind in Kap.6.9 dargestellt. Im Auslegungspunkt A arbeitet die 2W-Maschine im Prinzip wie die in 1W-Bauart. Beim ETL sind die Drehzahlen beider Rotoren n_1 und n_2 bzw. die sich daraus ergebenden Umfangsgeschwindigkeiten annähernd gleich groß. Mit beginnender Drosselung sinken die Drehzahlen und Strömungsgeschwindigkeiten unterschiedlich steil, so daß die Strömungsverhältnisse am Eintritt (NDV) und Austritt (HDV) des Verdichters in der Tendenz ungleich sind.

Im NDV erfolgt durch „Abbremsung“ der Strömung eine Vergrößerung von Anströmwinkel und Drehmoment. Umgekehrt ändern sich dagegen die Geschwindigkeitsdreiecke im HDV, so daß sich sein Drehmoment relativ verkleinert. Daraus folgt, daß bei etwa gleicher Leistungsaufteilung auf beide Turbinenteile n_1 als Drehzahl des NDV steiler absinkt als n_2. Infolge dieser *Drehzahldivergenz* („Schlupf“) sowie unterschiedlich veränderter Druckverhältnisse in NDV und HDV ergeben sich die in Abb.13.5 ersichtlichen Verläufe der Arbeitslinien und Parameter.

Im Drosselbereich sind neben der größeren Stabilitätsreserve die besseren Wirkungsgrade von Verdichter und Turbine und daraus folgend nach (13.14) die monoton absinkende Temperatur T_{t4} hervorzuheben. Letzteres bedeutet im Gegensatz zum 1W-TL, daß bei tiefer Drosselung des 2W-TL der Wert von T_{t4} nicht wieder ansteigt. Die geringere thermische Belastung in diesem Bereich gewährleistet außer besserer Wirtschaftlichkeit günstigere Bedingungen zum Anlassen und Beschleunigen.

Bei Drosselung des 2W-TL werden durch sinnvolle Variation der Umfangsgeschwindigkeit u annähernd proportional zur Absolutgeschwindigkeit c die Geschwindigkeitsdreiecke nur unbedeutend verändert. Dadurch verschlechtern sich die Parameter des 2W-Verdichters auch im Bereich tiefer Drosselung bei weitem nicht so wie die der ungeregelten 1W-Maschine. Dadurch benötigen 2W-TL bis $\Pi_V = 16 \ldots 20$ im gesamten

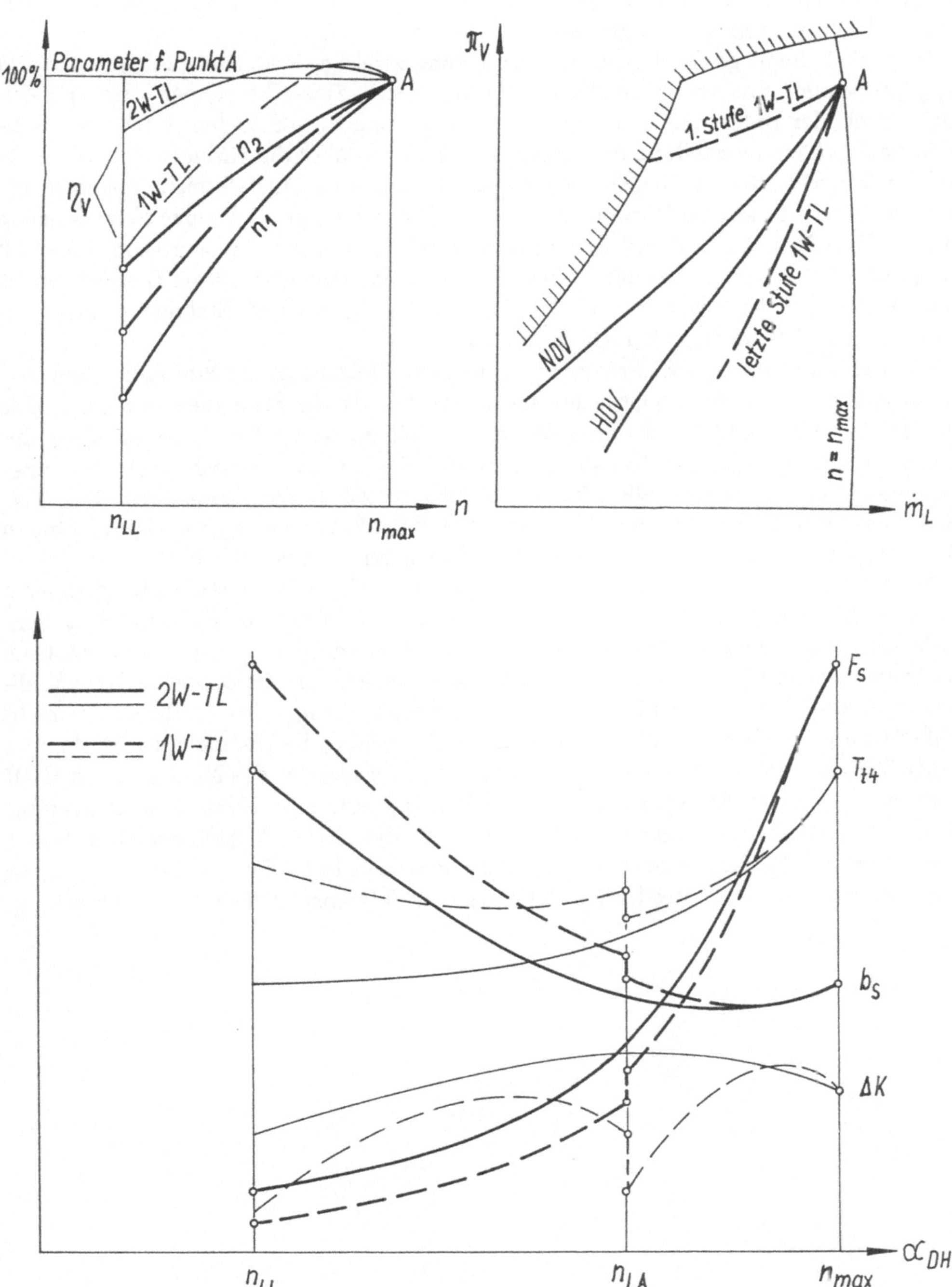

Abb. 13.5: Zum Vergleich von Drosselung und Drosselkennlinien bei 2W-TL und 1W-TL, dabei letzteres (unten) ergänzt durch variable Geometrie mit Luftablassen

Drehzahlbereich keine variable Geometrie. Erst bei noch größeren Druckverhältnissen ist sie zusätzlich heranzuziehen. Die Drosselkennlinie des 2W-TL im Verhältnis zu der eines 1W-TL in Abb.13.5 dargestellt.

Das 2W-Prinzip gewährleistet die Drosselung zwischen den Drehzahlen n_{max} und n_{LL} problemlos mit ausreichender Stabilitätsreserve. Dasselbe gelingt beim 1W-TL nur mittels der in Kap.13.3 beschrieben Veränderungen, am besten durch die kontinuierliche Schaufelverstellung im Verdichter. Während aber die variable Geometrie als äußerer Eingriff über das Regelsystem zu verstehen und bei Ausfall mit Problemen verbunden ist, wird dieselbe Wirkung bei der 2W-Maschine mittels innerer ***Selbstregelung*** erzielt. Eine Besonderheit der ***Schubdüsenverstellung*** bei 2W-TL wurde in Kap.12.3 herausgearbeitet: Infolge primärer Einwirkung auf das Druckverhältnis Π_{NDT} bewirkt ein „Auffahren" der Schubdüse in der Regel einen Zuwachs an Stabilitätsreserve im HDV, aber unerwünscht einen Abfall im NDV.

Die Realisierung des ***2W-Prinzips*** und als Schlußfolgerung das Studium seiner Arbeitsweise hat sich für moderne hochbelastete TL als Notwendigkeit erwiesen. Das betrifft vor allem ZTL, weil durch den Bläser mit größerem Durchmesser außer der *gasdynamischen* auch eine ***kinematische*** Notwendigkeit dazu besteht. Mit nur einer bekannten Ausnahme sind alle ZTL mindestens in 2W-Bauart ausgeführt. Der 2W-Gasgenerator mit kontinuierlicher Schaufelverstellung kann alle gegenwärtig denkbaren Druckverhältnisse bis $\Pi_V = 40$ und selbst darüber hinaus verwirklichen.

Neuerdings wird u.a. auch zum ***3W-Prinzip*** (s.a. Abb.6.14 (unten)) übergegangen. Der Gasgenerator eines 3W-ZTL ist hinsichtlich seiner Charakteristik als eine Hintereinanderschaltung zweier 2W-Maschinen anzusehen. Die Anordnung von drei kinematisch unabhängigen Verdichterteilen verwirklicht nach der Theorie die doppelte Drehzahldivergenz, nämlich einerseits für $n_1 < n_2$ und zusätzlich für $n_2 < n_3$. Dafür ist das nicht einfache Erfordernis zu gewährleisten, daß bei Drosselung die Drehzahl des MDR, also die Größe von n_2, stets in einem engen Korridor zwischen der des NDR und des HDR liegt. Bei optimaler Auslegung kann der 3W-Gasgenerator in Zukunft ohne variable Geometrie Druckverhältnisse realisieren, die weit über $\Pi_V = 40$ hinausreichen. Somit ermöglicht das 3W-Prinzip nach der Theorie jede weitere in der Perspektive vorgesehene Vergrößerung des Verdichterdruckverhältnisses für TL einschließlich ihrer Drosselung.

14 Machzahl- und Höhencharakteristik

14.1 Vorbemerkungen zur Geschwindigkeitskennlinie

Im Gegensatz zur Untersuchung bei der in der Regel auf $M = 0$ festgelegten Drosselkennlinie besteht die Hauptaufgabe der TL in der Schubabgabe unter Flugbedingungen. Deshalb werden zunächst als Geschwindigkeitskennlinie, später als Höhenkennlinie die Kennwerte im Flug analysiert. Wiederum sind nur die wichtigsten Größen relevant: Schub F_s und spezifischer Brennstoffverbrauch b_s. Ihre Veränderungen sind Gegenstand der beiden o.g. Kennlinien in den kommenden Unterabschnitten.

Unter der ***Geschwindigkeitskennlinie*** des TL versteht man die Veränderung von Schub und spezifischem Brennstoffverbrauch in Abhängigkeit von der M-Zahl, bzw. der Fluggeschwindigkeit v als dazu proportionale Größe. Voraussetzungen sind ein bestimmtes Regelprogramm, konstante Flughöhe und gleichbleibende Leistungsstufe. Demnach gilt:

$$(F_s, b) = f(M) \qquad \text{bei} \qquad (H, \alpha_{DH}) = const \tag{14.1}$$

Die quantitativen Veränderungen beider Kennwerte sind rechnerisch mittels Gleichungssystem oder meßtechnisch durch einen fliegenden Prüfstand zu bestimmen. Bevorzugte Leistungsstufen sind *Maximal*, bei Militärtriebwerken auch *NBmax*. Herausragende und zugleich extreme Flughöhen sind $H = 11$ km als Untergrenze der Stratosphäre (Tropopause) nach der Standardatmosphäre mit der tiefsten Außentemperatur, aber auch $H = 0$ km als Niveau des Meeresspiegels mit den praktisch möglichen Maxima von Druck und Dichte der Umgebungsluft. Neben den Zuständen des Starts und des Steigflugs besitzt vor allem der des Reiseflugs für TL von Verkehrsflugzeugen große Bedeutung. Wegen der großen Anzahl von Prozeßparametern mit z.T. unterschiedlicher Änderungstendenz wird die Problematik der Geschwindigkeitskennlinie an einem TL unter vereinfacht quantifiziertem Arbeitsprozeß bei folgenden Bedingungen untersucht:

- 1W-ETL mit „starrer" Geometrie in seinem Gaskanal;
- Regelgesetz (11.10), d.h. konstante Größen n_{GG} und T_{t4};
- stabile unbegrenzte Prozeßarbeit im Rahmen von (11.10);
- gleichbleibende Teilwirkungsgrade für alle Baugruppen;
- vollständige Gasentspannung innerhalb der Schubdüse;
- keine Abzweigung von Arbeit oder Luft aus dem TL.

Diese vereinfachten Voraussetzungen treffen zu, sofern nichts anderes festgelegt wird. Grundlage für die quantitativen Abhängigkeiten sind die (für die Drosselkennlinie dargestellten) Gleichungen (13.1) bis (13.12). Sie sind für die Flugbedingungen aufzubereiten. Dabei wird der ***Bruttoschub*** allein ohne die aerodynamischen Widerstände betrachtet.

14.2 Die Aufstellung der Geschwindigkeitskennlinie

Ausgangspunkt der Geschwindigkeitskennlinie ist der Startstandbetrieb des installierten TL, welches mit gleichbleibender Drosselhebelstellung im *Maximalregime* arbeitet. Von diesem Zustand aus beginnt mit dem Anrollen zun Start bei $M = 0$ und konstanter Flughöhe die Beschleunigung. Sie soll nach der Theorie (unabhängig von den Flugwiderständen) erst bei $M = M_{max}$ beendet sein, wo infolge nicht mehr wirksamen Antriebs mit $F_s = 0$ eine weitere M-Zahlzunahme auszuschließen ist.

Zur Erörterung der Schubänderung wird von (13.5) ausgegangen, um die Abweichungen von $\dot{m}_L$ und f_s getrennt zu untersuchen. Der *Massenstrom* $\dot{m}_L$ wird durch den (im Flug fast immer vorliegenden) überkritischen Strömungszustand im engsten Querschnitt des TL, dem (ersten) Leitgitteraustritt der Turbine, bestimmt. Der dafür nach (13.6) zutreffende Ausdruck $K_1\, \alpha_{krit}\, p_{t4'}/\sqrt{T_{t4}}$ beinhaltet unter den o.g. Bedingungen, damit auch nach (11.10), nur die Größe $p_{t4'}$ als Variable. Somit ist $\dot{m}_L$ eine Funktion des Gesamtdruckverhältnisses $\Pi_{ges} = \Pi_{EL}\, \Pi_V$. In Abb.14.1 ist ersichtlich, wie sich die Π-Werte über der M-Zahl verhalten. Der Abfall von Π_V kommt durch das Sinken der reduzierten Drehzahl infolge gasdynamischer Drosselung durch Zunahme von T_{t2} zustande. Dagegen wächst Π_{EL} nach (10.4) und (10.5) zunächst zwar fast nicht, aber nach Beendigung des Saugbetriebes durch Aufstau steil an. Als Produkt der Druckverhältnisse von Einlauf und Verdichter wird Π_{ges} im Flug nach Abb.14.1 (oben links) vergrößert. Etwa proportional dazu verändert sich $\dot{m}_L$ am Beginn nur wenig, aber bei größerer M-Zahl tritt ein steiler Anstieg ein.

Nach Klärung des Verhaltens von $\dot{m}_L$ ist die Veränderung des *spezifischen Schubes* f_s zu untersuchen. Dazu dienen die Therme in den eckigen Klammern von (13.7) und (13.8). Es ist somit in Abhängigkeit von den Prozeß- und Flugparametern festzuhalten:

$$f_s = \sqrt{2\, w_i + (Ma)^2} - Ma = \varphi_{SD}\sqrt{\frac{2\, R_G}{m_G} T_{t5}(1 - \Pi_{SD}^{-m_G})} - Ma$$

Im Falle einer angenommenen Konstanz beider Wurzelausdrücke ergibt sich die wichtige Schlußfolgerung: Durch Subtraktion der anwachsenden Fluggeschwindigkeit sinkt der spezifische Schub monoton, bis sein Betrag $f_s = 0$ ist. Bei allen nach (11.10) oder einem ähnlichen Regelprogramm arbeitenden TL wird die Differenz von Strahlgeschwindigkeit c_9 und Fluggeschwindigkeit $v = Ma$ und damit der spezifische Schub über der M-Zahl kleiner. In grafischen Darstellungen ergibt sich dadurch in der Regel ein Schnittpunkt zwischen beiden Kurvenverläufen, d.h. auch in der Theorie ein endlicher Wert für den extremen Flugzustand, welcher $M = M_{max}$ entspricht.

Diesen Sachverhalt zeigt Abb.14.1 (oben rechts). Dort sind nach [86] bei gleichem Abszissen- und Ordinatenmaßstab die Größen c_9 und v ersichtlich, wobei v unter 45° angetragen ist. Die Änderung des Betrages von c_9 ist abhängig von der Prozeßführung für drei typische Fälle zu unterscheiden. Als Differenz zwischen beiden Geschwindigkeiten ist der spezifische Schub in Ordinatengröße dargestellt.

Im 1. Fall ist für ein TL mit ungünstigem Arbeitsprozeß der Wert von $c_9 = const$ vorgegeben. Im Schnittpunkt mit $c_9 = v$ ist kein spezifischer Schub mehr vorhanden, und die Geschwindigkeitskennlinie ist an dieser Stelle beendet. Beim 2. Fall, der mit (11.10) infolge $T_{t4} = const$ übereinstimmt und deshalb für viele TL als zutreffend auzusehen ist, steigt der Betrag von c_9 gegenüber dem Startstandwert beträchtlich an. Dadurch tritt der Schnittpunkt bei größerem Wert von f_s im Flug erst viel später auf. Schließlich wird im 3. Fall durch $w_i = const$ im Widerspruch zu (11.10) ein Prozeß mit immer höheren Temperaturen T_{t2} und T_{t4} realisiert, bei dem es in der Theorie zu keinem Schnittpunkt zwischen den Gesetzmäßigkeiten kommt. Die so „verlängerte" Kennlinie ist allerdings nur realisierbar, solange dabei für T_{t4} keine Prozeßbegrenzung existiert.

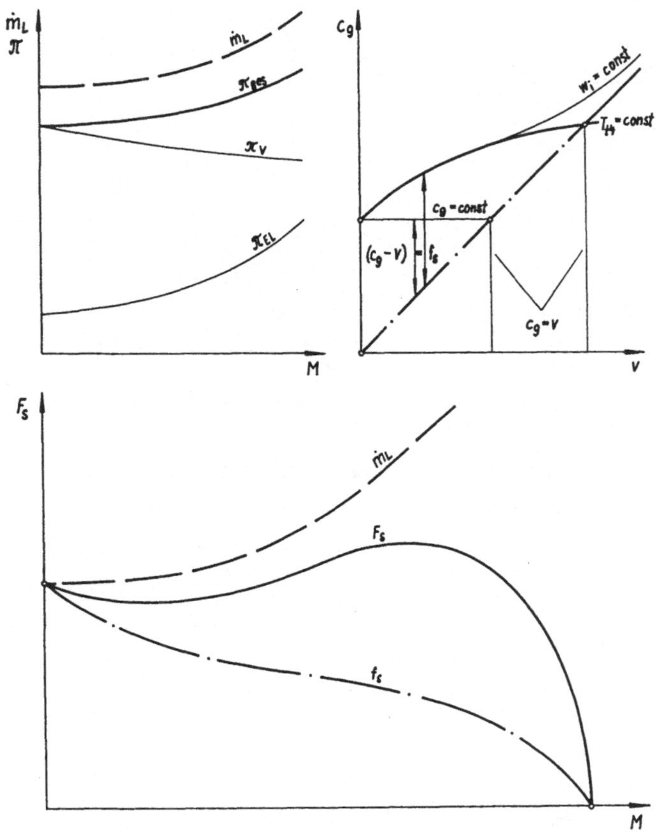

Abb. 14.1: Veränderung von Luftmassenstrom, spezifischem und absolutem Schub

Davon wird die Entwicklung des spezifischen Schubes nach $T_{t4} = const$ wie festgelegt in Abb.14.1 (unten) eingezeichnet. Aus dem Produkt der Beträge für $\dot{m}_L$ und f_s mit den ersichtlichen Verläufen entsteht so die Kurve für den ***absoluten Schub***. Er ist nach der Drosselkennlinie für $M = 0$ in der Leistungsstufe *Maximal* mit $F_s = 100$ % festgelegt. Nach Abb.14.1 sinkt der Schub während Start bzw. Langsamflug infolge fallenden Wertes von f_s ein wenig ab. Er steigt anschließend beim ETL durch Zunahme von $\dot{m}_L$ beträchtlich an und erreicht ein absolutes Maximum bei großer M-Zahl. Danach erfolgt bis $M = M_{max}$ ein steiler Schubabfall. Dieser letzte Abschnitt der Schubkurve ist nur von theoretischer Bedeutung. Anwachsender Widerstand des Flugzeugs verhindert in der Regel das fliegerische Überwinden des Schubmaximums seines Antriebs.

Der Schubverlauf nach Abb.14.1 ist typisch für ETL und „schlanke" ZTL für mittelgroße Strahlgeschwindigkeit. Bei NB-Betrieb, also sehr großem Betrag von c_9, wird fast kein Abfall, aber ein wesentlich größeres Maximum an Schub für hohe M-Zahl sowie ein größerer Wert für $M = M_{max}$ erzielt. Dagegen erfolgt bei kleinerer Strahlgeschwindigkeit, d.h. bei geringerem spezifischen Schub, wie er für Großbläser-ZTL typisch ist, vom Standschub aus über der M-Zahl ein monotoner Schubabfall. So wird durch Arbeitsprozeß und Triebwerksart die Geschwindigkeitskennlinie beeinflußt.

Von Bedeutung für die Wirtschaftlichkeit der TL ist die Veränderung ihres *spezifischen Brennstoffverbrauchs* b_s unter Flugbedingungen. In der Verkehrsluftfahrt wird im Interesse der Betriebskostensenkung vor allem für den Reiseflugzustand ein kleiner Wert von b_s angestrebt. Ausgangspunkt dazu ist ebenfalls der Standbetrieb mit seinem nach (13.11) zu bestimmenden, in der Regel den kleinsten Betrag darstellenden Zahlenwert.

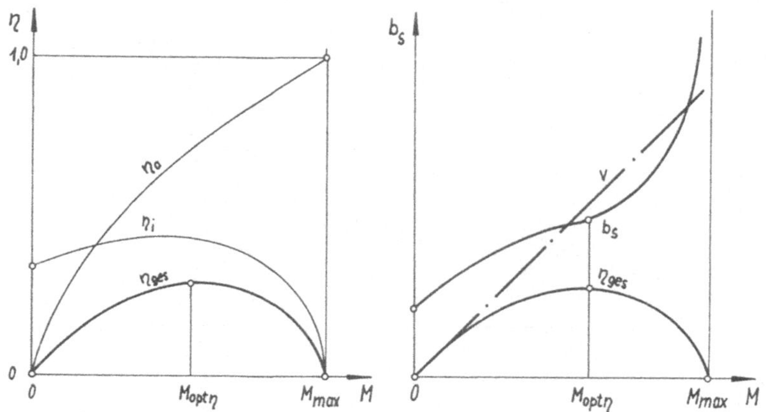

Abb. 14.2: Verlauf der Wirkungsgrade und des spezifischen Brennstoffverbrauches

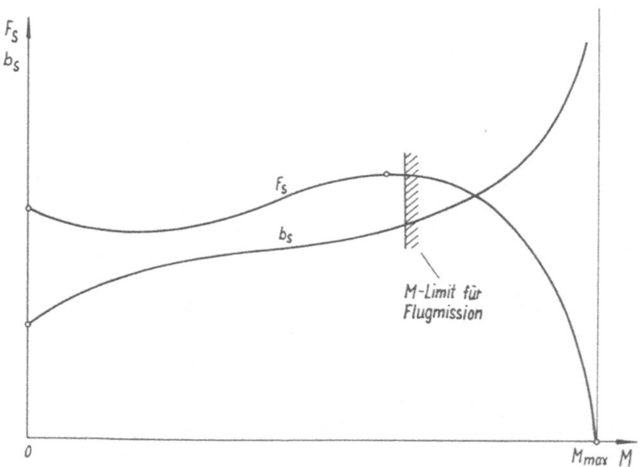

Abb. 14.3: Prinzipieller Verlauf der Geschwindigkeitskennlinie eines TL

Zur Erklärung seines Verlaufes wird der *Gesamtwirkungsgrad* η_{ges} als M-Zahlfunktion nach Abb.14.2 verwendet. Bekanntlich ist er das Produkt seines äußeren und seines inneren Teilbetrages η_a nach (4.17) und η_i nach (4.18). Der *äußere* Wirkungsgrad wächst nach der Theorie im M-Zahlbereich von $\eta_a = 0$ bis zum Höchstbetrag $\eta_a = 1$ an. Unter der Voraussetzung w-optimaler Auslegung im Standbetrieb steigt der *innere* Wirkungsgrad von endlichem Betrag bis zu seinem Höchstwert, um danach wieder abzufallen und bei $M = M_{max}$ die Abszisse zu erreichen. Daraus erklärt sich, daß der Gesamtwirkungsgrad bei einem noch größeren Wert von $M = M_{opt\eta}$ sein Maximum erzielt.

Beim realisierbaren Flug mit M-Zahlvergrößerung wird also ein Anstieg des Gesamtwirkungsgrades verzeichnet. Das ist aber noch keine direkte Aussage zur Veränderung des spezifischen Verbrauches. Nach (13.12) ist sein Betrag mit $H_u = const$ proportional dem Ausdruck Ma/η_{ges}. Während darin $Ma = v$ linear ansteigt (s. Abb.14.1), ändert sich der Wert von η_{ges} nach Abb.14.2. Bei kleiner M-Zahl ist die Auswirkung des Zählers größer, so daß der Wert von b_s in der Regel erst steiler, danach weniger stark zunimmt. Im Zustand von $M = M_{opt\eta}$ durchläuft die Kurve von b_s einen Wendepunkt. Wegen nun sinkendem Wirkungsgrad wird der Anstieg des spezifischen Verbrauches immer größer, und bei $M = M_{max}$ wird mit $\eta_{ges} = 0$ ein theoretisch unendlich großer Wert erreicht. Der b_s-Verlauf ist durch die Prozeßparameter beeinflußbar.

Beide ermittelten Kurvenverläufe für die Schubkraft F_s und den spezifischen Brennstoffverbrauch b_s sind als Hauptkennwerte in Abb.14.3 ersichtlich. Damit liegt die typische Geschwindigkeitslinie von TL ohne Veränderungen beim Arbeitsprozeß oder im Regelsystem vor. Grundlegend ist sie in qualitativer Form bei TL aller Bauarten für konstante Betriebszustände wiederzufinden. Beim konkreten Antrieb ist sie in Verbindung mit dem Verwendungszweck des Flugzeuges durch sinnvolle Auswahl der Prozeßparameter einem Optimalverauf anzunähern. Das geschieht im folgenden Abschnitt.

14.3 Zum Einfluß der Prozeßparameter

Unter dem Aspekt der bekannten Geschwindigkeitskennlinie sind Überlegungen anzustellen, wie unter Flugbedingungen durch günstige Prozeßführung beste Kennwerte zu erreichen sind. Der Arbeitsprozeß des ETL wird durch Druckverhältnis Π_V, Temperatur T_{t4} und die Baugruppenwirkungsgrade beeinflußt. Zusätzlich kommen beim ZTL das Bypassverhältnis μ und bei NB-Betrieb die Temperatur $T_{t9'}$ hinzu. Derartige, zunächst auf das ETL beschränkte Kennlinienuntersuchungen führen zur bekannten Problematik der *Auslegungsgesichtspunkte* für den Arbeitsprozeß.

Den Festlegungen der Geschwindigkeitskennlinie mit $H = const$ entsprechend, wird die Flughöhe $H = 11$ km mit der Außentemperatur $T_0 = 216,5$ K ausgewählt. Beim Flug mit $M = 1,286$ (gerundet: $M = 1,3$) wird dafür die isentrope Stautemperatur $T_{t0} = T_{t2} = 288$ K wirksam. Mit Berücksichtigung der Standardbedingungen bedeutet das: Hinsichtlich der Parameter T_{t2}, n_{red} und Π_V ist der Standbetrieb mit $M = 0$ in Meereshöhe gleichbedeutend mit dem Flug bei $M = 1,3$ in der Stratosphäre. Dieser Flugzustand wird deshalb als Bezugs- bzw. Auslegungspunkt A gewählt und der Schub in der Leistungsstufe *Maximal* dafür gleich $F_s = 100$ % gesetzt.

Zuerst wird der Einfluß des *Druckverhältnisses* Π_V mit bestimmtem Auslegungswert Π_{VA} für die Bedingung $T_{t4} = const$ untersucht. Bekanntlich ergibt die Auslegung mit $\Pi_V = \Pi_{optw}$ das Maximum an *spezifischem Schub*. Dieser w-optimale Zustand wird nach (10.6) bei bestimmter M-Zahl im Flug erreicht. Davon ausgehend weisen unteroptimale (bei kleinerer M-Zahl) sowie überoptimale Zustände (bei größerer M-Zahl) ein kleineres Niveau an spezifischem Schub auf. Durch den (von der M-Zahl abhängenden) Massenstrom $\dot{m}_L$ beeinflußt, liegt der Betriebspunkt mit dem größten *absoluten Schub* F_s bei dazu etwas höherer M-Zahl.

Daraus ergibt sich nach Abb.14.4 (links) unter der Voraussetzung $T_{t4} = const$ die Schlußfolgerung: Der Schub steigt als M-Zahlfunktion bei kleinerem Wert Π_{VA} steiler an und erreicht sein Maximum bei höherer M-Zahl im Überschallbereich mit größerem Betrag von F_s. Dagegen gewährleistet die Auslegung mit größerem Druckverhältnis

Π_{VA} bereits im Unterschallbereich einen größeren Schub. Er steigt aber nach Abb.14.4 weniger steil an und erreicht hinsichtlich M-Zahl und Schub nicht so große Maximalwerte. Demnach garantieren für den Überschallbereich vorgesehe TL bei kleinerem Wert für Π_{VA} einen günstigeren Schubverlauf. Dagegen sind in der Unterschall-Verkehrsluftfahrt einzusetzende TL bei höherausgelegten Π_{VA}-Werten schubintensiver.

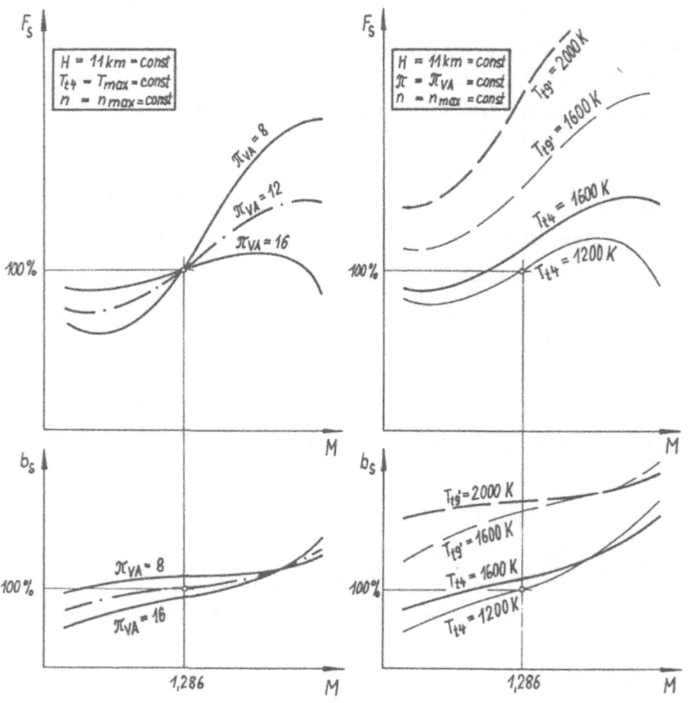

Abb. 14.4: Geschwindigkeitskennlinien bei Auslegung für verschiedene Verdichterdruckverhältnisse (links) sowie Turbineneintritts- und NB-Temperaturen (rechts)

Abb.14.4 (unten) trifft eine Aussage über den ***spezifischen Brennstoffverbrauch.*** Infolge besserer Wärmeausnutzung weisen TL mit größerem Druckverhältnis im Standbetrieb sowie mittlerer und selbst größerer M-Zahl günstigere b_s-Werte auf. Erst bei extrem großer M-Zahl, wo nach der Theorie die η-optimale Auslegung des Arbeitsprozesses erreicht bzw. überschritten wird, überschneiden sich die b_s-Kurven.

Die Veränderung der *Temperatur* T_{t4} unter der Bedingung $\Pi_V = const$ wird in Abb.14.4 (rechts) analysiert. Der hinsichtlich T_{t4} höher ausgelegte Prozeß zeichnet sich durch größere innere Arbeit und somit durch eine bei größerer Schubkraft verlaufende Kennlinie aus. Je höher die Temperatur ist, um so größer ist auch der Wert für Π_{optw}, d.h. um so größer ist die M-Zahl für das Schubmaximum. Andererseits ist ein schubintensiverer Prozeß im Flugbereich mit höherem spezifischen Verbrauch b_s verbunden. Erst bei extrem großer M-Zahl kommt es durch Annäherung des η-optimalen Zustandes zur Überschneidung der Verbrauchskurven.

Nach Abb.14.4 (rechts) gilt dieser Sachverhalt auch für die thermische Auslegung des NB im Falle seines Zuschaltens: Gegenüber *NBmin* mit $T_{t9'} = 1600$ K ist der Zustand für *NBmax* mit z.B. $T_{t9'} = 2000$ K selbstverständlich schubintensiver. Besonders groß gegenüber dem Standbetrieb ist der NB-Schubzuwachs bei sehr großer M-Zahl. Der Gewinn an Schubkraft wird durch einen höheren spezifischen Verbrauch erkauft, wobei auch hier eine Kurvenüberschneidung bei extremer M-Zahl eintritt.

Wie bereits die Auslegungsproblematik zeigte, haben die Prozeßparameter beträchtlichen Einfluß auf die Kennwerte des TL. Diese Abhängigkeiten sind aber nicht für die gesamte Breite der Betriebszustände als gleichbleibend anzusehen. Die Untersuchung der Geschwindigkeitslinie zeigt nämlich, daß die optimale Auslegung für einen bestimmten Flugzustand nur in kleinem M-Zahlbereich Gültigkeit besitzt. Demnach entspricht ein anderer, davon entfernter Flugzustand mit denselben Parametern zwangsläufig nicht mehr den optimalen Gegebenheiten. Zusammengefaßt läßt sich zur Geschwindigkeitskennlinie des TL bei Varianz seiner wichtigsten Prozeßparameter folgendes feststellen:

- Große Schubkraft und gute Wirtschaftlichkeit lassen sich im Unterschall- und Transschallbereich mit großem, w-optimal oder geringfügig überoptimal ausgelegtem Druckverhältnis Π_V verwirklichen.
- Für große Flug-M-Zahl wird mit kleineren Π_V-Werten ein Verlauf mit größerer Schubintensität erreicht, weil erst durch die Stauverdichtung die w-optimale Prozeßauslegung herbeigeführt wird.
- Die Auslegung für hohe Turbineneintrittstemperatur T_{t4} gewährleistet großen Schub, der sich vor allem bei großer M-Zahl ausbildet, aber im Unterschallbereich die Wirtschaftlichkeit verschlechtert.
- Der spezifische Brennstoffverbrauch b_s, der über der M-Zahl ohnehin ansteigende Tendenz aufweist, wird durch kleinere Π_V- und höhere T_{t4}-Werte, vorrangig aber mit dem Einschalten des NB vergrößert.
- Durch das Zuschalten des NB ergibt sich ein beträchtlicher Schubkraftsprung, aber auch eine überproportionale Verschlechterung der Kennwerte von spezifischem Verbrauch und Umweltbelastung.
- Eine in den Darstellungen zu beobachtende Annäherung und Überschneidung der Verbrauchskurven, die allerdings rechnerisch erst für $M > 2,5$ nachgewiesen wird, besitzt für die bisherige Praxis keine Bedeutung.

Hier getroffene Aussagen sind auf ETL und „schlanke" ZTL mit kleinem Bypassverhältnis, also vorrangig auf Triebwerke für militärische Verwendung, auch unter Einbeziehung des NB-Betriebes, zugeschnitten. Mit Berücksichtigung der für sie zutreffenden Besonderheiten sind sie aber auch für andere TL analog. Zur Vertiefung der Theorie werden diese Sachverhalte für unterschiedliche (E)TL und ihre Regelprogramme weiterverfolgt.

14.4 Die Geschwindigkeitskennlinie des Einwellentriebwerks

Zum Einsatz für den Überschall- und Hyperschallbereich sind u.a. spezielle 1W-ETL mit verhältnismäßig kleinem Druckverhältnis, aber hoher Temperatur T_{t4} vorgesehen. Infolge dabei auftretender großer Unterschiede hinsichtlich M-Zahl und T_{t2} ergeben sich beträchtliche Veränderungen im Arbeitsprozeß. Diese Geschwindigkeitskennlinie wird für zwei unterschiedliche Regelprogramme, nämlich bei Konstanz einmal der nichtreduzierten und zum andern derselben reduzierten Prozeßparameter, untersucht. Wichtige Voraussetzung dafür sind die im Regelprogramm (11.13) verwirklichten Beziehungen:

$$n_{red} = n\sqrt{\frac{288K}{T_{t2}}} \qquad (14.2)$$

$$T_{t4red} = T_{t4}\,\frac{288K}{T_{t2}} \qquad (14.3)$$

Das bisher stets vorausgesetzte Programm (11.10) beinhaltet bekanntlich die Konstanz der *nichtreduzierten* Parameter n_{GG} und T_{t4}. Die für den Flugbereich erforderliche sehr große M-Zahländerung führt dabei zu beträchtlicher Verschiebung des Arbeitspunktes A im Kennfeld des Verdichters. Im Flug ist bekanntlich die Ausgangslage von A der $T_{t2} = 288$ K entsprechende Zustand mit (gerundet) $M = 1,3$ und $n_{red} = n_{GG} = 100$ % in der Stratosphäre. Davon ausgehend erfolgt die Beschleunigung bis z.B. $M = 2,5$ mit beträchtlichem isentropen Anstieg der Eintrittstemperatur auf $T_{t2} = 487$ K. Das führt nach (14.2) zur Verminderung der *reduzierten* Drehzahl auf $n_{red} = 77$ % trotz nach wie vor unverändertem Betrag von $n_{GG} = 100$ % als *kinematischer* Drehzahl.

Trotz gleichbleibendem kinematischen Zustand des Triebwerksrotors ist hierbei die reduzierte Drehzahl infolge *gasdynamischer Drosselung* um 23 % abgesunken. Je höher also die Flug-M-Zahl ist, um so größer sind die Auswirkungen durch gasdynamische Veränderungen, um so mehr divergiert die reduzierte gegenüber der kinematischen Drehzahl, um so mehr verliert der Gasgenerator an Wirksamkeit. Durch die Verschiebung von A in Richtung des Kennfeldursprungs ergeben sich so die wichtigen Veränderungen:

- Eine gewisse Abnahme von Π_V wird zwar durch die größere Zunahme von Π_{EL} mehr als ausgeglichen, sorgt aber doch für einen ungünstiger werdenden Prozeß.
- Mit Verkleinerung des Betrages von α_2 steigt der Luftmassenstrom flacher als ungedrosselt, wodurch die Schubkraft mit geringerer Tendenz als sonst zunimmt.
- Ein Abfall der Werte von η_V sowie u.U. auch von σ_{EL} verschlechtert infolge ungünstigerer Prozeßführung zusätzlich Schubkraft und spezifischen Verbrauch.
- Der Arbeitspunkt nähert sich im Kennfeld dem Zustand der „unteren“ Instabilität, wodurch Maßnahmen gegen eine Gefahr instabiler Arbeit einzuleiten sind.

Mit umgekehrter Richtung erfolgt bei M-Zahlverkleinerung im Flug nach Abb.6.10 eine Verschiebung des Arbeitspunktes A nach rechts oben. Im angedachten Extremfall wird bei $M = 0$ infolge $T_{t2} = 216,5$ K eine reduzierte Drehzahl $n_{red} = 115$ % nach (14.2) als Maximum erreicht. Nach der Theorie bewirkt diese *gasdynamische „Entdrosselung“* die Vergrößerung von Prozeßfläche, Luftmassenstrom und Schub. Sie führt aber andererseits ebenfalls zur kleinerer Stabilitätsreserve, nämlich durch die Annäherung der Arbeitslinie mit A an die „obere“ Instabilität im Kennfeld.

Außer dem Betrag von n_{red} wird ebenfalls durch M-Zahländerung, und zwar nach der Beziehung (14.3) die Größe von T_{t4red} geändert. Das bedeutet, daß A wegen der größeren Temperatur T_{t2}, bzw. anders ausgedrückt, durch das kleinere Verhältnis T_{t4}/T_{t2} im Kennfeld auf der Drossellinie nach unten auswandert. Zugleich ist zu beachten, daß die höchstzulässigen Werte der Parameter T_{t4}, n_{red} bzw. n_{GG} u.a. aus Gründen der Festigkeit nicht überschritten werden dürfen. Beide Erscheinungen, die Verschiebungen des Arbeitspunktes im Verdichterkennfeld, einmal auf der Fahrlinie, zum andern aber auch auf der Drossellinie, sind zu beachten und regeltechnisch zu berücksichtigen.

Überschreiten die Arbeitspunktwanderungen nach Programm (11.10) bestimmte Grenzen, sind die Auswirkungen unerwünscht, bzw. sie sind durch zusätzliche Maßnahmen zu kompensieren. Demgegenüber besteht die Möglichkeit, durch Konstanz *reduzierter Parameter* nach Regelprogramm (11.13) die Lage von A im Kennfeld unverändert festzuhalten. Mit diesen Festlegungen $n_{red} = const$ und $T_{t4red} = const$ ist A ein *Fixpunkt* im Kennfeld des Verdichters. Somit bleiben auch die Parameter α_2, Π_V, η_V und ΔK mit ihren den Standardbedingungen entsprechenden Größen trotz großer Änderungen der Beträge von M-Zahl und T_{t2} konstant.

Nach Regelprogramm (11.13) arbeitet der Gasgenerator somit in Abhängigkeit von äußeren Bedingungen *gasdynamisch ungedrosselt.* Er ist damit nach der Theorie in unbegrenztem Flugbereich arbeitsfähig. Infolge günstig anwachsender Werte von $\dot{m}_L$ und f_s ist ein steilerer Anstieg des Schubes F_s gewährleistet. Problematisch ist dabei aber folgendes: Um (11.13) zu gewährleisten, ist es nach (14.2) und (14.3) erforderlich, daß die Parameter $n = n_{GG}$ und T_{t4} als Funktion der M-Zahl monoton mitwachsen müssen. Aus Gründen der mechanischen und thermischen Festigkeit ist das nur bedingt möglich. Letzteres gilt um so mehr unter dem Aspekt, daß man das TL bereits im Startstandbetrieb bei $M = 0$ mit höchstzulässigen Prozeßparametern einreguliert hätte.

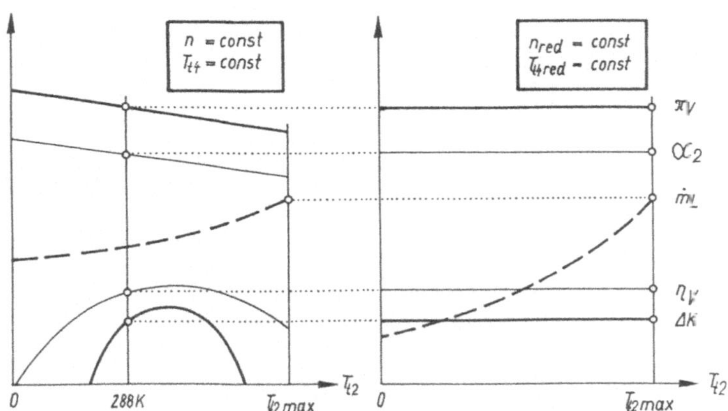

Abb. 14.5: Verlauf der Prozeßgrößen nach dem Regelprogramm für konstante *nichtreduzierte* Parameter (links) sowie konstante *reduzierte* Parameter (rechts)

In Abb.14.5 sind wie im Text beschrieben die unterschiedlichen Parameterverläufe nach beiden Regelprogrammen ersichtlich. Die Parameterkonstanz nach (11.13) (rechte Darstellung) gewährleistet den ungedrosselten Betriebszustand und für $\dot{m}_L$ den steileren Anstieg. Mit dem Erreichen der höchstzulässigen Parameter von n_{GG} und T_{t4} darf entweder $M = M_{max}$ nicht weiter gesteigert werden oder es ist auf ein anderes Regelprogramm mit Konstanz der nichtreduzierten Parameter überzugehen.

Diese Problematik des Kombinierens zweier Regelbereiche zu einem *kombinierten Regelprogramm* ist abhängig von der M-Zahl in Abb.14.6 dargestellt. Ausgangspunkt dafür ist die einheitliche Festlegung aller Parameter mit ihren höchstzulässigen bzw. maximalerreichbaren Beträgen von 100 % für $M = M_{max}$ als Endflugzustand. Das kombinierte Programm besteht demnach aus (11.13), angewandt zwischen $M = 0$ und $M = M'$, sowie aus (11.10), welches darüberhinaus bis $M = M_{max}$ wirksam ist.

Für den Fall in Abb.14.6 soll ausreichender Schub für den Startstandbetrieb und die anschließenden Teilflugmissionen gewährleistet sein. Während Start, Steigflug und Anfangsbeschleunigung liegt mit Programm (11.13) der ungedrosselte Zustand bis $M = M'$ mit günstigem Schubanstieg und fixem Arbeitspunkt vor. Dieser Flugzustand könnte z.B. $M' = 2$ entsprechen. In M' sind die Maximalwerte der Parameter $n = n_{max}$ und $T_{t4} = T_{t4max}$ erreicht. Weil dadurch (11.13) nicht fortgesetzt werden kann, wird hier zur weiteren Beschleunigung auf Programm (11.10) umgeschaltet. Bei Konstanz der genannten Parameter, geringerem Schubanstieg sowie zur „unteren" Instabilität abwanderndem Arbeitspunkt, aber noch ausreichender Stabilitätsreserve wird schließlich $M = M_{max}$ erreicht. Dieser Flugzustand könnte z.B. $M_{max} = 3$ oder mehr betragen.

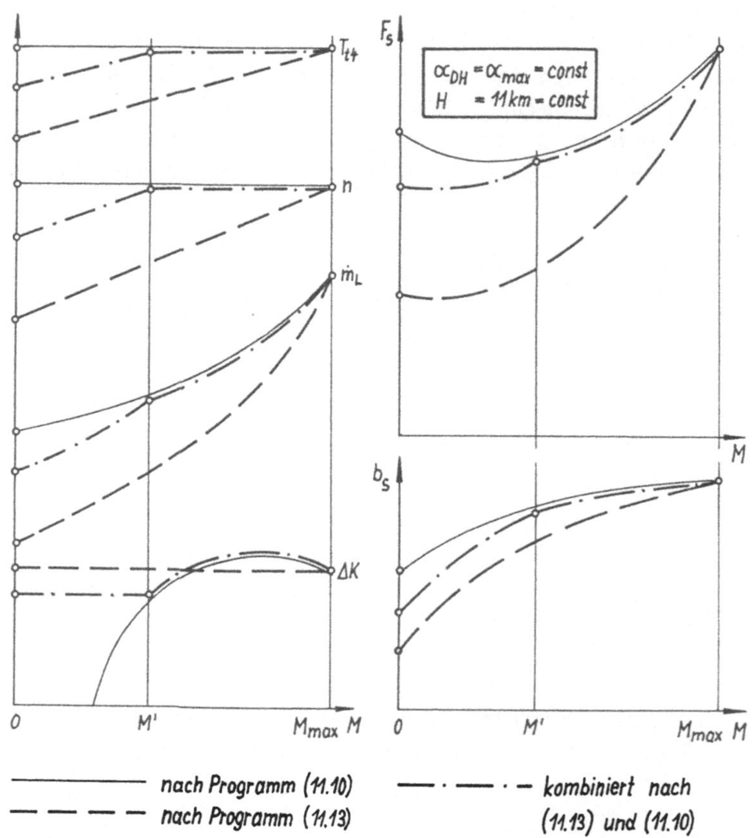

Abb. 14.6: Geschwindigkeitskennlinie nach kombiniertem Regelprogramm

Jedes der beiden Teilprogramme für sich allein reicht nicht aus, um den Betrieb für den gesamten Bereich vom Start bis M_{max} zu gewährleisten. Erst das kombinierte Regelprogramm ermöglicht im gesamten M-Zahlbereich die Parameter und Kennwerte in den erforderlichen Beträgen ohne Überschreitung von Begrenzungen. Das Beispiel dieses kombinierten Regelprogramms zeigt, daß bereits allein durch günstige Auswahl von Art und Umschaltungsmöglichkeit der Teilprogramme hinsichtlich Schub und Wirtschaftlichkeit ein wirkungsvolles Optimieren der Charakteristik von 1W-TL möglich ist.

14.5 Die Geschwindigkeitskennlinie des Zweiwellentriebwerks

Mit den bekannten Arbeitsvorgängen des 2W-Gasgenerators aus Kap.6.9 und den aus Kap.11.5 ersichtlichen Regelprogrammen des 2W-TL wird nun dazu die *Schubveränderung* in Abhängigkeit von der M-Zahl analysiert. ***Arbeitspunktwanderungen*** sind beim 2W-TL vergleichsweise unproblematisch, weil NDV und HDV im Gegensatz zum 1W-Verdichter viel kleinere Teildruckverhältnisse aufweisen und sich außerdem in der Regel gasdynamisch stabilisierend beeinflussen. Der Parameterverlauf nach den Programmen (11.20) bis (11.24) läßt eine unterschiedliche Kennwertentwicklung als M-Zahlfunktion erwarten. Die daraus resultierenden Arbeitsprozesse ergeben Schubverläufe, welche in Abb.14.7 miteinander verglichen werden. Einheitlicher Bezugspunkt für die Wertung ist auch hier der „Standard"-Flugzustand, aufgerundet mit $M = 1,3$ in der Stratosphäre.

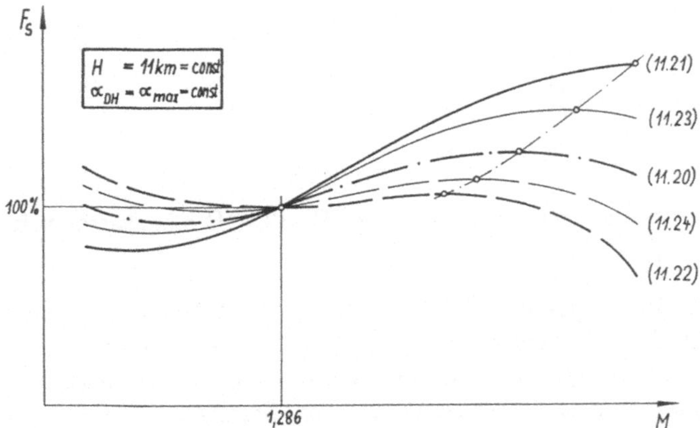

Abb. 14.7: Schubverlauf für 2W-TL nach den bekannten Regelprogrammen

Diejenigen Regelprogramme, welche in der Summe den steilsten Anstieg ihrer Parameter verwirklichen, garantieren logischerweise den größten Schubzuwachs über der M-Zahl, wie z.B. die Programme (11.21) und (11.23). Deswegen werden sie für TL von Jagd- bzw. Überschallflugzeugen (zumindest für bestimmte M-Zahlbereiche) bevorzugt. TL für den Unterschallbereich, d.h. für die gegenwärtigen Verkehrsflugzeuge, nutzen dagegen oft Programm (11.22). Dieses ist das für den Startstandbetrieb und den Steigflug schubstärkste Programm. Der dabei über der M-Zahl abfallende Schub ist bei richtiger Bemessung kein Nachteil. Er ist für Start sowie Steigflug groß und wird andererseits im Reiseflug um M=0,8 bei schonender Triebwerksbeanspruchung mit geringerem Schubniveau als ausreichend eingeschätzt.

Nach den zitierten Programmen sind die Unterschiede im spezifischen Brennstoffverbrauch nicht groß. Es gilt als sicher, daß Programme mit großem Schubanstieg zugleich auch einen steileren Verlauf des Wertes von b_s aufweisen. Unter diesem Gesichtspunkt ist Programm (11.22) für den Unterschall-Reiseflug wegen des flacher ansteigenden spezifischen Verbrauches, d.h. besserer Wirtschaftlichkeit, zweckmäßig.

Zu beachten ist, daß vergrößerter Schub durch angestiegene Parameter, d.h. also mittels höherer mechanischer und thermischer Belastung des Triebwerks, erkauft werden muß. Existierende Begrenzungen dürfen dabei nicht überschritten werden. Deshalb sind wegen Schub- und Parameterverlauf auf hohem Niveau bei 2W-TL die einzelnen Regelprogramme nur für bestimmte M-Zahlbereiche gültig. Damit sind für die Flugzustände in der Gesamtheit Programmumschaltungen, d.h. ***kombinierte Regelprogramme*** erforderlich, wie sie z.B. die Parameterverläufe schon in den Abb. 11.6 und 11.7 aufzeigen.

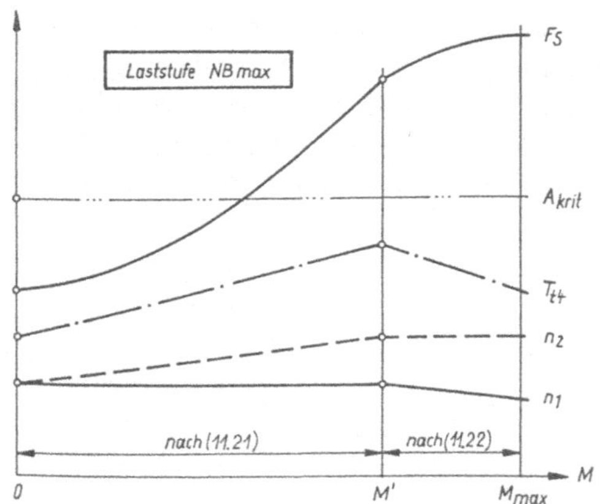

Abb. 14.8: Parameter- und Schubverlauf eines 2W-TL-NB mit starrer Schubdüse

Für ein 2W-TL mit *starrer Schubdüse* bei M-Zahländerungen ist mit dem Parameterverlauf von Abb.11.6 die Schubentwicklung in Abb.14.8 ersichtlich. Verwendet werden die Programme (11.21) und (11.22). Mit zuerstgenanntem werden Start und Beschleunigung des Jagdflugzeugs MiG-21 bei beträchtlichem Schubanstieg bis $M = M' = 1,8$ durchgeführt. Bei dem erreichten hohen Schubbetrag wird auf Programm (11.22) umgeschaltet, wodurch mit flacherem Verlauf, ersichtlich am „Knick" der Schubkraft, die weitere Beschleunigung bis $M_{max} = 2,1$ erfolgt.

Das für den Überschallbereich schubstarke Programm (11.21) verwirklicht das Anwachsen der Parameter T_{t4} und n_2 um 3...4 % bis zum Erreichen von $M = M'$. Dadurch werden Arbeitsprozeß und Flugleistungen auf hohem Niveau gehalten, zugleich aber auch Grenzen angenähert. Jenseits von $M = M'$ wird mittels (11.22) der intensivierte Prozeß zur Schonung des TL teilweise zurückgeregelt und der somit verringerte Schubüberschuß hingenommen. Der Prozeß kann ohne, aber auch mit NB (bei letzterem mit größerem A_{krit}– und F_s-Wert) betrieben werden. Der NB wird in der Regel beim Start sowie ab dem Transschallbereich dazugeschaltet.

Parameter- und Schubverlauf eines 2W-TL-NB mit *variabler Schubdüse* im M-Zahlbereich zeigt Abb.14.9. Dieses kombinierte Regelprogramm basiert auf Abb.11.7. Es besteht aus fünf Teilprogrammabschnitten und beinhaltet folglich vier Umschaltungen, wobei ansprechende Schubentwicklung gewährleistet ist.

Unter Verwendung dieses kombinierten Programms erreicht das TL des Jagdflugzeuges MiG-23 in der Stratosphäre zunächst mit (11.21) den „Standard"-Flugzustand $M = M_1 = 1,3$. Davon ausgehend wird mittels (11.23) sowie dem n_1-Sprung in M_2 und der Vergrößerung von $\dot{m}_{B'}$ in M_3 der Schub beträchtlich gesteigert. Gegenüber dem Startstandzustand wachsen dabei insgesamt die Parameter n_2 um 8 % und T_{t4} um 9 % an. Um Belastbarkeitsgrenzen nicht zu überschreiten, wird ab M_3 und verstärkt ab M_4 die Temperatur T_{t4} zurückgeregelt. Nach diesem, sich durch wiederholte Umschaltungen auszeichnenden Regelprogramm ist großer Schubüberschuß bei thermischer Entlastung am Schluß für ein rasches Erfliegen von $M = M_{max} = 2,35$ gewährleistet.

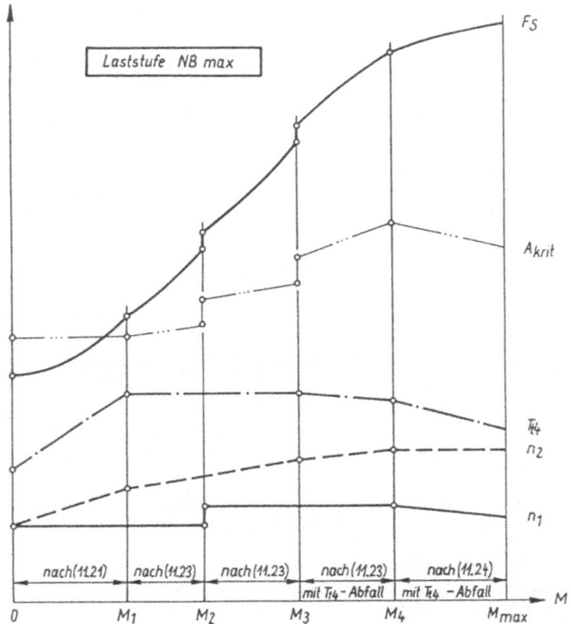

Abb. 14.9: Parameter- und Schubverlauf eines 2W-TL-NB mit variabler Schubdüse

Eine Betrachtung der Geschwindigkeitslinie zeigt auf, daß der Arbeitssprozeß des TL insbesondere durch die variablen Eintrittsparameter T_{t2} und p_{t2} sowie die darauf reagierende Regelung in großer Breite veränderlich ist. Dementsprechend sind die (hier zumindest qualitativ dargestellten) Abweichungen der Parameter und Kennwerte. Die Erscheinungen sind um so ausgeprägter, je größer die höchstzulässige Flug-M-Zahl ist.

14.6 Die Höhenkennlinie

In Abhängigkeit von der Flughöhe verändern sich die Eintrittsparameter T_{t2} und p_{t2} des TL entsprechend den Gesetzmäßigkeiten der Standardatmosphäre, welche im Anhang dieses Buches und auszugsweise in Tab.14.1 dargestellt sind. Dadurch kommt es zu beträchtlichen Verschiebungen im Arbeitsprozeß des TL und seiner Kennwerte, wodurch Definition und Analyse einer weiteren Kennlinie gerechtfertigt sind.

Unter der *Höhenkennlinie* versteht man die Abhängigkeit des Schubes und des spezifischen Brennstoffverbrauches von der Flughöhe bei konstanter M-Zahl, sich nicht ändernder Leistungsstufe sowie bestimmtem Regelprogramm. Es gilt der Sachverhalt:

$$(F_s, b_s) = f(H) \qquad \text{bei} \qquad (M, \alpha_{DH}) = const \tag{14.4}$$

Damit untersucht die Höhenkennlinie die Parameterveränderungen für unveränderliche Leistungsstufe und gleichbleibenden Flugzustand während des Steigfluges zwischen den Niveaus von Meeres- und Gipfelhöhe. Als Betriebszustand sind die oberen Leistungsstufen *Maximal* oder *NBmax* vorgesehen. Wenn nicht anders betont, gelten hier dieselben Voraussetzungen für den vereinfacht quantifizierten Arbeitsprozeß nach dem Kap.14.1.

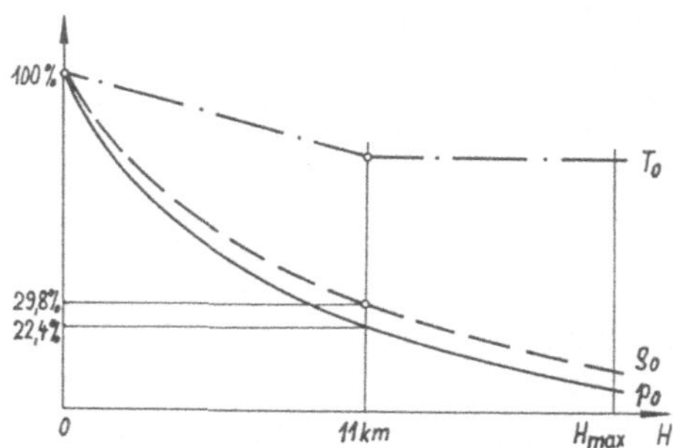

Abb. 14.10: Parameterveränderung nach der Standardatmosphäre

Tab. 14.1: Auszug aus der Tabelle der Standardatmosphäre

H	T_0	t_0	p_0	ϱ_0	a_0
km	K	°C	kPa	kg/m³	m/s
0	288,2	15,0	101,325	1,2250	340,2
6	249,2	-24,0	47,23	0,6601	316,5
11	216,5	-56,5	22,71	0,3648	295,1
15	216,5	-56,5	12,12	0,1948	295,1
20	216,5	-56,5	5,53	0,0889	295,1
25	221,6	-51,6	2,55	0,0401	298,4
30	226,5	-46,6	1,20	0,0184	301,7

Tab. 14.2: Parameter als M-Zahlfunktion in der Tropopause

M	v	T_{t2}	t_{t2}	Π_{EL}	p_{t2}	n_{red}
	m/s	K	°C		kPa	%
0	0	216,5	-56,5	1,00	22,71	115,3
0,8	236,0	244,2	-28,8	1,52	34,34	108,6
1,286	379,3	288,0	15,0	2,72	61,70	100,0
2,0	590,0	389,7	116,7	7,82	177,38	86,0
2,5	737,5	487,1	214,1	17,08	387,42	76,9
3,0	885,0	606,2	333,2	36,73	883,13	68,9
4,0	1180,0	909,3	636,3	151,80	3443,60	56,0

Abhängig von der Flughöhe gelten die statischen Parameter nach der ***Standardatmosphäre*** (s. Abb.14.10 oder Tab.14.1). Demnach sinken Außentemperatur T_0 und Schallgeschwindigkeit a_0 bis 11 km Höhe kontinuierlich ab, um anschließend bis 20 km konstant zu bleiben. Der Luftdruck p_0 sinkt hyperbolisch über der gesamten Höhe. Daraus ergibt sich nach der Zustandsgleichung (2.1), daß die Dichte ϱ_0 bis 11 km Höhe flacher, in der unteren Stratosphäre bis 20 km Höhe parallel zum Druck abfällt.

Nach der Standardatmosphäre wird die Höhe $H = 11$ km mit dem ersichtlichen Knick im Temperaturverlauf in Abb.14.10 als *Tropopause* bezeichnet. Darüber beginnt die Schicht der *unteren Stratosphäre*, welche bis 20 km Höhe reicht. Der Knick für die Temperatur in der Tropopause zeigt sich auch im Verlauf anderer Parameter. Eine wesentlich größere Flughöhe als etwa 20 km ist für die kommerzielle und militärische Luftfahrt auf der Grundlage des TL offensichtlich ohne praktische Bedeutung. Von ballistischen, kosmischen und Hyperschallflügen wird dabei abgesehen.

Tabelle 14.1 und Anhang A.2 nennen für wichtige Flughöhen die Beträge der Außenluftparameter nach der Standardatmosphäre. Basis dafür ist die Meereshöhe (Normal Null, NN), welche als „tiefstes"Niveau mit $H = 0$ m festgelegt ist. Existierende Landflächen unterhalb des Meeresspiegels (z.B. im Nahen Osten) stellen danach negative Höhen mit noch größeren Außenluftparametern dar.

Die Temperatur in der Troposphäre sinkt entsprechend der sog. *isentropen* bzw. polytropen Schichtung um 6,5 K/km bis zur Tropopause in 11 km Höhe auf 216,5 K. In der darüber befindlichen (unteren) Stratosphäre bleibt sie mit dem genannten Wert konstant, wodurch man hier von *isothermer Schichtung* spricht. Der Luftdruck fällt bis 5,5 km etwa auf die Hälfte, bis zur Tropopause auf 22,4 % seines Bodenwertes. Die Dichte beträgt aber in 11 km Höhe noch 29,8 % des Nivaus vom Meeresspiegel. Erst in der Stratosphäre fällt die Dichte mit demselben Gradienten wie der Druck. Wegen der Parameter und der oft angestrebten Flughöhe ist die Tropopause ein besonderer Zustandspunkt. Auf Grund neuerer Messungen wurde die Tabelle der Standardatmosphäre wiederholt aktualisiert.

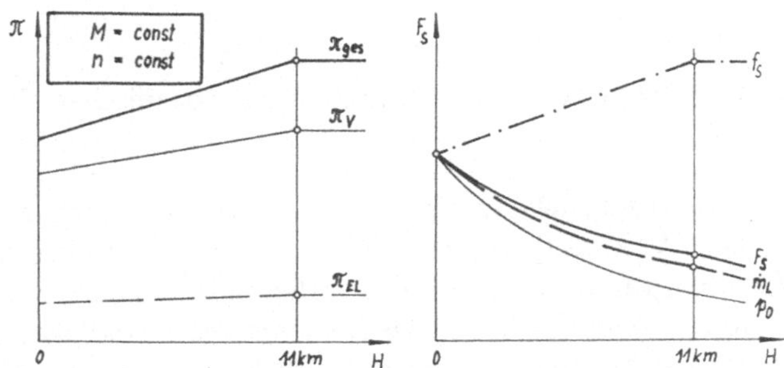

Abb. 14.11: Höhenabhängigkeit von Massenstrom, spezifischem und absolutem Schub

Nach Kenntnis der Parameterveränderung als Funktion der Flughöhe werden die Abweichungen von Schub und spezifischem Brennstoffverbrauch für Troposphäre und die untere Stratosphäre untersucht. Zur Ermittlung der *Schubänderungen* sind Luftmassenstrom $\dot{m}_L$ und Strahlgeschwindigkeit c_9 für den Flugzustand getrennt zu ermitteln. Dabei ist entscheidend, daß infolge sinkender Außentemperatur $T_{t0} = T_{t2}$ die reduzierte Drehzahl bis 11 km Höhe ansteigt. Die damit verbundene Arbeitspunktwanderung gewährleistet nach dem Verdichterkennfeld höhere Beträge von α_2 und Π_V. Nach Abb.14.13 steigt mit Π_V und geringem Zuwachs von Π_{EL} das Gesamtdruckverhältnis abhängig von den Bauteilcharakteristiken um 55...60 %.

Bekanntlich wird der *Massenstrom* durch den Leitgitteraustritt der ersten Turbinenstufe begrenzt. Nach (13.6) ist dafür der Druck $p_{t4'}$ als einzige Variable für die Größe von Π_{ges} zuständig. Während also der Außendruck bis zur Tropopause auf den Betrag von 0,224 gegenüber dem in Meereshöhe abfällt, steigt der Gasdruck im TL relativ um den o.g. %-Betrag. Als Produkt beider Größen sinkt damit der Luftmassenstrom bis 11 km Höhe auf 34...36 %, also weit geringer als der Luftdruck und selbst noch weniger als die Luftdichte. Bei weiterer Höhenvergrößerung in der Stratosphäre fällt der Massenstrom proportional zum Außendruck.

Für die Untersuchung der *Strahlgeschwindigkeit* ist beim Regelprogramm (11.10) einzig die variable Größe Π_{ges} maßgebend. Mit diesem angestiegenen Parameter wird der Prozeß beträchtlich intensiviert. In jedem Fall steigt die Strahlgeschwindigkeit c_9, und zwar bis zur Tropopause in der Größenordnung von 30 %, um danach konstant zu bleiben. Der Schub als Produkt beider Größen sinkt damit bis 11 km Höhe für ETL auf etwa 40...45 %. In der Stratosphäre sinkt er weiter proportional zum Außendruck.

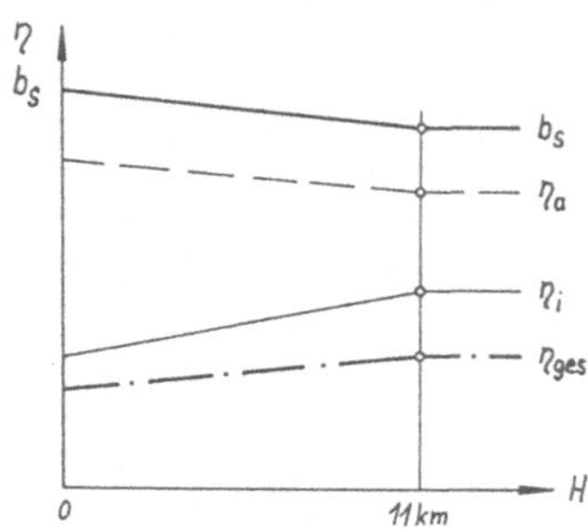

Abb. 14.12: Höhenabhängigkeit von Wirkungsgraden und spezifischem Verbrauch

Zur höhenabhängigen Ermittlung des *spezifischen Verbrauchs* werden auch hier die in Abb.14.12 ersichtlichen Wirkungsgrade verwendet. Mit dem Druckverhältnis Π_{ges} wächst der innere Wirkungsgrad η_i unterhalb der vorliegenden η-optimalen Auslegung bis 11 km Höhe. Die dadurch beim ETL vergrößerte Strahlgeschwindigkeit bewirkt ein (allerdings nur geringfügiges) Absinken des äußeren Wirkungsgrades η_a. Der Gesamtwirkungsgrad η_{ges} als Produkt beider Teilwirkungsgrade steigt damit an, so daß der spezifische Verbrauch b_s, welcher nach (13.12) den reziproken Wert von η_{ges} darstellt, bis zur genannten Höhe kleiner wird. Oberhalb von 11 km sind die Parameter Π_{ges}, c_9 und η_{ges} konstant, wodurch sich auch der Wert von b_s nicht ändert.

In sehr großen Flughöhen ergeben sich zusätzliche Kennwertverschlechterungen, welche durch mehrere Ursachen ausgelöst werden. Hierbei handelt es sich um Wirkungsgradverschlechterungen, welche Folgeerscheinungen der drastischen Druckverringerung im Gaskanal sind. Die Verkleinerung der REYNOLDS-Zahl, vor allem ihre Annäherung an den kritischen Bereich, führt wegen ungünstigerer Gitterströmung zur Wirkungsgradverringerung der Turbomaschinen, hauptsächlich in den letzten Turbinenstufen. Neben dem Abfall von η_V und insbesondere η_T sinkt schließlich infolge ungünstigerer Verbrennungsbedingungen auch η_A. Die daraus resultierenden zusätzlichen Irreversibilitäten bewirken die Verschlechterung von Schub und Verbrauch.

Trotz des hyperbolischen Abfalls des Luftdruckes sinkt der Schub bis zur Tropopause weniger steil auf 40...45 % des Ausgangswertes und in der Stratosphäre proportional zum Luftdruck weiter. Infolge sich verringernder Außenlufttemperatur fällt der spezifische Brennstoffverbrauch bis zur Troposphäre auf ungefähr 88...90 % und bleibt in der Stratosphäre konstant. Verschlechterungen in sehr großen Höhen basieren auf dort zusätzlich entstehenden Irreversibilitäten im Arbeitsprozeß.

Im Interesse der Wirtschaftlichkeit vor allem für die Verkehrsluftfahrt ist es wichtig, daß Mittel- und Langstreckenflugzeuge für den Reiseflug die Tropopause mit 11 km Flughöhe wegen des kleinsten spezifischen Verbrauchs erreichen. Entsprechend sind dazu ihre TL zu dimensionieren. Überschall-Jagdflugzeuge erreichen im NB-Betrieb statische Flughöhen von 18...20 km und noch größere im ballistischen Flug. Für Überschall-Verkehrsflugzeuge hat sich eine Reiseflughöhe von 15...18 km als optimal herausgestellt.

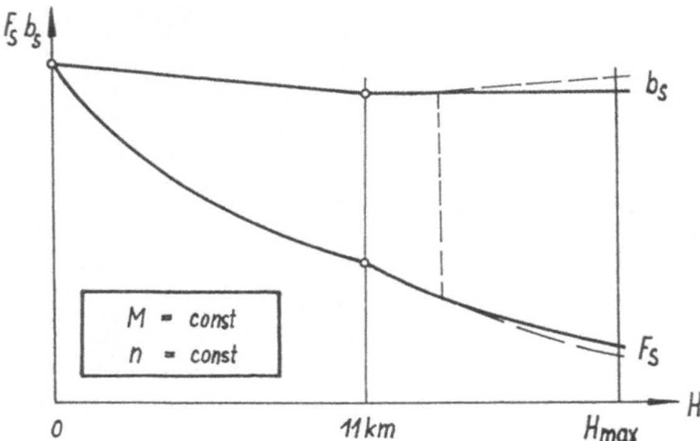

Abb. 14.13: Höhenkennlinie nach den Aussagen der Triebwerkstheorie

Diese theoretischen Erkenntnisse der Kennlinien sind nach Möglichkeit in der Flugführung zu nutzen, können aber andererseits wegen praktischer und sicherheitstechnischer Erfordernisse nicht immer praktiziert werden. Selbstverständlich ist ein zugewiesenes Flugregime streng einzuhalten, auch wenn es einem günstigen Kennlinienbereich widerspricht. Flugdisziplin ist stets oberstes Gebot. Verständlich ist damit der Wettbewerb von Airlines zum Erhalt wirtschaftlicher Flughöhen auf starkfrequentierten Routen.

14.7 Das Geschwindigkeits-Höhen-Kennfeld

Geschwindigkeits- und Höhenkennlinien gelten nur unter der Bedingung, daß die jeweils andere der beiden Größen konstant gehalten wird. Weil sich im Flug M-Zahl und Höhe zugleich ändern, ist es oft zweckmäßig, beide Kennlinien zu einem Geschwindigkeits-Höhen-Kennfeld zusammenzufassen. Ein derartiges Kennfeld zeigt Abb.14.14 in der Form höhengestaffelter Geschwindigkeitskennlinien. Darin lassen sich die interessierenden Kennwerte unter allen Flugbedingungen ohne Einschränkungen ablesen.

In Abb.14.14 ist die Schar der Geschwindigkeitskennlinien durch die bekannten Verläufe der Größen F_s und b_s ersichtlich. Die Schubkurve für $H = 0$ zeigt den Verlauf mit den größten F_s-Werten. Sie beginnt mit dem Startstandschub $F_s = 100$ % als Basisbetrag. Ihr Maximum mit dem anschließenden Steilabfall liegt bei verhältnismäßig kleiner M-Zahl. Zum Erreichen sehr großer Geschwindigkeiten sind deshalb antriebsseitig die Bedingungen am Boden oder in geringer Flughöhe nicht geeignet.

Für größere Flughöhen beginnen die Schubkurven entsprechend den Gesetzmäßigkeiten der Höhenkennlinie bei kleineren Ausgangswerten. Bis 11 km Höhe sinken sie bei Zunahme der M-Zahl immer weniger ab und steigen anschließend immer steiler an. Ihre Schubmaxima liegen bei immer größeren M-Zahlen und bezogen auf den Ausgangswert bei immer größeren F_s-Beträgen. Für $H = 11$ km liegt das Schubmaximum in der Größenordnung von mindestens 80 % des Startstandwertes am Erdboden. Wegen des in dieser Höhe beträchtlich vergrößerten spezifischen Schubes bei verringertem Luftwiderstand sind hier höchste, durch die Praxis bestätigte Flugleistungen zu erwarten. Infolge Konstanz der Außentemperatur sind bei sinkendem Druck die Schubkurven in der Stratosphäre im wesentlichen parallel nach unten, d.h. zu kleineren Schubwerten hin, verlagert. Eine die Schubmaxima aller Höhen miteinander verbindende Linie verläuft in der Troposphäre als schräge, in der Stratosphäre aber als vertikale Gerade.

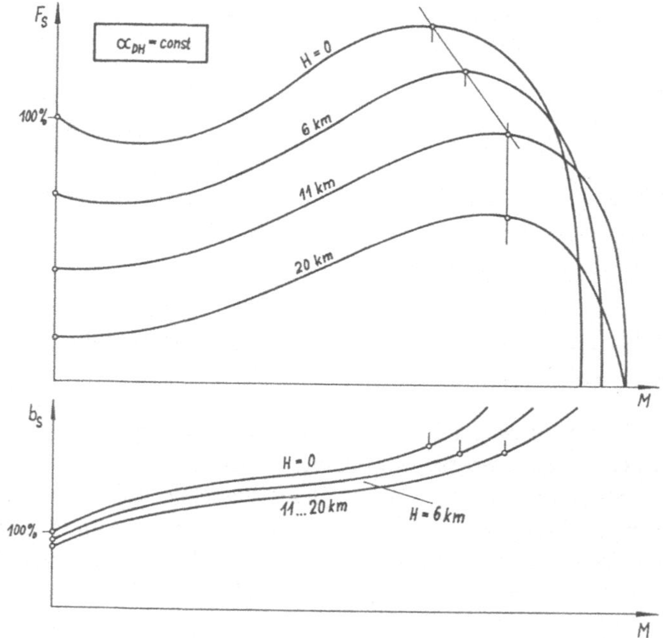

Abb. 14.14: Geschwindigkeits-Höhen-Kennfeld eines ETL

Erwartungsgemäß zeigt die Kurve des spezifischen Verbrauchs für $H = 0$ km den größten Betrag bei steilstem Anstieg über der M-Zahl auf. Für größere Höhen bis zur Tropopause sind die b_s-Verläufe nach den Gesetzmäßigkeiten der Höhenkennlinie hinsichtlich Ausgangswert und Anstieg günstiger. In der Stratosphäre bleiben sie abhängig von der Höhe unverändert. Bekanntlich wird dadurch die Troposphäre in bezug auf den spezifischen Verbrauch als wirtschaftlichste Flughöhe ausgewiesen. Die Schubkurven jenseits ihrer absoluten Größtwerte sind praktisch uninteressant, weil diese Bereiche wegen des steil ansteigenden aerodynamischen Widerstandes des Flugzeugs gewöhnlich nicht zu erfliegen sind. Ebenso haben die dazugehörenden Abschnitte der ungünstig ansteigenden Verbrauchskurven nur theoretische Bedeutung.

Wurden die Kurvenscharen beider Kennwerte in Abb.14.14 getrennt in Teildiagrammen zur Kenntnis gebracht, so ist das grundsätzlich auch in einem einzigen Kennfeld möglich. Solche auch als *Schub-(Verbrauchs)-Kennfelder* bezeichnete Darstellungen sind z.B. [96] entnehmbar. Während der Schubkurvenverlauf dabei nichts Neues aufzeigt, sind die Verläufe der b_s-Werte als zusätzliche Parameterlinien ersichtlich.

14.8 Zum Einfluß äußerer Bedingungen am Boden

Bisher wurde dargelegt, daß Abweichungen der Eintrittsparameter T_{t2} und p_{t2} die Prozeßgrößen und Kennwerte des TL verändern. Diese Erscheinung liegt auch unabhängig von M-Zahl und Flughöhe beim Standbetrieb am Boden vor, wenn durch meteorologische Einflüsse bei den o.g. Parametern Änderungen gegenüber den Standardbedingungen auftreten. Im einzelnen ist der Betrieb von TL hinsichtlich der Witterungserscheinungen, der Tages- bzw. Jahreszeit, der geografischen Breite oder der geodätischen Höhe zu beeinflussen. An Parameterverschiebungen sind dabei insbesondere zu analysieren:

- der barometrische Luftdruck p_0,
- die Umgebungstemperatur T_0,
- die relative Luftfeuchtigkeit,
- Stärke und Richtung des Windes.

Eine Veränderung des ***barometrischen Druckes*** p_0 wirkt sich proportional auf den Massenstrom im Ansaugzustand und damit auf den Schub unter sonst gleichen Bedingungen aus. Dabei zeigt die Schubkraft F_s beispielsweise in der Leistungsstufe *Maximal* Abweichungen um den mit F_{sred} bezeichneten Standardwert nach Beziehung (4.26) auf:

$$F_s = F_{sred} \frac{p_0}{101,325kPa} \tag{14.5}$$

In Abhängigkeit von der *Umgebungstemperatur* $T_0 = T_{t2}$ ergeben sich bedeutendere Schubschwankungen. Bekanntlich wirkt diese Temperatur reziprok auf Luftdichte und reduzierte Drehzahl ein. Daraufhin wandert der Arbeitspunkt im Verdichterkennfeld. Letzteres ist also ein Problem der Verdichtercharakteristik und des angewandten Regelprogrammes, so daß exakte analytische Aussagen nicht möglich sind. Dafür sind die Schubänderungen überproportional. Wenn z.B. die Temperatur von 15°C auf 30°C , d.h. um das Verhältnis 303 K/288 K=1,05 ansteigt, fällt der Schub beim Regelprogramm (11.10) wegen der Verkleinerung von n_{red} im Bereich von 7...11 %. Andererseits kann unter extremen arktischen oder winterlichen Bedingungen der Schub um 30 bis 40 % infolge Vergrößerung von n_{red} zunehmen! Diese Änderungen von n_{red} in Abhängigkeit von der Umgebungstemperatur trotz $n_{GG} = n_{max} = const$ sind in Abb.14.15 ersichtlich. Dagegen sind beim Programm mit $n_{red} = const$ nach (11.13), wegen des feststehenden Arbeitspunktes die Schubänderungen viel kleiner.

Durch real auftretende Unterschiede der Umgebungstemperatur können so beträchtliche Schubänderungen zustandekommen. Schubverkleinerungen durch hohe Außentemperatur und geringen barometrischen Druck in der Summe sind vor allem für hochgelegene tropische Flugplätze mit kurzer Startbahnlänge problematisch. Deshalb sind hier u.U. Maßnahmen zur Schubverstärkung beim Start anzuwenden. Das ist bei militärischen TL gewöhnlich das Zuschalten des NB, und bei den älteren, hauptsächlich zivilen TL wurde meist die Wassereinspritzung erfolgreich eingesetzt.

Großbläser-ZTL neuerer Generationen verfügen über eine *Schubreserve*, wodurch der für den Startstandbetrieb angegebene Schub bis zu einer bestimmten Umgebungstemperatur (*Flat Rating Temperature*), z.B. bis 30°C=86°F, für extreme tropische Bedingungen bis 45°C=113°F garantiert wird. Durch die Verwirklichung von (11.13) oder einem ähnlichen Programm erfolgt so regeltechnisch für den Startstandfall die immer weitere Entdrosselung bis $n_{GG} = n_{max}$. Dadurch ist es möglich, trotz unterschiedlicher T_0-Werte mit $F_s = F_{max}$ bei modifizierter Anstrengung des TL zu starten. Umgekehrt wird durch automatische Zurücknahme der kinematischen Drehzahl bei tieferer Außentemperatur das TL schubmäßig und mechanisch nicht überlastet.

Im Gegensatz zu diesen modernen TL basiert die Regelung bei den Triebwerken früherer Generationen im Startstandbetrieb auf dem ***starren Anschlag*** des Drosselhebels für $n_{GG} = n_{max}$. Damit war für die Standardtemperatur nach Abb.14.15 (links) der Betrag von 100 % an Schubkraft garantiert. Die Schubabweichungen bei anderen Außentemperaturen infolge Arbeitspunktwanderungen wegen der unterschiedlichen Werte von n_{red} sind dort ersichtlich. Bei den modernen TL wandert dagegen temperaturabhängig die kinematische Drehzahl, wodurch Arbeitspunkt sowie die Beträge von n_{red} und F_s konstant bleiben. So gesehen ist auch die Wirkung eines ***geregelten Wassereinspritzens*** an „heißen" Tagen einzuschätzen: Durch feindosierte Verdunstung wird genau $T_{t2} = 288$ K gewährleistet und dadurch das TL im Standardzustand betrieben.

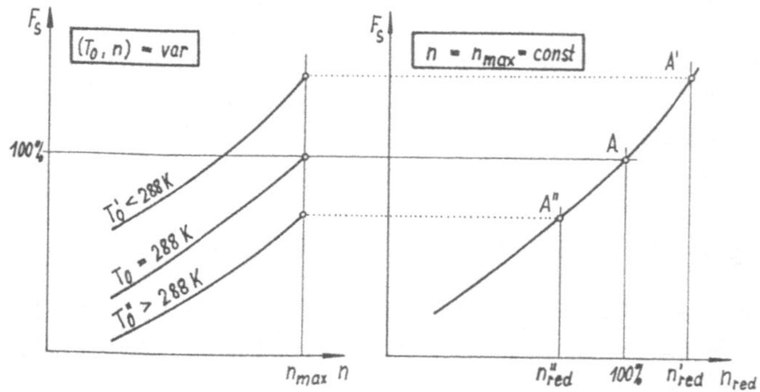

Abb. 14.15: Schubkurven für verschiedene Temperaturen T_0 bei kinematischer Drosselung (links) sowie bei $n = n_{max} = const$ und gleichbleibendem Druck p_0

Die Luftfeuchtigkeit, welche als Wasserdampf bis etwa 6 % im Luftmassenstrom enthalten sein kann, zeigt nur unbedeutende Auswirkungen auf die Schubentwicklung. Durch ihre größere Gaskonstante R_W verringert sie einerseits die Luftdichte, andererseits vergrößert sie mit $\sqrt{R_G}$ nach (13.8) etwas die Strahlgeschwindigkeit. Insgesamt kann der Schub um einige Zehntelprozent absinken.

Die Wirkung des Windes ist gering, wenn man davon ausgeht, daß nur bis zu einer bestimmten Luftgeschwindigkeit Flugbewegungen am Boden stattfinden dürfen. Gestartet und gelandet wird in der Regel gegen den Wind, wodurch die Geschwindigkeitskennlinie etwas zu korrigieren ist. Problematisch ist eine größere Divergenz in den Richtungen von Wind und Flugzeugkurs beim Anrollen zum Start, weil bei extrem asymmetrischem Lufteinlauf (s.a. Kap.5) die TL in den Bereich intensiver Distorsion sowie instabiler Arbeit gelangen können. In diesem Fall ist Maximalschub erst bei größerer Rollgeschwindigkeit vor dem Abheben (***rollender Start***) einzunehmen. Mißlungene Anlaßvorgänge mit starkem Winddruck auf die Schubdüse sind durch Wenden des Flugzeugs, d.h. bei Wind, welcher auf den Einlauf „drückt", günstiger zu gestalten.

15 Arbeitsbegrenzungen

15.1 Begrenzung durch instabile Verdichterarbeit

Für die Baugruppen des TL wurden vielfältige Arbeitsbegrenzungen beschrieben. Ihre gemeinsame Darstellung erfolgte beim Verdichterkennfeld in Abb. 6.9. Existenz und Wesen der meisten dieser Erscheinungen sind damit bekannt. Sie limitieren Betriebs- und Flugzustände für die theoretisch mögliche Geschwindigkeits-Höhen-Charakteristik. Die Verwendung geeigneter Regelprogramme kann bei Verzicht auf die Optimalwerte von Schubkraft und Verbrauch ein Verschieben von Begrenzungen ermöglichen. Deshalb ist diese Problematik unter dem Aspekt der Nutzung ein wichtiges Anliegen der Triebwerkstheorie für das technische und fliegende Personal.

Die *instabile Arbeit* des Verdichters bzw. Fans ist eine typische Nutzungsbegrenzung für TL. Von allen denkbaren Begrenzungen tritt sie gewöhnlich zuerst und dabei oft überraschend auf. Zugleich ist sie meist die Ursache für den Eintritt weiterer Prozeßbegrenzungen. Durch ihr schlagartiges Auftreten und meist nicht sofort mögliches Beseitigen stellt die instabile Arbeit in Verbindung mit dem Abbruch des Arbeitsprozesses und Schubausfall eine ernsthafte Gefährdung der Flugsicherheit dar.

Aus Kap.6.7 geht hervor, daß durch den unterschiedlichen Verlauf von *Instabilitätsgrenze* und *Arbeitslinie* zwei Schnittpunkte entstehen, welche die Erscheinung auslösen. In den beiden Punkten, nämlich O („obere" Instabilität) und U („untere"Instabilität), ist die Stabilitätsreserve des ungeregelten Verdichters $\Delta K = 0$. Um diesen gefährlichen Betriebszustand zu verhindern, dürfen die Punkte O und U im Betrieb nicht erreicht werden. Deshalb ist die Arbeitslinie bereits vorher mit einem Sicherheitsabstand, z.B. auf die Zustände O' und U', einzuregulieren.

Im Kennfeld sind die genannten Punkte durch entsprechende Beträge der reduzierten Drehzahl gekennzeichnet. Damit ist der Betrieb auf den nicht großen Abschnitt $O' \ldots U'$ der Arbeitslinie eingeengt. Diese Begrenzungspunkte ergeben sich aus der minimal zulässigen Stabilitätsreserve, so z.B. bei $\Delta K = \Delta K_{min} = 10$ %. Nur in diesem Bereich darf der Auslegungspunkt A wandern, ohne daß Instabilitätsprobleme zu befürchten sind. Entsprechend sind die Beträge von reduzierter und kinematischer Drehzahl mittels Regelung zu beschränken.

Durch Bindung des Wertes von n_{red} an die Temperatur T_{t2} hängt die zulässige reduzierte Drehzahl durch die Ausdrücke (3.15) und (14.2) im Flug von einer bestimmten M-Zahl ab. Zusammengefaßt bedeutet dies: Den Punkten O' und U' im Kennfeld des Gasgenerators entsprechen nach den Beträgen ihrer reduzierten Drehzahlen bestimmte Grenzflugzustände $M_{O'}$ und $M_{U'}$ im Geschwindigkeits-Höhen-Kennfeld nach Abb.15.1. Nur innerhalb dieser Grenzzustände, d.h. in einem Bereich zulässiger reduzierter Drehzahlen, ist der Flug bei stabiler Arbeit des TL gewährleistet. Unter der Voraussetzung, daß in der Stratosphäre mit der „Standard"-M-Zahl $M = 1,3$ beim Zustand des TL $n = n_{red} = 100$ % geflogen wird, bedeutet dies, daß bei wesentlich davon abweichenden Flugzuständen die zulässigen Beträge der reduzierten Drehzahl bzw. der M-Zahl erreicht werden. Nach Abb.15.1 wird das Geschwindigkeits-Höhen-

Kennfeld einerseits durch die *obere Instabilität* (links im Gebiet kleinerer M-Zahl) und andererseits durch die *untere Instabilität* (rechts im Bereich großer M-Zahl) limitiert. Das Abknicken beider Begrenzungen in 11 km Flughöhe resultiert aus dem sich dort ändernden, in Abb.14.10 gezeigten Verlaufsknick der Außen- bzw. Eintrittstemperatur.

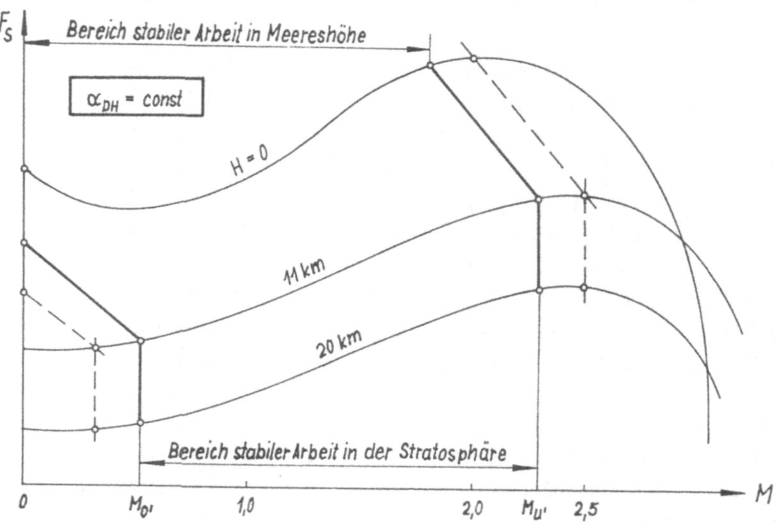

Abb. 15.1: Geschwindigkeits-Höhen-Kennfeld, begrenzt durch die instabile Arbeit

Durch geeignete Maßnahmen ist der Geschwindigkeitsbereich zwischen beiden Stabilitätsbegrenzungen so zu verbreitern, daß der Antrieb der vorgesehenen Flugmission genügt. Dazu darf die Stabilitätsreserve ΔK_{min} niemals unterschritten werden. Nach der Theorie ergeben sich zur Regelung beim Verdichterkennfeld folgende Erkenntnisse:

- Die Lage der Arbeitslinie hat im Kennfeld auch unter Flugbedingungen ausreichende Stabilitätsreserve zu garantieren, sie muß also u.U. auch absenkbar sein.
- Der Verlauf der Arbeitslinie muß weit auseinanderliegende Schnittpunkte mit der Stabilitätsgrenze aufweisen, die bei Notwendigkeit sinnvoll zu verschieben sind.
- Der Problematik entsprechende Regelprogramme mit erforderlicher Veränderung der Parameter n_{red} und T_{4red} müssen sonst auftretende Instabilitäten verhindern.
- Dazu ist die zur Verfügung stehende variable Geometrie des TL in Verbindung mit dieser Regelung im Interesse der Aufrechterhaltung stabiler Arbeit heranzuziehen.

Sollten die aufgezählten Maßnahmen der Regelung nicht ausreichen, sind Verbote zum Überschreiten von $M_{U'}$ sowie zum Unterschreiten von $M_{O'}$ auszusprechen. Dabei weist der Flugzustand mit $M = M_{O'}$ die größere Gefährlichkeit auf. Er kann beim obligatorischen Start, Steig- und Langsamflug, vor allem unter tiefen Außentemperaturen, d.h. also bei großer reduzierter Drehzahl, besonders schnell erreicht werden.

Diese Erkenntnisse erklären den Tatbestand, daß in der Regel TL mit variabler Geometrie bzw. in 2W-Bauart für große M-Zahlbereiche besonders geeignet sind. Das Programm (11.13) ist dazu ebenfalls geeignet, weil es den unverrückbaren Arbeitspunkt, d.h. gleichgroße Stabilitätsreserve gewährleistet. Beim Unterschreiten von $M = M_{O'}$ ermöglicht seine Anwendung die weitere M-Zahlverringerung bei gleichbleibender Stabilitätsreserve. Dabei sinken allerdings kinematische Drehzahl und Schub.

Eng mit der Instabilität des Verdichters verbunden ist die des Überschall-Einlaufdiffusors. Sie tritt auf im Überschallflug bei (gasdynamischer oder kinematischer) Drosselung des TL. Auch hier gewährleistet Programm (11.13) durch gleichbleibenden Drosselzustand des TL infolge automatischer Drehzahlvergrößerung konstante Stabilitätsreserve im Einlauf bei M-Zahlvergrößerung. Wird dagegen für $M > 1,3$ der Drosselhebel zurückgenommen, erfolgt durch Drehzahlverringerung kinematische Drosselung bei sinkender Stabilitätsreserve. Deshalb kann es unter bestimmten Bedingungen beim Überschallflug zweckmäßig sein, durch automatische *Drosselhebelblockierung* die instabile Arbeit des Einlaufdiffusors und nachfolgend auch die des Verdichters zu verhindern.

15.2 Begrenzung durch mechanische Belastung

Um die mechanische Festigkeit des TL im Betrieb zu garantieren, dürfen die auf seine Bauteile ausgeübten Belastungen ein bestimmtes Maß nicht übersteigen. Entsprechend ist sein Arbeitsprozeß abhängig von inneren und äußeren Bedingungen zu begrenzen. Mechanische Belastungen sind als Kräfte, als Biege- und Torsionsmomente in Form statischer, dynamischer und Vibrationsbeanspruchung zu übertragen.

Bedeutende mechanische Belastungen stellen die Zentrifugalkräfte des mit Höchstdrehzahl laufenden Triebwerksrotors, die Schwingungsbeanspruchung der Laufgitter in der Nähe instabiler Strömungszustände, die Beanspruchung der Gehäusewandungen durch Gasdruck, aber auch die Belastung von Rotorlagern und Triebwerksbefestigung dar. Zusätzliche dynamische Beanspruchungen ergeben sich aus der Überlast, z.B. beim Kurvenflug, bei auftretenden Turbulenzen oder beim Landestoß.

Untersuchugen zeigen, daß die angreifenden statischen Kräfte und Momente fast stets eine Funktion des höchsten Gasdruckes im Arbeitsprozeß sind. Dieser Druck p_{t3} ist zudem noch einfach zu messen und auszuwerten, so daß er ein geeigneter Sammelparameter für viele Triebwerksbelastungen ist. Durch die Verhinderung des Überschreitens seines höchstzulässigen Betrages sind damit in der Regel auch die anderen mechanischen Beanspruchungen auf ihren zulässigen Größtwert beschränkt. Daraus entstand das Vorhaben, ein im Flug vor mechanischer Überbeanspruchung schützendes Regelprogramm (11.14) mit der Festlegung $p_{t3} = p_{max} = const$ anzuwenden.

Abb.15.2 zeigt den Parameterverlauf für ein kombiniertes Regelprogramm, in welches neben (11.10) zur Verhinderung besagter Überbelastung (11.14) integriert ist. In Abhängigkeit von Flug- und Betriebszustand ändert sich der Gasdruck im TL, wobei sein höchstzulässiger Betrag erreicht und überschritten werden kann. Problematisch wird das vor allem für Militärtriebwerke beim Transschallflug in Erdnähe. Steigt hierbei der Gasdruck im TL auf den Betrag $p_{t3} = p_{max}$ an, so wird beim Flugzustand $M = M'$ auf Programm (11.14) umgeschaltet.

Nach Programm (11.14) wird in der Brennkammer $\dot{m}_B$ so weit verringert, daß durch automatische Regelung die Parameter in der Reihenfolge T_{t4}, n_{GG} und Π_V in bestimmtem Maß abfallen. Bei Entlastung des Gasgenerators überschreitet der Druck p_{t3} sein zulässiges Höchstmaß nicht. Nach (11.14) ist mit ausreichendem Schub die weitere Beschleunigung bis $M = M_{max}$ bzw. das tiefere Eindringen in den Bereich höheren Außendruckes bei zulässiger Belastung und sinkendem Brenstoffverbrauch gewährleistet.

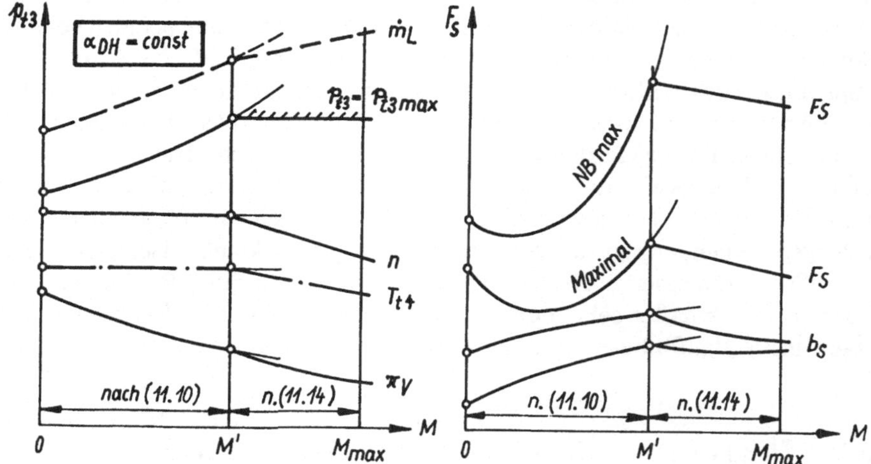

Abb. 15.2: Geschwindigkeitskennlinie mit Parameterverlauf nach einem kombinierten Regelprogramm zur Begrenzung mechanischer Belastung durch den Druck $p_{t3} = p_{max}$

Der Betrag von $p_{t3} = p_{max}$ ist für jedes Triebwerksmuster nach seiner Zweckbestimmung verschieden groß. Ältere für kleine Drücke, aber auch neuere für nicht große M-Zahlen ausgelegte TL können meist ohne Druckbegrenzung arbeiten. Als Flugbegrenzung kann die Drucklimitierung stets auch durch ein *Überschreitungsverbot* von M' realisiert werden. Eine Bemessung der *Pumpen-Leistungsgrenze* mit $\dot{m}_B = \dot{m}_{max}$ nach Programm (11.16) kann demselben Ziel dienen. Indem dadurch der Brennstoffstrom $\dot{m}_B$ nicht mehr vergrößert werden kann, obwohl der Luftmassenstrom des TL weiter anwächst, wird ein für $M = M'$ entsprechender Zustand erreicht. Infolge Brennstoffmangel sinkt die Drehzahl wie unter (11.14), wobei der Gasdruck im TL begrenzt ist.

15.3 Begrenzung durch thermische Belastung

Außer für mechanische Belastung sind TL auch hinsichtlich der *thermischen Beanspruchung* limitiert. Zur Gewährleistung einer schadensfreien mechanischen Werkstoffbeanspruchung dürfen ihre Bauteile nur einer höchstzulässigen Arbeitstemperatur ausgesetzt werden. Es existieren zwei Bereiche hoher thermischer Beanspruchung, welche nach ihren Ursachen und Temperaturniveaus zu unterscheiden sind. Dabei handelt es sich um

- den Tatbestand der *Wärmezufuhr* für den Arbeitsprozeß, welcher durch die Heißgastemperaturen T_{t4}, T_{t5}, T_{t9} sowie (bei dazugeschaltetem NB) $T_{t9'}$ wirksam ist;
- den Vorgang isentroper bzw. polytroper *Verdichtung* in Einlauf und Verdichter des TL, der durch die erhöhten Lufttemperaturen T_{t2} und T_{t3} quantifiziert wird.

Ein Temperaturvergleich zeigt, daß das thermische Niveau bei Wärmezufuhr stets höher liegt als bei der Verdichtung. Das *Verbrennungsgas* beansprucht die Heißteile des TL, angefangen beim Flammrohr der Brennkammer. Die thermische Beanspruchung speziell der Turbinengitter wurde bereits in Kap.8.6 beschrieben. Danach ist sie durch ***warmfeste Werkstoffe*** sowie ***intensive Kühlung*** bei chronologisch steigender Turbineneintrittstemperatur T_{t4} gewährleistet. Die in Kap.11 zitierten Regelprogramme garantieren bei hoher Präzision des Regelsystems die Konstanz bzw. die nur geringfügige Veränderung von T_{t4} als Funktion der äußeren Bedingungen und damit den thermischen Schutz der Turbine. Gasentspannung sowie Gas-Luft-Mischung beim ZTL führen nach der Turbine bei ausgeschaltetem NB zu niedrigeren Temperaturen. Bei eingeschaltetem NB ist das Austrittssystem ebenfalls höchsten Gastemperaturen ausgesetzt.

Mit Vergrößerung von Verdichterdruckverhältnis und Fluggeschwindigkeit steigt die Temperatur der *verdichteten Frischluft* im TL und damit auch die thermische Belastung seiner sonst „kalten"Bauteile. Das betrifft im Strömungskanal die Baugruppen von Einlauf und Verdichter mit ihren Querschnittsebenen 1, 2 und 3.

Die Temperatur T_{t2}, die im Standbetrieb nur 288 K (15°C) beträgt, wächst im Flug infolge Stauverdichtung mit der M-Zahl. Die Übersichtswerte von T_{t2} werden Tab.14.2 entnommen. Bei $M = 0,8$ beträgt sie in Bodennähe 325 K, für den Flug in der Stratosphäre infolge tieferer (statischer) Ausgangstemperatur jedoch nur 244 K. Im Unterschall-Reiseflug existiert also für den Einlauf kein thermisches Problem. Bekanntlich wird bei 11 km Flughöhe erst für $M = 1,3$ der „Standardflugzustand" mit 288 K erreicht. Davon ausgehend wird der Betrag von T_{t2} im Überschallbereich vergrößert: Für die Zustände mit $M = 2,0$ bzw. $M = 3,0$ beträgt die isentrope Stautemperatur 390 K bzw. sogar 606 K! Im Bereich großer M-Zahl ist also die thermische Beanspruchung bedeutend.

Für Überschallflüge ab etwa $M = 1,8 \ldots 2,0$ sind Flugzeugzelle, Triebwerk und Ausrüstung erhöhten Temperaturen infolge *Stauverdichtung* ausgesetzt. Dies betrifft außerhalb des Antriebs insbesondere die Werkstoffe und Betriebsstoffe sowie die Arbeitsprozesse wichtiger Anlagen zur Aufrechterhaltung der Betriebssicherheit. Wie bei allen Vorgängen der Wärmeübertragung spielt auch hier die Zeit der Einwirkung, d.h. die Flugzeit bei hoher M-Zahl eine entscheidende Rolle.

Für die Zelle konventioneller Flugzeuge werden zum überwiegenden Anteil Aluminiumlegierungen (Dural) und Plastwerkstoffe eingesetzt. Sie erreichen bei 200...250°C ihre Grenzfestigkeit. Schmierstoffe auf Mineralölbasis erhalten bis 150°C, synhthetische Schmierstoffe bis etwa 200°C ihre Arbeitsfähigkeit. Hier liegt auch der Siedebereich der üblichen Flugkerosine. Die genannten Höchsttemperaturen setzen ungefähr für $M = 2,5$ mit einer Staupunkttemperatur von 487 K (214°C) eine Grenze. Für Flüge mit einer höheren M-Zahl als der genannten müssen spezielle Werkstoffe (Titan, Stahl) und Betriebsstoffe für größere Umgebungstemperaturen zum Einsatz gelangen.

Die hohe thermische Belastung führt zu unerwünschten Auswirkungen auf die Druckvergrößerung in geschlossenen Gefäßen und in der Fahrwerksbereifung sowie zu erhöhter Verdampfungsneigung technischer Flüssigkeiten. Die Klimatisierung von Cockpit, Kabine und Geräten ist neu zu durchdenken. Der Verdampungsintensität von Flüssigkeiten ist u.a. durch größere Behälterdrücke zu begegnen. Die Aufbereitung von Kühlluft erhält größere Bedeutung. Der erhitzte Schmierstoff wird in Wärmetauschern mittels Brennstoff auf ein tieferes Ausgangsniveau, als es mit Luft möglich wäre, zurückgekühlt. Für begrenzte Versorgungsgebiete sind Kältemaschinen erforderlich. Das sind nur einige Erscheinungen, die zelleseitig für die thermische Beanspruchung relevant sind.

Infolge der angehobenen Stautemperatur T_{t2} am Verdichtereintritt sinkt nach dem Regelprogramm (11.10) bekanntlich die reduzierte Drehzahl, d.h. der Gasgenerator unterliegt der *gasdynamischen Drosselung*. Die Ausweichmöglichkeit dazu über das Programm (11.13) ist mittels festigkeitsmäßig begrenzter Zunahme an kinematischer Drehzahl zu verwirklichen. Proportional zu T_{t2} steigt die Austrittstemperatur des Verdichters T_{t3}, so daß sich die Temperaturdifferenz in der Brennkammer $(T_{t4} - T_{t3})$ und als Folge die innere Arbeit, schließlich auch der Schub verkleinern.

Bei sehr großem Gesamtdruckverhältnis erreicht T_{t3} eine Größenordnung, welche den Turbineneintrittstemperaturen früherer TL nahekommt. Unter diesen Flugbedingungen mit sehr großer M-Zahl beginnt also die erhöhte thermische Beanspruchung bereits im Verdichter. Nach der letzten Verdichterstufe erfolgt in der Regel die Abzweigung der Kühlluft. Sie besitzt damit die hohen Parameter T_{t3} und p_{t3}, wodurch sie beträchtlich an Kühlwirkung (s.a. Kap.8.7) einbüßt.

Um die Folgeprobleme zu hoher thermischer Beanpruchung zu mildern, wird Regelprogramm (11.15) mit der Vorgabe von $T_{t3} = T_{max} = const$ verwirklicht. Damit wird der festgelegte Höchstwert von T_{t3} nicht überschritten. Programm (11.15) wird durch das Regelsystem mittels Zurücknahme von $\dot{m}_B$ und nachfolgend T_{t4}, Drehzahl und Π_V, also ähnlich wie Regelprogramm (11.14) realisiert.

Die früher populistisch oft als „Hitzebarriere“ bezeichnete Erscheinung zu hoher thermischer Belastung bei sehr großer Flug-M-Zahl führt zu beträchtlichen Auswirkungen auf Zelle und TL. Daraus ergeben sich (außer den hier nicht untersuchten aerodynamischen Besonderheiten) Werkstoff-, Kühl-, Schmier- und Prozeßprobleme. Deshalb existiert für jedes TL-Muster ein bestimmter Betrag hinsichtlich T_{t2max} oder T_{t3max} bzw. für M_{max}. Diese thermische Begrenzung verläuft in der Regel parallel zu der von $M_{U'}$ (s.a. Abb.15.1), bzw. sie stimmt bei zweckmäßiger Auslegung mit ihr überein.

15.4 Begrenzung durch instabile Verbrennung

Nur unter bestimmten Bedingungen ist nach Kap.7.3 der stabile und verlustarme *Verbrennungsvorgang* im TL garantiert. Außer der Zusammenstzung des Brenngemisches sind dafür hauptsächlich die Parameter im Brennkammereintritt T_{t3} und p_{t3} maßgebend, die sich unter Flugbedingungen in weitem Bereich ändern können. Je kleiner sie sind, um so schlechter läuft die Verbrennung ab. Ungünstig wird sie auch durch (vom Verdichter bzw. Fan ausgehende) Vibrationserscheinungen der Strömung beeinflußt. Letzteres ist ein Ausdruck zu geringer (oberer) Verdichterstabilität, also ein Problem für die bekannte Begrenzung bei $M_{O'}$ (s.a. Kap.15.1). An dieser Stelle ist die Überlagerung der Instabilitäten zweier Baugruppen festzustellen.

Hauptursache instabiler Verbrennung ist der zu kleine Gasdruck im Brennraum beim Flug in großer Höhe. Das betrifft sowohl die Arbeitsweise der Hauptbrennkammer als auch falls eingeschaltet die Nachverbrennung, symbolisiert durch die Drücke p_{t3} und p_{t7}. Wegen des geringeren Wertes von p_{t7} und anderer Störeinflüsse ist die Stabilität der NB-Kammer beim Höhenflug zuerst gefährdet. Endzustand ist stets der Eintritt des *Flammenabrisses*, d.h. der Abbruch des Arbeitsprozesses. Abriß der NB-Flamme ist also ein sicheres Anzeichen für instabile Verbrennung, wobei anzunehmen ist, daß der Flammenabriß in der Hauptbrennkammer bevorsteht.

Der für die Hauptbrennkammer maßgebende Druck p_{t3} stellt eine Funktion von barometrischem Außendruck, Flug-M-Zahl und reduzierter Drehzahl des Gasgenerators dar. Unter Berücksichtigung dieser Erscheinungen verläuft sein *Minimalwert* als eine das Kennfeld mit den Nutzungsbegrenzungen in Abb.15.3 nach unten abschließende „Isobare“. In großer Flughöhe verbindet die Linie für $p_{t3} = p_{min}$ die beiden Begrenzungen für instabile Verdichterarbeit. Ihr Schnittpunkt mit der Grenze für $M_{U'}$ ist zugleich die theoretische „Gipfelhöhe“ des TL-Musters, welche in der Regel weit über der zu erfliegenden größten Höhe des Flugzeugs liegt.

Eine zusätzliche Beeinflussung dieser Linie für minimalen Brennkammerdruck ergibt sich durch die *Zerstäubungsgüte* des eingespritzten Brennstoffes. Der beim Höhenflug absinkende Brennstoffdurchsatz erfordert geringeren Einspritzdruck vor den Düsen. Daraus ergibt sich infolge schlechterer Zerstäubung eine ungüstigere Gemischaufbereitung mit größerer Neigung zum Flammenabriß. Das Gebiet stabiler

Verbrennung wird dadurch zusätzlich eingeengt. Düsen nach dem Verdampfungsprinzip bzw. partiell abschaltbare Mehrdüsenanordnungen, welche eine bessere Zerstäubungsgüte bei kleineren Änderungen des Brennstoffdruckes gewährleisten, haben dafür eine bessere Charakteristik.

Eng damit verbunden ist der Flugbereich der erfolgreichen Vorgänge zum ***Einschalten des NB*** bzw. zum ***Wiederanlassen in der Luft*** nach Flammenabriß in der Hauptbrennkammer. Der Unterschied zur Nutzungsbegrenzung besteht darin, daß die stabile Verbrennung in der Nähe der Minimalwerte von p_{t3} oder p_{t7} bzw. $p_{t7'}$ noch aufrechtzuerhalten ist, während der Einschaltvorgang infolge erhöhter Anforderungen dabei nicht mehr gelingt. Der zuverlässige Start des Verbrennungsvorganges im Luftstrom erfordert unter Flugbedingungen eine Reihe thermogasdynamischer Voraussetzungen, welche nur für bestimmte Bereiche hinsichtlich M-Zahl und Flughöhe (s.a. Abb.15.4) gegeben sind.

15.5 Einschränkung durch begrenzte Brennstoffversorgung

Luft- und Brennstoffstrom können innerhalb der Leistungsstufen *Maximal* bzw. *NBmax* abhängig von den äußeren Bedingungen beträchtlichen Schwankungen unterliegen und dabei sehr große Zahlenwerte erreichen. Die Förderleistung der Brennstoffpumpen aber kann aus konstruktiven oder regeltechnischen Gründen begrenzt sein. Der erforderliche Betrag von $\dot{m}_B$ steigt so mit der M-Zahl an, erreicht bei bestimmtem Flugzustand seinen Höchstwert und bleibt im weiteren nach dem Regelprogramm (11.16) konstant. Das ist hauptsächlich beim Flug in Erdnähe, bei großer M-Zahl sowie bei tiefen Außentemperaturen, also bei großem Wert für $\dot{m}_L$, der Fall.

Das „passive" Programm (11.16), resultierend aus der Grenzförderleistung der Brennstoffpumpe(n), verwirklicht beim Überschreiten des Flugzustandes von $M = M'$ infolge *Brennstoffmangel* einen Arbeitsprozeß mit sinkenden Parametern und Schubabfall. Die weitere Beschleunigung ist trotzdem gewährleistet, wenn der (zwar verringerte) Schubüberschuß immer noch groß ist. Deshalb ist diese Erscheinung nicht als Flugbegrenzung wie die bisher beschriebenen zu werten. Wegen der fallenden Parameter wird das TL thermisch und mechanisch geschont.

Im weiteren wird der Arbeitsprozeß eines militärischen 2W-ETL-NB untersucht, dessen Brennstoffversorgung zwar vollständig für die Hauptbrennkammer, aber nur partiell für den NB gegeben ist. Sein Gasgenerator arbeitet nach dem Regelprogramm (11.21), sein NB wird nach (11.5) gedrosselt. Nach dem Start wird bei $M = M'$ der erforderliche Zuwachs von $\dot{m}_{B'}$ durch die *Fördergrenze* der NB-Brennstoffpumpe in die Gesetzmäßigkeit $\dot{m}_{B'} = const$ umgewandelt. Der Brennstoffstrom ist damit trotz Erfordernis nicht weiter steigerungsfähig, d.h. die Brennstoffversorgung des NB ist *defizitär*. Abweichend von den o.g. Programmen ergeben sich daraus für *NBmax* die folgenden Sachverhalte:

1. Der NB-Brennstoffmangel verursacht den Abfall von $T_{t9'}$ und p_{t9}, d.h. der Schubdüsenquerschnitt A_8 ist für diese zu geringe Wärmeentwicklung zu groß, der NB wird thermisch entlastet.
2. Wegen des Abfalls von $p_{t9} = p_{t5}$ vergrößern sich Druckverhältnis und Leistung der NDT, so daß mit Programm (11.21) im Sinne von $n_{1max} = const$ über $\dot{m}_B$ die Temperatur T_{t4} zurückgeregelt wird, wodurch auch n_2 sinkt. Deshalb wird so die Hauptbrennkammer ebenfalls etwas entlastet.
3. Das Absinken der Drehzahl n_2 führt zum Leistungsabfall der n_2-propotional angetriebenen NB-Brennstoffpumpe. Es wiederholen sich dadurch die Effekte 1. und 2. in abgeschwächter Form.

Diese drei Erscheinungen in Haupt- und NB-Kammer bewirken oberhalb von $M = M'$ die Verringerung der Prozeßparameter bei Entlastung des TL und Schubabfall. Die Differenz zwischen theoretisch möglichem und real vorhandenem Schub hängt ab vom

NB-Brennstoffdefizit sowie zu großem Schubdüsenquerschnitt. Deshalb ist hier zwischen der Geschwindigkeitslinie bei ***vollständiger Brennstoffversorgung*** und der schubärmeren mit ***NB-Brennstoffdefizit*** zu unterscheiden.

Um den Nachteil des Schubabfalls abzuschwächen, können TL dieses geschilderten Arbeitsprozesses mit einem ***System zur Schubdüsenkorrektur*** ausgerüstet sein. Es beginnt mit seiner Arbeit, sobald die NB-Brennstoffpumpe bei M' ihre maximale Förderleistung signalisiert. Das System verkleinert, das eigentliche Steuersystem korrigierend, den Schubdüsendurchmesser. Dabei wird der Druck p_{t9} wieder auf seinen Ursprungswert vergrößert, und die Parameter T_{t4} und n_2 erreichen wieder ihre Auslegungsgrößen. Der Schubabfall ist dadurch nicht so groß, obwohl er nicht völlig zu kompensieren ist.

15.6 Begrenzungen durch die Flugzeugzelle

Außer den antriebsseitigen Begrenzungen existieren weitere Nutzungseinschränkungen, welche sich aus der Flugzeugzelle ergeben. In vielen Fällen, insbesondere bei Flugzeugen für große M-Zahl, erhalten diese Zellebegrenzungen die entscheidende Bedeutung für das zu erfliegende *Höhen-Geschwindigkeits-Diagramm* (*Envelope*). Demgegenüber gelang es, die Flugbegrenzungen der TL neuerer Generationen so zu verlagern, daß sie für die erforderlichen Flugbedingungen der Envelope an Bedeutung verloren haben. Bei einer Flugzeugzelle sind im wesentlichen die folgenden vier Begrenzungen maßgebend:

- die festigkeitsmäßig zulässigen Beträge für ***Staudruck*** bzw. ***Äquivalentgeschwindigkeit***,
- die nach vorliegenden Gleichgewichts-Flugbedingungen erreichbare ***statische Gipfelhöhe***,
- die minimal zulässige, nicht unterschreitbare Fluggeschwindigkeit für die ***Steuerbarkeit***,
- die M-Zahl für zulässige thermische Beanspruchung der Zelle von Überschallflugzeugen.

Der *Staudruck* q basiert auf den Kraftwirkungen infolge äußerer aerodynamischer Umströmung der Zellebauteile im Flug. Zur Gewährleistung ihrer mechanischen Festigkeit darf für die Flugzeugzelle ein zulässiges Höchstmaß an Beanspruchung nicht überschritten werden. Die zahlenmäßige Berechnung des Staudrucks erfolgt über die Beziehung

$$q = \tfrac{1}{2}\varrho_0\, v^2 = \tfrac{1}{2}\kappa\, p_0\, M^2$$

Daraus geht seine Abhängigkeit aus den statischen Werten von Dichte bzw. Druck und somit von der Flughöhe H sowie aus der M-Zahl hervor. Diese beiden den Flugzustand kennzeichnenden Größen v bzw. M und H lassen sich zu einem kinematischen Parameter, der sog. *Äquivalentgeschwindigkeit* v_e (EAS, *Gerätefluggeschwindigkeit*) zusammenfassen. Im Gegensatz zur *wahren Fluggeschwindigkeit* $v = v_w$ (IAS) gegenüber der Luft enthält der Zahlenbetrag von v_e zusätzlich das höhenabhängige Dichteverhältnis

$$v_e = v_w \sqrt{\varrho_H / \varrho_0}$$

Damit stellt die Äquivalentgeschwindigkeit eine Größe für die Druck- bzw. Kraftwirkungen auf die Zelle in Abhängigkeit vom Flugzustand dar. Die Beträge von v_e und q sind einander proportional. Die zulässige Äquivalentgeschwindigkeit beträgt für Kampfflugzeuge 1100...1500 km/h, für Unterschall-Verkehrsflugzeuge etwa 600 km/h. Das ist zugleich die erlaubte wahre Höchstgeschwindigkeit in Meereshöhe.

Wirksam ist die Staudruckbegrenzung hauptsächlich in geringen und mittleren Flughöhen. Dort verläuft sie u.U. zu anderen Begrenzungen, z.B. zu der von p_{t3max} etwa parallel. In großer Höhe und vor allem in der Stratosphäre wird sie durch die Limits von $M_{U'}$ und die Größtwerte von T_{t2} bzw. der Flug-M-Zahl abgelöst.

Nach oben wird die Envelope durch die ***statische Gipfelhöhe*** begrenzt. Hier ist das Flugzeug noch voll steuerbar, und es besitzt noch eine minimale Steiggeschwindigkeit. Abhängig von M-Zahl und Zuladung sind statische Gipfelhöhen bei Überschallflugzeugen von 16...20 km, bei Unterschall-Verkehrsflugzeugen von 10...14 km die Regel. Dynamisch zu erfliegende Gipfelhöhen liegen darüber.

Kleine Flugleistungen werden durch eine minimal zulässige Äquivalentgeschwindigkeit v_{emin} limitiert. Sie wird als ***Evolutionsgeschwindigkeit*** bezeichnet. Ihre Größe ist so festgelegt, daß dabei das Flugzeug noch sicher zu steuern ist. Für Überschall-Kampfflugzeuge beträgt sie 300...500 km/h, bei Verkehrsflugzeugen liegt sie darunter. Ihre Unterschreitung kann wegen instabiler Fluglage die Sicherheit gefährden.

15.7 Kennfelder für Nutzungsbegrenzungen

Mit diesen Einzelbegrenzungen erfolgt nun die Gesamtdarstellung in einem Kennfeld. Dadurch wird der Nutzungsbereich für das Flugzeug und seinen Antrieb sichtbar. Zur Darstellung eignen sich mehrere Diagramme. Verdichter- und Geschwindigkeits-Höhen-Kennfeld mit Begrenzungen nach Abb.6.9 und 14.14 werden als bekannt vorausgesetzt.

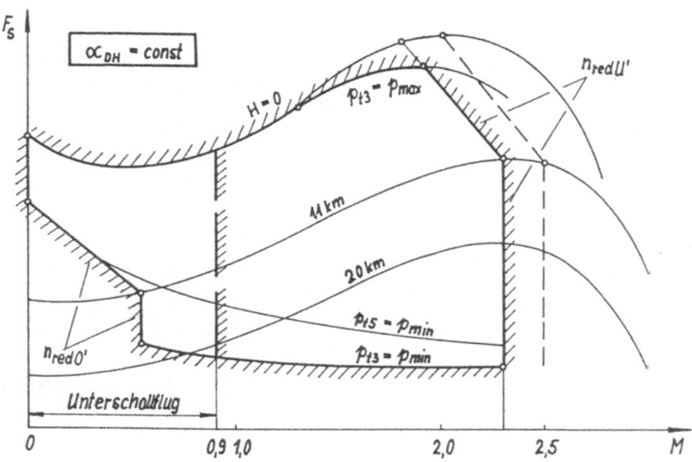

Abb. 15.3: Nutzungsbegrenzungen eines TL für Unterschall-Fluggeschwindigkeit (links) mit der Ausweitungsmöglichkeit für den Überschall-Flugbereich (rechts)

Im Kennfeld von Abb.15.3 sind alle Begrenzungen für TL eingezeichnet und mittels Schraffur hervorgehoben. Der obere linke Eckpunkt charakterisiert den Startstandbetrieb. Nach der Theorie ist von da aus mit der Leistungsstufe *Maximal* ein „Abfahren" der Grenzen unter Flugbedingungen im Uhrzeigersinn prinzipiell denkbar. Anrollen zum Start, Abheben und Beschleunigen erfolgen in Meereshöhe. Dabei wird die Grenze für p_{t3max} (s. Kap.15.2) erreicht. Entlang dieser und der $M_{U'}$-Begrenzung (s. Kap.15.1) wird der Steigflug vorgenommen. In der Tropopause und beim weiteren Steigflug liegt die größte M-Zahl an. Das Limit durch $M_{U'}$ oder parallel dazu für T_{t2} ist maßgebend bis zur TL-Gipfelhöhe. Entlang der Begrenzungen für instabile Verbrennung (Kap.15.4) und $M_{O'}$ werden mit $M = 0$ Ordinate und Ausgangspunkt erreicht.

Eine weitere Darstellung mit den Zellebegrenzungen zeigt Abb.15.4. Dabei ist der Bereich zwischen maximaler und minimaler Fluggeschwindigkeit ersichtlich, welcher in der Stratosphäre durch die zulässige Stautemperatur T_{t2max} und die statische Gipfelhöhe abgelöst wird. Zusätzliche Limitierungen gibt es für bestimmte Nutzlasten, Außenbordanhängungen, bei Ausfall eines Triebwerks oder nicht arbeitenden Zelleanlagen.

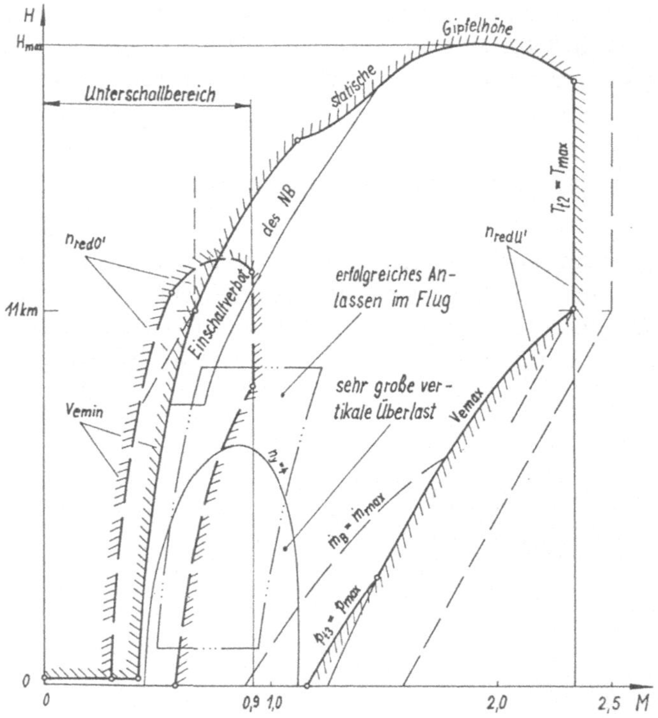

Abb. 15.4: Flugbegrenzungen beim Unterschall- (links) und Überschallflugzeug

Wesentlich für ein Jagdflugzeug ist der Bereich eines bestimmten vertikalen Lastvielfachen (hier: $n_y = 4$) zur Führung des energischen Manöverluftkampfes. Im Verhältnis zur Gesamtenvelope ist dieser Bereich nicht groß. Bei $n_y = 8 \ldots 10$ (Kampfflugzeuge) bzw. $n_y = 2 \ldots 3$ (Verkehrsflugzeuge) liegt das festigkeitsmäßig zulässige Lastvielfache. Ein optimaler Brennkammerzustand zum Wiederzünden in der Luft ist ebenfalls nur in bestimmtem Gebiet garantiert. Neben einigen Begrenzungen für das TL in geringen Höhen sind dabei auch die für das Einschaltverbot des NB sowie die hinsichtlich $M_{O'}$ und $M_{U'}$ in der Tropopause dargestellt. Gegenüber der ausgedehnten Envelope eines Überschallflugzeuges mit seinem Antrieb nimmt sich diejenige des Unterschall-Verkehrsflugzeuges (links unterbrochen) verhältnismäßig klein aus.

16 Übergangsregime

16.1 Stationäre und instationäre Betriebszustände

Bisherige Prozeßbetrachtungen verliefen stets unter der Voraussetzung, daß bestimmte Leistungsstufen, wie in Kap.4.5 beschrieben, im Gleichgewichtszustand des TL, d.h. im *stationären* Betrieb, vorliegen und beibehalten werden. Diese Leistungsstufen werden eingenommen durch *instationäre* Übergänge aus vorher existierenden Betriebszuständen bzw. aus dem Stillstand des TL heraus. Diese instationären Vorgänge heißen *Übergangsregime.* Ihre thermogasdynamischen, kinematischen und regeltechnischen Abläufe sind Untersuchungsgegenstand dieses Abschnittes.

Übergangsregime sind zur Betriebsführung und Flugsicherheit von großer Bedeutung. Als zeitabhängige Veränderung des Arbeitsprozesses sind sie durch Parameterabweichungen gekennzeichnet. Die erforderlichen Betriebsbedingungen sind dabei schwieriger zu erfüllen als im stationären Gleichgewichtszustand. Folgende wichtige Anforderungen sind im Zusammenhang damit an Übergangsregime unter Flugbedingungen zu stellen:

- Nichtzulassen des Überschreitens von Nutzungsbegrenzungen,
- Verhinderung zeitlich unzulässiger Abfälle an Schubkraft,
- sichere Einnahme einer neu eingestellten Leistungsstufe,
- Gewährleistung des Übergangsregimes in kürzester Zeit,
- Beachtung von Flugzustand und Arbeit der Nachbartriebwerke.

Demzufolge zeigen Übergangsregime außer der Veränderung thermogasdynamischer Zustände Merkmale erhöhter Aktivität von Regelsystem und variabler Geometrie. Die dabei ablaufenden Vorgänge sind durch den Betreiber anhand der sich ändernden Parameter zu kontrollieren. Deshalb muß das technische und fliegende Personal über das erforderliche theoretische und typgebundene Wissen verfügen.

Im Sinne des Erreichens schubstärkerer Leistungsstufen ergeben sich folgende Übergangsregime: das Anlassen des TL, die Schubänderung bei ausgeschaltetem NB, das Einschalten des NB und die Schubänderung im NB-Bereich. Diese Veränderungen werden durch die Verstellung des Drosselhebels eingeleitet. Trotz gedanklicher Abtrennung von den Gleichgewichtszuständen bei der Drosselkennlinie (s. Kap.13) ergeben sich viele Gemeinsamkeiten zu den hier vorliegenden Übergangsregimen. Eng damit verbunden ist die Problematik *unvorhergesehener Betriebszustände* des TL.

Letztere können bei Fehlbedienungen oder Unregelmäßigkeiten auftreten. Möglich sind: Flammenabriß, instabile Arbeit, Blockierung von variabler Geometrie, Fremdkörpereinflug, Rotorunwucht, Kraftschluß zwischen den Rotoren, Rotorblockierung, Triebwerksbrand. Auf diese unvorhergesehenen Zustände, die beliebig erweitert werden könnten, wird hier nicht eingegangen. Stets ist die Beseitigung zumindest eines Teils von ihnen, wenn in der Luft überhaupt möglich, unter Befolgung typgebundener Vorschriften auf Basis der Theorie von Übergangsregimen vorzunehmen.

Übergangsregime sind insofern bedeutsam, daß über sie die ausgewählten Leistungsstufen aufzusuchen bzw. abzubrechen sind. Diese instationären Vorgänge unterscheiden sich von den sonst im Gleichgewicht befindlichen stationären Betriebszuständen. Die wichtigsten von ihnen werden im weiteren auf Grundlage der Theorie untersucht.

16.2 Der Anlaßvorgang

Ziel des **Anlaßvorganges am Boden** ist es, möglichst schnell den Leerlauf des TL zu erreichen. Deshalb ist es erforderlich, den Triebwerksrotor aus dem Stillstand heraus bis zur Leerlaufdrehzahl zu beschleunigen. Der Leerlauf ist bekanntlich die unterste Leistungsstufe mit der kleinsten Drehzahl, die aber für TL oft beträchtliche Zahlenwerte erreicht. Damit sind alle Prozeßparameter vom kalten Zustand auf ihre Leerlaufwerte hochzufahren. Dieser instationäre Vorgang erfordert große Maschinenleistung und eine Reihe aufeinander abgestimmter Regelvorgänge.

Wie bei jeder Brennkraftmaschine ist beim TL mittels Fremdantrieb eine bestimmte Mindestdrehzahl $n_{GG} = n_{min}$ erforderlich, bevor der Arbeitsprozeß des Triebwerks selbst die weitere Beschleunigung bis zum Leerlauf übernimmt. Das Hochdrehen in den Bereich von n_{min} wird durch unabhängige *Anlaßmaschinen* (*Starter*) vorgenommen. Mit Einnahme der Mindestdrehzahl durch den Hauptrotor des TL hat der Starter seine Aufgabe erfüllt und wird deshalb abgeschaltet.

Bei kleinen und mittelgroßen TL sind Starter meist Elektromotoren. Die gestiegenen Anlaßleistungen großer TL werden oft durch autonome Kleingasturbinen (Turbostarter, APU) sichergestellt, welche zugleich als Lieferanten von Bordenergie dienen. Außerdem existieren Anlaßturbinen, welche mit Druckluft oder den Gasen abbrennender Treibsätze beaufschlagt werden. Diese Maschinen sind hochtourig, klein und leicht. Sie sind für Kurzzeitbetrieb ausgelegt, gegenüber der Triebwerkswelle kinematisch übersetzt und mittels Kupplung davon abtrennbar.

Nach Abb.16.1 besteht der Anlaßvorgang chronologisch aus drei *Etappen*. Er kann durch eine (dort nicht eingezeichnete) Voretappe ergänzt werden, welche im Anlassen und Hochfahren der Startermaschine besteht. Die sich in den Etappen abhängig von Zeit, Drehzahl und Gasparametern ändernden Sachverhalte werden im weiteren analysiert. Sie sind durch ein automatisch arbeitendes Anlaßregelsystem zu kontrollieren sowie durch die variable Geometrie des Gaskanals zu unterstützen.

In der *1. Etappe* ist nur das Drehmoment des Starters M_{dSt} allein auf die Triebwerkswelle wirksam, deren (zunächst *kaltes*) *Durchdrehen* beginnt. Bei konstanter Starterleistung ergibt sich mit zunehmender Drehzahl ein nach Abb.16.1 hyperbolisch abfallender Verlauf von M_{dSt}. Andererseits wird das zum Durchdrehen erforderliche Drehmoment für die Triebwerkswelle M_{derf} infolge ansteigenden Drehwiderstandes immer größer. Dadurch sinkt die (zunächst große) Winkelbeschleunigung der Triebwerkswelle ab. Mit Drehbeginn nimmt der Verdichter seine Arbeit auf. Die Brennkammer wird dadurch mit Luft versorgt, deren Druck und Temperatur ansteigen. Zugleich werden die separaten Zündflammen ausgebildet. Dadurch ergeben sich gegen Ende der 1. Etappe günstige Bedingungen zur Aufnahme der Brennkammerarbeit.

Die *2. Etappe* wird durch den Bereich zwischen den Drehzahlen n' und n_{min} gebildet. Mit dem Erreichen von n' beginnt der „heiße" Betrieb mit *Brennstoffeinspritzung* und *Flammenausbreitung*, ersichtlich am sprungartigen Anstieg der Temperatur T_{t4}. Damit beginnt der Arbeitsprozeß des TL mit der Abgabe von Nutzarbeit und dem einsetzenden Turbinendrehmoment M_{dT}. Ab n' sind deshalb zwei Momentenanteile, die sinkende Größe von M_{dSt} und der ansteigende Betrag von M_{dT}, für die weitere Beschleunigung der Hauptwelle zuständig. Bei n_{min} wird die Startermaschine wegen Erreichen ihrer Leistungs- und Drehzahlgrenze abgeschaltet.

Während der *3. Etappe* ist allein die Turbine mit ihrem angewachsenen Drehmoment für das abschließende Hochdrehen verantwortlich. Zur Fortsetzung der Beschleunigung ist im Interesse eines großen Betrages von M_{dT} die Temperatur T_{t4} anzuheben, in der Endphase aber wieder abzusenken, um die Leerlaufdrehzahl nicht zu überschreiten.

Während eines erfolgreichen Anlaßvorganges muß das *vorhandene* Drehmoment, gebildet aus der Summe der Beträge M_{dSt} und M_{dT}, stets größer sein als das *erforderliche* Moment M_{derf}. Das ist selbst bei abgeschalteter Startermaschine stets oberhalb der Drehzahl n'', allerdings unter höchster Temperatur T_{t4} und Zeitverlängerung, der Fall.

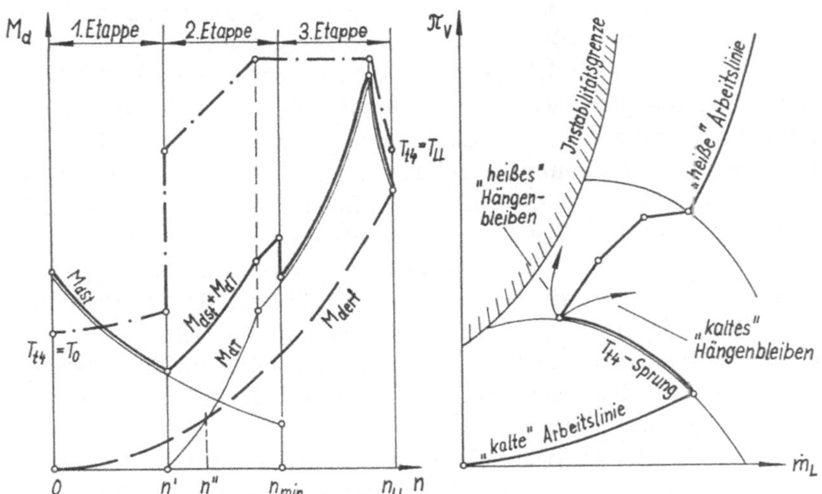

Abb. 16.1: Drehmomentenverlauf und Arbeitspunktwanderung im Verdichterkennfeld eines TL für die Etappen seines Anlaßvorganges mit Fremdstartermaschine am Boden

Am Beispiel der *Arbeitspunktwanderung* im Verdichterkennfeld (s. Abb.16.1, rechts) erfolgt nun die gasdynamische Untersuchung. Danach wird in der 1. Etappe das Durchdrehen des Hauptrotors auf der *„kalten" Arbeitslinie* bei tiefer Lage vorgenommen. Bei sehr großer Stabilitätsreserve im Verdichter erreicht der Gasgenerator die Minimalbedingungen zum „heißen" Betrieb. Mit Beginn der 2. Etappe in n' findet bei Flammenausbreitung und Temperaturerhöhung unter gleichzeitigem Druckanstieg die sprungartige *Auslenkung des Arbeitspunktes* in Richtung der Stabilitätsgrenze statt. Wegen großer Turbinenleistung ist dabei weit an letztere heranzufahren.

Dieser Parametersprung kann nur in engem Kennfeldkorridor vorgenommen werden. Bei zu großem Temperaturanstieg wird durch Erreichen der Stabilitätsgrenze, d.h. durch irreversible Strömungsabrisse im Verdichter die zur Verfügung stehende Arbeit aufgezehrt. Dieses sog. *heiße Hängenbleiben* ist wegen der hohen Temperatur T_{t4} und der thermischen Überlastung der Turbine ein gefährlicher Zustand, wobei die weitere Beschleunigung der Triebwerkswelle unterbleibt. Ebenfalls nicht erfolgreich ist das sog. *kalte Hängenbleiben*, welches bei zu kleinen Parametern und nicht ausreichender Turbinenleistung ein weiteres Hochdrehen verhindert.

Wegen des kalten oder heißen *Hängenbleibens*, welches bei ungünstiger Regelung oder abnormen äußeren Bedingungen auftreten kann, durchläuft der Anlaßvorgang am Anfang der 2. Etappe seine kritische Phase. Anzeichen dafür sind das Verharren bzw. Fallen der Drehzahl anstelle des Hochfahrens zum Leerlauf. Mißlungene Anlaßvorgänge sind (vor allem beim *heißen* Hängenbleiben mit Überschreiten der höchstzulässigen Temperatur) sofort abzubrechen und erst nach geklärter Ursache zu wiederholen.

In der kritischen Phase ist also die Arbeitspunktauslenkung primär wegen der zulässigen *Stabilitätsreserve* ΔK_{min} zu begrenzen. Gegen Ende der 2. und anschließend in der 3. Etappe erfolgt in der Regel wieder ein Entfernen von der Stabilitätsgrenze, so daß nun die Limitierung nach der zulässigen *Temperatur* T_{t4} relevant ist. Bei dieser hohen Temperatur gibt die Turbine ein großes Drehmoment ab, wodurch das TL in Sekundenschnelle den Leerlauf auf der *„heißen“ Arbeitslinie* erreicht. Damit die Leerlaufdrehzahl nicht überschritten wird, sind kurz davor Temperatur und Drehmoment der Turbine auf die dafür stationär erforderlichen Beträge zurückzuregeln.

Der Anlaßvorgang ist beim Übergang von der „kalten“ zur „heißen“Arbeitslinie nach Abb.16.1 durch Arbeitspunktauslenkung zur Stabilitätsgrenze hin gekennzeichnet. Daraus ergibt sich einerseits das erwünschte hohe Drehmoment der Turbine, andererseits die Notwendigkeit genau arbeitender Anlaßautomatik zur Verhinderung unzulässiger Limitüberschreitungen. Hohe Drehmomente von Startermaschine und Turbine sowie die günstige Überlappung ihrer Betriebsbereiche als auch ein möglichst kleines Massenträgheitsmoment desTL-Rotors sind maßgebend für das schnelle Erreichen des Leerlaufs. Die Verringerung der Anlaßzeit, insbesondere bei mehreren Triebwerken pro Flugzeug, ist von Bedeutung, da sie nutzlose passive Betriebszeit darstellt.

Das **Wiederanlassen in der Luft** ist für TL eine obligatorische Notwendigkeit. Um bei Flammenabriß im Flug sofort wieder anzulassen, läßt sich der stabil durchströmte Gaskanal mit *Autorotation* der Welle nutzen. Mit $n_{min} = 15 \ldots 25$ % ist deshalb ein Durchdrehen mittels Starter nicht erforderlich. Neben arbeitender Zündung wird zeitverkürzt mit der 2. bzw. 3. Etappe, d.h. mit der Einspritzung des Brennstoffs begonnen, und das TL erreicht schnellstens den Luftleerlauf. Intensive Zündflammen mittels Sauerstoffzugabe, optimale Gemischzusammensetzung und günstige Parameter in der Brennkammer bei großer Stabilitätsreserve, u.a. infolge betätigter variabler Geometrie, gewährleisten das erfolgreiche Wiederanlassen.

Das sog. **prophylaktische Anlassen** ist eine Unterart davon. Hierbei werden für den erwarteten Fall des Triebwerksausfalls, z.B. beim Flug in turbulenter Luft oder beim Einsatz der Waffenanlage Zündung und variable Geometrie automatisch oder manuell bereits vorher prophylaktisch eingeschaltet. Dadurch tritt entweder der Flammenabriß nicht auf oder falls doch, erfolgt sofort ein automatisches Wiederanlassen.

Das **Abstellen** des TL erfolgt als gegenteiliger Vorgang zum Anlassen über den Drosselhebel durch Unterbrechung der Brennstoffzufuhr. Mit allen Parametern sinkt dabei die Drehzahl hyperbolisch ab. Die zu messende *Auslaufzeit* erlaubt Rückschlüsse über den ordnungsgemäßen Zustand der Triebwerkskinematik. Sie liegt bei Wellen mit Geräteantrieb in der Größenordnung von 30...50 s, bei „abtriebsfreien“ Wellen von 100...200 s, während die Rotoren großer Bläser ohne vorhandenes Getriebe nach dem Windmühlenprinzip durch Luftbewegung oft nicht zum völligen Stillstand kommen.

16.3 Beschleunigung und Verzögerung

Prinzipiell sind die instationären Vorgänge im TL zwischen den Leistungsstufen *Leerlauf* und *Maximal* denen der 3. Anlaßetappe analog. Für die überwiegende Mehrzahl der Fälle werden Beschleunigung und Verzögerung des Gasgenerators als *Drehzahländerungen* nach dem Drosselprogramm (11.4) realisiert und auch hier so verstanden. Beginnend mit der problemreicheren Beschleunigung, werden Änderungen in größeren Drehzahlbereichen des Gasgenerators als Übergangsregime untersucht.

Beschleunigung ist die Fähigkeit des TL, den Schub durch Steigerung der Prozeßparameter schnell zu vergrößern. Die dafür erforderliche *Beschleunigungszeit* zwischen den o.g. Laststufen liegt im Bereich von 5...15 s. Im Interesse der Flugsicherheit ist sie so weit wie möglich zu minimieren, denn erst nach Ablauf dieser Zeit steht die volle Schubkraft zur Verfügung. Nach den quantitativen Betrachtungen zur Beschleunigung werden die dabei auftretenden Begrenzungen analysiert.

Beschleunigung bedeutet für den Arbeitsprozeß das Anheben des energetischen Niveaus im Gasgenerator, primär ausgelöst durch Steigerung der Turbineneintrittstemperatur. Der Energieüberschuß wird aufgeteilt in einen *thermischen Anteil* zur Temperaturerhöhung von Arbeitsmittel und Triebwerksbauteilen sowie einen *kinetischen Betrag* zur Steigerung der Gasgeschwindigkeit. Beide sind zahlenmäßig gering im Verhältnis zum Energiebetrag für das Beschleunigen des Triebwerksrotors. Zur quantitativen Beschreibung der beschleunigten rotativen Bewegung sind erst einmal die rein kinematischen Größen, die Winkelgeschwindigkeit ω und die Winkelbeschleunigung α, von Interesse:

$$\omega = 2\pi n \tag{16.1}$$

$$\alpha = \dot{\omega} = 2\pi \frac{\mathrm{d}n}{\mathrm{d}t} = 2\pi \frac{\Delta n}{\Delta t} \tag{16.2}$$

Zur Untersuchung der Dynamik werden weitere physikalische Größen benötigt. Ausdruck des arbeitenden Antriebs ist das erforderliche *Drehmoment* M_d, und ein Maß für den Drehwiderstand des Rotors ist das (polare) *Massenträgheitsmoment* J. Darunter ist hier die Summe der Momentanteile von Hauptwelle und allen Nebenwellen mit Berücksichtigung ihrer Übersetzungsverhältnisse zu verstehen. Damit ist festzuhalten:

$$M_d = J \frac{\mathrm{d}\omega}{\mathrm{d}t} = J\dot{\omega} = J\alpha \tag{16.3}$$

$$M_d = \frac{P_i}{\omega} = \frac{\dot{m}_L w_i}{\omega} \tag{16.4}$$

Danach ist die Beschleunigung des Triebwerksrotors ein Problem großer Turbinenleistung (genauer: der Überschußleistung als Teilbetrag von P_i) bei kleinem Massenträgheitsmoment. Im stationären Zustand liefert die Turbine das Drehmoment M_{dT} zum Antrieb von Verdichter M_{dV} und falls vorhanden, allen weiteren Arbeitsmaschinen (Bläser, Schraube, Hilfsgeräte), die hier nicht quantifiziert werden. Zum Zeitpunkt der Beschleunigung aber muß die Turbine einen *Drehmomentüberschuß* ΔM_d abgeben. Durch diese Überlegung sowie (16.2) und (16.3) ergeben sich die folgenden Ausdrücke:

$$\Delta M_d = M_{dT} - M_{dV} \tag{16.5}$$

$$\Delta M_d = 2\pi J \frac{\Delta n}{\Delta t} \tag{16.6}$$

$$\Delta M_d = 2 \frac{\pi J}{t} \Delta n \tag{16.7}$$

Aus (16.6) und (16.7) geht hervor, daß der Überschußbetrag des Drehmomentes ΔM_d der Größe $\Delta n/\Delta t$ proportional ist. Das ist die Drehzahlerhöhung pro Zeit bzw. reziprok die Beschleunigungszeit t selbst. Nach (16.4) wiederum ist ΔM_d den Überschußbeträgen von innerer Leistung P_i bzw. innerer Arbeit w_i verhältnisgleich. Mit Umstellung von (16.6) und Substitution eines zu (10.1) analogen Ausdruckes ergeben sich für den einfachsten Fall eines ETL beim Standbetrieb die Beziehungen zur Drehzahländerung:

$$\frac{\Delta n}{\Delta t} = \frac{\Delta M_d}{2\pi J} = \frac{\Delta P_i}{2\pi J\omega} = \frac{\dot{m}_L \Delta w_i}{4\pi^2 n J} \tag{16.8}$$

$$\frac{\Delta n}{\Delta t} = \frac{1}{4\pi^2}\frac{\dot{m}_L}{nJ}\frac{R}{m\,\eta_K}\left[\Delta T_{t4}\eta_V\eta_T K_i\left(1-\Delta\Pi_T^{-m}\right)-T_0\left(\Delta\Pi_V^m-1\right)\right] \tag{16.9}$$

Durch Ausdruck (16.9) ist die quantitative Verbindung zwischen der maßgebenden Größe der Beschleunigung und den Parametern des Arbeitsprozesses hergestellt. Ihre Untersuchung unter dem Aspekt des Beschleunigungsverhaltens zeigt, daß vorrangig die Vergrößerung zweier Parameter zweckmäßig erscheint: die Temperatur T_{t4} durch Mehreinspritzen von Brennstoff und das Druckverhältnis Π_T mittels „Auffahren" der Schubdüse. Beide Vorgänge führen zu größerer Turbinenleistung und zum erforderlichen Überschuß an Drehmoment. Weiterhin kann (kurzzeitig) das Druckverhältnis Π_V, z.B. durch Schaufelverstellung, verkleinert werden. Mit (16.9) übereinstimmend ist vereinfacht die Drehzahländerung in vorgegebener Zeit t quantitativ wie folgt darstellbar:

$$\Delta n = K_1\, t\, \Delta T_{t4} \tag{16.10}$$

$$\Delta n = K_2\, t\, \Delta\Pi_T^m \tag{16.11}$$

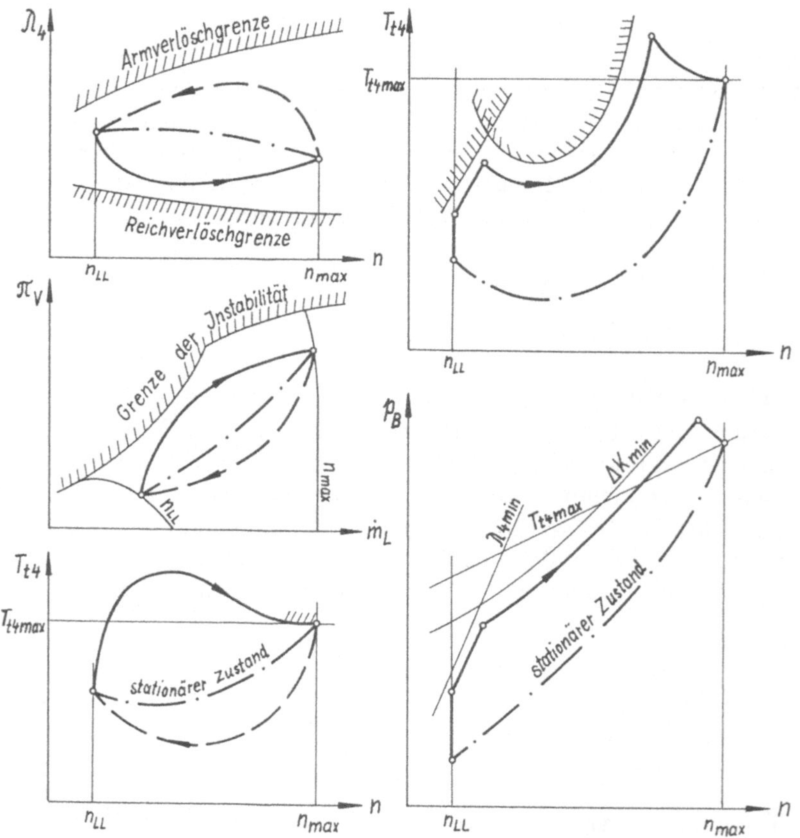

Abb. 16.2: Begrenzungen für Beschleunigung und Verzögerung des Gasgenerators

Grundlage zur Steigerung (und Verringerung) der Drehzahl ist die Veränderung der Turbineneintrittstemperatur nach (16.10), bei TL mit starrer Geometrie zugleich die einzige Möglichkeit. Derselbe Vorgang wurde am Beispiel der Drosselung anhand des

Programms (11.4) schon beschrieben. Als Ergänzung dazu ist für hochbelastete TL mit verstellbarer Schubdüse die Maßnahme entsprechend (16.11) heranzuziehen, wie es zur Drosselung in (11.1) demonstriert wurde. Zur Analyse wird im folgenden bei Veränderung des einen Parameters die Konstanz des anderen vorausgesetzt. Einer schnellen Beschleunigung stellen sich nach Abb.16.2 die folgenden Prozeßbegrenzungen entgegen:

1. Die ***Reichverlöschgrenze*** ist meist am Beschleunigungsbeginn wirksam. Bei zunächst gleichgebliebenem Luftmassenstrom kommt es durch Vergrößerung der Brennstoffmenge im Extremfall zum Überschreiten der o.g. Grenze mit dem Flammenabriß als Auswirkung, hauptsächlich für große Flughöhe und kleine M-Zahl.

2. Das Erreichen der ***unteren Instabilität*** ist vorrangig in der mittleren Phase der Beschleunigung möglich, weil hier der Arbeitspunkt im Verdichterkennfeld besonders weit nach oben in Richtung o.g. Grenze ausgelenkt wird. Der Abstand mit dem Betrag einer minimal zulässigen Stabilitätsreserve ist deshalb genau einzuhalten.

3. Auf die Limitierung zur ***thermischen Beanspruchung*** der Turbine ist hauptsächlich in der Endphase der Beschleunigung zu achten. Kurzzeitig kann zwischendurch der Maximalbetrag von T_{t4} um beispielsweise 50...100 K überschritten werden, wobei er danach selbständig auf ein höchstzulässiges Niveau zurückkommen muß.

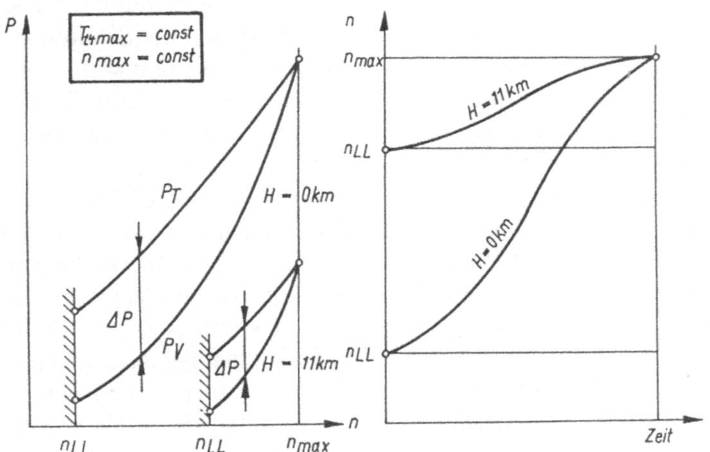

Abb. 16.3: Beschleunigungszeit bei der Arbeit am Boden und in der Stratosphäre

Die Gesamtbeschleunigung des Triebwerksrotors zwischen *Leerlauf* und *Maximal* ist ein komplizierter Vorgang mit Veränderung aller Prozeßparameter. Die Schwierigkeiten bestehen darin, daß die o.g. Begrenzungen nacheinander sowie in Abhängigkeit von inneren und äußeren Bedingungen mit unterschiedlicher Intensität auftreten. Abb.16.2 vermittelt dazu eine Vorstellung, wie eine ***Beschleunigungslinie*** in geringem, aber zulässigem Abstand zu den Einzelgrenzen zu verlaufen hat. Nur bei so zu realisierender Ausnutzung aller Potenzen im Sinne einer optimalen Beschleunigung läßt sich eine geringe Beschleunigungszeit verwirklichen. Dazu hat die Regelung wichtige Teilbeträge zu liefern und kann sie auf digitalelektronischer Grundlage (FADEC) auch immer besser wahrnehmen.

Mit *Zunahme der Flughöhe* sinken wegen des abfallenden Massenstromes $\dot{m}_L$ der Überschuß an Leistung und Drehmoment in der Turbine. Das Massenträgheitsmoment des Triebwerksrotors bleibt dagegen konstant. Deshalb muß nach (16.8) und (16.9) die Beschleunigungszeit abhängig von der Höhe zunehmen. Das ist regeltechnisch zu berücksichtigen. Zugleich wird bekanntlich durch das höhenabhängige automatische Anheben der Leerlaufdrehzahl nach Abb.16.3 der zu steuernde Drehzahlbereich verkleinert. Dadurch muß die Zeit zur Gesamtbeschleunigung trotz ungünstigerer Bedingungen in großer Höhe nicht unbedingt größer sein als am Boden.

Die zweite Maßnahme zur Erzeugung eines Überschusses an Drehmoment und Leistung in der Turbine ist die Vergrößerung ihres *Druckverhältnisses* Π_T, zu verwirklichen durch Vergrößerung des Schubdüsenquerschnittes. Derselbe Vorgang wurde bereits bei der Realisierung des Drosselprogramms (11.1) besprochen. Ein Zuwachs an Π_T bewirkt bekanntlich das Ansteigen der Turbinenleistung.

Daneben kann variable Geometrie auch als kurzzeitige *Schaufelverstellung* im Verdichter für eine verbesserte Beschleunigungscharakteristik herangezogen werden. Die Verstellung der Schaufeln mit der Zielstellung eines kleineren Verdichterdrehmomentes bewirkt nach (16.5) größeren Momentenüberschuß, wobei die Drehzahl schneller steigt. Ein u.U. dadurch eintretendes Schubkraftloch wird in der (früher erreichten) Endphase der Beschleunigung durch schnelleren Schubanstieg wieder ausgeglichen.

Außerordentlich schnelle Schubvergrößerung wird erzielt, wenn nach dem anderen Drosselprogramm (11.2) Ausgangs- und Endzustand bereits bei maximaler Drehzahl vorliegen und einzig die thermische Beschleunigung zu realisieren ist. Sie erfolgt durch Verkleinern des Schubdüsenquerschnitts. Dieses „Zufahren" der Schubdüse mit der damit verbundenen Verkleinerung von Π_T und dem Einhalten von $n = n_{max}$ erfordert vom Drehzahlregler, mehr an Brennstoff einzuspritzen und somit durch Anstieg der Temperatur T_{t4} den Prozeß zu forcieren. Dieser Beschleunigungsvorgang unter Aussparung der Rotorkinematik ermöglicht schnellstmöglichen Schubzuwachs.

Demgegenüber ist *Verzögerung* bei Zurücknahme des Drosselhebels durch Verringerung von Drehzahl und Prozeßparametern sowie vergleichsweise wenig Probleme gekennzeichnet. Allerdings besteht hier nach Abb.16.2 (oben) die Möglichkeit des Überschreitens der *Armverlöschgrenze* mit Flammenabriß. Diese Gefahr bestand zuweilen für ältere TL beim schlagartigem Zurücknehmen des Drosselhebels. Außerdem führt Drehzahlverkleinerung beim Flug jenseits des Transschallgebietes zu unterkritischem Strömungszustand im Einlaufdiffusor, wodurch dort *instabile Arbeit* ausgelöst werden kann. Zur Verhinderung dieser Gefahrenzustände sind Verringerung von Drosselhebelstellung und Drehzahl bei Notwendigkeit ebenfalls durch Automatik zu steuern.

16.4 Einschalt- und Ausschaltvorgang des Nachbrenners

Durch Einschalten des Nachbrenners[1] wird das TL-NB auf beträchtlich höheres Schubniveau über die Leistungsstufe *Maximal* hinaus „beschleunigt". In den meisten Fällen arbeitet dabei der Gasgenerator im Betriebszustand mit maximalen Prozeßparametern weiter, während das Schubsystem mit größerem Austrittsquerschnitt thermisch höher belastet wird. Um das Einschalten und Ausschalten des NB als weiteres Übergangsregime zu gewährleisten, sind eine Reihe betriebstechnischer Probleme zu lösen.

[1] Zum instationären NB-Betrieb und seinen Problemen, vor allem für ZTL-M-NB, s. Bauerfeind, K.: Der gesteuerte Nachbrennerbetrieb beim Tornado-Triebwerk RB199. ZFW 16(1992)3, S. 183-193

Die Schwierigkeit besteht darin, daß zwei unterschiedliche Vorgänge, nämlich der Parameteranstieg sowie das „Auffahren“ der Schubdüse aufeinander abgestimmt verlaufen müßten, was technisch schwer zu verwirklichen ist. Während der NB-Kammerdruck p_{t7} mit der verpuffungsartigen Flammenausbreitung sprungartig ansteigt, sind zur mechanischen Verstellung der Schubdüsenquerschnitte meist mehrere Sekunden erforderlich.

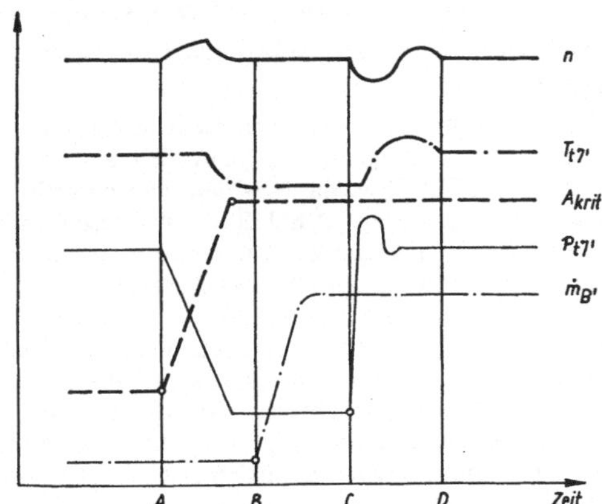

Abb. 16.4: Parameterveränderungen beim Einschaltvorgang des Nachbrenners

Um die störenden Rückwirkungen der Druckstöße auf die Turbine auszuschließen, wird der Schubdüsenquerschnitt bereits vorher prognostisch vergrößert, wodurch kurzzeitig eine Entlastung des Gasgenerators mit Schubabfall eintritt. Erst die danach einsetzende NB-Flamme stellt das frühere Druckniveau mit ursprünglicher Arbeitspunktlage und Schubanstieg wieder her. Als zweckmäßig hat sich deshalb der prinzipielle Einschaltvorgang in chronologischer Reihenfolge nach der Darstellung von Abb.16.4 herausgestellt:

1. In Punkt A wird die Schubdüse „geöffnet“, gefolgt vom Sinken des NB-Druckes sowie ansteigenden Werten von Π_T und Drehzahl. Als Folge darauf reagiert wegen $n_{GG} = n_{max} = const$ der Drehzahlregler mit einer Verringerung von $\dot{m}_B$ und T_{t4}.

2. Etwa gleichzeitig dazu wird die NB-Zündung ausgebildet, welche in Sekundenschnelle zu mächtiger, meist doppelt ausgeführter Zündfackel anwächst, in die NB-Kammer hineinreicht und dort Gebiete von guter Zündfähigkeit durchdringt.

3. Nach Stabilisierung der Vorgänge im Gasgenerator und bei der Zündung in Punkt B beginnen zeitlich geregelt NB-Brennstoffeinspritzung und Gemischbildung in den Ruhezonen, welche sich hinter den Flammenstabilisatoren ausgebildet haben.

4. Die verpuffungsartige NB-Flammenausbildung mit Parametersprung an Stelle C bewirkt nun die gegenteilige Reaktion des Drehzahlreglers durch den Anstieg von $\dot{m}_B$ und T_{t4} zur Gewährleistung des o.g. Regelprogramms für den Gasgenerator.

5. In Punkt D sind alle Auslenkungen und Schwankungen der Parameter abgeschlossen bzw. stark gedämpft. Der Gasgenerator arbeitet bei bisherigem, das Schubsystem unter erhöhtem Parameterniveau und vergrößertem Schubdüsenquerschnitt.

Der Einschaltvorgang des NB ist damit abgeschlossen. Der stabile NB-Betrieb in der schubstärkeren Leistungsstufe *NBmin* beginnt. Die in Abb.16.4 ersichtlichen, vereinfacht eingezeichneten, zunächst über den Sollwert hinausgehenden Parameterschwankungen sind durch die Trägheit des Regelsystems bedingt. Der in Punkt A eintretende Schubabfall wird in Punkt C durch einen Schubkraftsprung ausgeglichen und bis auf den für *NBmin* geltenden Betrag überhöht. Der Verlauf des Schubes steigt hier mit dem Druck p_{t7} bzw. $p_{t7'}$ an. Nur die exakte Abstimmung dieses zeitlichen Nacheinander von Schubdüsenverstellung und Arbeitsweise beider Brennstoffregelsysteme bei kurzzeitiger Entlastung des Gasgenerators mit einem Schubkraftloch gewährleisten den zuverlässigen Einschaltvorgang des NB.

Der Schubabfall infolge schon aufgefahrener Schubdüse aber noch nicht ausgebildeter NB-Flamme ist bei guter Abstimmung der Einzelvorgänge bedeutungslos. Er kann sich aber zum Gefahrenfall entwickeln, wenn beim Flug in Erdnähe oder beim NB-Start die NB-Flamme sich nicht ausbildet bzw. wieder erlischt. In dieser Situation muß der wegen „offener" Schubdüse entlastete Gasgenerator trotz gefallenem Schub noch den Flug mit geringem Steigvermögen garantieren, um eine Katastrophe durch Bodenberührung zu verhindern. Ein dafür vorgesehenes automatisches „Notschließen" der Schubdüse beseitigt durch Anwachsen auf den Maximalschub ebenfalls die Gefahr.

Schubabfall und Parameterveränderungen im o.g. Übergang wachsen quantitativ mit dem Unterschied zwischen den Leistungsstufen *Maximal* und *NBmin* sowie den dazu gehörenden Schubdüsenstellungen. Andererseits scheitert die völlige Annäherung von *NBmin* an *Maximal* am Unterschreiten der Armverlöschgrenze für das NB-Brenngemisch. Die Annäherung beider Leistungsstufen ist von der Flugzeugführung her wegen des kleineren Schubunterschiedes wünschenswert. Eine räumliche Aufteilung der NB-Kammer mit eigenständiger Zündung bringt hier Abhilfe.

Umgekehrt ist beim *Ausschaltvorgang* des NB zuerst die Brennstoffzufuhr abzustellen, damit die NB-Flamme erlischt und die Gastemperatur im Schubsystem sinkt. Die Reihenfolge der Teilvorgänge ist damit umgekehrt. Erst am Schluß kann die Schubdüse „eingefahren"werden. Trotz analoger Vorgänge, wenn auch in reziproker Folge beim Vergleich zum Einschalten, ist der Ausschaltvorgang weniger problematisch.

Beide Schaltvorgänge des NB sind erforderlich, um das TL zeitlich begrenzt in den nichtforcierten bzw. forcierten Leistungsstufen zu nutzen. Sie benötigen eine bestimmte Ablaufzeit in der Größenordnung von mehreren Sekunden und sind gekennzeichnet durch Schwankungen der Prozeßparameter, des Schubes und der Stabilitätsreserve. Ihr sicheres Funktionieren wird durch die möglichst trägheitslose Arbeit der ordnungsgemäß abgestimmten Regelung gewährleistet. Ein Entwicklungsziel der TL-NB, solange überhaupt noch Nachbrenner erforderlich sind, besteht darin, diese Schaltvorgänge mittels digitaler Regeltechnik und kleinerer Schubkraftsprünge besser abzusichern.

16.5 Die Schubänderung im Nachbrennerbereich

Während die ersten TL-NB oft nur über wenig belastete nicht steuerbare NB verfügten, ist die Verstellbarkeit der NB-Regime mittels Drosselhebel bei den TL gegenwärtiger Generationen objektive Notwendigkeit und realisierter Standard. Der Steuerungsbereich wird begrenzt durch die Leistungsstufen *NBmin* und *NBmax*. *NBmin* ist der stationäre Endzustand nach dem Einschaltvorgang, gekennzeichnet durch ein Brenngemisch in der Nähe der Armverlöschgrenze sowie kleinsten NB-Schub als untersten NB-Betriebszustand. Dagegen wird die oberste Begrenzung als Leistungsstuufe *NBmax* verwirklicht. Sie wird durch allergrößten Schub bei annähernd stöchiometrischem Brenngemisch und höchster NB-Temperatur charakterisiert, womit aus der Sicht des NB das denkbare Maximum hinsichtlich der Kennwerte für den Gesamtprozeß erreicht ist.

Zwischen diesen Begrenzungen ist der Schub mittels Drosselhebel kontinuierlich verstellbar. Die Theorie dieser Verstellungen wurde am Beispiel der NB-Steuerungs- bzw. Drosselprograme in Kap.11.2 erörtert. Demnach existieren dazu drei grundsätzliche Varianten mit unterschiedlichen Auswirkungen auf Kennwerte und Arbeitsprozeß einschließlich des Arbeitspunktverhaltens im Verdichterkennfeld (s. Abb.11.2), und zwar:

- thermisch verstellbarer NB bei unverändert in der Leistungsstufe *Maximal* weiterarbeitendem Gasgenerator nach Drosselprogramm (11.5);
- durch Drehzahl gesteuertes Arbeitsregime des Gasgenerators bei thermisch gleichbleibendem Betriebszustand des NB nach Programm (11.6);
- thermische Veränderung des Betriebszustandes von Gasgenerator einschließlich NB bei konstanter Drehzahl des Turbosatzes nach (11.7).

Nach der am meisten angewendeten ersten Variante mit dem Drosselprogramm (11.5) bleibt bekanntlich der Betriebszustand des Gasgenerators unverändert, weil alle Druckänderungen des NB durch Schubdüsenverstellungen im Interesse von $\Pi_T = const$ kompensiert werden. Jeder Schubdüsenstellung entspricht dabei eine bestimmte, durch den NB-Regler bemessene Brennstoffmenge. Bei Drosselung wird die Schuberzeugung immer mehr auf den (wirtschaftlicher arbeitenden) Gasgenerator verlagert. Dadurch sinkt der spezifische Brennstoffverbrauch sehr steil, und die Gemischzusammensetzung entfernt sich nach dem stark ansteigenden Luftverhältnis weit vom (fast) stöchiometrischen Wert. Die erreichbare Armverlöschgrenze limitiert die Drosselung.

Dagegen wird beim Zurücknehmen des Drosselhebels nach Programm (11.6) die Schubverkleinerung primär mit Drosselung des Gasgenerators erzielt, während der NB mit ungefähr gleichbleibender Intensität weiterarbeitet. Trotz beträchtlichem Schubabfall ändern sich spezifischer Verbrauch und Luftverhältnis nur wenig.

Die NB-Steuerung nach der Variante von Drosselprogramm (11.7) senkt die Betriebszustände sowohl des Gasgenerators als auch des NB, allerdings bei konstanten Werten für Drehzahl und Luftmassenstrom. Gegenüber den o.g. Programmen ergibt die Drosselung bei sehr großer Schubänderung hinsichtlich spezifischem Verbrauch und Luftverhältnis mittlere Werte. Hervorzuheben ist der sehr große Schubunterschied in kürzester Zeit, da nur thermische Änderungen vorgenommen werden.

Nach den Prozeß- und Betriebsparametern besitzt jede der Varianten Vorzüge und Nachteile. Die für eine prozentual gleichgroße NB-Schubänderung erforderliche Zeit liegt im Sekundenbereich. Sie besteht für die zweite Variante in der Beschleunigungszeit des Gasgenerators, für die beiden anderen ist sie vorrangig ein Problem der Schubdüsen-Verstellmechanik. Eine weitere Wertung dazu unterbleibt.

16.6 Übergangsregime von Zweiwellentriebwerken

Instationäre Vorgänge von TL mit *Zweiwellen-* bzw. *Mehrwellen-Gasgenerator* weisen im Gegensatz zum 1W-TL einige nicht unbedeutende Besonderheiten auf. Bei der hier auf das 2W-TL eingeschränkten Untersuchung ist von der Tatsache zweier kinematisch unabhängiger Rotorhälften (NDR und HDR), zweier verschiedener Drehzahlen (n_1 und n_2) sowie zweier nicht identischer Verdichterkennfelder für NDV und HDV nach Abb.16.5 auszugehen. Das *Zweiwellenprinzip* begünstigt in allen praktisch bedeutenden

Fällen die instationären Betriebszustände. Bekanntlich sind u.a. auch deshalb alle modernen hochbelasteten TL, inklusive ZTL und PTL, mit Gasgeneratoren in Zweiwellen- bzw. Mehrwellenbauart ausgeführt.

Beim **Anlaßvorgang** sind zwei Rotoren mit etwa halbierten Massenträgheitsmomenten kinematisch und gasdynamisch im Vergleich zum monolithischen Gesamtrotor vorteilhafter. Die Startermaschine beschleunigt den HDR schneller und verkürzt somit die 1. Etappe, wobei der NDR zunächst noch nicht beteiligt ist. Dadurch ergibt sich ein früherer Beginn für die 2. Etappe mit dem zur Verfügung stehenden Drehmoment der HDT. Das weitere Hochdrehen in der 3. Etappe geht, da zunächst auf den leichten HDR beschränkt, schneller vonstatten. Nun wird der NDR durch das einsetzende Drehmoment der NDT nachgezogen. Der als *Schlupf* bezeichnete Drehzahlunterschied $n_2 > n_1$ ist ein Charakteristikum der Beschleunigung von 2W-TL.

Einerseits zeichnet sich so der HDR durch rasch zunehmenden Betrag von n_2 aus, andererseits wird er durch den NDR mit kleinem Wert von n_1 gasdynamisch (nach der Absolutgeschwindigkeit c) „abgebremst". Infolge großem Schlupf verkleinert der HDV etwas seine Stabilitätsreserve und verschlechtert zugleich die Arbeitsbedingungen in der Brennkammer. Dem wirken hinter dem HDV in der Brennkammer angeordnete, während des Anlaßvorgangs geöffnete *Luftablaßventile* entgegen. Als obligatorische Bauteile von 2W-TL beschleunigen und stabilisieren sie mittels kurzzeitigem Luftablassen den insgesamt schneller ablaufenden Anlaßvorgang.

Der **Beschleunigungsvorgang** wird aus schon bekannten Gründen durch das Zweiwellenprinzip erleichtert. HDR und Brennkammer sind als Zentrum des Gasgenerators auch das der Energieaufbereitung. Aus geringem Massenträgheitsmoment und kleinem Druckverhältnis Π_{HDV} resultiert hohe Drehfreudigkeit. Letzteres bedeutet, daß die stationäre Arbeitslinie im Kennfeld des HDV in Abb.16.5 (rechts) mit großem Abstand zur Stabilitätsgrenze verläuft, also Beschleunigungreserven aufweist. Beim HDV mit größerem Druckverhältnis ist dieses Erfordernis mittels variabler Geometrie zu unterstützen. Der HDR allein ist dadurch wesentlich *beschleunigungsfreudiger* als der Gesamtrotor eines TL. Indem er genügend innere Arbeit aufbereitet, ist er bei kleiner Zeitverzögerung zugleich in der Lage, den NDR schnell nachzuziehen.

Günstige Abstimmung der Charakteristiken von NDV und HDV vorausgesetzt, ist hier die „bremsende" Schlupfwirkung bei dem nun größeren Drehzahlniveau nach dem Betrag von n_2/n_1 (im Gegensatz zum Anlaßvorgang) weniger ausgeprägt. Andererseits „beschleunigt" der HDV wegen seiner größeren Drehzahl die Durchströmung des NDV. Dadurch wachsen Drehmoment, Energieumsatz und Druckverhältnis Π_{NDV} zunächst nur unbedeutend, d.h. seine Arbeitslinie sinkt (s. Abb.16.5 (links)) *unter* die stationäre Lage. Das bedeutet, daß im Gegensatz zu sonst die Stabilitätsreserve des NDV bei Beschleunigung vorteilhaft anwächst! Der 2W-Gasgenerator zeichnet sich durch besseres instationäres Verhalten aus als die 1W-Maschine gleicher Parameter.

Im Falle der **Verzögerung** ist ein schnelleres Abfallen von n_2 gegenüber n_1 zu beobachten. Dadurch verlangsamt der HDV die Durchströmung des NDV. Dieser nun „umgekehrte Schlupf" verursacht eine „bremsende" Wirkung im NDV, wodurch seine Stabilitätsreserve sinkt. Die Verzögerung des 2W-TL bewirkt nach Abb.16.5 eine Arbeitspunktwanderung im HDV *unterhalb*, im NDV dagegen *oberhalb* der stationären Fahrlinie. Während der HDV problemlos abtourt, ist der Drehzahlabfall des NDV nach seiner Stabilitätsreserve zu regeln. Wegen des zusätzlichen Anhebens der stationären Linie ist dafür die Notwendigkeit beim „Auffahren" der Schubdüse besonders groß. Eine zu große Schubdüse kann also beim NDV die Stabilitätsreserve zusätzlich verkleinern.

Die **Schaltvorgänge des NB** sind beim 2W-TL ebenfalls durch zeitlich gestaffelte Entlastung und Belastung des Gasgenerators analog zu Abb.16.4 gekennzeichnet. Durch die beiden selbständigen Turbinenteile ergeben sich aber folgende Besonderheiten: Schwankungen hinsichtlich der Temperatur T_{t4} wirken sich primär auf die HDT, Druckabweichungen im NB ausschließlich auf die NDT aus. Das verursacht unmittelbar nach dem „Auffahren" der Schubdüse (bzw. Abschalten des NB und noch nicht „geschlossener" Schubdüse) den Anstieg von Π_{NDT} und n_1. Beim Regelprogramm mit $n_1 = const$ wird dies durch Verringerung von $\dot{m}_B$ und T_{t4} beantwortet. Das führt zum Abfall der Drehzahl n_2, während n_1 größer ist als vorgesehen. Dieses kurzzeitige Auseinanderlaufen der Drehzahlen (umgekehrter Schlupf) führt zu empfindlicher Verkleinerung der Stabilitätsreserve im NDV. Letztere aber ist maßgebend für die stabile Arbeit des Gesamttriebwerks und darf deshalb den Minimalwert nicht unterschreiten.

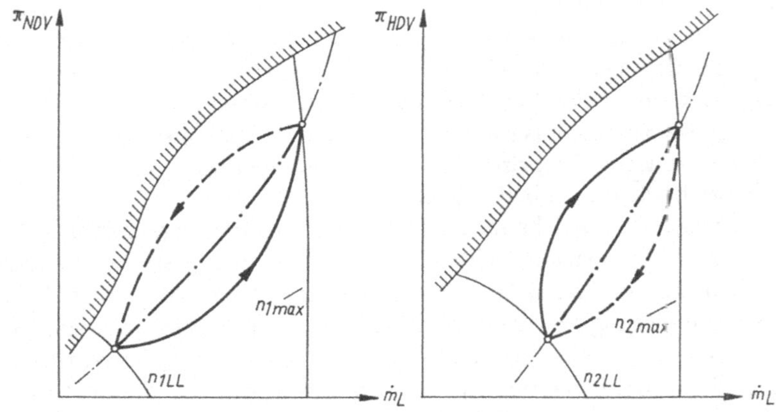

Abb. 16.5: Arbeitspunktwanderung in den Kennfeldern von NDV (links) und HDV (rechts) für stationären Betrieb sowie Beschleunigung und Verzögerung des 2W-TL

Zusätzlich wirken sich beim ZTL-NB Druckschwankungen der NB-Kammer über den Außenstromkanal auf den Verdichter (Fan, NDV) aus. Ein zu großer Drucksprung verringert unzulässig die Stabilitätsreserve der entsprechenden Verdichterteile. Das ist mittels variabler Geometrie auszugleichen oder zu verhindern.

Aus **NB-Schubänderungen** ergeben sich beim 2W-TL keine zusätzlichen Probleme durch Störeinflüsse auf Turbine und Gasgenerator. Voraussetzung dazu sind Konstanz oder nur geringe bzw. kontrollierte Schwankungen des NB-Kammerdruckes p_{t7}.

16.7 Instationäre Schaufelspaltveränderungen

Nach dem konstruktiven Aufbau besteht das TL aus zwei kinematisch unabhängigen Großbauteilen, dem *Stator* (Gehäuse) und dem *Rotor* (Läufer, Welle). Die räumliche Position beider zueinander wird durch die Wellenlagerung sichergestellt. Gegenseitige Abhängigkeiten von Stator und Rotor beeinflussen als konstruktives Problem die Arbeitsweise der Turbomaschinen. Damit ist ihre Erörterung hier berechtigt.

Ein TL mit einfachstem Wellensystem verfügt über zwei, bei größeren Abmessungen über drei oder mehr Rotorlager. Eines davon, welches sich in der Regel am Ende des Fans bzw. Verdichters befindet, ist dabei zusätzlich als *Axiallager* ausgebildet. Außer der Längskraftübertragung wird hierdurch der Rotor axial im Triebwerksstator fixiert. Davon ausgehend ergeben sich infolge thermischer und mechanischer Belastung unterschiedliche *Längsdehnungen* des Läufers gegenüber dem Gehäuse.

Das führt im Betrieb zur Veränderung der Axialspalte in den Turbomaschinen. Bei verhältnismäßig geringen Auswirkungen im Verdichter betrifft diese Erscheinung wegen höherer Temperaturunterschiede und größerer axialer Erstreckung vor allem die Turbine. Ein hoher Wirkungsgrad der Turbomaschine ist bei erhöhten Anforderungen nur durch optimale Einjustierung ihrer Leit- und Laufräder zueinander garantiert. Das ist aber in der Turbine wegen der o.g. Erscheinungen exakt nicht oder nur in engem Betriebsbereich zu verwirklichen.

Neben den *axialen* verändern sich auch die *radialen* Spalte mit gewöhnlich noch größeren gasdynamischen Auswirkungen. Bei Vergrößerung der Radialspalte $s = s_y$ wird die Spaltströmung um die Schaufelköpfe intensiviert. Ihr Massenstromanteil steht für den Energieumsatz nicht mehr oder nur noch bedingt zur Verfügung und verschlechtert (vorrangig bei kleiner Schaufelhöhe h) den Wirkungsgrad der entsprechenden Stufe. Zur Verbesserung des Energieumsatzes sind minimale Radialspalte der Turbomaschinen erforderlich. Die Geometrie der prinzipiellen Spaltveränderungen um die Schaufelköpfe der HDT im Betrieb wird in Abb.16.6 gezeigt.

Aus diesen Bewegungen, welche im Betrieb zu mehrfacher Lageänderung der Schaufelköpfe gegenüber benachbarten Gehäuseteilen führen, wird verständlich, daß allein die Aufrechterhaltung der Laufsicherheit ein schwieriges Problem darstellt. Oberstes Gebot ist die Verhinderung von Anlauferscheinungen unter allen Bedingungen. Dazu dürfen großbemessene minimale Spiele im kalten Zustand nicht unterschritten werden. Gegenwärtig sind für HDT *relative Radialspalte* s/h von 3...4 % (kalt) üblich, aber eine Größenordnung von weniger als 1 % (heiß) erstrebenswert, wenn auch meist nicht realisierbar. In der Regel kann so im Reiseflug kein Minimalspalt in Verbindung mit hohem Stufenwirkungsgrad erwartet werden. Ergänzend dazu sind zusätzliche Spaltveränderungen während der Übergangsregime zu beachten.

Während der Übergangsregime wirken sich Temperaturveränderungen unterschiedlich auf Stator und Rotor aus. Bei *Beschleunigung* nehmen die dünnen Gehäuse die höhere Temperatur schnell an, d.h. sie unterliegen fast augenblicklich der thermischen Dehnung. Dagegen erwärmen und dehnen sich die massiven Rotorteile wesentlich langsamer. Folge dieser Veränderungen mit unterschiedlichem Tempo ist unerwünscht die beträchtliche Vergrößerung des Radialspaltes. Unterschiedliche Längsdehnungen bewirken nach Abb.16.6 zusätzlich die Änderungen der Axialspalte. Daraus kann sich vor allem bei kleineren TL (s.a.[56]) infolge intensiver Spaltströmung ein kurzzeitiger Schubabfall von 10 % und mehr ergeben. Die analogen Erscheinungen in den Verdichterendstufen führen u.U. zu Strömungsabrissen, d.h. zu instabiler Verdichterarbeit, ausgelöst durch verstärkte Spaltströmung.

Umgekehrt tritt während des *Verzögerungsvorganges* wegen unterschiedlicher *thermischer Trägheit* von Gehäuse und Läufer eine drastische Verkleinerung der Radialspalte auf. Hier besteht die Gefahr des Anlaufens der Schaufelköpfe an der Gehäusewandung. Der extremste denkbare Fall liegt bei Flammenabriß in der Brennkammer vor, wobei die HDT schlagartig mit wesentlich kühlerer Luft unter Verdichteraustrittsbedingungen beaufschlagt wird. Das weiche Anstreifen hinterläßt gewöhnlich Schleifspuren und wird im Betrieb u.U. nicht einmal bemerkt, bzw. zum „Einarbeiten“ Rotor/Stator auf dem Prüfstand bewußt herbeigeführt. Dagegen kann intensives Anlaufen zu Zerstörungen der Gitter und zum Festfahren (Blockieren) des Rotors führen, wobei die Flugsicherheit wegen des schlagartigen Triebwerksstillstands mit Schubausfall ernsthaft gefährdet ist.

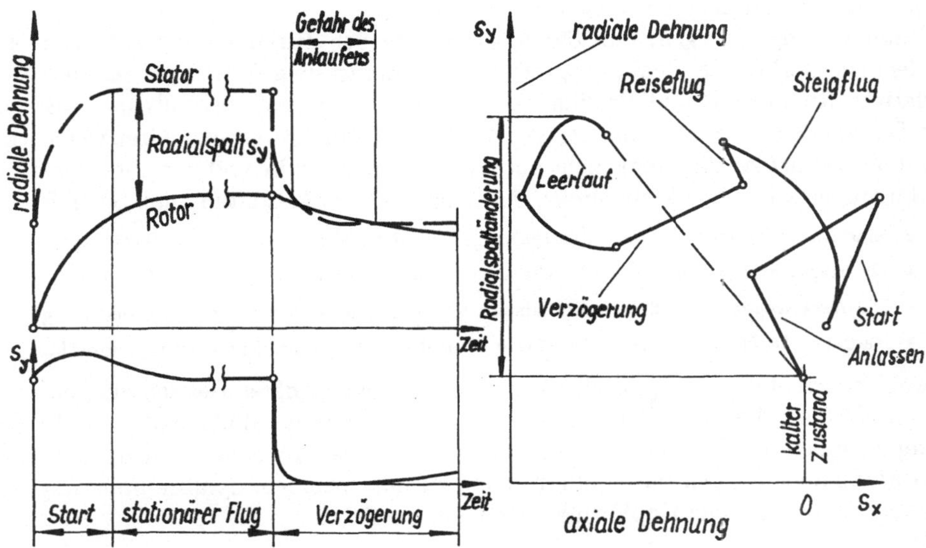

Abb. 16.6: Beispiele von Schaufelspaltänderungen bei HDV (links) und HDT (rechts)

Derartige Relativbewegungen zwischen Rotor und Stator infolge unterschiedlicher *thermischer Trägheit* beider für instationäre Betriebszustände sind primär für die HDT und hier vor allem für die Radialspalte relevant. Aber auch in HDV-Endstufen sowie für die Axialspalte sind sie von Bedeutung. Zur Untersuchung dieser Vorgänge wird zwischen „mechanisch stationär“ ($n = const$) und „thermisch stationär“ ($T = const$) bzw. „thermisch instationär“ ($T = var$) unterschieden. Die Bemessung radialer (gegebenenfalls auch axialer) Spalte von Turbomaschinen erfordert im kalten Zustand einen Kompromiß: Einerseits darf unter allen vorgesehenen Betriebsbedingungen kein Anlaufen eintreten, andererseits sollen geringste Spaltverluste garantiert sein.

Zur Gewährleistung eines minimalen Radialspaltes im Reiseflug ist die neueste Generation großer TL der Zivilluftfahrt mit einem System der sog. ***aktiven Spaltkontrolle*** (*Active Clearence Control*, ACC) ausgerüstet. Diese Kontrolle wird in der HDT, in einigen Fällen auch schon im HDV, also an den Stellen des Gasgenerators mit zu großem Betrag von s/h, angewandt. Dazu werden die ensprechenden Gehäuseteile über Ringleitungen geregelt mit kalter Luft temperiert. Die Luft führt in den Gehäusewandungen zu kontrollierten Dehnungen bzw. Schrumpfungen mit dem Ziel, optimale, in der Regel kleine Radialspalte, d.h. geringe Werte von s/h zu verwirklichen. Dadurch wird eine beträchtliche Wirkungsgradverbesserung in den mit ACC ausgerüsteten Stufen der Turbomaschinen beim Hauptbetriebszustand erreicht.

Analytisch waren in der Vergangenheit Radialspaltverluste in Turbomaschinen wegen mehrdimensionaler Strömung nur durch einschneidende Vereinfachungen in grober

Näherung zu bestimmen. Andererseits führen neuerdings mittels moderner Rechentechnik durchzuführende numerische Untersuchungen der intensiven dreidimensionalen Strömung zu exakten Ergebnissen. Außer den gasdynamischen Hauptparametern und den tatsächlichen Spaltabmessungen im Betrieb sind auch Kenntnisse über Grenzschicht und Sekundärströmungen für jedes Laufgitter erforderlich, worüber hier nicht berichtet werden kann. Weiterführende Gedanken dazu sind in [28], [110], [172] und [174] sowie vielen älteren und neueren Arbeiten[2] enthalten.

Untersuchungen zeigen, daß die Spaltverluste der Turbomaschinen zunehmen mit Stufendruckverhältnis, Reaktionsgrad und den Abmessungen der Spaltströmungsfläche (relativer Radialspalt und Profillänge). Von Bedeutung ist ebenfalls die Ausformung des Schaufelkopfes zur Verminderung der Spaltströmung und zur Grenzschichtbeeinflussung. Derartige allerdings nicht durchgängig angewandte und nur unter bestimmten Bedingungen wirksame Maßnahmen der konstruktiven Gestaltung von Schaufeln sind

- Eine *Zuschärfung* des Schaufelblattes vergrößert den Widerstand zur Spaltströmung.
- *Grenzschichtzäune* steigern bei mehrfacher Ausfertigung die Wirkung der Zuschärfung.
- Die *Deckbandage* schließt den Radialspalt völlig, erhöht aber die Zentrifugalbelastung.
- Radiales *Ausblasen verbrauchter Kühlluft* „schließt" den Radialspalt aerodynamisch.

Sowohl in den stationären, insbesondere aber bei instationären Betriebszuständen, stellen die Verluste durch Spaltströmung, vor allem die durch radiale Spalte um die Schaufelköpfe, einen wesentlichen Anteil der Verluste von Turbomaschinen dar. Deshalb sind Maßnahmen gegen die Spaltströmung zu unternehmen: Spaltminimierung, ACC-Spaltregelung, spezielle Kopfformen der Laufschaufeln.

[2] VDI - Berichte, Band 3: Probleme der Strömungstechnik im Maschinenbau. VDI - Verlag, Düsseldorf, 1955

Hultsch, M.; Sauer, H.: Sekundärströmungen in Beschaufelungen axialer Turbomaschinen. Maschinenbautechnik 28(1979)1, S.32-37

Wolf, H.: Fortgeschrittene aerodynamische Berechnung axialer thermischer Turbomaschinen. Energietechnik 34(1984)5, S.167-171

Lakshminarayana, B.; Zhang, J.; Murthy, K.: The effects of tip clearance on flow field and losses in a compressor rotor. ZFW 14(1990)4, S. 273-281

Hildebrand, T.; Fottner, L.: Numerische Untersuchung der Spaltströmung in hochbelasteten Axialverdichtern mit einem 3D Navier-Stokes-Verfahren. DGLR Jahrestagung 1996, Dresden, 1996

17 Triebwerke in Zweistrombauart

17.1 Arbeitsweise und Besonderheiten der ZTL

Trotz Unterscheidung in Triebwerke der Einstrom- und Zweistrombauart (ETL und ZTL) galten die bisherigen Abschnitte allgemein den luftatmenden Turbostrahltriebwerken. Dabei wurde das ETL wegen seines unverzweigten Gaskanals und des einfachen Arbeitsprozesses für Untersuchungen bevorzugt. Andererseits wurden die wichtigsten Unterschiede des ZTL gegenüber dem ETL herausgestellt.

Infolge rückläufiger Verwendung der ETL und steigender Bedeutung sowie ausschließlicher Neuentwicklung von ZTL wird die Theorie letzterer nun auf höherer Erkenntnisstufe zusammengefaßt. Ungeachtet der Vielfalt ihrer Unterbauarten steht dabei das *Bypassprinzip* im Vordergrund. Frühere Ausführungen zum ZTL, insbesondere die Aussagen in Kap.4 und die Berechnungen in Kap.10.2, werden vorausgesetzt. Wiederholungen sind dabei nicht vermeidbar und z.T. auch erwünscht.

ZTL sind Turbinenluftstrahltriebwerke, deren Schubentstehung in zwei Konturen (Kreisen, Strömungskanälen) erfolgt. Die *innere Kontur* ist ein 2W-Gasgenerator, welcher mehr an innerer Arbeit aufbereitet als er zum Eigenbetrieb benötigt. Die überschüssige Arbeit geht letztlich durch den Bläser (Fan) auf die *äußere Kontur* über. Wesentliches Merkmal der ZTL ist somit die *Übertragung von Arbeit* auf den Außenstrom mit dem Resultat eines (meist beträchtlichen) Zuwachses an Gesamtmassenstrom. Ergänzend dazu ist ein *Austausch von Wärmeenergie* durch Mischung beider Ströme (ZTL mit *Strommischung*) im gemeinsamen Schubsystem sinnvoll. ZTL mit *unvermischt* austretenden Strömen besitzen zwei getrennte Schubsysteme.

Der Arbeitsprozeß des ZTL erfordert für günstige Kennwerte ein *höheres Parameterniveau.* Zugleich ist eine Anhebung der Prozeßgrößen weniger problematisch. Größere Gastemperaturen sind durch höhere thermische Festigkeit der Turbine, u.a. infolge kleinerer Schaufellängen und besserer Kühlbedingungen, hauptsächlich jedoch durch neugeschaffene Technologien, gewährleistet. Der Außenstrom, welcher auch als permanentes Luftablassen aus dem Verdichter zu verstehen ist, verbessert gasdynamisch die Bedingungen des hier als *Fan* arbeitenden NDV unter dem Aspekt größerer Verdichterstabilität. MDV und HDV als nachfolgende Verdichterteile mit verkürzter Beschaufelung erfordern im Vergleich zum Fan wegen kleinerem Rotordurchmesser bei gleichgroßer Umfangsgeschwindigkeit höhere Drehzahlen. Wie in Kap.6.9 begründet, ergänzen sich somit hinsichtlich Drehzahlvarianz der Rotoren gasdynamische und kinematische Erfordernisse mit der Zielstellung höherer Stufendruckverhältnisse bei stabiler Arbeit. Der Aufbau von ZTL in Zweikonturen- und Mehrwellenanordnung begünstigt demnach das Erfordernis zur Steigerung der Prozeßparameter.

Durch den Außenstrom ist die (prinzipiell auch für ETL erwünschte, aber wegen der Gemischzusammensetzung begrenzte) Vergrößerung des Massenstromes weitgehend uneingeschränkt möglich. Dies gewährleistet die Verringerung der spezifischen kinetischen Energien der austretenden Ströme, sowohl vermischt als auch ungemischt, ohne Schubverlust gegenüber dem gleichwertigen ETL. Das ergibt sich auch aus der Interpretation der Schubkraftgleichung (1.1), welche die Varianz beider Faktoren *Massenstrom* und *Geschwindigkeitsdifferenz* unlimitiert zuläßt. In der Praxis auftretende Begrenzungen und Probleme dazu werden im weiteren aufgezeigt.

Bekanntlich ermöglicht die Schuberzeugung nach dem ZTL-Prinzip im Vergleich zum ETL beträchtliche Vorteile. Verminderte spezifische kinetische Energie, d.h. sinkende Strahlgeschwindigkeit ergibt infolge quadratischer Abhängigkeit nach dem Ausdruck $\frac{1}{2}c_9^2$ trotz größerem Massenstrom auch einen kleineren *absoluten* Energiebetrag. Unter der Voraussetzung gleichbleibenden Schubes bedeutet das günstigeren äußeren Energieumsatz, d.h. einen größeren *äußeren Wirkungsgrad*. Zugleich führt die Intensivierung des Arbeitsprozesses wie oben gezeigt zu besserem inneren Energieumsatz, also zu anwachsendem *inneren Wirkungsgrad*. Beides bewirkt in der Summe höhere Wirtschaftlichkeit sowie geringere Umweltbelastung.

Durch diese in verbesserten Kennwerten nachweisbaren Vorzüge haben ZTL als Turbostrahltriebwerke die ETL bei Neuentwicklungen abgelöst. Das betrifft sowohl den von der Verkehrsluftfahrt genutzten Bereich um $M = 0,8$ mit sehr großem, aber auch den Flugbereich von $M = 2,0 \ldots 2,5$ für kleines Bypassverhältnis. Nur bei extrem großer M-Zahl ergibt sich nach der Theorie ein für die gegenwärtige Praxis unbedeutendes Anwendungsgebiet für ETL. Unter dem Aspekt ziviler und militärischer Nutzung zeichnet sich das ZTL im Vergleich zum ETL durch die folgenden grundsätzlichen Vorzüge aus:

- Der kleinere *spezifische Brennstoffverbrauch* ermöglicht wirtschaftliche Flüge.
- Ein kleineres *Masse-Schub-Verhältnis* führt zu leichteren Triebwerksanlagen.
- Sein *schadstoffarmer* und *leiserer* Gasstrahl verringert die Umweltbelastung.

Das sind entscheidende Verbesserungen, wodurch Flugantriebe nach Kennwerten und Kosten eine neue Qualität erreicht haben. Die weitere Vervollkommnung des ETL hätte das durch ZTL gewonnene Potential bei weitem nicht erschließen können. Andererseits weist das ZTL Nachteile auf, über welche ebenfalls Klarheit herrschen muß. Diese sind:

- Der spezifische Schub ist kleiner, womit vorrangig bei hohem Bypassverhältnis trotz angestiegenem Massenstrom größere M-Zahlen nicht mehr erreichbar sind.
- Wegen größerer Abmessungen ist sein Stirnquerschnitt angewachsen und bei erhöhtem aerodynamischen Widerstand ist sein Stirnflächenschub folglich kleiner.
- Infolge zweier Konturen und höherer Parameter sind Entwicklungs- und Ausreifungstechnologie umfangreicher und damit zugleich zeit- sowie kostenaufwendiger.

Dabei sind die Vorzüge der ZTL bedeutender als ihre in Kauf zu nehmenden Nachteile. Der kleinere *spezifische Schub* läßt sich durch entsprechende Parameterauswahl für jeden Flugbereich auf das erforderliche Maß bringen. Das betrifft in erster Linie die sinnvolle Bemessung des Außenstromes, voraus sich ihre Unterbauarten ergeben. Die Weiterentwicklung dieses Gedankens, nämlich die optimale Anpassung des *Bypassverhältnisses* an die jeweilige Flug-M-Zahl, ist ein wichtiger anzustrebender Tatbestand zukünftiger, in Kap.17.6 beschriebener ZTL mit *variablem Prozeß*.

Ihre vergrößerten *Querschnittsabmessungen* sind bei schlank ausgeführten Rumpftriebwerken mit kleinem Außenstrom bedeutungslos. Für außenbords angebrachte Großbläsertriebwerke mit erheblichem Durchmesser wächst aber der aerodynamische Gondelwiderstand stark an, so daß sich ein Optimum für das Bypassverhältnis einstellt. Seine Überschreitung führt zu Verlusten an effektivem Schub. Hier zeigt sich eine geometrische Grenze in der Auslegung von Hochbypasstriebwerken.

Der wachsende Einfluß von Technologie und Modellentwicklung weist neue ZTL als intelligenz- und kostenintensive High-Tech-Produkte aus. Infolge begrenzter Recourcen und hohen Anforderungen ergibt sich zur Triebwerksneuentwicklung unter Beachtung des Marktes die Notwendigkeit der Kooperation mehrerer Unternehmen.

Seit den Triebwerken der 2. Generation haben sich ZTL hauptsächlich wegen der besseren Wirtschaftlichkeit in der Verkehrsluftfahrt durchgesetzt. Neuerdings gesellen sich dazu auch Aspekte des Umweltschutzes. In der Überschall-Militärluftfahrt waren die Meinungen zu ihrer Anwendung zunächst geteilt. Aber als 3. Triebwerksgeneration haben sich letztere, oft mit NB versehen auch hier behauptet. Da man neuerdings bei militärischen Überschallflügen in der Regel nicht mehr wesentlich über den Bereich von $M = 2$ hinausgeht, sind auch hier die „schlanken" ZTL-NB uneingeschränkt einsetzbar.

17.2 Auslegungsgesichtspunkte von ZTL mit Stromtrennung

Der Arbeitsprozeß des ZTL nach Abb.17.1 wird bekanntlich in zwei Konturen verwirklicht. Das erfordert die Aufteilung des Energieumsatzes. Es erfolgt in den Konturen eine in der Regel verschieden große, von der *Leistungs-* und *Stromaufteilung* abhängende Schubabgabe. Damit sind zwei Teilprozesse zu untersuchen.

Die *innere Kontur* verwirklicht den Kreisprozeß mit dem „heißen" Massenstrom $\dot{m}_h$ zwecks Aufbereitung der für beide Konturen erforderlichen inneren Arbeit w_i. Dieser Prozeß wurde in den Kap.2.2 und 2.3 mit seiner Auslegung dargestellt und in Kap.10.1 berechnet. Er zeichnet sich durch hohe Parameter aus, unterscheidet sich prinzipiell nicht von dem des ETL und wird als bekannt vorausgesetzt.

Der Prozeß in der *äußeren Kontur* beschleunigt den „kalten" Außenstrom $\dot{m}_c$ bei kleineren Parametern mit zugeführter Arbeit zur Entstehung weiteren Schubes. Die Untersuchung wird anhand der bereits aus Kap.10.2 bekannten typischen ZTL-Parameter vorgenommen. Die zur Einführung wichtigsten sind das *Bypassverhältnis* $\mu_c = \mu$, das *Außenstrom-Druckverhältnis* $\Pi_c = \Pi_F$ und der *Außenstromwirkungsgrad* η_c. Sie und weitere relevante Parameter des ZTL-Prozesses werden in gewollter Redundanz hier nochmals zitiert. Nach den Darlegungen von Kap.10.2 sind die Außenstromparameter

$$\mu_c = \mu = \frac{\dot{m}_c}{\dot{m}_h} \tag{17.1}$$

$$\Pi_c = \Pi_F = \frac{p_{t13}}{p_{t12}} \tag{17.2}$$

$$\eta_c = \eta_{NDT}\, \eta_{mF}\, \eta_F\, \eta_{SDc} = \frac{c_{19}^2 - v^2}{2 w_c} \tag{17.3}$$

Diese Parameter charakterisieren die Aufteilung von Massenstrom, Arbeit bzw. Leistung auf die Konturen. Das Bypassverhältnis μ kennzeichnet den relativen Anteil des Außenstromes, das in weitem Bereich variabel ist. Der Betrag des Außenstrom- bzw. Fandruckverhältnisses $\Pi_c = \Pi_F$ verhält sich dazu etwa reziprok.

Der Wirkungsgrad η_c quantifiziert die Güte der Energiewandlung in Übertragungsmechanismus und Außenstrom. Er enthält alle Teilwirkungsgrade von der NDT bis zur Außenstrom-Schubdüse. Durch diesen *Außenstromwirkungsgrad* η_c ist der im Vergleich zum ETL prinzipiell günstigere ZTL-Prozeß andererseits mit zusätzlichen Verlusten belastet. Ein Teil der Außenstromarbeit wird dadurch entwertet. Der Arbeitsprozeß des

ZTL reagiert deshalb empfindlicher auf Irreversibilitäten. Umgekehrt ist daraus die Verpflichtung abzuleiten, hohe Teilwirkungsgrade aller nach (17.3) beteiligten Baugruppen zu verwirklichen. Von Bedeutung sind ferner die Arbeiten von Innen- und Außenstrom:

$$w_i = \frac{1}{2}\left(c_9^2 - v^2\right) + \mu_c\, w_c \tag{17.4}$$

$$w_c = \frac{T_{t12} R}{m\,\eta_F}\left(\Pi_F^m - 1\right) = \frac{c_{19}^2 - v^2}{2\,\eta_c} \tag{17.5}$$

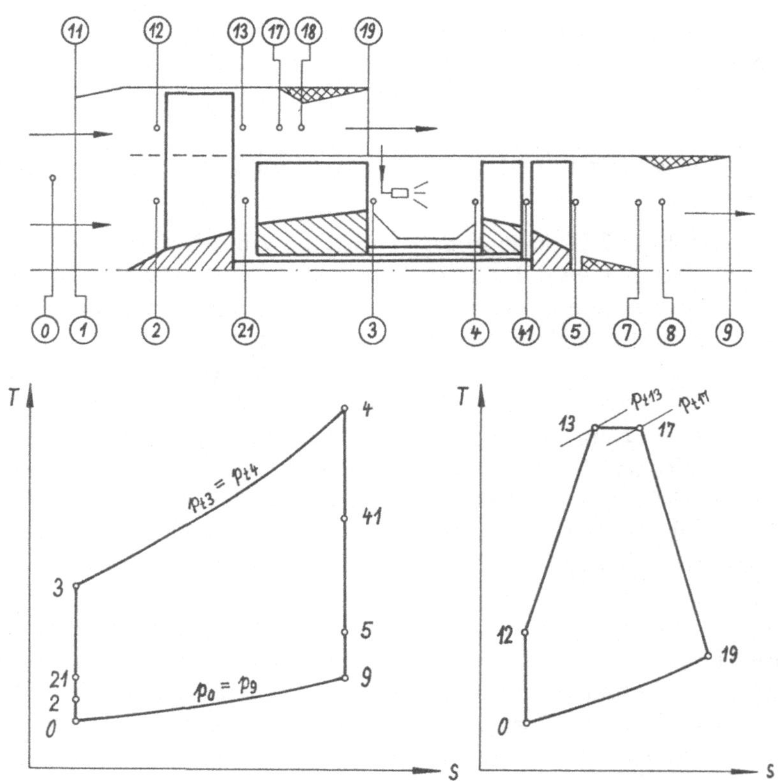

Abb. 17.1: Längsschnitt des ZTL mit Stromtrennung (s. oben) nebst idealem Gesamtkreisprozeß (links) und realem Kreisprozeß der äußeren Kontur (rechts)

Zur Realisierung der geforderten Kennwerte ist der Arbeitsprozeß des ZTL in beiden Konturen optimal auszulegen. Das geschieht beim Innenkreis w-optimal nach (10.6), für zivile Triebwerke zwecks besserer Wirtschaftlichkeit bei etwas kleinerem w_i-Wert manchmal auch geringfügig überoptimal. Optimale Außenkreisparameter sind demnach:

$$\Pi_F = \Pi_{opt} = \frac{p_{t13}}{p_{t12}} = \left[\frac{w_i - \frac{1}{2}(Ma)^2(\eta_c^{-2} - 1)}{\mu + \eta_c^{-1}}\,\frac{m\,\eta_{mF}\,\eta_F}{T_{t12}\,R} + 1\right]^{1/m} \tag{17.6}$$

$$c_{19} = c_{opt} = c_9\,\eta_c \tag{17.7}$$

Die so bestimmten (und praktisch realisierten) optimalen Größen Π_F und c_{19} garantieren bei bestimmter Arbeitsaufteilung w_c/w_i das Maximum an spezifischem Schub und ebenso das Minimum an spezifischem Brennstoffverbrauch. Das würde im Falle idealer Außenstrom-Energieübertragung mit $\eta_c = 1$ die Gleichheit der Geschwindigkeiten $c_9 = c_{19}$ bedeuten. Dagegen bedingen die in der Realität auftretenden, durch η_c ausgedrückten Irreversibilitäten nach (17.7) eine Verringerung der Außenstromgeschwindigkeit im Sinne optimaler Auslegung. Die spezifischen Kennwerte sind danach:

$$f_s = \frac{1+\mu\eta_c}{1+\mu}\sqrt{\frac{2w_i + (1+\mu\eta_c^{-1})(Ma)^2}{1+\mu\eta_c^{-1}}} - Ma = \frac{f_h + \mu f_c}{1+\mu} \tag{17.8}$$

$$b_s = \frac{\dot{m}_B}{F_s} = \frac{\dot{m}_B}{\dot{m}_L f_s} = \frac{\dot{m}_B}{\dot{m}_h(1+\mu)f_s} \tag{17.9}$$

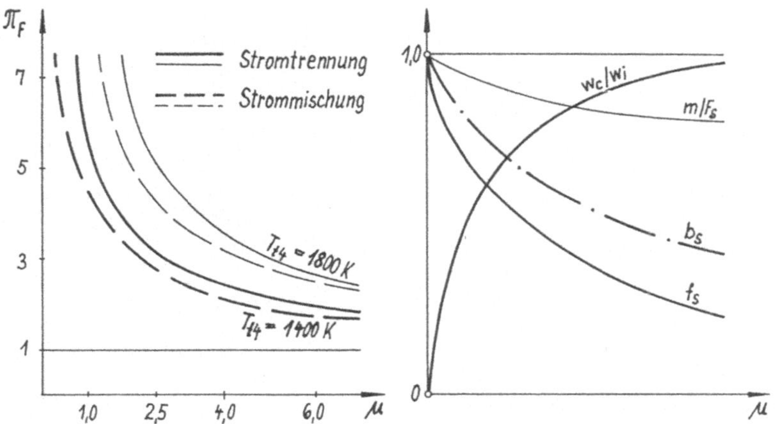

Abb. 17.2: Das optimale Druckverhältnis Π_F (links) sowie bedeutende Parameter und Kennwerte (rechts) des ZTL in Abhängigkeit von seinem Bypassverhältnis μ

Der optimale Betrag von Π_F läßt sich unter der Voraussetzung optimaler oder überoptimaler Auslegung des Innenkreises nach (17.6) bestimmen. Sein hyperbolischer Abfall ist abhängig vom Bypassverhältnis μ in Abb.17.2 ersichtlich. Mit höherer Temperatur T_{t4}, d.h. bei größerer innerer Arbeit, steigt sein Zahlenwert, durch die praktizierte *Strommischung* (s. Kap.17.3) sinkt er. Die äußeren Bedingungen in Gestalt von M bzw. T_{t2} beeinflussen seinen Verlauf dagegen nur wenig. Eine Auslegung mit immer größerem Wert von μ, gepaart mit optimal weiter verkleinertem Π_F, führt zum Absinken der Ausströmgeschwindigkeiten in beiden Konturen.

Abb.17.2 zeigt auf, wie sich die Parameter und Kennwerte des ZTL abhängig vom Bypassverhältnis als Hauptparameter verändern. Mit dem Anwachsen des optimalen Arbeitsverhältnisses w_c/w_i, d.h. der zunehmenden Energieübertragung auf den Außenkreis, sinken bei Konstanz des inneren Prozesses die Kennwerte f_s, b_s und m/F_s, und zwar mit unterschiedlicher Steilheit. Der *spezifische Schub* f_s fällt sehr stark ab, wodurch sich Auslegungen mit sehr großem Bypassverhältnis für schubstarke und zudem kleine ZTL militärischer Verwendung nicht eignen. Ein Absinken des *spezifischen Brennstoffverbrauchs* b_s ergibt als Hauptvorzug die bekannte bessere Wirtschaftlichkeit mit größter Bedeutung für die Zivilluftfahrt. Vorteilhaft ist auch das kleinere *Masse-Schub-Verhältnis.* Es resultiert aus dem vergleichsweise kleinen und kompakten hochbelasteten Gasgenerator mit den proportional zum Fandurchmesser anwachsenden Größen von Massenstrom und Schubkraft bei dünnwandiger und leichter Außenkontur.

Den inneren Prozeß betreffend, ist die Auslegung des ZTL im Vergleich zu der des ETL qualitativ in Abb.17.3 dargestellt. Neben den schon bekannten Parameterverschiebungen wird der Bereich der Druckverhältnisse $\Pi_{min} \ldots \Pi_{max}$ gegenüber dem ETL eingeengt. Dabei erfolgt etwa proportional zum Bypassverhältnis eine Annäherung des η-optimalen Π-Wertes an den für die w-optimale Auslegung. Primär verursacht durch den größeren äußeren Wirkungsgrad, wird dadurch die potentiell höhere Wirtschaftlichkeit des ZTL selbst bei verhältnismäßig kleinem, allerdings über-w-optimalem Druckverhältnis unterstrichen. Hinsichtlich der Temperatur T_{t4} ist, beginnend bei T_{min}, aber vor allem für $T_{opt\eta}$, ein grundsätzlich höheres thermisches Niveau erforderlich.

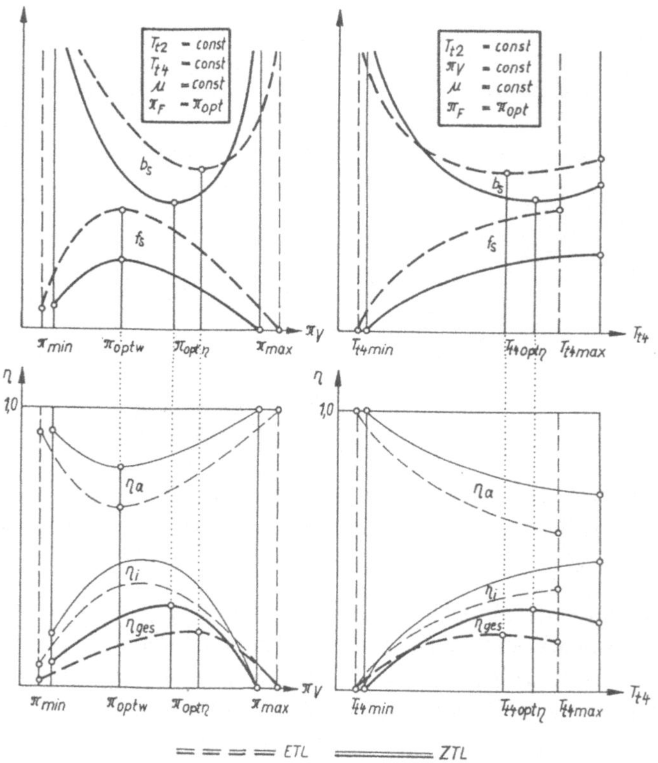

Abb. 17.3: Auslegungsgesichtspunkte des ZTL im Vergleich zu denen des ETL

Eine gegenüber dem ETL modifizierte Auslegung des ZTL verbessert mittels gesenkter η-optimaler Druckverhältnisse und gesteigerter η-optimaler Temperaturen im Turbineneintritt den Gesamtwirkungsgrad und somit die Wirtschaftlichkeit. Je größer dabei das Bypassverhältnis ist, um so größer sind die Unterschiede. Das damit einhergehende Nachlassen des spezifischen Schubes ist primär durch größeren Gesamtmassenstrom auszugleichen. Letzteres ist für die Unterschall-Verkehrsluftfahrt kein Nachteil. Für Überschallflüge sind dagegen „schlanke" ZTL mit einem Nachbrenner vorzusehen. Der NB-Betrieb erhöht den spezifischen Schub des ZTL beträchtlich, neuerdings u.U. über den des veralteten ETL-NB hinaus. Dabei verschlechtert sich bekanntlich der spezifische Brennstoffverbrauch. Bei neugeschaffenen Turbostrahltriebwerken ist grundsätzlich davon auszugehen, daß es nur noch ZTL mit verschieden großem Bypassverhältnis sind.

17.3 Besonderheiten der ZTL mit Strommischung

Im Unterschied zur bisherigen Darstellung wird auf den Außenstrom von ZTL mit Strommischung (*Mixed Flow*, ZTL-M) zusätzlich zur mechanischen Arbeit des Fan *Wärme* übertragen. Sein Kreisprozeß ist in Abb.17.4 dargestellt. Ein Vergleich mit dem ZTL-Prozeß für Stromtrennung (*Separat Flow*) in Abb.17.1 verdeutlicht die thermodynamischen Unterschiede. Die Wärmeübertragung erfolgt durch direktes Zusammenführen der beiden Ströme in einer Mischkammer des ZTL-M vor der gemeinsamen Schubdüse. Die Thermogasdynamik der Mischung wurde schon in Kap.7.4 beschrieben.

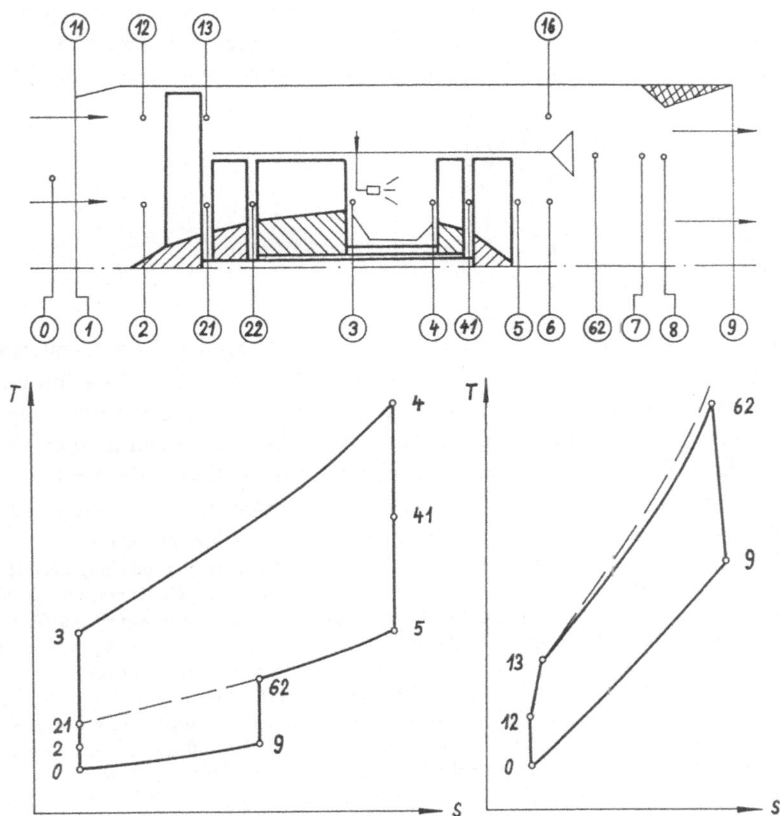

Abb. 17.4: Das ZTL mit Strommischung (ZTL-M, oben) nebst seinem idealen Gesamtprozeß (unten links) und realen Prozeß des Außenkreises (unten rechts)

Strommischung bedeutet Wärmeübertragung vom inneren auf den kälteren Außenstrom. Um diesen zusätzlichen Energiebetrag kann unter sonst gleichen Bedingungen der Fan entlastet werden. Die mit dem Wirkungsgrad η_c ausgewiesene, verlustbehaftete Übertragung von mechanischer Arbeit wird damit verringert. Wegen des kleineren Druckverhältnisses Π_F sinkt der Druck p_{t13}, ohne daß die Stromgeschwindigkeit abfällt. Kleinere Druckbelastung der Außenkontur ergibt eine dünnwandigere, leichtere Konstruktion. Bestenfalls gelingt es dadurch zugleich, eine Stufe im Fan einzusparen.

Dafür ist ein Schubsystem mit integrierter Mischkammer erforderlich. Sie verringert die o.g. Vorteile zur Masseeinsparung und vergrößert u.U. den äußeren aerodynamischen Widerstand. Im Interesse einer verlustarmen Mischung sind die in Kap.7.4 dargelegten Gesetzmäßigkeiten zu beachten, welche außer der Gastemperatur nur geringfügig divergierende Parameter der zu mischenden Ströme erfordern. Bei dieser (durch Prozeßauslegung und Regelung zu realisierenden) Näherung sind außer den hydraulischen die Verluste infolge Mischung minimiert. Das ist zugleich als Bedingung für die *optimale Auslegung* des Gesamtprozesses eines ZTL-M anzusehen.

Der quantitative Vergleich der Impulsströme beim ZTL mit bzw. ohne Mischung wurde in Kap.7.4 analysiert. Dabei zeigt das Verhältnis der Austrittsimpulsströme $\dot{I}_{sM}/\dot{I}_s$ (Index M symbolisiert die Strommischung), gleichbedeutend mit dem Schubverhältnis, den möglichen Gewinn an Schubkraft auf. Abhängig vom Bypassverhältnis μ und dem Temperaturverhältnis $\tau_M = T_{t9}/T_{t19}$ werden die Beziehungen von Kap.10.2 wiederholt:

$$\frac{\dot{I}_{sM}}{\dot{I}_s} = \sqrt{1 + \mu \left[\frac{\sqrt{T_{t9}} - \sqrt{T_{t19}}}{\sqrt{T_{t9}} + \mu\sqrt{T_{t19}}}\right]^2} \tag{17.10}$$

$$\frac{\dot{I}_{sM}}{\dot{I}_s} = \sqrt{1 + \mu \left[\frac{\sqrt{\tau_M} - 1}{\sqrt{\tau_M} + \mu}\right]^2} \tag{17.11}$$

Nach den Aussagen von Kap.10.2 (s.a. Tabelle 10.1) sind bei etwa optimal ausgelegten ZTL Schubgewinne von 2...3 % (äußerstenfalls 4 %) durch Mischung zu erzielen. Dabei ist vorauszusetzen, daß eine vollständige und verlustlose Vermischung erfolgt. Infolge gleichbleibender Brennstoffzufuhr entspricht der Schubgewinn einer Verkleinerung des spezifischen Brennstoffverbrauchs in gleicher Höhe. Diese nicht allzu große Kennwertverbesserung kann vorrangig für Langstreckenflüge gewinnbringend sein, wenn es gelingt, die baulichen Erfordernisse der Mischkammer klein zu halten.

Verhältnismäßig kleinvolumige Mischkammern ergeben sich für nicht große Bypassverhältnisse. Das ist z.B. bei den militärischen ZTL-NB mit Werten um $\mu = 1$ der Fall. Bei ihnen ist die Mischkammer ohnehin in den NB-Diffusor integriert, ihre Abmessungen fallen also nur wenig ins Gewicht. Anhand ausgeführter Triebwerksmuster zeigt sich, daß bis etwa $\mu = 4$ oft die Mischung, darüberhinaus meist Stromtrennung angewandt wird. Bei Neuentwicklungen wird die Mischung bevorzugt.

Das z.Z. bekannte Misch-ZTL mit dem größten Bypassverhältnis $\mu = 6,6$ ist das CFM56 in der Modifikation 5C2, welches gegenüber dem Ausgangsmuster ohne Strommischung mit einem um etwa 5 % besseren Brennstoffverbrauch arbeitet. Das Langstrecken-Verkehrsflugzeug A340 wird damit angetrieben, welches im Extremfall die sehr große Reichweite bis 14000 km realisiert. Als weitere moderne zivile ZTL-M sind bekannt: das RB211-535 E4 (RR) und das PS-90A (SU/GUS).

Die errechneten Kennwertverbesserungen treten nur bei geringsten Mischungsverlusten, in schmalem Parameterbereich und bei hohem Grad der Vermischung ein. Letzteres betreffend ist eine Mischkammerlänge von mehr als ihrem Durchmesser erforderlich. Bei Großtriebwerken ist das oft nicht zu realisieren bzw. mit beträchtlicher Zunahme an Konstruktionsmasse verbunden.

Unter der Voraussetzung gleicher Innenströme und Bypassverhältnisse unterscheiden sich die Auslegungen des ZTL ohne bzw. mit Mischung. Eingangs dieses Abschnittes wurde bereits festgestellt, daß für ZTL-M ein kleineres optimales Druckverhältnis Π_F erforderlich ist. Die zusätzliche, durch Strommischung erfolgende Wärmeübertragung ermöglicht die Reduzierung an mechanischer Arbeit, d.h. am Druckverhältnis des Fan. Das bedeutet nun gegenüber der Aussage nach der Bestimmungsgleichung von (17.6):

$$\Pi_{FM} = \Pi_{optM} < \Pi_{opt} \tag{17.12}$$

Eine genaue Realisierung von Π_{optM} ist verbunden mit der Einnahme bestimmter Arbeitspunkte in den Kennfeldern aller für den Außenstrom zuständigen Energiewandler (NDT, Fan, Mischkammer, Schubdüsen). Deshalb ist die Angabe eines einfachen mathematischen Ausdruckes nicht möglich. Wegen veränderlicher Betriebsbedingungen ist vorrangig für den Reiseflug die optimale Auslegung anzustreben. Bei erhöhten Anforderungen hat hier die digitale Regeltechnik durch Varianz von Drehzahlen und Prozeßparametern sowie durch Einsatz variabler Geometrie eine wichtige Aufgabe zu erfüllen.

17.4 Charakteristiken der ZTL

Auch für das ZTL existieren die vom ETL her bekannten Kennlinien ohne Änderung der Definitionen, Aufnahmebedingungen und ihren prinzipiellen Aussagen. Andererseits sind die Besonderheiten des Triebwerks, die sich aus den beiden Strömen und ihrer gegenseitigen Abhängigkeit sowie aus den erhöhten Prozeßparametern ergeben, zu berücksichtigen. Dabei wird das ZTL in 2W-Bauart, zunächst vereinfacht mit unveränderlicher Geometrie vorausgesetzt. Das dazu relevante Drosselprogramm (11.4) sowie die Regelprogramme (11.20), (11.21) und (11.22) sind bekannt. Wesentlich sind dabei die Abweichungen der Größen des inneren und äußeren Kreises, woraus sich eine Veränderung des Bypassverhältnisses ergibt.

Das *Bypassverhältnis* μ des ZTL weist im Startstandbetrieb unter den Bedingungen der Standardatmosphäre einen bestimmten, in der Dokumentation festgehaltenen Wert auf. Sein Betrag ist gegenüber inneren oder äußeren Veränderungen aber nicht konstant. Die Größe μ ist als Verhältnis beider Massenströme quantitativ wie folgt darstellbar:

$$\mu = \frac{\dot{m}_c}{\dot{m}_h} = \frac{A_{19}\,\alpha_{19}\,K_\alpha\,\sigma_c\,p_{t19}\,T_{t19}^{-1}}{A_{21}\,\alpha_{21}\,K_\alpha\,\sigma_h\,p_{t21}\,T_{t21}^{-1}} \tag{17.13}$$

Zur Untersuchung einer qualitativen Veränderung des Bypassverhältnisses bei Drosselung ist (17.13) mittels Kürzung der gleichgroßen Werte K_α, p_t und T_t zu vereinfachen. Weiterhin sind die Größen von A und σ als konstant anzusehen. Darüber hinaus ist der Betrag von α_{19} wegen der verhältnismäßig steil verlaufenden Arbeitslinie im Kennfeld des Fan wenig veränderlich, also näherungsweise ebenfalls konstant. Das trifft allerdings für die Größe α_{21} beim Innenstromverdichter (HDV) nicht zu. Die Arbeitslinien seines Kennfelds verlaufen bekanntlich verhältnismäßig flach, so daß α_{21} als variabel anzusehen ist. Infolge unterschiedlicher Steilheit der Fahrlinien in den Kennfeldern beider Verdichterteile ergibt sich eine Divergenz im Verhalten der beiden α-Werte. Mit diesen vereinfachenden Überlegungen entsteht aus der Gleichung (17.13) nun die Beziehung

$$\mu = \frac{K}{\alpha_{21}} \tag{17.14}$$

Daraus geht hervor, daß bei (kinematischer und gasdynamischer) *Drosselung* des ZTL mit unveränderlicher Geometrie wegen des Sinkens von α_{21} das Bypassverhältnis μ größer wird. Diese Tatsache des anwachsenden Bypassverhältnisses beim Abfall der reduzierten Drehzahl beeinflußt wesentlich die Kennlinien des ZTL. Sie trifft zu sowohl bei Stromtrennung als auch für Strommischung. Bei letzterem wirkt sich wegen der Mischkammer die größere Veränderung des Innendrucks p_{t6} noch stärker auf die Arbeitspunktverschiebung im HDV-Kennfeld aus. Das Bypassverhältnis wächst dadurch noch intensiver. Die Veränderlichkeit von μ ergibt sich neben den Kennfeldcharakteristiken auch aus dem Verhalten der Drehzahlen und der variablen Geometrie. Im praktischen Betrieb (*Maximal - Leerlauf*, Start - Reiseflug) kann sich dabei der Betrag von μ um den Faktor 2 und mehr verändern.

Über Drosselung und **Drosselkennlinie** des ZTL mit unveränderlicher Geometrie geben die Abb.17.5 und 17.6 Auskunft. Die jeweils ersichtlichen Parameterveränderungen werden durch drei verschiedene Werte des Bypassverhältnisses dargestellt. Durch die Linien für $\mu = 0$ wird zum Vergleich das ETL, durch $\mu = 1$ ein „schlank" ausgeführtes militärisches bzw. für die 1. Generation zu wertendes ZTL und mit $\mu = 8$ ein gegenwärtiges Großbläser-ZTL symbolisiert. Damit werden Tendenz und Auswirkungen der ZTL zu immer größeren Bypassverhältnissen beim Drosselvorgang verdeutlicht.

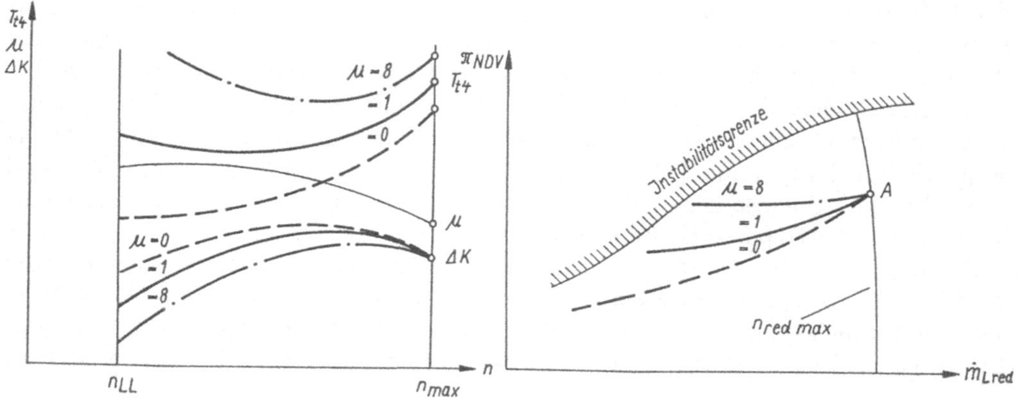

Abb. 17.5: Verlauf von Parametern und Arbeitslinien bei Drosselung von ZTL

Abb.17.5 zeigt den Verlauf wichtiger Parameter über der Drehzahl. Wie beim ETL wird die Drosselung durch Verkleinerung von einzuspritzender Brennstoffmenge und Turbineneintrittstemperatur T_{t4} eingeleitet. Der mit μ ansteigende Betrag von T_{t4} im Auslegungspunkt fällt bei Drosselung gegenüber dem ETL weniger stark ab und steigt bei tieferer Drehzahl unerwünscht wieder an. Das wird durch steiler sinkende Wirkungsgrade von HDV und Fan, hauptsächlich jedoch durch den steigenden relativen Leistungsbedarf des Fan infolge anwachsenden Bypassverhältnisses verursacht. Bekanntlich unterliegt das ZTL einer grundsätzlich höheren thermischen Belastung. In Verbindung damit verlaufen die Arbeitslinien in den HDV-Kennfeldern ebenfalls ungünstiger, d.h. flacher. Das kommt in den kleineren Stabilitätsreserven ΔK zum Ausdruck.

Der Verlauf von *Schub* F_s und spezifischem Brennstoffverbrauch b_s ist in Abb.17.6 ersichtlich. Im Gegensatz zum ETL fällt der Schub des ZTL mit kleinem Wert von μ etwa linear, bei Großbläser-ZTL aber konvex über der Drehzahl ab. Die Schubveränderung ist also bei geringer Drosselung zunächst unbedeutend, sinkt aber später immer steiler ab. Die Ursache dazu liegt in den zunächst nur geringen Veränderungen des Außenstromes infolge kritischer oder annähernd kritischer Verhältnisse. Der (im Vergleich zum ETL kleinere) *spezifische Brennstoffverbrauch* sinkt bei Drosselung, erreicht beim Optimalwert von T_{t4} hinsichtlich η_{imax} sein Minimum und steigt danach wegen

Verschlechterung der Wirkungsgrade und Parameter steil an. Die bessere Wirtschaftlichkeit, vor allem die des ZTL mit großem Bypassverhältnis, ist also nur in kleinem Bereich unterhalb von $n = n_{max}$ gegeben.

Die grundsätzliche Darstellung der Drosselkennlinie einschließlich der dazu gehörenden Parameterverläufe (s.o.) läßt erkennen, daß beim Zustand tiefer Drosselung auftretende Begrenzungen den Betrieb nicht mehr zulassen. Hier ist es Aufgabe der Regelung, mittels Drehzahllimitierung nach unten bzw. variabler Geometrie den stabilen Lauf des ZTL bei zulässigen Parametern zu garantieren. Bei steil abfallendem Schub im unteren Drehzahlbereich kann der *Leerlauf* gewöhnlich höher festgelegt werden, wodurch die Notwendigkeit extrem tiefer Drosselung mit großer Drehzahlverringerung nicht besteht.

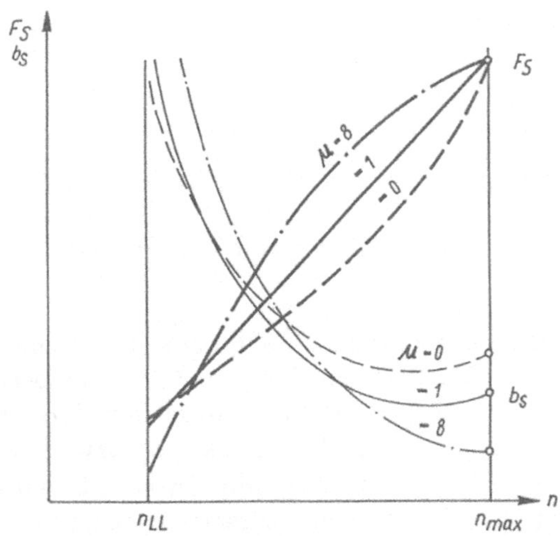

Abb. 17.6: Drosselkennlinie des ZTL bei unterschiedlich großen Bypassverhältnissen

Die *variable Geometrie* des ZTL unterscheidet sich hinsichtlich Aufbau und Wirkungsweise grundsätzlich nicht von der des ETL, wie sie in Kap.13.3 beschrieben ist. Wegen der höheren Prozeßparameter ist sie gewöhnlich umfangreicher installiert. Ihre Einwirkung auf den Arbeitsprozeß, vorrangig auf den des Innenstroms, hier vor allem die Schaufelverstellung der ersten HDV-Stufen, ist demzufolge ausgeprägter. Darüber hinaus ist zunehmend auch die variable Geometrie im Außenstrom gefordert.

Ein weiteres, noch wichtigeres Prinzip zur Ausweitung des Betriebsbereichs ist bekanntlich die *2W-* bzw. *Mehrwellen-Bauart*. Neben den gasdynamischen Verbesserungen bei Drosselung sind dadurch vor allem die optimalen Umfangsgeschwindigkeiten trotz Durchmesserunterschieden von Fan und HDR von Bedeutung. Beide Konstruktionsprinzipien, variable Geometrie und Mehrwellen-Bauart, erlangen in der Summe beim ZTL immer größere Bedeutung.

Vergleiche zur **Geschwindigkeitskennlinie** von ZTL und ETL unter gleichen Bedingungen sind in den Abb.17.7 und 17.8 ersichtlich. Nach Abb.17.7 zeichnet sich das ZTL im Standbetrieb bei gleichgroßem Schub durch den kleineren spezifischen Brennstoffverbrauch aus. Mit Steigerung der M-Zahl beginnen die Kennwerte gegenüber dem ETL zu divergieren, und zwar um so stärker, je größer dabei das Bypassverhältnis ist.

Zunächst ist bemerkenswert, daß sich dabei das Bypassverhältnis μ infolge gasdynamischer Drosselung vergrößert. Trotz gleicher Stauverdichtung auf beide Ströme ist die Auswirkung auf den Außenstrom infolge steilerer Arbeitslinie im Fan-Kennfeld größer, so daß $\dot{m}_c$ im Verhältnis zu $\dot{m}_h$ prozentual um mehr anwächst. Demzufolge prägt sich das Bypassprinzip des ZTL im Flug beim Vergleich mit dem Standbetrieb stärker aus.

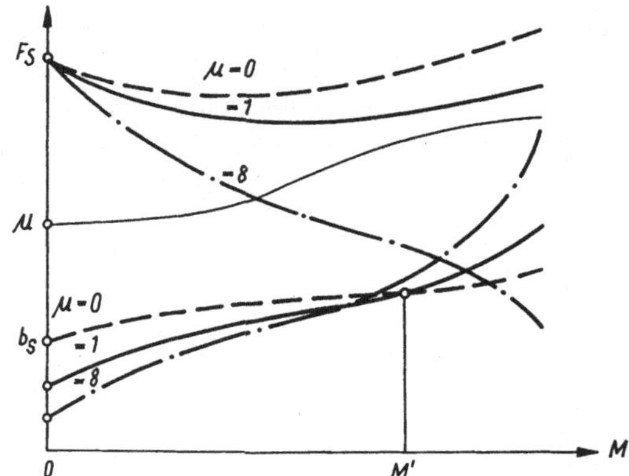

Abb. 17.7: Vergleich der Geschwindigkeitskennlinien von ZTL und ETL

Abb.17.7 zeigt den Schubabfall des ZTL über der M-Zahl, der sich mit zunehmendem Bypassverhältnis immer stärker auswirkt. Während bei $\mu = 1$ das Standschubniveau fast noch gehalten wird, tritt bei $\mu = 8$ monotones Absinken ein. Ursache ist der verringerte spezifische Schub, d.h. die kleinere Differenz $(c_9 - v)$ bzw. $(c_{19} - v)$, die im Flug rascher zusammenschrumpft. Dieser sehr steile Abfall von f_s ist im Flug auch durch den größeren Zuwachs an Bypassverhältnis und Massenstrom nicht auszugleichen.

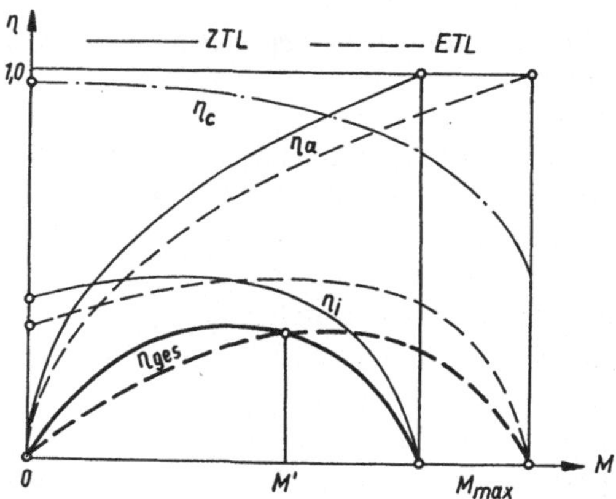

Abb. 17.8: Vergleich der Wirkungsgradverläufe von ZTL und ETL

Das ZTL für großes Bypassverhältnis wird bei M-Zahlanstieg zunehmend schubärmer. Um ausreichenden Schub im Reiseflug zu garantieren, ist prognostisch ein größerer Standschub, d.h. ein Triebwerk mit größeren Abmessungen oder höheren Prozeßparametern vorzusehen. Zugleich bestätigt sich die Erkenntnis, daß Hochbypass-Triebwerke für große M-Zahl nicht, hier aber statt dessen „schlankere" ZTL besser geeignet sind.

In Abb.17.8 ist nach den Wirkungsgraden der Verlauf des *spezifischen Brennstoffverbrauches* beim ZTL gegenüber dem ETL zu analysieren. Der innere Wirkungsgrad η_i ist durch η_c der Außenstrom-Energieübertragung zusätzlich belastet. Da letztere über der M-Zahl mit dem Bypassverhältnis zunimmt, die Größe von η_c aber sinkt, wird η_i nach früh erreichtem Optimum kleiner. Dagegen ist der *äußere Wirkungsgrad* η_a infolge kleinerer Strahlgeschwindigkeit im gesamten Flugbereich nach (1.7) größer.

Der *Gesamtwirkungsgrad*, nach (1.8) das Produkt von η_i und η_a, verläuft im Bereich kleinerer M-Zahl für das ZTL günstiger. Dieser Zustand hält an bis $M = M'$, dem Schnittpunkt der η_{ges}-Kurven von ZTL und ETL. Dieser Punkt $M = M'$ liegt im Transschallgebiet, bei höheren Prozeßparametern und kleinem Bypassverhältnis weit im Überschallbereich. Jenseits davon verfügt das ETL über den höheren Gesamtwirkungsgrad. Die M-Zahl M' stellt in Abb.17.8 damit auch den Schnittpunkt der Kurven für den spezifischen Verbrauch b_s beider Triebwerksarten dar.

Die bessere Wirtschaftlichkeit des ZTL liegt also nur in einem Flugbereich mit verhältnismäßig kleiner M-Zahl vor. Vom Standbetrieb aus wächst der Wert von b_s nach Abb.17.7 über den Reiseflugzustand hinaus an, gegen Ende immer steiler werdend. Bei $M = M'$ erreicht er den des ETL, und danach ist das ZTL unwirtschaftlicher. Je höher das Bypassverhältnis μ ist, um so größer ist der Anstieg von b_s von niedrigerem Ausgangswert aus, um so früher wird Punkt M' erreicht. Unter Flugbedingungen ist der spezifische Brennstoffverbrauch b_s stets größer als im Standbetrieb.

Die **Höhenkennlinie** des ZTL unterscheidet sich nach Abb.17.12 nur wenig von der des ETL. Beim Steigflug bis 11 km Höhe wächst durch sinkende Außentemperatur die reduzierte Drehzahl. Auf diese *gasdynamische Entdrosselung* reagieren der Fan mit steilerer, der Innenstromverdichter mit flacherer Arbeitslinie in den Kennfeldern mit ungleichem Zuwachs der Druckverhältnisse Π_F und Π_V. Als Folge unterschiedlich abfallender Massenströme der Konturen sinkt bis 11 km Höhe das Bypassverhältnis μ.

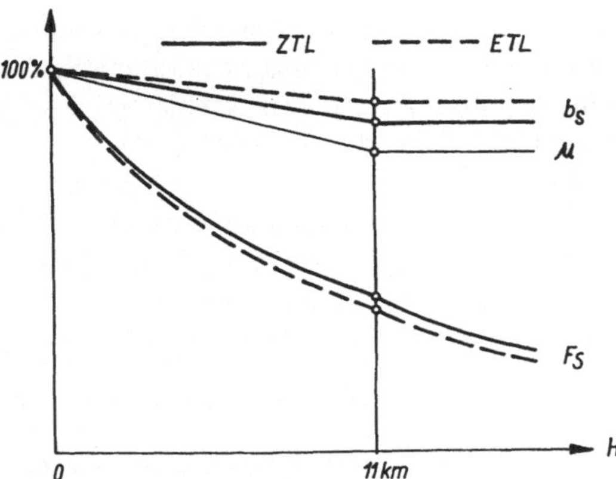

Abb. 17.9: Vergleich der Höhenkennlinien von ZTL und ETL

Der beim Flug in Meereshöhe verhältnismäßig kleine spezifische Schub nimmt abhängig von der Flughöhe prozentual um einen größeren Betrag zu. Daraus ergibt sich bis zur Tropopause beim ZTL ein etwas geringerer Schubabfall als beim ETL. Die weitere Schubänderung bei Höhezunahme in der Stratosphäre erfolgt zu letzterem parallel.

Während bei großer Strahlgeschwindigkeit der *äußere Wirkungsgrad* η_a etwas abfällt, nimmt der *innere Wirkungsgrad* η_i bei zusätzlich gesteigertem Druckverhältnis um einen höheren Betrag zu. Folglich wächst der Gesamtwirkungsgrad des ZTL bis zur Tropopause im Vergleich zum ETL auf einen etwas höheren Wert, umgekehrt sinkt in der Folge der spezifische Brennstoffverbrauch zusätzlich etwas tiefer ab. In der Stratosphäre bleiben die Größen von η_{ges} und b_s konstant.

Nach der Theorie ist das ZTL verglichen mit dem ETL in Abhängigkeit von der Fluggeschwindigkeit schubärmer, bei kleinerer M-Zahl aber mit besserer Wirtschaftlichkeit zu betreiben. Bei größerer Flughöhe ist es hinsichtlich Schub und Verbrauch günstiger einzusetzen. Für den entprechenden Flugzustand ändern sich gegenüber dem Startstandbetrieb in der Regel sowohl M-Zahl als auch Flughöhe.

Die Flugabweichung, d.h. der *Drosselzustand* des ZTL, ist am besten mittels Temperatur T_{t2} und der davon abhängenden reduzierten Drehzahl anzugeben. Für den Reiseflug mit $M = 0,8$ und $H = 11$ km ist nach (3.15) $T_{t2} = 244,2$ K und nach (4.23) somit $n_{red} = 108,6$ %. Das Triebwerk wird demnach gegenüber dem Startstandbetrieb mit $n_{red} = 100$ % in etwas „enddrosseltem" Zustand betrieben, d.h. die Höhencharakteristik ist in stärkerem Maße wirksam. Eine Enddrosselung des TL trifft bekanntlich für die Stratosphäre bis $M = 1,3$ mit $T_{t2} = 288$ K zu, und erst bei noch größerer M-Zahl beginnt im Vergleich zum Startstandbetrieb die gasdynamische Drosselung.

17.5 ZTL als Antriebe von Überschall-Flugzeugen

Sinnvoll ausgelegte „schlanke" ZTL eignen sich auch für den Überschallbereich[1] bis um $M = 2,0 \ldots 2,5$ als Antriebe. Bis dahin ist ihre Schubkraft ausreichend, und ihre Wirtschaftlichkeit ist besser als die der ETL. Der geringere spezifische Brennstoffverbrauch ist der Hauptgrund dafür, daß sich ZTL als *die* Turbostrahltriebwerke, auch für den militärisch zu nutzenden Überschall-Flugbereich, durchgesetzt haben.

Nach dem Durchschreiten des Transschallgebietes zeigt sich bei ZTL mit nicht hoch ausgelegten Prozeßparametern sowie ohne bzw. nicht eingeschaltetem Nachbrenner in der Regel ein empfindlicher Abfall der Schubkennwerte. Das Nachlassen des spezifischen Schubes unter ein Mindestmaß ermöglicht kein weiteres Beschleunigen, u.U. nicht einmal das Überschreiten der Schallgrenze selbst und damit auch nicht das Erreichen einer bestimmten Überschall-Fluggeschwindigkeit. Deshalb sind an die ZTL von Überschall-Flugzeugen hinsichtlich der Prozeßparameter eine Reihe von Anforderungen zu erheben:

- Bedingung ist eine *hohe Turbineneintrittstemperatur* zur Prozeßintensivierung.
- Auslegung für *kleines Bypassverhältnis* garantiert günstige Leistungsaufteilung.
- Ein großes *Außenstromdruckverhältnis* gewährleistet hohen spezifischen Schub.
- Höchste *Baugruppenwirkungsgrade* ergänzen diese erforderlichen Bestrebungen.
- Prozeßerweiterung mittels *Nachverbrennung* ist als letzter Weg zu beschreiten.

[1]Calder, P. H.; Gupta, P. C.: Future SST engines with particular reference to Olympus 593 evolution and Concorde experience. Aeronautical Journal, June 80 (1976) Nr. 786, S. 235 - 252
Sweetman, B.: Neue Technologien für Kampfflugzeugtriebwerke. Int. Wehrrevue 6/1983, S. 785-794
Schwarz, K.: Triebwerksentwicklungen für neue Jagdflugzeuge. Flugrevue 1/1993, S. 82 - 85

Für ausreichenden spezifischen Schub ist die entsprechende innere Arbeit erforderlich, welche vorrangig durch hohe *Turbineneintrittstemperatur* T_{t4} zu gewährleisten ist. Militärische Serientriebwerke arbeiten gegenwärtig mit 1600...1800 K, während bereits 2000 K und mehr im Gespräch sind. ZTL sind thermisch grundsätzlich höher, als Antriebe für größere M-Zahlen zusätzlich höher belastet. Die Probleme zur Aufrechterhaltung thermischer Standfestigkeit in der Turbine sind in Kap.8.6 dargelegt.

Zur Umsetzung der aufbereiteten inneren Arbeit im Interesse des geforderten spezifischen Schubs, sind die Außenstromparameter μ und Π_F zu optimieren. Das bedeutet, für Überschallflüge kleine *Bypassverhältnisse* um $\mu = 1$ oder noch geringer, dafür aber *Druckverhältnisse* von ungefähr $\Pi_F = 4$ für den Startstandbetrieb vorzusehen. Durch Strommischung mit zusätzlicher Energie versorgt, sind damit überkritische Zustände, d.h. Strahlgeschwindigkeiten im Überschallbereich, also hohe spezifische Schübe, gewährleistet. Zugleich ist dadurch der „schlanke" Aufbau des ZTL mit verhältnismäßig kleinen Querschnittsabmessungen, geringem aerodynamischen Widerstand und günstiger Installation in Rumpf oder Tragflügel garantiert.

Für die Kennwertverbesserung leisten hohe *Baugruppenwirkungsgrade* einen wesentlichen Beitrag. Besonders relevant ist das bei ZTL für große M-Zahlen, einmal wegen des angehobenen spezifischen Energieumsatzes, zum anderen wegen der zusätzlichen Energiewandlungen. Da sich die Gewinne an Nutzarbeit pro Baugruppe potenzieren, läßt sich mit herabgesetzten Irreversibilitäten insgesamt eine meßbare Zunahme an kinetischer Energie im Strahl, d.h. an spezifischem Schub erzielen. Der damit sinkende spezifische Brennstoffverbrauch bewirkt Gewinne an Reichweite bzw. Nutzlast. Nicht unwesentlich ist auch der Aspekt, daß mit besserer Prozeßführung bei etwas zurückgeregelter Temperatur T_{t4} eine Schonung der Turbine eintritt.

Reicht der einfache Prozeß zur Gewährleistung der geforderten Flugleistungen nicht aus, ist letztlich seine Forcierung mittels *Nachverbrennung* erforderlich. Das ist oft zur Erzielung militärischer Höchstleistungen, zur Überwindung des widerstandsintensiven Transschallgebietes und zum Erreichen sehr hoher M-Zahlen bzw. Flughöhen der Fall. Damit entsteht nun die Unterbauart des **ZTL-NB** durch Installation einer NB-Kammer in das Schubsystem. Dabei sind verschiedene Anordnungen eines NB im ZTL möglich:

- je eine NB-Kammer in den *beiden getrennt* ausgeführten Konturen,
- nur eine NB-Kammer zur Stromaufheizung in der *äußeren* Kontur,
- die *gemeinsame* NB-Kammer nach vorangehender Strommischung.

Davon werden die ersten beiden Möglichkeiten, welche getrennte Konturen einschließlich ihrer Schubdüsen voraussetzen, nicht genutzt. Nur den Außenstrom betreffend, sollten sie besser als *Stromaufheizung* bezeichnet werden, wie es manchmal geschieht. Wegen der Unzweckmäßigkeit getrennter aufgeheizter Ströme wird nur die zuletzt aufgezählte Möglichkeit, die einer *gemeinsamen NB-Kammer*, angewandt. Damit steht der gesamte Massenstrom zur Verfügung, die NB-Zündung wird verbessert sowie Konstruktion, Regelung und Kühlung erleichtert. Im weiteren wird diese Art des ZTL-M-NB nach Abb.17.10 und sein Arbeitsprozeß untersucht. Die Arbeitsweisen von Mischkammer (Kap.7.4) und NB-Kammer (Kap.7.5) sind bekannt.

Überschallflugzeuge militärischer Zweckbestimmung sind mit ZTL-NB ausgerüstet, und bei bisherigen zivilen Flugzeugen gleichen M-Zahlbereichs spielt der NB ebenfalls eine entscheidende Rolle. Durch das mögliche Zuschalten bzw. Abschalten des NB lassen sich die Vorzüge dieses Antriebs nach Erfordernis zur Geltung bringen. Diesbezüglich sind für ZTL-(M)-NB bei entsprechender Auslegung folgende Besonderheiten zu nennen:

- Durch Einschalten des NB ist der *Schubkraftanstieg* größer als beim ETL-NB.
- Der *spezifische NB-Schub* ist ähnlich hoch wie beim ETL-NB oder noch höher.
- Der *spezifische NB-Brennstoffverbrauch* ist gegenüber dem ETL-NB schlechter.
- Das *Masse-Schub-Verhältnis* ist in allen Laststufen geringer als beim ETL-NB.
- Bei ausgeschaltenem NB ist der spezifische Verbrauch günstiger als beim ETL.
- NB-Dauerbetrieb ist für Wirtschaftlichkeit und Umweltbelastung unakzeptabel.

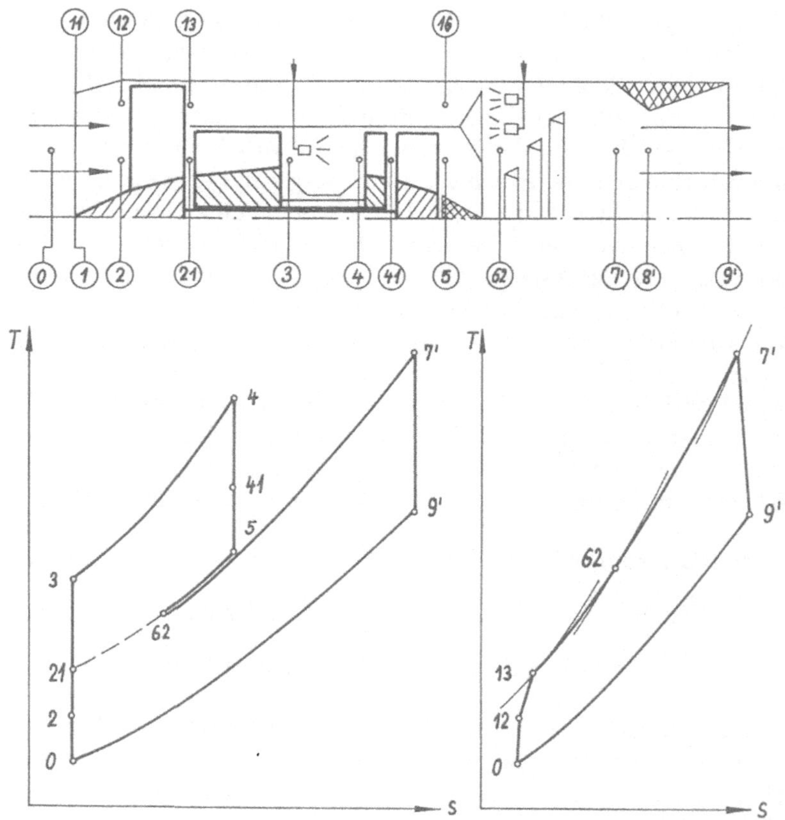

Abb. 17.10: Das ZTL-M-NB mit Mischkammer und gemeinsamer NB-Kammer

Mit diesen in der Summe als Vorzug zu wertenden Veränderungen der Kennwerte ist die Ablösung des ETL-NB durch das ZTL-NB bei Überschallflugzeugen gerechtfertigt. Durch sinnvolle Auslegung konnten die Flugleistungen vor allen hinsichtlich Nutzlast und Reichweite sowie beim Start gesteigert werden. Das gilt allerdings nur, wenn der NB nicht zu oft und dabei auch nur kurzzeitig für Höchstleistungen zugeschaltet wird.

Moderne ZTL-NB von Überschall-Kampfflugzeugen bestehen aus 2W-Gasgeneratoren. Der vorderste Verdichterteil, der in seinem Innern als NDV arbeitet, stellt in der Peripherie den Bläser (Frontfan) für den Außenstrom dar. Zur Erzeugung des Druckverhältnisses Π_F ist er drei- bis fünfstufig ausgeführt. Die weitere Verdichtung erfolgt im fünf- bis zehnstufigen HDV, bei der 3W-Bauart im MDV und HDV mit jeweils kleinerer Stufenzahl, bis zum Druckverhältnis Π_V. Nach der Brennkammer passiert das Gas, nun auf die Temperatur T_{t4} erhitzt, die pro Rotor jeweils einstufige Turbine. Im Anschluß daran folgen Misch- und NB-Kammer sowie die konvergent-divergente Schubdüse. Vor dem Fan befindet sich ein (ebener) Überschall-Einlaufdiffusor.

An Regelmöglichkeiten existieren außer den *Brennstoffdosierungen* in Haupt- und NB-Kammer die *variable Geometrie* in Schubdüse (meist 2 Querschnitte) und HDV (Schaufelverstellung in den vordersten 3 Stufen) als Minimum. Angewendete, ausnahmslos kombinierte Regelprogramme für den Hauptflugbereich sind oft durch steigende Parameter (T_{t4}, n_1, n_2) über der M-Zahl gekennzeichnet. Dadurch steigt abhängig von der Fluggeschwindigkeit, d.h. etwa proportional zum anwachsenden aerodynamischen Widerstand, die Schubkraft mit. Als ein Beispiel der qualitativen Parameterveränderungen in Abhängigkeit von der M-Zahl nach den Regelprogrammen (11.20), (11.21) und (11.22) zeigt Abb.17.11 den unterschiedlichen Anstieg des Bypassverhältnisses.

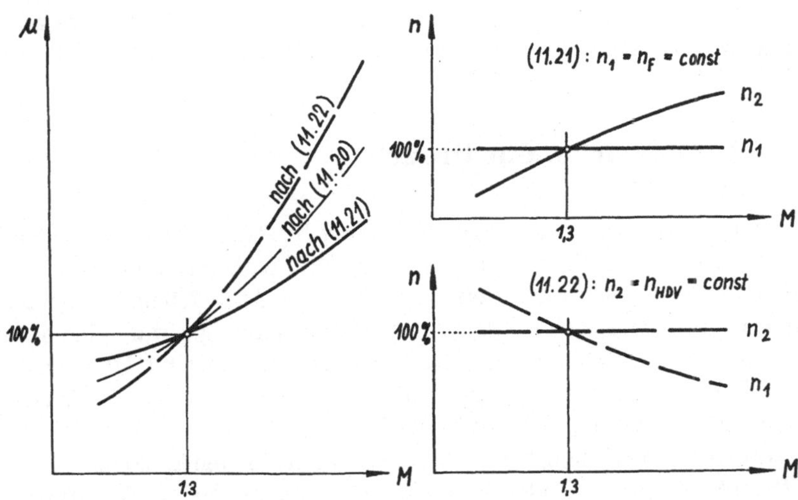

Abb. 17.11: Parameter- und Kennwertverlauf nach verschiedenen Regelprogrammen

Hohe thermische Parameter und Nachverbrennung ergeben den forcierten Arbeitsprozeß militärischer ZTL-M-NB. Große, annähernd kritische Massenstromdichten sorgen für kleine Triebwerksquerschnitte. Dem dienen auch die meist mit $\mu = 0,3\ldots0,8$ eng begrenzten Bypassverhältnisse und nur mittelgroße Gesamtdruckverhältnisse von $\Pi_V = 22\ldots28$ bei höchster Stufenarbeit, d.h. geringer Stufenzahl. Damit sowie durch drastische Baulängenverkürzung von Brenn-, Misch- und NB-Kammer, aber auch bei extremem Leichtbau wird an Masse gespart. Diese Maßnahmen dienen der Kennwertverbesserung, z.B. für die Typmuster F100 und F404 (F15, F16 und F18, F20, USA); RD-33 (MiG-29, SU/GUS); M88-2 (Rafale, Frankreich) und EJ 200 (Eurofighter 2000).

Bestrebungen, durch **ZTL ohne NB** den Überschall-Flugbereich für die zivile Luftfahrt zu erschließen, existieren seit dem Einsatz der ersten Überschall-Passagierflugzeuge zu Anfang der 70er Jahre. Neue Technologien erlauben thermisch forcierte Arbeitsprozesse von „schlanken" ZTL mit kleinem Bypassverhältnis und hohen Innenstromparametern, welche ausreichenden spezifischen Schub selbst für $M = 2$ und darüber hinaus garantieren. Deshalb ist es *möglich* und aus den Überlegungen zu Wirtschaftlichkeit und Reichweite *notwendig*, auf Betrieb bzw. Installation des NB zu verzichten. Der NB-Betrieb, ein Zustand mit beträchtlicher Schuberhöhung, aber schlechterer Wirtschaftlichkeit und Umwelteinwirkung, ist damit für Überschallflüge kein unbedingtes Erfordernis mehr. Der Schaffung einer neuen Generation von Überschall-Verkehrsflugzeugen (*Super Sonic Transport*, SST) ist damit der Weg bereitet.

Diese Flugzeuge handeln nur auf einem Teil der Flugstrecke mit Überschall-Reisegeschwindigkeit, während ein nicht unbedeutender Restbetrag für den Steig- und Sinkflug sowie für Handlungen über bewohntem Gebiet und in Platznähe erforderlich ist. Deshalb müssen TL für SST in der Lage sein, sowohl im Überschallflug als auch unterhalb von $M = 1$, d.h. in weitem Betriebsbereich, wirtschaftlich zu arbeiten. Nur unter dieser Bedingung ist künftig eine akzeptable Brennstoffeffizienz zu erreichen.

Dagegen sind die Prozeßveränderungen innerhalb der M-Zahldifferenz so groß, daß bisherige TL mit engausgelegtem „starrem" Prozeß die Wirtschaftlichkeit nicht realisieren können. Nur Regeleingriffe mit umfangreicher Prozeßbeeinflussung schaffen hier Abhilfe. Deshalb sind die o.g. Anforderungen in weitem M-Zahlbereich nur durch TL mit *veränderlichem Arbeitsprozeß* zu garantieren. Ihnen gilt der folgende Abschnitt.

17.6 ZTL mit variablem Prozeß

Unter neuesten Anforderungen müssen Flugantriebe schubstärker, wirtschaftlicher und umweltverträglicher sein. Das gilt insbesondere für TL ohne NB von SST. Verschärfend treffen diese Forderungen für den Reiseflugbereich um $M = 2,0$ und zusätzlich für einen Unterschall-Flugzustand, z.B. für $M = 0,8$ zu. Noch günstiger wäre eine permanent optimal angepaßte Prozeßführung im Gesamtbereich von Start bis Überschall-Reiseflug. Dazu sind TL mit Prozeßvariation zur (möglichst kontinuierlichen) Anpassung (Adaption) an die äußeren Bedingungen erforderlich.

Das Merkmal der Variation bzw. Adaption kommt in Benennungen, wie *TL mit variablem Prozeß*, *Adaptiv-TL* oder *Variable Cycle Engine* (VCE) zum Ausdruck. Triebwerke des VCE-Prinzips sind nach [113] und weiteren Aufsätzen[2] Hochleistungs-ZTL mit größerem als bisher bekanntem Regelniveau für weiten M-Zahlbereich. Sie arbeiten mit dem Ziel, wichtige Prozeßparameter, insbesondere ihr Bypassverhältnis, optimal den Gegebenheiten zum Zweck der Kennwertverbesserung anzupassen.

Damit ist gesagt, daß VCE in erster Linie *bypassgeregelte* ZTL sind. Ungeregelt wächst bekanntlich das Bypassverhältnis infolge unterschiedlicher Charakteristiken von Fan und Innenstromverdichter über der M-Zahl entgegen den schubmechanischen Erfordernissen an. Also wird nach dem VCE-Prinzip das ZTL im Gegensatz zu einer „natürlichen"gasdynamischen Veränderung so beeinflußt, daß sein Bypassverhältnis als

[2] Morisset, J.: La solution: Le moteur a cycle variable. Air et Cosmos Juin (1989)27, S. 57 - 60 Deidewig, F.; Döpelheuer, A.; Lecht, M.: Leistungs- und Emissionsverhalten zukünftiger Überschalltriebwerke. Jahrbuch der DGLR 1994, Bonn 1995, S. 657-666 Albers, M.; Hertel, J.; Schaber, R.: Antriebskonzepte für zukünftige Überschallverkehrsflugzeuge. MTU FOCUS 2/1994, S. 16 - 20

M-Zahlfunktion weniger steil anwächst, im Bestfall sogar sinkt. Sein Betrag soll bei Start und Steigflug denkbar groß, im Transschallgebiet kleiner und beim Überschallreiseflug sehr klein bzw. sogar $\mu = 0$, sein. d.h. dem ETL entsprechen.

Die Hauptaufgabe des VCE besteht in extremer Formulierung darin, ein ZTL vorhandener, dafür geeigneter Konstruktion regeltechnisch den Erfordernissen der Schubmechanik wie folgt anzupassen: Vom Hochbypassgerät für kleine M-Zahl wird es bei sinkendem Betrag von μ im Überschallflug funktionsmäßig zum „schlanken" Antrieb, u.U. zum ETL umgewandelt. Als dazu erforderliche strömungsmechanische Verstellungen können, unterstützt durch die Prozeßvariationen, im Gaskanal durchgeführt werden:

- Variation der Rotordrehzahlen für Fan und HDV bzw. Gasgenerator,
- erweiterte Anwendung variabler Geometrie in Gasgenerator und Fan,
- Nutzung zusätzlicher variabler Geometrie zwischen beiden Konturen,
- Installation weiterer Energiewandler in den Aufbau des Triebwerkes.

Die Aufzählung zeigt, daß Mechanik, Kinematik, digitale Regelung und detaillierte Energieumwandlung an Umfang gewinnen. Die Erklärung der ablaufenden Vorgänge ist wegen des sich dabei verändernden Prozesses komplizierter, obwohl es sich hier nach wie vor um eine ZTL-Unterbauart handelt. Grundsätzlich sind VCE zu unterscheiden in

- TL bekannten Aufbaus mit erweiterter variabler Geometrie und Regelung,
- TL mit umfangreicherem Aufbau und zusätzlichen Energieumwandlungen.

VCE *mit traditionellem Aufbau* nutzten die bekannten Möglichkeiten unterschiedlicher Drehzahlen und variabler Geometrie von Einlauf, Fan, Gasgenerator und Schubdüse. Allerdings ist dabei die Bypassregelung unvollkommen. Die erreichbare Drehzahldivergenz ist nicht groß, so daß die unterschiedlichen Charakteristiken von Fan und Verdichter nur den Anstieg des Bypassverhältnisses etwas verringern (s. Abb.17.11). Regelprogramme mit größeren Drehzahlunterschieden sind wegen auftretender Begrenzungen einerseits und zu großem Parameter- und Schubabfall andererseits nur bedingt verwendbar. Geometrische Verstellungen im konventionellen TL allein ermöglichen ebenfalls keine Verringerung des Bypassverhältnisses.

Immerhin wird beim *traditionellen* VCE im Gegensatz zu dem sonst verwendeten *„starren"* ZTL eine Verbesserung in der Beeinflussung des Bypassverhältnisses erreicht. Mit günstigerer Geschwindigkeitscharakteristik ist es in größerem M-Zahlbereich bei verbesserten Kennwerten einsetzbar: Für kleinere M-Zahl ist die Wirtschaftlichkeit besser, und im Überschallbereich ist vorrangig der Schub stärker.

Bessere Adaption an die M-Zahl ist durch VCE *mit erweitertem Aufbau* bei größerem Aufwand erreichbar. Sie vereinigen in sich bekannte traditionelle mit neuen, bisher nicht genutzten Prinzipien, wodurch wirksamere Bypassregelung garantiert ist. Nach Abb.17.12 werden dabei die Gaskanäle durch zusätzliche Baugruppen und Turbomaschinen umfangreicher und der Gesamtaufbau komplizierter. Stets wird der Arbeitsprozeß durch Auslegung, Charakteristiken und Regelung aller Baugruppen als Summe bestimmt. Das VCE-Prinzip besteht in der Kombination von leistungsfähigem Gasgenerator und hochgradig variierbarem Schubwandler zur Organisation zusätzlicher Massenströme. Die schubmechanische Zielstellung ist es dabei, das Bypassverhältnis von großem Betrag (bei kleinem Wert von f_s) im Unterschallbereich auf ein Minimum im Überschallreiseflug (mit großem spezifischen Schub) zu reduzieren.

Das bedeutet kontrollierte Aufteilung von Energie- und Massenstrom auf die Konturen, abhängig von der M-Zahl. Bei kleinerem Schubniveau ist der Außenstrom-Energieumsatz im Flug zurückzufahren, der des Innenstroms aber zu forcieren. Dieselbe Wirkung liegt bei höherem Schubniveau des TL vor, wenn der Außenstrom so weit intensiviert wird, daß beide Ströme gleichgroßen spezifischen Schub aufweisen. Diese Lastverschiebungen zwischen den Konturen sind nach Abb.17.12 auf verschiedenen dargestellten, aber auch anderen Wegen, oft mit zusätzlichen Strömungskanälen, erreichbar.

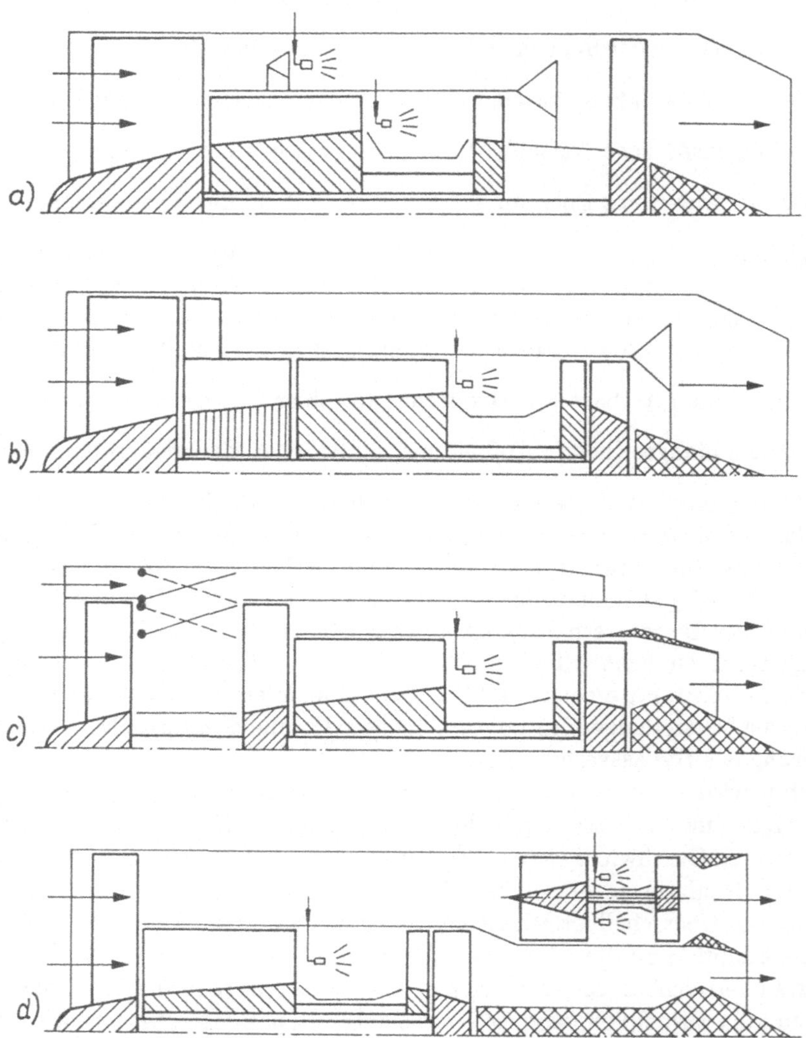

Abb. 17.12: VCE als ZTL mit erweitertem Aufbau des Gaskanals

Im Zusammenhang damit können durch Vergrößerung des Bypassverhältnisses, d.h. des Gesamtmassenstroms, Strahlgeschwindigkeit und Lärm beträchtlich reduziert werden. Angestrebt wird dafür eine Grenzgeschwindigkeit von höchstens 400 m/s. Unterhalb davon glaubt man, die Lärmschutzforderung nach der Norm ***FAR 36 part 3*** für Start und

Steig- bzw. Langsamflug erfüllen zu können. Diese zunächst geringe Strahlgeschwindigkeit ist allerdings bis zum Überschall-Reiseflug im Interesse ausreichenden spezifischen Schubes ohne NB nach dem VCE-Prinzip mindestens zu verdoppeln.

Abb.17.12a zeigt ein ZTL mit zusätzlicher Außenstrom-Brennkammer und Zweistrom-NDT. ZTL-Betrieb mit „kaltem" Außenstrom wird im Unterschallflug mit z.B. $\mu = 2,5$ bei gesenkten Werten von c_9 und b_s angewandt. Im Transschallgebiet wird die äußere Brennkammer dazugeschaltet. Im weiteren werden bis zum Überschall-Reiseflug Temperatur und Druck, letzterer mittels Schaufelverstellung im Fan, vergrößert. Damit liegt letztlich mit $\mu = 0$ der ETL-Betrieb vor.

Im Unterschied dazu erfolgt die Verwirklichung des VCE-Prinzips für das TL nach Abb.17.12b bei „kaltem" Außenstrom mittels einer zwischen Fan und HDV geschalteten kinematisch unabhängigen Turbomaschine. Sie stellt die Einheit von Luftturbine (außen) und MDV (innen) dar, beidseitig mit variabler Geometrie (Schaufelverstellung) ausgerüstet. Im Unterschallbereich gewährleistet sie den ZTL-Betrieb. Mit anwachsender M-Zahl erfolgt durch die zu größerem Arbeitsumsatz eingeregelte Luftturbine eine Drosselung des Außenstroms bei intensiviertem Innenstrom, d.h. mit sinkendem Bypassverhältnis, eine Annäherung an das ETL.

Beim TL nach Abb.17.12c wird der Massenstrom durch parallel angeordnete Fans im faktisch entstandenen Dreistromtriebwerk (*Double Bypass Engine*, DBE) verstärkt. Durch Umschalten des Klappensystems wird die dritte Kontur versperrt, und die nun hintereinander arbeitenden (Tandem-)Fans (TF) versorgen ein „schlankes" ZTL. Das Zuschalten einer weiteren (dritten) Kontur, auch *Flow Multiplier*-Prinzip (Massenstromverstärkung) genannt, ermöglicht große Veränderung an $\dot{m}_L$ im Bereich der Fans. Prinzipiell ist Zuwachs an Massenstrom auch im Bereich der Schubdüsen mittels Ejektorwirkung (Mixed Ejektor Turbofan) erreichbar.

Allergrößte Prozeßveränderung ist durch die Konfiguration von Abb.17.12d in Gestalt autonomer Kleingasgeneratoren im Außenstrom des ZTL gegeben. Sind sie ausgeschaltet, liegt ZTL-Betrieb, voll zugeschaltet dagegen ETL-Betrieb vor.

Die dargestellten VCE sind Patente bzw. nur wenig publizierte firmeninterne Projekte, welche noch keine quantitative Wertung zulassen. Grundsätzlich ist eine punktweise oder kontinuierlich wirkende Adaption des TL an die äußeren Bedingungen möglich. Die Verringerung des spezifischen Brennstoffverbrauches um z.B. 5...10 % im Reiseflugzustand und einen noch größeren Betrag einschließlich Lärmminderung bei Start und Langsamflug auf o.g. Norm sind in der Theorie nachweisbar.

Erste Gedanken zu VCE ergaben sich anläßlich der SST-Entwicklung um 1970. Bei General Electric wurde dafür nach 1975 das Muster GE21 in TF- und DBE-Bauart entwickelt. Gegenwärtig sind die VCE-Projekte STF4 (MTU), VSCE-501B (PW) und MSV99 (SNECMA) bekannt. Die neuesten USA-Militärtriebwerke F119 (PW) und F120 (GE) sind ebenfalls als VCE zu werten.

Besserern Kennwerten in größerem M-Zahlbereich stehen komplizierterer Aufbau und höhere Entwicklungskosten gegenüber. Andererseits darf nicht übersehen werden, daß ein Mehr an Energiewandlung, Masse und Stirnquerschnitt die Kennwerte mit dem spezifischen Brennstoffverbrauch relativ verschlechtern. Sie werden durch zusätzliche Irreversibilitäten infolge passiv durchströmter bzw. nicht in Betrieb oder nur im Leerlauf befindlicher Baugruppen belastet. Um Verschlechterungen zu reduzieren, sind neben hohen Baugruppenwirkungsgraden optimale Prozeßparameter regeltechnisch zu verwirklichen. Diese Maßnahmen sind mit hohem Entwicklungsaufwand verbunden. Sie sind antriebsseitig aber der einzige Weg, um neue SST in der Nachfolge der „Concorde" und der TU-144 zu schaffen.

17.7 ZTL zum Antrieb von Unterschall-Verkehrsflugzeugen

Antriebsanlagen von Flugzeugen, vorgesehen für den Reiseflug um $M = 0,8$ in der Stratosphäre, sind fast ausnahmslos 2W- oder 3W-ZTL in Doppel- bis Vierfachanordnung. Ihr hochausgelegter Arbeitsprozeß mit großem Bypassverhältnis gewährleistet nur verhältnismäßig kleinen spezifischen Schub. Die geringe Strahlgeschwindigkeit ergibt bei großem Massenstrom ausreichenden Absolutschub, geringen Lärmpegel, kleinen spezifischen Brennstoffverbrauch und damit sinkende Kosten.

Kostenminimierung schließt für die zivile Luftfahrt auch Betriebszeiten, Diagnostik, Instandsetzung und Triebwerkswechsel ein. Den größten Anteil von mindestens 30 %, u.U. sogar 50 % benötigen aber die Brennstoffkosten. Folglich ist der spezifische Brennstoffverbrauch durch Weiterentwicklung der Triebwerke zu senken. Größte Wirtschaftlichkeit der TL ist für die Rentabilität der Airlines von größter Bedeutung.

Der Gasgenerator des ZTL und sein Parameterniveau gingen aus dem ETL hervor. Turbineneintrittstemperatur T_{t4} und Druckverhältnis Π_V wurden stets höher ausgelegt und bis zur Gegenwart weiter gesteigert. Bei Serientriebwerken werden z.Z. Werte von $T_{t4} = 1600 \ldots 1700$ K und $\Pi_V = 30 \ldots 40$ erreicht bzw. überschritten.

Trotz beachtlicher Zunahme der Temperatur T_{t4} ist sie pro Jahr kleiner als bei Militärtriebwerken. Aus Sicherheitsgründen besteht kein Interesse an steilem Wachstum. Durch bessere Teilwirkungsgrade gelingt manchmal beim gleichen Typ ohne Kennwertverschlechterung eine geringe Reduzierung, die z.B. eine größere Nutzungsfrist ermöglicht. Andererseits erfordern Wirkungsgradminderungen am Ende der Lebensdauer einen erhöhten Betrag von T_{t4} bei schlechteren Kennwerten.

Das Druckverhältnis Π_V wird bekanntlich in Abhängigkeit von der Temperatur T_{t4} ausgelegt. Oft erfolgt bei zivilen TL keine w-optimale, sondern eine im Verhältnis dazu überoptimale Auslegung, d.h. eine gewisse Annäherung von Π_V an den η-optimalen Wert. Bei unbedeutender Abnahme der inneren Arbeit wird dadurch eine Möglichkeit zur Verbesserung des inneren Wirkungsgrades wahrgenommen. Das Wachstum an Π_V ist größer als bei TL militärischer Zweckbestimmung.

Wie Publikationen [3] von Neuentwicklungen ziviler ZTL zeigen, wird die vorangetriebene Evolution der Prozeßgrößen unter Beibehaltung des Hochbypass- und Mehrwellenprinzips künftig fortgesetzt. Die dabei auftretenden Probleme thermischer Festigkeit der Turbine sind (s. Kap.8.6) bei anwachsenden Werten von T_{t4} zu meistern. Wegen der auch zunehmenden Beträge von Π_V ist die Stufenzahl im Verdichter bis auf 18 gestiegen. Infolge vergrößerter Stufendruckverhältnisse gelingt es neuerdings, mit weniger Stufen, beispielsweise mit 12...14, auszukommen. Die Verdichterturbinen, also die HDT und falls vorhanden auch die MDT, sind einstufig. Eine verkleinerte Stufenzahl verkürzt vorteilhaft die Baulänge der Rotoren. Infolge verringerter Drehzahl und Entfaltung großer Wellenleistung ist die NDT stets mehrstufig ausgeführt.

Die NDT gewährleistet den Antrieb des Fan, der wegen seines größeren Durchmessers mit herabgesetzter Drehzahl arbeiten muß, um die höchstzulässige Umfangsgeschwindigkeit nicht zu überschreiten. Seine Abmessungen richten sich nach den Parametern des Außenstromes. Das Bypassverhältnis beträgt $\mu = 1,0 \ldots 2,5$ bei den ZTL älterer Generationen für Unterschallflugzeuge. Es liegt gegenwärtig bei optimaler Auslegung im Bereich von $\mu = 4 \ldots 8$ für die ZTL mit o.g. M-Zahl. Mit diesem Betrag von μ ergibt sich nach Abb.17.2 bzw. (17.6) ein optimaler Wert für das Druckverhältnis $\Pi_c = \Pi_F$ im Außenstrom. Mit dem optimalen Druckverhältnis in der Größenordnung von $\Pi_F = 1,4 \ldots 1,6$ kann der Fan als Vorteil einstufig ausgeführt werden.

---

[3]Nored, D. L.: Propulsion. Astronautics & Aeronautics, July/August 1978, S. 47 - 54 und 119 Sweetman, B.: Die Welt der großen Ziviltriebwerke. Interavia 6/1988, S. 561 - 565 Peacock, N.J.; Sadler, J.H.R.: Advanced Propulsion Systems for Large Subsonic Transports. Journal of Propulsion and Power, Vol. 8, No. 3, May - June 1992, S. 703 - 708

Das sinnvoll ausgelegte Druckverhältnis $\Pi_c = \Pi_F$ soll nach (17.7) den optimalen Betrag der Außenstromgeschwindigkeit c_{19} gewährleisten. Deshalb ist es bei ZTL im Überschallgebiet verhältnismäßig groß, sinkt aber für den Unterschallflug auf o.g. Bereich ab. Bei minimiertem spezifischen Reiseschub für $M = 0,8$ kann unter Berücksichtigung der Stauverdichtung $\Pi_F = 1,4$ bzw. noch kleiner sein. Hier liegt bei großem Fandurchmesser bereits der Grenzbereich zur Arbeit der Luftschraube beim PTL vor.

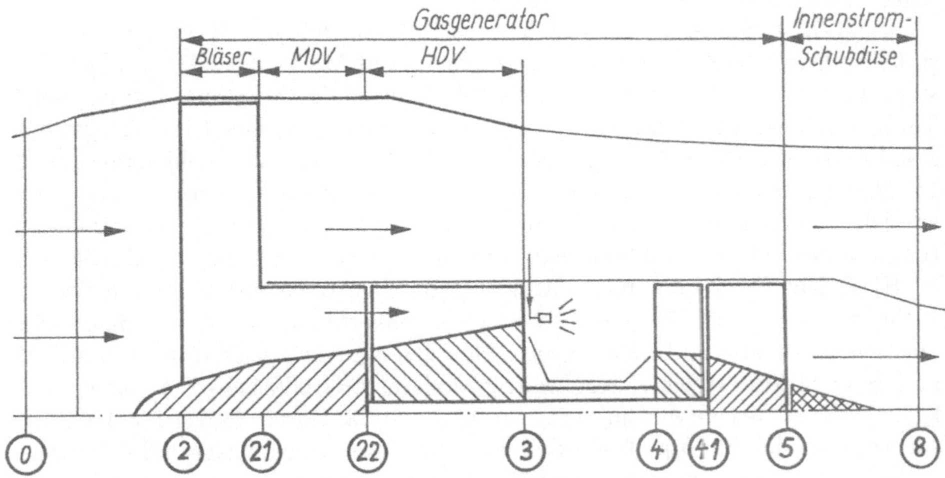

Abb. 17.13: Großbläser-ZTL mit integriertem MDV und Stromtrennung

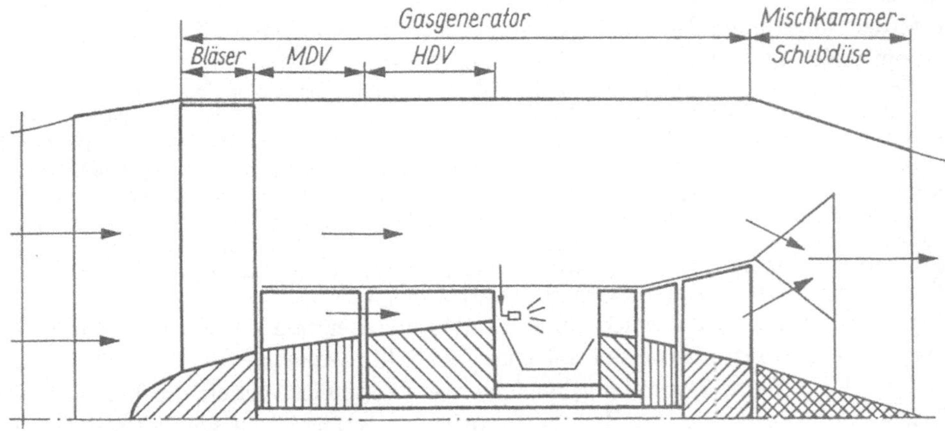

Abb. 17.14: Großbläser-ZTL in 3W-Bauart mit Strommischung

Damit liegt die typische Konfiguration der gegenwärtig eingesetzten *Großbläser-ZTL* vor. Es handelt sich dabei um Triebwerke großen Durchmessers mit vornbefindlichem einstufigen Bläser (Frontfan) und oft verkürzter äußerer Kontur (s. Abb.17.13), d.h. bei meist realisierter Stromtrennung. Neuerdings wird aber auch bei Großbläser-ZTL die äußere Kontur zur Mischkammer verlängert (Abb.17.14), um die Vorteile der Strommischung mit etwas verbesserten Kennwerten zu nutzen. Im Zentrum befindet sich der Innenstrom-Gasgenerator, welcher in Schubdüse oder Mischkammer endet.

Beim 2W-ZTL mit *integriertem MDV* nach Abb.17.13 wird der hintere Faninnenteil zur Innenstromverdichtung genutzt. Als *verlängerter NDV, integrierter MDV* bzw. *Booster* bezeichnet, gewährleistet er bei kleinem Wert von Π_F ein größeres Druckverhältnis Π_{NDV}, ist aber wegen kleiner Umfangsgeschwindigkeit wenig belastet. Diese Anordnung ist damit kinematisch nicht optimal.

Im 3W-ZTL wurde deshalb der *kinematisch unabhängige MDV* nach Abb.17.14 installiert. Durch Trennung des Innenverdichters in MDV und HDV ist optimale Belastung und größere Flexibilität mittels 3W-Anordnung garantiert. Hierbei werden alle Turbomaschinen mit Ausnahme der NDT (s.u.) bei günstiger Drehzahl gasdynamisch stabil betrieben. Diese 3W-Anordnung verfügt über die bisher vollkommenste Kinematik. Beide Bauarten weisen, jeweils von verschiedenen Firmengruppen favorisiert,[4] ihre speziellen Vorzüge und Nachteile auf. Das 2W-ZTL benötigt mehr an variabler Geometrie, z.B. das Luftablassen im integrierten MDV sowie umfangreiche Schaufelverstellung im HDV. Das 3W-ZTL kommt dagegen (z.Z. noch) ohne variable Geometrie aus.

Für zivile TL wird der spezifische Brennstoffverbrauch b_s als wichtigster Kennwert angesehen und in Kap.10.2 berechnet. Bezogen auf den Reiseflugzustand mit $M = 0,8$ und $H = 11$ km erreichen gegenwärtig modernste Großbläser-ZTL mit etwa $b_s = 60$ kg/kNh einen Gesamtwirkungsgrad um $\eta_{ges} = 0,33$. Durch Steigerung des Hochbypassprinzips werden künftig 50 kg/kNh mit dem Gesamtwirkungsgrad 0,40 anvisiert.

Durch den mit dem Bypassverhältnis anwachsenden Durchmesserunterschied zwischen Fan und NDT besteht eine Diskrepanz in ihren optimalen Drehzahlen. Mechanisch-gasdynamische Begrenzungen limitieren die Drehzahl des Fan auf etwa 4000 U/min. Diese sehr große Fandrehzahl ist für die NDT viel zu klein. Das führt bei ihr zu ungünstigem Energieumsatz mit wachsender Stufenzahl und erhöhtem Durchmesser, in der Summe also zu großer und schwerer Konstruktion. Die Lösung dieses Problems erfordert künftig ein *Fan-Untersetzugsgetriebe.* Diese kinematische Entkoppelung führt zu optimalen Drehzahlen beider Turbomaschinen.

Bei diesen (zunächst *getriebelosen*) ZTL-Mustern der 3. Generation (s.a. Kap.4.8) handelt sich vor allem um die Typen Trent (RR), PW4000 und GE90. In ihnen wurden die aus dem USA-Forschungsprogramm E^3 (*Energy Efficient Engine*) gewonnenen Erkenntnisse mit Erfolg realisiert. Das Trent 900 wurde für das neuzuschaffende bisher größte europäische Flugzeug A3XX bzw. UHCR ausgewählt. Für das analoge USA-Flugzeug ist eine Gemeinschaftsentwicklung von GE und PW, das GP7176 vorgesehen. Während so mit den o.g. Typen die Nutzung der 3. ZTL-Generation voranschreitet, deutet sich die nächsthöhere Qualität der *Getriebe*-ZTL an. Nach kleineren Mustern mit Getriebe (ALF101 bzw. 502, TFE 731) wurde von MTU und PW das Hochbypasstriebwerk ADP mit *Fan Drive Gear System* (Fangetriebe) geschaffen und ab 1993 erfolgreich erprobt.

Fangetriebe, weiter anwachsender Fandurchmesser und die dazu erforderliche steigende Antriebsleistung weisen auf eine zum ZTL benachbarte Triebwerksbauart hin: auf das PTL. Seine Darstellung im folgenden Abschnitt vertieft die Erkenntnisse der Triebwerkstheorie über das Hochbypassprinzip. Daraus ist zu schließen, daß es schubmechanisch zwischen Großbläser-ZTL und PTL keinen prinzipiellen Unterschied gibt.

[4]Bisherige Entwicklungen von General Electric (GE) und Pratt & Whittney (PW) aus den USA inklusive Lizenznehmern sind 2W-Maschinen. Dagegen besitzen neue ZTL von Rolls Royce (RR) aus GB sowie von Kusnetzow und Lotarew aus SU/GUS in der Regel 3W-Gasgeneratoren.

18 Propeller-Gasturbinentriebwerke

18.1 Arbeitsweise, Besonderheiten und Bauarten der PTL

Generelles Merkmal von PTL ist der Luftschraubenantrieb durch das Wellensystem des Gasgenerators. Aus der Summe der Ausdrücke von *Luftschraube* bzw. *Propeller* (P) und dem *TL-Gasgenerator* ergibt sich die Bezeichnung *Propeller-Gasturbinentriebwerk* (PTL) bzw. *Turboprop*. Der von der Luftschraube erzeugte Strahl liefert hierbei die Hauptschubkraft, während nur ein sehr kleiner, manchmal vernachlässigbarer reaktiver Restbetrag an Schub im Gasaustritt entsteht. Damit wird also fast die gesamte innere Arbeit pro Zeiteinheit als Wellenleistung auf die Luftschraube übertragen. Deshalb heißen PTL auch *Wellenturbinen* oder *Wellenleistungstriebwerke*, bzw. sie oder zumindest ihre Gasgeneratoren werden als *Turbomotoren* (TM) bezeichnet.

Als *Wellenleistungslieferanten* sind PTL bei Vernachlässigung des unbedeutenden reaktiven Schubanteils (wie auch Kolbentriebwerke) *keine* Strahltriebwerke. Erst die Schraube realisiert die Erzeugung des Schubes, was aber außerhalb des eigentlichen Triebwerks geschieht. Daher wird in diesem Buch für PTL die Bezeichnung „Strahl"-Triebwerk (im Gegensatz zu anderen Autoren) nicht verwendet. Das wird durch die Leistungsbezogenheit der PTL-Kennwerte unterstrichen. Andererseits spricht aber auch grundsätzlich nichts dagegen, die Einheit von PTL und Luftschraube als *reaktiven Schublieferanten* zu werten und dafür schubbezogene Kennwerte zu verwenden.

Abhängig von Leistung, Durchmesser und weiteren Kennwerten setzt die Schraube einen sehr großen (äußeren) Massenstrom durch. Im Vergleich zum (inneren) Massenstrom des Gasgenerators ergibt das unter der Betrachtungsweise des ZTL sehr große Bypassverhältnisse von etwa $\mu = 40 \ldots 100$. Das *Bypassprinzip* wird also beim PTL gegenüber dem ZTL in noch weit höherem Maß verwirklicht. Der damit verbundene große Massenstrom wird nur wenig beschleunigt, woraus sich ein sehr großer äußerer Wirkungsgrad, allerdings nur für nicht allzu große Fluggeschwindigkeit, ergibt. Bei günstiger Auslegung von Gasgenerator und Schraube ergibt sich daraus für PTL etwa bis zum Beginn des Transschallbereichs die höchste Wirtschaftlichkeit aller bisher bekannten Gasturbinen-Flugtriebwerke.

Als externer Schubwandler gehört die *Luftschraube* arbeitsmäßig zum PTL. Zusammen mit dem Kolbentriebwerk über Jahrzehnte hinweg entwickelt und gereift, steht sie für höhere Anforderungen auch beim PTL zur Verfügung. Damit haben sich Gestaltung und Aussehen von ihr z.T. beträchtlich geändert. Ihrem Wirkungsgrad wird höchste Bedeutung beigemessen, denn er entspricht dem äußeren Wirkungsgrad des PTL ohne seinem reaktiven Anteil. Die Schraube wird als existent vorausgeseztzt und zum Studium ihrer Theorie auf [54], [72], [133] und [136] verwiesen.

Daraus ergibt sich das *Luftschrauben-Untersetzungsgetriebe* als zusätzliche Baugruppe, wodurch der große Unterschied in den optimalen Drehzahlen von Gasgenerator und Schraube überbrückt wird. Der Gasgenerator arbeitet stets mit so hoher Drehzahl, womit Schraube (und Fan) nicht betrieben werden können. Das damit kinematisch notwendige Getriebe (s.a. Kap.17.7) ist wegen seiner Masse, der mechanischen Probleme und Limitierungen zumindest für frühere Konstruktionen als nachteilig anzusehen. Überlegungen zur Koppelung von bewährtem Luftschraubenantrieb und leistungsstarkem Gasgenerator mittels Getriebe führten zur Entwicklung der PTL.

Fast gleichzeitig mit den damaligen TL entstanden bereits in den 30er und 40er Jahren die ersten PTL-Projekte. In der Mitte der 50er Jahre gelangten die ersten PTL zum Einsatz. Die Charakteristik der Schraube ermöglichte Reisefluggeschwindigkeiten um 650 km/h, äußerstenfalls 750 km/h. Diese nur unbedeutende Anhebung der bekanntlich schon bei den älteren Kolbentriebwerken existierenden Geschwindigkeitsbegrenzung war allerdings für langsamere sowie im Kurzstrecken- und Frachtverkehr einzusetzende Flugzeuge kein Nachteil. Durch ihre besseren Kennwerte außer im Bereich sehr kleiner Leistungen verdrängten sie die Kolbentriebwerke. Zugleich ermöglichten die PTL-Antriebe den Einsatz erster leistungsfähiger und wirtschaftlicher Großflugzeuge.

Mit dem Vordringen der ZTL in den 60er Jahren erhielten die PTL als Antriebe von Verkehrsflugzeugen Konkurrenz. Die ZTL ermöglichten größere Fluggeschwindigkeiten als PTL, waren wirtschaftlicher als ETL, benötigten kein schweres Getriebe, und sie standen erst am Beginn ihrer Entwicklung. Die daraufhin einsetzende Zurückdrängung der PTL führte letztlich dazu, daß nach etwa 1965 für neue große Muster eine Entwicklungspause eintrat. Erst nach 1975 wurden aus den USA weitere Impulse zur Schaffung einer neuartigen Generation von PTL unter der Sammelbezeichnung *Propfan* bekannt, die nun international fortgesetzt werden (s.a. Kap.18.4). Sollten die Propfans praktische Bedeutung erlangen, wäre wieder die Möglichkeit einer Konkurrenz zum ZTL, d.h. zweier benachbarter Antriebsarten mit der Tendenz ihrer vorteilhaften gegenseitigen Durchdringung gegeben.

Der *Gasgenerator* des PTL unterscheidet sich nach Baugruppen und Kreisprozeß grundsätzlich nicht von anderen TL. Der Unterschied im Energiefluß besteht nur darin, daß die Gasentspannung in der Turbine auf tiefstes Druckniveau erfolgt und damit (fast) die gesamte innere Arbeit auf Rotorsystem und Luftschraube übergehen. Die früher meist verwendete kinematisch einfachste Konfiguration in 1W-Bauart zeigt Abb.18.1a. Die Welle des Gasgenerators führt in der Verlängerung zum Getriebe und eine weitere von dort zur Nabe der Luftschraube. Letztere ist dabei als Zugschraube ausgebildet. Dieser Triebwerksaufbau von 1W-PTL der 1. Generation genügte bei geringen Prozeßparametern und mäßigen Kennwerten damaligen Anforderungen.

Damit ist die Anordnung nach Abb.18.1b ebenfalls ein 1W-PTL, aber mit kinematisch selbständiger „freier" Turbine. Letztere heißt *Freifahr-* bzw. *Losturbine* (LT). Ihre Welle kann nach vorn wie dort ersichtlich, bei anderen Triebwerken nach hinten gerichtet sein. Ein derartiges 1W-PTL-LT[1] zeichnet sich durch günstigere Übergangsregime und eine bessere Drehzahl-Drehmomenten-Charakteristik aus. Die kinematische Anordnung mit Aufteilung der eigentlichen Kraftmaschine in „Verdichterturbine" (für den Gasgenerator) und „Nutzturbine" (für die Schraube) erzeugt große Drehmomente, wie sie zum Anfahren schwerer Wellensysteme benötigt werden.

In Abb.18.1c ist ein 2W-PTL dargestellt, ersichtlich am Gasgenerator mit zwei kinematisch unabhängigen Rotoren. Der Antrieb der Schraube erfolgt vom NDR aus über das Getriebe. Dieser Triebwerksaufbau überträgt die bekannten Vorteile des 2W-Gasgenerators (s. Kap.6.9) in das PTL. Er ist zugleich ein Kennzeichen von PTL der 2. Generation. Neuere PTL der Gegenwart zeigen oft diesen Wellenaufbau. Die damit mögliche Steigerung der Prozeßparameter führte zu besseren Kennwerten.

Ein *schlaufenförmiger Verlauf* des Gaskanals mit doppelter Strömungsumlenkung nach Abb.18.1d gewährleistet verkürzte Baulänge auf Kosten einer (bei kleinen PTL oft unbedeutenden) Querschnittsvergrößerung. Die deshalb höheren Strömungsverluste sind bei kleineren Gasgeschwindigkeiten nicht erheblich, aber die kompakte Bauweise ermöglicht konstruktive Vorteile. Ein Schlaufen-Gaskanal mit dazu entgegengesetztem Strömungsverlauf ist ebenfalls möglich.

Schließlich zeigt Abb.18.1e ein PTL mit *Wärmeregeneration* durch einen rekuperativen, im Gasaustritt angeordneten Wärmetauscher. Bei komplizierter Strömungsführung mit zusätzlichen Irreversibilitäten ergibt sich ein größerer, aus Abb.18.1e nicht hervor-

[1] In diesem Buch ist die genannte Anzahl der Wellen stets intern auf den Gasgenerator bezogen. Rotoren peripherer Maschinen sind nicht in o.g. Wellenzahl enthalten, dafür aber im Kürzel „LT" präsent.

gehender Zuwachs an Masse und Bauvolumen. Andererseits ermöglicht Wärmeregeneration nach den Darlegungen in Kap.2.4 bei zweckmäßiger Auslegung des Prozesses die Verbesserung von innerem Wirkungsgrad und damit spezifischem Brennstoffverbrauch.

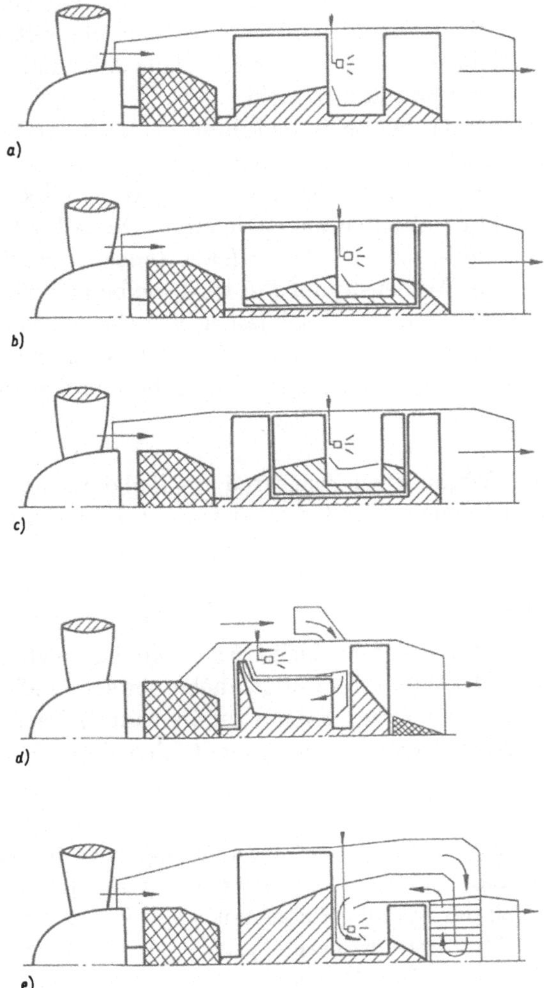

Abb. 18.1: PTL verschiedener Unterbauarten

Diese typischen Bauausführungen von PTL können auf unterschiedliche Art erweitert werden. Möglich sind andere Rotoranordnungen, zwei Gasgeneratoren, auf ein gemeinsames Getriebe arbeitend, geänderte Stromführungen, erweiterte Möglichkeiten des Wärmetausches, Zug- und Druckschrauben, darunter auch Gegenlaufschrauben. PTL eignen sich zur Entwicklung von Unterbauarten in großer Breite der Nutzungsmöglichkeiten und Kennwerte. Darin eingeschlossen ist auch der Austausch von Luftschrauben, Getrieben, Reglern oder anderen Baugruppen zur Variation ihrer Charakteristiken.

18.2 Prozeßauslegung und Kennwertberechnung von PTL

Vergleiche von PTL mit anderen Triebwerken zeigen wesentliche Unterschiede, aber auch Ähnlichkeiten auf. Die Analogie zwischen PTL und ZTL ist nach dem ***Bypassprinzip*** unverkennbar, wenn man die Schraube als vergrößerten, nicht ummantelten, mit kleinerem Druckverhältnis arbeitenden Fan (Bläser) ansieht. Schraube und Fan sind als Außenstrom-Energiewandler verwandt und werden durch die weitere Entwicklung angenähert, wobei neue Bauarten entstehen bzw, bereits antstanden sind. Ihre Gasgeneratoren unterscheiden sich grundsätzlich nicht.

Unterschiede ergeben sich neben der Schraube und ihrem Antrieb vorrangig aus der energetischen Bewertung der Parameter und ihrer Berechnung. Der Schraubenstrahl, welcher betragsmäßig den des Innenstroms im Gasaustritt bei weitem übertrifft, zählt, wie auch die Schraube selbst, nicht unmittelbar zum Triebwerk. Deshalb gilt er nicht als reaktiv und das PTL nicht als Strahl-, sondern als *Wellenleistungstriebwerk*. Die traditionelle Messung seiner Leistung am Wellenstumpf P_W wird wie beim Kolbentriebwerk auch hier mittels Drehzahl und Drehmoment unabhängig von der Schraube auf dem Prüfstand angewandt. Der wirksame Gesamtschub des PTL ist gleich der Summe der Impulsstromwirkungen von Schraube F_{LS} und Gasaustritt (Schubdüse) F_{SD}, demnach:

$$F_s = F_{LS} + F_{SD} \tag{18.1}$$

Beide Summanden sind mit dem Schraubenwirkungsgrad η_{LS} und der Fluggeschwindigkeit v nach (1.5) sowie der Geschwindigkeit im Gasaustritt c_8 nach (4.4) umzuwandeln:

$$\begin{aligned} F_{LS} &= P_W \, \eta_{LS} \, v^{-1} \\ F_{SD} &= (\dot{m}_L + \dot{m}_B)c_8 - \dot{m}_L \, v \end{aligned}$$

Als Massenstrom ist beim PTL stets nur der im Gasgenerator durchgesetzte Innenstrom $\dot{m}_L = \dot{m}_h = \dot{m}_{SD}$ zu verstehen. Der durch die Luftschraube bewegte Außenstrom $\dot{m}_c$ wird dagegen nicht gemessen und ist hier quantitativ uninteressant. Nach (18.1) und den o.g. Ausdrücken läßt sich die Schubkraftgleichung somit folgendermaßen darstellen:

$$F_s = P_W \, \eta_{LS} \, v^{-1} + (\dot{m}_L + \dot{m}_B)c_8 - \dot{m}_L \, v \tag{18.2}$$

Der erste Summand in (18.2) bringt den mit Abstand überwiegenden Schubanteil auf. Zugleich ist ersichtlich, daß sein Zahlenbetrag mit dem Absinken der Geschwindigkeit v immer größer wird, wobei der Fall des Standbetriebes mit $v = 0$ für (18.2) auszuschließen ist. Das setzt eine effiziente Außenstrom-Energiewandlung in Gestalt einer optimal umströmten Verstelluftschraube mit großem Durchmesser voraus.

Nach dem ***äußeren Energieumsatz*** ist der ***innere Arbeitsprozeß*** des PTL zu analysieren. Dabei ist von der Wellenleistung P_W die sog. Äquivalentleistung P_e zu unterscheiden. Für erstere ist der Energieumsatz der kinematisch „freien“ Losturbine unter Berücksichtigung beteiligter Wirkungsgrade maßgebend. Ist dagegen die Funktion der Losturbine in die einheitliche Gesamtturbine des PTL einbezogen, wird die Differenz der Leistungen im Gasgenerator $(P_T - P_V)$ gebildet. Das festzuhaltende Resultat ist:

$$P_W = P_{LT} \, \eta_m \, \eta_G = (P_T - P_V) \, \eta_m \, \eta_G \tag{18.3}$$

In der Regel wird bei PTL die ***Äquivalentleistung*** P_e, welche manche Autoren auch als *Wellenvergleichsleitung* bezeichnen, angegeben. Sie ist die Summe der Leistungsanteile von Schraube und Gasaustritt. Damit stellt sie die im Flug wirksame Antriebsleistung gegenüber dem Flugkörper dar. Nach oben ersichtlichen Ausdrücken ergibt sich damit:

$$P_e = \frac{v}{\eta_{LS}} F_s \tag{18.4}$$

$$P_e = \frac{v}{\eta_{LS}} (F_{LS} + F_{SD}) \tag{18.5}$$

$$P_e = P_W + \frac{v}{\eta_{LS}} \left[(\dot{m}_L + \dot{m}_B)\, c_8 - \dot{m}_L\, v\right] \tag{18.6}$$

Der Fall $P_e = P_W$ wäre denkbar bei vollständiger Gasentspannung in der Turbine, d.h. beim Tatbestand eines Gasaustrittes ohne reaktiven Restschubanteil. Die Äquivalentleistung ist auch vorstellbar als die von einer fiktiven „äquivalenten" Schraube aufgebrachten Leistung zur Gewährleistung der Größe F_s als wirksamer Gesamtschub. Während (18.2) und (18.4) bis (18.6) für den Flug gültig sind, versagen sie für $v = 0$ wegen Unbestimmtheit. Deshalb gilt als Besonderheit für das PTL beim Standbetrieb:

$$F_s = P_W\, K_{LS} + F_{sD} = P_e\, K_{LS} \tag{18.7}$$

Der *Standschub* des PTL ist nach (18.7) durch das Produkt von P_e mit dem Proportionalitätsfaktor K_{LS} als Näherung bestimmbar. Das in enger Toleranz schwankende *Schub-Leistungs-Verhältnis* K_{LS} hängt geringfügig von der Charakteristik für PTL und Luftschraube ab. Nach der zitierten Arbeit[2] beträgt es in der Praxis 1,4...2,0 daN/kW bzw. 1,2...1,6 daN/kW nach [140]. Überschlägig kann also der PTL-Standschub durch

$$K_{LS} = 1,5 daN/kW$$

berechnet werden. Unter gleichen Bedingungen (derselbe Gasgenerator mit gleichgroßen Prozeßparametern) beträgt der Standschub des PTL ein Mehrfaches von dem des ETL. Im Interesse großer Werte für Schub bzw. Leistung ist wie beim ZTL neben der Optimierung des Gasgenerators das optimale Verhältnis von Außenstrom- zu Innenstromarbeit, d.h. von der Größe w_c/w_i (zumindest näherungsweise) zu realisieren. Dieses führt nach der Theorie zu einer Differentiationsaufgabe mit der vom ZTL her bekannten Lösung:

$$c_8 = c_{opt} = \frac{v}{\eta_{LT}\, \eta_m\, \eta_G\, \eta_{LS}} = \frac{v}{\eta_c} \tag{18.8}$$

$$\eta_c = \eta_{LT}\, \eta_m\, \eta_G\, \eta_{LS} \tag{18.9}$$

Auch beim PTL ist die Übertragung der Energie auf den Außenstrom mit mehrfacher Wandlung und partieller Entwertung verbunden. Dies berücksichtigend ist die Schubmechanik nach (18.8) auszulegen. Die optimale Strahlgeschwindigkeit im Gasaustritt ist somit nach der Theorie um den Betrag von η_c^{-1}, d.h. nur wenig größer als die Fluggeschwindigkeit, zu bemessen.

Mit den jeweils schlechtesten und größten Teilwirkungsgraden ergibt sich nach (18.9) ein Außenstromwirkungsgrad etwa in der Breite von $\eta_c = 0,75 \ldots 0,85$. Bei günstiger Auslegung sollte also die Geschwindigkeit des Gasstrahls c_8 nur wenig größer als die Fluggeschwindigkeit sein. Andererseits ist zur Aufrechterhaltung des Arbeitsprozesses ein Minimalbetrag von z.B. $c_8 = 200$ m/s als Ausströmgeschwindigkeit aus der letzten Turbinenstufe kaum zu unterschreiten. Bei sicher nicht zu gewährleistender optimaler Schubmechanik für Start und Steigflug gelingt es, sie im Reiseflug anzunähern. Eine dies besser gewährleistende regelbare Düse anstelle des starren Gasaustritts wird nicht angewandt. Anstatt diesem (auch wegen der geringen Beträge von Massenstrom und Energieumsatz) unbedeutenden Problem sollte der ***äußeren*** Energiewandlung größere Aufmerksamkeit gelten.

---

[2] Pawlowitsch,A.: Über die Hauptkennwerte der Flugtriebwerke. Deutsche Flugt. 5/1961,S.175-184

Neben dem ***inneren*** sollte vorrangig der Wirkungsgrad der Schraube als bekanntlich angenäherter ***äußerer*** Wirkungsgrad des PTL einen hohen Wert aufweisen. Durch diesen Wirkungsgrad ist im Unterschall-Flugbereich um $M = 0,5$ das PTL den Luftstrahltriebwerken überlegen. Hauptsächlich daraus resultiert seine gute Wirtschaftlichkeit. Dabei ist außer der annähernd idealen Umströmung der Schraubenblätter auch ein ungehindertes Abströmen des Luftschraubenstrahls gegenüber Zellebauteilen erforderlich. Diese Erscheinung wird zuweilen durch einen besonderen ***Einbauwirkungsgrad*** bewertet. Das ist vorrangig ein Problem der Gondelgestaltung für PTL und durch die Druckschraubenanordnung am Flugzeugheck bei zugleich geringster Schallabstrahlung auf das Flugzeug am besten zu realisieren.

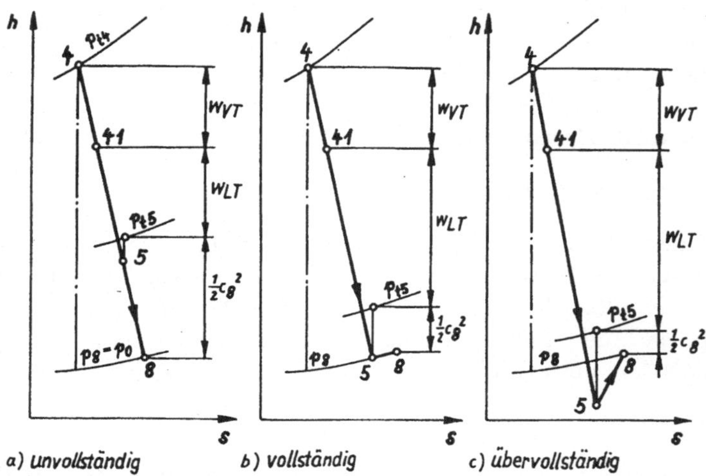

Abb. 18.2: Entspannungsvorgänge im Arbeitsprozeß des PTL

Thermodynamischer Kreisprozeß und Innenstromauslegung des PTL unterscheiden sich prinzipiell nicht von denen des ETL. Als Besonderheit gilt lediglich der zwischen Turbine und Gasaustritt modifizierte Vorgang der Gasentspannung nach Abb.18.2. Gegenüber anderen TL arbeitet bekanntlich die Turbine des PTL mit den größten Beträgen für Druckverhältnis und spezifischen Energieumsatz. Dabei sind für das Niveau des Enddruckes im Turbinenaustritt p_{t5} die drei Fälle nach Abb.18.2 zu unterscheiden:

- Eine *nichtvollständige Entspannung* in der Turbine mit $p_{t5} > p_8 = p_0$ ermöglicht bei verhältnismäßig kleiner Wellenleistung P_W den Abbau der Restenthalpiedifferenz in einer konvergenten Schubdüse. Infolge Energieüberschuß erfolgt damit die Restentspannung im Gasaustritt bis auf $p_8 = p_0$ bei beschleunigter Strömung, d.h. ansteigender Strahlgeschwindigkeit und relativ großem reaktiven Schubanteil.
- Mittels *vollständiger Entspannung* wird bereits am Austrittsquerschnitt der Turbine der Druck auf das Niveau $p_{t5} = p_8 = p_0$ bei großer Wellenleistung abgesenkt. Hierbei verwirklicht ein gedachter Gasaustritt konstanten Querschnitts eine isobare Zustandsänderung mit etwa $c_8 = c_5$, d.h. eine unbeschleunigte Strömung.
- Durch *übervollständige Entspannung* wird in der Turbine auf einen Enddruck unterhalb des Außendrucks ($p_{t5} < p_8 = p_0$) bei großer Wellenleistung entspannt. Der Gasaustritt muß deshalb zwecks Erreichen des höheren Außendruckniveaus als Diffusor, d.h. mit Querschnittsvergrößerung und verzögerter Strömung, arbeiten, wodurch sich mit $c_8 < c_5$ Strahlgeschwindigkeit und reaktiver Anteil verringern.

Dadurch wäre der Betriebszustand des PTL mittels Varianz der Beträge von F_{LS} und F_{SD} bei konstanter Äquivalentleistung nach (18.5) an die Flugbedingungen anzupassen. Diese nach der Theorie zu unterscheidenden Entspannungsmöglichkeiten würden einen verstellbaren Gasaustritt voraussetzen, der wegen zu großem Aufwand undiskutabel ist.

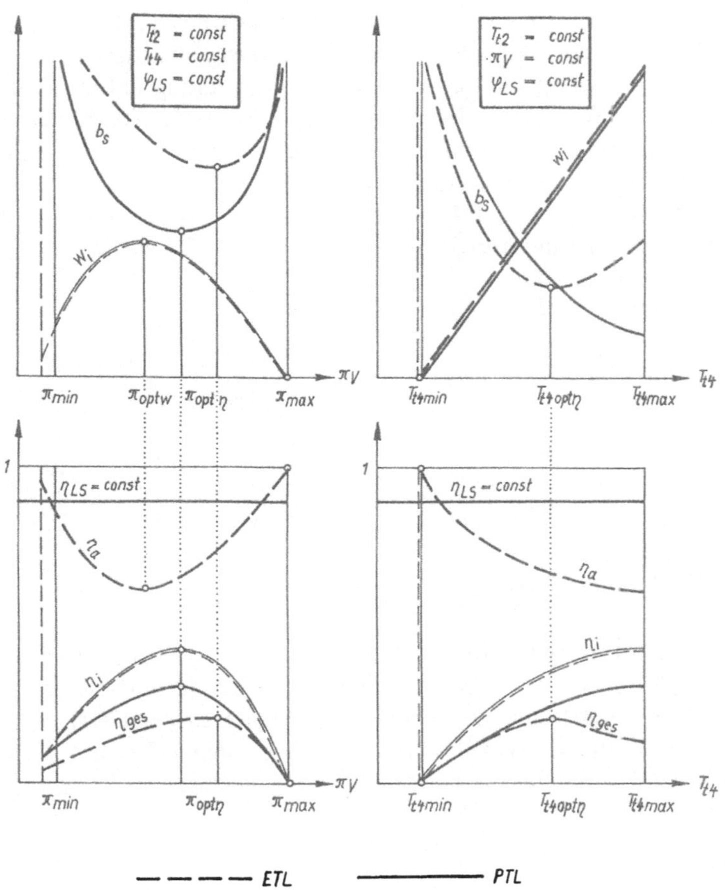

Abb. 18.3: Auslegungsgesichtspunkte des PTL im Vergleich zum ETL

In Abb.18.3 (links) ist die Innenstromauslegung des PTL im Vergleich zum ETL unter gleichen Bedingungen nach dem Druckverhältnis des Verdichters dargestellt. Bezüglich des w-optimalen Wertes $\Pi_{opt\,w}$ ergibt sich keine Veränderung, aber der Zahlenwert von $\Pi_{opt\,\eta}$ fällt für das PTL (als wichtiger Unterschied zum ETL) kleiner aus. Das wird durch den gleichbleibenden und zugleich hohen Wirkungsgrad der Schraube η_{LS} verursacht. Das Maximum des Produktes von η_i und η_{LS} liegt abgesehen vom höheren Betrag näher am wesentlich kleineren Wert von $\Pi_{opt\,w}$. Damit ist das PTL mit geringerem Aufwand, d.h. kleinerem Druckverhältnis für seinen wirtschaftlichsten Betriebspunkt auszulegen. Außerdem ist sein Gesamtwirkungsgrad höher und sein spezifischer Brennstoffverbrauch, wie schon festgestellt mit Abstand geringer. Nach dem Druckverhältnis ist das PTL verhältnismäßig einfach zu einer besseren Wirtschaftlichkeit auszuführen.

Die Auslegung nach der Turbineneintrittstemperatur T_{t4} zeigt in Abb.18.3 (rechts) monotones Ansteigen von η_i und wegen $\eta_{LS} = const$ auch beim Gesamtwirkungsgrad η_{ges} im Betriebsbereich. Das bedeutet, daß reziprok dazu der spezifische Brennstoffverbrauch als Funktion von T_{t4} abfällt und somit das PTL bei der höchstzulässigen Temperatur $T_{max} = T_{opt\,\eta}$ seine größte Wirtschaftlichkeit erreicht. Nach der Theorie sind also PTL im Vergleich zu ETL mit verhältnismäßig kleinen Druckverhältnissen, aber höchstmöglichen Werten von T_{t4} optimal hinsichtlich größter Leistung, zugleich auch für den kleinsten spezifischen Brennstoffverbrauch, auszulegen.

Unter der Voraussetzung günstiger Leistungsübertragung auf den Außenstrom garantiert die optimale Auslegung des Arbeitsprozesses im Innenstromes das Erreichen bestmöglicher *Kennwerte*. Die *Äquivalentleistung* P_e ist als absoluter Gesamtkennwert bereits bekannt. Weitere für den Gasgenerator zutreffende, in Kap.4.2 dargestellte absolute Kennwerte werden für die PTL ebenso verwendet. Neu zu definieren sind dagegen die spezifischen, d.h. leistungsbezogenen Kennwerte der PTL als Nichtstrahltriebwerke:

die *spezifische äquivalente Leistung* $$p_e = \frac{P_e}{\dot{m}_L} \quad \text{in} \quad \frac{\text{kWs}}{\text{kg}} \tag{18.10}$$

die *äquivalente Stirnflächenleistung* $$p_{St} = \frac{P_e}{A_{St}} \quad \text{in} \quad \frac{\text{kW}}{\text{m}^2} \tag{18.11}$$

das *Masse-Leistungs-Verhältnis* $$\frac{m}{P_e} \quad \text{in} \quad \frac{\text{kg}}{\text{kW}} \tag{18.12}$$

der *äquivalente Brennstoffverbrauch* $$b_e = \frac{\dot{m}_B}{P_e} \quad \text{in} \quad \frac{\text{kg}}{\text{kWh}} \tag{18.13}$$

der *schubspezif. Brennstoffverbrauch* $$b_s = \frac{\dot{m}_B}{F_s} \quad \text{in} \quad \frac{\text{kg}}{\text{kNh}} \tag{18.14}$$

Keiner Erklärung bedürfen die Kennwerte nach den Gl. (18.10), (18.11) und (18.12). Die zuletzt aufgeführten Ausdrücke ermöglichen den Vergleich der beiden unterschiedlichen spezifischen Brennstoffverbräuche: des ***leistungsbezogenen*** Wertes b_e in kg/kWh für Wellentriebwerke und der ***schubbezogenen*** Größe b_s, angegeben in kg/kNh für Strahltriebwerke. Mittels (18.4) sind die dargestellten Beziehungen ineinander umrechenbar:

$$b_e = \frac{\dot{m}_B}{P_e} = \frac{\dot{m}_B}{F_s}\frac{\eta_{LS}}{v} = \frac{b_s\,\eta_{LS}}{v} \tag{18.15}$$

$$b_s = \frac{\dot{m}_B}{F_s} = \frac{\dot{m}_B}{P_e}\frac{v}{\eta_{LS}} = \frac{b_e\,v}{\eta_{LS}} \tag{18.16}$$

Auch hier gilt die Festlegung, daß (18.15) und (18.16) wegen Unbestimmtheit bzw. Widersprüchlichkeit nicht für $v = 0$, sondern nur unter Flugbedingungen gültig sind. Weil das konventionelle PTL ein Wellenleistungstriebwerk mit der Leistungsangabe von P_e ist, wird auch der ***leistungsbezogene*** spezifische Brennstoffverbrauch b_e angegeben. Dagegen gilt für TL als schuberzeugende Strahltriebwerke bekanntlich der analoge *schubbezogene* Kennwert b_s. Letzteres trifft ebenfalls für PTL bzw. ihnen ähnliche TL zu, wenn ihre Kennwerte schubbezogen dargestellt sind. Die Größen b_e und b_s unterscheiden sich nicht nur durch ihre Maßeinheiten und Zahlenwerte, sondern auch durch ihr unterschiedliches Verhalten bei Änderung der Flugbedingungen.

In Verallgemeinerung dieser Problematik sind letztlich für beliebige Flugtriebwerke mittels (18.4), (18.15) und (18.16) leistungs- und schubbezogene Kennwerte ineinander umrechenbar. Dabei ist ersichtlich, welche Bedeutung dem Wirkungsgrad der Schraube η_{LS} zukommt. Es handelt sich dabei unabhängig von der Triebwerksart um den

Wirkungsgrad des Außenstrombeschleunigers, und zwar unter der Bedingung optimal-ausgelegter Schubmechanik. Das heißt mit anderen Worten: Diese Größe ist der äußere Wirkungsgrad η_a nach (1.7). Demnach gilt für das PTL die Feststellung, daß der äußere Wirkungsgrad mit guter Näherung gleich seinem Luftschraubenwirkungsgrad ist. Mit dieser zulässigen Überschlagsbetrachtung ergeben sich die anstehenden Wirkungsgrade:

$$\eta_a = \eta_{LS} \tag{18.17}$$

$$\eta_i = \frac{\eta_{ges}}{\eta_a} = \frac{v}{b_s\, H_u\, \eta_{LS}} = \frac{v\, \eta_{LS}}{b_e\, v\, \eta_{LS}\, H_u}$$

$$\eta_i = \frac{1}{b_e\, H_u} \tag{18.18}$$

$$\eta_{ges} = \eta_i\, \eta_{LS} = \frac{\eta_{LS}}{b_e\, H_u} \tag{18.19}$$

Mit diesen hier entwickelten Gleichungen (18.1) bis (18.19) sind Prozeß und Kennwerte des PTL als Wellenleistungstriebwerk mit *leistungsbezogenen* Größen überschlägig zu berechnen. So erfolgt die Leistungsanalyse für PTL kleinerer und mittlerer Größe, welche etwa den Leistungsbereich der früheren Kolbenflugtriebwerke ausfüllen. Dagegen gelangen neue PTL als Großantriebe der Verkehrsluftfahrt um $M = 0,8$ leistungs- und kennwertmäßig in den Bereich der Großbläser-ZTL. Deshalb werden sie offensichtlich als Hochbypass-Luftstrahltriebwerke angesehen, ihre Prozesse danach wie bei ZTL berechnet (s. Kap.10.2) und ihre Kennwerte *schubkraftbezogen* wie in Kap.18.4 dargestellt.

18.3 Charakteristiken und Flugbegrenzungen der PTL

Der Arbeitsprozeß des PTL ändert sich abhängig von den inneren und äußeren Bedingungen, wie bei anderen TL auch. Die dabei auftretenden Kennwertveränderungen werden in den bekannten *Kennlinien* dargestellt. Dafür sind die Besonderheiten von Arbeitsprozeß, Regelung und Konstruktion des PTL zu berücksichtigen. Analysiert werden die Veränderungen der Kennwerte P_e und b_e, als Prozeßparameter wird die Temperatur T_{t4} herangezogen. Neben dem Gasgenerator bestimmt die (Verstell)-Luftschraube mit ihrer Charakteristik, darunter dem *Einstellwinkel* φ_{LS} ihrer Blätter als äußere variable Geometrie, den Kennlinienverlauf.

Unter der **Drosselkennlinie** ist hier die Abhängigkeit der Äquivalentleistung P_e und des spezifischen Brennstoffverbrauches b_e von der Leistungsstufe des PTL zu verstehen. Sie ist in der Regel durch bestimmte Werte von Drehzahl und Blattwinkel charakterisiert. Die äußeren Bedingungen dürfen sich dabei nicht ändern. Zahlenangaben gelten für vorhandene Standardbedingungen, bzw. sie sind auf diese umzurechnen.

Der einfachste Fall ist die Untersuchung des *1W-PTL mit fester Geometrie* nach Abb.18.1a einschließlich konstantem Winkel φ_{LS}, nur bei Drehzahlverstellung zwischen den Leistungsstufen *Maximal* und *Leerlauf*. Parameter- und Kennwertverlauf nach dem Drosselprogramm (11.4) sind dazu in Abb.18.4 ersichtlich. Dabei ist der (vom Gasgenerator zusätzlich zur Verlustabdeckung aufzubringende) unterschiedliche Drehmomentenbedarf der Verstellschraube zwischen den (hier konstanten) Blatteinstellwinkeln φ_{min} und φ_{max} zu berücksichtigen. Mit φ_{LS} steigen Drehmoment, Leistung und Prozeßparameter. Bei vergrößertem Betrag von T_{t4} wird dadurch die Arbeitslinie im Verdichterkennfeld angehoben, wodurch es zum Sinken der Stabilitätsreserve ΔK kommt.

Insgesamt zeigen die Parameter bei Zurücknahme der Drehzahl in Abb.18.4 die auch vom ETL her bekannte fallende Tendenz nach (11.4) bis *Leerlauf*. Wegen der Entnahme von Drehmoment sinkt allerdings der Wert von T_{t4} nur wenig. Bei tiefer Drosselung steigt er wegen der Wirkungsgradverschlechterung in den Baugruppen wieder beträchtlich an, steiler als beim ebenso ausgelegten ETL. Die ersichtliche ständige Verkleinerung der Prozeßparameter trotz thermischer Forcierung bewirkt im Drosselbereich (Abb.18.4, rechts) bei fallender Äquivalentleistung das monotone Anwachsen des spezifischen Brennstoffverbauches b_e. Gegenüber dem kleinsten Wert von b_e in der Leistungsstufe *Maximal* arbeitet das PTL im gedrosselten Zustand stets unwirtschaftlicher.

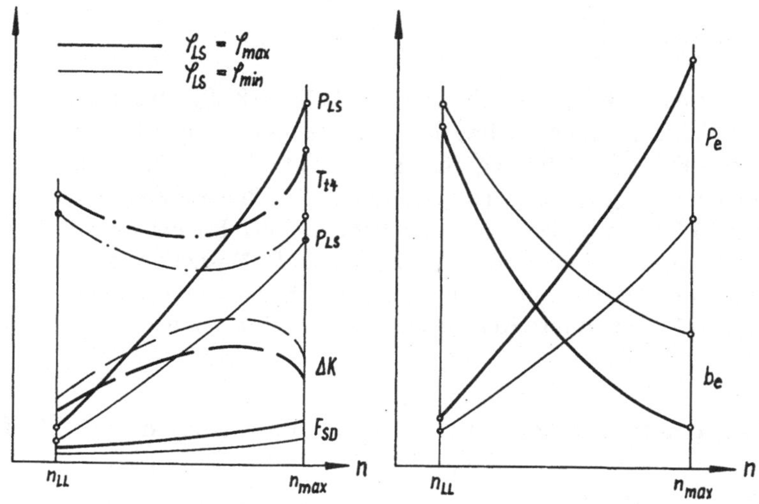

Abb. 18.4: Parameterverlauf bei Drosselung des 1W-PTL mit starrer Geometrie

Der ungünstige Parameterverlauf bei Drosselung kann durch variable Geometrie im Gasgenerator verbessert werden. Am wirksamsten ist die ***Verstellung des Blattwinkels*** φ_{LS} der Schraube. Diese Blattverstellung unter der Bedingung $n_{red} = const$ gewährleistet im Prinzip das Drosselprogramm (11.2). Abb.18.5 zeigt die Drosselkennlinie nach einem kombinierten Regelprogramm. Darin werden die Flugregime bei $n = n_{max} = const$ durch die Verstellung von φ_{LS} nach (11.2) und anschließend der Übergang zu den Betriebszuständen am Boden mittels Drehzahlverstellung bei $\varphi_{LS} = \varphi_{min} = const$, d.h. nach (11.4) gedrosselt.

Dieses kombinierte Drosselprogramm realisiert unproblematisch das Durchfahren des Drehzahlbereiches zwischen n_{max} und n_{min} bei großer Stabilitätsreserve, allerdings kleiner, hier aber nicht benötigter Leistung. Es gewährleistet weiterhin das Durchschreiten der Flugregime mittels Variation des Blattwinkels, nun aber bei n_{max} ohne weitere Drehzahländerung. Damit gelingt es, auf optimaler Fahrlinie mit hohen Baugruppenwirkungsgraden günstige Bedingungen für die Flugleistungsstufen zu verwirklichen. Außerdem benötigen diese Übergänge von der Blattverstellung abgesehen keine Zeit, sodaß hier Laständerungen bei $n = n_{max}$ schnell vonstatten gehen können. Bemerkenswert ist, daß die höhere Belastung nach dem Regelprogramm (11.2) über die höhere Temperatur T_{t4} außer zu größerer Leistung ebenfalls zu einer besseren Wirtschaftlichkeit führt.

Die Schraubenblattverstellung nach dem kombinierten Programm von Abb.18.5 ist als Maßnahme der *äußeren* variablen Geometrie so wirksam, daß 1W-PTL (fast) ohne *innere* variable Geometrie auskommen. Uneingeschränkt gilt das allerdings vorrangig nur für PTL der ersten Generation mit vergleichsweise kleinen Prozeßgrößen und nun unakzeptablen Kennwerten. Zur Drosselung neuer hochausgelegter PTL wird außer der Blattverstellung auch die innere variable Geometrie und vor allem die ***Mehrwellen-Bauart*** ihrer Gasgeneratoren benötigt. Als Vorteil gewährleistet die 2W- bzw. Mehrwellenbauart bekanntlich in weitem Drehzahlbereich geringere Werte von T_{t4}, wodurch unter Drosselung größere Stabilitätsreserve und kleinere Beträge von b_e erzielt werden.

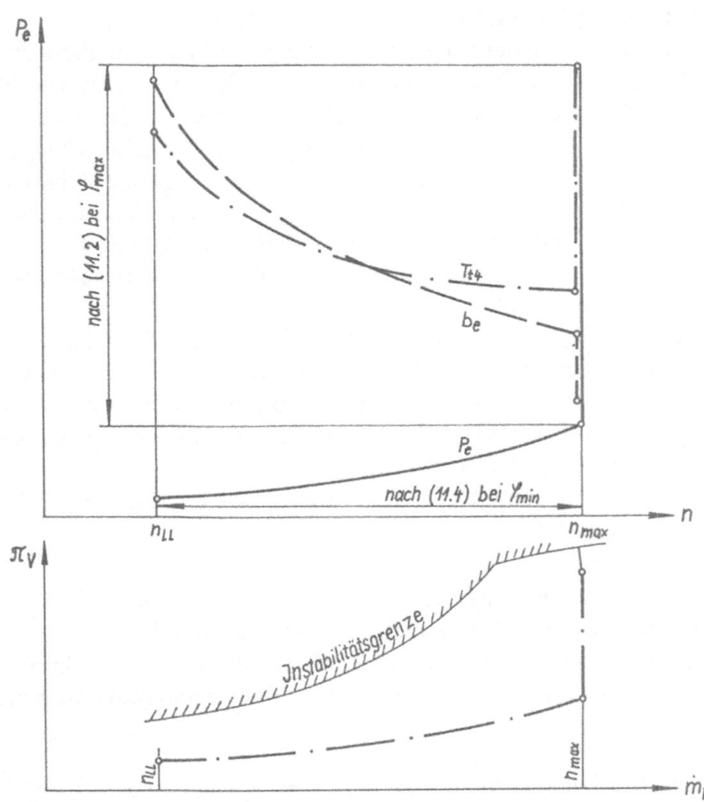

Abb. 18.5: Drosselkennlinie des 1W-PTL mit Luftschraubenverstellung für die Höchstdrehzahl und Drehzahländerung mit dazugehörendem Verdichterkennfeld

Für den Flug optimierte Hochleistungs-PTL mit forcierten Prozeßgrößen würden sich beim Startstandbetrieb oder beim Schnellflug in Erdnähe infolge stark angewachsener Luftdichte durch außerordentlich große Leistungsentwicklung auszeichnen. Ihr Kraftübertragungssystem zur Luftschraube, welches im Interesse eines leichten Triebwerkes nicht überdimensioniert sein darf, erreicht dabei vor allem mit dem Getriebe als Schwerpunkt seine mechanische Grenzbelastung. Zur Gewährleistung der Festigkeit darf in diesem Fall das PTL nicht seine volle Leistung entfalten, d.h. es ist mit reduzierten Parametern zu betreiben. Ein derartiger Zustand ist stets dann gegeben, wenn das durch ein *Torquemeter* zu messende zulässige maximale Wellendrehmoment, welches dem Betrag der größten Wellenleistung $P_W = P_{max}$ entspricht, erreicht und an das Regelsystem weitergemeldet wird. Dabei werden die Temperatur T_{t4} sowie nachfolgend Drehzahl und Prozeß automatisch so abgeregelt, damit das limitierende Regelprogramm

$$P_W = P_{max} = const \tag{18.20}$$

mit noch zulässiger mechanischer Belastung aufrechtzuerhalten ist. Das o.g. Regelprogramm wird bei vielen größeren PTL unter den genannten Bedingungen angewandt. Es wird in den folgenden Kennlinien berücksichtigt. Selbstverständlich ist dabei vorauszusetzen, daß die Leistung des dadurch reduzierten Prozesses den Anforderungen an Start, Steig- und Reiseflug noch genügt.

Durch die **Geschwindigkeitskennlinie** des PTL werden die Veränderungen seiner Beträge P_e und b_e abhängig von der Fluggeschwindigkeit bei gleichbleibender Leistungsstufe und Flughöhe dargestellt. Nach dem Vorbild der Regelprogramme (11.10) bzw. (11.20) sollen dabei die Prozeßparameter T_{t4} und $n = n_{GG}$ im Hauptflugbereich bis $v = v'$ konstant bleiben. Die durch PTL-Flugzeuge zu erreichenden Fluggeschwindigkeiten sind vergleichsweise klein und erlauben höchstens ein geringfügiges Eindringen in den Transschallbereich. Deshalb wird meist von der Angabe der M-Zahl abgesehen und die Geschwindigkeit v wie sonst auch in m/s oder km/h angegeben. Trotz dieser Begrenzung sind die Veränderungen in den Parametern und Kennwerten so groß, daß sie als Kennlinie darzustellen sind.

Durch Stauverdichtung tritt im Flug ein Zuwachs der Größen Π_{ges} und $\dot{m}_L$ ein, wodurch die Äquivalentleistung P_e in Abb.18.6 ansteigt. Zugleich bewirkt die Druckvergrößerung im Gasgenerator für einen w-optimal ausgelegten Prozeß die Annäherung an den η-optimalen, d.h. der spezifische Verbrauch b_e verringert sich nach Abb.18.6. In grober Näherung kann festgestellt werden, daß vom Standbetrieb aus bis $v = 200$m/s (720 km/h) der Wert von P_e um 20...25 % größer, der Betrag von b_e dagegen um ungefähr um 5...8 % kleiner wird.

Gegenüber der in Abb.18.6 etwas abfallenden leistungsbezogenen Größe b_e steigt der schubbezogene Wert b_s über der Fluggeschwindigkeit v verhältnismäßig steil an. Diese aus Gl. (18.16) hervorgehende, sich allgemein für jedes TL ergebende Tatsache ist kein Ausdruck sich verschlechternder Wirtschaftlichkeit, sondern einer Produktbildung mit Größe v als Faktor. Die nach (1.5) proportional zu v wachsende (äußere) Schubleistung

$$P_s = P_a = F_s v = P_e \eta_{LS} \tag{18.21}$$

erfordert selbst bei absinkendem Schub für den Betrag von b_s eine monotone Zunahme. Schließlich ist nach (18.21) für jedes kN an Schub im Flug die um v anwachsende Schubleistung aufzubringen. Dabei wird deutlich, daß im Gegensatz zu den Wellenleistungstriebwerken mit etwa konstanter oder nur wenig zunehmender äußerer Leistung die Strahltriebwerke bei großer M-Zahl außerordentlich große, für den Techniker oft bezweifelte Leistungen $P_s = P_a$ erreichen können.

Der Anstieg von P_e und proportional dazu von P_W führt zum Anwachsen von Drehmoment und mechanischer Belastung bei Wellensystem, Getriebe und Schraube. Um die zulässige Grenzbelastung beim Erreichen der Geschwindigkeit $v = v'$ und oberhalb davon nicht zu überschreiten, wird (anstelle des bisherigen) nun mit dem neuen Regelprogramm (18.20) zur Begrenzung von $P_W = P_{max}$ gearbeitet. Letzteres wird (s.o.) realisiert durch Zurückregeln der Temperatur T_{t4} und der Drehzahl als Folge. Bei ausreichendem Leistungsüberschuß ist die Fluggeschwindigkeit weiter bis zum Transschallgebiet zu vergrößern. Durch die (spätestens hier einsetzende) ungünstige Umströmung der Schraubenblätter sinkt der Wirkungsgrad η_{LS}. Damit entsteht selbst bei großer Leistung in Abhängigkeit von der Charakteristik der Schraube zunehmend weniger Schub, und eine weitere Beschleunigung an der Geschwindigkeitsgrenze des PTL unterbleibt.

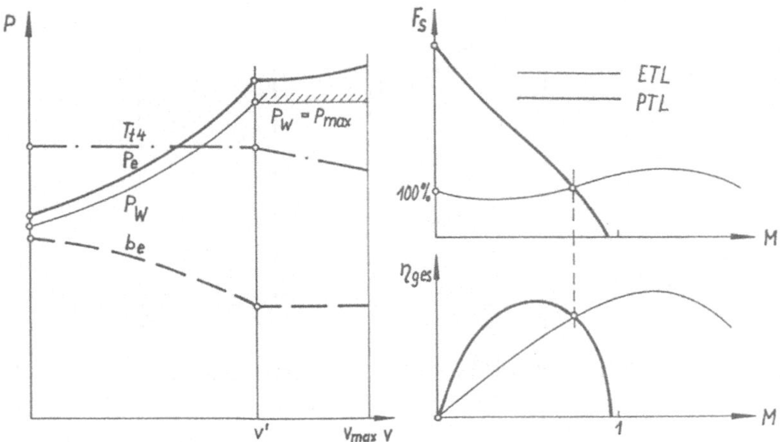

Abb. 18.6: PTL-Geschwindigkeitskennlinie mit Leistungsbegrenzung nach (18.20) (links) sowie Vergleich der Geschwindigkeitskennlinien von PTL und ETL (rechts)

Das PTL zeichnet sich im Startstandbetrieb durch sehr großen Schub aus, woraus sich eine gute Startcharakteristik mit verhältnismäßig kurzer Anrollstrecke ergibt. Im Vergleich zum ETL unter gleichen Bedingungen kann der Standschub nach Abb.18.6 (rechts) abhängig von der Charakteristik der Schraube das Vierfache betragen. Dieser aus der Theorie zu berechnende Schub sinkt aber wegen nur moderat wachsendem Wert von P_e nach (18.4) mit zunehmender Geschwindigkeit monoton ab. Schnell wird dabei der Schnittpunkt mit der Schubkurve des ETL erreicht, und der sich verschlechternde Schraubenwirkungsgrad verursacht im Transschallgebiet steilen Schubabfall.

Außer großem Startschub ist bei kleiner und mittlerer Fluggeschwindigkeit auch der bessere Gesamtwirkungsgrad des PTL nach Abb.18.6 (rechts) hervorzuheben. Auf den Verlauf von F_s und η_{ges} hat die Charakteristik der Luftschraube großen Einfluß. Eine für größere, wenn auch begrenzte Fluggeschwindigkeit optimierte Schraube wird durch kleineren Durchmesser und schlankere Blattprofile ausgewiesen. Die nachteilige Tatsache einer zu enggezogenen Geschwindigkeitsbegrenzung kann durch die doppelt angeordnete Gegenlaufschraube noch etwas weiter hinausgeschoben werden.

Als **Höhenkennlinie** des PTL ist die Abhängigkeit der Kennwerte P_e und b_e gegenüber der Flughöhe H nach den Veränderungen der Außenparameter bei konstanter Leistungsstufe und Fluggeschwindigkeit zu verstehen. Die Regelprogramme (11.10) bzw. (11.20) werden dabei vorausgesetzt. Die Höhenabhängigkeit der Außenparameter geht bekanntlich aus der *Tabelle der Standardatmosphäre* hervor. Nach ihrer Abhängigkeit (s. Abb.18.7) sinken im Höhenbereich zwischen $H = H'$ und $H = 11$ km beide o.g. Kennwerte wegen fallender Beträge von Luftdichte und Temperatur T_{t2} ab. Durch den fallenden Wert von T_{t2} steigt das Druckverhältnis des Verdichters, und die η-optimale Prozeßauslegung mit kleinerem Betrag von b_e wird angenähert. Oberhalb von 11 km Flughöhe erfolgen bei konstanter Eintrittstemperatur T_{t2} die Veränderungen von Prozeß und Leistung parallel zum Außendruck. Der Wert von b_e ändert sich dabei nicht.

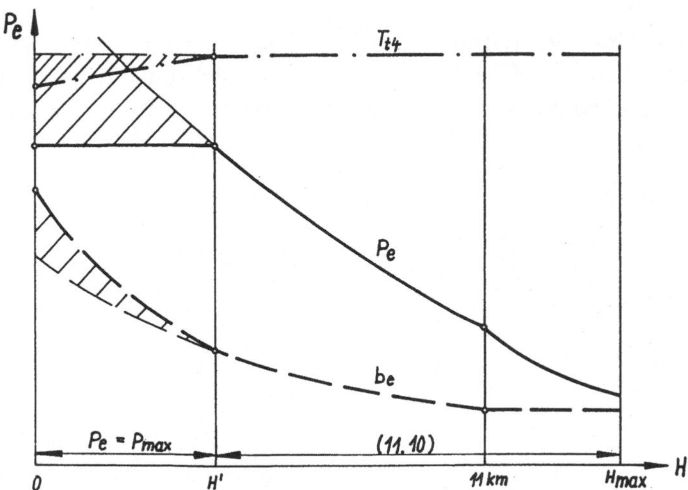

Abb. 18.7: Höhenkennlinie des PTL mit Leistungsbegrenzung für kleine Flughöhe

Mit Verringerung der Flughöhe wachsen beim PTL in der Leistungsstufe *Maximal* die Beträge von P_e und P_W, und zwar bis zum Erreichen eines festigkeitsmäßig festgelegten Grenzwertes. Dieser Zustand tritt abhängig vom Triebwerkstyp in der Auslegungshöhe $H = H' = 3 \ldots 6$ km auf. Deshalb wird von H' aus bis zum Flug in Erdnähe auf das begrenzende Regelprogramm (18.20) mit $P_W = P_{max} = const$ umgeschaltet, wie es in Abb.18.7 ersichtlich ist. Damit wird bei schonender, mechanisch nicht mehr weiter zunehmender sowie thermisch sogar abnehmender Beanspruchung, der Flug fortgesetzt.

18.4 Neue PTL-Projekte in Propfan-Bauart

Durch Anwendung früherer und neuester Errungenschaften sowie unter dem Entwicklungszwang zu Flugtriebwerken höchster Effizienz wurden nach 1975 Initiativen zur Schaffung qualitativ neuer PTL eingeleitet. Ziel war und ist eine weitere Generation von PTL als Antrieb der Verkehrsluftfahrt um $M = 0,8$ (850 km/h) zur Ergänzung bisher eingesetzter Großbläser-ZTL. Bereits durch ihren Sammelnamen „*Propfan*" kommt zum Ausdruck, daß diese neuen Triebwerke die Merkmale von PTL (Prop) und ZTL (Fan) hinsichtlich Prozeß und Aufbau miteinander vereinen.

Der Begriff *Propfan* bezeichnet ein Hochbypass-Triebwerk zwischen den Arbeitsweisen von PTL-Luftschraube und ZTL-Fan. Bei der einfachen *Luftschraube* handelt es sich um frei in der Strömung rotierende Einzelblätter, die im wesentlichen eine auf aerodynamischer Wirkung beruhende Impulsstromänderung herbeiführen. Der Drall kann mittels gegenläufiger Zweitschraube ausgeglichen werden. Dagegen arbeitet der aus Lauf- und Leitgitter bestehende *Fan* kanalisiert nach dem gasdynamischen Verdichterprinzip bei meßbaren Druckveränderungen. Die drallfreie Strömung nach dem Fan bewirkt durch kontrollierte Entspannung in einer Düse die Impulsstromänderung.

Propfans realisieren ein zwischen Schraube und Fan liegendes Arbeitsprinzip im Außenstrom. Dabei ist kein grundsätzlicher Unterschied zwischen den verschiedenen Bezeichnungen, welche Varianten ein und derselben Erscheinung[3] darstellen, zu sehen. Anderseits ist unter „Propfan" sowohl der Außenstrombeschleuniger als auch das Gesamttriebwerk, d.h. ein PTL-ZTL neuer Bauart, zu verstehen.

[3] s.a. Lichtfuß, H.J.; Dupslaff, M.: Vergleichende Betrachtung über das Betriebsverhalten von Verdichter, Mantelschraube und Propeller. MTU München, 1991

Das bedeutet einerseits die Erweiterung des Flugbereiches für PTL bis zur genannten M-Zahl bzw. Geschwindigkeit bei akzeptablem Wirkungsgrad der Schraube. Andererseits heißt es, das Bypassverhältnis des ZTL in Bereiche zu steigern, welche nur mittels neuartiger Bläser (Fans) zu realisieren sind. Damit wird der (bisher begrenzte) Reiseflugzustand von PTL in das Transschallgebiet ausgedehnt und außerdem der (zwar schon angewachsene, aber trotzdem nur mäßig große) äußere Wirkungsgrad bisheriger ZTL nochmals vergrößert. In Verbindung mit leistungsfähigen und effizienteren Gasgeneratoren neuester Entwicklung kann man so durch den Einsatz von Propfans die Wirtschaftlichkeit weiterhin verbessern.

Damit erfolgt ein Zusammenfließen zweier Entwicklungslinien, der des *Wellenleistungstriebwerks* (PTL) mit der des *Luftstrahltriebwerks* (ZTL). Gedanklich und praktisch entsteht ein modifizierter Antrieb, welcher wesentliches beider Arbeitsprinzipien enthält. Zwecks einheitlicher Bewertung wird übereinstimmend mit anderer Literatur, z.B. hinsichtlich Gleichungen, Maßeinheiten und Kennlinien der Bezug zum Strahltriebwerk hergestellt. Die Propfan-Bauart ist als ein modifiziertes ZTL zu werten, ohne dabei die Besonderheiten des PTL zu übersehen. Anders ausgedrückt, es hat eine Integration von Propfan-Schraube und Gasgenerator zu einem neuen TL stattgefunden, welches mittels schubbezogener Kennwerte einzuschätzen ist.

Äußerer Anlaß zur Aufnahme der Propfan-Entwicklung war die drastische Erhöhung des Ölpreises 1973 nach dem Krieg im Nahen Osten. Spontan erfolgte so eine Rückbesinnung auf das PTL und seine gute Wirtschaftlichkeit. Diesen Bestrebungen kamen auch neue Erkenntnisse in der Aerodynamik und Luftschraubentheorie sowie eine geringe Zurücknahme des Reiseflugzustandes von ursprünglich $M = 0,85\ldots0,90$ auf nunmehr in der Regel $M = 0,75\ldots0,82$ entgegen.

Andererseits zeigte sich, daß die Ölpreise nicht permanent hoch blieben und damit die Motivation zur Schaffung von Propfans wieder nachließ. Konstruktive Schwierigkeiten, große Aufwendungen und offensichtlich nur zögernd einsetzende Kennwertverbesserungen verlangsamten das Entwicklungstempo. Tatsache ist, daß nach einem Entwicklungszeitraum von nun bereits mehr als 20 Jahren zwar einige Muster geschaffen und erprobt wurden, aber noch kein Serieneinsatz erfolgte.

Die laufenden Entwicklungen lassen noch keine fundierten Aussagen zur endgültigen Konfiguration zu. Alle hier dargestellten Fakten sind in der Literatur[4] ersichtlich. So werden sich Propfans gegenüber den konventionellen PTL vorrangig auszeichnen durch

- den Außenstrombeschleuniger für höhere M-Zahl und großem Bypassverhältnis;
- einen Mehrwellen-Gasgenerator mit Nutzturbine bei hohen Prozeßparametern;
- die geänderte Leistungsübertragung in mehreren möglichen Ausführungsformen;
- ein Digitalregelsystem mit vielfältigen Eingriffen in Gasgenerator und Schraube;
- bessere Nutzungsmöglichkeit bei gleichguter oder günstigerer Brennstoffeffizienz.

Der neue *Außenstrombeschleuniger* einschließlich seines Antriebs ist als wesentliches Element des Propfan-PTL zu werten. Er ist nicht den traditionellen Ausführungen von Bläser oder Schraube zuzuordnen, sondern als eine nach neuesten Erkenntnissen von Aerodynamik und Festigkeit geschaffene Turbomaschine anzusehen. Gegenüber konventionellen Luftschrauben weisen Propfanschrauben folgende Besonderheiten auf:

- säbelartig in mehreren Ebenen gekrümmte Blätter großer Abmessungen;

[4] Owens, R.E.; Hasel, K.L.; Mapes, D.E.: Ultra High Bypass Turbofan Technologies for the Twenty-First Century. Propulsion Conference Orlando, 1990 Eckardt, D.; Eggebrecht, R.: Wirtschaftliche und umweltfreundliche Triebwerkstechnik. MTU München, 1990 Sieber, J.: Technologieentwicklung für zukünftige ummantelte Propfantriebwerke. MTU FOCUS 1994/1, S. 5 - 15

- erhöhte Blattzahl mit vergrößerter „tragender“ Fläche in der Drehebene;
- optimal eingestellte, schlanke, gestreckte, d.h. sog. ***superkritische Profile***;
- verringerte Umfangsgeschwindigkeit zwecks kleinerer Relativ-M-Zahlen;
- mehrschichtige Blattkörper, u.a. aus hochfesten Faserverbundwerkstoffen.

Mit dieser Formgebung gewährleistet die neugeschaffene, in der Regel weiterhin als „Fan“ bezeichnete Maschine, im Flug bei $M = 0,8$ vergleichsweise hohe Wirkungsgrade von $\eta_{LS} = 0,80 \ldots 0,85$, während sie bei konventioneller Ausführung der Luftschraube schon um $M = 0,65 \ldots 0,70$ steil absinken. Andererseits erreicht der äußere Wirkungsgrad selbst bester ZTL erst bei höherer M-Zahl ein derartiges akzeptables Niveau. Die Darstellung dieses Sachverhaltes in Abb.18.8 zeigt die Überlegenheit des Propfan bis zu etwa $M = 0,85$ im Vergleich zu konventionellen PTL und ZTL für den äußeren Wirkungsgrad. Im Standbetrieb werden sogar Wirkungsgrade bis $\eta_{LS} = 0,93$ genannt.

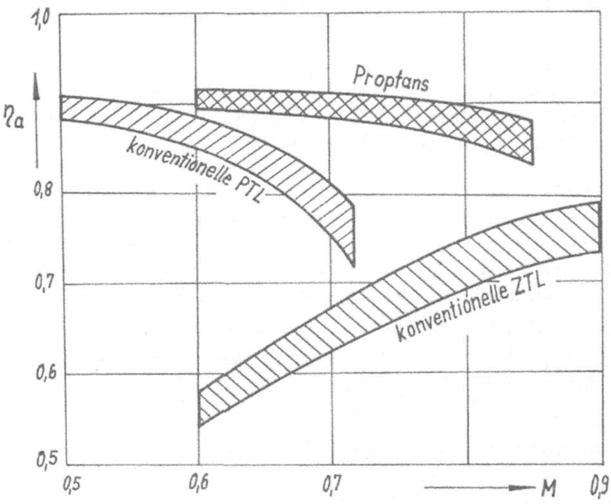

Abb. 18.8: Äußere Wirkungsgrade verschiedender TL im Unterschall-Flugbereich

Erreicht werden diese verbesserten Eigenschaften durch optimale, vorrangig laminare Umströmung infolge der o.g. schlanken ***superkritischen Blattprofile***. In Ergänzung dazu bewirken die säbelförmig in der Drehebene gekrümmten Blätter einen ***Pfeilungseffekt***, welcher die kritische M-Zahl im Relativsystem auf größere Werte verschiebt. Zudem gewährleistet die verhältnismäßig kleine Umfangsgeschwindigkeit an den Blattspitzen von 200...250 m/s die Verringerung der Relativ-M-Zahl. Dadurch gelingt es, die wirksame Umströmung des Propfan beim Reiseflug noch im Unterschall- oder gerade beginnenden Transschallbereich bei geringen Verlusten zu halten.

Einschließlich ihrer Umgebung sind die neugeschaffenen Energiewandler des TL im Außenstrom, wie ***Propfan-Schraube*** oder ***Hochbypass-Fan***, nach mehreren Gesichtspunkten modifizierbar. Dabei hat jede Ausführungsvariante ihre Vorzüge und Nachteile. Wichtige Unterscheidungen sind am Fan selbst hinsichtlich seiner Laufrichtung, der Blattbefestigung an der Nabe und der Art seiner Schuberzeugung vorzunehmen.

Danach erfolgt eine Aufteilung in Einfach- und Gegenlauf-Propfan. Der *Einfachfan* (*Single Rotating*, SR) wird bei kleinen Leistungen verwendet. Zunehmend aber wird bei Neuentwicklungen für große Leistungen und höhere Ansprüche der *Gegenlauffan* (*Contrafan, Counter Rotating*, CR) eingesetzt. Letzterer wirkt im Strahl drallausgleichend, arbeitet mit höherem Wirkungsgrad, ermöglicht größeren spezifischen Schub und kompensiert das Gegendrehmoment im Triebwerksstator.

Die Blattbefestigung an der Nabe erfolgt unter bestimmtem, optimal eingestellten Winkel (Steigung). Sie kann analog zur konventionellen Luftschraube starr oder verstellbar sein. Schnellrotierende Fanschaufeln sind wegen der hohen mechanischen Belastung ***starr eingestellt*** befestigt (*Fixed Pitch*), wobei sich unterschiedliche Flugbedingungen mittels Aufstau von selbst einregeln. Demgegenüber sind meist die langsamer umlaufenden Propfan-Blätter über die Regelung durch Drehung ***verstellbar*** (*Variable Pitch*). Neben einer zwar aufwendigen, alle Betriebszustände optimierenden Feinregelung im Sektor von etwa 90° sind vier Blattstellungen vorrangig relevant: *Start, Reiseflug, Segelstellung* in der Luft bei stehendem Triebwerk und *Schubumkehr*.

Schließlich sind nach der Abgabe bzw. Einleitung der Schubkraft *Zugschraube* und *Druckschraube (Tractor, Pusher)* zu unterscheiden. Hinsichtlich der Installation des Fan am Triebwerk ist die *Front-* (vornliegend), die *Mid-* (in der Mitte befindlich) und die *Aft*-Bauart (am Heck angeordnet) zu nennen. Beide Unterscheidungskriterien bedingen einander. Wie auch bei den traditionellen PTL wird die Zugschrauben- bzw. Front-Bauart bevorzugt. Für den Schallpegel zum Flugzeug und den Einbauwirkungsgrad weist die Druckschrauben- bzw. Aftfan-Bauart Vorteile auf, die zudem keine Wellendurchführung durch den Gasgenerator (s. Abb.18.10) benötigt.

Eine weitere Unterscheidung ist nach der Begrenzung des Außenstromes gegenüber der umgebenden Atmosphäre vorzunehmen. Erfolgt sie, wie vom traditionellen PTL her bekannt, als *freie Stromlinie (Unducted)*, bewegt sich der Luftstrom durch freirotierende Schraubenblätter außerhalb der Triebwerksgondel. Ihre Abmessungen werden nur durch den Gasgenerator mit kleinem Durchmesser bestimmt, woraus sich ein geringer aerodynamischer Widerstand der Triebwerksanlage ergibt.

Wird aber der Außenstrom durch ***Wandungen kanalisiert*** (*Ummantelung, Ducted, Shrouded*), ist analog zum ZTL eine im Durchmesser viel größere Außengondel erforderlich. Der Nachteil des größeren aerodynamischen Widerstandes ist durch sinnvolle Konfiguration der Gondel zu minimieren: Verringerung ihrer Abmessungen (Wandungsdicke, Länge), optimaler Nasenradius und geringe Wölbung (*Slimline Nacelle*) sowie weitgehender Erhalt der ablösungsfreien laminaren Strömung. Der Fan arbeitet dabei im Gondelinneren unter günstigeren Bedingungen: gerichtete Strömung, größere Werte für Massenstromdichte, übertragbare Leistung, Fanwirkungsgrad und spezifischen Schub. Außerdem dämpft der Mantel entscheidend den Lärm der Schraube. Er gewährleistet entsprechend ausgeführt den Berstschutz bei Schaufelbruch und verbessert außerdem die Installationsmöglichkeiten des Triebwerks am Flugzeug.

Wegen dieser Vorzüge wird gegenwärtig der ***ummantelte Propfan*** favorisiert, allerdings nur bei nicht zu großem Bypassverhältnis. Denn nur in diesem Fall ist ein Minimum an aerodynamischem Widerstand garantiert. Das zeigt die (zwar nicht mehr ganz aktuelle, aber prinzipiell zutreffende) Darstellung in Abb.18.9 aus dem Jahre 1980. Abhängig vom Verhältnis der TL-Stirnquerschnitte ist als oberste Kurve die Veränderung des spezifischen Brennstoffverbrauches b_s für ZTL bzw. ummantelte Propfans ein und desselben Gasgenerators eingetragen. Sie erreicht ihr Minimum im mittleren Bereich der Abszisse. Das bedeutet, daß mit noch größerem Triebwerksquerschnitt, d.h.

weiter steigendem, überoptimalem Bypassverhältnis, der (auf den Nettoschub bezogene) Wert von b_s durch wachsenden Widerstand nach seinem Kleinstwert wieder zunimmt.

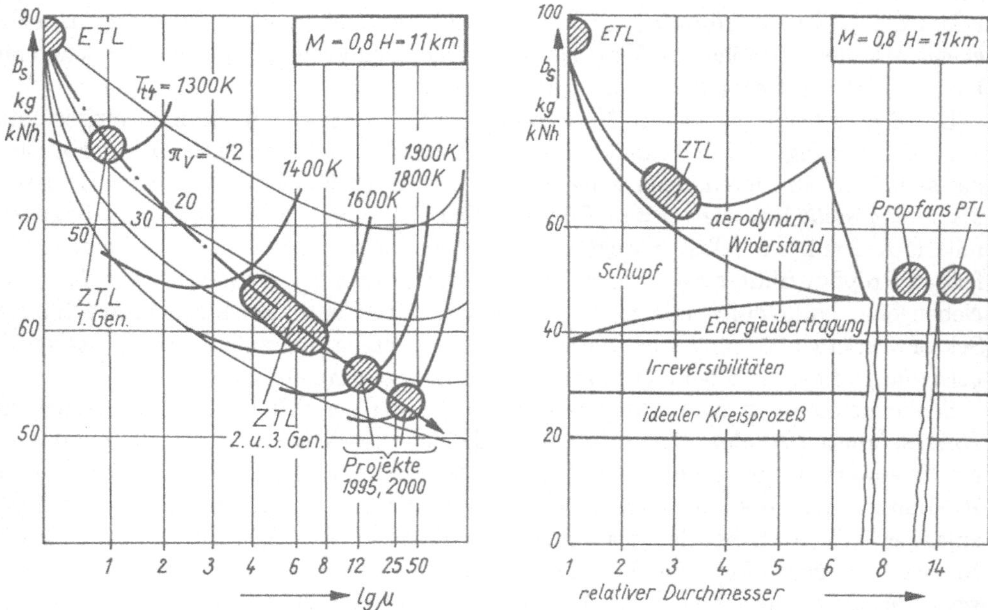

Abb. 18.9: Spezifischer Brennstoffverbrauch des TL, abhängig von Bypassverhältnis und Prozeßparametern (links) sowie den relativen Außengondelabmessungen (rechts)

Im Zusammenspiel von Schubmechanik, Leistungsübertragung und Gondelaerodynamik ergibt sich für ummantelte Gondeltriebwerke nach Abb.18.9 ein Optimum an Wirtschaftlichkeit. Für den dadurch erzielbaren Minimalwert von b_s werden gegenwärtig Bypassverhältnisse um $\mu = 15\ldots20$ genannt. Mit einer weiterhin verbesserten aerodynamischen Umströmung der Gondel wird sich dieser Zustand in Richtung größerer Werte von μ und damit zu besserer Wirtschaftlichkeit verschieben. Somit besteht zunächst ausreichendes, wenn auch nicht unbegrenztes Entwicklungspotential für die Zukunft der *Hochbypass-Manteltriebwerke*. Für die ***nichtummantelten Propfans*** mit Abszissenwerten von 8 und darüber in Abb.18.9 existiert kein Limit, wodurch Werte von $\mu = 40\ldots80$ bei allerdings anderen Nachteilen möglich sind. Propfans mit sehr großen Bypassverhältnissen dürfen also keine ummantelten Gondeln aufweisen. Die begrenzteren Manteltriebwerke erlauben mit $\mu = 15\ldots20$ gegenüber den Werten der neuesten ZTL von 8...10 immerhin eine Verdoppelung des Bypassverhältnisses.

Schließlich ist das Antriebssystem mit bzw. ohne ***Untersetzungsgetriebe*** zu unterscheiden. Der große Abstand in den optimalen Drehzahlbereichen von Nutzturbine (NDT, LT) und Fan ist bekanntlich durch eine Variante mit Getriebe (***Geared Fan***, GF), wie beim konventionellen PTL realisiert, kinematisch zu überbrücken. Dabei wird vorausgesetzt, daß in Zukunft geeignete leichte Getriebe bei hoher Zuverlässigkeit für größere Leistungen von 20...40 MW verfügbar sind. Ihre Verwendung gewährleistet vorteilhaft:

- optimale Drehzahlbereiche für Nutzturbine und Schraube (Fan);
- Verringerung von Stufenzahl und Durchmesser der Nutzturbine;

- günstigere Arbeitspunkte und Wirkungsgrade dieser Maschinen;
- Vergrößerung von Schraubendurchmesser und Bypassverhältnis;
- Absenkung des Lärmpegels und Vibrationsniveaus der Schraube;
- konstruktive Gewährleistung einer Propfan-Schaufelverstellung.

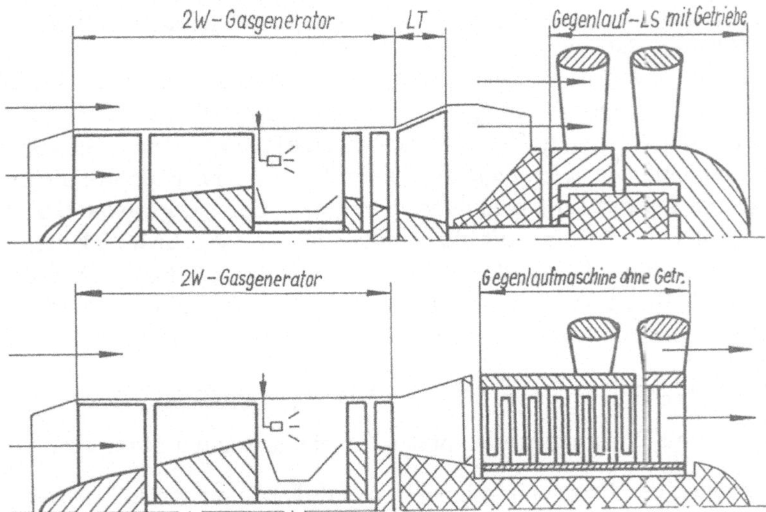

Abb. 18.10: Propfan-Triebwerke mit Gegenlauf-Druckschraube am Heck, oben: mit Getriebe, unten: mit Gegenlaufturbine nebst Gegenlaufschraube in einer Baueinheit

Das Getriebe ermöglicht somit eine Reihe vorteilhafter kinematischer und strömungsmechanischer Veränderungen, welche sich günstig auf Prozeß, Konstruktion und Kennwerte des Propfan auswirken. Es ist als einstufiges Hochleistungs-Planetengetriebe ausgeführt und unmittelbar vor der Propfannabe bzw. in ihr installiert. Darlegungen dazu sind in den Büchern[5] sowie der Arbeit[6] ersichtlich. Aber ungeachtet der Vorzüge sind als wesentliche Nachteile bzw. Anforderungen durch Verwendung eines Getriebes zu nennen:

- Vergrößerung von Baulänge und Masse der Triebwerksanlage;
- schwer beherrschbare Versorgungs-, Schmier- und Kühlprobleme;
- bei Außenkühlung: Zusatzwiderstand durch Schmierstoffkühler;
- bei Innenkühlung: Kühlluftentnahmeverlust beim Gasgenerator.

[5]Müller, H.W.: Die Umlaufgetriebe. Springer-Verlag, Berlin, 1971 Niemann, G.; Winter, H.: Maschinenelemente, Band II. Springer-Verlag, Berlin, 1989

[6]Rüd, K.; Geidel, H.A.; Rohra, A.; Britz, K.: High Performance Gear Systems and Heat Management for Advanced Ducted Systems. MTU München, 1989

Die Entscheidung für oder gegen das Getriebe ist stets ein Kompromiß. In GUS/SU (NK-12: 15 MW) und Großbritannien (Tyne: 5 MW) liegen große, darunter nicht nur positive Erfahrungen in Bau und Betrieb von PTL-Getrieben vor. Eine kritische Wertung ihres bisherigen Einsatzes und neue Technologien stellen eine solidere Basis zur Schaffung von Getrieben dar, womit technologisches Neuland zu betreten ist. Die zusätzliche Konstruktionsmasse des Getriebes läßt sich durch die leichtere schnellaufende (transonische) Nutzturbine größtenteils ausgleichen. Ein leichtes CR-Getriebe ergibt sich bei nur einer Zahnradpaarung als *Differential-Planeten-Getriebe* mit rotierendem Planetenträger, welches Übersetzungsverhältnisse von $i = 6 \ldots 8$ ermöglicht. Als Argument *für* den Getriebeeinsatz gelten die o.g. Vorzüge einschließlich der Kennwertverbesserungen. Jegliche Skepsis wird verstummen, wenn der Makel des Getriebes als „Schwachpunkt" des TL verschwindet.

Inzwischen wurde bei FIAT AVIAZIONE ein 30 MW-Getriebe entwickelt und im ADP erfolgreich bei $\eta_G > 0{,}99$ getestet. Weitere Projekte von Getriebe-Propfans sind die Muster RB541 von RR, 501-M80 von PW und NK-93 von KUSNEZOW (TRUD, GUS/SU).

Eine Alternative dazu ist der getriebelose *Direktantrieb*[7] (*Direct Drive*, DD), allerdings mit bestimmten Einschränkungen. Ein hochtouriger Direktantrieb mit bekannter Nutzturbine scheidet wegen o.g. Gründe aus. Nur eine kinematisch selbständige, verhältnismäßig langsamlaufende *Gegenlauf-Turbine* mit Gegenlauf-Propfan ist hier einsetzbar. Bei fehlenden Leitgittern (Ausnahme: 1. Stufe) und nur gegeneinander rotierenden Laufgittern arbeitet die Turbine mit akzeptablen Umfangsgeschwindigkeiten trotz kleiner Gegenlaufdrehzahlen. Durch das Prinzip gegenläufiger Gitter drehen die Rotoren dieser Turbine im Absolutsystem verhältnismäßig langsam bei etwa verdoppelter und damit günstigerer Gasgeschwindigkeit. Der Direktantrieb weist folgende Nachteile auf:

- nichtoptimale Drehzahlen (Turbine zu langsam, Fan zu schnell);
- Kennwert- und Wirkungsgradeinbußen für die genannten Maschinen;
- Limitierungen des Propfandurchmessers und des Bypassverhältnisses;
- großer Durchmesser der Turbine mit ungünstigen Gasabdichtungen;
- anwachsende Baulänge der Turbine infolge erhöhter Stufenzahl;

Eine besonders einfache getriebelose Unterbauart ohne Antriebswellen ist die Konstruktion von Gegenlaufturbine und -Propfan in einer *Gegenlaufrotor-Baueinheit* nach Abb.18.10 (unten). Diese Maschine, deren beide Rotorhälften mit jeweils 1000...1500 U/min in entgegengesetzter Richtung umlaufen, ist auf die Druckschraubenanordnung beschränkt, bleibt aber von den o.g. Unzulänglichkeiten nicht verschont. Erschwerend ist zusätzlich, daß rotierende Turbinengehäuse und Schraubennabe ein und dieselben Bauteile darstellen. Damit unterliegen die Befestigungs- und Verstellmechanismen bei geringem Bauvolumen verhältnismäßig hohen Abgastemperaturen.

Der getriebelose Antrieb weist also eine Reihe von Nachteilen auf. Andererseits ist der Verzicht auf das schwere und problematische Getriebe einschließlich seiner nicht einfach zu meisternden Folgeerscheinungen ein beachtlicher Vorteil. Das Prinzip der Gegenlaufturbine verringert bei unveränderlicher Stufenzahl durch Einsparung der Leitgitter und vieler Gasabdichtungen ihre Baulänge und Konstruktionsmasse. Trotz begrenzter Schraubendurchmesser sind zunächst ausreichende Bypassverhältnisse von über $\mu = 20$ realisierbar. Mit Inkaufnahme einiger Kennwertabstriche besteht so die Möglichkeit, auf die getriebelose Variante zurückzugreifen, solange kein den Anforderungen entsprechendes Hochleistungsgetriebe zur Verfügung steht.

Nach [60] wurde in der Variante des Gegenlaufrotor-Direktantrieb-Propfans von GE der Demonstrator GE36 mit dem modifizierten Gasgenerator des F404 geschaffen. Daraus sind als Versionen die Projekte GE37 und GE38 entstanden. Das GE36 wurde seit 1986 in der Luft bis $M = 0{,}89$ erprobt. Ein Serientriebwerk ist daraus bisher allerdings nicht gefolgt. Als weiteres derartiges Muster mit Direktantrieb ist das RB529 von RR bekannt.

[7] s.a. Geidel, H.A.; Eckardt, D.: Gearless CRISP - the Logical Step to Economic Engines for High Thrust. MTU München, 1989

Damit sind Propfans in der Lage, sehr große Bypassverhältnisse zu verwirklichen. Arbeiten die Großbläser-ZTL bisher mit $\mu = 6 \ldots 8(10)$, so sind für Propfans $\mu = 12 \ldots 25$ und mehr im Gespräch. Damit wird der auf die Verbesserung der Wirtschaftlichkeit abzielende „Entwicklungspfad" der TL in Abb.18.11 fortgesetzt. Die besten ZTL weisen im Reiseflug einen spezifischen Brennstoffverbrauch von $b_s = 60$ kg/kNh auf. Mit Propfans werden 55...50 kg/kNh angestrebt und künftig u.U. sogar unterschritten. Zur Aufwandsverringerung sind zunächst dafür geeignete ZTL-Gasgeneratoren vorgesehen.

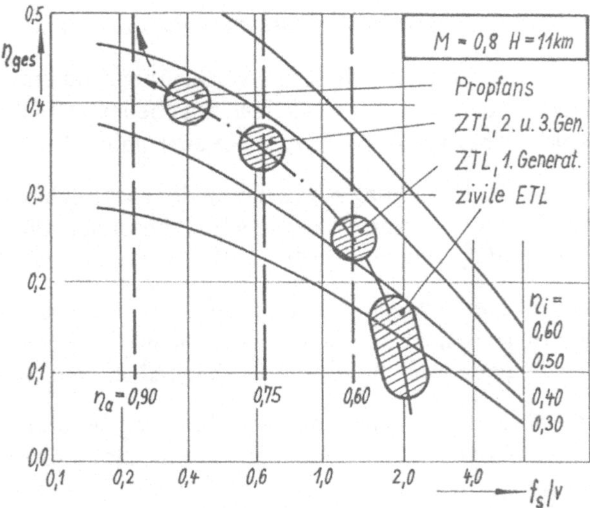

Abb. 18.11: Entwicklungsabhängige Verbesserung von Wirkungsgraden der TL

Zur Gewährleistung dieser o.g. großen Luftmassenströme bzw. Bypassverhältnisse sind leistungsstärkere Gasgeneratoren erforderlich als bisher verfügbar. Dazu werden in Abb.18.9 (links) neben großen Werten für Π_V Temperaturen $T_{t4} = 1800 \ldots 1900$ K aufgezeigt. Variable Geometrie, Mehrwellenprinzip und Digitalregelung sind weiter auszubauen. Zugleich ist aber auch feststellbar, daß der Aufwand zwar immer größer wird, der Zuwachs an Nutzen jedoch immer kleiner ausfällt.

Dazu zeigt Abb.18.11 den „Entwicklungspfad" der TL innerhalb der ersichtlichen Beträge von innerem und äußerem Wirkungsgrad auf. Beim ETL wurde über mehrere Entwicklungsgenerationen hinweg fast ausschließlich der innere Wirkungsgrad mittels gesteigerter Prozeßparameter vergrößert. Das anwachsende Bypassverhältnis der ZTL verbesserte in Gestalt zweier Generationensprünge vorrangig den äußeren Wirkungsgrad. Der innere Wirkungsgrad hat dagegen nur wenig zugenommen. Mit dem nun durch Propfans erzielbaren hohen Niveau von $\eta_a = \eta_{LS} = 0,8 \ldots 0,9$ wird eine kaum noch zu überschreitende Grenze erreicht. Deswegen ist es im Interesse einer künftigen Verbesserung der Brennstoffeffizienz erforderlich, wieder einen Zuwachs an innerem Wirkungsgrad (s. aufwärtsgerichteter Pfeil in Abb.18.11) anzustreben.

Diese Tatsache unterstreicht die Schaffung neuer leistungsstarker und zugleich effizienterer Gasgeneratoren. Außerdem wird dadurch ersichtlich, daß neben weiterer Steigerung der Prozeßparameter in fernerer Zukunft der einfache Joule-Prozeß allein nicht mehr ausreicht und somit andere bzw. geänderte Prozeßführungen zu verwirklichen sind.

18.5 PTL und Wellentriebwerke mit Wärmeregeneration

Größerer Effizienz von Gasgeneratoren dient außer optimal wachsenden Parametern auch der bereits in Kap.2.4 vorgestellte Prozeß mit Wärmeregeneration. Darunter ist bekanntlich der Übergang von sonst nutzloser Abgaswärme nach der Turbine in die verdichtete Frischluft vor der Brennkammer mittels *Wärmetausch* zu verstehen. Die Modifizierung des (idealen) Prozesses zeigt Abb.2.6, den dazu erforderlichen Gaskanal Abb.18.1e als eine von mehreren Möglichkeiten. Bisher bei Flugtriebwerken nur selten, und zwar nur bei PTL angewandt, unterliegt die Wärmeregeneration im Interesse eines höheren inneren Wirkungsgrades bestimmten Voraussetzungen bzw. Einschränkungen:

1. Bekanntlich ist Wärmetausch nur bei kleinerer Verdichtungsendtemperatur T_{t3}, verglichen zur Gastemperatur T_{t5} zu verwirklichen. Das bedeutet „schmale" Prozesse mit kleinem Druckverhältnis $\Pi < \Pi_{opt\,\eta}$, aber sehr hoher Temperatur T_{t4}.
2. Bei PTL führt die thermische Forcierung zur Senkung des spezifischen Brennstoffverbrauches. Von allen Triebwerksarten ist also das PTL besonders für hohe Werte von T_{t4} und T_{t5} und demzufolge vorrangig für die Wärmeregeneration geeignet.
3. PTL und Wellentriebwerke erleichtern den Wärmetausch wegen unbedeutender kinetischer, aber hoher thermischer Energie im austretenden Gasstrom. Hier kann zum Vorteil der Wärmeregeneration auf geringen Abgasschub verzichtet werden.
4. Für Drosselung ist die thermische Belastung des PTL-Gasgenerators sehr hoch, während sich zugleich die Wirtschaftlichkeit stark verschlechtert. Deshalb ist gerade hier, z.B. für ein Langzeit-Sparflugregime, die Wärmeregeneration wichtig.
5. Als Folge kleiner Wärmedurchgangskoeffizienten erfordert die große Wärmetauscherfläche außer zusätzlichen Irreversibilitäten den Anstieg von Konstruktionsmasse, Bauvolumen und Stirnquerschnitt im Vergleich zum Ursprungstriebwerk.

Der Gaskanal mit aufwendiger Stromführung ist für die z.Z. denkbare und bisher angewandte Möglichkeit der Wärmeregeneration aus Abb.18.1e ersichtlich. Dadurch wird der unmittelbare Kontakt Heißgas/Frischluft, stofflich getrennt durch die dünne Wandung der Heizfläche eines *Rekuperators*, gewährleistet. Dieser Gaskanal mit mehrfacher Umlenkung einschließlich komplizierter Strömung im Rekuperator selbst führt gas- und luftseitig zu *hydraulischen Irreversibilitäten*. Die dadurch in der realen Strömung auftretenden Druckabfälle werden durch die Druckerhaltungskoeffizienten σ_G und σ_L erfaßt:

$$\sigma_L = \frac{p_{t3'}}{p_{t3}} \tag{18.22}$$

$$\sigma_G = \frac{p_{t5'}}{p_{t5}} \tag{18.23}$$

Thermische Irreversibilitäten ergeben sich durch den realen Wärmetausch infolge endlicher Temperaturdifferenz ΔT_R zwischen Gas- und Luftstrom. Je größer sie zugelassen wird, um so kleiner kann die Heizfläche des Rekuperators nach den Gesetzmäßigkeiten des Wärmedurchgangs bemessen werden, um so größer sind aber die Verluste durch unvollkommene Wärmeregeneration. Diese Problematik wird energetisch durch den sog. *Regenerationsgrad* η_{WR} dargestellt. Mit den Bezeichnungen von Abb.18.12 ergibt sich:

$$\eta_{WR} = \frac{h_{t3'} - h_{t3}}{h_{t5} - h_{t3}} = \frac{T_{t3'} - T_{t3}}{T_{t5} - T_{t3}} \tag{18.24}$$

Der Betrag von η_{WR} gibt den Anteil an regenerierter Wärme an. Ein theoretisch angenommener Idealwert $\eta_{WR} = 1$ wäre nur mit $\Delta T_R = 0$ bei unendlich großer Heizfläche, d.h. bei technisch nicht ausführbarem Rekuperator zu verwirklichen. Deshalb wird für PTL als Optimum ein Zustand mit $\eta_{WR} = 0,60 \ldots 0,75$ angestrebt. Kleinere Regenerationsgrade bringen zu geringen Nutzen hinsichtlich innerem Wirkungsgrad und spezifischem Brennstoffverbrauch, größere führen zu nicht gerechtfertigtem konstruktiven Mehraufwand, zu großen Abmessungen sowie zu hohen Druckverlusten. Bei stationären Gasturbinenanlagen, wo der Mehraufwand an Masse und Volumen eine untergeordnete Rolle spielt, sind mittels Rekuperator auch höhere Werte bis etwa $\eta_{WR} = 0,85$ zu verwirklichen.

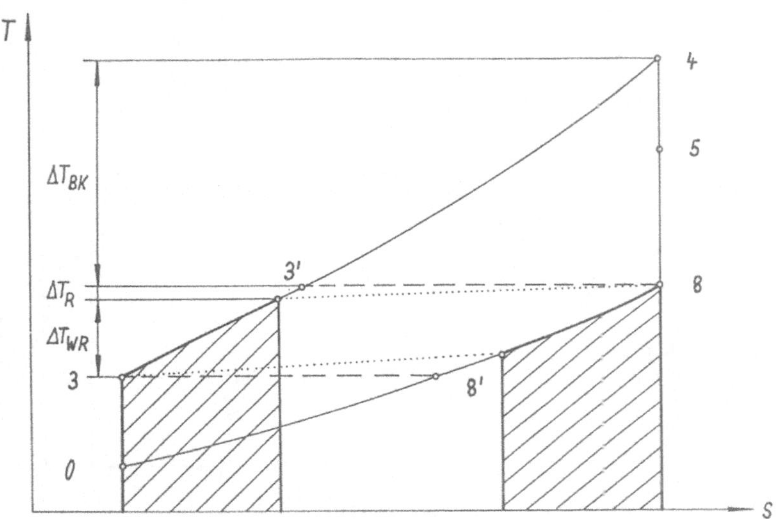

Abb. 18.12: Idealer Prozeß mit Wärmeregeneration bei realer Temperaturdifferenz

Auf der Basis idealer Prozesse zeigt der Unterschied zwischen den (thermischen) Wirkungsgraden nach den Ausdrücken (2.28) und (2.41) den mittels Wärmeregeneration ideal erzielbaren Unterschied. Ein exakter quantitativer Vergleich ist durch Gegenüberstellung der inneren Wirkungsgrade realer Prozesse ohne WR (η_i nach (2.39)) sowie mit WR (η_{iWR} nach [89] bzw. [85]) in den folgenden Gleichungen ersichtlich. Dabei wird ein Wellentriebwerk mit vollständiger Gasentspannung in der Turbine ohne Berücksichtigung von Druckverlusten im Rekuperator vorausgesetzt. Diese Wirkungsgrade sind:

$$\eta_i = \frac{w_i}{q_{zu}} = \frac{(\Pi^m - 1)\,\eta_K^{-1}\,(\tau\eta_K\eta_E K_i \Pi^{-m} - 1)}{\tau - 1 - (\Pi^m - 1)\,\eta_K^{-1}} \tag{18.25}$$

$$\eta_{iWR} = \frac{w_i}{q_{zu} - \eta_{WR}\, q_{WR}}$$

$$\eta_{iWR} = \frac{(\Pi^m - 1)\,(\tau\eta_K\eta_E K_i \Pi^{-m} - 1)}{\tau\eta_{WR}\eta_K\eta_E K_i(1 - \Pi^{-m}) + (1 - \eta_{WR})[\eta_K(\tau - 1) - (\Pi^m - 1)]} \tag{18.26}$$

Die Unterschiede in den Wirkungsgradverläufen zeigt die Darstellung in Abb.18.13. Der Kurvenverlauf des *Prozesses ohne WR* mit dem Maximum von η_i beim Druckverhältnis $\Pi_{opt\,\eta}$ entspricht dem von Abb.10.1. Damit ist die Obergrenze der Wirtschaftlichkeit für den bisherigen Prozeß ohne WR (d.h. für $\eta_{WR} = 0$) vorgegeben. Bei Drosselung des Triebwerks aus dem Zustand von $\Pi_{opt\,\eta}$ beginnt so der wenig wirtschaftliche Betriebsbereich. Er wird aber durch den *Prozeß mit WR* günstiger gestaltet. Abhängig von Regenerationsgrad η_{WR} und Drosselzustand gewährleistet er hier einen z.T. beträchtlich höheren Betrag von η_{iWR}. Nach Abb.18.13 steigt im oberen Teillastbereich vom η-optimalen Zustand aus der Betrag des inneren Prozeßwirkungsgrades mit WR zunächst beträchtlich an, und erst bei tieferer Drosselung sinkt er steil ab. Abb.18.13 zeigt anschaulich den Wirkungsgradverlauf des gedrosselten PTL ohne bzw. mit WR.

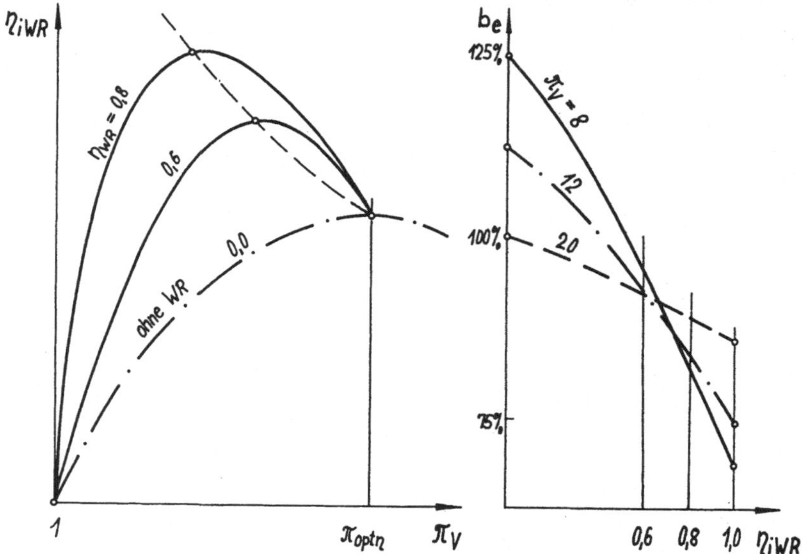

Abb. 18.13: Verbesserung des inneren Wirkungsgrades und des (äquivalenten) spezifischen Brennstoffverbrauches durch Wärmeregeneration bei PTL und TM

Entscheidend zur Realisierung der Wärmeregeneration ist die Gestaltung des eigentlichen Rekuperatorelements, der sog. *Matrix*. Sie wird als Gegen- oder Mehrfachkreuzströmer betrieben und ist dafür als Platten- oder Röhrenwärmetauscher ausgeführt. Wegen der günstigen, weitgehend laminaren Umströmung bei verhältnismäßig großem Wärmedurchgang werden neuerdings, insbesondere bei MTU München, Röhrchen mit schlank-ovaler, beiderseits zugespitzter Querschnittsform in dichter Packung verwendet. Diese sog. *Lanzettenmatrix* verbindet geringe Druckverluste mit großer Heizfläche und gewünschter Kompaktheit. Bei Rohrwandstärken von 0,1...0,3 mm sowie Gastemperaturen von 1000 K und mehr sind Flächendichten von 2000...5000 m^2/m^3 bei hoher Lebensdauer zu erzielen. Aber noch längst nicht alle Probleme des Wärmetausches in TL sind damit gelöst.

Die optimale Bemessung der Gesamtmatrix hängt ab von der Charakteristik des Triebwerks. Die Parameter sollten dem vorgesehenen Betriebszustand entsprechen. Für die oberen Leistungsstufen mit größerem Massenstrom muß, will man die großen Druckverluste im Gasaustritt vermindern, ein zuschaltbarer *Umgehungskanal* parallel dazu installiert werden. Aus Abb.18.13 ist ersichtlich, daß die Wirkungsgradmaxima mit WR bei großen Regenerationsgraden für flugrelevante Betriebszustände wegen zu tiefer Drosselung u.U. nicht zu nutzen sind. Deshalb würde sich hier bei hohen Anforderungen an WR eine Variation des Regenerationsgrades η_{WR} anbieten, welche durch Abschaltung von Rekuperatorsektionen zu erreichen wäre. Damit wäre bei Teillast ein größeres Gebiet hohen inneren Wirkungsgrades einzuregeln. Es zöge somit auch hier die variable Geometrie ein.

Bisher wurde nur die Konfiguration des hinter der Turbine angeordneten Rekuperators nach Abb.18.1e betrachtet. Diese offenbar einfachste Möglichkeit ging von stationären GTA aus, erfordert aber mehrfache Stromumlenkung mit zusätzlichen Verlusten und vergrößertem Stirnquerschnitt. Trotz vieler theoretischer und praktischer Arbeiten sind hier weitere Innovationen erforderlich. Der Wärmetausch läßt sich auf andere, für die Praxis allerdings auch nicht günstigere Art und Weise, realisieren: mittels eines *Rekuperator-Verbundsystems* sowie über einen *rotierenden Regenerator*.

Beim einfachen Rekuperator nach Abb.18.1e erfolgt der Wärmetausch unmittelbar durch Heizflächenwandungen. Dagegen wird in einem ***Rekuperator-Verbundsystem*** zirkulierendes Fluid, z.B. ein Flüssigmetall, verwendet. Es gewährleistet den Wärmetransport über Röhren von einem hinter der Turbine eingebauten Rekuperator nach vorn zu einem weiteren, zwischen Verdichter und Brennkammer installierten. Damit bleibt der Gasgenerator als geradeaus durchströmter Kanal mit nur geringfügig ungünstigeren Querschnittsabmessungen und Druckverlusten erhalten. Das Triebwerk wird aber durch das Rekuperator-Verbundsystem länger, schwerer und komplizierter.

Der ***rotierende Regenerator*** besteht aus einer umlaufenden Scheibe als Speichermasse, welche abwechselnd in die Kanäle beider Medien eintaucht und so die Wärme vom Abgas auf die Luft überträgt. Er verwirklicht höhere Regenerationsgrade bis zu $\eta_{WR} = 0,92$, bereitet aber Schwierigkeiten in der Gasabdichtung wegen der Druckunterschiede zwischen den Medien. Seine Rotation mit kleiner Drehzahl erfordert einen Antrieb. Wegen all dieser Umstände bestehen Zweifel in der Verwendung des Regenerators wie auch des Rekuperator-Verbundsystems für zukünftige Flugtriebwerke.

Für Wellentriebwerke, welche mit unteroptimalem Druckverhältnis, z.B. längere Zeit im Drosselzustand arbeiten, bringt die Wärmeregeneration eine erhebliche Verbesserung der Wirtschaftlichkeit. Das betrifft die Antriebe von Kurzstrecken-, Überwachungs-, Kurz- und Senkrechtstartflugzeugen sowie Hubschraubern. Schließlich befinden sie sich einen beträchtlichen Teil von Flugstrecke bzw. Flugzeit im o.g. Betriebszustand. Die Wärmeregeneration gewährleistet hier die Absenkung des spezifischen Brennstoffverbrauchs um 20...35 (!) %. Dafür lohnt sich in vielen Fällen der beschriebene Mehraufwand, vor allem für neuentwickelte thermisch hochbelastete PTL, einschließlich vieler Gasturbinenantriebe in anderen Einsatzbereichen.

Zur Vertiefung dieses Sachverhalts wird auf die unten genannten Aufsätze[8] sowie auf [82] und [110] hingewiesen. Wenn auch gegenwärtig noch von geringer Bedeutung, wurde die Wärmeregeneration hier als wichtigstes Beispiel des Wärmetausches in Flugtriebwerken vorgestellt, weil künftige Antriebstechnik im Interesse höherer innerer Wirkungsgrade ohne sie in größerem Umfang mehr nicht auskommen wird.

18.6 PTL mit zweistufigem Arbeitsprozeß

TL in bisheriger Ausführung haben thermodynamisch den (*einstufigen*) *Jouleprozeß* nach Abb.18.14 zur Grundlage. Seine Auslegungsmöglichkeiten und Modifizierungen (Nachverbrennung, Verdichtungskühlung und ZTL-Strommischung) sind bedeutend. Trotzdem werden sie hinsichtlich ihrer Auswirkungen auf Prozeßführung, Triebwerksaufbau, Kennwerte und Charakteristiken durch den künftig denkbaren *Zweistufen-Jouleprozeß* übertroffen. Dieser Abschnitt hier wird analytisch nachweisen, daß bei günstiger Prozeßführung meßbare Kennwertverbesserungen möglich sind. Zur Kennzeichnung der beiden unterschiedlichen Prozesse und den sie realisierenden, in den folgenden Abb.18.14 und 18.15 ersichtlichen Triebwerksanlagen, werden im weiteren stets die Vorsatzkürzel *1J-* und *2J-* verwendet.

Der 2J-Prozeß ist nach Abb.18.15 als Ergänzung des 1J-Prozesses mittels weiterer Zustandsänderungen, demnach auch größeren thermodynamischen Veränderungen, aufzufassen. Dazu gehören: die Verdichtung mit *Zwischenkühlung*, die Entspannung mit *Zwischenaufheizung* sowie die *Wärmeregeneration*. Eine derartige Prozeßführung ist auf unterschiedliche Art und Weise zu verwirklichen. Dafür wird ein Gasgenerator komplizierteren Aufbaus mit Verdoppelung der Baugruppen einschließlich zweier

[8] Collin, K.H.: Möglichkeiten des Einsatzes von Wärmetauschern in Fluggasturbinen. Jahrbuch DGLR 1982 III, 088-1 bis 088-11
Pletschacher, P.: Wärmetauscher für Wellentriebwerke. Interavia 5/1987, S. 503

Wärmetauscher benötigt. Seine Realisierung würde neue Technologien erfordern und in Verbindung mit dem Bypassprinzip der TL zu weiteren Kennwertverbesserungen führen, welche über die Möglichkeiten des 1J-Prozesses hinausgingen.

Im hier zu untersuchenden 2J-Prozeß ist (auch im Hinblick auf künftige Energieträger) ***Flüssigwasserstoff*** (LH_2) als gleichgroßer Massenstrom für Brenn- und Kühlstoff vorgesehen. Seine Wärmesenke gewährleistet die Zwischenkühlung des schon teilverdichteten Luftstroms zwischen beiden Verdichterhälften bis zur Zwischentemperatur T_{t21K} herab.

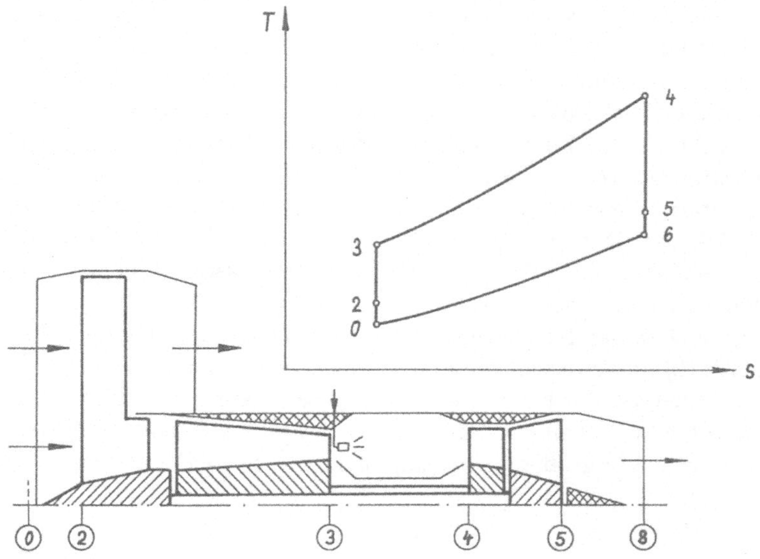

Abb. 18.14: TL mit Gasgenerator für den bekannten Einstufenprozeß

Der zweite Vorgang der Teilverdichtung läuft also bei tieferem Temperaturniveau ab. Nach der Verdichtung wird die Luft von T_{t3} auf $T_{t3'}$ regenerativ und anschließend auf T_{t4} durch Verbrennungsvorgänge aufgeheizt. Die Verbrennung erfolgt doppelt, das zweite Mal als Zwischenaufheizung nach der Teilentspannung. Für beide Vorgänge sind zwei Brennkammern erforderlich, welche die Aufheizung zwischen etwa gleichen Temperaturdifferenzen durchführen. Im Interesse größter innerer Arbeit und günstiger Wärmeregeneration wird die zweite Teilentspannung im Punkt 5 annähernd beim Außendruck abgeschlossen. Nach Abgabe der regenerativen Wärme verläßt der Innenstrom mit der Temperatur T_{t8} Wärmetauscher und Triebwerk.

Das bedeutet, daß der Innenstrom nur zur Aufbereitung von innerer Arbeit dient, selbst aber keinen Schub erzeugt. Die gesamte innere Arbeit wird über den Antrieb auf die Propfanschraube übertragen, wodurch Schub nur im Außenstrom entsteht. Demnach wäre ein so arbeitendes Triebwerk als reines Außenstrom-PTL zu bezeichnen. Nur diese in Abb.18.15 dargestellte aussichtsreiche Prozeßvariante (von vielen anderen möglichen) wird hier im weiteren quantitativ untersucht.

Bei Temperaturgleichheit ergeben sich für den 2J-Prozeß zwei wesentliche Vorzüge: die größere Fläche an innerer Arbeit und ein größerer Abstand der Mitteltemperaturen für Zufuhr und Abfuhr der Wärme, d.h. ein höherer thermischer und somit auch innerer Wirkungsgrad. Diese als *Carnotisierung* bezeichnete und als Annäherung an den Carnotprozeß zu wertende Maßnahme, wird zweistufig für TL noch als realisierbar angesehen. Die o.g. Vorzüge berechtigen zur Annahme, das Entwicklungspotential des TL durch Schaffung eines effizienteren 2J-Gasgenerators trotz steigenden Aufwandes erweitern zu können. Die Kombination von Propfan mit hohem *äußeren* und 2J-Gasgenerator mit größerem *inneren* Wirkungsgrad läßt beträchtliche Kennwertverbesserungen erwarten. Die quantitative Prozeßanalyse wird diese Theorie-Erkenntnis letztlich bestätigen.

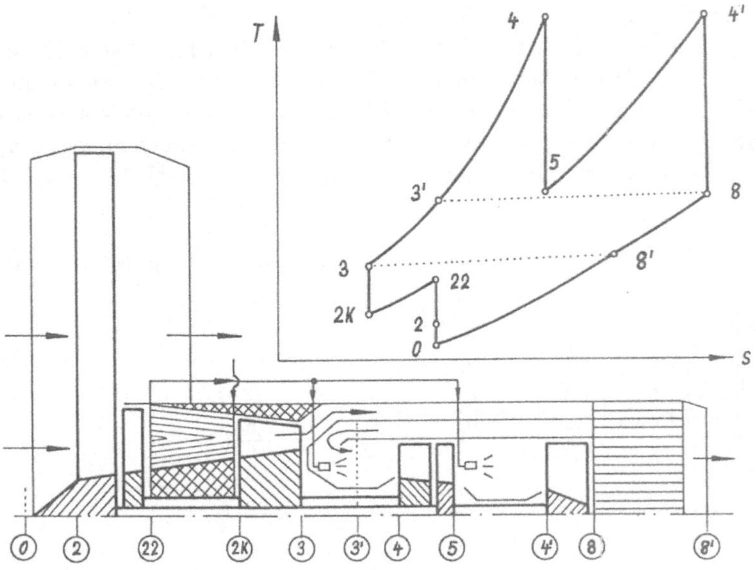

Abb. 18.15: TL mit Gasgenerator des zu analysierenden Zweistufenprozesses

Dazu wird für das 2J-TL auf der Grundlage des Bypasstriebwerks analog zum Gleichungssystem in Kap.10.2 ein vereinfachtes Rechenprogramm geschaffen. Zusätzlich einzugebende Variable sind: die für den realen Wärmetauscher erforderliche Temperaturdifferenz $\Delta T_R = T_{t5} - T_{t3'}$ und der Druckerhaltungskoeffizient beim (einseitigen) Durchströmen des Wärmetauschers $\sigma_G = \sigma_L = \sigma_R$ nach (18.22). Wegen des dreimaligen Durchströmens der Wärmetauscher geht letzterer vereinfacht mit dem Term σ_R^3 in die Rechnung ein. Damit sind nach Abb. 18.15 die Prozeßtemperaturen zu berechnen:

$$T_{t21} = T_{t2}\left[1 + \left(\Pi_V^{m/2} - 1\right)\eta_K^{-1}\right] \tag{18.27}$$

$$T_{t5} = T_{t4}\left\{1 - \left[1 - \left(\Pi_{EL}\,\Pi_V\,\sigma_R^3\right)^{-m/2}\right]\eta_E\right\} \tag{18.28}$$

$$T_{t21K} = T_{t21} - \frac{2c_{pG}T_{t4} - c_{pL}(T_{t5} + T_{3'})}{H_{uH}\,\eta_A}\,\frac{c_{pH}(T_{t21} - 20K) + r_H}{c_{pL}} \tag{18.29}$$

Die Stoffwerte der spezifischen Wärmekapazitäten c_p und der Verdampfungsenthalpie r_H stammen aus Tabellen. Der Heizwert für Wasserstoff beträgt $H_u = 120$ MJ/kg. Damit lassen sich Gleichungen zur Bestimmung von Kennwerten des 2J-TL aufstellen:

$$w_i = \frac{R}{m\eta_K}\Big\{2T_{t4}\eta_K\eta_E K_i\left[1-\left(\Pi_{EL}\Pi_V\sigma_R^3\right)^{-m/2}\right] -T_0\left(\Pi_{EL}^m-1\right)-\left(T_{t2}-T_{t21K}\right)\left(\Pi_V^{m/2}-1\right)\Big\} \quad (18.30)$$

$$f_s = \sqrt{2\,w_i\,\eta_c\,\mu^{-1}+(M\,a)^2}-M\,a \quad (18.31)$$

$$b_s = \frac{R_G}{m_G}\,\frac{(2T_{t4}-T_{t5}-T_{t3'})}{H_{uH}\,\eta_A\,f_s\,\mu} \quad (18.32)$$

$$\eta_{ges} = \frac{M\,a}{b_s\,H_{uH}} \quad (18.33)$$

Alle zur Berechnung erforderlichen Wirkungsgrade und Koeffizienten sind gestaffelt nach den verschiedenen Niveaus N10 bis N21 in Tab.18.1 aufgelistet. Dieselben Größen wurden bereits zur Prozeßberechnung in den Kap.10.1 und 10.2 verwendet. Da es sich um zukünftige thermisch hochausgelegte TL mit zweifellos weitgehend verringerten Irreversibilitäten in ihren Baugruppen handelt, wurden, wie jeweils angegeben, die Niveaus N20 und N21, und zwar stets einheitlich für die Prozesse nach 1J sowie 2J, eingesetzt.

Tab. 18.1: Wirkungsgrade und Koeffizienten zur Berechnung der 1J- und 2J-Prozesse

Niveau	η_K	η_E	K_i	$\eta_K\eta_E K_i$	η_A	σ_R	η_c
N10 (N1)	0,85	0,92	1,06	0,83	0,97	0,92	0,78
N11	0,86	0,93	1,06	0,85	0,97	0,93	0,79
N20 (N2)	0,89	0,94	1,07	0,90	0,99	0,95	0,82
N21	0,90	0,95	1,07	0,91	0,99	0,96	0,83

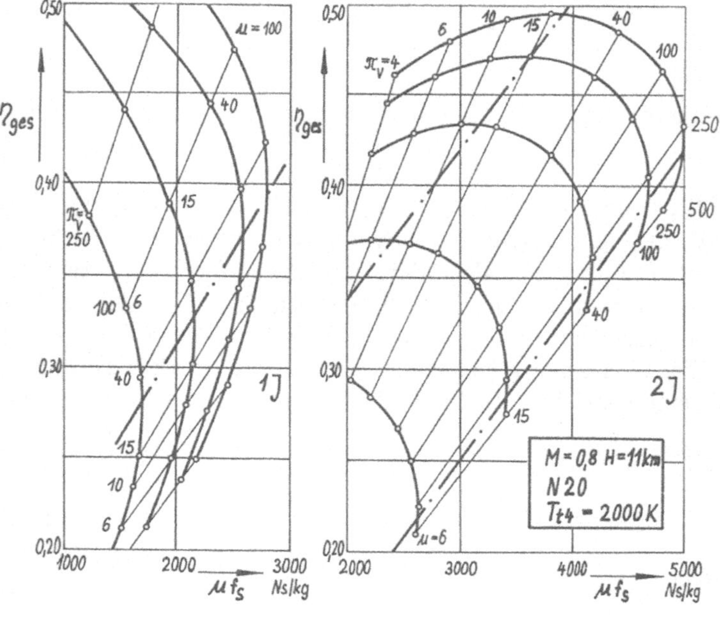

Abb. 18.16: Kennfelder für die Prozesse von 1J (links) und 2J (rechts)

Damit wird ein objektiver Kennwertvergleich von 2J-TL und 1J-TL unter gleichen Voraussetzungen in Abb.18.16 und Tab.18.2 durchgeführt. Als Bedingung dient der Flug mit $M = 0,8$ in der Stratosphäre. Weiterhin gilt die Annahme, daß bei Variation der Temperatur T_{t4} für beide Verbrennungsvorgänge das stöchiometrische Brenngemisch nicht überschritten wird. Das bedeutet bei sehr hohen T_{t4}-Werten, daß als Folge der ebenfalls sehr großen Beträge von T_{t5} das „heiße Ende" des Wärmetauschers an die Grenze der thermischen Belastung gelangt. Das Problem der thermischen Standfestigkeit besteht damit außer für die Turbine auch für den Wärmetauscher.

Die Schubwirksamkeit dieser Außenstrom-TL ist durch das Produkt aus spezifischem Schub und Bypassverhältnis $(f_s\,\mu)$, ihre Wirtschaftlichkeit durch den (von der Brennstoffart unabhängigen) Gesamtwirkungsgrad η_{ges} dargestellt. Das Maximum an Schubwirksamkeit ist mit früheren Betrachtungen übereinstimmend der Zustand für die größte innere Arbeit w_i und wird als w-optimale Prozeßauslegung bezeichnet. Unter η-optimaler Auslegung ist der Prozeß mit größtem Gesamtwirkungsgrad zu verstehen. Beide Auslegungen sind in Abb.18.16 strichpunktiert eingezeichnet.

In der grafischen und tabellarischen Gegenüberstellung sind die Kennwertunterschiede zwischen beiden Prozessen auszuwerten. Die Vorgabe der Prozeßparameter (Temperatur T_{t4}, Bypassverhältnis μ) wurde dabei bewußt ins Extreme erweitert. Für Prozeß und TL sind dadurch auftretende Begrenzungen sichtbar. Danach sind im Vergleich von Prozessen für 2J mit denen für 1J folgende wesentliche Feststellungen hervorzuheben:

1. Bemerkenswert ist die durch das Produkt $(f_s\,\mu)$ ausgewiesene größere Wirksamkeit des Bruttoschubes. Dieser wächst mit ansteigenden Werten von Turbineneintrittstemperatur, Wirkungsgradniveau sowie auch Druck- und Bypassverhältnis.
2. Im Bereich realisierbarer Prozeßparameter ist der ersichtliche Gesamtwirkungsgrad höher. Seine Zunahme erfolgt mit Temperatur und Bypassverhältnis bei aber nur verhältnismäßig kleinen, problemlos zu verwirklichenden Druckverhältnissen.
3. Die Reihenfolge der Prozeßauslegungen ist hier umgekehrt: Bei sehr kleinem Druckverhältnis tritt mit höchstem Wirkungsgrad der η-optimale, und erst bei extrem großem Druckverhältnis der w- bzw. schuboptimale Betriebszustand ein.
4. Der Wirkungsgrad läßt sich abhängig vom Druckverhältnis nicht beliebig vergrößern. Mit Überschreiten des η-optimalen Zustandes sinkt er von hohem Betrag wieder ab, und er erreicht nicht die theoretisch möglichen Werte des 1J-Prozesses.
5. Mit steigender Temperatur wachsen Schub und Wirkungsgrad monoton weiter an. Erst bei sehr hoher, gegenwärtig an der Grenze der Realisierbarkeit liegender Turbineneintrittstemperatur zeigt der 2J-Prozeß seine eigentliche Überlegenheit.
6. Schubkraft und Gesamtwirkungsgrad nehmen mit dem Bypassverhältnis zu. Das besonders steile Anwachsen der inneren Arbeit beim 2J-TL, umgesetzt über das Hochbypassprinzip, ist stets eine Gewähr für die weitere Kennwertverbesserung.
7. Zusätzliche Irreversibilitäten infolge weiterer Baugruppen belasten den 2J-Prozeß stärker. Umgekehrt bedeutet dies: Das höhere Niveau der Teilwirkungsgrade (z.B. $N21$ anstatt $N20$) ist Voraussetzung zur Anhebung des Gesamtwirkungsgrades.
8. Eine deutliche Verringerung der Temperaturdifferenz ΔT_R im Wärmetauscher wirkt sich gleichfalls günstig auf die Verbesserung der Kennwerte aus. Diese Aussage betrifft vor allem den forcierten Prozeß mit bereits angehobenen Parametern.

Der Vergleich in Tab.18.2 weist für alle Temperaturbereiche und Betriebszustände Kennwertvorteile des $2J\,opt\,\eta$-Prozesses gegenüber dem $1J opt\,w$-Prozeß bei etwa nur halb so großen Druckverhältnissen Π_V aus. Damit ist bei stets höherem Wirkungsgrad eine etwa gleichgroße, oft sogar eine höhere Schubabgabe gewährleistet.

Beim ***spezifischen Schub*** sollte für den Unterschall-Reiseflug bei sehr großem Bypassverhältnis ein Mindestbetrag von äußerstenfalls 30 Ns/kg, welcher bekanntlich 30 m/s Geschwindigkeitsdifferenz im austretenden Strahl entspricht, schubmechanisch nicht unterschritten werden. Demnach sind die Auslegungen für $\mu = 100$ bei $T_{t4} = 1600$ K und für $1J\,opt\,w$ selbst noch bei 1800 K (f_s-Werte eingeklammert) unter dem Limit. Andererseits sind möglichst kleine Beträge von $f_s > 30$ Ns/kg im Interesse der hohen Werte von äußerem und Gesamtwirkungsgrad sowie geringer Lärmentwicklung erwünscht.

Tab. 18.2: Vergleich von Parametern und Kennwerten der Prozesse von $1J\,opt\,w$ (Mitte) und $2J\,opt\,\eta$ (rechts) bei gleichem Betriebszustand ($M = 0,8$; $H = 11$ km)

Prozeßparameter				1J opt w-Prozeß				2J opt η-Prozeß			
T_{t4}	Niveau	ΔT_R	μ	Π_V	w_i	f_s	η_{ges}	Π_V	w_i	f_s	η_{ges}
K		K			kJ/kg	Ns/kg			kJ/kg	Ns/kg	
1600	N20	100	10	18,1	609	149	0,308	5,9	632	163	0,332
1600	N20	100	100	18,1	609	(20)	0,381	11,0	762	(25)	0,435
1600	N21	50	100	18,4	613	(21)	0,387	8,0	711	(24)	0,477
1800	N20	100	10	22,2	735	173	0,307	5,8	731	183	0,377
1800	N20	100	100	22,2	735	(24)	0,393	12,2	920	30	0,455
1800	N21	50	100	22,7	740	(25)	0,399	8,8	855	29	0,495
2000	N20	100	10	26,7	866	197	0,306	5,6	825	201	0,340
2000	N20	100	100	26,7	866	28	0,402	13,4	1082	35	0,471
2000	N21	50	100	27,2	871	29	0,408	9,4	1001	33	0,509
2200	N20	100	10	31,6	1000	220	0,304	5,3	914	217	0,341
2200	N20	100	100	31,6	1000	32	0,410	14,4	1246	40	0,484
2200	N21	50	100	32,2	1006	33	0,416	10,2	1148	37	0,520

Der *Gesamtwirkungsgrad* wächst mit den Größen μ, T_{t4} und den Teilwirkungsgraden steiler an als beim $1J$-Prozeß. Letzterer kann nach Abb.18.16 zwar auch große Werte von η_{ges} erreichen, aber nur bei extremen Druckverhältnissen und dann nur bei Schubeinbuße. Der $2J\,opt\,\eta$-Prozeß überzeugt vor allem mit dem weiteren Anstieg der Temperatur T_{t4} über das gegenwärtig verwirklichte Niveau ziviler TL von 1600 ... 1700 K hinaus. Dabei würde der (z.Z. noch in der Ferne liegende) Wirkungsgradbereich von $\eta_{ges} = 0,45 \ldots 0,50$ erreicht bzw. bei 2000 K und mehr sogar überschritten.

Der günstig ausgelegte 2J-Prozeß gewährleistet bessere Kennwerte, er benötigt andererseits aber auch eine Skala neuzuentwickelter Technologien. Erforderlich ist deshalb die Entwicklung von Brennstoffsystemen für Flüssigwasserstoff oder andere kryogene Flüssigkeiten, von kompakten Tief- und Hochtemperatur-Wärmetauschern, von Brennkammern und Turbinen mit höherer thermischer Standfestigkeit, aber auch leistungsfähiger Getriebe und effizienter Propfanschrauben sowie dafür geeigneter Digitalregelsysteme. Die künftige Realisierung dieser technologischen Voraussetzungen ist mit großem Aufwand verbunden, welcher stets mit dem erzielten Nutzen zu vergleichen ist.

Ein Gasgenerator mit Verdoppelung der Baugruppen und zusätzlichen Wärmetauschern ist komplizierter, größer und schwerer. Andererseits bewirken die kleineren Druckverhältnisse Π_V und Π_T eine beträchtliche Verminderung der Stufenzahl in den Turbomaschinen und dünnere Wandstärken der Gaskanäle. Die Wärmetauscher werden damit hinsichtlich Volumen und Konstruktionsmasse teilweise kompensiert. Durch die zunehmende Anzahl der Baugruppen und Prozeßparameter mit ihren Problemen und Begrenzungen werden an die Regelung erhöhte Anforderungen gestellt.

In Verbindung mit der Handhabung des ***kryogenen Brennstoffs***, seiner Erwärmung und der damit verbundenen Vereisungsgefahr im Tieftemperatur-Wärmetauscher beim Flug in der Troposphäre sind weitere, erst durch Einführung neuer Technologien zu meisternde Probleme zu erwarten. Die vorhandene Luftfeuchtigkeit in der Troposphäre verursacht bei Start und Steigflug intensiven Eisansatz an der luftseitigen Oberfläche des o.g. Wärmetauschers. Dies ist wegen der Gefahr seines Zusetzens und des Fremdkörpereinflugs in den nachfolgenden Verdichterteil (HDV) zu verhindern. Deshalb ist für diesen Flugabschnitt der kryogene Brennstoff entweder vorgewärmt zu verwenden oder es ist dafür der Einsatz von konventionellem Brennstoff (Kerosin) mit späterem Umschalten auf LH_2 erforderlich. Erst in der Stratosphäre ist mit dem Durchsatz trockener Luft die Vereisungsgefahr gebannt. Damit arbeitet der HDV unter zwei verschiedenen Temperaturniveaus. Das ist hinsichtlich Arbeitspunktwanderung im Verdichterkennfeld und Regelung zu berücksichtigen. Der Umschaltvorgang von „warmem" auf kryogenen Brennstoff ist luftseitig für HDV, Brennkammern und Regelsystem ein zweifellos kompliziertes Übergangsregime.

Verringerter Druck und höhere Temperatur verkleinern die Massenstromdichte, sodaß bei gleichem Energieumsatz die Querschittsabmessungen zunehmen. Dieser Umstand ist ein Nachteil des 2J-TL. Er kann durch ein im Vergleich zu $\Pi_{opt\,\eta}$ etwas größeres Druckverhältnis z.T. ausgeglichen werden. In diesem günstigen Bereich geringfügig „überoptimaler" Auslegung sind nach Abb.18.16 die Beträge von η_i und b_s noch nahe ihrem höchsten Niveau, die Werte von w_i und f_s sind aber weiter angewachsen. Außerdem ist die Temperatur am Turbinenaustritt T_{t5} tiefer abgesunken, womit das „heiße" Ende des Wärmetauschers thermisch besser beherrschbar bleibt.

Vor dem Hintergrund künftig abklingender Evolution beim 1J-TL zeigt der vorgeschlagene 2J-Gasgenerator Potenzen zu nochmaliger Weiterentwicklung inklusive besserer Charakteristiken auf. Für hochausgelegte Parameter garantiert der Zweistufenprozeß vor allem einen um 10...20 % höheren Gesamtwirkungsgrad. Seine technische Realisierbarkeit vorausgesetzt, ist er als Sonderfall des Vielstufenprozesses nach [109] trotz höherem Aufwand im TL als *„auf der ganzen Linie überlegen"* zu bewerten. Der 2J-Gasgenerator ist in Kombination mit dem Hochbypassprinzip der Schlüssel zum effizienteren und zugleich umweltfreundlicheren Flugtriebwerk, welches darüberhinaus das Spitzenniveau aller Brennkraftmaschinen mitbestimmt.

Der erforderliche technologische Aufwand ist selbstverständlich real einzuschätzen. Berechtigt aufkommende Zweifel an einer notwendigen Kostenverringerung sollten an Forderungen der Zukunft orientiert nachgeprüft werden. Bisher ist gerade der Einsatz von Serien-ZTL in gesteigerter Großbläser-Bauart (VHB) angelaufen. Informationen über den Propfan-Serienbau liegen trotz 20jähriger Entwicklungsphase (1996) nicht vor. Die wenigen über die Thermodynamik hinausgehenden Publikationen [9] zum 2J-TL werden nicht durch Veröffentlichungen über Typenkonzepte oder ähnliches ergänzt. Daraus ist zu schlußfolgern, daß diese TL noch nicht zur Realisierung vorgesehen sind.

[9]s.a. Leist, K.: Der wirtschaftliche Wirkungsgrad von Gasturbinen mit stufenweiser Zwischenverbrennung innerhalb der Turbine. BWK 12(1960) Schwarz, K.: Eine saubere Sache. FLUG REVUE (1991)4, S.86-87 Müller, R.: Ein Beitrag zum Kennfeldvergleich für Flugtriebwerke nach dem einstufigen und zweistufigen Joule-Prozeß. ZFW 16(1992)3, S. 175-182

18.7 Gasturbinentriebwerke für Hubschrauber

Als schraubengetriebene *Drehflügler*, deren Auftriebs- und Vortriebskraft auf der Impulswirkung eines vertikal bzw. schräg stehenden Luftstrahls beruht, benötigen Hubschrauber *Wellenleistungstriebwerke* zum Antrieb von Trag- und Steuerschraube. Für diese Aufgabe waren früher (bei kleinen Leistungen unterhalb von 200 kW trifft das auch gegenwärtig zu) Kolbentriebwerke vorgesehen. Gegenwärtige Triebwerke für größere Leistungen basieren demzufolge auf dem Arbeitsprinzip von Kleingasturbinen. Sie werden auch als *Turbomotoren* (TM) bezeichnet.

Im Verlauf einer längeren Entwicklungszeit hat sich die schon bei den früheren Kolbenmotoren verwendete *mechanische Kraftübertragung* herausgebildet und behauptet. Sie besteht aus der hochtourigen Nutzturbine (Losturbine, LT) des TM mit Sekundärwelle, einem Hauptgetriebe und der relativ langsamdrehenden Hauptwelle mit der Tragschraube selbst, welche als bekannt vorausgesetzt wird. Die so erfolgende Übertragung des erforderlichen Drehmomentes über ein Wellensystem von einer Kraftmaschine aus weist die mit Abstand besten Kennwerte auf. Daneben wurden auch andere, am Schluß dieses Abschnitts erwähnte *reaktive Direktantriebe* genutzt, welche sich bisher aber aus unterschiedlichen Gründen nicht bewährten.

Hubschrauber-Triebwerke unterscheiden sich grundsätzlich nicht von PTL oder TM bzw. Wellenturbinen anderer Hilfs- oder Hauptantriebe in Flugzeugen, Land- und Wasserfahrzeugen. Ihre Gasgeneratoren wurden oft aus einem gemeinsamen Ausgangsmodell heraus für den speziellen Anwendungszweck mit z.T. stark geändertem Wellensystem modifiziert. Wegen der vielen Gemeinsamkeiten dieser Kleingasturbinen in Aufbau, Arbeitsprozeß und Anwendung wird dazu auf das folgende Kap.19 verwiesen. Hier werden nur die typischen Prinzipien der Triebwerke von Hubschraubern herausgearbeitet. Die Besonderheiten ihrer Baugruppen bestehen in den folgenden Sachverhalten:

- Der *Lufteinlauf* gewährleistet bei kleinerer Fluggeschwindigkeit die Zuströmung der Luft nur im Saugbetrieb. Dem Sogzustand entsprechen die gerundeten Einlaufnasen sowie leistungsfähige Einrichtungen für Enteisung und Fremdkörperschutz.

- Für den *Verdichter* sind ungünstigere Anströmung sowie u.U. der partielle Durchsatz ausgestoßener heißer Abgase zu berücksichtigen. Dem ist mit wesentlich höherer Stabilitätsreserve $\Delta K = 30 \ldots 40$ % zu begegnen, wozu hochgradig variable Geometrie mit Regelung und oft eine radiale Endstufe des Verdichters gehört.

- Die *Brennkammer* ist bei Kleintriebwerken mit nicht gerade durchströmtem Gasgenerator in Gegenstrom- oder Umkehrbauart ausgebildet. Dieser Gaskanal mit Mehrfachumlenkung verkürzt vorteilhaft die Baulänge von Turbosatz sowie TM.

- Bei der *Turbine* handelt es sich stets um (mindestens) zwei Rotoren: der Antriebsmaschine des Gasgenerators und der davon kinematisch unabhängigen Losturbine. Diese Trennung der Rotoren von Triebwerk und Schraubenanlage verbessert vorrangig bei Drosselung die Drehzahlcharakteristik und erhöht die Flugsicherheit.

- Der *Gasaustritt* gewährleistet ähnlich wie beim PTL die Ableitung des hier völlig entspannten Abgases durch einen abgewinkelten Kanal mit Querschnittserweiterung. Dabei ist neuerdings meist ein Schall- bzw. Infrarotdämpfer vorhanden.

Diese modifizierten Baugruppen ergeben in der Summe den als Hubschrauberantrieb hergerichteten, horizontal eingebauten TM mit gewöhnlich vorderem Einlauf und hinterer Lage der LT sowie rückwärtig hinausgeführter Antriebswelle. Über die Gesamtantriebsanlage des Hubschraubers sind darüberhinaus die folgenden Aussagen zu treffen:

- In großen Hubschraubern sind meist *zwei TM* nebeneinander eingebaut, deren Wellen über ausrückbare Kupplungen mit dem Tragschrauben-Hauptgetriebe verbunden sind. Operationsfähigkeit und Flugsicherheit werden dadurch günstig beeinflußt. In neuere Kleinhubschrauber wird oft nur ein Einzeltriebwerk installiert.
- Das *Hauptgetriebe* arbeitet im Hauptstrang mit großem Untersetzungsverhältnis von $i = 30 \ldots 100$ auf die Tragschraube und treibt in weiteren Nebensträngen Dauerbetriebs-Zellegeräte an. In Ergänzung dazu sind zusätzliche Hilfsantriebe mittels Kleingasturbine (APU) oder Fahrtwindturbine bei Bedarf in Tätigkeit.
- Das umfangreichere *Regelsystem* erstreckt sich auf zusätzlich zu kontrollierende, hubschraubertypische Gebiete. Es gewährleistet u.a. Leistungsabstimmungen zwischen beiden TM sowie zwischen TM und Tragschraube. Der Drosselhebel dient kombiniert zur Einstellung von Leistungsstufe sowie Tragschrauben-Blattwinkel.
- An *Charakteristiken* sind für die Hubschrauber-TM Drossel- und Höhenkennlinie relevant. Eine zusätzliche Charakteristik stellt die Abhängigkeit der Triebwerksleistung von den Außenparametern dar. Daraus bestimmen sich die Begrenzungen für das Abheben vom Erdboden und die Standschwebe mit bestimmter Nutzlast.

Grundsätzliche Unterschiede bei *Drossel-* und *Höhenkennlinie* zwischen Hubschrauber-TM und PTL (s.a. Kap.18.3) bestehen nicht. Wegen der relativ kleinen Gipfelhöhe in der Größenordnung von $H = 5$ km sind die Parameterveränderungen im Triebwerk dabei nicht so groß. Infolge verhältnismäßig kleiner Fluggeschwindigkeit, deren Höchstwerte selten größer als 300 km/h sind, wird gewöhnlich eine offizielle *Geschwindigkeitskennlinie* für Hubschrauber-TM nicht aufgestellt. Bei Geschwindigkeitszunahme wird der Saugbetrieb zwar immer mehr verringert, aber nie ganz beseitigt. Selbst bei Höchstgeschwindigkeit gelingt es nicht, zum Überdruckbetrieb im Einlauf überzugehen. Bei permanentem Saugbetrieb besteht für bestimmte Witterungsbedingungen die Möglichkeit des Eisansatzes im Einlauf, welcher beim Losbrechen als Fremdkörpereinflug Gefahr heraufbeschwört. Der infolge Unterdruck gegenüber dem Standardzustand verkleinerte Massenstrom ist mit ein Grund für eingeschränkte Leistungsabgabe, limitierte Startmasse und nicht große Gipfelhöhe.

Von den Charakteristiken kommt der *Außenparameter-Kennlinie* in Abb.18.17 erhöhte Bedeutung zu. Das resultiert aus der besonderen Fähigkeit des Hubschraubers und seines Antriebs, trotz Horizontalgeschwindigkeit $v = 0$ vertikale Flugbewegungen, darunter auch Standschwebe, Landung und Start ausführen zu können. Diese Vertikalbewegungen werden wesentlich durch o.g. Kennlinie und ihre Begrenzungen beeinflußt. Am größten sind die Auswirkungen für den Abhebevorgang beim Start mit hoher Außentemperatur $T_0 = T_{t2}$ und geringem barometrischen Druck p_0 sowie großer Nutzlast. Die Änderungen derAußentemperatur T_{t2} üben dabei den größten Einfluß aus, wie es bereits im Kap.14.8 untersucht wurde.

Ein horizontal startendes PTL-Flugzeug erreicht unter o.g. Bedingungen bei höherer Rollgeschwindigkeit auf vorausgesetzt längerer Bahn problemlos den Abhebezustand. Über diese „Reserve“ beim Start verfügt der Hubschrauber mit seinem Antrieb bekanntlich nicht bzw. nur in stark eingeschränktem Maß. Denselben Vorgang meistert er am Boden stehend oder langsam anrollend nur bei ausreichender Vertikalkraft der Tragschraube, d.h. unter der Voraussetzung großer Triebwerksleistung P_{LT}

in der Laststufe *Maximal*. Diese aber ist nach Abb.18.17 begrenzt und sinkt zudem bei hoher Temperatur T_{t2} sowie bei abnehmendem Druck p_0. Zusätzlich wird auch die Tragschraubencharakteristik schubmindernd beeinflußt. Deshalb ist hier für das Gelingen des Starts u.U. die Nutzlast zu verringern.

Während der größten Leistungsstufe wird in Abb.18.17 nach dem Regelprogramm (11.13) mit $n_{red} = const$ gearbeitet. Dadurch steigt die kinematische Drehzahl n_{LT} über der Außentemperatur $T_0 = T_{t2}$ an, die Leistung P_{LT} ändert sich dabei nur wenig. Es existieren als Begrenzungen die infolge ***instabiler Arbeit*** bei $\Pi_{V max}$, eine weitere zur Limitierung des ***größten Drehmomentes*** mittels $\dot{m}_{B max}$ und die zur Gewährleistung der ***thermischen Festigkeit*** für $T_{t4 max}$. Beim Betrag von $T_{t2'}$ wird die größte Leistung, bei $T_{t2''}$ die höchste Drehzahl mit allerdings schon abgesenkter Leistung erreicht. Zum Abheben ist deshalb die Temperatur $T_{t2'}$ am günstigsten.

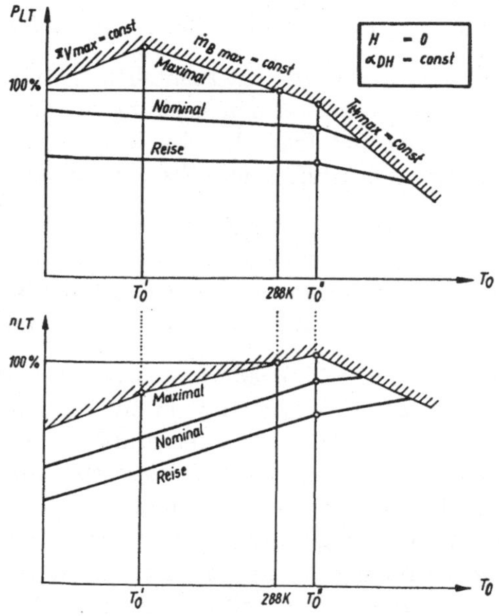

Abb. 18.17: Typische Abhängigkeit und Begrenzung von Leistung und Drehzahl eines Hubschrauber-TM in Abhängigkeit von der Temperatur der Umgebungsluft

Wie am Beginn dieses Abschnitts angedeutet, existieren außer der Antriebsart mit mechanischer Kraftübertragung auf die Tragschraube auch andere Funktionsprinzipien. Nach der Studie[10] sind in der Theorie direkte *Blattspitzen-Reaktionsantriebe* wie folgt zu unterscheiden: Blattpropeller, Blattstrahltriebwerke, Blattdüsen. Diese reaktiven Antriebe sind an der Schraube installiert und gewährleisten durch Kraftvektoren in Umfangsrichtung die Drehbewegung. Die Kraftmaschinen erhalten Brennstoff zugeführt, und die Düsen werden mit Massenstrom im Form von Kaltluft bzw. Heißgas aus Generatoren des Hubschraubers versorgt. Jeder dieser Antriebe weist Vorzüge und Nachteile auf. Der Hauptvorteil dieser Direktantriebe liegt in der Einsparung von Hauptgetriebe und Steuerschraube. Die Nachteile bestehen in der schwierigen technischen Realisierung und hauptsächlich im schlechteren Wirkungsgrad.

[10] Bergner, C.: Reaktionsantriebe in der Hubschraubertechnik. Druckschrift, Fürstenfeldbruck, 1994

19 Gasturbinenantriebe von Fahrzeugen

19.1 Anwendung und Besonderheiten von Kleingasturbinen

In der Luftfahrt haben sich Gasturbinentriebwerke bis auf einen schmalen Bereich sehr kleiner Leistungen durchgesetzt. Durch ihre hohe Leistungskonzentration gewährleisten sie den Antrieb moderner Großraum- und Überschallflugzeuge. Auf grund ihrer Vorzüge sind Gasturbinen als verhältnismäßig junge Art von Brennkraftmaschinen auf vielen Gebieten auch außerhalb der Luftfahrt im Vormarsch. Dieser Prozeß erfolgt fließend in Konkurrenz zu den hochentwickelten Kolbenmotoren bei fortwährender Evolution beider Maschinenarten. Unter Berücksichtigung ständiger Höherentwicklung und Betriebsbewährung bei wachsenden Anforderungen sind objektive Kennwert- und Kostenvergleiche nicht einfach, aus früheren Untersuchungen gewonnene Resultate gegenwärtig nicht immer überzeugend. Der hier darzustellende Sachverhalt soll sich in enger Verbindung mit der Theorie von TL-Gasgeneratoren hauptsächlich auf die Gasturbinenantriebe des Verkehrswesens zu Lande und zu Wasser beschränken.

Die Versorgung mit Energie als Voraussetzung für technische Vorgänge setzt einerseits ihre Speicherung, andererseits ihre Aufbereitung bzw. Umwandlung in einer dem Zweck entsprechenden Form voraus. Für Luftfahrt und Verkehrswesen reicht gespeicherte Energie in mechanischer, pneumatischer, hydraulischer oder thermischer Form in der Regel nur für kleine Leistungen und Kurzzeitvorgänge. Eine nennenswerte, obwohl ebenfalls begrenzte Speicherung gelingt bei Elektroenergie in Blei- oder Silber-Zink-Akkumulatoren, welche zur Arbeitsfähigkeit von Bordnetzen und Kleinantrieben für längere Zeit genügt. Der größte konventionelle Energiespeichereffekt pro Masseneinheit für verkehrsrelevante Aufgaben erfolgt durch die chemische Bindung bei Kohlenwasserstoff- und Wasserstoff-Brennstoffen. In Tanks mitgeführt, garantieren sie durch ihren hohen Heizwert in Brennkraftmaschinen die ausreichende Beweglichkeit autonomer Verkehrsmittel bei großer Reichweite und Geschwindigkeit.

Ihren Kennwerten entsprechend sind die Arten der Brennkraftmaschinen nach ihrer Verwendung in Verkehrsmitteln unterschiedlich einzuschätzen. Kleinere und leichtere Maschinen erhalten hier einen größeren Stellenwert, auch wenn ihre Wirtschaftlichkeit nicht so günstig ist. Für kurzzeitig oder selten eingesetzte Maschinen spielt die Wirtschaftlichkeit keine Rolle, weil bei kleiner Laufzeit ohnehin nur wenig Brennstoff benötigt wird. Andererseits muß der spezifische Brennstoffverbrauch der Haupt- bzw. Marschtriebwerke klein sein, denn für den Langzeitbetrieb sind große Brennstoffmengen erforderlich, welche hinsichtlich Tankvolumen, Nutzlast und Kosten eine große Rolle spielen.

Bekanntlich sind einfache Gasturbinen unkompliziert im Aufbau, verhältnismäßig klein, leicht, robust und wartungsarm. Durch ihren Arbeitsprozeß besitzen sie die Fähigkeit zu großem spezifischen Energieumsatz, wodurch sie sich in den Leistungskennwerten von etwa gleichschweren Kolbenmotoren wesentlich unterscheiden. Das betrifft auch die Unterschiede in den Charakteristiken sowie in vielen für den Betrieb maßgebenden Größen. Das bedeutet jedoch nicht, daß damit die Gasturbinen in *allen* Kennwerten überlegen wären. Ihr Einsatz erfordert ein kritisches Herangehen bei den umfangreichen Adaptionsarbeiten an die Anlage eines Fahrzeugantriebs.

Der große Bedarf an mechanischer Arbeit erfordert für autonome, unabhängig von einer Energiezentrale handelnde Fahrzeuge, neben den Kolbenmotoren die Wellenleistungsturbinen (Turbomotoren). Ferner sind TM in der Lage, durch Anzapfung des Gaskanals Druckluft bzw. Warmluft, also pneumatische und thermische Energie, abzugeben. Mittels zusätzlich angetriebener Hydraulikpumpen, Kompressoren und Elektrogeneratoren (Alternatoren) ist damit das Gesamtspektrum der Energieformen lieferbar.

Die ***absoluten Kennwerte*** bzw. Daten von Wellenleistungsturbinen, wie Leistung, Massenstrom, Durchmesser, Bauvolumen und Konstruktionsmasse werden einschließlich ihrer Maßeinheiten von den PTL her als bekannt vorausgesetzt. Die innere Arbeit wird nach (2.37), der innere Wirkungsgrad nach (2.39) berechnet. Diese für das TL „inneren" Größen gelten hier als Parameter der gesamten Maschine ohne den Zusatz „***äquivalent***", weil der äußere Energieumsatz mittels Strahl entfällt. Bei ausschließlicher Abgabe von Wellenleistung sind als die wichtigsten ***spezifischen Kennwerte*** zu nennen

die spezifische Wellenleistung $$p = \frac{P_i}{\dot{m}_L} \tag{19.1}$$

das Masse-Leistungs-Verhältnis $$\frac{m}{P_i} \tag{19.2}$$

der spezifische Brennstoffverbrauch $$b = \frac{\dot{m}_B}{P_i} \tag{19.3}$$

Die Zahlengrößen dieser Kennwerte hängen vom Entwicklungsstand und Verwendungszweck der Maschinen ab und können deshalb eine große Breite aufweisen. Große Unterschiede ergeben sich, wie bereits festgestellt, beim Vergleich einmal zwischen Gasturbinenanlagen untereinander als Kurzzeit- und Hauptantriebe, aber auch zwischen den TM und Kolbenmotoren andererseits. Hervorzuheben ist vor allem die in der Regel sehr große, für Fahrzeugantriebe wichtige spezifische Leistung, welche nur geringe, in vielen Fällen unerwünscht sehr kleine Luftmassenströme erfordert. Andererseits ist ein akzeptabler spezifischer Brennstoffverbrauch schwer zu verwirklichen und nur durch hochausgelegte Prozesse oder Zusatzanlagen anzunähern.

Bereits in Kap.1.2 wurden die Vorzüge der Gasturbine im Hinblick auf die thermodynamischen, strömungsmechanischen und kinematischen Vorgänge sowie betreffs ihres Aufbaus und Betriebs herausgearbeitet. Der ununterbrochen ablaufende Kreisprozeß realisiert trotz kleiner Parameter eine verhältnismäßig große spezifische innere Arbeit. Ergänzend dazu bewirkt der mit hoher Geschwindigkeit ablaufende kontinuierliche Gasaustausch, daß hohe Beträge an spezifischer Leistung entstehen. Dabei sind die Abmessungen von Strömungsquerschnitten und Gasgenerator klein. Für den Einsatz einfacher TM im Verkehrswesen sind gegenüber den Kolbenmotoren folgende Vorteile erkennbar:

- kleine, leichte sowie einfache Maschinenanlage mit großer Leistungsabgabe;
- damit beträchtliche Verringerung an Konstruktionsmasse und Bauvolumen;
- ständige Betriebsbereitschaft bei vibrationsfreiem Lauf für alle Bedingungen;
- Verwendung billiger, weniger feuergefährlicher, auch alternativer Brennstoffe;
- Modifizierungsmöglichkeit zu besserer Charakteristik bei höherem Aufwand;
- Tendenzen zu verringerten Betriebskosten und verbessertem Umweltschutz.

Diese Hauptvorzüge sind maßgebend für den Einsatz von GTA im Verkehrswesen. Sie ermöglichen als leistungsfähige Marschantriebe höhere Flug- bzw. Fahrleistungen. In der Luftfahrt wächst ihre Bedeutung mit dem Leistungsbedarf und der Fluggeschwindigkeit. In Analogie trifft das für land- und wassergestützte Fahrzeuge ebenfalls zu. Bei sinnvoller Anwendung ergibt sich dabei eine Kostenreduzierung. Das betrifft ebenfalls den Einsatz von TM als Kurzzeittriebwerke. Allerdings resultieren daraus auch Besonderheiten und Einschränkungen, welche letztlich als Nachteile gelten. Es sind hierbei:

- Das Ansaugen von Arbeitsmittel bedingt einen aerodynamisch durchgebildeten Lufteinlauf.
- Dazu werden Einrichtungen zur Enteisung, Filterung und Fremdkörperabweisung benötigt.
- Ein im Betrieb höherer Geräuschpegel ist mittels vielfältiger Schallisolation einzudämmen.
- Wegen des höheren Drehzahlniveaus ist ein zusätzliches Untersetzungsgetriebe erforderlich.
- Eine obligatorische Zusatz- bzw. Umschalteinrichtung ermöglicht erst die Rückwärtsfahrt.
- Für das bessere Teillastverhalten ist eine Losturbine mit verstellbarem Leitgitter günstig.
- Der Antrieb von Hilfsgeräten für GTA und Fahrzeug erhöht wesentlich die Anlagenmasse.
- Bessere Wirtschaftlichkeit erfordert Wärmeregeneration mit den bekannten Aufwendungen.
- Akzeptable Kennwerte sind nur bis herab zu Nennleistungen von 400...200 kW garantiert.
- Der Gasausstoß ist nach Menge, Temperatur, Schadstoffen und Lärmpegel problematisch.

Nach zunächst fast ausschließlichem Einsatz in der Luftfahrt sowie in der Kraftwerkstechnik wird gesetzmäßig, wenn auch zögernd und nur partiell, die Verwendung von Gasturbinenanlagen (GTA) bei anderen Verkehrsmitteln folgen. Dieser Umrüstprozeß von Kolben- auf Turbotriebwerke hat in der Luftfahrt 20...25 Jahre gedauert. Unter Beachtung der hier aufgeführten Beschränkungen wird dieser Vorgang für land- und wassergestützte Antriebe nur ihren oberen Leistungsbereich umfassen und offensichtlich länger andauern. Abhängig von den wirksam werdenden Innovationen wird sich dabei die o.g. Leistungsgrenze verschieben.

GTA des Verkehrswesens sind in großer Breite denkbar. Einige ihrer Spezifika deuteten sich bereits beim PTL an: ihre kompakte Bauweise mit dem schlaufenförmigen Gaskanal, die „freie“ Losturbine mit oft rückwärtiger Wellenführung und Getriebe bzw. Wandler sowie außerhalb ihres meist kleinen Gasgenerators eine größere Anzahl von Versorgungs- und Zusatzgeräten einschließlich voluminöser Luft- und Gasführungskanäle. Die Losturbine kann dabei eine „äußere“ (hintere) Anordnung nach Abb.19.1 (oben) oder eine „innere“ Lage mit zugleich innen installiertem Getriebe wie in Abb.19.1 (unten) aufweisen. Dem Verlauf des u.a. durch radiale Turbomaschinen und Umkehrbrennkammern wiederholt umgelenkten Gasstromes sowie dem der Antriebswelle ist trotzdem leicht zu folgen. Zur weiteren Betrachtung sind bei GTA Kurzzeitmaschinen und Langzeitantriebe zu unterscheiden.

In der Regel sind **Kurzzeitanlagen** als Nebenantriebe zu werten. Entsprechend klein, leicht, einfach und hochtourig sind Gasgenerator und Antriebssystem mit allen Zusatzgeräten. Entscheidend ist für sie eine schnelle und große Leistungsabgabe für geringe Zeit, wobei der verhältnismäßig hohe spezifische Brennstoffverbrauch ihrem Einsatzzweck untergeordnet ist. Infolge geringer Laufzeit, seltener Inbetriebnahme oder einer (im Verhältnis zum Hauptantrieb) relativ kleinen Leistung ergibt sich der Schluß, den absoluten Verbrauch vernachlässigen zu können. Derartige Kurzzeitmaschinen sind:

- GT zum Einsatz als *Turbostarter* für Anlaßanlagen großer Flugtriebwerke,
- GT in *Bordenergieanlagen* zur Speisung der Bordnetze bei abgestellten TL,
- GT von *Tornister-Rettungsfluggeräten* für in Luftnot befindliche Piloten,
- GT als Antriebe für *Feuerlösch-*, *Lenz-* und andere *Hochleistungspumpen*,
- GTA für *Notstromgeneratoren*, *Beschleunigungs-* und *Enteisungsanlagen*,
- GTA als Energie- und Fluidlieferanten für mobile und stationäre Nutzung.

Zweck dieser GTA ist fast stets eine große Leistungsentwicklung in Sekundenschnelle. Dafür sind ihre Gasgeneratoren hergerichtet: kleinste Abmessungen, geringstes Massenträgheitsmoment, je eine Verdichter- und Turbinenstufe, kleines Druckverhältnis um $\Pi_V = 2,5$ bei meist hoher Turbineneintrittstemperatur. Damit ist große innere Arbeit garantiert, welche in Kürze bei schnellem Hochdrehen des Turbosatzes im Gasgenerator eingesetzt werden kann. So hat z.B. der Turbostarter in etwa 10...15 s die Hauptwelle des vorgesehenen TL „kalt“ durchzudrehen, um das anschließende „heiße“ Anlassen des Haupttriebwerks zu gewährleisten und wieder abgeschaltet zu werden.

Oft wird im Flugzeug die Funktion des Turbostarters mit der einer autonomen Bordenergieanlage (*Auxiliary Power Unit*, APU) gekoppelt. In diesem Fall ist außer großer Kurzzeitleistung zusätzlich die Abgabe geringerer Leistung über längere Zeiträume erforderlich. Die Aufgaben von APU als Energiehilfslieferanten sind im Flugzeug außerordentlich groß. Ihre Bedeutung steigt bei Triebwerksausfällen im Flug, weil sie die noch arbeitenden TL von der Energieentnahme entlasten und damit partiell ihren Schub erhöhen. APU oder ihnen ähnliche GTA sind auch integrierter Bestandteil vieler Maschinenanlagen von land- oder wassergestützten Fahrzeugen, wo sie wichtige Zusatz- und Hilfsaufgaben erfüllen.

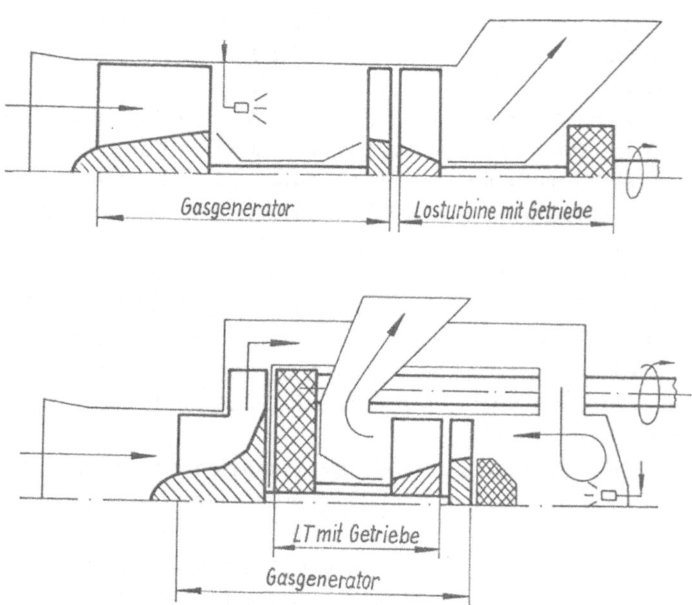

Abb. 19.1: Kleingasgeneratoren, oben: gerade durchströmt, mit „äußerer“ Losturbine und Getriebe, unten: schlaufenförmig, mit „innerer“ Losturbine und innerem Getriebe

Auf einige Probleme der TM als Kurzzeit-Hilfsantriebe wurde hier eingegangen. Diese Maschinen schließen im mittleren Leistungsbereich die Lücke zwischen Elektromotoren und den als Hauptantriebe verwendeten Brennkraftmaschinen. Trotz ihrer Bedeutung sind diese Maschinen nicht Mittelpunkt der Betrachtungen.

GTA zum **Langzeit-Fahrzeugantrieb** stehen gewöhnlich in Konkurrenz zum Dieselmotor und müssen vor allem deshalb neben der Betriebsbewährung als wichtigste Anforderung die an hohe Wirtschaftlichkeit erfüllen. Im Interesse eines kleinen spezifischen Brennstoffverbrauches sind aus der Theorie zwei Strategien zur Prozeßauslegung bekannt: Entweder man realisiert die w-optimale bzw. überoptimale ***hohe Verdichtung*** mit einem vom TL her bekannten Gasgenerator oder man strebt eine unteroptimale geringe Verdichtung an, dann aber mit ***Wärmeregeneration***. Infolge schwer zu realisierender hoher Verdichtung sowie oft vorliegenden unteroptimalen Teillastbetriebes fällt die Entscheidung fast stets für die zuletzt genannte Variante aus. Sie erfordert aber eine um Rekuperator oder Regenerator (s. Abb.19.2) erweiterte Maschinenanlage.

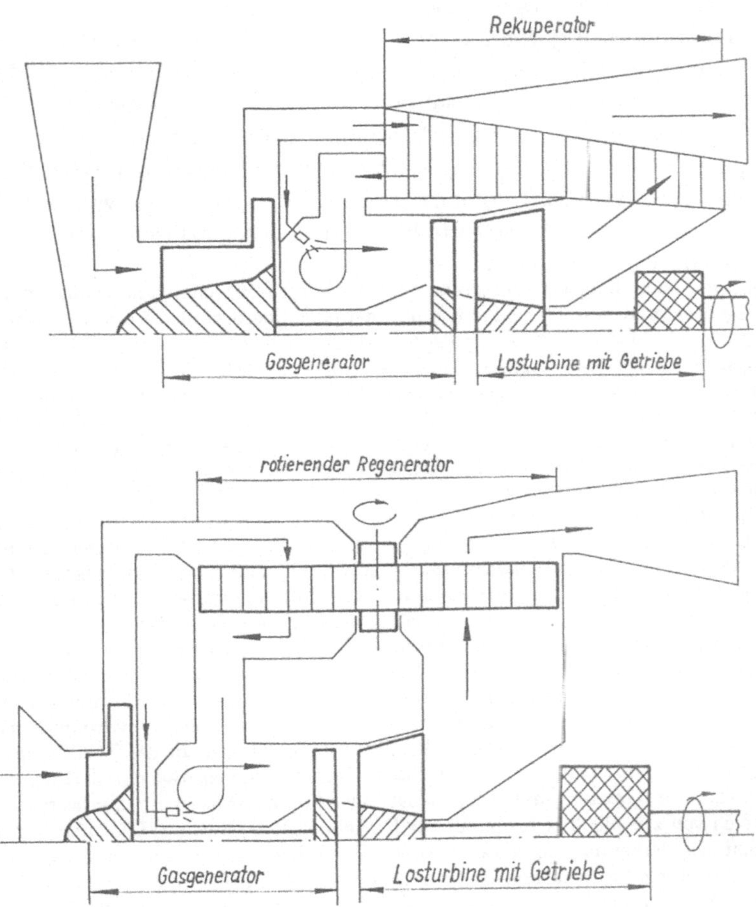

Abb. 19.2: TM-Gasgeneratoren mit Erweiterung durch Wärmeregeneration über einen Rekuperator (oben), bzw. mittels eines rotierenden Regenerators (unten)

Infolge hoher spezifischer Wellenleistung von etwa 200 kWs/kg sind die Massenströme kleinerer TM nicht groß. Bestenfalls können ihre Gasgeneratoren deshalb bei $\dot{m}_L = 1 \ldots 5$ kg/s nur mäßig hoch verdichtet werden. Der Grund ist in den Abmessungen der HD-Beschaufelung ihrer Turbomaschinen zu sehen, die hier im Bereich von nur wenigen Millimetern liegen. Durch hohe Leck- und Spaltströmungsverluste sowie ungünstige Reynolds-Zahlen würden sich bei höherer Verdichtung die Stufenwirkungsgrade weiter verschlechtern. Neben komplizierterer Herstellungstechnologie extrem kleiner Beschaufelung ist vor allem um die Betriebsbewährung infolge Fremdkörperdurchsatz und Verschmutzung zu fürchten. Deshalb ist die Verdichtung kleiner Gasgeneratoren begrenzt und kann bei höherer Temperatur T_{t4} nicht w-optimal ausgeführt werden.

Ein weiterer Grund besteht im fast stets unter Teillastbedingungen durchgeführten Fahrbetrieb, denn Maximalwerte für Leistung und Fahrgeschwindigkeit sind im Verkehrswesen selten. Der gedrosselte einfache TM läuft dabei unökonomisch bei kleinem Druckverhältnis, aber verhältnismäßig hohem Wert von T_{t4}. Das ist nach Kap.18.5 der Betriebsbereich für die Wärmeregeneration, welche zur Verringerung des spezifischen Brennstoffverbrauches beiträgt. Eine Prozeßführung mit kleinen Parametern, aber hohem Regenerationsgrad garantiert nach Abb.18.13 hohen inneren Wirkungsgrad. Die Wärmeregeneration bei unteroptimal ausgelegtem oder betriebenem TM wird deshalb bevorzugt bei Fahrzeugantrieben auf der Basis von GTA angewandt. Mit Lösung weiterer, nicht einfacher Probleme des Wärmetausches können damit sinnvoll ausgelegte und geregelte TM oberhalb der o.g. Leistungsgrenze auch in der Wirtschaftlichkeit mit den Dieselmotoren ernsthaft konkurrieren. Auf diesem Gebiet wird seit längerem angestrengt gearbeitet, die Fortschritte hinsichtlich des spezifischen Brennstoffverbrauchs sind aber noch nicht ausreichend.

Das Gegenteil dazu sind moderne große GTA in Energiewirtschaft und Industrie. Sie sind ähnlich wie die Gasgeneratoren von TL vielstufige optimal oder überoptimal, d.h. mit hohen Prozeßparametern sowie für große Massenströme ausgelegte wirtschaftliche Großmaschinen. Bei wesentlich größeren Abmessungen und nicht durch o.g. Begrenzungen eingeengt, arbeiten sie unter wesentlich günstigeren Bedingungen, wobei Gesamtwirkungsgrade von 50 % bereits überschritten werden. Zur Erzeugung von Elektroenergie sind sie meist mit elektrischen Turbogeneratoren gekoppelt und laufen wegen der europäischen Netzfrequenz von 50 Hz mit 3000 U/min verhältnismäßig langsam. Sie sind nicht Gegenstand dieses Buches und dienen hier nur informativ als Beispiel für beste Energiewandlung.

Unter den o.g. Hubkolbenmaschinen sind in erster Linie Diesel- und Ottomotoren zum Fahrzeugantrieb zu verstehen, welche bekanntlich mit innerem Verbrennungsvorgang arbeiten. In ihrer Ausführung als Kolbenflugtriebwerke sind sie in [49] und [52] dargestellt. Außerdem wurden Brennkraftmaschinen mit rotierenden Kreiskolben (*Wankelmotoren*) entwickelt, aber zum Fahrzeugantrieb nur selten genutzt. Schließlich existiert im sog. *Stirlingmotor* (s.a. [78]) eine weitere Hubkolbenmaschine, und zwar für äußere Verbrennung. Über ihre praktische Anwendung ist nichts bekannt.

Außerdem kann unter Umgehung des thermodynamischen Kreisprozesses mechanische oder elektrische Energie aufbereitet werden. Ein weit gediehenes Projekt dazu ist die *Brennstoffzelle*, welche chemische Energie (Brennstoff) mittels reversibler Oxidation in elektrische umwandelt. Andere Verfahren sind das thermoelektrische, das thermoionische und das magnet-hydrodynamische. Zu letzterem, dem sog. MHD-Generator, existieren konkrete Vorstellungen. In der Theorie könnte damit eine Wärmekraftmaschine mit bisher nicht erreichtem Gesamtwirkungsgrad durch Hintereinanderschalten von MHD-Generator, Gasturbine und Kondensations-Dampfturbine geschaffen werden. Sie könnte den Gesamtbereich von z.B. 3000 K bis herab zur Umgebungstemperatur nahtlos abarbeiten.

Demgegenüber bleiben für das Verkehrswesen neben den Gasturbinen vorrangig die Otto- und Dieselmotoren. Als Hubkolbenmaschinen haben sie eine große Perspektive mit Potenzen zur Weiterentwicklung. Ihr Arbeitsprozeß ist, wie u.a. im nächsten Abschnitt dargestellt, noch zu verbessern.

19.2 Abgasturbolader bei Kolbenmotoren

Der Arbeitsprozeß von Kolbenmotoren ist sowohl beim Otto- als auch beim Dieselverfahren hinsichtlich Ansaug- und Ausstoßvorgang des Arbeitsmittels benachteiligt. Zum Ansaugen von Frischluft ist ein Teil an innerer Arbeit erforderlich, und bei Ausstoßbeginn steht das Abgas im unteren Totpunkt noch unter Überdruck, der im Motorzylinder nicht mehr zu nutzen ist. Daraus ergibt sich für die *Saugmotoren* ein Verlust an innerer Arbeit bei schlechterem Brennstoffverbrauch.

Der Arbeitsverlust infolge Hubbegrenzung der Kolbenmotoren kann mittels *Turbomaschinen* zumindest teilweise noch genutzt werden. Dabei wird eine Turbine durch das Abgas beaufschlagt, deren Welle einen Turboverdichter zur Vorverdichtung der Motorfrischluft (Aufladung) antreibt. Die kinematische Verbindung beider Maschinen wird als *Abgasturbolader* (ATL, *Turbocharger, Supercharger*) bezeichnet. Dieser ATL gewährleistet durch partiellen Wiedergewinn von sonst verlorener innerer Arbeit eine wesentliche Verbesserung der Effizienz von Kolbentriebwerken. Der ursprüngliche Saugmotor wird so zu einer aufgeladenen Maschine, welche mit vorverdichteter Luft bei gesteigerter Leistung und Wirtschaftlichkeit arbeitet.

Diese Erkenntnisse wurden bereits 1905 durch A.BÜCHI patentiert und 1918 bei A.C.E.RATEAU und S.MOSS durch Bau und Erprobung des ersten ATL an einem Flugmotor in die Praxis übertragen. Gerade bei Kolbenflugtriebwerken wirkte sich der ATL besonders günstig aus, weil dadurch der Abfall des Außendrucks bis zur sog. Volldruckhöhe auszugleichen war. Zum Schluß ihrer Entwicklung besaßen moderne große Kolbenflugtriebwerke stets ATL. Gegenwärtig läßt sich feststellen, daß alle größeren leistungsfähigen und wirtschaftlichen Kolbenmotoren im Verkehrswesen mittels ATL bessere Kennwerte realisieren. Ursprünglich waren es vor allem die Großdieselmotoren, die offensichtlich wegen ihres größeren Gasdurchsatzes und erträglicher Abgastemperatur für nachgeschaltete Turbomaschinen besser geeignet erschienen. In letzter Zeit wird auch der verhältnismäßig kleine Pkw-Ottomotor erfolgreich mit ATL versehen. Arbeitsmäßig ersetzt so der verhältnismäßig kleine ATL-Kolbenmotor durch gesteigerte Beträge für Druck und Dichte des Arbeitsmittels vorteilhaft einen größeren Saugmotor.

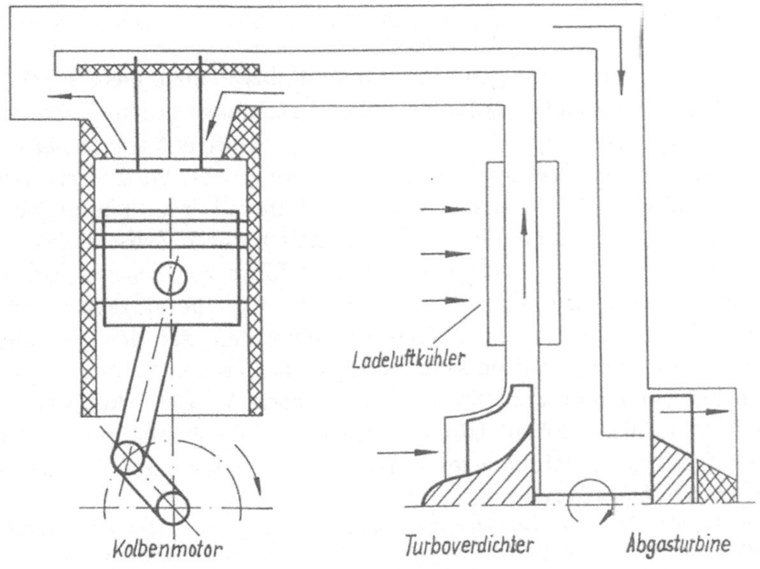

Abb. 19.3: Prinzipschema der Abgasturboaufladung eines Kolbenmotors

Bei freizügiger Wertung kann die Summe von Basis-Kolbenmotor und Abgasturbolader als Gasgenerator aufgefaßt werden. Die Aufgabe der Brennkammer wird nach Abb.19.3 durch die Motorzylinder wahrgenommen, welche Nachverdichtung, Wärmezufuhr und Entspannungsbeginn innerhalb des ATL gewährleisten. Diese Kombination von Kolben- und Turbomaschinen ist sinnvoll, weil dadurch jede Baugruppe die für sie günstigen Volumenströme verarbeitet. Motor und ATL sind kinematisch unabhängig. Im stationären Zustand sind Massenströme und Leistungen von Turbine und Verdichter gleichgroß.

Dagegen kommt es wegen der zeitversetzten ATL-Drehzahländerung bei instationären Zuständen u.U. zu unerwünschten Parameterverschiebungen. Die Urache dazu liegt in den unterschiedlichen kinetischen Energiegehalten beider Rotoren infolge stark differierender Drehzahlniveaus und Beschleunigungszeiten. Daraus ergibt sich z.B. bei Beschleunigung ein „Turboloch", d.h. ein relativer Leistungsabfall, durch den auf wesentlich höhere Drehzahl nachziehenden ATL. Das ist durch (die Regelung zu öffnende) Umgehungskanäle, d.h. variable Geometrie, zu mildern.

Die Turbine besteht meist aus einer axialen, bei sehr kleinen Massenströmen aus einer radialen Stufe. Eine pulsierende Gasströmung ist vor ihrem Eintrittsquerschnitt u.U. erst zu glätten. Die thermische Belastung der Turbine ist zwar geringer als bei modernen TL, für ungekühlte Beschaufelung aber trotzdem hoch. Bei Ottomotoren liegt die Gastemperatur um 1200 K und höher, bei Dieselmotoren liegt sie darunter. Der Charakteristik einer kleinen Turbomaschine entsprechend, ist die Drehzahl des ATL mit 10^5 U/min und mehr sehr hoch. Der Verdichter ist meist einstufig und von radialer Bauart. Bei Vollast realisiert er Druckverhältnisse im Bereich von 2...4. Damit wird nicht nur die Druckdifferenz zum Ansaugen überwunden, sondern die Frischluft gelangt bereits mit Überdruck in die Zylinder, wodurch der Arbeitsprozeß mit Aufladung günstigere Kennwerte ergibt.

In der Automobilliteratur werden mit ATL ausgerüstete Kolbenmotoren irrtümlich oft als „Turbomotoren" bezeichnet. Dazu ist hier nochmals festzustellen, daß sich die Turbomaschine einzig auf den zusätzlich installierten ATL, nicht aber auf den Antriebsmotor selbst erstreckt. Deshalb ist hierfür *Kolbenmotor mit ATL* die sachlich richtige Bezeichnung. Der echte als Gasturbine arbeitende *Turbomotor* (TM) ist im Straßenverkehr (s.a. Kap.19.4) serienmäßig bisher nicht in Betrieb.

Bei großen bzw. hochleistungsfähigen Motoren kann das Prinzip des einfachen ATL durch die Ergänzung mittels *Ladeluftkühlung* weiter ausgebaut werden. Dabei wird die (bei idealer Betrachtung) isentrope Verdichtung der Frischluft mit (einfacher oder gar doppelter) isobarer *Zwischenkühlung* angewandt, woraus sich zwei Vorteile ergeben: Einmal wird bei gleichbleibender Leistung des ATL durch höhere Vorverdichtung der Druck im Gesamtprozeß gesteigert, zum anderen wird zusätzlich durch Zwischenkühlung der Luft ihre Dichte im Motoreintritt vergrößert. Beides führt zu größeren Werten von Massenstrom und Leistung. Der Prozeß wird intensiviert, allerdings mit dem Aufwand zusätzlicher Wärmetauscher und ATL-Verdichterstufen, der sich leistungs- und kostenmäßig nur bei größeren Motoren lohnt. Bei gleicher Wellenleistung ergeben sich für den ATL-Motor gegenüber dem Saugmotor folgende Vorzüge: kleineres Masse-Leistungs-Verhältnis, größere Höhenleistung, geringeres Hubvolumen, günstigerer spezifischer Brennstoffverbrauch, geminderter Geräuschpegel sowie eine mögliche Kennlinienveränderung durch ATL-Regelung.

Motorantriebe in Kombination von Kolben- und Turbomaschinen sind ihren Möglichkeiten nach wesentlich umfangreicher als hier dargestellt wurde. Das betrifft sowohl die Initiativen dazu in der Vergangenheit als auch in Zukunft denkbare. Außer den umfangreichen Arbeiten von S.Moss, welche dem ATL in den 30er Jahren zum Durchbruch verhalfen und zu den aufgeladenen Kolbentriebwerken führten, gehören dazu auch die Versuche von Caproni und Campini sowie vieler anderer, namentlich nicht zu nennender, im Hinblick auf die Schaffung von *Motor-Luftstrahltiebwerken* (ML). Durch die fast gleichzeitige Entwicklung der einfacheren und vor allem leistungsfähigeren TL erlangten die ML zwar keine Bedeutung, aber ungeachtet dessen stellten sie aus ingenieurwissenschaftlicher Sicht eine Bereicherung der Theorie dar.

Dabei gab es auch Bestrebungen zum Bau einfacherer Kolbenmaschinen ohne Kurbeltriebmechnismus. Auf Gedankengängen von H.Junkers und R.P.Pescara beruht der sog. *Freikolbengaserzeuger*, einer nach [89] schlitzgesteuerten Zweitakt-Dieselmaschine mit pneumatischem Kolbenrückwurf. Durch das so erzeugte Druckgas wird eine Gasturbine beaufschlagt. Wegen offensichtlich ungünstigerer Leistungskennwerte im Vergleich zur Gasturbine mit Turboverdichter hat sich diese *Freikolben-Gasturbine* trotz hohen Wirkungsgrades nicht durchgesetzt.

Trotz ausschließlicher Verwendung von Gasturbinen und TL im Bereich großer Leistungen riß die Kontinuität in der Weiterentwicklung von Kolbenmotoren mit Turbomaschinen für kleine und mittlere Leistungen nicht ab. Neuerdings erscheint dafür wieder der seit den großen Kolbenflugtriebwerken nicht mehr verwendete Antrieb mit der Bezeichnung des *Compound-Motors*. Dabei sind strömungsmechanisch und kinematisch für Flugtriebwerke mehrere Unterbauarten auseinanderzuhalten. Es existieren

- der *Kolbenmotor mit ATL*: äußerlich wirksam ist nur der Luftschraubenstrahl, beide Wellen sind dabei kinematisch unabhängig;
- der *Compound-Antrieb* (PC): vorhanden sind Schrauben- und Abgasstrahl, die Wellen sind dabei ebenfalls kinematisch getrennt;
- der *Turbo-Compound-Motor* (PTC, TC): es erfolgt eine Leistungsübertragung von Turbo- auf Motorwelle zum Schraubenantrieb.

Selbstverständlich ist bei dieser umfangreicheren und teureren Anlage das Verhältnis von Nutzen zu Aufwand kritisch zu werten. Demnach erhalten nach theoretischen Erkenntnissen die Turbomaschinen an der Peripherie der Kolbenmotoren wachsende Bedeutung. Erstere arbeiten bei großem Volumenstrom des Arbeitsmittels, während der Prozeß in den Motorzylindern selbst bei kleinerem Volumenstrom abläuft. Bei der Optimierung des Antriebs ergibt sich die Frage nach dem Anteil der Einzelvorgänge am Gesamtprozeß, d.h. nach dem Primat der beiden Maschinenarten an der Gesamtanlage. Bisher dient der Kolbenmotor als Schwerpunkt, dessen Kurbelwelle die Leistung abgibt. Andererseits ist aber auch ein vergrößerter ATL mit Abgabe von Wellenleistung als primäre Maschine denkbar, während der Kolbenmotor nur als Gaserzeuger (oder Hilfsantrieb) bei höherem Gegendruck arbeitet. Diese Funktion könnte er auch mit vereinfachter Mechanik ohne Kurbelwelle als Freikolbengaserzeuger erfüllen.

Eine so modifizierte Gasturbine mit integrierter „Brennkammer“ als (Frei)-Kolbengaserzeuger könnte im Bereich kleiner und mittlerer Leistungen bei geringerem Aufwand höher verdichtet werden. Sie wäre eine u.U. effizientere, zwischen TM und Dieselmotor einzuordnende Brennkraftmaschine. Eine Kennwertverbesserung für diesen kompakteren Gasgenerator mit etwas verändertem Kreisprozeß müßte in Theorie und Praxis nachgewiesen werden. Unter Berücksichtigung des Aufwandes und bei Bestätigung durch die Praxis könnte diese Variante eine Richtung zur Weiterentwicklung kleinerer Brennkraftmaschinen für große Kompaktheit und höchste Effizienz werden.

19.3 Gasturbinenanlagen als Schiffsantriebe

Neben der Dampfturbine und dem Dieselmotor hat sich die Gasturbine einen festen Platz als Marsch- oder Zusatzantrieb von Schiffen erobert. Vor allem bei mittelgroßen und kleineren, stets aber leistungsstarken und schnellen Schiffen konnte sie ihre Vorzüge als verhältnismäßig kleine und leichte Maschine zur Geltung bringen. Hauptsächlich sind dies Passagier-, Container-, Fähr- und Kriegsschiffe sowie Tragflügelboote. Tankschiffe, insbesondere diejenigen für Flüssiggas, versorgen die Gasturbine vorteilhaft mit dem verdampfenden Anteil ihres Ladegutes. Hauptsächlich bei Luftkissenfahrzeugen ist von Vorteil, daß die Gasturbinenanlage zusätzlich auch als Luftlieferant dient.

Die Antriebsanlage von Schiffen ist verhältnismäßig umfangreich. Schon aus Gründen der Verfügbarkeit und Betriebssicherheit sind mehrere Maschineneinheiten ratsam. Daraus ergeben sich abhängig von Größe und Gesamtzweck Kombinationsmöglichkeiten mit Maschinen gleicher oder verschiedener Charakteristik. Zusätzlich sind auf dem Schiff Hilfsenergieanlagen zur Versorgung seiner Bordsysteme erforderlich. Deshalb ist oft eine Kombination von wirtschaftlicher Marschanlage mit Zusatz- und Hilfsmaschinen anzutreffen. Die einzelnen Antriebsmaschinen können über ausrückbare Kupplungen und Getriebe auf eine gemeinsame Schraubenwelle oder bei strickter Anlagentrennung auf jeweils eigene Antriebswellen arbeiten.

Schiffsantriebe verwirklichen wie Flugtriebwerke die Kraftwirkungen nach dem *Prinzip der Reaktion.* Demzufolge ist im Interesse eines hohen äußeren Wirkungsgrades ebenfalls ein großer Betrag an Fluid (Wasser) vom Schiff aus als Strahl entgegengesetzt zur Fahrtrichtung zu beschleunigen. Diese Aufgabe wird von relativ langsamlaufenden *Schiffsschrauben (Propellern)* mit großem Durchmesser übernommen.

Die Drehzahlbegrenzung in der Größenordnung von 100 U/min resultiert für Schiffsschrauben aus der sog. *Kavitation* (*Hohlsogwirkung*). Darunter ist nach [155] die Erscheinung des lokalen Entstehens und Implodierens von Dampfbläschen auf der Schraubenblatt-Oberfläche wegen zu großer Geschwindigkeit, d.h. bei zu geringem statischen Druck, zu verstehen. In der Folge tritt Werkstofferosion und Zerstörung der Schraubenblätter ein. Ist bei großer Schraubenbelastung und hoher Schiffsgeschwindigkeit (etwa 65 km/h=35 Kn und mehr) die Kavitation unvermeidbar, muß zum Regime der *Superkavitation* übergegangen werden. Hierbei ist die gesamte Profiloberfläche von Dampfbläschen bedeckt, so daß ihre Implosion erst nach der Schaufelhinterkante, also ohne Erosion erfolgt. Diese Erscheinung ist ein Problem hydrodynamisch effektiver Gestaltung der Schraubenblätter und tritt bei allen Antriebsarten unter hoher Belastung auf. Speziell für die *Gasturbinen-Schiffsantriebe* sind folgende Besonderheiten maßgebend:

- Der *Lufteinlauf* ist so zu gestalten, daß der Eintritt heißer Abgase, vor allem jedoch von Gischt und Seewasser auf ein äußerstes Minimum beschränkt bleibt.
- Im *Verdichter* sind Salzablagerungen und Korrosionserscheinungen durch Waschvorgänge mit Süßwasser oder Naßdampf regelmäßig beim Betrieb zu beseitigen.
- Für die Arbeit von Brennkammer und Einspritzsystem ist der Brennstoff aus o.g. Gründen so aufzubereiten, daß Seewasser und Salz vorher abgeschieden werden.
- Die filmgekühlte *Turbine* ist nach [110] verhältnismäßig unempfindlich gegen Salzanflug, weil Kühlluftaustritt die Turbinenschaufeln gegenüber Heißgas isoliert.
- Der Gasaustritt hat unabhängig von der Salzproblematik die Gasabführung in Übereinstimmung mit den Anforderungen an den Umweltschutz zu gewährleisten.
- Zum *Schraubenantrieb* ist nach der Losturbine ein Getriebe mit großem Übersetzungsverhältnis ins Langsame auf die extrem kleine Drehzahl (s.o.) erforderlich.
- Die *Fahrtrichtungsänderung* ist mittels Umschaltgetriebe, autonomer Rückwärtsturbine oder Verstellschraube, d.h. nur unter größerem Aufwand zu realisieren.
- Eine gute *Kaltstartfähigkeit* ist garantiert, da in Abhängigkeit von der Auslegung meist schon nach 30...60 s beträchtliche Wellenleistung abgegeben werden kann.

Es sind also eine Reihe von Besonderheiten zu berücksichtigen, um die Gasturbinenanlage an die Bedingungen auf einem Schiff anzupassen. Zur generellen Lösung der Schwierigkeiten mit Salz und Seewasser sind in der Regel korrosionsarme Werkstoffe und entsprechende Schutzschichten vorzusehen. Weitere Maßnahmen haben die ständige Arbeitsbereitschaft der Systeme, welche die Betriebssicherheit gewährleisten, einschließlich des Regelsystems bei Lageänderung durch Seegang, zu gewährleisten. Hohe Wirtschaftlichkeit ist außer durch den geringen spezifischen Brennstoffverbrauch durch lange Laufzeit auf See ohne Ausfälle und bei Erfordernis durch schnellen Maschinenwechsel im Hafen garantiert. In Verbindung mit der Gewährleistung zur Seetauglichkeit eines Gasturbinenantriebs spricht man auch von *Navalisierung.*

Für die Parameterauslegung von Schiffsgasturbinen im Sinne eines kleinen spezifischen Brennstoffverbrauches gilt das bereits aus der Triebwerkstheorie Bekannte: Es ist entweder ein großes, d.h. optimales oder überoptimales Verdichterdruckverhältnis bei freiem Gasausstoß zu verwirklichen oder bei geringer Verdichtung wird Wärmeregeneration angewandt. Bei der zuletzt genannten Variante ist beträchtliches zusätzliches Bauvolumen für Wärmetauscher und Gasleitungen erforderlich, welches auf kleinen Schiffen und Booten meist nicht zur Verfügung steht. Die Turbineneintrittstemperatur wird wegen extrem langer Laufzeit der Maschine nicht zu hoch ausgelegt.

Der Entwicklungsaufwand einer Gasturbinenanlage kann entscheidend verringert werden, wenn der Gasgenerator eines bereits geschaffenen TL für den anderen Verwendungszweck modifiziert wird. Viele Schiffsgasturbinen haben ihren Ursprung in zuvor entwickelten TL. Entsprechend ihrem hohen bzw. sogar erhöhtem Druckverhältnis arbeiten sie gewöhnlich ohne Wärmeregeneration, und sie werden unter Berücksichtigung der o.g. Besonderheiten mit im Abgasstrom installierter (oder anstelle des Schubsystems nachgerüsteter) Losturbine als maritime Antriebsmaschinen hergerichtet.

Ähnlich günstig ist es, wenn nicht mehr benötigte oder (z.B. wegen Ablauf der Betriebszeit für den Flug) nicht mehr zugelassene TL, PTL oder TM zu Schiffsgasturbinen umgebaut werden. Mit in der Regel verringerten Parametern betrieben, lösen sie so eine neue, ursprünglich für sie zwar nicht vorgesehene, aber doch akzeptable Antriebsaufgabe. Dabei ist vorauszusetzen, daß die Leistungsstufe des ursprüglich projektierten Reisefluges nun beim Betrieb in Meereshöhe unter ausreichender Wirtschaftlichkeit gewöhnlich nicht überschritten wird. Die Arbeiten zur Anpassung eines Flugtriebwerks an den Schiffsantrieb, wozu außer dem Gaskanal alle Hilfssysteme und Anlagen gehören, sind beträchtlich und überschreiten oft das vorgesehene Ausmaß.

19.4 Gasturbinenantriebe von Landfahrzeugen

Obwohl die Hubkolbenmotoren seit rund 100 Jahren als Antriebe im Straßenverkehr einen festen Platz einnehmen, hat es seit Jahrzehnten nicht an Versuchen gefehlt, Gasturbinenanlagen dafür einzusetzen. Trotz vieler Projekte und Versuchsausführungen ist ihr Großeinsatz bisher ausgeblieben. Deshalb sind in der Regel führere ingenieurwissenschaftliche Darstellungen zur (damals berechtigten) Befürwortung des **Automobil-Turbomotors** in [95], [89] und [115] u.a. mit dem Abstand gegenwärtigen Wissens kritischer zu beurteilen. Konstruktive und betriebliche Schwierigkeiten sowie die trotz optimistischer Ankündigungen nicht völlig befriedigende Wirtschaftlichkeit, andererseits aber die bestens bewährten (und weiter verbesserten) Kolbenmotoren mit ihrem logistischen Umfeld, haben den Einsatz von TM im Großmaßstab bisher verhindert.

Etwa zum gleichen Zeitpunkt wie am Entwicklungsbeginn von TL und stationären GTA begannen auch die ersten Arbeiten zur Schaffung von Automobilgasturbinen. Nach [115] war das 1938 bei CHRYSLER der Fall. Dem schlossen sich in den USA bald weitere Firmen an, wie z.B. FORD und GENERAL MOTORS. Unmittelbar nach 1945 begannen, ausgelöst durch Großbritannien, diese Arbeiten auch in Europa. In [89] werden für 1960 etwa 20 verschiedene Typen von Fahrzeuggasturbinen von mehr als 10 Herstellern beschrieben und datenmäßig aufgelistet. Gegenwärtig sind vor allem die Firmen MTU-München und LYCOMING neben anderen mit der Entwicklung größerer Kfz-Gasturbinen beschäftigt. Letztere hat als einziges bekanntes Anwedungsmuster die Turbine AGT1500 des USA-Panzers XM-1 entwickelt und in großer Stückzahl produziert.

Ursache bisheriger Nichtverwendung ist der hohe Stand der Hubkolbenmaschinen, welche als Dieselmotoren in Nutzfahrzeugen (Lkw) und als Ottomotoren für kleinere Leistungen in Pkw zur Verfügung stehen. Beide besitzen ein großes Entwicklungspotential, welches durch fortwährende Kennwertverbesserungen erschlossen werden konnte. Zwar wurde die Evolution als Hochleistungs-Kolbenflugtriebwerk durch die leistungsfähigeren TL gestoppt, aber auf anderen Gebieten ist sie unter Einbeziehung von Hochtechnologien noch längst nicht beendet. Automobil-Dieselmotoren erreichen spezifische Brennstoffverbräuche im Bereich von 200...220 g/kWh, die bei Ottomotoren etwa 25 % höher anzusetzen sind. Diese hervorragende Wirtschaftlichkeit ist durch TM erst einmal näherungsweise zu realisieren!

Eine weitere Ursache besteht in der Eigenart der Gasturbine, die für den Leistungsbereich der Automobilantriebe erforderlichen kleinen Massenströme in der Größenordnung von $\dot{m}_L = 2$ kg/s, wie bereits in Kap.19.2 dargestellt, nicht hoch verdichten zu können. Deshalb ist mit etwa $\Pi_V = 4$ der innere Wirkungsgrad schlecht und der spezifische Verbrauch hoch. Er lag bei den ersten Automobilgasturbinen mit einfachem Gasgenerator in der Größenordnung von 600 g/kWh. Erst durch aufwendige Verbesserungen und vor allem durch Anwendung der *Wärmeregeneration* gelang es in letzter Zeit, diesen hohen spezifischen Verbrauch zu halbieren. Damit ist zwar die Wirtschaftlichkeit des Ottomotors etwa erreicht, aber die des Dieselmotors noch in größerer Ferne.

Die genannten Werte des spezifischen Verbrauches gelten für den Auslegungspunkt bei Maximalleistung. Im Teillastbereich vergrößern sie sich entsprechend den Veränderungen der Drosselkennlinie. Umgekehrt sinkt der spezifische Verbrauch bei anwachsender Leistungsstufe bzw. bei Steigerung der Turbineneintrittstemperatur. Wurden dafür bisher 1300 K bei den üblichen ungekühlten Turbinen nicht überschritten, so werden nach [110] zum Erreichen der Wirtschaftlichkeit des Dieselmotors 1600 K benötigt. Das hohe Temperatuniveau erfordert die Wärmeregeneration. Da eine Kühlung bei diesen sehr kleinen Schaufeln auszuschließen ist, sind thermisch höher belastbare Werkstoffe aus Silizium-Keramik gefragt. Neben den Schaufeln selbst sind auch Lauf- und Leiträder als auch Regeneratorräder aus Keramik herstellbar, obwohl über deren Betriebsbewährung bei Serientriebwerken bisher nichts bekannt ist.

Der typische Aufbau einer derartigen Fahrzeuggasturbine mit mehrfach umgelenktem Gasstrom besteht nach Abb.19.2 fast stets aus den folgenden Baugruppen: Dem einstufigen Radialverdichter, einer Gegenstrombrennkammer und einer einstufigen Verdichterturbine. An sie schließt sich eine Losturbine mit eigener Kinematik als eigentlicher Fahrzeugantrieb an. Zwischen der verdichteten Frischluft und dem austretenden Abgas nach der Losturbine erfolgt die vorteilhafte Wärmeregeneration mittels *Rekuperator* oder einem *Regenerator*, wie in Abb.19.2 dargestellt.

Bei hoher Turbineneintrittstemperatur und geringer Verdichtung sind die Auswirkungen der Wärmeregeneration auf Prozeß und Wirtschaftlichkeit (zur thermodynamischen Analyse s. Kap.18.5) besonders günstig. Erst dadurch wird ein zu akteptierender spezifischer Verbrauch erreicht, welcher den Einsatz von Gasturbinen im Vergleich zu den noch günstigeren Otto- und Dieselmotoren als Fahrzeugantriebe zuläßt. Ohne die hochwirksame Wärmeregeneration ist der rentable Einsatz von Gasturbinenantrieben in Landfahrzeugen offensichtlich nicht denkbar.

Eine zusätzliche Einschränkung erfolgt in bezug auf ihre Leistung: Aus gegenwäriger Sicht ist ihre Anwendung nur ab 400...500 kW, etwa dem Massenstrom von 2 kg/s oder mehr entsprechend, sinnvoll. Damit ist allerdings ihre Nutzung auf Großfahrzeuge, wie Lomotiven, Triebwagen, Schwerlastfahrzeuge, Lastzüge und Panzer, begrenzt. Bei kleineren Leistungen dominiert der Dieselmotor, bei Pkw nach wie vor der Ottomotor. Für Fahrzeugantriebe auf Gasturbinengrundlage existiert eine untere Leistungsgrenze, welche PKW-Antriebe in der Größenordnung von 100 kW ausschließt.

Im Interesse eines hohen *Regenerationsgrades* wird für den regenerativen Wärmetausch gewöhnlich der rotierende Regenerator für Fahrzeuggasturbinen bevorzugt. Oft wird er dabei in der Gestalt zweier mit etwa 20 U/min umlaufender Scheiben ausgeführt, deren Drehebenen parallel zur Achse der Turbine wie in Abb.19.2 (unten) (in dieser Darstellung ist nur die obere Hälfte Maschine ersichtlich) liegen. Der Ausführung ihrer Speichermasse, der Luft- und Gasführung, der Abdichtung sowie ihrer optimalen Drehzahl ist große Bedeutung beizumessen. In diese Überlegungen sind die Übergangsregime mit einzubeziehen. In der Ausführung mit zwei der o.g. Regeneratorscheiben ergibt sich die kompakte Gehäuseausführung eines angenäherten Kubus mit abgerundeten Ecken, welche sich gut zum Einbau in Fahrzeuge eignet.

Der (vom Turbosatz des Gasgenerators unabhängige) eigentliche Antrieb beginnt an der *Losturbine*. Sie ist in der Regel ebenfalls einstufig, selten (bei untypisch hoher Verdichtung) zweistufig ausgeführt. Zur wesentlichen Verbesserung ihrer Charakteristik ist das Leitgitter der LT bei neueren Ausführungen mit *Leitschaufelverstellung* ausgerüstet. Mit dieser (wegen der hohen Gastemperaur schwer zu realisierenden) variablen Geometrie gelingt es, den Verlauf von Drehmoment und spezifischem Verbrauch für abgesenkte Drehzahlen wesentlich günstiger zu gestalten. Die Gesamtwirtschaftlichkeit wird dadurch günstiger. Durch die beiden Möglichkeiten des Regenerators und der LT-Leitschaufelverstellung könnte der Automobil-TM großer Leistung in der Perspektive die akzeptable Wirtschaftlichkeit erreichen. Die Welle der LT, welche gegenüber der des Gasgenerators langsamer dreht, arbeitet auf ein Getriebe mit großem Übersetzungsverhältnis ins Langsame für den Achs- bzw. Radantrieb.

Die Drehzahl-Drehmomenten-Charakteristik eignet sich mit ihrem hyperbolischen Verlauf schon bei der „starren" LT gut zum Fahrzeugantrieb. Mittels Leitgitterverstellung der LT ist eine noch günstigere Abstimmung möglich, so daß ein derartiger Antrieb kein vom Kfz her bekanntes Schaltgetriebe benötigt. Neben hauptsächlich mechanischen sind auch hydraulische und elektrische Kraftübertragungen im Einsatz, wodurch man von turbohydraulischen und turboelektrischen Antrieben spricht. Die Antriebscharakteristik läßt sich damit weiter verfeinern.

Während die Automobil-Gasturbine nach wie vor als ein objektives Erfordernis zu werten und mit ihrem künftigen Einsatz zu rechnen ist, hat der Turboantrieb andererseits im **Schienenverkehr** trotz wesentlich größerer Leistunganforderungen nicht Fuß gefaßt. Die aus dem größeren Leistungsangebot hervorgehende bessere Eignung wurde demzufolge nicht wirksam. Das betraf auch alle weiteren ebenfalls günstigen Einsatzumstände des TM auf Schienenfahrzeugen. Einmal konnte sich hier ebenfalls im geforderten Leistungsbereich von 1000...3000 kW der Dieselmotor behaupten, andererseits waren die Vorzüge der elektrischen Zugförderung zumindest für das Zentrum Europas erdrückend. Gegenüber der durch einen Fahrdraht gespeisten Elektromotorenanlage konnten die Gasturbinenantriebe keine ernsthafte Konkurrenz im Schienenverkehr bei hoher Zugdichte sein. Die Vorzüge der Elektrolokomotive gegenüber allen weiteren relevanten Antriebsarten waren so groß, daß sie alles andere hinter sich ließ.

Mit der Entwicklung von Gasturbinenlokomotiven wurde in Europa schon frühzeitig begonnen. Durch BBC wurden 1941 in der Schweiz und 1949 in Großbritannien die ersten derartigen Versuchslokomotiven, beide mit Rekuperator und elektrischer Kraftübertragung ausgerüstet, in Betrieb genommen. Durch die o.g. Gründe blieben sie und einige weitere Exemplare trotz Betriebsbewährung und potentieller Möglichkeiten zur Weiterentwicklung nur Einzelstücke. Auf einigen nichtelektrifizierten Strecken Nordfrankreichs verkehrten über längere Zeit Gasturbinen-Schnelltriebwagen.

Bei günstigeren Bedingungen gelangten in den USA eine größere Anzahl von Gasturbinenlomotiven mit 3300 kW und 5200 kW Nennleistung nach 1950, entwickelt und geliefert von GE, zum erfolgreichen Einsatz. Dabei hat sich der leistungsfähigere Typ so gut bewährt, daß er die größte und stärkste Dampflokomotive der Welt, „Big Boy“, welcher mit Diesellokomotiven leistungsmäßig nicht beizukommen war, um 1962 ablösen konnte. Aber ungeachtet dieser guten Ergebnisse wird die Zugförderung in den USA und Kanada überwiegend mit Diesellokomotiven in Mehrfachtraktion bewältigt.

Grundsätzlich ist festzustellen, daß der Gasturbinenantrieb im Schienen- und Straßenverkehr oberhalb einer bestimmten Grenzleistung nach der Theorie mit Erfolg einzusetzen ist. Wegen vielfach noch besserer Kennwerte und aus Tradition wird ungeachtet dessen bei schweren Fahrzeugen der Dieselmotor bisher bevorzugt. Infolge Nichterreichen dieser Grenzleistung bleibt der Pkw-Antrieb auch in naher Zukunft ausschließlich dem Ottomotor vorbehalten.

Eine mit der Steigerung der Turbineneintrittstemperatur verbundene Evolution der Kleingasturbine ergibt in Verbindung mit der Wärmeregeneration theoretisch eine günstigere als die bisherige Prozeßführung. Durch ständige weitere Innovationen werden sich so die Chancen für die Verwendung von Gasturbinen-Fahrzeugantrieben bei besserer Wirtschaftlichkeit vergrößern. Dieser Entwicklungsweg ist kein problemloses Voranschreiten. Er ist durch Schwierigkeiten, Aufwendungen zu ihrer Überwindung, Rückschläge und die Konkurrenz zu anderen Brennkraftmaschinen gekennzeichet. Neben den leistungs- und verbrauchsbezogenen Kennwerten werden dabei diejenigen, welche die Umweltbelastung kennzeichnen, u.U. die entscheidenden sein.

20 Luftatmende Hyperschallantriebe

20.1 Das Turbostrahltriebwerk bei großer Machzahl

Außer in der Unterschall-Verkehrsluftfahrt sowie zu Überschallflügen militärischer und spezieller Missionen von $M = 2,0 \ldots 2,5$ (3,0) sind Luftstrahltriebwerke in Zukunft für noch wesentlich höhere M-Zahlen einsetzbar. Dafür existieren Projekte sowohl von transkontinentalen und globalen *Hyperschallflugzeugen* (*Hypersonic Transport*, HST) als auch für eine 3. Generation von *Raumtransportern* (*Raumgleitern, Shuttles*), welche die bisher verwendeten Stufenraketen einmaliger Verwendung ersetzen sollen. Dazu sind als unterstes Limit die o.g. M-Zahlen mindestens zu verdoppeln! Zur Verwirklichung dieser anspruchsvollen Vorhaben sind in Zukunft luftatmende Hochgeschwindigkeits-Antriebe auf der Basis von TL erforderlich. Über sie wird in [31], [84], [91], [102] und [109] als auch in Aufsätzen[1] aus unterschiedlichen Zeiträumen berichtet.

Damit ergeben sich antriebsmäßig für Hochgeschwindigkeits-Luftfahrt und erdnahe Raumfahrt prinzipiell gleiche Bedingungen. Künftige HST-Flugbewegungen mit z.B. $M = 5$ würden im atlantischen und mehr noch im pazifisch-asiatischen Luftraum zu beträchtlichem Zeitgewinn führen. In der Raumfahrt-Antriebstechnik könnte der bei einer Großrakete mitzuführende Sauerstoff (für SATURN V fast 70 % der Startmasse) bei Luftstrahltriebwerken z.T. aus der Hochatmosphäre „eingeatmet" werden. Das würde Startmasse und Kosten für diesen horizontal landenden, deshalb mehrfach verwendbaren Raumgleiter wesentlich verringern. Ein Nutzlasttransport zur Erdumlaufbahn ließe sich so von ursprüglich über 1200 Dollar/kg (SATURN V) auf 25 %, bei günstiger Entwicklung schließlich auf 5 % verringern. Zum Vergleich ist dabei festzustellen, daß bisher Rekordflugzeuge mit luftatmenden Antrieben (TL-NB) den Bereich von „nur" $M = 3,5$ erreicht haben.

Für Antriebsaufgaben im o.g. M-Zahlbereich sind die bisher bekannten ETL und ZTL unterschiedlicher Bauarten und Auslegungen geeignet und verfügbar. Abhängig von den Parametern ihres Arbeitsprozesses erreichen sie bei bestimmter M-Zahl für den w-optimalen Zustand das Schubmaximum. Bei M-Zahlvergrößerung sinkt allerdings nach Abb.20.1 das optimale Druckverhältnis, und bei nicht großer Turbineneintrittstemperatur T_{t4} kann schon um $M = 3$, für bessere Bedingungen bei mehr als $M = 4$ der Betrag von $\Pi_V = \Pi_{opt} = 1$ erreicht werden. Dieser Zustand ist, gleichbedeutend mit dem von $\Pi_V / \Pi_T = 1$, mit der eintretenden Wirkungslosigkeit des Gasgenerators identisch. Bei ZTL gilt das in der Regel schon für kleinere, bei NB-Betrieb für größere, aber ebenfalls begrenzte M-Zahlen.

Spätestens bei diesem Flugzustand hat nach der Theorie der mit konstanten Prozeßparametern arbeitende Gasgenerator keine Berechtigung mehr. Daraus ergibt sich die zwingende Schlußfolgerung: TL bisher bekannten Aufbaus sind durch die Arbeitsweise ihrer Turbomaschinen für größere als die o.g. M-Zahlen ungeeignet. Der Grund besteht in den abhängig von der M-Zahl steil anwachsenden Eintrittsparametern, obwohl die Prozeßparameter nach dem angewandten Regelprogramm nicht oder nur wenig zunehmen. Innere Arbeit und Schub sinken dadurch, um letztlich betragsmäßig nicht mehr zu existieren. Folglich ist nach luftatmenden Antrieben zu suchen, deren spezifischer Schub auch bei großer M-Zahl zur weiteren Beschleunigung ausreicht.

[1] Ganzer, U.: Hyperschallflugzeuge. LRT 15(1969)12, S. 293 - 299 Krammer, P.; Schwab, R. R.: Engine Technologies for Future Spaceplanes. MTU FOCUS 1/1992, S. 5 - 14

Im Bereich großer Fluggeschwindigkeiten sind für den hinreichenden Betrag $f_s = (c - v)$ im Gegensatz zu früheren (für kleinere M-Zahlen geltende) Aussagen große Strahlgeschwindigkeiten c erforderlich. Wegen des viel höheren spezifischen Schubes sind hier Überlegungen zur Schubmechanik des ZTL nicht mehr zutreffend und das ZTL gegenüber dem ETL im Nachteil. Im weiteren wird von allen Turboluftstrahltriebwerken nur das ETL als der am besten geeignete Hochgeschwindigkeitsantrieb angesehen, weil es die größtmögliche Strahlgeschwindigkeit gewährleistet.

Flüge im Hyperschallbereich beginnen bei $M = 4 \ldots 5$ und reichen bis zur obersten Grenze der kosmischen Geschwindigkeiten, deren Gebiet erst bei etwa $M = 25$ endet. Dabei zeigen bisherige Untersuchungen, daß durch luftatmende Triebwerke bei vorsichtigen Annahmen der Bereich von $M = 15$ zu erreichen ist. Andererseits wird es nur mit dem ETL bei NB-Betrieb gelingen, als äußerstes die untere Grenze dieses M-Zahlbereiches (s.o.) zu erfliegen. Durch die folgenden Maßnahmen sind ETL von der Seite ihres Arbeitsprozesses her für den Hochgeschwindigkeitsflug besonders geeignet:

- Verwirklichung einer sehr hohen Turbineneintrittstemperatur T_{t4},
- Auslegung mit kleinem (unteroptimalen) Verdichterdruckverhältnis,
- Realisierung eines großen Druckerhaltungskoeffizienten im Einlauf,
- Arbeit nach dem Regelprogramm (11.13), d.h. mit $n_{red} = const$,
- Prozeßerweiterung mit NB-Betrieb bei hoher NB-Temperatur $T_{t7'}$
- Anwendung des Prozesses mittels Vor- bzw. Verdichtungskühlung.

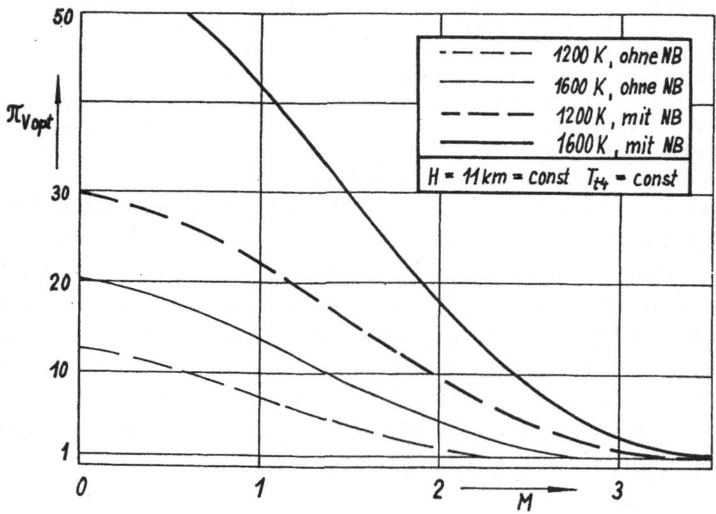

Abb. 20.1: Optimales Druckverhältnis des ETL beim Hochgeschwindigkeitsflug

Bei technischer Realisierung bewirkt jede dieser Maßnahmen die Vergrößerung von innerer Arbeit und Schub, insbesondere bei größer werdender M-Zahl. Andererseits stoßen sie alle nach kleinen Veränderungsmöglichkeiten insbesondere beim Gasgenerator an nicht zu überwindende Begrenzungen. Zugleich weist Tab.20.1 aus, daß bei großer M-Zahl die Stauverdichtung allein auch ohne Gasgenerator zu einem wirksamen Kreisprozeß führt. Das bedeutet für große M-Zahl ein Zurückdrängen, im Extremfall den Wegfall des Gasgenerators beim TL. Diese Schlußfolgerung stimmt überein mit den oben durchgeführten Untersuchungen zu seiner Schubwirksamkeit.

Mit M-Zahlvergrößerung ändern sich die Eintrittsparameter im Luftstrahltriebwerk durch die Energieumwandlung mittels Stauverdichtung nach Tab.20.1 außerordentlich. Darin ist z.B. ersichtlich, daß sich bei $M = 2$ ein (ideales) Druckverhältnis im Einlauf von 7,8 und bei $M = 3$ schon ein Wert von 36,7 ergibt. Damit ist die w-optimale Prozeßauslegung möglich, bzw. sie wird bereits überschritten. Das bedeutet, daß beim Hochgeschwindigkeitsflug Verdichter und Turbine als Baugruppen und damit auch der Turbosatz des Gasgenerators nicht mehr erforderlich sind. Dies wird durch den Abfall der reduzierten Drehzahl (bei $M = 3$: $n_{red} = 68,9\%$) trotz der mit 100 % anliegenden kinematischen Drehzahl unterstrichen. Das real erreichbare Druckverhältnis ist um den Druckerhaltungskoeffizienten σ_{EL} kleiner, wobei aber große Verluste erst bei noch höheren M-Zahlen auftreten. Die Steigerung der Totaltemperatur im Einlauf ist ebenfalls hoch, sie erfolgt aber mit kleinerer Potenz als die des Druckes.

Tab. 20.1: Eintrittsparameter für das TL beim Flug in der Tropopause ($H = 11$ km nach ISA) infolge isentroper (polytroper) Stauverdichtung, abhängig von der M-Zahl

M	v	T_{t2}	t_{t2}	Π_{ELs}	σ_{EL}	p_{t0}	n_{red}
	m/s	K	°C			kPa	
0	0	216,6	-56,6	1,00	1,000	22,7	115,3
1	295	260,1	-13,0	1,89	1,000	42,9	105,2
2	590	389,7	116,7	7,83	0,925	164,3	86,0
3	885	606,2	333,2	37,0	0,809	679,2	68,9
4	1080	890,0	636,3	157,2	0,669	2386	56,9
6	1770	1620	1347	1889	0,359	15387	42,1

Schon beim Unterschallflug leistet die Stauverdichtung im Lufteinlauf einen Beitrag zur Druckerhöhung. Aber erst bei mittlerer Überschall-M-Zahl genügt die kinetische Energie der anströmenden Luft für einen Kreisprozeß mit optimalem Druckverhältnis. Ein Flugtriebwerk, welches seinen Arbeitsprozeß nur durch Stauverdichtung gewährleistet, ist ein *Staustrahltriebwerk*. Sein Arbeitsprozeß wird im nächsten Abschnitt analysiert.

20.2 Der Arbeitsprozeß des Staustrahltriebwerks

Beim Flug mit großer M-Zahl wird der Verdichtungsvorgang nur durch den Aufstau anströmender Luft im Einlauf realisiert. Der vom TL her bekannte Gasgenerator mit Turbomaschinen entfällt demzufolge. Wie Abb.20.2 zeigt, besteht dieses *Staustrahltriebwerk* aus Einlaufdiffusor, Brennkammer und Schubdüse. Es stellt somit von der Theorie her ein durchströmtes, im Querschnitt veränderliches „Rohr“ ohne rotierende Bauteile dar, in welchem der JOULE-Kreisprozeß abläuft. In der Literatur wird es auch als *Staustrahlrohr, Ramjet* oder als *Statoreacteur* bezeichnet.

Der erste Vorschlag zum Staustrahltriebwerk wurde 1913 von LORIN eingereicht. 1942 wurden durch SÄNGER erste praktische Versuche mit Schubnachweis im Unterschallflug durchgeführt. Nach 1949 erprobte es LEDUC erfolgreich im schallnahen und im Überschallbereich. Als Folge davon entstand in Frankreich das Flugzeug „Griffon“, welches 1959 mit einem aus TL und Staustrahltriebwerk bestehenden Kombiantrieb $M = 2$ überschritt. Seitdem wurden viele Staustrahl-Flugantriebe geschaffen, ihre eigentliche Verwendung beginnt aber erst im hohen Überschall- bzw. Hyperschallbereich.

Der Arbeitsprozeß des Staustrahltriebwerkes geht aus der Darstellung von Gaskanal und Parameterverlauf in Abb.20.2 hervor. Wie beim ETL (s. Kap.2) dargelegt, wird bei idealer Betrachtung ein JOULE-Prozeß verwirklicht, welcher in der Realität die bekannten Abweichungen aufweist. Zur Ermittlung seiner inneren Arbeit werden nach (2.37) die Besonderheiten dieses Triebwerkes in folgender Beziehung berücksichtigt:

$$w_i = \frac{T_0\,R}{m\,\eta_{EL}}\left(\frac{T_{t4}}{T_0}\,\eta_{EL}\,\eta_{SD}\,K_i\,\Pi_{SD}^{-m} - 1\right)\left(\Pi_{EL}^{m} - 1\right) \tag{20.1}$$

Darin sind alle Größen, welche die Stoffeigenschaften und die Realität kennzeichnen, wie m, R, K_i und η als auch (s.u.) die weiteren Symbole K_α, κ und σ am Beispiel des TL in den Kap. 2 und 3 erklärt. Bemerkenswert an (20.1) ist, daß die Druckverhältnisse Π_{SD} und Π_{EL} nicht frei wählbar, sondern eine Funktion der M-Zahl nach (10.4) sind. Real werden sie durch die Druckerhaltungskoeffizienten σ verringert. Mit Unterscheidung der realen und idealen Druckverhältnisse Π und Π_s gelten unten ersichtliche Gleichungen:

$$\Pi_{EL} = \sigma_{EL}\,\Pi_{ELs} = \sigma_{EL}\left(1 + \frac{\kappa - 1}{2}M^2\right)^{\frac{1}{m}} \tag{20.2}$$

$$\Pi_{SD} = \sigma_{EL}\,\sigma_{BK}\,\sigma_{SD}\,\Pi_{ELs} \tag{20.3}$$

$$\sigma_{ges} = \sigma_{EL}\,\sigma_{BK}\,\sigma_{SD} = \frac{p_{t9}}{p_{t0}} \tag{20.4}$$

$$\sigma_{ges'} = \sigma_{EL}\,\sigma_{BK}\,\sigma_{SD'} = \frac{p_{t8}}{p_{t0}} \tag{20.5}$$

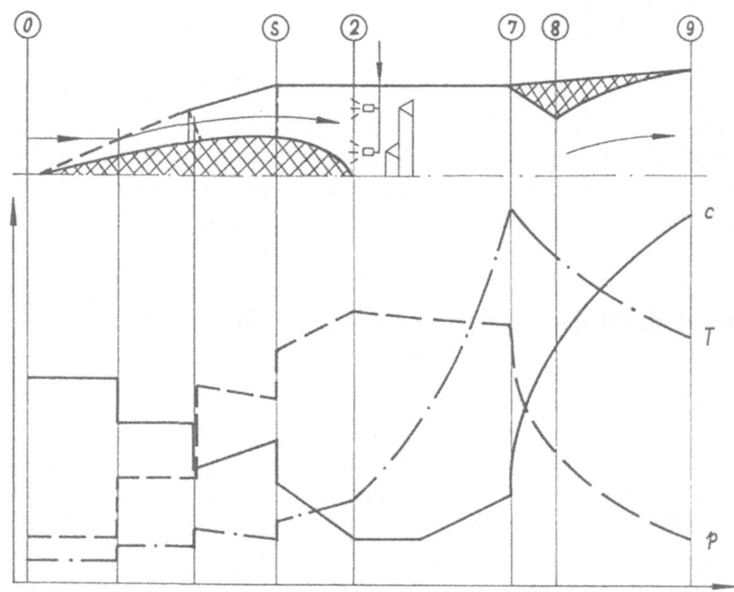

Abb. 20.2: Überschall-Staustrahltriebwerk mit Parameterverlauf und Kreisprozeß

Der wichtigste Druckerhaltungskoeffizient ist der des Einlaufdiffusors σ_{EL}, welcher in Abhängigkeit von der M-Zahl näherungsweise mittels (10.5) bei Überschallanströmung (s.a. Kap.5) zu bestimmen ist. Als Beispiele für die Größen von σ_{BK} und σ_{SD} mögen diejenigen der TL dienen. Mit den o.g. Ausdrücken läßt sich (20.1) wie folgt präzisieren:

$$w_i = \frac{T_0 R}{m}\left\{\frac{T_{t4}}{T_0}K_i\left[\sigma_{ges}\left(1+\frac{\kappa-1}{2}M^2\right)^{\frac{1}{m}}\right]^{-m} - 1\right\}\left\{\left[\sigma_{EL}\left(1+\frac{\kappa-1}{2}M^2\right)^{\frac{1}{m}}\right]^{m} - 1\right\} \tag{20.6}$$

Damit ist die innere Arbeit des realen Prozesses abhängig vom Flugzustand zu bestimmen. Das bedeutet zugleich, daß es für das Staustrahltriebwerk keinen Standardzustand und auch keinen Standbetrieb gibt. Ein Betrieb mit $M = 0$ ist nach der Theorie ausgeschlossen, weil dabei keine Verdichtung und demzufolge auch kein Kreisprozeß mit Arbeitsabgabe stattfindet. Daraus ergibt sich die Schlußfolgerung, daß ein Staustrahltriebwerk bekanntlich nicht eigenstartfähig ist. Mit dem Betrag von w_i ist nach (4.11) der spezifische Schub, nach (3.28) bei bekanntem (kritischen) Düsenquerschnitt A_8 der Massenstrom zu ermitteln. Aus beiden Größen wird der absolute Schub F_s berechnet:

$$f_s = \sqrt{2\,w_i + (Ma)^2} - Ma \tag{20.7}$$

$$\dot{m}_L = A_8\,K_\alpha\,p_{t8}\,T_{t8}^{-\frac{1}{2}} = A_8\,K_\alpha\,\sigma_{ges'}\left(1 + \frac{\kappa-1}{2}M^2\right)^{\frac{1}{m}} T_{t4}^{-\frac{1}{2}} \tag{20.8}$$

$$F_s = \dot{m}_L\,f_s \tag{20.9}$$

Gleichung (20.8) gilt nur unter der Voraussetzung kritischer Strömung im engsten Düsenquerschnitt A_8, welche allerdings bei Überschallanströmung und richtiger Dimensionierung stets vorliegt. Die Berechnung des spezifischen Schubes mittels (20.6) und (20.7) läßt sich über die Analyse von Entspannungsvorgang und Strahlgeschwindigkeit c_9 nach (9.10) mit kleinerem Aufwand durchführen. Dies ist für das Staustrahltriebwerk:

$$c_9 = \varphi_{SD}\sqrt{2T_{t4}\frac{R}{m}\left(1 - \Pi_{SD}^{-m}\right)} \tag{20.10}$$

$$c_9 = \varphi_{SD}\sqrt{2T_{t4}\frac{R}{m}\left\{1 - \left[\sigma_{ges}\left(1 + \frac{\kappa-1}{2}M^2\right)^{\frac{1}{m}}\right]^{-m}\right\}} \tag{20.11}$$

$$f_s = c_9 - v = c_9 - Ma \tag{20.12}$$

Zur Bewertung der Wirtschaftlichkeit des Triebwerkes ist die Schaffung quantitativer Ausdrücke für die zugeführte Wärme q_{BK}, den Brennstoffstrom $\dot{m}_B$, die einzelnen Wirkungsgrade und den spezifischen Brennstoffverbrauch b_s erforderlich. Unter Berücksichtigung der Besonderheiten ergeben sich dabei für das Staustrahltriebwerk die Ausdrücke:

$$q_{zu} = \frac{R}{m}(T_{t4} - T_{t3}) = \frac{T_0 R}{m}\left(\frac{T_{t4}}{T_0} - \Pi_{ELs}^{m}\right)$$

$$q_{zu} = \frac{T_0 R}{m}\left[\frac{T_{t4}}{T_0} - \left(1 + \frac{\kappa-1}{2}M^2\right)^{\frac{1}{m}}\right] \tag{20.13}$$

$$\dot{m}_B = \frac{\dot{m}_L\,q_{zu}}{H_u\,\eta_A} = \frac{\dot{m}_L\,T_0\,R\left[\frac{T_{t4}}{T_0} - \left(1 + \frac{\kappa-1}{2}M^2\right)^{\frac{1}{m}}\right]}{m\,H_u\,\eta_A} \tag{20.14}$$

$$T_{t4} = T_{t0} + \frac{R}{m}\frac{H_u\,\eta_A}{\lambda_4\,L_{min}} \tag{20.15}$$

$$\eta_i = \frac{w_i}{q_{zu}}$$

$$\eta_i = \frac{\left\{\frac{T_{t4}}{T_0}K_i\left[\sigma_{ges}\left(1+\frac{\kappa-1}{2}M^2\right)^{\frac{1}{m}}\right]^{-m} - 1\right\}\left\{\left[\sigma_{EL}\left(1+\frac{\kappa-1}{2}M^2\right)^{\frac{1}{m}}\right]^{m} - 1\right\}}{\left[\frac{T_{t4}}{T_0} - \left(1 + \frac{\kappa-1}{2}M^2\right)^{\frac{1}{m}}\right]} \tag{20.16}$$

$$\eta_a = \frac{2}{1 + \frac{c_9}{Ma}}$$

$$\eta_{ges} = \eta_i\,\eta_a = \frac{Ma}{b_s\,H_u} \tag{20.17}$$

$$b_s = \frac{\dot{m}_B}{\dot{m}_L\,f_s} = \frac{q_{zu}}{H_u\,\eta_A\,f_s} \tag{20.18}$$

Mit Umformungen ist daraus grundsätzlich jeder gewünschte Kennwert des Staustrahltriebwerks wie beim TL bestimmbar. Allerdings ist eine Betriebsführung selbst im Rahmen des realen Kreisprozesses nach der Theorie nicht beliebig möglich. Eine Reihe von thermischen, gasdynamischen und konstruktiven Begrenzungen führt beim Überschallflug zu Einengungen, welche bei Inbetriebnahme und Regelung zu beachten sind:

- konstruktiv vorhandene Endzustände (Anschläge) in der Mechanik der zu verstellenden variablen Geometrie von Einlaufdiffusor, Brennkammer und Schubdüse;
- Instabilität des Einlaufdiffusors beim Übergang zum unterkritischen Strömungszustand (s. Kap.5.5) infolge zu großen Gegendruckes p_{t3} in der Brennkammer;
- thermische Verblockung des engsten Querschnittes A_8 der Schubdüse mit Erreichen der Schallgeschwindigkeit und Anstieg des Druckes p_{t3} in der Brennkammer;
- Verbrennungshöchsttemperatur T_{t4} in der Abhängigkeit von Heizwert H_u, Wirkungsgrad η_A und Dissoziation (Rekombination) des verwendeten Brennstoffes;
- Verweilzeit im Gaskanal (Brennkammerlänge) mit Auswirkung auf Verbrennungsendzustand, abhängig von Gemischbildung, Zündverzögerung und Reaktionszeit;
- Verlöschgrenzen infolge eines zu reichen oder zu armen Gemisches in der Brennkammer und zu geringen Druckes p_{t3} bei erhöhtem Vibrationszustand des Gases;
- flugbedingte Begrenzungen für T_{t3} und p_{t3} aus Gründen der Verbrennungsstabilität sowie thermischer und mechanischer Festigkeit, d.h. Limits für die M-Zahl;
- aerodynamische Begrenzung von A_9 auf die Triebwerksstirnfläche oder nur wenig darüber, deshalb eingeschränkte überkritische, unvollständige Gasentspannung.

Fast alle dieser aufgezählten Begrenzungen sind auch für TL relevant und wurden in den vorhergehenden Abschnitten untersucht. Darüberhinaus sind sie aber beim Staustrahltriebwerk von größerer Bedeutung infolge meist höherer Parameter sowie unmittelbarer M-Zahlabhängigkeit. Im Vergleich zum TL ist hier die Verbrennungstemperatur T_{t4} nicht so eng begrenzt. Dadurch wird das thermische Niveau des NB erreicht bzw. mit beginnender Dissoziation überschritten. Das bedeutendste regeltechnische Problem ist der Zustand beginnender thermischer Blockierung in A_8, ohne daß im Einlaufdiffusor bei zu großem Gegendruck unterkritische Strömung mit Instabilität auftreten darf. Diese offensichtlich wichtigste Regelaufgabe ist nur durch *variable Geometrie* und genaue Brennstoffdosierung zu gewährleisten.

Zwischen diesen beiden Begrenzungen wird demnach ein enger Korridor durchfahren, welcher nicht verlassen werden darf. Die thermische Blockierung ergibt sich mit dem Einstellen überkritischer Parameter in A_8 von selbst. Instabilität im Einlaufdiffusor stellt durch den Aufbau eines Vibrationszyklus nach Kap.5.5 in der Gassäule bekanntlich einen Gefahrenzustand dar, den es durch Regelung zu verhindern gilt.

Die meisten der o.g. Probleme sind durch Regelung in Verbindung mit variabler Geometrie zu verhindern oder aus den Betriebszuständen zu verdrängen. Je höher M-Zahl, Parameter und Anforderungen sind, um so größer ist die Bedeutung der Regelung. Ein Staustrahltriebwerk, an welches hohe Anforderungen gestellt werden, ist ähnlich mit umfangreicher Regeltechnik auszurüsten wie ein TL. Vom Gesichtspunkt der Theorie aus sind beim Staustrahltriebwerk als Maßnahmen der variablen Geometrie ausführbar:

- Verstellungen bei den Querschnitten der Schubdüse A_8 sowie A_9,
- Veränderungen in der Geometrie des Überschall-Einlaufdiffusors,
- Luftablassen im Einlaufbereich unter Umgehung der Brennkammer,
- Lageänderung der Brennkammereinbauten (Flammenstabilisatoren).

Auch diese Verstellmaßnahmen sind sind vom TL her bekannt. Wichtigster Aspekt ist die Fixierung des senkrechten Verdichtungsstoßes direkt am Einlaufquerschnitt bzw. das Wandern des Stoßes „S" in engem Bereich unmittelbar dahinter durch den richtigen Druck p_{t3}. Nur dadurch wird der o.g. unterkritische Betriebszustand wie in den Kap.5.5 und 5.6 beschrieben verhindert. Über den kleinen Toleranzbereich des Parameters p_{t3} wird so die Arbeitsweise des Triebwerkes mit seinen Baugruppen kontrolliert.

Ein besonderes Problem des Staustrahltriebwerks wie auch anderer thermisch sehr hoch belasteter Triebwerke ist die *Dissoziation*, d.h. die Molekülaufspaltung prinzipiell aller Brenngase. In Kap.2.5 eingeführt, spielt sie in TL wegen begrenzter Gastemperatur nur eine untergeordnete Rolle, erlangt aber oberhalb von 2000 K Bedeutung. Bei statischen Temperaturen von 3500...3800 K ist sie so weit fortgeschritten, daß trotz Verbrennung keine meßbare Temperaturerhöhung mehr stattfindet.

Bei diesem Tatbestand ***totaler Dissoziation*** wird die gesamte, im Heizwert des Brennstoffes zugeführte Wärme als Energie zur Aufspaltung der Brenngasmoleküle verbraucht. Zur Vergrößerung der Gasenthalpie im Sinne eines Temperaturzuwachses steht deshalb kein weiterer Energiebetrag zur Verfügung. Deshalb wäre es auch sinnlos, den Brennstoffstrom zu vergrößern. Damit ist die alleroberste Begrenzung von Brennvorgängen erreicht. Es sollten deshalb im Brennkammereintritt 2000 K und im Endzustand der Verbrennung selbst 3000 K nicht wesentlich überschritten werden. Damit sind die Auswirkungen durch Dissoziation noch erträglich.

Eine Erhöhung des statischen Druckes würde zwar die Dissoziationsgrenze anheben, zugleich aber auch die Wandungen der Gaskanäle unzulässig mehrbelasten. Für den Flug in sehr großen Höhen ausgelegte Staustrahltriebwerke arbeiten meist mit statischen Brennkammerdrücken in der Größenordnung von 100 kPa (1 bar). Der höchstzulässige Druck ist dabei größer, während andererseits 10 kPa (0,1 bar) aus Gründen der Verbrennungsstabilität nicht unterschritten werden sollten.

Diese Dissoziationsverluste sind andererseits nach der Brennkammer in Umkehrung dieser Erscheinung zu nutzen: Die beginnende Entspannung in der Schubdüse bewirkt infolge Temperaturabfall die sog. *Rekombination*, ein Vorgang mit nun beginnender Molekülvereinigung bei freiwerdender thermischer Energie. Letztere wird zur Gasbeschleunigung in der Schubdüse mitgenutzt. Dazu wird Zeit benötigt, die wegen der hohen Gasgeschwindigkeit nur begrenzt zur Verfügung steht. Man unterscheidet deshalb die chemisch bzw. reaktionskinetisch definierten Zustände *gleitendes Gleichgewicht* (***Equilibrium***) sowie andererseits *eingefrorenes Gleichgewicht* (*Frozen*).

Der Zustand ***gleitend*** liegt vor bei sich augenblicklich nach den Werten von T und p einstellendem chemischen Gleichgewicht aller beteiligten Gasbestandteile. Das setzt unendlich große Rekombinationsgeschwindigkeit voraus und bedeutet letztlich den vollen Umsatz des mit dem Brennstoff eingebrachten Heizwertes in thermische Energie. Annähernd gleitender Zustand wird bei hoher Temperatur und geringer Geschwindigkeit im Gasstrom, also vornehmlich im K-Teil der Düse verwirklicht, wo noch Unterschallgeschwindigkeit vorliegt.

Dagegen stellt sich *eingefrorenes* Gleichgewicht bei sehr kleiner Rekombinationsgeschwindigkeit vor allem im D-Teil der Düse ein. Infolge chemischer Verzögerung (Relaxation) bleibt damit der dissoziierte Zustand mit den thermischen Verlusten weitgehend aufrechterhalten. Die Kennwerte des Triebwerks verschlechtern sich somit. Bei hoher Überschallgeschwindigkeit strömende Brenngase sind in der Regel als *eingefroren* zu bewerten. Zwischen beiden Extremzuständen wird in der Strömung ein sprungartig eintretender *Umschlagpunkt (Einfrierpunkt)* festgestellt. Nach der reaktionskinetischen Theorie kann er als Näherung berechnet werden und wird dann BRAY-Punkt bezeichnet.

Die Erscheinung *partieller Dissoziation* ist einer der Gründe dafür, daß mit größerem Brennstoff-Luft-Verhältnis als erforderlich, zuweilen auch *überstöchiometrisch* gefahren wird. Ein weiterer Grund für die größere Zugabe an Brennstoff ist in seiner *Kühlkapazität* zu sehen, welche bei Hochgeschwindigkeitstriebwerken infolge thermischer Belastung vielfältig benötigt wird. Als Brenn- und Kühlstoff verfügt *Flüssigwasserstoff* gegenüber anderen Flugbrennstoffen über die besseren Eigenschaften.

Auf die Arbeitsweise des Staustrahltriebwerks übt die M-Zahl der Anströmung entscheidenden Einfluß aus. Parameterverlauf, Arbeitsprozeß und Aufbau hängen wesentlich vom zu nutzenden Geschwindigkeitsbereich ab. Demnach sind mehrere untereinander nur schwer zu vergleichende Unterbauarten zu unterscheiden.

Beim **Unterschall-Staustrahltriebwerk** erfolgt die Anströmung mit $M < 1$. Es ist mit Unterschall-Einlauf und K-Düse ausgerüstet. Mit bestenfalls $\Pi_{EL} = 1,8$ sind innere Arbeit und Schub klein, der spezifische Brennstoffverbrauch ist hoch. Dieses Triebwerk wird vom unteren bei M_{min} liegenden, noch möglichen Flugzustand bis hin zum Transschallbereich betrieben. Bei geringen Anforderungen wird es in Unterschall-Flugkörpern mit Fremdstartmöglichkeit bei geringer Bedeutung eingesetzt.

Dagegen wird das **Überschall-Staustrahltriebwerk** im Flug bei wesentlich größerer M-Zahl eingesetzt.Seine Brennkammer wird jedoch mit Unterschallgeschwindigkeit durchströmt. Aus diesem Grunde ist es nach Abb.20.2 mit Überschall-Einlaufdiffusor und konvergent-divergenter Schubdüse ausgerüstet. Die Ausführungen des Kap.20.2 beziehen sich hauptsächlich auf diese Unterbauart. Mit sehr großem Staudruckverhältnis (s. Tab.20.1) und besten Kennwerten sind sie bereits ab $M = 2$ gut einsetzbar. Bei künftigen Flugkörpern für $M = 3 \dots 5$ erscheinen sie als die gegenüber dem ETL unproblematischer verwendbare Triebwerksart. Ihr Nachteil besteht darin, daß sie vor Arbeitsaufnahme mittels anderer Antriebe (TL, Rakete) erst auf Überschallgeschwindigkeit zu beschleunigen sind. Ein weiterer Nachteil ist für Überschall-Staustrahltriebwerke bei sehr großer M-Zahl darin zu sehen, daß durch die großen Parameterveränderungen während der Vorgänge von Verdichtung und Entspannung (Abbremsung und Beschleunigung) beträchtliche Verluste durch Irreversibilitäten auftreten.

Das ist bei **Hyperschall-Staustrahltriebwerken** (*Scramjets*) in weit kleinerem Maß der Fall. Hier wird im Einlauf nicht so tief, sondern nur auf ein niedrigeres Überschall-M-Zahlniveau abgebremst. Dadurch laufen die o.g. Vorgänge mit kleineren Parameteränderungen ab, und in der Brennkammer ist ein größeres Niveau an kinetischer Energie, folglich ein geringeres an potentieller wirksam. Neben kleineren Verlusten ergibt sich dabei ein großer Vorteil: Die sonst bei $M = 6 \dots 7$ unvertretbar hoch und damit technisch nicht mehr beherrschbar gewordenen Parameter T_3 und p_3 erfahren eine Betragsverringerung wegen nicht so intensiver Abbremsung.

Daraus ergibt sich der Tatbestand einer mit $M_3 = 2 \dots 4$ (5) durchströmten Brennkammer, d.h. die sog. *Überschallverbrennung*. Ein derartiger Antrieb mit Hyperschallanströmung sowie innerer Durchströmung und Verbrennung im Überschallbereich stellt in Theorie und Praxis etwas Neues dar. Er ermöglicht das tiefe Eindringen in die Flugbereiche bis hin zu kosmischen Geschwindigkeiten in der Hochatmosphäre. Der Arbeitsprozeß dieser Hyperschall-Staustrahltriebwerke wird erst in Kap. 20.4 untersucht.

20.3 Charakteristiken von Staustrahltriebwerken

Von den drei für unterschiedliche M-Zahlbereiche modifizierten Unterbauarten (s.o.) wird hier nur das Überschall-Staustrahltriebwerk nach Abb.20.2 mit innerer Unterschallgeschwindigkeit untersucht. *Auslegungsparameter* sind die Verbrennungstemperatur T_{t4} und die M-Zahl der Anströmung. Zur Präzisierung der vorzunehmenden Aussagen ist jeweils ein weiterer wichtiger Parameter konstantzuhalten, was durch *Regelprogramme* zu gewährleiten ist.

Zur Einstimmung in die Thematik von Regelung und *Regelprogrammen* einschließlich *Prozeßauslegung* gibt Kap.11 am Beispiel des ETL Auskunft. Mit der Orientierung auf den Turbosatz-Gasgenerator sind die dort genannten Regelprogramme auf das Staustrahltriebwerk direkt nicht anwendbar. Aus einer großen Anzahl von Möglichkeiten sind vom Gesichtspunkt der Theorie Regelprogramme mit Kostanz bzw. einer kontrollierten Veränderung der Größen A_8, A_9/A_8, α_3, p_{t3}, T_{t4} und λ_4 denkbar.

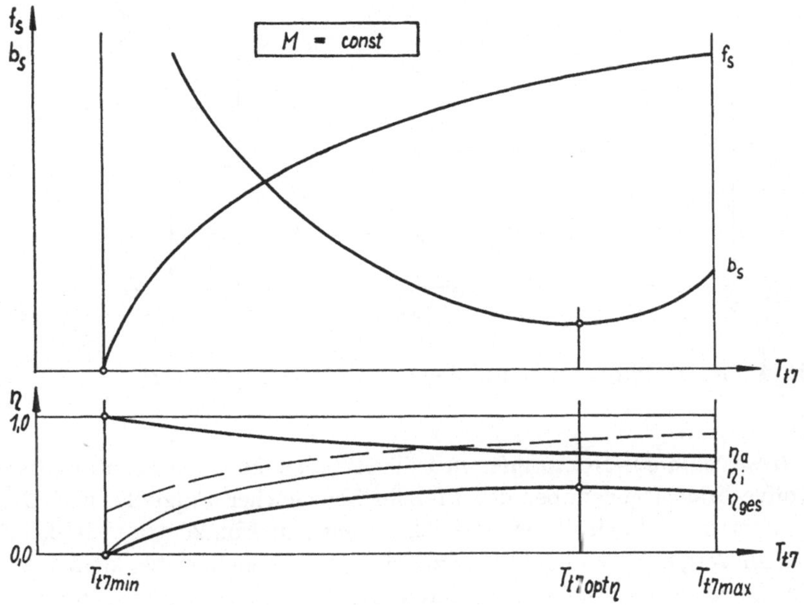

Abb. 20.3: Drosselkennlinie des Staustrahltriebwerkes

Unter der *Drosselkennlinie* des Staustrahltriebwerks ist die Veränderung von Schub und spezifischem Brennstoffverbrauch von Drosselhebelstellung bzw. Aufheizgrad bei unveränderlichen Flugbedingungen zu verstehen. Als *Stellglied* wird bei Drosselung primär der Brennstoffstrom $\dot{m}_B$ und in der Folge davon T_{t4} sowie f_s verringert. Mit gleichzeitigem „Zufahren" der Schubdüse wird der Luftmassenstrom und damit der absolute Schub F_s verkleinert. Der Drosselbereich umfaßt nach Abb.20.3 die zu durchfahrenden Punkte maximaler, η-optimaler und minimaler Prozeßauslegung.

Unter Veränderung der Teilwirkungsgrade nach Abb.20.3 und dem Sinken des Gesamtwirkungsgrades steigt dabei der spezifische Verbrauch. Die Temperatur $T_{t4} = T_{min}$ ist durch Prozeßführung zur Abdeckung aller Verluste ohne Nutzarbeit und Schubabgabe mit unendlich großem Wert von b_s gekennzeichnet. Derselbe Zustand kann nach der

Theorie durch Erreichen der Armverlöschgrenze infolge fallenden Verhältnisses $\dot{m}_B/\dot{m}_L$ auftreten. Bei größerer M-Zahl wird die Stelle η-optimaler an die maximaler Auslegung angenähert, weil mit dem Wert von η_a auch der von η_{ges} größer wird. Eine Limitierung für $T_{t4} = T_{max}$ kann außer durch das stöchiometrische Brenngemisch auch als Begrenzung von Belastung, Schub oder Brennstoffstrom erfolgen. Die Drosselkennlinie ist damit vorrangig ein Problem für die Auslegung hinsichtlich der Temperatur T_{t4}.

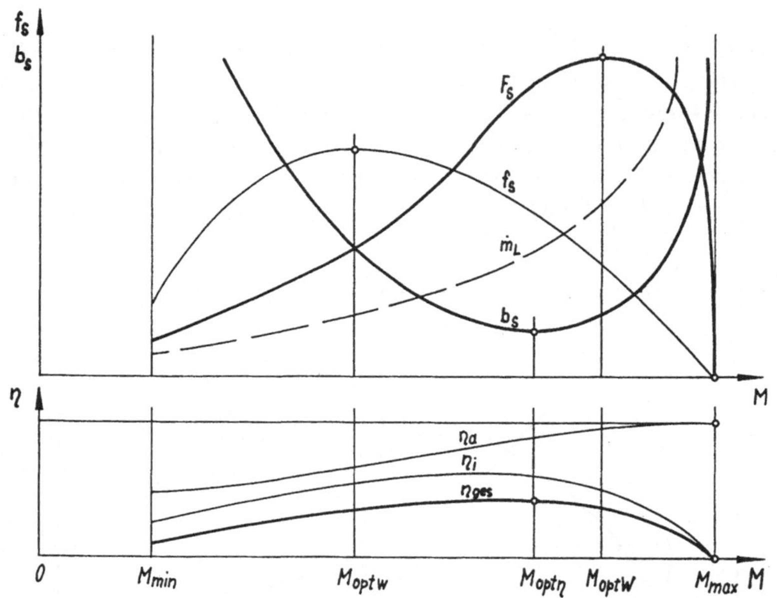

Abb. 20.4: Geschwindigkeitskennlinie eines Staustrahltriebwerks

Bei der *Geschwindigkeitskennlinie* wird die Abhängigkeit von Schub und spezifischem Brennstoffverbrauch gegenüber der M-Zahl bei gleicher Flughöhe und Drosselhebelstellung untersucht. Nach dieser *M-Zahlauslegung* in Abb.20.4 ist für das Staustrahltriebwerk im Vergleich zu den TL festzustellen: Sein Schub ist bei kleiner M-Zahl zwar gering, er ist aber im gesamten mittleren Geschwindigkeitsbereich durch sehr steilen Anstieg gekennzeichnet. Als einziger luftatmender Antrieb zeichnet es sich durch großen Schubzuwachs in breitem M-Zahlbereich aus. Damit überflügelt es bei sehr großer Überschallgeschwindigkeit das ETL selbst im NB-Betrieb.

Der spezifische Schub f_s zeigt in Abb.20.4 einen ähnlichen Verlauf mit Optimaldurchgang bei $M_{opt\,f}$ wie für die Auslegung des TL über Π_V. Steiler als beim TL steigt der Massenstrom $\dot{m}_L$ nach der polytropen Stauverdichtung an. Der Verlauf des absoluten Schubes als Produkt beider Größen wurde (s.o.) bereits festgestellt, wobei sich in der Regel ein vom ersten verschiedener Optimalwert $M_{opt\,F}$ ergibt. Dazwischen stellt sich der Zustand mit höchstem Gesamtwirkungsgrad, d.h. die η-optimale Auslegung mit minimalem Betrag von b_s ein. Die M-Zahl für den Reiseflug sollte angenähert dem η-optimalen Zustand entsprechen, während bis zum Erreichen von $M_{opt\,F}$ noch eine beträchtliche Schubreserve besteht.

Nach dem Regelprogramm $T_{t4} = const$ wird die Temperaturdifferenz in der Brennkammer $(T_{t4} - T_{t3})$ und der Wert des spezifischen Schubes über der M-Zahl immer kleiner, bis sie bei $M = M_{max}$ auf den Wert 0 schrumpfen. Wenn kein Flammenabriß durch zu armes Brenngemisch infolge immer kleineren Betrages von $\dot{m}_B/\dot{m}_L$ eintritt, beruht dadurch bei sinkendem Wert von f_s die Schubveränderung nur auf der Zunahme des Luftdurchsatzes. Der im Flug erreichbare Wert vom M_{max} ist bei $T_{t4} = const$ zwar größer als beim ETL-NB, aber trotzdem noch verhältnismäßig klein. Die zu erfliegende M-Zahldifferenz wird außer der Schubkraft vor allem durch Verlöschgrenzen in der Brennkammer bestimmt.

Anders ist es dagegen beim Regelprogramm $\lambda_4 = const$, wo mit Zunahme von $T_{t3} = f(M)$ und gleichbleibendem Betrag von $\dot{m}_B/\dot{m}_L$ die Temperatur $T_{t4} = f(M)$ ansteigt. Nach diesem Programm wächst die Temperatur T_{t4} proportional zu T_{t3}, so daß die Temperaturdifferenz in der Brennkammer konstant bleibt. Folglich wird bei $\lambda_4 = const$ der Arbeitsprozeß abhängig von der M-Zahl thermogasdynamisch intensiviert, und die Größen T_{t4}, f_s und F_s wachsen steiler an. Das bedeutet allerdings auch, daß diese Größen bei M-Zahlverkleinerung steiler absinken. Bei schubstärkerem Triebwerk werden keine Verlöschgrenzen angenähert und im Flug ein höherer Wert für $M_{opt\,F}$ und M_{max} erreicht. Letzterer wird nur durch die Gasparameter, demnach also durch die Temperatur T_{t4} und den Druck p_{t4}, damit durch Dissoziation und Wandungsbelastung, begrenzt. Eine Kombination beider Programme ist denkbar.

Je höher M-Zahl und Verbrennungstemperatur sind, um so größer werden die Probleme im praktischen Betrieb mit Staustrahltriebwerken. Der Überschall-Einlaufdiffusor muß bei großer M-Zahl mit einem schwer zu realisierenden *Vielstoßsystem* arbeiten, um einen möglichst großen Druckerhaltungskoeffizienten zu gewährleisten. Die Aufrechterhaltung eines derartigen Systems von Verdichtungsstößen ist nach Kap.5 mit Schwierigkeiten verbunden. Andererseits tritt bei größeren Abweichungen davon die Instabilität des Diffusors auf. Neben der Dissoziation spielen Fragen der thermischen und mechanischen Festigkeit eine entscheidende Rolle. Die Auswirkungen der hier genannten Probleme sind demzufolge bei weiter steigender M-Zahl nur durch Triebwerke mit Überschallbrennkammer zu lösen.

In der *Höhenkennlinie*, welche die Funktion von Schub und spezifischem Brennstoffverbrauch nach der Flughöhe darstellt, unterscheiden sich Staustrahltriebwerk und ETL (bis auf größere Werte von H) nur wenig. Im Vergleich zum Schnellflug in Erdnähe sinkt der Schub bis 11 km Flughöhe wegen des abnehmenden Luftdurchsatzes hyperbolisch auf 30...35 %. Dabei steigt ähnlich wie beim ETL (Abb.14.13) der spezifische Schub an, während sich der spezifische Verbrauch etwas verkleinert. In der Stratosphäre fällt der Schub parallel zum Luftdruck weiter, wobei die Werte von f_s und b_s konstant sind.

Der Schubbezug nach ICAO-Bedingungen auf $H = 0$ km ist für die Praxis ungeeignet, weil in Erdnähe kein Bedarf und aus Festigkeitsgründen auch keine Möglichkeit für Flüge im hohen Überschallbereich besteht. Deswegen wäre es zweckmäßiger, den Standard-Bezugspunkt in 11 km Flughöhe heranzuziehen, da die Einsatzhöhe für Überschall-Staustrahltriebwerke nur selten in der Troposphäre, dagegen fast stets in der Stratosphäre liegen wird. Mit der Festlegung von 100 % Schub in 11 km Höhe werden nach dem Abfall des Luftdrucks bei 20 km etwa 30 % und in 25 km noch 10...12 % an Schub abgegeben. Zusätzlich zum Druckabfall wirkt sich benachteiligend auf Schub und spezifischen Verbrauch die ab 20 km wieder etwas ansteigende Außentemperatur aus.

Für genaue Aussagen sind Kenntnisse über Baugruppen und Regelung erforderlich. Es zeigt sich, daß schubmäßig erreichbare Gipfelhöhen dieser Triebwerke mit der M-Zahl zunehmen. Abhängig von der Charakteristik des Flugkörpers sind bei $M = 4$ zumindest 25 km, für $M = 5$ sogar 35 km zu erzielen. Die Flughöhe von etwa 30...35 km ist optimal zur Beschleunigung auf Höchstgeschwindigkeit. Nach M-Zahl und Höhe übertreffen Überschall-Staustrahltriebwerke die bisher durch TL erreichten Flugkennwerte. Das Kennfeld in Abb.15.4 wird demzufolge nach rechts oben verschoben.

20.4 Der Arbeitsprozeß des Hyperschall-Staustrahltriebwerks

An diesem luftatmenden Antrieb wird in letzter Zeit intensiv gearbeitet, um für Hyperschallflugzeuge und Raumflugkörper in Zukunft Hochgeschwindigkeitsflüge in den oberen Schichten der Atmosphäre bei verhältnismäßig geringer Startmasse zu ermöglichen. Oft als *Scramjet* (*Supersonic Combustion Ramjet*) bezeichnet, ist damit das Erreichen von Fluggeschwindigkeiten vorgesehen, welche jenseits von $M = 5 \ldots 7$ liegen und somit näher an $M = 25$ heranreichen, zumindest jedoch bis $M = 15$ vorgesehen sind. Dadurch ist in Zukunft ein Flugbereich erfaßbar, welcher im erdnahen Raum die Lücke bis zur Kreisbahngeschwindigkeit (etwa 8 km/s) zu einem großen Teil schließt, die bisher den mehrstufigen Raketen allein vorbehalten blieb.

Gegenüber bisherigen Luftstrahltriebwerken erfolgt im Einlaufdiffusor zwar ebenfalls eine Strömungsverzögerung, aber nur auf kleinere Überschallgeschwindigkeit, die hier etwa ein Drittel der M-Zahl im Flug beträgt. Somit existiert erstmalig ein luftatmender Antrieb, dessen gesamter Gaskanal im Überschallbereich durchströmt wird. Deshalb sind bei außerordentlich großer Geschwindigkeit in der Brennkammer die (statischen) Parameter T_3 und p_3 kleiner. Folglich sind die thermischen Arbeitsbedingungen in der Brennkammer an die eines TL angenähert. Andererseits liegen strömungsmechnisch in der Brennkammer ganz andere Bedingungen für diese Verbrennung im Überschallbereich vor. Weitergehende Informationen darüber sind in [110], [102] und [84], der zwar älteren, aber gehaltvollen Arbeit[2] sowie weiter unten zitierten Aufsätzen (s.a. Fußnote in Kap.20.1) enthalten.

Trotz umfangreicher theoretischer und praktischer Arbeiten zum Staustrahltriebwerk in den 40er und 50er Jahren, so z.B. durch SÄNGER und LEDUC, sind brauchbare Erkenntnisse zur Überschallverbrennung erst verhältnismäßig spät entstanden. Entscheidende thermogasdynamische Arbeiten wurden dazu von G.DUGGER und A.FERRI geleistet. 1964 gelang es in den USA, die Überschallverbrennung praktisch zu demonstrieren. Etwa seit der Zeit existieren die ersten Projekte derartiger Hyperschallantriebe mit Überschallverbrennung.

Aufbau, Betrieb und Regelung von Hyperschall-Staustrahltriebwerken sind in großer Breite denkbar. Ihre Entwicklung ist mit großem Aufwand verbunden und erfordert eine längere Phase technologischer Vorbereitungen. Bisher sind Jahrzehnte bei verhältnismäßig geringem Arbeitstempo mit der Schaffung der Grundlagen dazu vergangen. Nun ist offensichtlich eine neue Phase der Entwicklungstätigkeit von Antrieben und Fahrzeugen für den Hyperschallbereich in den führenden Luft- und Raumfahrtzentren eingetreten. Eine Reihe von konkreten Entwicklungsprogrammen sind dazu angelaufen.

Auf Teilgebieten der Triebwerkstechnologie ergeben sich damit unter Beibehaltung des bekannten JOULE-Prozesses wesentliche Veränderungen. Sie können bei Hyperschallanströmung gegenüber dem Triebwerk mit Unterschallverbrennung als Vereinfachungen gedeutet werden, sind aber im Vergleich zu bisheriger Technologie als erschwerte, erst durch kostenintensive Innovationen zu lösende Vorgänge zu werten. Dafür wird aber auch ein M-Zahlbereich mit Folgeerscheinungen erschlossen, in welchen luftatmende Triebwerke bisher nicht vorgedrungen sind. Als Besonderheiten der verzögerten inneren Überschalldurchströmung sind insgesamt die folgenden Vorteile festzuhalten:

- Der Einlaufdiffusor ist durch einfacheres, verlustärmeres und stabileres Stoßsystem hinsichtlich Aufbau, Betrieb und Regelung verhältnismäßig unkompliziert.
- Durch kleinere statische Strömungsparameter sind Beanspruchungen der Triebwerkswandungen und Verbrennungsbedingungen relativ einfach beherrschbar.
- Bei Verwendung des dazu geeigneten Wasserstoffs und den vorliegenden Gasparametern sind Gemischbildung und Verbrennung vergleichsweise unproblematisch.

[2] Wetterstad, L.: Das Staustrahltriebwerk mit Überschallverbrennung. LRT 12(1966)12, S. 342-349

- Trotz großer Gasgeschwindigkeit ist die Verbrennungsstabilität auch bei vereinfachter Flammenhalterung und kurzer Baulänge der Brennkammer gewährleistet.
- Infolge kleinerer, vom Brenngemisch „gefühlter" statischer Gastemperatur ist die Dissoziation geringer, und die Verbrennungsverluste sind vergleichsweise klein.
- Wegen problemloserer Gasbeschleunigung im Überschallbereich ergeben sich einfacherer Aufbau und Regelung der rein divergenten verlustärmeren Schubdüse.

Dessenungeachtet sind bei der Prozeßrealisierung Schwierigkeiten in Verbindung mit der Überschalldurchströmung und den z.T. extremen Parametern zu überwinden, welche für die Triebwerkstheorie neu sind. Den thermogasdynamischen Gesetzen folgend, ist der Gaskanal im Bereich des Einlaufdiffusors konvergent, in der Brennkammer und der Schubdüse divergent auszuführen. Überschallströmung und große Flughöhe bedingen eine geringe Massenstromdichte des Arbeitsmittels. Das erfordert für die notwendigen Beträge von Massenstrom und Schubkraft beachtliche Strömungsquerschnitte. Daraus ergeben sich konstruktive Probleme mit Bauteilen großer Abmessungen und wesentlicher aerothermischer Einwirkung. Letztlich übt die Gestaltung des Triebwerks vorrangigen Einfluß auf Abmessungen und Formgebung des Flugkörpers aus.

Im Verlauf der Zeit haben sich durch quantitative Untersuchungen und Experimente die Vorstellungen über Design und Betrieb dieser Triebwerke verdichtet. Dabei sind sowohl *schuberzeugende Durchströmrohre* (Abb.20.5a) als auch Flugkörperunterseiten zur Abgabe einer horizontalen und vertikalen Kraftkomponenete, sog. *Schubtragflügel* (s. Abb.20.5b), denkbar. In Verbindung damit spricht man auch von *innerer*, im andern Fall von *äußerer Überschallverbrennung*. Der Schubtragflügel stellt letztlich die obere Hälfte des Durchströmrohres ohne die äußere Verkleidung, d.h. mit einer unteren Arbeitsraumbegrenzung durch Stromlinien, dar.

Das Prinzip des Schubtragflügels zeichnet sich durch relative Einfachheit sowie Ersparnis an Bauteilen, Masse und Oberfläche aus. Als wesentlicher Vorteil ergibt sich dabei, daß für Antrieb und Flugzeug letztlich nur die Hälfte des Körpers mit allen Folgerungen daraus benötigt wird. Der vordere Keil stellt als Halbkontur den Überschall-Einlaufdiffusor für äußere Verdichtung dar. Dadurch wird mit denkbar kleinstem Aufwand der ursprüglich große Querschnitt der Stromröhre im Außenstrom auf kleine Abmessungen verringert. Das Umgekehrte geschieht an der rückwärtigen Körperseite, welche als Halbglocke ausgebildet die Aufgabe eines divergenten Schubdüsenteils zur Beschleunigung des abströmenden Gasstroms übernimmt.

An der gesamten Flugkörperunterseite ist statischer Überdruck wirksam. Er stellt sich ein durch die äußere Verdichtung mittels Stoßsystem entlang der *Bugrampe* und wird abgebaut durch die Gasentspannung unterhalb der *Heckrampe*. Letztere erzeugt den horizontal wirkenden Schub, während die Vertikalkomponenete den Auftrieb darstellt. Diese Anordnung gewährleistet, daß sich ein wesentlicher Teil der Triebwerkslänge als freie Stromröhre mit dem Ergebnis einfacher und leichter Struktur ergibt.

Neueste Projektarbeiten[3] zeigen eine Zwischenvariante nach Abb.20.5c. Bei dieser Anordnung sind Auftriebs- und Vortriebserzeugung des Schubtragflügels mit dem besser zu kontollierenden Verbrennungsvorgang in umschlossenem Gaskanal durch eine akzeptable Flugkörperkontur als Optimum verbunden. Über diesen Triebwerksaufbau existieren gegenwärtig die meisten quantitativ untermauerten Arbeiten sowie die fundiertesten Vorstellungen über Betriebsablauf und Problemlösungen.

[3] Koschel, W.: Luftatmende Hyperschallantriebe. 3. Space Course, Bd.2, Stuttgart, 1995, S. 663-687

Bei dieser Anordnung weist der als Bugrampe mit variabler Geometrie ausgebildete *Hyperschall-Einlaufdiffusor* eine sich beträchtlich intensivierende und folglich abzuführende Grenzschicht auf. Nach einer quantitativen Untersuchung[4] sind große Abmessungen zu erwarten. Bei einem vorgesehenen Vierstoß-Einlaufdiffusor (ohne senkrechten Verdichtungsstoß) mit 5° Vorderkanten-Öffnungswinkel ergibt sich bei $M = 15$ als äußerstes Minimum eine Bugrampenlänge bis zur Einlauflippe von 70 m! Mit den weiteren Abschätzungen von 10 m für das Innentriebwerk und 20 m für die Schubdüsen-Heckrampe ergibt sich mit einer Summe von 100 m die nur schwer vorstellbare Gesamtlänge des Flugkörpers. Bei strömungsmechanischer Optimierung beider Rampen würde sich unrealistisch eine wesentlich größere Länge ergeben! Am Ende des Einlaufs sorgt eine aus weiteren schwachen Stößen bestehende *Isolationszone* für die gegenseitige Abschirmung von Diffusor und Brennkammer bei stets zu erwartenden Störeinflüssen.

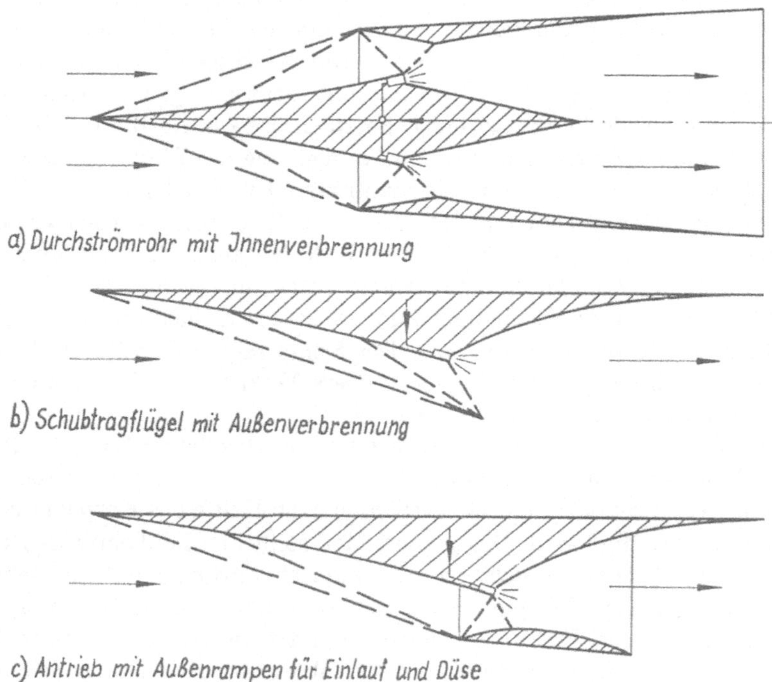

Abb. 20.5: Ausführungsformen von Hyperschall-Staustrahltriebwerken

In der *Brennkammer* müssen der kurzen Verweilzeit (infolge hoher Gasgeschwindigkeit) entsprechend Gemischbildung und Verbrennungsreaktion schnell erfolgen. Der zu verwendende Wasserstoff wird, wie es die Arbeit[5] darstellt, (nach Abgabe seiner Wärmesenke für Kühlzwecke) gasförmig mit hoher M-Zahl und Temperatur, und zwar senkrecht oder parallel zur Luftströmung, eingeblasen. Die anschließende Verbrennung kann nach [109] einerseits durch *Diffusion* und *Selbstentzündung* erfolgen, andererseits durch *Stoßinduktion* eingeleitet werden. Für gute Gemischbildung ist frühzeitige, d.h.

[4] Krajewski, E.: Leistungsanalyse von Staustrahlantrieben mit Überschallverbrennung. Jahrbuch der DGLR, 1993-03-113, S. 559 - 568

[5] Brüggemann, D.; Gerlinger, P.: Berechnung von Brennkammerströmungen bei hohen Machzahlen. 3. Space Course, Bd. 2, Stuttgart, 1995, S. 719 - 730

möglichst weit stromaufwärts vorgenommene und feinstverteilte Brennstoffeinblasung, z.B. über poröse Bauteile, sinnvoll. Die unter erhöhten Anforderungen zu wertende Verbrennungsgüte ist in der Regel nicht ausreichend, aber sie wird durch beginnende Dissoziation und Rekombination ohnehin überdeckt.

Von thermogasdynamischer Bedeutung ist, daß die Wärmezufuhr in der beschleunigten Überschallströmung zur Verringerung (!) der M-Zahl führt (s.a. Kap.3.5). Um dabei den Umschlagpunkt für die kritische Strömung (Laval-Punkt mit $M = 1$) mit Sicherheit auszuschließen, muß am Brennkammerbeginn als Minimum $M_3 = 2$ betragen. Das wiederum bedingt eine Anström-M-Zahl von etwa $M = 6$. Damit ist die unterste Grenze des Betriebs mit Überschallverbrennung gegeben.

Nahtlos schließt sich die ***asymmetrisch-divergente Schubdüse*** als Heckrampe an die mit Querschnittserweiterung ausgebildete Brennkammer an. Die Teilvorgänge von Verbrennung und Entspannung gehen so ineinander über. Die (etwa horizontalverlaufende und durch verkürzte Wandungen dargestellte) untere Strombegrenzung als auch der Beginn der oberen Wandungen sind mit variabler Geometrie versehen. Der größte Teil der oberen Begrenzung ist dagegen starr ausgeführt, wodurch konstruktiv bedingt die Entspannung bei Schubverlusten unvollständig abgeschlossen wird.

Da die Überschallverbrennung erst bei $M = 6 \ldots 7$ beginnen kann, vorher also die Wärmezufuhr im Unterschallbereich ablaufen muß, ist man bestrebt, die Gesamtverbrennung alternativ in ein und demselben Kanal vorzunehmen. Eine derartige als *Dual-Mode-Betrieb* bezeichnete Erscheinung zweier verschiedener Arbeitszustände ist mit großem Aufwand an Brennstoffregelung und variabler Geometrie verbunden. Nach der Theorie gelänge es dadurch, in einer Baueinheit wünschenswert nacheinander den Betrieb als Ramjet und Scramjet zu realisieren. Der Umschaltpunkt zwischen beiden Betriebsarten liegt dabei im Toleranzgebiet der o.g. M-Zahl.

20.5 Luftatmende Hochgeschwindigkeits-Kombinationsantriebe

Der extremgroße Geschwindigkeitsbereich vom Start bis zu höchster M-Zahl im Grenzbereich zum kosmischen Raum ist zwar durch einen Flugkörper, nicht aber mit nur einer Antriebsart zu durchschreiten. Kein Einzelantrieb besitzt eine dafür ausreichende Geschwindigkeitscharakteristik, auch wenn seine Prozeßveränderungen noch so umfangreich sind. Jeder Antrieb gewährleistet in engem Bereich bei bestimmter M-Zahl und Auslegung seine optimalen Kennwerte. Dieser läßt sich durch variable Prozeßführung verbreitern, aber niemals in dem für den o.g. Zweck erforderlichen Maß. Selbst der Raketenantrieb ist dazu nur bei sehr großem Aufwand durch das Mehrstufenprinzip in der Lage. Demzufolge kann hier künftig nur der luftatmende Antrieb in seinen unterschiedlichen Ausführungsformen verwendet werden. Schließlich steht die Luft als Lieferant für den Hauptanteil des Arbeitsmittels bis in die Hochatmosphäre zur Verfügung, sie braucht also nicht mitgeführt zu werden.

Das ***Turbotriebwerk*** verfügt über gute Startcharakteristik, ist aber bei Hochbypassauslegung (PTL, ZTL) auf den Unterschallbereich, bei sehr kleinem Bypassverhältnis mit dem Extremfall des ETL auf $M = 3 \ldots 4$ beschränkt. Dagegen sind ***Staustrahltriebwerke*** bekanntlich nicht eigenstartfähig, ab $M = 2{,}5$ aber bestens verwendbar. Durch Erweiterung auf die ***Überschallverbrennung*** bei $M = 6 \ldots 7$ gewährleisten sie mittels hochgradiger Parameterveränderung ausreichendes Schubniveau in größter M-Zahlbreite. Eine Grenze existiert nur durch die zu geringe Luftdichte in sehr großer Flughöhe. Deshalb ist u.U. hier eine Ergänzung durch ***Raketentriebwerke*** erforderlich, welche bei nichtvorhandenen TL zugleich auch den Start ermöglichen würden.

Aus den genannten Potenzen und Limitierungen der Hyperschallantriebe ergibt sich die generelle Schlußfolgerung: Das Staustrahltriebwerk deckt mittels Unterschall- und Überschalldurchströmung den überwiegenden *M*-Zahlbereich ab, ist aber an seinen Einsatzgrenzen mit anderen Antriebsarten zu kombinieren. Zur Abgrenzung gegenüber der konventionellen Luftfahrt werden die Anordnungen derartiger HST-Antriebe bevorzugt und damit auch hier als *Kombiantriebe* bezeichnet.

Zur Illustrierung dieses Sachverhalts ist auf bereits früher unabhängig vom Hyperschallflug genutzte Triebwerkskombinationen für erhöhte Flugleistungen zu verweisen. Seit langem sind abwerfbare Startraketen oder im Flug zuschaltbare Raketentriebwerke als *Mischantriebe* bekannt. Ein erster gelungener, wenn auch nicht serienwirksamer Versuch zur *Integration* einer Flüssigkeitsrakete in ein TL wurde 1944 am BMW 003R vorgenommen. Der Antrieb des Flugzeuges „Griffon" von 1958 als erstmalige bekannte Kombination von ETL und Staustrahltriebwerk wurde schon erwähnt.

Ein Kombiantrieb kann durch äußeres Zusammenfügen von Triebwerken verschiedener Bauarten entstehen, die bei unerwünschter Mitführung von Totmasse nacheinander betrieben werden. Im Interesse bester Kennwerte ist aber nur eine sinnvolle Integration verschiedener Triebwerksarten zu einer neuen *Kombiantriebs-Baueinheit* akzeptabel. Dabei wird das Ziel verfolgt, mittels gegenseitiger Durchdringung die gemeinsame Verwendung von Baugruppen mit einer Variation der Prozeßführung nach Erfordernis zu verbinden. Durch derartige *integrierte Kombiantriebe* auf der Basis von Staustrahltriebwerken kann ausreichende Schubabgabe mittels Überlappung der einzelnen Betriebszustände für Hyperschallflugkörper im vorgesehenen Gesamt-*M*-Zahlbereich abgesichert werden. Dafür sind aus der Literatur [84], [109] und [140] die wichtigsten Bauarten in Abb.20.6 zusammengefaßt. Nach ihren Bauausführungen, den Parametern und Charakteristiken sind große Unterschiede möglich. Aus der Sicht der Triebwerkstheorie gelten für Aufbau und Prozeßführung dieser Antriebe die allgemeinen Feststellungen:

- Auch hier gilt das Prinzip eines *Kreisprozesses* mit Druckaufbau beim Arbeitsmittel und anschließender Wärmezufuhr sowie Umwandlung in kinetische Energie.
- Vom TL-Arbeitsprozeß bekannt, ist ebenfalls das Prinzip des Turbo-Gasgenerators mit Energiewandlung in *Einstrom-* oder *Zweistrom-Variante* ausführbar.
- Nach dem *Bypassprinzip* ist eine zeitweilige Umgehung von Baugruppen mittels variabler Geometrie im Gesamtprozeß eine vielseitige und regelbare Möglichkeit.
- Wie beim Staustrahltriebwerk kann die Durchströmung der Innenkanäle im *Unterschall-* oder *Überschallbereich*, teilweise auch in freien Stromröhren erfolgen.
- Die Vereinigung von Gasströmen kann bei etwa gleichen Parametern als passive *Mischung* oder bei großen Unterschieden im Ejektor mit *Stromförderung* ablaufen.
- Wie beim TL mit NB ist eine Prozeßänderung als zu- oder abschaltbare *Wiedererhitzung* (Nachverbrennung) an unterschiedlichen Stationen im Gaskanal möglich.
- Damit sind im Vergleich zur *primären* die nachfolgende *sekundäre*, bei umfangreicher Kombination u.U. auch eine dritte *tertiäre* Brennkammer zu unterscheiden.

Bekanntlich erstrecken sich die hier geäußerten Gedanken auf zukünftige Projekte. Bisher ist noch kein luftatmendes Triebwerk in Originalgröße im vorgesehenen Hyperschallflug betrieben worden. Diese hier vom Standpunkt der Theorie aus richtig dargestellten Gedanken können aber in der Praxis auch anders realisiert werden. Bei den hohen Anforderungen entstehen enorme Kosten für Entwicklung und Betrieb. Dessen ungeachtet sind bestimmte günstige Varianten von Kombiantrieben begründbar und für die o.g. zukünftig bedeutenden Vorhaben objektiv erforderlich.

Der **Turbo-Staustrahl-Antrieb** (*Turbostaustrahler*) ist nach Abb.20.6a ein Turbostrahltriebwerk (ETL oder ZTL), welches meist mit einem koaxial dazu angeordneten Kanal für das Staustrahltriebwerk umgeben ist. Einlauf und Schubsystem sind für beide Triebwerksteile gemeinsam ausgebildet. Letzteres ist analog einer Misch- und NB-Kammer inklusive KD-Schubdüse eines ZTL-NB gestaltet. Die NB-Kammer des TL ist zugleich Brennkammer für das Staustrahltriebwerk. Die Bemessung der Strömungsquerschnitte beider Triebwerksteile richtet sich nach den Luftmassenströmen zum Erreichen der jeweiligen Schubkraft für die entsprechende M-Zahl. Das setzt ausreichenden Schub bei Start und Beschleunigungsflug durch das TL allein bis zum Umschaltpunkt für den Staustrahlbetrieb voraus. Die genannten Betriebszustände können als Beispiel dienen:

1. alleinige Arbeitsweise des TL bei Start und Beschleunigungsflug im Unterschallbereich;
2. NB-Zuschaltung im Transschallgebiet, gleichzeitig Vorbereitung zum Staustrahlbetrieb;
3. Übergang vom Zustand des TL-NB auf den eines Staustrahltriebwerks bei $M = 3 \ldots 4$;
4. Staustrahlbetrieb mit Unterschallverbrennung bis zu dem Flugzustand von $M = 6 \ldots 7$.
5. Nochmalige Änderung auf Überschallverbrennung zum Hyperschallflug bis $M = M_{max}$.

Dabei kann das „abgeschaltete" TL im *Leerlauf* oder in Autorotation u.U. zur Versorgung des Geräteantriebes weiterlaufen, sofern sein Gasgenerator keinen Schaden nimmt. Es kann aber auch durch Klappensysteme gegenüber dem Stauluftstrom isoliert und stillgelegt werden. Der *Umschaltvorgang* ist mit ähnlicher Problematik wie das Ein- und Ausschalten des NB eines konventionellen TL einzuschätzen. Dabei sind Parametersprünge und Schubabfall zu minimieren sowie instabile Arbeit auszuschließen. Regelung sowie (äußere und innere) variable Geometrie erhalten deshalb große Bedeutung. Der Umschaltpunkt ist über der M-Zahl durch einen Schubkraftsprung gekennzeichnet, der nicht zu groß sein und kein „Loch" beinhalten darf.

Von größerer Problematik ist die Ausdehnung auf Staustrahl-Betrieb mit Überschallverbrennung. Das bedeutet die Realisierung einer zweiten grundsätzlichen Betriebsveränderung: Außer der Umschaltung von *Turbo-* auf *Staustrahl*-Betrieb erfolgt nun zusätzlich die Dual-Mode-Stufung von der *Unterschall-* zur *Überschall*-Verbrennung. Bei letzterem wird bekanntlich der Übergang vom Ramjet zum Scramjet mit beträchtlichen Parameter- und Querschnittsveränderungen vollzogen.

Beim **Raketen-Staustrahl-Antrieb** sind nach Abb.20.6b beide Hochgeschwindigkeitstriebwerke sinnvoll in ein Gesamtantriebssystem integriert. Damit ist als Vorzug bei Raketenbetrieb die *Startfähigkeit* garantiert. Zugleich verursacht der Gasstrahl der Rakete bei Start und kleiner M-Zahl durch *Ejektorwirkung* über den Lufteinlauf Massenstromzuwachs im Gaskanal, also eine Verbesserung der Schubmechanik. Bei günstiger Prozeßführung werden somit gegenüber dem alleinigen Raketenbetrieb Schub und Kennwerte des Antriebssystems verbessert.

Nach Start und Teilbeschleunigung erfolgt am Umschaltpunkt die Inbetriebnahme des Staustrahltriebwerkes und das Abschalten der Rakete, bzw. ihr Treibstoff ist bei einfachen Geräten programmgemäß aufgebraucht. Die Hauptflugphase ist dem luftatmenden Staustrahler vorbehalten. Ist sein Betrieb unter extremen Flugbedingungen hinsichtlich H und M wegen ungünstiger Eintrittsparameter nicht mehr gewährleistet, ist zum Erreichen von $M = M_{max}$ wieder auf Raketenantrieb umzuschalten.

Dieses einfache und offensichtlich leichte Antriebssystem des *Raketenstaustrahlers* wurde bisher nur für Verlustgeräte vor allem militärischer Zweckbestimmung verwendet. Im mittleren Überschallbereich konnte die Reichweite von Flugkörpern gegenüber dem Raketenantrieb allein beträchtlich gesteigert werden. Für höchste Anforderungen als kosmischer Antrieb sind seine Baugruppen mit variabler Geometrie auszurüsten, und die Staubrennkammer ist bei fortgeschrittener Flugphase zum *Scramjet-Betrieb* auf Überschallverbrennung umzurüsten. Projekte dazu sind nicht bekannt geworden.

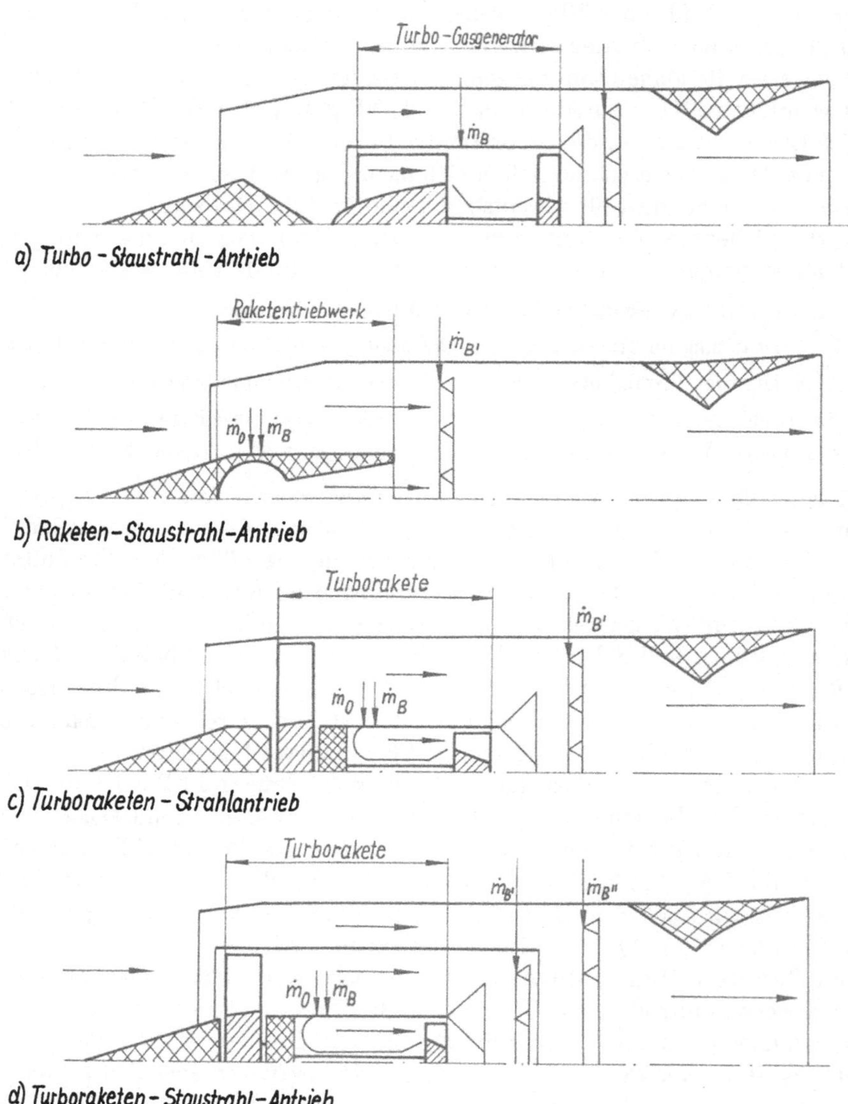

Abb. 20.6: Mögliche Bauarten von Hochgeschwindigkeits-Kombiantrieben

Mit dem **Turboraketen-Strahlantrieb** (*Turborakete, Air Turborocket*, ATR, TR) wurde in den 60er Jahren ein neuartiger Gasgenerator für den Hochgeschwindigkeitsflug geschaffen. Nach Abb.20.6c besteht (im Gegensatz zum TL) sein Arbeitsprinzip darin, daß in den luftatmenden Antrieb eine *Raketenbrennkammer* installiert ist, deren Gase eine spezielle *Raketenturbine* beaufschlagen. Im Vergleich zum TL sind demnach Aufbau und Arbeitsvorgänge durch das Turboraketenprinzip modifiziert, wodurch die Funktion der Gasturbine eine *Raketenturbine* übernimmt, welche als Arbeitsmittel Brennstoff und zusätzlich einen Oxidator für die Raketenbrennkammer benötigt. Weitere obligatorische Baugruppen sind der Turboverdichter (Bläser) für den Hauptmassenstrom, ein Untersetzungsgetriebe, die Mischkammer zur Einleitung der Raketenabgase, die wahlweise zuschaltbare NB-Kammer und die KD-Schubdüse sowie vor dem Antrieb selbstverständlich ein Überschall-Einlaufdiffusor.

Zur Aufbereitung der inneren Arbeit dient das Raketenprinzip, das Hauptarbeitsmittel ist aber die durchgesetzte Luft. Die thermische Festigkeit der mit Raketengasen beaufschlagten Turbine ist in der Regel durch *überstöchiometrische Verbrennung* zu gewährleisten. Aus der Nutzung von Vorteilen zweier Antriebe ergeben sich im Vergleich zum TL unter gleichen Bedingungen bessere Leistungskennwerte sowie günstigere Hochgeschwindigkeits- und Höhenflugeigenschaften. Sein spezifischer Schub, aber auch der spezifische Verbrauch (jedenfalls bei Einbeziehung des Oxidators) sind im Vergleich zum TL höher. Eine Begrenzung ist in der limitierten kinematischen bzw. reduzierten Drehzahl des Verdichters vor allem bei großer M-Zahl zu sehen.

Bei Eigenstartfähigkeit ist die einfache Turborakete bis $M_{max} = 4 \ldots 5$, bei NB-Betrieb für etwas größere M-Zahl einsetzbar. Aus der Theorie ist die Arbeitsweise als *Überschallbläser* nach Kap.6.4 (s.a. [84]), d.h. als *Supersonic-Throughflow Fan*, anwendbar. Dadurch würde bei in Zukunft verwirklichter Überschallströmung im gesamten Gaskanal, für den dabei eingeschalteten NB die Überschallverbrennung mit eingeschlossen, höhere Effektivität sowie eine viel größere M-Zahl als o.g. erreicht.

Im **Turboraketen-Staustrahl-Antrieb** nach Abb.20.6d ist ein System dargestellt, welches in gewissem Sinn die Vorteile der anderen Hochgeschwindigkeitsantriebe in sich vereint. Das sind die günstige Charakteristik der Turborakete bei Start und kleiner bzw. mittlerer M-Zahl, der erträgliche Brennstoff- bzw. Treibstoffverbrauch des Staustrahlers im oberen M-Zahlbereich sowie die Arbeitsfähigkeit der Rakete allein außerhalb der Atmosphäre. Damit stellt diese Anordnung den Endstand bisheriger „normaler“ luftatmender Triebwerkstechnologie für große M-Zahlen dar. Der große Aufwand dieses umfangreichen und komplizierten Antriebssystems und seine Beschränkung auf nur wenige Sonderanwendungsfälle sollen dabei nicht unerwähnt bleiben. Darüberhinaus ist eine prozeßmäßige Höherentwicklung luftatmender Hochgeschwindigkeits-Antriebe durch thermische Vorbehandlung der anströmenden Luft mittels *Vorkühlung* (s.u.) gegeben.

20.6 Turbostrahltriebwerke mit Vorkühlung

Prognosen besagen, daß in Zukunft Wasserstoff und Methan eine größere Bedeutung gegenüber dem bisher verwendeten Kerosin als Flugbrennstoff erlangen werden. Das betrifft vor allem die Hochgeschwindigkeitstriebwerke, weil bei ihnen außer dem größeren Heizwert eine beachtliche *Kühlleistung* (s.a. Kap.2.5) zur Verfügung stehen muß. Zum Erreichen einer akzeptablen Dichte muß der Brennstoff als *tiefgekühlte (kryogene)* Flüssigkeit vorliegen, woraus sich dann als Nebeneigenschaft eine beachtliche Kühlkapazität ergibt. Letztere ist bei Flüssigwasserstoff wegen der tiefen Temperatur (20 K) und der großen Wärmekapazität besonders hoch. Über die vielfältigen Kühlmöglichkeiten luftatmender Flugantriebe wird in [84], [91], [109] und in der Arbeit [6] informiert. Die Verwendung kryogener Brennstoffe zur Kühlung des Luftmassenstroms wurde bereits in Kap.18.6 für den 2J-Prozeß untersucht.

[6] Künkler, H.: Luftatmende Strahlantriebe für Raumfahrzeugträger, mögliche Antriebskonzepte. Technische Rundschau 67 (1975) 40, S. 3 - 7 und 67 (1975) 49, S. 9 - 11

Im weiteren wird tiefgekühlter ***Flüssigwasserstoff*** (LH_2) als Brennstoff vorausgesetzt, weil er die günstigsten Beträge für Heizwert und ***Kühlkapazität (Wärmesenke)*** aufweist. Als wichtigste Kühlvariante von vielen möglichen wird hier die ***Vorkühlung*** des stauverdichteten Luftmassenstromes im Einlaufkanal vor dem Triebwerk mittels Brennstoff im sog. TL-VK analysiert. Die ***gekühlte Verdichtung*** von TL wurde bereits in Kap.2.4 als eine „kalte" Erweiterung ihres Prozesses, so durch ***Wassereinspritzung*** dargestellt, welche einen Zuwachs an innerer Arbeit und Schub ergibt.

Zur Erklärung des TL-VK-Prozesses dient ein ETL in Abb.20.7. Dazu ist ein leistungsfähiger Wärmetauscher zwischen seinen Ebenen 2 und $2K$ erforderlich. In ihm werden Enthalpie und Temperatur des Luftmassenstroms $\dot{m}_L$ durch Verdampfung und Aufheizung des Flüssigwasserstoffs $\dot{m}_H$ isobar abgesenkt. Zur Bestimmung der Endtemperatur in $2K$ dient die Enthalpiebilanz der beteiligten Massenströme $\dot{m}_L$ und $\dot{m}_H$:

$$\dot{m}_L \, c_{pL} \, (T_{t2} - T_{t2K}) = \dot{m}_H \left[c_{pH} \, (T''_H - T'_H) + r_H \right] \tag{20.19}$$

$$T_{t2K} = T_{t2} - \frac{\dot{m}_H}{\dot{m}_L} \, \frac{c_{pH} \, (T''_H - T'_H) + r_H}{c_{pL}} \tag{20.20}$$

Nach (20.20) wird die Kühlungsendtemperatur T_{t2K} bestimmt. Alle Werte für den Wasserstoff sind einem Tabellenwerk oder einem h,s-Diagramm zu entnehmen. In das Brennstoff-Luft-Verhältnis gehen neben dem bekannten Wert von $\dot{m}_L$ der in der Brennkammer benötigte Brennstoffstrom $\dot{m}_H$ ein. Im Falle ***stöchiometrischer Verbrennung*** ist

$$\frac{\dot{m}_H}{\dot{m}_L} = \frac{1}{L_{min}} = \frac{1}{34,3} = 0,029$$

Mit diesem Verhältnis von etwa 3 % Zugabe an Flüssigwasserstoff ergibt sich ein Kühleffekt als Temperaturdifferenz ($T_{t2} - T_{t2K}$) von rund 100 K bereits beim Unterschallflug. Auf grund einer größeren wasserstoffseitigen Temperaturdifferenz wird beim Überschallflug mit $M = 3 \dots 4$ eine Abkühlung von mindestens 200 K berechnet. Bei bestimmter Temperatur T_{t4} wird oft kein stöchiometrisches Brenngemisch benötigt. Andererseits kann mit Berücksichtigung von Dissoziation und Temperaturabsenkung auch *überstöchiometrisch*, d.h. mit mehr als 3 % Zugabe an $\dot{m}_H$ gefahren werden. Damit sind bei zwar schlechterem spezifischen Verbrauch für Überschallflüge größere Abkühlmöglichkeiten und Schubkräfte als sonst ermittelt realisierbar.

Es ist deshalb möglich, unter der Bedingung gleicher thermischer Belastung nach T_{t2} die M-Zahl im genannten Überschallbereich um eine Einheit zu vergrößern. Daraus ergeben sich hinsichtlich der Veränderungen von Luftmassenstrom, reduzierter Drehzahl, innerer Arbeit sowie Verdichtungs- und Verbrennungsbedingungen beträchtliche Vorteile. Das TL-VK „fühlt" demnach einen Luftmassenstrom geringerer Temperatur, d.h. eine kleinere M-Zahl als es der Realität entspricht.

An Kühlbegrenzungen für T_{t2K} sind wegen der ***reduzierten Drehzahl*** 200 K (mit $n_{red} = 120\%$ gegenüber den Standardbedingungen) vorstellbar. Zur Verhinderung möglicher ***Eiskristall-*** bzw. ***Tropfenbildung*** (Gefahr der Schaufelerosion!) sollten 140 K nicht unterschritten werden. Ein Zustand unterhalb der kritischen Temperatur, die für Luft bei 132,6 K liegt, sollte nur bei beabsichtigter Verflüssigung vorliegen. Diese extrem tiefen Temperaturen sind aber im o.g. M-Zahlbereich wegen begrenzter Kühlleistung für die großen Luftmassenströme bei Turbomaschinen praktisch nicht zu erreichen.

Zu verhindern ist die Vereisung des Kühlers durch die Luftfeuchtigkeit beim Flug in der Troposphäre, wie ebenfalls schon in Kap.18.6 begründet. Um der Vereisungsgefahr zu entgehen, ist für geringe und mittlere Flughöhen eine VK-Abschaltung vorzunehmen. Der Gasgenerator eines TL-VK muß deshalb sowohl ohne als auch mit eingeschalteter Kühlung betriebsfähig sein, wozu Regelung und variable Geometrie erforderlich sind.

Bei eingeschalteter VK beginnt (s. Abb.20.7) in der Ebene $2K$ auf tieferem Temperaturniveau die Verdichtung. Nach der Theorie ist zwischen den beiden Regelmöglichkeiten $\Pi_V = const$ und $w_V = const$ mit etwas abweichender Prozeßführung zu unterscheiden. In beiden Fällen steigt wie ersichtlich die innere Arbeit. Da in der Regel ein noch größerer Betrag an Wärme zuzuführen ist, sinkt gewöhnlich der innere Wirkungsgrad. Nach dem Vorbild der Rechenmodelle schon vorgestellter Triebwerke ergibt sich für TL-VK in Einstrombauart nach Abb.20.7 die folgende Kennwertermittlung:

$$w_i = \frac{T_0 R}{m\eta_K}\left\{\frac{T_{t4}}{T_0}\eta_K\eta_E K_i\left[1-(\Pi_{EL}\Pi_V)^{-m}\right] - \left[(\Pi_{EL}^m-1) + \frac{T_{t2K}}{T_0}(\Pi_V^m-1)\right]\right\} \quad (20.21)$$

$$f_s = \sqrt{2\,w_i + (M\,a)^2} - M\,a \quad (20.22)$$

$$b_s = \frac{c_p(T_{t4}-T_{t3K})}{H_u\,\eta_A\,f_s} = \frac{c_p\left\{T_{t4}-T_{t2K}\left[1+(\Pi_V^m-1)\,\eta_V^{-1}\right]\right\}}{H_u\,\eta_A\,f_s} = \frac{M\,a}{H_u\,\eta_{ges}} \quad (20.23)$$

Eine quantitative Analyse, auf die hier verzichtet wird, weist nach den o.g. Gleichungen größeren spezifischen Schub bei etwas verschlechtertem spezifischen Brennstoffverbrauch aus. Infolge gleichzeitigem Anwachsen des Massenstroms steigt der absolute Schub in noch höherem Maß. Die Kennwertunterschiede werden mit zunehmender M-Zahl größer. Wie erwartet, wird damit ein größerer Nutzen des TL-VK erst im höheren Überschallbereich festgestellt. Aber schon bei $M = 0,8$ ist bereits ein Nutzen nachweisbar, obwohl nur für diese kleine M-Zahl selbst bei verwendetem LH_2 der große Aufwand durch den Kühler nicht gerechtfertigt wäre. Nach dieser hier besprochenen *einfachen Vorkühlung* ergeben sich die o.g. moderaten Kennwertverbesserungen.

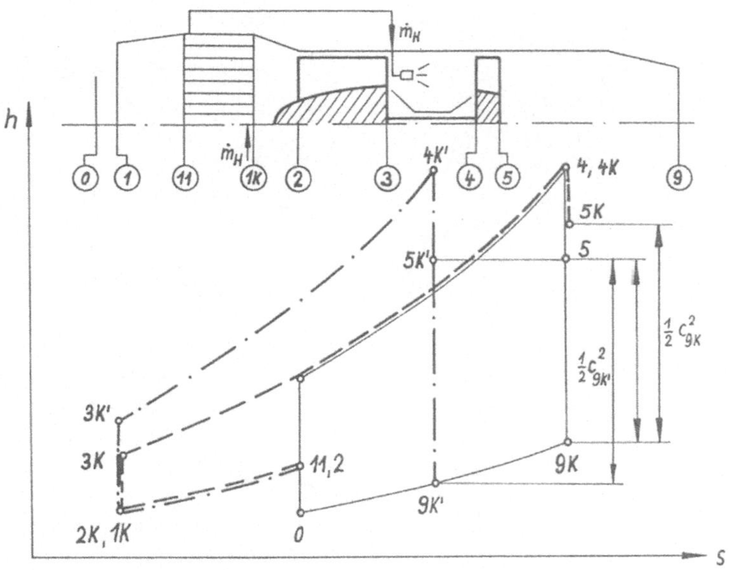

Abb. 20.7: Aufbau und Prozeßerweiterung eines ETL mit Vorkühlung (TL-VK)

Prozeßführungen mit *erweiterter Vorkühlung* ergeben eine radikalere Dehnung des „kalten " Bereiches. Daraus folgt in der Regel eine geänderte Zuordnung der Baugruppen bzw. eine andere Maschinenanlage. Jede Maßnahme zur extremen Vorkühlung mit größerem Aufwand soll hier unter dem Attribut „erweitert" verstanden werden.

Das ist bereits nach dem Triebwerksaufbau von Abb.20.7 bzw. 20.8a der Fall, wenn Bestrebungen zur Vergrößerung der inneren Arbeit mittels Parametersteigerung vorliegen. Dann kann bzw. muß der Massenstrom verringert und so das Brennstoff-Luft-Verhältnis gesteigert, u.U. auch zum überstöchiometrischen Brenngemisch verändert werden. Mit Vergrößerung der Wärmesenke fällt wunschgemäß als Folge davon die Kühltemperatur T_{t2K} auf ein tieferes Niveau mit Vergrößerung der Prozeßvorteile.

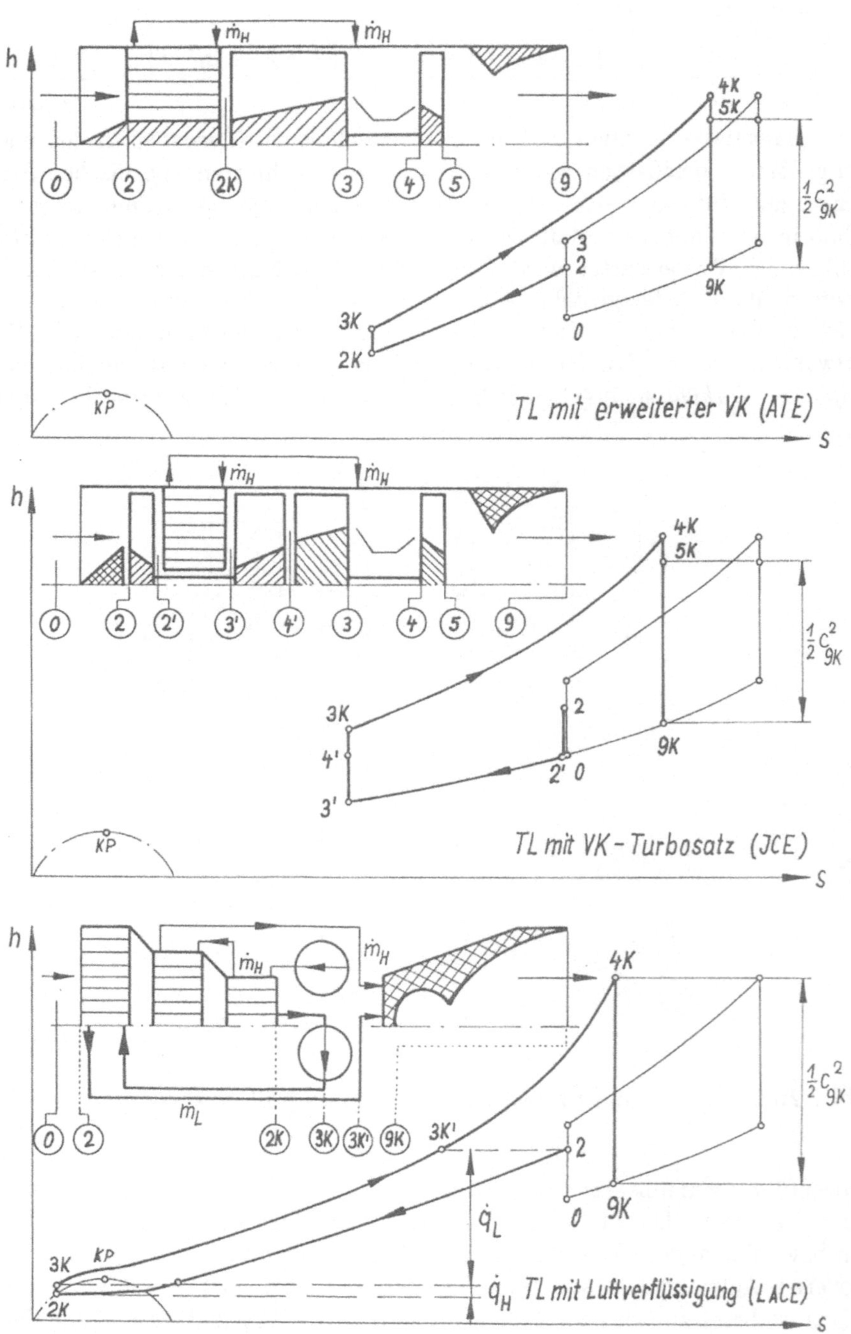

Abb. 20.8: Luftatmende Antriebe mit erweiterter Vorkühlung

Für die **Turborakete mit Vorkühlung** trifft dieser Sachverhalt ebenfalls zu, wenn vor den Antrieb nach Abb.20.6c (ähnlich wie in Abb.20.7) ein Luftkühler gesetzt wird. Diese *VK-Turborakete* wird international als *Air-Turbo-Exchanger (ATE)* bezeichnet Ihre Charakteristik weist wegen der Vorkühlung einen breiteren M-Zahleinsatzbereich sowie gesteigerte Leistungskennwerte auf.

Der **Turbovorkühlungs-Antrieb** nach Abb.20.8b besteht aus zwei hintereinander arbeitenden Turbosätzen. Der vordere, *umgekehrt angeordnete* intensiviert die Vorkühlung, und der hintere ist der eigentliche Gasgenerator zur Prozeßvollendung. Dieser Antrieb mit *autonomem VK-Turbosatz* entspricht dem mit der Bezeichnung *Inverted Cycle Engine* (ICE). Der vordere Turbosatz wird in der Reihenfolge Turbine-Kühler-Verdichter passiert, wodurch die Luft nach dem Einlauf entspannt, anschließend auf tiefem Druckniveau gekühlt und zum Schluß wieder verdichtet wird. Bei quantitativer Ausmessung im h, s-Diagramm zeigt sich, daß dadurch im Eintritt zum Gasgenerator (Ebene $2'$) sehr kalte und zugleich vorverdichtete Luft anliegt. Demzufolge läuft der Gesamtprozeß mit höheren Parametern und Kennwerten ab. Er zeichnet sich durch bisher tiefstes Kühlniveau bei (noch) gasförmigem Arbeitsmittel aus.

Größter Nutzen wird durch den **Luftverflüssigungs-Antrieb** nach Abb.20.8c, dem *Liquid Air Cycle Engine* (LACE), erzielt. Er Arbeitet als Luftstrahl- und in extremer Höhe als Raketenstrahltriebwerk, wozu er seinen Bedarf an Sauerstoff zuvor selbst gewinnt. Die stauverdichtete Luft wird hier im *Regenerativ-Gegenstromkühler* zunächst mit Umsatz der regenerativen Kühlkapazität q_L auf tiefste Temperatur gebracht. Anschließend erfolgen in weiteren Kühlern mit der direkten Wärmesenke des Flüssigwasserstoffs q_H ihre Restkühlung und Verflüssigung. Bei sehr kleiner, fast zu vernachlässiger „Verdichtungsarbeit“ wird die flüssige Luft mit einer Pumpe auf hohes Druckniveau gebracht. Weiterhin wird zunächst regenerativ, ab der Ebene $3K$ mittels Verbrennung aufgeheizt, um die Temperatur T_{t4} zu erreichen und anschließend zu entspannen. Dadurch ist (abzüglich des geringen Bedarfs von Hilfsgeräten und Druckpumpe) die gesamte Enthalpiedifferenz in kinetische Energie des Strahls umzuwandeln. Das geschieht in Raketenbrennkammer und Schubdüse.

Dabei kann ein Teil der verflüssigten Luft, die während der Arbeit als luftatmender Antrieb in der Atmosphäre anfällt, zur Aufbereitung von Flüssigsauerstoff verwendet werden. In Tanks gespeichert, gelangt letzterer in der Phase des Raketenantriebs außerhalb der Lufthülle zum Einsatz. Diese Substitution von Sauerstoff setzt hohe Leistungsfähigkeit von Kühl- und Separationsanlage bei genügend Flugzeit in nicht zu großen Höhen voraus. Als Vorzug wird dadurch die Startmasse verringert.

LACE verlangt ein ungewöhnliches und aufwendiges Technologieniveau. Er stellt die denkbar letzte Realisierungsstufe luftatmender Hochgeschwindigkeitstriebwerke dar. Die Sauerstoffsubstitution im Flug ermöglicht weiterhin seinen Einsatz als Raumantrieb. Diese Erkenntnisse haben zweifelsohne mit eine Rolle gespielt, als man sich in Großbritannien für LACE zum Antrieb für das Projekt *HOTOL* mit dem Triebwerksmuster RB545 entschied. HOTOL ist ein unbemannter einstufiger Luft-Raum-Flugkörper. Nach horizontalem Start und erster Flugphase mit Luftstrahlantrieb erfolgt in etwa 30 km Höhe zwischen $M = 5 \ldots 7$ die Aufnahme des Sauerstoffs, um anschließend als Raketentriebwerk weiter zu beschleunigen sowie Reichweite und Höhe zu gewinnen.

Außer dem britischen HOTOL-Programm sind weitere Projekte von Hochgeschwindigkeits- bzw. Raumflugkörpern mit den unterschiedlichsten luftatmenden Hyperschallantrieben angelaufen. Das sind ohne Anspruch auf Vollständigkeit „Orient Express“ und NASP (USA), PREPHA (Frankreich), HOPE und HIMES (Japan), OREL (GUS) sowie SÄNGER (Deutschland). Über den neuesten Entwicklungsstand ist darüber wenig bekannt. Dadurch ist nicht auszuschließen, daß einige dieser Vorhaben nicht mehr aktuell sind, bisher noch unbekannte statt dessen vorangetrieben werden. Ihnen gemeinsam ist die größere Effizienz, die (teilweise) Nutzung von Luftstrahlantrieben und die Wiederverwendbarkeit nach vorangegangener Aufgabenerfüllung. Wichtige Unterschiede bestehen im Vertikal- oder Horizontalstart als auch im einstufigen bzw. zweistufigen Gesamtsystem (SSTO bzw. TSTO).

Ausschlaggebend für diese Hyperschallflugtechnik ist die Effizienz ihrer Triebwerke. Davon hängen die Menge mitzunehmenden Brenn- bzw. Treibstoffs, die Nutzmasse und schließlich die Kosten für ihren Transport pro kg ab. Als ein universell für alle Flugtriebwerke anzuwendender Kennwert erweist sich hier der ***brennstoffspezifische Impuls*** i_B nach (4.16) mit der Sekunde als vereinfachter Maßeinheit. Sein Zahlenbetrag zeigt nach Abb.20.9 hinsichtlich Brennstoff, Triebwerksart und M-Zahl Unterschiede auf.

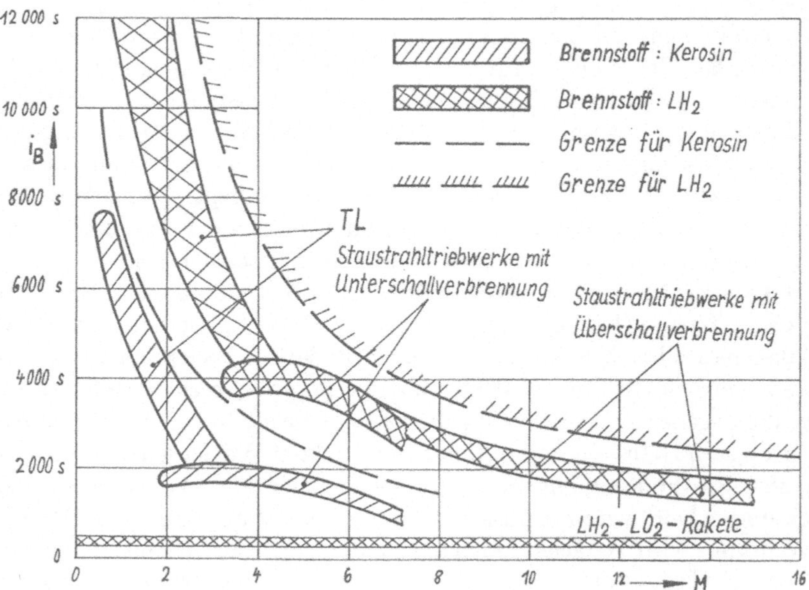

Abb. 20.9: Einschätzung der Flugtriebwerke nach dem brennstoffspezifischen Impuls

Beide in Abb.20.9 unterbrochen eingezeichneten, hyperbolisch über der M-Zahl abfallenden Kurven stellen die Grenzbedingungen nach den Gesetzmäßigkeiten der Energiewandlung, z.B. nach den beiden Hauptsätzen der Thermodynamik, dar. Jenseits von ihnen können keine Prozesse auf der Basis chemischer Brennstoffe stattfinden. Innerhalb ihrer Grenzen nehmen die einzelnen Triebwerke ihre Plätze ein. Dabei arbeitet die Rakete mit dem kleinsten, das TL dagegen, und zwar bei wachsendem Bypassverhältnis, mit dem größten Impuls. Der große Impulswert der Hochbypasstriebwerke (ZTL und PTL) wird erkauft durch die kleine M-Zahl, die aber für die Verkehrsluftfahrt völlig ausreicht. Bei großer M-Zahl zeichnen sich die Staustrahltriebwerke gegenüber der Rakete durch bessere Impulswerte aus. Deswegen werden sie als Hyperschallantriebe einer neuen Generation bevorzugt.

Ziel jeder Kennwertverbesserung von Flugtriebwerken ist neben der Verringerung des Aufwandes die Erweiterung der Nutzungseigenschaften. Beides ist unter Berücksichtigung des vorhandenen Marktes durch sinkende Kosten auszuweisen. Dazu besteht großer Bedarf, und die potentiellen Möglichkeiten dafür sind gegeben.

A Anhang

A.1 Maßeinheiten

Wichtige kohärente Einheiten

für die Masse: Kilogramm = kg
für die Kraft: Newton = N = kg·m/s^2
für den Druck: Pascal = Pa = N/m^2 = kg/ms^2
für die Energie: Joule = J = N·m = kg·m^2/s^2
für die Leistung: Watt = W = J/s = kg·m^2/s^3

Umrechnung von Druckeinheiten

Einheit	Pa	bar	atm	Torr	Psi
1 Pa	1	10^-5	$0,987 \cdot 10^{-5}$	$7,5 \cdot 10^{-3}$	$1,45 \cdot 10^{-4}$
1 bar	10^5	1	0,987	750,1	14,504
1 atm	$1,013 \cdot 10^5$	1,01325	1	760	14,7
1 Torr	133,32	$1,33 \cdot 10^{-3}$	$1,316 \cdot 10^{-3}$	1	$1,933 \cdot 10^{-2}$
1 Psi	6895	0,06895	0,06805	51,72	1

Umrechnung von Energieeinheiten

Einheit	kJ	kp·m	kcal	kW·h	Btu
1 kJ	1	102	0,239	$2,78 \cdot 10^{-4}$	0,9478
1 kp·m	$9,81 \cdot 10^{-3}$	1	$2,34 \cdot 10^{-3}$	$2,72 \cdot 10^{-6}$	$9,292 \cdot 10^{-3}$
1 kcal	4,1868	426,9	1	$1,163 \cdot 10^{-3}$	3,968
1 kW·h	$3,6 \cdot 10^3$	$368 \cdot 10^3$	860	1	$3,409 \cdot 10^3$
1 Btu	1,0551	107,62	0,252	$2,933 \cdot 10^{-4}$	1

Wichtige Konstanten und Standardwerte

absoluter Temperatur-Nullpunkt: T = 0K = -273,16 °C
Erdbeschleunigung in Meereshöhe: g = 9,80665 m/s^2
universelle (molare) Gaskonstante: $\bar{R}$ = 8,3147 kJ/kmol·K
Gaskonstante für reine Luft: R_L = 0,28704 kJ/kg·K
Standardtemperatur in Meereshöhe: T = 288 K = 15 °C
Standarddruck in Meereshöhe: p = 101,325 kPa = 1 atm
Standardschallgeschwindigkeit in Meereshöhe: a = 340,3 m/s
Standardtemperatur in der Tropopause: T = 216,5 K = -56,5 °C
Standardschallgeschwindigkeit in Tropopause: a = 295 m/s
Standard-M-Zahl in der Tropopause: M = 1,286
größte Standard-Massenstromdichte: $\dot{m}_L/A$ = 241,5 kg/m^2·s

A.2 Internationale Standardatmosphäre

Auszugsweise Darstellung oft benötigter Parameter der Erdatmosphäre zwischen den Niveaus des Meeresspiegels und 60 km Höhe mit dem Erkenntnisstand von 1973.

Höhe	Temperatur		Druck	Dichte	Schall-geschw.	kinematische Zähigkeit	Erdbe-schleunigung
H	T	t	p	ϱ	a	ν	g
km	K	°C	kPa	kg/m^3	m/s	10^{-5}m^2/s	m/s^2
0	288,150	15,000	101,325	1,22500	340,294	1,4607	9,8067
1	281,651	8,501	89,876	1,11166	336,435	1,5813	9,8036
2	275,154	2,004	79,501	1,00655	332,532	1,7147	9,8005
3	268,659	-4,491	70,121	0,90925	328,584	1,8628	9,7974
4	262,166	-10,984	61,660	0,81935	324,589	2,0275	9,7943
5	255,676	-17,474	54,048	0,73643	320,545	2,2110	9,7912
6	249,187	-23,963	47,218	0,66011	316,452	2,4162	9,7882
7	242,700	-30,450	41,105	0,59002	312,306	2,6461	9,7851
8	236,215	-36,935	35,651	0,52579	308,105	2,9044	9,7820
9	229,733	-43,417	30,800	0,46707	303,848	3,1957	9,7789
10	232,252	-49,898	26,499	0,41351	299,532	3,5251	9,7739
11	216,650	-56,500	22,699	0,36480	295,069	3,8988	9,7728
12	216,650	-56,500	19,399	0,31194	295,069	4,5574	9,7697
13	216,650	-56,500	16,580	0,26660	295,069	5,3325	9,7667
14	216,650	-56,500	14,170	0,22786	295,069	6,2391	9,7636
15	216,650	-56,500	12,112	0,19476	295,069	7,2995	9,7605
16	216,650	-56,500	10,353	0,16647	295,069	8,5397	9,7575
17	216,650	-56,500	8,850	0,14230	295,069	9,9902	9,7544
18	216,650	-56,500	7,565	0,12165	295,069	11,6860	9,7513
19	216,650	-56,500	6,467	0,10400	295,069	13,6700	9,7483
20	216,650	-56,500	5,529	0,08891	295,069	15,9890	9,7452
22	218,574	-54,576	4,047	0,06451	296,377	22,2010	9,7391
24	220,560	-52,590	2,972	0,04694	297,720	30,7430	9,7330
26	222,544	-50,606	2,188	0,03426	299,056	42,4390	9,7269
28	224,527	-48,623	1,616	0,02508	300,386	58,4050	9,7208
30	226,509	-46,641	1,197	0,01841	301,709	80,1340	9,7147
35	236,513	-36,637	0,574	0,00846	308,299	180,6300	9,6995
40	250,350	-22,800	0,287	0,00399	317,189	400,6700	9,6844
50	270,650	-2,500	0,080	0,00103	329,799	1659,1000	9,6542
60	247,020	-26,130	0,022	0,00031	315,100	5114,0000	9,6240

Quelle:
Drumm,H.: Grundlagen der Flugmechanik für Starrflügelflugzeuge. Militärverlag der DDR, Berlin, 1989

A.3 Tabellen der gasdynamischen Funktionen

Überschlägige Berechnungen von Arbeitsprozessen und strömungsmechanischen Vorgängen werden oft vereinfacht mit Hilfe der gasdynamischen Funktionen durchgeführt. Thermodynamische Grundlage dazu sind die isentropen Zustandsänderungen. Sie beruhen auf diskreten konstanten Zahlenwerten des Isentropenexponenten κ, gestaffelt nach der kritischen M-Zahl. Wie in Kap.3.2 bereits ersichtlich, werden die Größen folgendermaßen berechnet:

$$\tau = 1 - \frac{\kappa - 1}{\kappa + 1} M^{*2}$$

$$\Pi = \tau^{\frac{\kappa}{\kappa-1}}$$

$$\epsilon = \tau^{\frac{1}{\kappa-1}}$$

$$\alpha = \tau^{\frac{1}{\kappa-1}} M^* \left(\frac{\kappa+1}{2}\right)^{\frac{1}{\kappa-1}}$$

$$f = \left(1 + M^2\right)\left(1 - \frac{\kappa-1}{\kappa+1} M^{*2}\right)^{\frac{1}{\kappa-1}}$$

$$M = \sqrt{\frac{2M^{*2}}{(\kappa+1) - (\kappa-1)M^{*2}}}$$

Auf Grundlage dieser Beziehungen werden für die vier wichtigsten κ-Werte, welche sich eingeschränkt auf die am meisten vorkommenden Strömungsvorgänge beziehen, die Zahlenwerte tabellarisch (s.u.) dargestellt. Für deren Berechnung wurde ein kleines Software-Programm benutzt, dessen Inneres die oben aufgeführten Gleichungen (hier in der Notation der Programmiersprache C) enthält:

```
double kappa=1.4; /* 1.0 ... 1.4 ... */

double C1 = (kappa-1.0)/(kappa+1.0);
double C2 = 1/(kappa-1);

for (double Ms=0.0; Ms<=2.5; Ms+=0.01) {

   double C3 = Ms*Ms;

   double tau   = 1.0-C1*C3;
   double Pi    = pow(tau,kappa/(kappa-1));
   double eps   = pow(tau,C2);
   double f     = (1+C3)*pow(1-C1*C3,C2);
   double alpha = eps*Ms*pow((kappa+1)/2,C2);
   double M     = sqrt(2*C3/((kappa+1)-(kappa-1)*C3));

   printf("%.2f %.4f %#.4f %#.4f %#.4f %#.4f %#.4f\n",Ms,tau,Pi,eps,f,alpha,M);
}
```

Dieses Programmfragment kann außerdem auch dazu benutzt werden, Berechnungen für beliebige κ-Werte durchzuführen. Im weiteren besteht die Möglichkeit, die Genauigkeit der gasdynamischen Funktionen, die in den ausgedruckten Tabellen ersichtlich sind, hinsichtlich der Anzahl ihrer Dezimalstellen zu variieren.

Gasdynamische Funktionen für κ=1.4 .

M^*	τ	Π	ϵ	f	α	M
0.00	1.0000	1.0000	1.0000	1.0000	0.0000	0.0000
0.01	1.0000	0.9999	1.0000	1.0001	0.0158	0.0091
0.02	0.9999	0.9998	0.9998	1.0002	0.0315	0.0183
0.03	0.9999	0.9995	0.9996	1.0005	0.0473	0.0274
0.04	0.9997	0.9991	0.9993	1.0009	0.0631	0.0365
0.05	0.9996	0.9985	0.9990	1.0015	0.0788	0.0457
0.06	0.9994	0.9979	0.9985	1.0021	0.0945	0.0548
0.07	0.9992	0.9971	0.9980	1.0028	0.1102	0.0639
0.08	0.9989	0.9963	0.9973	1.0037	0.1259	0.0731
0.09	0.9987	0.9953	0.9966	1.0047	0.1415	0.0822
0.10	0.9983	0.9942	0.9958	1.0058	0.1571	0.0914
0.11	0.9980	0.9930	0.9950	1.0070	0.1726	0.1005
0.12	0.9976	0.9916	0.9940	1.0083	0.1882	0.1097
0.13	0.9972	0.9902	0.9930	1.0098	0.2036	0.1188
0.14	0.9967	0.9886	0.9919	1.0113	0.2190	0.1280
0.15	0.9962	0.9869	0.9907	1.0129	0.2344	0.1372
0.16	0.9957	0.9851	0.9894	1.0147	0.2497	0.1464
0.17	0.9952	0.9832	0.9880	1.0166	0.2649	0.1556
0.18	0.9946	0.9812	0.9866	1.0185	0.2801	0.1648
0.19	0.9940	0.9791	0.9850	1.0206	0.2952	0.1740
0.20	0.9933	0.9769	0.9834	1.0228	0.3103	0.1832
0.21	0.9927	0.9745	0.9817	1.0250	0.3252	0.1924
0.22	0.9919	0.9721	0.9800	1.0274	0.3401	0.2016
0.23	0.9912	0.9695	0.9781	1.0298	0.3549	0.2109
0.24	0.9904	0.9668	0.9762	1.0324	0.3696	0.2201
0.25	0.9896	0.9640	0.9742	1.0350	0.3842	0.2294
0.26	0.9887	0.9611	0.9721	1.0378	0.3987	0.2387
0.27	0.9879	0.9581	0.9699	1.0406	0.4131	0.2480
0.28	0.9869	0.9550	0.9677	1.0435	0.4274	0.2573
0.29	0.9860	0.9518	0.9653	1.0465	0.4416	0.2666
0.30	0.9850	0.9485	0.9629	1.0496	0.4557	0.2759
0.31	0.9840	0.9451	0.9604	1.0527	0.4697	0.2853
0.32	0.9829	0.9415	0.9579	1.0560	0.4835	0.2946
0.33	0.9819	0.9379	0.9552	1.0593	0.4973	0.3040
0.34	0.9807	0.9342	0.9525	1.0626	0.5109	0.3134
0.35	0.9796	0.9303	0.9497	1.0661	0.5244	0.3228
0.36	0.9784	0.9264	0.9469	1.0696	0.5377	0.3322
0.37	0.9772	0.9224	0.9439	1.0732	0.5509	0.3417
0.38	0.9759	0.9183	0.9409	1.0768	0.5640	0.3511
0.39	0.9747	0.9141	0.9378	1.0805	0.5770	0.3606
0.40	0.9733	0.9097	0.9347	1.0842	0.5897	0.3701
0.41	0.9720	0.9053	0.9314	1.0880	0.6024	0.3796
0.42	0.9706	0.9008	0.9281	1.0918	0.6149	0.3892
0.43	0.9692	0.8962	0.9247	1.0957	0.6272	0.3987
0.44	0.9677	0.8915	0.9213	1.0996	0.6394	0.4083
0.45	0.9662	0.8868	0.9177	1.1036	0.6515	0.4179
0.46	0.9647	0.8819	0.9142	1.1076	0.6633	0.4275
0.47	0.9632	0.8770	0.9105	1.1116	0.6750	0.4372
0.48	0.9616	0.8719	0.9067	1.1157	0.6866	0.4468
0.49	0.9600	0.8668	0.9029	1.1197	0.6979	0.4565
0.50	0.9583	0.8616	0.8991	1.1238	0.7091	0.4663
0.51	0.9567	0.8563	0.8951	1.1279	0.7201	0.4760
0.52	0.9549	0.8510	0.8911	1.1321	0.7310	0.4858
0.53	0.9532	0.8455	0.8870	1.1362	0.7416	0.4956
0.54	0.9514	0.8400	0.8829	1.1403	0.7521	0.5054
0.55	0.9496	0.8344	0.8787	1.1445	0.7623	0.5152
0.56	0.9477	0.8287	0.8744	1.1486	0.7724	0.5251
0.57	0.9458	0.8230	0.8701	1.1528	0.7823	0.5350
0.58	0.9439	0.8171	0.8657	1.1569	0.7920	0.5450
0.59	0.9420	0.8112	0.8612	1.1610	0.8015	0.5549
0.60	0.9400	0.8053	0.8567	1.1651	0.8108	0.5649
0.61	0.9380	0.7993	0.8521	1.1692	0.8199	0.5750
0.62	0.9359	0.7932	0.8474	1.1732	0.8288	0.5850
0.63	0.9338	0.7870	0.8427	1.1772	0.8375	0.5951
0.64	0.9317	0.7808	0.8380	1.1812	0.8460	0.6053
0.65	0.9296	0.7745	0.8331	1.1851	0.8543	0.6154
0.66	0.9274	0.7681	0.8283	1.1891	0.8623	0.6256
0.67	0.9252	0.7617	0.8233	1.1929	0.8702	0.6359
0.68	0.9229	0.7553	0.8183	1.1967	0.8778	0.6461
0.69	0.9206	0.7487	0.8133	1.2005	0.8852	0.6565
0.70	0.9183	0.7422	0.8082	1.2042	0.8924	0.6668
0.71	0.9160	0.7355	0.8030	1.2078	0.8994	0.6772
0.72	0.9136	0.7289	0.7978	1.2114	0.9061	0.6876
0.73	0.9112	0.7221	0.7925	1.2149	0.9126	0.6981
0.74	0.9087	0.7154	0.7872	1.2183	0.9189	0.7086
0.75	0.9062	0.7085	0.7818	1.2216	0.9250	0.7192
0.76	0.9037	0.7017	0.7764	1.2249	0.9308	0.7298
0.77	0.9012	0.6948	0.7710	1.2281	0.9364	0.7404
0.78	0.8986	0.6878	0.7654	1.2311	0.9418	0.7511
0.79	0.8960	0.6808	0.7599	1.2341	0.9470	0.7619
0.80	0.8933	0.6738	0.7543	1.2370	0.9519	0.7727
0.81	0.8906	0.6668	0.7486	1.2398	0.9565	0.7835
0.82	0.8879	0.6597	0.7429	1.2425	0.9610	0.7944
0.83	0.8852	0.6526	0.7372	1.2451	0.9652	0.8053
0.84	0.8824	0.6454	0.7314	1.2475	0.9692	0.8163
0.85	0.8796	0.6382	0.7256	1.2498	0.9729	0.8274
0.86	0.8767	0.6310	0.7197	1.2520	0.9764	0.8384
0.87	0.8738	0.6238	0.7138	1.2541	0.9796	0.8496
0.88	0.8709	0.6165	0.7079	1.2561	0.9826	0.8608
0.89	0.8680	0.6092	0.7019	1.2579	0.9854	0.8721
0.90	0.8650	0.6019	0.6959	1.2596	0.9880	0.8834
0.91	0.8620	0.5946	0.6898	1.2611	0.9902	0.8947
0.92	0.8589	0.5873	0.6838	1.2625	0.9923	0.9062
0.93	0.8558	0.5800	0.6776	1.2637	0.9941	0.9177
0.94	0.8527	0.5726	0.6715	1.2648	0.9957	0.9292
0.95	0.8496	0.5652	0.6653	1.2657	0.9970	0.9409
0.96	0.8464	0.5578	0.6591	1.2665	0.9981	0.9526
0.97	0.8432	0.5505	0.6528	1.2671	0.9989	0.9643
0.98	0.8399	0.5431	0.6466	1.2675	0.9995	0.9761
0.99	0.8366	0.5357	0.6403	1.2678	0.9999	0.9880
1.00	0.8333	0.5283	0.6339	1.2679	1.0000	1.0000
1.01	0.8300	0.5209	0.6276	1.2678	0.9999	1.0120
1.02	0.8266	0.5135	0.6212	1.2675	0.9995	1.0241
1.03	0.8232	0.5061	0.6148	1.2671	0.9989	1.0363
1.04	0.8197	0.4987	0.6084	1.2664	0.9981	1.0486
1.05	0.8162	0.4913	0.6019	1.2656	0.9970	1.0609
1.06	0.8127	0.4840	0.5955	1.2646	0.9957	1.0733
1.07	0.8092	0.4766	0.5890	1.2634	0.9942	1.0858
1.08	0.8056	0.4693	0.5825	1.2619	0.9924	1.0984
1.09	0.8020	0.4619	0.5760	1.2603	0.9904	1.1111
1.10	0.7983	0.4546	0.5695	1.2585	0.9881	1.1239
1.11	0.7946	0.4473	0.5629	1.2565	0.9856	1.1367
1.12	0.7909	0.4400	0.5564	1.2542	0.9829	1.1496
1.13	0.7872	0.4328	0.5498	1.2518	0.9800	1.1627
1.14	0.7834	0.4255	0.5432	1.2491	0.9768	1.1758
1.15	0.7796	0.4183	0.5366	1.2463	0.9734	1.1890
1.16	0.7757	0.4111	0.5300	1.2432	0.9698	1.2023
1.17	0.7718	0.4040	0.5234	1.2399	0.9660	1.2157
1.18	0.7679	0.3969	0.5168	1.2364	0.9619	1.2292
1.19	0.7640	0.3898	0.5102	1.2326	0.9577	1.2428

M^*	τ	Π	ϵ	f	α	M
1.20	0.7600	0.3827	0.5035	1.2286	0.9532	1.2566
1.21	0.7560	0.3757	0.4969	1.2244	0.9485	1.2704
1.22	0.7519	0.3687	0.4903	1.2200	0.9435	1.2843
1.23	0.7478	0.3617	0.4837	1.2154	0.9384	1.2984
1.24	0.7437	0.3548	0.4770	1.2105	0.9331	1.3126
1.25	0.7396	0.3479	0.4704	1.2054	0.9275	1.3269
1.26	0.7354	0.3411	0.4638	1.2001	0.9218	1.3413
1.27	0.7312	0.3343	0.4572	1.1945	0.9158	1.3558
1.28	0.7269	0.3275	0.4505	1.1887	0.9097	1.3705
1.29	0.7226	0.3208	0.4439	1.1827	0.9034	1.3853
1.30	0.7183	0.3142	0.4373	1.1764	0.8968	1.4002
1.31	0.7140	0.3075	0.4307	1.1699	0.8901	1.4153
1.32	0.7096	0.3010	0.4242	1.1632	0.8832	1.4305
1.33	0.7052	0.2945	0.4176	1.1563	0.8761	1.4458
1.34	0.7007	0.2880	0.4110	1.1491	0.8688	1.4613
1.35	0.6962	0.2816	0.4045	1.1417	0.8614	1.4769
1.36	0.6917	0.2753	0.3980	1.1340	0.8538	1.4927
1.37	0.6872	0.2690	0.3915	1.1262	0.8460	1.5087
1.38	0.6826	0.2628	0.3850	1.1181	0.8380	1.5248
1.39	0.6780	0.2566	0.3785	1.1098	0.8299	1.5410
1.40	0.6733	0.2505	0.3720	1.1012	0.8216	1.5575
1.41	0.6686	0.2445	0.3656	1.0924	0.8131	1.5741
1.42	0.6639	0.2385	0.3592	1.0834	0.8045	1.5909
1.43	0.6592	0.2326	0.3528	1.0742	0.7958	1.6078
1.44	0.6544	0.2267	0.3464	1.0648	0.7869	1.6250
1.45	0.6496	0.2209	0.3401	1.0551	0.7779	1.6423
1.46	0.6447	0.2152	0.3338	1.0452	0.7687	1.6599
1.47	0.6398	0.2095	0.3275	1.0352	0.7594	1.6776
1.48	0.6349	0.2040	0.3212	1.0249	0.7500	1.6955
1.49	0.6300	0.1985	0.3150	1.0144	0.7404	1.7137
1.50	0.6250	0.1930	0.3088	1.0037	0.7307	1.7321
1.51	0.6200	0.1876	0.3027	0.9927	0.7209	1.7506
1.52	0.6149	0.1823	0.2965	0.9816	0.7110	1.7695
1.53	0.6098	0.1771	0.2904	0.9703	0.7010	1.7885
1.54	0.6047	0.1720	0.2844	0.9588	0.6908	1.8078
1.55	0.5996	0.1669	0.2784	0.9472	0.6806	1.8273
1.56	0.5944	0.1619	0.2724	0.9353	0.6703	1.8471
1.57	0.5892	0.1570	0.2665	0.9232	0.6599	1.8672
1.58	0.5839	0.1521	0.2606	0.9110	0.6494	1.8875
1.59	0.5786	0.1474	0.2547	0.8986	0.6388	1.9081
1.60	0.5733	0.1427	0.2489	0.8861	0.6282	1.9290
1.61	0.5680	0.1381	0.2431	0.8733	0.6175	1.9501
1.62	0.5626	0.1336	0.2374	0.8605	0.6067	1.9716
1.63	0.5572	0.1291	0.2317	0.8474	0.5958	1.9934
1.64	0.5517	0.1248	0.2261	0.8343	0.5850	2.0155
1.65	0.5462	0.1205	0.2205	0.8209	0.5740	2.0380
1.66	0.5407	0.1163	0.2150	0.8075	0.5630	2.0608
1.67	0.5352	0.1121	0.2095	0.7939	0.5520	2.0839
1.68	0.5296	0.1081	0.2041	0.7802	0.5409	2.1074
1.69	0.5240	0.1041	0.1987	0.7664	0.5298	2.1313
1.70	0.5183	0.1003	0.1934	0.7524	0.5187	2.1555
1.71	0.5126	0.0965	0.1882	0.7384	0.5076	2.1802
1.72	0.5069	0.0928	0.1830	0.7243	0.4964	2.2053
1.73	0.5012	0.0891	0.1778	0.7100	0.4853	2.2308
1.74	0.4954	0.0856	0.1727	0.6957	0.4741	2.2567
1.75	0.4896	0.0821	0.1677	0.6813	0.4630	2.2831
1.76	0.4837	0.0787	0.1627	0.6669	0.4518	2.3100
1.77	0.4778	0.0754	0.1578	0.6524	0.4407	2.3374
1.78	0.4719	0.0722	0.1530	0.6378	0.4296	2.3653
1.79	0.4660	0.0691	0.1482	0.6232	0.4185	2.3937

M^*	τ	Π	ϵ	f	α	M
1.80	0.4600	0.0660	0.1435	0.6085	0.4075	2.4227
1.81	0.4540	0.0630	0.1389	0.5938	0.3965	2.4523
1.82	0.4479	0.0602	0.1343	0.5791	0.3855	2.4824
1.83	0.4418	0.0573	0.1298	0.5644	0.3746	2.5132
1.84	0.4357	0.0546	0.1253	0.5496	0.3638	2.5446
1.85	0.4296	0.0520	0.1210	0.5349	0.3530	2.5767
1.86	0.4234	0.0494	0.1166	0.5202	0.3422	2.6094
1.87	0.4172	0.0469	0.1124	0.5055	0.3316	2.6429
1.88	0.4109	0.0445	0.1083	0.4908	0.3210	2.6772
1.89	0.4046	0.0421	0.1042	0.4762	0.3105	2.7123
1.90	0.3983	0.0399	0.1001	0.4617	0.3001	2.7481
1.91	0.3920	0.0377	0.0962	0.4471	0.2898	2.7849
1.92	0.3856	0.0356	0.0923	0.4327	0.2796	2.8226
1.93	0.3792	0.0336	0.0885	0.4183	0.2695	2.8612
1.94	0.3727	0.0316	0.0848	0.4040	0.2596	2.9008
1.95	0.3662	0.0297	0.0812	0.3899	0.2497	2.9414
1.96	0.3597	0.0279	0.0776	0.3758	0.2400	2.9832
1.97	0.3532	0.0262	0.0741	0.3618	0.2304	3.0260
1.98	0.3466	0.0245	0.0707	0.3480	0.2209	3.0702
1.99	0.3400	0.0229	0.0674	0.3343	0.2116	3.1155
2.00	0.3333	0.0214	0.0642	0.3208	0.2024	3.1623
2.01	0.3266	0.0199	0.0610	0.3074	0.1934	3.2104
2.02	0.3199	0.0185	0.0579	0.2941	0.1845	3.2601
2.03	0.3132	0.0172	0.0549	0.2811	0.1758	3.3114
2.04	0.3064	0.0159	0.0520	0.2682	0.1672	3.3643
2.05	0.2996	0.0147	0.0491	0.2556	0.1589	3.4190
2.06	0.2927	0.0136	0.0464	0.2431	0.1507	3.4757
2.07	0.2859	0.0125	0.0437	0.2309	0.1426	3.5344
2.08	0.2789	0.0115	0.0411	0.2189	0.1348	3.5952
2.09	0.2720	0.0105	0.0386	0.2071	0.1272	3.6583
2.10	0.2650	0.0096	0.0362	0.1956	0.1198	3.7240
2.11	0.2580	0.0087	0.0338	0.1843	0.1125	3.7922
2.12	0.2509	0.0079	0.0315	0.1733	0.1055	3.8634
2.13	0.2439	0.0072	0.0294	0.1626	0.0987	3.9376
2.14	0.2367	0.0065	0.0273	0.1521	0.0920	4.0151
2.15	0.2296	0.0058	0.0253	0.1420	0.0857	4.0962
2.16	0.2224	0.0052	0.0233	0.1322	0.0795	4.1811
2.17	0.2152	0.0046	0.0215	0.1226	0.0735	4.2704
2.18	0.2079	0.0041	0.0197	0.1134	0.0678	4.3642
2.19	0.2007	0.0036	0.0180	0.1045	0.0623	4.4631
2.20	0.1933	0.0032	0.0164	0.0960	0.0570	4.5675
2.30	0.1183	0.0006	0.0048	0.0303	0.0175	6.1036
2.40	0.0400	0.0000	0.0003	0.0022	0.0012	10.955
2.45	0	0	0	0	0	∞

$$M^* = M^*_{max} = \sqrt{6} = 2,4495$$

Gasdynamische Funktionen für κ=1.33 .

M^*	τ	Π	ϵ	f	α	M
0.00	1.0000	1.0000	1.0000	1.0000	0.0000	0.0000
0.01	1.0000	0.9999	1.0000	1.0001	0.0159	0.0093
0.02	0.9999	0.9998	0.9998	1.0002	0.0318	0.0185
0.03	0.9999	0.9995	0.9996	1.0005	0.0476	0.0278
0.04	0.9998	0.9991	0.9993	1.0009	0.0635	0.0371
0.05	0.9996	0.9986	0.9989	1.0014	0.0793	0.0463
0.06	0.9995	0.9979	0.9985	1.0021	0.0952	0.0556
0.07	0.9993	0.9972	0.9979	1.0028	0.1110	0.0649
0.08	0.9991	0.9964	0.9973	1.0036	0.1267	0.0742
0.09	0.9989	0.9954	0.9965	1.0046	0.1425	0.0834
0.10	0.9986	0.9943	0.9957	1.0057	0.1582	0.0927
0.11	0.9983	0.9931	0.9948	1.0069	0.1738	0.1020
0.12	0.9980	0.9918	0.9938	1.0081	0.1894	0.1113
0.13	0.9976	0.9904	0.9928	1.0095	0.2050	0.1206
0.14	0.9972	0.9889	0.9916	1.0110	0.2205	0.1299
0.15	0.9968	0.9872	0.9904	1.0127	0.2360	0.1392
0.16	0.9964	0.9855	0.9891	1.0144	0.2514	0.1485
0.17	0.9959	0.9836	0.9876	1.0162	0.2667	0.1578
0.18	0.9954	0.9816	0.9862	1.0181	0.2820	0.1672
0.19	0.9949	0.9796	0.9846	1.0201	0.2972	0.1765
0.20	0.9943	0.9774	0.9829	1.0222	0.3123	0.1858
0.21	0.9938	0.9751	0.9812	1.0245	0.3273	0.1952
0.22	0.9931	0.9727	0.9794	1.0268	0.3423	0.2045
0.23	0.9925	0.9701	0.9775	1.0292	0.3571	0.2139
0.24	0.9918	0.9675	0.9755	1.0317	0.3719	0.2233
0.25	0.9911	0.9648	0.9734	1.0343	0.3866	0.2327
0.26	0.9904	0.9620	0.9713	1.0369	0.4011	0.2420
0.27	0.9897	0.9590	0.9690	1.0397	0.4156	0.2515
0.28	0.9889	0.9560	0.9667	1.0425	0.4300	0.2609
0.29	0.9881	0.9529	0.9643	1.0454	0.4442	0.2703
0.30	0.9873	0.9496	0.9619	1.0484	0.4584	0.2797
0.31	0.9864	0.9463	0.9593	1.0515	0.4724	0.2892
0.32	0.9855	0.9428	0.9567	1.0547	0.4863	0.2986
0.33	0.9846	0.9393	0.9540	1.0579	0.5001	0.3081
0.34	0.9836	0.9356	0.9512	1.0612	0.5137	0.3176
0.35	0.9827	0.9319	0.9483	1.0645	0.5273	0.3271
0.36	0.9816	0.9281	0.9454	1.0679	0.5406	0.3366
0.37	0.9806	0.9241	0.9424	1.0714	0.5539	0.3462
0.38	0.9795	0.9201	0.9393	1.0749	0.5670	0.3557
0.39	0.9785	0.9160	0.9361	1.0785	0.5800	0.3653
0.40	0.9773	0.9118	0.9329	1.0822	0.5928	0.3749
0.41	0.9762	0.9075	0.9296	1.0858	0.6054	0.3845
0.42	0.9750	0.9031	0.9262	1.0896	0.6179	0.3941
0.43	0.9738	0.8986	0.9227	1.0933	0.6303	0.4037
0.44	0.9726	0.8940	0.9192	1.0972	0.6425	0.4134
0.45	0.9713	0.8893	0.9156	1.1010	0.6545	0.4230
0.46	0.9700	0.8846	0.9119	1.1049	0.6663	0.4327
0.47	0.9687	0.8798	0.9082	1.1088	0.6780	0.4424
0.48	0.9674	0.8748	0.9044	1.1127	0.6896	0.4521
0.49	0.9660	0.8698	0.9005	1.1167	0.7009	0.4619
0.50	0.9646	0.8648	0.8965	1.1206	0.7121	0.4717
0.51	0.9632	0.8596	0.8925	1.1246	0.7230	0.4815
0.52	0.9617	0.8544	0.8884	1.1286	0.7338	0.4913
0.53	0.9602	0.8491	0.8842	1.1326	0.7445	0.5011
0.54	0.9587	0.8437	0.8800	1.1366	0.7549	0.5110
0.55	0.9572	0.8382	0.8757	1.1406	0.7651	0.5208
0.56	0.9556	0.8327	0.8714	1.1446	0.7751	0.5308
0.57	0.9540	0.8271	0.8670	1.1486	0.7850	0.5407
0.58	0.9524	0.8214	0.8625	1.1526	0.7946	0.5506
0.59	0.9507	0.8157	0.8580	1.1566	0.8041	0.5606

M^*	τ	Π	ϵ	f	α	M
0.60	0.9490	0.8098	0.8534	1.1606	0.8133	0.5706
0.61	0.9473	0.8040	0.8487	1.1645	0.8224	0.5807
0.62	0.9456	0.7980	0.8440	1.1684	0.8312	0.5907
0.63	0.9438	0.7920	0.8392	1.1723	0.8398	0.6008
0.64	0.9420	0.7860	0.8344	1.1761	0.8482	0.6109
0.65	0.9402	0.7798	0.8295	1.1799	0.8564	0.6211
0.66	0.9383	0.7736	0.8245	1.1837	0.8644	0.6313
0.67	0.9364	0.7674	0.8195	1.1874	0.8722	0.6415
0.68	0.9345	0.7611	0.8144	1.1910	0.8797	0.6517
0.69	0.9326	0.7548	0.8093	1.1947	0.8871	0.6620
0.70	0.9306	0.7484	0.8042	1.1982	0.8942	0.6723
0.71	0.9286	0.7419	0.7989	1.2017	0.9011	0.6826
0.72	0.9266	0.7354	0.7937	1.2051	0.9077	0.6930
0.73	0.9245	0.7289	0.7884	1.2085	0.9142	0.7034
0.74	0.9224	0.7223	0.7830	1.2118	0.9204	0.7138
0.75	0.9203	0.7156	0.7776	1.2150	0.9264	0.7243
0.76	0.9182	0.7089	0.7721	1.2181	0.9321	0.7348
0.77	0.9160	0.7022	0.7666	1.2211	0.9377	0.7454
0.78	0.9138	0.6955	0.7610	1.2241	0.9430	0.7560
0.79	0.9116	0.6887	0.7555	1.2269	0.9480	0.7666
0.80	0.9094	0.6818	0.7498	1.2297	0.9529	0.7772
0.81	0.9071	0.6750	0.7441	1.2323	0.9575	0.7880
0.82	0.9048	0.6681	0.7384	1.2349	0.9618	0.7987
0.83	0.9024	0.6612	0.7326	1.2374	0.9660	0.8095
0.84	0.9001	0.6542	0.7268	1.2397	0.9698	0.8203
0.85	0.8977	0.6472	0.7210	1.2419	0.9735	0.8312
0.86	0.8952	0.6402	0.7151	1.2440	0.9769	0.8421
0.87	0.8928	0.6332	0.7092	1.2460	0.9801	0.8531
0.88	0.8903	0.6261	0.7033	1.2479	0.9831	0.8641
0.89	0.8878	0.6190	0.6973	1.2496	0.9858	0.8751
0.90	0.8853	0.6120	0.6913	1.2512	0.9883	0.8862
0.91	0.8827	0.6048	0.6852	1.2526	0.9905	0.8974
0.92	0.8801	0.5977	0.6791	1.2539	0.9925	0.9086
0.93	0.8775	0.5906	0.6730	1.2551	0.9943	0.9198
0.94	0.8749	0.5834	0.6669	1.2561	0.9958	0.9311
0.95	0.8722	0.5763	0.6607	1.2570	0.9971	0.9424
0.96	0.8695	0.5691	0.6545	1.2577	0.9981	0.9539
0.97	0.8667	0.5619	0.6483	1.2583	0.9989	0.9653
0.98	0.8640	0.5547	0.6421	1.2587	0.9995	0.9768
0.99	0.8612	0.5476	0.6358	1.2590	0.9999	0.9884
1.00	0.8584	0.5404	0.6295	1.2590	1.0000	1.0000
1.01	0.8555	0.5332	0.6232	1.2590	0.9999	1.0117
1.02	0.8526	0.5260	0.6169	1.2587	0.9995	1.0234
1.03	0.8497	0.5188	0.6105	1.2583	0.9990	1.0352
1.04	0.8468	0.5116	0.6042	1.2577	0.9981	1.0471
1.05	0.8439	0.5045	0.5978	1.2569	0.9971	1.0590
1.06	0.8409	0.4973	0.5914	1.2559	0.9958	1.0710
1.07	0.8378	0.4902	0.5850	1.2548	0.9943	1.0830
1.08	0.8348	0.4830	0.5786	1.2535	0.9926	1.0951
1.09	0.8317	0.4759	0.5722	1.2519	0.9907	1.1073
1.10	0.8286	0.4688	0.5657	1.2502	0.9885	1.1196
1.11	0.8255	0.4617	0.5593	1.2483	0.9861	1.1319
1.12	0.8223	0.4546	0.5528	1.2463	0.9835	1.1443
1.13	0.8192	0.4475	0.5463	1.2440	0.9807	1.1567
1.14	0.8159	0.4405	0.5399	1.2415	0.9777	1.1693
1.15	0.8127	0.4335	0.5334	1.2388	0.9744	1.1819
1.16	0.8094	0.4265	0.5269	1.2359	0.9709	1.1946
1.17	0.8061	0.4195	0.5204	1.2329	0.9672	1.2073
1.18	0.8028	0.4126	0.5139	1.2296	0.9634	1.2202
1.19	0.7994	0.4057	0.5075	1.2261	0.9593	1.2331

M^*	τ	Π	ϵ	f	α	M
1.20	0.7961	0.3988	0.5010	1.2224	0.9550	1.2461
1.21	0.7926	0.3920	0.4945	1.2185	0.9505	1.2592
1.22	0.7892	0.3851	0.4880	1.2144	0.9458	1.2723
1.23	0.7857	0.3784	0.4815	1.2101	0.9409	1.2856
1.24	0.7822	0.3716	0.4751	1.2056	0.9358	1.2989
1.25	0.7787	0.3649	0.4686	1.2008	0.9305	1.3124
1.26	0.7751	0.3582	0.4622	1.1959	0.9250	1.3259
1.27	0.7716	0.3516	0.4557	1.1908	0.9194	1.3395
1.28	0.7680	0.3450	0.4493	1.1854	0.9135	1.3533
1.29	0.7643	0.3385	0.4429	1.1798	0.9075	1.3671
1.30	0.7606	0.3320	0.4365	1.1741	0.9013	1.3810
1.31	0.7569	0.3255	0.4301	1.1681	0.8949	1.3950
1.32	0.7532	0.3191	0.4237	1.1619	0.8884	1.4091
1.33	0.7495	0.3128	0.4173	1.1555	0.8817	1.4234
1.34	0.7457	0.3065	0.4110	1.1489	0.8748	1.4377
1.35	0.7419	0.3002	0.4046	1.1421	0.8677	1.4521
1.36	0.7380	0.2940	0.3983	1.1351	0.8605	1.4667
1.37	0.7342	0.2878	0.3920	1.1279	0.8532	1.4814
1.38	0.7303	0.2817	0.3858	1.1204	0.8457	1.4961
1.39	0.7264	0.2757	0.3795	1.1128	0.8380	1.5110
1.40	0.7224	0.2697	0.3733	1.1050	0.8302	1.5261
1.41	0.7184	0.2637	0.3671	1.0969	0.8222	1.5412
1.42	0.7144	0.2579	0.3609	1.0887	0.8141	1.5565
1.43	0.7104	0.2520	0.3548	1.0803	0.8059	1.5719
1.44	0.7063	0.2463	0.3487	1.0717	0.7976	1.5875
1.45	0.7022	0.2406	0.3426	1.0629	0.7891	1.6031
1.46	0.6981	0.2349	0.3365	1.0539	0.7805	1.6189
1.47	0.6939	0.2294	0.3305	1.0447	0.7718	1.6349
1.48	0.6898	0.2238	0.3245	1.0353	0.7629	1.6510
1.49	0.6856	0.2184	0.3186	1.0258	0.7540	1.6672
1.50	0.6813	0.2130	0.3126	1.0160	0.7449	1.6836
1.51	0.6771	0.2077	0.3067	1.0061	0.7357	1.7002
1.52	0.6728	0.2024	0.3009	0.9960	0.7265	1.7169
1.53	0.6685	0.1972	0.2951	0.9858	0.7171	1.7338
1.54	0.6641	0.1921	0.2893	0.9754	0.7077	1.7508
1.55	0.6597	0.1871	0.2835	0.9648	0.6981	1.7680
1.56	0.6553	0.1821	0.2779	0.9540	0.6885	1.7854
1.57	0.6509	0.1772	0.2722	0.9431	0.6788	1.8029
1.58	0.6464	0.1723	0.2666	0.9321	0.6691	1.8207
1.59	0.6419	0.1676	0.2610	0.9209	0.6592	1.8386
1.60	0.6374	0.1629	0.2555	0.9095	0.6493	1.8567
1.61	0.6329	0.1582	0.2500	0.8980	0.6394	1.8750
1.62	0.6283	0.1537	0.2446	0.8864	0.6294	1.8935
1.63	0.6237	0.1492	0.2392	0.8746	0.6193	1.9122
1.64	0.6191	0.1448	0.2338	0.8628	0.6092	1.9311
1.65	0.6144	0.1404	0.2285	0.8507	0.5990	1.9503
1.66	0.6097	0.1361	0.2233	0.8386	0.5888	1.9696
1.67	0.6050	0.1320	0.2181	0.8264	0.5786	1.9892
1.68	0.6003	0.1278	0.2130	0.8140	0.5683	2.0090
1.69	0.5955	0.1238	0.2079	0.8016	0.5580	2.0290
1.70	0.5907	0.1198	0.2028	0.7890	0.5477	2.0493
1.71	0.5859	0.1159	0.1979	0.7764	0.5374	2.0698
1.72	0.5810	0.1121	0.1929	0.7637	0.5271	2.0906
1.73	0.5761	0.1083	0.1880	0.7509	0.5168	2.1117
1.74	0.5712	0.1047	0.1832	0.7380	0.5064	2.1330
1.75	0.5663	0.1011	0.1785	0.7250	0.4961	2.1546
1.76	0.5613	0.0975	0.1738	0.7120	0.4858	2.1765
1.77	0.5563	0.0941	0.1691	0.6989	0.4755	2.1987
1.78	0.5513	0.0907	0.1645	0.6858	0.4652	2.2212
1.79	0.5462	0.0874	0.1600	0.6726	0.4549	2.2440

M^*	τ	Π	ϵ	f	α	M
1.80	0.5411	0.0842	0.1555	0.6594	0.4447	2.2671
1.81	0.5360	0.0810	0.1511	0.6462	0.4345	2.2905
1.82	0.5309	0.0779	0.1468	0.6329	0.4243	2.3143
1.83	0.5257	0.0749	0.1425	0.6196	0.4142	2.3384
1.84	0.5205	0.0720	0.1382	0.6063	0.4041	2.3629
1.85	0.5153	0.0691	0.1341	0.5930	0.3940	2.3878
1.86	0.5100	0.0663	0.1300	0.5797	0.3840	2.4130
1.87	0.5047	0.0636	0.1259	0.5664	0.3741	2.4386
1.88	0.4994	0.0609	0.1220	0.5531	0.3643	2.4647
1.89	0.4941	0.0583	0.1181	0.5398	0.3545	2.4912
1.90	0.4887	0.0558	0.1142	0.5265	0.3447	2.5180
1.91	0.4833	0.0534	0.1104	0.5133	0.3351	2.5454
1.92	0.4779	0.0510	0.1067	0.5002	0.3255	2.5732
1.93	0.4724	0.0487	0.1031	0.4870	0.3160	2.6015
1.94	0.4670	0.0465	0.0995	0.4740	0.3066	2.6303
1.95	0.4614	0.0443	0.0960	0.4610	0.2973	2.6596
1.96	0.4559	0.0422	0.0925	0.4480	0.2881	2.6894
1.97	0.4503	0.0401	0.0892	0.4351	0.2790	2.7198
1.98	0.4448	0.0382	0.0858	0.4224	0.2700	2.7507
1.99	0.4391	0.0363	0.0826	0.4097	0.2611	2.7822
2.00	0.4335	0.0344	0.0794	0.3971	0.2523	2.8144
2.01	0.4278	0.0326	0.0763	0.3846	0.2436	2.8472
2.02	0.4221	0.0309	0.0733	0.3722	0.2351	2.8806
2.03	0.4164	0.0293	0.0703	0.3599	0.2266	2.9148
2.04	0.4106	0.0277	0.0674	0.3478	0.2183	2.9496
2.05	0.4048	0.0261	0.0645	0.3358	0.2102	2.9852
2.06	0.3990	0.0246	0.0618	0.3239	0.2021	3.0216
2.07	0.3931	0.0232	0.0591	0.3121	0.1942	3.0587
2.08	0.3872	0.0219	0.0564	0.3005	0.1864	3.0967
2.09	0.3813	0.0205	0.0539	0.2891	0.1788	3.1356
2.10	0.3754	0.0193	0.0514	0.2779	0.1713	3.1754
2.11	0.3694	0.0181	0.0489	0.2668	0.1640	3.2162
2.12	0.3635	0.0169	0.0466	0.2558	0.1568	3.2580
2.13	0.3574	0.0158	0.0443	0.2451	0.1498	3.3008
2.14	0.3514	0.0148	0.0420	0.2345	0.1429	3.3447
2.15	0.3453	0.0138	0.0399	0.2242	0.1362	3.3898
2.16	0.3392	0.0128	0.0378	0.2140	0.1296	3.4360
2.17	0.3331	0.0119	0.0357	0.2040	0.1232	3.4836
2.18	0.3269	0.0110	0.0338	0.1943	0.1170	3.5325
2.19	0.3207	0.0102	0.0319	0.1847	0.1109	3.5827
2.20	0.3145	0.0094	0.0300	0.1754	0.1050	3.6345
2.30	0.2508	0.0038	0.0151	0.0951	0.0553	4.2552
2.40	0.1842	0.0011	0.0059	0.0401	0.0226	5.1808
2.50	0.1148	0.0002	0.0014	0.0103	0.0056	6.8359
2.60	0.0426	0	0.0001	0.0005	0.0003	11.674

$$M^* = M^*_{max} = \sqrt{7,0606} = 2,6572$$

Gasdynamische Funktionen für κ=1.30 .

M^*	τ	Π	ϵ	f	α	M
0.00	1.0000	1.0000	1.0000	1.0000	0.0000	0.0000
0.01	1.0000	0.9999	1.0000	1.0001	0.0159	0.0093
0.02	0.9999	0.9998	0.9998	1.0002	0.0319	0.0187
0.03	0.9999	0.9995	0.9996	1.0005	0.0478	0.0280
0.04	0.9998	0.9991	0.9993	1.0009	0.0637	0.0373
0.05	0.9997	0.9986	0.9989	1.0014	0.0796	0.0466
0.06	0.9995	0.9980	0.9984	1.0020	0.0955	0.0560
0.07	0.9994	0.9972	0.9979	1.0028	0.1113	0.0653
0.08	0.9992	0.9964	0.9972	1.0036	0.1271	0.0746
0.09	0.9989	0.9954	0.9965	1.0046	0.1429	0.0840
0.10	0.9987	0.9944	0.9957	1.0056	0.1586	0.0933
0.11	0.9984	0.9932	0.9947	1.0068	0.1744	0.1027
0.12	0.9981	0.9919	0.9938	1.0081	0.1900	0.1120
0.13	0.9978	0.9905	0.9927	1.0094	0.2056	0.1214
0.14	0.9974	0.9890	0.9915	1.0109	0.2212	0.1307
0.15	0.9971	0.9873	0.9903	1.0125	0.2367	0.1401
0.16	0.9967	0.9856	0.9889	1.0142	0.2521	0.1495
0.17	0.9962	0.9838	0.9875	1.0160	0.2675	0.1588
0.18	0.9958	0.9818	0.9860	1.0179	0.2828	0.1682
0.19	0.9953	0.9798	0.9844	1.0199	0.2980	0.1776
0.20	0.9948	0.9776	0.9827	1.0220	0.3132	0.1870
0.21	0.9942	0.9753	0.9810	1.0242	0.3282	0.1964
0.22	0.9937	0.9729	0.9791	1.0265	0.3432	0.2058
0.23	0.9931	0.9704	0.9772	1.0289	0.3581	0.2152
0.24	0.9925	0.9678	0.9752	1.0313	0.3729	0.2246
0.25	0.9918	0.9652	0.9731	1.0339	0.3876	0.2341
0.26	0.9912	0.9623	0.9709	1.0365	0.4022	0.2435
0.27	0.9905	0.9594	0.9687	1.0393	0.4167	0.2530
0.28	0.9898	0.9564	0.9663	1.0421	0.4311	0.2624
0.29	0.9890	0.9533	0.9639	1.0450	0.4454	0.2719
0.30	0.9883	0.9501	0.9614	1.0479	0.4596	0.2814
0.31	0.9875	0.9468	0.9588	1.0510	0.4736	0.2909
0.32	0.9866	0.9434	0.9562	1.0541	0.4875	0.3004
0.33	0.9858	0.9399	0.9534	1.0573	0.5013	0.3099
0.34	0.9849	0.9363	0.9506	1.0605	0.5150	0.3195
0.35	0.9840	0.9326	0.9477	1.0638	0.5285	0.3290
0.36	0.9831	0.9288	0.9448	1.0672	0.5419	0.3386
0.37	0.9821	0.9249	0.9417	1.0706	0.5552	0.3481
0.38	0.9812	0.9209	0.9386	1.0741	0.5683	0.3577
0.39	0.9802	0.9168	0.9354	1.0777	0.5813	0.3673
0.40	0.9791	0.9127	0.9321	1.0813	0.5941	0.3770
0.41	0.9781	0.9084	0.9288	1.0849	0.6068	0.3866
0.42	0.9770	0.9041	0.9253	1.0886	0.6193	0.3962
0.43	0.9759	0.8996	0.9218	1.0923	0.6316	0.4059
0.44	0.9747	0.8951	0.9183	1.0961	0.6438	0.4156
0.45	0.9736	0.8905	0.9146	1.0999	0.6558	0.4253
0.46	0.9724	0.8858	0.9109	1.1037	0.6677	0.4350
0.47	0.9712	0.8810	0.9071	1.1075	0.6794	0.4447
0.48	0.9699	0.8761	0.9033	1.1114	0.6909	0.4545
0.49	0.9687	0.8712	0.8994	1.1153	0.7022	0.4643
0.50	0.9674	0.8662	0.8954	1.1192	0.7134	0.4740
0.51	0.9661	0.8611	0.8913	1.1232	0.7243	0.4839
0.52	0.9647	0.8559	0.8872	1.1271	0.7351	0.4937
0.53	0.9634	0.8507	0.8830	1.1310	0.7457	0.5035
0.54	0.9620	0.8453	0.8787	1.1350	0.7561	0.5134
0.55	0.9605	0.8399	0.8744	1.1389	0.7663	0.5233
0.56	0.9591	0.8345	0.8700	1.1429	0.7763	0.5332
0.57	0.9576	0.8289	0.8656	1.1468	0.7862	0.5432
0.58	0.9561	0.8233	0.8611	1.1507	0.7958	0.5531
0.59	0.9546	0.8176	0.8565	1.1547	0.8052	0.5631

M^*	τ	Π	ϵ	f	α	M
0.60	0.9530	0.8119	0.8519	1.1585	0.8144	0.5731
0.61	0.9515	0.8061	0.8472	1.1624	0.8234	0.5832
0.62	0.9499	0.8002	0.8424	1.1663	0.8322	0.5932
0.63	0.9482	0.7943	0.8376	1.1701	0.8408	0.6033
0.64	0.9466	0.7883	0.8328	1.1738	0.8492	0.6134
0.65	0.9449	0.7822	0.8278	1.1776	0.8574	0.6236
0.66	0.9432	0.7761	0.8228	1.1813	0.8653	0.6337
0.67	0.9414	0.7699	0.8178	1.1849	0.8731	0.6439
0.68	0.9397	0.7637	0.8127	1.1885	0.8806	0.6541
0.69	0.9379	0.7574	0.8076	1.1921	0.8879	0.6644
0.70	0.9361	0.7511	0.8024	1.1956	0.8950	0.6747
0.71	0.9342	0.7447	0.7972	1.1990	0.9018	0.6850
0.72	0.9324	0.7383	0.7919	1.2024	0.9085	0.6953
0.73	0.9305	0.7318	0.7865	1.2057	0.9149	0.7057
0.74	0.9286	0.7253	0.7811	1.2089	0.9210	0.7161
0.75	0.9266	0.7188	0.7757	1.2120	0.9270	0.7265
0.76	0.9247	0.7122	0.7702	1.2151	0.9327	0.7370
0.77	0.9227	0.7055	0.7647	1.2181	0.9382	0.7475
0.78	0.9206	0.6989	0.7591	1.2210	0.9435	0.7581
0.79	0.9186	0.6922	0.7535	1.2238	0.9485	0.7686
0.80	0.9165	0.6854	0.7478	1.2265	0.9533	0.7792
0.81	0.9144	0.6786	0.7421	1.2291	0.9579	0.7899
0.82	0.9123	0.6718	0.7364	1.2316	0.9622	0.8006
0.83	0.9101	0.6650	0.7306	1.2340	0.9663	0.8113
0.84	0.9080	0.6581	0.7248	1.2363	0.9701	0.8220
0.85	0.9058	0.6512	0.7190	1.2384	0.9738	0.8328
0.86	0.9035	0.6443	0.7131	1.2405	0.9772	0.8437
0.87	0.9013	0.6374	0.7072	1.2424	0.9803	0.8546
0.88	0.8990	0.6304	0.7012	1.2442	0.9832	0.8655
0.89	0.8967	0.6234	0.6952	1.2459	0.9859	0.8764
0.90	0.8943	0.6164	0.6892	1.2475	0.9884	0.8874
0.91	0.8920	0.6094	0.6832	1.2489	0.9906	0.8985
0.92	0.8896	0.6023	0.6771	1.2502	0.9926	0.9096
0.93	0.8872	0.5953	0.6710	1.2513	0.9943	0.9207
0.94	0.8847	0.5882	0.6649	1.2523	0.9958	0.9319
0.95	0.8823	0.5812	0.6587	1.2532	0.9971	0.9431
0.96	0.8798	0.5741	0.6525	1.2539	0.9982	0.9544
0.97	0.8773	0.5670	0.6463	1.2545	0.9990	0.9657
0.98	0.8747	0.5599	0.6401	1.2549	0.9995	0.9771
0.99	0.8722	0.5528	0.6339	1.2551	0.9999	0.9885
1.00	0.8696	0.5457	0.6276	1.2552	1.0000	1.0000
1.01	0.8669	0.5386	0.6213	1.2551	0.9999	1.0115
1.02	0.8643	0.5315	0.6150	1.2548	0.9995	1.0231
1.03	0.8616	0.5245	0.6087	1.2544	0.9990	1.0347
1.04	0.8589	0.5174	0.6023	1.2538	0.9982	1.0464
1.05	0.8562	0.5103	0.5960	1.2531	0.9971	1.0582
1.06	0.8534	0.5032	0.5896	1.2521	0.9959	1.0700
1.07	0.8507	0.4962	0.5833	1.2510	0.9944	1.0818
1.08	0.8479	0.4891	0.5769	1.2497	0.9927	1.0937
1.09	0.8450	0.4821	0.5705	1.2483	0.9908	1.1057
1.10	0.8422	0.4751	0.5641	1.2466	0.9887	1.1177
1.11	0.8393	0.4680	0.5577	1.2448	0.9863	1.1298
1.12	0.8364	0.4611	0.5513	1.2427	0.9838	1.1420
1.13	0.8334	0.4541	0.5448	1.2405	0.9810	1.1542
1.14	0.8305	0.4471	0.5384	1.2381	0.9780	1.1665
1.15	0.8275	0.4402	0.5320	1.2355	0.9748	1.1789
1.16	0.8245	0.4333	0.5255	1.2327	0.9714	1.1913
1.17	0.8214	0.4264	0.5191	1.2297	0.9678	1.2038
1.18	0.8184	0.4196	0.5127	1.2266	0.9640	1.2163
1.19	0.8153	0.4128	0.5063	1.2232	0.9600	1.2290

M^*	τ	Π	ϵ	f	α	M
1.20	0.8122	0.4060	0.4998	1.2196	0.9557	1.2417
1.21	0.8090	0.3992	0.4934	1.2158	0.9513	1.2545
1.22	0.8059	0.3925	0.4870	1.2119	0.9467	1.2673
1.23	0.8027	0.3858	0.4806	1.2077	0.9419	1.2802
1.24	0.7994	0.3791	0.4742	1.2033	0.9369	1.2932
1.25	0.7962	0.3725	0.4678	1.1988	0.9318	1.3063
1.26	0.7929	0.3659	0.4614	1.1940	0.9264	1.3195
1.27	0.7896	0.3593	0.4551	1.1890	0.9209	1.3327
1.28	0.7863	0.3528	0.4487	1.1838	0.9151	1.3461
1.29	0.7829	0.3463	0.4424	1.1785	0.9093	1.3595
1.30	0.7796	0.3399	0.4360	1.1729	0.9032	1.3730
1.31	0.7762	0.3335	0.4297	1.1671	0.8970	1.3866
1.32	0.7727	0.3272	0.4234	1.1612	0.8906	1.4003
1.33	0.7693	0.3209	0.4171	1.1550	0.8840	1.4140
1.34	0.7658	0.3146	0.4109	1.1486	0.8773	1.4279
1.35	0.7623	0.3084	0.4046	1.1421	0.8704	1.4419
1.36	0.7587	0.3023	0.3984	1.1353	0.8634	1.4559
1.37	0.7552	0.2962	0.3922	1.1283	0.8562	1.4701
1.38	0.7516	0.2901	0.3860	1.1212	0.8488	1.4844
1.39	0.7480	0.2841	0.3799	1.1138	0.8414	1.4987
1.40	0.7443	0.2782	0.3738	1.1063	0.8338	1.5132
1.41	0.7407	0.2723	0.3677	1.0986	0.8260	1.5278
1.42	0.7370	0.2665	0.3616	1.0907	0.8181	1.5424
1.43	0.7333	0.2607	0.3555	1.0826	0.8101	1.5572
1.44	0.7295	0.2550	0.3495	1.0743	0.8020	1.5721
1.45	0.7258	0.2493	0.3435	1.0658	0.7937	1.5872
1.46	0.7220	0.2437	0.3376	1.0572	0.7854	1.6023
1.47	0.7181	0.2382	0.3317	1.0484	0.7769	1.6176
1.48	0.7143	0.2327	0.3258	1.0394	0.7683	1.6330
1.49	0.7104	0.2273	0.3199	1.0302	0.7596	1.6485
1.50	0.7065	0.2219	0.3141	1.0209	0.7508	1.6641
1.51	0.7026	0.2166	0.3083	1.0114	0.7419	1.6799
1.52	0.6986	0.2114	0.3026	1.0017	0.7329	1.6958
1.53	0.6947	0.2062	0.2969	0.9919	0.7238	1.7118
1.54	0.6907	0.2011	0.2912	0.9819	0.7146	1.7280
1.55	0.6866	0.1961	0.2856	0.9717	0.7053	1.7443
1.56	0.6826	0.1911	0.2800	0.9614	0.6960	1.7608
1.57	0.6785	0.1862	0.2745	0.9510	0.6866	1.7774
1.58	0.6744	0.1814	0.2690	0.9404	0.6771	1.7941
1.59	0.6702	0.1766	0.2635	0.9297	0.6676	1.8111
1.60	0.6661	0.1719	0.2581	0.9188	0.6580	1.8281
1.61	0.6619	0.1673	0.2527	0.9078	0.6483	1.8454
1.62	0.6577	0.1627	0.2474	0.8967	0.6386	1.8628
1.63	0.6534	0.1582	0.2421	0.8854	0.6289	1.8803
1.64	0.6492	0.1538	0.2369	0.8740	0.6191	1.8981
1.65	0.6449	0.1494	0.2317	0.8626	0.6092	1.9160
1.66	0.6406	0.1451	0.2266	0.8510	0.5993	1.9341
1.67	0.6362	0.1409	0.2215	0.8393	0.5894	1.9524
1.68	0.6319	0.1368	0.2165	0.8274	0.5795	1.9708
1.69	0.6275	0.1327	0.2115	0.8155	0.5695	1.9895
1.70	0.6230	0.1287	0.2066	0.8035	0.5595	2.0084
1.71	0.6186	0.1248	0.2017	0.7915	0.5496	2.0274
1.72	0.6141	0.1209	0.1969	0.7793	0.5396	2.0467
1.73	0.6096	0.1171	0.1921	0.7670	0.5296	2.0662
1.74	0.6051	0.1134	0.1874	0.7547	0.5195	2.0859
1.75	0.6005	0.1097	0.1827	0.7423	0.5095	2.1058
1.76	0.5960	0.1062	0.1781	0.7299	0.4995	2.1260
1.77	0.5914	0.1027	0.1736	0.7174	0.4896	2.1463
1.78	0.5867	0.0992	0.1691	0.7049	0.4796	2.1670
1.79	0.5821	0.0958	0.1647	0.6923	0.4696	2.1878

M^*	τ	Π	ϵ	f	α	M
1.80	0.5774	0.0925	0.1603	0.6796	0.4597	2.2090
1.81	0.5727	0.0893	0.1560	0.6670	0.4498	2.2303
1.82	0.5679	0.0862	0.1517	0.6543	0.4400	2.2520
1.83	0.5632	0.0831	0.1475	0.6415	0.4301	2.2739
1.84	0.5584	0.0801	0.1434	0.6288	0.4204	2.2961
1.85	0.5536	0.0771	0.1393	0.6161	0.4106	2.3186
1.86	0.5487	0.0742	0.1353	0.6033	0.4009	2.3414
1.87	0.5439	0.0714	0.1313	0.5906	0.3913	2.3645
1.88	0.5390	0.0687	0.1274	0.5778	0.3817	2.3879
1.89	0.5341	0.0660	0.1236	0.5651	0.3722	2.4116
1.90	0.5291	0.0634	0.1198	0.5524	0.3628	2.4357
1.91	0.5242	0.0609	0.1161	0.5397	0.3534	2.4601
1.92	0.5192	0.0584	0.1125	0.5271	0.3441	2.4848
1.93	0.5141	0.0560	0.1089	0.5144	0.3348	2.5100
1.94	0.5091	0.0536	0.1054	0.5019	0.3257	2.5354
1.95	0.5040	0.0514	0.1019	0.4894	0.3166	2.5613
1.96	0.4989	0.0491	0.0985	0.4769	0.3076	2.5876
1.97	0.4938	0.0470	0.0952	0.4645	0.2987	2.6142
1.98	0.4886	0.0449	0.0919	0.4522	0.2899	2.6413
1.99	0.4835	0.0429	0.0887	0.4399	0.2812	2.6688
2.00	0.4783	0.0409	0.0855	0.4277	0.2726	2.6968
2.01	0.4730	0.0390	0.0825	0.4157	0.2641	2.7252
2.02	0.4678	0.0372	0.0795	0.4037	0.2557	2.7541
2.03	0.4625	0.0354	0.0765	0.3918	0.2475	2.7835
2.04	0.4572	0.0337	0.0736	0.3800	0.2393	2.8134
2.05	0.4518	0.0320	0.0708	0.3683	0.2312	2.8439
2.06	0.4465	0.0304	0.0680	0.3567	0.2233	2.8748
2.07	0.4411	0.0288	0.0653	0.3453	0.2155	2.9064
2.08	0.4357	0.0273	0.0627	0.3340	0.2078	2.9385
2.09	0.4302	0.0259	0.0601	0.3228	0.2002	2.9712
2.10	0.4248	0.0245	0.0576	0.3117	0.1928	3.0046
2.11	0.4193	0.0231	0.0552	0.3008	0.1855	3.0386
2.12	0.4138	0.0218	0.0528	0.2900	0.1783	3.0733
2.13	0.4082	0.0206	0.0505	0.2794	0.1713	3.1087
2.14	0.4027	0.0194	0.0482	0.2690	0.1644	3.1448
2.15	0.3971	0.0183	0.0460	0.2587	0.1576	3.1817
2.16	0.3914	0.0172	0.0439	0.2486	0.1510	3.2194
2.17	0.3858	0.0161	0.0418	0.2386	0.1445	3.2579
2.18	0.3801	0.0151	0.0398	0.2289	0.1382	3.2972
2.19	0.3744	0.0142	0.0378	0.2193	0.1320	3.3374
2.20	0.3687	0.0133	0.0359	0.2099	0.1260	3.3786
2.30	0.3100	0.0063	0.0202	0.1268	0.0739	3.8521
2.40	0.2487	0.0024	0.0097	0.0654	0.0370	4.4877
2.50	0.1848	0.0007	0.0036	0.0261	0.0143	5.4233
2.60	0.1180	0.0001	0.0008	0.0063	0.0034	7.0502
2.70	0.0491	0.0000	0.0000	0.0004	0.0002	11.359

$$M^* = M^*_{max} = \sqrt{7,6666} = 2,7689$$

Gasdynamische Funktionen für $\kappa=1.25$.

M^*	τ	Π	ϵ	f	α	M
0.00	1.0000	1.0000	1.0000	1.0000	0.0000	0.0000
0.01	1.0000	0.9999	1.0000	1.0001	0.0160	0.0094
0.02	1.0000	0.9998	0.9998	1.0002	0.0320	0.0189
0.03	0.9999	0.9995	0.9996	1.0005	0.0480	0.0283
0.04	0.9998	0.9991	0.9993	1.0009	0.0640	0.0377
0.05	0.9997	0.9986	0.9989	1.0014	0.0800	0.0471
0.06	0.9996	0.9980	0.9984	1.0020	0.0960	0.0566
0.07	0.9995	0.9973	0.9978	1.0027	0.1119	0.0660
0.08	0.9993	0.9964	0.9972	1.0035	0.1278	0.0755
0.09	0.9991	0.9955	0.9964	1.0045	0.1436	0.0849
0.10	0.9989	0.9945	0.9956	1.0055	0.1595	0.0943
0.11	0.9987	0.9933	0.9946	1.0067	0.1753	0.1038
0.12	0.9984	0.9920	0.9936	1.0079	0.1910	0.1132
0.13	0.9981	0.9906	0.9925	1.0093	0.2067	0.1227
0.14	0.9978	0.9892	0.9913	1.0107	0.2223	0.1321
0.15	0.9975	0.9876	0.9900	1.0123	0.2379	0.1416
0.16	0.9972	0.9859	0.9887	1.0140	0.2534	0.1511
0.17	0.9968	0.9840	0.9872	1.0157	0.2688	0.1605
0.18	0.9964	0.9821	0.9857	1.0176	0.2842	0.1700
0.19	0.9960	0.9801	0.9841	1.0196	0.2995	0.1795
0.20	0.9956	0.9780	0.9823	1.0216	0.3147	0.1890
0.21	0.9951	0.9757	0.9805	1.0238	0.3298	0.1985
0.22	0.9946	0.9734	0.9787	1.0260	0.3449	0.2080
0.23	0.9941	0.9710	0.9767	1.0284	0.3598	0.2175
0.24	0.9936	0.9684	0.9746	1.0308	0.3747	0.2270
0.25	0.9931	0.9658	0.9725	1.0333	0.3894	0.2365
0.26	0.9925	0.9630	0.9703	1.0359	0.4041	0.2461
0.27	0.9919	0.9602	0.9680	1.0386	0.4186	0.2556
0.28	0.9913	0.9572	0.9656	1.0413	0.4331	0.2651
0.29	0.9907	0.9541	0.9631	1.0441	0.4474	0.2747
0.30	0.9900	0.9510	0.9606	1.0470	0.4616	0.2843
0.31	0.9893	0.9477	0.9580	1.0500	0.4757	0.2938
0.32	0.9886	0.9444	0.9553	1.0531	0.4896	0.3034
0.33	0.9879	0.9409	0.9525	1.0562	0.5035	0.3130
0.34	0.9872	0.9374	0.9496	1.0594	0.5172	0.3226
0.35	0.9864	0.9338	0.9467	1.0626	0.5307	0.3323
0.36	0.9856	0.9300	0.9436	1.0659	0.5441	0.3419
0.37	0.9848	0.9262	0.9405	1.0693	0.5574	0.3515
0.38	0.9840	0.9223	0.9374	1.0727	0.5706	0.3612
0.39	0.9831	0.9183	0.9341	1.0762	0.5835	0.3708
0.40	0.9822	0.9142	0.9308	1.0797	0.5964	0.3805
0.41	0.9813	0.9100	0.9274	1.0832	0.6090	0.3902
0.42	0.9804	0.9058	0.9239	1.0868	0.6215	0.3999
0.43	0.9795	0.9014	0.9203	1.0905	0.6339	0.4096
0.44	0.9785	0.8970	0.9167	1.0942	0.6461	0.4194
0.45	0.9775	0.8924	0.9130	1.0979	0.6581	0.4291
0.46	0.9765	0.8878	0.9092	1.1016	0.6699	0.4389
0.47	0.9755	0.8832	0.9054	1.1054	0.6816	0.4487
0.48	0.9744	0.8784	0.9015	1.1092	0.6931	0.4585
0.49	0.9733	0.8735	0.8975	1.1130	0.7044	0.4683
0.50	0.9722	0.8686	0.8934	1.1168	0.7156	0.4781
0.51	0.9711	0.8636	0.8893	1.1206	0.7265	0.4879
0.52	0.9700	0.8585	0.8851	1.1245	0.7373	0.4978
0.53	0.9688	0.8534	0.8809	1.1283	0.7478	0.5077
0.54	0.9676	0.8482	0.8766	1.1322	0.7582	0.5176
0.55	0.9664	0.8429	0.8722	1.1360	0.7684	0.5275
0.56	0.9652	0.8375	0.8677	1.1399	0.7784	0.5374
0.57	0.9639	0.8321	0.8632	1.1437	0.7882	0.5474
0.58	0.9626	0.8266	0.8587	1.1475	0.7977	0.5573
0.59	0.9613	0.8210	0.8540	1.1513	0.8071	0.5673

M^*	τ	Π	ϵ	f	α	M
0.60	0.9600	0.8154	0.8493	1.1551	0.8163	0.5774
0.61	0.9587	0.8097	0.8446	1.1589	0.8253	0.5874
0.62	0.9573	0.8039	0.8398	1.1626	0.8340	0.5974
0.63	0.9559	0.7981	0.8349	1.1663	0.8426	0.6075
0.64	0.9545	0.7922	0.8300	1.1700	0.8509	0.6176
0.65	0.9531	0.7863	0.8250	1.1736	0.8590	0.6277
0.66	0.9516	0.7803	0.8200	1.1772	0.8669	0.6379
0.67	0.9501	0.7743	0.8149	1.1807	0.8746	0.6481
0.68	0.9486	0.7682	0.8098	1.1842	0.8820	0.6582
0.69	0.9471	0.7620	0.8046	1.1877	0.8893	0.6685
0.70	0.9456	0.7558	0.7994	1.1911	0.8963	0.6787
0.71	0.9440	0.7496	0.7941	1.1944	0.9031	0.6890
0.72	0.9424	0.7433	0.7888	1.1976	0.9097	0.6993
0.73	0.9408	0.7370	0.7834	1.2008	0.9160	0.7096
0.74	0.9392	0.7306	0.7779	1.2040	0.9221	0.7199
0.75	0.9375	0.7242	0.7725	1.2070	0.9280	0.7303
0.76	0.9358	0.7177	0.7670	1.2100	0.9337	0.7407
0.77	0.9341	0.7112	0.7614	1.2128	0.9391	0.7511
0.78	0.9324	0.7047	0.7558	1.2156	0.9443	0.7616
0.79	0.9307	0.6981	0.7502	1.2183	0.9493	0.7721
0.80	0.9289	0.6915	0.7445	1.2210	0.9540	0.7826
0.81	0.9271	0.6849	0.7388	1.2235	0.9585	0.7931
0.82	0.9253	0.6782	0.7330	1.2259	0.9628	0.8037
0.83	0.9235	0.6716	0.7272	1.2282	0.9668	0.8143
0.84	0.9216	0.6648	0.7214	1.2304	0.9706	0.8250
0.85	0.9197	0.6581	0.7155	1.2325	0.9742	0.8356
0.86	0.9178	0.6513	0.7096	1.2345	0.9776	0.8463
0.87	0.9159	0.6445	0.7037	1.2363	0.9807	0.8571
0.88	0.9140	0.6377	0.6978	1.2381	0.9835	0.8678
0.89	0.9120	0.6309	0.6918	1.2397	0.9862	0.8787
0.90	0.9100	0.6240	0.6857	1.2412	0.9886	0.8895
0.91	0.9080	0.6172	0.6797	1.2426	0.9908	0.9004
0.92	0.9060	0.6103	0.6736	1.2438	0.9927	0.9113
0.93	0.9039	0.6034	0.6675	1.2449	0.9944	0.9222
0.94	0.9018	0.5965	0.6614	1.2459	0.9959	0.9332
0.95	0.8997	0.5896	0.6553	1.2467	0.9972	0.9443
0.96	0.8976	0.5827	0.6491	1.2474	0.9982	0.9553
0.97	0.8955	0.5757	0.6429	1.2479	0.9990	0.9664
0.98	0.8933	0.5688	0.6367	1.2483	0.9995	0.9776
0.99	0.8911	0.5619	0.6305	1.2485	0.9999	0.9888
1.00	0.8889	0.5549	0.6243	1.2486	1.0000	1.0000
1.01	0.8867	0.5480	0.6180	1.2485	0.9999	1.0113
1.02	0.8844	0.5411	0.6118	1.2483	0.9996	1.0226
1.03	0.8821	0.5341	0.6055	1.2479	0.9990	1.0339
1.04	0.8798	0.5272	0.5992	1.2473	0.9982	1.0453
1.05	0.8775	0.5203	0.5929	1.2466	0.9972	1.0568
1.06	0.8752	0.5134	0.5866	1.2457	0.9960	1.0683
1.07	0.8728	0.5065	0.5803	1.2446	0.9946	1.0798
1.08	0.8704	0.4996	0.5740	1.2434	0.9929	1.0914
1.09	0.8680	0.4927	0.5676	1.2420	0.9910	1.1030
1.10	0.8656	0.4858	0.5613	1.2404	0.9890	1.1147
1.11	0.8631	0.4790	0.5549	1.2387	0.9867	1.1265
1.12	0.8606	0.4721	0.5486	1.2367	0.9842	1.1382
1.13	0.8581	0.4653	0.5422	1.2346	0.9815	1.1501
1.14	0.8556	0.4585	0.5359	1.2324	0.9786	1.1620
1.15	0.8531	0.4517	0.5296	1.2299	0.9755	1.1739
1.16	0.8505	0.4450	0.5232	1.2272	0.9722	1.1859
1.17	0.8479	0.4383	0.5169	1.2244	0.9687	1.1979
1.18	0.8453	0.4315	0.5105	1.2214	0.9650	1.2100
1.19	0.8427	0.4249	0.5042	1.2182	0.9611	1.2222

M^*	τ	Π	ϵ	f	α	M
1.20	0.8400	0.4182	0.4979	1.2148	0.9570	1.2344
1.21	0.8373	0.4116	0.4916	1.2112	0.9527	1.2467
1.22	0.8346	0.4050	0.4852	1.2075	0.9483	1.2590
1.23	0.8319	0.3984	0.4789	1.2035	0.9436	1.2714
1.24	0.8292	0.3919	0.4727	1.1994	0.9388	1.2839
1.25	0.8264	0.3854	0.4664	1.1951	0.9338	1.2964
1.26	0.8236	0.3789	0.4601	1.1906	0.9286	1.3090
1.27	0.8208	0.3725	0.4539	1.1859	0.9233	1.3216
1.28	0.8180	0.3661	0.4476	1.1810	0.9178	1.3343
1.29	0.8151	0.3598	0.4414	1.1760	0.9121	1.3471
1.30	0.8122	0.3535	0.4352	1.1707	0.9063	1.3600
1.31	0.8093	0.3472	0.4290	1.1653	0.9003	1.3729
1.32	0.8064	0.3410	0.4229	1.1597	0.8941	1.3859
1.33	0.8035	0.3348	0.4167	1.1539	0.8878	1.3989
1.34	0.8005	0.3287	0.4106	1.1479	0.8813	1.4121
1.35	0.7975	0.3226	0.4045	1.1417	0.8747	1.4253
1.36	0.7945	0.3165	0.3984	1.1354	0.8680	1.4385
1.37	0.7915	0.3106	0.3924	1.1288	0.8611	1.4519
1.38	0.7884	0.3046	0.3864	1.1221	0.8540	1.4653
1.39	0.7853	0.2987	0.3804	1.1152	0.8469	1.4788
1.40	0.7822	0.2929	0.3744	1.1082	0.8396	1.4924
1.41	0.7791	0.2871	0.3684	1.1010	0.8322	1.5061
1.42	0.7760	0.2813	0.3625	1.0935	0.8246	1.5198
1.43	0.7728	0.2756	0.3567	1.0860	0.8169	1.5337
1.44	0.7696	0.2700	0.3508	1.0782	0.8092	1.5476
1.45	0.7664	0.2644	0.3450	1.0703	0.8013	1.5616
1.46	0.7632	0.2589	0.3392	1.0622	0.7933	1.5757
1.47	0.7599	0.2534	0.3334	1.0540	0.7852	1.5899
1.48	0.7566	0.2480	0.3277	1.0456	0.7769	1.6042
1.49	0.7533	0.2426	0.3220	1.0370	0.7686	1.6185
1.50	0.7500	0.2373	0.3164	1.0283	0.7602	1.6330
1.51	0.7467	0.2321	0.3108	1.0195	0.7517	1.6476
1.52	0.7433	0.2269	0.3052	1.0104	0.7432	1.6622
1.53	0.7399	0.2218	0.2997	1.0013	0.7345	1.6770
1.54	0.7365	0.2167	0.2942	0.9920	0.7258	1.6918
1.55	0.7331	0.2117	0.2888	0.9825	0.7170	1.7068
1.56	0.7296	0.2067	0.2834	0.9729	0.7081	1.7219
1.57	0.7261	0.2019	0.2780	0.9632	0.6991	1.7371
1.58	0.7226	0.1970	0.2727	0.9534	0.6901	1.7524
1.59	0.7191	0.1923	0.2674	0.9434	0.6810	1.7678
1.60	0.7156	0.1876	0.2622	0.9333	0.6719	1.7833
1.61	0.7120	0.1830	0.2570	0.9231	0.6627	1.7989
1.62	0.7084	0.1784	0.2518	0.9127	0.6535	1.8147
1.63	0.7048	0.1739	0.2467	0.9023	0.6442	1.8306
1.64	0.7012	0.1695	0.2417	0.8917	0.6349	1.8465
1.65	0.6975	0.1651	0.2367	0.8811	0.6256	1.8627
1.66	0.6938	0.1608	0.2317	0.8703	0.6162	1.8789
1.67	0.6901	0.1565	0.2268	0.8594	0.6068	1.8953
1.68	0.6864	0.1524	0.2220	0.8485	0.5973	1.9118
1.69	0.6827	0.1483	0.2172	0.8374	0.5879	1.9285
1.70	0.6789	0.1442	0.2124	0.8263	0.5784	1.9452
1.71	0.6751	0.1402	0.2077	0.8151	0.5690	1.9622
1.72	0.6713	0.1363	0.2031	0.8038	0.5595	1.9792
1.73	0.6675	0.1325	0.1985	0.7925	0.5500	1.9965
1.74	0.6636	0.1287	0.1939	0.7810	0.5405	2.0138
1.75	0.6597	0.1250	0.1894	0.7696	0.5310	2.0313
1.76	0.6558	0.1213	0.1850	0.7580	0.5215	2.0490
1.77	0.6519	0.1177	0.1806	0.7464	0.5120	2.0668
1.78	0.6480	0.1142	0.1763	0.7348	0.5026	2.0848
1.79	0.6440	0.1108	0.1720	0.7231	0.4931	2.1030
1.80	0.6400	0.1074	0.1678	0.7114	0.4837	2.1213
1.81	0.6360	0.1041	0.1636	0.6996	0.4743	2.1398
1.82	0.6320	0.1008	0.1595	0.6878	0.4650	2.1585
1.83	0.6279	0.0976	0.1554	0.6760	0.4556	2.1774
1.84	0.6238	0.0945	0.1514	0.6642	0.4463	2.1964
1.85	0.6197	0.0914	0.1475	0.6523	0.4371	2.2156
1.86	0.6156	0.0884	0.1436	0.6405	0.4279	2.2351
1.87	0.6115	0.0855	0.1398	0.6286	0.4187	2.2547
1.88	0.6073	0.0826	0.1360	0.6167	0.4096	2.2745
1.89	0.6031	0.0798	0.1323	0.6049	0.4005	2.2945
1.90	0.5989	0.0770	0.1286	0.5930	0.3915	2.3148
1.91	0.5947	0.0744	0.1250	0.5812	0.3826	2.3352
1.92	0.5904	0.0717	0.1215	0.5694	0.3737	2.3559
1.93	0.5861	0.0692	0.1180	0.5576	0.3649	2.3768
1.94	0.5818	0.0667	0.1146	0.5459	0.3561	2.3979
1.95	0.5775	0.0642	0.1112	0.5342	0.3474	2.4193
1.96	0.5732	0.0619	0.1079	0.5225	0.3388	2.4409
1.97	0.5688	0.0595	0.1047	0.5109	0.3303	2.4627
1.98	0.5644	0.0573	0.1015	0.4993	0.3218	2.4848
1.99	0.5600	0.0551	0.0983	0.4878	0.3135	2.5072
2.00	0.5556	0.0529	0.0953	0.4763	0.3052	2.5298
2.01	0.5511	0.0508	0.0922	0.4649	0.2970	2.5527
2.02	0.5466	0.0488	0.0893	0.4536	0.2889	2.5759
2.03	0.5421	0.0468	0.0864	0.4423	0.2809	2.5994
2.04	0.5376	0.0449	0.0835	0.4311	0.2729	2.6232
2.05	0.5331	0.0430	0.0807	0.4201	0.2651	2.6472
2.06	0.5285	0.0412	0.0780	0.4090	0.2574	2.6716
2.07	0.5239	0.0395	0.0753	0.3981	0.2498	2.6963
2.08	0.5193	0.0378	0.0727	0.3873	0.2423	2.7213
2.09	0.5147	0.0361	0.0702	0.3766	0.2349	2.7467
2.10	0.5100	0.0345	0.0677	0.3660	0.2276	2.7724
2.11	0.5053	0.0329	0.0652	0.3555	0.2204	2.7985
2.12	0.5006	0.0314	0.0628	0.3451	0.2133	2.8249
2.13	0.4959	0.0300	0.0605	0.3348	0.2063	2.8517
2.14	0.4912	0.0286	0.0582	0.3247	0.1995	2.8789
2.15	0.4864	0.0272	0.0560	0.3147	0.1927	2.9065
2.16	0.4816	0.0259	0.0538	0.3048	0.1861	2.9345
2.17	0.4768	0.0246	0.0517	0.2950	0.1796	2.9629
2.18	0.4720	0.0234	0.0496	0.2854	0.1732	2.9918
2.19	0.4671	0.0222	0.0476	0.2759	0.1670	3.0211
2.20	0.4622	0.0211	0.0456	0.2666	0.1609	3.0509
2.30	0.4122	0.0119	0.0289	0.1816	0.1064	3.3774
2.40	0.3600	0.0060	0.0168	0.1135	0.0646	3.7712
2.50	0.3056	0.0027	0.0087	0.0632	0.0349	4.2640
2.60	0.2489	0.0010	0.0038	0.0298	0.0160	4.9135
2.70	0.1900	0.0002	0.0013	0.0108	0.0056	5.8400
2.80	0.1289	0	0.0003	0.0024	0.0012	7.3532
2.90	0.0656	0	0	0.0002	0.0002	10.679
3.00	0	0	0	0	0	∞

$$M^* = M^*_{max} = \sqrt{9} = 3$$

A.4 Kennwerte von Triebwerken

Kennwerte historischer Turbinenluftstrahltriebwerke

Typ	Jahr	z_V	z_T	d	m	n	$\dot{m}_L$	Π_V	T_{t4}	F_s	b_s	f_s	m/F_s	Bemerkung
				mm	kg	$\frac{U}{min}$	$\frac{kg}{s}$		K	kN	$\frac{kg}{kNh}$	$\frac{Ns}{kg}$	$\frac{kg}{daN}$	
He S3B	1939	1;1R	1R	1200	360	13000	12,0	2,8	970	4,9	163	408	0,74	2 für He178
He S8	1941	1;1R	1R	775	386	13500	17,0	2,7		7,1		418	0,54	30 in He280
DB 007	1943	9/8	1	840	970	12600	50,6	8,0	1373	11	83			1.ZTL-Entw.
Jumo 004B	1944	8	1	762	750	8700	21,0	3,1	1073	8,8	143	419	0,85	Serie Me262
BMW 003A	1945	7	1	712	610	9599	19,3	3,1	1043	7,8	143	407	0,78	Serie Ar234
NE 20	1945	8	1	620	474	11000	14,0	3,5	973	4,8	153	343	0,98	9 für jap. I8N
BMW 018	1945	12	3	1250		5000	44,0	7,0		33,3	120			Projekt
W1	1941	1R	1	920	283	17750	11,3		973	3,8	115	335	0,75	E28/39
Welland	1943	1R	1	1090	386	16700	15,5	3,5		7,2	114	458	0,54	Serie Meteor
Derwent I	1944	1R	1	1092	580	14700	29,0	4,0		8,9	120	307	0,65	Serie Meteor
Nene I	1945	1R	1	1258	753	12300	41,0	4,0	1098	20,5	107	500	0,39	Serie Meteor
Ghost	1947	1R	1	1346	995	10250	39,5	4,5		22,5	104	570	0,44	Serie Vampire
J30-WE-20	1943	10	1	550	326	17000	13,5	3,8	1088	7,2	117	530	0,45	Projekt
J31-GE-3	1944	1R	1	1070	385	16500	15,0	3,8	1073	7,2	115	480	0,53	Lizenz von W1
J33-GE-17	1945	1R	1	1320	840	11500	36,0	4,1	1123	17,3	114	481	0,49	Serie P88A
J35 (GE)	1945	11	1	953	980	7600		4,0		18,0	122			Serie

Quelle: [49] und [96]

Kennwerte von Turbinenluftstrahltriebwerken in Einstrombauart (ETL)

Typ	Jahr	z_V	z_T	d	m	n	$\dot{m}_L$	Π_V	T_{t4}	F_s	b_s	f_{St}	m/F_s	Bemerkung
				mm	kg	$\frac{U}{min}$	$\frac{kg}{s}$		K	kN	$\frac{kg}{kNh}$	$\frac{kN}{m^2}$	$\frac{kg}{daN}$	
Nene RB41	1945	1R	1	1257	725	12300	40,0	4,0	1133	20,0	107	16,1	0,36	
WK-1A	1949	1R	1	1274	860	11560	48,2	4,4	1148	26,5	107	20,8	0,33	MiG-15,17
Jumo 012	1945	11	2	1080	1600	5300	50,0	5,5		29,4	117	32,1	0,54	Projekt
Pirna 014A0	1957	12	2	981	1050	8000	50,0	7,0	1070	30,9	87	40,9	0,34	Baade 152
Pirna 014A1	1959	12	2	981	1050	8100	53,0	7,0	1080	32,3	85	42,7	0,32	Baade 152
Pirna 016	1960	12	3	981	1060	8700	60,0	10,0	1040	34,3	72	45,4	0,31	Projekt
AM-3A	1952	8	2	1400	3000	4600	161,0			85,9		55,7	0,35	TU-16
RD-3M	1956	8	2	1400	3100	4700	164,0	6,4	1073	93,2	102	60,5	0,33	TU-104
J47-GE-1	1949	12	1	940	1134	7700	40,7	5,0	1143	21,6	105	31,1	0,53	
J47-GE-27	1953	12	1	933	1135	7950	45,0	5,5		26,7	92	33,7	0,43	
J57-P-3	1953	9/7	1/2	1016	1900		82,0	12,0		44,1	82	54,4	0,43	
JT3C-12	1962	9/7	1/2	990	1615	6350	85,0	13,8		57,9	79	75,2	0,28	707
J85-GE-7	1959	8	2	444	147	16500	19,3	6,5	1200	10,9	99	70,4	0,14	
CJ610-9	1968	8	2	450	168	16700	20,0	6,8	1221	13,8	102	86,8	0,13	
ATAR 101A0	1950	7	1	886	910	8050	46,0	4,2	1073	21,6	117		0,42	Flugerpr.
ATAR 101D	1953	7	1	920	950	8400	52,0	4,5	1143	29,4	111	44,2	0,32	Mystere
ATAR 8C1	1959	9	2	1020	1100	8400	68,0	5,8	1158	43,1	99		0,26	Etendard
ATAR 8K50	1974	9	2	1020	1155	8600	71,6	6,2	1210	49,0	99	60,0	0,21	S.-Etend.
Avon RA3	1950	12	2	1080	1110	7800	54,0	6,2		29,0	90	31,7	0,38	
Avon RA29/1	1958	16	3	1065	1515	8000	76,0	8,8		46,7	78	52,5	0,32	
Viper ASV5	1954	7	1	590	209	13400	13,5	3,5	1103	7,3	111	26,7	0,29	
Viper 601	1972	8	2	820	358	13800	26,3	5,8		16,7	96	31,6	0,21	
Olympus 101	1955	6/7	1/1	1016	1655	6500	75,0	11,0		49,0	78	60,4	0,34	Vulcan
Olympus 301	1960	6/7	1/1	1290	1945		133,0	13,2		89,0	82	68,1	0,22	Vulcan
Olympus 593	1970	7/7	1/1	1245	3390		186,0	15,5	1480	145		119	0,23	Concorde

Quelle: [89], [96] und [136]

Kennwertübersicht militärischer ETL-NB

Typ	Jahr	z_V	z_T	d	m	n	$\dot{m}_L$	Π_V	T_{t4}	F_{sNB}	F_s	b_{sNB}	b_s	Bemerkung
				mm	kg	$\frac{U}{min}$	$\frac{kg}{s}$		K	kN	kN	$\frac{kg}{kNh}$	$\frac{kg}{kNh}$	
WK-1F	1951	1R	1	1274	990	11560	48,2	4,4	1148	33,2	26,0	204	117	MiG-17F/PF
RD-9B	1954	9	2	680	695	11200	43,0	7,1	1173	32,4	25,0	163	96	MiG-19S/M
AL-7F-1	1956	9	2	1250	2285	8500	114,0	9,1	1173	94,2	66,7	235	100	SU-7B
AL-21F-3	1970	14	3	1030	1801	8316	104,5	14,9	1380	110,0	76,5	190	90	SU-17/20
R11F-300	1956	3/3	1/1	906	1104	11150	65,2	8,7	1173	50,0	38,3	225	96	MiG-21F
R11F2S-300	1964	3/3	1/1	906	1117	11205	65,7	8,8	1193	53,0	38,4	233	98	MiG-21SPS/M
R13-300	1970	3/5	1/1	907	1132	11210	66,5	8,9	1223	64,8	40,2	220	98	MiG-21MF
R25-300	1973	3/5	1/1	907	1210	11210	67,8	9,4	1313	69,7	40,2	225	98	MiG-21BIS
R27F2M	1972	5/6	1/1		1644	8200	104,5	10,9	1383	98,0	67,7	213	100	MiG-23U
R29	1973	5/6	1/1	982	1750	8482	110,0	13,1	1413	120,7	81,4	204	97	MiG-23MF
R35	1982	5/6	1/1	1096	1930	8482	110,5	13,1	1513	127,5	83,9	200	98	MiG-23ML
J47-GE-17	1952	12	1	933	1450		45,0	5,5	1153	32,7	24,5	204	103	F 86
J47-GE-33	1955	12	1	933	1450		46,0	5,5		34,7	24,9			
J79-GE-3	1957	17	3	970	1480		73,0	12,0		67,0	43,5	204	86	F 104
J79-MTU-J1K	1972	17	3	992	1685	7460	74,4	12,4	1227	71,0	46,5	210	87	F 104G
J79-GE-119	1980	17	3	995	1745		81,0	13,4		83,3	53,6	198	85	
Avon RA 7R	1955	12	2	1072	1343		58,5	7,0		42,2	33,4	194	88	
Avon RB 146	1971	16	2	1120	1725		77,1	8,4		69,6	53,8	189	95	Lightning
ATAR 101G	1956	8	1	940	1240	8400	59,0	4,8	1138	43,1	33,3	198	110	Super Myst.
ATAR 9C	1960	9	2	1020	1430	8400	68,0	5,7	1158	58,8	42,2	207	103	Mirage III
ATAR 9K50	1969	9	2	1020	1578	8400	73,0	6,2	1203	68,3	47,7	203	100	Mirage F1

Quelle: [12], [56] und [96]

Kennwertübersicht militärischer ZTL-NB

Typ	Jahr	z_V	z_T	d	m	$\dot{m}_L$	μ	Π_V	T_{t4}	F_{sNB}	F_s	b_{sNB}	b_s	Bemerkung
				mm	kg	$\frac{kg}{s}$			K	kN	kN	$\frac{kg}{kNh}$	$\frac{kg}{kNh}$	
TF 30-P-1	1964	9/7	1/3	1220	1754	107,0	1,10	17,1	1373	82,4	48,7	256	65	
TF 30-P-100	1971	9/7	1/3	1245	1825	118,0	0,73	22,0	1590	112,0	68,0	255	68	F 14
F 100-PW-100	1973	3/10	2/2	1194	1386	102,0	0,71	24,0	1695	106,0	66,7	255	68	F15/16
PW-1128	1986	3/10	2/2	1180	1460	111,5	0,65	27,0	1720	121,9	74,3	204	87	
F 100-PW-229	1988	3/10	2/2	1181	1669	115,5	0,33	34,0		129,4	79,2	210	74	F15/16
F 101-GE-100	1976	2/9	1/2	1400	1815	159,0	2,10	26,5	1645	133,4	75,5	276	58	B-1B
F 110-GE-100	1985			1180	1740	120,0	0,85	29,0	1745	124,5	73,8	201	76	
F 110-GE-129	1985	3/9	1/2	1180	1700	122,5	0,77	30,7		129,0	75,7			
YJ101-GE-100	1972	5/5	1/1	850	835	58,0	0,25	21,0	1523	63,6	41,2	192	80	
F 404-GE-400	1981	3/7	1/1	885	950	63,5	0,34	25,0	1645	71,2	47,1	194	87	F 18
F 404-GE-402	1988	3/7	1/1	890	1016	66,2	0,27	26,0		79,0	53,0			F 18
F 404/RM 12	1990	3/7	1/1	890	1050	68,0	0,29	26,0	1693	82,7	53,9	183	84	Gripen
F 414-GE-400	1996	3/7	1/1	890	1100	77,1	0,40	30,0		98,0				F 18
RB199 MK 101	1979	3/3/6	1/1/2	870	950	70,0	1,10	23,4	1550	71,0	39,2	225	63	Tornado
RB199 MK 103	1984	3/3/6	1/1/2	870	860	71,5	1,25	23,5	1673	74,8	42,2	255	61	Tornado
RB199 MK 105	1988	3/3/6	1/1/2	900	981	75,2	0,97	23,4		74,8	43,6		65	Tornado F.
EJ200	1995	3/5	1/1		900	74,0	0,40	25,0	1798	89,0	59,0	170	80	Eurofighter
M53-2	1979	8	2	1040	1420	84,0	0,40	8,5	1473	83,4	54,0	208	88	
M53-P2	1983	8	2	1053	1420	94,0	0,32	9,2	1498	97,0	65,0	209	87	Mirage
M88-2	1994	3/6	1/1	902	880	68,0	0,50	24,0	1850	75,0	55,0	204	79	Rafale
M88-3		3/6	1/1	910	980	72,0				95,0	60,0	180	80	
NK-144	1968			1355	3400		0,60	14,2		172,0				TU-26
NK-144B	1975			1355	3640		0,53	17,0		216,0				TU-144
NK-321	1990	3/5/7	1/1/3	1455	3650		1,40	28,4		245,3				TU-160
D-30F6	1982	5/10	2/2	1020	2416		0,50	21,5	1660	152,0	93,1	190	73	MiG-31
AL-31F	1983	4/9	1/2	1220	1530		0,57	20,0		123,9	79,4		67	SU-27/35
RD-33	1983	4/9	1/1	1160	1050	76,5	0,48	21,0	1536	81,4	49,4	214	78	MiG-29

Quelle: [56], [71] und [140]

Kennwertübersicht ziviler ZTL

Typ	Jahr	z_F	z_V	z_T	d	m	$\dot{m}_L$	μ	Π_V	T_{t4}	F_s	b_s	b_s	Bemerkung
					mm	kg	$\frac{kg}{s}$			K	kN	$\frac{kg}{kNh}$	$\frac{kg}{kNh}$	
Conway RCo 12	1959	4	7/9	1/2	1065	2060	128	0,30	14,0		74	74		
Conway RCo 43	1965	4	8/9	1/2	1295	2315	170	0,60	18,1		97	64		
D-30	1965	4	4/10	2/2	1050	1550	128	1,00	18,4	1340	68	64	77,0	TU-134
D-30 KU	1972	3	3/11	2/2	1560	2300	260	2,35	17,4	1403	108	51	72,4	
D-30 KP	1975	3	3/11	2/4	1560	2450	290	2,40	18,4	1423	120	49	70,0	
NK-8-4	1965	2	4/6	1/2	1442	2100	215	1,02	10,8	1150	103	60	80,0	IL-62
NK-8-2	1970	2	4/6	1/2	1442	2100	210	1,00	10,0	1143	93	59	77,5	
NK-8-2U	1975	2	4/6	1/2	1442		228		10,8	1235	103	58	77,0	
NK-86A	1980				1455	2190		1,15	13,4		130		75,0	IL-86
NK-93	1994	2	2/7/8	1/1/3	2900	3650	976	16,6	37,0	1700	177	24	52,0	Erprobung
D-36	1975	1	1/6/7	1/1/3	1290	1110	253	5,57	20,0	1454	64	36	65,0	Jak-42
D-436	1992	1	1/6/7	1/1/3	1370						74	36	64,2	TU-334
PS-90A	1991	1	4/14	2/4	2200	2800		4,80		1565	157		59,1	IL-96
RB 211-22B	1972	1	1/7/6	1/1/3	2170	3270	600	4,80	24,2	1540	187	38	66,0	
RB 211-535 E4	1985	1	1/6/6	1/1/3	1880	3215	535	4,50	29,0		175	33	56,8	
RR Trent 768	1995	1	1/8/6	1/1/4	2470						300		56,5	A 330
RR Trent 900	2000	1	1/8/6	1/1/5	2760	5775		8,40			338		53,8	Proj.A3XX
JT 3D-1	1960	2	8/7	1/3	1350	1820	195	1,40	13,2		76	69		
JT 8D-217	1980	1	7/7	1/4	1430	2050	217	1,65	18,6	1380	93	54	75,8	
JT 9D-7	1970	1	4/11	2/4	2430	3980	696	5,10	23,0	1422	209	36	64,0	
PW 2037	1984	1	5/12	2/5	2160	3028	541	5,80	30,0	1669	167	33	57,4	
PW 4084	1995	1	7/11	2/7	3040						374			777
TF 39	1968	1	1/16	2/6	2450	3320	710	8,00	26,0	1591	183	32	59,3	C5 Galaxy
CF6-6D	1972	1	2/16	2/5	2335	3380	593	5,90	26,0	1533	178	36	60,8	747
CF6-80C2	1985	1	5/14	2/5	2662	4058	796	5,20	30,4	1588	262		56,7	
GE 90-85B	1996	1	4/10	2/6	3350						376			777
CFM 56-2	1981	1	4/9	1/4	1830	2090	376	6,00	32,0	1560	107	36	66,0	
CFM 56-5C2	1993	1	4/9	1/5	1836	2200	465	6,60	37,4	1623	136		56,2	A 340

Quelle: [49] und [60] und [140]
Anmerkung: Der Betrag von b_s in vorletzter Spalte gilt für den Reiseflug (M=0,8; H=11km).

Kennwertübersicht ziviler PTL

Typ	Jahr	i_G	z_V	z_T	d	m	$\dot{m}_L$	Π_V	T_{t4}	P_e	b_e	Bemerkung
					mm	kg	$\frac{kg}{s}$		K	kW	$\frac{kg}{kWh}$	
BMW 028	1945	5,6	12	4	1250	3600	44,0			4830		Projekt, Me 264
Jumo 022	1945	4,3	11	3	1080	2600	50,0			3380		Projekt
AI-20M	1954		10	3	842	1040	20,4	7,4	1060	3125	0,381	IL-18
AI-24A	1962		10	3	675	600	13,6	7,8	1060	1857	0,359	AN-24
AI-24T	1964		10	3	675	620	14,4	7,8	1060	2075	0,356	AN-26
NK-12M	1954	11,0	14	5	1150	2300	60,0	9,5	1150	9700	0,354	TU-20
NK-12MW	1965	11,0	14	5	1200	2450	62,0	9,5	1185	11000	0,355	AN-22
Dart RDa 3	1953	11,0	2R	2	980	385	8,2	5,5	1123	825	0,465	
Dart RDa 12	1965	12,8	2R	3	965	625	12,2	6,3		2215	0,395	
Tyne RTY 1	1958	15,6	6/9	1/3	1100	918	18,0	13,0		3715	0,241	
Tyne RTY 20	1961	15,6	6/9	1/3	1100	995	21,1	14,0	1273	3625	0,272	C-160 Transall
T31-GE-3,TG100	1948	11,4	14	1	940	907	15,0	5,5		1785		XP 81
T56-A-1	1954		14	4	800					2750		
501 D 13	1959		14	4	800	794	14,5	9,3		2800	0,281	L-188 Electra
T56-A-15	1965	13,5	14	4	800	827	14,7	9,6		3660		C-130 Hercules
TPE 331-1	1967	20,8	2R	3		152	2,8	8,7	1293	497	0,352	
TPE 331-14	1983		2R	3		243		11,0		930	0,315	
PT6A-6	1963	14,9	3/1R	1/1		132	2,4	6,3		410		
PT6A-65	1982		4/1R	1/2		210	4,4	10,3		965	0,315	

Quelle: [56] und [60]

Literaturverzeichnis

[1] ABBOTT, M.M.; NESS, H.C.:
Thermodynamik. Theorie und Anwendungen. McGraw-Hill, Hamburg, 1987

[2] ABRAMOWITSCH, G.N.:
Angewandte Gasdynamik. Übersetzung aus dem Russischen. VEB Verlag Technik, Berlin, 1958

[3] AFGAN, N.A.; BEER, J.M.:
Heat Transfer in Flames. Scripta Book, Washington, 1974

[4] ALBRING, W.:
Angewandte Strömungslehre. Akademie-Verlag, Berlin, 1978, 5. Auflage

[5] ANDERSON, J.D.:
Hypersonic and High Temperature Gas Dynamics. McGraw-Hill, New York, 1989

[6] ANGELINO, G.; DE LUCA, L.; SIRIGNANO, W.A. (ED.):
Modern Research Topics in Aeropropulsion. Springer-Verlag, Berlin, 1991

[7] BAEHR, H.D.:
Thermodynamik. Springer-Verlag, Berlin, 1992, 8. Auflage

[8] BAEHR, H.D.; STEPHAN, K.:
Wärme- und Stoffübertragung. Springer-Verlag, Berlin, 1994

[9] BALJE, O.E.:
Turbomachines. A Guide to Design, Selection and Theory. Wiley, New York, 1981

[10] BATHIE, W.W.:
Fundamentals of gas turbines. Wiley, New York, 1984

[11] BARTLMÄ, F.:
Gasdynamik der Verbrennung. Springer-Verlag, Wien, 1975

[12] BELYAKOV, R.A.; MARMAIN, J.:
MiG - Fifty Years of Secret Aircraft Design. Airlife, Shrewsbury, 1994

[13] BENT, R.D.; MCKINLEY, J.L.:
Aircraft Powerplants. McGraw-Hill, New York, 1985, 5th ed.

[14] BIDARD, R.:
Thermopropulsion des Avions Turbines et Compresseurs Axiaux. Gauthier-Villars, Paris, 1954

[15] BODEMER, A.:
Les Turbomaschines Aerodynamique Mondiales. Lariviere, Paris, 1979

[16] BOHL, W.:
Strömungsmaschinen. Vogel-Verlag, Würzburg, 1977

[17] BÖLCS, A.; SUTER, P.:
Transsonische Turbomaschinen. Verlag G.Braun, Karlsruhe, 1986

[18] BOSNJAKOVIC, F.; KNOCHE, K.F.:
Technische Thermodynamik Teil I. Deutscher Verlag für Grundstoffindustrie., Leipzig, 1988

[19] BUSEMANN, A.:
Gasdynamik. Akademische Verlagsgesellschaft, Leipzig, 1931

[20] CASAMASSA, J.V.; BENT, R.D.:
Jet Aircraft Power Systems. McGraw-Hill, New York, 1965, 3rd ed.

[21] CASCI, C. (ed.):
Propulsion and Propellants. Pergamon Press, London, Tamburini, 1964

[22] CENGEL, Y.A.; BOLES, M.A.:
Thermodynamics: An Engineering Approach. McGraw-Hill, New York, 1994, 2nd Ed.

[23] CHAMBADAL, P.:
Thermodynamique de la Turbine a Gas. Herman, Paris, 1949

[24] CHORIN,A.J.:
A mathematical introduction to fluid mechanics. Springer-Verlag, Berlin, 1990, 2.ed.

[25] CICHOSZ, E. u.a.:
Charakterystyka i zastowanie napedow. Wydawnictwa Komunik. i Laczn., Warszawa, 1980

[26] COHEN, H.; ROGERS, G.F.C.; SARAVANAMUTTOO, H.I.H.:
Gas Turbine Theory. Wiley, New York, 1972

[27] CONSTANT, E.W.:
The Origin of the Turbojet Revolution. John Hopkins University Press, Baltimore, 1980

[28] CORDES, G.:
Strömungstechnik der gasbeaufschlagten Axialturbine. Springer-Verlag, Berlin, 1963

[29] COVERT, E.E. u.a.:
Thrust and Drag: Its Prediction and Verification. AIAA, New York, 1985
[30] CUMPSTY, N.A.:
Compressor Aerodynamics. Longman, Harlow, 1989
[31] DETTMERING, W.:
Entwicklungslinien der luftansaugenden Strahltriebwerke. Westdeutscher Verlag, Köln, 1968
[32] DIBELIUS, G. (Hrsg.):
Turbomaschinenforschung. Springer-Verlag, Berlin, 1982
[33] DIERICH, W.:
Das große Handbuch der Flieger. Motorbuch Verlag Stuttgart, 1990
[34] DIXON, S.L.:
Fluid Mechanics, Thermodynamics of Turbomachinery. Pergamon Press, New York. 1978
[35] DZIERZANOWSKI, P. u.a.:
Turbinowe silniki odrzutowe. Wydawnictwa Komunikacji i Lacznosci, Warszawa, 1983
[36] ECK, B.:
Technische Strömungslehre. 2 Bd., Springer-Verlag, Berlin, 1981, 8.Auflage
[37] ECKERT, B.; SCHNELL, E.:
Axial- und Radialkompressoren. Springer-Verlag, Berlin, 1961, 2.Auflage
[38] ELSNER, N. u.a.:
Grundlagen der Technischen Thermodynamik. 2Bd., Akademie Verlag, Berlin, 1993, 8.Auflage
[39] EMANUEL, G.:
Gasdynamics: Theory and Applications. AIAA, 1986
[40] EMANUEL, G.:
Advanced Classical Thermodynamics. AIAA, 1988
[41] FABRI, J. (ed):
Air Intake Problems in Supersonic Propulsion. Pergamon Press, London, 1958
[42] FISTER, W.:
Fluidenergiemaschinen. Bd.1, Springer-Verlag, Berlin, 1984
[43] FRAAS, A.P.:
Aircraft Power Plants. McGraw-Hill, New York, London, 1943
[44] FRIEDRICH, R.:
Gasturbinen mit Gleichdruckverbrennung. Verlag G.Braun, Karlsruhe, 1949
[45] FRÖTSCHEL, J.:
Flugzeugturbinen. Holsten-Verlag, Hamburg, 1964
[46] GANZER, U.:
Gasdynamik. Springer-Verlag, Berlin, 1988
[47] GASPAROVIC, N. (Hrsg.):
Gasturbinen, Probleme und Anwendungen. VDI-Verlag, Düsseldorf, 1967
[48] GERICKE, K.; DIERICH, F.H.:
Triebwerke für Flugzeuge und Flugkörper. Stephan Verlagsgesellschaft, Darmstadt, 1961
[49] GERSDORFF, K.v.; GRASMANN, K.; SCHUBERT, H.:
Flugmotoren und Strahltriebwerke. Bernard & Graefe Verlag, Bonn, 1995, 3. Auflage
[50] GERSTEN, K.:
Einführung in die Strömungsmechanik. Vieweg Verlag, Wiesbaden, 1992, 6. Auflage
[51] GERSTEN, K.; HERWIG,H.:
Strömungsmechanik. Impuls-, Wärme- und Stoffübertragung. Vieweg Verlag, Wiesbaden, 1992
[52] GIGER, H.:
Kolbenflugmotoren. Geschichte und Entwicklung. Motorbuch Verlag, Stuttgart, 1990, 2.Aufl.
[53] GLASMAN, I.:
Combustion. Academic Press, Orlando, 1987, 2nd ed.
[54] GLAUERT, H.:
The Elements of Airfoil and Aircrew Theory. University Press, Cambridge, UK, 1947
[55] GODSAY, F.; YOUNG, A.:
Gas Turbines for Aircraft. Westinghouse-McGraw-Hill, 1949
[56] GRASMANN, K.:
Die modernen Flugtriebwerke. Verlag Mittler und Sohn, Herford, 1982
[57] GRIERSON, J.:
Jet Flight. Sampson Low, Marston & Co. Ltd., London, 1946
[58] GRIGULL, U.:
Technische Thermodynamik. Verlag de Gruyter, Berlin, 1977
[59] GRÖBER, H.; ERK, S.; GRIGULL, U.:
Die Grundgesetze der Wärmeübertragung. Springer-Verlag, Berlin, 1963, 3. Aufl.

[60] GUNSTON, B.:
Lexikon der Flugtriebwerke. Motorbuch Verlag, Stuttgart, 1991
[61] HAGEN, H.:
Fluggasturbinen und ihre Leistungen. Verlag G.Braun, Karlsruhe, 1982
[62] HAMLIN, B.:
Flight Testing: Conventional and Jet-propelled Airplanes. Macmillan, New York, 1946
[63] HARMAN, R.T.C.:
Gas Turbine Engineering. MacMillan Press, London, 1981
[64] HAUSENBLAS, H.:
Vorrausberechnung des Teillastverhaltens von Gasturbinen. Springer-Verlag, Berlin, 1962
[65] HEIMANN, E.H.:
Die schnellsten Flugzeuge der Welt von 1906 bis heute. Motorbuchverlag Stuttgart, 1988
[66] HESSE, W.; MUMFORD, N.:
Jet Propulsion for Aerospace Applications. Pitman, New York, 1964
[67] HILL, P.G.; PETERSON, C.R.:
Mechanics and Thermodynamics of Propulsion. Addison-Wesley, Reading, Massach., 1965
[68] HORLOCK, J.H.:
Axialkompressoren. G. Braun, Karlsruhe, 1967
[69] HORLOCK, J.H.:
Axial Flow Turbines. Krieger, Huntington, New York, 1973
[70] HUFNAGEL, S.:
Thermische Antriebe für Luftfahrzeuge. Wehr und Wissen Verlag, Darmstadt, 1970
[71] HÜNECKE, K.:
Flugantriebe, ihre Technik und Funktion. Motorbuch Verlag, Stuttgart, 1990, 5. Auflage
[72] ISAY, W.H.:
Propellertheorie. Springer-Verlag, Berlin, 1964
[73] JOST, W.:
Explosions- und Verbrennungsvorgänge in Gasen. Springer-Verlag, Berlin, 1939
s.a.: Explosion and Combustion Processes in Gases. McGraw-Hill, New York, 1946
[74] JISCHA, M.:
Konvektiver Impuls-, Wärme- und Stoffaustausch. Verlag Vieweg, Wiesbaden, 1982
[75] JUDGE, A.W.:
Aircraft Engines. Chapman & Hall Ltd. London, 1945
[76] JUDGE, A.W.:
Gas Turbines for Aircraft. Chapman & Hall Ltd. London, 1958
[77] KALIDE, W.:
Energieumwandlung in Kraft- und Arbeitsmaschinen. Hanser Verlag, München Wien, 1982
[78] KALIDE, W.:
Einführung in die Technische Strömungslehre. Hanser Verlag, München, 1990, 7.Aufl.
[79] KALNIN, A.; LABERIE, M.:
Le turboreacteur et autres moteurs a reaction. Dunod, Paris, 1958
[80] KÄPPELI, E.:
Strömungslehre und Strömungsmaschinen. H.Deutsch, Thun, Frankfurt, 1987, 5. Aufl.
[81] KARMAN, T.v.:
From Low-Speed Aerodynamics to Astronautics. Pergamon Press, London, 1961
[82] KAYS, W.M.; LONDON, A.L.:
Hochleistungswärmeübertrager. Akademie-Verlag, Berlin, 1973
s.a.: Compact Heat Exchangers. McGraw-Hill, New York, 1984, 3rd ed.
[83] KEENAN, J.G.:
Elementary Theory of Gas Turbines and Jet Propulsion. Oxford Univ. Press, London, 1946
[84] KERREBROCK, I.L.:
Aircraft Engines and Gas Turbines. MIT-Press, Cambridge, London, 1992, 2nd ed.
[85] KLEINERT, H.J. (Hrsg.):
Taschenbuch Maschinenbau, Bd. 5, VEB Verlag Technik, Berlin, 1989
[86] KLJATSCHKIN, A.L.:
Theorie der Luftstrahltriebwerke.(russisch), Verlag Maschinenbau, Moskau, 1969
[87] KOPELJEW, S.S.:
Gekühlte Schaufeln von Gasturbinen. (russisch), Verlag Wissenschaft, Moskau, 1983
[88] KOSMOWSKI, J.; SCHRAMM, G.:
Turbomaschinen. VEB Verlag Technik, Berlin, 1987
[89] KRUSCHIK, J.:
Die Gasturbine. Springer-Verlag, Wien, 1960, 2. Auflage

[90] KÜCHEMANN, D.; WEBER, J.:
Aerodynamics of Propulsion. McGraw-Hill, New York, 1953

[91] KURSINER, R.I.:
Strahltriebwerke für große Überschall-Fluggeschwindigkeiten. (russisch), Verlag Maschinenbau, Moskau, 1989, 2. Auflage

[92] KURZKE, J.:
Gasturb User's Manual. Copyright 1993

[93] LANCASTER, O.E. (ed.):
Jet Propulsion Engines. Princeton University Press, Princeton, 1959

[94] LANGEHEINECKE, K.; JANY, P.; SAPPER, E.:
Thermodynamik für Ingenieure. Verlag Vieweg, Wiesbaden, 1993

[95] LEIST, K.:
Kleingasturbinen insbesondere zum Fahrzeugantrieb. Westdeutscher Verlag, Köln, 1954

[96] LEIST, K.; WIENING, H.G.:
Enzyklopädische Abhandlung über ausgeführte Strahltriebwerke. Westd. Verlag, Köln, 1963

[97] LEDER, A.:
Abgelöste Strömungen Physikalische Grundlagen. Verlag Vieweg, Wiesbaden, 1992

[98] LEFEBVRE, A.H.:
Gas Turbine Combusters. McGraw-Hill, New York, 1983

[99] LIEPE, F. u.a.:
Strömungstechnik. In Taschenbuch Maschinenbau, Bd.2, Verlag Technik, Berlin, 1985

[100] LIEPMANN, H.W.; ROSHKO, A.:
Elements of Gasdynamics. Wiley, 1957

[101] LISTON, J.L.:
Powerplants for Aircraft. McGraw-Hill, New York,1953

[102] LOH, W.H.T.(ed.):
Jet, Rocket, Nuclear, Ion and Electric Propulsion. Springer-Verlag, New York, 1968

[103] MARFELD, A.F.:
Weltluftfahrt. Safari-Verlag, Berlin, 1967

[104] MATTINGLY, J.D.; HEISER, W.H.; DALEY, D.H.:
Aircraft Engine Design. AIAA, New York, 1987

[105] MEETHAM, G.W.(ed.):
The Development of Gas Turbine Materials. Applied Science Publishers, London, 1981

[106] MELLOR, A.M.(ed.):
Design of Modern Turbine Combusters. Academic Press, London, 1990

[107] MÜLLER, K.J.:
Thermische Strömungsmaschinen, Auslegung und Berechnung. Springer-Verlag, Wien, 1978

[108] MÜLLER, R.; BRETSCHNEIDER, W.:
Theorie der Luftstrahltriebwerke. Militärverlag der DDR, Berlin, 1986, 2. Auflage

[109] MÜNZBERG, H.G.:
Flugantriebe. Grundlagen, Systematik u.Technik. Springer-Verlag, Berlin, 1972

[110] MÜNZBERG, H.G.; KURZKE,J.:
Gasturbinen - Betriebsverhalten und Optimierung. Springer-Verlag, Berlin, 1977

[111] MUNZINGER, E.:
Düsentriebwerke. Entwicklungen und Beschaffungen für die schweizerische Militäraviatik. Baden-Verlag, Baden, Schweiz, 1992

[112] NETSCHAJEW, J.N. (HRSG.):
Theorie der Flugzeugtriebwerke. (russisch), Militärverlag, Moskau, 1980

[113] NETSCHAJEW, J.N. U.A.:
Luftfahrt-Turbostrahltriebwerke mit veränderlichem Arbeitsprozeß für Hochgeschwindigkeitsflugzeuge. (russisch) Verlag Maschinenbau, Moskau, 1988

[114] NEVILLE, L.E.; SILSBEE, N.F.:
Jet Propulsion Progress. McGraw-Hill, New York, London, 1948

[115] NORBYE, J.P.:
The Gas Turbine Engine. Design, Development, Applications. Radnor, Penns., USA, 1975

[116] NORMAN, C.A.; ZIMMERMANN, R.H.:
Introduction to Gas-Turbine and Jet-Propulsion Design. Harper, New York, 1948

[117] OATES, G.C.:
Aerothermodynamics of Gas Turbine and Rocket Propulsion. AIAA, New York, 1984

[118] OATES, G.C. (ed.):
Aerothermodynamics of aircraft engine components. AIAA, New York, 1985

[119] OATES, G.C.:
Aerothermodynamics of gas turbine and rocket propulsion. AIAA, Washington, 1988
[120] OATES, G.C. (ed.):
Aircraft Propulsion Systems Technology and Design. AIAA, Washington, 1989
[121] OSTENRATH, H.:
Gasturbinen-Triebwerke. Verlag Girardet, Essen, 1968
[122] OSWATITSCH, K.:
Grundlagen der Gasdynamik. Springer-Verlag, Wien, 1976
[123] PAI, S.I.:
Fluid Dynamics of Jets. Van Nostrand, New York, 1954
[124] PATANKAR, S.V.; SPALDING, D.B.:
Heat and Mass Transfer in Bondary Layers. Morgan and Grampion, London, 1967
[125] PATANKAR, S.V.:
Numerical Heat Transfer and Fluid Flow. McGraw-Hill, New York, 1980
[126] PENNER, S.S.:
Chemistry Problems in Jet Propulsion. Pergamon, New York, 1957
[127] PESCHKA, W.:
Flüssiger Wasserstoff als Energieträger. Springer- Verlag, Berlin, 1984
[128] PESCHKA, W.:
Liquid Hydrogen - Fuel of the Future. Springer-Verlag, Wien, 1991
[129] PETERMANN, H.:
Einführung in die Strömungsmaschinen. Springer-Verlag, Berlin, 1983, 2.Auflage
[130] PFLEIDERER, C.; PETERMANN, H.:
Strömungsmaschinen. Springer-Verlag, Berlin, 1986, 5.Auflage
[131] PISCHINGER, R.:
Thermodynamik der Verbrennungskraftmaschine. Springer-Verlag, Wien, 1989
[132] PONOMARJOW, B.A.:
Gegenwart und Zukunft der Flugtriebwerke. (russisch), Verlag des Verteidigungsministeriums, Moskau, 1982
[133] PRANDTL, L.; OSWATITSCH, K.; WIEGHARDT, K.:
Führer durch die Strömungslehre. Verlag Vieweg, Braunschweig, Wiesbaden, 1990, 9. Auflage
[134] SARNER, S.F.:
Propellant Chemistry. Reinhold, New York, 1966
[135] SAWYER, R.T.:
The Modern Gas Turbine. Prentice-Hall, New York, 1945; Pitman, London, 1947
[136] SCHESKY, E.; KRAL, M.:
Flugzeugtriebwerke. VEB Verlag für Verkehrswesen, Berlin, 1977
[137] SCHILG, G.:
Turbomaschinen im Kraftwerk - Konstruktion und Betrieb. VEB Verlag Technik, Berlin, 1978
[138] SCHLAIFER, R.:
Development of Aircraft Engines. Pergamon Press, New York, 1950
[139] SCHLICHTING, H.:
Grenzschicht-Theorie. Verlag G. Braun, Karlsruhe, 1965, 5. Auflage
[140] SCHLJACHTENKO, S.M. (Hrsg.):
Theorie und Berechnung von Luftstrahltriebwerken. (russisch), Verlag Maschinenbau, Moskau, 1987, 2. Auflage
[141] SCHLJACHTENKO, S.M.; SOSUNOW, W.A. (Hrsg.):
Theorie der Zweistrom-Luftstrahltriebwerke. (russisch), Verlag Maschinenbau, Moskau, 1979
[142] SCHMIDT, E.:
Technische Thermodynamik. 2 Bd., Springer-Verlag, Berlin, 1977, 11.Auflage
[143] SCHMIDT, E.; STEPHAN, K.; MAYINGER, F.:
Technische Thermodynamik. Bd.I. Springer-Verlag, Berlin, 1984
[144] SCHMIDT, F.A.F.:
Flugzeugantriebe. Grundlagen, Gestaltung, Berechnung. VEB Verlag Technik, Berlin, 1953
[145] SCHMIDT, F.A.F.:
Verbrennungskraftmaschinen. Springer-Verlag, Berlin, 1967, 4.Auflage
[146] SCHNEIDER, G.:
Verbrennungskraftmaschinen. Hanser Verlag, München, 1967
[147] SCHOLZ, N.:
Aerodynamik der Schaufelgitter. Verlag G. Braun, Karlsruhe, 1965
[148] SCHRAMM, G.; VETTER, O.:
Gasturbinenanlagen. In Fachwissen des Ingenieurs, Bd.4, Fachbuchverlag, Leipzig, 1987, 5.Aufl.

[149] SCHULGIN, W.A.; GAISINSKI, S.J.:
Zweistrom-Turbostrahltriebwerke leiser Flugzeuge. (russ.), Verlag Maschinenbau,Moskau,1984

[150] SEDDON, J.; GOLDSMITH, E.L.:
Intake Aerodynamics. AIAA, New York, 1985

[151] SEILIGER, A.:
Moteurs et Turbines a Combustion Interne. Dunod, Paris, 1953

[152] SHAPIRO, A.H.:
The Dynamics and Thermodynamics of Compressible Fluid Flow. Ron.Pr., New York, 1953

[153] SIEGEL, B.; SCHIELER, L.:
Energetics of Propellant Chemistry. Wiley, New York, 1964

[154] SIGLOCH, H.:
Technische Fluidmechanik. VDI-Verlag, Düsseldorf, 1980

[155] SIGLOCH, H.:
Strömungsmaschinen, Grundlagen und Anwendungen. Hanser Verlag, München, 1984

[156] SINGER, E.:
Brennstoffe, Kraftstoffe, Schmierstoffe. Schrödel Verlag, Hannover, 198O

[157] SMITH, C.W.:
Aircraft Gas Turbines. Wiley, New York, 1956

[158] SMITH, G.G.:
Gas Turbines and Jet Propulsion for Aircraft. Flight Publ., London, 1944, 3th ed.

[159] SMITH, H.:
Aircraft Piston Engines. McGraw-Hill, New York, 1981

[160] SMITH, J.E.:
Combustion in Advanced Gas Turbine Systems. Pergamon Press, London, 1967

[161] SPALDING, D.B.:
Combustion and Mass Transfer. Pergamon Press, Elmsford, New York, 1979

[162] SPALDING, D.B.; TRAUSTEL, S.; COLE, E.H.:
Grundlagen der Technischen Thermodynamik. Verlag Vieweg, Wiesbaden, 1965

[163] SPURK, J.H.:
Strömungslehre. Springer-Verlag, Berlin, 1993, 3.Auflage

[164] STETSCHKIN, B.S. U.A.:
Theorie der Strahltriebwerke (Turbomaschinen). (russisch) Verlag Oborongis, Moskau, 1956

[165] STETSCHKIN, B.S. U.A.:
Theorie der Strahltriebwerke (Arbeitsprozeß und Charakteristiken). (russisch) Verlag Oborongis, Moskau, 1958

[166] STODOLA, A.:
Die Dampturbinen und die Aussichten der Wärmekraftmaschinen. Springer-Verl., Berlin, 1903

[167] STODOLA, A.:
Dampf- und Gasturbinen. Springer-Verlag, Berlin, 1922, 5.Auflage
s.a.: Dampf- und Gasturbinen. Reprint der 5.Auflage. VDI-Verlag, Düsseldorf, 1986

[168] STREIT, K.W.; TAYLOR, J.W.R.:
Geschichte der Luftfahrt. Sigloch Service Edition, 1975

[169] SZCZECINSKI, S.:
Dwuwirnikowe i dwuprzeplywowe lotnicze silniki turbinowe. Warszawa, 1971

[170] TRAUPEL, W.:
Neue allgemeine Theorie der mehrstufigen axialen Turbomaschinen. Lehmann, Zürich, 1944

[171] TRAUPEL, W.:
Die Grundlagen der Thermodynamik. Verlag G. Braun, Karlsruhe, 1971

[172] TRAUPEL, W.:
Thermische Turbomaschinen. 2 Bd. Springer-Verlag, Berlin, 1977 und 1982, 3.Auflage

[173] TREAGER, I.E.:
Aircraft Gas Turbine Engine Technology. McGraw-Hill, New York, 1979, 2nd ed.

[174] TRIEBNIGG, H.:
Über Verluste in Axialturbinenstufen. VDI-Verlag, Düsseldorf, 1966

[175] TRUCKENBRODT, E.:
Strömungsmechanik. Grundlagen und technische Anwendungen. Springer-Verlag, Berlin, 1968

[176] TRUCKENBRODT, E.:
Lehrbuch der angewandten Fluidmechanik. Springer-Verlag, Berlin, 1988, 2.Auflage

[177] URLAUB, A.:
Flugtriebwerke. Grundlagen, Systeme, Komponenten. Springer-Verlag, Berlin 1991

[178] UWAROW, W.W.:
Gasturbinen. (russisch) Verlag GONTI, Moskau und Leningrad, 1935

[179] VAVRA, M.H.:
Aero-Thermodynamics and Flow in Turbomachines. Wiley, New York, 1960

[180] VINCENT, E.T.:
The theory and design of gas turbine and jet engines. McGraw-Hill, New York, 1950

[181] VOGELSANG, C.W.:
Die zweite Etappe. Die Geschichte der Flugzeugturbine und des Turbinenflugzeuges. Astra Verlag, Lahr (Schwarzwald), 1955

[182] WAGNER, H.T.; FISCHER, K.J.; FROMMANN, J.D.V.:
Strömungs- und Kolbenmaschinen. Verlag Vieweg, Wiesbaden, 1993, 4.Auflage

[183] WAGNER, W.:
Die ersten Strahlflugzeuge der Welt. Bernard & Graefe Verlag, Koblenz, 1989

[184] WARNATZ, J.; MAAS, U.:
Technische Verbrennung. Springer-Verlag, Berlin, 1993

[185] WEINBER, F.J. (ed.):
Advanced Combustion Methods. Academic Press, London, 1986

[186] WEINIG, F.:
Die Strömung um die Schaufeln von Turbomaschinen. Barth, Leipzig, 1935

[187] WHITTLE, F.:
Gas Turbine Aero-Thermodynamics. Pergamon Press, Oxford, 1981

[188] WHITTLE, F.:
Jet. The Story of a Pioneer. Muller Ltd., London, 1953

[189] WINDEMUTH, E.:
Strömungstechnik. Grundlagen, Maschinen, Anwendung. Springer-Verlag, Berlin, 1984

[190] WILKINSON, P.H.:
Aircraft Engines of the World. Wilkinson, Washington, 1941 - 1970

[191] WILLIAMS, F.A.:
Combustion Theory. Benjamin-Cummings, Palo Alto, California, 1985

[192] WILSON, D.G.:
The Design of High Efficiency Turbomachinery and Gas Turbines. MIT Pr.,Cambr.Mass. 1984

[193] WINTER, C.I.; NITSCH, I.:
Wasserstoff als Energieträger. Springer-Verlag, Berlin, 1986

[194] WISLER, D.C.:
Advanced Compressor and Fan Systems. GE Aircraft Engines, Cincinnati, USA, 1988

[195] WISLICENUS, G.F.:
Fluid Mechanics of Turbomachinery. McGraw-Hill, New York, 1965, 2nd ed.

[196] WISSMANN, G.:
Geschichte der Luftfahrt von Ikarus zur Gegenwart. Verlag Technik, Berlin, 1982, 5.Aufl.

[197] WÜST, W.:
Strömungsmeßtechnik. Vieweg-Verlag, Braunschweig, 1969

[198] ZEUNER, G.:
Vorlesungen über Theorie der Turbinen. A. Felix, Leipzig, 1899

[199] ZIEREP, J.:
Strömungen mit Energiezufuhr. Verlag G.Braun, Karlsruhe, 1990, 2. Auflage

[200] ZIMS, H.S.:
Rockets and Jets. Harcourt, Brace & Co., New York, 1945

[201] ZINNER, K.:
Aufladung von Verbrennungsmotoren. Springer-Verlag, Berlin, 1980, 2. Auflage

[202] ZUCKROW, M.J.:
Aircraft and Missile Propulsion. Wiley, New York, 1964

Sachwortverzeichnis